Friederike Stausberg
Günter Grass und die Berliner Republik

Friederike Stausberg

Günter Grass und die Berliner Republik

Eine biografische Fallstudie über die kommunikative Macht von Intellektuellen

DE GRUYTER

Die freie Verfügbarkeit der E-Book-Ausgabe dieser Publikation wurde durch 37 wissenschaftliche Bibliotheken und Initiativen ermöglicht, die die Open-Access-Transformation in der Deutschen Literaturwissenschaft fördern.

ISBN 978-3-11-221422-0
e-ISBN (PDF) 978-3-11-079410-6
e-ISBN (EPUB) 978-3-11-079429-8
DOI https://doi.org/10.1515/9783110794106

Dieses Werk ist lizenziert unter der Creative Commons Namensnennung - Nicht-kommerziell - Keine Bearbeitungen 4.0 International Lizenz. Weitere Informationen finden Sie unter https://creativecommons.org/licenses/by-nc-nd/4.0/.

Die Creative Commons-Lizenzbedingungen für die Weiterverwendung gelten nicht für Inhalte (wie Grafiken, Abbildungen, Fotos, Auszüge usw.), die nicht im Original der Open-Access-Publikation enthalten sind. Es kann eine weitere Genehmigung des Rechteinhabers erforderlich sein. Die Verpflichtung zur Recherche und Genehmigung liegt allein bei der Partei, die das Material weiterverwendet.

Library of Congress Control Number: 2023934175

Bibliografische Information der Deutschen Nationalbibliothek
Die Deutsche Nationalbibliothek verzeichnet diese Publikation in der Deutschen Nationalbibliografie; detaillierte bibliografische Daten sind im Internet über http://dnb.dnb.de abrufbar.

© 2025 bei den Autorinnen und Autoren, publiziert von Walter de Gruyter GmbH, Berlin/Boston
Dieser Band ist text- und seitenidentisch mit der 2023 erschienenen gebundenen Ausgabe.
Dieses Buch ist als Open-Access-Publikation verfügbar über www.degruyter.com.

Einbandabbildung: Grass, Günter „Bedeuten alles oder nichts." Eine Bleistiftzeichnung, 1992 © VG Bild-Kunst, Bonn 2023
Satz: Integra Software Services Pvt. Ltd.
Druck und Bindung: CPI books GmbH, Leck

www.degruyter.com

Open-Access-Transformation in der Literaturwissenschaft

Open Access für exzellente Publikationen aus der Deutschen Literaturwissenschaft: Dank der Unterstützung von 37 wissenschaftlichen Bibliotheken und Initiativen können 2023 insgesamt neun literaturwissenschaftliche Neuerscheinungen transformiert und unmittelbar im Open Access veröffentlicht werden, ohne dass für Autorinnen und Autoren Publikationskosten entstehen.

Folgende Einrichtungen und Initiativen haben durch ihren Beitrag die Open-Access-Veröffentlichung dieses Titels ermöglicht:

Dachinitiative „Hochschule.digital Niedersachsen" des Landes Niedersachsen
Universitätsbibliothek Augsburg
Universitätsbibliothek Bayreuth
Staatsbibliothek zu Berlin – Preußischer Kulturbesitz
Universitätsbibliothek der Freien Universität Berlin
Universitätsbibliothek der Humboldt-Universität zu Berlin
Universität Bern
Universitätsbibliothek Bielefeld
Universitätsbibliothek Bochum
Universitäts- und Landesbibliothek Bonn
Universitätsbibliothek Braunschweig
Staats- und Universitätsbibliothek Bremen
Universitäts- und Landesbibliothek Darmstadt
Sächsische Landesbibliothek – Staats- und Universitätsbibliothek Dresden
Universitätsbibliothek Duisburg-Essen
Universitäts- und Landesbibliothek Düsseldorf
Universitätsbibliothek Johann Christian Senckenberg, Frankfurt a. M.
Universitätsbibliothek Freiburg
Niedersächsische Staats- und Universitätsbibliothek Göttingen
Fernuniversität Hagen, Universitätsbibliothek
Gottfried Wilhelm Leibniz Bibliothek – Niedersächsische Landesbibliothek, Hannover
Technische Informationsbibliothek (TIB) Hannover
Universitätsbibliothek Hildesheim
Universitätsbibliothek Kassel – Landesbibliothek und Murhardsche Bibliothek der Stadt Kassel
Universitäts- und Stadtbibliothek Köln
Université de Lausanne
Zentral- und Hochschulbibliothek Luzern
Universitätsbibliothek Marburg
Universitätsbibliothek der Ludwig-Maximilians-Universität München
Universitäts- und Landesbibliothek Münster
Bibliotheks- und Informationssystem (BIS) der Carl von Ossietzky Universität Oldenburg
Universitätsbibliothek Osnabrück
Universität Potsdam
Universitätsbibliothek Trier
Universitätsbibliothek Vechta
Herzog August Bibliothek Wolfenbüttel
Universitätsbibliothek Wuppertal
Zentralbibliothek Zürich

Danksagung

Den Anstoß für meine Beschäftigung mit Günter Grass gab Prof. Günter Rüther an der Universität Bonn. Ohne ihn hätte ich nie den Ehrgeiz entwickelt, diese Promotion zu schreiben. Als Doktorvater nahm mich dankenswerterweise Prof. Karl-Rudolf Korte an der Universität Duisburg-Essen auf. Er hat diese Promotion über viele Jahre und Pausen hinweg geduldig begleitet. Seine wertvollen Hinweise mündeten in dem theoretischen Konzept der kommunikativen Macht von Intellektuellen. Prof. Manfred Mai teilte meine Begeisterung für Grass und stellte sich daher als Zweitgutachter zur Verfügung. Mein Dank gilt darüber hinaus der Prüfungskommission mit Prof. Isabelle Borucki und Prof. Frank Gadinger, die eine online Verteidigung im Februar 2022 ermöglichten. Im Kolloquium der NRW School of Governance konnte ich stets Zwischenergebnisse zur Diskussion zu stellen. Darunter seien Dr. Karina Hohl, Dr. Taylan Yildiz und Dr. Maximilian Schiffers hervorgehoben. Auch Prof. Alexandra Pontzen gab mir die Möglichkeit, meine Herangehensweise in ihrem Kolloquium einzubringen. Des Weiteren nahm Prof. Ingrid Gilcher-Holtey sich die Zeit, mit mir über die Typologie von Intellektuellen zu diskutieren.

Eine quellenbasierte Promotion lebt von der Recherche in Bibliotheken, deren Zugang in der Corona-Pandemie über weite Strecken kaum möglich war. Ohne Hilke Ohsoling, Günter und Ute Grass Stiftung, und Helga Neumann, Akademie der Künste, hätte ich diese Arbeit nicht vollenden können. Frau Ohsoling suchte gemeinsam mit mir in Lübeck nach den richtigen Quellen und schickte sie mir in der Pandemie als Scan. Keiner hat sich ebenso über Fundstücke gefreut, wie sie, und die Reise durch die politische Biografie Grass' begleitet. Auch Frau Neumann stand mir mit Rat und Tat bei meinen Recherchen in Berlin zu Seite. Unbürokratisch las sie mir Briefe sogar telefonisch vor. Auch andere Archive haben mir die Türen zu teilweise noch unerschlossenen Beständen geöffnet, wie die Friedrich-Ebert-Stiftung oder Archiv des Deutschen Bücherpreis. Neben den archivierten Quellen waren es vor allem Zeitzeugen, Weggefährten und Freunde von Günter Grass, die sich die Zeit nahmen, mir den Kontext der Ereignisse zu erläutern. Sie können hier nicht alle namentlich aufgeführt werden. Ihnen bin ich aber zu allergrößtem Dank verpflichtet. Sie waren für mich stets der Antrieb diese Promotion über viele Durststrecken hinweg zu finalisieren. Hervorzuheben sei dabei Manfred Bissinger, der mir immer mit Hinweisen und Ratschläge zur Verfügung stand. Auf andere Weise hat mich Rita Süssmuth mit dem Hinweis, dass „eine Promotion auch immer eine Haltung ist", unterstützt. Gesellschaftliches Engagement und den Mut, den Mund aufzumachen, ist in der heutigen Zeit wichtiger denn je. Günter Grass war dafür ein herausragendes Beispiel.

Hervorzuheben sei auch Prof. Dieter Stolz, der mir neben inhaltlichen Hilfestellungen auch die Möglichkeit gab, über mein Thema zu publizieren. Sven Rosig übernahm nicht nur das finale Lektorat für die Buchausgabe, sondern ermutigte mich durch die vertiefenden Gespräche, die Publikation zu vollenden. Dr. Marcus Böhm und dem De Gruyter Verlag sei für die Veröffentlichung gedankt.

Coaching war in verschiedenen Promotionsphasen eine wichtige Hilfe, so sei Dr. Anouschka Stang, Dr. Jutta Wergen, Dr. Majana Beckmann und Dr. Eva-Maria Lerche besonders gedankt. Durch die Coachingzone fand ich eine Coworking-Gruppe mit vorwiegend promovierenden Powerfrauen und Mütter, die gerade in der Corona-Pandemie mich über alle Höhen und Tiefen bis zur Abgabe, Verteidigung und Publikation getragen hat. Melanie Förster war über viele Jahre mein fachlicher Sparringspartner über Intellektuelle. Anne Wehner übernahm das Layout der Grafiken. Meine Mutter, Birgit Kraft, war erste Korrekturleserin und zugleich Betreuerin meiner Kinder in Archivphasen. Gedankt sei aber besonders meinem Mann, Dr. Sven Stausberg, der mir seit über einem Jahrzehnt stets den Rücken freihält. Ihm und meinen Kindern Carla und Florian, die auf ihre Mutter in den letzten Jahren des Öfteren verzichten mussten, sei diese Arbeit gewidmet.

Inhaltsverzeichnis

Danksagung —— VII

I FALLAUSWAHL: Günter Grass und die Berliner Republik

1	Problembereich und Fragestellung —— 3	
2	Fallauswahl: Der politische Günter Grass in der Berliner Republik —— 7	
2.1	Biografiestudie über Günter Grass —— 7	
2.2	Zeitliche Eingrenzung auf die Berliner Republik —— 10	
3	Forschungsstand und Quellenlage —— 13	
3.1	Der Stellenwert von Intellektuellen in der Politik- und Sozialwissenschaft —— 13	
3.2	Der literaturwissenschaftliche Schwerpunkt in der Grass-Forschung —— 17	
3.3	Veröffentlichte politische Quellen von Günter Grass —— 22	

II THEORIE: Die kommunikative Macht von Intellektuellen

1	Intellektuelle als Forschungsgegenstand —— 27	
1.1	Definition des Begriffs „Intellektueller" —— 27	
1.2	Die Sonderrolle von Intellektuellen in der Gesellschaft —— 30	
1.3	Eine Typologie der verschiedenen Formen der intellektuellen Intervention —— 32	
2	Methoden: Zwei Wege für Intellektuelle in die Politik —— 39	
2.1	Organisator von politischer Öffentlichkeit: Intellektuelle als Meinungsführer —— 41	
2.1.1	Intellektuelle Teilnahme an ideenpolitischen Deutungskämpfen —— 44	
2.1.2	Diskurskoalitionen divergierender ideenpolitischer Ansätze —— 47	
2.1.3	Intellektuelle Rollen im öffentlichen Diskurs —— 49	
2.2	Politikberater —— 51	

2.2.1	Definition des Begriffs Politikberatung und dessen verschiedene Beratungsformen —— 51	
2.2.2	Funktionen der intellektuellen Beratung —— 54	
2.2.3	Organisationsformen einer intellektuellen Politikberatung —— 56	

3 Resonanz: Die kommunikative Macht von Intellektuellen —— 59
3.1 Einflussmöglichkeiten von nicht-etablierten Akteuren auf die Politik —— 61
3.2 Bewertung der politischen Resonanz: Verlauf intellektueller Interventionen —— 63

4 Einfluss: Der intellektuelle Kampf um Deutungsmacht —— 65
4.1 Intellektuelle als Akteure in ideenpolitischen Deutungskämpfen —— 65
4.2 Intellektueller Einfluss: Deutungsmacht? —— 66
4.3 Bewertungsmaßstäbe für den Einfluss von Intellektuellen —— 69

5 Funktionen: Sprecherrollen von Intellektuellen im Diskurs und in der Politikberatung —— 73
5.1 Intellektuelle als Visionär in Bezug auf soziomoralische Sinnfragen —— 74
5.2 Kommentator als Vermittler- und Schlichtungsagentur —— 75
5.3 Kritiker der Macht und Wächter des Volkes —— 76
5.4 Repräsentant als symbolische Legitimation und Mehrheitsbeschaffer —— 77
5.5 Experte im Bereich Kulturpolitik und Sprache —— 78

6 Theoriegeleitete Kriterien für die Analyse (Forschungsheuristik) —— 80

III METHODIK: Analysezugang eines Mixed-Methods-Designs

1 Forschungslogik eines Mixed-Methods-Designs —— 87

2 Auswahl und Datenerhebung des Analysematerials —— 91
2.1 Günter Grass' politische Interventionen —— 91
2.2 Presseberichterstattung —— 92

2.3	Politische Quellen und weitere Dokumente —— 93	
2.4	Ergänzende Hintergrundgespräche —— 96	
3	**Datenauswertung —— 98**	
3.1	Qualitative Analysekriterien für Grass' politische Interventionen (Input) —— 98	
3.2	Quantitative Analysekriterien für die Presseberichterstattung (Output) —— 100	
3.3	Qualitative Analysekriterien für die öffentlichen Diskurse —— 101	
3.4	Qualitative Analysekriterien für die (informelle) Politikberatung —— 104	

IV PRAXIS:
Günter Grass in der Berliner Republik – eine empirische Einzelfallstudie

1	*Angestiftet, Partei zu ergreifen –* **Günter Grass als Intellektueller —— 107**	
1.1	Günter Grass' politische Sozialisation in Berlin unter Willy Brandt —— 107	
1.2	Günter Grass' Selbstverständnis als engagierter Bürger —— 111	
1.3	Günter Grass' Fremdwahrnehmung als Intellektueller —— 115	
1.4	Fallauswahl: Günter Grass' politisches Konzept für die Berliner Republik —— 117	
2	*Ich lehne den Einheitsstaat ab –* **Günter Grass als Organisator des Gegendiskurses —— 123**	
2.1	*Wer hört mir noch zu?* Grass' Konzept einer Konföderation —— 123	
2.2	Öffentlicher Diskurs: Der Gegner der Einheit im In- und Ausland —— 129	
2.2.1	Wortführer der Gegenbewegung —— 129	
2.2.2	Öffentliche Politikberatung in Tutzing (Februar 1990) —— 143	
2.2.3	Prominenter Unterstützer der Ost-SPD (Januar bis März 1990) —— 151	
2.2.4	Vermittler im Ausland: Staatsreise mit Richard von Weizsäcker (Mai 1990) —— 155	
2.3	Berater: Impulsgeber von SPD und Die Grünen —— 162	
2.3.1	Mahner und Unterstützer der West-SPD unter Oskar Lafontaine —— 162	

2.3.2		Impulsgeber für Antje Vollmer und Die Grünen-Fraktion —— **168**
2.4		Zwischenfazit: Öffnung des Einheitsdiskurses für Alternativen —— **171**
3		***Häßlich sieht die Einheit aus –*** **Günter Grass als Sprecher der ostdeutschen Verlierer** —— **179**
3.1		*Die Wiedervereinigung als andauernde Aufgabe* – Grass' Einsatz für die Ostdeutschen —— **180**
3.2		Öffentlicher Diskurs: Das Narrativ „Ostdeutsche als Verlierer der Einheit" —— **185**
3.2.1		Kommunikativer Einsatz für die Ostdeutschen —— **185**
3.2.2		Wahlkampf für Wolfgang Thierse in Berlin (1994) —— **193**
3.2.3		*Ein weites Feld* – Literatur als Gesellschaftsaffäre (1995) —— **196**
3.2.4		*Politische Lesereise* durch Ostdeutschland (2009) —— **205**
3.3		Beratung: Anregungen bis Austritt – Das gespaltene Verhältnis zur SPD —— **211**
3.3.1		Forderung nach einer neuen Verfassung —— **211**
3.3.2		Der demonstrative Parteiaustritt (1992 / 1993) —— **218**
3.4		Zwischenfazit: Einfluss auf die Geschichtsschreibung der Deutschen Einheit —— **224**
4		***Demokratisch abgesicherte Barbarei –*** **Günter Grass als Advokat für Minderheiten** —— **230**
4.1		*Ohne Stimme* – Günter Grass' Einsatz für Ausländer und Minderheiten —— **230**
4.2		Öffentlicher Diskurs: Appell für Menschenrechte —— **235**
4.2.1		Sprecher für verschiedene Minderheiten —— **235**
4.2.2		Öffentliche Politikberatung zur Asylpolitik (1992 / 1993) —— **239**
4.2.3		Laudatio auf Yaşar Kemal als Diskursanstoß (1997) —— **244**
4.2.4		Gründung einer zivilgesellschaftlichen Stiftung für Sinti und Roma (1997) —— **261**
4.3		Beratung: Stetiger Mahner einer neuen Asylpolitik —— **266**
4.3.1		Vergebliche Beratung gegen den Asylkompromiss: Der Parteiaustritt (1992 / 1993) —— **266**
4.3.2		Informelle Beratung für eine neue sozialdemokratische Asylpolitik —— **271**
4.4		Zwischenfazit: Kontinuierlicher Einsatz für eine neue Asylpolitik —— **274**

5 Chronisch schmalbrüstige Lobby – Günter Grass als kulturpolitischer Berater —— 279

- 5.1 Günter Grass' Idee einer Kulturnation —— 279
- 5.2 Öffentlicher Diskurs: Kritiker und Impulsgeber in der Kulturpolitik —— 282
- 5.2.1 Gegner der neuen Rechtschreibreform – Prominenter Diskursanstoß (ab 1996) —— 282
- 5.2.2 Öffentliche Legitimation der neuen Kulturpolitik im Wahlkampf (1998) —— 289
- 5.2.3 Impulsgeber für das Wolfgang *Koeppenhaus* (2000) —— 293
- 5.2.4 Initiator von Lesungen im Kanzleramt (2002) —— 297
- 5.3 Beratung: Grass' Beteiligung an der sozialdemokratischen Kulturpolitik —— 300
- 5.3.1 Abgelehnte Beratung für das *Kulturforum der Sozialdemokratie* (1992) —— 300
- 5.3.2 Neuakzentuierung der Kulturpolitik (1998) —— 303
- 5.3.3 Beratung und Kandidatenauswahl für das Amt eines Kulturstaatsministers (1998) —— 311
- 5.3.4 Impulsgeber für die *Kulturstiftung des Bundes* (2002) —— 315
- 5.3.5 Prominente Stimme für das Urhebervertragsrecht (2002) —— 324
- 5.4 Zwischenfazit: Günter Grass' kulturpolitischer Einfluss —— 332

6 Das rot-grüne Garn – Günter Grass als Unterstützer des rot-grünen Projektes —— 338

- 6.1 Günter Grass' Vorstellungen von einer innenpolitischen Gesellschaftsreform —— 338
- 6.2 Öffentlichkeit für Rot-Grün: Intellektuelle Wahlhilfe —— 343
- 6.2.1 Wahlhelfer von 1998 bis 2009 —— 343
- 6.2.2 Initiativen für das sozialdemokratische Narrativ —— 360
- 6.3 Intellektuelle Beratung der rot-grünen Regierung —— 369
- 6.3.1 Wahlkampfberatung von Günter Grass —— 369
- 6.3.2 Unterstützer und Kritiker der Agenda 2010 —— 374
- 6.3.3 Grass als Organisator eines informellen Gedankenaustausches —— 376
- 6.3.4 Fünf Merkzettel für die SPD-Fraktion (2008) —— 381
- 6.4 Zwischenfazit: Intellektuelle Beratung und deren symbolische Außenwirkung —— 384

7 Zivile Vernunft – Günter Grass als Berater bei Krieg oder Frieden —— 390

- 7.1 *Mein Lehrer hieß Krieg* – Günter Grass' Einsatz gegen Krieg —— 390
- 7.2 Öffentlicher Diskurs: Mahner für Frieden und Menschenrechte —— 395
- 7.2.1 Kritischer Repräsentant der auswärtigen Kulturpolitik —— 395
- 7.2.2 *Was gesagt werden muss* – Literarische Kritik an Israel (2012) —— 403
- 7.3 Beratung: Neuausrichtung der Außenpolitik unter Bundeskanzler Gerhard Schröder —— 416
- 7.3.1 Moralische Unterstützung im Kosovokonflikt (1998 / 1999) —— 416
- 7.3.2 Mahnende Worte nach dem 11. September zum Afghanistankrieg (2001) —— 425
- 7.3.3 Entschiedener Gegner des Irakkrieges (2002 / 2003) —— 436
- 7.4 Zwischenfazit: Impulsgeber für eine Neuausrichtung der deutschen Außenpolitik —— 446

8 Schicht um Schicht lagert die Zeit – Günter Grass als Deuter der Vergangenheit —— 452

- 8.1 *Vergegenkunft* – Günter Grass' Geschichtskonzept —— 453
- 8.2 Öffentlicher Diskurs: Agendasetter und Impulsgeber in der Geschichtspolitik —— 459
- 8.2.1 *Über das Brückenschlagen* – Grass als Botschafter zwischen Deutschland und Polen —— 459
- 8.2.2 Appell für Entschädigungen von NS-Opfern und Zwangsarbeitern (2000 / 2001) —— 467
- 8.2.3 *Im Krebsgang* als literarischer Diskursanstoß über das Thema Vertreibung (2002) —— 475
- 8.2.4 Grass' Waffen-SS-Mitgliedschaft – Das Ende seiner politischen Reputation? (2006) —— 485
- 8.3 Berater mit „Geschichtsgefühl" —— 499
- 8.4 Zwischenfazit: Intellektuelle Deutungsmacht in der Geschichtspolitik —— 504

V FAZIT UND AUSBLICK: *Der fröhliche Steinewälzer*

- 1 Günter Grass' politischer Einfluss in der Berliner Republik —— 513
- 2 Theorie: Das Konzept der kommunikativen Macht als Intellektueller —— 513

3	Praxis: Günter Grass als politischer Akteur in der Berliner Republik —— 514
4	Forschungsperspektive und Ausblick —— 526

VI Anhang

Abkürzungsverzeichnis —— 531

Abbildungsverzeichnis —— 533

Tabellenverzeichnis —— 535

Politische Biografie von Günter Grass (1989–2015) —— 539

Quellen- und Literaturverzeichnis —— 545

I FALLAUSWAHL:
Günter Grass und die Berliner Republik

1 Problembereich und Fragestellung

Als der weltbekannte Schriftsteller und Literaturnobelpreisträger Günter Grass am 13. April 2015 mit 87 Jahren starb, prägten den öffentlichen Nachruf primär zwei Aspekte: das literarische Gesamtwerk des Schriftstellers sowie sein künstlerisches „Multitalent"[1]. Doch „im Grunde übte er drei Berufe aus: Schriftsteller, Bildhauer und Politiker"[2]. Er war von 1961 bis zu seinem Tod und damit mehr als fünfzig Jahre politisch aktiv. Sein bedeutender Stellenwert als Intellektueller wurde parteiübergreifend von vielen Spitzenpolitikern[3] in deren Nachrufen gewürdigt. Für die damalige Bundeskanzlerin Angela Merkel (CDU) stand fest, er habe „die Nachkriegsgeschichte Deutschlands mit seinem künstlerischen sowie seinem gesellschaftlichen und politischen Engagement wie nur wenige begleitet und geprägt"[4]. Der damalige EU-Kommissionspräsident Jean-Claude Juncker ergänzte, Grass habe „mit Weitsicht einige der aktuellen Probleme in Europa frühzeitig erkannt"[5]. In der wissenschaftlichen Erforschung fristet der politische Grass dagegen ein Schattendasein, obwohl zahlreiche Quellen in seinem Nachlass diese Rolle bezeugen. Dieser Band untersucht ihn erstmalig aus politikwissenschaftlicher Perspektive. Er fokussiert die Reden, Gespräche und Briefe sowie die gesellschaftlichen Aktivitäten des Intellektuellen (vgl. Abbildung 1), während seine Literatur und Kunst lediglich ergänzend betrachtet werden.

Nähert man sich dem Thema *Günter Grass und die Politik* an, dann wird in der Forschung oft seine Rolle als „einer der engsten politischen Wegbegleiter – und zugleich politischen Wegbereiter – Willy Brandts"[6] hervorgehoben (vgl. I. Kap. 3.2). Dieser einseitige Schwerpunkt auf den Zeitraum von 1961 bis 1974 wird Grass' politischem Engagement nicht gerecht. Deswegen rückt hier gezielt der Zeitraum von 1989 bis 2015 in den Mittelpunkt. Eine Analyse der Presseberichterstattung zeigt auf, dass der Intellektuelle auch in der *Berliner Republik* (vgl. I. Kap. 2.2) viele

---

[1] Cornelia Rabitz, Nachruf: Günter Grass ist tot, in: Deutsche Welle, 13.04.2015.
[2] Manfred Bissinger, 07.07.2020; vgl. Oskar Negt, Nachwort, in: Günter Grass, Steine wälzen. Essays und Reden 1997–2007, Göttingen 2007, S. 243–258, hier S. 243.
[3] Im Interesse einer besseren Lesbarkeit wird nicht ausdrücklich in geschlechtsspezifischen Personenbezeichnungen differenziert. Die gewählte männliche Form schließt eine adäquate weibliche Form gleichberechtigt ein.
[4] Angela Merkel, Abschied mit tiefem Respekt. Günter Grass mit 87 Jahren gestorben, Pressemitteilung, 13.04.2015.
[5] Jean-Claude Juncker, Zum Tod von Literaturnobelpreisträger Günter Grass, Pressemitteilung, 13.04.2015.
[6] Bundeskanzler-Willy-Brandt-Stiftung, Erklärung zum Tod von Günter Grass, Pressemitteilung, 13.04.2015.

Open Access. © 2023 bei den Autorinnen und Autoren, publiziert von De Gruyter. Dieses Werk ist lizenziert unter der Creative Commons Namensnennung - Nicht-kommerziell - Keine Bearbeitungen 4.0 International Lizenz.
https://doi.org/10.1515/9783110794106-001

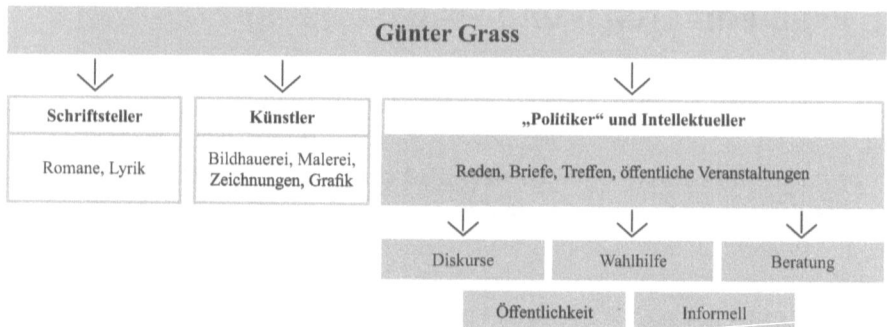

Abbildung 1: Abgrenzung des Untersuchungsbereichs auf den politischen Günter Grass. Grau unterlegt ist der fokussierte Untersuchungsbereich (Quelle: Eigene Darstellung).

öffentliche Diskurse bestimmte. Anhand bisher weitgehend unveröffentlichter Briefe aus Grass' Nachlass sowie zahlreicher Hintergrundgespräche bzw. schriftlicher Stellungnahmen führender Politiker, darunter Gerhard Schröder, Oskar Lafontaine, Franz Müntefering, Rudolf Scharping oder Kurt Beck, wird darüber hinaus erstmals nachgewiesen, dass er auch nach 1989 / 1990 direkte politische Kontakte pflegte.

Günter Grass setzte sein literarisches Ansehen ein, um sich in konkreten Fällen politisch zu engagieren.[7] Er sah es als Aufgabe eines jeden an, Partei zu ergreifen. Auf dieser Basis begab der Schriftsteller sich in die „Niederungen der Politik"[8]. Der damalige Außenminister Frank-Walter Steinmeier (SPD) würdigte, dass es für ihn eine „selbstverständliche Bürgerpflicht [war], streitbar in öffentliche politische Debatten einzugreifen, für seine Überzeugungen einzustehen und dafür in Kauf zu nehmen, als umstritten zu gelten"[9]. Dieses Engagement entspricht der „Sozialfigur"[10] des *Intellektuellen* (vgl. II. Kap. 1), die hier an seinem Fallbeispiel analysiert wird. Man kann seine gesellschaftlichen Aktivitäten nicht ohne diesen Begriff erforschen, da Grass an der sich daraus generierenden theoretischen Erwartungshaltung stets

---

[7] Vgl. Georg Jäger, Der Schriftsteller als Intellektueller. Ein Problemaufriss, in: Sven Hanuschek / Therese Hörnigk / Christine Malende (Hrsg.), Schriftsteller als Intellektuelle. Politik und Literatur im Kalten Krieg, Tübingen 2000, S. 1–25, hier S. 15.

[8] Günter Grass, Rotgrüne Rede, in: Dieter Stolz / Werner Frizen (Hrsg.), Günter Grass: Werke. Neue Göttinger Ausgabe, Göttingen 2020, Band 23, S. 214 (ab jetzt abgekürzt als Sigle: *NGA* mit der entsprechenden Bandnummer sowie der Seitenzahl); vgl. Günter Grass, Assistenz durch Dreinreden, in: NGA 23, S. 263.

[9] Frank-Walter Steinmeier, Zum Tod von Günter Grass, Pressemitteilung, 13.04.2015; vgl. Joachim Gauck, Kondolenzschreiben zum Tod von Günter Grass, Pressemitteilung, 13.04.2015.

[10] Hans Manfred Bock, Der Intellektuelle als Sozialfigur. Neuere vergleichende Forschung zu ihren Formen, Funktionen und Wandlungen, in: Archiv für Sozialgeschichte (51 / 2011), S. 591–643.

gemessen wurde. Er polarisierte aufgrund dieser Aktivitäten und provozierenden öffentlichen Aussagen. Bereits kurz nach seinem Tod äußerten sich manche erfreut darüber, dass die „Zeit der Oberlehrer"[11] nun vorbei sei. Andere hingegen vermissten gerade diesen „Typus des politisch intervenierenden Intellektuellen"[12]. Grass' Selbstverständnis und seine Formen der politischen Intervention werden hier anhand der theoretischen Definition eines Intellektuellen empirisch eingeordnet und bewertet.

Intellektuelle werden im Forschungsdiskurs einerseits als „Meinungsführer"[13] bezeichnet, andererseits jedoch als „die Unmächtigen"[14] klassifiziert. Dieser Band vertritt die These, dass Günter Grass als Intellektueller über eine *kommunikative Macht* in der Berliner Republik verfügte (vgl. II. Kap. 3). Intellektuelle haben als nicht-etablierte Akteure innerhalb des politischen Systems „keine Macht, wenn damit die Kompetenz bindenden Entscheidens gemeint ist"[15] *(hard power)*, entgegnet Hauke Brunkhorst.[16] Es gibt allerdings verschiedene „Gesichter der Macht"[17], wie der Karl-Rudolf Korte rückgreifend auf Steven Lukes (1974) klarstellt. Dieser Argumentation wird hier gefolgt und davon ausgegangen, dass Grass als „Außenseiter"[18] mit seinen Ideen und Deutungsangeboten Entscheidungsprozesse beeinflussen konnte *(soft power)*. Diesbezüglich werden zwei mögliche Methoden der Einflussnahme untersucht (vgl. Abbildung 1): erstens der direkte *informelle*, persönliche Kontakt zu Politikern in Form eines Beratungsangebotes und zweitens der in-

---

[11] Tilman Krause, Die Zeit der Oberlehrer ist nun wirklich vorbei, in: Die Welt, 09.05.2015; vgl. Alexander Grau, Das Zeitalter der Intellektuellen ist endgültig vorbei, in: Cicero, 18.04.2015.
[12] Dirk-Oliver Heckmann, „Ein kämpferischer Mensch". Johano Strasser über Günter Grass, in: Deutschlandfunk, 13.04.2015; vgl. Peter Tauber, CDU würdigt Günter Grass, Pressemitteilung, 13.04.2015; Sigmar Gabriel, Zum Tod vom Günter Grass, Pressemitteilung, 13.04.2015; Jacques Schuster, Günter Grass nervte, aber Querköpfe wie er fehlen, in: Die Welt, 15.04.2015.
[13] Jürgen Gerhards, Dimensionen und Strategien öffentlicher Diskurse, in: Journal für Sozialforschung (32 / 1992), Heft 3 / 4, S. 307–316, hier S. 314.
[14] Günther Rüther, Die Unmächtigen. Schriftsteller und Intellektuelle seit 1945, Göttingen 2016.
[15] Hauke Brunkhorst, Die Macht der Intellektuellen, in: APuZ (40 / 2010), S. 32–37, hier S. 32.
[16] Es sei denn, sie bekleiden als Quereinsteiger selbst ein politisches Amt, was bei Günter Grass nicht der Fall war, aber beispielsweise bei Dieter Lattmann, Stefan Heym, Steffen Koppetzky oder aktuell Robert Habeck.
[17] Karl-Rudolf Korte, Gesichter der Macht. Über die Gestaltungspotenziale der Bundespräsidenten, Frankfurt a. M. 2019.
[18] Hanspeter Kriesi, Die Rolle der Öffentlichkeit im politischen Entscheidungsprozess. Ein konzeptueller Rahmen für ein international vergleichendes Forschungsprojekt, in: WZB (01-701), S. 22–25.

direkte Einfluss auf die Politik über den *öffentlichen* Auftritt, etwa durch Wahlhilfe oder Teilnahme an Diskursen.[19]

Die politische Biografie von Grass dient als Fallstudie, um die kommunikative Macht eines Intellektuellen in der Berliner Republik anhand folgender grundlegender Leitfragen zu analysieren:
1. Welche politischen Themen und Ziele verfolgte der Intellektuelle?
2. Welche Methode wählte er zum Erreichen dieser Ziele, den öffentlichen Diskurs oder die informelle Beratung von Politikern?
3. Welche Resonanz erzeugte der Intellektuelle in den Medien und bei Politikern?
4. Lässt sich ein direkter Einfluss von Günter Grass auf politische Prozesse feststellen?

Diese Fragen werden systematisch am Beispiel von Günter Grass' politischem Engagement von 1989 bis zu seinem Tod im Jahr 2015 analysiert. Das übergeordnete Erkenntnisinteresse dabei ist, herauszufinden, welche Funktionen Intellektuelle in der Politik haben.

Dieser Band belegt, wie vielschichtig Grass' politisches Engagement in der Berliner Republik war, erstens in der Form der Intervention, zweitens in der Themenvielfalt und drittens in der Funktion. Brunkhorst weist darauf hin, dass „intellektueller Einfluss und politische Macht [...] trotz sporadischer Rendezvous grundsätzlich verschiedene Größen"[20] darstellen. Gerade diese punktuellen Berührungspunkte zwischen Geist und Macht stehen im Mittelpunkt des Buchs und werden an Grass' Beispiel in der Berliner Republik rekonstruiert, um den Einfluss von Intellektuellen zu bewerten.

---

19 Vgl. Gangolf Hübinger, Die politischen Rollen europäischer Intellektueller im 20. Jahrhundert, in: Gangolf Hübinger / Thomas Hertfelder (Hrsg.), Kritik und Mandat. Intellektuelle in der deutschen Politik, Stuttgart 2000, S. 30–44, hier S. 39.
20 Brunkhorst, Die Macht der Intellektuellen, S. 33.

2 Fallauswahl: Der politische Günter Grass in der Berliner Republik

2.1 Biografiestudie über Günter Grass

Theoretisch ließe sich das politische Engagement von mehr als fünfhundert deutschen Intellektuelle untersuchen.[1] Hier wird deswegen auf Günter Grass als Einzelperson fokussiert, da es sich bei Intellektuellen um eine äußerst heterogene Gruppe handelt, die individuellen Formen der politischen Intervention verwenden (vgl. II. Kap. 1.3). Das Vorhaben, die kommunikative Macht von Intellektuellen anhand einer Einzelfallstudie zu erörtern, wurde durch die *Soziologie des Intellektuellen in 20 Porträts* von Thomas Jung und Stefan Müller-Doohm bestärkt.[2] Die Herausgeber schlussfolgern, dass sich nur etwas über den Typus des Intellektuellen in Erfahrungen bringen ließe, wenn die Forschung sich „hermeneutisch auf den je einzelnen Fall"[3] konzentriert und „durch sozialwissenschaftlich instrumentierte Biografiestudien"[4] die jeweilige Kritikform der politischen Einlassung und damit das persönliche Denkstilmuster untersucht. Biografieforschung wird in der Politikwissenschaft „nur marginal betrieben"[5], da sie meist die Systemebene auf der Makro-Ebene in den Mittelpunkt stellt. Auf der Mikro-Ebene werden primär bekannte Politiker untersucht. Das Potenzial der Biografieforschung bleibt folglich unausgeschöpft, denn in den politischen Prozess bringen sich verschiedene Akteure durch ihre individuellen Erfahrungen, Deutungs- und Handlungsmuster ein. Auch Intellektuelle wirken als politische Außenseiter auf Politik und Gesellschaft ein, wie dieser Band belegen wird.

Die Wahl fiel aus den folgendwzen vier Gründen auf Günter Grass. Erstens zählt seine Bekanntheit: Als Schriftsteller wurde er bereits durch seine Erstveröffentlichung *Die Blechtrommel* (1959) weltweit berühmt und galt als „International

---

[1] Vgl. Max A. Höfer, Meinungsführer, Denker, Visionäre. Wer sie sind, was sie denken, wie sie wirken, Frankfurt a. M. 1995.
[2] Thomas Jung / Stefan Müller-Doohm (Hrsg.), Fliegende Fische. Eine Soziologie des Intellektuellen in 20 Porträts, Frankfurt a. M. 2009; vgl. Ingrid Gilcher-Holtey (Hrsg.), Eingreifende Denkerinnen. Weibliche Intellektuelle im 20. und 21. Jahrhundert, Tübingen 2015.
[3] Thomas Jung / Stefan Müller-Doohm, Vorwort, in: Jung / Müller-Doohm, Fliegende Fische, S. 9–18, hier S. 12.
[4] Jung / Müller-Doohm, Vorwort, S. 12.
[5] Ina Alber, Politikwissenschaftliche Ansätze und Biographieforschung, in: Helma Lutz / Martina Schiebel / Elisabeth Tuider (Hrsg.), Handbuch Biographieforschung, Wiesbaden 2018, S. 187–196, hier S. 187.

Intellectual"[6]. Die Vergabe des Literatur-Nobelpreises 1999 verstärkte dies. Im Jahr 2010 zeigte eine Umfrage des Instituts für Demoskopie Allensbach, dass sechzig Prozent der Befragten den Namen Günter Grass als Beispiel für eine Person nennen, die „Deutschland seit 1949 besonders geprägt"[7] habe. Harro Zimmermann kommt in seiner 2006 erschienenen Biografie zu dem Schluss: „Seit gut vierzig Jahren werden die Bundesbürger von Meinungsforschern gefragt, wen sie für die bedeutendsten, zeitgenössischen Geistesgrößen ihrer Nation halten. Sie kommen immer wieder zu ein und demselben Ergebnis. Günter Grass kann über Jahrzehnte hin als der herausragende Repräsentant deutscher Nachkriegsliteratur und -intellektualität gelten."[8] Durch seine Prominenz war Günter Grass zweitens medial präsent und kann daher als „öffentlicher Autor"[9] bezeichnet werden. Dies belegt das von Max A. Höfer entwickelte Ranking der deutschen Intellektuellen, das auf einer quantitativen Auswertung der Medienberichterstattung und auf Internetquellen basiert.[10] Dort befand sich Grass jeweils auf den vordersten Plätzen (Platz 1, Platz 3).

Drittens war Günter Grass einer der wenigen Schriftsteller und Künstler, die sich kontinuierlich über einen langen Zeitraum gesellschaftlich-politisch engagierten (vgl. IV. Kap. 1.2) – und somit ein Vorreiter für den Typ des politisch eingreifenden Intellektuellen in Deutschland. Seinen 1959 erreichten literarischen Ruhm setzte er bereits kurze Zeit später für sein gesellschaftliches Engagement und seine Wahlkampfaktivitäten zugunsten Willy Brandts ein.[11] Grass blieb auch nach dem Ende der sozialliberalen Koalition in unterschiedlicher Intensität in seiner Rolle als politischer Mahner aktiv. Selbst der heftige Diskurs über seine Mitgliedschaft in der Waffen-SS im Jahr 2006 verminderte sein gesellschaftliches Engagement nicht. Zu seinem 82. Geburtstag im Jahr 2009 verkündete Grass sei-

---

6 Frank Brunssen, Speak out!! Günter Grass as an International Intellectual, in: Rebecca Braun / Frank Brunssen (Hrsg.), Changing the Nation. Günter Grass in International Perspective, Würzburg 2008, S. 94–115; Siegmund Ehrmann, Der Tod von Günter Grass macht uns alle tief betroffen, Pressemitteilung, 13.04.2015; Jean-Claude Juncker, Zum Tod von Literaturnobelpreisträger Günter Grass, Pressemitteilung, 13.04.2015.
7 Renate Köcher / Werner Süßlin, Die Berliner Republik. Allensbacher Jahrbuch der Demoskopie 2003–2009, Band 12, Berlin 2010, S. 29.
8 Harro Zimmermann, Grass unter den Deutschen. Chronik eines Verhältnisses, Göttingen 2006, S. 9.
9 Carolin John-Wenndorf, Der öffentliche Autor. Über die Selbstinszenierung von Schriftstellern, Bielefeld 2014.
10 Vgl. Höfer, Meinungsführer; Ders., Von Grass bis Mika, in: Cicero (04 / 2006), S. 58–63; Ders., Das Cicero-Ranking 2007, in: Cicero (05 / 2007), S. 52–61; Ders., Die Liste der 500, in: Cicero (01 / 2013), S. 18–32.
11 Vgl. Martin Kölbel (Hrsg.), Willy Brandt und Günter Grass. Der Briefwechsel, Göttingen 2013; Günter Grass, Aus dem Tagebuch einer Schnecke, in: NGA 10.

nen „aktiven Ruhestand"¹². Unbesehen dessen äußerte er sich weiterhin öffentlich kritisch zu aktuellen, gesellschaftlichen Fragen. Noch kurz vor seinem Tod nahm Grass zur Flüchtlingsfrage Stellung, kritisierte die Ignoranz Angela Merkels hinsichtlich der NSA-Affäre und fürchtete einen Dritten Weltkrieg.¹³ Sogar sein 2015 posthum erschienener Gedichtband zeigt den „politische[n], de[n] bockige[n] Grass, wie er je schon war"¹⁴. Diese Kontinuität ermöglicht eine Analyse mit Vergleichswerten über einen größeren Zeitraum, die bei einem punktuellen Auftreten des Intellektuellen nicht vorhanden wären.

Der vierte Punkt: Die Vielschichtigkeit Grass' politischen Engagements macht sein Fallbeispiel analytisch besonders interessant. Dies spiegelt sich in seiner Themenfülle, aber vor allem in den unterschiedlichen Formen politischer Intervention wider. Viele Schriftsteller und Philosophen regen punktuell Diskurse an. Doch die wenigsten deutschen Intellektuellen sind bereit, Politiker direkt zu kontaktieren oder gar Wahlkampfhilfe zu leisten (vgl. IV. Kap. 1.4).¹⁵ Grass war einer der wenigen Intellektuellen, die sowohl als „Organisator von Öffentlichkeit"¹⁶ als auch als Politikberater auftraten. An seinem Beispiel lässt sich das Zusammenspiel von öffentlichem und direktem Einfluss auf die Politik in verschiedenen Varianten analysieren. Diese Untersuchung geht davon aus, dass er durch seine Kontakte zu Politikern über einen stärkeren Einfluss auf sie als andere Intellektuelle verfügte. Daher stellt Grass ein besonders prägnantes Fallbeispiel und damit eine „Positivauswahl"¹⁷ dar, um das theoretische Konzept einer kommunikativen Macht Intellektueller in seiner extremen Ausprägung zu überprüfen.

Günter Grass fungiert somit einerseits als ein typisches und damit repräsentatives Fallbeispiel für die Kategorie eines politisch eingreifenden Intellektuellen¹⁸ –

---

12 Günter Grass, Brief an Norbert Niemann, 24.03.2020, in: GUGS / AdK, GGA, Signatur 15399. Tatsächlich trat er erst ab 2012 etwas kürzer.
13 Vgl. Edo Reents, Grass fordert notfalls Zwangseinquartierungen, in: FAZ, 27.11.2014; o. V., Günter Grass beklagt Ignoranz von Angela Merkel, in: Hamburger Abendblatt, 27.02.2015; dpa, Günter Grass sieht Anzeichen für einen dritten Weltkrieg, in: Die Welt, 16.02.2015.
14 Friedmar Apel, Was mecht nun los sain inne Polletik, in: FAZ, 02.09.2015.
15 Zu nennen sind beispielsweise die Schriftsteller Martin Walser, Hans Magnus Enzensberger, Peter Handke oder die Philosophen Jürgen Habermas oder Peter Sloterdijk.
16 Hübinger, Die politischen Rollen europäischer Intellektueller, S. 39.
17 Joachim K. Blatter / Frank Janning / Claudius Wagemann, Qualitative Politikanalyse. Eine Einführung in Forschungsansätze und Methoden, Wiesbaden 2007, S. 136.
18 Vgl. Wolfgang Muro, Fallstudien und die vergleichende Methode, in: Susanne Pickel / Gert Pickel / Hans-Joachim Lauth / Detlef Jahn (Hrsg.), Methoden der vergleichenden Politik- und Sozialwissenschaft. Neue Entwicklungen und Anwendungen, Wiesbaden 2009, S. 113–332, hier S. 116.

manche bezeichnen ihn sogar als Prototyp des Intellektuellen.[19] Anderseits weicht er von Idealbild oder Norm eines Intellektuellen durch seine Nähe zur politischen Macht ab. Dadurch nimmt Grass eine exponierte Position unter seinen Kollegen ein.

2.2 Zeitliche Eingrenzung auf die Berliner Republik

In der Forschung wird der Begriff *Berliner Republik* für die Zeit ab 1990 und für das vereinigte Deutschland verwendet.[20] Eingeführt wurde der umstrittene Terminus durch den Publizisten Johannes Gross. Dieser wollte 1995 damit ausdrücken, dass Deutschland durch die Einheit „nicht nur größer, sondern auch [...] von Grund auf anders geworden sei"[21]. Besonders die rot-grüne Koalition unter Gerhard Schröder verwendete den Begriff als Abgrenzung zur langen Regierungszeit Helmut Kohls, was der Regierungsumzug noch verstärkte.[22] Günter Grass lehnte ihn dagegen als „Schummelpackung"[23] ab und verwies auf die Kontinuitätslinien nach 1989.[24] Inzwischen hat sich „der Terminus nicht nur im täglichen Sprachgebrauch durchgesetzt. Er hat auch Eingang in die zeithistorische Forschung gefunden, wenn es darum geht, die jüngste deutsche Geschichte unter einem prägnanten Oberbegriff zu fassen"[25]. Hier wird *Berliner Republik* wertneutral als zeitliche Eingrenzung für die deutsche Geschichte genutzt, ohne Stellung zum Diskurs über Kontinuitäten oder einem völlig „neue[n] Selbstverständnis"[26] zu beziehen. Der Untersuchungszeitraum ist abgesteckt durch den Tag des Mauerfalls am 9. November 1989 und den Tod von Günter Grass am 13. April 2015. Der 9. November 1989 wird als Startpunkt

---

19 Vgl. Alexander Bogner, Abschied vom universellen Intellektuellen, in: Die Presse, 21.04.2015; o. V., „Ein Monument für Deutschland", in: SZ, 13.04.2015.
20 Vgl. Gunter Hofmann, Das Wagnis eines späten Neuanfangs, in: Die Zeit, 28.06.1991; Michael Bienert / Stefan Creuzberger / Kristina Hübener / Matthias Oppermann (Hrsg.), Die Berliner Republik. Beiträge zur deutschen Zeitgeschichte seit 1990, Berlin 2013; Frank Brunssen, Das neue Selbstverständnis der Berliner Republik, Würzburg 2005; Manfred Görtemaker, Die Berliner Republik. Wiedervereinigung und Neuorientierung, Berlin 2009.
21 Johannes Gross zitiert nach Axel Schildt, „Berliner Republik" – harmlose Bezeichnung oder ideologischer Kampfbegriff?, in: Michaela Bachem-Rehm / Claudia Hiepel / Henning Türk (Hrsg.), Teilungen überwinden. Europäische und Internationale Geschichte im 19. und 20. Jahrhundert, München 2013.
22 Vgl. Brunssen, Das neue Selbstverständnis der Berliner Republik, S. 15; Edgar Wolfrum, Rot-Grün an der Macht, Deutschland 1998–2005, München 2013, S. 629; Bienert, Die Berliner Republik, S. 13.
23 Günter Grass, Der lernende Lehrer, in: NGA 23, S. 245.
24 Jörg Magenau, Berliner Metropolensehnsüchte, in: FAZ, 19.10.1999.
25 Bienert, Die Berliner Republik, S. 14.
26 Brunssen, Das neue Selbstverständnis der Berliner Republik, S. 19.

für die neue Berliner Republik betrachtet[27], deren Entwicklung der Intellektuelle bis zu seinem Tod kritisch begleitete. Untersucht werden rund 25 Jahre und damit fast die Hälfte der Zeit des gesamten politischen Engagements von Grass.

Die Konzentration auf die Berliner Republik ermöglicht eine Analyse unter gleichen Bedingungen: vereinigtes Staatsgebiet, eine deutsche Nation und eine sich daraus neu formatierte Öffentlichkeit.[28] In diesem Zeitraum lässt sich überprüfen, ob es Veränderungen im politischen Engagement und Einfluss von Grass gegeben hat. Dies basiert auf der Annahme, dass er auch in der Berliner Republik ein „bestimmender Spieler im intellektuellen Feld"[29] war, obgleich er „die Ära des typischen Intellektuellen der alten Bundesrepublik"[30] prominent vertrat. Die Untersuchung geht davon aus, dass die Wende 1989 / 1990 nicht das Ende der Sozialfigur des Intellektuellen bedeutete.[31] Es gab lediglich unterschiedlich ausgeprägte Aktivitätsphasen (vgl. II. Kap. 1.3). Dementsprechend ist ein „Beitrag über Intellektuelle [in der] Berliner Republik"[32] nicht „ein Widerspruch in sich"[33]. Zum anderen kann anhand dieser Langzeituntersuchung erarbeitet werden, inwieweit sich der Regierungswechsel auf das Verhältnis des Intellektuellen zur Politik auswirkte. Günter Grass war, wie viele Intellektuelle, politisch links orientiert, sodass seine Biografie auch Aufstieg und Fall der SPD in der Berliner Republik widerspiegelt.[34] Der Intellektuelle kommentierte die Regierungszeit von Helmut Kohl (CDU) über Gerhard Schröder (SPD) bis hin zu Angela Merkel (CDU) kritisch. Anhand der Berliner Republik lässt sich somit analysieren, inwieweit sich aufgrund unterschiedlicher Regierungskoalitionen politisches Engagement und Funktionen des Links-Intellektuellen verändert haben. Schließlich wird deutlich, welche Themen und Diskurse bestimmend waren, sodass sich Rückschlüsse auf die politische

---

27 Andreas Rödder bezeichnet den Mauerfall als den „Wendepunkt der deutschen Revolution". Vgl. Andreas Rödder, Deutschland einig Vaterland. Die Geschichte der Wiedervereinigung, München 2009, S. 118.
28 Blatter / Janning / Wagemann, Qualitative Politikanalyse, S. 136.
29 Dominik Geppert, Republik des Geistes. Die Intellektuellen und das vereinigte Deutschland, in: Bienert, Die Berliner Republik, S. 159–180, S. 173.
30 Jacques Schuster, Günter Grass nervte, aber Querköpfe wie er fehlen, in: Die Welt, 15.04.2015.
31 Vgl. Alexander Grau, Das Zeitalter des Intellektuellen ist endgültig vorbei, in: Cicero, 18.04.2015; Brunkhorst, Die Macht der Intellektuellen, S. 32; Dietz Bering, „Intellektueller". Schimpfwort – Diskursbegriff – Grabmal?, in: ApuZ (40 / 2010), S. 5–12, hier S. 12.
32 Geppert, Republik des Geistes, S. 159.
33 Geppert, Republik des Geistes, S. 159.
34 Vgl. Ulrich von Alemann / Gertrude Cepl-Kaufmann / Hans Hecker / Bernd Witte, Intellektuelle und Sozialdemokratie, Opladen 2000; Norbert Seitz, SPD: Intellektuellenpartei a. D., in: Blätter für deutsche und internationale Politik (8 / 2010), S. 95–104.

Kultur der Berliner Republik ziehen lassen. Diskurse geben „unabhängig von ihrer tatsächlichen politischen Wirksamkeit Auskunft über die Art und Weise[, wie] eine Gesellschaft ihr Selbstverständnis diskutiert"[35]. In diesem Sinne leistet dieser Band über Günter Grass gleichzeitig einen Beitrag zur kulturpolitischen Geschichte der Berliner Republik.

---

35 Lothar Probst, Mythen und Legendenbildungen. Intellektuelle Selbstverständnisdebatten nach der Wiedervereinigung, in: Wolfgang Emmerich / Lothar Probst, Intellektuellen-Status und intellektuelle Kontroversen im Kontext der Wiedervereinigung, Bremen 1993, S. 23–44, hier S. 23.

3 Forschungsstand und Quellenlage

3.1 Der Stellenwert von Intellektuellen in der Politik- und Sozialwissenschaft

In den Politik- und Sozialwissenschaften werden Begriff und politische Rolle von Intellektuellen theoretisch und häufig normativ diskutiert.[1] Es dominiert im Diskurs zwischen Wissenschaft und Feuilleton die „Legende vom ‚Tod' des Intellektuellen"[2] oder eine „Intellektuellendämmerung"[3]. Übergreifend ist zu fragen: „Braucht Politik Intellektuelle?"[4] oder entspricht die Suche nach dem Intellektuellen seit den 1960er-Jahren einem „Warten auf Godot?"[5] Durch den Strukturwandel der Öffentlichkeit wird zudem das Vorhandensein neuer Typen von Intellektuellen konstatiert, wie beispielsweise *Medienintellektuelle, virtuelle Intellektuelle* oder *Intellektuelle 2.0*.[6] Einerseits heben Richard Posner, Theodore Lowi und Ralf Dahrendorf die Bedeutung des öffentlichen Intellektuellen in Umbruchzeiten positiv hervor, während Carolin John-Wenndorf darin ein Merkmal für eine Selbstinszenierung von Schriftstellern sieht.[7] Diese verschiedenen, oft widersprüchlichen Debattenbeiträge lassen sich in-

---

[1] Vgl. Gangolf Hübinger, Gelehrte, Politik und Öffentlichkeit. Eine Intellektuellengeschichte, Göttingen 2006; Jutta Schlich (Hrsg.), Intellektuelle im 20. Jahrhundert in Deutschland. Ein Forschungsreferat, Tübingen 2000.
[2] Ingrid Gilcher-Holtey / Eva Oberloskamp, Einleitung: Warten auf Godot?, in: Ingrid Gilcher-Holtey / Eva Oberloskamp (Hrsg.), Warten auf Godot? Intellektuelle seit den 1960er Jahren, München 2020, S. 1–17, hier S. 17; vgl. Daniel Morat, Intellektuelle und Intellektuellengeschichte, in: Docupedia-Zeitgeschichte, 20.11.2011.
[3] Johano Strasser, Intellektuellendämmerung? Die deutschen Intellektuellen nach 1989, in: Alemann, Intellektuelle und Sozialdemokatie, S. 183–195; vgl. Johano Strasser, Kopf oder Zahl. Die deutschen Intellektuellen vor der Entscheidung, Frankfurt a. M. 2005; Jürgen Habermas, Der Intellektuelle, in: Cicero (04 / 2006), S. 68–69.
[4] Ralf Dahrendorf, Umbrüche oder normale Zeiten. Braucht Politik Intellektuelle?, in: Hübinger / Hertfelder, Kritik und Mandat, S. 269–282.
[5] Gilcher-Holtey / Oberloskamp, Warten auf Godot?
[6] Vgl. Gabriele Kandzora / Detlef Siegfried / Axel Schildt, Medien-Intellektuelle in der Bundesrepublik, Göttingen 2020; Ingrid Gilcher-Holtey (Hrsg.), Zwischen den Fronten. Positionskämpfe europäischer Intellektueller im 20. Jahrhundert, Berlin 2006; Michel Winock, Das Jahrhundert der Intellektuellen, Konstanz 2003; Peter Leutsch, Intellektuelle 2.0. Einfluss der digitalen Kommunikation auf intellektuelle Aktivitäten, in: Deutschlandfunk, 17.02.2011.
[7] Vgl. Richard A. Posner, Public Intellectuals. A Study of Decline, Cambridge 2001; Theodore J. Lowi, Public Intellectuals and the Public Interest. Toward a Politics of Political Science as a Calling, in: Political Science and Politics (04 / 2010), S. 675–681; Ralf Dahrendorf, Versuchung der Unfreiheit. Die Intellektuellen in Zeiten der Prüfung, München 2006; John-Wenndorf, Der öffentliche Autor.

sofern zusammenfassen, dass viel über die Sozialfigur des Intellektuellen und dessen Wandel diskutiert, aber deren Funktion selten empirisch erforscht wird.

Die Geschichte der Verbindung von Geist und Macht in Deutschland interessiert Wissenschaftler dagegen häufiger, die dieses überblicksartig mit verschiedenen Schwerpunkten darstellen.[8] Der historische Überblick über das Verhältnis von Intellektuellen zur Politik ab 1945 ist stark geprägt von parteipolitischen Konstellationen. In der Bonner Republik wird besonders auf die Opposition der Gruppe 47 gegenüber der Adenauer-Regierung fokussiert.[9] Großes Interesse findet die Ära Brandt, die bis heute als Legende oder Mythos des Verhältnisses *Intellektuelle und Sozialdemokratie* als Honeymoon einen besonderen Forschungsgegenstand darstellt.[10] Bei Politikwissenschaftlern und Historikern stehen dabei besonders sein frühes Wahlengagement[11], das von ihm gegründete *Wahlkontor*[12] und die *Sozialdemokratische Wählerinitiative*[13] im Fokus. Die Berliner Republik wurde lange in

---

8 Vgl. Ulrich F. Schneider, Der Januskopf der Prominenz. Zum ambivalenten Verhältnis von Privatheit und Öffentlichkeit, Wiesbaden 2004; Ingrid Gilcher-Holtey, Eingreifendes Denken. Die Wirkungschancen von Intellektuellen, Weilerswist 2007; Höfer, Meinungsführer.
9 Vgl. Sabine Cofalla, Die „Gruppe 47" und die SPD. Ein Fallbeispiel, in: Alemann / Cepl-Kaufmann / Hecker / Witte, Intellektuelle und Sozialdemokratie, S. 147–165; Ingrid Gilcher-Holtey, Was kann Literatur und wozu schreiben? Handke, Enzensberger, Grass, Walser und das Ende der Gruppe 47, in: dies., Eingreifendes Denken, S. 184–221.
10 Vgl. Alemann / Cepl-Kaufmann / Hecker / Witte, Intellektuelle und Sozialdemokratie; Hartmut Soell, Sozialdemokratische Intellektuelle in der frühen Bundesrepublik, in: Schlich, Intellektuelle im 20. Jahrhundert in Deutschland, S. 200–221; Daniela Münkel, Intellektuelle für die SPD. Die Sozialdemokratische Wählerinitiative, in: Hübinger / Hertfelder, Kritik und Mandat, S. 222–238; Marin Kagel / Stefan Soldovieri / Laura Tate, Die Stimme der Vernunft. Günter Grass und die SPD, in: Hans Adler / Jost Hermand, Günter Grass. Ästhetik des Engagements, New York 1996, S. 29–62; Klaus Schönhoven, Intellektuelle und ihr politisches Engagement für die Sozialdemokratie. Szenen einer schwierigen Beziehung in der frühen Bundesrepublik, in: André Kaiser / Thomas Zittel (HRsg.), Demokratietheorie und Demokratieentwicklung, Wiesbaden 2004, S. 279–297.
11 Vgl. Jörg-Philipp Thomsa / Stefanie Wiech (Hrsg.), Ein Bürger für Brandt. Der politische Grass, Lübeck 2008; Kai Schlüter (Hrsg.), Günter Grass auf Tour für Willy Brandt. Die legendäre Wahlkampfreise 1969, Berlin 2011; Wilhelm Johannes Schwarz, Auf Wahlreise mit Günter Grass, in: Manfred Jurgensen, Grass. Kritik, Thesen, Analysen, Bern 1973, S. 151–265; Per Øhrgaard „ich bin nicht zu herrn willy brandt gefahren". Zum politischen Engagement der Schriftsteller in der Bundesrepublik am Beginn der 60er Jahre, in: Axel Schildt / Detlef Siegfried / Karl Christian Lammers, Dynamische Zeiten. Die 60er Jahre in den beiden deutschen Gesellschaften, Hamburg 2000, S. 719–733.
12 Klaus Roehler / Rainer Nitsche, Das Wahlkontor deutscher Schriftsteller in Berlin 1965. Versuch einer Parteinahme, Berlin 1990.
13 Vgl. Heidrun Abromeit / Klaus Burkhard, Die Wählerinitiativen im Wahlkampf 1972. Politisierte Wähler oder Hilfstruppen der Parteien?, in: Dieter Just / Lothar Romain (Hrsg.), Auf der Suche nach dem mündigen Wähler. Die Wahlentscheidung 1972 und ihre Konsequenzen, Bonn 1974, S. 91–115; Münkel, Intellektuelle für die SPD, S. 222–238.

diesen Veröffentlichungen nur am Rande als Ausblick thematisiert, bis Jan Ingo Grüner diese Forschungslücke schloss.[14]

Günter Grass' politische Tätigkeiten werden in Biografien, Publikationen und Erinnerungen führender Politiker der Berliner Republik kurz erwähnt.[15] Das intellektuelle Engagement in der Regierungszeit Helmut Kohls wird primär auf die öffentliche Kritik an der Wiedervereinigung sowie deren Beitrag zu den außenpolitischen Kriegsdiskursen hin erforscht.[16] Norbert Seitz hat einen ersten Überblick über das Verhältnis einzelner Bundeskanzler von Helmut Kohl bis Gerhard Schröder zu Intellektuellen erarbeitet.[17] Schröder knüpfte als sozialdemokratischer Kanzler an die gute Verbindung von Geist und Macht im Sinne von Willy Brandts an, sodass mehrere Publikationen auf die Rolle von Intellektuellen und somit auch auf Grass in der rot-grünen Regierungszeit eingehen.[18] Der sozialdemokratische Kanzler widmet im Wahlkampf 1998 Grass ein Kapitel in seiner Briefsammlung *Und weil wir unserer Land verbessern ...* und geht auf seine Kontakte zu Intellektuellen in seinen Erinne-

---

14 Strasser, Intellektuellendämmerung?, S. 183–195; Rüther, Die Unmächtigen, S. 267; Jan Ingo Grüner, Ankunft in Deutschland. Die Intellektuellen und die Berliner Republik 1998–2006, Berlin 2012.
15 Vgl. Helmut Kohl, Erinnerungen 1982–1990, München 2005; Helmut Kohl, Erinnerungen 1990–1994, München 2007; Oskar Lafontaine, Das Herz schlägt links, München 1999; Michael Naumann, Glück gehabt. Ein Leben, Hamburg 2017; Rainer Burchhard / Werner Knobbe, Björn Engholm. Die Geschichte einer gescheiterten Hoffnung, Stuttgart 1993; Hans-Jochen Vogel, Nachsichten. Meine Bonner und Berliner Jahre, München 1996; Richard von Weizsäcker, Vier Zeiten. Erinnerungen, München 2010; Helmut Schmidt, Außer Dienst. Eine Bilanz, München 2008; Peter Merseburger, Willy Brandt 1913–1992. Visionär und Realist, München 2002; Brigitte Seebacher, Willy Brandt, München 2004; Antje Vollmer, Eingewandert ins eigene Land. Was von Rot-Grün bleibt, München 2006; Theo Waigel, Ehrlichkeit ist eine Währung. Erinnerungen, Berlin 2019.
16 Vgl. Gerd Langguth (Hrsg.), Die Intellektuellen und die nationale Frage, Frankfurt a. M. 1997; Frank Thomas Grub, Wende und Einheit im Spiegel der deutschsprachigen Literatur. Ein Handbuch, Berlin 2003; Karl-Rudolf Korte, Über Deutschland schreiben. Schriftsteller sehen ihren Staat, München 1992; Michael Schäfer, Die Vereinigungsdebatte. Deutsche Intellektuelle und deutsches Selbstverständnis 1989–1996, Baden-Baden 2002; Probst, Mythen und Legendenbildungen, S. 23–44; Michael Schwab-Trapp, Kriegsdiskurse. Die politische Kultur des Krieges im Wandel 1991–1999, Opladen 2002.
17 Norbert Seitz, Die Kanzler und die Künste. Die Geschichte einer schwierigen Beziehung, München 2005.
18 Vgl. Gregor Schöllgen, Gerhard Schröder. Die Biographie, München 2015; Wolfrum, Rot-Grün; Melanie Förster, Intellektuelle als Berater der Politik? Themen, Funktionen und Formen von intellektueller Beratung am Beispiel des sozialdemokratischen Bundeskanzlers Gerhard Schröder, Duisburg-Essen 2020; Hermann Schmidt / Miriam Bernhardt, Manfred Bissinger: Der Meinungsmacher. Eine biografische Spurensuche, Berlin 2019; Klaus Meschkat, Beraten oder widerstehen? Intellektuelle und Rot-Grün, in: Loccumer Initiative kritischer Wissenschaftlerinnen und Wissenschaftler (Hrsg.), Rot-grün – noch ein Projekt. Versuch einer Zwischenbilanz, Hannover 2001, S. 156–159.

rungen ein.[19] Einige Aufsätze fokussieren das Wahlkampfengagement Intellektueller für Rot-Grün, die Rolle der Kulturpolitik sowie das von Günter Grass gegründete Lübecker Literatentreffen.[20] Die Regierungszeit von Angela Merkel schlägt sich bislang nicht auf die Intellektuellenforschung nieder.[21] Der kurze Forschungsüberblick deutet darauf hin, dass gerade in sozialdemokratischen Regierungszeiten *Intellektuelle in der Politik* zum Forschungsgegenstand werden.

Empirisch wird der Einfluss Intellektueller auf den Politikprozess bislang selten analysiert. Gangolf Hübinger liefert ein theoretisches Konzept, welche drei Wege Intellektuelle in die Politik nehmen können, nämlich über die Öffentlichkeit, durch die Politikberatung oder über ein politisches Mandat.[22] Der besondere Stellenwert der Öffentlichkeit im politischen Prozess wird unter dem Stichwort *Politische Kommunikation*[23] umfassend untersucht. Die Forschung fokussiert dabei vor allem auf Journalisten als „Meinungsmacher"[24], während Intellektuelle mit ihrer Deutungshoheit selten aufgeführt werden. Die Ergebnisse sind indes auf sie anwendbar, denn Hanspeter Kriesi geht davon aus, dass aufgrund des Medienwandels und der dadurch bedingten fehlenden Akzeptanz für traditionelle, politische Akteure auch nicht-etablierte „Außenseiter"[25] zunehmend Einfluss auf die Öffentlichkeit gewinnen könnten. Dies entspricht dem Konzept von Jürgen Habermas,

---

19 Gerhard Schröder, Entscheidungen. Mein Leben in der Politik, Hamburg 2006; Gerhard Schröder, Und weil wir unser Land verbessern ... 26 Briefe für ein modernes Deutschland, Hamburg 1998.
20 Vgl. Wigbert Löer, Ausflug zur Macht, noch nicht wiederholt. Die Sozialdemokratische Wählerinitiative und ihre Rudimente im Bundestagswahlkampf 1998, in: Tobias Dürr / Franz Walter (Hrsg.), Solidargemeinschaft und fragmentierte Gesellschaft. Parteien, Milieus und Verbände im Vergleich, Opladen 1999, S. 379–393; Ursula Kloyer-Heß, Dichter auf den Zinnen der Partei?, Die Rolle des Schriftstellers im Wahlkampf 2005, in: Die Politische Meinung (03 / 2006), Heft 436, S. 63–68; Daniela Münkel „Ich rat euch ES-PE-DE zu wählen", in: Vorwärts, 16.10.2007; Klaus-Jürgen Scherer, Kein Wahlkampf ohne Kultur, in: NG / FH (03 / 2009), S. 59–61; Helmut Mörchen, Meine Freunden, den Poeten, in: NG / FH (1–2 / 2009), S. 61–63; Eckhard Fuhr, Keine Renaissance der Gruppe 47, in: NG / FH (53 / 2006), S. 62–65; Klaus-Jürgen Scherer, „Er muss unser König bleiben", in: NG / FH (53 / 2006), S. 65–67.
21 Vgl. Rüther, Die Unmächtigen, S. 284; Jens Jessen, Wer denkt für die CDU, in: Die Zeit, 02.06.2005; Norbert Lammert, Wir denken selbst. Die CDU und die Intellektuellen, in: Die Zeit, 23.06.2005.
22 Vgl. Hübinger / Hertfelder, Kritik und Mandat, S. 39.
23 Vgl. Patrick Donges / Otfried Jarren, Politische Kommunikation in der Mediengesellschaft. Eine Einführung, 4. Aufl., Wiesbaden 2017; Ulrich Sarcinelli, Politische Kommunikation in Deutschland. Zur Politikvermittlung im demokratischen System, 3. Aufl., Wiesbaden 2011.
24 Lothar Rolke / Volker Wolff (Hrsg.), Die Meinungsmacher in der Mediengesellschaft. Deutschlands Kommunikationselite aus der Innensicht, Wiesbaden 2003; vgl. Schmidt / Bernhardt, Manfred Bissinger.
25 Er untersucht vor allem soziale Bewegungen. Vgl. Kriesi, Die Rolle der Öffentlichkeit, S. 22–25.

der in seinem Modell der *diskursiven Öffentlichkeit* herausstellt, dass die Zivilgesellschaft aus der Peripherie auf das politische Zentrum einwirken kann.[26] Zudem können Intellektuelle Gangolf Hübinger zufolge als Politikberater wirksam werden. Dieser Bereich wurde lange vernachlässigt.[27] Erst Melanie Förster analysiert diese Funktion exemplarisch am Beispiel der Regierungszeit Gerhard Schröders.[28] Intellektuelle und Schriftsteller als politische Quereinsteiger werden in Deutschland bislang nicht erforscht. Eine entsprechende Studie erstellte lediglich Armin Wolf für Österreich.[29]

Man kann bilanzierend konstatieren, dass die Funktion Intellektueller in der Berliner Republik ohne grundierende empirische Ergebnisse oder Quellenanalysen normativ infrage gestellt wird. Es gibt dazu wenige theoretische Ansätze, wie die Sozialfigur des Intellektuellen konkret auf die Politik wirkt und wie dieser Einfluss qualitativ zu bewerten ist. Erste Forschungsergebnisse zeigen bereits deutlich, dass Intellektuelle auch in der Berliner Republik die Diskurse bestimmt haben und Gerhard Schröder berieten. Eine umfassende Analyse, die das intellektuelle Zusammenspiel von öffentlichen Diskursen und Politikberatung gemeinsam untersucht, steht aus.

3.2 Der literaturwissenschaftliche Schwerpunkt in der Grass-Forschung

Günter Grass als Nobelpreisträger und seine Literatur waren schon zu Lebzeiten Bestandteil der internationalen Forschung.[30] Sein politisches und künstlerisches Werk findet dagegen nur geringe Beachtung.[31] Grass konzipierte 2014 daher den

---

26 Vgl. Hauke Brunkhorst / Regina Kreise / Christina Lafont (Hrsg.), Habermas-Handbuch. Leben – Werk – Wirkung, Stuttgart 2009; Stefan Müller-Doohm, Jürgen Habermas. Eine Biographie, Freiburg 2014.
27 Vgl. Daniela Münkel, „Das große Gespräch". Willy Brandt und seine Berater, in: Stefan Fisch / Wilfried Rudloff (Hrsg.), Experten und Politik. Wissenschaftliche Politikberatung in geschichtlicher Perspektive, Berlin 2004, S. 277–296.
28 Förster, Intellektuelle als Berater der Politik.
29 Armin Wolf / Euke Frank, Promi-Politik. Prominente Quereinsteiger im Porträt, Wien 2006; Armin Wolf, Image-Politik. Prominente Quereinsteiger als Testimonials der Politik, Baden-Baden 2007.
30 Vgl. Sabine Ludwig / Volker Neuhaus, „Im Ausland geschätzt – im Inland gehaßt"? Günter Grass zum 70. Geburtstag, Köln 1997; Hans Wißkirchen (Hrsg.), Die Vorträge des 1. Internationalen Günter Grass Kolloquiums im Rathaus zu Lübeck, Lübeck 2002; Hanjo Kesting (Hrsg.), Die Medien und Günter Grass, Köln 2008; Braun / Brunssen, Changing the Nation.
31 Kai Artinger / Hans Wißkirchen (Hrsg.), Wortbilder und Wechselspiele. Das Günter Grass-Haus, Göttingen 2002.

Freipass als Forum für Literatur, Bildende Kunst *und* Politik, um der Forschung aller drei Bereiche einen Platz zu geben.[32]

Grass' gesellschaftliche Aktivitäten nehmen in mehreren Biografien einen bedeutenden Platz ein, ohne dieses durch Quellen zu vertiefen. Harro Zimmermann stellt das öffentliche Leben des Schriftstellers anhand von Zeitungsartikeln chronologisch dar.[33] Michael Jürgs erstellte auf Basis von Gesprächen eine Biografie mit dem Titel *Bürger Grass*.[34] Heinrich Vornweg veröffentlichte eine Monographie über Günter Grass, in der er auf den „Trommler für die Es-Pe-De"[35] eingeht. Auch Claudia Mayer-Iswandy widmet in ihrer Biografie ein Kapitel seinem politischen Engagement.[36] Frank Brunssen beschreibt ihn als internationalen Intellektuellen und als das Gewissen der Nation.[37] Alle vertiefen die Darstellung seiner politischen Aktivitäten als Intellektueller nicht, sondern fokussieren sich auf das literarische Werk.

Der politische Günter Grass wird primär auf Basis von literaturwissenschaftlichen Analysen seiner Werke dargestellt, wie die Veröffentlichungen von Volker Neuhaus, Dieter Stolz und Julian Preece zeigen.[38] In der internationalen Forschung finden sich ebenfalls einzelne Beiträge zum politischen Grass.[39] Rebecca Braun schreibt über den Weltautor unter der Frage „Changing Nations?"[40]. Julian Preece fokussiert sich auf Grass NS-Vergangenheit als Hintergrund für seine „Biography as

---

[32] Volker Neuhaus / Per Øhrgaard / Jörg-Philipp Thomsa (Hrsg.), Freipass. Forum für Literatur, Bildende Kunst und Politik, Berlin 2015. Es sind seit 2015 fünf Bände erschienen.
[33] Zimmermann, Günter Grass unter den Deutschen; Harro Zimmermann, Günter Grass und die Deutschen. Eine Entwirrung, Göttingen 2017; Harro Zimmermann, Militante Vernunft. Über den Intellektuellen Günter Grass, in: Jung / Müller-Doohm, Fliegende Fische, S. 424–448; Harro Zimmermann, Das Temperament der Vernunft. Über den Wahlkämpfer Günter Grass, in: Thomsa / Wiech, Ein Bürger für Brandt, S. 25–35.
[34] Michael Jürgs, Bürger Grass. Eine Biografie eines deutschen Dichters, München 2002.
[35] Heinrich Vormweg, Günter Grass, überarb./erw. Neuausgabe, Reinbek 2002, hier vor allem S. 86–104.
[36] Claudia Mayer-Iswandy, Günter Grass, München 2002, hier vor allem S. 106–128.
[37] Frank Brunssen, Günter Grass, Marburg 2014; Brunssen, Günter Grass as an International Intellectual, S. 94–115.
[38] Volker Neuhaus, Günter Grass. Eine Biografie, Göttingen 2012; Volker Neuhaus, Schreiben gegen die verstreichende Zeit. Zu Leben und Werk von Günter Grass, München 1997; Dieter Stolz, Günter Grass zur Einführung, Hamburg 1999; Julian Preece, Günter Grass. Critical Lives, London 2018.
[39] Braun / Brunssen, Changing the Nation; Stuart Taberner (Hrsg.), The Cambridge Companion to Günter Grass, Cambridge 2009.
[40] Rebecca Braun, Günter Grass as a World Author, in: Braun / Brunssen, Changing the Nation, S. 194–209.

politics"[41]. Sowohl Sabine Moser als auch Gertrude Cepl-Kaufmann erforschen die Literatur des Nobelpreisträgers speziell in Bezug auf politische Inhalte, wie auch Kurt Tank und Helmut Frielinghaus in ihren Texten.[42] Dabei stehen vor allem Grass' „Leiden an Deutschland"[43] oder sein „Hadern mit Deutschland"[44] im Mittelpunkt. Wolfgang Beutin nennt den „Fall Grass"[45] ein „deutsches Debakel"[46]. Einzelne Werke des Schriftstellers stehen dabei aufgrund des gesellschaftskritischen Hintergrunds im Fokus.[47] Ein besonderes Augenmerk gilt auch den politischen Gedichten des Schriftstellers.[48] Das literarische Werk von Schriftstellern bis 1990 findet auch bei Politikwissenschaftlern, wie Karl-Rudolf Korte oder Gerd Langguth, Aufmerksamkeit.[49] Der Stellenwert der Literatur für die Politikwissenschaft ist dennoch marginal.

Ein Forschungsbereich umfasst die durch Grass ausgelösten Medienskandale, wie beispielsweise nach den Veröffentlichungen von *Ein weites Feld* (1995)[50], *Im*

---

41 Julian Preece, Biography as politics, in: Taberner, The Cambridge Companion to Günter Grass, S. 10–23.
42 Gertrude Cepl-Kaufmann, Günter Grass. Eine Analyse des Gesamtwerkes unter dem Aspekt von Literatur und Politik, Kronenberg 1975; Sabine Moser, „Dieses Volk, unter dem es zu leiden galt". Die deutsche Frage bei Günter Grass, Frankfurt a. M. 2002; Helmut Frielinghaus, „Den politischen Alltag notfalls auch kämpferisch bestehen". Geschichte und Politik im Werk von Günter Grass, in: Thomsa / Wiech, Ein Bürger für Brandt, S. 16–24.
43 Gertrude Cepl-Kaufmann, Leiden an Deutschland. Günter Grass und die Deutschen, in: Gerd Labroisse / Dick van Stekelenburg (Hrsg.), Günter Grass. Ein europäischer Autor?, Amsterdam 1992, S. 267–289.
44 Lothar Baier, Hadern mit Deutschland. Über ein Dilemma des politischen Intellektuellen Günter Grass, in: Heinz Ludwig Arnold (Hrsg.), Text + Kritik, 7. rev. Aufl., München 1997.
45 Wolfgang Beutin, Der Fall Grass. Ein deutsches Debakel, Frankfurt a. M. 2008.
46 Beutin, Der Fall Grass.
47 Vgl. Mark Martin Gruettner, Intertextualität und Zeitkritik in Günter Grass' *Kopfgeburten* und *Die Rättin*, Tübingen 1997; Rolf Köpcke, Die Verarbeitung der Wiedervereinigung Deutschlands im Wende- und Berlin-Roman *Ein weites Feld* (1995) von Günter Grass. Die Versuche der Einflussnahme des Ministeriums für Staatssicherheit auf ihn, Berlin 2003; Siegrid Mayer, Politische Aktualität nach 1989. Die Polnisch-Deutsch-Litauische Friedhofsgesellschaft oder *Unkenrufe* von Günter Grass, in: Elrud Ibsch / Ferdinand von Ingen (Hrsg.), Literatur und politische Aktualität, Amsterdam 1993, S. 213–224.
48 Vgl. Heinz Ludwig Arnold, „Zorn Ärger Wut". Anmerkungen zu den politischen Gedichten in *Ausgefragt*, in: Jurgensen, Grass. Kritik, Thesen, Analyse, S. 103–106; Andreas Meyer, Eine irenische Provokation. *Novemberland* von Günter Grass und der Niedergang der politischen Kultur, in: Zeitschrift für deutsche Philologie (2 / 2001), S. 252–284.
49 Korte, Über Deutschland schreiben; Gerd Langguth (Hrsg.), Autor, Macht, Staat. Literatur und Politik in Deutschland. Ein notwendiger Dialog, Düsseldorf 1994.
50 Vgl. Timm Boßmann, Der Dichter im Schußfeld. Geschichte und Versagen der Literaturkritik am Beispiel Günter Grass, Marburg 1997; Matthias Braun, Das Stasi-Thema im neuen deutschen Roman nach 1990 am Beispiel von Günter Grass' *Ein weites Feld* und Uwe Tellkamps *Der Turm*,

Krebsgang (2002)[51], *Beim Häuten der Zwiebel* (2006)[52] sowie durch sein Gedicht *Was gesagt werden muss* (2012)[53]. Selten werden die Kontroversen dabei diskursanalytisch näher betrachtet, wie es durch Britta Gries hinsichtlich der Wahrnehmung seines SS-Geständnisses in den verschiedenen Generationen geschehen ist.[54] Die politische Relevanz dieser Diskurse wird bislang selten erforscht. Ihre Wirkung in den Medien wird dagegen oftmals thematisiert, wie der Medien-Kongress zu Günter Grass im Jahr 2007 und auch die Untersuchungen von Timm Boßmann, Siegfried Mews, Robert Weiningers und Carolin John-Wenndorf belegen.[55] Das ambivalente Verhältnis von Grass zu den Journalisten lässt sich auch anhand einiger Biografien, Tagebücher und Erinnerungen nachvollziehen.[56]

---

in: Carsten Gansel / Elisabeth Herrmann (Hrsg.), Entwicklungen in der deutschsprachigen Gegenwartsliteratur nach 1989, S. 185–192.
51 Vgl. Michael Braun, Die Medien, die Erinnerung, das Tabu. *Im Krebsgang* und *Beim Häuten der Zwiebel* von Günter Grass, in: Michael Braun (Hrsg.), Tabu und Tabubruch in Literatur und Film, Würzburg 2007, S. 117–136; Adolf Höfer, Die Entdeckung der deutschen Kriegsopfer in der Gegenwartsliteratur. Eine Studie zur Novelle *Im Krebsgang* von Günter Grass und ihrer Vorgeschichte, in: Literatur für Leser (26 / 2003), Heft 3, S. 182–197; Nicole Thesz, Against a New Era in Vergangenheitsbewältigung. Continuities in Günter Grass's *Crabwalk*, in: Colloquia Germanica (37 / 2004), Heft 3–4, S. 291–306.
52 Vgl. Manuel Maldono Alemán, Erinnerung im Zeichen der Vergangenheitsbewältigung. Die Debatte um Günter Grass' *Beim Häuten der Zwiebel* in Deutschland und Spanien, in: Kesting, Die Medien und Günter Grass, S. 105–126; Gunther Nickel, Kein Einzelfall. Die medialen Kampagnen gegen Günter Grass, Martin Walser und Peter Handke, in: Kesting, Die Medien und Günter Grass, S. 183–198; Richard Schade, American Media Coverage of Grass's Waffen-SS Revelation, in: Kesting, Die Medien und Günter Grass, S. 127–146.
53 Egbert Jahn, „Mit letzter Tinte". Ein Federstich in das Wespennest israelischer, jüdischer und deutscher Empfindlichkeiten, in: Ders., Politische Streitfragen. Band 4: Weltpolitische Herausforderungen, Wiesbaden 2015, S. 210–227.
54 Britta Gries, Die Grass-Debatte. Die NS-Vergangenheit in der Wahrnehmung von drei Generationen, Marburg 2008.
55 Kesting, Die Medien und Günter Grass; Boßmann, Der Dichter im Schussfeld; Siegfried Mews, Günter Grass and his critics from *the tin drum* to *Crabwalk*, Rochester 2008; Robert Weininger, Mediale Kannibalen und die gefräßige Wirklichkeit Politik. Vom ewigen Streit um Günter Grass, in: Ders., Streitbare Literaten. Kontroversen und Eklats in der deutschen Literatur von Adorno bis Walser, München 2004; John-Wenndorf, Der öffentliche Autor.
56 Vgl. Schmidt / Bernhardt, Manfred Bissinger; Uwe Wittstock, Marcel Reich-Ranicki. Die Biografie, München 2015; Volker Weidermann, Das Duell. Die Geschichte von Günter Grass und Marcel Reich-Ranicki, Köln 2019; Peter Merseburger, Rudolf Augstein. Biografie, München 2007; Fritz J. Raddatz, Tagebücher 2002–2012, Band 2, Hamburg 2015; Jörg-Dieter Kogel, Reisen mit Grass, in: Jörg-Philipp Thomsa (Hrsg.), Zwei lange Nächte für Günter Grass. Freunde und Weggefährten erinnern sich, Lübeck 2017, S. 25–32; Christoph Siemens, Grass und die Medien, in: Thomsa, Zwei lange Nächte für Günter Grass, S. 41–50.

Viele Veröffentlichungen, die sich explizit dem politischen Günter Grass widmen, stammen aus den 70er- und 80er-Jahren, sind damit veraltet und nur bedingt für die Untersuchung der Berliner Republik relevant.[57] Darüber hinaus werden auch spezifische Themenbereiche, wie Günter Grass als „grüner Poet"[58] und sein ökologisches Bewusstsein in den 1980er-Jahren in Aufsätzen kurz behandelt.[59] Es gibt zudem mehrere Forschungsbeiträge zu seiner Haltung zur Wiedervereinigung, die in Bezug auf das Verhalten von Intellektuellen breit untersucht wird.[60] Einzelne Aufsätze stellen Grass' politische Sozialisierung dar.[61] Seine rhetorischen Fähigkeiten als Redner analysieren sowohl Timm Niklas Pietsch als auch Frank Finlay.[62]

Es lässt sich schlussfolgern, dass das vielseitige politische Engagement von Grass in der Berliner Republik bislang zwar erwähnt wird, aber dabei der Fokus allerdings auf seiner Literatur und einzelnen Reden liegt. Dies begründet sich darin, dass sich Germanisten und Journalisten vor allem auf die Werke, die davon ausgelösten Diskurse und die Rhetorik des Schriftstellers konzentrieren. In der Politikwissenschaft weckt dagegen lediglich das Wahlkampfengagement von Günter Grass für Willy Brandt Interesse, sodass die Beiträge vor allem aus den 70er-/80er-Jahren stammen. Spätestens mit der Wiedervereinigung endet die Ana-

---

[57] Vgl. Heinz Ludwig Arnold / Franz Josef Görtz, Günter Grass. Dokumente zur politischen Wirkung, München 1971; Hans Egon Holthusen, Günter Grass als politischer Autor, in: Der Monat (18 / 1966), S. 66–81; Franz Josef Görtz, Der Provokateur als Wahlhelfer, in: Heinz Ludwig Arnold (Hrsg.), Text und Kritik, Heft 1 / 1a, 5. Aufl., München 1978, S. 162–174; Helmut L. Müller, Die literarische Republik. Westdeutsche Schriftsteller und die Politik, Weinheim 1982.
[58] Klaus Pezold, Natur und Naturbedrohung bei Günter Grass, in: Jahrbuch Ökologie 2001, München 2000.
[59] Mara Stuhlfauth-Trabert, Seit Jahrzehnten „fünf nach zwölf". Ökologisches Bewusstsein in Werken von Günter Grass, Andreas Maier, Christine Büchner, Kathrin Röggla und Ilija Trojanow, Würzburg 2017.
[60] Vgl. Cepl-Kaufmann, Leiden an Deutschland, S. 267–289; Gerd Labroisse, Günter Grass' Konzept eines zweiteiligen Deutschlands. Überlegungen in einem europäischen Kontext, in: Labroisse / Steklenburg, Günter Grass. Ein europäischer Autor, S. 291–314; Helmuth Kiesel, Die Intellektuellen und die deutsche Einheit, in: Die politische Meinung (36 / 1991), S. 49–62; Michael Braun, „Kein Deutschland gekannt Zeit meines Lebens". Grass, Walser, Enzensberger und die nationale Frage, in: Universitas (593 / 1995), Heft 11, S. 1090–1101; Stephen Brockmann, Günter Grass and German unification, in: Taberner, The Cambridge Companion to Günter Grass, S. 125–138; Stuart Parkes, Günter Grass and his contemporaries in East and West, in: Taberner, The Cambridge Companion to Günter Grass, S. 209–222.
[61] Vgl. Jörg-Philipp Thomsa, „Das ergab sich, verzögert." Die politische Sozialisation von Günter Grass, in: Thomsa / Wiech, Ein Bürger für Brandt, S. 8–15; Zimmermann, Das Temperament der Vernunft, S. 25–35.
[62] Timm Niklas Pietsch, „Wer hört noch zu". Günter Grass als politischer Redner und Essayist, Essen 2006; Frank Finlay, Günter Grass' political rhetoric, in: Taberner, The Cambridge Companion to Günter Grass, S. 24–38.

lyse des politischen Günter Grass. Eine Erforschung der Berliner Republik auf Grundlage von politischen Quellen steht somit noch aus.

3.3 Veröffentlichte politische Quellen von Günter Grass

Es wurde bereits eine große Anzahl von Primärquellen zum politischen Grass publiziert und seine Reden zeitnah in Zeitungen abgedruckt. Zudem dokumentieren dort diverse Interviews und offene Briefe seine politische Haltung. Ausgewählte Texte wurden regelmäßig in verschiedenen Publikationen durch den Intellektuellen selbst gesammelt veröffentlicht.[63] 1997 erschien die erste Werkausgabe von Günter Grass, die 2020 durch die Neue Göttinger Ausgabe (NGA) ergänzt und aktualisiert wurde.[64] Darin enthalten sind nicht nur die literarischen Werke, sondern auch ausgewählte Reden sowie Gespräche, die Timm Niklas Pietsch bereits 2019 herausgab.[65] Interviews mit dem Intellektuellen haben Harro Zimmermann sowie Heinrich Detering ebenfalls in Buchform publiziert.[66] Die meisten Mediendiskurse dokumentiert der Steidl-Verlag mit einer kommentierenden Einleitung.[67]

Grass' gesellschaftliches Engagement wird im Kontext seiner Arbeit für die von ihm gegründeten Stiftungen sowie durch das Buchprojekt mit Daniela Dahn und Johano Strasser deutlich.[68] Der Intellektuelle beteiligte sich auch an politi-

---

[63] Vgl. Günter Grass, Deutscher Lastenausgleich. Wider das dumpfe Einheitsgebot. Reden und Gespräche, Frankfurt a. M. 1990; Rudolf Augstein / Günter Grass, DEUTSCHLAND, einig Vaterland? Ein Streitgespräch, Göttingen 1990; Grass, Steine wälzen.
[64] Volker Neuhaus / Daniela Hermes, Günter Grass. Werkausgabe in 16 Bänden, Göttingen 1997; Stolz / Frizen, Günter Grass: Werke.
[65] Vgl. Timm Niklas Pietsch, Günter Grass. Gespräche 1958–2015, Göttingen 2019 sowie in NGA 24.
[66] Günter Grass / Harro Zimmermann, Vom Abenteuer der Aufklärung. Werkstattgespräche, Göttingen 1999; Günter Grass / Heinrich Detering, In letzter Zeit. Ein Gespräch im Herbst, Göttingen 2017.
[67] Vgl. Oskar Negt (Hrsg.), Der Fall Fonty. *Ein weites Feld* von Günter Grass im Spiegel der Kritik, Göttingen 1996; Manfred Bissinger / Daniela Hermes (Hrsg.), Zeit sich einzumischen. Die Kontroverse um Günter Grass und die Laudatio auf Yaşar Kemal in der Paulskirche, Göttingen 1998; Martin Kölbel (Hrsg.), Ein Buch, ein Bekenntnis. Die Debatte um Günter Grass' *Beim Häuten der Zwiebel*, Göttingen 2007; Heinrich Detering / Per Øhrgaard (Hrsg.), Was gesagt wurde. Eine Dokumentation über Günter Grass' *Was gesagt werden muss* und die deutsche Debatte, Göttingen 2013.
[68] Vgl. Günter Grass, Ohne Stimme. Reden zugunsten des Volkes der Roma und Sinti, Göttingen 2000; Willy-Brandt-Kreis e. V. (Hrsg.), Zur Lage der Nation. Leitgedanken für eine Politik der Berliner Republik, Berlin 2001; Günter Grass / Daniela Dahn / Johano Strasser (Hrsg.), In einem reichen Land. Zeugnisse alltäglichen Leidens an der Gesellschaft, Göttingen 2002; August-Bebel-Stiftung (Hrsg.), Demokratie stärken. Die Verleihung des August-Bebel-Preises an Günter Wallraff, Klaus Staeck und Gesine Schwan, Berlin 2017.

schen Gesprächen und Veröffentlichungen, die pünktlich zu Bundestagswahlen erschienen.[69] Einen Überblick über sein Verhältnis zur Sozialdemokratie gibt der Sammelband *Schlagt der Äbtissin ein Schnippchen, wählt SPD!*, den die SPD zu seinem 80. Geburtstag im Jahr 2007 mit Beiträgen von mehreren Politikern, wie Kurt Beck, Björn Engholm, Wolfgang Thierse oder Gerhard Schröder, veröffentlichte.[70] Klaus Wettig stellte 2017 einige Dokumente unter dem Titel *Ich wohne nicht in stehenden Gewässern* zusammen.[71]

Private Einblicke in Grass' politisches Denken geben seine Briefwechsel mit dem Politiker Willy Brandt, aber auch mit seiner amerikanischen Verlegerin Helen Wolff sowie mit dem japanischen Schriftsteller Kenzaburō Ōe.[72] Zudem erstellt Uwe Neumann 2017 eine umfangreiche Anthologie, in dem er auch Briefe von Politikern aufführt.[73] 2009 wurde Grass' Tagebuch von 1990 unter dem Titel *Unterwegs von Deutschland nach Deutschland* und 2010 seine Stasi-Akten unter dem Namen *Günter Grass im Visier* herausgegeben, sodass für die sogenannte Wendezeit 1989 / 1990 eine einzigartige Quellendichte verfügbar ist.[74]

Die zahlreichen Veröffentlichungen der politischen Texte von Günter Grass suggerieren, dass bereits alle seine wichtigen Äußerungen publiziert sind. Bei genauerer Betrachtung stellt man viele Wiederholungen der gleichen Quellen fest. Zudem nimmt die Werkausgabe nur ausgewählte Reden und Gespräche ohne Anspruch auf Vollständigkeit auf. Angesichts der Materialfülle verwundert es, dass dieser Themenkomplex bisher nicht erforscht ist.

---

69 Vgl. Manfred Bissinger / Hans-Ulrich Jörges, SPD – Anpassung oder Alternative? Eine Debatte, Berlin 1993; Oskar Negt, Gespräch mit Günter Grass, in: Oskar Negt (Hrsg.), Die zweite Gesellschaftsreform. 27 Plädoyers, Göttingen 1994; Günter Grass, Standorttheater, in: Daniela Dahn et al. (Hrsg.), Eigentum verpflichtet. Die Erfurter Erklärung, Heilbronn 1997, S. 17–24; Günter Grass / Oskar Negt, Ein unvollendetes Projekt. Ein Gespräch, in: Oskar Negt (Hrsg.), Ein unvollendetes Projekt. Fünfzehn Positionen zu Rot-Grün, Göttingen 2002; Manfred Bissinger, Der Sozialdemokratie fehlen konsequente Personen, in: Manfred Bissinger / Wolfgang Thierse (Hrsg.), Was würde Bebel dazu sagen? Zur aktuellen Lage der Sozialdemokratie, Göttingen 2013.
70 Kurt Beck (Hrsg.), „Schlagt der Äbtissin ein Schnippchen, wählt SPD!" Günter Grass und die Sozialdemokratie, Berlin 2007.
71 Klaus Wettig (Hrsg.), „Ich wohne nicht in stehenden Gewässern". Der politische Günter Grass, Göttingen 2017.
72 Kölbel, Briefwechsel; Daniela Hermes, Günter Grass und Helen Wolff. Briefe 1959–1994, Göttingen 2013; Günter Grass / Kenzaburō Ōe, „Gestern, vor 50 Jahren". Ein deutsch-japanischer Briefwechsel, Göttingen 1995.
73 Uwe Neumann, Alles gesagt? Eine vielstimmige Chronik zu Leben und Werk von Günter Grass, Göttingen 2017.
74 Vgl. Günter Grass, Unterwegs von Deutschland nach Deutschland. Tagebuch 1990, Göttingen 2009; Kai Schlüter, Günter Grass im Visier. Die Stasi-Akte, Berlin 2010; Klaus Pezold, Günter Grass. Stimmen aus dem Leseland, Leipzig 2003.

Dieser Band sucht dieses Defizit auszugleichen und wählt dabei folgende Systematik: Der erste Teil (I–III) nähert sich zunächst theoretisch an das Thema Intellektuelle sowie ihre kommunikative Macht an. Im zweiten Teil (IV.) werden die so gewonnenen Kriterien anhand einer Fallstudie zu Günter Grass in der Berliner Republik anhand verschiedener Politikfelder praktisch empirisch erprobt. Die so gewonnenen Hinweise über die Funktionen von Intellektuellen in der Politik werden im nächsten Untersuchungsteil (V) abschließend zusammengefasst und das Konzept der kommunikativen Macht von Intellektuellen bewertet (vgl. Abbildung 2).

Der politische Günter Grass in der Berliner Republik		
Untersuchungsrahmen	**IV. Einzelfallstudie:** **Der politische Günter Grass**	**V. Fazit:** **Die kommunikative Macht von Günter Grass in der Berliner Politik**
I. Fallauswahl	1. Günter Grass' Selbstverständnis	
II. Theoretischer Rahmen: Kommunikative Macht von Intellektuellen	2. Deutsche Einheit 1989/1990	
	3. Innere Einheit	
1. Forschungsgegenstand: Intellektuelle	4. Asylpolitik	
2. Methoden der Intellektuellen	5. Kulturpolitik	
3. Politische Resonanz: Kommunikative Macht	6. Innenpolitik	
4. Einfluss auf die Politik: Deutungsmacht	7. Außenpolitik	
	8. Geschichtspolitik	
5 Funktionen von Intellektuellen		
6 Kriterien für die Analyse		
III. Methodik		

Abbildung 2: Aufbau der Analyse des politischen Günter Grass in der Berliner Republik (Quelle: Eigene Darstellung).

II THEORIE:
Die kommunikative Macht von Intellektuellen

Das Ziel ist, die kommunikative Macht von Intellektuellen am Beispiel von Günter Grass zu bewerten, um daraus deren potenziellen Einfluss auf Politiker und Öffentlichkeit zu bemessen. Dieses Kapitel beschreibt das theoretische Grundkonzept (vgl. Abbildung 3). Im Abschluss werden geeignete Bewertungskriterien abgeleitet.

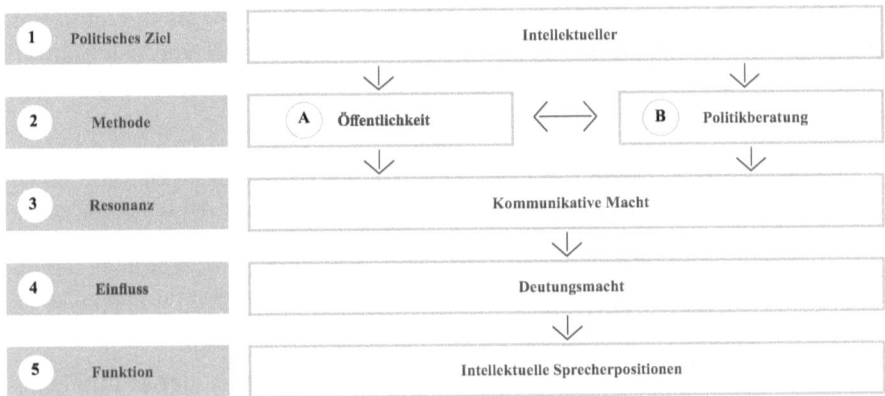

Abbildung 3: Das theoretische Konzept der kommunikativen Macht von Intellektuellen (Quelle: Eigene Darstellung).

1 Intellektuelle als Forschungsgegenstand

1.1 Definition des Begriffs „Intellektueller"

Diese Untersuchung widmet sich dem „internationalen Intellektuellen"[1] Günter Grass und seiner Interpretation dieser „Sozialfigur"[2]. Der Terminus *Intellektueller* wurde ursprünglich als „Schimpfwort"[3] eingeführt, sodass dessen Verwendung von der Haltung und der Perspektive des Verfassers abhängig ist. Es gilt daher die Frage zu beantworten, „wer [für diese Arbeit] aus welchen Gründen zu welchen Zwecken Intellektueller genannt"[4] wird. Die Bezeichnung einer Person mit dem Begriff *Intellektueller* ist nicht eindeutig, da man dazu „weder durch Geburt

---

[1] Vgl. Brunssen, Günter Grass as an International Intellectual, S. 94.
[2] Bock, Der Intellektuelle als Sozialfigur, S. 591–642.
[3] Bering, Schimpfwort, S. 5.
[4] Bering, Schimpfwort, S. 5.

oder Herkunft prädestiniert, noch die Kompetenz des Intellektuellen professionalisierbar ist"[5]. Aus diesem Grund „fragen gerade zwanghaft Hunderte von Büchern und Tausende Essays"[6], was ein Intellektueller ist.

Laut der formalen Begriffsdefinition sind Intellektuelle „Angehörige akademischer oder künstlerischer Berufe, die sich auf ihrem jeweiligen Tätigkeitsfeld eine gewisse Reputation erarbeitet haben und sich nun in einer Angelegenheit öffentlich zu Wort melden, die außerhalb ihres originären Tätigkeitsfelds liegt und von allgemeinem politischen Interesse ist"[7]. Es sind folglich zwei Voraussetzungen entscheidend, um als Intellektueller bezeichnet zu werden, die von Pierre Bourdieu so präzisiert werden:

> [...] zum *einen* muß er einer intellektuell autonomen, d. h. von religiösen, politischen, ökonomischen usf. Mächten unabhängigen Welt (einem Feld) angehören und deren besondere Gesetze akzeptieren;
> zum *anderen* muß er in eine politische Aktion, die in jedem Fall außerhalb des intellektuellen Felds im engeren Sinne stattfindet, seine spezifische Kompetenz und Autorität einbringen, die er innerhalb des intellektuellen Feldes erworben hat.[8]

Schriftsteller, Künstler und Wissenschaftler sind folglich nicht per se Intellektuelle, sondern können diese Form der politischen Intervention frei wählen. Ein *potenzieller* Intellektueller wird erst „durch das praktische Engagement öffentliche Kritik zum aktuellen Intellektuellen"[9]. Ingrid Gilcher-Holtey folgert daraus, dass „erst die Einmischung/Intervention in das politische Feld [...] Mitglieder der Intelligenz zu Intellektuellen"[10] macht. Hervorzuheben ist, dass Künstler oder Schriftsteller in diesem Fall ihren angestammten Wissensbereich als Experten verlassen und

---

[5] Stefan Müller-Doohm / Klaus Neumann-Braun, Demokratie und moralische Führerschaft. Die Funktion praktischer Kritik für den Prozess partizipativer Demokratie, in: Kurt Imhof / Roger Blum / Heinz Bonfadelli / Otfried Jarren (Hrsg.), Demokratie in der Mediengesellschaft. Neue Studien zur demokratischen Selbststeuerung in der Mediengesellschaft, Wiesbaden 2006, S. 98–116, hier S. 99.
[6] Bering, Schimpfwort, S. 5.
[7] Morat, Intellektuelle und Intellektuellengeschichte, S. 5; vgl. Johannes Angermüller, Intellektuelle/Intelligenz, in: Günter Endruweit / Gisela Trommsdorff (Hrsg.), Wörterbuch der Soziologie, Stuttgart 2001, S. 249–250.
[8] Pierre Bourdieu zitiert nach Cofalla, Die „Gruppe 47" und die SPD, S. 147. Hervorhebung durch die Autorin.
[9] Müller-Doohm, Moralische Führerschaft, S. 99; vgl. Peter Gostmann, Beyond the Pale. Albert Salomons Denkraum und das intellektuelle Feld im 20. Jahrhundert, Wiesbaden 2014, S. 43.
[10] Ingrid Gilcher-Holtey, Konkurrenz um den „wahren" Intellektuellen. Intellektuelle Rollenverständnisse aus zeithistorischer Sicht, in: Thomas Kroll / Tilmann Reitz (Hrsg.), Intellektuelle in der Bundesrepublik Deutschland, S. 21–53, S. 43.

sich als Laie in das politische Feld begeben.[11] Aus diesem Grund handelt es sich bei ihren Interventionen stets um eine „inkompetente Kritik"[12]. Der konstituierende Faktor für Intellektuelle ist dabei die Öffentlichkeit, die er für die Verbreitung seiner Impulse und für die universellen, politischen oder moralischen Forderungen an die Gesellschaft benötigt.[13] Intellektuelle verfolgen „situative[...], zeitlich begrenzte[...], aber wiederholte[...] Interventionen im Sinne bewusst kontroverser Stellungnahmen zu praktisch-politischen Problemen des Zusammenlebens"[14]. Ihre Einmischungen sind somit keine Regel-, sondern Sonderfälle im politischen Prozess, die einen konkreten Anlass oder ein direktes Ziel haben und nur punktuell auftreten. Da diese Form der intellektuellen Kritik „nicht so häufig vorkommt, [ist sie] auch deshalb kulturell auffällig"[15] und für die Forschung von besonderem Interesse.

Für das direkte Eingreifen in politische Angelegenheiten wird in der Intellektuellensoziologie übereinstimmend als prägendes Beispiel die Dreyfus-Affäre genannt, da sie zur Entstehung und weiteren Verwendung des Begriffs entscheidend beigetragen hat.[16] Der dort agierende Schriftsteller Émile Zola wird damit zum Prototyp des modernen Intellektuellen und gilt bis heute als Modell dafür, wie ein Schriftsteller mithilfe einer breiten Öffentlichkeit die Politik beeinflussen kann. Der Germanist Georg Jäger leitet aus diesem Beispiel vier allgemeine Kriterien ab: Ein Intellektueller ist jemand, der

1. sein Ansehen einsetzt, um sich in einem konkreten Fall politisch zu engagieren.
2. im Namen allgemeiner, aufklärerischer Ziele und republikanischer Grundwerte auftritt.
3. sich der Medien bedient, um Öffentlichkeit herzustellen, und dabei spezifische publizistische und rhetorische Mittel einsetzt und
4. sein Engagement sich bewährt, indem er die persönlichen Konsequenzen trägt.[17]

---

11 Vgl. Martin Carrier, Engagement und Expertise. Die Intellektuellen im Umbruch, in: Martin Carrier / Johannes Roggenhofer (Hrsg.), Wandel oder Niedergang? Die Rolle der Intellektuellen in der Wissensgesellschaft, Bielefeld 2007, S. 13–32, hier S. 15.
12 Dominik Geppert / Jens Hacke, Einleitung, in: Dies. (Hrsg.), Streit um den Staat. Intellektuelle Debatten in der Bundesrepublik 1960–1980, S. 9–22, hier S. 10–11.
13 Dietz Bering, Die Epoche der Intellektuellen 1898–2001. Geburt, Begriff, Grabmal, Berlin 2010, S. 518; Bering, Schimpfwort, S. 34.
14 Müller-Doohm, Moralische Führerschaft, S. 99.
15 Müller-Doohm, Moralische Führerschaft, S. 99.
16 Vgl. Bering, Schimpfwort, S. 5; Jäger, Schriftsteller als Intellektueller, S. 14–16; Hübinger, Die politischen Rollen europäischer Intellektueller, S. 31f; Gostmann, Beyond the Pale, S. 30.
17 Jäger, Schriftsteller als Intellektueller, S. 15, vgl. Carrier, Die Intellektuellen im Umbruch, S. 23–24.

Die Dreyfus-Affäre hat sich als Vorbild und als ein allgemeiner Bezugsrahmen für die Definition eines *Intellektuellen* in der Forschung etabliert und dient daher auch diesem Band als Maßstab.

1.2 Die Sonderrolle von Intellektuellen in der Gesellschaft

Intellektuelle haben eine herausragende Position inne, die sie für die Gesellschaft einsetzen. Die Sonderrolle von Intellektuellen ist vorrangig dadurch begründet, dass sie „sich im Wesentlichen aus der Bildungselite einer Gesellschaft"[18] rekrutieren. Intellektuelle agieren unabhängig von sozialen Interessen und politischen Parteien. Sie repräsentieren demnach „keine Schicht, kein Stand, keine Gruppe, kein Bund und keine Bewegung"[19]. Karl Mannheim hat 1929 in Nachfolge von Alfred Weber dafür den Begriff der „sozial freischwebende[n] Intelligenz"[20] geprägt. Ihre Unabhängigkeit zeigt sich darin, dass sie stets individuell handeln und keine soziologisch fest zu verankernde Gruppe darstellen. Günter Rüther fasst es so zusammen: „Im Gegensatz zur politischen Elite handeln die Intellektuellen nicht organisiert. Sie treten in der Regel als Einzelne auf und sprechen zunächst nur für sich."[21] Ein „spezifisches Denkstilmuster im Sinne eines Soziolekts, d. h. eine übergreifende Gruppensprache von Intellektuellen"[22] gibt es laut einer Untersuchung unter Führung Stefan Müller-Doohms nicht.

Pierre Bourdieu bezeichnet die Sonderstellung der Intellektuellen positiv als Autonomie-*Surplus*, denn sie „engagieren sich im Feld der Politik [...] ohne sich den Regeln dieses Feldes zu unterwerfen"[23]. Gerade in dieser „Außenseiterrolle"[24] sieht Rüther „eine Stärke. Sie sollen und dürfen die Dinge so darlegen, wie sie es für richtig halten."[25] Stefan Müller-Doohm und Klaus Neumann-Braun schlussfolgern daher, dass diese Unabhängigkeit einerseits konstituierend für die Rolle des Intellektuellen ist, da sie „Hand in Hand geht mit der Anerkennung als jemand,

---

18 Carrier, Die Intellektuellen im Umbruch, S. 13.
19 Rainer M. Lepsius, Kritiker von Beruf. Zur Soziologie des Intellektuellen, in: Ders., Interessen, Ideen und Institutionen, Opladen 1990, S. 275.
20 Karl Mannheim, Ideologie und Utopie, 3. vermehrte Aufl., Frankfurt a. M. 1952.
21 Rüther, Die Unmächtigen, S. 14.
22 Hartwig Germer / Stefan Müller-Doohm / Franziska Thiele, Intellektuelle Deutungskämpfe im Raum publizistischer Öffentlichkeit, in: Berlin Journal für Soziologie (3–4 / 2013), S. 511–519, hier S. 512.
23 Gostmann, Beyond the Pale, S. 28.
24 Michael Hampe, Propheten, Ärzte, Richter, Narren. Eine Typologie von Philosophen und Intellektuellen, in: Carrier / Roggendorfer, Wandel oder Niedergang?, S. 33–54, S. 31.
25 Rüther, Unmächtigen, S. 14.

dessen Stimme Gehör verdient"[26]. Um dies zu erreichen, muss er andererseits aber auch „aus dieser Freiheit heraus eindeutig und überzeugend Stellung beziehen, also sich im Feld politischer Interessengegensätze positionieren"[27], sodass es sich um eine *relative Autonomie* handelt. Sie sind nach Joseph A. Schumpeter in die Strukturbedingungen von Staat und Gesellschaft eingebunden.[28]

Intellektuelle verfügen zudem durch ihre Sonderstellung in der Gesellschaft über einen vereinfachten Zugang zur Öffentlichkeit. Dank „der Reputation, die sie als Künstler, Schriftsteller oder Wissenschaftler erworben haben"[29] sind sie in den Medien als Prominente „dauernd präsent"[30] (vgl. II. Kap. 2.1). Jürgen Gerhards und Friedhelm Neidhardt bescheinigen Prominenten eine „generalisierte Fähigkeit [...], öffentlich Aufmerksamkeit zu finden"[31] und damit „Teil der öffentlichen Agenda"[32] zu werden. Somit stellt der „Besitz von Prominenz ein Beziehungskapital dar, das unabhängig davon wirkt, was ihr Träger jeweils sagt und tut. Die Aufmerksamkeit gilt dem Prominenten selber."[33] „Wahrnehmung und Rollenverständnis von Celebrities mögen sich im Laufe der Jahrzehnte gewandelt haben", aber auch heutige Influencer haben „eine Deutungshoheit"[34]. Da diese Personen als „Orientierung für viele"[35] wirken, „Abbilder und Vorbilder zugleich"[36] sind und beeinflussen sie „unabhängig von vorgegebenen Positionen Normen und Verhaltensweisen"[37] den Zeitgeist.

Intellektuelle sollen ihre Sonderstellung nicht für eigene Belange oder im Sinne einer Interessensvertretung (Lobbyismus) nutzen, sondern sich als „geistiger Stellvertreter des Ganzen"[38] (W. Bialas) für die Gesellschaft allgemein einset-

---

26 Müller-Doohm, Moralische Führerschaft, S. 99.
27 Müller-Doohm, Moralische Führerschaft, S. 99.
28 Vgl. Joseph Alois Schumpeter, Kapitalismus, Sozialismus und Demokratie, 7. erw. Auflage, Tübingen 1993; Lepsius, Kritiker von Beruf, S. 276–277.
29 Vgl. Gostmann, Beyond the Pale, S. 30–31.
30 Birgit Peters, Prominenz. Eine Soziologische Analyse ihrer Entstehung und Wirkung, Opladen 1996. S. 32.
31 Jürgen Gerhards / Friedhelm Neidhardt, Strukturen und Funktionen moderner Öffentlichkeit. Fragestellungen und Ansätze, Berlin 1990, S. 36.
32 Gerhards / Neidhardt, Strukturen und Funktionen moderner Öffentlichkeit, S. 36.
33 Gerhards / Neidhardt, Strukturen und Funktionen moderner Öffentlichkeit, S. 36.
34 Alexander Schimansky / Shamsey Oloko, Die Macht der Meinungsführer. Von Celebrities bis zu Influencern, Frankfurt a. M. 2020, S. 7.
35 Gertraud Linz, Literarische Prominenz in der Bundesrepublik, Olten 1965, S. 31.
36 Linz, Literarische Prominenz in der Bundesrepublik, S. 31.
37 Linz, Literarische Prominenz in der Bundesrepublik, S. 34.
38 Ulrich von Alemann / Bernd Witte, Vorwort, in: Alemann / Cepl-Kaufmann / Hecker / Witte, Intellektuelle und Sozialdemokratie, S. 7–9, hier S. 8.

zen. Sie übernehmen daher die „Rolle eines demokratischen Staatsbürgers"[39] (Jürgen Habermas). Johano Strasser begründet dies wie folgt:

> In einer Demokratie haben ihre Argumente im Prinzip nicht mehr Gewicht als die jedes anderen Bürgers [...]. Aber weil sie in der Regel einen privilegierten Zugang zu den Medien und damit zur Öffentlichkeit haben, geraten sie nicht selten in die Lage, stellvertretend für die vielen Bürger, denen diese Möglichkeit nicht offenstehen, den für die Demokratie konstitutiven argumentativen Streit über das Gemeinwohl auszutragen.[40]

Aus diesem Grund bezeichnet Bourdieus sie im Vergleich zu Bürgern „als besondere Laien"[41] im politischen Geschehen. Die Schriftstellerin Eva Menasse schrieb über den Intellektuellen: „[W]ir sind allein, wir haben keinen Zeitungsverlag, keinen Konzern und keine Partei hinter uns. Die einzige Kraft, die wir haben, ist unsere Stimme und unsere Verletzlichkeit. [...] Genau das ist unsere Expertise, die Voraussetzung für einen anderen, hoffentlich freieren Blick."[42]

1.3 Eine Typologie der verschiedenen Formen der intellektuellen Intervention

Ist die Sozialfigur des Intellektuellen in der Berliner Republik noch zeitgemäß? Nachdem „das 20. Jahrhundert das Jahrhundert der Intellektuellen"[43] war, wurde im 21. Jahrhundert in Forschung und Feuilleton dagegen vermehrt von einem allgemeinen Bedeutungsverlust unter dem Stichwort „Intellektuellendämmerung"[44] gesprochen. In Deutschland wurde diese normative Diskussion durch den Vorwurf des „Versagen[s] der Intellektuellen in ihrem Verhalten gegenüber den Geschehnissen von 1989"[45] verstärkt. Das Ende des klassischen Intellektuellen wird daraufhin ausgerufen, aber gleichzeitig neue Intellektuellenformen in Forschung und Feuilleton diskutiert. Es dominieren nicht erst seit der Corona-Pandemie vermehrt *Expertenintellektuelle* den öffentlichen Diskurs, in dem sie in die moderne

---

39 Jürgen Habermas, Preisrede anlässlich der Verleihung des Bruno-Kreisky-Preises für das politische Buch 2005, Wien 2006, S. 3.
40 Vgl. Strasser, Intellektuellendämmerung, S. 186.
41 Gostmann, Beyond the pale, S. 29.
42 Eva Menasse, Lieber aufgeregt als abgeklärt, München 2016, S. 19.
43 Tony Judt, Das vergessene 20. Jahrhundert. Die Rückkehr des politischen Intellektuellen, Frankfurt a. M. 2011, S. 20.
44 Vgl. Martin Meyer (Hrsg.), Intellektuellendämmerung? Beiträge zur neusten Zeit des Geistes, München 1992; Strasser, Intellektuellendämmerung?, S. 183–195.
45 Roman Luckscheiter, Intellektuelle nach 1989, in: Schlich, Intellektuelle im 20. Jahrhundert, S. 367–388, hier S. 367.

Wissensgesellschaft mit ihrem Spezialwissen beratend eingreifen.[46] Zudem wird die Meinungsführerschaft von *Medienintellektuellen* konstatiert, die als Kommentatoren die Sichtweise auf politische Ereignisse prägen.[47] In der Forschung wird als neue Form auch die der *Organisationsintellektualität* genannt, welche vor allem Nichtregierungsorganisationen (NGOs) oder globale soziale Bewegungen wie Attac, Greenpeace, Amnesty International oder Human Rights Watch bezeichnet.[48] Folglich existiert die Sozialfigur des Intellektuellen weiterhin, nur in stets neuen Formen. Dorothea Wildenburg bringt die Diskussion auf den Punkt: „Der Intellektuelle ist tot – es lebe der Intellektuelle"[49].

Ein Blick auf die Geschichte zeigt, dass die Sozialfigur des Intellektuellen ihr Selbstverständnis und ihr Verhalten an die Zeitgegebenheiten angepasst hat. Bereits aus dem Prototyp des Intellektuellen der Dreyfuss-Affäre haben sich im Laufe der Zeit fünf verschieden Formen der politischen Intervention entwickelt, die Ingrid Gilcher-Holtey in einer Typologie zusammenführte.[50] Bei diesen fünf Formen (vgl. Abbildung 4) handelt es sich um „Idealtypen, die Ausschnitte der sozialen Realität ordnend erfassen und abstrahieren"[51]. Betrachtet man die neuen Typen, die den klassischen Intellektuellen in der Berliner Republik angeblich abgelöst haben, so zeigt sich hier lediglich eine Weiterentwicklung dieser bereits vorhandenen Interventionsformen, die im Folgenden einzeln aufgeführt werden.

Der *allgemeine Intellektuelle* entspricht dem klassischen Prototyp und ist geprägt durch das Vorbild Émile Zola oder Jean-Paul Sartre.[52] Er beruft sich auf universelle Werte (Freiheit, Gleichheit und Gerechtigkeit) und tritt als Verteidiger

---

[46] Johannes Roggenhofer, Im Diskurs: Zur Legitimierung der Intellektuellen im 21. Jahrhundert, in: Carrier / Roggenhofer, Wandel oder Niedergang?, S. 83–98, S. 84 und S. 90–93; vgl. Strasser, Intellektuellendämmerung, S. 186; Paul Nolte, Intellektuelle in der Politik. Unentbehrliche Analytiker der Lage, in: INDES (2011), S. 51–54, S. 53; Alexander Grau, Das Zeitalter des Intellektuellen ist endgültig vorbei, in: Cicero, 18.04.2015; Caspar Hirschi, Skandalexperten, Expertenskandale. Zur Geschichte eines Gegenwartsproblems, Berlin 2018.
[47] Vgl. Habermas, Bruno-Kreisky-Preis, S. 5; Strasser, Intellektuellendämmerung, S. 186; Jäger, Schriftsteller als Intellektueller, S. 24; Karsten Altenschmidt / Andreas Ziemann, Erinnerung an die Intellektuellen, in: Mythos Bundesrepublik, Ästhetik & Kommunikation (36 / 2005), Heft 129 / 130, S. 233–238, hier S. 235; Sabine Maasen, Die Feuilletondebatte zum freien Willen. Expertisierte Intellektualität im medial inszenierten Think Tank, in: Carrier / Roggenhofer, Wandel oder Niedergang?, S. 99–123, hier S. 99.
[48] Carrier, Die Intellektuellen im Umbruch, S. 29; Dorothea Wildenburg, Sartres „heilige Monster", in: APuZ (40 / 2010), S. 19–25, hier S. 25, Gilcher-Holtey / Oberloskamp, Einleitung, S. 5.
[49] Wildenburg, Sartres „heilige Monster", S. 22.
[50] Gilcher-Holtey, Konkurrenz um den „wahren" Intellektuellen, S. 43–44.
[51] Ingrid Gilcher-Holtey, Prolog, in: Gilcher-Holtey, Eingreifende Denkerinnen, S. 1–16, hier S. 3.
[52] Vgl. Bering, Die Epoche der Intellektuellen 1898–2001, S. 484; Gilcher-Holtey, Konkurrenz um den „wahren" Intellektuellen, S. 43–44.

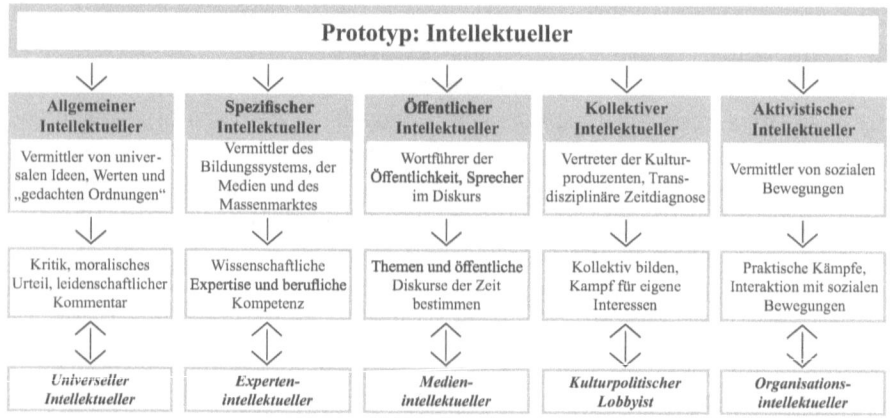

Abbildung 4: Formen der politischen Intervention nach Ingrid Gilcher-Holtey (Quelle: Eigene Darstellung).

der Wahrheit auf.[53] Die Funktion der politischen Einmischung besteht „in der Subversion der öffentlichen Meinung, in der Umkehr etablierter Wahrnehmungsschemata, in der Entstehung eines neuen Publikums, mithin in Elementen sozialen Wandels"[54]. Intellektuelle sind in diesem Sinne „Kritiker der Macht"[55] und „Verteidiger der Macht"[56] zugleich. Für diese Form werden vor allem Schriftsteller und Philosophen als Beispiele genannt, deren Bedeutungsverlust nun konstatiert wird.

Michel Foucault prägte den Begriff des *spezifischen Intellektuellen*.[57] Im Zentrum der politischen Intervention stehen hier Wissen und Wahrheit. Als Referenz für eine derartige wissenschaftliche Intervention eines mit Expertenwissen ausgestatteten Intellektuellen gilt der Physiker Robert Oppenheimer, der sich mit dem Thema der Atombombe politisch und moralisch auseinandersetzte. Foucault definiert die Funktion der intellektuellen Intervention, „sich vorweg oder etwas abseits zu platzieren, um die stumme Wahrheit aller auszusprechen; sie besteht vielmehr darin, dort gegen Macht zu kämpfen, wo er zugleich Gegenstand und Instrument dieser Macht ist: in der Ordnung des Wissens, des Bewusstseins und

---

53 Vgl. Gilcher-Holtey, Prolog, S. 3.
54 Gilcher-Holtey, Konkurrenz um den „wahren" Intellektuellen, S. 44.
55 Gilcher-Holtey, Prolog, S. 3; vgl. Lepsius, Kritiker von Beruf, S. 270–285.
56 Gilcher-Holtey, Prolog, S. 3.
57 Vgl. Bering, Schimpfwort, S. 11.

des Diskurses"[58]. Diese Interventionsform entspricht dem *Expertenintellektuellen*, der sein Wissen in den Diskurs einbringt, beispielsweise auch organisiert in *Think Tanks* (vgl. II. Kap. 2.2).[59]

Ralf Dahrendorf verwendete den Begriff des *öffentlichen Intellektuellen*, dessen Aufgabe es sei, in Zeiten des gesellschaftlichen Umbruchs „an den vorherrschenden Diskursen der Zeit teilzunehmen, ja deren Themen zu bestimmen und deren Richtung zu prägen"[60]. Vorbild für diese Form des intellektuellen Engagements seien Erasmus von Rotterdam oder der amerikanische Journalist Walter Lippmann.[61] Richard Posner erklärt den Begriff so:

> In short [...] the intellectual writes for the general public, or at least for a broader than merely academic or specialist audience, on ‚public affairs' – on *political* matters in the broadest sense of that word, a sense that includes cultural matters when they are viewed under the aspect of ideology, ethics, or politics (which may be the same thing).[62]

Sein Ziel ist es, mit Hilfe der Wissenschaft und des Staates die Einstellung in der Gesellschaft zu verändern. Dafür kombiniert er „Insider-Privilegien mit Expertenwissen, um die öffentliche Meinung und die Staatstätigkeit (public policy) zu beeinflussen"[63]. Dieser Typ des Intellektuellen will nicht alleine durch Publikationen wirken, sondern „ihrer Zeit die Sprache geben"[64] und „mit dem und durch das Wort wirken"[65]. Jürgen Habermas entwickelte dafür den „Idealtypus eines Intellektuellen [...], der wichtige Themen aufspürt, fruchtbare Thesen aufstellt und das Spektrum der einschlägigen Argumente erweitert, um das beklagenswerte Niveau öffentlicher Auseinandersetzungen zu verbessern"[66]. Dieser Form muss mit den sogenannten *Medienintellektuellen*, die allerdings mit Hinblick auf Quoten nicht unabhängig agieren können und von Selbstinszenierung leben, im öffentlichen Feld in Konkurrenz treten.[67]

---

58 Michel Foucault zitiert nach: Gilcher-Holtey, Konkurrenz um den „wahren" Intellektuellen, S. 45–46.
59 Maasen, Die Feuilletondebatte zum freien Willen, S. 99.
60 Dahrendorf, Versuchung der Unfreiheit, S. 22.
61 Vgl. Gilcher-Holtey, Konkurrenz um den „wahren" Intellektuellen, S. 44.
62 Posner, Public Intellectuals, S. 23; vgl. Lowi, Public Intellectuals and the Public Interest, S. 675–681.
63 Gilcher-Holtey, Konkurrenz um den „wahren" Intellektuellen, S. 44.
64 Dahrendorf, Versuchung der Unfreiheit, S. 22.
65 Dahrendorf, Versuchung der Unfreiheit, S. 21.
66 Habermas, Bruno-Kreisky-Preis, S. 4.
67 Vgl. Gilcher-Holtey / Oberloskamp, Einleitung, S. 6.

Pierre Bourdieu sieht die Aufgabe des Intellektuellen dagegen darin, sich „für den Erhalt der Autonomie der kulturellen Produktionswelten einzusetzen"[68]. Für ein derartiges Engagement stehen beispielsweise Bertolt Brecht oder Walter Benjamin. Bourdieu appelliert an die Kulturproduzenten, sich im Kampf für die Verteidigung ihrer eigenen Interessen kollektiv einzusetzen. Das Ziel sei, sich transdisziplinär und international zu vernetzen, um eine Alternative zur Globalisierung zu entwickeln.[69] Bourdieu klagt, dass heute „die Menschen des Worts keine Kontrolle über die Produktionsmittel und Vertriebswege"[70] mehr haben und daher ein gemeinsames Vorgehen aller Kulturschaffenden nötig sei. In diesem Kontext kann der Typ des kollektiven Intellektuellen auch in Verbindung mit dem Begriff des *kulturpolitischen Lobbyisten* gebracht werden, der seine Interessen gezielt im politischen System durchsetzen will (vgl. II. Kap. 2.2).

Der *aktivistische Intellektuelle* sieht sich dagegen als „Vermittler von Wahrnehmungs- und Bewertungskriterien, die den herrschenden Sicht- und Teilungsprinzipien der sozialen Welt"[71] entgegenstehen. Er ist bereit, die „praktischen Kämpfe derjenigen zu unterstützen, in deren Name er das Wort ergreift"[72]. Anstatt als Einzelkämpfer auf die Reaktion der Öffentlichkeit angewiesen zu sein, interagiert er mit sozialen Bewegungen, die er als Experte mitgestalten will. Ein Beispiel für eine derartige, aktivistische Intervention zeigte sich bei dem französischen Philosophen Régis Debray oder dem amerikanischen Soziologen Tom Haysen.[73] Als *aktivistische Intellektuelle* nahmen sie „Macht- und Autoritätsstrukturen in allen Lebensbereichen, einschließlich der massenmedialen Öffentlichkeit"[74] in den Blick. In ähnlicher Form streben *Organisationsintellektuelle* danach, durch ihr „gruppenbezogenes Eintreten für eine überpersönliche Sache"[75] die Welt zu verändern.

Die Typologie von Gilcher-Holtey zeigt, dass die Sozialfigur wandelbar und an den Zeitkontext anpassbar ist. Die Einordnung der derzeit in Medien und Forschung besprochenen *neuen* Erscheinungsformen eines Intellektuellen belegt, wie aktuell diese geblieben ist. Der Tod der Intellektuellen ist nach 1989 / 1990 folglich nicht eingetreten, sondern ihre Rolle hat sich auf der Schwelle des

---

68 Pierre Bourdieu zitiert nach: Gilcher-Holtey, Konkurrenz um den „wahren" Intellektuellen, S. 46.
69 Vgl. Gilcher-Holtey, Konkurrenz um den „wahren" Intellektuellen, S. 46; Gilcher-Holtey / Oberloskamp, Einleitung, S. 5.
70 Pierre Bourdieu / Günter Grass, Zivilisiert endlich den Kapitalismus, in: NGA 24, S. 589.
71 Gilcher-Holtey, Konkurrenz um den „wahren" Intellektuellen, S. 45.
72 Gilcher-Holtey, Konkurrenz um den „wahren" Intellektuellen, S. 45.
73 Vgl. Gilcher-Holtey, Konkurrenz um den „wahren" Intellektuellen, S. 45 und S. 52.
74 Gilcher-Holtey, Konkurrenz um den „wahren" Intellektuellen, S. 52.
75 Carrier, Die Intellektuellen im Umbruch, S. 29; vgl. Wildenburg, Sartres „heilige Monster", S. 25.

21. Jahrhunderts entsprechend dem allgemeinen Strukturwandel und der sich daraus ergebenden Themenvielfalt einer globalisierten Welt weiterentwickelt.[76] Hauke Brunkhorst ist sich trotz der Veränderungen im 21. Jahrhundert und der vermehrten Konkurrenz sicher, dass Intellektuelle in diesem modernen System bestehen können, da sie über „besondere[...] Qualitäten, das Bündeln von Argumenten, das Zuspitzen von Polemiken, das Aufspüren des Neuen, die ironische Zäsur, die welterschließende Kraft, den fanatischen Fundamentalismus, die brillante Rhetorik und die überzeugende Argumentation"[77] verfügen. Die „Nachrichten vom Ende der Intellektuellenrolle sollten nicht sonderlich ernst genommen werden. Die Funktion des Intellektuellen wandelt sich, lässt sich aber auch dieser Tage ganz bequem definieren und allenthalben entdecken."[78]

Genauer betrachtet zeigt die Diskurse in der Berliner Republik, dass nicht der Bedeutungsverlust des Intellektuellen allgemein in Frage gestellt wird, sondern die Deutungsmacht von Schriftstellern, Künstlern und Philosophen, die primär als allgemeine Intellektuelle klassifiziert werden. Dieser Band geht davon aus, dass Schriftsteller, Künstler und Philosophen zwischen den verschiedenen Formen des politischen Engagements anlassorientiert variieren können. Auch Gilcher-Holtey betont, dass potenzielle Intellektuelle „einen Rollenwechsel oder eine Kombination von Rollen"[79] vornehmen können. Die eindeutige Zuordnung der Akteure zu den einzelnen Interventionsformen ist somit nicht stimmig. Dies wird hier empirisch am Beispiel von Günter Grass in der Berliner Republik nachgewiesen. Dabei dient die von Gilcher-Holtey beschriebene Typologie als heuristisches Instrument für diese Untersuchung. Sie ermöglicht es, „in komplexen historischen Konstellationen Handlungszusammenhänge und exemplarische soziale Praktiken zu erkennen und zu differenzieren"[80]. Mit ihrer Hilfe gilt es, „die Handlungsstrategien und Praktiken des Intellektuellen [...] zu illustrieren und mögliche Überschneidungen oder innovative Abweichungen/Abgrenzungen in den Einmischungen [...] zu erfassen und zu analysieren"[81].

Fest steht aber, dass mit dem Strukturwandel der Öffentlichkeit die Konkurrenz für Schriftsteller, Künstler und Philosophen größer geworden ist. Gerade Medienintellektuelle machen ihnen ihre Rolle als Meinungsführer streitig. Durch

---

76 Roggenhofer, Im Diskurs, S. 85.
77 Brunkhorst, Die Macht der Intellektuellen, S. 36.
78 Gero von Randow, Randbemerkungen: Intellektuelle und kein Ende, in: Carrier / Roggenhofer, Wandel oder Niedergang, S. 177–180, hier S. 177.
79 Gilcher-Holtey, Konkurrenz um den „wahren" Intellektuellen, S. 51.
80 Gilcher-Holtey, Prolog, S. 3.
81 Gilcher-Holtey, Prolog, S. 3; vgl. Gilcher-Holtey, Konkurrenz um den „wahren" Intellektuellen, S. 44 ff.

das Aufkommen neuer Akteure ergibt sich eine deutliche Verschiebung des Kräfteverhältnisses. Zusätzlich verlieren durch die „Dezentrierung der Zugänge zu unredigierten Beiträgen"[82] im Internet „die Beiträge von Intellektuellen die Kraft"[83]. Die kommunikative Macht ist damit nicht länger das „Privileg einer bestimmten akademischen Klasse"[84]. Dies könnte ein verstärktes Bürgerengagement bedeuten, hat aber auch erhebliche Nachteile für die Qualität der Diskurse.[85] Abschließend ist festzuhalten, dass „die Stimme des Intellektuellen [...] zu einer unter vielen geworden"[86] ist, auf die niemand mehr hören muss. Dennoch wird ihnen eine Deutungshoheit zugewiesen.

---

82 Habermas, Bruno-Kreisky-Preis, S. 4.
83 Habermas, Bruno-Kreisky-Preis, S. 4.
84 Brunkhorst, Die Macht der Intellektuellen, S. 36.
85 Tilman Krause, Die Zeit der Oberlehrer ist nun wirklich vorbei, Die Welt, 30.06.2015; vgl. Stephan Moebius, Wo sind die Intellektuellen hin, in: Die Zeit, 19.05.2011.
86 Brunkhorst, Die Macht der Intellektuellen, S. 36.

2 Methoden: Zwei Wege für Intellektuelle in die Politik

Es gibt zwei Methoden, wie Intellektuelle konkret Einfluss auf die Politik nehmen können: einerseits über Diskurse der Öffentlichkeit und andererseits über die Beratung von Politikern. Gangolf Hübinger verdeutlicht dies in einem Modell (vgl. Abbildung 5). Seine Unterscheidung zwischen moralischem Urteil und wissenschaftlicher Expertise entspricht dem Typ des *allgemeinen Intellektuellen* mit seinen universalen Ideen und dem *spezifischen Intellektuellen* mit Expertenwissen, ohne diese Begriffe explizit zu nennen.[1]

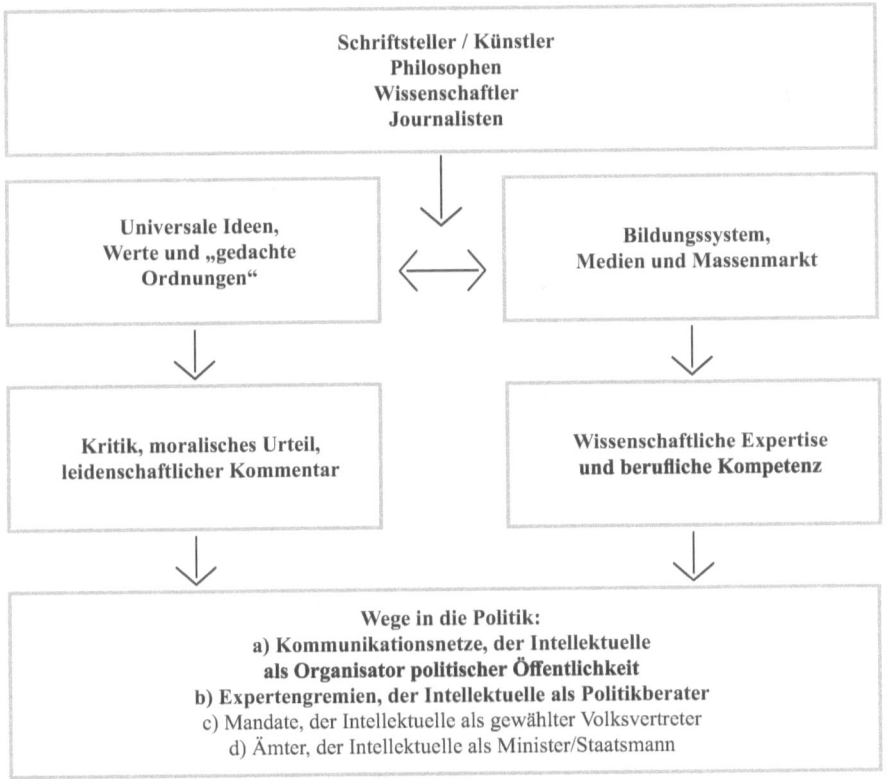

Abbildung 5: Intellektuelle im politischen Kommunikationsfeld (Quelle: Gangolf Hübinger, Die politischen Rollen europäischer Intellektueller im 20. Jahrhundert, in: Gangolf Hübinger / Thomas Hertfelder (Hrsg.), Kritik und Mandat. Intellektuelle in der deutschen Politik, Stuttgart 2000, S. 30–44, hier S. 39).

---

1 Vgl. Förster, Intellektuelle als Berater der Politik, S. 60.

Open Access. © 2023 bei den Autorinnen und Autoren, publiziert von De Gruyter. Dieses Werk ist lizenziert unter der Creative Commons Namensnennung - Nicht-kommerziell - Keine Bearbeitungen 4.0 International Lizenz.
https://doi.org/10.1515/9783110794106-005

Doch nicht nur diese beiden Typen nehmen politischen Einfluss. Daher wird hier die Typologie von Intellektuellen nach Ingrid Gilcher-Holtey (vgl. II. Kap. 1.3) herangezogen und damit um den *öffentlichen, kollektiven* und *aktivistischen Intellektuellen* ergänzt (vgl. Abbildung 6). Dieses erweiterte Modell zeigt auf, dass fünf verschiedene Intellektuellentypen gleichermaßen folgende vier Wege in die Politik nehmen können, über a) Kommunikationsnetze, b) Expertengremien, c) Mandate und d) Ämter. Die Untersuchung fokussiert auf die ersten beiden Varianten, da ein Mandat oder ein politisches Amt für die spätere Fallstudie ausgeschlossen werden kann.[2] Es gilt zu klären, ob ein Intellektuellentyp eine Methode präferiert, also primär als Politikberater oder als Organisator politischer Öffentlichkeit auftritt. Sind allgemeine, kollektive und aktivistische Intellektuelle vor allem auf ihre Kommunikationsnetze angewiesen? Können spezifische und kollektive Intellektuelle nur durch Expertengremien Einfluss nehmen? Hübingers Modell geht davon aus, dass die Intellektuellentypen alle Methoden gleichermaßen verwenden können. Dies galt es, durch eine Fallstudie konkret zu prüfen. Dafür wird im Folgenden der Intellektuelle als Organisator von politischer Öffentlichkeit und als Politikberater näher erörtert, um Kriterien für die weitere Analyse zu entwickeln.

Abbildung 6: Intellektuelle im politischen Kommunikationsfeld auf Basis von Gangolf Hübinger und Ingrid Gilcher-Holtey (Quelle: Eigene Darstellung).

---

2 Günter Grass verfügte, wie die meisten Intellektuellen, über kein Mandat oder politisches Amt.

2.1 Organisator von politischer Öffentlichkeit: Intellektuelle als Meinungsführer

Die politische Öffentlichkeit ist für Jürgen Habermas ein „Medium und Verstärker einer demokratischen Willensbildung. Hier findet der Intellektuelle seinen Platz"[3]. Ihr „Zugang [ist] prinzipiell offen"[4], sodass sich hier „individuelle und kollektive Akteure vor einem breiten Publikum zu politischen Themen äußern"[5] können. Mit Hilfe der öffentlichen Arena können Intellektuelle und andere zivilgesellschaftliche Akteure Einfluss nehmen, da hier die politischen Entscheidungen einerseits vorbereitet und anderseits legitimiert werden. Ulrich Sarcinelli ist sich sicher, dass „auf Dauer [...] politisches Handeln in der Demokratie gegen die öffentliche Meinung ungestraft [...] nicht möglich"[6] ist. Politiker sind von der Zustimmung der Bürger abhängig, „um ihre Wiederwahl sicherzustellen"[7], daher betreiben sie mit Hilfe der Medien eine entsprechende Darstellungspolitik.[8] Folglich bilden „öffentliche Debatten [...] die Legitimationsgrundlage politischer Entscheidungen"[9]. Wolfgang van den Daele und Friedhelm Neidhardt gehen davon aus, dass die Zivilgesellschaft über die Öffentlichkeit einen Zugang bis „in das Umfeld des Entscheidungssystems herein"[10] findet und verwenden dafür den Begriff „Regierung durch Diskussion"[11].

Der Einfluss von Intellektuellen ist allerdings von einer resonanzfähigen, wachen und informierten Öffentlichkeit sowie von einem liberal gesinnten Publikum abhängig.[12] In diesem Prozess spielen Medien als selektive „Vermittlerin zwischen

---

3 Jürgen Habermas, Heinrich Heine und die Rolle des Intellektuellen in Deutschland, in: Merkur (448 / 1986), S. 453–468; vgl. Müller-Doohm, Moralische Führerschaft, S. 104.
4 Otfried Jarren / Ulrich Sacrinelli / Ulrich Saxer (Hrsg.), Politische Kommunikation in der demokratischen Gesellschaft. Ein Handbuch, Opladen 1998, S. 694–695, hier S. 694.
5 Jarren / Sacrinelli / Saxer, Politische Kommunikation in der demokratischen Gesellschaft, S. 694.
6 Sarcinelli, Politische Kommunikation in Deutschland, S. 65.
7 Kriesi, Die Rolle der Öffentlichkeit, S. 1.
8 Vgl. Sarcinelli, Politische Kommunikation in Deutschland, S. 133.
9 Patrizia Nanz, Öffentlichkeit, in: Brunkhorst / Kreise / Lafont, Habermas-Handbuch, S. 358–360, hier S. 358.
10 Wolfgang van den Daele / Friedhelm Neidhardt, „Regierung durch Diskussion". Über Versuche, mit Argumenten Politik zu machen, in: Dies. (Hrsg.), Kommunikation und Entscheidung. Politische Funktionen öffentlicher Meinungsbildung und diskursiver Verfahren, Berlin 1996, S. 9–50, hier S. 13.
11 Van den Daele / Neidhardt, Regierung durch Diskussion, S. 13.
12 Habermas, Heinrich Heine, S. 454.

politischer Öffentlichkeit und den Intellektuellen"[13] eine große Rolle, denn sie informieren, „welche Themen in der Gesellschaft relevant und wichtig sind"[14]. In der Öffentlichkeit werden „Kommunikationsflüsse so gefiltert und synthetisiert, dass sie sich zu themenspezifisch gebündelten, öffentlichen Meinungen verdichten"[15]. Gerade nicht-etablierte Akteure der Zivilgesellschaft sind für ihre Interessensartikulation oder -aggregation in einem intermediären System auf die Vermittlung der Medien angewiesen, während Verbände und Parteien direkte Kontakte zu politischen Entscheidungsträgern pflegen (vgl. Abbildung 7).

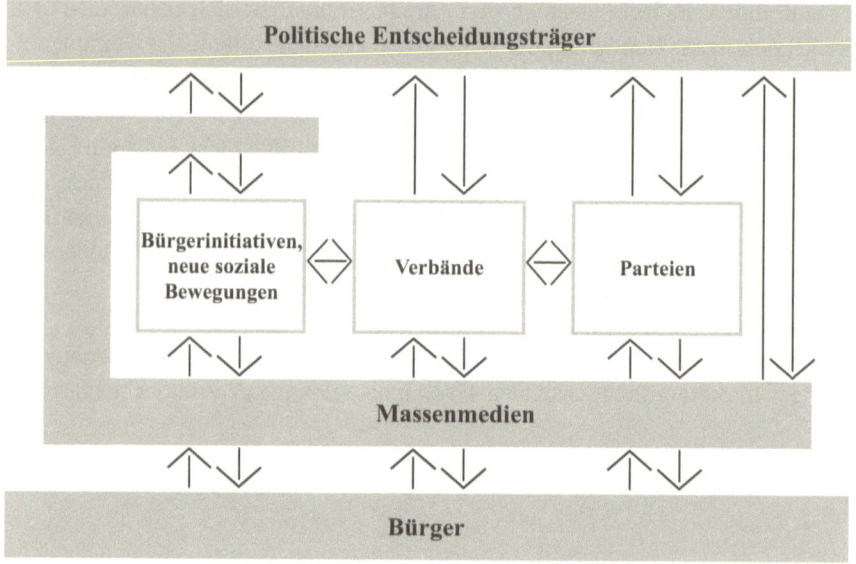

Abbildung 7: Intermediäres System (Mediatisiertes Modell) (Quelle: Patrick Donges / Otfried Jarren, Politische Kommunikation in der Mediengesellschaft. Eine Einführung, 4. Aufl., Wiesbaden 2017, S. 106).

Intellektuelle müssen folglich ein Ereignis mit einem gewissen Nachrichtenwert produzieren, um eine Resonanz in den Medien als Vermittler oder Verstärker ihrer Inhalte zu finden. Gelingt dies nicht, bleibt deren Einsatz auf einen kleinen Zuhörerkreis begrenzt und damit meist wirkungslos. Durch die gesellschaftliche Sonderrolle von Intellektuellen (vgl. II. Kap. 1.2) verfügen sie als „Öffentlichkeits-

---

[13] Isabell Stamm / René Zimmermann, Der Intellektuelle und seine Öffentlichkeit: Jürgen Habermas, in: Jung / Müller-Doohm, Fliegende Fische, S. 124–146, hier S. 142.
[14] Donges / Jarren, Politische Kommunikation in der Mediengesellschaft, S. 79.
[15] Jürgen Habermas, Faktizität und Geltung. Beiträge zur Diskurstheorie des Rechts und des demokratischen Rechtsstaats. Frankfurt a. M. 1992, S. 436.

elite"[16] über „einen Publizitätsbonus"[17], sodass ihre Chancen, Medienresonanz zu erreichen, aufgrund dieser theoretischen Grundlage hoch ist. Wolfgang Bergsdorf geht davon aus, dass in der Öffentlichkeit „Intellektuelle und Politiker chancengleich um Einfluss konkurrieren"[18]. Auch Hanspeter Kriesi ist sich sicher, dass „Herausforderer, die es schaffen, Ereignisse zu produzieren, welche in der professionellen und politischen Kultur von wichtigen Nachrichtenmedien Resonanz erzielen, [...] mit mächtigeren Gegnern konkurrieren"[19] können.

Doch „Aufmerksamkeit impliziert [...] nicht Einfluß, Prominenz ist nicht per se gleichbedeutend mit opinion-leadership"[20], wie Gerhards und Neidhardt festhalten. Die Wahrscheinlichkeit, Einfluss zu nehmen, ist laut einer Untersuchung der Soziologin Birgit Peters am größten, „wenn das Publikum einem Prominenten sowohl Expertentum wie positives moralisches Image zuschreibt"[21]. Intellektuelle mischen sich in die Diskurse der Öffentlichkeit „inkompetent wie jeder andere auch, aber im Namen verallgemeinerbarer Interessen in laufende Konflikte ein oder treten sie gar los"[22]. Sie werden häufig als Meinungsführer bezeichnet, da gerade „Prominente, die aus Teilbereichen der Gesellschaft kommen, in denen selbst wiederum universale Interessen vertreten und Sinnfragen gestellt und beantwortet werden, [...] eine besondere Chance [haben] vertrauenswürdig zu sein. Kirchenvertreter, Wissenschaftler und Künstler sind hier von besonderer Bedeutung, da Glaubwürdigkeit gleichsam mit zum Code ihres Berufs gehört."[23] Auch Michael Schwab-Trapp geht davon aus, dass Intellektuelle über ein „symbolische[s] Kapital"[24] verfügen, dass ihren „Deutungsangeboten ein Gewicht und eine Autorität"[25] verleiht. Er stellt heraus, dass ihre diskursive Autorität nicht durch erneute Leistungen erworben werden muss, sondern „oftmals [...] eine kontinuierliche Präsenz der betreffenden Akteure in der

---

16 Otfried Jarren / Patrick Donges, Politische Kommunikation in der Mediengesellschaft. Eine Einführung, 2. überarb. Aufl., Wiesbaden 2006, S. 271.
17 Jarren / Donges, Politische Kommunikation in der Mediengesellschaft, S. 250.
18 Wolfgang Bergsdorf, Herausforderungen der Wissensgemeinschaft, Themen und Kontroversen, München 2006, S. 129.
19 Kriesi, Die Rolle der Öffentlichkeit, S. 24.
20 Gerhards / Neidhardt, Strukturen und Funktionen moderner Öffentlichkeit, S. 3.
21 Peters, Prominenz, S. 32.
22 Vgl. Hübinger, Die politischen Rollen europäischer Intellektueller, S. 39.
23 Gerhards, Dimensionen und Strategien öffentlicher Diskurse, S. 314.
24 Michael Schwab-Trapp, Methodische Aspekte der Diskursanalyse am Beispiel Kosovokrieg, in: Reiner Keller / Andreas Hirseland / Werner Schneider / Willy Viehöver (Hrsg.), Handbuch Sozialwissenschaftliche Diskursanalyse. Band 2: Forschungspraxis, 2. Aufl., Wiesbaden 2004, S. 168–195, hier S. 175.
25 Schwab-Trapp, Kriegsdiskurse, S. 56.

Medienöffentlichkeit"[26] genügt. Intellektuelle gehören nach seinem Modell, gemeinsam mit anderen politischen Akteuren, zur diskursiven Elite (2. Ordnung), wie auch Spitzenpolitiker (1. Ordnung), Wissenschaftler und Medienvertreter (3. Ordnung).[27] „Insofern ist von ihnen eher als von anderen zu erwarten, daß sie, wenn sie als Experten, Intellektuelle und journalistische Kommentatoren öffentlich werden, Diskurselemente einerseits in die öffentliche Diskussion einbringen, andererseits aber auch kritisch von anderen einklagen"[28], wie Neidhardt festhält. Ihnen wird theoretisch eine hohe Chance, als Meinungsführer zu wirken, zugetraut. Gleichzeitig müssen sie sich gegen starke Konkurrenten in der Öffentlichkeit (vgl. II. Kap. 2.1.1) durchsetzen. Gelingt ihnen das nicht, sind sie als „einflußlose Prominenz"[29] mit ihrer Stellungnahme „ein Indiz für bloße Unterhaltung"[30]. Andreas Dörner weist allerdings darauf hin, dass der Unterhaltungswert in der öffentlichen Darstellung von Politik eine immer stärkere Bedeutung erlangt, was er mit dem Begriff *Politainment* kennzeichnet.[31] Der Frage, inwieweit Intellektuelle auch dabei einen Beitrag leisten, geht dieser Band nach.

Ausgangspunkt dabei ist, dass Intellektuelle durch ihre zugewiesene Autorität als Meinungsführer wirken können und Problemdimensionen in der Gemeinschaft ansprechen. Ihr Einfluss hängt allerdings von den Medien als Vermittler und von der Zustimmung der Öffentlichkeit ab. Entlang der beschriebenen theoretischen Grundlagen werden daher hier die Medienresonanz von Intellektuellen sowie die Reaktion des Publikums untersucht.

2.1.1 Intellektuelle Teilnahme an ideenpolitischen Deutungskämpfen

„Intellektuelle drängen keine Interpretationen auf"[32], sondern bieten der politischen Öffentlichkeit ihre Deutungsangebote an. Sie sind darauf angewiesen, dass eine

---

26 Schwab-Trapp, Kriegsdiskurse, S. 56.
27 Schwab-Trapp, Kriegsdiskurse, S. 76–77.
28 Friedhelm Neidhardt, Öffentlichkeit, öffentliche Meinung, soziale Bewegungen, in: Friedhelm Neidhardt (Hrsg.), Öffentlichkeit, öffentliche Meinung, soziale Bewegungen, Opladen 1994, S. 7–41, hier S. 22.
29 Gerhards / Neidhardt, Strukturen und Funktionen moderner Öffentlichkeit, S. 37.
30 Gerhards / Neidhardt, Strukturen und Funktionen moderner Öffentlichkeit, S. 37.
31 „Politainment bezeichnet eine bestimmte Form der öffentlich, massenmedial vermittelten Kommunikation, in der politische Themen, Akteure, Prozesse, Deutungsmuster, Identitäten und Sinnentwürfe im Modus der Unterhaltung zu einer neuen Realität des Politischen montiert werden." Andreas Dörner, Politainment. Politik in der medialen Erlebnisgesellschaft, Frankfurt a. M. 2001, S. 31.
32 Müller-Doohm, Jürgen Habermas, S. 339.

„argumentative Auseinandersetzung (Deliberation)"[33] mit ihrer ideenpolitischen Intervention in den Medien erfolgt und sie als Diskursakteure anerkannt werden. Dieser Band geht dem Ansatz von Stefan Müller-Doohm folgend davon aus, dass Diskurse einen ideenpolitischen *Deutungskampf* darstellen, in dem sich Intellektuelle mit ihren politischen Interventionen als Akteure einmischen.[34] Dabei geht es nicht allein um ein politisches Sachthema: „der Dissens geht über die Dimensionen unterschiedlicher tagespolitischer Differenzen hinaus, er ist das Resultat ideenpolitischer Kämpfe über längere Zeitperioden hinweg"[35]. So werden hier *Diskurse* nach Reiner Keller nicht mit öffentlich diskutierten Themen gleichgesetzt, sondern charakterisieren „institutionalisierte, nach verschiedenen Kriterien abgrenzbare Bedeutungsarrangements, die in spezifischen Sets von Praktiken (re)produziert und transformiert werden. Sie existieren als relativ dauerhafte und regelhafte, d. h. zeitliche und soziale Strukturierung von Prozessen der Bedeutungszuschreibung."[36] Der Begriff ist nicht gleichbedeutend mit Argumentation, sondern Diskurse „kristallisieren und konstituieren Themen als gesellschaftliche Deutungs- und Handlungsprobleme"[37] und prägen langfristig die politische Kultur.

„In welchem Maße sich Diskurspraktiken und Diskursansprüche von Experten, intellektuellen und journalistischen Kommentatoren in den Sprecherarenen insgesamt durchsetzen, dürfte nicht nur von Sprechern und Medien, sondern letztlich entscheidend von der Bezugsgruppe abhängig sein [...], nämlich dem Publikum."[38] Intellektuelle können Einfluss nehmen, wenn es ihnen gelingt, die Bürger zu mobilisieren und damit „das politische System unter Druck zu setzen"[39]. Ihr Ziel ist es folglich, durch punktuelle „Berührung mit der kommunikativen Macht der Straße"[40] Politiker zu beeinflussen. Ob die Ansichten der Intellektuellen von der Gesellschaft an- und in den Diskursen aufgenommen werden, hängt nach dem „Resonanzprinzip"[41] von Aufmerksamkeit und Zustimmung der Öffentlichkeit ab. Intellektuelle

---

33 Van den Daele / Neidhardt, Regierung durch Diskussion, S. 12.
34 Germer / Müller-Doohm / Thiele, Intellektuelle Deutungskämpfe, S. 514.
35 Germer / Müller-Doohm / Thiele, Intellektuelle Deutungskämpfe, S. 414.
36 Reiner Keller, Der Müll der Gesellschaft. Eine wissenssoziologische Diskursanalyse, in: Keller / Hirseland / Schneider / Viehöver, Handbuch sozialwissenschaftliche Diskursanalyse, S. 199–299, hier S. 205.
37 Keller, Müll der Gesellschaft, S. 205.
38 Neidhardt, Öffentlichkeit, öffentliche Meinung, soziale Bewegungen, S. 23.
39 Gerhards, Dimensionen und Strategien öffentlicher Diskurse, S. 307; vgl., Karl-Rudolf Korte / Manuel Fröhlich, Politik und Regieren in Deutschland. Strukturen, Prozesse, Entscheidungen, Paderborn 2004, S. 258 ff.
40 Brunkhorst, Die Macht der Intellektuellen, S. 34.
41 Vgl. Kriesi, Die Rolle der Öffentlichkeit, S. 28; Gerhards, Dimensionen und Strategien öffentlicher Diskurse, S. 307.

können „manchmal [...] sogar breite Volksstimmungen herumreißen, wenn diese nur ambivalent genug sind"[42]. Um einen derartigen politischen Einfluss zu erzeugen, sind sie von ihren diskursiven Fähigkeiten abhängig, wie Hauke Brunkhorst beschreibt:

> Indem sie [die intellektuelle Rede] den Variationspool der öffentlichen Meinung in laufenden Konflikten mit Unmengen immer wieder neuer, manchmal guter, manchmal schlechter Argumente versorgt, trägt sie zur intellektuell nicht mehr kontrollierbaren Bildung der öffentlichen Meinung ebenso bei wie zur autonomen Willensbildung einer Wählerschaft oder einer kämpfenden sozialen Klasse, die sich von allen intellektuellen Vorgaben emanzipiert hat.[43]

Damit ist ihr Adressat in erster Linie „das allgemeine Publikum"[44]. Wenn der Intellektuelle „sich mit Argumenten in eine Debatte einmischt, muss er sich an ein Publikum wenden, das nicht aus Zuschauern besteht, sondern aus potenziellen Sprechern und Adressaten, die einander Rede und Antwort stehen können"[45]. In einem Diskurs sind verschiedene Akteure (Journalisten, Intellektuelle, Politiker und das Publikum) beteiligt und tragen dadurch zur Meinungsbildung bei.[46] In der diskursiven Öffentlichkeit findet zwischen den Teilnehmern ein „Austausch von Gründen"[47] statt. Der Einfluss eines Intellektuellen hängt folglich von der „Qualität seiner kontroversen Argumente, die sich im Pro und Contra ihrerseits als Impulse für öffentliche Auseinandersetzungen bewähren müssen"[48] ab. „Als einer von vielen hofft er auf Hörer und Sprecher zu treffen, die seine Argumente anerkennen oder diese mit guten Gründen entkräften."[49] Es ist das Ziel des Diskurses, eine „Meinung, auf die sich viele öffentlich geeinigt haben"[50], zu bilden.

Intellektuelle sind folglich keine Einzelakteure, sondern nehmen mit ihren Deutungsangeboten an einem Diskurs teil oder treten diesen sogar los. Sie beteiligen sich damit am öffentlichen Deutungskampf.

---

42 Brunkhorst, Die Macht der Intellektuellen, S. 32.
43 Brunkhorst, Die Macht der Intellektuellen, S. 34.
44 Brunkhorst, Die Macht der Intellektuellen. S. 34.
45 Habermas, Bruno-Kreisky-Preis, S. 5.
46 Vgl. Stamm, Habermas, S. 135.
47 Habermas, Bruno-Kreisky-Preis, S. 5.
48 Müller-Doohm, Moralische Führerschaft, S. 104; Müller-Doohm, Habermas, S. 338; Stamm, Habermas, S. 131.
49 Stamm, Habermas, S. 131; vgl. Müller-Doohm, Moralische Führerschaft, S. 104; Müller-Doohm, Habermas, S. 339.
50 Habermas, Faktizität und Geltung, S. 182.

2.1.2 Diskurskoalitionen divergierender ideenpolitischer Ansätze

Nicht Einzelpersonen, sondern sich bildende Diskurskoalitionen entscheiden einen Diskurs. Dieser wird bei strittigen Themen häufig von zwei politischen Lagern, nämlich „prototypisch zwischen linksliberalen und konservativen Gesinnungsgemeinschaften"[51], ausgetragen. Die sich gegenüberstehenden politischen Lager lassen sich der *Diskurskoalition* von Maarten Hajer folgend wissenschaftlich untersuchen. Dabei handelt es sich um eine „Gruppe von Akteuren"[52], die „sich bei Äußerungen ihrer Statements wechselseitig aufeinander beziehen und insofern Bedeutung interaktiv hervorbringen"[53]. Sie „unterhalten nicht unbedingt direkte Kontakte miteinander und verfolgen auch keine politische Strategie. Was sie eint und was ihnen politischen Einfluss verleiht, ist die Tatsache, dass sie alle dieselbe *story line* vertreten [...], d.h. dieselbe narrative Idee bzw. dasselbe Deutungsmuster, was es ihnen erlaubt spezifische Ereignisse auf analoge Weise zu interpretieren"[54]. Darin eingeschlossen sind auch Medien und individuelle Vertreter, d. h. nicht direkt am politischen Entscheidungsprozess Beteiligte.[55] Reiner Keller fasst den Begriff *Diskurskoalition* wie folgt zusammen:

> Kollektive Akteure aus unterschiedlichen Kontexten (z. B. aus Wissenschaft, Politik, Wirtschaft) koalieren bei der Auseinandersetzung um öffentliche Problemdefinitionen durch die Benutzung einer gemeinsamen Grunderzählung, in der spezifische Vorstellungen von kausaler und politischer Verantwortung, Problemdringlichkeit, Problemlösung, Opfern und Schuldigen formuliert werden. Probleme lassen sich (ent-)dramatisieren, versachlichen, moralisieren, politisieren oder ästhetisieren. Akteure werden aufgewertet, ignoriert oder denunziert. Sagbares trennt sich vom Nicht-Sagbaren.[56]

Michael Schwab-Trapp geht davon aus, dass diese Diskurskoalitionen sowohl institutionalisiert und organisiert als auch lose strukturiert und diffus auftreten können.[57] Intellektuelle können demnach eine eigene Diskurskoalition bilden

---

51 Germer / Müller-Doohm / Thiele, Intellektuelle Deutungskämpfe, S. 514.
52 Maarten A. Hajer, Argumentative Diskursanalyse. Auf der Suche nach Koalitionen, Praktiken und Bedeutungen, in: Keller / Hirseland / Schneider / Viehöver, Handbuch sozialwissenschaftliche Diskursanalyse, S. 271–298, S. 277.
53 Hajer, Argumentative Diskursanalyse, S. 281.
54 Kriesi, Die Rolle der Öffentlichkeit, S. 10; vgl. Nico Grasselt, Die Entzauberung der Energiewende. Politik- und Diskurswandel unter schwarz-gelben Argumentationsmustern, Wiesbaden 2016, S. 47.
55 Vgl. Kriesi, Die Rolle der Öffentlichkeit, S. 10.
56 Reiner Keller, Diskurse und Dispositive analysieren. Die Wissenssoziologische Diskursanalyse als Beitrag zu einer wissensanalytischen Profilierung der Diskursforschung, in: Historical Social Research (33 / 2008), Heft 1, S. S. 73–107, hier S. 90.
57 Schwab-Trapp bezeichnet Diskurskoalitionen als *diskursiven Gemeinschaften*. Schwab-Trapp, Kriegsdiskurse, S. 53.

oder sich mit anderen kollektiven Akteuren zusammenschließen. Innerhalb dieser gibt es häufig „Wortführer, die sie in der Öffentlichkeit vertreten und im Namen und mit mehr oder weniger kollektiver Unterstützung dieser Gemeinschaften Deutungsangebote für soziale und politische Handlungszusammenhänge entwerfen und Forderungen stellen"[58]. Dies können auch individuelle Akteure, etwa Intellektuelle, sein, die damit ein „spezifische[s] politisch-kulturelle[s] Milieu repräsentieren"[59].

Hajer fordert auch eine Analyse derjenigen „Positionen, die kritisiert werden oder gegen die eine Rechtfertigung gesucht wird. Bleibt diese Gegenpositionen unbekannt, geht die argumentative Bedeutung verloren."[60] Folglich sind auch diejenigen Stellungnahmen zu betrachten, die sich von Intellektuellen abgrenzen. Die konkurrierenden Diskurskoalitionen verfolgen jeweils eine *Diskursstrategie*, um ihre Vorstellungen durchzusetzen. Diese bezeichnet Jürgen Gerhards als „Techniken der Deutung der Gegenstandsbereiche des Diskurses"[61]. Die öffentliche Arena verlangt, sich durch strategische Kommunikationsformen, wie beispielsweise Personalisierung, Diffamierung oder Moralisieren gegenüber dem Gegner zu profilieren. Zuspitzen, Pauschalisieren und Schwarz-Weiß-Denken helfen dabei, Sachverhalte für das allgemeine Publikum auf den Punkt zu bringen und damit die Komplexität zu reduzieren. Diese Strategien beeinflussen die Qualität des Diskurses und vor allem das Ergebnis (vgl. Abbildung 8). So können „sachliche Diskussionen in Streit und ideenpolitische Kämpfe münden [...], die zur wechselseitigen Blockierung der kommunikativen Konsensfindung führen"[62]. In diesem Prozess setzt sich nicht unbedingt die „Logik des besseren Arguments"[63] durch, wie Jürgen Habermas es normativ formuliert hat, sondern diejenige Diskurskoalition, die eine bessere Strategie, stärkere Argumentation oder deutungsmächtigere Wortführer hat, um „die Zustimmung eines egalitär zusammengesetzten Laienpublikums"[64] zu gewinnen. Darüber hinaus entscheiden Themenkonjunktur und damit der Zeitgeist darüber, ob Deu-

---

58 Michael Schwab-Trapp, Diskurs als soziologisches Konzept. Bausteine für eine soziologisch orientierte Diskursanalyse, in: Keller / Hirseland / Schneider / Viehöver, Handbuch Sozialwissenschaftliche Diskursanalyse, S. 261–283, hier S. 294.
59 Schwab-Trapp, Kriegsdiskurse, S. 55.
60 Michael Billig zitiert nach Hajer, Argumentative Diskursanalyse, S. 274.
61 Gerhards, Dimensionen und Strategien öffentlicher Diskurse, S. 310; vgl. Germer / Müller-Doohm / Thiele, Intellektuelle Deutungskämpfe, S. 515–517; Schwab-Trapp, Diskurs als soziologisches Konzept, S. 273–275; Jarren / Donges, Politische Kommunikation, S. 203–204.
62 Vgl. Germer / Müller-Doohm / Thiele, Intellektuelle Deutungskämpfe, S. 517.
63 Müller-Doohm, Moralische Führerschaft, S. 98.
64 Habermas, Faktizität und Geltung, S. 440.

tungsangebote öffentlich diskutiert werden.[65] Paul A. Sabatier weist in dem Kampf um Deutungsmacht auf die wichtige dritte Gruppe der *Policy-Vermittler* hin: „deren wesentliches Anliegen ist es, einen vernünftigen Kompromiß zu finden, der die Intensität eines Konflikts reduziert"[66]. Neutrale oder gemäßigte Positionen dienen der Vermittlung, um im Konflikt zu befrieden, ändern aber nicht die grundsätzliche Konstellation.[67]

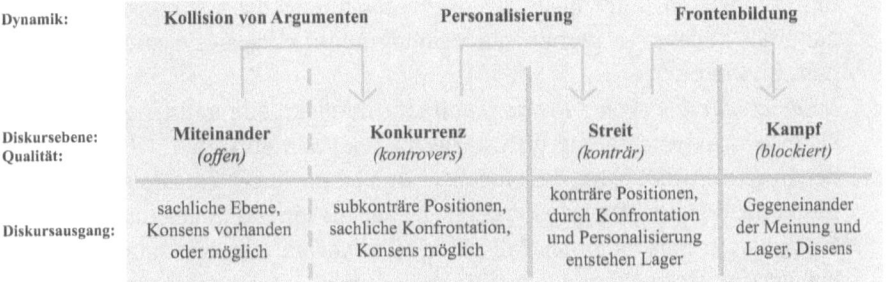

Abbildung 8: Darstellung der schematischen Abstufungen intellektueller Diskurse (Quelle: Stefan Müller-Doohm, Ideenpolitik als intellektuelle Praxis, in: Mark Eisenegger / Linards Udris / Patrik Ettinger (Hrsg.), Wandel der Öffentlichkeit und der Gesellschaft, Wiesbaden 2019, S. 127–143, S. 138).

2.1.3 Intellektuelle Rollen im öffentlichen Diskurs

Der Stellenwert des Intellektuellen im Diskurs kann durch fünf verschiedene Rollen kategorisiert werden. Diese widerspiegeln eine unterschiedlich hohe Resonanz auf die von ihm angebotenen Deutungen (vgl. Tabelle 1).

1. *Unterhalter oder Entertainer:* Intellektuelle können mit ihren politischen Interventionen Medienresonanz erhalten und dennoch keinen oder nur geringen Einfluss genieren. Ihre Stellungnahme hat in diesem Fall einen Unterhaltungswert, der zur Vermittlung von politischen Inhalten von Bedeutung sein kann (*Politainment*).
2. *Teilnehmer am bestehenden Diskurs*: Intellektuelle können an bereits bestehenden Diskursen und somit an der Thematisierung von gesellschaftlichen Proble-

---

65 Wolfgang Schünemann, Manifeste Deutungskämpfe. Die wissenssoziologisch-diskursanalytische Untersuchung politischer Debatten, in: Saša Bosančić / Reiner Keller (Hrsg.), Perspektiven wissenssoziologischer Diskursforschung, Wiesbaden 2016, S. 29–51, hier S. 34.
66 Paul A. Sabatier, Advocacy-Koalitionen, Policy-Wandel und Policy-Lernen. Eine Alternative zur Phasenheuristik, in: Adrienne Héritier (Hrsg.), Policy-Analyse. Kritik und Neuorientierung, Wiesbaden 1993, S. 116–149, hier S. 121.
67 Vgl. Schünemann, Manifeste Deutungskämpfe, S. 34.

men teilnehmen. Dabei bilden sie eine *Diskurskoalition* mit Akteuren aus anderen Gesellschaftsbereichen (Politik, Medien, Wissenschaft oder Wirtschaft), die durch eine gemeinsame *Story line* verbunden sind. Sie können in dieser Funktion weitere Argumente, eine moralische Deutungsweise oder prägenden Begriffen in den Diskurs einbringen und erlangen dadurch eine mittlere Resonanz.

3. *Wortführer einer Diskurskoalition*: Intellektuelle können als Sprecher einer Diskurskoalition deren Sichtweise prominent repräsentieren und als Wortführer fungieren. Individuelle Akteure repräsentieren dabei spezifisch politisch-kulturelle Milieus. Als prominente Meinungsführer erzielen sie eine hohe Resonanz im Diskurs.

4. *Intellektuelle als eigene Diskurskoalition:* Intellektuelle können gemeinsam als lose strukturierte und diffuse Diskurskoalition auftreten.[68] Das Beispiel der Dreyfus-Affäre zeigt, dass mehrere Intellektuelle gemeinsam eine höhere Resonanz erzielen. Da sie allerdings primär als Einzelakteure und selten als Gruppe auftreten, ist dieser Fall selten zu erwarten. Häufiger handelt es sich bei der Diskurskoalition der *Intellektuellen* um eine Fremdbeschreibung.

5. *Agenda Setter / Anstoß zum Diskurs*: Intellektuelle können durch ihre Stellungnahmen den Anstoß für einen Diskurs geben. Sie machen auf ein Problem aufmerksam oder setzen ein in den Hintergrund geratenes Thema wieder auf die politische Tagesordnung. Gelingt diese direkte Platzierung von Diskursthemen, so ist die Resonanz des Intellektuellen auf den Diskurs als sehr hoch zu bewerten.

Tabelle 1: Rolle von Intellektuellen im öffentlichen Diskurs und deren Resonanz.

Intellektuelle Rolle im Diskurs	Resonanz
1. Unterhalter oder Entertainer	keinen/gering
2. Teilnehmer am bestehenden Diskurs	mittel
3. Wortführer einer Diskurskoalition	hoch
4. Intellektuelle als eigene Diskurskoalition	hoch
5. Agenda Setter / Anstoß zum Diskurs	sehr hoch

Intellektuelle vertreten häufiger als prominente Diskursteilnehmer universale Werte in öffentlichen Kontroversen. Mitunter avancieren sie zu Meinungsführern, sofern sie mit Hilfe der Medien im Gefolge ihrer Diskurskoalition die Deutungshoheit in der Öffentlichkeit übernehmen. Sie sind mit ihrer kommunikativen Macht nur wirkungs-

---

68 Vgl. Schwab-Trapp, Kriegsdiskurse, S. 54.

voll, wenn sie die entsprechende *Medienöffentlichkeit* erhalten, um an öffentlichen *Diskursen* und damit am ideenpolitischen *Deutungskampf* teilzunehmen. Nur diejenige Diskurskoalition, die sich in der Öffentlichkeit durchsetzt, hat *Deutungsmacht* und übernimmt die Meinungsführerschaft (vgl. II. Kap. 4).

2.2 Politikberater

Gangolf Hübinger folgend ist davon auszugehen, dass Intellektuelle nicht nur als Organisatoren von Öffentlichkeit, sondern auch als Politikberater agieren.[69] Der „Einfluss auf politische Führer"[70] wird allerdings meistens überschätzt, wie es Hauke Brunkhorst beurteilt. Es gilt zu klären, inwieweit Intellektuelle „bisweilen einen direkten [...] Einfluss auf Leute [nehmen], die Macht ausüben, indem sie bindend entscheiden"[71]. Intellektuelle gehören nicht zu den klassischen Politikberatern, sondern diese Rolle wird primär vor allem durch Experten, Wissenschaftler, Meinungsforschungsinstitute, PR-Berater *von außen* und durch Mitarbeiter aus der Ministerialbürokratie oder dem parteipolitischen Umfeld *von innen* wahrgenommen.[72] Die intellektuelle Politikberatung wird daher wenig beachtet, auch wenn Bundeskanzler Willy Brandt und Gerhard Schröder sie öffentlichkeitswirksam nutzten.[73]

2.2.1 Definition des Begriffs Politikberatung und dessen verschiedene Beratungsformen

Der Begriff *Politikberatung* wird mit dem des *Lobbyismus* häufig verwechselt, da „die Grenzen zwischen ‚objektiver Beratung' (Bereitstellung von Wissen) und Lobbying (Interessenvertretung) [...] fließend"[74] sind. „Traditionell ist mit Politikberatung das

---

69 Vgl. Hübinger, Die politischen Rollen europäischer Intellektueller, S. 39.
70 Brunkhorst, Die Macht der Intellektuellen, S. 32.
71 Brunkhorst, Die Macht der Intellektuellen, S. 32.
72 Vgl. Timo Grunden, Politikberatung im Innenhof der Macht. Zu Einfluss und Funktion der persönlichen Berater deutscher Ministerpräsidenten, Wiesbaden 2009, S. 23–24.
73 Daniela Münkel, Bemerkungen zu Willy Brandt, 2. überarb. und erg. Aufl., Berlin 2013, S. 181–207; Dies., „Das große Gespräch", S. 277–296; Kay Müller / Franz Walter, Graue Eminenzen der Macht. Küchenkabinette in der deutschen Kanzlerdemokratie. Von Adenauer bis Schröder, Wiesbaden 2004, S. 103–111.
74 Johannes Piepenbrink, Editorial, in: APuZ (19 / 2010), S. 2; vgl. Rainer Schützeichel, Beratung, Politikberatung, wissenschaftliche Beratung, in: Stephan Bröchler / Rainer Schützeichel (Hrsg.), Politikberatung, Stuttgart 2008, S. 4–5.

institutionalisierte Liefern von Informationen an politische Akteure gemeint."[75] Der Beratungsbegriff ist dementsprechend weitgefasst und „setzt nur das Schema von Rat und Tat voraus"[76]. Der Bereich Politikberatung durchlief „einen Prozess der Diversifizierung und Pluralisierung"[77]. Für den Zeitraum der Berliner Republik lässt sich zudem eine Kommerzialisierung der Politikberatung feststellen. Diese spiegelt sich beispielsweise durch die immer wichtigere Rolle von *Think Tanks* wider.[78] Axel Murswieck kommt zu dem Fazit, dass „die Zunahme des Bedarfs an Expertenwissen bei gleichzeitiger Zunahme auch der Divergenz von Expertenmeinungen [...] unstrittig"[79] ist. Folglich gibt es verschiedene Formen, die in Abstufungen von einer neutralen, *wissenschaftlichen* bis hin zu einer nicht-wissenschaftlichen, *interessenbezogenen Beratung* im strategischen Machtkontext gehen.[80]

- *Wissenschaftliche Politikberatung*: Neutrale, wissensorientierte Beratung als Fachexperte von Politikern, staatlichen Gremien oder „als Gutachter, Experte und Berater vor Parlamentsausschüssen, in Regierungskommissionen oder vor Gericht"[81]. Sie ist auf „Öffentlichkeit oder zumindest auf die Halböffentlichkeit der politischen Gremien angewiesen"[82] und orientiert sich an „epistemischen Rationalitätskriterien des politischen Systems"[83].

---

75 Svenja Falk / Manuela Glaab / Andrea Römmele / Henrik Schober / Martin Thunert, Politikberatung – eine Einführung. Kontexte, Begriffsdimensionen, Forschungsstand, Themenfelder, in: Dies. (Hrsg.), Handbuch Politikberatung, 2. völlig neu bearbeitete Aufl., Wiesbaden 2019, S. 1–22, hier S. 4.
76 Isabel Kusche, Politikberatung und die Herstellung von Entscheidungssicherheit im politischen System, Wiesbaden 2008, S. 61.
77 Wilfried Rudloff, Geschichte der Politikberatung, in: Bröchler / Schützeichel, Politikberatung, S. 83–103, S. 88.
78 Der Politikwissenschaftler Martin Thunert bezeichnet mit Think Tanks „privat oder öffentlich finanzierte praxisorientierte Forschungsinstitute, die wissenschaftlich fundiert politikbezogene und praxisrelevante Fragestellungen behandeln, und im Idealfall entscheidungsvorbereitende Ergebnisse und Empfehlungen liefern." Martin Thunert, Think Tanks in Deutschland – Berater der Politik? APuZ (51 / 2003), S. 30–38, S. 31; vgl. Tim B. Müller, Der Intellektuelle als politischer Akteur. Zur Politikberatung in den USA, in: Gegenworte (18 / 2007), S. 72–75, hier S. 75; Nolte, Intellektuelle in der Politik, S. 53.
79 Axel Murswieck, Politikberatung der Bundesregierung, in: Bröchler / Schützeichel, Politikberatung, S. 369–388, hier S. 384; Nolte, Intellektuelle in der Politik, S. 52.
80 Murswieck, Politikberatung der Bundesregierung, S. 369.
81 Brunkhorst, Die Macht der Intellektuellen; S. 34; vgl. Hübinger, Die politischen Rollen europäischer Intellektueller, S. 39.
82 Schützeichel, Beratung, Politikberatung, wissenschaftliche Beratung, S. 25.
83 Schützeichel, Beratung, Politikberatung, wissenschaftliche Beratung, S. 25.

- *Partizipative Politikberatung*: Einbeziehung von Bürgern und Vertretern der Zivilgesellschaft in die Beratung, beispielsweise auch Stiftungen, zur Unterstützung von gesellschaftlichen Themen im Sinne des Gemeinwohls.[84]
- *Interessengeleitete Beratung*: Einflussnahme als *Lobbyist* auf den Gesetzgebungsprozess zugunsten der eigenen Kulturbranche.[85] Rainer Schützeichel bezeichnet *Lobbyismus* als „jegliche Form der strategischen Intervention in die Entscheidungsprozesse des politischen Systems"[86], die mehr im Hinterzimmer stattfindet.

Die in dieser Arbeit bereits vorgestellten Interventionstypen von Intellektuellen (vgl. II. Kap. 1.3) sind auf diese drei Formen der Politikberatung anwendbar (vgl. Tabelle 2).

Tabelle 2: Form der Politikberatung je nach Intellektuellentyp.

Form der Politikberatung	Interventionsformen von Intellektuellen
Wissenschaftliche Politikberatung	*Spezifischer Intellektueller*
Partizipative Politikberatung	*Allgemeiner, öffentlicher* oder *aktivistischer Intellektueller*
Interessengeleitete Politikberatung	*Kollektiver* oder *spezifischer Intellektueller*

Paul Nolte generiert die Erwartungshaltung, dass Intellektuelle weniger als Experten im Zuge *wissenschaftlicher Politikberatung* gefragt sind, sondern „Interpretationen und Richtungsangaben"[87] liefern sollen. Demnach gilt die *partizipative Politikberatung* als die wahrscheinlichste Form der Einflussnahme. Diese These gilt es, anhand der Anwendung der drei Beratungsformen zu überprüfen.

---

84 Manuela Glaab, Partizipative Politikberatung. Formate, Erfahrungen und Perspektiven, in: Falk / Glaab / Römmele / Schober / Thunert, Handbuch Politikberatung, S. 99–112, S. 101; Anke Pätsch, Politikberatung durch Stiftungen, in: Falk / Glaab / Römmele / Schober / Thunert, Handbuch Politikberatung, S. 280; Michael Borchard, Politische Stiftungen und Politische Beratung. Erfolgreiche Mitspieler oder Teilnehmer außer Konkurrenz? in: Steffen Dagger et al. (Hrsg.) Politikberatung in Deutschland. Praxis und Perspektiven, Wiesbaden 2004, S. 90–97; Manfred Mai, Verbände und Politik, in: Svenja Falk / Dieter Rehfeld / Andrea Römmele / Martin Thunert (Hrsg.), Handbuch Politikberatung, Wiesbaden 2006, S. 268–274; Claus Leggewie, Deliberative Demokratie – Von der Politik- zur Gesellschaftsberatung (und zurück), in: Falk / Rehfeld / Römmele / Thunert, Handbuch Politikberatung, S. 152–160.
85 Schützeichel, Beratung, Politikberatung, wissenschaftliche Beratung, S. 24 f.
86 Schützeichel, Beratung, Politikberatung, wissenschaftliche Beratung, S. 24–25.
87 Nolte, Intellektuelle in der Politik, S. 52.

2.2.2 Funktionen der intellektuellen Beratung

Politiker sind grundsätzlich interessiert, Berater für „die Verbesserung und Sicherstellung der Handlungs- und Problemlösungsfähigkeit"[88] einzubeziehen. Intellektuelle übernehmen als Berater von Politikern zwei Funktionen, nämlich die Unterstützung der Entscheidungs- und der Darstellungspolitik.[89] Beide Formen haben das gemeinsame Ziel der „Unterstützung und Absicherung politischer Entscheidungen"[90]. Die meisten von Murswieck aufgeführten Motive für die Nutzung von Beratern umfassen den Bereich der Darstellungspolitik (vgl. Tabelle 3). Hier wird deutlich, dass die Öffentlichkeit einen zunehmend wichtigen Aspekt in der Politikberatung einnimmt.[91]

Tabelle 3: Politikberatung: Entscheidungs- und Darstellungspolitik nach Axel Murswieck.

Entscheidungspolitik (Information)	Darstellungspolitik (Legitimität)
die Agenda-Setting-Funktion, um Probleme auf die Tagesordnung zu bringen	die Agenda-Setting-Funktion, um Probleme auf die Tagesordnung zu bringen
die inhaltliche Klärung von Sachverhalten	die argumentative Stärkung der eigenen Position *nach außen*
Orientierungs-, Strategie- und Evaluierungsberatung	die argumentative Stärkung gegenüber widerstreitenden Interessen anderer Ressortbereiche *nach innen* die Beschaffung von Legitimität für politische Reformforderungen die symbolische Lösung von Problemen

In den heutigen politischen Entscheidungsprozessen bedingen sich beide Bereiche insofern, dass viele Beteiligte eine Trennung als künstlich betrachten.[92] Hier wird die Differenzierung dennoch vorgenommen, da Intellektuelle dabei eine unterschiedliche Rolle einnehmen.

---

88 Murswieck, Politikberatung der Bundesregierung, S. 384.
89 Vgl. Stefan Marx, Die Legende vom Spin doctor. Regierungskommunikation unter Schröder und Blair, Wiesbaden 2008, S. 180 und S. 186.
90 Klaus Schubert, Politikberatung, in: Dieter Nohlen (Hrsg.), Lexikon der Politik, München 1998, S. 489.
91 Glaab, Partizipative Politikberatung, S. 99.
92 Marx, Spin doctor, S. 182.

1. *Entscheidungspolitik:* Intellektuelle können nach dem *pragmatischen Politikberatungsmodell* von Habermas als Vertreter der Zivilgesellschaft Einfluss nehmen.[93] Das Modell betont in der Beratung die „Teilhabe der diskursiven, informierten Öffentlichkeit"[94] durch die Einbindung der Repräsentanten der wichtigsten Interessengruppen, Öffentlichkeit und Bürger, in den politischen Entscheidungsprozess.[95] Diese Vorgehensweise soll durch die Integration der Zivilgesellschaft sowohl die Kontroll- als auch die Innovationsfunktion erhöhen.[96] Bei der Politikberatung stehen „nicht nur Politikfeldentscheidungen, sondern vor allem die Durchsetzung und Akzeptanz anvisierter Policyziele"[97] im Mittelpunkt. Neue kommunikative Politikmodelle bezeichnen diese Form der Beratungsgespräche „als temporäre, issuebezogene Policy-Netzwerke"[98], in denen diskursiv über Entscheidungen verhandelt und argumentiert wird. In organisierten Dialogen, etwa an runden Tischen oder in Allianzen, wird die *partizipativ-diskursive Dimension* der Politikberatung betont.[99] Betrachtet man Beratung als Wissensmanagement, so kann man in den dialogischen Beratungsmodellen einen Kampf um die Meinungshoheit und Institutionalisierung spezifischer Deutungsmuster sehen.[100] Intellektuelle sprechen seismografisch für die Gesellschaft oder bringen universale Werte im Sinne des Gemeinwohls in das Gespräch mit Politikern ein. Sie verkörpern als spezifisches Teilsystem *Moral/Unmoral* im politischen Prozess und öffnen damit den Entscheidungsprozess für diese Sichtweise.[101]
2. *Darstellungspolitik:* In der Politikberatung geht es auch darum, die getroffenen Entscheidungen öffentlich darzustellen und zu legitimieren. Durch ihr Sprachgefühl und ihre Argumentationsstärke können Intellektuelle Politiker erstens darin bestärken, ihre Entscheidung besser öffentlich gegen Kritiker zu verteidi-

---

93 Vgl. Paul Kevenhörster, Politikberatung, in: Uwe Andersen et al. (Hrsg.), Handwörterbuch des politischen Systems der Bundesrepublik Deutschland, S. 720–754, hier S. 723; Förster, Intellektuelle als Berater der Politik, S. 74.
94 Manuela Glaab / Almut Metz, Politikberatung und Öffentlichkeit, in: Falk / Rehfeld / Römmele / Thunert, Handbuch Politikberatung, S. 161–170, S. 164.
95 Schützeichel, Beratung, Politikberatung, wissenschaftliche Beratung, S. 26.
96 Glaab / Metz, Politikberatung und Öffentlichkeit, S. 163.
97 Grunden, Politikberatung, S. 23.
98 Renate Martinsen, Partizipative Politikberatung – der Bürger als Experte, in: Falk / Rehfeld / Römmele / Thunert, Handbuch Politikberatung, S. 138–151, hier S. 142; vgl. Kusche, Politikberatung und die Herstellung von Entscheidungssicherheit im politischen System, S. 126.
99 Christopher Gohl, Eine gut beratene Demokratie ist eine gut beratene Demokratie. Organisierte Dialoge als innovative Form der Politikberatung, in: Dagger, Politikberatung in Deutschland, S. 200–215, hier S. 213.
100 Andreas Blätte, Politikberatung aus sozialwissenschaftlicher Perspektive, in: Falk / Glaab / Römmele / Schober / Thunert, Handbuch Politikberatung, S. 1–14, hier S. 9.
101 Blätte, Politikberatung aus sozialwissenschaftlicher Perspektive, S. 6.

gen. Die Einbeziehung Intellektueller in den politischen Prozess stärkt zweitens im Sinne der *partizipativen Politikberatung* die symbolisch-legitimatorische Dimension von Entscheidungsprozessen in der Außendarstellung. Durch ihre Fähigkeit, Öffentlichkeit zu organisieren (vgl. II. Kap. 2.1), sind sie drittens als Berater in dieser Hinsicht für Politiker besonders interessant. „Dass die Öffentlichkeit oftmals auch von der Regierung im Sinne diskursiver Politikberatung zur Legitimation von Regierungsprogrammen benutzt wurde, haben die Kanzlerschaften Brandts und Schröders gezeigt."[102] Wolfgang Bergsdorf geht davon aus, dass, „die Intellektuellen [...] sich durch eine Veröffentlichung dieser [informellen] Zusammenkünfte [...] von der Politik missbraucht fühlen"[103] können, da eine Instrumentalisierung zugunsten der öffentlichen Darstellung ihrem Autonomie-Anspruch widerspricht (vgl. II. Kap. 1.2).[104] Karl-Rudolf Korte stellt dagegen Inszenierung als einen notwendigen Bestandteil modernen Regierens dar, „insofern ist es zunächst konsequent, Darstellungspolitik zu betreiben: medienvermittelte, symbolische Politik"[105]. Dies ist auch bei der öffentlichen Darstellung von Kontakten zu Intellektuellen der Fall, die aufgrund ihrer moralischen Autorität und der damit verbunden Glaubwürdigkeit (vgl. II. Kap. 1.1) ihrerseits Symbolkraft haben.

Es muss folglich kritisch hinterfragt werden, ob Gespräche und Treffen mit Intellektuellen bislang die Funktion der *Entscheidungsberatung* hatten oder das übergeordnete Ziel war, die Symbolkraft der Intellektuellen im Sinne einer *Darstellungspolitik* zu nutzen.

2.2.3 Organisationsformen einer intellektuellen Politikberatung

Politikberatung ist im Laufe der Geschichte diverser und öffentlicher geworden. Dies spiegelt sich auch in der „Vielfalt der Interaktions- und Austauschformen"[106] wider. Für intellektuelle Politikberatung sind verschiedene Organisationsformen denkbar:
- *Individualberatung:* persönliche, spontane und themenzentrierte Politikerberatung als Teil eines informellen Netzwerkes oder eines erweiterten Beratungszirkels[107]

---

102 Murswieck, Politikberatung der Bundesregierung, S. 385.
103 Bergsdorf, Herausforderungen der Wissensgesellschaft, S. 123.
104 Vgl. Rüther, Die Unmächtigen, S. 284.
105 Karl-Rudolf Korte, Was kennzeichnet modernes Regieren?, in: APuZ (4 / 2001), S. 3–13, hier S. 3–4.
106 Rudloff, Geschichte der Politikberatung, S. 88.
107 Murswieck, Politikberatung der Bundesregierung, S. 379; Münkel, Das große Gespräch, S. 196.

- *Ad-hoc-Beratung*: nicht institutionalisierter Austausch über Einzelfragen, tagesaktuelle Ereignisse und umstrittene Projekte in diskursiver Form[108]
- *Think Tanks, Denkfabrik* oder *Brain Trust*: praxisorientierte, organisierte Beratung als Zusammenschluss von Experten[109]
- *Expertengremien/-ausschüsse*: Einbindung der Fachexpertise in Form von Gutachten oder als Berater bei staatlichen Gremien[110]
- *Öffentlichkeitsberatung*: öffentlichkeitsadressierte Politikberatung an den „gut informierten Bürger"[111] oder gesellschaftliche Gruppen[112]

Melanie Förster arbeitet im Hinblick auf die Regierungszeit Schröders heraus, dass Intellektuelle direkt oder indirekt, ad hoc oder institutionalisiert, formell oder informell Politiker beraten können.[113] Das *direkte* Gespräch erreicht gezielt die Entscheidungsträger, während die öffentliche Politikberatung *indirekt* Auswirkungen auf Politiker hat. Es ist wahrscheinlicher, dass Intellektuelle als Berater situativ bedingt und damit *ad hoc* von Politikern eingeladen werden. Für Förster erscheint es „fraglich, ob intellektuelle Beratung auf Dauer angelegt sein und ob sie institutionalisiert werden kann, wenn eine gewisse kritische Distanz von der Macht ein Anspruch von Intellektuellen ist"[114]. Es gibt allerdings auch eine *institutionalisierte* Form der intellektuellen Beratung von Politikern, etwa in Form staatlicher Expertengremien oder -ausschüsse.[115] Sven Poguntke weist Intellektuelle, neben Wissenschaftlern und Experten, als eine der drei Akteursgruppen von Think Tanks aus.[116] Da sie sich selten gemeinsam als *Gruppe* engagieren (vgl. II. Kap. 1.1), erscheinen

---

108 Murswieck, Politikberatung der Bundesregierung, S. 382; Münkel, Das große Gespräch, S. 183.
109 Murswieck, Politikberatung der Bundesregierung, S. 381; Münkel, Das große Gespräch, S. 183; Daniela Münkel, Trommeln für die SPD. Die Sozialdemokratische Wählerinitiative (SWI), in: Schlüter, Günter Grass auf Tour, S. 190–223, hier S. 232.
110 Brunkhorst, Die Macht der Intellektuellen, S. 34; vgl. Hübinger, Die politischen Rollen europäischer Intellektueller, S. 39.
111 Vgl. Leggewie, Deliberative Demokratie. S. 155.
112 Leggewie führt diese Form der partizipativen Politikberatung unter dem Begriff *Gesellschaftsberatung* ein. Diesen Begriff kritisiert Schützeichel als unscharf, denn er suggeriert, dass Gesellschaft Subjekt und Objekt von Beratung sei. Er empfiehlt daher, den Terminus *Öffentlichkeitsberatung* zu verwenden, was in dieser Untersuchung demnach erfolgt. Schützeichel, Beratung, Politikberatung, wissenschaftliche Beratung, S. 26; vgl. Glaab / Metz, Politikberatung und Öffentlichkeit, S. 166; Förster, Intellektuelle als Berater der Politik, S. 102.
113 Förster, Intellektuelle als Berater der Politik, S. 77.
114 Förster, Intellektuelle als Berater der Politik, S. 75 f.
115 Brunkhorst, Die Macht der Intellektuellen; S. 34; vgl. Hübinger, Die politischen Rollen europäischer Intellektueller, S. 39.
116 Sven Poguntke, Corporate Think Tanks. Zukunftsgerichtete Denkfabriken, Innovation Labs, Kreativforen & Co., Wiesbaden 2014, S. 10.

allerdings *informelle Gespräche*, beispielsweise durch eine bilaterale Individualberatung von Politikern mit Einzelpersonen, wahrscheinlicher.

Professionelle, kommerzielle Politikberatung wird gezielt von Politikern eingeholt, sodass es sich um *nachgefragte Beratung* handelt. Diese Form der bezahlten Beratung ist für unabhängige Intellektuelle undenkbar, dennoch ist hier von Interesse, ob Politiker sie gezielt als Berater eingeladen haben. In Abgrenzung dazu gibt es, wie Förster herausstellt, *nicht-nachgefragte Beratungen* von Intellektuellen an Politiker.[117] Diese kann im Gespräch oder in Briefform direkt an den politischen Akteur adressiert werden oder indirekt in öffentlicher Form erfolgen. Gerade diese öffentliche Beratung über Diskurse (Öffentlichkeitsberatung) muss von Politikern nicht rezipiert werden.[118] Es ist davon auszugehen, dass die nicht explizit gewünschte Beratung weniger Wirkung als eine nachgefragte Beratung von Politikern hat.[119] Allerdings erreicht auch nachgefragte Beratung ihre Grenzen.[120] Murswieck schlussfolgert: „Zu den Erfolgsbedingungen von Beratung gehört, dass sie in ihren Empfehlungen die institutionelle Ordnung des politischen Systems berücksichtig und auch informale Institutionen und Normen der politischen Kultur in die Überlegungen einbezieht."[121] Dieses Buch untersucht daher die „Selektivität im Zusammenspiel zwischen Anbieter und Adressen von Beratungswissen"[122].

Anhand der theoretischen Grundlagen entsteht die Erwartungshaltung, dass Intellektuelle eher als Einzelpersonen Politiker ad hoc auf Nachfrage beraten oder die Öffentlichkeit nutzen, um indirekt auf die Gesellschaft Einfluss zu nehmen. In der empirischen Untersuchung intellektueller Politikberatung wird geklärt, welche Organisationsform die Beratung jeweils hatte, welcher Teilnehmerkreis anwesend war, wer die Initiative für ein Treffen ergriffen hat und inwieweit sie im Voraus geplant oder bereits institutionalisiert war.

---

117 Förster, Intellektuelle als Berater der Politik, S. 77.
118 Vgl. Förster, Intellektuelle als Berater der Politik, S. 22; Peter Weingart, Wissensgesellschaft und wissenschaftliche Politikberatung, in: Falk / Glaab / Römmele / Schober / Thunert, Handbuch Politikberatung, S. 67–68, hier S. 68.
119 Förster, Intellektuelle Beratung, S. 84.
120 Murswieck, Politikberatung der Bundesregierung, S. 385.
121 Murswieck, Politikberatung der Bundesregierung, S. 385.
122 Blätte, Politikberatung aus sozialwissenschaftlicher Perspektive, S. 4.

3 Resonanz: Die kommunikative Macht von Intellektuellen

Intellektuelle haben eine kommunikative Macht, um mithilfe der Öffentlichkeit oder durch Beratung auf den politischen Prozess einzuwirken. Jürgen Habermas prägt den Begriff und versteht darunter „in Anlehnung an Hannah Arendt vereinfacht formuliert die Macht, die tatsächlich vom Volk ausgeht"[1]. Er grenzt den Terminus von dem der *administrativen Macht* ab. Dennoch sind beide aufeinander angewiesen und konstitutiv füreinander.[2] In seinem Modell ist es die Aufgabe von Öffentlichkeit und Zivilgesellschaft, den idealen Machtkreislauf zu erhalten bzw. zu garantieren, indem sie als „kommunikative Gegenmächte gegen die Systemimperative von Macht und Geld"[3] wirken. Kommunikative Macht entsteht durch „konkrete Beratungs-, Verständigungs- und Willensbildungsprozesse auf der Grundlage des Systems der Rechte"[4] in der Öffentlichkeit in Form von Diskursen. Diese haben nach seiner Vorstellung in einer *deliberativen Demokratie* einen besonders hohen Stellenwert.[5] Habermas formuliert eine normative Erwartungshaltung an die Funktionen der Öffentlichkeit, die sich auch in seiner Definition von Intellektuellen wiederfindet.[6] Sie gehören für ihn „zu einer Welt, wo die Politik nicht in Staatstätigkeit aufgeht; ihre Welt ist eine politische Kultur des Widerspruchs, in der die kommunikativen Freiheiten der Bürger entfesselt und mobilisiert werden können"[7] und damit die Institutionen des Staates ergänzen. In seinem Verständnis tragen „Intellektuelle […] deshalb nicht nur zum öffentlichen Diskurs, sondern auch zum Selbstverständnis von modernen Gesellschaften bei. So sind sie zugleich Geburtshelfer und Abhängige der politischen Öffentlichkeit."[8] Sie wollen „auf den politischen Machtkampf (nicht) stra-

---

1 Tim König, In guter Gesellschaft? Einführung in die politische Soziologie von Jürgen Habermas und Niklas Luhmann, Wiesbaden 2012, S. 13.
2 König, In guter Gesellschaft, S. 13–14.
3 Stamm, Habermas, S. 135; vgl. König, In guter Gesellschaft, S. 5–6.
4 König, In guter Gesellschaft, S. 15.
5 Vgl. Nicole Deitelhoff, Deliberation, in: Brunkhorst / Kreide / Lafont, Habermas-Handbuch, S. 301–303, Hauke Brunkhorst, Deliberative Politik – ein Verfahrensbegriff der Demokratie, in: Peter Koller / Christian Hiebaum (Hrsg.), Jürgen Habermas. Faktizität und Geltung, Berlin 2016, S. 177–134.
6 Habermas, Bruno-Kreisky-Preis, S. 3–4; René Gabriëls, Intellektuelle, in: Brunkhorst / Kreide / Lafont, Habermas-Handbuch, S. 324–328.
7 Habermas, Bruno-Kreisky-Preis, S. 3–4.
8 Stamm, Habermas, S. 137.

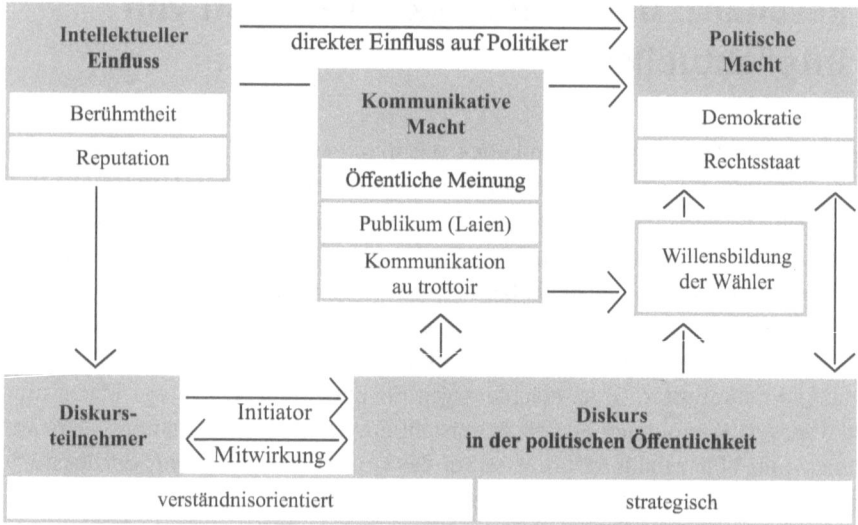

Abbildung 9: Die kommunikative Macht eines Intellektuellen nach Jürgen Habermas (Quelle: Eigene Darstellung).

tegisch Einfluss nehmen, sondern kommunikativ, d. h. verständigungsorientiert auf die autonome und plurale Öffentlichkeit"[9] einwirken (vgl. Abbildung 9).[10]

Habermas unterscheidet in diesem Prozess zwischen dem *Zentrum* (politisches System) und *Peripherie* (zivilgesellschaftliche Infrastruktur).[11] In Letzterer „finden sich – gewissermaßen in der äußersten Peripherie – intermediäre Strukturen, die weniger die Implementierung beschlossener Politik als vielmehr deren Formulierung und die Artikulation von Problemen als Aufgabe ansehen."[12] Intellektuelle sind Teil dieser *Zivilgesellschaft* und können mit ihrem Zugang zur Öffentlichkeit aus der Peripherie Einfluss auf das politische Zentrum nehmen. Durch ihre Medienpräsenz wirken sie somit „unmittelbar auf die Bildung kommunikativer Macht ein"[13]. Sie sind nach seinem Konzept allerdings von zwei Rahmenbedingungen abhängig: erstens dem jeweils vorherrschenden Typ von Öffentlichkeit und zweitens der Ausge-

---

9 Müller-Doohm, Moralische Führerschaft, S. 104.
10 Vgl. Brunkhorst, Die Macht der Intellektuellen, S. 32–37; Cristina Lafont, Kommunikatives Handeln, in: Brunkhorst / Kreide / Lafont, Habermas-Handbuch, S. 332–336; Korte, Gesichter der Macht, S. 42.
11 Nanz, Öffentlichkeit, S. 359.
12 Nanz, Öffentlichkeit, S. 359.
13 Brunkhorst, Die Macht der Intellektuellen, S. 34.

staltung der politischen Praxis.[14] In Deutschland agieren Intellektuelle mit ihren politischen Äußerungen auf Basis einer demokratischen Grundordnung und einem funktionierenden Rechtsstaat. Somit sind die strukturellen Rahmenbedingungen für eine politische Intervention gegeben.[15] Habermas fordert den Intellektuellen als Akteur allerdings auf, „den Einfluss, den er mit Worten erlangt, nicht als Mittel zum Machterwerb benutzen, also *Einfluss* nicht mit *Macht* verwechseln"[16].

Intellektuelle haben in Deutschland dem Ansatz Habermas' folgend eine kommunikative Macht, um aus der Peripherie Einfluss auf das politische Zentrum zu nehmen. Dieser ist abhängig von der Öffentlichkeit und der politischen Praxis, sodass eine Analyse der intellektuellen Interventionen zeitgleich die zu der Zeit vorherrschende politische Kultur dokumentiert.

3.1 Einflussmöglichkeiten von nicht-etablierten Akteuren auf die Politik

Intellektuelle sind „nicht-etablierte Akteure"[17] im politischen System, da sie zwar Interessen sowie Ziele verfolgen und für eine bestimmte Wertorientierung stehen, aber über keine langfristige Strategie zur Zielerreichung verfügen. Vielmehr engagieren sie sich anlassorientiert im Einzelfall. Des Weiteren divergieren Selbstverständnis und Fremdzuschreibung häufig, da die wenigsten Schriftsteller und Künstler sich selbst als Intellektuelle bezeichnen.[18] Ihnen fehlen zudem umfassende Ressourcen, um ihre Ziele selbstständig und direkt durchzusetzen.[19] Sie haben weder Mitglieder noch verfügen sie im Allgemeinen über ein politisches Mandat und damit über einen Zugang zur Gesetzgebung oder Verfügungsgewalt.[20] So zeigt sich, dass ihnen viele strukturelle Faktoren für einen direkten Einfluss auf die Politik fehlen und sie ohne „Kompetenz bindenden Entscheidens"[21] somit ein „machtlose[r] Akteur"[22] sind (*hard power*). Diese „strukturelle[…] Ortlosigkeit"[23] ist sehr nachteilig für die politische Wirkung, denn „ständig an politischen Prozessen beteiligte Akteure haben strukturell

---

14 Vgl. Stamm, Habermas, S. 136.
15 Vgl. Gabriëls, Intellektuelle, S. 326; Habermas, Heinrich Heine, S. 454.
16 Habermas, Bruno-Kreisky-Preis, S. 5.
17 Kriesi, Die Rolle der Öffentlichkeit, S. 22.
18 Vgl. Donges / Jarren, Politische Kommunikation, S. 28.
19 Donges / Jarren, Politische Kommunikation, S. 29.
20 Donges / Jarren, Politische Kommunikation, S. 29.
21 Brunkhorst, Die Macht der Intellektuellen, S. 32.
22 Brunkhorst, Die Macht der Intellektuellen, S. 33; vgl. Rüther, Die Unmächtigen, S. 9.
23 Oevermann zitiert nach Müller-Doohm, Moralische Führerschaft, S. 99.

eine bessere Option zur Beeinflussung politischer Prozessergebnisse als Akteure, die sich erst anlässlich eines Problems herausbilden"[24]. Sie handeln als „soziale [...] Rollenträger"[25] meist „stellvertretend [...] im Auftrag von sozialen Gruppen"[26], auch wenn keine „klare Vertretungsvollmacht [...] oder eine andere Beauftragung"[27] vorliegt. Als nicht-etablierter Akteur der politischen Kommunikation sind sie Außenseiter im politischen System und somit davon abhängig, dass Politiker oder die politische Öffentlichkeit sie wahrnehmen.

Allerdings können auch externe Akteure Einfluss auf die Politik nehmen. Denn es ist „ein offener, weitgehend unstrukturierter sozialer Prozess"[28], an dem „zahlreiche – und fallweise erst in Entscheidungsprozessen sich engagierende wie auch neu herausbildende – Akteure mitwirken"[29]. Die Darstellung von Annette Volkens macht deutlich (vgl. Abbildung 10), dass Intellektuelle als externe Akteure am Anfang eines Politikzyklus als Agenda Setter bei der Wahrnehmung von Problemen und deren Thematisierung mitwirken oder beim sogenannten „Feedback-Loop"[30] durch ihre Ergebnisbewertung zu einer Evaluation von bisherigen Entscheidungen beitragen.[31] Sie sprechen folglich primär die inhaltliche Dimension der Politik, also die „Ursachen, Inhalten und Folgen politischer Entscheidungen"[32] an, die in der Politikwissenschaft unter dem Begriff *Policy* zusammengefasst wird. Dabei bedarf es „einer ständigen Artikulation der Zusammenhänge zwischen Problemdefinition und Problemlösung, die den Prozess begleiten"[33]. Sie können darüber hinaus durch Diskurse an Willensbildungsprozessen (*Politics*) teilnehmen. Das Mitwirken an Gesetzgebungsprozessen oder anderen formalen politischen Prozessen (*Polity*) ist auf Basis dieser theoretischen Grundlagen unwahrscheinlich. Intellektuelle können demnach als nicht-etablierte Akteure in allen drei Dimensionen der Politik mitwirken.

Was im Politikzyklus bearbeitet wird, hängt von vielen äußeren Faktoren ab und ist von einem einzelnen, externen Akteur nicht beeinflussbar. Intellektuelle sind nicht auf politisches Handeln primär fokussiert, sondern verfolgen übergrei-

---

[24] Donges / Jarren, Politische Kommunikation, S. 28.
[25] Jarren / Donges, Politische Kommunikation, S. 54.
[26] Donges / Jarren, Politische Kommunikation, S. 29.
[27] Donges / Jarren, Politische Kommunikation, S. 28.
[28] Donges / Jarren, Politische Kommunikation, S. 157.
[29] Donges / Jarren, Politische Kommunikation, S. 171.
[30] Brigitte Kerchner, Diskursanalyse in der Politikwissenschaft. Ein Forschungsüberblick, in: Brigitte Kerchner / Silke Schneider (Hrsg.), Foucault: Diskursanalyse der Politik. Eine Einführung, S. 33–67, hier S. 39.
[31] Vgl. Donges / Jarren, Politische Kommunikation, S. 163.
[32] Grasselt, Energiewende, S. 55.
[33] Grasselt, Energiewende, S. 56.

3 Resonanz: Die kommunikative Macht von Intellektuellen — 63

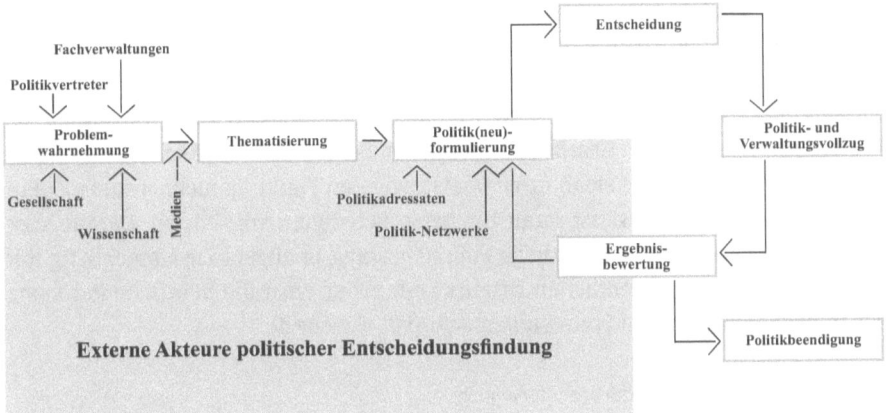

Abbildung 10: Externe Akteure im Politik-Prozess anhand des Politikzyklus. (Quelle: Annette Volkens, Politikzyklus, FU Berlin 2003).

fende, normative Werte oder soziale Ziele.[34] Sie prägen damit langfristig Normen und das Wertgefüge einer Gesellschaft.

3.2 Bewertung der politischen Resonanz: Verlauf intellektueller Interventionen

Wie Intellektuelle zur Bildung der *kommunikativen Macht* in der Öffentlichkeit beitragen, lässt sich durch den stufenweisen „Verlauf[...] intellektueller Interventionen, die Analyse der Art und Weise, in der Interventionen von Intellektuellen eskalieren und zu kontinuierlichen distinkten Gegnerschaft führen"[35], rekonstruieren. Stefan Müller-Doohm fokussiert mit seinem „aussichtsreichen Neuansatz"[36] der Intellektuellensoziologie ihre Teilnahme an „Deutungskämpfe[n] im Raum publizistischer Öffentlichkeit"[37] (vgl. II. Kap. 2.1). Die hier vorliegende Arbeit entwickelt den Ansatz weiter, in dem sie den Deutungskampf nicht auf die *Öffentlichkeit* beschränkt, sondern diesen bis in das politische System und die informelle *Politikberatung* weiter verfolgt. Sie geht davon aus, dass das kommunikative Netzwerk von Intellektuellen nicht auf die Medien begrenzt ist, sondern der direkte Kontakt

---
34 Jarren / Donges, Politische Kommunikation, S. 126.
35 Germer / Müller-Doohm / Thiele, Intellektuelle Deutungskämpfe, S. 511.
36 Germer / Müller-Doohm / Thiele, Intellektuelle Deutungskämpfe, S. 511.
37 Germer / Müller-Doohm / Thiele, Intellektuelle Deutungskämpfe, S. 511.

mit Politikern deren Aufmerksamkeit auf ein Anliegen fördert.[38] Korte stellt heraus, wie wichtig für politische Akteure ein gutes Netzwerk ist, um einen Wissensvorsprung durch Information aus verschiedenen Bereichen sicherzustellen.[39] Intellektuelle können als nicht-etablierte Akteure dabei eine wichtige Rolle spielen, da sie Zugang zu verschiedenen Gesellschaftsbereichen haben und Politiker somit Informationen geben können, die sie in ihrer staatstragenden Funktion nicht erhalten.[40] Ein Kommunikationsnetzwerk ist somit für beide Beteiligten von Vorteil. Daraus lässt sich schließen, dass die intellektuelle Politikberatung in engem Zusammenhang mit ihrer Teilnahme am öffentlichen Diskurs steht. Hier wird die *politische Resonanz* der Intellektuellen in fünf Stufen untersucht (vgl. Tabelle 4).

Tabelle 4: Verlauf der intellektuellen Intervention.

Stufe	Beschreibung	Diskurs/Beratung	Merkmale
1. Stufe	Medienöffentlichkeit[41]	Öffentlicher Diskurs/ Öffentlichkeitsberatung	Reaktion der Medien/Bevölkerung auf intellektuelle Deutungsangebote
2. Stufe	Politische Öffentlichkeit		Reaktion der Politiker auf intellektuelle Deutungsangebote in den Medien
3. Stufe	Politisches System		Aufgreifen der intellektuellen Deutungsangebote durch Politiker, z. B. im Bundestag, auf einem Parteitag
4. Stufe		Informelle Politikberatung Entscheidungspolitik	Gespräche über die politischen Ziele und Deutungsangebote mit Politikern
5. Stufe	Öffentlichkeit	Öffentliche Legitimation Darstellungspolitik	Unterstützung der Entscheidungen nach diesen Gesprächen

Die Rekonstruktion des Verlaufes der Intervention – von der konkreten Äußerung des Intellektuellen über den Diskurs in den Medien bis hin zur informellen Politikberatung im politischen System – erlaubt fundierte Aussagen darüber, welche politische Resonanz Intellektuelle durch ihre kommunikative Macht haben. Diese ist durch Medienberichte und Beratungstreffen quantitativ messbar. Zudem ist qualitativ bewertbar, welche Funktionen sie in der Politik erfüllen und wofür sie ihre Sprachgewalt einsetzen.

---

38 Hübinger, Die politischen Rollen europäischer Intellektueller, S. 39.
39 Korte, Gesichter der Macht, S. 70.
40 Vgl. Stefan Müller-Doohm, Ideenpolitik als intellektuelle Praxis, in: Mark Eisenegger / Linards Udris / Patrik Ettinger (Hrsg.), Wandel der Öffentlichkeit und der Gesellschaft, Wiesbaden 2019, S. 127–143, hier S. 127.
41 Vgl. Jarren / Donges, Politische Kommunikation, S. 104.

4 Einfluss: Der intellektuelle Kampf um Deutungsmacht

Intellektuelle nehmen sowohl in der Öffentlichkeit als auch in der Politikberatung an Deutungskämpfen teil. Sie nutzen ihre kommunikative Macht und ihr politisches Netzwerk, um jeweils als „ideenpolitischer Agierender"[1] ihre Grundsätze und Werte zu Einfluss zu verhelfen. Durch ihre Positionierung im Diskurs sind sie nicht als unabhängige, beobachtende Intellektuelle zu charakterisieren, sondern sie sind politische Akteure. Sie repräsentieren als Teil einer Diskurskoalition ein bestimmtes Milieu.[2]

4.1 Intellektuelle als Akteure in ideenpolitischen Deutungskämpfen

Ob ein Intellektueller Deutungsmacht erreicht, entscheidet sich im Diskurs, in dem er mit anderen politischen Akteuren eine Diskurskoalition bildet und sich gemeinsam gegen konkurrierende Positionen durchsetzen muss (vgl. II. Kap. 2.1.2). Michael Schwab-Trapp geht davon aus, dass „in der öffentlichen und konfliktuellen Produktion von Diskursen Deutungen produziert werden, die soziales und politisches Handeln zugleich anleiten und legitimieren"[3]. Diskurse werden in dieser Untersuchung als politisch „manifeste Deutungskämpfe"[4] verstanden, an denen Intellektuelle sich beteiligen. In der Öffentlichkeit „zirkuliert Wissen in Form von teils abweichenden, ja gegensätzlichen Deutungsangeboten"[5]. In politischen Auseinandersetzungen kämpfen „verschiedene, häufig in ostentativer Weise polar ausgerichtete Deutungsangebote um eine temporäre Anerkennung"[6]. Es gilt, diese „Interpretationsprozesse und -kämpfe"[7] politikwissenschaftlich zu rekonstruieren und zu prüfen, ob „eine gesellschaftliche Frage in einem soziohistorisch spezifischen Moment die Aufmerk-

---
[1] Müller-Doohm, Ideenpolitik als intellektuelle Praxis, S. 134.
[2] Vgl. Müller-Doohm, Ideenpolitik als intellektuelle Praxis, S. 134.
[3] Schwab-Trapp, Diskurs als soziologisches Konzept, S. 288.
[4] Schünemann, Manifeste Deutungskämpfe, S. 34; Germer / Müller-Doohm / Thiele, Intellektuelle Deutungskämpfe, S. 513.
[5] Schünemann, Manifeste Deutungskämpfe, S. 34.
[6] Schünemann, Manifeste Deutungskämpfe, S. 34; vgl. Germer / Müller-Doohm / Thiele, Intellektuelle Deutungskämpfe, S. 515–517.
[7] Frank Nullmeier, Politikwissenschaft auf dem Weg zur Diskursanalyse?, in: Keller / Hirseland / Schneider / Viehöver, Handbuch Sozialwissenschaftliche Diskursanalyse, S. 309–337, hier S. 312.

samkeitsschwelle zum jeweils allgemein-öffentlichen Diskurs"[8] übertritt und „zum Gegenstand einer politischen Debatte"[9] wird. In diesem Fall „treten Sprecher zu dieser Frage, diesem Problem öffentlich in Erscheinung, positionieren sich, führen Kampagnen und befeuern die Debatte mit Reformvorschlägen, Gesetzesinitiativen und anderen Interventionsformen."[10] Der Verlauf der intellektuellen Intervention wird in diesem Buch durch die Analyse der verschiedenen Diskurskoalitionen, von der publizistischen Öffentlichkeit bis hin zu Beratungsgesprächen im Hinterzimmer der Macht, untersucht (vgl. Abbildung 11).

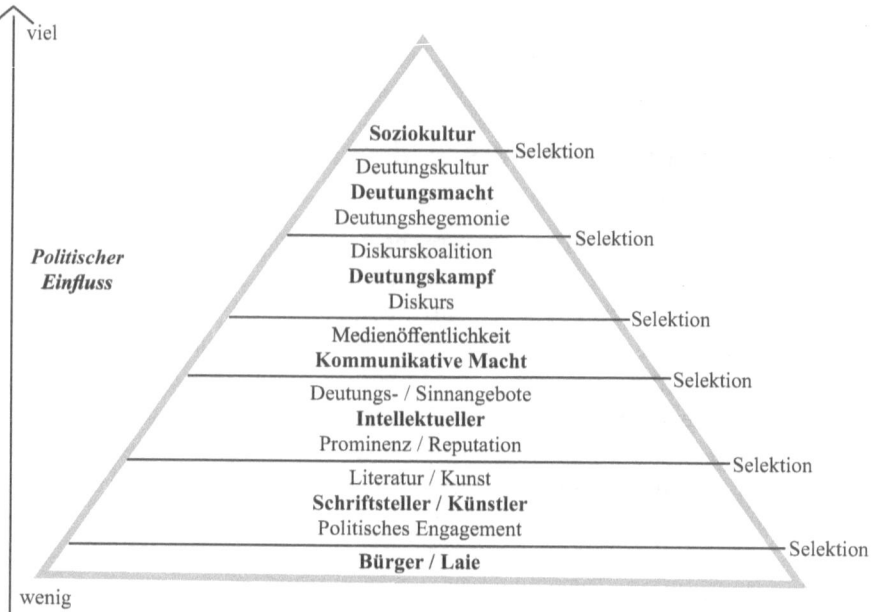

Abbildung 11: Politischer Einfluss von Intellektuellen (Quelle: Eigene Darstellung).

4.2 Intellektueller Einfluss: Deutungsmacht?

Intellektuelle können die Politik beeinflussen, wenn es ihnen gelingt, durch „Überredung bzw. Suggestion Zustimmung zu generieren"[11]. Eine erfolgreiche Wirkung

---

8 Schünemann, Manifeste Deutungskämpfe, S. 34.
9 Schünemann, Manifeste Deutungskämpfe, S. 34.
10 Schünemann, Manifeste Deutungskämpfe, S. 34.
11 Gostmann, Beyond the Pale, S. 48.

wird hier mit dem Begriff *Deutungsmacht* gekennzeichnet. Hans Vorländer bezeichnet mit diesem Terminus, inspiriert von Pierre Bourdieu und Hannah Arendt, „eine spezifische Form von Macht, die sich auf symbolische und kommunikative Geltungsressourcen stützt und die sich in der Durchsetzung von Leitideen und Geltungsansprüchen manifestiert"[12]. Diesem Konzept folgend können Intellektuelle „zur Erzeugung einer als legitim akzeptierten Deutung beitragen"[13] und Macht haben, wenn sie sich als Wortführer ihrer Diskurskoalition durchsetzen. Konkret wirken sie „darauf ein, welche Themen, welche Wertungen und welche Überzeugungen dominieren, was legitimerweise öffentlich erörtert werden kann, mit welchen Kategorien und Begriffen über welches Thema diskutiert wird, welche Vorbilder und Referenzen herangezogen werden, welche Wert- und Zielvorstellungen politisch relevant sind"[14]. Sie können dies nur „durch eine mittelbare Wirkung über die Definition relevanter Werte, Ziele und Überzeugungen"[15] erreichen, wenn sie die entsprechende Zustimmung von Politikern und Öffentlichkeit finden. „Ein Policy-Wandel kommt zustande, indem diese [Diskurs-]Koalitionen ihre Handlungsoptionen im politischen Prozess gegeneinander und vor allem quer zu den etablierten Parteien und Interessensverbänden zur Geltung bringen, bis eine von ihnen es ist, die die Politikinhalte in einem Politikfeld bestimmt"[16]. Deutungsmacht ist „in der Lage […], nachhaltig zu wirken"[17], da sie „Veto-, Verhinderungs- und auch Konformitätseffekte"[18] innehat und damit „konstitutiv zu anderen Dimensionen der institutionalisierten Macht"[19] wirkt.

Der Begriff *Deutungsmacht* steht im engen Kontext mit dem Begriff der *Politischen Kultur*.[20] Damit wird eine „Interaktion zwischen den institutionellen Bedingungen (Struktur) und den Wertsystemen (Kultur)"[21] charakterisiert, die „für die

---

12 Hans Vorländer, Deutungsmacht. Die Macht der Verfassungsgerichtsbarkeit, in: Hans Vorländer (Hrsg.), Die Deutungsmacht der Verfassungsgerichtsbarkeit, Wiesbaden 2006, S. 9–33, hier S. 17.
13 Vorländer, Deutungsmacht, S. 17.
14 Daniel Schulz, Theorien der Deutungsmacht. Ein Konzeptualisierungsversuch im Kontext des Rechts, in: Vorländer, Deutungsmacht der Verfassungsgerichtsbarkeit, S. 67–93, hier S. 67.
15 Sophia Schubert / Hannah Kosow, Das Konzept der Deutungsmacht. Ein Beitrag zur gegenwärtigen Machtdebatte in der Politischen Theorie? in: Österreichische Zeitschrift für Politikwissenschaft (36 / 2007), S. 37–47, hier S. 42.
16 Kerchner, Diskursanalyse in der Politikwissenschaft, S. 40.
17 Vorländer, Deutungsmacht, S. 15.
18 Vorländer, Deutungsmacht, S. 15.
19 Schubert, Das Konzept der Deutungsmacht, S. 44.
20 Vgl. Dennis Bastian Rudolf, Deutungsmacht als machtsensible Perspektive politischer Kulturforschung, in: Wolfgang Bergem / Paula Diehl / Hans J. Lietzmann (Hrsg.), Politische Kulturforschung reloaded. Neue Theorien, Methoden und Ergebnisse, Bielefeld 2019, S. 61–88.
21 Susanne Pickel / Gert Pickel, Politische Kultur- und Demokratieforschung. Grundbegriffe, Theorien, Methoden. Eine Einführung, Wiesbaden 2006, S. 49; vgl. Andreas Dörner, Politische Kultur-

Stabilität einer politischen Ordnung maßgeblich"[22] ist. Für Karl Rohe, den prominentesten Vertreter der interpretativen Kulturforschung, stellt *Politische Kultur* für den politischen Prozess „insgesamt [...] so etwas wie einen mit Sinnbezügen gefüllten politischen Denk-, Handlungs- und Diskursrahmen dar, innerhalb dessen sich das Denken, Handeln und öffentliche Reden politischer Akteure vollzieht"[23]. Er unterscheidet dabei zwischen *Deutungs-* und *Soziokultur*: „Deutungskultur hat die Aufgabe, die auf der Ebene der Soziokultur gespeicherten, mehr oder minder unbewussten Denk-, Rede- und Handlungsgewohnheiten zu thematisieren"[24]. In öffentlichen Diskursen wird die Soziokultur als das „Selbstverständliche reflektiert, in Frage gestellt, verändert oder auch bekräftigt"[25]. Mehrere Forscher heben die Bedeutung von Intellektuellen als gesellschaftliche Elite für die politische Kultur eines Landes hervor.[26] Andreas Dörner und Ludgera Vogt bezeichnen die Deutungskultur als „die Metaebene politischer Kulturen und damit die Schnittstelle, an der Intellektuelle und Eliten eine Gesellschaft nachhaltig beeinflussen können"[27]. Sie bekommen damit die Rolle eines „mehr oder minder professionalisierten Sinn- und Symbolproduzenten"[28] zugewiesen, da ihre „Profession gleichsam darin besteht, politische Sinn- und Deutungsangebote für andere zu fabrizieren"[29] und damit die „Input-Dimension"[30] in der Gesellschaft zu übernehmen. Intellektuelle verleihen mit ihrer „charismatische[n] Überzeugungskraft"[31] Ideen mehr Attraktivität. Folglich wird gerade der „sozial-kulturelle Diskurs von Intellektuellen und Wissen-

---

forschung, in: Herfried Münkler (Hrsg.), Politikwissenschaft. Ein Grundkurs, Reinbek 2003, S. 587–619, hier S. 594.
22 Pickel / Pickel, Politische Kultur- und Demokratieforschung, S. 594.
23 Karl Rohe, Politische Kultur: Zum Verständnis eines theoretischen Konzepts, in: Oskar Niedermayer / Klaus von Beyme, Politische Kultur in Ost- und Westdeutschland, Berlin 1994, S. 1–21, hier S. 2.
24 Rohe, Politische Kultur: Zum Verständnis eines theoretischen Konzepts, S. 8.
25 Andreas Dörner / Ludgera Vogt, Literatursoziologie. Literatur, Gesellschaft, Politische Kultur, Opladen 1994, S. 167.
26 Vgl. Schwab-Trapp, Kriegsdiskurse, S. 21; Dörner, Politische Kulturforschung, S. 605; Dörner / Vogt, Literatursoziologie, S. 167; Steffen Kailitz, Die politische Deutungskultur der Bundesrepublik im Spiegel des „Historikerstreits", in: Ders. (Hrsg.), Die Gegenwart der Vergangenheit. Der „Historikerstreit" und die deutsche Geschichtspolitik, Wiesbaden 2008, S. 14–37, hier S. 14.
27 Dörner / Vogt, Literatursoziologie, S. 167.
28 Karl Rohe, Politik: Begriff und Wirklichkeiten. Eine Einführung in das politische Denken, 2. völlig überarb. und erw. Aufl., Stuttgart 1994, S. 8.
29 Rohe, Politik: Begriff und Wirklichkeiten, S. 8.
30 Oswald W. Gabriel, Politische Kultur aus der Sicht der empirischen Sozialforschung, in: Niedermayer /Beyme, Politische Kultur in Ost- und Westdeutschland, S. 22–42, hier S. 35.
31 Dörner / Vogt, Literatursoziologie, S. 168.

schaftlern [...] strukturiert"[32], denn er besteht aus politischer Wertorientierung und politischen Codes aus den Bereichen der „Philosophie, Wissenschaft und Kunst"[33]. Es gibt bislang wenig Forschung über „das Ringen von Sinnproduzenten um die Hegemonisierung und Tabuisierung gesellschaftlich-politischer Deutungsmuster"[34]. Mit Hilfe der interpretativen, politischen Kulturforschung gilt es, „die Rolle von Eliten, auch von Gegeneliten"[35] stärker in den Blick zu nehmen, da „deren Meinungen [...] sich stärker in politische Aktion um[setzen] und [...] die von ihnen gestalteten Politikfelder viel nachhaltiger [bestimmen] als die Orientierungen einer statistischen Mehrheit der Bevölkerung. Das Gesagte gilt auch für das unterschiedliche Gewicht von veröffentlichter Meinung durch Intellektuelle, Kommentatoren und andere *Sinnproduzenten*."[36] Intellektuelle haben die Aufgabe, mit ihren Deutungsmustern bestehende Muster der Soziokultur zu thematisieren, zu aktualisieren oder zu hinterfragen. Gelingt es ihnen, Veränderungen zu erzeugen, wird ihnen *Deutungsmacht* als höchste Form der kommunikativen Macht attestiert.

4.3 Bewertungsmaßstäbe für den Einfluss von Intellektuellen

Das Problem ist, dass der durch öffentliche Diskurse oder Politikberatung erzeugte Einfluss von Intellektuellen nicht direkt messbar ist. Viele Faktoren führen zu einer Entscheidung in der Politik, sodass eine Kausalität zwischen Intellektuellenimpuls und politischen Maßnahmen nur schwer nachweisbar ist. Für die interpretative Bewertung des Einflusses von Intellektuellen werden hier vier Kriterien nach dem Ansatz von Maarten Hajer und Paul A. Sabatier verwendet, nämlich ers-

---

32 Dirk Berg-Schlosser / Jakob Schissler, Politische Kultur in Deutschland, in: Dies. (Hrsg.), Politische Kultur in Deutschland. Forschungsstand, Methoden und Rahmenbedingungen, Wiesbaden 1987, S. 11–26, hier S. 14.
33 Berg-Schlosser / Schissler, Politische Kultur in Deutschland, S. 14; vgl. Dirk Berg-Schlosser, Erforschung der Politischen Kultur. Begriffe, Kontroversen, Forschungsstand, in: Gotthard Breit (Hrsg.), Politische Kultur in Deutschland. Abkehr von der Vergangenheit – Hinwendung zur Demokratie, S. 7–20, hier S. 10.
34 Kailitz, Die politische Deutungskultur, S. 14; vgl. Germer / Müller-Doohm / Thiele, Intellektuelle Deutungskämpfe, S. 513.
35 Martin und Sylvia Greiffenhagen, Politische Kultur, in: Uwe Andersen / Wichard Woyke (Hrsg.), Handwörterbuch des politischen Systems der Bundesrepublik Deutschland, 4. Aufl., Wiesbaden 2000, S. 493–498, hier S. 494.
36 Greiffenhagen, Politische Kultur, S. 494.

tens *Policy-Lernen*, zweitens *Diskursstrukturierung* und, drittens, *-institutionalisierung* sowie viertens *Deutungshegemonie/-macht* (vgl. Tabelle 5).[37]

Tabelle 5: Bewertungskriterien des Einflusses von Intellektuellen.

Politikebene	Einfluss auf	Diskurs	Bewertung	Scala
Mikroebene	Unterhaltung Politainment	Medienresonanz ohne oder geringe Bewertung	Keine/ geringe Resonanz	1
	Policy-Lernen	Auseinandersetzung	Resonanz	2
	Diskursstrukturierung	Argumente, Begriffe, Narrationen	Höhere Resonanz	3
Mesoebene	Diskursinstitutionalisierung	Policy, Prinzipien, Policy-Diskurse, Rahmen	Einfluss	4
Makroebene	Diskurshegemonie/-macht	Sprachen, Diskurse, Weltsichten	Starker Einfluss	5

1. *Policy-Lernen*: Bei einer inhaltlichen Auseinandersetzung mit einem Diskursbeitrag, selbst wenn er keine Zustimmung in der Öffentlichkeit oder von Politikern findet, kommt es nach dem Ansatz Sabatiers zu einem Lerneffekt, dem sogenannten „Policy-Lernen"[38]. Auch van Daele und Neidhardt sind der Meinung, dass, wenn „Kommunikationen diskursiv [sind], auch unabhängig von ihrem Ausgang gewisse Verständigungseffekte"[39] entstehen. Diskurse führen zu einem „verbesserte[n] Wissen über den Zustand der Problemparameter und der Faktoren, die diese beeinflussen"[40]. In der Gesellschaft lernen Politiker, einzelne Interessengruppen und andere politische Akteure durch die Kontroversen, „Informationen zurückzuweisen, die nahelegen, daß ihre Grundannahmen ungültig und/oder nicht realisierbar sind, und verwenden formale Policy-Analysen in erster Linie, um die beliefs zu untermauern und zu elaborieren (oder diejenigen ihrer Gegner anzugreifen)"[41]. „Politische Akteure lernen danach instrumentell"[42], d. h., „sie versuchen, die Welt und Politikprobleme bes-

---

37 Vgl. Hajer, Argumentative Diskursanalyse, S. 278–279; Sabatier, Advocacy-Koalitionen, S. 122; Nullmeier, Politikwissenschaft, S. 310.
38 Sabatier, Advocacy-Koalitionen, S. 122; Nullmeier, Politikwissenschaft, S. 325.
39 Daele / Neidhardt, Regierung durch Diskussion, S. 13.
40 Sabatier, Advocacy-Koalitionen, S. 122.
41 Sabatier, Advocacy-Koalitionen, S. 122.
42 Nullmeier, Politikwissenschaft, S. 322.

ser zu verstehen, um ihre Ziele zu erreichen"[43]. Nach Nullmeier ist politisches Lernen von drei Faktoren abhängig:
a) von den wissenschaftlichen Ressourcen, um Argumente zu überprüfen
b) von der mittleren Intensität des Konfliktes, der nicht die Kernüberzeugungen infrage stellt,
c) von einem Ort für die Debatten, z. B. apolitische Foren mit genügend Reputation.[44]

Werden diese Bedingungen erfüllt, kann ein angestoßener Diskurs, der keine breite, öffentliche Zustimmung findet, auch wenn er keine politischen Entscheidungen herbeiführt, zu Lerneffekten führen.

2. *Diskursstrukturierung* „tritt in Erscheinung, wenn ein Diskurs die Art und Weise zu dominieren beginnt, in der eine soziale Einheit [...] die Welt konzeptualisiert"[45]. Man kann in diesem Sinne prüfen, wie viele Menschen den Diskurs nutzen, um die Welt zu erklären und zu verändern. Er wird durch zentrale Begriffe oder auch durch Narrationen strukturiert.[46]

3. Durch *Diskursinstitutionalisierung* wird der Einfluss einer öffentlichen Auseinandersetzung auf politische Organisationen nachgewiesen, also wenn sich der Diskurs „in organisationalen Praktiken und Institutionen niederschlägt"[47].

4. Wenn sowohl Diskursstrukturierung als auch -institutionalisierung erreicht wird, ist die weitreichendste Form eines Einflusses erlangt, sodass man von der Dominanz eines Diskurses, der sogenannten *Deutungshegemonie*, sprechen kann, durch die Gegenstände „als ‚traditional', ‚natürlich' oder ‚normal'"[48] angesehen werden. In diesem Fall ist von einer *Deutungsmacht* zu sprechen.

---

43 Nullmeier, Politikwissenschaft, S. 322.
44 Nullmeier, Politikwissenschaft, S. 322–323; vgl. Müller-Doohm, Ideenpolitik als intellektuelle Praxis, S. 138.
45 Hajer, Argumentative Diskursanalyse, S. 278.
46 „Bei Narrationen handelt es sich um einen universellen Modus der Kommunikation und der Konstitution von Sinn, und dieser ist konstitutiv für die Produktion komplexer kultureller Deutungsmuster." Willy Viehöver, Diskurse als Narrationen, in: Keller / Hirseland / Schneider / Viehöver, Handbuch Sozialwissenschaftliche Diskursanalyse, S. 193–224, hier S. 198 sowie S. 201–205; Willy Viehöver, Erzählungen im Feld der Politik, Politik durch Erzählungen. Überlegungen zur Rolle der Narrationen in den politischen Wissenschaften, in: Frank Gadinger / Sebastian Jarzebski / Taylan Yildiz (Hrsg.), Politische Narrative. Konzept – Analyse – Forschungspraxis, Wiesbaden 2016, S. 67–91, hier S. 75.
47 Hajer, Argumentative Diskursanalyse, S. 278.
48 Hajer, Argumentative Diskursanalyse, S. 279.

Die kommunikative Macht von Intellektuellen ist durch die Resonanz der öffentlichen Meinung und bei nachgefragter Beratung empirisch nachweisbar. Auf dieser Ebene lässt sich rekonstruieren, wie Intellektuelle beim politischen Deutungskampf mit ihren Sinnangeboten Diskurskoalitionen bilden und welche Strategien sie verwenden. Ihr Einfluss ist anhand der Begriffe Policy-Lernen, Diskursstrukturierung und -institutionalisierung oder Deutungsmacht interpretativ bewertbar. Nach den theoretischen Grundlagen liegt die Erwartungshaltung nahe, dass Intellektuelle die ersten Stufen des Einflusses (politische Resonanz) erreichen, indem sie die diskursive Auseinandersetzung anregen und durch Begriffe und Narrationen strukturieren. Der langfristige Einfluss von Diskursen als Deutungsmacht, die den Zeitgeist ändern, zu einem veränderten Abstimmungsverhalten bei Wahlen beitragen oder als Wegbereiter für politische strittige Entscheidungen führen, ist dagegen nicht direkt nachweisbar, sondern nur auf der Datenbasis interpretierbar.

5 Funktionen: Sprecherrollen von Intellektuellen im Diskurs und in der Politikberatung

Intellektuelle sind Akteure diskursiver Auseinandersetzung und übernehmen aufgrund ihrer Prominenz und Reputation „Sprecherpositionen"[1] in der politischen Öffentlichkeit und Politikberatung. Neidhardt sieht ihre Aufgabe primär darin, „soziomoralische[...] Sinnfragen"[2] zu vertreten. Durch den Vergleich der verschiedenen Sprecherrollen mit den theoretischen Funktionen eines Intellektuellen in der Gesellschaft wird deutlich, dass ein Intellektueller darüber hinaus auch als *Kommentator, Advokat, Experte* oder *Repräsentant* auftreten kann (vgl. Tabelle 6).[3] Die fünf Sprecherrollen von Intellektuellen werden im Folgenden näher charakterisiert.

Tabelle 6: Sprecherrollen von Intellektuellen.

Sprecherrolle	Beschreibung	Intellektuelle Funktionen
Intellektueller	Soziomoralische Sinnfragen aufnehmen	Visionär
Kommentator	Über öffentliche Angelegenheiten nicht nur berichten, sondern mit eigener Meinung zu Wort melden	Vermittler- und Schlichtungsagentur
Kritiker	Ohne politische Vertretungsmacht im Namen von Gruppierungen deren Interessen vertreten	Kontrollfunktion und Frühwarnsystem
Experte	Wissenschaftlich-technische Sonderkompetenzen	Fachwissen
	Sprachkompetenz	Formulierungshilfe/ Sparringspartner
Repräsentant	Vertreter gesellschaftlicher Gruppen oder Organisationen	(Symbolische) Legitimation

---

1 Jens Zimmermann, Diskursanalyse und Politikwissenschaft. Methodologische Anmerkungen zu einem schwierigen Verhältnis, in: DISS-Journal (20 / 2010), S. 16–17, hier S. 17.
2 Neidhardt, Öffentlichkeit, öffentliche Meinung, soziale Bewegungen, S. 13.
3 Donges / Jarren, Politische Kommunikation, S. 87.

5.1 Intellektuelle als Visionär in Bezug auf soziomoralische Sinnfragen

Intellektuelle haben die Aufgabe, die bisher „geltenden Ordnungen [...] von Neuem mit Sinn"[4] auszustatten und damit zu bewahren. Ulrich von Alemann und Bernd Witte beobachten, dass sie sich häufig „am Erwartungshorizont einer utopischen Perspektive"[5] ausrichten. Korte bezeichnet sie daher „als Souffleure des Zeitgeistes"[6] und „als Vorreiter eines neuen gesellschaftlichen Verständnisses"[7]. Gerade bei grundsätzlichen Leitideen und moralischen Fragen werden visionäre Konzepte von Intellektuellen benötigt.[8] Nach Habermas hat ein Intellektueller einen „avantgardistischen Spürsinn für Relevanzen. Er muss sich zu einem Zeitpunkt über kritische Entwicklungen aufregen können, wenn andere noch beim Business-as-usual sind"[9]. Damit greifen sie „Gefahren, die der mentalen Ausstattung der gemeinsamen politischen Lebensform drohen"[10] auf. Sie sollen als „Deuter des Weltganzen"[11] Probleme identifizieren und diese „überzeugend und so einflussreich thematisieren, dass sie vom parlamentarischen Komplex übernommen und bearbeitet werden"[12]. Somit fungieren sie als Frühwarnsystem, wenn sie die „Brennpunkte der gesellschaftlichen, sozialen und politischen Konflikte von morgen"[13] ansprechen.

„Für eine aufmerksam beobachtende Politik können sich daraus konkrete Handlungsoptionen ergeben."[14] In dieser Funktion sind Intellektuelle auch als Berater von Politikern interessant, da „die Sehnsucht nach Deutungen und Außenansichten [...] in einem immer hektischer getakteten Politikbetrieb"[15] groß ist. Ihre Rolle als Stichwort- und Impulsgeber ist eher in Bezug auf konkrete Probleme, jedoch weniger für große Visionen oder Utopien der Politiker gefragt, wie es Tim Müller darstellt.[16] Dies bedeutet eine Gratwanderung für intellektuelle

---

4 Gostmann, Beyond the pale, S. 52.
5 Von Alemann / Witte, Vorwort, S. 8; vgl. Gostmann, Beyond the pale, S. 52; Habermas, Bruno-Kreisky-Preis, S. 5.
6 Korte, Über Deutschland schreiben, S. 2.
7 Korte, Über Deutschland schreiben, S. 2.
8 Van den Daele / Neidhardt, Regierung durch Diskussion, S. 13; Donges / Jarren, Politische Kommunikation, S. 164.
9 Habermas, Bruno-Kreisky-Preis, S. 5.
10 Habermas, Bruno-Kreisky-Preis, S. 5.
11 Müller-Doohm, Moralische Führerschaft, S. 106.
12 Stamm, Habermas, S. 135.
13 Korte, Über Deutschland schreiben, S. 2.
14 Korte, Über Deutschland schreiben, S. 2.
15 Nolte, Intellektuelle in der Politik, S. 53.
16 Müller, Der Intellektuelle als politischer Akteur, S. 75.

Politikberatung, denn sie „zieht es, zwangsläufig und auf dem Feld des Geistes legitim, zum großen Ganzen. [...] Doch am klügsten haben sich solche Intellektuelle als Politikberater verhalten, die ihre Sachkenntnis auf einzelne Probleme gerichtet und dennoch darüber niemals ihre großen Ideale vergessen haben."[17]

5.2 Kommentator als Vermittler- und Schlichtungsagentur

Intellektuelle sind nach Melanie Förster eine „Vermittlungs- und Schlichtungsagentur zwischen auseinanderstrebenden Interessen und Positionen"[18]. Dies ist darin begründet, dass sie laut dem Idealbild sozial ungebunden und damit in der Gesellschaft frei schwebend sind. Sie haben „aufgrund [ihrer] Objektivationsleistung"[19], Abstraktionsfähigkeit eine „Übersetzungsfunktion"[20]. „In dieser Vermittlungsfunktion, gleichsam mehrere Sprachen sprechen, sich das Wissen verschiedener Expertenkulturen zu eigen machen zu können, ohne selbst Experte sein zu wollen, genau darin kulminiert die intellektuelle Kompetenz"[21]. Sie werden als Seismograf der Gesellschaft bezeichnet, da sie als „Akteure der Interessensartikulation [...] insgesamt als problemnah und spezialisiert [...] und somit als gesellschaftsnah oder -sensibel [...] angesehen werden"[22]. Intellektuelle treten als Vermittler auf, denn sie „agieren [...] in allgemeiner Form, spitzen Problemlösungen zu, verbinden Lösungsmodelle mit moralischen und ideologischen Überlegungen"[23]. Laut Stefan Müller-Doohm wird diese unabhängige Sprecherrolle stark idealisiert. Seine praktische Untersuchung weist darauf hin, dass der Intellektuelle primär „ein ideenpolitisch Agierender"[24] ist und in diesem Sinne Werten und moralischen Grundsätzen seiner Diskurskoalition zu Einfluss verhelfen will.

---

17 Müller, Der Intellektuelle als politischer Akteur, S. 75.
18 Förster, Intellektuelle als Berater der Politik, S. 85.
19 Gostmann, Beyond the Pale, S. 49.
20 Müller-Doohm, Moralische Führerschaft, S. 106.
21 Müller-Doohm, Moralische Führerschaft, S. 106.
22 Donges / Jarren, Politische Kommunikation, S. 113.
23 Donges / Jarren, Politische Kommunikation, S. 160.
24 Müller-Doohm, Ideenpolitik als intellektuelle Praxis, S. 134.

5.3 Kritiker der Macht und Wächter des Volkes

Intellektuelle haben nach Karl Mannheim die Aufgabe, das Gesamtwohl als „Wächter [...] in einer sonst allzu finsteren Nacht"[25] kritisch in den Blick zu nehmen. Rainer Lepsius bezeichnet daher gerade die „Kritik als ihren Beruf"[26]. Karl Rudolf-Korte führt am Beispiel der Literatur aus, dass sie als „Merker, Meinungsmacher, Moralisten [fungieren]. Sie sind Reflektoren gesellschaftlicher Wirklichkeit. [...] Literaten spitzen Zeiterfahrung zu. Sie geben Grundgefühle wieder. [...] Sie transportieren Zeitkolorit."[27] Sie werden daher als „Hofnarren der modernen Gesellschaft"[28] bezeichnet, die den Politikern und dem „Volk selber den Spiegel seiner eigenen Ignoranz, seiner Vorurteile, seiner Kleinkariertheiten"[29] vorhalten. Für Johano Strasser fungieren die Diskurse der Intellektuellen als „Initiator oder Katalysator einer gesellschaftlichen Selbstverständigung"[30]. Habermas sieht darüber hinaus im Einzelfall die Notwendigkeit für Intellektuelle, bei Fehlverhalten „als Frühwarnsystem – [...] rechtzeitig [zu] intervenieren, wenn das Tagesgeschehen entgleist"[31]. Diese wichtige Funktion der Kontrolle in einer Demokratie übernehmen sie sowohl für die Politiker als auch für die Gesellschaft. Ihre Aufgabe ist die „Verteidigung ewiger, universeller und interessefreier Werte wie Gerechtigkeit, Wahrheit und Vernunft"[32]. Stefan Müller-Doohm hebt die moralische Führerschaft hervor, da „er nicht nur ein Interpret der gesellschaftlich anerkannten Grundwerte [ist], vielmehr erinnert der Intellektuelle die Gesellschaft an ihre eigenen normativen Vorgaben und die Verfehlung dieser Vorgaben."[33] Politische Entscheidungen und gesetzliche Maßnahmen werden von ihnen häufig kritisch überwacht, sodass sie zur Evaluation derselben beitragen.[34] Habermas stellt klar, dass sie gerade aus den historischen Erfahrungen die „Sensibilität für Versehrung der normativen Infrastruktur des Gemeinwesens"[35] haben. Intellektuelle werden daher auch als „Wissensverwalter"[36] der Gesellschaft bezeichnet. Nach Korte hat auch die Literatur von Schriftstellern eine „konservie-

---

25 Mannheim, Ideologie und Utopie, S. 140.
26 Lepsius, Kritik als Beruf, S. 276.
27 Korte, Über Deutschland schreiben, S. 1.
28 Ralf Dahrendorf, Der Intellektuelle und die Gesellschaft. Über die soziale Funktion des Narren im zwanzigsten Jahrhundert, in: Die Zeit, 29.03.1963.
29 Nolte, Intellektuelle in der Politik, S. 52; vgl. Hampe, Propheten, Ärzte, Richter, Narren, S. 40.
30 Vgl. Strasser, Intellektuellendämmerung, S. 186.
31 Habermas, Bruno-Kreisky-Preis, S. 5.
32 Vgl. Jäger, Der Schriftsteller als Intellektueller, S. 5.
33 Müller-Doohm, Moralische Führerschaft, S. 100.
34 König, In guter Gesellschaft, S. 21.
35 Habermas, Bruno-Kreisky-Preis, S. 5.
36 Jens Reich, Abschied von den Lebenslügen. Die Intelligenz und die Macht, Berlin 1992, S. 26.

rende Funktion. Sie leistet Erinnerungsarbeit."[37] Als Mahner gilt es für Intellektuelle, diese historischen Erfahrungen als Deutungsmuster immer wieder in die Tagespolitik einzubringen.

„Unter der Prämisse, dass die Qualität von Öffentlichkeit von kritischen Impulsen abhängig ist, gerät die Rolle des Intellektuellen als funktional notwendiges Element deliberativer Demokratie von Bedeutung."[38] Er hat das Ziel, sich mit seinen Interventionen an eine funktionsfähige, pluralistische Ordnung zu wenden, um Missstände in der institutionellen Ordnung aufzudecken, politische Praktiken infrage zu stellen und neue Sichtweisen zu erschließen.[39] Habermas weist darauf hin, dass durch diesen Prozess „bisher vernachlässigte oder bewusst ignorierte Themen in die Massenmedien gelangen und somit ein breites Publikum erreichen"[40]. Sie versuchen die „Schließung von Diskursen"[41] und Fokussierung auf Spezialdiskurse zu verhindern, um das „Spektrum der strittigen Themen und Gründe zu erweitern und die politische Kommunikation offen zu halten"[42]. In diesem Sinne treten Intellektuelle als Advokat oder Vertreter von Minderheiten auf, um sich als „politisches Sprachrohr für unterprivilegierte Gruppen, Schichten und Klassen"[43] einzusetzen. Es ist ihre Aufgabe, „im Streit für unterdrückte Wahrheiten oder vorenthaltene Rechte an universalistische Werte [zu] appellieren"[44]. Intellektuelle nutzen die Öffentlichkeit, aber auch direkte Gespräche mit Politikern, um entsprechende Prozesse zu verhindern oder bestehende Vorgaben zu verändern.

5.4 Repräsentant als symbolische Legitimation und Mehrheitsbeschaffer

Durch ihre moralische Autorität in der Öffentlichkeit und ihre sprachlichen Kompetenzen können Intellektuelle auch dazu beitragen, Entscheidungen politisch wirksam zu kommunizieren und zu legitimieren (vgl. II. Kap. 2.1). Die Gespräche mit Politikern dienen in diesem Fall „als Hilfsmittel zur legitimationsstiftenden

---

37 Korte, Über Deutschland schreiben, S. 1–2.
38 Vgl. Müller-Doohm, Moralische Führerschaft, S. 99.
39 Vgl. Müller-Doohm, Moralische Führerschaft, S. 99.
40 Nanz, Öffentlichkeit, S. 359.
41 Thomas Biebricher, Intellektueller als Nebenberuf: Jürgen Habermas, in: Thomas Kroll / Tilman Reitz (Hrsg.), Intellektuelle in der Bundesrepublik Deutschland. Verschiebungen im politischen Feld der 1960er und 1970er Jahre, 2014, Göttingen 2013, S. 224–231, hier S. 223.
42 Biebricher, Habermas, S. 223.
43 Angermüller, Intellektuelle/Intelligenz, S. 249; vgl. Strasser, Intellektuellendämmerung, S. 187.
44 Habermas, Bruno-Kreisky-Preis, S. 5.

Ummantelung"[45], wie Förster es darstellt. Diese direkte Beratung kann öffentlichkeitswirksam genutzt werden, die „themenspezifische Zustimmung durch einen mehr oder weniger großen Teil der Bürger"[46] zu gewinnen. Sarcinelli stellt klar: „Wer politisch, gesellschaftlich oder ökonomisch Einfluss ausüben will und damit Legitimität beansprucht, kann dies nur im Lichte der Öffentlichkeit erreichen."[47] Für ihn ist klar, dass „politische Kommunikation nicht nur Mittel der Politik [ist]. Sie ist selbst auch Politik."[48] Intellektuelle können in diesem Kontext als öffentliche „Legitimationsmittler"[49] agieren, da sie als „Vermittler von Glaubwürdigkeit"[50] gelten.

5.5 Experte im Bereich Kulturpolitik und Sprache

Darüber hinaus erfüllen Intellektuelle durch ihre Reputation als Schriftsteller oder Künstler zwei weitere Funktionen, die aufgrund ihres Fachwissens als *spezifische Intellektuelle* möglich sind. In der schwierigen Phase von Problemdefinition können Intellektuelle als *Formulierungshelfer* durch Sprachgewalt und Argumentationsfähigkeiten im Diskurs oder in der Beratung von Politikern zu einer Lösung oder Entscheidung beitragen. Sie bringen passende Begriffe und Stichworte, Metaphern sowie Narrative oder übergreifende Interpretationen und Deutungen für ein politisches Konzept in Form von Leitlinien ein. In ihrer Rhetorik und Argumentationsstärke liegt ihre kommunikative Macht begründet. Darüber hinaus sind Intellektuelle im Bereich der Kulturpolitik mit Spezialwissen ausgestattet und treten hier als *Experten mit wissenschaftlichen (und technischen) Sonderkompetenzen* auf. In diesem Themenbereich ist „ihre spezielle Fachkompetenz, mehr noch, ein der jeweiligen Macht brauchbares Ergebnis gefragt"[51]. Kritisch gilt es zu prüfen, ob Intellektuelle dabei als Fachexperten sachlich beraten, als interessengeleitete Lobby für eigene Belange auftreten oder ein kulturpolitisches Konzept mit übergreifenden Werten im Sinne eines *spezifischen Intellektuellen* verbinden.

Zusammenfassend fasst Paul Nolte die Funktionen von Intellektuellen im Deutungskampf wie folgt zusammen: „Der Alltagsbetrieb der Demokratie braucht keine Philosophenkönige, aber er braucht Analytiker der Lage, Wächter der Macht

---

45 Förster, Intellektuelle als Berater der Politik, S. 86.
46 Kriesi, Die Rolle der Öffentlichkeit, S. 24.
47 Sarcinelli, Politische Kommunikation, S. 39; vgl. Nanz, Öffentlichkeit, S. 359.
48 Donges / Jarren, Politische Kommunikation, S. 22.
49 Sarcinelli, Politische Kommunikation, S. 39.
50 Förster, Intellektuelle als Berater der Politik, S. 103.
51 Brunkhorst, Die Macht der Intellektuellen, S. 34.

und Kritiker des Volkes."[52] Edward Said, der selbst als der „weltweit bekannteste Intellektuelle"[53] zählt, beschreibt prägnant die spezifische Rolle von Intellektuellen in der Gesellschaft: „publicly to raise embarrassing questions, to confront orthodoxy and dogma (rather than to produce them), to be someone who cannot easily be co-opted by governments or corporations, and whose raison *d'être* is to represent all those people and issues that are routinely forgotten or swept under the rug."[54] Intellektuelle sind dabei „kritisch und affirmativ zugleich"[55]. Sie übernehmen „die provozierende Rolle eines notorischen Unruhestifters und konstruktiven Radikalen"[56]. Allerdings stehen sie nicht per se „der Macht kritisch und sie kontrollierend"[57] gegenüber, sondern versuchen, auf verschiedene Weise im Sinne universaler Grundwerte Einfluss zu nehmen. Im Notfall gilt es dafür, sogar die bestehende „Satzung [zu] stürzen"[58], wie Pierre Bourdieu es festhält. Für Ralf Dahrendorf sind Intellektuelle vor allem in Zeiten des Umbruchs gefragt, während die Normalphasen der Demokratie sie in eine „gewisse[...] Verlegenheit"[59] bringen, sodass „sie allenfalls nützlich"[60] sind.

---

[52] Nolte, Intellektuelle in der Politik, S. 54.
[53] Judt, Das vergessene 20. Jahrhundert, S. 166.
[54] Edward W. Said, zitiert nach: Brunssen, Günter Grass as an International Intellectual, S. 96.
[55] Nolte, Intellektuelle in der Politik, S. 52.
[56] von Alemann / Witte, Vorwort, S. 8.
[57] Kurt Sontheimer, So war Deutschland nie. Anmerkungen zur politischen Kultur der Bundesrepublik, München 1999, S. 122.
[58] Gostmann, Beyond the Pale, S. 52.
[59] Dahrendorf, Versuchung der Unfreiheit, S. 24.
[60] Dahrendorf, Versuchung der Unfreiheit, S. 24.

6 Theoriegeleitete Kriterien für die Analyse (Forschungsheuristik)

Dieser Band geht davon aus, dass Günter Grass als Intellektueller über eine kommunikative Macht verfügt, um am ideenpolitischen Deutungskampf teilzunehmen. Für eine Bewertung werden fünf theoriegeleitete Kriterien verwendet, die eine Vergleichbarkeit der Bewertung der politischen Interventionen in den einzelnen Politikfeldern ermöglicht (vgl. Abbildung 12).

Kriterium 1: Interventionen als Intellektueller

Intellektuelle greifen in der Regel nicht in Normalphasen der Demokratie ein, sondern eher in Krisenfällen sowie in Umbruchzeiten. Diese Untersuchung soll aufzeigen, welche *Themen* und welche *Politikfelder* zu einer intellektuellen Intervention in der Berliner Republik führen. Sie bringen nicht nur einzelne *Begriffe* oder *Argumente* in den politischen Prozess ein, sondern auch übergeordnete *Deutungsmuster und Sinnangebote*. Es gilt, dabei zu prüfen, ob sie bestehende Deutungsmuster in dem tagespolitischen Diskurs hinterfragen und neue Impulse setzen. Für die Einordnung werden die fünf *Interventionstypen des Intellektuellen* angewendet. Dabei ist davon auszugehen, dass sie zwischen den fünf verschiedenen Typen wechseln und diese kombinieren.

Kriterium 2: Methode

Intellektuelle haben als nicht-etablierte Akteure zwei Möglichkeiten, Einfluss auf die Politik zu nehmen: Einerseits im direkten Gespräch mit Politikern und andererseits über den öffentlichen Diskurs. Ihr Einfluss ist damit stets abhängig von der Resonanz des jeweiligen Adressaten. Intellektuelle können einerseits durch ihre medienwirksamen Stellungnahmen Diskurse in der *Öffentlichkeit* prägen oder anregen. Durch den Strukturwandel der Öffentlichkeit hat sich gezeigt, dass sie als eine Stimme unter vielen um Aufmerksamkeit buhlen müssen, um Bedeutung zu erhalten. So gilt es, kritisch zu prüfen, ob die Medien die Deutungsangebote aufnehmen oder die Interventionen der Intellektuellen lediglich einen Unterhaltungswert darstellen. Andererseits können Intellektuelle durch *Politikberatung* auf Akteure des politischen Systems einwirken und Einfluss nehmen. Es ist dabei entscheidend, ob ein Politiker oder eine Partei die Beratung *nachfragen* oder Intellektuelle sich mit ihren Hinweisen oder ihrer Kritik *ungefragt* an sie wenden. Als

6 Theoriegeleitete Kriterien für die Analyse (Forschungsheuristik) — 81

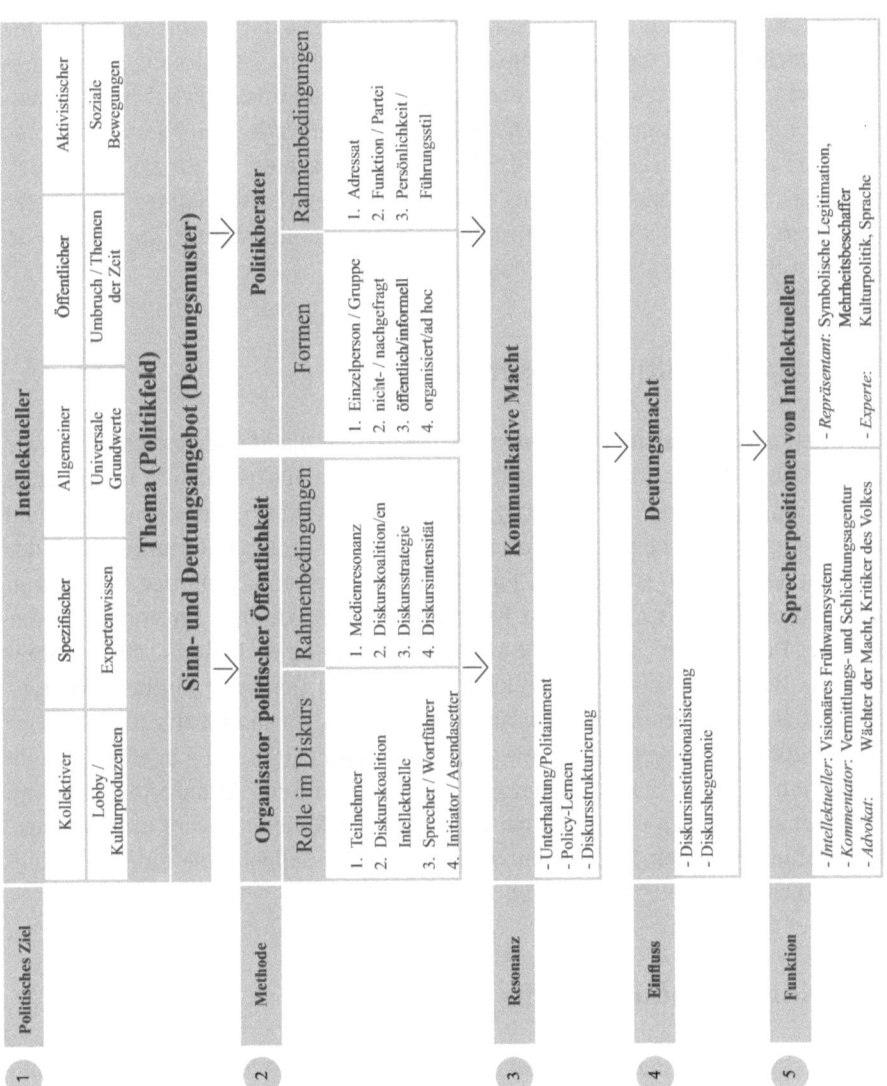

Abbildung 12: Intellektuelle Typen, Methoden, Einfluss und Funktionen in der Politik (Quelle: Eigene Darstellung).

weitere Merkmale für die Untersuchung dienen der Grad an *Öffentlichkeit*, der *Teilnehmerkreis* und die *Organisationsform* der Beratung. Die direkten Beratungsangebote und Gespräche gilt es zu rekonstruieren und hinsichtlich ihrer Rahmenbedingungen (*Adressat, Parteizugehörigkeit, Persönlichkeit und Führungsstil der Politiker*) zu untersuchen. Wichtig dabei ist, zu betrachten, ob die Politiker Intellektuelle zur Entscheidungsfindung einbezogen haben (*Entscheidungspolitik*) oder die Beratung nur medienwirksam inszenierten, um ein kulturaffines Image in der Öffentlichkeit zu erhalten (*Darstellungspolitik*).

Kriterium 3: Politische Resonanz

Die öffentliche Resonanz auf Günter Grass ist durch die Medienanalyse erfassbar und messbar. Die politischen Reaktionen auf den Intellektuellen im öffentlichen Raum kann quantitativ und qualitativ ausgewertet werden. Ebenso können sowohl die Beratungsversuche per Brief als auch die Anzahl an Beratungstreffen und der Teilnehmerkreis erfasst werden. Entscheidend ist, wer der Initiator der Treffen war und ob diese als nachgefragt bezeichnet werden können. Ein Intellektueller entfaltet Deutungsmacht, wenn er als *Agenda Setter* einen Diskurs selbst anstößt oder als *Wortführer* einer Diskurskoalition wirkt. Er generiert Einfluss, wenn er Mitglied einer entsprechenden *Diskurskoalition* wird, die mit einer guten *Strategie* den Kampf um Deutungshegemonie gewinnt. Es gilt nicht nur, die intellektuelle Intervention zu analysieren, sondern sie in Bezug zu einer Diskurskoalition und einer entsprechenden Gegenposition zu setzen. Ihre Rolle im Kampf um Deutungshegemonie und deren Funktionen wird anhand der Fallbeispiele untersucht und hinsichtlich des Einflusses bewertet.

Kriterium 4: Einfluss auf die Politik

Eine direkte Einflussnahme von Intellektuellen auf die Macht, beispielsweise auf konkrete Maßnahmen, Gesetze oder Verordnungen ist nicht direkt messbar, da viele Beweggründe zu solchen politischen Entscheidungen führen und zudem eine Vielzahl an Akteuren beteiligt sind. Es gibt in den meisten aller Fälle keine kausale Verbindung zwischen den Gesprächen oder den öffentlichen Diskursen und Beschlüssen von Politikern. Der Einfluss eines Intellektuellen wird theoriegeleitet danach bewertet, ob es ihm gelang, über das Policy-Lernen hinaus den Diskurs zu strukturieren (Mikroebene) oder ob seine intellektuellen Interventionen nur einen Unterhaltungswert hatten. Erst wenn es ihm gelang, auch die Ideen zu institutionalisieren (Mesoebene) oder im öffentlichen Diskurs sein Deutungsangebot anzusetzen, hatte er Deutungsmacht (Makroebene).

Kriterium 5: Funktionen von Intellektuellen in ideenpolitischen Deutungskämpfen

Übergeordnetes Erkenntnisinteresse dieses Bandes ist es, herauszufinden, welche Funktionen Intellektuelle in der Politik haben. Es gilt dabei einzuordnen, ob diese in der Politikberatung und im öffentlichen Diskurs ähnlich waren oder andere Schwerpunkte gesetzt wurden. Die Theorie zeigt auf, dass Intellektuelle fünf Sprecherpositionen erfüllen, sie sind Intellektuelle, Kommentatoren, Advokaten, Repräsentanten oder Experten.

Der Einfluss von Günter Grass auf politische Prozesse wird anhand verschiedener Politikfelder (IV.) auf Basis dieser theoretischen Vorannahmen empirisch bewertet. Mithilfe der fünf Kriterien kann überprüft werden, ob ihm als Intellektueller in der Berliner Republik eine kommunikative Macht zu attestieren ist, die sich in der Politikberatung oder in öffentlichen Diskursen ausdrückt, oder ob sein öffentliches Auftreten mehr symbolisch oder im Sinne der allgemeinen Unterhaltung als *Politainment* dient. Hier stehen die Funktionen von Intellektuellen in derartigen Politikprozessen am Beispiel von Günter Grass im Mittelpunkt.

III **METHODIK:**
Analysezugang eines Mixed-Methods-Designs

1 Forschungslogik eines Mixed-Methods-Designs

Günter Grass politische Interventionen als Intellektueller ist bislang nicht näher erforscht worden (vgl. II. Kap. 1.3). Hanspeter Kriesi bemängelt 2001, dass die Rolle von nicht-etablierten Akteuren als Meinungsführer in Entscheidungs- und Implementationsprozessen in politikwissenschaftlichen Analysen zu wenig beachtet wird (*Bottom-up-Strategie*).[1] Er kommt zu dem Schluss: „Angesichts der zentralen Bedeutung, die der Zustimmung der Bürger für die politischen Entscheidungsträger zukommt, ist es erstaunlich, dass die doppelte Frage, in welchem Maße die öffentliche Meinung (*public opinion*) die politischen Entscheidungsprozesse beeinflusst, und wie die öffentliche Meinung ihrerseits durch Prozesse politischer Kommunikation und Mobilisierung bestimmt wird, nicht systematischer untersucht worden ist."[2] Der vorliegende Band kommt damit der Forderung Hanspeter Kriesis nach, den Einfluss der Öffentlichkeit bis in das politische System anhand eines Einzelakteurs zu rekonstruieren.[3] Stefan Müller-Doohm fordert, Intellektuelle als ideenpolitische Akteure im Deutungskampf wahrzunehmen und den Verlauf ihrer Intervention nachzuvollziehen.[4] Er stellt dabei vor allem die publizistische Öffentlichkeit in den Mittelpunkt, während Melanie Förster die intellektuelle Beratung in der Regierungszeit Schröders systematisch analysiert.[5] Beide Forschungsansätze werden im Folgenden als Bestandteile eines diskursiven Kampfes um Deutungsmacht verstanden. Neuere Forschungsprojekte beschäftigen sich vermehrt mit Narrativen und Deutungen in der Politik, sodass eine „nun gängige Praxis in der Politikwissenschaft [feststellen kann], von der Macht der Diskurse oder der sprachlichen Rahmung politischer Probleme (framing) zu reden"[6].

Diese Untersuchung analysiert in einer Fallstudie über Grass die unterschiedlichen Formen der politischen Intervention eines Intellektuellen in der Berliner Republik (*akteurszentriert, bottom-up*).[7] Derartige *Biografiestudien* liegen „außer-

---

[1] Kriesi, Die Rolle der Öffentlichkeit, S. 22.
[2] Kriesi, Die Rolle der Öffentlichkeit, S. 2.
[3] Vgl. Hanspeter Kriesi, Strategien politischer Kommunikation. Bedingungen und Chancen der Mobilisierung öffentlicher Meinung im internationalen Vergleich, in: Frank Esser / Barbara Pfetsch (Hrsg.), Politische Kommunikation im internationalen Vergleich. Grundlagen, Anwendungen, Perspektiven, Wiesbaden 2003, S. 208–239, hier S. 210.
[4] Müller-Doohm, Ideenpolitik als Intellektuelle Praxis, S. 127–143; Germer / Müller-Doohm / Thiele, Intellektueller Deutungskampf im Raum publizistischer Öffentlichkeit, S. 511–520.
[5] Förster, Intellektuelle als Berater der Politik, Duisburg 2020.
[6] Frank Gadinger / Sebastian Jarzebski / Taylan Yildiz, Politische Narrative. Konturen einer politikwissenschaftlichen Erzähltheorie, in: Dies., Politische Narrative, S. 3–38, hier S. 3–4.
[7] Vgl. Blatter / Janning / Wagemann, Qualitative Politikanalyse, S. 30; Thomas Brüsemeister, Qualitative Forschung. Ein Überblick, 2. überarb. Aufl., Wiesbaden 2008, S. 25.

halb des Zentrums der politikwissenschaftlichen Forschung"[8], sodass „von einer eigenständigen biographischen Methode [...] keine Rede sein"[9] kann. Der Ansatz gilt im Fachbereich nur dann „als salonfähig, wenn er Resultate zu Tage fördert, die [...] verallgemeinerbare, typologisierende Ableitungen"[10] ermöglichen. Deswegen wird hier ein deduktives Verfahren gewählt (vgl. Abbildung 13).

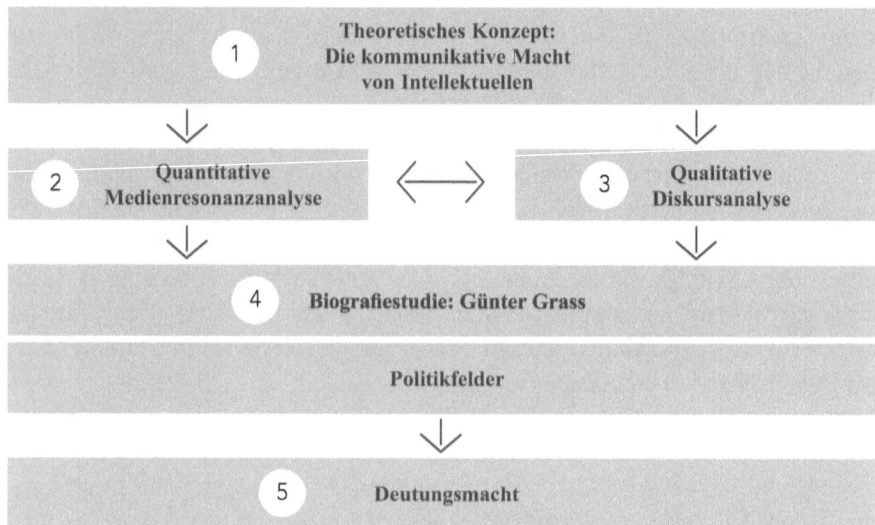

Abbildung 13: Mixed-Methods-Design zur Analyse der kommunikativen Macht von Intellektuellen (Quelle: Eigene Darstellung).

In einem ersten Schritt wird das *theoretische Konzept* der kommunikativen Macht von Intellektuellen entwickelt, um die politischen Interventionen von Günter Grass zu bewerten (vgl. II. Kap. 6). Die empirische Analyse erfolgt in Form eines *Mixed-Methods-Designs*, was die Kombination von „unterschiedliche[n] sozialwissenschaftlichen Methoden zum Zweck eines gemeinsamen Erkenntnisinteresses"[11] bezeichnet. Dazu wurde eine *quantitative Medienresonanzanalyse* auf Basis der statistischen Auswertung von Presseberichterstattungen mit einer qualitativen Inhalts- und Diskursanalyse verbunden, um anhand einzelner Politikfelder die Deutungsmacht

---
8 Alexander Gallus, Politikwissenschaft (und Zeitgeschichte), in: Christian Klein (Hrsg.), Handbuch Biographie. Methoden, Traditionen, Theorien, Stuttgart 2009, S. 382–387, hier S. 387.
9 Gallus, Politikwissenschaft (und Zeitgeschichte), S. 387.
10 Gallus, Politikwissenschaft (und Zeitgeschichte), S. 387.
11 Hans-Joachim Lauth / Gert Pickel / Susanne Pickel, Methoden der vergleichenden Politikwissenschaft. Eine Einführung, 2. Aufl., Wiesbaden 2009, S. 214.

des Intellektuellen zu bestimmen. Beide Methoden ergänzen sich durch ihre inhaltsanalytische Vorgehensweise und erzielen damit einen Synergieeffekt.

Die quantitative Medienresonanzanalyse ermöglicht in einem zweiten Schritt die Erfassung der intellektuellen Interventionen von Günter Grass in der Berliner Republik.[12] Durch die so gewonnenen Daten können repräsentative Aussagen über Häufigkeiten, Themenvielfalt und Formen des politischen Engagements des Intellektuellen getroffen werden. Auf diese Weise ist erstmals ein chronologischer Überblick über Grass' politische Aktivitäten von 1989 bis 2015 als Grundlage für die Untersuchung erarbeitet (vgl. VI. Anhang 4). Mithilfe der durchgeführten Medienanalyse werden quantitativ und damit induktiv Politikfelder als Fallbeispiele für die weitere Erforschung ausgewählt. Die gewonnen Daten erlauben eine Bewertung von Grass' Präsenz in der (politischen) Öffentlichkeit. Sie zeigen ferner, welche Wirkung einzelne Interventionen in der Presse erzielten. Die quantitative Inhaltsanalyse der Medienberichterstattung ist jedoch mit einer „Begrenzung der Aussagenreichweite verbunden"[13], denn sie gibt keine Auskunft darüber, wie die Deutungsangebote in der Öffentlichkeit und von Politikern diskutiert wurden.

Aus diesem Grund wird in einem dritten Schritt eine *qualitative Diskursanalyse*[14] durchgeführt, um zu beantworten, inwieweit Grass als Intellektueller seine Deutungsangebote in der Öffentlichkeit und in der Politikberatung durchsetzen konnte. Der Verlauf der Intervention wird, beginnend mit Grass' Aussage in seinen Reden und öffentlichen Stellungnahmen, über die Diskurse in den Medien bis hin zu persönlichen Gesprächen mit Politikern rekonstruiert. Demnach werden nicht nur „die öffentlich zur Diskussion gestellten Deutungsangebote politischer Akteure"[15] untersucht, sondern auch die informellen Dialoge in Beratungsgesprächen. Damit richtet sich der „Blick auf den Zusammenhang von Kultur und Macht"[16]. Jens Zimmermann stellt klar, dass es derartige interpretative Methoden in der deutschen Politikwissenschaft „traditionell schwer"[17] haben. Dabei öffnen diese die Tür für neue Ansätze,

---

12 Vgl. Thomas Wägenbaur (Hrsg.), Medienanalyse. Methoden, Ergebnisse, Grenzen, Baden-Baden 2007; Juliane Raupp / Jens Vogelgesang, Medienresonanzanalyse. Eine Einführung in Theorie und Praxis, Wiesbaden 2009.
13 Jürgen Gerhards, Diskursanalyse als systematische Inhaltsanalyse. Die öffentliche Debatte über Abtreibung in den USA und in der Bundesrepublik Deutschland im Vergleich, in: Keller / Hirseland / Schneider / Viehöver, Handbuch Sozialwissenschaftliche Diskursanalyse, S. 299–324, S. 306.
14 Vgl. Keller / Hirseland / Schneider / Viehöver, Handbuch Sozialwissenschaftliche Diskursanalyse.
15 Schwab-Trapp, Kriegsdiskurse, S. 69.
16 Dörner, Politische Kulturforschung, S. 615.
17 Zimmermann, Diskursanalyse und Politikwissenschaft, S. 16.

„deren Analysepotential bis heute noch nicht ausgeschöpft wurde"[18]. Kritisiert wird allgemein an hermeneutischen, interpretativen Ansätzen, dass kein technisierbares und damit kontrollierbares Verfahren zugrunde liegt. Jedoch haben „die zeitaufwendigen, methodisch kontrollierten Auswertungsschritte eines interpretativen Verfahrens keineswegs mehr Willkür [...] als die oft unkontrollierten Deutungsschritte bei der Operationalisierung und Interpretation quantitativ-standardisierter Untersuchungen"[19]. Um diesem Kritikpunkt zu entgegnen, werden hier einerseits theoriegeleitete Kriterien für die Bewertung zu Grunde gelegt (vgl. II. Kap. 6) und andererseits die einzelnen Auswertungsschritte dieser Untersuchung detailliert dargestellt (vgl. III. Kap. 3). Zudem erfolgt die Auswahl der Diskurse auf Basis des statistischen Materials der Medienanalyse, die zudem auch Hinweise auf verschiedene Beratungsanlässe gibt. Darin zeigt sich ein weiterer Vorteil des Mixed-Methods-Designs und der Nutzung von gleichem Datenmaterial für zwei unterschiedliche Analysemethoden.

Die verschiedenen politischen Interventionen von Günter Grass werden in einem vierten Schritt anhand einzelner *Politikfelder* gebündelt. Für die Vergleichbarkeit der Politikfelder wird derselbe Aufbau für die einzelnen Kapitel gewählt und das Konzept des Intellektuellen einleitend zusammengefasst. Die empirisch gewonnenen Ergebnisse werden hinsichtlich seiner Teilnahme am Kampf um Deutungsmacht in der Öffentlichkeit und seines Engagements in der Politikberatung separat dargestellt. Ein zusammenfassendes Zwischenfazit wertet auf Basis der qualitativ-interpretativen Analyse in einem fünften Schritt aus, ob Günter Grass Resonanz und damit eine *kommunikative Macht* oder Einfluss und damit *Deutungsmacht* in der Berliner Republik hatte. Während der quantitative Ansatz der Medienresonanzanalyse allgemeine Aussagen über die öffentliche Resonanz auf die politischen Stellungnahmen des Intellektuellen Grass treffen kann, erlaubt die interpretative Analyse eine Bewertung des politischen Einflusses.

Ziel ist die „konkrete[...] inhaltliche[...] Auseinandersetzung mit [einem] Protagonisten der Sozialfigur des Intellektuellen"[20]. Anhand der Einzelfallstudie über Grass können allgemeine Aussagen über das theoretische Modell einer kommunikativen Macht von Intellektuellen getroffen werden. Zudem bieten „Analysen deutungskultureller Diskurse [...] wichtige Einblicke in die Ursachen politisch-kulturellen Wandels – bekommt dieser doch von den Akteuren der Deutungskultur oft die entscheidenden Impulse vermittelt"[21].

---

[18] Andreas Dörner, Politische Kulturforschung und Cultural Studies, in: Othmar Nikola Haberl / Tobias Korenke (Hrsg.), Politische Deutungskulturen. Festschrift für Karl Rohe, Baden-Baden 1999, S. 93–110, hier S. 95.
[19] Dörner, Politische Kulturforschung, S. 599.
[20] Jung / Müller-Doohm, Vorwort, S. 12.
[21] Dörner, Politische Kulturforschung, S. 605.

2 Auswahl und Datenerhebung des Analysematerials

2.1 Günter Grass' politische Interventionen

Als Grundlage der Untersuchung dienen Grass' politische Texte und öffentliche Aussagen als Intellektueller, die er von November 1989 bis April 2015 verfasste beziehungsweise tätigte.

Zum Datenkorpus gehören *öffentliche Dokumente* unterschiedlicher Textformen, wie zum Beispiel Reden, Interviews, verschiedene Initiativen (Appelle, offene Briefe und Unterschriftensammlungen), in Presseberichten zitierte politische Äußerungen oder Berichte über Wahlkampfveranstaltungen. Ferner werden publizierte Aufsätze und literarische Werke mit politischem Inhalt in die Untersuchung einbezogen. Viele Reden und Aufsätze sind in Werkausgaben und anderen Sammelbänden veröffentlicht (vgl. I. Kap. 3.3), die aufgrund der systematischen Analyse der Presseberichterstattung nun durch weitere Interviews und Reden ergänzt werden können. Einbezogen werden zudem einzelne Film- und Tondokumente aus dem *Medienarchiv Günter Grass Stiftung* in Bremen, dem Archiv des *Norddeutschen Rundfunks* (NDR) sowie dem des *Deutschlandfunks*.

Die meisten *informellen Quellen*, wie privaten Briefe oder vereinzelte Notizen zu Gesprächen mit Politikern, sind bislang unveröffentlicht und sind erstmals für diese Untersuchung ausgewertet. Sie befinden sich in Grass' Nachlass in der *Akademie der Künste* (AdK) in Berlin und in der *Günter und Ute Grass Stiftung* (GUGS) in Lübeck. Es ist zudem gelungen, seinen Arbeitskalender, die Unterlagen zu diversen politischen Veranstaltungen, die Dokumente zu seinen gegründeten Stiftungen oder dem Willy-Brandt-Kreis auszuwerten. Darüber hinaus sind die Quellen im *Archiv des Börsenvereins des deutschen Buchhandels* in Berlin zu Grass' Laudatio auf Yaşar Kemal gesichtet worden. Das Privatarchiv Klaus Staeck, Bernhard Schwichtenberg sowie Willy Stöhr haben für die Untersuchung weitere Dokumente zur Verfügung gestellt.

Die verwendeten Briefe und Unterlagen aus dem Nachlass genießen einen hohen Authentizitätswert, da sie ursprünglich nicht für die Öffentlichkeit bestimmt waren.[1] Trotz der vielschichtigen Datenerhebung ist eine komplette Erfassung aller politischen Aktivitäten von Günter Grass allerdings nicht möglich, denn diese sind nicht vollständig archiviert.

---

1 Vgl. Günter Grass, Briefe, in: NGA 2, S. 375.

2.2 Presseberichterstattung

Als Datenbasis dient die Presseberichterstattung, um die politischen Interventionen von Günter Grass chronologisch und systematisch zu erheben. Die Medienanalyse stützt sich auf einen Datenkorpus aus 14.228 Presseartikeln vom 1. November 1989 bis zum 31. Dezember 2015.

Die Medienanalyse beruht auf der systematischen Auswertung der Printpresse. Dieser Schwerpunkt ist damit zu begründen, dass sie durch Online-Archive „besser zugänglich"[2] ist und deren Auswertung mit Volltextsuche nach dem Schlagwort *Günter Grass* „methodisch besser abgesichert [ist] als eine Analyse der Fernsehberichterstattung, die Text- und Bildanalyse aufeinander beziehen muss"[3]. Sie hat für die Diskursanalyse einen „entscheidenden Vorteil: Printmedien verfolgen die Auseinandersetzung über längere Zeiträume hinweg. Dies hat zur Konsequenz, dass in den Diskussionen innerhalb der Printmedien Deutungsangebote entwickelt und weiterverarbeitet, der Kritik unterzogen und ins Grundsätzliche gewendet werden können."[4]. Dörner bezeichnet Zeitungstexte daher als „natürliche Daten", da sie „dem kulturellen Prozess selber entstammen"[5]. Fernseh- und Radiobeiträge sind dagegen nur bei Bedarf ergänzend in die Untersuchung einbezogen (vgl. III. Kap. 2.1).

Für die Untersuchung werden vier „überregionale (bundesweit verbreitete) Tageszeitungen"[6] Deutschlands, nämlich die *Frankfurter Allgemeine Zeitung* (FAZ), die *Süddeutsche Zeitung* (SZ), die *Tageszeitung* (TAZ) und *Die Welt* ausgewertet. Zudem sind in den Datenkorpus die auflagenstärksten Sonntagszeitungen, *Die Welt am Sonntag* und die *FAS* integriert.[7] Zudem bezieht die Untersuchung als Wochenzeitung *Die Zeit* sowie als Wochenzeitschrift *Der Spiegel* ein. Der Datenkorpus deckt damit diverse Regionen Deutschlands und die politischen Positionen der Redaktionen ab, wie Hermann Meyn und Jan Tonnenmacher aufzeigen.[8] In die Analyse fließen nur die digital erfassten Artikel ein, die, je nach Quelle, einen unterschiedlichen Zeitraum widerspiegeln.[9]

---

2 Schwab-Trapp, Kriegsdiskurse, S. 83.
3 Schwab-Trapp, Kriegsdiskurse, S. 83.
4 Schwab-Trapp, Kriegsdiskurse, S. 83.
5 Dörner, Politische Kulturforschung, S. 598.
6 Hermann Meyn / Jan Tonnemacher, Massenmedien in Deutschland, 4., völlig überarb. Neuaufl., Konstanz 2012, S. 71.
7 Vgl. Meyn / Tonnemacher, Massenmedien, S. 73.
8 Vgl. Meyn / Tonnemacher, Massenmedien, S. 78.
9 Die SZ ist erst ab 1992 und Die Welt erst ab 1995 verfügbar, während alle anderen Zeitungen ab 1989 online verfügbar sind.

Die ausgewählten Medien gelten als Qualitätszeitungen und decken „politische Meinungsspektrum in Deutschland"[10] ab. Sie haben zudem eine „meinungsführende und insbesondere für die gesellschaftliche und politische Elite des Landes zentrale Bedeutung"[11], die diese laut empirischen Studien in erster Linie rezipieren.[12] Zudem üben sie „einen großen Einfluss innerhalb des Mediensystems"[13] aus, da „die von ihnen aufgegriffenen Themen in andere Medien diffundieren"[14] (Inter-Media Agenda Setting). Im Fokus stehen einerseits Tageszeitungen, die zeitnah berichten, sodass hier Tendenzen am besten abgelesen werden können.[15] Wochenzeitungen und politische Magazine sind auch deshalb berücksichtigt, da sie aufgrund ihrer Erscheinungsform selektiv, mit größerem Umfang, mit mehr Kommentaren und Differenzierungen informieren.[16]

Ergänzend werden Zeitungsausschnittsammlungen zu der Person Günter Grass in der *Friedrich-Ebert-Stiftung in Bonn* und im *Literaturarchiv im Marbach* analysiert. Zudem haben einige Institutionen die Presseartikel dokumentiert, wie beispielsweise die *Willy-Brandt-Stiftung*, das *Koeppenhaus* oder die *Kulturstiftung des Bundes*. Auch diese sind berücksichtigt. Zu Grass' Wahlveranstaltungen sind gezielt *Stadtarchive* angeschrieben worden. Auf diese Weise ergibt sich ein umfangreicher, vielfältiger Datenkorpus zu Günter Grass als Basis für die Untersuchung, der sowohl die einzelnen Interventionen dokumentiert als auch den Diskurs darüber abbildet.

2.3 Politische Quellen und weitere Dokumente

Für die Untersuchung werden sowohl publizierte als auch unveröffentlichte Quellen ausgewertet. Es gibt wenige Veröffentlichungen, die Hinweise auf Grass' direkten Kontakt zu Politikern liefern, wie zum Beispiel der Briefwechsel mit Willy Brandt von Martin Kölbel, die Anthologie von Uwe Neumann sowie Grass' Tagebuch aus dem Jahr 1990 (vgl. I. Kap. 3.3).[17] Nur wenige Politiker haben Beiträge

---

10 Sarcinelli, Politische Kommunikation, S. 67.
11 Sarcinelli, Politische Kommunikation, S. 67.
12 Gerhards, Systematische Inhaltsanalyse, S. 338.
13 Gerhards, Systematische Inhaltsanalyse, S. 338.
14 Gerhards, Systematische Inhaltsanalyse, S. 338.
15 Patrick Rössler, Inhaltsanalyse, Konstanz 2005, S. 62.
16 Vgl. Jürgen Wilke, Leitmedien und Zielgruppenorgane, in: Jürgen Wilke (Hrsg.), Mediengeschichte der Bundesrepublik Deutschland, Köln 1999, S. 302–329, hier S. 310–320; Jens Schröder, Die große IVW-Analyse der Zeitungsauflagen, MEEDIA 23.04.2014.
17 Kölbel, Briefwechsel; Neumann, Alles gesagt?; Grass, Tagebuch 1990.

über Grass verfasst.[18] Sein Name taucht allerdings in einigen Biografien und Erinnerungen von Politikern auf, wie beispielsweise bei Gerhard Schröder oder Antje Vollmer.[19] Gleiches gilt für die Veröffentlichungen von Künstlern und Intellektuellen oder deren Biografien, wie Manfred Bissinger, Eva Menasse oder Matthias Politycki.[20] Einzelne Reden und Interviews der Politiker sind darüber hinaus auf Websites verfügbar, besonders die der Bundeskanzler und -präsidenten. Dies gilt auch für einige öffentliche Erklärungen Intellektueller, wie die Positionspapiere des *Willy-Brandt-Kreises* oder die Aufrufe der *Aktion für Demokratie*. Neben den Unterlagen des Willy-Brandt-Kreises sind zusätzlich Unterlagen in der *GUGS* gesichtet. Zur *Aktion für Demokratie* stellt Klaus Staeck Dokumente aus seinem Privatarchiv zur Verfügung. Auf Basis der empirisch ermittelten Presseberichte werden sowohl verschiedene öffentliche Reaktionen von Politikern als auch Hinweise auf informelle Beratungsanlässe gewonnen. Darüber hinaus werden Dokumente des politischen Systems mit hoher objektiver Glaubwürdigkeit ausgewertet, beispielsweise die Protokolle von Parteitagen, Jahrbücher sowie Pressemitteilungen der SPD, aber auch punktuell der anderen Parteien.[21] Zudem werden systematisch die Protokolle der Bundestagsdebatten und nach Bedarf auch der Ausschusssitzungen nach dem Stichwort *Günter Grass* analysiert.[22]. Alle diese Dokumente haben gemeinsam, dass sie mit einer Intention veröffentlicht wurden, sei es im Sinne der politischen Ziele der Parteien, der Selbstdarstellung oder der Rechtfertigung (Darstellungspolitik).

Belege für informelle Beratungsanlässe und Treffen mit Politikern finden sich primär in inoffiziellen Quellen und Briefen in Archiven (*AdK/GUGS*). Viele Termine mit Politikern sind zudem mithilfe des Arbeitskalenders von Günter Grass rekonstruiert. Es existieren vereinzelt auch handschriftliche Notizen zu Gesprächen beispielsweise mit Björn Engholm, Franz Müntefering oder Sigmar Gab-

---

[18] Vgl. Björn Engholm, in: Steidl Verlag (Hrsg.), Günter Grass zum 65., Göttingen 1992; Björn Engholm, Koexistenz zweier Raucher, in: Thomsa, Zwei lange Nächte für Günter Grass, S. 92–97; Johannes Rau, in: Steidl Verlag, Günter Grass zum 65.; Gerhard Schröder, Dankbar für manchen klugen Rat, in: Beck, Schlagt der Äbtissin ein Schnippchen, S. 140–143.
[19] Schröder, Entscheidungen; Schröder, Und weil wir unser Land verbessern ... ; Vollmer, Eingewandert ins eigene Land; Schöllgen, Gerhard Schröder.
[20] Manfred Bissinger, Lauter Widerworte. Essays, Reportagen, Gespräche, Kommentare aus fünf Jahrzenten, Hamburg 2011; Menasse, Lieber aufgeregt als abgeklärt; Jörg Magenau, Martin Walser. Eine Biografie 2005; Negt, Erfahrungsspuren; Matthias Politycki, Vom Verschwinden der Dinge in der Zukunft. Bestimmte Artikel 2006–1998, Hamburg 2007; Schmidt / Bernhardt, Bissinger; Peter Rühmkorf, TABU I, Tagebücher 1989–1991, Reinbek 1997.
[21] Verfügbar in der Friedrich-Ebert-Stiftung und im Archiv Grünes Gedächtnis der Heinrich-Böll-Stiftung.
[22] Die Plenarprotokolle sind als stenografische Berichte online auf der Website des Bundestages verfügbar.

riel im Nachlass. In der *Friedrich-Ebert-Stiftung (FES)* befinden sich die Unterlagen der meisten SPD-Politiker. Ausgewertet sind die Bestände von Gerhard Schröder, Franz Müntefering, Oskar Lafontaine, Björn Engholm, Rudolf Scharping, Heide Simonis, Wolfgang Thierse und Willy Brandt (vgl. VI. Anhang 5.1.2). Die dort aufbewahrten Briefe, Reisepläne, Vermerke und Notizen geben Aufschluss über Kontakte zu Günter Grass. Eine ergiebige Quelle für den Kontakt zu Intellektuellen ist der Bestand des *Kulturforums der Sozialdemokratie*, der bislang unerschlossen und nur begrenzt zugänglich ist. Die Unterlagen von Bundeskanzlern, -präsidenten und -ministern lagern im *Bundesarchiv in Koblenz* (BArch) und sind mit einer Sperrfrist von dreißig Jahren versehen, sodass sie für die Untersuchung nicht berücksichtigt werden können.[23] Genehmigt worden ist die Einsicht in den privaten Bestand von Bundespräsident Richard von Weizsäcker. Darüber hinaus sind einzelne Dokumente aus dem *Archiv Grünes Gedächtnis* sowie dem *Archiv der DDR-Opposition* der Robert-Havemann-Gesellschaft und des *Zwischenarchivs von Bundeskanzler Gerhard Schröder*[24] in Berlin einbezogen. Vermerke und Protokolle von Gesprächen geben eine unverfälschte Innensicht auf die Treffen mit Grass, die eine hohe Aussagekraft besitzen, da sie nicht im Hinblick auf die Öffentlichkeit generiert sind. Die Briefe der Politiker sind insofern kritisch zu bewerten, da sie von Höflichkeit und Respekt gegenüber dem Nobelpreisträger geprägt sind, auch wenn sie privater, freundschaftlicher Natur waren.

Trotz umfangreicher Recherchen ist auch hier nicht von einer vollständigen Erfassung auszugehen, da einige Bestände gesperrt oder, wie beim *Kulturforum der Sozialdemokratie* der Fall, nicht erschlossen sind. Zudem sind die Bestände sehr grob verschlagwortet. Für viele informelle Gespräche gibt es zudem keinerlei Unterlagen oder Notizen. Günter Grass besprach im Alter vieles telefonisch, sodass es für diese Kontakte kaum schriftlichen Belege gibt.[25]

Die Recherche ergab insgesamt eine Vielzahl an informellen Dokumenten, die bislang noch nicht erforscht sind. Sie geben somit einen neuen Blick auf den politischen Günter Grass frei. Mithilfe dieser Quellen können die bisherigen Forschungserkenntnisse und die Medienberichterstattungen ergänzt und zum Teil auch widerlegt werden.

---

23 Für die Sperrfrist gilt die Laufzeit der Akten, die auch bei den Ereignissen von 1989 / 1990 noch anschließend weitergeführt und damit noch nicht freigegeben wurden.
24 Auch hier gilt die Sperrfrist für die Regierungszeit. Eine Sondergenehmigung erhielt Gregor Schöllgen für seine Biografie. Vgl. Schöllgen, Gerhard Schröder.
25 Vgl. Hilke Ohsoling, 29.09.2020.

2.4 Ergänzende Hintergrundgespräche

Trotz der umfassenden Quellenrecherchen bleiben Forschungslücken und Fragen, gerade in Bezug auf die informellen Gespräche mit Politikern. Aus diesem Grund hat die Autorin mehr als vierzig Hintergrundgespräche mit Politikern, Intellektuellen, Mitarbeitern und Journalisten (vgl. VI. Anhang 5.2) geführt, um „zielgenau und detailliert Lücken der Darstellung des Entscheidungsprozesses"[26] zu füllen. Für die Gespräche sind diejenigen Personen als Zeitzeugen ausgewählt, die persönlich in die politischen Prozesse oder Diskursen involviert waren. Es sind Politiker und deren Mitarbeiter, Angehörige verschiedener Organisationen, Intellektuelle und Journalisten.

Bei den Politikern werden alle SPD-Parteivorsitzenden für den Untersuchungszeitraum 1989–2015 angesprochen. Sowohl Bundeskanzler Gerhard Schröder als auch seine Mitarbeiter Thomas Steg, Guido Schmitz und Uwe-Karsten Heye stellen sich den Fragen. Des Weiteren sind alle Kulturstaatsminister der rot-grünen Regierungszeit involviert. Ergänzend werden Gespräche mit Mitarbeitern des Kulturforums der Sozialdemokratie, Rosa Schmitt-Neubauer und Klaus-Jürgen Scherer, geführt. Auch Kulturpolitiker und Bundestags(vize)präsidenten stehen parteiübergreifend für ein Gespräch zur Verfügung. Des Weiteren werden Zeitzeugen zu Günter Grass einzelnen Initiativen und *Institutionen* befragt, beispielsweise Hortensia Völckers (Kulturstiftung des Bundes), Jörg-Dieter Kogel (Koeppenhaus), Peter Brandt (Willy-Brandt-Kreises) sowie Organisatoren und beteiligte Politiker der Wahlreisen. Zudem fließen Interviews mit den an den Treffen beteiligten Politikern sowie am öffentlichen Diskurs beteiligten *Intellektuellen* und damals anwesenden *Journalisten* ein. Des Weiteren gaben Gespräche mit Mitarbeitern und langjährigen Weggefährten Grass' Auskunft über seine Arbeitsweise.

Die Gespräche sind nicht nach einem Leitfaden geführt, sondern die Fragen für den jeweiligen Interviewpartner werden auf Basis der Ergebnisse aus der Medien- und Quellenanalyse sowie aus der weitergehenden Forschungsliteratur gestellt. Die Interviews bringen sowohl vertiefende Erkenntnisse als auch neue Hinweise und Informationen zu den Beratungs- und Diskursanlässen hervor. Die Auswertung beachtet dabei, dass diese Zeitzeugenaussagen retrospektiv und zum Teil mit hohem zeitlichem Abstand erfolgen und somit eine subjektive Aussage der Politiker und der anderen beteiligten Personen darstellen. „Die Auskünfte derer, die als politisch Handelnde – oder besser noch: als deren gut platzierte Beobachter – an den Ereignissen beteiligt waren, sind ganz unentbehrlich, durch

---

26 Karl-Rudolf Korte, Deutschlandpolitik in Helmut Kohls Kanzlerschaft. Regierungsstil und Entscheidungen 1982–1989, Stuttgart 1998, S. 19.

nichts zu ersetzen"[27], wie Arnulf Baring festhält. Ohne die Gespräche, Hinweise und Unterstützung der Weggefährten von Günter Grass wäre diese Untersuchung unvollständig geblieben. Die Kombination von subjektiven Stellungnahmen und wertneutrale Dokumentanalyse ermöglicht eine hohe Aussagekraft für diese Untersuchung.

---

[27] Arnulf Baring zitiert nach Korte, Gesichter der Macht, S. 18.

3 Datenauswertung

3.1 Qualitative Analysekriterien für Grass' politische Interventionen (Input)

Um Günter Grass' Einfluss als nicht-etablierter Akteur im politischen Prozess zu rekonstruieren, werden die „Subjektpositionen"[1] in seinen politischen Interventionen untersucht, die er in Form von Reden, Gespräche sowie Interviews[2], Aufsätzen oder in Briefform verfasste. Die qualitative Inhaltsanalyse der Primärquelle als *Input* wird hinsichtlich dreier Kriterien durchgeführt. Der „Kodierungs- und Typisierungsprozeß auf Deutungsmuster, Interpretationsrepertoires und story lines"[3] entspricht der Vorgehensweise von Reiner Keller, aber auch dem Vorbild von Siegfried Jäger.[4]

Es galt als erstes, das Ziel der politischen Intervention von Günter Grass zu identifizieren. Dafür wurden die verschiedenen *Diskursstränge* in den Äußerungen des Intellektuellen herausgearbeitet. Dieser Begriff bezeichnet „thematisch einheitliche Diskursverläufe"[5], die „im gesellschaftlichen Gesamtdiskurs"[6] auftauchen können. Grass verknüpfte häufig mehrere Themenstränge miteinander, was Jäger als „Diskurs(strang)verschränkung"[7] benennt. Aus einer politischen Intervention können „viele unterschiedliche Diskurse in einem spezifischen Untersuchungsfeld"[8] entstehen. Die subjektive Position des Intellektuellen zu einem Politikfeld wird nach dem Ansatz von Reiner Keller und Jürgen Gerhards durch die inhaltliche

---

[1] Reiner Keller, Diskursforschung. Eine Einführung für SozialwissenschaftlerInnen, 4. Aufl., Wiesbaden 2011, S. 73; vgl. Tina Spies, Subjektpositionen und Positionierungen im Diskurs. Methodologische Überlegungen zu Subjekt, Macht und Agency in Anschluss an Stuart Hall, in: Tina Spies / Elisabeth Tuider (Hrsg.), Biographie und Diskurs. Theorie und Praxis der Diskursforschung, Wiesbaden 2017, S. 69–90.
[2] In dieser Untersuchung werden mit *Gespräche* solche zwischen zwei oder mehreren Diskursakteuren bezeichnet, während *Interviews* eine klassische Form zwischen einem Journalisten und einem befragten Diskursakteur charakterisiert.
[3] Reiner Keller, Wissenssoziologische Diskursanalyse, in: Keller / Hirseland / Schneider / Viehöver, Handbuch sozialwissenschaftliche Diskursanalyse, S. 125–158, hier S. 153.
[4] Hajer, Argumentative Diskursanalyse, S. 276; Siegfried Jäger, Diskurs und Wissen. Theoretische und methodische Aspekte einer Kritischen Diskurs- und Dispositivanalyse, in: Keller / Hirseland / Schneider / Viehöver, Handbuch sozialwissenschaftliche Diskursanalyse, S. 91–124, S. 115–118.
[5] Jäger, Diskurs und Wissen, S. 108.
[6] Jäger, Diskurs und Wissen, S. 108.
[7] Vgl. Jäger, Diskurs und Wissen, S. 108.
[8] Keller, Müll der Gesellschaft, S. 221.

Open Access. © 2023 bei den Autorinnen und Autoren, publiziert von De Gruyter. Dieses Werk ist lizenziert unter der Creative Commons Namensnennung - Nicht-kommerziell - Keine Bearbeitungen 4.0 International Lizenz.
https://doi.org/10.1515/9783110794106-012

Rekonstruktion der *Problemdimensionen* herausgearbeitet, die die Akteure zur Mobilisierung der öffentlichen Meinung zu einem Diskurs benötigen:
1. ein Thema [...] als soziales Problem interpretieren
2. Ursachen und Verursacher für das Problem ausfindig machen
3. einen Adressaten für ihren Protest finden und etikettieren
4. Ziele und die Aussicht auf Erfolg ihrer Bemühungen interpretieren
5. sich selbst als legitimierter Akteur rechtfertigen[9]

Während die Analyse der *Problemdimensionen* die Zerlegung der Aussagen im Detail verfolgt, werden in einem zweiten Schritt anhand von *Deutungsmustern* die übergreifenden Sinneinheiten untersucht, die Grass zur Untermauerung seiner Argumente verwendete.[10] Der Terminus bezeichnet „ein Ergebnis der sozialen Konstruktion von Wirklichkeit, d. h. ein historisch-interaktiv entstandenes, mehr oder weniger komplexes Interpretationsmuster für weltliche Phänomene, in dem Interpretamente mit Handlungsorientierungen, Regeln u. a. verbunden werden"[11]. Für Lüders und Meurer gehören Deutungsmuster „einer Ebene des Wissens an, die jenseits oder unterhalb dessen liegt, was den Akteuren als Handlungspläne, Einstellungen, Meinungen intentional verfügbar ist"[12]. Hajer bringt die herausragende Rolle von Deutungsmustern auf den Punkt: „Auf einer abstrakteren Ebene sehen wir, wie die Leute die Welt in den Begriffen eines bestimmten Diskurses wahrnehmen, d. h. der Diskurs strukturiert die Welt für sie vor."[13]

Durch die „Identifizierung und Klassifikation normativer themenbezogener Aussagen in einem gegebenen Text oder Textsample"[14] des Intellektuellen soll überprüft werden, auf welche Deutungsmuster Grass in seiner Stellungnahme zurückgreift. Dabei ist zu differenzieren, ob er als Intellektueller auf ein schon bestehendes Deutungsmuster verweist und dieses aktualisiert, ein bestehendes Deutungsmuster infrage stellt und es neu interpretiert oder ein neues Deutungsmuster etabliert. Nach dem Ansatz von Dörner prägen Intellektuelle durch die „Gegenüberstellung von Deutungsmuster und Soziokultur"[15] nach dem Konzept Rohes (vgl. II. Kap. 4)

---

9 Gerhards, Dimensionen und Strategien öffentlicher Diskurse, S. 208; Keller, Diskurse und Dispositive analysieren, S. 86–89; Keller, Diskursforschung, S. 104–105.
10 Gerhards, Dimensionen und Strategien öffentlicher Diskurse, S. 208.
11 Keller, Diskurse und Dispositive analysieren, S. 84.
12 Christian Lüders / Michael Meuser, Deutungsmusteranalyse, in: Ronald Hitzler / Anne Honer (Hrsg.), Sozialwissenschaftliche Hermeneutik. Eine Einführung, Wiesbaden 1997, S. 57–89, hier S. 64.
13 Hajer, Argumentative Diskursanalyse, S. 277.
14 Mateusz Stachura, Die Deutung des Politischen. Ein handlungstheoretisches Konzept der politischen Kultur und seine Anwendung, Frankfurt a. M. 2005, S. 171.
15 Dörner, Politische Kulturforschung, S. 605.

den Diskurs. Des Weiteren können sie Politikbegriffe als „komprimierte Versionen"[16] und „Grundannahmen, darüber, was den politischen Prozess ausmacht"[17] in die Gesellschaft einbringen oder die zeichenhafte Ausdrucksseite der Politischen Kultur, die in „Symbolen, Mythen und Ritualen im öffentlichen Raum präsent sind"[18] in Hinsicht auf die Darstellungspolitik beeinflussen.

Letztlich gilt es in einem dritten Schritt abschließend zu klären, welche *Interventionsform* Günter Grass für das Anliegen als Intellektueller primär verfolgte (vgl. II. Kap. 1.3).

3.2 Quantitative Analysekriterien für die Presseberichterstattung (Output)

Die Analyse der empirischen Daten auf Basis des Textkorpus aus der Vollerhebung der genannten Zeitungen (vgl. III. Kap. 2.2) erfolgt datenbankgestützt und adaptiv, um eine deduktive Ableitung neuer Fragen aus bereits gewonnenen Untersuchungsergebnissen zu beantworten. Sie wird im Laufe des Verfahrens im Sinne der *grounded theory* von Glaser und Strauss stets angepasst, da die „Kategorien (nur) sukzessive im Zuge der Datenauswertung"[19] entwickelt werden.[20] Es gilt, die Daten mit ihrer Erhebung zugleich auszuwerten, sodass man von einer Phase des offenen Kodierens sprechen kann.[21]

Das gesamte Pressematerial wird mit allen bibliografischen Angaben, wie Autor, Titel, Untertitel, Zeitung, Datum, Seite, Ressort und Wiedergabeart, in der Datenbank aufgenommen.[22] Danach werden die Presseartikel thematisch den Kategorien Literatur bzw. Kunst oder Politik zugeordnet. Dies geschieht theoriegeleitet aufgrund der drei Rollen, die Günter Grass in der Öffentlichkeit einnahm: Schriftsteller (Literatur), Künstler (Kunst) und Intellektueller (Politik). In beiden Fällen werden Doppelkodierungen notwendig. Trotz einer weitgefassten Politikdefinition (Polity, Politics und Policy) reduziert sich das Material durch die Fokussierung auf Grass' politisches Engagement um die Hälfte. Mit einer Medienresonanzanalyse wird allen verblei-

---

16 Dörner, Politische Kulturforschung, S. 602.
17 Dörner, Politische Kulturforschung, S. 602.
18 Dörner, Politische Kulturforschung, S. 602.
19 Schwab-Trapp, Kriegsdiskurse, S. 73.
20 Vgl. Helmut Kromrey / Jochen Roose / Jörg Strübing, Empirische Sozialforschung. Modelle und Methoden der standardisierten Datenerhebung und Datenauswertung mit Annotationen aus qualitativ-interpretativer Perspektive, 13. völlig überarb. Aufl., Konstanz 2016, S. 492–498.
21 Schwab-Trapp, Kriegsdiskurse, S. 74.
22 Viehöver, Diskurse als Narrationen, S. 207 f.

benden rund 7.600 Presseartikeln je eine konkrete Intervention von Günter Grass (Input) zugewiesen, sodass „die Quelle in Bezug zu der Presseberichterstattung"[23] gesetzt wurde. Die so gewonnen Daten zeigen, wie der Intellektuelle mit seinen „Aussagen in die Medienöffentlichkeit durchdringen"[24] konnte und beleuchtet somit das Zusammenspiel des Input eines Akteurs mit dem Output der Medien. Anhand der statistischen Auswertung lässt sich nachweisen, welche politischen Aktivitäten von Günter Grass sowohl quantitative Medienresonanz als auch öffentliche Stellungnahmen von Politikern und Lesern hervorgerufen haben.[25] Daraus lassen sich Hinweise auf die kommunikative Macht des Intellektuellen ableiten.

3.3 Qualitative Analysekriterien für die öffentlichen Diskurse

Der Kampf um Deutungsmacht, an dem Grass mit seinen politischen Interventionen als Intellektueller teilnimmt, wird mithilfe einer *Diskursanalyse* qualitativ untersucht. Darunter wird ein analytisch-pragmatisches Konzept verstanden, das „die Beiträge einer Gruppe von Diskussionsteilnehmern strukturiert"[26] und damit die „(öffentliche) Gesprächssituation, die nach kommunikativen Regeln verläuft"[27], neutral beschreibt. Laut Nullmeiner „sind Diskursanalysen aber auch heute noch ein randständiges Thema"[28] in der Politikwissenschaft. Aus diesem Grund gibt es weder ein „einheitliches und von allen Vertretern dieser Forschungsrichtung geteiltes Methodenset"[29], noch eine „spezifisch politikwissenschaftlich ausgerichtete Diskursanalyse"[30]. Daher müssen für diese Untersuchung theoriegeleitet passende Bausteine in der methodischen „Werkzeugkiste zur Durchführung von Diskursanalysen"[31] zusammengestellt werden. Orientiert wird sich dabei an Kellers Wissenssoziologischer Diskursanalyse sowie an bereits erfolgten politikwissenschaftlichen Untersuchungen von Schwab-Trapp und Hajer.[32] Dieses Vorgehen grenzt sich bewusst vom Dis-

---

23 Vgl. Raupp / Vogelgesang, Medienresonanzanalyse, S. 11.
24 Raupp / Vogelgesang, Medienresonanzanalyse, S. 11.
25 Vgl. Werner Früh, Inhaltsanalyse. Theorie und Praxis, 7. überarb. Aufl., Stuttgart 2011, S. 214.
26 Hajer, Argumentative Diskursanalyse, S. 275; vgl. Keller, Diskursforschung, S. 14; Keller, Müll der Gesellschaft, S. 97.
27 Brigitte Kerchner / Silke Schneider, „Endlich Ordnung in der Werkzeugkiste". Zum Potential der Foucaultschen Diskursanalyse für die Politikwissenschaft – Einleitung, in: Dies. (Hrsg.), Foucault: Diskursanalyse der Politik. Eine Einführung, S. 9–30, hier S. 10.
28 Nullmeier, Politikwissenschaft, S. 309.
29 Schwab-Trapp, Kriegsdiskurse, S. 71; vgl. Keller, Wissenssoziologische Diskursanalyse, S. 208.
30 Nullmeier, Politikwissenschaft, S. 309.
31 Jäger, Diskurs und Wissen, S. 113.
32 Vgl. Schwab-Trapp, Kriegsdiskurse; Hajer, Argumentative Diskursanalyse, S. 271–298.

kursverständnis Habermas' ab, um „nicht mit einer vergleichbaren normativen Voreingenommenheit"[33] die Analyse zu bestreiten.

Wissenssoziologische Diskursanalysen arbeiten ohne „vorgefertigte theoretische Schablone"[34] und erfassen als „breit angelegte[s] Forschungsprogramm"[35] die verschiedenen Ebenen des Diskurses, nämlich Begriffe, Themen, Argumente und übergeordnete Deutungsmuster sowie Narrative. Auf Basis der empirischen Daten der Medienresonanzanalyse werden einzelne *diskursive Ereignisse* unter Grass' Beteiligung statistisch ermittelt. Bei diesen war er als „Intellektuelle[r] ein inhaltlich, artikulatorisch und in der öffentlichen Wahrnehmung prominenter Diskursexponent"[36]. Um Bestandteil der diskursiven Elite zu sein, muss Grass nach dem Ansatz von Schwab-Trapp über vier Dimensionen verfügen: Medienresonanz, Wahrnehmung als Teilnehmer einer Diskurskoalition, inhaltliche Bezüge zu anderen Diskursteilnehmern und symbolisches Kapital.[37]

Die *Medienresonanz* von Grass lässt sich durch die vorliegenden statistischen Daten auswerten und einordnen (vgl. III. Kap. 2.2). Die Ergebnisse bestimmten die Fallauswahl der Diskurse für die weitere empirische Analyse. Mit Hilfe der Presseberichterstattung werden zudem die sich bildenden *Diskurskoalitionen* analysiert, denn „Diskurse sprechen nicht für sich selbst, sondern werden erst durch Akteure lebendig"[38]. Es gilt, anhand der Daten zu untersuchen, inwieweit Grass' politische Interventionen im öffentlichen Diskurs von anderen aufgegriffen werden. Der Hauptfokus liegt auf den „Aktanten als narratives Personal"[39]: „Die Grundannahme ist dabei, dass Akteure sich bei der Äußerung ihrer Statements wechselseitig aufeinander beziehen und insofern Bedeutung interaktiv hervorbringen."[40]

Die anschließende qualitative Analyse der einzelnen Diskurse konzentriert Kommentaren der Journalisten, Leserbriefe von Bürgern und den in den Berichten zitierten Stellungnahmen von anderen Diskursteilnehmern, „die in Beziehung untereinander stehen und sich zu spezifischen Diskursen verschränken"[41]. Das so ermittelte Spektrum an Vertretern einer Diskurskoalition wird nach dem Ansatz von Schwab-Trapp hinsichtlich der Heterogenität anhand von drei Ebenen der Diskurselite bewertet:

---

33 Schünemann, Manifeste Deutungskämpfe, S. 33.
34 Schünemann, Manifeste Deutungskämpfe, S. 33.
35 Schünemann, Manifeste Deutungskämpfe, S. 33.
36 Jung / Müller-Doohm, Vorwort, S. 13.
37 Schwab-Trapp, Kriegsdiskurse, S. 72.
38 Keller, Wissenssoziologische Diskursanalyse, S. 147.
39 Viehöver, Diskurse als Narrationen, S. 213.
40 Hajer, Argumentative Diskursanalyse, S. 281.
41 Schwab-Trapp, Diskurs als soziologisches Konzept, S. 285–286.

1. Ordnung: Politiker, Bundeskanzler oder Minister
2. Ordnung: alle anderen Politiker wie auch Intellektuelle.
3. Ordnung: Journalisten, Medienakteure oder Moderatoren[42]

Ziel ist, „die Verflechtung von Akteuren, die politische Entscheidungen treffen und öffentliche Maßnahmen produzieren, als Netzwerk in einer komplexen Policy Landschaft"[43] zu rekonstruieren. Es wird daher nicht das komplette Netzwerk des Diskurses analysiert, sondern Grass' Stellenwert darin. Dabei wird, nach dem Ansatz von Siegfried Jägers, auf den qualitativen Aspekt statt auf die quantitativen Datenmengen fokussiert, da die Vollständigkeit der Aussageeinheiten in einem Diskurs schnell erreicht ist und sie sich wiederholen.[44] Keller betont die Rolle von sogenannten Schlüsseltexten für einen Diskurs, die es im Forschungsprozess zu ermitteln gilt.[45]

Die quantitative Anzahl an Kommentaren in einem Diskurs deutet bereits auf eine *diskursive Auseinandersetzung* hin. Anhand der Diskursanalyse wird qualitativ herausgefunden, wer die Problemsicht Grass' teilte und wer sich von seiner Deutung abgrenzte. Diese Form der Lagerbildung ist der Kern einer diskursiven Auseinandersetzung, deren Qualität anhand der von Müller-Doohm vorgeschlagenen Kriterien (offen, kontrovers, konträr, blockiert) bestimmt werden kann.[46] Welche Position sich durchsetzt, hängt maßgeblich von der *Diskursstrategie* ab, die Gerhards als „Techniken der Deutung der Gegenstandsbereiche des Diskurses"[47] definiert. Dafür muss eine möglichst breite öffentliche Resonanz erzielt werden, um sich als legitimer Akteur mit einem Problemlösungsangebot darzustellen.[48] Es gilt zu entscheiden, welche Rolle Grass im Diskurs einnahm, ob er lediglich einen Beitrag beisteuerte, der Wortführer einer Diskurskoalition war oder sogar den Anstoß zum Diskurs leistete. Zudem wird geprüft, ob er seine sprachlichen und rhetorischen Fähigkeiten gezielt einsetzte und welche Begriffe oder Deutungsmuster er in den Diskurs einbrachte. Auf dieser Basis werden seine Funktion als Intellektueller und seine eingenommene Sprecherposition bewertet (vgl. II. Kap. 5).

Dörner macht deutlich, dass nicht jedes Deutungsmuster von der Gesellschaft aufgegriffen wird: „Wenn ein Deutungsangebot erfolgreich ist, dann wird es im

---

42 Vgl. Schwab-Trapp, Kriegsdiskurse, S. 76–77.
43 Kerchner, Diskursanalyse in der Politikwissenschaft, S. 39.
44 Jäger, Diskurs und Wissen, S. 113.
45 Keller, Wissenssoziologische Diskursanalyse, S. 151.
46 Germer / Müller-Doohm / Thiele, Intellektuelle Deutungskämpfe, S. 517; vgl. Müller-Doohm, Ideenpolitik als intellektuelle Praxis, S. 138.
47 Gerhards, Dimensionen und Strategien öffentlicher Diskurse, S. 310.
48 Vgl. Keller, Diskursforschung, S. 38.

Laufe langer Zeiträume selbst zum Bestandteil der Soziokultur. Wenn es jedoch an den Dispositionen, Erwartungen und Bedürfnissen der Menschen vorbeigeht, wird es schnell vergessen werden."[49] Gleiches gilt für konkrete Problemlösungsvorschläge, für Begriffe zur Strukturierung des Diskurses oder für Argumente zur Durchsetzung eines Problemziels. Für die Untersuchung wird Grass' Resonanz und sein Einfluss im öffentlichen Diskurs theoriegeleitet anhand von fünf verschiedenen Stufen bewertet: Unterhaltung, Policy-Lernen, Diskursstrukturierung oder -institutionalisierung und Diskurshegemonie/-macht. (vgl. II. Kap. 6).

3.4 Qualitative Analysekriterien für die (informelle) Politikberatung

Das vorhandene Quellenmaterial sowie die geführten Hintergrundgespräche werden durch eine Inhaltsanalyse auf die verschiedenen Beratungsanlässe hin untersucht. Zunächst gilt es, den Adressaten und das Thema von Grass' Beratung sowie das dazugehörige Politikfeld zu ermitteln. Auch das Datum bzw. der Zeitraum der Beratung wird festgehalten. Dabei ist die Form der Beratung zu bestimmen: ob diese schriftlich per Brief oder durch ein persönliches Treffen stattfand. Des Weiteren wird bei Treffen die Zusammensetzung des Teilnehmerkreises untersucht und die Organisationsform charakterisiert. Die Quellen geben zudem Hinweise auf den formalen Rahmen der Beratungsgespräche. Schwieriger erweist es sich im Nachhinein, die genauen Inhalte der Gespräche zu rekonstruieren und die Funktion der Intellektuellen zu ermitteln. Diese Lücke kann durch Hintergrundgespräche mit den beteiligen Personen geschlossen werden, die als Zeitzeugen ihre subjektive Sichtweise darstellen. Letztlich wird auf dieser Basis bewertet, inwieweit Grass seine Impulse und Deutungsangebote durch seine direkten Kontakte zu Politikern einbringen konnte (Policy-Lernen), welche Resonanz er damit erzielte (Diskursstrukturierung) und ob er sie erfolgreich durchsetzte (Diskursinstitutionalisierung/Deutungsmacht). Anderseits wird entschieden, welche Funktion Grass und andere Intellektuelle für Politiker erfüllten: ob das Treffen die Entscheidungs- und/oder Darstellungspolitik unterstützte. Dabei werden die Beratungsgespräche mit dem öffentlichen Diskurs in Verbindung gesetzt. Abschließend wird auf der Datenbasis geklärt, ob diese Treffen als Teil eines Netzwerkes im Deutungskampf um Ideenpolitik zu verstehen sind.

---

49 Dörner, Politische Kulturforschung, S. 605.

IV PRAXIS:
Günter Grass in der Berliner Republik – eine empirische Einzelfallstudie

1 *Angestiftet, Partei zu ergreifen* – Günter Grass als Intellektueller

1.1 Günter Grass' politische Sozialisation in Berlin unter Willy Brandt

Das Gedicht kennt keine Kompromisse; wir aber leben von Kompromissen. Wer diese Spannung tätig aushält, ist ein Narr und ändert die Welt.[1] Grass (1966)

Günter Grass mischte sich als Schriftsteller, aber auch als Intellektueller kontinuierlich in die Politik ein. In der Literaturszene hatte Günter Grass anfangs den Ruf, ein „Anarchist"[2] zu sein. Harro Zimmermann beschreibt ihn in seiner Biografie zu Beginn der 1950er-Jahre als „politisch passiv bis indifferent"[3]. Er selbst bestätigte dies rückblickend in seiner Autobiographie: „Alles was nach Nation roch, stank mir. Demokratischer Kleinkram wurde hochfahrend abgelehnt. Gleich welches politische Angebot gemacht wurde, ich war dagegen."[4] Für die erste Bundestagswahl nach dem Krieg 1949 interessierte Grass sich daher nicht, auch wenn er sich bereits den Ideen der Sozialdemokraten annäherte.[5] Ausschlaggebend für seine politische Sozialisation war der Umzug in die Stadt Berlin und die Person Willy Brandt als Mentor.

Grass gab an, dass seine „partielle Intellektualität [...] im Umgang mit der politischen Materie gefördert worden ist"[6]. Durch den Umzug des Schriftstellers nach Berlin begleitete er drei politische Ereignisse als Zeitzeuge. Einerseits erlebte er den Arbeiteraufstand am 17. Juni 1953 in Ostberlin „hautnah mit"[7]. Andererseits beobachtete er dort den Mauerbau im August 1961, der ihn zu seinem ersten politischen Protest entsprechend der Rolle eines *allgemeinen Intellektuellen* in Form von offenen

---

1 Günter Grass, Vom mangelnden Selbstvertrauen der schreibenden Hofnarren unter Berücksichtigung nicht vorhandener Höfe, in: NGA 20, S. 201.
2 Vgl. Kölbel, Briefwechsel, S. 1065; vgl. Jochen Hieber, Du bist doch Anarchist!, in: FAZ, 03.06.2008.
3 Zimmermann, Günter Grass und die Deutschen, S. 20.
4 Günter Grass, Beim Häuten der Zwiebel, in: NGA 17, S. 304.
5 Grass, Assistenz durch Dreinreden, in: NGA 22, S. 449; Grass, Beim Häuten der Zwiebel, in: NGA 17, S. 229–230; vgl. Thomsa, Die politische Sozialisierung, S. 8 f.
6 Günter Grass, Der Schriftsteller als Bürger – eine Siebenjahresbilanz, in: NGA 21, S. 309.
7 Thomsa, Die politische Sozialisierung, S. 10; vgl. Günter Grass, Die Plebejer proben den Aufstand, in: NGA 3, S. 403–486; Günter Grass, Mein Jahrhundert, in: NGA 15, S. 153–164; Günter Grass, Grimms Wörter, in: NGA 19, S. 191.

Open Access. © 2023 bei den Autorinnen und Autoren, publiziert von De Gruyter. Dieses Werk ist lizenziert unter der Creative Commons Namensnennung - Nicht-kommerziell - Keine Bearbeitungen 4.0 International Lizenz.
https://doi.org/10.1515/9783110794106-013

Briefen herausforderte.[8] Der „Initialmoment seiner Politisierung"[9] war aber die Diffamierung des damaligen Bürgermeisters in Berlin, Willy Brandt, im Bundestagswahlkampf 1961 durch Konrad Adenauer. Der Schriftsteller drängte aufgrund dieser Erlebnisse Hans Werner Richter, ihn mit zu einem Treffen mit Brandt einzuladen.[10] Marin Kölbel urteilt, dass „für den Schritt ins Politische [...] sich Grass schon selbst ins Gespräch bringen"[11] musste, aber auch Brandt fragte ausdrücklich nach seiner Teilnahme.[12] Aus diesem ersten Kennenlernen ergab sich eine Zusammenarbeit.

Grass betonte in seinen Reden stets, dass er „kein geborener Sozialdemokrat"[13] gewesen ist „sondern ein gelernter"[14]. Seine politische Sozialisation war weniger von Theorien und Konzepten geprägt, sondern eher von der „exemplarische[n] Haltung einer Person"[15], nämlich Willy Brandt (SPD). Er symbolisierte für Grass das andere oder bessere Deutschland, da er sich durch seine strikte Haltung gegen den Nationalsozialismus und gegen die Emigration ausgezeichnet hatte.[16] Er war „für Günter Grass ein wichtiger Mentor. Brandt führt ihn in das politische Denken ein und macht[e] ihn auf die Autobiographie August Bebels und die Werke Eduard Bernsteins aufmerksam."[17] Beide Sozialdemokraten dienten dem Schriftsteller als Vorbild für die Politik der kleinen Schritte (vgl. IV. Kap. 6.2.2), die er in seinem Markenzeichen, der Schnecke, verbildlichte.[18] In der Regierungszeit Brandts entstand eine völlig neue Form der Zusammenarbeit zwischen Intellektuellen und Politikern. Sie war „unstreitig der Höhepunkt des Einflusses der Intellektuellen auf die Politik. In keiner Phase der Geschichte der Bundesrepublik war das Verhältnis zwischen Regierung und Intellektuellen so ungetrübt, wie in den fünf Jahren der Regierung Brandt, doch dieser *honeymoon* war zerbrechlich und konnte nicht von Dauer sein."[19] Die Briefe von Brandt und Grass zeugen von dieser kurzen „Liaison von

---

8 Günter Grass, Offener Brief an Anna Seghers, 14.08.1961, in: NGA 20, S. 44–46; Günter Grass, Offener Brief an die Mitglieder des Deutschen Schriftstellerverbandes, in: NGA 20, S. 47–48.
9 Zimmermann, Militante Vernunft, S. 427.
10 Willy Brandt, Brief an Günter Grass, März 1963, in: Kölbel, Briefwechsel, S. 11; vgl. Kölbel, Briefwechsel, S. 1065.
11 Kölbel, Briefwechsel, S. 1065–1966.
12 Vgl. Willy Brandt, Brief an Hans-Werner Richter, 07.06.1961, zitiert nach: Kölbel, Briefwechsel, S. 1066.
13 Leo Bauer, Ich bin Sozialdemokrat, weil ich ohne Furcht leben will, in: NGA 24, S. 105.
14 Leo Bauer, Ich bin Sozialdemokrat, weil ich ohne Furcht leben will, in: NGA 24, S. 105.
15 Kagel / Soldovieri / Tate, Günter Grass und die SPD, S. 41.
16 Vgl. Kagel / Soldovieri / Tate, Günter Grass und die SPD, S. 41; Zimmermann, Militante Vernunft, S. 426.
17 Thomsa, Die politische Sozialisierung, S. 14; vgl. Günter Grass, Jemand mit Hintergrund, in: NGA 23, S. 31.
18 Günter Grass, Tagebuch einer Schnecke, in: NGA 8.
19 Sontheimer, So war Deutschland nie, S. 135.

Geist und Macht"[20]. Martin Kölbel kommt zu dem Schluss: „Ein Politiker, der die intellektuelle Dreinrede in seine Partei- und Regierungsarbeit einzubinden weiß, und ein Schriftsteller, der Gesellschaft nicht einfach künstlerisch entwerfen, sondern tagespolitisch mitgestalten will: Beides hat Seltenheitswert."[21] Es wird in den Briefen aber ebenfalls deutlich, dass die Regierungszeit „keine Periode ungetrübter Harmonie zwischen Geist und Macht"[22] war. Helmut Mörchen stellt rückblickend fest, dass „das von vielen liebevoll gemalte und immer wieder restaurierte Bild von einer Romanze zwischen Sozialdemokraten und Schriftstellern während der 60er und 70er deutlicher Korrekturen bedarf"[23]. Fest steht, „viele Schriftsteller und Intellektuelle verließen in den sechziger Jahren den Elfenbeinturm [...] und rückten vom linken Rand in die Mitte der Gesellschaft"[24]. In dieser Situation begann Grass sich zu politisieren und von seinem neu gewonnenen Ruhm öffentlich Gebrauch zu machen. Er tat sich in dieser Zeit wie kein anderer Intellektueller, Schriftsteller oder Künstler als Wahlhelfer hervor.[25] Er begab sich in dieser Zeit in „die Niederungen der Politik"[26], um dort „politischen Kleinkram"[27] und „Basisarbeit"[28] zu leisten. Müller bezeichnet ihn daher als den „wichtigsten Exponent dieser neuen Orientierung"[29]. Grass setzte „mit dieser Art Engagement für einen deutschen Intellektuellen vollkommen neue Maßstäbe"[30].

In dieser Zeit bildete Günter Grass ein Muster des praktischen Engagements heraus, das als Schablone für seine späteren Interventionen fungierte. Seine Unterstützung von Willy Brandt ist in vier Bereiche aufteilbar: 1. Wahlhilfe, 2. Beratung, 3. Repräsentation nach außen und 4. Formulierungshilfe (vgl. Abbildung 14). Die Wahlhilfe und Repräsentation im Ausland zielten primär auf die Organisation von politischer Öffentlichkeit ab.[31] Grass trat aber auch als Berater und Formulierungs-

---

20 Kölbel, Briefwechsel, S. 1061.
21 Kölbel, Briefwechsel, S. 1061.
22 Sontheimer, So war Deutschland nie, S. 153; vgl. Kölbel, Briefwechsel, S. 1133 und S. 1136; Günter Grass, Koalition in Schlafmützentrott, in: NGA 21, S. 372–374; o. V., Brandt strahlt keine Tatkraft mehr aus, in: Stuttgarter Nachrichten, 28.11.1973; Jürgs, Bürger Grass, S. 283.
23 Mörchen, Meinen Freunden, den Poeten, S. 62; vgl. Löer, Ausflug zur Macht, noch nicht wiederholt, S. 380.
24 Rüther, Die Unmächtigen, S. 152.
25 Vgl. Thomsa / Wiech, Bürger für Brandt; Schlüter, Günter Grass auf Tour.
26 Günter Grass, Rotgrüne Rede, in; NGA 23, S. 214.
27 Grass, Der Schriftsteller als Bürger – eine Siebenjahresbilanz, in: NGA 21, S. 308–309.
28 Grass, Der Schriftsteller als Bürger – eine Siebenjahresbilanz, in: NGA 21, S. 308–309.
29 Müller, Die literarische Republik, S. 67.
30 Brunssen, Günter Grass, S. 87.
31 Vgl. Münkel, Intellektuelle für die SPD, S. 222–238; Dies., Trommeln für die SPD, S. 190–223, Dies., „Mehr Demokratie wagen, mitarbeiten!" Günter Grass und die Sozialdemokratische Wählerinitiative, in: Beck, Schlagt der Äbtissin ein Schnippchen, S. 30–58.

Abbildung 14: Grass' Muster des politischen Engagements in der Ära Brandt
(Quelle: Eigene Darstellung).

helfer in informellen direkten Austausch mit den Politikern.[32] Beide Bereiche sind nicht strikt voneinander zu trennen, sondern wurden häufig miteinander kombiniert. Die verschiedenen Arbeitsangebote von Grass wurden von Brandt und der SPD nur bedingt nachgefragt. Es war vor allem seine Funktion als Wahlkampfhelfer und Repräsentant sowie seine Mithilfe bei der Formulierung von Reden, die Willy Brandt nutzte. Eine feste Einbindung des Intellektuellen als Berater erfolgte nicht, stattdessen notierte sich Brandt auf einem Gesprächsvermerk als mögliche Funktion von Grass: „adviser"?[33]. Seine kommunikative Macht war im Sinne eines Organisators von politischer Öffentlichkeit im Bereich der Darstellungspolitik folglich einflussreich, während seine Politikberatungsversuche auf die Entscheidungspolitik gering ausfielen.

Grass kündigte enttäuscht 1973 nach sieben Jahren „intensive[r] politische[r] Bestätigung"[34] an, „einen deutlichen Schritt zurückzutreten"[35], um zu seinem Beruf als Schriftsteller zurückzukehren. Neben der von Klaus Harpprecht wahrgenommenen „Nacherschöpfung"[36] des Intellektuellen war dieser Rückzug auch darin begründet, dass Grass „das Gefühl [hatte], daß man ihn nach der konzentrierten Arbeit ins Leere gleiten"[37] ließ. Die Person Willy Brandt blieb für Grass auch nach dessen Rück-

---

32 Vgl. Roehler / Nitsche, Wahlkontor.
33 Willy Brandt, Gesprächsvermerk Brandt, 23.03.1973, in: AdsD, Willy-Brandt-Archiv, A8, 93; vgl. Kölbel, Briefwechsel, S. 1111; vgl. Günter Grass, Brief an Klaus Harpprecht, 03.03.1972, in: Kölbel, Briefwechsel, S. 987.
34 Günter Grass, Brief an Willy Brandt, 08.12.1972, in: Kölbel, Briefwechsel, S. 587.
35 Günter Grass, Rede vor der Sozialdemokratischen Wählerinitiative, in: NGA 21, S. 339; vgl. Günter Grass, Brief an Klaus Harpprecht, 3.3.1972, in: Kölbel, Briefwechsel, S. 987.
36 Klaus Harpprecht, Im Kanzleramt. Tagebuch der Jahre mit Willy Brandt, Reinbek 2001, S. 60.
37 Harpprecht, Im Kanzleramt, S. 60.

tritt mit seiner „Art, Politik human zu betreiben"[38] ein Bezugsrahmen für sein weiteres Engagement, an dem sich alle folgenden Politiker messen mussten. Zudem zeigt die Analyse der Ära Brandt drei Rahmenbedingungen für eine Zusammenarbeit mit Intellektuellen für die Berliner Republik auf:

1. Eine *institutionalisierte Form* der intellektuellen Politikberatung wurde nicht gefunden, sondern diese wurden nur *ad hoc* nach Bedarf eingebunden.
2. Die Kontakte zu Intellektuellen mussten *zeitaufwendig* gepflegt werden, was gerade in Zeiten der Regierungstätigkeit an Grenzen stieß.
3. Die *Persönlichkeit des Politikers und sein Führungsstil* waren für Intellektuelle entscheidend, sodass keine grundsätzliche Nähe von Intellektuellen zur SPD zu konstatieren ist.

Günter Grass symbolisierte diese einzigartige Verbindung von Geist und Macht in der Ära Brandt wie kein anderer. Sein seit 1961 anhaltendes persönliches Engagement führte dazu, dass er sich als „maßgeblicher Intellektueller etablier[e], der die gewohnten Diskursgrenzen zwischen Politik und Kultur zu überspielen in der Lage"[39] war. Auf diese politische Reputation und seine Etablierung als Diskursakteur konnte Günter Grass in der Berliner Republik zurückgreifen.

1.2 Günter Grass' Selbstverständnis als engagierter Bürger

Günter Grass wurde durch seine politischen Äußerungen als *Intellektueller* in der Öffentlichkeit wahrgenommen. Mit der Zuordnung zu dieser Sozialfigur sind hohe Erwartungen verknüpft (vgl. II. Kap. 1.1). Der Schriftsteller engagierte sich laut eigener Aussage als politisch aktiver *Bürger* und *Verfassungspatriot*. Diese Divergenz zwischen Selbstverständnis und Fremdzuschreibung führten zu Spannungen in der Berliner Republik, die im folgenden Kapitel erläutert werden.

Seit Anfang der 1960er-Jahre äußerte sich Grass in vielen Reden und Interviews zu seinem politischen Engagement. Dabei bezeichnete er sich selbst nicht als *Intellektuellen*, da dieser Begriff für ihn „kein Qualitätsausweis"[40] darstellte. Auch die Zuschreibung *Gewissen der Nation* lehnte er in gleicher Weise ab.[41] Grass stellte sich

---
[38] Günter Grass, Brief an Willy Brandt, 17.03.1974, in: Kölbel, Briefwechsel, S. 623; vgl. Kagel / Soldovieri / Tate, Grass und die SPD, S. 41.
[39] Zimmermann, Militante Vernunft, S. 430.
[40] Timm Niklas Pietsch, Das gesprochene Wort ist Teil der Literatur, in: NGA 24, S. 702; Brunssen, Günter Grass, S. 81.
[41] Beate Pinkerneil, Mir träumte, ich mußte Abschied nehmen, in: NGA 24, S. 340.

vor Publikum als „Bürger, der von Beruf Schriftsteller ist"[42] oder „gesellschaftlich verantwortlicher Citoyen"[43] in der Tradition der europäischen Aufklärung vor. Diese Form des politischen Engagements war besonders, wie Frank Brunssen betont: „From the early 1960s on, Grass began, in a way never before seen, to redefine the role of the writer in West German society by placing an expectation both on himself and on his colleagues to publicly take sides on political issues."[44] Diese politische Weiterentwicklung der Rolle des Schriftstellers und Intellektuellen ist bei ihm historisch begründet, nämlich 1. durch den Untergang der *Weimarer Republik* und 2. durch seine Erfahrungen im *Nationalsozialismus*.

Günter Grass sah den Hauptgrund für das Scheitern der *Weimarer Republik* darin, „dass sich zu wenige Bürger schützend, öffentlich schützend vor diese schwach begründete Republik gestellt haben"[45]. Er zog für sich die Lehre daraus, „daß eine Demokratie nur dann Bestand hat, wenn sie von einer Vielzahl von Bürgern, gelebt, erneuert und gegen Anfechtungen verteidigt wird"[46]. Als Junge erfuhr in der Zeit des *Nationalsozialismus* persönlich, wie verführbar eine Gesellschaft für Ideologien ist. Er meldete sich mit 16 Jahren freiwillig zum Militärdienst und diente zum Kriegsende in der Waffen-SS, wie 2006 öffentlich skandalisiert wurde (vgl. IV. Kap. 8.2.4). Seine Generation, geboren 1927, beschreibt Grass wie folgt: „Wir sind zu jung gewesen, um Nazis werden zu können oder um schuldig werden zu können, und zu alt, um diese Zeit abstreifen zu können."[47] Er bekannte stets in Interviews, dass er an Hitler blind geglaubt und erst durch die Justizprozesse nach dem Krieg das Ausmaß der Schuld der Deutschen begriffen habe, die ihn und sein schriftstellerisches Wirken als Zäsur folglich prägte.[48]

Diese Erfahrungen führen bei Grass zu einem grundsätzlichen „Mißtrauen jeder Ideologie gegenüber"[49] sowie zu einem „Widerwillen gegen radikale Positionen"[50]. Er

---

42 Rainer Burchardt, Ein glücklicher Sisyphos, in: Deutschlandfunk, 28.07.2011.
43 Grass, Der Schriftsteller als Bürger – eine Siebenjahresbilanz: in: NGA 21, S. 316–317.
44 Brunssen, Günter Grass as an International Intellectual, S. 96; vgl. Brunssen, Günter Grass, S. 86; Müller, literarische Republik, S. 209.
45 Rainer Burchardt, Ein glücklicher Sisyphos, in: Deutschlandfunk, 28.07.2011.
46 Günter Grass, Zwischen den Stühlen, in: NGA 23, S. 227.
47 Günter Gaus, Manche Freundschaft zerbrach am Ruhm, in: NGA 24, S. 49; vgl. Statistik über Literaten als Kriegsteilnehmer von 1965, die besagt, dass 29,6 % in dieser Generation Kriegserfahrungen gemacht haben, in: Linz, Literarische Prominenz, S. 171.
48 Gemeint sind die Nürnberger Prozesse 1945–1946 sowie der Auschwitz-Prozess 1963–1965. Vgl. Günter Grass, Schreiben nach Auschwitz, in: NGA 22, S. 417; Maldono Alemán, Erinnerung im Zeichen der Vergangenheitsbewältigung, S. 107.
49 Irmgard Bach, Als ich siebzehn war, in: NGA 24, S. 81.
50 Thomsa, Die politische Sozialisation, S. 15.

sagt deutlich: „Mein Lehrer hieß Krieg"[51], durch den er das „Prinzip Zweifel"[52] als Grundwert erlernt habe (vgl. IV. Kap. 7.1). Aus der Erfahrung und der Scham über die eigene Verführbarkeit entstand für ihn die Verpflichtung, sich einzumischen und als Mahner an diese Zeit zu erinnern. Er zog aus der deutschen Geschichte die Konsequenz, dass er als „Verfassungspatriot"[53] die Aufgabe habe, das Grundgesetz und die Demokratie aktiv zu verteidigen.[54] Grass verstand es als selbstverständliche „Bürgerpflicht"[55], sich nicht nur alle vier Jahre durch die Stimmabgabe am demokratischen Prozess zu beteiligen, sondern aktiv durch Kritik einzumischen. Es war sein Ziel: „Den Mund aufmachen – der Vernunft das Wort reden – die Verleumder beim Namen nennen."[56] Julian Preece beschreibt seine Aufgabe wie folgt: „to make a noise, get involved, become informed, and express a view"[57]. Grass war es wichtig, vor Fehlentwicklungen zu warnen, aber auch konstruktive Impulse zu liefern: „Basierend auf meinen Erfahrungen und politischen Prinzipien unterstütze ich entweder bestimmte Prozesse oder erhebe Protest gegen andere. Wenn es eine große politische Debatte gibt, beziehe ich Stellung."[58]

Es war Grass klar, dass er mit seinem politiknahen Engagement nicht dem Selbstverständnis eines freischwebenden Intellektuellen entsprach, der im Sinne Ralf Dahrendorfs nur als Beobachter auftreten solle (vgl. II. Kap. 1). Es war gerade diese „anti-idealistische Position"[59], die ihm in seinem „politischen Handeln als Richtschnur"[60] diente. Er kritisierte die „hierzulande übliche[...] und von Saison zu Saison auflebende[...] Beschwörung des Elfenbeinturms"[61] von Schriftstellern, die von der „Gesellschaft enthoben"[62] einen großen Abstand zu Politikern pflegten. Er kam zu dem Schluss, dass man auch als Schriftsteller „in oft mühsamer Kleinarbeit politisch aktiv"[63] werden müsse. Brunssen ist sich aufgrund seiner Nähe zur Politik sicher: „He

---

51 Grass, Der lernende Lehrer, in: NGA 23, S. 232.
52 Grass, Der lernende Lehrer, in: NGA 23, S. 235.
53 Günter Grass, Rotgrüne Rede, in: NGA 23, S. 216; o. V., Rot-grüne Rede, in: Rheinischer Merkur, 24.07.1998.
54 Vgl. Günter Grass, Es steht zur Wahl, in: NGA 20, S. 102.
55 Günter Grass, Rede über das Selbstverständliche, in: NGA 20, S. 187; Günter Grass, Über die erste Bürgerpflicht, in: NGA 20, S. 236.
56 Grass, Rede über das Selbstverständliche, in: NGA 20, S. 190.
57 Preece, Biography as politics, S. 16.
58 Subhoranjan Dasgupta, Bush bedroht den Weltfrieden, in: Die Welt am Sonntag, 29.12.2002.
59 Johano Strasser, Sisyphos und der Traum von Gelingen, in: NGA 24, S. 311.
60 Strasser, Sisyphos und der Traum von Gelingen, in: NGA 24, S. 311.
61 Günter Grass, Laudatio auf Yaşar Kemal, in: NGA 23, S. 207; vgl. Grass, Rede über das Selbstverständliche, in: NGA 20, S. 188; Brunssen, Günter Grass, S. 81.
62 Grass, Laudatio auf Yaşar Kemal, in: NGA 23, S. 207.
63 Günter Grass, Der Versuch öffentlicher Dreinrede, in: NGA 23, S. 80.

set completely new standards for political engagement by German intellecuals."[64] Öffentlich wurde das Modell als „moralische[...] Fürstenberatung à la Grass"[65] bezeichnet. Dieser bekundete 1966 vor der Gruppe 47, er fürchtet nicht, „als schreibender Hofnarr verkannt zu werden, nur weil er seinem Bürgermeister [Willy Brandt] ein paar Ratschläge gegeben hat, die nicht befolgt wurden"[66]. Dem Schriftsteller war es durchaus bewusst, dass man nicht „durch platte direkte Parteinahme etwas erreichen kann"[67], sondern primär mit den Mitteln der Literatur Gegenwelten entwickeln und Diskurse anregen könne. Seine Werke „wirken wohl kaum direkt, nur indirekt und auf lange Sicht. Ich bin zu ungeduldig, um mich allein darauf zu verlassen."[68] Er hoffte daher mit seinen politischen Reden kurzfristig, einen „Anstoß, nein, mehrere Anstöße"[69] zu geben, um die Realität zu verändern.

Günter Grass erklärte, dass prägend für sein politisches Selbstverständnis „vor allem der Streit zwischen Camus und Sartre gewesen [ist], die erklärt gegensätzliche intellektuelle Position, der mir nahegelegt hat, mich zu entscheiden und sozusagen Partei zu ergreifen"[70]. Er selbst bezog, in Paris verweilend, in den 1950er-Jahren im Diskurs um den Algerienkrieg Position für den engagierten Intellektuellen Camus. Seine Figur des *Sisyphos* deutete Grass für sich neu und wurde zum „Zentrum der entstehenden Weltsicht des jungen Grass"[71]. Sie verführte ihn, sich „gleichfalls beim Steinewälzen zu erproben"[72]. Die Erlebnisse in Paris forderten demnach bei dem Schriftsteller „den politischen Kopf"[73] heraus. Dieses Vorbild führte dazu, dass Grass trotz aller Kritik unverdrossen bei seinem Engagement blieb: „Camus Hinweis, man dürfe sich Sisyphos als glücklichen Menschen vorstellen, hat mir über die Jahre, ja, Jahrzehnte hinweg geholfen, immer wieder neu anzusetzen, also fern von verstiegener Hoffnung und Resignation aus Enttäuschung tätig zu bleiben."[74] Günter Grass gab an, dass ihn auch George Orwells *1984* und Czesław Miłosz' *Verführtes Denken*

---

64 Brunssen, Günter Grass as an International Intellectual, S. 96.
65 Norbert Seitz, Profile und Prägungen, Intellektuelle in der SPD seit 1945, in: Merkur (55 / 2001), Heft 7, S. 644–649, hier S. 649.
66 Grass, Vom mangelnden Selbstvertrauen der schreibenden Hofnarren unter Berücksichtigung nicht vorhandener Höfe, in: NGA 20, S. 194.
67 Beate Pinkerneil, Mir träumte, ich müßte Abschied nehmen, in: NGA 24, S. 340.
68 Hans Bayer, Vielleicht ein politisches Tagebuch, in: Stuttgarter Nachrichten, 21.11.1969.
69 Grass, Laudatio auf Yaşar Kemal, in: NGA 23, S. 209.
70 Günter Grass, Brief an Rupert Neudeck, 10.05.2006, in: GUGS / AdK, GGA, Signatur 15390.
71 Zimmermann, Günter Grass und die Deutschen, S. 32.
72 Günter Grass, Brief an Rupert Neudeck, 10.05.2006, in: GUGS / AdK, GGA, Signatur 15390; vgl. Zimmermann, Günter Grass und die Deutschen, S. 31; Judt, Das vergessene 20. Jahrhundert, S. 104.
73 Zimmermann, Günter Grass und die Deutschen, S. 31.
74 Günter Grass, Brief an Rupert Neudeck, 10.05.2006, in: GUGS / AdK, GGA, Signatur 15390; vgl. Zimmermann, Militante Vernunft, S. 424f.

in seinen politischen Vorstellungen früh geprägt habe. Letzterer hatte durch seine Erfahrung mit dem Spanischen Bürgerkrieg „eine starke Skepsis gegenüber linkem Dogmatismus und revolutionärem Welterlösertum entwickelt"[75]. Statt große Visionen zu entwerfen, wie es die Funktion von Intellektuellen sein mag, versuchte Grass, Kompromisse und das Mittelmaß in der Politik zu finden.[76] Es zeigt sich, dass der Schriftsteller in den 1950er-Jahren eine pragmatische Sichtweise auf die Politik entwickelte, die seine Skepsis gegen Utopien und revolutionäre Bewegungen der 1968er-Jahre begründete.[77] Mit seinem „reformdemokratischen Selbstverständnis"[78] eines Bürgerengagements entwickelte Grass die Definition eines Intellektuellen folglich weiter.

1.3 Günter Grass' Fremdwahrnehmung als Intellektueller

Günter Grass wird in dieser Untersuchung als *Intellektueller* verstanden, auch wenn er dieses Fremdverständnis ablehnte. Sein Selbstverständnis eines *Bürgers* entsprach nicht der Sonderrolle, die er als prominenter Schriftsteller in der Gesellschaft spielte und über die einzelne Bürger nicht verfügten. Dies wird im Folgenden durch die Anwendung der vier Kriterien eines Intellektuellen nach der Definition Georg Jägers (vgl. II. Kap. 1.1) begründet.

Kriterium 1 – Ansehen: Der Schriftsteller wurde durch *Die Blechtrommel* (1959), viele weitere auflagestarke Werke und den 1999 verliehenen Nobelpreis weit über die deutschen Grenzen bekannt. Schriftsteller wie Grass sind als literarische Prominenz eine „Elite im Nebenberuf"[79].

Kriterium 2 – Einsatz für aufklärerische Ziele/Grundwerte: Strittig ist, ob jede seiner politischen Äußerungen universale Werte vertraten oder parteipolitisch orientiert waren. Grass blieb nach eigenem Bekunden stets skeptisch, denn „es fällt mir schwer, eine von kritischen Nebentönen freie, nur lobpreisende Rede anzustimmen."[80] Er bezeichnete daher sein Wahlkampfengagement als „abgewogen

---

75 Johano Strasser, Sisyphos und der Traum von Gelingen, in: NGA 24, S. 310–311; vgl. Günter Grass, Orwells Jahrzehnt I, in: NGA 22, S. 145–146; Günter Grass, Orwells Jahrzehnt II, in: NGA 22, S. 225; Günter Grass, Nie wieder schweigen, in: NGA 23, S. 282.
76 Grass, Rede über das Selbstverständliche, in: NGA 20, S. 81–182.
77 Vgl. Grass, Rotgrüne Rede, in: NGA 23, S. 214. Auch wenn er Sympathien für die Revolution in Nicaragua zeigte und die Utopie des demokratischen Sozialismus weiter verfocht. Vgl. Kagel / Solovieri / Tate, Grass und die SPD, S. 50 f.
78 Vgl. Zimmermann, Militante Vernunft, S. 426.
79 Linz, Literarische Prominenz, S. 205.
80 Grass, Rotgrüne Rede, in: NGA 23, S. 214.

und zeitlich begrenzt"[81]. Grass ließ sich nicht von der Partei in seine Aktivitäten hereinreden, sondern agierte „allein auf eigene Rechnung und auf eigenes Risiko"[82]. Der Intellektuelle wollte keine Weisungen entgegennehmen, sodass er auch aus diesem Grund nicht für ein politisches Amt infrage kam.[83] Seine Beratertätigkeiten rechtfertigte Grass damit, dass es „einen neuen Intellektuellentypus, der sich mit nachgewiesener Sachkompetenz konkreten gesellschaftlichen und politischen Reformaufgaben stelle"[84], benötige. Dies entspricht der Vorstellung eines *spezifischen Intellektuellen*. Eine Grenze des Engagements war für Grass erreicht, sobald „die Stimme gekauft ist"[85]. Es muss folglich kritisch im Einzelfall überprüft werden, welche Motive Grass für sein Parteiergreifen hatte und ob er die kritische Distanz dabei verlor.

Kriterium 3 – Medien/Rhetorik: Grass hatte einen direkten Zugang zu vielen Politikern und konnte sich mit seinem Ruhm der Medienaufmerksamkeit gewiss sein. Fakt ist, dass er sein sprachliches Talent als Schriftsteller nutzte, um mit rhetorischen Mitteln seine Argumente zuzuspitzen und diverse publizistische Textformen (Offener Brief, Rede oder Manifest) einsetzte.[86]

Kriterium 4 – Bewährung: Für sein Verhalten trug Grass persönlich die Konsequenz, sei es die Kritik der Öffentlichkeit, die verminderten Auflagenzahlen oder der Verlust seines Ansehens.[87] Die Veröffentlichung seiner Literatur in der DDR und in anderen sozialistischen Staaten war aufgrund seiner politischen Äußerungen verboten.[88] Durch seine literarische Kritik bekam er Einreiseverbote in der DDR und 2012 nach Israel (vgl. IV. Kap. 7.2.2).[89] 1965 wurde ein Brandanschlag auf sein Haus in Friedenau verübt. 1996 erfolgten Hakenkreuzschmierereien am Grass-Haus in Lübeck.[90] In einer Demokratie und einem Rechtsstaat, wie in Deutschland, musste er durch die garantierten Grundrechte jedoch mit keinen weitreichenderen Konsequenzen, wie einer gerichtlichen Verurteilung, Haft oder Exil, rechnen.

---

81 Günter Grass, Rede über die Parteien, in: NGA 20, S. 548.
82 Zimmermann, Militante Vernunft, S. 428.
83 Vgl. Willy Brandt, Brief an Günter Grass, 12.12.1969, in: Kölbel, Briefwechsel, S. 328.
84 Zimmermann, Grass unter den Deutschen, S. 297.
85 Gaus, Manche Freundschaft zerbrach am Ruhm, in: NGA 24, S. 50.
86 Vgl. Pietsch, Günter Grass als politischer Redner und Essayist.
87 Beispielsweise Literaturpreis in Bremen 1959, Wahlkampf in Cloppenburg 1965 oder Brückepreis 2012.
88 Vgl. Zimmermann, Militante Vernunft, S. 442.
89 O. V., Israel verhängt Einreiseverbot gegen Günter Grass, in: Der Spiegel, 08.04.2012.
90 Vgl. Zimmermann, Militante Vernunft, S. 439.

Grass erfüllt somit grundsätzlich die Kriterien eines Intellektuellen. Problematisch ist lediglich die Infragestellung seiner Unabhängigkeit durch die erfolgte Parteinahme (*Kriterium 2*) Für Brunssen gehört er „zu den wenigen zeitgenössischen Intellektuellen von internationalem Format, die in der Tradition des modernen, gesellschaftlich engagierten Schriftstellers stehen"[91]. Auch Ingrid Gilcher-Holtey hebt Grass als Paradebeispiel für eine Kombination der verschiedenen Intellektuellentypen hervor: „Zwar nahm er weiterhin von Fall zu Fall die Rolle des *allgemeinen Intellektuellen* wahr, experimentierte jedoch [...] exzellent mit der Rolle des *spezifischen Intellektuellen*"[92]. Er versuchte zudem als *öffentlicher Intellektueller* durch seine Reden, die „vorherrschenden Diskurse"[93] mitzuprägen. Er nutzte seine Insider-Privilegien, um einen direkten Zugang zu Politikern zu erhalten und damit die Staatstätigkeit (*public policy*) zu beeinflussen.[94] Ein Auftreten als *aktivistischer* oder *kollektiver Intellektueller* ist eher unwahrscheinlich, kann aber nicht prinzipiell für die Berliner Republik ausgeschlossen werden. Rita Süssmuth sagte in einem Gespräch für diese Arbeit: „Günter Grass ist mit seinen ganz unterschiedlichen Facetten nicht einfach leicht einzuordnen, er passt auch in keine Typologie."[95] Gerade die Kombination der verschiedenen Interventionsformen als Intellektueller macht ihn für eine Einzelfallstudie so interessant, da man davon ausgehen kann, dass er das kommunikative Spektrum eines Intellektuellen auch in der Berliner Republik ausnutzte. Er forderte damit die normative Debatte heraus, denn „die parteinahe Rolle der Intellektuellen bleibt [...] zu keiner Zeit unbestritten"[96].

1.4 Fallauswahl: Günter Grass' politisches Konzept für die Berliner Republik

Der Schriftsteller und Politiker Václav Havel sagte einmal über Günter Grass, er habe „ein loses Mundwerk. Aber er kann es sich erlauben, weil er kein politisches Amt innehat"[97]. Der Intellektuelle nutzte seine kommunikative Macht in der Berliner Republik, um verschiedene Aspekte der Tagespolitik zu kritisieren oder um nicht beachtete Themen auf die Agenda zu setzen. Eine detaillierte Medienanalyse belegt,

---

91 Brunssen, Günter Grass, S. 84.
92 Gilcher-Holtey, Konkurrenz um den „wahren" Intellektuellen, S. 51; Markierung von Autorin.
93 Dahrendorf, Versuchungen der Unfreiheit, S. 67–71.
94 Vgl. Gilcher-Holtey, Konkurrenz um den „wahren" Intellektuellen, S. 44.
95 Rita Süssmuth, 19.11.2020.
96 Zimmermann, Militante Vernunft, S. 427; vgl. Linz, Literarische Prominenz, S. 210.
97 Daniel Brössler / Stefan Kornelius, „Der Ursprung der Politik muss moralisch sein", in: SZ, 23.01.2003.

dass über Grass in der Presse von 1990 bis 2015 berichtet wurde und er über eine kontinuierliche Präsenz in der Öffentlichkeit verfügte (vgl. Abbildung 15). Mitunter war er durch die Vielzahl an Äußerungen in den Medien omnipräsent.[98] Es wird ihm daher oft auch ein Hang zur Selbstinszenierung vorgeworfen.[99] Tatsächlich ist seine Medienpräsenz bedingt durch sein gleichzeitiges Wirken als Schriftsteller, Intellektueller und Künstler. Es gelang ihm frühzeitig, ein Image zu entwickeln und als eigene Marke seine Prominenz zu verfestigen. Dabei spielte auch der 1999 erhaltene Literaturnobelpreis eine große Rolle. 53 Prozent aller Presseberichte über Günter Grass sind auch politischen Aspekten zuzuordnen.

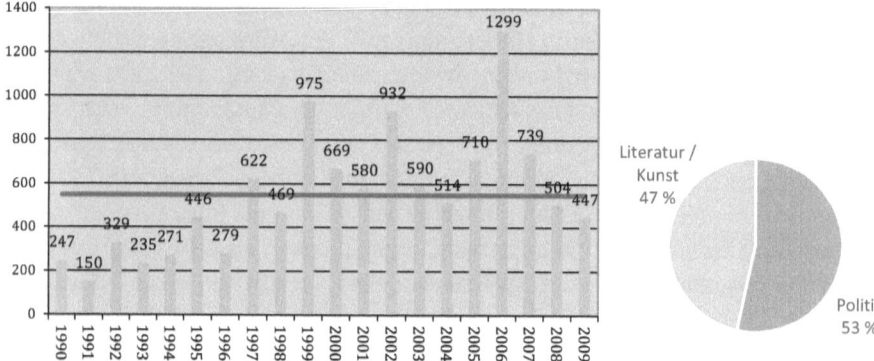

Abbildung 15: links – Günter Grass' Medienresonanz (1990–2015) mit Durchschnittswert (horizontale Linie); rechts – Anteil Politik und Literatur / Kunst in der Presseberichterstattung (Quelle: Eigene Darstellung).

Der politische Grass entsprach nicht vorgefertigten Schubladen, da er stets eine „Position zwischen den Stühlen"[100] einnahm. Er brachte dabei „seine politischen Gedanken höchst selten in eine systematische Ordnung"[101], da er mehr Pragmatiker als Programmatiker war. Daher sprach der Intellektuelle nicht von einem konkreten, politischen Konzept, das er verfolgte. Er fokussierte stattdessen gerne auch Themen, die als Randbereiche keine Beachtung in der Öffentlichkeit fanden. Eine Kategorisierung aller Medienberichterstattungen über Grass belegt, dass das inhaltliche Spektrum vielfältig sind (vgl. Abbildung 16).

---

98 Vgl. Alexander Cammann, Über ihn nur der Allmächtige, in: TAZ, 16.10.2007; Konstanze Crüwell-Doertenbach, Zwiegespräch über Betroffenheiten, in: FAZ, 06.10.1990.
99 John-Wenndorf, Der öffentliche Autor, S. 130.
100 Grass, Zwischen den Stühlen, in: NGA 23, S. 223.
101 Kagel / Solovieri / Tate, Grass und die SPD, S. 46.

1 Angestiftet, Partei zu ergreifen – Günter Grass als Intellektueller

Abbildung 16: Wortwolke mit den Themenkomplexen, in deren Kontext Günter Grass genannt wird.

Im Dezember 1990 skizzierte Günter Grass gegenüber dem designierten Parteivorsitzenden Björn Engholm (SPD) in einem Brief und im anschließenden Gespräch allerdings die dringlichsten Problembereiche nach der Deutschen Einheit.[102] Es handelt sich hierbei um Schlüsseldokumente für die vorliegende Untersuchung, da sich hier die von Grass verfolgten politischen Ziele für die Berliner Republik ableiten lassen. Er setzte seinen Schwerpunkt dabei auf fünf zentrale Politikfelder:

- *Deutschlandpolitik*: Forderung nach einer verfassungsgebenden Versammlung, Stärkung der Föderalismus zu einem *Bund deutscher Länder*
- *Asylpolitik*: ein neues, die sogenannten Ausländer einbeziehendes Staatsbürgerschaftsverständnis, Verzicht auf bisher vorausgesetzte Deutschstämmigkeit, auf Basis des multikulturellen Elements
- *Kulturpolitik*: Einbeziehung der Künstler und Intellektuellen
- *Innenpolitik*: die ökologische Verpflichtung, einer Verfassung zu gestalten, die ein neues Deutschland auf neuem Weg erkennen ließe; Schutz, Rettung und Neubelebung der Natur und Umwelt; Gebot der Sicherheit aus sozialem Frieden durch ein Recht auf Arbeit und Wohnung,
- *Außenpolitik* Relativierung der herkömmlichen militärischen Sicherheit.

Durch eine quantitative Medienanalyse werden diese Schwerpunktthemen mit den praktischen Interventionen durch Günter Grass in der Berliner Republik in Bezug gesetzt. Dafür sind im Forschungsprozess die Vielzahl an Stellungnahmen und Initia-

---

[102] Günter Grass, Brief an Björn Engholm, 11.12.1990, in: AdK, GGA, Signatur 2847; Grass, Tagebuch 1990, 27.12.1990, S. 232–233; Günter Grass, Notiz „Für Gespräch mit Björn Engholm am 26.12.90", in: AdK, GGA, Signatur 10391.

tiven des Intellektuellen nach Politikfeldern gebündelt (vgl. III. Kap. 3.2). Die von Grass bei Engholm angesprochenen Themenkomplexe erzielten die höchste Medienresonanz (vgl. Tabelle 7). Daraus abzuleiten ist, dass sich der Intellektuelle für diese politischen Themen ab 1989 auch besonders stark einsetzte.

Tabelle 7: Themenkomplexe mit > 50 Artikeln, sortiert nach Politikfeldern.

Nr.	Thema	Medienresonanz
1.	**Deutschlandpolitik**	
	Wiedervereinigung	932
	Ein weites Feld	414
2.	**Asylpolitik**	
	Asylpolitik	169
	Laudatio auf Yaşar Kemal	236
	Rechtsradikalismus	169
	Sinti und Roma	62
3.	**Kulturpolitik**	
	Rechtschreibreform	158
	Kulturstiftung	66
	Kulturstaatsminister	59
	Urheberrecht	68
4.	**Innenpolitik**	
	Wahlkampf	684
	Willy Brandt	319
	Gerhard Schröder	285
	Wirtschaft	192
5.	**Außenpolitik**	
	Was gesagt werden muss / Israel	647
	Irakkrieg	139
	Terrorismus	144
	11. September	97
	Kosovo	57
6.	**Geschichtspolitik**	
	Waffen-SS	1090
	Vertreibung	556
	Im Krebsgang	497
	Polen	359
	Beim Häuten der Zwiebel	269

Die Medienanalyse zeigt aber auch, dass ein Politikfeld in Grass' Aufzählung fehlt: die Geschichtspolitik, für die er als Schriftsteller und Intellektueller seit der Nachkriegszeit bekannt war. Er stellte diesen Themenbereich auch in der Berliner Republik besonders in den Mittelpunkt seiner Bemühungen, sodass dieses Politikfeld als sechstes Fallbeispiel für die empirische Analyse hinzugezogen wird.

Die in der Untersuchung durchgeführte Inhaltsanalyse zeigt zudem, dass Grass' Interventionen in der Deutschlandpolitik in der Berliner Republik in zwei Untersuchungsbereiche aufzuteilen ist, da die Zielsetzung sich durch die staatliche Vereinigung verändert hat:
- den staatlichen Vereinigungsprozess (1989 / 1990)
- die Frage nach den Folgen der Einheit sowie dem Aufbau Ost (ab 1991).[103]

Die Auswahl der zentralen Politikfelder des politischen Günter Grass in der Berliner Republik (vgl. Tabelle 8) erfolgt folglich anhand dessen Aussagen, die den Ergebnissen der quantitativen Medienresonanzanalyse entsprechen und durch eine qualitative Diskursanalyse vervollständigt werden. Die Fallbeispiele spiegeln sowohl die Vielfalt des Engagements als auch das Spektrum des politischen Einflusses des Intellektuellen Grass wider.

Tabelle 8: Auswahl der Politikfelder für die Einzelfallstudie über den politischen Günter Grass.

Politikfelder	Differenzierung	Kapitel
Deutschlandpolitik	Staatliche Einheit: 1989 / 1990	IV. Kap. 2
	Innere Einheit: 1991–2015	IV. Kap. 3
Asylpolitik		IV. Kap. 4
Kulturpolitik		IV. Kap. 5
Innenpolitik		IV. Kap. 6
Außenpolitik		IV. Kap. 7
Geschichtspolitik		IV. Kap. 8

Die folgende empirische Untersuchung arbeitet pro Politikfeld das politische Konzept von Grass heraus. Nach der erfolgten politischen Intervention des Intellektuel-

---

[103] Raj Kollmorgen differenziert zwischen dem Diskurs zur staatlichen *äußeren Einheit* von 1989–1991, der *wirtschaftlichen Einheit* und der *inneren Einheit* von 1992–1998 und der *sozialen Einheit* 1999–2009. Raj Kollmorgen, Diskurse der Einheit, in: ApuZ (30 / 31 / 2010), S. 6–13, hier S. 7.

len wird deren Resonanz in den Medien bis hin zum möglichen Einfluss auf das politische System rekonstruiert. Grass' Aktivitäten werden jeweils auf zwei Ebenen hin untersucht: Erstens seine Rolle als Organisator von politischer Öffentlichkeit und zweitens seine direkte Beratung von Parteien und einzelnen Politikern. Somit kann das Wechselspiel von Politikberatung und öffentlichem Diskurs nach qualitativen Kriterien bewertet werden. Das darüberstehende Erkenntnisinteresse ist, ob der Einfluss des Intellektuellen je nach Politikfeld variiert. Zudem stellt sich die Frage, welche unterschiedlichen Funktionen er dabei innehat. Es gilt dabei, den politischen Einfluss von Grass in der Berliner Republik differenziert aufzuzeigen.

2 *Ich lehne den Einheitsstaat ab* – Günter Grass als Organisator des Gegendiskurses

„Ich fürchte mich nicht nur vor dem aus zwei Staaten zu einem Staat vereinfachten Deutschland, ich lehne den Einheitsstaat ab und wäre erleichtert, wenn er – sei es durch deutsche Einsicht, sei es durch Einspruch der Nachbarn – nicht zustande käme."[1] Günter Grass' Äußerungen zur Deutschen Einheit in den Wendejahren 1989 / 1990 polarisierten, da sie der Einheitseuphorie der Deutschen vollkommen widersprachen. Es ist das Erkenntnisinteresse, zu beantworten, ob der Intellektuelle im Politikfeld Deutschlandpolitik im Vereinigungsprozess Gehör fand.

2.1 *Wer hört mir noch zu?* Grass' Konzept einer Konföderation

Der Intellektuelle entwickelte bereits in den 1960er-Jahren ein alternatives Konzept für eine Einheit, nämlich eine Konföderation mit übergreifender Kulturnation. Günter Grass blieb bei seinen bereits damals entwickelten „alten Thesen"[2]. Er passte sie nur geringfügig in den Wendejahren 1989 / 1990 an, obwohl sich durch den Mauerfall neue politische Möglichkeiten eröffneten. Folglich bildete sein präferiertes Modell einer Einheit „so etwas wie die Summe seiner deutschlandpolitischen Vorstellungen aus zwei Jahrzehnten"[3]. In seinen Reden präsentierte der Intellektuelle ein umfassendes, politisches Alternativkonzept zu einem schnellen Vereinigungsprozess. Es bestand aus fünf verschiedenen Diskurssträngen, denen unterschiedliche Problemdimensionen und verschiedene Deutungsmuster zugrunde liegen (vgl. Tabelle 9).

1. *Konföderation*: Günter Grass war kein Einheitsgegner, sondern lehnte die Staatsform eines zentralistischen Nationalstaates mit Rückblick auf die Geschichte der Weimarer Republik und des Nationalsozialismus ab. „Ich bin gegen eine bloße Zweistaatlichkeit, aber auch gegen die Wiedervereinigung."[4] Der Intellektuelle schlug stattdessen für die deutsche Einheit ein in fünf Punkten konkretisiertes

---

[1] Günter Grass, Kurze Rede eines vaterlandslosen Gesellen, in: NGA 22, S. 410.
[2] Zimmermann, Günter Grass und die Deutschen, S. 197.
[3] Kölbel, Briefwechsel, S. 1140.
[4] O. V., Björn Engholm: „Wir dürfen uns nicht an den Kosten für die Einheit vorbeimogeln.", in: Wilstersche Zeitung, 09.04.1990.

Tabelle 9: Günter Grass' Konzept für eine deutsche Einheit nach den verschiedenen Diskurssträngen.

Problem-dimensionen	1. Konföderation einer Kulturnation	2. Auschwitz: deutsche Schuld	3. Ängste der Nachbarn	4. Wirtschaftlicher Ausverkauf	5. DDR-Selbst-bestimmung
Problemsicht	Ablehnung des Einheitsstaates	Mitdenken von Auschwitz bei der Einheit	Furcht der Nachbarländer vor deutscher Großmacht	Sieg des Kapitalismus vs. demokratischer Sozialismus	Verlust der DDR-Identität und -Kultur
Problem-verursacher	H. Kohl, T. Waigel, H.-D. Genscher, W. Brandt sowie Medien	Einheitsstaat als personifizierter Problemverursacher	Kritik an Kohls Politik in Osteuropa	Auftreten der westdeutschen als Kolonialherren; Alleingang von Kanzler Kohl	H. Kohl, T. Waigel
Problem-ursachen	Vorschneller Schrei nach Wiedervereinigung	Verantwortung gegenüber deutscher Geschichte	Fehlendes historisches Gedächtnis	Misswirtschaft der DDR, westliche Einmischung	Historische Entwicklung, Underdog-Gefühl
Problem-folgen	Scheitern der Einheit	Furcht vor Deutschland	Misstrauen, Ausgrenzung, Isolation	Wirtschaftliche Probleme im Osten, Profit des Westens	Soziale Spaltung, Fremdenhass
Problemopfer	Bürger der DDR	Opfer des Nationalsozialismus	Europäische Nachbarländer	Bevölkerung der deutschen Staaten	Bürger der DDR
Problem-adressat	Öffentlichkeit, SPD: W. Brandt, H.-J. Vogel	Öffentlichkeit und Politiker	Öffentlichkeit, SPD, besonders H.-J. Vogel	SPD, Die Grünen, Bundesbank, Bundespräsident,	Ostdeutsche und deren Politiker, SPD

Problemlösung	Diskurs über Alternative, Lastenausgleich für DDR	Verzicht auf einen Einheitsstaat	Vernunftbestimmtes Nationalbewusstsein, Grenzanerkennung, Europ. Einheit	Weitreichender Lastenausgleich	Lastenausgleich, neue Verfassung
Problemziel	Konföderation mit einer deutschen Kulturnation	Konföderation mit einer deutschen Kulturnation	Konförderation: Kompromiss, Vorbild für Konflikte	Demokratischer Sozialismus	Stärkung der Demokratiebewegung, Verfassung
Deutungsmuster	historisch	historisch	historisch	ökonomisch	sozial
Interventionstyp	Öffentlicher Intellektueller				

Konzept einer „Konföderation"[5] vor. Statt einem Zentralstaat bevorzugte Grass eine föderalistische Staatsform, die durch eine Neukonstitution der ostdeutschen Länder mit einem „gesamtdeutschen Verfassungsorgan"[6] entstehen sollte. „Angesichts der politischen Realität"[7] modifizierte er im Laufe des Jahres 1990 seine Positionen und zeigte sich offen für einen „Bund deutscher Länder"[8] oder einen „Staatenbund"[9].

2. *Auschwitz*: Günter Grass leitete auf Basis der deutschen Geschichte eine normative Handlungsanleitung ab, nämlich ein moralisches Verbot eines Einheitsstaates. Die deutschen Verbrechen im Nationalsozialismus haben demonstriert, welche Probleme ein Nationalstaat verursacht habe. Für den Intellektuellen bestand die Gefahr einer Wiederholung. Er sprach sich daher für ein „vernunftbestimmtes Nationalbewußtsein"[10], anstatt eines „vorschnelle[n] Wiedervereinigungsgeschrei"[11] aus. Er versuchte, dieses historische Deutungsmuster in Erinnerung zu rufen und es in Bezug auf die Deutsche Einheit zu aktualisieren. In diesem Sinne ist der Satz, „Wer gegenwärtig über Deutschland nachdenkt [...] muß Auschwitz mitdenken."[12], zu verstehen.

3. *Ängste der Nachbarn:* Grass' Argumentation beruhte einerseits auf seinen eigenen Erfahrungen im Nationalsozialismus und anderseits auf seinen Beobachtungen bei Reisen ins Ausland. Besonders in Polen und Tschechien nahm er die Ängste der Nachbarn vor einer „Groß-Bundesrepublik"[13] wahr. Er bezeichnete das Wort *Wiedervereinigung* als „Wortblase"[14] und forderte stattdessen eine schnelle Anerkennung der Oder-Neiße-Grenze.[15] Ein Einheitsstaat sei abzulehnen, da er zu einer gefährlichen Machtballung und einer Isolation Deutschlands innerhalb Europas führe. Grass befürchtete eine Verhinderung der europäischen Einigung.[16]

---

5 Günter Grass, Lastenausgleich, in: NGA 22, S. 408; Grass, Kurze Rede eines vaterlandslosen Gesellen, in: NGA 22, S. 412–414; vgl. auch Dirk Koch / Klaus Wirtgen, Die Einheit ist gelaufen, in: Der Spiegel, 05.02.1990.
6 Günter Grass, Brief an Egon Bahr, 09.02.1990, in: AdK, GGA, Signatur 13270.
7 Stefan Neuhaus, Literatur und nationale Einheit in Deutschland, Tübingen 2002, S. 439; vgl. Schäfer, Die Vereinigungsdebatte., S. 110–111.
8 Günter Grass, Brief an Oskar Lafontaine, 19.06.1990, in: AdK, GGA, Signatur 13924.
9 Grass, Tagebuch 1990, 13.02.1990, S. 42.
10 Bernd Kühnl / Willi Winkler, Viel Gefühl, wenig Bewusstsein, in: NGA 24, S. 385.
11 O. V., Es gibt wieder Hoffnung in der Welt, in: FAZ, 11.11.1989.
12 Grass, Kurze Rede eines vaterlandslosen Gesellen, in: NGA 22, S. 414.
13 Grass, Kurze Rede eines vaterlandslosen Gesellen, in: NGA 22, S. 412.
14 Grass, Lastenausgleich, in: NGA 22, S. 406.
15 Grass, Kurze Rede eines vaterlandslosen Gesellen, in: NGA 22, S. 411.
16 Vgl. Grass, Kurze Rede eines vaterlandslosen Gesellen, in: NGA 22, S. 411; Günter Grass, Rede auf dem internationalen Kulturabend, in: Vorstand der SPD (Hrsg.), Protokoll vom Programm-Parteitag Berlin 18.–20.12.1989, Bonn o. J., S. 216 f.

4. *Wirtschaftlicher Ausverkauf:* Grass ging davon aus, dass ohne Vorbereitung eine schnelle Einführung der freien Marktwirtschaft in Ostdeutschland folgenreich sei und nur einzelne westliche Unternehmen profitieren würden. Dies fasste er unter dem Schlagwort „Schnäppchen namens DDR"[17] zusammen. Es war ihm klar, dass die Einheit den Deutschen „teuer zu stehen"[18] kommt. Er forderte wiederholt einen weitreichenden, wirtschaftlichen Lastenausgleich des Westens, der aus historischen Gründen ohne Bedingungen fällig sei.[19] Der Intellektuelle hatte die Hoffnung, dass sich nach dem Zerfall der DDR ein demokratischer Sozialismus als dritter Weg zwischen Kapitalismus und Sozialismus entwickeln könne.[20] Man muss klarstellen, dass Grass aber „keineswegs [...] irgendwelche pseudosozialistischen Experimente für die ehemalige DDR oder das geeinte Deutschland"[21] verfolgte. Er war ein Befürworter der sozialen Marktwirtschaft, wandte sich aber gegen ein rein kapitalistisches Vorgehen.[22] Grass erkannte nicht, dass dies nicht die hohen Arbeitslosenzahlen und den Bankrott vieler ostdeutscher Unternehmen verhindert hätte.

5. *DDR-Selbstbestimmung:* Grass verfolgte das Ideal, dass durch die deutsche Einheit ein neuer Staat entstehen könnte, in dem „zwei eigentlich komplementäre Gesellschaftssysteme ihre jeweils positiven Seiten entfalten"[23] würden. Im Mittelpunkt seines Konzepts stand die Ausarbeitung einer neuen Verfassung nach dem Grundgesetzartikel 146. Der Intellektuelle hatte die basisdemokratische Vorstellung, dass die Ostdeutschen nach der friedlichen Revolution nach einer Zwischenphase der Konföderation selbstbestimmt über eine Einheit verhandeln könnten.[24] Die DDR sollte gleichberechtigt auf Augenhöhe und nicht aus einer „Bittstellerrolle"[25] auftreten. Ein derartiger, langwieriger Einheitsprozess widersprach der realen, schnelllebigen, politischen Entwicklung. Grass versuchte daher, mit seinem Einspruch Zeit zu gewinnen. Der Intellektuelle warnte eindrücklich vor dem „Ruckzuckverfahren"[26] in Form eines „Anschluss"[27] nach Artikel 23. Diese Einheit

---

17 Günter Grass, Ein Schnäppchen namens DDR, in: NGA 22, S. 475.
18 Grass, Ein Schnäppchen namens DDR, in: NGA 22, S. 477.
19 Grass, Lastenausgleich, in: NGA 22, S. 407.
20 Vgl. Kiesel, Die Intellektuellen und die deutsche Einheit, S. 51 f.
21 Neuhaus, Schreiben gegen die verstreichende Zeit, S. 209.
22 Augstein / Grass, Streitgespräch; vgl. Neuhaus, Schreiben gegen die verstreichende Zeit, S. 209.
23 Kiesel, Die Intellektuellen und die deutsche Einheit, S. 51 f.
24 Vgl. Zimmermann, Günter Grass und die Deutschen, S. 200.
25 Mtm., Da wird ein regelrechtes Traumverbot ausgesprochen, in: TAZ, 12.02.1990.
26 Günter Grass, Bericht aus Altdöbern, in: NGA 22, S. 464.
27 Günter Grass, Einige Ausblicke vom Platz der Angeschmierten, in: NGA 22, S. 452.

würde zu einer Spaltung in Deutschland in eine Zwei-Klassengesellschaft sowie zu einer neu aufkommenden Fremdenfeindlichkeit führen.[28] Er prophezeite, dass die Ostdeutschen nicht die Sieger, sondern die Verlierer des Vereinigungsprozesses würden.

Grass präsentierte ein konkretes politisches Konzept einer Konföderation im Einheitsdiskurs als Alternative zu einer schnellen Wiedervereinigung. Eine zügige Vereinigung lehnte er aufgrund innen-, außen- und wirtschaftspolitischer Gründe, aber vor allem aufgrund moralischer Bedenken hinsichtlich der deutschen Vergangenheit ab.[29] Er adressierte seine Vorschläge und seine Bedenken an die SPD, namentlich an Hans-Jochen Vogel und Willy Brandt, sowie als letzte Instanzen im politischen Prozess an Bundesbank-Präsident Karl Otto Pöhl und Bundespräsident Richard von Weizsäcker. Den Politikern überließ er die konkrete Ausgestaltung seiner präferierten Lösung. Grass malte die Ursachen und Folgen des fehlgeleiten Prozesses der Regierung Kohl dramatisch aus. Dies zeigt sich vor allem in seiner Wortwahl sowie in seinen angeführten Begründungen.[30] Dabei dominierte seine moralische Argumentation mit Bezugnahme auf die deutsche Vergangenheit.[31] Er versuchte über die Aktualisierung des *historischen Deutungsmusters,* die „moralische Hypothek in die Gründungsära der Bundesrepublik hinüber zu schleppen"[32] und auf das Selbstverständnis der Berliner Republik zu übertragen. Darüber hinaus setzte er sich vor allem nach dem *sozialen Deutungsmuster* für gleichberechtigte Teilhabe der Ostdeutschen im Einheitsprozess ein. Die moralischen Verpflichtungen gegenüber den DDR-Bürgern wertete er höher als wirtschaftliche Interessen, wie es dem von ihm verfolgten *ökonomischen Deutungsmuster* entsprach.

Grass versuchte durch seine kommunikative Macht, aktiv am gesellschaftlichen Umbruch teilzunehmen, sodass er bei diesem Fallbeispiel primär als *öffentlicher Intellektueller* klassifiziert wird. Sein Ziel war es, mit seinen Reden das Thema der Zeit, nämlich die Deutsche Einheit, zu bestimmen. Der an Politiker

---

28 Grass, Ein Schnäppchen namens DDR, in: NGA 22, S. 480.
29 Vgl. Christoph Dieckmann / Christof Siemes, Großer Hofferei hing ich nie an, in: Die Zeit, 22.01.2009.
30 Vgl. Anne-Kerstin Tschammer, Sprache der Einheit. Repräsentation in der Rhetorik der Wiedervereinigung 1989 / 90, Wiesbaden 2019, S. 505–507; Konstantin Ulmer, Günter Grass und die DDR. Der lange Weg zur „Grassnost", in: Neuhaus / Øhrgaard / Thomsa, Freipass, Band 2, S. 132–152, hier S. 149.
31 Günter Rüther hat vier Argumente aufgeführt, dabei aber das wirtschaftliche Argument des Intellektuellen außer Betracht gelassen. Vgl. Rüther, Die Unmächtigen, S. 248.
32 Zimmermann, Günter Grass unter den Deutschen, S. 487.

und Bevölkerung gerichtete Impuls war im Sinne einer Organisation von Öffentlichkeit zu verstehen, die er durch Provokation und Zuspitzung erreichen wollte.

2.2 Öffentlicher Diskurs: Der Gegner der Einheit im In- und Ausland

2.2.1 Wortführer der Gegenbewegung

Günter Grass fühlte sich als Intellektueller verpflichtet, in den Wendejahren 1989 / 1990 öffentlich Einspruch, gegen den beschleunigten Vereinigungsprozess zu erheben. Er nutzte seine kommunikative Macht als Intellektueller gezielt, um einerseits seine Bedenken gegen die allgemeine Einheitseuphorie öffentlich zu machen und anderseits alternative Sichtweisen in den Diskurs einzubringen. „Unermüdlich hat Günter Grass im Sommer vor und den Jahren nach der Zeitenwende in den Wind gesprochen"[33], urteilt Michael Jürgs in seiner Biografie. Der Intellektuelle stellte sich ebenfalls die Frage: „Wer hört mir noch zu."[34]

2.2.1.1 Kommunikative Macht im Einheitsdiskurs?

Grass kommentierte kontinuierlich den bereits bestehenden Einheitsdiskurs, der die Wendejahre 1989 / 1990 bestimmte. Dies geschah vor allem durch seine Reden sowie eine Vielzahl von Interviews und Gesprächen, die in großer Anzahl in der Presse dokumentiert wurden (vgl. Tabelle 10). Die Medien transportierten seine Impulse und Mahnungen, die er auf den Parteiveranstaltungen, politischen Tagungen, am Rande von Lesungen oder Interviews äußerte, in die breite Öffentlichkeit. Der Intellektuelle trat im Diskurs vorwiegend als Einzelakteur auf. Lediglich ein Aufruf in einer Gruppe von Künstlern, Politikern und Bürgerrechtlern unter dem Titel *Für unser Land* konnte identifiziert werden.[35] Vor allem seine Beiträge *Kurze Rede eines vaterlandslosen Gesellen*, *Schreiben nach Auschwitz* sowie *Schnäppchen namens DDR* erzielten dabei eine besonders hohe Medienresonanz.

Der Schriftsteller war als Kommentator der politischen, sich ständig überschlagenden Ereignisse gefragt, wie eine Vielzahl an geführten Interviews und Gespräche demonstrieren. Diese erzeugen meistens nach der Veröffentlichung wenig Resonanz, lediglich das Spiegel-Interview im November 1989 und sein

---

33 Jürgs, Bürger Grass, S. 389.
34 Vgl. Günter Grass, Was rede ich? Wer hört mir noch zu?, in: Die Zeit, 11.05.1990, abgedruckt: Grass, Einige Ausblicke vom Platz der Angeschmierten, in: NGA 23, S. 451–458.
35 Schäfer, Die Vereinigungsdebatte, S. 20.

Tabelle 10: Günter Grass' Medienresonanz in der Presseberichterstattung (1989 / 1990).

Öffentliche Stellungnahmen in der Presse

Art	Titel	Datum	Zeitung	MR
Umfrage	Es gibt wieder Hoffnung in der Welt	11.11.1989	FAZ	4
Interview	Viel Gefühl, weniger Bewußtsein	20.11.1989	Der Spiegel	6
Aufruf	Für unser Land bzw. Für euer Land	02.12.1989	FAZ	2
Interview	Da wird ein regelrechtes Traumverbot ausgesprochen	12.02.1990	TAZ	1
Gespräch im Fernsehen	DEUTSCHLAND einig Vaterland mit Rudolf Augstein	15.02.1990	NDR, Steidl Verlag	9
Offener Brief	Der Zug ist abgefahren – aber wohin?	23.02.1990	Tageszeitung	
Interview	Nötige Kritik oder Hinrichtung	16.07.1990	Der Spiegel	1
Rede	Einige Warnschilder	25.09.1990	Libération	1
Gespräch	Gegen meinen Willen setzt bei mir so eine Art Absonderung ein	03.07.1990/ 27.07.1990	Neue Gesellschaft / FR	1

Reden auf Veranstaltungen

Ort	Titel	Datum	Zeitung	MR
SPD-Parteitag in Berlin	Lastenausgleich	18.12.1989	FR, 19.12.1989	2
Ev. Akademie in Tutzing	Kurze Rede eines vaterlandslosen Gesellen	01.02.1990	Die Zeit 09.02.1990	18
Ost-SPD Parteitag, Berlin	Grußwort	24.02.1990		0
Poetik-Vorlesung Frankfurt a. M / Berlin	Schreiben nach Auschwitz	13.02 und 25.02.1990	Die Zeit 23.02.1990	17
[Evangelische Akademie in Loccum[36]]	Was rede ich. Wer hört noch zu	[19.05.1990]	Die Zeit 11.05.1990	1

---

[36] Ursprünglich war die Rede *Einige Ausblicke vom Platz der Angeschmierten* für eine Tagung der Evangelischen Akademie in Loccum geplant, die kurzfristig abgesagt wurde. Vgl. Grass, Tagebuch 1990, S. 87.

Tabelle 10 (fortgesetzt)

Reden auf Veranstaltungen				
Ort	Titel	Datum	Zeitung	MR
Kuratorium für einen demokratisch verfaßten Bund deutscher Länder	Bericht aus Altdöbern	16.06.1990	FR 30.06.1990	2
Konferenz „The Anatomy of Hate", Oslo	Gegen den Hass	26.–28.08.1990	NDL 11 / 1990	2
Konferenz „Deutschland in Europa", Paris	Nestbeschmutzer-Rede	25.09.1990	TAZ 28.09.1990	1
Die Grünen-Fraktion	Schnäppchen namens DDR	02.10.1990	Die Zeit 05.10.1990	5

Streitgespräch mit Rudolf Augstein im Februar 1990 erfreuten sich „großer Beachtung"[37]. Für Jürgs demonstriert die Fernsehsendung, „welche Bedeutung der Großschriftsteller Grass in der Debatte um die Einheit hatte"[38]. Durch seine vielseitigen, politischen Stellungnahmen rief er in Summe eine hohe Medienresonanz (133 Presseartikeln) hervor, die im Februar 1990 ihren Höhepunkt erreichte (vgl. Abbildung 17 links). Es gelang dem öffentlichen Intellektuellen, seine kommunikative Macht erfolgreich einzusetzen, um den Gegendiskurs zur Regierung Kohl zu vertreten. Grass wurde allerdings in der Presse als Intellektueller und nicht als politisch relevanter Akteur wahrgenommen. Es war für ihn somit schwer, seine Stellungnahmen gegen die Vielzahl von Äußerungen von Politikern durchzusetzen, sodass seine Beiträge selten im Mittelpunkt der Berichterstattung standen (26 Presseartikel), sondern als Ergänzung erwähnt wurden.

Die Medien griffen allerdings nur Teilaspekte aus Grass' Konzept heraus, während andere eingebrachte Ideen und Deutungsmuster vernachlässigt wurden. Der Diskursstrang Konföderation wird überproportional oft in der Presse aufgeführt und der Intellektuelle als „Gegner der Einheit" und „Vertreter einer Zweistaatlichkeit" bezeichnet. Seine Hinweise auf die Ängste der Nachbarn aufgrund der deutschen Schuld sowie seine wirtschaftlichen und sozialen Bedenken werden dagegen deutlich seltener thematisiert (vgl. Abbildung 17 rechts). Besonders

---

[37] Zimmermann, Günter Grass und die Deutschen, S. 198 und S. 201. Die hohe Medienresonanz des Streitgesprächs liegt auch darin begründet, dass es in Buchform erschien. Vgl. Grass / Augstein, Streitgespräch.
[38] Jürgs, Bürger Grass, S. 374.

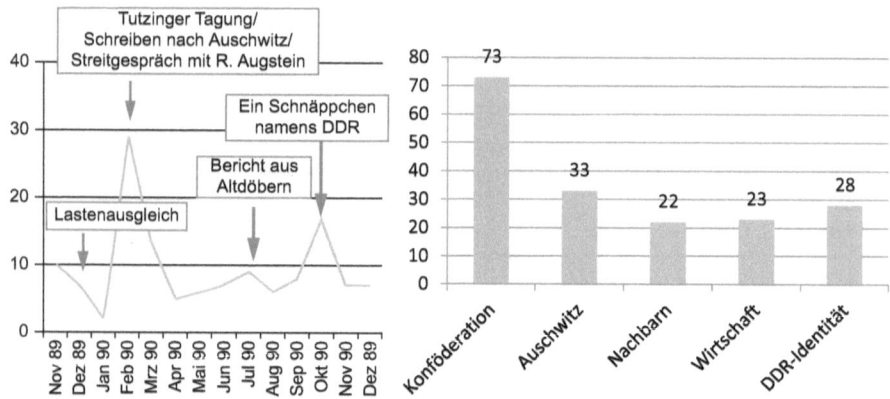

Abbildung 17: links – Günter Grass' Medienresonanz im Einheitsdiskurs (1989–1990); rechts – Presseresonanz auf Günter Grass' Diskursstränge (Quelle: Eigene Darstellung).

kontrovers wird seine moralische Argumentation in Bezug auf die deutsche Vergangenheit unter dem Stichwort Auschwitz kommentiert.

Grass verfügte über genügend kommunikative Macht, um sein Konzept in der Öffentlichkeit einzubringen. Es lässt sich eine Resonanz der Medien feststellen, die primär seine Idee der Konföderation diskutierten, jedoch die anderen, angesprochenen Diskursstränge vernachlässigten.

2.2.1.2 Politische Resonanz: Wortführer des Gegendiskurses

Günter Grass' präferierte Lösung einer Konföderation wurde bis Ende Dezember 1989 von vielen „unterschiedliche[n] Köpfe[n]"[39], wie den Parteivorsitzenden Hans-Jochen Vogel (SPD) oder Helmut Kohl (CDU) diskutiert, verlor im Vereinigungsprozess nach dem Jahreswechsel 1989 / 1990 schnell an politischer Bedeutung.[40] Primär Medienvertreter (*Diskurselite 2. Ordnung*) sowie einige Intellektuelle (*3. Ordnung*) diskutierten öffentlich über seine Stellungnahmen, während nur wenige Politiker und Wissenschaftler im Jahr 1989 / 1990 direkt auf seine historisch geprägte Argumentation reagierten. „Dass die politische Entwicklung über ihn hinwegging, kann ihm nicht vorgeworfen werden"[41], urteilte Jürgs. Trotz seiner Abseitsposition versuchte der Intellektuelle im Februar 1990 mithilfe der Öffentlichkeit, Politiker auf

---

39 Hellmuth Karasek, Mit Kanonen auf Bananen, in: Der Spiegel SPEZIAL, 01.02.1990.
40 Vgl. Daniel Friedrich Sturm, Uneinig in die Einheit. Die Sozialdemokratie und die Vereinigung Deutschlands 1989 / 1990, Bonn 2006, S. 217.
41 Jürgs, Bürger Grass, S. 380.

die Folgen aufmerksam zu machen, was vielfach als „unbedingte Rechthaberei"[42] wahrgenommen wurde.

Der Schriftsteller war aber nicht der Einzige, der sich „gegen das dumpfe Einheitsgebot wehrt[e]"[43], sondern er bildete eine Diskurskoalition in dieser Frage, bestehend aus Politikern der Partei Die Grünen und der SPD, ostdeutschen Bürgerrechtlern[44] und Intellektuellen (Tabelle 11). Darunter waren Politiker wie Antje Vollmer (Die Grünen), Oskar Lafontaine (SPD) oder Bundespräsident Richard von Weizsäcker. Die Kritik an der Einheit war „keineswegs alleine die Sache einer Hand voll versprengter Intellektueller"[45], wie der Aufruf *Für unser Land* mit hunderttausenden Unterschriften zeigt. Umfragen vom Februar 1990 verdeutlichen, dass 67 Prozent der Befragten der Einheitsprozess zu schnell ging und 55 Prozent Furcht davor hatten.[46] Helmut Kohl bezeichnete die Diskurskoalition als „eine unheilige Allianz der Parteilinken in der SPD und der deutschen Linksintellektuellen gegen die Wiedervereinigung"[47]. Sie schlossen sich aus politischen Gründen und ökonomischen Bedenken zusammen.[48] Die Diskurskoalition wurde häufig undifferenziert in den Medien als *Gegner der Einheit* wahrgenommen. Diese Fremdbeschreibung des *herrschenden Diskurses* wurde von den Vertretern der Diskurskoalition selbst nicht geteilt, sondern stellte bereits eine Strategie dar, um Deutungshegemonie zu erlangen.[49] Die Analyse belegt, dass die Teilnehmer nicht gegen die Einheit waren, sondern die staatliche Form der Vereinigung sowie die Schnelligkeit des Prozesses ablehnten. Das gemeinsame, kurzfristige Ziel war somit, das „Ruck-zuck-Modell"[50] der deutschen Einheit zu verhindern, sodass darin eine gemeinsame Grundhaltung (*belief system*) identifiziert wurde. Hinsichtlich der verfolgten, langfristigen, politischen Pläne war die Diskurskoalition dagegen äußerst heterogen.

---

[42] Jürgs, Bürger Grass, S. 380; Labroisse, Günter Grass' Konzept eines zweiteiligen Deutschlands, S. 314.
[43] Zimmermann, Günter Grass und die Deutschen, S. 206.
[44] Zum Begriff Bürgerrechtler, Vgl. Ehrhart Neubert, Was ist aus den Bürgerrechtlern geworden?, in: Wolfgang Thierse / Ilse Spittmann-Rühle / Johannes L. Kuppe (Hrsg.), Zehn Jahre deutsche Einheit. Eine Bilanz, Opladen 2000, S. 237–244, hier S. 238.
[45] Schäfer, Vereinigungsdebatte, S. 22.
[46] Gunter Hofmann, Die Einheit, die spaltet, in: Die Zeit, 23.02.1990.
[47] Kohl, Erinnerungen 1990–1994, S. 72.
[48] Vgl. Frank Schirrmacher, Glaubenskrieg, in: FAZ, 02.12.1989; Jens Jessen, Eine Kaste wird entmachtet, in: FAZ, 29.09.1990; o. V., Die Gretchenfrage der Republik, in: Der Spiegel, 11.03.1990; m. s., Fatale Bedenken, in: FAZ, 21.12.1990; vgl. Sturm, Uneinig in die Einheit, S. 396; Frank Blohm, Einleitung, in: Frank Blohm / Wolfgang Herzberg (Hrsg.), Nichts wird mehr so sein, wie es war. Zur Zukunft der beiden deutschen Republiken, Frankfurt a. M. 1990, S. 16.
[49] M. s., Fatale Bedenken, in: FAZ, 21.12.1990.
[50] O. V., Björn Engholm: „Wir dürfen uns nicht an den Kosten für die Einigung vorbeimogeln.", in: Wilstersche Zeitung, 09.04.1990.

Tabelle 11: Diskurskoalition um Günter Grass 1989 / 1990.

Diskursebenen	1. Konföderation mit einer Kulturnation	2. Auschwitz: deutsche Schuld	3. Ängste der Nachbarn	4. Wirtschaftlicher Ausverkauf	5. DDR-Selbstbestimmung
Politik 1. Ordnung	CDU/CSU R. v. Weizsäcker	CDU/CDU R. v. Weizsäcker	Ausland M. Thatcher J-P. Chevènement		CDU R. v. Weizsäcker
	SPD Oskar Lafontaine Peter Glotz Manfred Stolpe Walter Momper Gert Wisskirchen Willi Witte Egon Bahr			SPD Oskar Lafontaine Walter Momper Manfred Stolpe Gert Wisskirchen Linda Reisch	
	Die Grünen Antje Vollmer Joschka Fischer	Die Grünen Joschka Fischer		Die Grünen Antje Vollmer	
Gesellschaft 2. Ordnung	Bürgerbewegung Bärbel Bohley IG Metall Franz Steinkühler				Bürgerbewegung Friedrich Schorlemmer
Wissenschaft 2. Ordnung	Matthias Lutz-Bachmann, Kath. Theologie			Rainer Land, Sozial-wissenschaftler	

Intellektuelle 2. Ordnung	Günter de Bruyn Jürgen Habermas Erich Kuby Elie Wiesel Max Frisch Walter Janka	Walter Jens Jürgen Habermas	Michel Tournier	Walter Jens Jürgen Habermas Max Frisch Günter Wallraff Heiner Müller Peter Härtling Wolf Biermann Christa Wolf Stefan Heym	Jürgen Habermas Volker Braun Stefan Heym
Medienvetreter 3. Ordnung	W. von Sternburg G. Hofmann, Zeit S. Lohr, NDR M. Kempe, TAZ C. Semler, TAZ	Erich Kuby	Ausländische Presse	D. Singer, TAZ	

Während viele der linken Politiker, Bürgerrechtler und Intellektuellen eine Konföderation als dritten Weg bevorzugten, war beispielsweise Bundespräsident von Weizsäcker für derartige Experimente nicht offen. Man kann folglich der Meinung des Journalisten Gunter Hofmann zustimmen, dass der „Anti-Patriotismus-Verdacht alle [traf], die nach einer Alternative zu Kohls Politik suchten"[51] und sich in einer Diskurskoalition zusammenfanden.

Grass wurde bereits bei Diskursbeginn als „einer der prominentesten Anhänger der deutschen Zweistaatlichkeit"[52] bezeichnet. Man nahm ihn als Wortführer der Diskurskoalition wahr, da er „die meiste öffentliche Resonanz auf Seiten der westlichen Einheitsgegner erfuhr"[53]. Dies liegt darin begründet, dass er durch seine historisch-moralische Zuspitzung besonders polarisierte. In diesem Punkt sprach er keineswegs für alle Vertreter der Diskurskoalition, sondern hatte eine Sonderstellung inne.[54] Grass stand jedoch nicht „einsam"[55] damit da, wie die Presse suggerierte, sondern fand in unterschiedlicher Ausprägung Unterstützung durch einige wenige Intellektuelle und Politiker (vgl. Tabelle 11).

Grass vertrat somit eine damals gängige Minderheitsmeinung der Linken, die er gemeinsam mit Vertretern aus den Bereichen Politik, Kunst und einigen Medien teilte. Er tat sich mit seiner moralischen Argumentation als Wortführer hervor, obwohl dieser Haltung nur wenige Mitstreiter zustimmten. Die Diskurskoalition verfügte über Unterstützer in der Bevölkerung und hatte am Anfang des Vereinigungsprozesses eine reelle Chance, eine Deutungshegemonie zu erreichen.

2.2.1.3 Kampf um Deutungsmacht über den richtigen Weg zur Einheit

An Günter Grass' Fallbeispiel lässt sich der politische Kampf um die Deutungshegemonie im Einheitsdiskurs nachvollziehen. Viele Vertreter des *herrschenden Diskurses* (vgl. Tabelle 12) verfolgten die Strategie, Kritiker des Vereinigungsprozesses als *Gegner der Einheit* auszugrenzen. Besonders in den Fokus gerieten dabei Intellektuelle, deren Verhalten im Einheitsdiskurs kritisiert wurde.

Öffentliche Reaktionen von Politikern zu Grass' Konzept einer Konföderation waren selten. Einige Äußerungen von Helmut Kohl (CDU) und Willy Brandt (SPD) wurden in der Presse allerdings als indirekte Antworten auf den Intellektuellen gewertet.[56] Statt auf seine Ideen konkret einzugehen, kritisierten sie an seinem Bei-

---

51 Gunter Hofmann, Der Kehrtschwenk des Kandidaten, in: Die Zeit, 17.08.1990.
52 M. s., Demokratisch?, in: FAZ, 14.11.1989.
53 Schäfer, Die Vereinigungsdebatte, S. 21.
54 Vgl. Schäfer, Die Vereinigungsdebatte, S. 31.
55 Werner Liersch, Wir wußten, es würde kommen, in: Die Zeit, 09.03.1990.
56 Vgl. o. V., Worte zur Einheit, in: Die Zeit, 23.09.1990; o. V. Worte des Jahres, in: Die Zeit, 02.03.2006; Gunter Hofmann, Enteignete Kinder, in: Die Zeit, 09.02.1990.

Tabelle 12: Herrschende Diskurskoalition in der Deutschen Frage.

Diskursebenen	Deutsche Einheit	Einführung DM/WWU	DDR-Anschluss	Keine moralische Verpflichtung	Deutschland ist nicht zu fürchten
Politiker 1. Ordnung	CDU Helmut Kohl Theo Waigel SPD Willy Brandt Freimut Duve			CDU Helmut Kohl Theo Waigel SPD Willy Brandt	SPD Klaus v. Dohnanyi
Wissenschaftler 2. Ordnung	Thomas Nipperdey Wolf Lepenies Arnulf Baring	Arnulf Baring	Arnulf Baring	Thomas Nipperdey Harold James Ruprecht Kampe	Arnulf Baring
Intellektuelle 2. Ordnung	Martin Walser Monika Maron Wolf Biermann Walter Höllerer Günter Kunert Milan Kundera		Monika Maron Rolf Schneider	Martin Walser Michael Ignatieff	

(fortgesetzt)

Tabelle 12 (fortgesetzt)

Diskursebenen	Deutsche Einheit	Einführung DM/WWU	DDR-Anschluss	Keine moralische Verpflichtung	Deutschland ist nicht zu fürchten
Medienvertreter 3. Ordnung	R. Augstein, Spiegel R. Feyl, FAZ J. Jessen, FAZ M. Kriener, TAZ M. Rüb, FAZ M. Santak, FAZ M. Schreiber, FAZ	G. Bucerius, Zeit o. V., Spiegel R. Mohr, TAZ G. v. Gehren, FAZ	R. Feyl, FAZ M. Kriener, TAZ F. Schirrmacher, FAZ T. Rietschel, FAZ M. Schreiber, FAZ K. Hartung, R. Schuler, TAZ G. Bucerius, Zeit C. Schülke, FAZ C. Tücke, Zeit	R. Augstein, Spiegel W. Liersch, Zeit W. Philipps, Partisan Review H. Karasek, Spiegel J. Jessen, FAZ W. Bickerich, Spiegel R. Becker, Spiegel D. Wild, Spiegel R. Feyl, FAZ M. Rüb, FAZ A. Fink, FAZ	R. Augstein, Spiegel M. Schreiber, FAZ M. Kriener, TAZ R. Feyl, FAZ H. Karasek, Spiegel W. Haubrich, FAZ

spiel den Stellenwert von Intellektuellen im Einheitsprozess.[57] Erst wurden sie als „schweigende Wortführer"[58] gebrandmarkt und später ihr Missfallen an der Vereinigung bemängelt. Daraufhin wurde ihre Funktion in der Gesellschaft grundsätzlich auf einer Meta-Ebene in Frage gestellt wurde.[59] Die Diskursstrategie war die „Entmachtung"[60] oder der „Sturz vom Sockel"[61] der Intellektuellen als Meinungsmacher, um eine Deutungshegemonie zu erreichen.[62] Hier zeigt sich, dass nicht nur das Sachthema im Mittelpunkt stand, sondern es sich gleichzeitig um eine „Abwahl einer Generation"[63] drehte, die als moralisches Gewissen besonders in der Nachkriegszeit aufgetreten war. Frank Deppe bestätigt dieses Fazit, da „die Interventionen der Konservativen [...] auf die Neutralisierung des Einflusses der Intellektuellen"[64] abzielten, um aus politischen Gründen ihre Meinungsführerschaft zu sichern und eine Mehrheit für ein Konföderationsprojekt zu verhindern.[65] Auffallend ist, dass bei diesem Fallbeispiel die Medien weniger als Vermittler, sondern als Akteure in den Einheitsdiskurs eingriffen und damit Schützenhilfe für die konservative Deutung leisteten. Im Diskurs werden drei Punkte aufgeführt, die eine Abseitsstellung der Linksintellektuellen begründet habe: Erstens ihr Festhalten an der DDR und eines *demokratischen Sozialismus*[66], zweitens ihr Problem mit dem Begriff *Nation* und die damit bedingte Ver-

---

57 Manfred Stolpe, Deutschland wird Deutschland aus zwei unterschiedlichen Teilen, 17.06.1990; Theo Waigel in: Deutscher Bundestag, Stenographischer Bericht, 05.10.1990; vgl. Fy./hls., Der Kanzler beschreibt die Vision einer Friedensordnung von Atlantik bis zum Ural, in: FAZ, 22.06.1990.
58 Joachim Fest, Schweigende Wortführer, in: FAZ, 30.12.1989.
59 Vgl. Helga Hirsch, Das Boot ist leer, in: Die Zeit, 01.09.1995; Friedbert Pflüger, Das System der Achtundsechziger überwinden, in: FAZ, 05.12.2004; Tilman Fichte, Kein kultureller Bezug zur Freiheit, in: TAZ, 23.03.1992; edo., Suppenkaspar, in: FAZ, 23.01.2009.
60 Vgl. Jens Jessen, Eine Kaste wird entmachtet, in: FAZ, 29.09.1990.
61 Günter Kunert, Der Sturz vom Sockel, in: FAZ, 03.09.1990.
62 Vgl. Hermann Kurzke, Klumpe-Dumpe und die Intellektuellen, in: FAZ, 13.10.1990; Antonia von Alten, Furcht und Gelassenheit, in: FAZ, 07.12.1990; Renate Feyl, Die Normalität des Nationalen, in: FAZ, 19.05.1990; Paul Noack, Deutschland, deine Intellektuellen. Die Kunst, sich ins Abseits zu stellen, Stuttgart 1991.
63 Brigitte Seebacher-Brandt, Abschied von den Eltern, in: FAZ, 12.12.1990; vgl. Reinhard Mohr, Tabula rasa à la SPD, in: TAZ, 14.12.1990; Jan Ross, Patriarchendämmerung, in: Die Zeit, 14.03.2002.
64 Frank Deppe, Die Intellektuellen, das Volk und die Nation, in: Blätter für deutsche und internationale Politik (35 / 1990), Heft 6, S. 709–716, hier S. 710 f.
65 Vgl. Schäfer, Vereinigungsdebatte, S. 22.
66 Monika Maron, Das neue Elend der Intellektuellen, in: TAZ; 06.02.1990; Jörg von Uthmann, Schreibtisch-Strategie, in: FAZ, 17.11.1990; Rolf Becker / Dieter Wild, „Die Teilung ist widernatürlich", in: Der Spiegel, 21.01.1990; Hellmuth Karasek / Rolf Becker, Triumphieren nicht gelernt, in: Der Spiegel, 08.10.1990.

teidigung des Status quo[67] und drittens eine „generationsspezifische Angst"[68] und „kollektive Hysterie[...]"[69]. Mit dieser Vorgehensweise wurde ein gegnerischer Diskursakteur in Frage gestellt, um von der objektiven Analyse der Sorgen der Intellektuellen abzulenken. Diese spiegelten sich vor allem in den Kommentaren von Journalisten wider, aber auch von Politikern wie Rainer Eppelmann (CDU), Richard Schröder (SPD) sowie Kohl-Mitarbeiter Wolfgang Bergsdorf.[70]

Grass geriet durch seine historisch-normative Argumentation in den Mittelpunkt der Kritik und wurde persönlich als antipatriotischer „Vaterlandsverräter"[71] angegriffen.[72] Seine Bedenken wurden mit Hinweisen auf seine ideologische Argumentation unter dem Stichwort *demokratischer Sozialismus* (Wirtschaft), die Voreiligkeit von Intellektuellen (Ängste der Nachbarn) und die Verherrlichung der DDR (Ostdeutsche Identität) abgewiesen. Es lässt sich anhand der Presseberichte belegen, dass negative Kommentare im öffentlichen Diskurs auf Grass' Einspruch überwogen. Nach der vollzogenen staatlichen Vereinigung am 3. Oktober 1990 nahmen mehrere Politiker parteiübergreifend zu seinem intellektuellen Einspruch Stellung. Freimut Duve (SPD) befand, dass seine These der voreiligen Einheit als „Mahnung oft auch überzogen war"[73]. Auch Klaus von Dohnanyi (SPD) bezeichnete Grass' Ideen grundsätzlich als „unverständlich"[74] und zeigte sich überrascht, „wie irrational und unhistorisch in dieser Frage oft gerade diejenigen reagierten, die meinen, die deutsche Frage aus angemessener emotionaler Distanz zu beurteilen"[75]. Theo

---

67 Hellmuth Karasek, Mit Kanonen auf Bananen, in: Der Spiegel SPEZIAL, 01.02.1990; Jens Jessen, Eine Kaste wird entmachtet, in: FAZ, 29.09.1990; Renate Feyl, Die Normalität des Nationalen, in: FAZ, 19.05.1990.
68 Arnulf Baring, Warum geriet die SPD deutschlandpolitisch ins Hintertreffen?, in: FAZ, 29.08.1990.
69 Rolf Schneider, Mißgelaunte Propheten, in: Die Zeit, 23.11.1990.
70 Vgl. Ulrich Schwarz / Norbert F. Pötzl, Stolpe, um welchen Preis, in: Der Spiegel, 01.03.1992; Richard Schröder, Mysterium Germaniae, in: Der Spiegel, 30.09.2001; Wolfgang Bergsdorf, Vorbei ist die Schlacht von Geist und Macht, in: FAZ, 27.02.1992.
71 Grass, Kurze Rede eines vaterlandslosen Gesellen, in: NGA 23, S. 410; vgl. Frank Schirrmacher, Literatur und Kritik, in: FAZ, 08.10.1990; Renate Feyl, Die Normalität des Nationalen, in: FAZ, 19.05.1990; Willi Winkler, Der Besinnungstäter, in: Der Spiegel, 25.02.1990.
72 Ulrich Greiner, Streit muß sein, in: Die Zeit, 13.10.1995; Kai Diekmann, Nation im Verständniswahn, in: Die Welt am Sonntag, 21.10.2007; Richard Schröder, Mysterium Germaniae, in: Der Spiegel, 30.09.2001; Hugo Hamilton, Vergangenheit ist keine Schwäche, in: Der Spiegel Spezial, 26.04.2005; Adolf Fink, Hörsaal VI: Ort der Kritik, in: FAZ, 15.02.1990; Herbert Riehl-Heye, Ganz schön häßlich, in: SZ, 28.11.1992.
73 Deutscher Bundestag, Stenographischer Bericht, 31.10.1990.
74 Klaus von Dohnanyi, „Das deutsche Wagnis", in: Der Spiegel 15.10.1990.
75 Klaus von Dohnanyi, „Das deutsche Wagnis", in: Der Spiegel 15.10.1990.

Waigel (CDU) wandte sich im Bundestag gegen sein „Prinzip Langsamkeit"[76], indem er „die Schnecke als Symbol der deutschen Einheit"[77] ablehnte, da „der zugreifende Adler eher als die Schnecke das versinnbildlicht, was in der Wiedervereinigung Deutschlands ökonomisch und menschlich stattfinden soll"[78]. Öffentlich verteidigte lediglich Antje Vollmer den Intellektuellen gegen seine Kritiker (vgl. IV. Kap. 2.3.2).[79]

Die Vertreter des Gegendiskurses verfolgten dagegen die Strategie, dass die Auswirkungen dieser Politik in der Öffentlichkeit nicht ausreichend benannt wurden und Helmut Kohls Sieg folglich auf falschen Versprechungen und einem Wahlbetrug beruhe.[80] Grass konstatierte ein herrschendes „Traum-, Denk- und Redeverbot"[81] oder eine „Zensur"[82] in der Öffentlichkeit. Seine Beiträge wurden in den Medien abgedruckt und kommentiert, sodass der Gegendiskurs durchaus in der Öffentlichkeit präsent war. Rüther stellt infrage, ob es „hinreichend Zeit [gab], um eine intensive Diskussion mit den Bürgern in beiden deutschen Staaten über eine gemeinsame deutsche Verfassung zu führen"[83]. Er kommt zu dem Schluss: „Das kann niemand zuverlässig beantworten"[84]. Thomas Assheuer stellte die These auf, dass Bundeskanzler Helmut Kohl bewusst keine „lästigen Debatten"[85] und „keine gesamtdeutsche Verfassungsdiskussion"[86] wünschte und durch schnell geschaffene, politische Fakten den „Debatteneifer"[87] der Intellektuellen schnell dämpfte. Eine These, die ohne Archiveinsicht nicht zu verifizieren ist. Am Beispiel von Günter Grass wird allerdings deutlich, dass der Diskurs nicht sachlich alle Aspekte beleuchtete. Der Intellektuelle vertrat als Sprecher eine Minderheitsmeinung im Einheitsdiskurs, sodass er durch seinen Beitrag die öffentliche

---

76 Deutscher Bundestag, Stenographischer Bericht, 05.10.1990.
77 Deutscher Bundestag, Stenographischer Bericht, 05.10.1990.
78 Deutscher Bundestag, Stenographischer Bericht, 05.10.1990.
79 Antje Vollmer, Der Krieg der Generationen ist neu eröffnet, in: Die Zeit, 21.12.1990.
80 Vgl. Günter Grass, Bitterfelder Rede, in: NGA 22, S. 495; Antje Vollmer, 02.03.2020; Vollmer, Eingewandert ins eigene Land, S. 105.
81 David Singer, Wider die Vereinigung der Kommerzmacht, in: TAZ, 21.02.1990; mtm., Da wird ein regelrechtes Traumverbot ausgesprochen, in: TAZ, 12.02.1990. Dieser Sichtweise stimmten mehrere Vertreter seiner Diskurskoalition, vor allem Jürgen Habermas, Friedrich Schorlemmer oder Wolfgang Ullmann zu. Vgl. Gunter Hofmann, Die Einheit, die spaltet, in: Die Zeit, 23.02.1990; Ulrich Greiner, Utopie-Verbot, in: Die Zeit, 08.12.1989.
82 Grass, Tagebuch 1990, 19.02.90, S. 49; vgl. Günter Grass, Der Zug ist abgefahren – aber wohin?, in: taz, 23.02.1990, abgedruckt in: NGA 22, S. 442–443; Grass, Ein Schnäppchen namens DDR, in: NGA 22, S. 485; Gunter Hofmann, Die Einheit, die spaltet, in: Die Zeit, 23.02.1990.
83 Rüther, Die Unmächtigen, S. 253.
84 Rüther, Die Unmächtigen, S. 253.
85 Vgl. Thomas Assheuer, Lieber Langeweile als Faschismus, in: Die Zeit, 17.06.2017.
86 Vgl. Thomas Assheuer, Lieber Langeweile als Faschismus, in: Die Zeit, 17.06.2017.
87 Vgl. Thomas Assheuer, Lieber Langeweile als Faschismus, in: Die Zeit, 17.06.2017.

Auseinandersetzung durch weitere Argumente und Alternativkonzepte zu erweitern versuchte, um damit einer Einseitigkeit entgegenzuwirken. Er wählte aufgrund seiner „Abseitsposition"[88] eine moralisierende und dramatisierende Diskursstrategie, um zu polarisieren und um auf seine Bedenken aufmerksam zu machen.[89] Dabei handelt es sich um gängige Methoden von nicht im politischen System etablierten Personen, um die Aufmerksamkeit zu erhalten, befördert aber auch keine sachliche Auseinandersetzung.

Bilanzierend ist festzuhalten: „Grass beschwerte sich persönlich über die mangelnde Diskussionskultur, erfolglos"[90]. Die Bedenken des Intellektuellen fanden keine allgemeine Zustimmung und die Diskurskoalitionäre verfügten über keinen Rückhalt innerhalb ihrer Parteien, der Bevölkerung und der Medien. Im Diskurs lagen „allgemein sehr verharschte Positionen und Werthaltungen [vor], die im öffentlichen Meinungsbetrieb zum Thema Einigungsprozeß aufeinander[trafen]"[91]. Ein sachlicher Diskurs über das Für oder Wider einer schnellen staatlichen Vereinigung wurde aufgrund der blockierenden Diskursqualität nicht geführt, wie sich am Exempel von Grass demonstrieren lässt. Auch Gunter Hofmann konstatierte, dass ein gesamtdeutscher Dialog über „den deutschen Vereinigungsprozeß mit seinen kulturellen und psychologischen Dimensionen"[92] nicht stattgefunden habe. Rita Süssmuth (CDU) erklärte auf Nachfrage rückblickend: „Man wollte zu der Zeit keine Warner. [...] Ob sie nun Grass nehmen oder ob sie Habermas nehmen, die Fragen sind doch geblieben. Wir haben sie heute zu beantworten. Und ich sehe noch nicht, dass wir das in guter Weise tun."[93] Dass der Diskurs über die Bedenken in der Eile des politischen Prozesses nicht geführt wurde, war folgenreich, denn „die Minderheiten in Ost und West [...] schweigen resigniert, selber auch ratlos – oder werden übergangen"[94]. Das Fallbeispiel zeigt, wie wichtig ein öffentlicher Diskurs ist, gerade wenn es unterschiedliche, politische Vorstellungen gibt. Die fehlende Einbindung der Gegner in die politischen Entscheidungen war folgenreich für das Selbstverständnis der Berliner Republik und hatte Auswirkungen auf die innere Einheit (vgl. IV. Kap. 3).

---

88 Grass, Bericht aus Altdöbern, in: NGA 22, S. 460.
89 Jens Jessen, Eine Kaste wird entmachtet, in: FAZ, 29.09.1990; Thomas Rietzschel, Vom Mythos der inneren Einheit, in: FAZ, 13.09.1997; Reinhard Mohr, Zeitgeist: Die neuen Fast-Patrioten, in: Der Spiegel, 11.09.2000; vgl. Tschammer, Sprache der Einheit, S. 506.
90 Grass, Der Zug ist abgefahren – aber wohin? in: TAZ, 23.02.1990.
91 Zimmermann, Günter Grass unter den Deutschen, S. 485.
92 Gunter Hofmann, Die Einsamkeit des Trommlers, in: Die Zeit, 25.08.1995.
93 Rita Süssmuth, 19.11.2020.
94 Gunter Hofmann, Die Einheit, die spaltet, in: Die Zeit, 23.02.1990.

2.2.2 Öffentliche Politikberatung in Tutzing (Februar 1990)

Günter Grass und die Politikerin Antje Vollmer (Die Grünen) bereiteten 1989 / 1990 in Zusammenarbeit mit der *Evangelischen Akademie* in Tutzing eine Tagung vor, um zahlreiche Politiker zu einem Diskurs über mögliche Alternativen zu einer schnellen, deutschen Vereinigung zu versammeln. Sie verstanden dies als eine Form der öffentlichen Politikberatung.

Die Politikerin und der Intellektuelle wählten die *Evangelische Akademie* in Tutzing aus, also den „Ort, an dem zwanzig Jahre vorher Egon Bahr die neue Ostpolitik ausgerufen hatte"[95], um an diese Politik symbolisch anzuknüpfen. Nach Vollmer war eine solche Veranstaltung seit langer Zeit angedacht, um die „Vollendung der Entspannungspolitik"[96] durch eine rot-grüne Regierung zu erreichen. Sie bekam durch den Mauerfall plötzlich eine aktuelle Dimension und wurde kurzfristig neu konzipiert und vorbereitet.[97] Im Begleitschreiben von Grass und Vollmer zur Einladung und Tagungsprogramm der *Evangelischen Akademie* wurde ihre Idee konkret beschrieben, nämlich „Ansätze für ein neues Denken in dem zukünftigen Verhältnis zwischen beiden deutschen Staaten"[98] zu entwickeln, denn „wir [suchen] einen dritten Weg, der die Bahnen des Systemdenkens verläßt"[99]. Beiden Initiatoren und der Akademie war es wichtig, für den Dialog eine paritätische Beteiligung von Vertretern aus Ost und West zu erreichen.[100] Es gelang durch ihr politisches Netzwerk, kurzfristig namhafte Politiker, Bürgerrechtler, Intellektuelle und Kirchenvertreter zu einem überparteilichen Diskurs zu versammeln.[101] Dies ist bemerkenswert, da bis zuletzt aufgrund der sich politisch überschlagenden Ereignisse niemand wusste, ob die Tagung wirklich stattfinden konnte und wer definitiv erscheinen würde.[102] Angesichts des illustren Teilnehmerkreises war die Veranstaltung ein voller Erfolg, denn durch die Anwesenheit von Bundespräsident Richard von Weizsäcker, Außen-

---

95 Antje Vollmer, Rede zur Ausstellungseröffnung in Isny, 18.03.1994, in: AdK, GGA, Signatur 13001.
96 Antje Vollmer, 02.03.2020.
97 Vgl. Grass, Tagebuch 1990, 02.02.1990, S. 31–32; Vollmer, Eingewandert ins eigene Land, S. 88–89; Antje Vollmer, Brief an Günter Grass, 25.12.1989, in: AdK, GGA, Signatur 13001, Willi Stöhr, Brief an Günter Grass, 21.11.1989 sowie 11.12.1989, in: AdK, GGA, Signatur 10167.
98 Antje Vollmer / Günter Grass, Begleitschreiben, 15.12.1989, in: Vollmer, Eingewandert ins eigene Land, S. 264.
99 Vollmer / Grass, Begleitschreiben, 15.12.1989.
100 Vgl. Willi Stöhr, 10.02.2020; Antje Vollmer, 02.03.2020.
101 Vgl. Willi Stöhr, Tagungsbericht und Überlegungen zur Weiterarbeit, in: Privatarchiv Willi Stöhr.
102 Vgl. Stöhr, Brief an Günter Grass, 21.11.1989 sowie 11.12.1989; Antje Vollmer, Brief an Günter Grass, 25.12.1989, in: AdK, GGA, Signatur 13001.

minister Hans-Dietrich Genscher und dem ehemaligen Bundeskanzler Willy Brandt war für eine breite Resonanz in den Medien gesorgt.[103] Es waren folglich Vertreter der verschiedenen Diskurskoalitionen in Tutzing präsent. Als die Tagung am 31. Januar und 1. Februar 1990 letztlich stattfand, waren im Einheitsprozess die „entscheidenden Sachen schon passiert"[104], denn im Januar gab Gorbatschow unverhofft den Weg zur Einheit in Moskau frei.[105] Zeitgleich machte Willy Brandt öffentlich, dass der Einigungsprozess ihm „ein bißchen zu langsam ging"[106]. Er bildete mit Helmut Kohl in dieser Frage „eine große Koalition"[107]. Günter Grass zeigte sich kurz vor der Veranstaltung daher skeptisch, ob der sich bereits gebildeten „angeblichen Volksstimme noch zu widersprechen"[108] sei. Es war sein Ziel, durch diese Veranstaltung die politischen Akteure von ihrem vorbehaltlosen Einheitskurs abzubringen.

Willy Brandts Besuch auf der Tagung stellte – neben seiner Verbundenheit mit der *Evangelischen Akademie*[109] – einen Freundschaftsdienst für Günter Grass und Antje Vollmer dar, denn er stellte sich dort „fast trotzig der Debatte"[110]. In Tutzing fand die „letzte[...] direkte[...] Konfrontation"[111] von Brandt und Grass über ihre gegensätzliche Position zur Deutschen Einheit bis zum Tod des Politikers statt. Dies bestätigte der Schriftsteller in einem Interview und betonte zugleich, dass dies „unsere Freundschaft nicht beendet [habe], es war aber absolut ein Gegensatz, und damit mußte gelebt werden"[112]. Der Ehrenvorsitzende der SPD betonte in Tutzing zwar seine Übereinstimmung mit dem „politisch-moralischen Ansatz von Günter Grass"[113] hinsichtlich eines Lastenausgleiches, aber erklärte gleichzeitig allen Überlegungen derjenigen, die „noch von einem Dritten Weg träumt[en]"[114], eine klare

---

103 Vgl. Antje Vollmer, 02.03.2020; Willi Stöhr, Tagungsbericht und Überlegungen zur Weiterarbeit, in: Privatarchiv Willi Stöhr; Willi Stöhr. Brief an Willy Brandt, 27.11.1989, in: AdsD, Willy Brandt-Archiv, A3, A3, Publikationen 1990, Januar, 1076.
104 Antje Vollmer, 02.03.2020; vgl. Stephan Lohr, 20.04.2020.
105 Vgl. Rödder, Deutschland einig Vaterland, S. 196.
106 Willy Brandt, Stuttgarter Zeitung, 29.01.1990, zitiert nach: Sturm, Uneinig in die Einheit, S. 258.
107 Antje Vollmer, 02.03.2020.
108 Günter Grass, Tagebuch 1990, 30.01.1990, S. 31.
109 Vgl. Willy Brandt, Brief an Willi Stöhr, 09.02.1990, in: AdsD, Willy Brandt-Archiv, A3, Publikationen 1990, Januar, 1076.
110 Gunter Hofmann, 01.07.2020; vgl. Antje Vollmer, 02.03.2020.
111 Kölbel hatte diese auf den SPD-Parteitag im Dezember 1989 datiert, dem mit Hinweis auf die Tagung in Tutzing und die Reden der beiden auf dem Parteitag der Ost-SPD am 24. Februar 1990 (Kap. 2.3.1) zu widersprechen ist. Kölbel, Briefwechsel, S. 1143–1144.
112 Hubert Winkels, Nicht von der Bank der Sieger aus, in: NGA 24, S. 559.
113 Willy Brandt, Die Sache ist gelaufen – jetzt geht es um die Modalitäten, in: Tutzinger Blätter (02 / 1990), S. 14–21, hier S. 17.
114 Brandt, Die Sache ist gelaufen, S. 17.

Absage. Brandt formulierte: „Man könnte salopp sagen, die Sache ist gelaufen, die von Deutschland handelt."[115], denn ab nun ginge es nur noch um die Modalitäten der Einheit. Peter Merseburger wertet „seine Rede [...] zum Teil als Antwort auf die vorausgegangenen Beiträge von Skeptikern und Bedenkenträgern"[116] und damit auch auf Grass' Rede auf dem Parteitag (vgl. IV. Kap. 2.3.1.1). Nach der Rede fiel es Antje Vollmer und Günter Grass in der anschließenden Diskussion schwer, „Willy Brandt grundsätzlich zu widersprechen"[117]. Dennoch beteiligte sich der Schriftsteller „fast als einziger bundesdeutscher Intellektueller vehement an der Diskussion"[118]. Der einstige Weggefährte Brandt reagierte auf diese Kritik, laut einhelliger Meinung, in Tutzing „einsilbig"[119]. Brigitte Seebacher begründet dies damit, dass er von der moralischen Überheblichkeit und dem „hohe[n] Ton, der in Tutzing bestimmte"[120], durchaus „persönlich enttäuscht [war], aber nicht gewillt, Zeit auf diese Einlassungen zu verwenden. Auch politisch ließ er sich nicht anfechten."[121] Tatsächlich förderte der einstige diskursive Kanzler mit diesem Verhalten nicht die Aussprache. Es blieb statt eines klärenden Diskurses „ein Missverständnis auf allen Seiten. Jeder verstand den anderen nicht."[122] Gunter Hofmann sprach von der „großen Kluft von Tutzing, Kluft der Nahesteher, es waren alles Freunde, eine kulturelle Familie"[123], die in der deutschen Frage nicht zusammenfanden.

Außenminister Hans-Dietrich Genscher (FDP) stellte nach Absprache mit Eduard Schewardnadse und anderen Außenministern anschließend in seiner Rede den sogenannten *Genscher-Plan* vor, der laut seiner Aussage „auf die öffentliche Meinung Einfluss"[124] nahm. Sein Beitrag gab der Veranstaltung eine „staatstragende"[125] Funktion und „wertete die Konsultation erheblich auf, sprengte anderseits aber auch ihren Rahmen"[126]. Sie verlagerte das Gewicht auf die westdeutsche Seite, da

---

115 Brandt, Die Sache ist gelaufen, S. 14 / 16; vgl. o. V., „Einheit in diesem Jahr", in: Der Spiegel, 04.02.1990; Stephan Lohr, Neue Antworten auf die deutsche Frage? Gespräche in der Evangelischen Akademie Tutzing, 04.03.1990, in: NDR-Archiv.
116 Merseburger, Willy Brandt, S. 842.
117 Grass, Tagebuch 1990, 02.02.1990, S. 32; Antje Vollmer, 02.03.2020; vgl. o. V., „Einheit in diesem Jahr", in: Der Spiegel, 04.02.1990.
118 Lohr, Neue Antworten auf die deutsche Frage?, in: NDR-Archiv.
119 Willi Stöhr, 10.02.2020; Antje Vollmer, 02.03.2020; vgl. Gunter Hofmann, Enteignete Kinder, in: Die Zeit, 09.02.1990.
120 Seebacher, Willy Brandt, S. 320.
121 Seebacher, Willy Brandt, S. 319.
122 Gunter Hofmann, 01.07.2020.
123 Gunter Hofmann, 01.07.2020; vgl. Seebacher, Willy Brandt, S. 320 f.
124 Hans-Dietrich Genscher, Erinnerungen, München 1997, S. 713; vgl. Klaus Hartung, „Einheit in nationaler Solidarität", in: TAZ, 02.02.1990.
125 Stephan Lohr, 20.04.2020.
126 Willi Stöhr, Tagungsbericht und Überlegungen zur Weiterarbeit, in: Privatarchiv Willi Stöhr.

ein Vertreter der DDR-Regierung und damit eine ostdeutsche Entgegnung fehlten. Die Rede Genschers torpedierte damit das Veranstaltungskonzept. Auf den Plan reagierten „die Gäste aus der DDR [...] konsterniert. [...] In ihre Lage, also in die Rolle eines DDR-Oppositionellen, versuchte sich Günter Grass zu versetzen"[127]. Anhand eines Radioberichts lässt sich belegen, dass der Intellektuelle im Namen der Ostdeutschen Genscher direkt mit seinem Einspruch konfrontierte:

> Wo bleibt da, wenn alles schon so vorgedacht ist, und gelaufen ist und läuft, aus westdeutscher Sicht, wo bleibt da, wenn wir die Wahl dann mal hinter uns haben und wir haben eine demokratisch legitimierte Regierung, noch Spielraum für uns.[128]

Außenminister Genscher widersprach Günter Grass direkt mit folgender Antwort:

> Herr Grass, Sie haben recht, die Entwicklung, wie sie sich vollzieht, lässt auch mit der Diskussion, wie wir sie führen, der entstehenden Demokratie in der DDR kaum Luft zum Atmen, erstmal herauszufinden, was man will. Auf der anderen Seite darf man auch nicht unterschätzen, dass alles das, was bei uns gedacht und gesprochen wird, auch das reflektiert, was die Menschen in der DDR fordern.[129]

Eine Meinung, die durch die Volkskammerwahl im März 1990 (vgl. IV. Kap. 2.2.3) ihre Bestätigung fand, aber nicht den anwesenden Bürgerrechtlern in Tutzing entsprach, die die friedliche Revolution angestoßen hatten. Deren alternative Ideen zur schnellen Wiedervereinigung kamen bei der Tagung zu Wort. In der Öffentlichkeit erzeugten aber vor allem die Beiträge von Willy Brandt und Hans-Dietrich Genscher eine Resonanz, die dieses Forum für ihre deutschlandpolitischen Akzente nutzten. Stephan Lohr hob rückblickend die „alles überstrahlende Prominenz von Willy Brandt und Genscher"[130] hervor.

Grass habe, da ist sich Lohr sicher, „gewusst und gemerkt, spätestens in Tutzing, [...] dass das anders läuft, als er sich das vorstellt"[131]. Als der Intellektuelle einen Tag später seinen Vortrag hielt, den er bewusst im „Kontrast"[132] zu Willy Brandts Rede stellte, war der Politiker bereits abgereist.[133] Der Intellektuelle begann seinen Beitrag mit dem Vorwurf, ein „vaterlandslose[r] Geselle"[134] zu sein. Studienleiter Willi Stöhr war schockiert von diesem Redeauftakt, „weil ich gedacht habe,

---

127 Lohr, Neue Antworten auf die deutsche Frage?, in: NDR-Archiv.
128 Günter Grass zitiert nach: Lohr, Neue Antworten auf die deutsche Frage?, in: NDR-Archiv.
129 Hans-Dietrich Genscher zitiert nach: Lohr, Neue Antworten auf die deutsche Frage?, in: NDR-Archiv.
130 Stephan Lohr, 20.04.2020.
131 Stephan Lohr, 20.04.2020.
132 Grass, Tagebuch 1990, 08.01.1990, S. 16.
133 Vgl. Willy Brandt, Plan, 31.01.1990 / 01.02.1990, in: AdsD, Willy Brandt-Archiv, A3.
134 Grass, Kurze Rede eines vaterlandslosen Gesellen, in: NGA 22, S. 410.

er würde in einer diplomatischen Weise seine Gedanken vortragen. Das war dezidiert nicht diplomatisch."[135] Grass wollte mit seinem Fünf-Punkte-Programm Bundeskanzler Kohl eindeutig „in die Parade"[136] fahren. Dazu leitete er in Tutzing zum ersten Mal, aus der Erinnerung an die deutsche Schuld, ein moralisches Verbot eines Einheitsstaats ab. Bereits auf der Tagung ging Grass diesen Schritt allein, denn „die direkte Verknüpfung des deutschen Einheitsstaates mit Auschwitz bereitete vielen Bauchschmerzen"[137]. Stöhr geht davon aus, dass er „durch die Ereignisse sich dazu [...] gedrängt [fühlte], in dieser Härte zu diskutieren. Bei unseren Vorbereitungstreffen nach dem 9. November hat er auch inhaltlich diese Position vertreten, aber im Wesentlichen war diese Schärfe nicht dabei gewesen."[138] Auch Antje Vollmer verweist darauf, dass „der Urimpuls von ihm [...] ein politisches Konzept [war], und als das niemand hören wollte und alles überrannt wurde, dann hat er [...] die andere Seite anmoralisiert"[139]. Lohr bezeichnet es dagegen als grundsätzliche „Eigenart der Grassschen Politik"[140], dass er in seinen Reden „ein Argument oder Themenkomplex nimmt, der unbefangen nicht besprochen werden kann"[141]. Die Verwendung der deutschen Geschichte als normatives Handlungsverbot war folglich ein letzter, verzweifelter Versuch Günter Grass', den Zug Richtung Einheit noch einmal aufzuhalten. Der Intellektuelle galt als das „stilisierte Gewissen der Nation, deswegen hat er auch gedacht, dass wenn er [sich] massiv in die Bütt stellt, dass dann das Volk und die Politik auf ihn hört"[142]. Briefe belegen, dass er diese Rede zusätzlich direkt an Politiker, wie Oskar Lafontaine oder Egon Bahr, sendete.[143] Sie wurde zudem in den Medien veröffentlicht und fand breite, vornehmlich kritische Resonanz (18 Pressemitteilungen).[144] Seine Worte „lösten sogleich Empörung aus"[145], sodass der Intellektuelle konstatierte, damit „den Nerv getroffen"[146] zu haben. Anne-Kerstin Tschammer bestätigt in ihrer Analyse,

---

135 Willi Stöhr, 10.02.2020.
136 Willi Stöhr, 10.02.2020.
137 Klaus Hartung, „Einheit in nationaler Solidarität", in: TAZ, 02.02.1990; vgl. Gunter Hofmann, 01.07.2020.
138 Willi Stöhr, 10.02.2020.
139 Antje Vollmer, 02.03.2020.
140 Stephan Lohr, 20.04.2020.
141 Stephan Lohr, 20.04.2020.
142 Willi Stöhr, 10.02.2020.
143 Vgl. Günter Grass, Brief an Egon Bahr, 09.02.1990, in: AdK, GGA, Signatur 13270; Günter Grass, Brief an Oskar Lafontaine, 09.02.1990, in: AdK, GGA, Signatur 13924.
144 Grass, Kurze Rede eines vaterlandslosen Gesellen, in: Die Zeit, 09.02.1990, abgedruckt in: NGA 22, S. 410.
145 Günter Grass, Rede vom Verlust, in: NGA 23, S. 45.
146 Grass, Rede vom Verlust, in: NGA 23, S. 45.

dass der Intellektuelle durch sein angewandtes, historisch-moralisches Deutungsmuster im Endeffekt ein „jede weitere Diskussion verhinderndes Argument"[147] aufgeführt habe.

Die Wirkung von Günter Grass' Rede und der Tagung in Tutzing auf die Politiker bewerteten die Initiatoren und anwesenden Journalisten retrospektiv unterschiedlich. Hofmann wunderte sich, „dass Brandt [...] nie zu begreifen versuchte, warum die [einstigen Weggefährten] eigentlich fremdelten mit diesem nationalen Überschwang"[148]. Antje Vollmer berichtet dagegen von einer gewissen „Nachdenklichkeit bei Brandt"[149], die sie bei einem späteren Gespräch feststellte. Darauf weisen auch seine Notizen während der Tagung hin, auf denen der Politiker sich die Bedenken von Grass hinsichtlich der Ängste der Nachbarn vor allem in Israel und Frankreich notierte.[150] In einem Brief an Stöhr schrieb Brandt, dass „die Konsultationen [...] nützlich [waren], so unterschiedlich die Wahrnehmung neuer deutscher Wirklichkeit zum Ausdruck kam"[151]. Kurzzeitig zeigte Grass sich nach der Lektüre eines Interviews des Politikers optimistisch, dass die Veranstaltung habe „offenbar zum richtigen Zeitpunkt stattgefunden und könnte Nachwirkung"[152] bei Brandt haben. Er hoffte daher, der Politiker würde beginnen, seine „kritischen Einwände ernst zu nehmen"[153]. Diese hohe Erwartung an einen Effekt seiner öffentlichen Politikberatung wurde kurz darauf enttäuscht.[154] Bei ihrer letzten Begegnung „in räumlicher und zeitlicher Nähe"[155] auf dem Ost-SPD-Parteitag (vgl. IV. Kap. 2.2.3) wenige Wochen später erkannte Grass: „Brandt liebt das Vage und hat Erfolg damit"[156]. Auch der damalige SPD-Bundesgeschäftsführer Egon Bahr wies den Schriftsteller in

---

147 Tschammer, Sprache der Einheit, S. 506.
148 Gunter Hofmann, 01.07.2020; vgl. Gunter Hofmann, Enteignete Kinder, in: Die Zeit, 09.02.1990.
149 Antje Vollmer, 02.03.2020.
150 Vgl. Willy Brandt, Notizen, Tutzing, 31.01.1990, in: AdsD, Willy Brandt-Archiv, A3, Publikationen 1990, Januar, 1076.
151 Willy Brandt, Brief an Willi Stöhr, 09.02.1990, in: AdsD, Willy Brandt-Archiv, A3, A3, Publikationen 1990, Januar, 1076.
152 Grass, Tagebuch 1990, 02.02.1990, S. 32.
153 Grass, Brief an Oskar Lafontaine, 09.02.1990, in: AdK, GGA, Signatur 13924; Es handelt sich um das Interview: Dirk Koch / Klaus Wirtgen, „Die Einheit ist gelaufen", in: Der Spiegel, 05.02.1990; vgl. Grass, Tagebuch 1990, 05.02.1990, S. 36. Man kann Kölbel mit diesem Beispiel widersprechen, dass dieses Modell nach der Rostock-Reise nicht mehr bei Brandt auftauchte. Vgl. Kölbel, Briefwechsel, S. 1143.
154 Im Juli notiert Grass „An Brandt mag ich nicht denken." Grass, Tagebuch 1990, 02.07.1990, S. 128, seinen Brief an Brandt sendet er nicht ab. Vgl. Grass, Brief aus Altdöbern, in: NGA 22, S. 473 / 457.
155 Kölbel, Briefwechsel, S. 1143 f.
156 Grass, Tagebuch 1990, 24.02.1990, S. 56.

einem Brief darauf hin, „daß Willy in seinem Hintern mehr Instinkt hat als die meisten unter Einschluß aller ihrer Extremitäten"[157]. Er versuchte, nach der Tagung zu vermitteln, da er aus der Zeitung und „von Willy gehört [habe], wie schwierig die ganze Entwicklung für Dich ist"[158]. Bahr schrieb Grass zutreffend: „Wir sind eben nicht nur Berater in Dingen, von denen wir nicht wissen, wie sie sich entwickeln werden, sondern wir sind Täter."[159] Er warnte den Intellektuellen vorausschauend davor, die Stimme der Bevölkerung nicht anzuerkennen: „Wer sich dagegen stemme, wenn die Flut komme, gehe unter."[160] Bereits am 10. Februar notierte der Intellektuelle in seinem Tagebuch, dass sein politisches Engagement wirkungslos sei: „Langsam wird es gefährlich, gegen diese neuerliche Tollheit anzureden. Wenn ich dennoch bei meinem Nein bleibe, geschieht es nicht aus Trotz, vielmehr ist es – neben und mit allen Argumenten – ein immer stärker werdendes Vorgefühl des Scheiterns."[161]

Seine „lang gestaute Kritik an Brandt und Lafontaine"[162] tat Grass in einem Interview kund und beklagte, dass der Politiker nicht mehr zuhörte und die SPD „kein schlüssiges Konzept entwickelt"[163] habe. Willy Brandt reagierte auf diese öffentlich geäußerten Vorwürfe mit einem Brief, „dessen Schärfe im Briefwechsel einmalig ist"[164]. Er fragte: „Was immer sonst zwischen uns gekommen sein mag – wie ich nach dem 9. Nov. '89 an meine Kasseler Punkte vom Frühjahr '70 hätte anknüpfen können, will nicht in meinen Kopf."[165] Eine energische Reaktion des Politikers, die keine Antwort von Günter Grass fand. Trotz der langjährigen, gemeinsamen, politischen Zusammenarbeit gab es kein klärendes Gespräch über die Deutschlandpolitik, und so blieb „diese Fremdheit"[166] bis zum Tod von Willy Brandt bestehen.

---

157 Egon Bahr, Brief an Günter Grass, 07.02.1990, in: AdK, GGA, Signatur 10598.
158 Egon Bahr, Brief an Günter Grass, 07.02.1990, in: AdK, GGA, Signatur 10598.
159 Egon Bahr, Brief an Günter Grass, 07.02.1990, in: AdK, GGA, Signatur 10598.
160 Egon Bahr, Brief an Günter Grass, 07.02.1990, in: AdK, GGA, Signatur 10598.
161 Grass, Tagebuch 1990, 10.02.1990, S. 39; vgl. Grass, Tagebuch 1990, 04.03.1990, S. 65.
162 Grass, Tagebuch 1990, 03.07.1990, S. 131; Ulrike Ackermann / Peter Glotz, „Gegen meinen Willen setzt bei mir so eine Art Absonderung ein", in: FR, 27.07.1990, abgedruckt in NGA 24, S. 418–432.
163 Wolf Scheller, „Willy Brandt hört nicht mehr zu", in: Deutsches Allgemeines Sonntagsblatt, 08.06.1990.
164 Kölbel, Briefwechsel, S. 1141.
165 Willy Brandt, Brief an Günter Grass, 24.08.1990, in: Kölbel, Briefwechsel, S. 799 ff.
166 Jürgs, Bürger Grass, S. 379.

Grass setzte seine Hoffnung im Vereinigungsprozess daher vor allem auf Richard von Weizsäcker, da er „verwandte Gedanken"[167] pflegte.[168] Dessen „fast demonstrativ[e]"[169] Teilnahme in Tutzing war von hoher symbolischer Bedeutung, auch wenn er in seiner Position dezidiert nur als Zuhörer auftreten konnte.[170] Antje Vollmer war sicher, dass dies ein „Versuch unser Anliegen zu unterstützen [war], das kann ich 100% sagen"[171]. Der Bundespräsident fühlte sich „gefordert, [...] je mehr die Einigungsfreude von den Einigungsproblemen bedrängt wird"[172], sein Gestaltungspotenzial einzusetzen und damit als politischer Akteur in Rivalität zu Kohl zu treten (vgl. IV. Kap. 2.2.4).[173]

Die Tagung in Tutzing vom 31. Januar bis zum 1. Februar 1990 war ein letzter, vergeblicher Versuch von Günter Grass und Antje Vollmer, die Linke und vor allem Willy Brandt vor der sich beschleunigenden Einheit zu warnen, während Hans-Dietrich Genscher die Tagung zur Darstellung seiner eigenen Pläne nutzte. In Tutzing gelang es zwar, einen Diskurs mit hochrangigen Politikern kurzfristig anzuregen, der aber keine Auswirkungen auf das politische Geschehen hatte. Grass' Hoffnungen, als langjähriger Weggefährte mit seiner kommunikativen Macht und durch seine Ratschläge Einfluss auf Willy Brandt nehmen zu können, erfüllten sich nicht. Grass schrieb später von „Reden, die wenig Gehör fanden"[174]. Die Veranstaltung in Tutzing kam angesichts der tagespolitischen Lage „entscheidende drei Monate zu spät"[175], sodass der „Versuch ein eigenes, langsames Modell"[176] zu etablieren, scheiterte. Antje Vollmer bedauert bis heute, dass „zum falschen Moment, selbst das richtigste Konzept, wenn alle nicht auf der Höhe der Zeit sind, [...] schief geht"[177]. Die Politikerin erinnert sich daran, wie der Intellektuelle sie nach der Veranstaltung versuchte, mit folgenden Worten zu trösten: „Wir haben wenigstens gekämpft für das was wir wollten."[178]

---

167 Günter Grass, Brief an Richard von Weizsäcker, 27.03.1990, in: AdK, GGA, Signatur 14611.
168 Vgl. Grass, Einige Ausblicke vom Platz der Angeschmierten, in: NGA 22, S. 457.
169 Gunter Hofmann, Predigen in einer leeren Kirche, in: Die Zeit, 27.07.1990; Matthias Rüb, Furcht, Hoffnung und der Einheitsstaat, in: FAZ, 06.02.1990.
170 In informellen Gesprächen war er durchaus beteiligt. Vgl. Willi Stöhr, 10.02.2020; Stephan Lohr, 20.04.2020; Foto von Weizsäcker und Grass im Gespräch, in: Tutzinger Blätter (02 / 1990), S. 7; Willi Stöhr, Tagungsbericht und Überlegungen zur Weiterarbeit, in: Privatarchiv Willi Stöhr.
171 Antje Vollmer, 02.03.2020; vgl. Gunter Hofmann, 01.07.2020.
172 Hermann Rudolph, Richard von Weizsäcker. Eine Biographie, Berlin 2010, S. 235 f.
173 Vgl. Korte, Gesichter der Macht, S. 240 ff.
174 Grass, Grimms Wörter, in: NGA 19, S. 157.
175 Antje Vollmer, 02.03.2020.
176 Antje Vollmer, 02.03.2020.
177 Antje Vollmer, 02.03.2020.
178 Antje Vollmer, 02.03.2020.

2.2.3 Prominenter Unterstützer der Ost-SPD (Januar bis März 1990)

„Beim Parteitag der Sozialdemokraten in der DDR Ende Februar will ich dabei sein"[179], schrieb Günter Grass Anfang Januar 1990 in sein Tagebuch und meldete sich in Tutzing persönlich bei Ibrahim Böhme für den Ost-SPD-Parteitag an. Günter Grass begleitete aktiv den Wahlkampf der am 7. Oktober 1989 gegründeten Sozialdemokratischen Partei in der DDR, um den Vereinigungsprozess zu beeinflussen.[180] Sein politisches Engagement für die Ost-SPD ist bis dato wenig bekannt. Der Intellektuelle bot sich in einem Brief an Böhme als Redner an, um das ursprüngliche Verbot eines westdeutschen Einflusses auf den Wahlkampf in seiner Funktion als Schriftsteller zu umgehen.[181] Letztlich war „der Einfluss der bundesdeutschen SPD [...] nicht zu übersehen"[182]. Ein intellektueller Beitrag zum Thema Kultur war ausdrücklich erwünscht und Grass versuchte während des „immense[n[Arbeitspensum[s]"[183] des Parteitages durch sein kurzes Grußwort „die ermüdeten Delegierten ein wenig aufzumuntern"[184]. Er gab den Politikern den Ratschlag, mit „Selbstbewusstsein aufzutreten"[185] und „aus der Bittstellerrolle"[186] (vgl. IV. Kap. 2.1) herauszukommen. Grass bekannte, er habe sich durch das Auftreten der „neuen Kolonialherren"[187] für sein „Land, für die Bundesrepublik geschämt"[188]. Er verwehrte sich dagegen, positive Errungenschaften der DDR zu verleugnen und betonte den Arbeiteraufstand 17. Juni 1953 als Vorgeschichte der 1989 erkämpften Freiheit. Er ermahnte die Delegierten allerdings, dass „Demokratie jeden Tag neu erarbeitet, neu erkämpft, neu erstritten werden"[189] müsse. Dabei lobte Grass Ibrahim Böhme und Oskar Lafontaine als Doppelspitze

---

179 Grass, Tagebuch 1990, 15.01.1990, S. 21.
180 Die SDP nannte sich seit dem 03.01.1990 in SPD um und wird in dieser Arbeit als Ost-SPD bezeichnet. Vgl. Markus Meckel, Zu wandeln die Zeiten. Erinnerung, Leipzig 2020, S. 296.
181 Vgl. Günter Grass, Brief an Ibrahim Böhme, 05.02.1990, in: Bundesstiftung Aufarbeitung, Vorlass Markus Meckel, Akte 177/AdK, GGA, Signatur 13327.
182 Sturm, Uneinig in die Einheit, S. 283; Tschammer, Sprache der Einheit, S. 530.
183 Peter Gohle, Von der SDP-Gründung zur gesamtdeutschen SPD. Die Sozialdemokratie in der DDR und die Deutsche Einheit 1989 / 90, Bonn 2014, S. 165.
184 Grass, Tagebuch 1990, 24.02.1990, S. 56; Günter Grass, Rede auf dem Parteitag der Ost-SPD, in: AdsD, Personalia Günter Grass.
185 Grass, Rede auf dem Ost-Parteitag, in: AdsD, Personalia Günter Grass.
186 Grass, Rede auf dem Ost-Parteitag, in: AdsD, Personalia Günter Grass.
187 Grass, Rede auf dem Ost-Parteitag, in: AdsD, Personalia Günter Grass.
188 Grass, Rede auf dem Ost-Parteitag, in: AdsD, Personalia Günter Grass.
189 Grass, Rede auf dem Ost-Parteitag, in: AdsD, Personalia Günter Grass.

der SPD.[190] Diese Rede ist wenig bekannt, da sie bislang unveröffentlicht ist.[191] Auch in den überregionalen Medien wurde sie kaum aufgegriffen, sondern man erwähnte lediglich seine Anwesenheit und erfolgte Gespräche mit Markus Meckel und Oskar Lafontaine vor Ort.[192] Meckel berichtet, dass er dort Günter Grass zum ersten Mal persönlich begegnet sei und mit ihm über die Deutsche Einheit diskutiert habe.[193] Er konstatierte, dass Grass „emotional mit der Einheit nichts anfangen"[194] konnte und auf einer Linie mit Oskar Lafontaine war. Klaus von Dohnanyi (SPD) kritisierte rückblickend den Auftritt des Schriftstellers auf dem Leipziger Parteitag als „so dumm, so töricht"[195], da er vor der Gefahr des Anschlusses warnte.

Der Intellektuelle war sich der Öffentlichkeitswirksamkeit derartiger Auftritte bewusst und versuchte, mit seiner Prominenz die Ost-SPD zu unterstützen. Dies zeigt sich auch darin, dass er Ibrahim Böhme im Vorfeld riet, auch Erich Loest persönlich einzuladen, da dessen anvisierter Parteieintritt auf dem Parteitag eine „große Wirkung"[196] haben könne. Entscheidend war dabei weniger der Inhalt der Rede als die symbolische Unterstützung der Partei durch Intellektuelle, die eine Aufmerksamkeit in der DDR generierten und den Politikern Mut machten.[197] Außer den Ratschlägen Grass' in seinem Grußwort und im Vorfeld des Parteitages lassen sich keine weiteren Beratungstätigkeiten für die Ost-SPD feststellen.

Günter Grass engagierte sich zusätzlich durch eigene Wahlveranstaltungen für die Ost-SPD. Die junge Partei verfügte nicht über eine Infrastruktur wie die ehemalige Blockpartei CDU, sodass er zur deren finanzieller Unterstützung öffentlich auf-

---

190 Böhme und Lafontaine tauschen danach Bruderküsse aus. Vgl. Sturm, Uneinig in die Einheit, S. 284.
191 Grass, Rede auf dem Ost-Parteitag, in: AdsD, Personalia Günter Grass. Die Rede wird allerdings erwähnt in: Sturm, Uneinig in die Einheit, S. 284 und Tschammer, Sprache der Einheit, S. 530.
192 Vgl. AP, Von Zauberlehrlingen und Schlammwerfern, in: Mannheimer Morgen, 23.02.1990; Eckhard Fuhr, Der dissonante Doppelklang von Ibrahim und Oskar, in: FAZ, 26.02.1990; Andre Beck, Ibrahim Böhme for president?, in: TAZ, 26.02.1990; ws., In der Erregung vergaß Böhme, die Wahl anzunehmen, in: Die Welt am Sonntag, 25.02.1990; Thomas Wittke, Im Saal war keine Polarisierung spürbar, in: General-Anzeiger, 24 / 25.02.1990.
193 Markus Meckel 02.02.2021.
194 Markus Meckel 02.02.2021.
195 Alfred Weinzierl / Klaus Wiegrefe, Acht Tage, die die Welt veränderten. Die Revolution in Deutschland 1989 / 1990, München 2015, S. 275; vgl. Klaus von Dohnanyi, „Das deutsche Wagnis", in: Der Spiegel, 15.10.1990.
196 Günter Grass, Brief an Ibrahim Böhme, 05.02.1990, in: Bundesstiftung Aufarbeitung; vgl. Grass, Tagebuch 1990, 04.02.1990, S. 34; Sturm, Uneinig in die Einheit, S. 306.
197 Vgl. o. V., Demokratie kein fester Besitzstand, in: Sächsisches Tageblatt, 23.02.1990.

2 Ich lehne den Einheitsstaat ab – Günter Grass als Organisator des Gegendiskurses — 153

rief.[198] Sein Angebot an Ibrahim Böhme, einen „literarisch-musikalischen Beitrag"[199] mit anschließender Diskussion mit dem örtlichen SPD-Kandidaten zu organisieren, wurde folglich gerne angenommen. Anhand Grass' Tagebuch und seinem Arbeitskalender lassen sich Wahlkampf-Veranstaltungen in Berlin, Neubrandenburg, Dresden und Schwerin rekonstruieren (vgl. Tabelle 13).[200] Die intellektuelle Wahlhilfe schlug sich vor allem in der regionalen Presse und weniger in der überregionalen Presse nieder.[201] Karl-Rudolf Korte weist darauf hin, dass „die Darstellungspolitik über die regionale und föderale Medienlandschaft [...] beachtlich"[202] ist, da diese „von den Bürgern intensiv genutzt [werden] und [...] eine ihrer wichtigen Informationsquellen"[203] ist. Die Resonanz seiner Wahlhilfe schätzte Grass selbst dennoch als begrenzt ein, da er eine deprimierte Stimmung und tiefe Niedergeschlagenheit der Genossen wahrnahm.[204] Der Intellektuelle ahnte bereits, dass die „DSU mit der CDU Zulauf auf Kosten der Sozialdemokraten [haben würden]. Die Diffamierung – Gleichsetzung von SPD mit ehemaliger SED – zeige[...] Wirkung"[205], während die Medien noch Anfang des Jahres eine absolute Mehrheit der SPD bei der Volkskammerwahl prophezeiten.[206]

Das Ergebnis am Wahlabend, den Grass „zuerst bei den Grünen, dann beim Bündnis 90"[207] erlebte, war für den Intellektuellen „schlimmer als erwartet. Die Niederlage der Sozialdemokraten und der Sieg der Allianz mit der Blockpartei CDU [empfand er als] so übertrieben, daß von grotesken Dimensionen gesprochen wer-

---

198 Vgl. o. V., Grass: Die DDR braucht Hilfe, aber sicher keine Nachhilfe, in: Neue Ruhr Zeitung, 09.12.1989; Grass, Tagebuch 1990, 10.02.1990, S. 38; Meckel, Zu wandeln die Zeiten, S. 318; Gohle, Von der SDP-Gründung zur gesamtdeutschen SPD, S. 179.
199 Grass, Brief an Ibrahim Böhme, 05.02.1990, in: Bundesstiftung Aufarbeitung.
200 Vgl. Günter Grass, Arbeitskalender 1990, in: GUGS; Grass, Tagebuch 1990, 06.02.1990, Berlin, S. 36 und 10.02.1990, 38 f.; Neubrandenburg, 27.02.1990, S. 59; Dresden, 01.03.1990, S. 62; Schwerin, 12.03.1990, S. 68.
201 Vgl. Grass, Rede auf dem Parteitag der Ost-SPD, in: AdsD, Personalia Günter Grass; o. V., Demokratie kein fester Besitzstand, in: Sächsisches Tageblatt, 23.02.1990; o. V., Grass gegen schnelle Einheit, in: Neues Deutschland, 12.03.1990; Petra Börnhöft, Helmut ist mein Freund, den verehre ich, in: TAZ, 20.03.1990.
202 Korte, Gesichter der Macht, S. 201.
203 Korte, Gesichter der Macht, S. 201.
204 Grass, Tagebuch 1990, 10.02.1990, S. 38 f.
205 Grass, Tagebuch 1990, 01.03.1990, S. 62; vgl. Meckel, Zu wandelnden Zeiten, S. 318 f.
206 Vgl. Sturm, Uneinig in die Einheit, S. 290 sowie S. 294 f.; Gohle, Von der SDP-Gründung zur gesamtdeutschen SPD, S. 184 f; Meckel, Zu wandeln die Zeiten, S. 316; In einer Infas-Umfrage vom 05.03.1990 kurz vor der Wahl verliert die SPD bereits: SPD 36 Prozent auf 23 Prozent gesunken, Allianz 12 Prozent, 52 Prozent unschlüssig, in: Infas-Umfrage, 05.03.1990, in: BArch, N 1574 / 1587.
207 Grass, Tagebuch 1990, 19.03.1990, S. 74; vgl. Grass, Mein Jahrhundert, in: NGA 15, S. 284.

Tabelle 13: Grass' Engagement für die Ost-SPD (1990).

Günter Grass' direkter Kontakt zur Ost-SPD		
Günter Grass, Brief an Ibrahim Böhme	05.02.1990	
Lesung *Plebejer proben den Aufstand* Ost-SPD-Veranstaltung	09.02.1990	Ost-Berlin
Rede auf dem 1. Parteitag der Ost-SPD	22.–25.02.1990	Leipzig
Diskussion mit Ost-SPD-Kandidaten Klaus Peter Klein	25.02.1990	Neubrandenburg
Diskussion mit zwei örtlichen Sozialdemokraten	28.02.1990	Bautzen
Diskussion mit zwei örtlichen Sozialdemokraten	01.03.1990	Dresden
Veranstaltung	02.03.1990	Karl-Marx-Stadt
SPD-Jugendveranstaltung	11./12.03.1990	Schwerin
Wahlkampfabschluss	18.03.1990	Leipzig

den kann."[208] Der Intellektuelle war derart geschockt, dass es ein paar Tage dauerte, bis er sich „gerappelt"[209] hatte. Dies lag darin begründet, dass das schlechte Abschneiden der Ost-SPD zum „Bewußtwerden der Vergeblichkeit [s]einer politischen Anstrengungen"[210] führte. Oskar Lafontaine erklärte retrospektiv, dass die Ostdeutschen durch ihre Wahl gegen das Konzept des Intellektuellen gestimmt hatten: „Günter Grass hat sich vor allem für die Ausarbeitung einer neuen Verfassung unter Beteiligung der Ostdeutschen eingesetzt. Diese Idee fand auch in der SPD Zustimmung. Die Mehrheit entschied sich aber für die Beibehaltung des in Westdeutschland seit 1949 geltenden Grundgesetzes."[211]

Die Wahlergebnisse demonstrierten, dass „die bremsenden oder eher verhalten reagierenden Gruppen und Institutionen wie die Oppositionspartei SPD mit ihrem Kanzlerkandidaten Lafontaine, die zur PDS sich gewandelte SED, die Bundesbank, einige literarische Meinungsführer (Günter Grass) etc. [...] keine mehrheitsfähige Anhängerschaft"[212] hatten. Es wurde daher nicht die „nachdenklichere, basisdemokratisch orientierte freiheitliche neue SPD"[213] gewählt. In einer Demokratie gewinnt Mehrheit, nicht das richtige Konzept, wie Antje Vollmer es festhält.[214] Man muss Grass' Wahlhilfe allerdings auch als Unterstützung der Demokratie verstehen, was gerade bei der ersten, freien Wahl in Ostdeutschland ein wichtiger Aspekt war.

---

208 Grass, Tagebuch 1990, 19.03.1990, S. 74.
209 Grass, Tagebuch 1990, 21.03.1990, S. 74f.
210 Grass, Tagebuch 1990, 07.04.1990, S. 78.
211 Oskar Lafontaine, 26.08.2020.
212 Frank R. Pfetsch, Die Außenpolitik der Bundesrepublik Deutschland. Von Adenauer zu Merkel. Eine Einführung, Schwalbach 2011, S. 188.
213 Uwe Hitschfeld, Über die Wahlen zur Volkskammer in der DDR am 18.03.1990, zitiert nach: Gohle, Von der SDP-Gründung zur gesamtdeutschen SPD, S. 189.
214 Antje Vollmer, 02.03.2020.

2 *Ich lehne den Einheitsstaat ab* – Günter Grass als Organisator des Gegendiskurses — **155**

Helmut Kohl hatte mit seiner Diskurskoalition das bessere Narrativ und die erfolgreichere Diskursstrategie, um sich im Kampf um die Deutungshegemonie im Einheitsprozess durchzusetzen. Die Mehrheit der DDR-Bürger wählte in einem demokratischen Prozess „die Allianz, die den zügigsten Fahrplan in Richtung Einheit zu haben versprach"[215]. Der Beitritt der DDR über Artikel 23 und die Einführung der Wirtschafts- und Währungsunion waren damit entschieden.

Günter Grass nahm wahr, dass mit der Volkskammerwahl sein präferiertes Konzept einer Konföderation politisch gescheitert und der Kampf um Deutungsmacht verloren war.[216] Für sein Engagement im Vereinigungsprozess stellten die Ergebnisse der Volkskammerwahl einen Wendepunkt dar, da dieses Resultat zu einer zunehmenden Resignation beim Intellektuellen führte. Als „Schwarzseher der Nation"[217] blieb ihm daher nur die Möglichkeit, den Vereinigungsprozess mit kritischen, mahnenden Worten zur Währungsunion und den wirtschaftlichen Folgen zu begleiten.[218] „Der Zeitgeist machte ihn bei Gott nicht etwa sprachlos […], aber einflusslos"[219], wie Jürgs urteilt.

2.2.4 Vermittler im Ausland: Staatsreise mit Richard von Weizsäcker (Mai 1990)

Nachdem sich der Weg zu einer schnellen, deutschen Einheit abzeichnete, lag Günter Grass' Fokus auf der Reaktion des Auslands. Seine Bedeutung als internationaler Intellektueller im Vereinigungsprozess während der Wendejahre wurde bislang in der Forschung nicht näher beachtet. Der Schriftsteller gewann bei seinen Reisen nach Polen oder Tschechien den Eindruck, dass die Nachbarstaaten Ängste hinsichtlich der neuentstehenden „Groß-Bundesrepublik"[220] hegten. Bundeskanzler Helmut Kohl widersprach dieser Argumentation in Camp David im Februar 1990 mit den Worten: „Niemand braucht sich vor einem wiedervereinigten Deutschland

---

215 Uwe Hitschfeld zitiert nach: Gohle, Von der SDP-Gründung zur gesamtdeutschen SPD, S. 189.
216 Vgl. Grass, Tagebuch 1990, 07.04.1990, S. 78.
217 Jürgs, Bürger Grass, S. 378.
218 Vgl. Grass, Bericht aus Altdöbern, in: NGA 22; Grass, Einige Ausblicke vom Platz der Angeschmierten, in: NGA 22.
219 Jürgs, Bürger Grass, S. 380.
220 Grass, Kurze Rede eines vaterlandslosen Gesellen, in: NGA 22, S. 412. Grass reiste beispielsweise im November 1989, Mai 1990 sowie im Juni 1990 nach Polen und im Mai 1990 nach Tschechien.

zu fürchten."²²¹ Vor allem in Polen, aber auch in Frankreich, Belgien, Großbritannien, Spanien oder den USA wurde der Intellektuelle als „Kronzeuge"²²² für das Misstrauen gegen die deutsche Nation zitiert und in Interviews befragt.²²³ Die Medienanalyse gibt darüber hinaus Hinweise darauf, dass Grass' Äußerungen in der Presse, aber auch von Politikern im Ausland, wie Margarete Thatcher (Großbritannien) oder Jean-Pierre Chevènement (Frankreich), rezipiert wurden.²²⁴ Es gab die Sorgen im Ausland vor dem „deutsche[n] Übergewicht"²²⁵, wie Frank R. Pfetsch bestätigt. Die angrenzenden Länder waren „skeptisch gegenüber einer sich abzeichnenden Wiedervereinigung"²²⁶. Die ausländischen „Bedenken, Vorbehalte und Widerstände"²²⁷ wurden allerdings „hinter vorgehaltener Hand geäußert"²²⁸, wie Antje Vollmer (Die Grünen) durch eigene Beobachtungen bestätigt.²²⁹ Auch Rita Süssmuth (CDU) unterstreicht, dass „die Befürchtungen [...] immer da"²³⁰ waren. Dennoch konnten gerade in Osteuropa aufgrund der eigenen Erfahrung viele das deutsche Streben nach Selbstbestimmung und Einheit nachvollziehen, wie Markus Meckel betont.²³¹

Günter Grass äußerte seine Ablehnung der deutschen Einheit auch auf verschiedenen Veranstaltungen im Ausland.²³² Seine in Norwegen gehaltene *Osloer Rede*, bei der er auf die Zunahme an „Verunsicherung als Angst vor den Deutschen"²³³ hinwies, wurde vor Ort „zwar nicht diskutiert, fand aber später [...] Zustimmung, auch bei den Polen"²³⁴, wie Grass in seinem Tagebuch notierte. Der

---

221 O. V., Worte zur Einheit, Die Zeit, 23.09.1990; o. V.,Worte des Jahres, in: Die Zeit, 02.03.2006.
222 Karl Jetter, Von Kohl zu Gorbatschow überrumpelt, in: FAZ, 15.02.1990.
223 Vgl. Verena Lueken, Bezwingerin des Tellerrandes, in: FAZ, 14.10.2002; Walter Haubrich, Keine Ressentiments, in: FAZ, 04.10.1990; Hermes, Günter Grass und Helen Wolff, S. 366–367 und S. 545.
224 O. V., Wer sind die Deutschen? Geheimprotokoll Thatcher, in: Der Spiegel, 15.07.1990; Fritz J. Raddatz, Zusammengeharkte Blütenlese, in: Die Zeit, 13.12.1996.
225 Pfetsch, Die Außenpolitik der Bundesrepublik Deutschland, S. 154.
226 Gregor Schöllgen, Deutsche Außenpolitik. Von 1945 bis zur Gegenwart, München 2013, S. 237.
227 Schöllgen, Deutsche Außenpolitik, S. 238.
228 Christian Hacke, Die Außenpolitik der Bundesrepublik Deutschland. Von Konrad Adenauer bis Gerhard Schröder, 1. akt. Neuausgabe, Frankfurt a. M. 2003, S. 367.
229 Antje Vollmer. 02.03.2010; Vollmer, Eingewandert ins eigene Land, S. 81.
230 Rita Süssmuth, 19.11.2020.
231 Markus Meckel, 02.02.2021.
232 Vgl. Günter Grass, Kleine Nestbeschmutzerrede, in: Die Tageszeitung, 28.09.1990; Günter Grass, Osloer Rede, in: AdK, GGA, Signatur 10326; veröffentlicht in: Günter Grass, Gegen den Haß. Osloer Rede, in: Neue deutsche Literatur (38 / 1990), Heft 11, S. 5–8; vgl. Grass, Tagebuch 1990, 27.08.1990, S. 164 sowie 26.09.1990, S. 182.
233 Vgl. Grass, Gegen den Haß, S. 7.
234 Grass, Tagebuch 1990, 27.08.1990, S. 164.

Intellektuelle nutzte die Gelegenheit, vor Ort mit Rita Süssmuth (CDU) zu sprechen und ihr Engagement als Bundestagspräsidentin in der Einheitsfrage für eine neue Verfassung einzufordern.[235] Auch in Frankreich betonte Grass, dass von Deutschland keine militärische Gefahr ausging.[236]

Die Stellungnahmen des internationalen Intellektuellen im Vereinigungsprozess wurden in geringen Maßen von der überregionalen deutschen Presse aufgegriffen und seine Reden nur in Fach- bzw. regionaler Presse veröffentlicht.[237] Die meisten deutschen Journalisten teilten Grass' Problemsicht hinsichtlich der Ängste im Ausland nicht, sondern lehnten sie als „so befremdlich, grotesk"[238] ab, auch wenn seine Warnungen vor einem deutschen Zentralstaat aus historischen Gründen als „berechtigt"[239] und „glaubwürdig"[240] gesehen wurden. Von der deutschen Öffentlichkeit wurde kritisch betrachtet, dass die „Minderheitsmeinung von Günter Grass"[241] und anderen Intellektuellen nun „überall auf der Welt"[242] präsent seien (vgl. IV. Kap. 3.2.1.1). Nur wenige Journalisten erkannten, dass der Intellektuelle mit seinen Bedenken die vorhandene Stimmung der Nachbarländer aufgriff. Michael Nerlich betonte, Grass sei jemand „der den Mut hat, vor ihr [der Wiedervereinigung] aus künstlerisch-intellektuellen Gründen ebenfalls Angst zu haben"[243]. Arnulf Baring bewertete seinen Vorschlag einer Konföderation daher, als einen Versuch im Sinne der Nachbarn zu handeln.[244] Hellmut Karasek sah dies als „Ausdruck einer deutschen Kompromißbereitschaft"[245] an. Grass' öffentliche Bedenken trugen zur Beschwichtigung bei, während „Arroganz oder Nachlässigkeit [...] die Angst"[246]

---

235 Grass, Tagebuch 1990, 27.08.1990, S. 164.
236 Grass, Kleine Nestbeschmutzerrede, in: Die Tageszeitung, 28.09.1990; vgl. Grass, Arbeitskalender 1990, in: GUGS. Die konzipierte Rede unter dem Titel *Einige Warnschilder* wurde in der Zeitung *Libération* abgedruckt. Vgl. Grass, Tagebuch 1990, 26.09.1990, S. 182.
237 Vgl. Grass, Gegen den Haß, S. 5–8; Grass, Kleine Nestbeschmutzerrede, in: Die Tageszeitung, 28.09.1990; O. V., Internationale Haßkonferenz, in: TAZ, 14.08.1990; Reinhard Wolff, Wege des Hasses bleiben unerforscht, in: TAZ, 31.08.1990; o. V., „Es ist uns nichts Neues eingefallen", in: Neues Deutschland, 12.09.1990.
238 M.s., Demokratisch?, in: FAZ, 14.11.1989.
239 Klaus Hartung, Keine Zeit für das andere Deutschland, in: TAZ, 03.02.1990.
240 Jens Jessen, Leichtfertig, in: FAZ, 15.02.1990; vgl. m.s., Demokratisch?, in: FAZ, 14.11.1989; Manfred Kriener, Augsteins unschöne Züge, in: TAZ, 16.02.1990; Arnulf Baring, Von Zügen und Gleisen, in: FAZ, 16.02.1990; Renate Feyl, Die Normalität des Nationalen, in: FAZ, 19.05.1990; Hellmuth Karasek, Mit Kanonen auf Bananen, in: Der Spiegel spezial, 01.02.1990.
241 Walter Haubrich, Keine Ressentiments, in: FAZ, 04.10.1990.
242 Walter Haubrich, Keine Ressentiments, in: FAZ, 04.10.1990.
243 Michael Nerlich, Den Bach hinunter?, in: Die Zeit, 06.04.1990.
244 Vgl. Arnulf Baring, Von Zügen und Gleisen, in: FAZ, 16.02.1990.
245 Hellmuth Karasek, Mit Kanonen auf Bananen, in: Der Spiegel spezial, 01.02.1990.
246 Michael Nerlich, Den Bach hinunter?, in: Die Zeit, 06.04.1990.

verstärkten. Jürgs gelangt zum folgerichtigen Fazit, Günter Grass habe „im Ausland mehr Fürsprecher als zu Hause, seine Sorgen vor einer Großmacht im Herzen Europas [...] konnten viele teilen"[247].

Richard von Weizsäcker nutzte die internationale Anerkennung von Günter Grass gezielt für seine Staatsreise nach Polen vom 2. bis 5. Mai 1990. Die Beziehung zum Nachbarland war 1989 aufgrund von drei Ereignissen in einer „heikle[n] Phase"[248]: erstens durch eine fehlende Garantie der Oder-Neiße-Grenze des deutschen Finanzministers Theo Waigel, zweitens durfte Richard von Weizsäcker im August 1989 aus innenpolitischen Gründen nicht zum fünfzigsten Jahrestag des Überfalls auf Polen reisen und drittens führte Helmut Kohls abrupte Abreise aus Polen aufgrund des Mauerfalls zu Verstimmungen.[249] Von Weizsäcker erklärte in einem Brief an den Intellektuellen die Reise daher als die „wichtigste Aufgabe in meinem Amt gegenüber dem Ausland"[250]. Er fragte die „persönliche Mitwirkung"[251] Günter Grass' an, um „zu einer dauerhaften Verbesserung des deutsch-polnischen Verhältnisses beizutragen"[252]. Der Bundespräsident griff die symbolische Bedeutung des Intellektuellen in Polen (vgl. IV. Kap. 8.2.1) als „Danziger [...], der das Ansehen [...] des verantwortlichen Denkens in Deutschland förderte"[253], gezielt für seine Darstellungspolitik auf. Grass reagierte „dankbar, daß ich mich auf Ihren Wunsch hin an dieser überfälligen Reise nach Polen beteiligen kann"[254]. Er bestätigte dem Bundespräsidenten die Wichtigkeit seines Anliegens, denn auf seinen Reisen in die DDR habe er feststellt, dass „auf diese direkte Nach-

---

247 Jürgs, Bürger Grass, S. 378.
248 Heinz Schweden, Polen-Besuch fällt in heikle Phase, in: Rheinische Post, 28.04.1990; vgl. Weizsäcker, Vier Zeiten, S. 381; Grass, Tagebuch 1990, 02.05.1990, S. 89.
249 Vgl. Hans Leyendecker, „Die Ängste abbauen", Der Spiegel, 04.09.1989; W. Jakobs, Johannes Rau auf Versöhnungsreise, in: TAZ, 02.09.1989; o. V., Pressedokumentation zum Brief an Wojciech Jaruzelski, 28.08.1989, in: BArch, N1574 / 1588; Kohl, Erinnerungen 1982–1990, S. 967.
250 Dpa, „Besuch in Polen wichtigste Aufgabe", in: Die Welt, 30.04.1990; vgl. Rudolph, Richard von Weizsäcker, S. 241; Richard von Weizsäcker, Zu Fragen der europäischen Einigung, in: ZDF, 11.04.1990, in: BArch, N 1574 / 77; Grass, Tagebuch 1990, 01.04.1990, S. 77.
251 Richard von Weizsäcker, Brief an Günter Grass, 23.03.1990, in: AdK, GGA, Signatur 13058, abgedruckt in: Neumann, Alles gesagt?, S. 413–414.
252 Dpa, „Besuch in Polen wichtigste Aufgabe", in: Die Welt, 30.04.1990.
253 Richard von Weizsäcker, Rede bei seiner Eintragung in das Goldene Buch in Rathaus von Danzig, 04.05.1990, in: BArch, N 1574 / 379.
254 Günter Grass, Brief an Richard von Weizsäcker, 27.03.1990, in: AdK, GGA, Signatur 14611. Grass hatte bereits öffentlich und in Briefen auf diese Fehlentwicklungen hingewiesen. Vgl. dpa, Grass sieht „gesamtdeutsche Verantwortung" gegenüber Polen, 14.07.1989; Aktion für mehr Demokratie, Waigel muß gehen!, in: FR, 15.07.1989; Hans-Jochen Vogel, Karte von an Günter Grass, 13.07.1989, in: AdK, GGA, Signatur 12992; Günter Grass, Brief an Willy Brandt, 20.11.1989, in: Kölbel, Briefwechsel, S. 795; Johannes Rau, Brief an Günter Grass, 13.10.1989, in: AdK, GGA, Signatur 1236.

2 Ich lehne den Einheitsstaat ab – Günter Grass als Organisator des Gegendiskurses — 159

barschaft [...] die Völker beider Länder nicht vorbereitet"[255] sind. Der Intellektuelle fungierte durch seine Schilderungen auch als Seismograf für die Stimmung der Bevölkerung und bestärkte den Politiker in seinem Vorhaben.

Günter Grass' privates Tagebuch gibt Einblicke über den Verlauf der Reise. Dabei dominieren skeptische Worte, denn er bemängelte fehlende „kritische[...] Diskussion[en]"[256], dass die Politiker in ihren Reden „jede Schwierigkeit an das geeinte Europa"[257] delegieren und eine von Richard von Weizäcker „offenbar kühl bis ans Herz"[258] gehaltene Pressekonferenz. Er kam zu dem Fazit, dass der Staatsbesuch „außer wechselseitigen Freundlichkeiten, die morgen schon wieder gestört sein können, wenig"[259] einbrachte. Bereits vor der Abreise hatte er den Sinn der Reise hinterfragt, da der Bundespräsident in seiner Funktion den „Polen gegenüber Deutschland keine Garantie geben"[260] könne. Dabei verkannte er das Gestaltungspotenzial, das Bundespräsidenten bei derartigen Staatsbesuchen als Vermittler im Ausland innehaben.[261] Die Bedeutung der Reise spiegelte sich in der Begleitung der Reise durch 150 bundesdeutsche Journalisten wider, während ein „normale[r] Staatsbesuch im Ausland [...] unter journalistischen Gesichtspunkten kaum Aufmerksamkeit"[262] genießt. Die deutsche Presse nahm den Bundespräsidenten als Problemlöser wahr. Polnische Zeitungen schrieben: „Dieser Deutsche erweckt Vertrauen"[263]. Hermann Rudolf bewertet die Reise nach Polen als „ein[en] überzeugende[n] Erfolg"[264]. Günter Grass wurde in der Presseberichterstattung als besonderer Begleiter des Bundespräsidenten erwähnt. Der Intellektuelle betonte vor Ort in Interviews dessen „Gewicht"[265], da er den angerichteten Schaden ausgleichen könne.[266] Grass verstärkte seinerseits dessen Darstellungs-

---

255 Günter Grass, Brief an Richard von Weizsäcker, 27.03.1990, in: AdK, GGA, Signatur 14611.
256 Grass, Tagebuch 1990, 03.05.1990, S. 91.
257 Grass, Tagebuch 1990, 05.05.1990, S. 93.
258 Grass, Tagebuch 1990, 03.05.1990, S. 91.
259 Grass, Tagebuch 1990, 03.05.1990, S. 91–92.
260 Grass, Tagebuch 1990, 01.05.1990, S. 88; vgl. Josef Riedmiller, Das deutsche Gespenst, in: SZ, 04.05.1990.
261 Korte, Gesichter der Macht, 254 f.
262 Vgl. Korte, Gesichter der Macht, S. 230.
263 Dt., Weizsäcker in Warschau: Die historische Chance nutzen, in: FAZ, 03.05.1990; vgl. AP / dpa, Weizsäcker. Frage der Grenze gelöst, in: Kölner Stadt-Anzeiger, 28.04.1990; Adrian Zielcke, Richard von Weizsäcker auf einer schwierigen Mission, in: Stuttgarter Zeitung, 28.04.1990; o. V., Pressedokumentation Reise nach Warschau, in: BArch, N 1574 / 360.
264 Rudolph, Richard von Weizsäcker, S. 242.
265 Heribert Kötting, Besuch von Bundespräsident Richard von Weizsäcker in Danzig, in: SWR, 04.05.1990, in: Medienarchiv Günter Grass, DB 78.
266 Wolf Scheller / Ernst Dieter Lueg, Besuch von Bundespräsident Richard von Weizsäcker in Polen (3. Tag), in: Medienarchiv Günter Grass, DB 415.

politik, in dem er den Bundespräsidenten in den Medien als jemand lobte, der „aus seiner Sicht die polnischen berechtigten Besorgnisse und Ängste zu formulieren"[267] vermag. Grass verband sein Lob für die Leistung des Bundespräsidenten gleichzeitig mit einer harschen Kritik an der Regierung, denn er müsse „den Schaden ausgleichen, den die Reden von Waigel und von Kohl angerichtet haben am deutsch-polnischen Verhältnis"[268]. Hier zeigt sich, dass derartige Staatsreisen auch in die Innenpolitik wirken können.[269] Tatsächlich blieb die Reise im Inland weitgehend unkommentiert.

Grass trug mit seinem symbolischen Kapital dazu bei, die politische Öffentlichkeit in Polen zugunsten des Einheitsprozesses zu gewinnen.[270] Der Intellektuelle traf die Stimmung des Publikums und wirkte „recht beruhigend auf die Zuhörer"[271]. Sie dankten ihm als „aktiver Fürsprecher der Normalisierung der Beziehung zwischen Polen und der Bundesrepublik Deutschland"[272], indem sie ihm symbolträchtig am 21. Juni 1990 an der Adam-Mickiewicz-Universität in Posen den Ehrendoktor verliehen, zufällig genau an dem Tag, an dem beide Parlamente den Beschluss zur Anerkennung der Oder-Neiße-Grenze fassten.[273] Ein „Triumpf Ihrer politischen, ich würde sogar sagen – Ihrer kaschubischen Beharrlichkeit!"[274], wie Hubert Orlowski als Laudator festhielt. Grass wies in seiner Rede darauf hin, dass „diese politischen Veränderungen [...] das deutsche und das polnische Volk vor neue Herausforderungen, vor neue Aufgaben stellt"[275] und versicherte, dass er diesen „aufmerksam, kritisch, [...] beiwohnen werde"[276] (vgl. IV. Kap. 8.2.1). Seine Reisen ins Ausland führten dazu, dass er bei seiner Rückkehr resignierend seine „wachsende Distanz zum großen Deutschland"[277] wahrnahm.

---

267 Gerit Nasarski, Günter Grass zum deutsch-polnischen Verhältnis, in: ZDF, Heute Journal, 04.05.1990, in: AdsD, Personalia Günter Grass.
268 Nasarski, Günter Grass zum deutsch-polnischen Verhältnis, in: ZDF, Heute Journal, 04.05.1990.
269 Vgl. Korte, Gesichter der Macht, S. 255.
270 Nasarski, Günter Grass zum deutsch-polnischen Verhältnis, in: ZDF, Heute Journal, 04.05.1990.
271 Klaus Bachmann, Zwischen den Polen, in: TAZ, 13.11.1989.
272 Bogdan Marciniec, Eröffnungsrede des Rektors der Adam-Mickiewicz-Universität, in: Adam-Mickiewicz-Universität (Hrsg.), Gunterus Grass. Doctor Honoris Causa Universitatis Studiorum Mickiewiczianae Posnaniensis, Poznan 1991, S. 5–6, hier S. 5.
273 Dpa, Günter Grass, in: FAZ, 23.06.1990; vgl. Grass, Tagebuch 1990, 21.06.1990, S. 116.
274 Hubert Orlowski, Laudatio, in: Adam-Mickiewicz-Universität, Gunterus Grass, S. 21–26, hier S. 26.
275 Günter Grass, Rede, in: Adam-Mickiewicz-Universität, Gunterus Grass, S. 27–30, hier S. 29–30.
276 Günter Grass, Rede, in: Adam-Mickiewicz-Universität, Gunterus Grass, S. 27–30, hier S. 29–30.
277 Grass, Tagebuch 1990, 06.05.1990, S. 94.

Im Gegensatz zur Meinung von Günter Grass war das Gestaltungspotenzial Richard von Weizsäckers, aber auch das des Intellektuellen im Ausland zu verorten. Die diskursive Wirkung ihrer öffentlichen Auftritte und Stellungnahmen in Deutschland darf dennoch nicht unterschätzt werden. Der Bundespräsident und Grass nutzten gegenseitig den symbolischen Wert ihrer öffentlichen Auftritte, um gemeinsam eine „Position jenseits des Mainstreams"[278] einzunehmen. Retrospektiv erkannte auch Grass die Wirkung, denn in seinem Werk *Unkenrufe* (1992) lässt der Autor die Polin Alexandra versöhnlichere Worte sprechen: „War gut, daß er [der Bundespräsident] gekommen ist auf richtige Zeit."[279] Der Intellektuelle nahm wie ein Seismograf die Ängste der Nachbarn wahr und leistete mit seinen kritischen Äußerungen einen Beitrag zu deren Beruhigung und Beschwichtigung. Tatsächlich „waren viele Deutsche erstaunt über dieses Ausmaß an Kritik, Mißtrauen und Antipathie"[280], dass die deutsche Einheit mit sich brachte. Es gelang Deutschland aber „außenpolitisch [...] alle Skepsis seiner Nachbarn [zu] widerleg[en]"[281], sodass der Diskurs durch die außenpolitische Einbettung Deutschlands in europäische Sicherheitssysteme schnell endete. Die wirtschaftliche Vormachtstellung des geeinten Deutschlands blieb dagegen ein Thema auf der Agenda (vgl. IV. Kap. 3), was sich auch auf die Nachbarstaaten auswirkte. Grass zog daher gegenüber dem 1994 aus dem Amt ausscheidenden Bundespräsidenten eine ernüchternde Bilanz: „Den Prozeß der deutschen Einheit haben Sie leider nicht entscheidend beeinflussen können, er wäre sonst anders und gewiß nicht über die Menschen hinweg verlaufen."[282] Richard von Weizsäcker bekundete gegenüber dem Schriftsteller: „Ihre Reden und Ihr Schweigen in den Jahren werdender deutscher Einheit habe ich aufmerksam verfolgt."[283] Hinsichtlich des zukünftigen Vereinigungsprozesses zeigte sich der ehemalige Bundespräsident deutlich optimistischer: „In der längeren Perspektive traue ich der Entwicklung genügend zu. Aber was auf dem Weg dorthin aus meinem Berufstand alles gemacht wurde und nach wie vor zu hören ist, überschreitet oft die Grenzen der Erträglichkeit."[284]

---

278 Rudolph, Richard von Weizsäcker, S. 230; vgl. o. V., „Einheit in diesem Jahr", in: Der Spiegel, 05.02.1990; Richard von Weizsäcker, Interview zur Deutschlandpolitik, in: ZDF, 18.02.1990, in: Bundesarchiv Koblenz, N 1574 / 378; o. V., Übersetzung des Artikels „Calming the German Frenzy", in: Financial Times, 08.03.1990, in: BArch, N 1574 / 77; Gunter Hofmann, Die Einheit, die spaltet, in: Die Zeit, 23.02.1990.
279 Günter Grass, Unkenrufe, in: NGA 13, S. 107.
280 Hacke, Die Außenpolitik der Bundesrepublik Deutschland, S. 367.
281 Heimo Schwilk, Herbst der Entscheidung, in: Die Welt am Sonntag, 05.10.2003.
282 Günter Grass, Brief an Richard von Weizsäcker, 28.06.1994, in: AdK, GGA, Signatur 14611.
283 Richard von Weizsäcker, Brief an Günter Grass, 11.07.1994, in: AdK, GGA, Signatur 13058, abgedruckt in: Neumann, Alles gesagt? S. 451.
284 Richard von Weizsäcker, Brief an Günter Grass, 11.07.1994.

2.3 Berater: Impulsgeber von SPD und Die Grünen

2.3.1 Mahner und Unterstützer der West-SPD unter Oskar Lafontaine

Günter Grass versuchte, parteiübergreifend bei führenden Politikern Einfluss im Einheitsprozess zu nehmen, und hoffte auf eine Einladung zu einem beratenden Gespräch. Hauptadressat der intellektuellen Beratung war die SPD sowie deren Kanzlerkandidat Oskar Lafontaine. Der Schriftsteller wollte die SPD gezielt durch seine Rede auf dem Parteitag im Dezember 1989 und durch Briefe an den Kanzlerkandidaten Oskar Lafontaine im Einheitsprozess beraten.

2.3.1.1 SPD-Parteitag (Dezember 1989)

Der Politiker Gert Weisskirchen (SPD) forderte im Bundestag im November 1989, die Ideen der Intellektuellen im Vereinigungsprozess aufzugreifen und nannte dabei explizit auch Günter Grass.[285] Auf dem Parteitag der SPD knapp drei Wochen später stellte der Intellektuelle direkt nach Willy Brandts Rede zum Thema „Nation und Europa"[286] sein Konzept einer „Kulturnation, über zwei konföderierte Staaten im europäischen Haus"[287] den Delegierten vor.[288] Die Initiative für diesen intellektuellen Impuls ging von Grass selbst aus. In einem Protokoll des Partei-Präsidiums heißt es: „Hans-Jochen Vogel teilte mit, daß Günther [sic!] Grass den Wunsch geäußert habe, auf dem Parteitag zu den Delegierten zu sprechen. Er habe Günther [sic!] darauf hingewiesen, daß dies nur im Rahmen der üblichen Redezeit, die vom Parteitagspräsidium auch etwas großzügiger bemessen werden könne, möglich sei. Dem stimmte das Präsidium zu."[289] Der damalige Parteivorsitzende erinnert sich retrospektiv daran, dass ihn „der Gedanke, dass Günter Grass auf dem Bundesparteitag vom Dezember 1989 in Berlin sprechen wollte oder sollte, [...] über Willy Brandt erreicht"[290] habe. Herta Däubler-Gmelin erwähnte, sie habe sich im Parteivorstand für die Gastredner eingesetzt, weil gerade der Input von Günter Grass Im-

---

285 Deutscher Bundestag, Stenographischer Bericht, 28.11.1989.
286 SPD, Programm des SPD-Parteitages in Berlin, 18.12.1989, in: AdsD, Willy-Brandt-Archiv, A3, 1067.
287 Grass, Lastenausgleich, in: NGA 22, S. 407.
288 Mit Grass kamen Vertreter der Ost-SPD und der Bürgerbewegung der DDR zu Wort. Am folgenden Tag sprach Schriftsteller Walter Jens. Vgl. SPD, Programm des SPD-Parteitages in Berlin, in: AdsD, Willy-Brandt Archiv, A3, 1067.
289 SPD, Protokoll über die Sitzung des Präsidiums, 04.12.1989, in: AdsD, Bestand Björn Engholm, 1/BEAA000126.
290 Hans-Jochen Vogel, 09.05.2020.

puls zu einem notwendigen, „erheblichen Erneuerungsschub"²⁹¹ beitragen könne. Oskar Lafontaine wies während der Präsidiumssitzung darauf hin, dass auf dem Parteitag „kulturelle Elemente und Symbole eine größere Bedeutung als die rein politischen Aussagen"²⁹² hätten. Grass wurde von Vogel zusätzlich zu einer Gesprächsrunde auf dem anschließenden, internationalen Kulturabend eingeladen, um „Erwartungen und Hoffnungen an das Zusammenleben in einem einigen Europa"²⁹³ zu formulieren. Der Beitrag des Intellektuellen war von der SPD demnach erwünscht, auch wenn dies auf seine Anregung hin erfolgte.

In seiner kurzen Rede mit dem Titel *Lastenausgleich* verlangte Günter Grass im Dezember 1989 von dem Parteivorsitzenden Hans-Jochen Vogel, dass die SPD als „Schrittmacher"²⁹⁴ mit viel „politische[m] Gestaltungswillen"²⁹⁵ auf die Deutschlandpolitik einwirken müsse, um für den „Wandel in Ost- und Mitteleuropa Impulse [zu] geben"²⁹⁶. Er ließ keinen Zweifel daran, dass ein Einheitsstaat aufgrund der historischen Schuld Deutschlands keiner Neuauflage bedürfe, sondern eine zweistaatliche Konföderation mit übergreifender Kulturnation für Europa richtig sei.²⁹⁷ Der angesprochene Hans-Jochen Vogel räumte auf Nachfrage ein, dass es ihm „und den meisten von uns nicht so bewusst"²⁹⁸ gewesen war, dass Grass „sich in seiner Rede gegen eine deutsche Einheit und für den Fortbestand von zwei deutschen Staaten aussprechen würde"²⁹⁹. Brigitte Seebacher beschreibt, dass seine „Einlassungen W. B. [...] mehrfach die Schamröte ins Gesicht getrieben"³⁰⁰ habe, da ihn dessen Hochmut abstieß, genau zu wissen, was die DDR-Bürger wollten. Der Intellektuelle selbst konterte derartige Vorwürfe auf dem Parteitag salopp: „Na ja,

---

291 Herta Däubler-Gmelin, 10.02.2020; vgl. Philipp Förder, Örtlich betäubt am wunden Punkt, in: Reutlinger General-Anzeiger, 21.09.2002.
292 SPD, Protokoll über die Sitzung des Präsidiums, 20.11.1989, in: AdsD, Bestand Björn Engholm, 1/BEAA000126.
293 SPD-Presseservice, Programm Parteitag Berlin 18.12.-20.12.1989. Zahlen, Daten, Fakten, in: AdsD, Willy Brandt-Archiv, A3, 1067; vgl. Günter Grass, Rede auf dem internationalen Kulturabend in: Vorstand der SPD (Hrsg.), Protokoll vom Programm-Parteitag Berlin 18.-20.12.1989, S. 216 f.; Hans-Jochen Vogel, Brief an Günter Grass, 23.11.1989, in: AdK, GGA, Signatur 12992; Dieter Lasse, Brief an Mitglieder des Präsidiums, Kulturveranstaltung während des Parteitages, 13.12.1989, in: AdsD, Willy Brandt-Archiv, A3, 1057; o. V., Organisation des Kulturabends, in: AdsD, Bestand Hans-Jochen Vogel, 1/HJVA103278.
294 Grass, Lastenausgleich, in: NGA 22, S. 409; vgl. Günter Grass, Brief an Hans-Jochen Vogel, 23.10.1989, in: AdK, GGA, Signatur 14582.
295 Grass, Lastenausgleich, in: NGA 22, S. 409.
296 Grass, Lastenausgleich, in: NGA 22, S. 409.
297 Vgl. Grass, Lastenausgleich, in: NGA 22, S. 405–409.
298 Hans-Jochen Vogel, 09.05.2020.
299 Hans-Jochen Vogel, 09.05.2020.
300 Seebacher, Willy Brandt, S. 313.

der Willy wird eben auch alt."³⁰¹ Björn Engholm erklärte rückblickend, dass die Reaktion auf die Äußerungen von Günter Grass in der Parteispitze „sehr gemischt"³⁰² und gerade der „Kreis um Brandt [...] not amused"³⁰³ war. Vogel gab zu, dass die Rede des Intellektuellen „auch nach dem Parteitag kritische Äußerungen bewirkt"³⁰⁴ habe. Grass' Worte riefen folglich eine ablehnende Resonanz bei der Parteiführung hervor, allerdings zeigte „der Beifall [...], wie Grass die Stimmung unter den Delegierten getroffen hatte"³⁰⁵. Die dort verabschiedete *Berliner Erklärung* demonstriert, dass er mit seinem politischen Konzept bis dato noch der Parteilinie der SPD entsprach, denn auch darin wurde eine Konföderation als ein „Zwischenschritt auf dem Weg zur Einheit"³⁰⁶ bezeichnet. Durch die widersprüchlichen Reden der führenden Politiker, besonders von Willy Brandt und Oskar Lafontaine, wurde dieses Konzept bereits auf dem Parteitag „verwässert"³⁰⁷.

Willy Brandt präsentierte sich dort mit einer ganz auf „die deutsche Einheit und Nation gestimmte[n] Rede"³⁰⁸ und grenzte sich deutlich von Grass' moralisch-historischer Sichtweise ab, in dem er sagte: „Noch so große Schuld einer Nation kann nicht durch eine zeitlos verordnete Spaltung getilgt werden."³⁰⁹ Mehrere Historiker werteten dieses Zitat als „indirekte Antwort an den einstigen Weggefährten Grass"³¹⁰. Seebacher weist dagegen darauf hin, dass dieser Satz in Kontinuität zu Brandts lang verfolgten Ideen stand.³¹¹ Dafür spricht auch, dass der Intellektuelle erst nach dem Politiker sprach und seine moralische Argumentation mit Auschwitz erst im Februar vertiefte. Oskar Lafontaine lehnte in seiner Rede am nächsten Tag alles Nationale ab und bezog sich mit seinem Hinweis auf eine deutsche Kultur-

---

301 Günter Grass zitiert nach: Sturm, Uneinig in die Einheit, S. 247; vgl. Björn Engholm, 07.06.2020.
302 Björn Engholm, 07.06.2020.
303 Björn Engholm, 07.06.2020.
304 Hans-Jochen Vogel, 09.05.2020.
305 Sturm, Uneinig in die Einheit, S. 252.
306 Vogel, Nachsichten, S. 317; vgl. Sturm, Uneinig in die Einheit, S. 238–243; SPD, Protokoll über die Sitzung des Präsidiums, 04.12.1989, in: AdsD, Bestand Björn Engholm, 1/BEAA000126.
307 Sturm, Uneinig in die Einheit, S. 253.
308 Heinrich Potthoff, Im Schatten der Mauer. Deutschlandpolitik 1961 bis 1990, Berlin 1999, S. 310; vgl. Merseburger, Brandt, S. 845; Sturm, Uneinig in die Einheit, S. 228; Kölbel, Briefwechsel, S. 1142 f.
309 Helga Grebing / Gregor Schöllgen / Heinrich August-Winkler (Hrsg.), Willy Brandt. Berliner Ausgabe, Band 10: Gemeinsame Sicherheit, Internationale Beziehungen und deutsche Frage 1982–1992, Bonn 2009, S. 80.
310 Hermann Glaser, Deutsche Kultur 1945–2000. Ein historischer Überblick von 1945 bis zur Gegenwart, Bonn 1997, S. 431; vgl. Heinrich August Winkler, Der lange Weg nach Westen. Deutsche Geschichte. Band II: Vom Dritten Reich bis zur Wiedervereinigung, München 2000, S. 537.
311 Vgl. Kölbel, Briefwechsel, S. 1142.

nation explizit auf Günter Grass als Vorredner.[312] Die Zugehörigkeit zu einer gemeinsamen Diskurskoalition zeigte sich auch darin, dass der Politiker analog zu dem Intellektuellen die wirtschaftlichen Folgen der Einheit in den Mittelpunkt seiner Rede stellte.[313] In der Forschung wird einhellig bescheinigt, dass Brandts und Lafontaines Reden sich diametral gegenüberstanden. Es rächte sich, dass die Partei angesichts der Reformbewegung in Osteuropa kein Deutschlandkonzept in einem Kongress erarbeitet hatte, wie Grass es angemahnt hatte[314] und stattdessen völlig „uneinig in die Einheit"[315] ging. In der Forschung wird die Rede des Intellektuellen im Kontext der Politikerreden als Beleg dafür aufgeführt, wie tief „die Gräben auf dem Berliner Parteitag waren"[316]. Dabei wurde „Lafontaines Realitätsverweigerung [...] von Günter Grass übertroffen"[317].

Grass sprach resümierend daher von einer „vergebliche[n] Dreinrede"[318] auf dem Parteitag, denn „kein Mensch ging mehr darauf ein"[319]. Seine Äußerungen erzeugten kaum Resonanz in den deutschen Medien, wurden aber bemerkenswerter Weise im Ausland veröffentlicht (vgl. IV. Kap. 2.2.4).[320] Er tröstete sich damit, dass seine Mahnungen „immerhin i[m] Protokoll"[321] aufgeführt und damit dokumentiert wurden. Der Schriftsteller konnte mit seiner Rede auf dem Parteitag keinen Beitrag zu einem gemeinsamen, deutschlandpolitischen Konzept der SPD leisten, sondern spaltete die Meinungen. Seine historisch begründete moralische Argumentation

---

312 SPD, Protokoll vom Programm-Parteitag Berlin 18.–20.12.1989, S. 248, vgl. Winkler, Der lange Weg nach Westen, S. 538; Tschammer, Die Sprache der Einheit, S. 509; Sturm, Uneinig in die Einheit, S. 250.
313 Sturm, Uneinig in die Einheit, S. 360 f.
314 Günter Grass, Brief an Hans-Jochen Vogel, 23.10.1989, in: AdK, GGA, Signatur 14582.
315 Sturm, Uneinig in die Einheit, Bonn 2006. „Den einzigen Konsens, den es in der SPD gegenwärtig zur Deutschlandpolitik gebe, so sagte Herta Däubler-Gmelin, sei die Tatsache der Uneinigkeit." SPD, Protokoll über die Sitzung des Präsidiums, 04.12.1989, in: AdsD, Bestand Björn Engholm, 1/BEAA000126; vgl. Merseburger, Willy Brandt, S. 844.
316 Sturm, Uneinig in die Einheit, S. 253; Tschammer, Sprache der Einheit, S. 505; vgl. Peter Brandt, Einleitung, in: Egon Bahr, Was nun? Ein Weg zur deutschen Einheit, Berlin 2019, S. 7–39, hier S. 30.
317 Sturm, Uneinig in die Einheit, S. 252; vgl. Tschammer, Die Sprache der Einheit, S. 509.
318 Grass, Rede vom Verlust, in: NGA 23, S. 44.
319 Günter Grass / Regine Hildebrandt, Schaden begrenzen oder auf die Füße treten. Ein Gespräch, Berlin 1993, S. 44.
320 Vgl. Günter Grass, Lastenausgleich: Fällig sofort und ohne Vorbedingungen, in: Frankfurter Rundschau, 19.12.1989, in: NGA 22, S. 405–409; o. V., „Der Einheitswille wird rücksichtslos herbeigeredet", in: Saarbrücker Zeitung, 22.12.1989; Sibylle Wirsing, Von der Gemeinsamkeit im Guten, in: FAZ, 20.12.1989; Günter Grass, Don't Reunify Germany, in: The New York Times, 07.01.1990, vgl. Hermes, Günter Grass und Helen Wolff, S. 366–367 und S. 545.
321 Grass, Rede vom Verlust, in: NGA 23, S. 44.

entsprach nicht der Auffassung der Parteiführung, sodass er sich innerhalb der Partei isolierte. Seine Zielsetzung einer Konföderation fand keine Mehrheit in der SPD, sondern wurde bereits im Februar 1990 innerhalb der SPD nicht weiter verfolgt.[322] Grass blieb damit trotz seiner kommunikativen Macht als Intellektueller und seiner guten Kontakte innerhalb der Partei einflusslos.

2.3.1.2 Oskar Lafontaine (SPD)

Günter Grass versuchte daraufhin, Oskar Lafontaine im Vereinigungsprozess direkt Ratschläge zu erteilen. Vier Briefe richtete der Intellektuelle im Jahr 1990 an den Kanzlerkandidaten, um „direkten Einfluss auf die sozialdemokratischen Entscheidungen in diesem Einheitsprozess zu nehmen"[323]. Der Schriftsteller und der Politiker kannten sich bereits aus den 1980er-Jahren, sodass Grass an einen bestehenden Kontakt anknüpfen konnte.[324] Die Wahl des Adressaten war nicht nur machtpolitisch, sondern auch durch eine inhaltlich übereinstimmende, politische Haltung in der Deutschen Frage begründet. Grass verfolgte zwei Ziele dabei: Einerseits wollte er Lafontaine „Mut machen"[325]. Andererseits äußerte er auch Kritik an der Darstellungsweise seiner Deutschlandpolitik. Die Unterstützung des Intellektuellen zeigte sich nach entscheidenden, politischen Ereignissen, nämlich nach dem Antritt zum Kanzlerkandidaten im Februar 1990, nach dem Attentat auf Oskar Lafontaine im April 1990 sowie nach der anschließenden Entscheidung, nicht zurückzutreten. Grass ermutigte den Politiker, wiederholt ein eigenes, deutschlandpolitisches Konzept zu entwickeln.[326] Zudem bestärkte er den Politiker in seiner Position gegen eine Wirtschafts- und Währungsunion. Die Kritik des Intellektuellen wird mit Hinblick auf den anstehenden Wahlkampf deutlich. Grass forderte, konkrete „Entscheidungen [...] mit welcher Deutschlandpolitik"[327] Lafontaine auftreten wolle. Er wünschte eine „handfeste Oppositionspolitik"[328], damit „die SPD aus dem Reagieren"[329] herauskäme. Der Schriftsteller bot dem Politiker aus-

---

322 Vgl. SPD, Protokoll über die Sitzung des Präsidiums, 12.02.1990, in: AdsD, Bestand Björn Engholm, 1/BEAA000126.
323 Zimmermann, Günter Grass und die Deutschen, S. 200.
324 Vgl. Sturm, Uneinig in die Einheit, S. 355; Zimmermann, Grass unter den Deutschen, S. 546; Briefwechsel aus den 1980er Jahren in: AdK, GGA, Signatur 13924.
325 Günter Grass, Brief an Oskar Lafontaine, 09.02.1990, in: AdK, GGA, Signatur 13924.
326 Günter Grass, Brief an Oskar Lafontaine, 09.02.1990, in: AdK, GGA, Signatur 13924.
327 Günter Grass, Brief an Oskar Lafontaine, 09.02.1990, in: AdK, GGA, Signatur 13924.
328 Günter Grass, Brief an Oskar Lafontaine, 25.03.1990, in: AdK, GGA, Signatur 13924.
329 Grass, Tagebuch 1990, 17.02.1990, S. 47.

drücklich seine Hilfe an und hoffte, zu einer Fraktionssitzung oder Parteiratssitzung eingeladen zu werden.[330] Grass verhehlte dabei nicht, welches Konzept einer Einheit er selbst präferierte, sondern warb durch seine gesendete Rede aus Tutzing (vgl. IV. Kap. 2.2.2) für eine Konföderation mit der Bitte „zu überlegen, ob dieser Weg [...] auch für Dich akzeptabel ist"[331]. Im Sommer des Jahres 1990 empfahl der Intellektuelle dem Politiker, einen *Bund Deutscher Länder* auf Grundlage einer neuen Verfassung anzustreben.[332] Er machte in den Briefen zudem konkrete Vorschläge, wie Oskar Lafontaine „die kulturelle Dimension der deutsch-deutschen Einigung"[333] durch den Begriff der Kulturnation besser betonen könne. Man kann bilanzieren, dass Grass den Kanzlerkandidaten für seinen präferierten Weg einer Einheit gewinnen wollte und ihn in diese Richtung hin beriet. Der Politiker war für ihn im Einheitsprozess der wichtigste Ansprechpartner innerhalb der SPD. Dies zeigt sich auch darin, dass er seine weitere Parteimitgliedschaft von seiner Kanzlerkandidatur abhängig machte.[334]

Obwohl beide einer Diskurskoalition zuzuordnen sind, blieben die Briefe von Günter Grass an Oskar Lafontaine 1990 weitgehend unbeantwortet, da der Politiker laut eigener Aussage kein großer Briefeschreiber war.[335] Auf Nachfrage bekundete der Politiker, dass er „öfter Gespräche"[336] mit dem Intellektuellen geführt habe. Nachweisbar trafen sich beide beispielsweise am Rande des Ost-SPD-Parteitages im Februar (vgl. IV. Kap. 2.2.3) oder telefonierten im September 1990.[337] Grass „freundschaftliche Kritik"[338] fand bei dem Politiker durchaus Gehör, wie er retrospektiv angab: „Seine Kritik an der überstürzten Vereinigung Deutschlands konkretisierte sich, indem ich die schnelle Einführung der D-Mark zum Kurse von 1:1 als falsch bezeichnete. Die Entwicklung in den darauf folgenden Jahren zeigte, dass bei der Einheit viele Fehler gemacht wurden, vor allem im wirtschaftlichen, im sozialen aber auch im kulturellen

---

330 Vgl. Günter Grass, Brief an Oskar Lafontaine, 09.02.1990, in: AdK, GGA, Signatur 13924; Günter Grass, Brief an Björn Engholm, 28.05.1990, in: AdK, GGA, Signatur 2847.
331 Günter Grass, Brief an Oskar Lafontaine, 09.02.1990, in: AdK, GGA, Signatur 13924.
332 Günter Grass, Brief an Oskar Lafontaine, 19.06.1990, in: AdK, GGA, Signatur 13924.
333 Günter Grass, Brief an Oskar Lafontaine, 25.03.1990, in: AdK, GGA, Signatur 13924.
334 Günter Grass, Brief an Björn Engholm, 28.05.1990, in: AdK, GGA, Signatur 2847; Günter Grass, Brief an Oskar Lafontaine, 19.06.1990, in: AdK, GGA, Signatur 13924; vgl. Grass, Tagebuch 1990, 18.05.1990, S. 99; 21.05.1990, S. 100, 29.05.1990, S. 105 und 02.07.1990, S. 128.
335 Vgl. Grass, Tagebuch 1990, 04.09.1990, S. 170. Nur eine kurze Dankeskarte findet sich im Nachlass von Günter Grass von November 1989 bis Oktober 1990. Vgl. Oskar Lafontaine, Karte an Günter Grass, 24.05.1990, in: AdK, GGA, Signatur 11823.
336 Oskar Lafontaine, 26.08.2020.
337 Vgl. Sturm, Uneinig in die Einheit, S. 290; Grass, Tagebuch, 04.09.1990, S. 170; Thomas Wittke, Im Saal war keine Polarisierung spürbar, in: General-Anzeiger, 24. / 25.02.1990.
338 Günter Grass, Brief an Oskar Lafontaine, 25.03.1990, in: AdK, GGA, Signatur 13924.

Bereich – darauf wies Grass immer wieder hin."[339] Lafontaine betonte auch die kulturelle Dimension im Einheitsprozess, beispielsweise auf dem SPD-Parteitag im Dezember 1989 oder im Bundestag im August 1990.[340] Eine kausale Verkettung der Beratung und dieser Aussage kann daraus nicht rekonstruiert werden.

Grass' ungefragte Ratschläge stießen bei Oskar Lafontaine nur bedingt auf Resonanz. Die angebotene Hilfestellung wurde von dem Politiker nicht aufgegriffen, sodass der Intellektuelle sich nicht aktiv einbringen konnte und seine kommunikative Macht an seine Grenzen stieß. Einträge in Grass' Tagebuch aus diesem Jahr machen deutlich, dass er seine Beratung als erfolglos einschätzte, da er keine Veränderung in der Kommunikation von Oskar Lafontaine feststellen konnte.[341] Der Intellektuelle sah die Abseitsstellung des Politikers und die Wahlniederlage der SPD darin begründet, dass er sein Gegenkonzept nicht erfolgreich darstellen konnte.[342] Michael Schlieben stellt dagegen die Frage, „wie in diesem Wahljahr eine adäquate Oppositionsstrategie hätte aussehen sollen"[343] und bezeichnete Lafontaine als „ein Opfer der Einheit"[344]. Die nicht erfolgte Einbindung als Ratgeber sowie die nach seiner Meinung entstandene Fehlentwicklung in der Deutschlandpolitik hatten zur Folge, dass sich Grass zunehmend von der SPD distanzierte und 1990 nicht in gewohntem Maße im Wahlkampf engagierte.[345]

2.3.2 Impulsgeber für Antje Vollmer und Die Grünen-Fraktion

Das Verhältnis von Günter Grass zu den Grünen ist bislang unerforscht, obwohl er früh Berührungspunkte zu der Partei hatte und durch seine Werke seit den 1980er-Jahren als „grüner Poet"[346] gilt. Der Intellektuelle bezeichnete diese Partei als „die

---

339 Oskar Lafontaine, 26.08.2020.
340 Deutscher Bundestag, Stenographischer Bericht, 23.08.1990.
341 Grass, Tagebuch 1990, 27.04.1990, S. 87.
342 Grass, Tagebuch 1990, 01.06.1990, S. 106 sowie 10.06.1990, S. 109; Günter Grass, Brief an Björn Engholm, 28.05.1990, in: AdK, GGA, Signatur 2847.
343 Michael Schlieben, Oskar Lafontaine. Ein Opfer der Einheit, in: Forkmann, Daniela / Richter, Saskia (Hrsg.), Gescheiterte Kanzlerkandidaten. Von Kurt Schumacher bis Edmund Stoiber, Wiesbaden 2007, S. 290–322, hier S. 322.
344 Schlieben, Oskar Lafontaine, S. 322.
345 Vgl. Günter Grass, Brief an Wolfgang Thierse, 07.02.1991, in: AdK, GGA, Signatur 14513. Beteiligt hat sich Grass an Klaus Staecks Ausstellung *Stimmen für Oskar*. Vgl. Grass, Tagebuch 1990, 10.06.1990, S. 109.
346 Durch sein Engagement für die Friedens- und Antiatomkraftbewegung hatte Grass mit der 1983 gegründeten Partei Berührungspunkte. Auch thematisch gab es in seinen Werken viele Übereinstimmungen. Vgl. Pezold, Natur und Naturbedrohung bei Günter Grass.

verlorenen Söhne der Sozialdemokraten. Wir haben auf sie zu lange nicht gehört."[347] In den Wendejahren unterhielt er Kontakte zu Antje Vollmer, Fraktionssprecherin der Grünen. Der Austausch zwischen der Politikerin und dem Intellektuellen begann bereits im Herbst 1988 mit dem Ziel, eine rot-grüne Wählerinitiative zu gründen.[348] Aus diesem ersten Treffen entstand eine politische Zusammenarbeit. Vollmer sprach von mehreren „respektvolle[n] Begegnung[en]"[349].

Hinsichtlich der Deutschen Frage übernahm Günter Grass eine beratende und bestärkende Funktion für Antje Vollmer. Der Schriftsteller wies bereits im Herbst 1988 darauf hin, dass die Linke ein gemeinsames, deutschlandpolitisches Konzept benötigte, um einen Regierungswechsel zu ermöglichen. Vollmer betonte rückblickend, sie verdanke dem Intellektuellen das Bewusstsein, dass die deutsche Frage innerhalb der Grünen geklärt werden müsse.[350] Die Politikerin war offen für diese Anregungen des Intellektuellen, denn Grass traf mit seinem Konzept einer Konföderation bei ihr auf „einen fruchtbaren Boden"[351]. Sie verfolgte ähnliche deutschlandpolitische Gedanken und übernahm somit die Idee von ihm.[352] Grass fungierte als Impulsgeber und Sparringspartner zur Überprüfung ihrer eigenen Einschätzung.[353] Vollmer bezog sich in ihren öffentlichen Reden zum Teil direkt auf den Intellektuellen. Beispielsweise bezeichnete sie auf der Tagung in Tutzing (vgl. IV. Kap. 2.2.2) eine Konföderation als eine „Idee, die Günter Grass seit ungeheuer langer Zeit vertreten hat, eher als viele andere"[354]. Im Bundestag gab sie zu, dass das Konzept einer Kulturnation sie „als einzige [...] überzeugt"[355] habe. Ein unmittelbarer Einfluss des Intellektuellen auf die Politikerin ist dementsprechend nachweisbar. Grass fand in Vollmer eine politisch ihm nahestehende Person, die offen für Ratschläge und Anregungen des Intellektuellen war. Die hohe inhaltliche Übereinstimmung der beiden führte zu einer „lange[n] und intensiv[en]"[356] Zusammenarbeit und der Vorbereitung eines Kongresses über das Thema *Die Linke und die deutsche Frage*, der schließlich im Februar

---

347 Günter Grass zitiert nach Zimmermann, Günter Grass unter den Deutschen, S. 413.
348 Antje Vollmer, 02.03.2020.
349 Antje Vollmer, 02.03.2020.
350 Antje Vollmer, 02.03.2020; vgl. Vollmer, Eingewandert ins eigene Land, S. 89.
351 Antje Vollmer, 02.03.2020.
352 Antje Vollmer, 02.03.2020; vgl. Deutscher Bundestag, Stenographischer Bericht, 27.04.1990 und 21.06.1990; Antje Vollmer, Selbstbestimmung braucht Zeit, in: TAZ, 18.12.1989.
353 Antje Vollmer, Brief an Günter Grass, 25.12.1989, in: AdK, GGA, Signatur 13001.
354 Antje Vollmer, Wie David und Goliath, in: Tutzinger Blätter (02 / 1990), S. 21–23, hier S. 22.
355 Deutscher Bundestag, Stenographischer Bericht, 31.10.1990.
356 Antje Vollmer, Rede zur Ausstellungseröffnung in Isny, 18.03.1994, in: AdK, GGA, Signatur 13001.

1990 stattfand (vgl. IV. Kap. 2.2.2).[357] Beide verfolgten den Plan, im Anschluss noch einmal „etwas aus[zu]hecken"[358].

Auf telefonische Einladung von Antje Vollmer übernahm Grass am 2. Oktober 1990 eine Rede auf der ersten gesamtdeutschen Sitzung von Bündnis 90/Die Grünen mit anschließender Podiumsdiskussion zum Thema *Das Ende der Bundesrepublik*.[359] Der Intellektuelle notierte zu dieser Einladung in seinem Tagebuch: „Ach meine lieben Sozialdemokraten, wohin hat es mich verschlagen! Immerhin haben Grüne und Bündnis 90 den Staatsvertrag und den Einigungsvertrag abgelehnt und eine neue Verfassung gefordert"[360]. Er nutzte die Gelegenheit, um mit seiner Rede *Ein Schnäppchen namens DDR* einen schon lang geplanten „Kassensturz"[361] zu machen. Er bezweifelte, dass den Grünen seine „graustichige Rede Trost und Schnupftabak sein kann"[362]. In der anschließenden Diskussion nahm er vor allem die „Untugenden der Grünen [...] weitschweifig, ichbezogen"[363] wahr und lobte lediglich „die knappen Voten der DDR-Abgeordneten"[364]. Die Wirkung des Intellektuellen auf die anwesenden Politiker war begrenzt, wie sich bereits bei der Veranstaltung zeigte. Im Mittelpunkt stand die Frage: „Wo bleibt das Positive?"[365], obwohl Grass diese Formulierung in seinem Redetext verhöhnt hatte.[366] Vollmer gab an, dass sie mit der Einladung des Intellektuellen einerseits der Fraktion die Augen für die tatsächlichen, deutschlandpolitischen Ereignisse öffnen und „das Gewicht von Grass [...] nutzen [wollte], zur Stärkung von der Position, die ich hatte, die war bei den Grünen ja auch sehr umstritten"[367]. In ihrer Einführung rief sie die Grünen daher auf, „sich dem neuen Deutschland zu stellen und nicht nach Fluchtwinkeln zu suchen"[368]. Es gelang Vollmer trotz der Unterstützung des Intellektuellen nicht, die Grünen von einer Wende in der Deutschlandpolitik zu über-

---

357 Vollmer, Eingewandert ins eigene Land, S. 87 ff.
358 Grass, Tagebuch 1990, 18.02.1990, S. 47 sowie am 23.04.1990, S. 86.
359 Die Grünen, Fraktionsprotokoll, 02.10.1990; Die Grünen, Protokoll der Fraktionsvorstandssitzung, 25.09.1990; vgl. Die Grünen im Bundestag (Hrsg.), Angst ums Klima, Bulletin, Nr. 4 / 90, S. 8–9, in: Archiv Grünes Gedächtnis.
360 Grass, Tagebuch 1990, 19.09.1990, S. 178.
361 Er verwendete Versatzstücke der Reden aus Oslo und Paris. Vgl. Grass, Tagebuch 1990, 04.09.1990, S. 170.
362 Grass, Tagebuch 1990, 02.10.1990, S. 188.
363 Grass, Tagebuch 1990, 03.10.1990, S. 189.
364 Grass, Tagebuch 1990, 03.10.1990, S. 189.
365 Grass, Tagebuch 1990, 03.10.1990, S. 189.
366 Vgl. Grass, Ein Schnäppchen namens DDR, in: NGA 22, S. 477.
367 Antje Vollmer, 02.03.2020.
368 Dpa, Grass bei den Grünen: Warnung vor neuem Haß durch deutsche Einheit, in: dpa-Meldung, 02.10.1990; vgl. Grass, Tagebuch 1990, 03.10.1990, S. 189; Die Grünen, Protokoll der Fraktionsvorstandssitzung, 25.09.1990.

zeugen. Grass' kommunikative Macht wurde von der Politikerin zwar nachgefragt, aber dieser Impuls verpuffte innerhalb der Partei wirkungslos.[369] Darüber hinaus war es Vollmers Ziel, Günter Grass „Gerechtigkeit wiederfahren zu lassen"[370], denn die Politikerin empfand eine „tiefe Empörung, dass man sein echtes Motiv ins Gegenteil verkehrt hat"[371]. Der Intellektuelle fühlte nach der Veranstaltung eine „seltsame Mischung aus Erschöpfung und Genugtuung, weil zum Thema Deutschland alles gesagt und geschrieben ist"[372]. Er erfüllte mit seiner Rede seine intellektuelle Pflicht, vor der schnellen staatlichen Einheit und der weiteren Entwicklung öffentlich zu warnen. Sie wurde in der Presse veröffentlicht und fand die Aufmerksamkeit der Medien (5 Presseartikel).[373]

Grass' Tagebuch zeugt davon, dass er sich im Verlauf des Jahres 1990 aus Verbitterung über den Kurs der SPD den Grünen immer näher fühlte und sogar seine Wahlentscheidung zeitweise „mehr und mehr [in] Richtung"[374] dieser Partei tendierte. Der Kontakt zwischen dem Intellektuellen und der Politikerin blieb auch nach der deutschen Einheit bestehen.[375] Grass bekundete Vollmer in einem Brief, er fände es „gut, daß wir, abseits aller Parteidisziplin, unser rot-grünes Garn spinnen"[376]. Sein Einsatz für eine rot-grüne Zusammenarbeit (vgl. IV. Kap. 6) fand nachweislich hier bereits einen Anfangspunkt.

2.4 Zwischenfazit: Öffnung des Einheitsdiskurses für Alternativen

Günter Grass versuchte in der Wendezeit, mit seiner kommunikativen Macht den schnellen Einheitskurs der Regierung Kohl zu verlangsamen und den Diskurs über linke Alternativen zu stärken.

---

369 Vgl. Markus Klein / Jürgen W. Falter, Der lange Weg der Grünen. Eine Partei zwischen Protest und Regierung, München 2003. S. 46 f; Ludger Volmer, Die Grünen. Von der Protestbewegung zur etablierten Partei. Eine Bilanz, München 2009, S. 298.
370 Antje Vollmer, 02.03.2020.
371 Antje Vollmer, 02.03.2020.
372 Grass, Tagebuch 1990, 05.10.1990, S. 189 f.
373 Grass, Ein Schnäppchen namens DDR, in: Die Zeit, 5.10.1990, in: NGA 22, S. 475–489; dpa, Grass bei den Grünen: Warnung vor neuem Haß durch deutsche Einheit, 02.10.1990; Gerd Bucerius, Voller Hohn, in: Die Zeit, 19.10.1990.
374 Grass, Tagebuch 1990, 14.11.1990, S. 212. Auch wenn er letztlich „mit Bauchgrimmen" doch die SPD wählte. Vgl. Grass, Tagebuch 1990, 19.11.1990, S. 215.
375 Beispielsweise im Wahlkampf 1994, vgl. Grass, Arbeitskalender 1994, in: GUGS; Grass, Arbeitskalender 2001, in: GUGS; Briefe aus dem Jahr 1994 in: AdK, GGA, Signatur 13001.
376 Grass, Brief an Antje Vollmer, 13.12.1989, in: AdK, GGA, Signatur 14584.

Politisches Ziel

Grass hatte eine konkrete Vorstellung, wie seiner Meinung nach eine Deutsche Einheit politisch umgesetzt werden sollte (vgl. Tabelle 14). Er wollte als Übergangsszenario eine Konföderation mit übergreifender Kulturnation installieren, statt eine schnelle staatliche Vereinigung mit der DDR zu bewirken. Durch dieses Modell hoffte der Intellektuelle, den Sorgen der Nachbarstaaten gerecht zu werden. Ein sofortiger, wirtschaftlicher Lastenausgleich sollte zu einer ökonomischen sowie sozialen Angleichung der DDR an den Westen führen. Grass' Ziel war es, dass beide deutsche Staaten auf Augenhöhe über die Einheit und über eine neue Verfassung verhandeln würden.

Tabelle 14: Günter Grass' politisches Ziel, Deutungsmuster und Interventionstyp in der Deutschlandpolitik.

Politisches Ziel		Deutsche Einheit
Problemdimension	*Problemsicht*:	Gegner des „Ruck-zuck-Modell[s]"[377] der Einheit
	Problemlösung:	1. Konföderation mit übergreifender Kulturnation
		2. Sofortiger wirtschaftlicher Lastenausgleich
		3. Neue Verfassung (Artikel 146)
	Politisches Ziel:	Konföderation mit übergreifender Kulturnation
Deutungsmuster	*Historisch*:	Nationalstaat als Gefahr, provoziert Ängste der Nachbarn
	Sozial:	Ostdeutsche Gleichberechtigung, soziale und wirtschaftliche Gleichheit
	Ökonomisch:	Wirtschaftlicher Profit vor dem Schicksal der Menschen
Interventionstyp		Öffentlicher Intellektueller

Seine Vorstellungen von einer zukünftigen deutschen Einheit waren von drei Deutungsmustern geprägt, dem *historischen,* dem *ökonomischen* und dem *sozialen.* Die deutsche *Vergangenheit* habe gezeigt, dass von einem zentralistischen Nationalstaat Gefahr ausginge und sich derartige historische Entwicklungen wiederholen könnten. Der Intellektuelle hatte zudem große Befürchtungen, dass *ökonomisches* Profitdenken den Vereinigungsprozess bestimmen und zu einer *sozialen* Ungerechtigkeit in Deutschland führen würde. Er teilte daher die Einheitseuphorie der Deutschen nicht, sondern forderte eine vernunftbetonte Politik. Der politische Umbruch in den Wendejahren riss Grass, wie auch andere Intellektuelle, „aus der Position der Beobachter

---

377 O. V., Björn Engholm: „Wir dürfen uns nicht an den Kosten für die Einigung vorbeimogeln.", in: Wilstersche Zeitung, 09.04.1990.

heraus und machte sie zu Akteuren"[378]. In seiner Funktion als öffentlicher *Intellektueller* versuchte er, die Deutsche Einheit als Thema dieser Zeit unmittelbar zu beeinflussen und deren Richtung zu prägen.

Methode

Günter Grass verwendete seine kommunikative Macht, um lautstark gegen den sich abzeichnenden Einheitsprozess zu protestieren (vgl. Tabelle 15). Der Intellektuelle trat daher als entschiedener Gegner einer schnellen Einheit im bestehenden öffentlichen Diskurs auf. Er vertrat seine Meinung zudem auf den Parteitagen der SPD in Ost sowie West und im ersten freien Wahlkampf der DDR. Grass unterstützte auch überparteiliche Diskussionsforen außerhalb des politisch-administrativen Systems. Der Intellektuelle nahm darüber hinaus auch unmittelbar Kontakt mit Politikern auf, um die Entscheidungen der politischen Akteure zu beeinflussen. Dabei setzte er seine Hoffnung vor allem auf Bundespräsident Richard von Weizsäcker. Er versuchte aber auch, Kanzlerkandidat Oskar Lafontaine (SPD) zu beraten, und suchte das Gespräch mit Antje Vollmer (Die Grünen). Diese Beratungsversuche zeigen, dass Grass nicht der den Status quo wahrende *Gegner der Einheit* war, sondern konstruktiv im Einheitsprozess mitwirken wollte.

Tabelle 15: Grass' Methoden in der Deutschlandpolitik.

Methode	Organisator von politischer Öffentlichkeit	Politikberater
Beispiele	– Gegendiskurs zur Einheitseuphorie – Öffentliche Politikberatung in Tutzing – Wahlkampf für die Ost-SPD – Auslandsreise mit Richard von Weizsäcker	– SPD: Parteitag, O. Lafontaine – Die Grünen: A. Vollmer, Fraktionssitzung
Merkmale	Teilnehmer im bestehenden Diskurs Punktueller Anstoß zum Diskurs Wortführer einer Diskurskoalition Symbolische Repräsentanz / Legitimation	Informelle Ad-hoc-Beratung von Politikern Nachgefragte Beratung von Parteien

---

378 Vgl. Dahrendorf, Versuchungen der Unfreiheit, S. 205.

Politische Resonanz

Grass war klar, dass er in der Deutschen Frage auf einem Abseitsposten stand und gegen den Zeitgeist agierte. Er fühlte dennoch eine starke Verpflichtung als Intellektueller, seine Bedenken kundzutun und einen Diskurs über politische Alternativen zu eröffnen (vgl. Tabelle 16). Am Anfang der politischen Prozesse wirkte der Intellektuelle noch als Impulsgeber, beispielsweise auf Parteiveranstaltungen. Seine Einbindung hatte allerdings zumeist einen symbolischen Charakter. Dieser Faktor wurde von Richard von Weizsäcker auch bei seiner Staatsreise nach Polen genutzt. Als Kritiker war er ein gefragter Interviewpartner der Journalisten. Dadurch gelang es ihm, für sein alternatives Konzept einer Konföderation Öffentlichkeit zu generieren. Eine darüber hinaus gehende Einbindung als Berater in den politischen Prozess war nicht gewünscht, da er mit seinem historischen Deutungsmuster nur bedingt auf Zustimmung traf. Mit seiner moralischen Argumentationsweise war Grass im Februar 1990 innerhalb der SPD „nahezu isoliert"[379]. Der Schriftsteller war „verblüfft"[380] und dann „verletzt"[381], dass seinen „Erfahrungen und Einsichten"[382] nicht gefragt waren. Lediglich mit Vollmer (Die Grünen) entstand eine tiefere Zusammenarbeit. Darüber hinaus war Grass lediglich punktuell als intellektueller Impulsgeber und vor allem als Organisator von Öffentlichkeit in der Deutschlandpolitik gefragt.

Tabelle 16: Politische Resonanz von Günter Grass in der Deutschlandpolitik.

Resonanz	Organisator von politischer Öffentlichkeit	Politikberater
Hoch	*Hohe Medienresonanz:* – Wortführer des Gegendiskurses	*Nachgefragte Beratung:* – Impulsgeber auf Parteiveranstaltungen (SPD, Ost-SPD, Die Grünen) – Beratung von Antje Vollmer (Die Grünen)
Mittel	*Mittlere Medienresonanz:* – Organisation von Veranstaltung in Tutzing	*Bedingt nachgefragte Beratung:* – (Öffentliche) Beratung von Lafontaine/ Brandt

---

379 Günter Grass, Brief an Björn Engholm, 28.05.1990, in: AdK, GGA, Signatur 2847.
380 Günter Grass, Brief an Björn Engholm 11.12.1990, in: AdK, GGA, Signatur 12670; vgl. Günter Grass, Brief an Björn Engholm, 28.05.1990, in: AdK, GGA, Signatur 2847.
381 Günter Grass, Brief an Björn Engholm 11.12.1990, in: AdK, GGA, Signatur 12670.
382 Günter Grass, Brief an Egon Bahr, 19.09.1990, in: AdK, GGA, Signatur 13270.

Tabelle 16 (fortgesetzt)

Resonanz	Organisator von politischer Öffentlichkeit	Politikberater
Niedrig	*Niedrige Medienresonanz:* – Symbolische Repräsentanz bei Staatsreise ins Ausland (mit Richard von Weizsäcker)	*Nicht nachgefragte Beratung:*
Einordnung	**Etablierung eines Gegendiskurses Repräsentant im Ausland**	**Impulsgeber auf Parteiveranstaltungen Berater von Antje Vollmer (Die Grünen)**

Einfluss auf die Politik

Günter Grass wurde in der Öffentlichkeit als Wortführer der Diskurskoalition wahrgenommen, die gegen eine schnelle Deutsche Einheit argumentierte. Es waren nicht nur Intellektuelle, sondern auch Politikern der SPD, der Grünen und der ostdeutschen Bürgerbewegung. Hier gab er „den Ton an. Sein Wort [...] hatte ein größeres Echo, als es nach außen schien."[383] Dabei wurde der Intellektuelle im Diskurs auf die Rolle des Gegners der Einheit reduziert, während seine Hinweise auf eine fehlende, innere Einheit sowie die ökonomischen und sozialen Folgen in der Einheitseuphorie nicht vertiefend aufgegriffen wurden. Seine normative Argumentationsweise kann daher als ein letzter verzweifelter Versuch verstanden werden, sich noch gegen den sich abzeichnenden Einheitsprozess zu stemmen. Grass konstatierte selbst: „Weil ins Hintertreffen geraten, argumentierte ich umständlich"[384]. Die Verwendung des historisch-moralischen Deutungsmusters führte zu einem allgemeinen Unverständnis „auch bei Freunden und Bewunderern"[385].

Auch Grass' Beratungsversuche, die Linke frühzeitig hinsichtlich der Deutschen Frage zu einen, scheiterten. Ein Einfluss auf die SPD-Politiker, selbst auf langjährige Weggefährten, lässt sich nicht nachweisen. Der Schriftsteller zeigte sich verzweifelt darüber, dass seine Worte nur „wohlwollendes Kopfschütteln und Schulterklopfen"[386] bei den Politikern zur Folge hatten. Der Intellektuelle galt ihnen im Vereinigungsprozess nicht „als gleichrangiger Partner, den sie zumindest ernst nahmen"[387]. Er beklagte seine „Echolosigkeit bis in die SPD hinein"[388] in meh-

---

383 Brigitte Seebacher-Brandt, Abschied von den Eltern, in: FAZ, 12.12.1990.
384 Günter Grass, Ein Zug, nicht aufzuhalten, in: NGA 23, S. 74.
385 Neuhaus, Gegen die verstreichende Zeit, S. 210.
386 Günter Grass, Brief an Egon Bahr, 19.09.1990, in: AdK, GGA, Signatur 13270.
387 Jürgs, Bürger Grass, S. 374.
388 Günter Grass, Brief an Johannes Rau, 08.11.1990, in: AdK, GGA, Signatur 14220.

reren brieflichen „Klageepistel[n]"[389] an Politiker. Auch öffentlich bekundete der Schriftsteller, dass die Partei „ihre unbequemen, aber auch gelegentlich hilfreichen linksliberalen, intellektuellen Partner erst vernachlässigt und dann vergessen"[390] habe. Nur Richard von Weizsäcker griff auf seinen Einsatz zurück und auch Antje Vollmer (Die Grünen) involvierte ihn.

Tabelle 17: Skala des politischen Einflusses von Günter Grass im Bereich Deutschlandpolitik (grau markiert).

Stufe 0	Stufe 1	Stufe 2	Stufe 3	Stufe 4
Unterhaltung	Policy-Lernen	Diskursstrukturierung	Diskursinstitutionalisierung	Diskurshegemonie/-macht
	Mikroebene		Mesoebene	Makroebene

Der Kampf um Deutungshoheit über den richtigen Weg zur Einheit war hart umkämpft. Grass versuchte, als Impulsgeber mit seinen kritischen Äußerungen einen „politisch-moralischen Wert"[391] in den Prozess einzubringen, um die kulturelle Dimension und damit die innere Einheit zu stärken. Er regte durch seine polarisierenden Reden das *Policy-Lernen* (Mikroebene) innerhalb der Gesellschaft an (vgl. Tabelle 17). Mit seiner moralischen Diskursstrategie öffnete er den Dialog jedoch nicht für eine sachliche Auseinandersetzung, da er sein Konzept als alternativlos darstellte.[392] Grass wurde zum Symbol des blockierenden Gegendiskurses, anstatt mit seiner kommunikativen Macht konstruktiv zu einem Dialog beitragen zu können. Der Schriftsteller gab rückblickend zu, dass er 1989 / 1990 „dick auf[ge]tragen"[393] und vieles „auf die Spitze getrieben"[394] habe. Es gelang ihm somit nicht, seine Argumente oder „öffentliche Sprachregelungen"[395] im Diskurs einzubringen (*Diskursstrukturierung*), auch wenn Zitate aus seinen Reden wiederholt als „geflügelte Worte"[396] herausgegriffen wurden. Grass konnte sich mit seiner

---

389 Günter Grass, Brief an Johannes Rau, 08.11.1990, in: AdK, GGA, Signatur 14220.
390 Günter Grass in der *FR* vom 27.07.1990, zitiert nach: Zimmermann, Günter Grass unter den Deutschen, S. 492.
391 Martin Kempe, Zwischen Wirklichkeit und Traum, in: TAZ, 24.02.1990.
392 Vgl. Tschammer, Sprache der Einheit, S. 507.
393 Günter Grass, Rede über den Standort, in: NGA 23, S. 164.
394 Grass, Rede über den Standort, in: NGA 23, S. 168.
395 Jens Jessen, Eine Kaste wird entmachtet, in: FAZ, 29.09.1990.
396 Vgl. Zimmermann, Günter Grass und die Deutschen, S. 198. Prägende Zitate für diese Zeit werden nicht von Intellektuellen, sondern von Politikern wie Ronald Reagan, Michail Gorbatschow oder Willy Brandt formuliert. Vgl. Kiesel, Die Intellektuellen und die deutsche Einheit, S. 49.

Diskurskoalition schließlich nicht gegen die konservative Mehrheit (*Deutungsmacht*) durchsetzen. Die Befürworter einer „Einheit von unten"[397] gerieten ins „politische Abseits"[398]. Es gelang ihnen nicht, den sich „abzeichnenden deutsch-deutschen Einigungsprozeß positiv mitzugestalten"[399]. Seine öffentliche Beratung führte nicht zu einem Umdenken in der Gesellschaft. Größer war sein Einfluss im Ausland, wo seine kritischen Kommentare zur Einheit beachtet wurden und eine beschwichtigende Wirkung hatten. Hier waren die kommunikative Macht und Reputation des Intellektuellen gefragt.

Funktionen des Intellektuellen

Grass' Einsatz in den Wendejahren war ohne politischen Einfluss, aber nicht wirkungslos. Er erfüllte im Einheitsdiskurs seinen „gesellschaftlichen Auftrag"[400] als öffentlicher Intellektueller (vgl. Tabelle 18). Dabei tat er sich besonders als *Kritiker* des Vereinigungsprozesses hervor, der aus historischer Sicht an die negativen Konnotationen eines deutschen Nationalstaats erinnerte. Der Intellektuelle hatte aus heutiger Sicht aber auch eine *Vorreiterfunktion*. Er erkannte früh, dass die politische Linke über kein Deutschlandkonzept verfügte und ohne Einigung politisch ins Abseits geraten würde. Auch seine Hinweise auf die sozialen und wirtschaftlichen Folgen der Einheit waren rückblickend visionär. Im Ausland hatte er darüber hinaus als *Vermittler* auch eine wichtige integrierende Funktion, die wenig wahrgenommen wurde. Auch sein Einsatz für die ostdeutschen Bürgerrechtler sowie seine Versuche, das Selbstbewusstsein der Ostdeutschen im Vereinigungsprozess zu stärken, wurden in der Öffentlichkeit wenig anerkannt. Seine *Fachkompetenz*, die Grass während der deutschen Teilung durch seine Kontakte mit Ostdeutschen gewonnen hatte, konnte er nicht gewinnbringend in den politischen Prozess einbringen. Lediglich Grass' *repräsentative* Funktion wurde von Politikern und Parteien für ihre Darstellungspolitik auf Parteiveranstaltungen und im Ausland genutzt.

Grass erfüllte im Einheitsdiskurs die idealtypischen Funktionen eines öffentlichen Intellektuellen und trug die persönlichen Konsequenzen seiner Aktivitäten „bis in den engsten Freundeskreis hinein"[401]. Der Schriftsteller konnte trotz enormen,

---

397 Gunter Hofmann, Enteignete Kinder, in: Die Zeit, 09.02.1990.
398 Gunter Kaufmann, Grotewohl und die Einheit, in: FAZ, 07.12.1989.
399 Jens Hacker, Deutsche Irrtümer. Schönfärber und Helfershelfer der SED-Diktatur im Westen, Berlin 1992, S. 218; vgl. Waigel, Erinnerungen, S. 123 und S. 167.
400 Jens Jessen, Eine Kaste wird entmachtet, in: FAZ, 29.09.1990.
401 Beispielsweise zu nennen sind hier Wolf Biermann, Fritz J. Raddatz und Willy Brandt. Vgl. Zimmermann, Günter Grass und die Deutschen, S. 200.

Tabelle 18: Funktionen von Günter Grass in der Deutschlandpolitik 1989 / 1990.

Funktionen des Intellektuellen	Deutsche Einheit	Häufigkeit
Schlichtungsagentur: Vermittler	Sprecher für Bürgerbewegung Vermittler im Ausland	Niedrig
Kontrollorgan: Kritiker	Kritiker des herrschenden Diskurses/Gegendiskurses Vertreter einer Minderheitsmeinung	Hoch
Frühwarnsystem: Vorreiter	Deutschlandkonzept der pol. Linken für Wahl 1990 Wirtschaftliche und soziale Folgen der Einheit Ideal eines basisdemokratischen Vorgehens Utopie des demokratischen Sozialismus	Hoch
Legitimationskraft: Repräsentant	Parteitage und Wahlkampf Staatsbesuch im Ausland	Mittel
Sprachvermögen/ Formulierungshelfer	Zitate	Mittel
Fachexperte	Reputation nicht abgefragt	Niedrig

persönlichen Einsatzes den Zeitumbruch 1989 / 90 nicht konstruktiv begleiten. Er erkannte selbst: „Viel haben meine Einsprüche ja nicht bewirkt, doch immerhin wurde gesagt, was rechtzeitig vorwarnend gesagt werden mußte."[402] Christa Wolf, eine der bedeutendsten Schriftstellerinnen der DDR, lobte, „daß und wie weit Du dich gefühlsmäßig auf dieses untergehende Land eingelassen hast – was kaum einer derer, die es harsch beurteilen, getan hat. Ich war ganz perplex, wie unglaublich fleißig du warst, wo du in diesem einen Jahr überall gewesen bist, [...] allein physisch eine erstaunliche Leistung."[403] Seinen Stellungnahmen waren ein „ehrenwerte[r] Versuch [...], gegen die Zeit anzukämpfen"[404].

---

402 Günter Grass, Brief an Friedrich Schorlemmer, 28.07.1992, in: AdK, GGA, Signatur 10431.
403 Christa Wolf, Brief an Günter Grass, 10.03.2009, in: Neumann (Hrsg.), Alles gesagt?, S. 739.
404 Klaus Hartung, Keine Zeit für das andere Deutschland, in: TAZ, 03.02.1990.

3 *Häßlich sieht die Einheit aus* – Günter Grass als Sprecher der ostdeutschen Verlierer

Am Ende des Vereinigungsprozesses 1989 / 1990 zog Günter Grass eine bittere Bilanz: „Wir hatten eine große Gelegenheit gehabt, ein Geschenk [...], aus dieser Chance haben wir nichts Neues gemacht."[1] „Dabei fing alles günstig an"[2], denn der Mauerfall sei „großartig, eine Erleichterung ohnegleichen"[3] gewesen. Diese Narration wurde seit 1990 von vielen Intellektuellen als Legende oder Mythos vertreten, wie Karl-Rudolf Korte oder Dieter Grosser konstatieren.[4] Fest steht, „fehlerlos war diese Politik hin zur deutschen Einheit keineswegs, aber vermutlich geschickt angesichts des enormen Zeitdrucks. Aber dieser ging vom Volk aus. Spätere parteipolitische und wahltaktische Manöver aus Gründen des Machterhalts widerlegen dies nicht."[5] In seinem Tagebuch notierte der Intellektuelle den Vorsatz: „Nach dem 3. Oktober ist für mich das Thema Deutschland zwar nicht abgeschlossen, aber keinen Redekommentar mehr wert"[6]. Tatsächlich aber kommentiert der Intellektuelle im Widerspruch dazu die Folgen der Einheit weiterhin. Grass wandte sich gegen die „landesweit wabernde[...] Hofberichterstattung"[7], dass „die deutsche Einheit etwas rundum Gelungenes, trotz kleiner Mängel reif für die Historie, ein Schmuckstück künftiger Schulbücher"[8] sei und betonte die negativen Folgen des Transformationsprozesses für die Ostdeutschen in seiner „Nach-Wende-Narration"[9].

---

1 Klaus Bresser / Klaus-Peter Siegloch, „Was nun Deutschland?". Eine Diskussion im Reichstag am Vorabend der Vereinigung, in: AdsD, Personalia Günter Grass.
2 Grass, Ein Schnäppchen namens DDR, in: NGA 22, S. 475.
3 Hubert Winkels, Nicht von der Bank der Sieger aus, in: NGA 24, S. 557.
4 Vgl. Karl-Rudolf Korte, Legenden und Wahrheiten über die deutsche Einheit, in: Korte, Karl-Rudolf / Matthias Zimmer, Der Weg zur Deutschen Einheit, Sankt Augustin 1994, S. 42–58; ders., Die Chance genutzt? Die Politik zur Einheit Deutschlands, Frankfurt a. M. 1994; Dieter Grosser / Stephan Bierling / Friedrich Kurz, Die sieben Mythen der Wiedervereinigung. Fakten und Analysen zu einem Prozeß ohne Alternative, München 1991.
5 Korte, Legenden und Wahrheiten über die deutsche Einheit, S. 56.
6 Grass, Tagebuch 1990, 27.09.1990, S. 184.
7 Grass, Rede über den Standort, in: NGA 23, S. 168.
8 Grass, Rede über den Standort, in: NGA 23, S. 168.
9 *Nach-Wende-Narrationen* sind „davon geprägt, dass die konkreten historischen Ereignisse des Mauerfalls oder der Wiedervereinigung zwar als Bezugspunkte fungieren, aber nicht zwangsläufig Teil des Handlungszeitraumes sein müssen". Es stehen die „kulturellen und gesellschaftlichen Entwicklungen, die sie [die Wende] ausgelöst hat", im Mittelpunkt. Vgl. Gerhard Jens Lüdeker / Dominik Orth, Zwischen Archiv, Erinnerung und Identitätsstiftung – Zum Begriff und zur Bedeutung von Nach-Wende-Narrationen, in: Dies. (Hrsg.), Nach-Wende-Narrationen. Das wiedervereinigte Deutschland im Spiegel von Literatur und Film, Göttingen 2010, S. 7–17, hier S. 7–8.

3.1 *Die Wiedervereinigung als andauernde Aufgabe* – Grass' Einsatz für die Ostdeutschen

Bereits während des Vereinigungsprozesses widmete Günter Grass im Juni 1990 unter dem Titel „Platz der Angeschmierten"[10] den Ostdeutschen als Verlierer des Einheitsprozesses einen Zeitungsbeitrag. Er machte es sich in der Berliner Republik zur Aufgabe, „aus der Sicht der von der Wiedervereinigung betroffenen Ostdeutschen"[11] auf die Folgen der Einheit aufmerksam zu machen. Dem Intellektuellen war es dabei bewusst, dass er oftmals „ins Leere sprach und schrieb"[12], dennoch verspürte er die Verpflichtung, ihnen ohne Mandat eine Stimme zu geben (vgl. Tabelle 19). Grass sah sich durch sein „über dreißig Jahre anhaltendes Reden und Dreinreden in Sachen Deutschland"[13] als Sprecher legitimiert. Zudem seien schließlich seine Vorhersagen „von der Wirklichkeit überboten worden"[14].

Tabelle 19: Günter Grass' politisches Konzept für eine innere Einheit.

Problemdimensionen	Nach-Wende-Narration: Von der Bank der Verlierer aus
Problemsicht	Fehlende innere Einheit, Einheit besteht nur auf dem Papier
Problemverursacher	Alle Parteien, vor allem Bundeskanzler Helmut Kohl Treuhand-Behörde
Problemursachen	Fehlendes deutschlandpolitisches Konzept der Parteien Wahllügen von Helmut Kohl Fehlende soziale Reformen nach der Deutschen Einheit Fehlende Akzeptanz der DDR-Identität
Problemfolgen	*Ökonomisch:* Arbeitslosigkeit, westliche Dominanz *Sozial:* zweite gesellschaftliche Spaltung, Rechtsradikalismus
Problemopfer	Ostdeutsche Bevölkerung
Problemadressat	Bürger und Parteien

---

10 Grass, Einige Ausblicke vom Platz der Angeschmierten, in: NGA 22, S. 451.
11 Günter Grass, Die Wiedervereinigung als andauernde Aufgabe, in: NGA 23, S. 359; vgl. Hubert Winkels, Nicht von der Bank der Sieger aus, in: NGA 24, S. 563.
12 Grass, Rede vom Verlust, in: NGA 23, S. 56; vgl. Grass, Bitterfelder Rede, in: NGA 22, S. 524.
13 Grass, Bitterfelder Rede, in: NGA 22, S. 511.
14 Grass, Rede über den Standort, in: NGA 23, S. 163.

Tabelle 19 (fortgesetzt)

Problemdimensionen	Nach-Wende-Narration: Von der Bank der Verlierer aus	
Problemlösung	Wirtschaftlicher Lastenausgleich Regierungswechsel: rot-grüne Koalition Revision des Einheitsvertrages: neue Verfassung Wiedervereinigung als andauernde Aufgabe	
Problemziel	Sozialer Konsens und gelebte Einheit	
Deutungsmuster	*Sozial*:	Soziale Gleichheit in Ost- und Westdeutschland
	Ökonomisch:	Lastenausgleich, statt Profitmaximierung Menschen im Transformationsprozess beachten
	Historisch:	Verfassung verteidigen, historische Verpflichtung der Unterstützung
	Kulturell:	DDR-Identität, Kulturnation
Interventionstyp	Öffentlicher Intellektueller	

„Häßlich sieht diese Einheit aus"[15], diese *Problemsicht* vertrat Günter Grass anlässlich der staatlichen Vereinigung im Oktober 1990. Ein Jahr später diagnostizierte er: „Die Versprechen sind verhallt. Mehltau liegt auf der deutschen Einheit."[16] Im Verlauf der Berliner Republik blieb er bei der Bewertung, dass der Prozess bereits in den „Grundzügen mißraten"[17] sei. Ohne „Überbrückungsphase als Konföderation"[18] habe der übereilte Prozess eine „Einheit ohne Einigkeit"[19] hervorgerufen. Als *Problemverursacher* identifizierte der Intellektuelle die Parteien, da ihnen ein Konzept als „politisch gestaltende Kraft"[20] gefehlt habe. Im Mittelpunkt der Kritik stand dabei besonders Bundeskanzler Helmut Kohl als „Wahlbetrüger"[21] und sein Finanzminister Theo Waigel.[22] Grass beschränkte seine mahnenden Worte allerdings nicht auf die

---

15 Grass, Ein Schnäppchen namens DDR, in: NGA 22, S. 480.
16 Grass, Bitterfelder Rede, in: NGA 22, S. 512.
17 Günter Grass, Freiheit nach Börsenmaß, in: NGA 23, S. 417; vgl. Grass, Rede über den Standort, in: NGA 23, S. 47.
18 Grass, Die Wiedervereinigung als andauernde Aufgabe, in: NGA 22, S. 363.
19 Grass, Ein Schnäppchen namens DDR, in: NGA 22, S. 475.
20 Grass, Rede über den Standort, in: NGA 23, S. 181; Bresser / Siegloch, „Was nun Deutschland?", ZDF, 02.10.1990.
21 Dpa / FAZ, Im Schußfeld, in: FAZ, 19.08.1995; vgl. o. V., Worte der Woche, in: Die Zeit, 25.08.1995; o. V., Günter Grass zum CDU-Parteitag in Leipzig, in: ARD Morgenmagazin, 15.10.1997, in: AdsD, Personalia Günter Grass.
22 Günter Grass, Chodowiecki zum Beispiel, in: NGA 22, S. 503.

Regierungsparteien, sondern inkludiert die SPD, da sie sich als die „größte Oppositionspartei"[23] „weg[ge]duckt"[24] habe. Darüber hinaus prangerte er „die Praxis der zentralistischen Abwicklungsmaschinerie Treuhand"[25] an, die er als „Monstrum"[26], „Spottgeburt"[27] oder „Alptraum"[28] bezeichnete. Grass konstatierte, sie habe keine „ausreichende demokratische Kontrolle"[29]. Der Intellektuelle gab auch den Medien eine Mitschuld, die für eine „Vereinheitlichung der öffentlichen Meinung"[30] verantwortlich seien und ihre Aufgabe der Korrektur und Vielfältigkeit vernachlässigt hätten.[31]

Günter Grass hatte Schwierigkeiten, einen *Problemadressaten* auszumachen, denn „weit und breit ist kein Politiker in Sicht, der fähig oder bereit wäre, weiträumiger zu denken"[32]. Auf seine Partei, die SPD, setzte er keine „große Hoffnung", da „deren ‚Enkeln' die Leidenschaft der Alten fehle"[33]. Lobend erwähnte Grass in seinen Reden nur einzelne ostdeutsche Politiker, wie Manfred Stolpe (SPD) und Wolfgang Ullmann (Bündnis 90/Die Grünen) oder Gregor Gysi (PDS), die „dem Osten gelegentlich Stimme geben"[34]. Regine Hildebrandt schlug er sogar für das Amt der Bundespräsidentin vor.[35] Auch Westpolitiker der CDU, wie der sächsische Ministerpräsident Kurt Biedenkopf oder der Leipziger Oberbürgermeister Hinrich Lehmann-Grube fanden positive Erwähnung, da sie „Verantwortung für Menschen übernommen haben, deren Leben beschädigt ist"[36]. Der Intellektuelle setzte seine Hoffnung erst Ende der 1990er-Jahre wieder auf eine rot-grüne Koalition (vgl. IV. Kap. 6) und demnach auf die Parteien, die bei der Wahl 1990 „zu den Verlierern"[37] gehörten.

Günter Grass identifizierte bereits im Vereinigungsprozess die Ostdeutschen als *Problemopfer*, die „geprellt von Wahlbetrügern"[38] sich von den Versprechen

---

23 Grass, Ein Schnäppchen namens DDR, in: NGA 22, S. 486.
24 Grass, Ein Schnäppchen namens DDR, in: NGA 22, S. 486.
25 Grass, Rede vom Standort, in: NGA 23, S. 164.
26 Grass, Bitterfelder Rede, in: NGA 22, S. 513.
27 Grass, Bitterfelder Rede, in: NGA 22, S. 518.
28 Grass, Rede vom Verlust, in: NGA 23, S. 54.
29 Grass, Die Wiedervereinigung als andauernde Aufgabe, in: NGA 23, S. 360; o. V., Eunuch ist nicht genug, in: FAZ, 19.10.2008.
30 Grass, Ein Schnäppchen namens DDR, in: NGA 22, S. 485.
31 Vgl. Grass, Rede vom Verlust, in: NGA 23, S. 58; Grass, Ein Zug, nicht aufzuhalten, in: NGA 23, S. 75.
32 Grass, Chodowiecki zum Beispiel, in: NGA 22, S. 503; vgl. Grass, Rede vom Verlust, in: NGA 22, S. 45.
33 Martin Oehlen, Deutschland im Winter, in: Kölner Stadtanzeiger, 18.12.1991.
34 Grass, Rede über den Standort, in: NGA 23, S. 172; vgl. Grass, Bitterfelder Rede, in: NGA 22, S. 515.
35 Vgl. Grass, Rede vom Verlust, in: NGA 23, S. 60.
36 Grass, Bitterfelder Rede, in: NGA 22, S. 517.
37 Grass, Rotgrüne Rede, in: NGA 23, S. 213.
38 Günter Grass, Das geschändete Bild, in: NGA 22, S. 495.

der Regierung Kohl haben blenden lassen. Er gab später selbstkritisch zu, „daß er sich in den Fähigkeiten der ehemaligen DDR-Bevölkerung getäuscht habe, die Lügen des Herrn Kohl zu durchschauen"[39]. Für den Intellektuellen war klar, dass „die Neubürger abermals abgeschrieben [seien] und [...] sich vergessen vorkommen"[40] mögen. Er schlussfolgerte daraus: „Demokratie bedeutet unter anderem: selber schuld sein."[41] Die *Problemfolgen* mussten nach der Deutschen Einheit gerade die Ostdeutschen als „Angeschmierte"[42] tragen, denn der Westen habe als „Kolonialherren"[43] zu Misswirtschaft, Firmenpleiten und Arbeitslosigkeit beigetragen, da „der Osten [...] nicht als Standort"[44] tauglich erschien. Grass forderte, den „schamlosen Ausverkauf der Konkursmasse DDR zu beenden, und anstelle dessen einen Lastenausgleich wirksam werden zu lassen"[45].

Grass sah darüber hinaus als Problemfolge eine „sozial deklassierende Teilung"[46] entstehen, vor der er „mit papageienhafter Unverdrossenheit gewarnt"[47] habe. Dies läge einerseits in der wirtschaftlichen Abwicklung und den dadurch bedingten Brüchen in den Biografien der Menschen begründet. „Den Westdeutschen hat es an Respekt gefehlt gegenüber ihren östlichen Landsleuten und deren Biographien."[48] Anderseits sei man aber auch bemüht gewesen, „alles zu löschen, was an den untergegangenen Staat hätte erinnern können"[49], wie beispielsweise Kindergärten, Polikliniken, Kultur- oder Sportleistungen. Es habe somit der „kulturelle[...] Zusammenhalt"[50] und eine Anerkennung einer DDR-Identität im Vereinigungsprozess gefehlt. Das Ergebnis sei ein „innere[r] Unfriede"[51] oder gar „Haß zwischen Deutschen und Deutschen"[52], da es nun „Deutsche erster und zweiter Klasse"[53]

---

39 O. V., Meldungen, in: TAZ, 27.04.1993.
40 Grass, Das geschändete Bild, in: NGA 22, S. 495.
41 Grass, Bitterfelder Rede, in: NGA 22, S. 514; vgl. Grass, Schnäppchen namens DDR, in: NGA 22, S. 478.
42 Grass, Einige Ausblicke vom Platz der Angeschmierten, in: NGA 22, S. 451.
43 Grass, Die Wiedervereinigung als andauernde Aufgabe, in: NGA 23, S. 359–360.
44 Grass, Rede über den Standort, in: NGA 23, S. 166.
45 Grass, Rede vom Verlust, in: NGA 23, S. 43–44.
46 Grass, Rede vom Verlust, in: NGA 23, S. 43; Grass, Ein Schnäppchen namens DDR, in: NGA 22, S. 486; Grass, Rotgrüne Rede, in: NGA 23, S. 213.
47 Grass, Bitterfelder Rede, in: NGA 22, S. 515.
48 Grass, Die Wiedervereinigung als andauernde Aufgabe, in: NGA 23, S. 363.
49 Grass, Rede über den Standort, in: NGA 23, S. 165.
50 Grass, Die Wiedervereinigung als andauernde Aufgabe, in: NGA 23, S. 364.
51 Grass, Ein Schnäppchen namens DDR, in: NGA 22, S. 498.
52 Grass, Ein Schnäppchen namens DDR, in: NGA 22, S. 479.
53 Grass, Ein Schnäppchen namens DDR, in: NGA 22, S. 479.

gebe. In der Berliner Republik führe dies zu Folgendem: „Fremd, nein, einander noch fremder geworden, leben wir Deutschen neben- und gegeneinander"[54]. Grass kam 1991 zu dem ernüchternden Fazit, dass die Deutsche Einheit „keine wirkliche Veränderung, nur eine behauptete Einheit (bei sozialer Teilung) brachte"[55]. Durch das Gefühl der Ostdeutschen, ein „ewige[r] underdog"[56] zu sein, bekäme zudem Fremdenhass „Konjunktur"[57]. Grass fragte sich 1990 bereits: „Sind die Deutschen wieder zum Fürchten?"[58] und sprach 1992 vom „häßliche[n] Deutsche[n]"[59] (vgl. IV. Kap. 4.1). Er kam daher zu dem Fazit, dass seine „trübsten Prognosen"[60] übertroffen worden seien. Die Bezeichnung „Schwarzseher der Nation"[61] sei damit ein „unverdienter Titel"[62].

Als politischen Ausweg und als *Problemlösung* empfahl Günter Grass, den Einigungsvertrag zu revidieren, eine neue Verfassung zu verabschieden und einen weitergehenden Lastenausgleich anzustreben.[63] Die Deutsche Einheit stellte für den Intellektuellen ein Verfassungsbruch dar, da „die Möglichkeit einer Verfassungsdiskussion, an der die Bürger beider Staaten sich hätten beteiligen können, nicht genutzt worden [sei]. Bevor man sich einig war, stand die Einheit auf dem Papier."[64] Statt die Bürger an diesem Diskurs zu beteiligen, sei diese Frage „einzig als Parteiensache – unter Ausschluß der Öffentlichkeit –, irgendwo im Verborgenen [durch] eine Verfassungskommission"[65] untersucht worden. Als Verfassungspatriot war es ihm wichtig, das Grundgesetz nicht als „ein leeres Versprechen"[66] zu betrachten, sondern es zu verteidigen. Als sich 1998 die „schöne Möglichkeit [...], auf demokratische Weise einen Machtwechsel zu bewirken"[67] ergab, forderte der Intellektuelle die neue Regierung auf, „die deutsche Einheit zu vollenden"[68]. Bereits

---

54 Grass, Bitterfelder Rede, in: NGA 23, S. 519.
55 Grass, Tagebuch 1990, 31.01.1991, S. 250.
56 Grass, Ein Schnäppchen namens DDR, in: NGA 22, S. 480.
57 Grass, Ein Schnäppchen namens DDR, in: NGA 22, S. 480.
58 Grass, Ein Schnäppchen namens DDR, in: NGA 22, S. 484.
59 Grass, Rede vom Verlust, in: NGA 23, S. 42.
60 Grass, Bitterfelder Rede, in: NGA 22, S. 513; vgl. Grass, Rede über den Standort, in: NGA 23, S. 488.
61 Grass, Bitterfelder Rede, in: NGA 22, S. 513; Dieckmann / Siemes, Großer Hofferei hing ich nie an, in: Die Zeit, 22.01.2009.
62 Grass, Bitterfelder Rede, in: NGA 22, S. 513.
63 Grass, Bitterfelder Rede, in: NGA 22, S. 523–524.
64 Grass, Die Wiedervereinigung als andauernde Aufgabe, in: NGA 23, S. 361.
65 Grass, Rede vom Verlust, in: NGA 23, S. 57.
66 Grass, Der Versuch öffentlicher Dreinrede, in: NGA 23, S. 81.
67 Grass, Rotgrüne Rede, in: NGA 23, S. 213.
68 Günter Grass, Das Haus in der Stadt der sieben Türme, in: NGA 23, S. 372.

2005 nahm Grass wahr, dass sich in der Regierungszeit Schröders nichts verändert habe: „Weder ist es der Regierung Kohl noch der Regierung Schröder gelungen, die anfangs gemachten Fehler auszugleichen."[69] Auch unter Angela Merkel wurde das Thema Deutsche Einheit nicht aufgegriffen, sodass Günter Grass 2011 konstatierte: „Mehr als zwanzig Jahre ist es her und hatte dem Eigenlob dienliche Feiern zur Folge."[70] Aufgrund des ausbleibenden, politischen Diskurses betrachtete es der Intellektuelle als seine Aufgabe, in wiederholender „Sisyphus-Arbeit"[71] in der Öffentlichkeit daran zu erinnern, dass die Wiedervereinigung „uneingelöst [ist], noch immer. Eine Daueraufgabe, der kein Ende abzusehen ist."[72] Es war sein *Problemziel*, die „gelebte deutsche Einheit"[73] und den „sozialen Konsens"[74] zu erreichen.

Dafür verwendete Günter Grass primär ein *soziales* Deutungsmuster, um die gesellschaftliche Ungerechtigkeit zulasten der Ostdeutschen deutlich zu machen. Er erinnerte angesichts der wirtschaftlichen Kosten daran, dass der Westen dem Osten *historisch* verpflichtet sei. Grass forderte, den moralischen Profit nicht in den Vordergrund zu stellen, sondern die Menschen bei den *ökonomischen* Transformationsprozessen mehr zu beachten. Die *kulturelle* Identität sah er bei dieser inneren Einigung als einen wichtigen Faktor an. Als *öffentlicher Intellektueller* versuchte Günter Grass, den Umbruch nach der Deutschen Einheit als Sprecher für die Ostdeutschen direkt zu beeinflussen.

3.2 Öffentlicher Diskurs: Das Narrativ „Ostdeutsche als Verlierer der Einheit"

3.2.1 Kommunikativer Einsatz für die Ostdeutschen

Günter Grass erinnerte in der Berliner Republik hartnäckig an die nicht abgeschlossene, innere Einheit und die dadurch bedingten Folgen für die Ostdeutschen. Es lassen sich vier Phasen unterschiedlicher Intensität in Günter Grass' Engagement für Ostdeutsche in der Berliner Republik feststellen (vgl. Tabelle 20). Von 1991 bis 1995 wies der Intellektuelle vor allem in Gesprächen und Reden auf

---

69 Grass, Freiheit nach Börsenmaß, in: NGA 23, S. 422.
70 Günter Grass, Die Steine des Sisyphos, in: NGA 23, S. 491.
71 Grass, Die Wiedervereinigung als andauernde Aufgabe, in: NGA 23, S. 361–362.
72 Grass, Die Wiedervereinigung als andauernde Aufgabe, in: NGA 23, S. 361–362.
73 Grass, Rede über den Standort, in: NGA 23, S. 181.
74 Grass, Rede über den Standort, in: NGA 23, S. 181.

die wirtschaftlichen und sozialen Auswirkungen der Einheit hin. Von 1995 bis 1996 stand sein literarisches Werk *Ein weites Feld* im Mittelpunkt des Diskurses. Im Anschluss versuchte er, das Thema von 1997 bis 1999 präsent zu halten, was allerdings nur im Zusammenhang mit den Jahrestagen des Mauerfalls gelang. Ab 2000 wurde Grass kaum noch im Kontext der Einheit erwähnt, bis er im Jubiläumsjahr 2009 eine breite Resonanz durch die Veröffentlichung seines Tagesbuchs aus dem Jahr 1990 unter dem Titel *Unterwegs von Deutschland nach Deutschland* erzielte.

Tabelle 20: Günter Grass' Engagement nach der Deutschen Einheit in vier Phasen (1991–2015).

Phase 1: Kommentare zu den Folgen der Einheit 1991–1994				
Input	Titel	Datum	Zeitung/Ort	MR
Rede	*Bitterfelder Rede* Ausstellungseröffnung *Totes Holz*	02.10.1991	Wochenpost, 10.10.1991	5
Gespräch	*Nachdenken über Deutschland II* Grass und Stefan Heym im Goethe-Institut	17.12.1991	Brüssel, FR 21.12.1991	4
Gespräch	*Es gibt sie längst, die neue Mauer* Gespräch mit Christoph Hein	07.02.1992	Die Zeit, 07.02.1992	1
Literatur	*Unkenrufe*	1992		33
Rede	*Rede vom Verlust* Bertelsmann-Reihe Reden über Deutschland	18.11.1992	München, SZ, 21.11.1992	15
Literatur	*Novemberland*	1993		1
Artikel	*Ein Zug, nicht aufzuhalten*	01.11.1993	Der Spiegel	1
Artikel	*Blindstellen auf der Spur.* 20 Jahre *poet in residence*	15.02.1994	Essen, Universität	
Aufsatz	*Der Versuch öffentlicher Dreinrede*	Febr. 1994	*Partei zu ergreifen*	
Gespräch	Martin Walser	18.10.1994	NDR	2
Phase 2: Literarische Verarbeitung in *Ein weites Feld* 1995–1996				
Interview	*Hauptärgernis ist die Literaturkritik*	07.01.1995	SZ	2
Lesung	Lesung in der Jüdischen Gemeinde mit Marcel Reich-Ranicki	25.04.1995	Frankfurt	5
Roman	*Ein weites Feld*	08 / 1995	Steidl	161
Interview	*Der Leser verlangt nach Zumutungen!*	17.08.1995	Stern	1

Tabelle 20 (fortgesetzt)

Input	Titel	Datum	Zeitung/Ort	MR
Interview	Ich will mich nicht auf die Bank der Sieger setzen	07.10.1995	FAZ	1
Interview	Wer unterliegt, wird dämonisiert	10.10.1995	Stuttgarter Nachrichten	0
Interview	Wir sind als Richter untauglich!	24.11.1995	Die Woche	0
Rede	Eine deutsche Biografie Fallada-Preis	26.02.1996	Der Schriftsteller als Zeitgenosse	0
Rede	Kein Papst ahnt, wie überlebensfähig Ketzer sind. Sonning-Preis	19.04.1996	Die Woche, 26.04.1996	2
Rede	Joseph wird abgeschoben Thomas-Mann-Preis	05.05.1996	Die Woche, 25.06.1996	2
Interview	An der Seite der Verlierer	23.05.1996	Ostsee-Zeitung (OZ)	0
Sammlung	Der Schriftsteller als Zeitgenosse	12 / 1996	Steidl Verlag	0
Phase 3: Aktualisierung im Zuge eines Regierungswechsels? 1997–2000				
Rede	Rede über den Standort	23.02.1997	Dresden, FR, 24.02.1997	16
Gespräch	mit Gordon Craig	08.10.1997	SZ	1
Interview	Nicht von der Bank der Sieger aus	16.10.1997	Deutschlandfunk	1
Interview	Die Intellektuellen und die Deutsche Einheit mit Ingeborg Villinger		Buchveröffentlichung	0
Interview	Ich bin ein lebenslustiger Pessimist	01.07.1999	Die Zeit	1
Gespräch	Zivilisiert endlich den Kapitalismus mit Pierre Bourdieu	02.12.1999	Die Zeit	1
Gespräch	Mit Martin Walser	26.09.1999	NDR	4
Phase 4: Erinnerung an die Wendezeit auch außerhalb der Jahrestage 2000–2015				
Interview	Die Schnecke bleibt beharrlich	27.10.2001	FAZ	1
Rede	Die Wiedervereinigung als andauernde Aufgabe	24.05.2002	Seoul, Korea	0
Interview	Immer noch ein weites Feld	11.08.2005	MDR Figaro	1
Interview	Großer Hofferei hing ich nie an	22.01.2009	Die Zeit	1

Tabelle 20 (fortgesetzt)

Input	Titel	Datum	Zeitung/Ort	MR
Tagebuch	Unterwegs von Deutschland nach Deutschland Tagebuch 1990	2009		42
Interview	Im Vakuum heiter bleiben	31.07.2009	FR	0
Interview	Leisetreter gab es genug	04.03.2010	Die Zeit	1
Rede	Beerdigung Christa Wolf	14.12.2011		2
Gedichte	Eintagsfliegen	2012		0

Die Rollen des Intellektuellen und des Schriftstellers vermischen sich bei diesem Fallbeispiel untrennbar, denn Günter Grass thematisierte die Folgen der Deutschen Einheit in Form von publizierten Interviews und Reden sowie in literarischer Form. Die meisten Interviews wurden wenig kommentiert, während seine Reden breite Beachtung bis ins Ausland fanden.[75] Zudem veröffentlichte der Schriftsteller die Gedichtsammlung *Novemberland* und den Roman *Ein weites Feld* (1995), in denen er die Folgen der Einheit literarisch verarbeitete (vgl. IV. Kap. 3.2.3). Zuletzt erlangte Grass durch sein Tagebuch *Unterwegs von Deutschland nach Deutschland* (2009) aus dem Jahr 1990 noch einmal die Aufmerksamkeit für das Thema, das er im Wahlkampf und im Gespräch mit Politikern präsentierte (vgl. IV. Kap. 3.2.4). Diese Veröffentlichungen und Reden erzeugten einzelne Höhepunkte in seiner Medienresonanz (vgl. Abbildung 18). Der Intellektuelle wird durch sein Engagement in der Presse kontinuierlich mit dem Thema Wiedervereinigung in Verbindung gebracht, auch ohne eigene Aktivität.

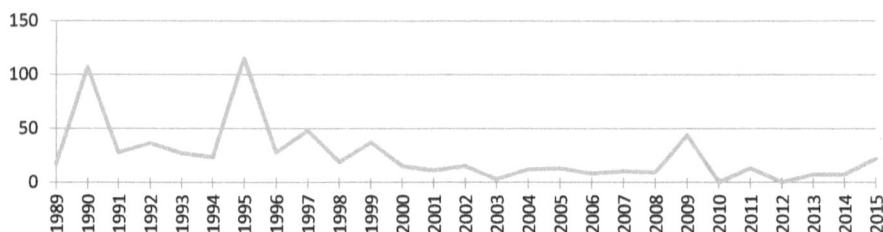

Abbildung 18: Günter Grass' Medienresonanz zur Deutschen Einheit von 1989–2015 (Quelle: Eigene Darstellung).

---

75 Grass' *Rede vom Verlust* wurde im *Independent* in England abgedruckt. Vgl. Gina Thomas, Hammer und Hitler, in: FAZ, 22.02.1993; Birgit Weidinger, England denkt über die „Krauts" nach, in: SZ, 03.03.1993.

Grass rief mit seinen intellektuellen Äußerungen und seinen Veröffentlichungen eine unmittelbare Reaktion bei Politikern hervor, denn seine Beiträge polarisierten, wie es bereits im Einheitsdiskurs geschah. Es lassen sich zwei Beispiele für eine derartige politische Wirkung des Intellektuellen herausarbeiten: erstens ein Gespräch mit Stefan Heym in Brüssel im Dezember 1991 und zweitens seine *Rede vom Verlust* 1992 sowie die *Rede über den Standort* 1997.

3.2.1.1 Politische Resonanz auf das Gespräch mit Stefan Heym in Brüssel

Günter Grass führte viele Gespräche mit Schriftstellern und Intellektuellen über die Einheit, aber die Veranstaltung mit Stefan Heym verursachte nicht nur in den Medien Wirkung, sondern wurde auch von Politikern heftig kritisiert. Grass und Heym wurden vom Goethe-Institut für eine „Bestandsaufnahme aus heutiger Sicht"[76] zur Neuauflage eines Gesprächs aus dem Jahr 1984 nach Brüssel eingeladen. Dort betonten beide Schriftsteller am 17. Dezember 1991, wie sehr die Einheit missglückt sei, und wiederholten damit ihre bereits mehrfach öffentlich geäußerten Ansichten. Diesmal gab es darauf eine politische Reaktion, die Grass selbst wie folgt beschrieb: „Stefan Heym und ich [...] mußten anschließend erleben, daß sich der Botschafter der Bundesrepublik weigerte, auch nur ein einziges (von mir aus nichtssagendes) Wort mit uns zu wechseln."[77] Selbst Helmut Kohl nahm auf dem Parteitag der CDU am 15. Dezember 1991 dazu Stellung:

> Wie weit hat sich doch dieser gefeierte Schriftsteller von der Wirklichkeit der Menschen in unserem Land entfernt! Nach meinem Verständnis kennzeichnet es einen Schriftsteller, daß er ein ausgeprägtes Gespür für das hat, was die Menschen bewegt. Was eigentlich müssen angesichts solcher Äußerungen Millionen empfinden, deren Sehnsucht nach Freiheit und Einheit sich endlich [...] erfüllte?[78]

Der Bundeskanzler stellte somit infrage, dass Grass sich für die Ostdeutschen ausspreche, dabei sollten sie „aufgrund ihrer besonderen Sensibilität eigentlich dazu berufen sein [...], geschichtliche Vorgänge zu begreifen"[79]. Kohl wandte sich daraufhin in einem Brief an Hans Heigert, Präsident des Goethe-Instituts (1989–1993), in dem er den „skandalösen Auftritt"[80] der Schriftsteller als „Schande für unser

---

76 Deutscher Bundestag, Schriftliche Fragen mit den in der Woche vom 3. Februar 1992 eingegangenen Antworten der Bundesregierung, 07.02.1992.
77 Günter Grass, Brief an Stephan Nobbe, 28.7.1992, in: AdK, GGA, Signatur 10431.
78 Helmut Kohl zitiert nach: Neumann, Alles gesagt?, S. 422.
79 Helmut Kohl zitiert nach: Neumann, Alles gesagt?, S. 422.
80 Helmut Kohl, Brief an Hans Heigert, 18.12.1991, in: AdK, GGA, Signatur: 11457, abgedruckt in: Neumann, Alles gesagt? S. 428. Stefan Heym bekam die Echtheit dieses Briefes von Kohl bestätigt. Vgl. Stefan Heym, Brief an Helmut Kohl, 20.09.1995; Helmut Kohl, Brief an Stefan Heym, 25.09.1995, in: AdK, GGA, Signatur 11457.

Land"[81] bezeichnete. Er bekundete, dass seine Skepsis über die Offenheit der Goethe-Institute „noch weiter gewachsen"[82] sei. Der Bundeskanzler bezweifelte, ob Deutschland im Ausland richtig repräsentiert würde.[83] Er freue sich schon auf eine anschließende Auseinandersetzung im Bundestag zu diesem Thema.[84]

Die Veranstaltung war Inhalt von zwei Anfragen im Bundestag an die Bundesregierung. Zum einen bezweifelte Klaus-Dieter Uelhoff (CDU) die inhaltliche Ausgeglichenheit des Goethe-Instituts. Er stellte infrage, ob „eine derartige Podiumsdiskussion geeignet [sei], unseren europäischen Nachbarn das Selbstverständnis des geeinten Deutschlands näherzubringen"[85]. Albert Probst (CSU) wollte zudem wissen, wer für die Auswahl der Teilnehmer verantwortlich sei.[86] Staatsministerin Ursula Seiler-Albring (FDP) rechtfertigte das Vorgehen im Auftrag des zuständigen Außenministers Hans-Dietrich Genscher. Die Aufgabe des Goethe-Institutes sei es, ein „ausgewogenes und realistisches Bild des gesamten Spektrums unseres Landes"[87] im Ausland zu präsentieren, und dazu gehöre auch eine „Minderheitsmeinung von Grass und Heym"[88]. Sie verwies auf eine „auf Offenheit und Diskussion angelegte[...] auswärtige[...] Kulturpolitik"[89], bei der „auch kritische, von den Auffassungen der Mehrheit abweichende Meinungen nicht verschwiegen werden"[90] sollten. Als Begründung für die Auswahl der Schriftsteller nannte sie deren „überwiegend kontroversen öffentlichen Aufmerksamkeitswert"[91]. Auch in der Presse wurde kritisiert, wie lange Genscher „als zur Aufsicht verpflichtet, tatenlos diesem Treiben zuschauen gedenkt"[92]. „Diese Art

---

81 Helmut Kohl, Brief an Hans Heigert, 18.12.1991, in: Neumann, Alles gesagt? S. 428.
82 Helmut Kohl, Brief an Hans Heigert, 18.12.1991, in: Neumann, Alles gesagt? S. 428.
83 Hilmar Hoffmann, „Ihr naht Euch wieder, schwankende Gestalten". Erinnerungen, Neufassung, Hamburg 1999, S. 445.
84 Helmut Kohl, Brief an Hans Heigert, 18.12.1991, in: Neumann, Alles gesagt? S. 428.
85 Deutscher Bundestag, Schriftliche Fragen mit den in der Woche vom 27. Januar 1992 eingegangenen Antworten der Bundesregierung, 31.01.1992.
86 Deutscher Bundestag, Schriftliche Fragen vom 3. Februar 1992.
87 Deutscher Bundestag, Schriftliche Fragen vom 3. Februar 1992.
88 Deutscher Bundestag, Schriftliche Fragen vom 3. Februar 1992.
89 Deutscher Bundestag, Schriftliche Fragen vom 27. Januar 1992.
90 Deutscher Bundestag, Schriftliche Fragen vom 27. Januar 1992.
91 Deutscher Bundestag, Schriftliche Fragen vom 3. Februar 1992; vgl. o. V., „Das häßliche deutsche Haupt", in: Der Spiegel, 02.02.1992.
92 O. V., Goethe-Institut: Grass hetzt weiter, in: Deutschland-Magazin (02 / 1992); vgl. o. V. „Das häßliche deutsche Haupt", in: Der Spiegel, 02.02.1992: moc., Grass und Heym, in: FAZ, 18.12.1991; o. V., Unterm Strich, in: TAZ, 20.12.1991.

übelster Staatsverleumdung"[93] erfolge „ausgerechnet zu einem Zeitpunkt [...], zu dem sich wieder einmal in bestimmten Medien Englands, Frankreichs und der USA die Hetze gegen das angeblich zu mächtig gewordene Deutschland überschlägt"[94].

Stefan Heym und Günter Grass vertraten öffentlich als Intellektuelle eine Minderheitsmeinung und wiesen kritisch auf die negativen Folgen der Einheit vor allem für die Ostdeutschen hin. Ihre kritischen Äußerungen im Ausland stießen 1992 nicht nur in der Öffentlichkeit, sondern auch bei Politikern auf negative Resonanz. Aus diesem Grund gerieten sowohl das Goethe-Institut als auch der zuständige Minister Genscher unter Druck. Dass eine Veranstaltung ein derartiges Politikum werden konnte, belegt wie energisch der Kampf um das Deutungsmonopol über die Deutsche Einheit vom herrschenden Diskurs geführt wurde.

3.2.1.2 Die kommunikative Macht der intellektuellen Rede

Günter Grass thematisierte seine Distanz zu der neu entstandenen Berliner Republik darüber hinaus in verschiedenen öffentlichen Beiträgen. Seine *Rede vom Verlust* (1992) sowie die *Rede über den Standort* (1997) führten zu Reaktionen von Politikern, wie in diesem Kapitel dargestellt wird. Er nutzte die Gelegenheiten, um „den Parteien [...] die Leviten"[95] zu lesen und eine „schonungslos[e] Bilanz der deutschen Einheit"[96] zu ziehen. Er klagte über die fehlende Streitkultur in der Berliner Republik, da der „anstrengende, weil in der Regel fordernde Umgang mit Intellektuellen"[97] grundsätzlich fehle. Für ihn war „dieses Reden ohne Echo [...] eine neue und auf Dauer nicht besonders stimulierende Disziplin"[98]. Er bekundete, dass seine Kritik nur „bei den Betroffenen zwischen Erzgebirge und Ostsee, die aber in der Regel wie ohne Stimme sind"[99], auf Resonanz träfe. Grass erwähnte die Reden zudem in seinen Briefen an Politiker, um sie auf deren Inhalt hinzuweisen.[100]

Anhand der Korrespondenz von Günter Grass lässt sich belegen, dass diese Texte bei einigen wenigen Politikern der SPD eine Reaktion hervorriefen. Die

---

93 O. V., Goethe-Institut: Grass hetzt weiter, in: Deutschland-Magazin (02 / 1992).
94 O. V., Goethe-Institut: Grass hetzt weiter, in: Deutschland-Magazin (02 / 1992).
95 Jens Schneider, Von Habgier und Heuchelei, in: SZ, 25.02.1997.
96 Jens Schneider, Von Habgier und Heuchelei, in: SZ, 25.02.1997.
97 Grass, Rede vom Verlust, in: NGA 23, S. 57.
98 Grass, Rede vom Verlust, in: NGA 23, S. 57.
99 Günter Grass, Brief an Hans-Jochen Vogel, 23.09.1997, in: AdK, GGA, Signatur 14582.
100 Vgl. Günter Grass, Brief an Johannes Rau, 27.11.1992, in: AdK, GGA, Signatur 14220/AdsD, Bestand Johannes Rau JRAC000939; Günter Grass, Brief an Wolfgang Thierse, 30.09.1991, in: AdK, GGA, Signatur 14513.

Rede vom Verlust wurde vor allem im Zuge des kurz danach erfolgten Parteiaustrittes von ihnen aufgegriffen (vgl. IV. Kap. 3.3.2). Hans-Jochen Vogel wandte sich nach der *Rede über den Standort* an Günter Grass, nachdem der Kontakt „in den letzten Jahren völlig abgerissen"[101] war. Er bekundete: „Auf meine Weise entwickle ich [...] Gedanken, die offenbar von den Ihren an einer ganzen Reihe von Stellen nicht so weit entfernt sind, wie andere es eventuell vermuten."[102] Der Politiker dankte dem Intellektuellen „für nicht wenige Einsichten und Anregungen, die mir durch Ihr literarisches Werk, Ihre Reden und während meiner Berliner Jahre auch im persönlichen Gespräch vermittelt worden sind"[103]. Auch Johannes Rau betonte: „Mir scheint, daß wir diesen eigensinnig-rebellischen Blick auf die Welt [...] brauchen"[104]. Er ermunterte den Intellektuellen, „an seinem aufklärerischen Engagement"[105] festzuhalten, „auch wenn die Zeiten nicht danach zu sein scheinen, und auch wenn manche Schriftstellerkollegen ein wenig müde geworden sind ..."[106]. Die Politiker ermutigten den Intellektuellen somit, weiterhin seine Stimme zu erheben.

Bei ostdeutschen Bürgerrechtlern und Politikern riefen Grass' Reden eine kontroverse Resonanz hervor. Während Friedrich Schorlemmer seinen Dank aussprach „für alles, was Sie für uns im Osten tun, auch wenn vieles vergeblich scheint"[107], äußerte sich Joachim Gauck kritisch. Er war sich sicher, dass Grass mit seinen Worten gerade „die Unbelehrten im Osten Deutschlands"[108] bestärke. Er habe gerade „jene Ossi-Köpfchen gekrault, die besonders unaufgeklärt und – dies ist noch schlimmer – besonders aufklärungsempfindlich sind."[109] Der Intellektuelle wird öffentlich einerseits als „Anwalt des Ostens"[110] und anderseits mit seinen „Belehrungen und Bevormundungen"[111] als „Oberlehrer"[112] wahrgenommen. Er selbst bezeichnete sich als „jemand, der sich anmaßt, über Verhältnisse

---

101 Hans-Jochen Vogel, Brief an Günter Grass, 15.04.1997, in: AdK, GGA, Signatur 12992.
102 Hans-Jochen Vogel, Brief an Günter Grass, 15.04.1997, in: AdK, GGA, Signatur 12992. Er sendete die Texte „Ein Spiel mit dem Feuer" sowie „Einen Grundkonsens aufkündigen" mit.
103 Hans-Jochen Vogel, Brief an Günter Grass, 15.04.1997, in: AdK, GGA, Signatur 12992.
104 Johannes Rau, Brief an Günter Grass, 23.10.1997, in: Neumann, Alles gesagt?, S. 521.
105 Johannes Rau, Brief an Günter Grass, 23.10.1997, in: Neumann, Alles gesagt?, S. 521.
106 Johannes Rau, Brief an Günter Grass, 23.10.1997, in: Neumann, Alles gesagt?, S. 521.
107 Friedrich Schorlemmer, Brief an Günter Grass, 22.02.1993, in: AdK, GGA, Signatur 12574.
108 Joachim Gauck, Vergangenheit als Last, zitiert nach: Neumann, Alles gesagt?, S. 511.
109 Joachim Gauck, Einheit. Noch lange fremd, in: Der Spiegel, 28.09.1997.
110 Volker Braun, Vorrede zu Günter Grassens *Rede über den Standort* (1997), in: Pezold, Günter Grass, S. 208–211, hier S. 209.
111 Matthias Rein, Schwierige Zeiten für Päpste, in: SZ, 13.02.2009.
112 Fritz J. Raddatz, Zusammengeharkte Blütenlese, in: Die Zeit, 19.12.1996.

zu reden, die ihn nicht geprägt haben, in denen er nicht leben mußte, die ihm, bei aller versuchten Annäherung, fernbleiben"[113]. Nur wenige betonten, er habe „recht behalten, dieser Günter Grass, ein Patriot, der nicht dem Taumel der Vereinigung verfiel"[114]. Eine diskursive Auseinandersetzung über die Folgen der Deutschen Einheit konnte der Intellektuelle dadurch nicht auslösen, sodass der Anstoß nach kurzer Zeit verhallte.

3.2.2 Wahlkampf für Wolfgang Thierse in Berlin (1994)

Öffentliche Auftritte mit westdeutschen Politikern, wie dem Parteivorsitzenden Rudolf Scharping, lehnte Günter Grass im Wahlkampf 1994 ab.[115] Der Schriftsteller engagierte sich lediglich für den ostdeutschen SPD-Kandidaten Wolfgang Thierse. Bereits nach der Wahl 1990 gab Grass ihm folgenden Ratschlag mit auf dem Weg: „Ich bitte Sie und alle ehemaligen DDR-Sozialdemokraten, die ostdeutsche Zurückhaltung aufzugeben, vernehmlich, fordernder und selbstbewußter aufzutreten [...]."[116] Eine Empfehlung, die er bereits auf dem Ost-SPD-Parteitag den Parteimitgliedern gab (vgl. IV. Kap. 2.2.3). Thierse erklärte auf Nachfrage, dass es sich dabei um ein

> [...] *cantus firums* bei Günter Grass auch mir persönlich gegenüber [handelte]. Immer hat er zu mir gesagt: Wolfgang, du musst lauter werden, du musst energischer werden, du musst polemischer werden. Und er war in dieser Hinsicht nie zufrieden mit mir, weil meine Art ja ist, auch in Wahlkämpfen nicht so sehr draufzuhauen auf den anderen, sondern möglichst einladend zu argumentieren und den anderen mitzunehmen.[117]

Er versprach, den Ratschlag zu berücksichtigen, und sandte beispielhaft zwei Reden, „in denen ich versucht habe, etwas von dem zu verwirklichen, was Sie von mir und uns wünschen. Es reicht gewiß noch nicht! Ich wünsche mir sehr, daß Sie mich und uns weiter kritisch und fordernd begleiten."[118] Bemerkenswert ist, dass Thierse diesen Brief an die Mitglieder des *Arbeitskreises IX Neue Länder/ Deutschlandpolitik der SPD* als „Aufmunterung für unsere gemeinsame Arbeit"[119] weiterleitete.

---

113 Grass, Bitterfelder Rede, in: NGA 22, S. 511.
114 Elisabeth Bauschmid, Deutsche Maßlosigkeit und Mängel, in: SZ, 19.11.1992.
115 Vgl. Günter Grass, Brief an Rudolf Scharping, 27.04.1994, in: AdK, GGA, Signatur 14306.
116 Günter Grass, Brief an Wolfgang Thierse, 07.02.1991, in: AdK, GGA, Signatur 14513.
117 Wolfgang Thierse, 03.03.2020.
118 Wolfgang Thierse, Brief an Günter Grass, 27.02.1991, in: AdK, GGA, Signatur 12857.
119 Wolfgang Thierse, Brief an die Mitglieder des Arbeitskreises IX Neue Länder / Deutschlandpolitik der SPD-Bundestagsfraktion, 27.02.1991, in: AdsD, Bestand Wolfgang Thierse, 1/WTAA000014.

Im Wahlkampf 1994 erklärte sich Günter Grass in einem Interview bereit, „die eine oder andere Wahlveranstaltung mit Thierse oder mit Regine Hildebrandt zu bestreiten"[120]. Thierse beschreibt die dreifache Motivation für Grass' Aktivitäten in seinem Wahlkreis: 1. Die Chance, sich für die Sozialdemokratie im Wahlkampf einzusetzen, ohne seine Position gegenüber der SPD nach dem Parteiaustritt (vgl. IV. Kap. 3.3.2) revidieren zu müssen. 2. Ein Einsatz für den ostdeutschen Wolfgang Thierse und die Ost-SPD. 3. Seine Verärgerung über Stefan Heyms PDS-Kandidatur. Der Politiker erklärte, dass Grass es Heym „persönlich übelgenommen hat, dass er gegen mich kandidiert hat, dass er sich von der PDS von Gregor Gysi, von seiner Eitelkeit hat instrumentalisieren lassen"[121]. Der Politiker wandte sich daraufhin in einem Brief an den Intellektuellen, da er „wahrlich der Unterstützung"[122] bedürfe. „Die Initiative ging von Günter Grass aus"[123], betonte Thierse, aber „ich habe natürlich das Angebot dankend angenommen, weil ich gedacht habe, so ein berühmter Autor, ein so eloquenter Mann, ein so erfahrener Wahlhelfer, warum sollte ich das ablehnen in so einer schwierigen Wahlkampfsituation."[124] Der Intellektuelle war als Organisator politischer Öffentlichkeit im Wahlkampf gefragt.

Ein erstes Gespräch fand am 9. März 1994 statt. Es folgten weitere Abstimmungstermine mit dem Büro der Wählerinitiative.[125] Am 26. April 1994 präsentierte Günter Grass die *Wählerinitiative für Thierse* auf einer Pressekonferenz. Zudem war er prominenter Name auf dem Wahlaufruf und auch auf weiteren Anzeigen. Abschließend trat er gemeinsam mit Thierse bei einer Podiumsdiskussion am 7. September 1994 in Berlin auf.[126] Der Politiker betonte rückblickend den Vorteil, den ein derartiges Engagement für ihn hatte: „Prominenz zieht an für eine Veranstaltung, wohl wissend, dass die, die da kommen, natürlich eher schon zu uns gehören, der SPD zugeneigt sind oder Wolfgang Thierse zugeneigt sind. Aber trotz[dem] ist da ein Öffentlichkeitsgewicht dabei."[127] Grass' Wahlhilfe stieß auf erhebliche

---

120 O. V., Ein Stück, das keiner spielt, in: Wochenpost, 27.01.1994; vgl. Ekkehart Baumgartner, Zurückgetreten, um sich selbst treu zu bleiben, in: FR, 16.01.1993.
121 Wolfgang Thierse, 03.03.2020; vgl. Stefan Heym, Brief an Günter Grass, 28.04.1994 sowie 04.05.1994, in: AdK, GGA, Signatur 11457.
122 Wolfgang Thierse, Brief an Günter Grass, 11.02.1994, in: AdK, GGA, Signatur 12857.
123 Wolfgang Thierse, 03.03.2020.
124 Wolfgang Thierse, 03.03.2020.
125 Zwei Termine lassen sich am 26.04. und 28.06.1995 in Grass' Kalender finden. Vgl. Günter Grass, Arbeitskalender 1994, in: GUGS.
126 Vgl. Günter Grass, Brief an Wolfgang Thierse, 29.04.1994 sowie 31.05.1994, in: AdK, GGA, Signatur 14513; Günter Grass, Arbeitskalender 1994, in: GUGS.
127 Wolfgang Thierse, 03.03.2020.

Medienresonanz, besonders in der Lokalpresse.[128] Der Nachteil einer derartigen Unterstützung von Intellektuellen zeigte sich bei dem gemeinsamen Auftritt, da man „bei Autoren, je prominenter, desto weniger, vorhersagen kann, was sie sagen werden. Sie sind Irrlichter, sie sind nicht berechenbar, sie sind nicht domestizierbar. Den Versuch habe ich auch nicht unternommen."[129] Grass' Aussagen über die Einheit führten zu „minutenlange[m], depressive[m] Schweigen"[130] bei Wolfgang Thierse. Er kommentiert diese Situation selbst rückblickend damit, dass er sich damals die Frage stellte: „Soll ich ihm widersprechen? Da dachte ich, das wird in diesem Moment ziemlich unangenehm, ihm zu widersprechen und wir machen einen Streit. Ihm zu widersprechen heißt, ihn erst recht in Fahrt zu bringen. Da habe ich mir gesagt, das lasse ich so stehen."[131] Hier zeigt sich, dass der Politiker eine von Grass abweichende Haltung hinsichtlich der Deutschen Einheit vertrat (vgl. IV. Kap. 3.2.4).

Der Intellektuelle diente nicht nur als prominentes Aushängeschild, sondern gab dem Politiker aufgrund seiner langjährigen Erfahrungen Anregungen hinsichtlich der Ausgestaltung des Wahlkampfes.[132] Er empfahl Thierse beispielsweise, „die Arbeit der Wählerinitiative – so lautet mein Rat – auf das Für Thierse [zu] konzentrieren"[133]. Er wies darauf hin, dass der Sieg der Sozialisten in Ungarn die PDS stärken könnte.[134] Grass agierte auch als Formulierungshelfer und verfasste Slogans, warum er für Wolfgang Thierse werbe, wie beispielsweise: „Als Stimme der Ostdeutschen hat er sich mit Vorrang und als tätiger Anwalt für die Schwachen und Benachteiligten verwendet."[135] Er verfasste zudem den Text für einen Wahlaufruf und regte ein gemeinsames Plakat mit Regine Hildebrandt und Wolfgang Thierse an.[136] Er gab dem Politiker auch organisatorische Hinweise, zum Beispiel folgender: Die „Namen der Unterzeichner [erlauben] bei guter Planung eine Vielzahl von Veranstaltungen"[137]. Grass nannte weitere Intellektuelle, die man für ein Engagement

---

128 Vgl. Jens König, Westdeutscher als die Westdeutschen, in: TAZ, 15.09.1994; Jens Jessen, Schild und Schwert, in: FAZ, 05.10.1994; o. V., Pressedokumentation zur Wählerinitiative, in: AdK, GGA, Signatur 12857.
129 Wolfgang Thierse, 03.03.2020.
130 Jens Jessen, Schild und Schwert, in: FAZ, 05.10.1994.
131 Wolfgang Thierse, 03.03.2020.
132 Vgl. Wolfgang Thierse, Brief an Günter Grass, 10.06.1994, in: AdK, GGA, Signatur 12857.
133 Günter Grass, Brief an Wolfgang Thierse, 29.04.1994, in: AdK, GGA, Signatur 14513.
134 Vgl. Günter Grass, Brief an Wolfgang Thierse, 29.04.1994, in: AdK, GGA, Signatur 14513.
135 Günter Grass, Entwurf „Warum ich für Wolfgang Thierse werbe", 30.06.1994, in: AdK, GGA, Signatur 10357.
136 Vgl. Detlev Lücke, Brief an Mitglieder unserer Wählerinitiative für Wolfgang Thierse, 20.04.1994 sowie Katja Maurer, Brief an Günter Grass, 14.07.1994, in: AdK, GGA, Signatur 12857.
137 Günter Grass, Brief an Wolfgang Thierse, 29.04.1994, in: AdK, GGA, Signatur 14513.

gewinnen könnte, wie Lew Kopelew, Erich Loest oder Peter Rühmkorf.[138] Es gab in der Wählerinitiative darüber hinaus Bestrebungen, Rudolf Scharping und Günter Verheugen hinsichtlich der Bedeutung der Ostdeutschen für den Wahlkampf zu beraten, denn im „Osten werden die Wahlen möglicherweise entschieden"[139]. Grass schlug in einem Brief an Scharping daher vor, die Stärke in Ostdeutschland in einer Rede zum Thema Solidarität zu betonen.[140] Seine inhaltliche Beratung, seine organisatorischen Tipps sowie seine redaktionelle Unterstützung zielten drauf ab, die Darstellung von Wolfgang Thierse im Wahlkampf zu verbessern und die Wahlen im Osten zu gewinnen.

Günter Grass hatte das Ziel, durch seine Beratung und seine Wahlhilfe die Politiker in Ostdeutschland im Wahlkampf und auch innerhalb der SPD zu stärken. Er organisierte unbestreitbar im Jahr 1994 Öffentlichkeit für Wolfgang Thierse in dessen Wahlkreis. Der Politiker verpasste den Direkteinzug, aber dankte Grass „für den Einsatz zur Unterstützung meines Wahlkampfes, für die Anregung und die Beihilfe zur Wählerinitiative!"[141] Er bekundete, dass das Engagement „trotz allem, nicht vergeblich"[142] war. Es entstand daraufhin eine jahrzehntelange, gemeinsame Zusammenarbeit zwischen Thierse und Grass. Die Diskussionen in der Kulturbrauerei wurden zum festen Bestandteil in zukünftigen Wahlkämpfen.[143] Eine engere, beratende Tätigkeit konnte dagegen nicht festgestellt werden.

3.2.3 *Ein weites Feld* – Literatur als Gesellschaftsaffäre (1995)

Günter Grass' Roman *Ein weites Feld* löste einen öffentlichen Diskurs aus, der sich zu einer „Gesellschaftsaffäre"[144] ausweitete. Auffallend viele Spitzenpolitiker, wie beispielsweise der damalige Bundesfinanzminister Theo Waigel (CSU), Oskar Lafontaine (SPD) oder Birgit Breuel (CDU, ehemalige Präsidentin der Treuhandanstalt) äußerten sich zu dem literarischen Werk. Die fiktionale Erzählung des Schriftstel-

---

138 Günter Grass, Brief an Wolfgang Thierse, 31.05.1994, in: AdK, GGA, Signatur 14513.
139 Wählerinitiative für die Wiederwahl Wolfgang Thierse, Briefentwurf an Günter Verheugen und Rudolf Scharping, 12.07.1994, in: AdK, GGA, Signatur 12857.
140 Günter Grass, Brief an Rudolf Scharping, 08.03.1994, in: AdK, GGA, Signatur 14306.
141 Wolfgang Thierse, Karte an Günter Grass, 05.01.1995, in: AdK, GGA, Signatur 12857.
142 Wolfgang Thierse, Karte an Günter Grass, 05.01.1995, in: AdK, GGA, Signatur 12857.
143 1998 wurde die Wählerinitiative wiederbelebt und auch im Zuge der späteren Wahlkämpfe 2005 und 2009 gab es gemeinsame Veranstaltungen. Vgl. Wolfgang Thierse, Brief an Günter Grass, 23.06.1998, in: AdK, GGA, Signatur 12857 sowie Kapitel 6 dieser Arbeit.
144 Karl Schlögel, Warum Günter Grass mit seinem neuen Roman „Ein weites Feld" einen Sturm der Kritik auslöste, in: TAZ, 04.09.1995; vgl. Negt, Der Fall Fonty, S. 7; Benedikt Erenz, Blühende Tankstellen, in: Die Zeit, 06.10.1995.

lers erhielt eine derartige politische Aufmerksamkeit, da sie häufig undifferenziert mit der Meinung des Intellektuellen gleichgesetzt wurde. Diese Entwicklung verstärkte sich im Laufe des Diskurses, nachdem Grass in Interviews darauf einging und sich verteidigte.[145] Die Rolle des Intellektuellen und des Schriftstellers sind folglich nicht zu trennen, wie anhand von drei politischen Diskurssträngen in der Öffentlichkeit belegt wird: erstens Grass' Kritik an der Deutschen Einheit, zweitens seine Darstellung der Treuhand und drittens der Vorwurf, er würde damit die DDR verharmlosen.

Der Roman erzeugte Aufsehen aufgrund Günter Grass' früheren Äußerungen zur Deutschen Einheit (vgl. IV. Kap. 2). Der Schriftsteller stellte anhand der Person Theodor Fontanes „ein[en] Parallelismus [...] zwischen der deutschen Vereinigung von 1990 und der Reichsgründung 1871 von Bismarck"[146] her. Im Roman wird eine pessimistische Sichtweise auf die Geschichte als „eine ewige Wiederkehr des schon Dagewesenen"[147] dargestellt. Dies führte bereits bei der Buchankündigung zu der Erwartungshaltung in der Presse, dass Grass seine bekannte Kritik am Vereinigungsprozess (vgl. IV. Kap. 2) nun literarisch verarbeitet habe.[148] Auch der Autor fühlte sich schon vor der Veröffentlichung einer politisch motivierten Kampagne der Presse gegen links-intellektuelle Schriftsteller ausgesetzt.[149] In dieser aufgeheizten Stimmung löste ein Verriss des Literaturkritikers Marcel Reich-Ranickis den Diskurs über *Ein weites Feld* aus. Der Rezensent bescheinigte Grass in einer „allzu scharf geraten[en]"[150] Kritik, dass dessen politische Haltung zu einem schlechten Roman geführt habe.[151] Weitere Literaturkritiker bemängelten, dass der Schriftsteller *Ein weites Feld* auf Basis seiner persönlichen Kränkungen im Zuge der Wiedervereinigung geschrieben habe. Das Buch stelle somit die Rache eines enttäuschten Sozialdemokraten dar.[152] Der Inhalt des Romans wird dabei kaum wiedergegeben,

---

145 Vgl. Jochen Hieber, Ich will mich nicht auf die Bank der Sieger setzten, in: FAZ, 07.10.1995.
146 Berit Balzer, Geschichte als Wendemechanismus: *Ein weites Feld* von Günter Grass, in: Monatshefte (93 / 2001), Heft 2, S. 209–220, hier S. 214; Nicole Thesz, Identität und Erinnerung im Umbruch: *Ein weites Feld* von Günter Grass, in: Neophilologus (87 / 2003), S. 435–451, hier S. 435.
147 Balzer, Geschichte als Wendemechanismus. S. 216.
148 Vgl. Paul Ingendaay, Ein allzu weites Feld, in: FAZ, 12.07.1995; Thomas Oppermann, Von Bonn nach Berlin – Was ändert sich?, in: FAZ, 08.06.1995.
149 O. V., Hauptärgernis ist die Literaturkritik, in: SZ, 07.01.1995; vgl. Grass, Über das Sekundäre aus primärer Sicht, in: NGA 23, S. 95; Mathias Schreiber, Lust an der Vernichtung, in: Der Spiegel, 17.05.1992.
150 Marcel Reich-Ranicki, Fragen Sie Reich-Ranicki, in: FAS, 26.06.2005.
151 Marcel Reich-Ranicki, ... und es muß gesagt werden, in: Der Spiegel, 20.08.1995.
152 Vgl. Hellmuth Karasek, „Ein zweites Feld", in: Der Spiegel extra (9 / 1995); Jörg Lau, Schwellkörper Deutschland, in: TAZ, 26.08.1995; Iris Radisch, Die Bitterfelder Sackgasse, in: Die Zeit, 25.08.1995; Helga Hirsch, Das Boot ist leer, in: Die Zeit, 01.09.1995.

sondern darauf reduziert, dass Grass hier seine „Plattitüden"[153] sowie seine „sattsam bekannten Ideologismen"[154] aus der Wendezeit wiederhole. „Die politischen Aussagen"[155] standen nachweisbar im Mittelpunkt des öffentlichen Diskurses, sodass man von einer „Politisierung der Kritik"[156] sprechen kann. Im Roman werden zwar einige Formulierungen des Intellektuellen aus den Wendejahren 1989 / 1990 wörtlich wiederholt[157], der Roman präsentiert durch die Figurenkonstellation aber verschiedene Ansichten und bildet somit ein Spektrum an Perspektiven über die Wiedervereinigung ab.[158] Volker Neuhaus stellt klar, Grass habe im Roman „nicht schulmeisterhaft belehrt, es werden stattdessen Deutungsangebote eröffnet, die durch [...] die Aussagen anderer Figuren wieder relativiert werden, ohne daß sie deshalb zu verwerfen sind"[159]. Auch Per Øhrgaard entgegnet den Kritikern, dass es sich bei *Ein weites Feld* nicht um einen „Reflex seiner Verbitterung"[160] handle, sondern der Roman „viel facettenreicher und ironischer, sogar selbstironischer, als seine politischen Stellungnahmen im Einigungsjahr"[161] sei. Diese Vielstimmigkeit im Roman sowie dessen Ironie wurden in der Literaturkritik nicht erkannt.[162] Der Diskursstrang wurde vornehmlich von Literaturkritikern und Journalisten im Feuilleton geführt, die den Roman voreingenommen unter politischen Gesichtspunkten betrachteten. Das Engagement des Intellektuellen im Zuge der Deutschen Einheit wirkte sich folglich negativ auf die Bewertung seiner Literatur aus.

Tatsächlich steht im Mittelpunkt des Romans „nicht die Vereinigung an sich, sondern die wirtschaftlichen Gründe für die Vereinigung und der Vereinigungsprozeß"[163], die der Schriftsteller anhand der Treuhand-Behörde verdeutlicht. In diesem Kontext empörte besonders eine Formulierung, die einen zweiten Diskursstrang

---

153 Hans-Jürgen Perrey, Ohne moralische oder literarische Affinität zu Fontane, in: FAZ, 25.08.1995.
154 Hans-Jürgen Perrey, Ohne moralische oder literarische Affinität zu Fontane, in: FAZ, 25.08.1995.
155 Gerd Labroisse, Politisch-Historisches in literarischer Form. Zu Günter Grass' *Ein weites Feld*, Berlin 2008, S. 28.
156 Neuhaus, Literatur und nationale Einheit in Deutschland, S. 446.
157 Beispielsweise „In Deutschland hat die Einheit immer die Demokratie versaut!", „Ausverkauf" oder „Ein Schnäppchen machen heißt das bei denen.", in: Günter Grass, Ein weites Feld, in: NGA 14, S. 53, S. 127 und S. 132.
158 Vgl. Stefan Lüddemann, *Ein weites Feld* entwirft ein grandioses Erinnerungspanorama, in: NOZ, 06.11.2014.
159 Neuhaus, Literatur und nationale Einheit in Deutschland, S. 451.
160 Per Øhrgaard, Geistvolle Macht – machtvoller Geist. Zum Briefwechsel zwischen Willy Brandt und Günter Grass, in: Neuhaus / Øhrgaard / Thomsa, Freipass, Band 1, S. 163–177, hier S. 171.
161 Øhrgaard, Geistvolle Macht, S. 171.
162 Vgl. Günter Grass, Brief an Marcel Reich-Ranicki, 28.06.2005, in: GUGS.
163 Neuhaus, Literatur und nationale Einheit in Deutschland, S. 454.

3 Häßlich sieht die Einheit aus – Günter Grass als Sprecher der ostdeutschen Verlierer — 199

in der Öffentlichkeit eröffnete und eine Resonanz von Politikern hervorrief. Hoftaller sagt im Roman anlässlich der Ermordung von Treuhand-Präsident Detlev Rohwedder durch die RAF: „Dieses System erledigt sich selbst."[164] In einem Interview begründete Grass diese Aussage wie folgt: „Wer ein solch menschenverachtendes Instrument wie die Treuhand ins Leben ruft, muß sich nicht wundern, wenn darauf terroristisch reagiert wird"[165]. Er ging davon aus, dass Rohwedder zwangsläufig aufgrund der konservativen Politik „ins Schußfeld"[166] geraten musste. Dieses Interview führte „zu einem politischen Streit"[167]. Der damalige CDU-Generalsekretär Peter Hintze kommentierte die „Ausfälle von Günter Grass"[168] als „total geschmacklos, peinlich und von einem erschütternden Realitätsverlust gekennzeichnet"[169]. Theo Waigel (CSU) bezichtigte auf dem Münchener CSU-Parteitag unter Beifall der Delegierten einen solchen Umgang mit der Treuhand als „üble Geschichtsklitterung"[170]. Mit Vehemenz lehnte der Finanzminister die Darstellung Grass' ab: „Das lasse ich als der, der die Dienstaufsicht über die Treuhand hatte und hat, nicht zu. Ich bin nicht bereit, diese Gemeinheit zu akzeptieren."[171] Für Waigel fungierte die Treuhandanstalt lediglich „als Blitzableiter für diejenigen, die glaubten, im Prozess der Wiedervereinigung mehr verloren als gewonnen zu haben"[172]. „Enttäuscht"[173] reagierte auch Birgit Breuel (CDU) als ehemalige Treuhand-Präsidentin auf den Roman, da er lediglich das „Klischee"[174] aus „alten Legenden und Abziehbilder[n]"[175] wiedergäbe. Der Schriftsteller habe somit mit seinem Werk der Thematik „keinen neuen Blick hinzugefügt oder hinzufügen"[176] wollen und werde folglich „nicht der hochdifferenzierten Diskussion unter den Menschen in Ostdeutschland ge-

---

164 Grass, Ein weites Feld, in: NGA 14, S. 611. Rohwedder wurde am 01.04.1991 erschossen.
165 Dpa / FAZ, Im Schußfeld, in: FAZ, 19.08.1995.
166 Dpa / FAZ, Im Schußfeld, in: FAZ, 19.08.1995.
167 Dpa / FAZ, Im Schußfeld, in: FAZ, 19.08.1995.
168 Dpa / FAZ, Im Schußfeld, in: FAZ, 19.08.1995; o. V., Worte der Woche, in: Die Zeit, 25.08.1995.
169 Dpa / FAZ, Im Schußfeld, in: FAZ, 19.08.1995; o. V., Worte der Woche, in: Die Zeit, 25.08.1995.
170 Theo Waigel, Rechenschaftsbericht des Parteitages vom 8./9. September 1994, in: Bayernkurier, 16.09.1995.
171 Theo Waigel, Rechenschaftsbericht des Parteitages vom 8./9. September 1994, in: Bayernkurier, 16.09.1995.
172 Waigel, Erinnerungen, S. 154.
173 O. V., „Einfältig und banal", in: Der Spiegel, 10.09.1995; AP., Einfältig, in: FAZ, 11.09.1995; dpa, Grass auch unter Beschuß von Wirtschaft und Politik, in: SZ, 11.09.1995.
174 O. V., „Einfältig und banal", in: Der Spiegel, 10.09.1995.
175 O. V., „Einfältig und banal", in: Der Spiegel, 10.09.1995.
176 O. V., Auferstanden aus Romanen, in: Wirtschaftswoche, 07.09.1995, zitiert nach: Der Fall Fonty, S. 159.

recht"[177]. Besonders scharf verurteilte die Politikerin ebenfalls die „unglaublich einfältigen und banalen Sätze"[178] des Intellektuellen über die Ermordung Rohwedders.

Es waren nicht nur Politiker der Regierungsparteien, die negativ auf Günter Grass' Äußerungen reagierten, sondern auch Klaus von Dohnanyi (SPD). Der ehemalige Beauftragte der Treuhand erklärte, dass diese „pauschale Verdammung [...] ohne jedes Fundament und sehr ungerecht"[179] sei. Grass' negative Sichtweise auf die Treuhand wurde allerdings von vielen linken Intellektuellen und Politikern geteilt, wie beispielsweise Oskar Negt oder Regine Hildebrandt (SPD).[180] Antje Vollmer (Die Grünen) empfindet bis heute Grass' Kritik an der Treuhand als richtig, da deren Geschichte nicht korrekt aufgearbeitet sei.[181] Die Deutungshoheit über die Bewertung der wirtschaftlichen Abwicklung durch die Behörde war folglich ein Streitpunkt zwischen den politischen Akteuren. Dabei setzte sich die negative Sichtweise auf die Treuhand in der Gesellschaft durch. Marcus Böick zeigt auf, dass die Behörde zu einer „erinnerungskulturelle[n] Bad Bank"[182] wurde, die sich als eine „Art negativer Gründungsmythos tief in die ostdeutsche Erinnerungskultur"[183] einschrieb. Sie wurde somit „zu einem wirkmächtigen Negativ-Mythos [...], der nun symbolisch für die erlittenen Enttäuschungs- und Deklassierungserfahrungen"[184] vieler Ostdeutscher steht. Eckkard Fuhr war sich sicher, dass literarische Veröffentlichungen, wie *Ein weites Feld*, zur „Dämonisierung der Treuhandanstalt"[185] beitrugen. Kausal nachweisbar ist diese Deutungsmacht allerdings nicht. Fest steht, dass Grass' Name und sein Roman im Zuge der Kontroverse im öffentlichen und wissenschaftlichen Diskurs wiederholt aufgegriffen wurden.[186] Bis heute ist nicht aufgearbeitet, ob „dieses Narrativ tieferer Traumatisierung [...] berechtigt [ist] oder nicht"[187].

---

177 O. V., Auferstanden aus Romanen, in: Wirtschaftswoche, 07.09.1995, zitiert nach: Der Fall Fonty, S. 159.
178 O. V., „Einfältig und banal", in: Der Spiegel, 10.09.1995.
179 Dohnanyi hält Günter Grass eine „Verunglimpfung" der Treuhand vor, in: dpa-Meldung, 13.09.1995, zitiert nach: Der Fall Fonty, S. 54.
180 Marko Martin, Diese seltsame Anhänglichkeit, in: TAZ, 28.04.1993.
181 Antje Vollmer, 02.03.2020.
182 Marcus Böick, Die Treuhand. Idee – Praxis – Erfahrung, Göttingen 2018, S. 724.
183 Böick, Die Treuhand, S. 724.
184 Marcus Böick, Vom Blitzableiter zur Bad-Bank. Die Debatten um die Treuhandanstalt – und was sich daraus über das Verhältnis von Politikwissenschaft und Zeitgeschichtsforschung lernen lässt, in: Zeitschrift für Politikwissenschaften (30 / 2020), S. 473–482, hier S. 479.
185 Vgl. Eckhard Fuhr, Endlich! Hitler ist entlarvt, in: Die Welt, 15.01.2007.
186 Vgl. Jörg Thomann, Tagebuch: Helden und Halunken, in: FAZ, 03.11.1999.
187 Karl-Rudolf Korte, Die „Ausverkaufanstalt", in: FAZ, 06.10.2018.

Eine sachliche Erforschung, die sich „von den üblichen Pauschalurteilen"[188] abgrenzt, beginnt nach Archivöffnung erst allmählich.

Grass wurde darüber hinaus in einem dritten Diskursstrang der Vorwurf gemacht, dass er in *Ein weites Feld* die DDR als Diktatur verharmlose. Besonders die Formulierung der Figur Theo Wuttke: „Was heißt hier Unrechtsstaat! Innerhalb dieser Welt der Mängel lebten wir in einer kommoden Diktatur."[189], löste Kritik im Feuilleton aus. Grass verteidigte diesen Satz in einem Interview damit, dass „im Vergleich mit Diktaturen, die es gegeben hat, und die es immer noch gibt, [...] die DDR eine kommode Diktatur gewesen"[190] ist. Der Begriff wurde nachweisbar in den Medien „als geflügeltes Wort im Diskurs häufig aufgegriffen"[191]. Das „Deutungsangebot"[192] wurde sogar in der sozial- und zeitgeschichtlichen Forschung vereinzelt verwendet. Günter Grass hatte die DDR in dem Roman, wie Stefan Neuhaus anhand einzelner Zitate deutlich macht, „keineswegs [...] glorifiziert"[193], sondern das Scheitern des Systems und dessen Gründe dargestellt.[194] Negative Reaktionen bekam der Schriftsteller für die Darstellung der Stasi im Roman.[195] Der informelle Mitarbeiter Hoftaller behauptet im Roman, die Stasi habe beim Mauerfall „nachgeholfen"[196] und damit die „Einheit diktiert"[197]. In einem Interview präzisierte Günter Grass diese Aussage damit, dass die Stasi „am Wandlungsprozeß als treibende Kraft beteiligt"[198] gewesen sei, und hob den „produktiven Anteil des Sicherheitsdienstes [...] an den Vorgängen im November 1989"[199] hervor. Er behauptete, dass die Stasi wohlinformiert gewesen sei und dafür gesorgt hätte, dass nicht geschossen wurde. Günter Grass relativierte die Stasi zudem, indem er sie mit dem Bundesnachrichten-

---

188 Jörg Thomann, Tagebuch: Helden und Halunken, in: FAZ, 03.11.1999.
189 Grass, Ein weites Feld, in: NGA 14, S. 312.
190 Joachim Köhler / Peter Sandmeyer, „Es wird bleiben", in: Stern, 31.08.1995, zitiert nach: Der Fall Fonty, S. 428.
191 Dominik Geppert, Nirgends gerne, in: FAZ, 15.10.1996; Henryk M. Broder, Sie meinen es gut mit sich selbst, in: Der Spiegel Spezial, 01.09.1998; Christine Brinck, Pakt gegen die eigene Frau, in: SZ, 15.05.2006.
192 Tilman Grammes / Henning Schluß / Hans-Joachim Vogler, Staatsbürgerkunde in der DDR. Ein Dokumentenband, Wiesbaden 2006, S. 18.
193 Neuhaus, Literatur und nationale Einheit in Deutschland, S. 452.
194 Vgl. Lutz Kube, Intellektuelle Verantwortung und Schuld in Günter Grass' *Ein weites Feld*, in: Colloquia Germanica (30 / 1997), Heft 3, S. 349–361, hier S. 351.
195 Vgl. Wolf Biermann, Wenig Wahrheiten und viel Witz, in: Der Spiegel, 20.01.1996; Rolf Schneider, Vielleicht war es Scham, in: Die Welt, 19.12.2007.
196 Grass, Ein weites Feld, in: NGA 14, S. 135.
197 Grass, Ein weites Feld, in: NGA 14, S. 135.
198 Wolfgang Jäger / Ingeborg Villinger, Die Intellektuellen und die Deutsche Einheit, Bonn 1997, S. 231.
199 Jäger / Villinger, Die Intellektuellen und die Deutsche Einheit, S. 231.

dienst verglich.[200] Er wollte daher auch seine Stasi-Akten nicht einsehen, solange dies nicht auch beim Verfassungsschutz und Bundesnachrichtendienst möglich sei.[201] Grass hatte das Ziel, die Menschen „vor öffentlicher Bloßstellung [zu] schützen. [...] Was zeitgeschichtlich relevant ist, soll erforscht werden, doch bitte, keine späte Rache!"[202] Der Schriftsteller griff mit *Ein weites Feld* „in die Diskussion um das Ausmaß der Stasiverbindungen von DDR-Intellektuellen"[203] wie Christa Wolf oder Heiner Müller ein. Grass wollte mit seinem Roman die Verwicklung Einzelner in das System differenziert und als menschlich darstellen. Er wies 2001 „sehr eindringlich darauf hin[...], daß der Verweis auf lange zurückliegende sittliche Verfehlungen und die Forderung nach lebenslanger Konsequenz etwas absurd Archaisches hat."[204] Günter Grass' Beitrag zum gesellschaftlichen Diskurs zeigt, dass die Vergangenheitsbewältigung der DDR-Diktatur in der Berliner Republik mit großen Schwierigkeiten begann, denn „so groß das deutsche Einvernehmen um die Jahrhundertwende herum auch war, mit der NS-Vergangenheit ins Reine zu kommen, so stieß sich dies in der Bundesrepublik immer mit der Frage: Wie wird die kommunistische Diktatur aufgearbeitet?"[205] Günter Scholdt wunderte sich, „daß ausgerechnet Günter Grass, der Vorkämpfer literarischer Vergangenheitsbewältigung, neuerdings als Persilschein-Zeuge für Stasi-Verwicklung Verwendung findet"[206]. Dieser Sachverhalt erhält hinsichtlich seiner eigenen Waffen-SS-Mitgliedschaft eine völlig neue Bedeutung (vgl. IV. Kap. 8.2.4). Erst 2010 ließ er, mit zunehmendem Druck, seine Stasi-Akte veröffentlichen, um den Beteiligten selbst noch eine Kommentierung zu ermöglichen.[207] Diese Publikation korrigierte „das Bild [...], das sich die Öffentlichkeit von Günter Grass macht. Da [...] er die DDR eine kommode Diktatur nannte, wurde er als Verharmloser attackiert. Seine Stasi-Akte aber zeigt: Nur wenige haben mehr [...] dafür getan, das deutsch-deutsche Gespräch am Leben zu erhalten, als Günter Grass."[208]

Grass stand mit seiner politischen Haltung nicht alleine da, sondern erhielt aus seiner linken Diskurskoalition Zuspruch (vgl. Tabelle 21), die ihn gegen die

---

200 Grass, Ein weites Feld, in: NGA 14, S. 134; vgl. Braun, Das Stasi-Thema im neuen deutschen Roman, S. 185–192.
201 Georg Mascolo, Stasi-Unterlagen: Ganz penibel, in: Der Spiegel, 16.07.2001.
202 Uwe Müller / Sven Felix Kellerhoff, Dokumentiert. Wie Grass seine Stasi-Akte freigab, in: Die Welt, 18.08.2006.
203 Kube, Intellektuelle Verantwortung und Schuld, S. 355.
204 Udo Reiter, Stasi, Stasi – und kein Ende?, in: FAZ, 06.02.2001.
205 Wolfrum, Rot-Grün, S. 611.
206 Günter Scholdt, Überdosis Information, in: FAZ, 16.02.2001; vgl. Frank Schirrmacher, Aufgeklärt, in: FAZ, 08.01.1992.
207 Schlüter, Günter Grass im Visier; vgl. Christoph Links, 30.10.2020.
208 Jens Bisky, Der falsch Verstandene, in: SZ, 05.03.2010.

3 Häßlich sieht die Einheit aus – Günter Grass als Sprecher der ostdeutschen Verlierer

„Kakophonie der Besprechungen"[209] verteidigte, wie beispielsweise durch die SPD-Politiker Wolfgang Thierse, Johannes Rau, Freimut Duve oder Michael Bouteiller.[210] Heide Simonis (SPD) lobte den Schriftsteller für seine Standfestigkeit: „Wer schreibt, kompromittiert sich. Ich bewunder an Dir, daß Du Deine Linie hältst."[211] Egon Bahr stellte fest, dass es für den herrschenden Diskurs „schwer verzeihlich [ist], daß du [Günter Grass] die geltende Mehrheitsmeinung darüber, was zwischen Ost und West für gut und schlecht zu gelten hat, so gnadenlos entblätterst, und das noch plaudernd!"[212] Er fragte sich angesichts des Romans, „warum die Kraft fehlt, Fehler zu korrigieren, die wir seit 1990 gemacht haben und die nicht der DDR angelastet werden können"[213]. Dagegen zeigte sich Oskar Lafontaine kämpferisch: „Wir sind das Volk bleibt die Formel der Aufklärung und der Dichter der Mark wäre wohl mit uns gegangen. Das Versprechen der Mark hat uns überrollt, aber aufgeben sollten wir nicht."[214] Öffentlich erklärte der – kurze Zeit später zum Parteivorsitzenden gewählte – Politiker: „Fünf Jahre

Tabelle 21: Diskurskoalitionen im Kampf um die Nachwende-Narration am Beispiel von „Ein weites Feld".

Diskursebenen	Diskurskoalition um Günter Grass	Gegendiskurs wider Günter Grass
Politiker	SPD	CDU/CSU
1. Ordnung	Oskar Lafontaine	Theo Waigel
	Egon Bahr	Peter Hintze
	Freimut Duve	Birgit Breuel
	Michael Bouteiller	
	Erdmann Linde	
	Heide Simonis	
	Johannes Rau	
	Wolfgang Thierse	
	Bündnis 90 / Die Grünen	SPD
	Antje Vollmer	Klaus von Dohnanyi

---

209 Johannes Rau, Brief an Günter Grass, 12.10.1995, in: AdK, GGA, Signatur 12368.
210 Vgl. Jörg Lau, Immer mehr Lärm um Fonty, in: TAZ, 26.08.1995; Gs., Gewalt gegen Grass?, in: FAZ, 10.05.1996; Wolfgang Thierse, Brief an Günter Grass, 28.08.1995, in: Neumann, Alles gesagt?, S. 474.
211 Heide Simonis, Brief an Günter Grass, 16.10.1995, in: AdK, GGA, Signatur 12632.
212 Egon Bahr, Brief an Günter Grass, 13.10.1995, in: Neumann, Alles gesagt?, S. 483.
213 Egon Bahr, Brief an Günter Grass, 13.10.1995, in: Neumann, Alles gesagt?, S. 483.
214 Oskar Lafontaine, Brief an Günter Grass, 16.10.1995, in: AdK, GGA, Signatur 11823.

nach der deutschen Einheit ist die Mehrheit dabei, sich auf die Geschichtsschreibung zu verständigen: in diesen Prozeß der kollektiven Wahrheitsfindung platzt das Buch von Günter Grass E*in weites Feld*. Er sagt seine Wahrheiten und sie gefallen vielen nicht. Wie sollten sie auch."[215] Er forderte: „Wer legt demnächst unserem Bundeskanzler das Buch von Günter Grass auf seinen Schreibtisch?"[216]

Der Roman war demnach Bestandteil eines Deutungskampfes um die Bewertung der Deutschen Einheit, da er ein „von bitterer Ironie getragenes Korrektiv zur harmonisierenden Hofgeschichtsschreibung im Sinne des Kanzleramtes"[217] darstellte. Der Skandal um *Ein weites Feld* spiegelte, wie Wolfgang Thierse es herausstellte, die politische Kultur des Landes zu dieser Zeit.[218] Sein Versuch, den Verlierern des Einheitsprozesses literarisch eine Stimme zu verleihen, war folglich wirkungsvoll. Der Schriftsteller erweiterte den öffentlichen Diskurs. Mit dem Roman „zelebriert Grass die Vorstellungsmacht der Literatur und ihre Fähigkeit, alternative Visionen der Geschichte zu erzeugen"[219]. Darüber hinaus lässt sich an dem Diskurs auch ein Generationskonflikt ablesen, wie Thierse betont.[220] Auch Antje Vollmer ist sich sicher, dass die Kritik an dem Roman mit einem „gewollten Elitenwechsel nach 1990 zu tun"[221] hatte, für die im Westen Günter Grass und im Osten Christa Wolf standen.[222] 1999 bezeichnet der damalige Bundeskanzler Gerhard Schröder die Verleihung des Nobelpreises angesichts der „Schmähungen im ‚weiten Feld' der Politik als Genugtuung"[223].

Christoph Dieckmann bewertet Günter Grass' *Ein weites Feld* als „ein öffentlich besorgtes Buch. Jegliche Kritik hat es bekannter gemacht und wurde ihm darin gerecht"[224]. Grass spielte in seinem Roman bewusst mit Fiktion und Wirklichkeit.[225] Der Autor leistete damit einen literarischen Beitrag zur Öffnung des

---

215 Oskar Lafontaine zu Günter Grass, in: Die Zeit, 22.09.1995.
216 Oskar Lafontaine zu Günter Grass, in: Die Zeit, 22.09.1995.
217 Dieter Stolz, Nomen est omen. *Ein weites Feld* von Günter Grass, in: Zeitschrift für Germanistik (7 / 1997), Heft 2, S. 321–335, hier S. 329.
218 Wolfgang Thierse, Brief an Günter Grass, 28.08.1995, in: Neumann, Alles gesagt?, S. 474.
219 Michele Sisto, Grass, Günter: Ein weites Feld. Roman, in: Heribert Tommek / Matteo Galli / Achim Geisenhanslüke (Hrsg.), Wendejahr 1995. Transformationen der deutschsprachigen Literatur, Berlin 2015, S. 384–390, S. 388.
220 Wolfgang Thierse, 03.03.2020.
221 Antje Vollmer. 02.03.2020.
222 Vgl. Erdmann Linde, 08.06.2020.
223 Gerhard Schröder, Telegramm an Günter Grass, 1999, in: Neumann, Alles gesagt?, S. 559.
224 Christoph Dieckmann, Das letzte Westpaket, in: Die Zeit, 01.12.1995.
225 Grass, Ein weites Feld, in: NGA 14, S. 136; vgl. Daniel Kehlmann, „Ihm sind die Jahrhunderte durchlässig gewesen". Vorwort, in: Günter Grass, Ein weites Feld, Göttingen 2019, S. 5–9, hier S. 9.

Diskurses ohne Anspruch auf Allgemeingültigkeit.[226] Karl-Rudolf Korte weist drauf hin, dass seine „Geschichtskonstruktion [...] gezielt nicht der genauen Beobachtung entspricht, sondern ein Abbild seiner politischen Wahrnehmung darstellt"[227] und damit „nicht als verlässliche Quelle historischer Abläufe, doch als politisches Vermächtnis eines für die Bonner Republik typischen Denkmusters"[228] gelten kann. Grass war sich sicher, „daß dieses Buch sich halten wird. Es ist die dringend notwendige literarische Korrektur und Gegenstimme, zu dem, was jetzt schon regierungsamtlich als Geschichte festgeschrieben wird"[229]. Er war sich schon damals sicher, dass er „die wohl kaum noch zu leugnende Schieflage der ‚deutschen Einheit' [...] auf erzählende Weise vorweggenommen"[230] habe. Man „müßte das Buch nach zwanzig oder dreißig Jahren noch einmal lesen und dann eine neue Kritik schreiben. Sie würde möglicherweise von meinem ursprünglichen Urteil weit abweichen [...]"[231], gab auch Marcel Reich-Ranicki zu. Die Erforschung des Romans ist damit noch lange nicht abgeschlossen.

3.2.4 *Politische Lesereise* durch Ostdeutschland (2009)

Günter Grass stieß 2009 mit der Veröffentlichung seines Tagebuchs aus dem Jahr 1990 unter dem Titel *Von Deutschland nach Deutschland* einen Diskurs an, der eine politische Resonanz erzeugte.[232] Dies liegt darin begründet, dass das Buch pünktlich zum 20. Jahrestag des Mauerfalls erschien. Es stellte einen Gesprächsanlass mit mehreren Politikern dar und war ein Bestandteil von Wahlkampfauftritten. Grass widmete im Jahr 2009 dem Thema Deutsche Einheit seine volle Aufmerksamkeit. Dabei ist ein nahtloser Übergang von kulturellen und politischen Veranstaltungen zu konstatieren.

Günter Grass diktierte „aus einer Laune heraus"[233] sein Tagebuch von 1990 und veröffentlichte es gezielt im Jahr 2009, um anlässlich des Jahrestages „einigen

---

226 Vgl. Neuhaus, Literatur und nationale Einheit, in Deutschland, S. 449 oder S. 469.
227 Karl-Rudolf Korte, Literatur, in: Werner Weidenfeld / Karl-Rudolf Korte (Hrsg.), Handbuch zur deutschen Einheit 1949–1999, Bonn 1999, S. 538–546, hier S. 545.
228 Korte, Literatur, S. 545.
229 Dpa, Zweierlei Päpste, in: FAZ, 31.08.1995; Joachim Köhler / Peter Sandmeyer: ‚Es wird bleiben", in: Stern, 31.8.1995, zitiert nach: Der Fall Fonty, S. 427–428.
230 Günter Grass, Brief an Marcel Reich-Ranicki, 28.06.2005, in: GUGS.
231 Marcel Reich-Ranicki, Fragen Sie Reich-Ranicki, in: FAS, 26.06.2005.
232 Zeitgleich erschien die Neuveröffentlichung seiner Reden zu diesem Thema. Günter Grass, Als der Zug fuhr. Rückblicke auf die Wende, Göttingen 2009.
233 Dieckmann / Siemes, Großer Hofferei hing ich nie an, in: Die Zeit, 22.01.2009.

Sonntagsrednern in die Suppe [zu] spucken"[234]. Es gibt als Zeitdokument „Bericht [...] über [s]eine vielen Aktivitäten – Reisen und Reden – kurz nach dem Mauerfall"[235]. In einem Brief an Christa Wolf präzisiert Grass, dass er eine Publikation als nötig befand, „weil mir gewiß ist, wieviel feierliche Schönrederei uns im Verlauf dieses Jahres von höchstpolitischer Seite zugemutet werden wird. Also ist Gegenwind angesagt."[236] Er verfolgte als „namhafter westdeutscher Stimmführer"[237] das Ziel, am zwanzigsten Jahrestag des Mauerfalls an die Auswirkungen der Einheit für die Ostdeutschen zu erinnern und den Diskurs auf die Verlierer des Prozesses zu lenken, „weil so viele sprachlos geworden waren"[238]. Zudem stellte die Finanzkrise 2008 den Sieg des Kapitalismus infrage und gab damit eine neue Perspektive auf die wirtschaftlichen Prozesse im Zuge der Einheit frei.[239]

Günter Grass war klar, dass man die „Unterstützung der Öffentlichkeit [braucht]. Ein Einzelner findet kein Gehör."[240] Die Veröffentlichung flankierte er durch gemeinsame Gespräche mit Politikern und Ostdeutschen, wie dem Bürgerrechtler Friedrich Schorlemmer, dem ostdeutschen Verleger Christoph Links sowie mit SPD-Politikern wie Wolfgang Thierse und Markus Meckel. Es waren demnach Gesprächspartner, „die sich mit der Umbruchsituation 1989 / 1990 gut"[241] auskannten und die Ereignisse fachkundig kommentieren konnten. Während der Veranstaltungen zeigte sich, dass die SPD-Politiker eine andere Sichtweise auf den Vereinigungsprozess hatten als der Intellektuelle. Der ehemalige Außenminister der Regierung des DDR-Ministerpräsidenten de Maizière, Markus Meckel, machte seine andere „Perspektive klar"[242], nämlich dass eine Währungsunion und ein Beitritt über Artikel 23 dem Volkswillen entsprachen. Auch für Wolfgang Thierse stand ohne Frage fest,

> [...] dass die DDR-Bürger partout genau in die Bundesrepublik wollten, die es 1989 gab: mit ihrem Wohlstand, ihrem politischen System, ihrem Grundgesetz. Dadurch hätten sie damals als Politiker einfach keine Zeit bekommen, um die im Fall einer Wiedervereinigung im Grundgesetz durchaus vorgesehene Verfassungsänderung nach Artikel 146 lange zu diskutieren und durchzusetzen.[243]

---

234 Dieckmann / Siemes, Großer Hofferei hing ich nie an, in: Die Zeit, 22.01.2009.
235 Günter Grass, Brief an Volker Neuhaus, 17.12.2009, in: GUGS / AdK, GGA, Signatur 15392.
236 Günter Grass, Brief an Christa Wolf, 18.03.2009, in: GUGS / AdK, GGA, Signatur 15688.
237 Dieckmann / Siemes, Großer Hofferei hing ich nie an, in: Die Zeit, 22.01.2009.
238 Dieckmann / Siemes, Großer Hofferei hing ich nie an, in: Die Zeit, 22.01.2009.
239 Christoph Links, 30.10.2020; Wolfgang, Herles, Das blaue Sofa: Günter Grass „Unterwegs von Deutschland nach Deutschland", in: Deutschlandradio, 13.03.2009.
240 Dieckmann / Siemes, Großer Hofferei hing ich nie an, in: Die Zeit, 22.01.2009.
241 Christoph Links, 30.10.2020.
242 Markus Meckel, 02.02.2021.
243 Gerrit Bartels, Geschichtsstunde bei Grass, in: TAZ, 02.04.2009.

3 Häßlich sieht die Einheit aus – Günter Grass als Sprecher der ostdeutschen Verlierer

Grass konterte mit einem zweifelhaften Demokratieverständnis: „Was eine Bevölkerung will, sei manchmal ziemlich fragwürdig. Politisch verantwortlich sei es, unter Umständen auch gegen den erklärten Volkswillen zu handeln – immer die Folgen im Blick."[244] Wolfgang Thierse versuchte daraufhin, die Thesen des Intellektuellen differenziert zu widerlegen und mit Zahlen zu beweisen, dass „viele Milliarden [...] in den Aufbau Ost gesteckt wurden"[245]. Er war hoffnungsvoller als Grass, da „inzwischen nicht nur über 2 Millionen Ossis in den Westen gegangen sind, sondern auch 1,4 Millionen Wessis in den Osten"[246].

Günter Grass forderte durch seine Tagebuchveröffentlichung eine erneute Auseinandersetzung heraus. Die Hoffnung, dass seine Gegner ihn und seinen damaligen „Standpunkt jetzt vielleicht differenzierter"[247] sehen würden, erfüllte sich nur bedingt. Das Tagebuch wurde in der Öffentlichkeit kontrovers beurteilt. In der Presse widersprach der ehemalige Finanzminister Theo Waigel (CSU), indem er in einem Interview Grass' Sichtweise als „ehrenwertes, aber [...] absolut absurdes Denken"[248] bezeichnete. Auch ostdeutsche Intellektuelle, wie Monika Maron, argumentierten gegen Grass, da er seine „frühere[n] Irrtümer"[249] nur wiederhole. Viele Journalisten sahen das Motiv der Besserwisserei und Rechthaberei, da er „immer noch mit der deutschen Einheit"[250] hadere und nicht „seinen Frieden mit 1989"[251] gemacht habe.[252] Nur wenige beurteilen das Tagebuch differenzierter als Dokument des Zeitgeistes und nahmen einen Unterschied zwischen Grass' öffentlichen Reden und seinen persönlichen Eintragungen in seinem Tagebuch wahr.[253] Frank Keil erkannte an, dass Grass „durchaus richtige[...] Anmerkungen und erspürte[...] Einwände zum teilweise brachialen Tempo der Wiedervereinigung"[254] hatte. Chris-

---

244 Ines Perl, Günter Grass las aus seinem Buch *Unterwegs von Deutschland nach Deutschland – Tagebuch 1990*.
245 Gerrit Bartels, Geschichtsstunde bei Grass, in: TAZ, 02.04.2009.
246 Stefan Alberti, Grass liest. Leider redet er auch im Berliner Ensemble, in: TAZ, 03.04.2009.
247 Volker Neuhaus, Brief an Günter Grass, 23.01.2009 in: GUGS / AdK, GGA, Signatur 16474; vgl. Günter Grass, Brief an Volker Neuhaus, 04.02.2009, in: GUGS.
248 Theo Waigel, Absurdes Denken, zitiert nach: Neumann, Alles gesagt?, S. 739.
249 Monika Maron, Die Unke hat geirrt, in: SZ, 07.02.2009.
250 Martin Reichert, Andere nennen es Arbeit, in: TAZ, 22.01.2009.
251 Torsten Thissen, Von Ansichten und vom Ansehen, in: Die Welt, 22.01.2009.
252 Vgl. edo., Suppenkaspar, in: FAZ, 23.01.2009; Benjamin von Stuckrad-Barre, In die Suppe gespuckt, in: Die Welt am Sonntag, 08.02.2009; fap., Was rede ich, in: FAZ, 23.03.2009; Friedmar Apel, Mit heiterer Zuversicht dem schlimmen Ausgang entgegen, in: FAZ, 02.02.2009; Nils Minkmar, Der Hut der Geschichte, in: FAZ, 01.02.2009.
253 Eckhard Fuhr, Zwischen Vaterglück und Unkenrufen, in: Die Welt am Sonntag, 01.02.2009.
254 Frank Keil, „Wie die Revolution ihre Kinder frisst, frisst der Kapitalismus seine", in: Die Welt, 19.02.2009.

toph Links bezeichnete Grass als „ein[en] frühe[n] Mahner und frühe[n] Rufer. Man muss ihn im Nachhinein fast als prophetisch bezeichnen"[255].

Markus Meckel betont rückblickend, dass sie viele Übereinstimmungen in der Frage hatten und nur in Details unterschiedlicher Meinung waren.[256] Im Zuge dieser Gespräche entstand daher bei Günter Grass die Idee, gemeinsam mit Markus Meckel und Wolfgang Thierse Wahlkampfveranstaltungen „im Osten der Republik"[257] zu organisieren.[258] Grass traf die Entscheidung, eine *Politische Lesereise* durch jedes „der fünf neuen Bundesländer"[259] durchzuführen, während er „anderen im Westen eine Abfuhr"[260] erteilte. Es war sein Ziel, die SPD „mit all den Bedenken und all der Kritik"[261] auf kommunaler Ebene zu stärken und sich damit „vor allem für Regionen ein[zu]setzen, die sich mehr und mehr entvölkern"[262] Dabei wies er wiederholt auf die geschichtspolitische Traditionslinie der SPD hin (vgl. IV. Kap. 6.2.2).[263] Ines Vogel, damalige Bundestagskandidatin, bekräftigte, wie Grass beispielsweise an die rote Tradition der SPD in Dresden und Sachsen erinnerte, die durch die DDR unterbrochen wurde.[264] Auch Wolfgang Thierse würdigte den historischen Kontext bei der Vorstellung der Lesereise.[265] Das Thema Deutsche Einheit diente somit als ein Mittel, um gegen eine sich abzeichnende, schwarz-gelbe Regierung zu argumentieren. Grass' Wahlkampfaktivitäten stellten auch ein Werben für die Demokratie dar, da er sich gegen Nichtwählen und rechte Parteien im Osten stark machte.[266]

Die Veranstaltungen waren allesamt gut besucht. Günter Grass erhielt viel Applaus für seine Thesen, beispielsweise dafür, dass „im Westen der Wille gefehlt [habe], sich mit den Biografien im Osten bekannt zu machen"[267]. Die Lesereise generierte in den regionalen Zeitungen, aber auch überregional eine gute Medienresonanz. Allerdings fand das eigentliche Thema der missglückten Deutschen Einheit nur am Rande Erwähnung. Berichtet wird, dass im Zuge einer Wahl-

---

255 Christoph Links, 30.10.2020.
256 Markus Meckel, 02.02.2021.
257 Günter Grass, Brief an Fritz Raddatz, 23.06.2010, in: GUGS.
258 Vgl. Klaus-Jürgen Scherer, 02.03.2020.
259 Rüdiger Fikentscher, 10.03.2020.
260 Klaus-Jürgen Scherer, 02.03.2020.
261 Ulrich Wickert, Einblicke in eine verletzliche Seele, in: Die Welt, 31.01.2009.
262 O. V., Grass setzt sich für SPD in der Uckermark ein, in: MOZ, 23.07.2009.
263 Vgl. Ines Vogel, 06.12.2020.
264 Vgl. Ines Vogel, 06.12.2020.
265 Vgl. Björn Böhning, Brief an Günter Grass, 21.08.2009, in: GUGS.
266 Vgl. Ines Vogel, 06.12.2020.
267 Sabine Rakitin, Vom Schriftsteller zum Wahlkämpfer, in: MOZ, 11.09.2009.

kampfveranstaltung „sich Meckel und Grass ziemlich in die Haare"[268] bekamen, da er die Einheit für geglückt hielt, während Günter Grass die Folgen kritisierte. „Dem Dichter scheint das Spaß zu machen, währen der Politiker immer wieder versucht, die Gegensätze rhetorisch zu glätten."[269] Rückblickend lobte Meckel, wie Grass „mit einem sozialen Gewissen"[270] die Transformationsprobleme in den Mittelpunkt rückte und sich mit „großer Empathie"[271] für die Ostdeutschen aussprach. Der damals anwesende Vizepräsident des Landtages in Sachsen-Anhalt, Rüdiger Fikentscher (SPD), teilt die Ansicht des Intellektuellen über die Folgen der Deutschen Einheit nicht, die „viel differenzierter zu betrachten"[272] seien. „Aber warum soll nicht jemand wie Günter Grass, der selbst kein politisches Amt hat, so einen Akzent [...] setzen."[273] Es zeigt sich, dass Politiker und der Intellektuelle eine unterschiedliche Bewertung der Ereignisse vornahmen.[274] Die Presse konstatierte, Grass entspräche mit seiner Sichtweise über die Deutsche Einheit mehr der Linkspartei als der SPD.[275] Tatsächlich bekundet Oskar Lafontaine, der inzwischen als Politiker der Partei WASG und später Die Linke (2005–2022) auftrat, seine inhaltliche Übereinstimmung, indem er den Satz von Grass „Die Menschen, vor allem in den neuen Bundesländern, zahlen noch heute den Preis dafür, dass die Einheit übers Knie gebrochen wurde."[276] bis heute als „berechtigt"[277] bezeichnet. Bei den Veranstaltungen grenzte sich Grass vehement von der Linken ab und kritisierte Oskar Lafontaine.[278] Die Wahl 2009 demonstrierte schließlich, wie sehr die SPD ihre „Vorrangstellung eingebüßt hatte"[279] und „Die

---

268 Eckhard Fuhr, Günter Grass trommelt in Eberswalde, in: Die Welt, 11.09.2009; vgl. Klaus-Jürgen Scherer, 02.03.2020.
269 Eckhard Fuhr, Günter Grass trommelt in Eberswalde, in: Die Welt, 11.09.2009.
270 Markus Meckel, 02.02.2021.
271 Markus Meckel, 02.02.2021.
272 Rüdiger Fikentscher, 10.03.2020.
273 Rüdiger Fikentscher, 10.03.2020.
274 Vgl. Wolfgang Thierse, 03.03.2020; Markus Meckel, 02.02.2021.
275 Kurt Kister, Projekt Gesichtsloswerdung, in: SZ, 12.09.2009.
276 Dpa, Grass: Wiedervereinigung war übers Knie gebrochen, in: Augsburger Allgemeine, 14.03.2009.
277 Oskar Lafontaine, 26.08.2020.
278 Vgl. Sabine Rakitin, Vom Schriftsteller zum Wahlkämpfer, in: MOZ, 11.09.2009; Alexander Marguier, „Ich bin eben ein altes Wahl-Ross", in: FAS, 13.09.2009; Robin Alexander, Wie Günter Grass einmal Angela Merkel den Wahlkreis abnehmen wollte, in: Die Welt am Sonntag, 13.09.2009.
279 Matthias Jung / Yvonne Schroth / Andrea Wolf, Wählerverhalten und Wahlergebnis, in: Karl-Rudolf Korte (Hrsg.), Die Bundestagswahl 2009. Analysen der Wahl-, Parteien-, Kommunikations- und Regierungsforschung, Wiesbaden 2010, S. 35–47, hier S. 44.

Linke in Ostdeutschland vielerorts inzwischen als linke Volkspartei angesehen werden kann"[280].

Günter Grass gelang es im Jubiläumsjahr, durch die Veröffentlichung seines Tagebuchs und durch diverse Wahlveranstaltungen seine kritische Sicht auf die Einheit in Erinnerung zu rufen und in einen Dialog mit Politikern zu treten. Er wirkte demnach als Organisator für politische Öffentlichkeit, indem er die Transformationsprobleme in Ostdeutschland thematisierte. Einen Diskurs, beispielsweise über eine neue Verfassung (vgl. IV. Kap. 3.3.1), regte er damit allerdings nicht an. Im Wahlkampf 2009 standen weniger die inhaltlichen Thesen im Mittelpunkt, sondern eher das Engagement des Intellektuellen (vgl. IV. Kap. 6.2.1). Politiker griffen nur bedingt seine öffentlichen Forderungen nach einem Verfassungsdiskurs und nach strukturellen Veränderungen auf (vgl. IV. Kap. 3.3.1). Christoph Links bestätigt, dass „führende Politiker, wenn man heute mit ihnen darüber spricht, sagen, um Gottes Willen, wir wollen das Fass nicht aufmachen"[281]. Der Intellektuelle generierte folglich zwar Öffentlichkeit, aber seine kommunikative Macht reichte nicht für politische Veränderungen. Erst im Zuge der Flüchtlingskrise sowie mit dem Aufkommen von AfD und Pegida begannen der Diskurs und die Forschung, sich dem Thema Ostdeutschland und den gesellschaftlichen Transformationsprozessen wieder zu widmen.[282] Es war eine Entwicklung, die Günter Grass nicht mehr erlebte.

Manfred Bissinger bezeichnete das Tagebuch als „ein einmaliges geschichtliches Dokument"[283] und forderte, „es sollte zur Pflichtlektüre für alle Abiturklassen bestimmt werden"[284]. Der Schriftsteller Norbert Niemann bestätigt dies in einem Brief an Günter Grass:

> Ich halte Ihr Tagebuch für ein sehr wichtiges Zeitdokument. Es ist wirklich die *Chronik einer Veränderung* [...]. Ich las es als ein Missing Link, dass die Verwandlung der alten Bundesrepublik in diese neue [...] im entscheidenden Moment ihres Übergangs fixiert. Und ich war erstaunt, wie deutlich sich vieles offenbar schon 1990 zeigte, was mir erst viel später als brandneue Entwicklung erschien.[285]

---

280 Ulrich Eith, Volksparteien unter Druck. Koalitionsoptionen, Integrationsfähigkeit und Kommunikationsstrategien nach der Übergangswahl 2009, in: Korte, Die Bundestagswahl 2009, S. 118–129, hier S. 120.
281 Christoph Links, 30.10.2020.
282 Christoph Links, 30.10.2020; vgl. Eleske Rosenfeld, Geschichtspolitik von oben?, in: Deutschlandarchiv, 21.06.2021; Hans Vorländer / Maik Herold / Steven Schäller, PEGIDA. Entwicklung, Zusammensetzung und Deutung einer Empörungsbewegung, Wiesbaden 2016, S. 129.
283 Manfred Bissinger, Einführung zu einer Lesung von Günter Grass, Universität Hamburg, 17.04.2009, in: GUGS / AdK, GGA, Signatur 15818.
284 Bissinger, Einführung, 17.04.2009, in: GUGS / AdK, GGA, Signatur 15818.
285 Norbert Niemann, Brief an Günter Grass, 25.05.2009, in: GUGS / AdK, GGA, Signatur 16484.

Das Tagebuch *Unterwegs von Deutschland nach Deutschland* fand „nicht nur bei älteren Zuhörern, sondern auch bei jungen Menschen Interesse, denen das Jahr 1990 historisch fern ist"[286].

3.3 Beratung: Anregungen bis Austritt – Das gespaltene Verhältnis zur SPD

3.3.1 Forderung nach einer neuen Verfassung

„Inmitten der Konfliktlinien der alten – und neuen – Bundesrepublik bewahrheitete sich, dass Verfassungsfragen ursprünglich Machtfragen sind"[287]. Diese waren auch Bestandteil der Beratung durch Günter Grass. Für den Intellektuellen stellte die Deutsche Einheit einen „Verfassungsbruch"[288] dar. Er gehörte damit einer linken Diskurskoalition an, die den Interpretationsspielraum des Artikels 146 für ihre Argumentation nutzte und eine neue Verfassung forderte.[289] Der Intellektuelle kritisierte, dass der Verfassungsentwurf des *Runden Tisches* „im Bundestag überhaupt nicht diskutiert [wurde], in der Volkskammer eine knappe halbe Stunde"[290]. Karl-Rudolf Korte stellt klar, dass der Entwurf zwar Resonanz fand, aber die freigewählte Volkskammer ihn sich nicht zu eigen machte.[291] Angesichts des *window of opportunity* wäre eine neue Verfassung in der Kürze der Zeit nicht zu erarbeiten gewesen, sodass „nur der Weg über den Artikel 23 [...] die Chance zur notwendigen Beschleunigung des Vereinigungsprozesses"[292] bot. Im Einigungsvertrag vom 31. August 1990 wurde im Artikel 5 die Empfehlung aufgenommen, „sich innerhalb von zwei Jahren mit den im Zusammenhang mit der deutschen Einigung aufgeworfenen Fragen zur Änderung oder Ergänzung des Grundgesetzes zu befassen"[293]. Eine derartige verfassungsgebende Versammlung war für Grass die letzte Hoffnung, den Fehler des Einheitsprozesses zu revidieren. Der Intellektuelle versuchte mit-

---

286 Günter Grass, Brief an Christa Wolf, 18.03.2009, in: GUGS.
287 Christopher Banditt, Das *Kuratorium für einen demokratisch verfassten Bund deutscher Länder* in der Verfassungsdiskussion der Wiedervereinigung, in: Deutschland Archiv, 16.10.2014.
288 Grass, Bericht aus Altdöbern, in: NGA 22, S. 465.
289 Sturm, Uneinig in die Einheit, S. 473; Schäfer, Vereinigungsdebatte, S. 26.
290 Stefan Koldehoff, Mehr als eine „wunderbare Verfassung", in: TAZ, 04.03.1991.
291 Korte, Die Chance genutzt?, S. 114.
292 Korte, Die Chance genutzt?, S. 112.
293 Bundesministerium für Justiz, Vertrag zwischen der Bundesrepublik Deutschland und der Deutschen Demokratischen Republik über die Herstellung der Einheit Deutschlands (Einigungsvertrag), Artikel 5.

hilfe seiner kommunikativen Macht, die Aufmerksamkeit der politischen Öffentlichkeit zu gewinnen.

Bereits am 16. Juni 1990 gründete sich eine Bürgerinitiative mit dem Namen *Kuratorium für einen demokratisch verfaßten Bund deutscher Länder* (kurz: Verfassungskuratorium).[294] Grass nahm an ihrer konstituierenden Sitzung teil und war für den „etwas umständlichen Name[n]"[295] verantwortlich. Es war das Ziel der Initiative, „eine breite öffentliche Verfassungsdiskussion zu fördern, deren Ergebnisse in einer Verfassungsgebenden Versammlung einmünden"[296] sollten. Grass unterstützte das Anliegen, in dem er als prominenter Eröffnungsredner zusätzliche Aufmerksamkeit generierte.[297] Zusätzlich sandte er seine Rede an Oskar Lafontaine, da sie seine „gegenwärtige Gesamteinschätzung spiegelt[e]"[298]. Der Intellektuelle bot an, aktiv im Verfassungskuratorium mitzuarbeiten.[299] In seinem Tagebuch äußerte er aber bereits seine Zweifel, dass „ein verlorenes Häuflein von unverdrossenen Radikaldemokraten dennoch den Artikel 146 wieder in Kurs setzen"[300] könne. Er lobte Wolfgang Ullmann (später Bündnis 90/Die Grünen), der sich in seiner Rede für eine neue Verfassung „sehr gut [einsetzte]. Danach drohte alles im allgemeinen basisdemokratischen Gequatsche unterzugehen."[301] Grass wirkte daraufhin auch nicht beratend bei der Initiative mit, sondern wurde lediglich informiert.[302] Das Verfassungskuratorium legte im Juli 1991 einen entsprechenden Entwurf der Öffentlichkeit vor, der auf Basis „eines fast einjährigen öffentlichen Diskussionsprozesses"[303] in verschiedenen Kongressen erarbeitet wurde und ausdrücklich Grass'

---

294 Vgl. Banditt, Das Kuratorium, in: Deutschland Archiv, 16.10.2014.
295 Tine Stein, Verfassung mit Volksentscheid – Die Verfassungsdiskussion im Jahr der deutschen Einheit zwischen ‚Neuanfang' und ‚Weiter so', in: Eckart Conze / Katharina Gajdukowa / Sigrid Koch-Baumgarten (Hrsg.), Die demokratische Revolution 1989 in der DDR, Köln 2009, S. 182–202, hier S. 192.
296 Kuratorium für einen demokratisch verfaßten Bund deutscher Länder, Presseinformation, 16.06.1990, in: AdK, GGA, Signatur 11803.
297 Vgl. Kuratorium für einen demokratisch verfaßten Bund deutscher Länder, Presseinformation, 16.06.1990, in: AdK, GGA, Signatur 11803; Günter Grass, Bericht aus Altdöbern, in: Kuratorium für einen demokratisch verfaßten Bund Deutscher Länder (Hrsg.), In freier Selbstbestimmung, Berlin 1990, S. 10–14.
298 Günter Grass, Brief an Oskar Lafontaine, 19.06.1990, in: AdK, GGA, Signatur 13924.
299 Grass, Bericht aus Altdöbern, in: NGA 22, S. 464.
300 Grass, Tagebuch 1990, 13.06.1990, S. 112; vgl. Grass, Bericht aus Altdöbern, in: NGA 22, S. 465.
301 Grass, Tagebuch 1990, 16.06.1990, S. 114.
302 Vgl. Kuratorium für einen demokratisch verfaßten Bund deutscher Länder, Rundbriefe an die Kuratoriumsmitglieder sowie handschriftliche Notiz auf dem 2. Rundbrief an die Kuratoriumsmitglieder, 03.07.1990, in: AdK, GGA, Signatur 11803.
303 Kuratorium für einen demokratisch verfaßten Bund deutscher Länder, Vom Grundgesetz zur deutschen Verfassung, 1991, S. 8.

3 *Häßlich sieht die Einheit aus* – Günter Grass als Sprecher der ostdeutschen Verlierer ▬ **213**

Zustimmung fand.[304] Diese vorformulierte Verfassung wurde von der SPD und den Grünen zwar wohlwollend aufgenommen, aber von der Union schließlich abgelehnt.[305] Im Bundestag entschied man sich, die Diskussion in eine *Gemeinsame Verfassungskommission* zu verlagern. Grass kommentierte die Entwicklung später damit, dass „dieser Diskussionsvorschlag [...] in Bonn von allen Parteien, leider auch von der SPD, kaum zur Kenntnis genommen [wurde]; man ging zur Tagesordnung über."[306]

Durch öffentliche Politikberatung versuchte der Intellektuelle weiterhin in der Berliner Republik für eine neue Verfassung zu werben und das informelle Wirken der Kommission zu kritisieren. In einem Gespräch mit dem SPD-Parteivorsitzenden Björn Engholm im November 1992 machte er den Vorwurf: „Was hat uns eigentlich geritten, [...], das Ganze einer Verfassungskommission zu überlassen, die hinter verschlossenen Türen agiert und kein Mensch [...] bekommt etwas in Erfahrung gebracht, inwieweit diese große Veränderung [...] Eingang findet in eine neue Verfassung."[307] Grass bemängelte die „Mißachtung von 16 Millionen Menschen, die aus ihrer Verletzung heraus etwas einbringen wollten"[308] und fordert eine „Mitbeteiligung der Bürger"[309]. Er gab der SPD die Mitverantwortung für den intransparenten Prozess.[310] Der Intellektuelle wollte durch seine öffentliche Beratung die zuständigen Politiker dafür gewinnen, dem Thema mehr Priorität einzuräumen und es in der Gesellschaft zu diskutieren. Die Resonanz auf diese öffentliche Politikberatung war auch bei der SPD gering. Engholm pflichtet Grass zwar bei, dass eine „breite Diskussion"[311] nicht vom ersten Tag stattgefunden habe, allerdings sah er keine große Bereitschaft der Bevölkerung, bei diesem Thema mitzuwirken. Auch Regine Hildebrandt reagierte kritisch: „Wir kriegen auch das nicht mehr umgekehrt! [...] [W]ir können nur noch Schadensbegrenzung erreichen."[312] Der Intellektuelle erreichte durch seine kommunikative Macht für

---

304 Vgl. Günter Grass, Abstimmungsformular, in: Archiv Grünes Gedächtnis, Bestand: E.02 Kuratorium für einen demokratisch verfaßten Bund deutscher Länder, Signatur 71: Änderungsvorschläge und Abstimmung 01.1991–06.1992.
305 Vgl. Banditt, Das Kuratorium; Deutscher Bundestag, Stenographischer Bericht, 14.05.1991.
306 Günter Grass, Brief an Franz Müntefering, 06.05.2009, in: GUGS.
307 Ulrich Semler, „Björn, Hände weg vom Asylrecht". Streitgespräch zwischen Björn Engholm und Günter Grass, in: NDR, 03.11.1992; Grass / Hildebrandt, Schaden begrenzen oder auf die Füße treten, S. 28.
308 Stefan Koldehoff, Mehr als eine „wunderbare Verfassung", in: TAZ, 04.03.1991.
309 Semler, „Björn, Hände weg vom Asylrecht", in: NDR, 03.11.1992.
310 Grass / Hildebrandt, Schaden begrenzen oder auf die Füße treten, S. 28.
311 Vgl. Semler, „Björn, Hände weg vom Asylrecht", in: NDR, 03.11.1992.
312 Grass / Hildebrandt, Schaden begrenzen oder auf die Füße treten, S. 31.

das Thema eine gewisse Medienpräsenz.[313] Der Journalist Max Thomas Wehr stellte fest, dass „ein Dialog [...] immer etwas Öffnendes"[314] habe. Grass kritisierte dagegen, dass das Thema zum Talkshow-Thema verkommen sei und ohne „politische Leidenschaft in der Debatte"[315] geführt würde.

Grass verfolgte sein politisches Ziel einer verfassungsgebenden Versammlung auch in informellen Briefen an Björn Engholm, Oskar Lafontaine und Gerhard Schröder sowie Franz Müntefering. Er versuchte nach der Bundestagswahl im Dezember 1990 als „persönlicher Freund"[316] des designierten, neuen Parteivorsitzenden Engholm Einfluss auf die Politik der SPD zu nehmen. Der Politiker signalisierte bei seiner ersten Presseerklärung am 10. Dezember eine grundsätzliche Offenheit für eine Beratung durch Intellektuelle.[317] Grass fühlte sich davon direkt angesprochen und erklärte sich bereits einen Tag später in einem Brief bereit, dem Politiker „mit Rat und [...] auch mit entsprechender Tat beiseite zu stehen"[318]. Entscheidende Bedingung dafür sei allerdings der Umgang der SPD mit den Ergebnissen des „überstürzten Einheitsprozesses"[319]. In einem informellen Gespräch am 26. Dezember 1989 in Lübeck konkretisierte Grass seine „Vorstellungen [einer] zukünftige[n] Deutschlandpolitik und [seiner] eventuelle[n] Zusammenarbeit"[320]. Konkret formulierte er als Bedingung, dass die Partei „offensiv"[321] versuche, „die durch bloßen Anschluß zustande gekommene Großbundesrepublik in einen Bund deutscher Länder umzugestalten, und zwar mittels neuer, auf dem bisherigen Grundgesetz fußender Verfassung"[322]. Der Intellektuelle schlug in dem Gespräch drei konkrete Schritte vor: Zunächst die Einrichtung einer verfassungsgebenden Versammlung, zweitens eine Einbeziehung der Intellektuellen vor der SPD-Bundesfraktion oder vor dem Parteirat und die Stärkung der föderativen Elemente.[323] In einer neuen Verfassung

---

313 Vgl. Semler, „Björn, Hände weg vom Asylrecht", in: NDR, 03.11.1992. Das Gespräch mit Regine Hildebrandt veröffentlichte die *Wochenpost* und wurde in der Presse kontrovers diskutiert. Vgl. Grass / Hildebrandt, Schaden begrenzen oder auf die Füße treten; Fritz Ullrich Fack, Die Ministerin und der Dichter, in: FAZ, 17.03.1993; o. V., Was fehlt, in: TAZ, 17.02.1993.
314 Max Thomas Mehr zitiert nach: Grass / Hildebrandt, Schaden begrenzen oder auf die Füße treten, S. 73.
315 Semler, „Björn, Hände weg vom Asylrecht", in: NDR, 03.11.1992.
316 Burchardt / Knobbe, Björn Engholm, S. 338; vgl. Engholm, in: Steidl Verlag, Günter Grass zum 65.
317 Björn Engholm, Presseerklärung, 10.12.1990, in: AdsD, Pressearchiv.
318 Günter Grass, Brief an Björn Engholm, 11.12.1990, in: AdK, GGA, Signatur 12670.
319 Günter Grass, Brief an Björn Engholm, 11.12.1990, in: AdK, GGA, Signatur 12670.
320 Grass, Tagebuch 1990, 27.12.1990, S. 232.
321 Günter Grass, Brief an Björn Engholm, 11.12.1990, in: AdK, GGA, Signatur 12670.
322 Grass, Tagebuch 1990, 27.12.1990, S. 232.
323 Vgl. Grass, Notiz „Für Gespräch mit Björn Engholm am 26.12.90", in: AdK, GGA, Signatur 10391; Grass, Tagebuch 1990, 27.12.1990, S. 232.

sollte eine neue Staatsangehörigkeit, der Schutz der Natur und Umwelt sowie das Thema der sozialen Sicherheit aufgenommen werden.

Das informelle Treffen belegt, dass Engholm, wie bei seinem Amtsantritt versprochen, den Dialog mit Intellektuellen prinzipiell suchte. Grass vermerkte in seinem Tagebuch, dass der neue Parteivorsitzende „zumindest"[324] zuhörte und sich Notizen machte, auch wenn er „sofort auf die (auch mir bekannten) Widerstände innerhalb der SPD"[325] hinwies. Letztendlich äußerte der Intellektuelle seine Skepsis, „ob er den Kampfeswillen für eine solch offensive Deutschlandpolitik aufbringen und längere Zeit aufrecht erhalten kann"[326]. Für Engholm war das Gespräch „eine moralische Aufrüstung, was bei Günter häufig vorkam. Er gab Ratschläge, was man tun darf, was man nicht tun darf. Es war immer die Frage, wie weit darf einer Kompromisse machen oder nicht."[327] Er sorgte in guten Zeiten „als Ideenstifter, Anreger, Ratgeber, Mahner und Kritiker dafür [...], daß wir nicht zu weit vom Kurs abkamen"[328]. Der Politiker bezeichnete retrospektiv sein Verhältnis zu Günter Grass Anfang der 1990er-Jahre als „freundschaftlich und produktiv, auch wenn mir seine strenge Moralität (besser Gesinnungsethik) oft zu weit ging"[329]. Gerade beim Thema Wiedervereinigung wurde deutlich, dass Grass jemand war, „der immer weit gefasste Ziele, Hoffnungen, Visionen und gelegentlich auch Illusionen einbrachte"[330], die „wir im politischen Alltag einfach nicht umsetzen konnten"[331]. Der Intellektuelle war, was die Umsetzung angeht, „nicht so ein Detail-Krümler. Politiker müssen, wenn eine Idee da ist, diese bis ins Detail durchdenken, und das brauchte Günter Grass nicht. Er war ein Ideenschenker."[332] Seine Visionen waren hinsichtlich der Ausrichtung der Deutschlandpolitik weit entfernt von den Vorstellungen der SPD. Bereits Anfang 1991 merkte Grass, dass die Distanz zur SPD auch unter Björn Engholm „leider nicht kleiner zu werden verspricht"[333]. Der Parteivorsitzende konstatierte, dass „[wir] zu jenem Zeitpunkt begonnen hatten, uns politisch und dann infolge wohl auch menschlich zu entfremden"[334]. Weitere informelle Gespräche zwischen den beiden konnten ab

---

324 Grass, Tagebuch 1990, 27.12.1990, S. 233.
325 Grass, Tagebuch 1990, 27.12.1990, S. 233.
326 Grass, Tagebuch 1990, 27.12.1990, S. 233; vgl. auch 06.12.1990, S. 225 sowie 30.11.1990, S. 218.
327 Björn Engholm, 22.03.2021.
328 Barbara und Björn Engholm, Brief an Ute Grass, April 2015.
329 Björn Engholm, 07.06.2020.
330 Martin Schulte, Zum Tode von Günter Grass, in: SHZ, 13.04.2015.
331 Martin Schulte, Zum Tode von Günter Grass, in: SHZ, 13.04.2015.
332 Björn Engholm, 22.03.2021.
333 Günter Grass, Brief an Wolfgang Thierse, 07.02.1991, in AdK, GGA, Signatur 14513.
334 Engholm, Koexistenz zweier Raucher, S. 95.

1991 nicht mehr festgestellt werden.³³⁵ Die direkte Beratung des Intellektuellen hinsichtlich eines Verfassungsdiskurses blieb erfolglos.

Es gelang „den Befürwortern von Artikel 146 nicht, entsprechende gesellschaftliche Mobilisierungspotenziale zu erschließen"³³⁶. Dagegen konnte der Gegendiskurs „die Verfassungsdebatte auf den Kreis der juristisch geschulten Fachleute [...] begrenzen und so das von der juristischen Zunft in den vierzig Jahren der Bundesrepublik angesammelte symbolische Kapital der Deutungsmacht gegen die zivilgesellschaftliche Öffnung des Diskurses [...] verteidigen"³³⁷. Die Verfassungskommission stärkte das vorhandene Grundgesetz der Bundesrepublik, ohne große Reformen und Veränderungen einzuführen.³³⁸ Am 17. September 1993 bezeichnete der Intellektuelle in einem öffentlichen Gespräch mit dem neuen Parteivorsitzenden Rudolf Scharping „die mißglückte deutsche Einigung"³³⁹ daraufhin weiterhin als „Thema Nummer eins"³⁴⁰. Es sei ein „ungeheurer Verlust"³⁴¹, dass die Entwürfe vom Verfassungskuratorium und Bündnis 90 nicht zur Kenntnis genommen wurden. Günter Grass unterstützte erfolglos auch rechtliche Schritte, beispielsweise die Bürgerinitiative *Krefelder Aufruf* oder eine Verfassungsbeschwerde im Jahr 1995.³⁴²

Der Intellektuelle gab das Ziel einer neuen Verfassung in der Berliner Republik trotz dieser Rückschläge nicht auf. Er hoffte, dass im Zuge der rot-grünen Regierung die fehlende Legitimierung der Deutschen Einheit nachgeholt würde. In diesem Sinne versuchte Grass, sowohl den Parteivorsitzenden Oskar Lafontaine als auch den SPD-Kanzlerkandidat Gerhard Schröder an diesen offenen Punkt zu erinnern. Anlässlich der Bundestagswahl 1998 schrieb er in seiner Wahlrede das Thema Verfassung „Gerhard Schröder ins Stammbuch"³⁴³:

> Der nächste Bundeskanzler wird daran gemessen werden, ob es ihm gelingt, das bisherige Vakuum aufzufüllen, das heißt, den Bund Deutscher Länder auf der Grundlage einer vom

---

335 Vgl. Björn Engholm, 22.03.2021.
336 Banditt, Das Kuratorium.
337 Daniel Schulz, Verfassung und Nation. Formen politischer Institutionalisierung in Deutschland und Frankreich, Wiesbaden 2004, S. 276.
338 Deutscher Bundestag, Bericht der Gemeinsamen Verfassungskommission, 05.11.1993; vgl. Gert-Joachim Glaeßner, Politik in Deutschland, 2., akt. Aufl., Wiesbaden 2006, S. 345.
339 Bissinger / Jörges, SPD – Anpassung oder Alternative?, S. 10.
340 Bissinger / Jörges, SPD – Anpassung oder Alternative?, S. 10.
341 Grass / Hildebrandt, Schaden begrenzen oder auf die Füße treten, S. 28 f.
342 Vgl. Hanns-Jörg Churs, Brief an Günter Grass, 21.03.1995, in: AdK, GGA, Signatur 11767; Günter Bahne / Hanns-Jörg Churs, Krefelder Aufruf, 13.09.1994, in: GGA, Signatur 11767; o. V., Abstimmen soll das Volk, in: Der Spiegel, 17.07.1994.
343 Günter Grass, Rede „Wer dreimal lügt ...", in: AdK, GGA, Signatur 10376, Teilabdruck in: FR, 02.09.1998.

Volk bestätigten Verfassung als neue Bundesrepublik zu festigen und zugleich dem mehrfach gebrochenen Sozialvertrag zwischen den Schichten der Gesellschaft wieder Geltung zu verschaffen.[344]

Diese nicht-nachgefragte Beratung in der Öffentlichkeit wiederholte Grass in einem Brief an Oskar Lafontaine und Gerhard Schröder nach dem Wahlsieg „mit Nachdruck"[345]. Die rot-grüne Regierung habe nun die Möglichkeit, „ein gravierendes Versäumnis im Prozeß der deutschen Vereinigung auszugleichen"[346]. Der Intellektuelle bat die Politiker „zu bedenken, in welchem Maße eine verfassungsgebende Versammlung, in der die ostdeutschen Länder gleichberechtigt vertreten wären, dazu beitragen könnte, die neuerliche Spaltung Deutschlands, die nicht nur eine soziale ist, nachträglich auszugleichen."[347] Er argumentiert damit, dass sein „Vorschlag [...] nicht viel Geld"[348] koste, aber ein wertvoller „(nunmehr regierungsverantwortlicher) Beitrag der Sozialdemokraten und Grünen zur deutschen Einheit"[349] wäre. Grass erklärte sich bereit, gemeinsam mit Wolfgang Ullmann (Bündnis 90/ Die Grünen) als Berater in einem kleinen Kreis oder vor der Fraktion beider Parteien zu wirken. Schröder reagierte mit Vorsicht auf diesen intellektuellen Impuls: „Über deinen Vorschlag, dem Schlußartikel des Grundgesetzes Geltung zu verschaffen, sollten wir einmal in Ruhe reden. Das wird nicht einfach werden."[350] Auch Oskar Lafontaine verschob das Thema auf unbestimmte Zeit, nämlich „wenn die Regierung gebildet ist und wir etwas in die Gänge gekommen sind."[351] Es gibt keine Hinweise, dass die beiden Politiker das Thema daraufhin noch mal aufgriffen.

Im Jahr 2009 eröffnete SPD-Vorsitzender Franz Müntefering einen Diskurs, in dem er über das Demokratiedefizit in Ostdeutschland sprach und in diesem Zuge eine „gemeinsam erarbeitete Verfassung"[352] forderte. Grass dankte daraufhin dem Politiker in einem Brief für diesen Vorstoß und beschrieb, seine „Freude und

---

344 Grass, Rede „Wer dreimal lügt ...", in: AdK, GGA, Signatur 10376.
345 Günter Grass, Brief an Oskar Lafontaine und Gerhard Schröder, 01.10.1998, in: AdK, GGA, Signatur 13924.
346 Grass, Brief an Lafontaine und Schröder, 01.10.1998, in: AdK, GGA, Signatur 13924.
347 Grass, Brief an Lafontaine und Schröder, 01.10.1998, in: AdK, GGA, Signatur 13924.
348 Grass, Brief an Lafontaine und Schröder, 01.10.1998, in: AdK, GGA, Signatur 13924.
349 Grass, Brief an Lafontaine und Schröder, 01.10.1998, in: AdK, GGA, Signatur 13924.
350 Gerhard Schröder, Brief an Günter Grass, 22.10.1998, in: AdK, GGA, Signatur 10426.
351 Oskar Lafontaine, Brief an Günter Grass, 14.10.1998, in: AdK, GGA, Signatur 11823.
352 Vgl. Silke Flege / Frank Hoffmann, Nichts darf, soll ungesagt bleiben. Kein neuer Literaturstreit – das Tagebuch von Günter Grass vereint die deutschen Kritiker, in: Deutschland Archiv (42 / 2009), Heft 4, S. 601–607, hier S. 607.

Überraschung"³⁵³ darüber. Er verwies auf die „nach wie vor spürbare Distanz zwischen Ost und West, die immer noch gravierenden sozialen Unterschiede zwischen Westdeutschen und Ostdeutschen, das unvollendete Projekt ‚Deutsche Einheit'"³⁵⁴. Grass ermutigte Müntefering daher,

> [...] weiterhin dieses Thema in die Öffentlichkeit zu tragen. In diesem Jahr, in dem wir den Fall der Mauer feiern, auf 60 Jahre Verfassung zurückblicken und zugleich die Wähler zu den Wahlurnen rufen, wird sich immer wieder die Frage stellen, wie *verfaßt* wir die kommenden Jahrzehnte bestehen können.³⁵⁵

Der Politiker erklärt auf Nachfrage, dass man „in der deutsch-deutschen Diskussion [...] an der ein oder anderen Stelle sensibler [hätte] sein können"³⁵⁶. Er betont im Gegensatz zu Grass aber: „Die Menschen wollten das, das ging nicht anders, das ist auch heute meine Meinung, es wäre gut gewesen, wir hätten das breiter aufgerollt"³⁵⁷ Müntefering fordert Intellektuelle heute auf, dazu Stellung zu beziehen: „Was sagen die uns dazu, die sind alle verdammt still"³⁵⁸.

Günter Grass stand für einen Verfassungsdiskurs zur Verfügung. Er bot Politikern seine Mithilfe an, aber seine Anregungen wurden von den politischen Akteuren nicht nachgefragt. Auch die Versuche des Intellektuellen, die Bevölkerung für einen notwendigen Diskurs zu mobilisieren, scheiterten. Selbst der juristische Weg in Form einer Verfassungsbeschwerde war nicht von Erfolg gekrönt. Der Intellektuelle blieb in dieser Frage ohnmächtig.

3.3.2 Der demonstrative Parteiaustritt (1992 / 1993)

Grass zog sich nachweisbar nach den erfolglosen Beratungsversuchen aus der Politik zurück. Er schrieb im Mai 1991 Willy Brandt, dass er sich „enttäuscht von der Gang und Machart der deutschen Einheit, in Manuskriptarbeit verkrochen"³⁵⁹ habe. Der Ehrenvorsitzende der SPD äußerte sein Verständnis für den Intellektuellen, „aber wir müssen da durch, und vieles wird in wenigen Jahren freundlicher aussehen"³⁶⁰. Auch Johannes Rau äußerte in einem Brief die Hoffnung, dass die

---

353 Günter Grass, Brief an Franz Müntefering, 06.05.2009, in: GUGS.
354 Günter Grass, Brief an Franz Müntefering, 06.05.2009, in: GUGS.
355 Günter Grass, Brief an Franz Müntefering, 06.05.2009, in: GUGS.
356 Franz Müntefering, 17.06.2020.
357 Franz Müntefering, 17.06.2020.
358 Franz Müntefering, 17.06.2020.
359 Günter Grass, Brief an Willy Brandt, 16.05.1991, in: Kölbel, Briefwechsel, S. 804.
360 Willy Brandt, Brief an Günter Grass, 22.05.1991, in: Kölbel, Briefwechsel, S. 805.

„zubetonierte[n] Verhältnisse aufgebrochen werden können"[361]. Grass zeigte sich 1992 verbittert über die „vergebliche Dreinrede"[362] und die „vergebliche[...] Liebesmüh"[363] innerhalb der SPD. Willy Brandts Tod hinterließ am 8. Oktober 1992 bei dem Intellektuellen „das nicht zu beschwichtigende Gefühl des Verlassenseins"[364]. In seiner Trauerrede sagte Günter Grass, Brandt habe sich die Deutsche Einheit als Bestätigung seiner Politik gewünscht, „doch es wuchert nur und wächst nicht zusammen. Abermals gespalten, sind sich die Deutschen fremd"[365]. Er beklagte „den Verlust an politischen Urgesteinen"[366] in der SPD.

Die vielen Geburtstagsbriefe von SPD-Politikern zum 65. Geburtstag Günter Grass' im Oktober 1992 können als Aufmunterung gelesen werden. Allgemein wurde die Hoffnung geäußert, dass sich der Intellektuelle trotz Pensionsgrenze „keineswegs zur Ruhe setzen"[367] werde, sondern „auch in Zukunft auf vielfältige Weise [...] die Entwicklungen in Deutschland und jenseits unserer Grenzen zugleich kritisch und konstruktiv begleiten"[368] würde. Die Briefe zeigen eine breite Anerkennung für seine Leistung sowie seine Ratschläge im Kontext der Deutschen Einheit. Der wenig später gewählte Fraktionsvorsitzende Hans-Ulrich Klose dankte beispielsweise dem Intellektuellen für seine Ratschläge und die Unterstützung der SPD.[369] Auch Oskar Lafontaine machte deutlich, die SPD schuldet „Dir Dank für viele mutige Worte, die dem Bewußtsein dieser Verantwortung entsprangen. [...] Wir haben bisher viel von Deiner Einmischung profitiert. Wir brauchen auch weiterhin Deine Anregung, Deine Kritik, Deinen Anstoß."[370] Klose würdigte Grass als Zeitzeugen und unbequemen Kommentator. Der Schriftsteller habe infolgedessen die Ablehnung seiner Person in Kauf genommen, aber dafür mit seiner Kritik Diskussionsprozesse in Gang gesetzt.[371]

Der scheidende Parteivorsitzende Hans-Jochen Vogel äußerte seinen Respekt davor, dass „ein Schriftsteller Ihres Ranges nicht nur über die politischen Verhält-

---

361 Johannes Rau, Brief an Günter Grass, 12.10.1990, in: AdK, GGA, Signatur 12368.
362 Grass, Rede vom Verlust, in: NGA 23, S. 44.
363 Günter Grass, Brief an Johannes Rau, 27.11.1992, in: AdK, GGA, Signatur 14220.
364 Grass, Jemand mit Hintergrund, in: NGA 23, S. 36.
365 Grass, Jemand mit Hintergrund, in: NGA 23, S. 36.
366 Martin Oehlen, Grass verließ SPD, in: Kölner Stadtanzeiger, 29.12.1992.
367 Oskar Lafontaine, Brief an Günter Grass, 14.10.1992, in: AdK, GGA, Signatur 10440.
368 Johannes Rau, Brief an Günter Grass, 08.10.1992, in: AdK, GGA, Signatur 10440; vgl. Gerhard Schröder, Brief an Günter Grass, 16.10.1992, in: AdK, GGA, Signatur 10440.
369 Vgl. Hans-Ulrich Klose, Brief an Günter Grass, 14.10.1992, in: AdK, GGA, Signatur 10440. Klose wurde am 12. November 1992 zum Fraktionsvorsitzenden gewählt.
370 Oskar Lafontaine, Brief an Günter Grass, 14.10.1992, in: AdK, GGA, Signatur 10440.
371 Vgl. Hans-Ulrich Klose, Brief an Günter Grass, 14.10.1992, in: AdK, GGA, Signatur 10440.

nisse lamentierte, sondern sich selbst engagiert hat"[372]. Rudolf Scharping konstatierte, welche öffentliche Wirkung Grass' damit hatte: „Du gehörst zweifellos zu jenen, die viel bewegen. Ob bei Deinen Büchern oder bei Deinen persönlichen Auftritten: Es mag nicht jeder Deiner Meinung sein, nachdenken über das, was Du zum Ausdruck bringst, wird jeder!"[373] Johannes Rau zeigte sich als Einziger nachdenklich über den stattgefundenen Vereinigungsprozessen und gab zu:

> Aber insgeheim ging mir manchmal die Frage durch den Kopf, ob sein [Grass'] Modell nicht für viele in Ostdeutschland mehr Glück und Würde bedeutet hätte. Die ökonomischen Erfahrungen, die Sachzwänge, die Orientierung an weltwirtschaftlichen Daten und Entwicklung freilich scheinen seine Alternativen überholt zu haben.[374]

Grass' Antwortbrief belegt, welche Wirkung die Worte des Politikers auf den Intellektuellen hatten, die „das gelegentlich aufkommende Gefühl des Isoliertseins und vergeblichen Rede und Dreinrede"[375] damit kurzfristig zerstreuten.

Grass' Verhältnis zur SPD war zu diesem Zeitpunkt allerdings bereits nachhaltig gestört, wie sich anhand seiner Reaktion auf Björn Engholms Rede bei seiner Feier zum 65. Geburtstag im Oktober 1992 belegen lässt.[376] Der Parteivorsitzende bat um den notwendigen „utopischen Rat"[377] des Intellektuellen. Grass reagierte „in seiner Gegenrede [...] harsch, er müsse dazu nicht aufgefordert werden. Denn seit er schreibe, tue er dies bereits, ob ich das nicht wüsste."[378] Zwei Monate später, nämlich am 18. Dezember 1992, trat Günter Grass aus der SPD aus.[379] Der Intellektuelle kündigte diesen Schritt in vielen Briefen an Politiker (vgl. Tabelle 22) und öffentlich in Interviews an, ohne dass eine Resonanz der SPD darauf feststellbar war.[380] Gerüchte über den Austritt gab es somit bereits vorher, die der Intellektuelle durch ein Interview Ende Dezember 1992 bestätigte.[381]

---

372 Hans-Jochen Vogel, Brief an Günter Grass, 14.10.1992, in: AdK, GGA, Signatur 10440.
373 Rudolf Scharping, Brief an Günter Grass, 15.10.1992, in: AdK, GGA, Signatur 10440.
374 Johannes Rau, in: Steidl Verlag, Günter Grass zum 65; vgl. Johannes Rau, Ein Gegenredner im besten Sinn. Günter Grass zum 65. Geburtstag, in: Sozialdemokratischer Pressedienst, 13.10.1992.
375 Günter Grass, Brief an Johannes Rau, 27.11.1992, in: AdK, GGA, Signatur 14220.
376 Vgl. Semler, „Björn, Hände weg vom Asylrecht", in: NDR 03.11.1992.
377 Björn Engholms Rede in: Cornelie Sonntag, Pressemitteilung, 15.10.1992, in: AdSD, Pressearchiv.
378 Engholm, Koexistenz zweier Raucher, S. 96.
379 Vgl. Günter Grass, Brief an Björn Engholm, 18.12.1992, in: Beck, Schlagt der Äbtissin ein Schnippchen, S. 134–136; Günter Grass, Brief an Hans-Ulrich Klose, 18.12.1992, in: AdsD, Björn Engholm, Signatur 1/BEAA000099; Günter Grass, Brief an Reinhard Roß, 18.12.1992, in: AdK, GGA, Signatur 14400.
380 Vgl. Leonid Hoerschelmann, Ein Staat für Günter Grass, in: Die Welt, 15.08.1990.
381 Vgl. Volker Happe, Grass kündigt Mitgliedschaft in der SPD auf, in: ARD Monitor, 28.12.1992, in: AdsD, Personalia Günter Grass; Beitrag in: Medienarchiv Günter Grass, DB 1288; dpa, Günter Grass will aus der SPD austreten, in: dpa-Meldung, 23.12.1992; dpa, Böser Abschied, in: TAZ, 29.12.1992.

3 Häßlich sieht die Einheit aus – Günter Grass als Sprecher der ostdeutschen Verlierer — 221

Tabelle 22: Günter Grass' Ankündigungen eines Parteiauftritts in Briefen (1990–1991).

Datum	Brief an SPD-Politiker	Kurzzitat
19.06.1990	Grass an Oskar Lafontaine	„Nur der Tatsache, daß Du Dich schließlich durchgerungen hast, Kanzlerkandidat zu bleiben, ist abzuleiten, daß ich weiterhin Mitglied der SPD bleibe, doch das nur noch wie auf Abruf."[382]
19.09.1990	Grass an Egon Bahr	„Ich kann nicht mehr. Seit 1961 habe ich die SPD [...] unterstützt."[383]
11.12.1990	Grass an Björn Engholm	„Kurzum: ich war kurz davor [...] meinen Austritt aus der Partei zu erklären."[384]
08.11.1990	Grass an Johannes Rau	„Ich gebe zu, lieber Johannes, daß mich diese Echolosigkeit bis in die SPD hinein mittlerweile deprimiert."[385]
15.05.1991	Grass an Willy Brandt	„enttäuscht von der Gang- und Machart der deutschen Einheit"[386] in „Manuskriptarbeit verkrochen"[387]

Als Begründung wird bis heute sein Protest gegen den Asylkompromiss aufgeführt (vgl. IV. Kap. 4.3.1).[388] Tatsächlich war die Deutschlandpolitik der ursächliche Grund, während die Asylpolitik lediglich den letzten Ausschlag für den Parteiaustritt gab.[389] Manfred Bissinger bestätigte diese Sichtweise: „Für uns war dieser sowieso nur der letzte Anlass von ganz vielen, die uns (es gehörte auch noch Jürgen Flimm dazu) an der SPD zweifeln ließen."[390] Grass betonte in seinen Briefen, dass es durch den Einigungsvertrag „selbst mit gutem Willen"[391] zu einer „kaum mehr überbrückbare[n]"[392] Distanz zur SPD gekommen sei. Mit dem Asylthema haben Regierung und Opposition von „ihrem Versagen der Aufgabe der deutschen Einheit gegenüber ablenken"[393] wollen. Seine Hoffnung, „die SPD werde in der Lage sein,

---

382 Günter Grass, Brief an Oskar Lafontaine, 19.06.1990, in: ADK, GGA, Signatur 13924.
383 Günter Grass, Brief an Egon Bahr, 19.09.1990, in: ADK, GGA, Signatur 13270.
384 Günter Grass, Brief an Björn Engholm, 11.12.1990, in: AdK, GGA, Signatur 2847.
385 Günter Grass, Brief an Johannes Rau, 08.11.1990, in: ADK, GGA, Signatur 14220.
386 Günter Grass, Brief an Willy Brandt, 16.05.1991, in: Kölbel, Briefwechsel, S. 804.
387 Günter Grass, Brief an Willy Brandt, 16.05.1991, in: Kölbel, Briefwechsel, S. 804.
388 Vgl. Zimmermann, Grass unter den Deutschen, S. 516 f; Jürgs, Bürger Grass, S. 390.
389 Vgl. hie., Austritt, in: FAZ, 30.12.1992.
390 Manfred Bissinger, 07.04.2020.
391 Günter Grass, Brief an Hans-Jochen Vogel, 14.01.1993, in: AdK, GGA, Signatur 14582.
392 Günter Grass, Brief an Björn Engholm, 18.12.1992, in: Beck, Schlagt der Äbtissin ein Schnippchen, S. 134.
393 Volker Happe, Grass kündigt Mitgliedschaft in der SPD auf, in: ARD Monitor, 28.12.1992.

ein ausgereiftes Deutschland-Konzept zu erarbeiten"[394], wurde enttäuscht, sodass er nicht länger einer „Partei angehören [könne], die sich offenbar außerstande sieht, die Priorität der verpfuschten Einheit als Herausforderung zu akzeptieren"[395].

Grass zeigte sich enttäuscht, dass es „keine"[396] unmittelbaren Reaktionen der SPD-Spitze auf seinen Austritt gegeben habe. Es gab allerdings direkte Stellungnahmen: Für Bundesgeschäftsführer Karl-Heinz Blessing war dieser Schritt „nicht nachvollziehbar"[397]. Horst Niggemeier merkte in einer Presseerklärung der SPD-Bundestagsfraktion kritisch an, dass viele Parteimitglieder trotz ihrer Kritik in der SPD verblieben und weiterhin „Kärrner-Arbeit"[398] leisteten, auch „wenn einem der Wind einmal ins Gesicht blies"[399]. Im Nachlass findet sich eine verspätete Reaktion von führenden SPD-Politikern auf diesen „Verlust"[400]. Vogel war persönlich „berührt"[401] und lud Grass zu einem persönlichen Gespräch ein, dass letztendlich nicht stattfand, obwohl sich der Intellektuelle aufgeschlossen dafür zeigte.[402] Egon Bahr reiste dagegen am 17. März 1991 nach Behlendorf zu einem Gespräch.[403] Die Partei reagierte hinsichtlich Grass' Austritt gespalten. Björn Engholm erklärte rückblickend, dass dieser vor allem die Grass-Kritiker in der Partei erfreut habe, während seine Weggefährten enttäuscht waren.[404] Man kann Harro Zimmermann zustimmen, dass die SPD keine „besondere Anstrengungen zur Schlichtung des Streits"[405] unternahm. Mit vielen Politikern verlor der Intellektuelle sich daraufhin „ein wenig aus den Augen"[406]. Rückblickend beschrieb Vogel

---

394 Günter Grass, Brief an Björn Engholm, 10.02.1993, in: AdK, GGA, Signatur 2847.
395 Günter Grass, Brief an Björn Engholm, 10.02.1993, in: AdK, GGA, Signatur 2847.
396 Grass hatte einen Brief von Wolfgang Thierse oder einen Anruf von Björn Engholm erwartet. Vgl. o. V., Zurücktreten, um sich treu zu bleiben, in: FR, 16.01.1993.
397 Ddp, Blessing: SPD-Ausritt von Grass nicht nachvollziehbar, in: ddp-Meldung, 30.12.1992.
398 SPD-Bundestagsfraktion, Horst Niggemeier: Kärner-Arbeit [sic!] in der SPD leisten, auch wenn einem einmal der Wind ins Gesicht bläst, Pressemitteilung, 30.12.1992, in: AdsD, Personalia Günter Grass.
399 SPD-Bundestagsfraktion, Horst Niggemeier, Pressemitteilung, 30.12.1992.
400 Björn Engholm, Brief an Günter Grass, 15.01.1993, in: Beck, Schlagt der Äbtissin ein Schnippchen, S. 135; vgl. Hans-Jochen Vogel, Brief an Günter Grass, 14.01.1993, in: AdK, GGA, Signatur 14582. Es gab keine unmittelbar nachweisbaren Reaktionen von Johannes Rau, Rudolf Scharping, Oskar Lafontaine oder Gerhard Schröder.
401 Hans-Jochen Vogel, Brief an Günter Grass, 14.01.1993, in: AdK, GGA, Signatur 14582.
402 Vgl. Günter Grass, Brief an Hans-Jochen Vogel, 16.09.1993, in: AdK, GGA, Signatur 14582/AdsD, Bestand Hans-Jochen Vogel, 1/HJVA104666; Gisela Winkelmann, Notizen, in: AdsD, Bestand Hans-Jochen Vogel, 1/HJVA104666; Günter Grass, Arbeitskalender 1993, in: GUGS.
403 Günter Grass, Arbeitskalender 1993, in: GUGS.
404 Vgl. Björn Engholm, 22.03.2021.
405 Zimmermann, Grass unter den Deutschen, S. 516.
406 Hans-Jochen Vogel, Brief an Günter Grass, 14.10.1992, in: AdK, GGA, Signatur 12992.

es „mit Schmunzeln"[407] als grundsätzlichen Fehler, „zu glauben, man könnte einen Günter Grass in einen förmlichen Status einbinden"[408].

Der Parteiaustritt des Intellektuellen war ein demonstrativer, symbolischer Akt, mit dem Grass ein öffentliches Zeichen setzen wollte. Er hatte den Austritt mehrfach angekündigt und musste diesen Weg gehen, um weiterhin politisch glaubwürdig zu bleiben. Der Parteiaustritt war folglich Resultat der fehlenden Einbindung von Intellektuellen in die SPD und des ausbleibenden Konzeptes zur Deutschlandpolitik. Niggemeier gab zu, dass wenn jemand wie „Günter Grass sein Parteibuch abgibt, dann erregt das schon öffentliche Aufmerksamkeit."[409] Der Parteiaustritt wurde öffentlich in der Presse breit diskutiert.[410] Sein Fallbeispiel zeige, dass „die SPD ihre alte Anziehungskraft auf die querdenkende Elite"[411] verlor. Wolfgang Thierse wertete diesen Schritt daher als Sache „von größerem Gewicht"[412].

Grass blieb der Partei auch ohne Parteibuch als demokratischer Sozialist verbunden, wie sein Versprechen gegenüber dem Fraktionsvorsitzenden Hans-Ulrich Klose demonstriert.[413] Dies entsprach der Hoffnung der Sprecherin des Parteivorstandes Cornelia Sonntag, dass er „nicht alle Brücken zwischen sich und der Sozialdemokratie"[414] abbrechen würde. Auch in einem Brief an Engholm äußerte Grass, die Hoffnung, „daß mein Parteiaustritt unser freundschaftliches-kritisches Verhältnis nicht ernsthaft belasten wird"[415]. Der damalige Parteivorsitzende gibt rückblickend zu, dass es genau dazu kam, obwohl er ursprünglich auf seinen Rat nicht verzichten wollte.[416] Der Austritt markierte den Tiefpunkt der Beziehung zwischen Günter Grass und der SPD sowie zu vielen Politikern.

---

407 Hans-Jochen Vogel, Brief an Günter Grass, 15.10.1997, in: AdK, GGA, Signatur 14718; Zum Parteieintritt: vgl. Vogel, Nachsichten, S. 148.
408 Hans-Jochen Vogel, Brief an Günter Grass, 15.10.1997, in: AdK, GGA, Signatur 14718.
409 SPD-Bundestagsfraktion, Horst Niggemeier, Pressemitteilung, 30.12.1992.
410 Günter Grass war allerdings nicht der einzige Intellektuelle, der austrat, sondern beispielsweise auch Jürgen Flimm, Manfred Bissinger und Peter Schneider. Vgl. Manfred Bissinger, 07.04.2020.
411 Burchardt / Knobbe, Björn Engholm, S. 337.
412 O. V., Unke an Schnecke, in: Der Spiegel, 04.01.1993.
413 Vgl. Günter Grass, Brief an Hans-Ulrich Klose, 18.12.1992, in: AdsD, Björn Engholm, Signatur 1/BEAA000099.
414 Abs., Die SPD bedauert den Parteiaustritt von Günter Grass, in: Kölner Stadtanzeiger, 30.12.1992.
415 Günter Grass, Brief an Björn Engholm, 18.12.1992, in: Beck, Schlagt der Äbtissin ein Schnippchen, S. 134.
416 Vgl. Engholm, Koexistenz zweier Raucher, S. 97; Björn Engholm, Brief an Günter Grass, 15.01.1993, in: Beck, Schlagt der Äbtissin ein Schnippchen, S. 135.

3.4 Zwischenfazit: Einfluss auf die Geschichtsschreibung der Deutschen Einheit

Günter Grass wies in der Berliner Republik kontinuierlich auf die fehlende die innere Einheit hin, um das bestehende soziale Ungleichgewicht zwischen Ost und West zu thematisieren.

Politisches Ziel

Grass vertrat die Problemsicht, dass die Einheit hässlich sei, da sie nur auf dem Papier existiere und eine innere Einheit fehle (vgl. Tabelle 23). Der Intellektuelle verfolgte nach der staatlichen Vereinigung in der Berliner Republik (vgl. IV. Kap. 2) das politische Ziel, die Folgen dieses Prozesses abzumildern. Im Fokus seiner Kritik stand die wirtschaftliche Abwicklung durch die Treuhand. Die dadurch entstehende Arbeitslosigkeit führe bei Ostdeutschen zu dem Gefühl, „ewige[...] Underdogs"[417] zu sein und befördere den Rechtsradikalismus.

Tabelle 23: Günter Grass' politisches Ziel, Deutungsmuster und Interventionsform nach der Wende.

Politisches Ziel		Innere Einheit
Problemdimensionen	*Problemsicht*:	Hässliche Einheit
	Problemlösung:	1. Revision Einheitsvertrag
		(Verfassungsgebende Versammlung)
		2. wirtschaftlicher Lastenausgleich
	Problemziel:	Innere Einheit
Deutungsmuster	*Sozial*:	Soziale Gleichheit Ostdeutschlands
	Ökonomisch:	Lastenausgleich, Absage an Profitmaximierung,
		Menschen im Transformationsprozess beachten
	Historisch:	Verfassung verteidigen,
		historische Verpflichtung der Unterstützung
	Kulturell:	DDR-Identität, Kulturnation
Interventionstyp		Öffentlicher Intellektueller

Grass griff nach der Wende auf drei verschiedene *Deutungsmuster* zurück. Entsprechend seinem politischen Selbstverständnis vertrat er ein *historisches* Deutungsmuster, indem er sich aufgrund der deutschen Geschichte als Bürger und

---

417 Grass, Ein Schnäppchen namens DDR, in: NGA 23, S. 480.

Verfassungspatriot für die Demokratie und die Einhaltung des Grundgesetzes einsetzte. Er fühlte sich aufgrund des *sozialen* Deutungsmusters moralisch verpflichtet, als Sprecher für diejenigen Ostdeutschen einzutreten, denen als Verlierer des Prozesses zu wenig Gehör geschenkt wurde. Eine soziale Gleichheit könnte seiner Meinung nach durch einen *ökonomischen* Lastenausgleich erreicht werden, der den Ostdeutschen aufgrund der Vergangenheit moralisch zustehe. Er trat für den Wirtschaftsstandort im Osten ein, anstatt auf Profitmaximierung der Unternehmen zu setzen.

Methode

Günter Grass nutzte seine kommunikative Macht in der Berliner Republik, um einen öffentlichen Diskurs über die Ostdeutschen anzuregen (vgl. Tabelle 24). Grass prägte durch sein kontinuierliches Engagement das Narrativ der verpassten Chance. Der Schriftsteller verarbeitete das Thema Deutsche Einheit und ihre Folgen in dem Roman *Ein weites Feld* sowie in der Gedichtsammlung *Novemberland*. 2009 veröffentlichte er, pünktlich zum Jahrestag der Deutschen Einheit, zudem sein Tagebuch von 1990. Grass nutzte darüber hinaus seinen persönlichen Kontakt zu Politikern, um diese informell zugunsten einer neuen Verfassung zu beraten. Beispielsweise traf er Björn Engholm, um ihn vor seinem Amtsantritt als Parteivorsitzenden in die Pflicht zu nehmen. Die Deutschlandpolitik der SPD führte Anfang der 1990er-Jahre schließlich aber zu seiner zunehmenden politischen Distanzierung und zum demonstrativen Parteiaustritt. Grass verlagerte seine Kritik daher vornehmlich in den öffentlichen Raum. In der Berliner Repub-

Tabelle 24: Grass' Methoden nach der Wende.

Methode	Organisator von politischer Öffentlichkeit	Politikberater
Beispiele	– Narrativ der verpassten Chance – Wahlkampf Ostdeutschland 1994 / 2009 – Literatur/Veröffentlichungen: *Ein weites Feld* 1995 *Politische Lesereise* 2009	– Verfassungsgebende Versammlung (B. Engholm, O. Lafontaine / G. Schröder / F. Müntefering) – Austritt aus der SPD
Merkmale	Teilnehmer im bestehenden Diskurs Punktueller Anstoß zum Diskurs Wortführer einer Diskurskoalition	Informelle Ad-hoc Beratung von SPD-Politikern SPD-Austritt: Keine Beratung mehr Anknüpfen an die Beratung ab 1998

lik konzentrierte Grass seine Wahlreisen zunehmend auf Ostdeutschland. Als Wahlhelfer unterstützte er 1994 lediglich den ostdeutschen SPD-Politiker Wolfgang Thierse. 2009 führte er seine letzte *Politische Lesereise* dort durch. Nach dem rot-grünen Regierungswechsel 1998 richtete er sich wiederholt mit unmittelbaren Ratschlägen hinsichtlich einer neuen Verfassung an Gerhard Schröder. Oskar Lafontaine und 2009 an Franz Müntefering.

Politische Resonanz

Günter Grass gelang es nach der Wende, Öffentlichkeit für die Belange der Ostdeutschen zu organisieren (vgl. Tabelle 25). Er platzierte als öffentlicher Intellektueller und Schriftsteller seine Bedenken über die Folgen der Deutschen Einheit im Mediendiskurs. Anfang der 1990er-Jahre lassen sich mehrere Reaktionen von Politikern auf seine politischen Äußerungen im Ausland und auf den Roman *Ein weites Feld* rekonstruieren. Trotz dieser allgemeinen Aufmerksamkeit gelang es Grass nicht, einen Verfassungsdiskurs in der Gesellschaft zu mobilisieren. Ohne Unterstützung der Bevölkerung konnte der Intellektuelle sein politisches Ziel nicht erreichen. Das Thema wurde im Laufe der Berliner Republik immer weniger beachtet. Erst 2009 gelang es Grass durch sein publiziertes Tagebuch, seine Bedenken erneut auf die öffentliche Agenda zu setzen.

Tabelle 25: Politische Resonanz von Günter Grass nach der Wende.

Resonanz	Organisator von politischer Öffentlichkeit	Politikberater
Hoch	*Hohe Medienresonanz:* – Selbst ernannter Sprecher der Ostdeutschen – Narrativ der verpassten Chance – Parteiaustritt 1992 / 1993 – Mediendiskurs durch *Ein weites Feld* 1995	*Nachgefragte Beratung:*
Mittel	*Mittlere Medienresonanz:* – Wahlkampf für Wolfgang Thierse 1994 – Medienöffentlichkeit *Politische Lesereise* 2009	*Bedingt nachgefragte Beratung:* – Wahlkampfberatung (Wolfgang Thierse)
Niedrig	*Niedrige Medienresonanz:* – Forderung nach einer neuen Verfassung	*Nicht nachgefragte Beratung:* – Verfassung (Engholm, Lafontaine, Schröder, Müntefering)
Einordnung	Wortführer eine Diskurskoalition	Mahner für eine neue Verfassung

3 Häßlich sieht die Einheit aus – Günter Grass als Sprecher der ostdeutschen Verlierer

In seinen Wahlkämpfen in Ostdeutschland zeigte sich, dass der Intellektuelle mit seiner Meinung auf Widerhall bei der Bevölkerung stieß. Die SPD-Politiker grenzten sich dagegen von seiner Deutung der Einheit ab. Grass nutzte seinen unmittelbaren Kontakt zu Politikern, um an eine neue Verfassung zu erinnern. Seine Beratungsangebote und Impulse an die Spitzenpolitiker der SPD wurden allerdings nicht weiterverfolgt. Es waren somit primär seine öffentlichen Mahnungen, die Resonanz erzeugten.

Einfluss auf die Politik
Günter Grass hatte mit seiner kommunikativen Macht, besonders von 1990 bis 1995, Einfluss auf den öffentlichen Diskurs. Seine öffentlichen und literarischen Stellungnahmen sorgten für heftige Reaktionen in der Presse und von konservativ-liberalen Politikern. Selbst Bundeskanzler Kohl reagierte auf seine Äußerungen, die sogar im Bundestag diskutiert wurden. Die Auseinandersetzung fand 1995 ihren Höhepunkt anlässlich der Veröffentlichung von *Ein weites Feld*. Grass erreichte es mit diesem Roman, als selbst ernannter Sprecher der Ostdeutschen Medienöffentlichkeit zu erzeugen. Es gelang ihm dadurch, seine Narration über die Deutsche Einheit und Treuhand erfolgreich zu etablieren. Der Preis für diese Aufmerksamkeit war die herbe, persönliche Kritik an seiner Person. Die aufgeregten Reaktionen belegen, dass die Regierungsparteien Anfang der 1990er-Jahre Sorge hatten, ihre bisherige Deutungshegemonie zu verlieren.

Tabelle 26: Skala des politischen Einflusses von Günter Grass nach der Wende (grau markiert).

Stufe 0	Stufe 1	Stufe 2	Stufe 3	Stufe 4
Unterhaltung	Policy-Lernen	Diskursstrukturierung	Diskursinstitutionalisierung	Diskurshegemonie/-macht
	Mikroebene		*Mesoebene*	*Makroebene*

Grass trug mit seinen überspitzten Aussagen zum *Policy-Lernen* im Diskurs bei (vgl. Tabelle 26). Er wirkte durch sein Narrative der verpassten Chance und Dämonisierung der Treuhand an der *Diskursstrukturierung* mit. Diese prägten sich als Gründungsmythos für die Berliner Republik ein. „Offenbar hatte ich die Sieger beim Siegerfrühstück gestört"[418], konstatierte Grass zufrieden. Sein „Eintreten – als ein namhafter westdeutscher Stimmführer – für die Ostdeutschen [wurde im

---

418 Grass, Rede über den Standort, in: NGA 232, S. 168.

Osten] als etwas ganz Außerordentliches gesehen"[419], aber auch als Bevormundung empfunden. Nur ein Teil der Ostdeutschen nahm den Intellektuellen „im Moment des Untergangs [als] Anwalt des Ostens"[420] wahr. Wolfgang Thierse etwa differenziert hier zwischen dem „Teil der Ostdeutschen, zunächst ein sehr kleiner Teil, der kritisch mit der DDR verbunden war, dem hat das natürlich gefallen, wenn ein prominenter Westdeutscher kritischer wird"[421]. Der andere Teil fand es „ganz furchtbar, diese westdeutschen linksliberalen Intellektuellen, die überhaupt unser ostdeutsches Bedürfnis nach Einheit, nach dem rettenden Dach der Bundesrepublik nicht verstehen"[422]. Es gab demnach keine Diskurskoalition *Ostdeutsche*, sondern divergierende Meinungen. Ohne Unterstützung der Bevölkerung konnte Grass keine *Diskursinstitutionalisierung* bewirken. Der Intellektuelle verfügte über keine *Deutungsmacht*, sodass seine Impulse ohne Einfluss auf politische Entscheidungen blieben.

Funktionen des Intellektuellen
Günter Grass hatte als öffentlicher Intellektueller drei Funktionen in diesem Diskurs (vgl. Tabelle 27). Er betrachtete es als seine Aufgabe, als *Vermittler* zwischen Ost- und Westdeutschland zu agieren. Der Intellektuelle empfand es als seine moralische Verpflichtung, seine kommunikative Macht zu nutzen, um vielen Bürgern aus dem Osten und der DDR-Bürgerbewegung eine Stimme zu geben, „weil so viele sprachlos geworden waren"[423]. In der Öffentlichkeit wurde er dagegen vor allem als *Kritiker* wahrgenommen, der an die Folgen der Deutschen Einheit für die Ostdeutschen historisch erinnerte und dieses Thema tagespolitisch aktualisierte. Seine Versuche, als *Vorreiter* vor der sich abzeichnenden Entwicklung zu warnen, scheiterten, obwohl Grass früh prophezeite, dass die Ostdeutschen sich als Bürger zweiter Klasse fühlen würden. Auch sein Impuls, nach dem Idealbild einer Bürgerbeteiligung gemeinsam eine Verfassung zu erarbeiten, fand keinen Anklang. Im Wahlkampf im Ostdeutschland *repräsentierte* Grass seine Sichtweise dagegen mit Erfolg. Durch sein *Sprachvermögen* und seine Literatur gelang es ihm, ein Narrativ zu prägen, auch wenn ihm eine *Fachexpertise* nicht bescheinigt wurde.

---

419 Dieckmann / Siemes, Großer Hofferei hing ich nie an, in: Die Zeit, 22.01.2009.
420 Braun, Vorrede zu Günter Grassens *Rede über den Standort* (1997), S. 209–210.
421 Wolfgang Thierse, 03.03.2020.
422 Wolfgang Thierse, 03.03.2020.
423 Dieckmann / Siemes, Großer Hofferei hing ich nie an, in: Die Zeit, 22.01.2009.

Tabelle 27: Funktionen von Günter Grass nach der Wende.

Öffentlicher Intellektueller	Nach-Wende-Narration	Resonanz
Schlichtungsagentur: Vermittler	Sprecher der Ostdeutschen, Verlierer des Prozesses	hoch
Kontrollorgan: Kritiker	Historisch: Verfassungspatriotismus nötig, Erinnerung an Deutsche Einheit und Folgen, Ostdeutsche als Verlierer	hoch
Frühwarnsystem: Vorreiter	Vision einer Bürgerbeteiligung, gemeinsame Verfassung	niedrig
Legitimationskraft: Repräsentant	Wahlkampf in Ostdeutschland Repräsentant im Ausland	mittel
Sprachvermögen/ Formulierungshelfer	Narrativ geprägt	hoch
Fachexperte	Reputation aus langjähriger Kritik nicht nachgefragt	niedrig

Grass war der politischen Überzeugung, dass die Wiedervereinigung eine „andauernde Aufgabe"[424] für weitere Generationen sei. Der *öffentliche Intellektuelle* wurde durch sein „hartnäckiges Festhalten an der Kritik der Vereinigungspraxis"[425] in der Öffentlichkeit als Besserwisser wahrgenommen. Dabei dokumentierte er gleichwohl als Zeitzeuge in seinen literarischen und politischen Texten lediglich eine alternative Sichtweise auf die Deutsche Einheit und deren Auswirkungen. Grass leistete damit einen Beitrag zur differenzierteren Betrachtung der Deutschen Einheit und Geschichtsschreibung.

---

424 Grass, Die Wiedervereinigung als andauernde Aufgabe, in: NGA 23, S. 359.
425 Schäfer, Vereinigungsdebatte, S. 110.

4 Demokratisch abgesicherte Barbarei – Günter Grass als Advokat für Minderheiten

4.1 *Ohne Stimme* – Günter Grass' Einsatz für Ausländer und Minderheiten

Günter Grass vertrat auf Basis seiner persönlichen Erfahrung ein modernes, nicht auf Staatsgrenzen beruhendes Verständnis von einer Nation und zeigte sich offen für die in Deutschland lebenden Ausländer. Der Intellektuelle erklärte seine Motivation, als deren Advokat aufzutreten, damit, dass er bereits in Danzig „als Kind mit Minderheitsfragen konfrontiert gewesen"[1] sei. Sein Vater stammte aus einer deutschen Familie und seine Mutter war Kaschubin. Zudem mussten sie als eine „Flüchtlingsfamilie"[2] nach dem Zweiten Weltkrieg den „Verlust der Heimat"[3] erleben. Aus diesen persönlichen Erfahrungen heraus entwickelte Grass sein asylpolitisches Konzept für die Berliner Republik (vgl. Tabelle 28).

Tabelle 28: Günter Grass' Konzept für eine gerechte Asylpolitik.

Problemdimensionen	Neues Nationsverständnis auf Basis einer neuen Verfassung
Problemsicht	Wohlstandsgrenze zwischen Ost- und Westdeutschland fördert Rechtsradikalismus
Problemverursacher	CDU-Politiker SPD-Zustimmung zum Asylkompromiss
Problemursachen	Sprache der Politiker Abschaffung des Asylrechts durch Asylkompromiss 1992
Problemfolgen	Bürokratisch: Abschiebehaft Gesellschaftlich: Rechtsradikalismus
Problemopfer	Ausländer, Minderheiten wie Sinti und Roma

---

[1] Hanns Swoboda / Jan Marinus Wiersma, Ein blinder Fleck im europäischen Bewusstsein. Ein Interview mit Günter Grass, in: Monika Flašíková-Beňová / Hannes Swoboda / Jan Marinus Wiersma (Hrsg.), Roma: A European Minority. The Challenge of Diversity, 2011, S. 33–38, hier S. 33.
[2] Günter Grass, Fortsetzung folgt ..., in: NGA 23, S. 273.
[3] Grass, Rede vom Verlust, in: NGA 23, S. 56.

Tabelle 28 (fortgesetzt)

Problemdimensionen	Neues Nationsverständnis auf Basis einer neuen Verfassung
Problemadressat	Fehlende politische Kraft Hoffnung in rot-grüne Koalition Intellektuelle und Bürger der Gesellschaft, besonderer Fokus auf Jugend
Problemlösung	Anerkennung: Deutschland als Einwanderungsland, Neues Nationsverständnis und Staatsbürgerschaftsrecht
Problemziel	Vielfältiger Staat, kulturelle Einbeziehung von Ausländern
Deutungsmuster	*Sozial*: Einbeziehung von Minderheiten *Historisch*: Lehren aus dem Nationalsozialismus, Recht auf Asyl *Kultur*: Kulturnation integriert Ausländer, kulturelle Bereicherung *Wirtschaft*: Kein Profit aus Waffenexporten, neue Wirtschaftsordnung
Interventionstyp	Allgemeiner Intellektueller

Der Intellektuelle vertrat in der Berliner Republik die *Problemsicht*, dass durch die schnelle Deutsche Einheit eine Wohlstandsgrenze in Europa entstanden sei, die zu Fremdenfeindlichkeit führe. Denn „wer soziales Elend verursacht, der stiftet Haß"[4]. Dieser würde sich „Ziele außerhalb seines eigenen völkischen Dunstkreises"[5] suchen. Zur Erinnerung: Am Vorabend der staatlichen Vereinigung prophezeite Grass daher, dass bei den Rechtsradikalen, die sich in Ost- und Westdeutschland bereits vereinigt hätten, „Konjunktur angesagt"[6] sei. Er stellte sich die Frage: „Sind die Deutschen wieder zum Fürchten?"[7] Der Intellektuelle meinte, dass in der deutschen Verwaltung „häufig bürokratische Kälte den Ausschlag gibt für inhumane Exzesse"[8].

Bereits 1991 konstatierte Günter Grass in der *Bitterfelder Rede*, dass „ein Jahr genügte, dem Nationalsozialismus Auftrieb zu geben"[9] und „uns die Entwicklung zum Zentralstaat übel bekommen"[10] sei. Die Anschläge auf Asylantenheime haben den „häßliche[n] Deutschen"[11] wieder zum Vorschein gebracht, „[s]eitdem hat sich

---

4 Günter Grass, Einige Warnschilder, in: AdK, GGA, Signatur 10327.
5 Grass, Ein Schnäppchen namens DDR, in: NGA 22, S. 480; vgl. Grass, Gegen den Haß, S. 7.
6 Grass, Ein Schnäppchen namens DDR, in: NGA 22, S. 480.
7 Grass, Ein Schnäppchen namens DDR, in: NGA 22, S. 484.
8 Grass, Ein Schnäppchen namens DDR, in: NGA 22, S. 482.
9 Grass, Bitterfelder Rede, in: NGA 22, S. 522.
10 Grass, Bitterfelder Rede, in: NGA 22, S. 523.
11 Grass, Rede vom Verlust, in: NGA 23, S. 42.

Deutschland verändert. [...] [W]eil uns wieder einmal die Vergangenheit auf die Schulter klopft, uns als Täter, Mitläufer und schweigende Mehrheit kenntlich gemacht hat."[12] Der Intellektuelle verspürte Wut, Trauer und Zorn angesichts des zunehmenden Rassismus in Deutschland.[13] Dieser würde sich in Antisemitismus und Pogromen äußern. Auch Sinti und Roma würden „als asoziale Elemente eingestuft und [...] permanent der Gewalt ausgesetzt"[14]. Angesichts der historischen Erfahrung mit Rechtsextremismus in Deutschland fragte sich Günter Grass 1992: „Ist dem deutschen Hang zur Rückfälligkeit kein heilsames Kraut gewachsen? Ist uns die Wiederholungstat in Runenschrift vorgeschrieben? [...] Ist uns [...] noch immer kein ziviler, das heißt humaner Umgang mit In- und Ausländern möglich?"[15] Er gab zu, dass diese Entwicklung nicht alleine auf Deutschland beschränkt sei, sondern europaweit angesichts der Not in der Dritten Welt und der Überbevölkerung „abweisende Gesetze erlassen [werden]. Latente Fremdenfeindlichkeit wird bis zu Ausbrüchen von Gewalt geschürt"[16]. Europa glaube, „sich dieser neuen Völkerwanderung als Festung entziehen zu können"[17]. Grass prophezeite 1992 bereits: „Dabei ahnen wir, daß alldem, der zu erwartenden Klimaveränderung, der um sich greifenden Verelendung und den Folgen der Bevölkerungsexplosion, keine Festung standhalten wird."[18]

Grass sah in Deutschland die *Problemursache* „zum Anwachsen des Rechtsradikalismus"[19] auch in der „Demontage des Asylparagraphen"[20] im Jahr 1992 begründet. Er kam zu dem Fazit, dass das „Kronjuwel"[21] der Verfassung mit seinem „grundgesetzliche[m] Recht auf Asyl"[22] verunstaltet und damit „schwer beschädigt"[23] sei. *Problemverursacher* waren für ihn Innenminister Rudolf Seiters sowie sein Nachfolger Manfred Kanther in der Regierung Helmut Kohls, denen er eine Mitschuld an der herrschenden Stimmung gegen Ausländer gab und als „Skinhead[s] mit Schlips"[24] bezeichnete. Darüber hinaus seien Unions-Politiker, wie Edmund Stoi-

---

12 Grass, Rede vom Verlust, in: NGA 23, S. 43.
13 Vgl. Grass, Rede vom Verlust, in: NGA 23, S. 61.
14 Grass, Rede vom Verlust, in: NGA 23, S. 45.
15 Grass, Rede vom Verlust, in: NGA 23, S. 47.
16 Günter Grass, Mein Traum von Europa, in: NGA 23, S. 25.
17 Grass, Mein Traum von Europa, in: NGA 23, S. 25.
18 Grass, Mein Traum von Europa, in: NGA 23, S. 25.
19 Günter Grass, Ohne Stimme, in: NGA 23, S. 291.
20 Grass, Ohne Stimme, in: NGA 23, S. 291.
21 Günter Grass, Mündig sein, in: NGA 23, S. 478.
22 Grass, Rede über den Standort, in: NGA 23, S. 172.
23 Grass, Rede über den Standort, in: NGA 23, S. 172.
24 Grass, Rede vom Verlust, in: NGA 23, S. 46.

ber, Volker Rühe oder Roland Koch, durch ihre Sprache „regierungsverantwortliche Mittäter"[25], die „punktuell die rassistische Politik [...] betreiben"[26] würden. Grass bezeichnete diese „Biedermeier als Brandstifter"[27], denn „wie in anderen europäischen Ländern, so auch in Deutschland: Der Fisch beginnt vom Kopf her zu stinken."[28] Für den Intellektuellen war aber auch die Zustimmung der Sozialdemokraten zum Asylkompromiss dermaßen „unverzeihlich"[29], dass sie seinen Parteiaustritt zur Folge hatte (vgl. IV. Kap. 4.3.1). Diese Entscheidung bedeutete für Grass „den Bruch mit der Geschichte der deutschen Sozialdemokratie"[30].

Anfang der 1990er-Jahre tat sich Günter Grass schwer, einen *Problemadressaten* zu definieren, denn „keine politisch gestaltende Kraft ist erkennbar, die willens oder fähig wäre, dem wiederholten Verbrechen Einhalt zu gebieten"[31]. Er klagte über die fehlende Öffentlichkeit, denn nur einzelne, zivilgesellschaftliche Gruppen, wie Kirchen oder Schulklassen, würden diese Fehlentwicklung wahrnehmen.[32] „Es ist, als habe man sich damit abgefunden"[33], klagte der Intellektuelle. „Nie jedoch dürfen wir zulassen, daß uns rechtsradikaler Terrorismus und populistische Parolen unter Druck setzen."[34] Es war ihm klar, dass nur „gesellschaftliche[r] Druck [...] stark genug wäre"[35], um eine gesetzliche Veränderung herbeizuführen. „Wer hilft mit, den nicht nur mich, nein, uns alle beschämenden Akt legalisierter Barbarei, die Abschiebelager aus der Welt zu schaffen? Ich weiß keine Antworten auf diese Fragen, es sei denn, die heute noch junge Generation fände alsbald zu ihrem Ausdruck engagierter Bürgerpflicht."[36] Er sprach in seinen Reden auch Schüler direkt an und fordert sie auf, als Bürger „den Mund aufzumachen und zu widersprechen"[37]. Grass bat zudem seine Schriftstellerkollegen und Künstler darum, seine „Ein-Mann-Fraktion"[38] zu unterstützen, denn „wäre es nicht besser um die bundesdeutsche Gesellschaft bestellt, wenn es eine Vielzahl von Schriftstellern, oder sagen wir: Intellektuellen gäbe, die bereit wären [...] mit der mehrmals beschädigten Ver-

---

25 Grass, Ohne Stimme, in: NGA 23, S. 291; vgl. Grass, Rotgrüne Rede, in: NGA 23, S. 216.
26 Grass, Ohne Stimme, in: NGA 23, S. 291.
27 Grass, Rede vom Verlust, in: NGA 23, S. 47.
28 Grass, Ohne Stimme, in: NGA 23, S. 291.
29 Grass, Rotgrüne Rede, in: NGA 23, S. 215.
30 Grass, Rede vom Verlust, in: NGA 23, S. 49.
31 Grass, Rede vom Verlust, in: NGA 24, S. 45.
32 Grass, Ohne Stimme, in: NGA 23, S. 291–292.
33 Grass, Ohne Stimme, in: NGA 23, S. 292.
34 Günter Grass, Was an die Substanz geht, in: NGA 23, S. 39.
35 Günter Grass, Zwischen allen Stühlen, in: NGA 23, S. 225.
36 Grass, Zwischen allen Stühlen, in: NGA 23, S. 226.
37 Grass, Mündig sein, in: NGA 23, S. 477.
38 Grass, Zwischen allen Stühlen, in: NGA 23, S. 225.

fassung in der Hand laut anklagend zwischen den Stühlen zu sitzen [...]?"[39] Grass flehte: „Laßt euch, ihr harten Deutschen, endlich erweichen und gebt den Skinheads eine Antwort, die nicht von Angst verzeichnet, sondern mutig, weil menschlich ist."[40]

Die *Problemfolgen* zeigen sich in den praktizierten Abschiebungen und der sogenannten Abschiebehaft, die Grass als „barbarisch"[41] beschrieb: „Ein Umgang mit Hilfesuchenden, so menschenverachtend, als habe sich bei dieser Abschieberegelung ein Mann namens [Erich] Mielke [Minister für Staatssicherheit in der DDR] beratend nützlich gemacht"[42]. Ein Verbot der rechten Partei NPD stellte für den Intellektuellen dagegen keine *Problemlösung* dar, ebenso wenig eine Fokussierung auf Ostdeutschland.[43] Er hoffte stattdessen, einer „modernen und die hier geborenen Ausländer einbeziehenden Staatsbürgerschaft zur Gesetzeskraft zu verhelfen"[44], beispielsweise in Form einer neuen Verfassung (vgl. IV. Kap. 3.3.1).[45] Von der Politik forderte Grass, „daß man den hier lebenden Ausländern nach einer gewissen Zeit die doppelte Staatsangehörigkeit ermöglichen sollte"[46]. Für Europa empfahl er eine gesamteuropäische Verfassung zu schaffen.[47] Anstatt Geld in die Festung Europa zu investieren und mit Waffenexporten militärische Auseinandersetzungen zu fördern, plädierte der Intellektuelle in Anlehnung an Willy Brandts Nord-Süd-Bericht, die Ursachen der Völkerwanderung in den Blick zu nehmen und eine neue Weltwirtschaftsordnung durch Schuldenerlass sowie gleiche Marktchancen möglich zu machen.[48]

Grass vertrat die Meinung, dass „ein neuer, als Bundesstaat auf kultureller Vielfalt gegründeter Staat"[49] das *Problemziel* sei. Dieser solle „nicht nur Deutsche zu seinen Bürgern"[50] zählen, sondern auch „Italiener und Jugoslawen, Türken und Polen, Afrikaner und Vietnamesen"[51]. Er forderte, dass „man im Grundgesetz die Definition: wer ist ein Deutscher? auf eine zivilisierte, unserem Jahrhundert

---

39 Grass, Zwischen allen Stühlen, in: NGA 23, S. 225.
40 Grass, Rede vom Verlust, in: NGA 23, S. 63.
41 Grass, Zwischen den Stühlen, in: NGA 23, S. 225; vgl. Grass, Laudatio auf Yaşar Kemal, in: NGA 23, S. 207.
42 Grass, Rotgrüne Reden, in: NGA 23, S. 216.
43 Grass, Ohne Stimme, in: NGA 23, S. 290.
44 Grass, Zwischen allen Stühlen, in: NGA 23, S. 226.
45 Vgl. Günter Grass, Brief an Björn Engholm, 11.12.1990, in: AdK, GGA, Signatur 2847.
46 Grass / Hildebrandt, Schaden begrenzen oder auf die Füße treten, S. 12.
47 Vgl. Grass, Mein Traum von Europa, in: NGA 23, S. 26.
48 Grass, Mein Traum von Europa, in: NGA 23, S. 5.
49 Grass, Einige Ausblicke vom Platz der Angeschmierten, in: NGA 22, S. 457.
50 Grass, Einige Ausblicke vom Platz der Angeschmierten, in: NGA 22, S. 457.
51 Grass, Einige Ausblicke vom Platz der Angeschmierten, in: NGA 22, S. 457.

angepaßte Art und Weise"⁵² erneuere. Dazu müsse der „Begriff Nation weiträumiger als jemals zuvor bemessen sein"⁵³. Dafür müsse man allerdings anerkennen, dass Deutschland ein Einwanderungsland sei.⁵⁴ Auf dieser Basis gälte es, die hier lebenden Ausländer zu integrieren, indem „man ihre Kultur achtet"⁵⁵. Es wäre die Aufgabe einer Nationalstiftung (vgl. IV. Kap. 5.3.4), „diesen kulturellen Zuwachs wahrzunehmen, zu fördern und zu schützen"⁵⁶. Grass zeigte sich offen für weitere Asylsuchende: „Laßt sie kommen und bleiben, wenn sie bleiben wollen; sie fehlen uns"⁵⁷, denn „sie erweitern unseren kulturellen Begriff. Sie könnten helfen, unser nach wie vor diffuses Bewußtsein von Nation neu zu erleben."⁵⁸

Die politische Haltung des Intellektuellen basiert auf vier verschiedenen *Deutungsmustern*. Einerseits argumentierte er *historisch* damit, dass Lehren aus dem Nationalsozialismus gezogen und Minderheiten mit Asylgesetzen geschützt werden müssen. Diesen Standpunkt kombinierte Grass mit einem *sozialen* Deutungsmuster, da er eine gleichberechtigte Anerkennung von Minderheiten forderte. Aus *ökonomischer* Sicht führte Grass an, dass der Profit von Rüstungsexporten mit Hinblick auf die Flüchtlingsbewegungen moralisch zu hinterfragen sei. Durch sein offenes *kulturelles* Verständnis sah er Ausländer als Bereicherung für die Gesellschaft an. In diesem Sinne engagierte sich Günter Grass als *allgemeiner Intellektueller* für Ausländer, anderer Minderheiten und deren Rechte auf Asyl sowie Anerkennung.

4.2 Öffentlicher Diskurs: Appell für Menschenrechte

4.2.1 Sprecher für verschiedene Minderheiten

Günter Grass verfügte über eine kommunikative Macht, die er für seine Kritik an der Asylpolitik verwendete. Mit seinem kontinuierlichen Einsatz in diesem Politikfeld erzeugte er in der Berliner Republik eine hohe Medienresonanz (333 Presseartikel). Die öffentliche Aufmerksamkeit erreichte der Intellektuelle durch die Kombination von verschiedenen Aktivitätsformen (vgl. Tabelle 29), nämlich Interviews und politische Appelle, offene Briefe und Reden. Darüber hinaus verarbei-

---

52 Grass / Hildebrandt, Schaden begrenzen oder auf die Füße treten, S. 12.
53 Günter Grass, Nach dreißig Jahren, in: NGA 23, S. 356.
54 Grass / Hildebrandt, Schaden begrenzen oder auf die Füße treten, S. 12.
55 Günter Grass, Was steht zur Wahl?, in: NGA 23, S. 435.
56 Grass, Nach dreißig Jahren, in: NGA 23, S. 356.
57 Grass, Rede vom Verlust, in: NGA 23, S. 63.
58 Grass, Einige Ausblicke vom Platz der Angeschmierten, in: NGA 22, S. 457.

Tabelle 29: Grass' Äußerungen zur Asylpolitik und deren Medienresonanz (1989–2015).

Form	Titel	Datum	Zeitung	MR
Aufruf	Aufruf für türkische Flüchtlinge	03.11.1989	TAZ, 03.11.1989	2
Gespräch	Nachdenken über Deutschland mit Stefan Heym in Brüssel	16.12.1991	FAZ, 18.12.1991	1
Aufruf	Frankfurter Aufruf	26.09.1992	FAZ, 27.09.1992	2
Rede	Was an die Substanz geht Anlässlich Grass' 65. Geburtstag in Lübeck	19.10.1002	Zeitung?	1
Aufruf	Aufruf von Pro Asyl	01.10.1992	TAZ, 01.10.1992	2
Aufruf	Hamburger Manifest	07.10.1992	TAZ, 23.10.1992	1
Rede	Rede vom Verlust. Über den Niedergang der politischen Kultur im geeinten Deutschland anlässlich der Reihe Reden über Deutschland der Verlagsgruppe Bertelsmann	18.11.1992	SZ, 21.11.1992	15
Interview	Parteiaustritt	23.12.1992 28.12.1992	Flensburger Tageblatt/ Monitor	26
Literatur	Novemberland	1993		1
Offener Brief	An Bundespräsident Richard von Weizsäcker mit Peter Rühmkorf	05.06.1993	FR, 05.06.1993	1
Aufruf	Berliner Aufruf	1994		1
Gründung	Stiftung zugunsten des Romavolks	28.09.1997		6
Rede	Laudatio auf Yaşar Kemal anlässlich des Friedenspreises des Deutschen Buchhandels in der Frankfurter Paulskirche	1997	SZ, 20.10.1997	228
Interview	Focus	05.07.1999	TAZ	1
Offener Brief	An Otto Schily mit Heide Simonis	2000		3
Rede	Ohne Stimme Europarat in Straßburg	11.10.2000		3
Rede	Zukunftsmusik oder Der Mehlwurm spricht Europäische Investitionsbank in Bremen	19.10.2000		1
Buch	Ohne Stimme			1

Tabelle 29 (fortgesetzt)

Form	Titel	Datum	Zeitung	MR
Offener Brief	An Bundesinnenminister Thomas de Maizière (CDU), Abschiebung Roma in den Kosovo		FAZ, 03.11.2010	3
Statement	Flüchtlinge Zwangseinquartierung	2014	FAZ, 28.11.2014	3
Aufruf	Schutz in Europa Resolution PEN zur Flüchtlingspolitik	2015	FAZ, 14.04.2015	1

tete der Schriftsteller das Thema auch literarisch. Je nach Interventionsform sind große Unterschiede in der Medien- sowie politischen Resonanz feststellbar.

Grass nahm in vielen Interviews Stellung zum Asylrecht und diskutierte gemeinsam mit Politikern bei öffentlichen Podiumsdiskussionen (vgl. VI. Kap. 4.2.2). Der Intellektuelle griff mit seinen provokanten Äußerungen oftmals Unionspolitiker an. So bezeichnete er Volker Rühe als „ein Skinhead mit Scheitel und Schlips"[59] oder als „Rambo"[60]. Edmund Stoiber verglich er mit Jörg Haider oder Silvio Berlusconi.[61] Diese Äußerungen wurden in den Medien kontrovers diskutiert und provozierten eine Reaktion von Politikern.[62] Auch gegenüber SPD-Politikern war Grass kritisch eingestellt. Besondere Aufmerksamkeit bekam er durch seinen Austritt aus der SPD anlässlich des *Asylkompromisses* (vgl. IV. Kap. 4.3.1). 1999 setzte er die Asylpolitik der Bundregierung mit „ethnischen Säuberungen"[63] der Serben in Bezug. Bundesinnenminister Otto Schily wies diese Kritik als „grotesken Unsinn"[64] zurück. Auch Helmut Lippelt, außenpolitischer Sprecher der SPD, reagierte ablehnend mit folgenden Worten: „Bei allem Respekt für Günter Grass, soweit darf man nicht gehen."[65] Angesichts der sich zuspitzenden Flüchtlingskrise 2014 forderte der Intellektuelle eine „Zwangseinquartierung"[66] von Flüchtlingen wie nach dem Zweiten Weltkrieg. Die provokanten Äußerungen des Intellektuellen führten zu einer Medi-

---

59 Moc., Grass und Heym, in: FAZ, 18.12.1991.
60 Dieter Wenz, Der innere Sozialdemokrat rät noch immer zur Es-Pe-De, in: FAZ, 25.11.1999; Heimo Schwilk, Grass' Geisterfahrt durch die deutsche Geschichte, in: Die Welt am Sonntag, 28.11.1999.
61 Dpa / AP, Grass vergleicht Stoiber mit Haider, in: SZ, 05.02.2002.
62 Vgl. dpa, Positionsschelte, in: FAZ, 29.11.1999; DW., CSU kontert Grass-Kritik: „Mieser Blechtrommler", in: Die Welt, 04.02.2002.
63 O. V., Unterm Strich, in: TAZ, 05.07.1999.
64 O. V., Unterm Strich, in: TAZ, 05.07.1999.
65 O. V., Unterm Strich, in: TAZ, 05.07.1999.
66 Vgl. Edo Reents, Hausmeister, in: FAZ, 28.11.2014, S. 9.

enberichterstattung und zu einer Reaktion der betreffenden Politiker, aber sie erzeugten keinen weiteren Diskurs.

Günter Grass nutzte darüber hinaus seine Prominenz für unzählige Aufrufe, Resolutionen und Lesungen, um sich für eine gerechte Asylpolitik, für Flüchtlingsgruppen und für Einzelpersonen einzusetzen. Noch kurz vor seinem Tod unterschrieb er 2015 angesichts der Flüchtlingskrise den Aufruf *Schutz in Europa* mit mehr als tausend Mitgliedern der PEN-Zentren.[67] Diese Aktionen erzeugten eine gewisse Medienaufmerksamkeit, aber keine unmittelbare, politische Resonanz. Gleiches gilt für die offenen Briefe, die der Intellektuelle direkt an Politiker in der Öffentlichkeit adressierte. 1993 richtete er sich gemeinsam mit Peter Rühmkorf an Bundespräsident Richard von Weizsäcker und forderten ihn mit Hinblick auf die jüngsten Mordanschläge gegen Ausländer erfolglos auf, das verabschiedete Asylgesetz nicht zu unterschreiben.[68] Gemeinsam mit Heide Simonis (SPD), Ministerpräsidentin in Schleswig Holstein, veröffentlichte Günter Grass im Januar 2000 einen offenen Brief an Bundesinnenminister Otto Schily (SPD), nachdem ihre vorherigen Appelle keine Wirkung erzielten.[69] Der Innenminister entschloss sich laut seinem Sprecher Rainer Lingenthal, nicht öffentlich auf diese Aussagen zu reagieren, denn „der Minister hält nichts von offenen Briefen"[70] (vgl. IV. Kap. 4.3.2). Im Jahr 2010 bemängelte Günter Grass an Innenminister Thomas de Maizière (CDU) die deutsche Abschiebepraxis von Roma aus dem Kosovo.[71] Grass' offene Briefe zur Asylpolitik wurden in der Medienberichterstattung aufgegriffen, stießen aber auf keinen öffentlichen Widerhall bei Politikern.

Günter Grass griff das Thema Asylpolitik auch in seinen Reden auf. Sie fanden unterschiedliche Resonanz in der Presse und bei politischen Akteuren. 1992 wurden die mahnenden Worte des Intellektuellen von Journalisten und Politikern beachtet. Als der Schriftsteller 1997 anlässlich der Verleihung des deutschen Friedenspreises in seiner Laudatio auf Yaşar Kemal die deutsche Asylpolitik vor den anwesenden Politi-

---

67 PEN-Zentrum Deutschland, 90 Jahre deutscher PEN, „Schutz in Europa" und die Presse – PEN-Zentrum Deutschland kritisiert Berichterstattung zu Günter Grass, 15.12.2014.
68 Vgl. Günter Grass / Peter Rühmkorf, Offener Brief an den Bundespräsidenten, in: FR, 05.06.1993; Günter Grass, Tagebuch 91–95 zitiert nach: Joachim Kersten, „Ziemlich singuläre Befreundung". Günter Grass und Peter Rühmkorf, in: Neuhaus / Øhrgaard / Thomsa, Freipass, Band 3, S. 196–231, hier S. 206.
69 Vgl. Diethard Goos, Simonis will Asyl-Härtefallregelung, in: Die Welt, 03.01.2000; Heide Simonis / Günter Grass, Diskussion macht uns ratlos. Offener Brief an Bundesinnenminister Otto Schily, in: Humanistische Union (Hrsg.), Mitteilung Nr. 169, S. 8; Eberhard Seidel, Zivilisation braucht Pflege, in: TAZ, 31.12.1999, S. 5.
70 Shö, Simonis und Grass attackieren Schily, in: Die Welt am Sonntag, 02.01.2000.
71 Dpa, Roma sollen bleiben, in: FAZ, 03.11.2010; dpa / memo., Günter Grass protestiert gegen Abschiebung von Roma, in: Die Welt, 02.11.2010.

kern angriff, eröffnete der Intellektuelle einen vielschichtigen, politischen Diskurs (vgl. IV. Kap. 4.2.3). Grass' Einsatz für die Sinti und Roma in seinen Reden im Jahr 2000 stieß dagegen auf geringen Widerhall. Sein kontinuierliches Engagement führte jedoch dazu, dass er als Sprecher dieser Minderheit wahrgenommen wurde (vgl. IV. Kap. 4.2.4). Als Schriftsteller veröffentlichte er unter dem Titel *Novemberland* zudem Gedichte, in denen er sich dem Thema Ausländerfeindlichkeit widmete.[72] Diese politische Lyrik wurde in der Presse besprochen, fand aber wenig Resonanz bei Politikern (vgl. auch IV. Kap. 5.2.4). Auf dem Feld der Asylpolitik zeigt sich deutlich, wie sehr seine Rollen als Intellektueller und als Schriftsteller sich verschränkten.

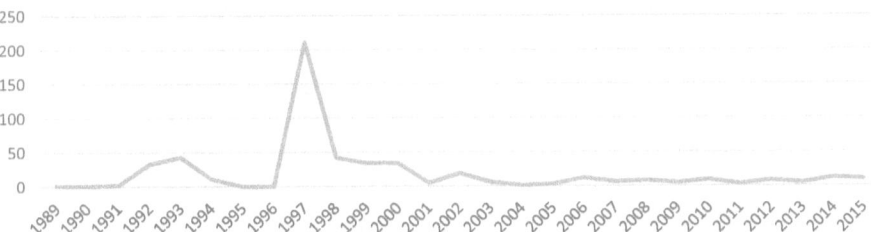

Abbildung 19: Günter Grass' Medienresonanz zum Thema Asylfrage 1989–2015 (Quelle: Eigene Darstellung).

Grass beteiligte sich am Streit um die richtige Asylpolitik kontinuierlich, aber löste lediglich durch die Laudatio auf Kemal einen breiten Diskurs (vgl. Abbildung 19) aus. Sein Beitrag zum Asylkompromiss 1992 sowie sein zivilgesellschaftliches Engagement für die Sinti und Roma sind eine Form von öffentlicher Politikberatung.

4.2.2 Öffentliche Politikberatung zur Asylpolitik (1992 / 1993)

„Der Asylkompromiss, der ein Migrationskompromiss war [...], gehört zu den umstrittensten politischen Entscheidungen in der Geschichte der Bundesrepublik."[73] Die Sozialdemokratie plante im Dezember 1992, gemeinsam mit Vertretern von Union und FDP, eine Neuregelung mit dem „Ziel: Die Verfahren sollten beschleunigt und ein Asylmissbrauch verhindert werden."[74] Dafür galt es, eine Reform des

---

72 Günter Grass, Novemberland, in: NGA 1, z. B. Günter Grass, Die Festung wächst, in: NGA 1, S. 301.
73 Stefan Luft / Peter Schimany, Asylpolitik im Wandel, in: Stefan Luft / Peter Schimany (Hrsg.), 20 Jahre Asylkompromiss, Bilanz und Perspektiven, Bielefeld 2014, S. 11–29, hier S. 11.
74 O. V., Vor zwanzig Jahren: Einschränkung des Asylrechts, in: BpB, 24.05.2013.

Grundgesetzartikels Artikel 16 im Bundestag zu verabschieden. „Die wichtigste Neuregelung bestand darin, dass nicht mehr allein der Fluchtgrund, sondern vor allem der Fluchtweg im Mittelpunkt der gesetzlichen Regelung des Asylfahrens stand."[75] Diese Grundgesetzänderung führte Anfang der 1990er-Jahre innerhalb der SPD zu einem heftigen Streit und traf auch bei Intellektuellen auf Widerstand. Grass versuchte, durch drei Gespräche in kurzem, zeitlichen Abstand die politischen Akteure zu beraten, nämlich Björn Engholm (1992), Rudolf Scharping (1993) und Regine Hildebrandt (1993).

Günter Grass nutzte Ende 1992 verschiedene öffentliche Veranstaltungen, um den SPD-Parteivorsitzenden Björn Engholm vor einer Änderung des Asylrechts zu warnen. Auf den Festlichkeiten zu seinem 65. Geburtstag in Berlin und in Lübeck thematisierte der Intellektuelle im Oktober 1992 seine Kritik, „ohne eine Diskussion entfesseln zu wollen"[76]. Er forderte von der SPD erstens die Anhebung des Satzes für Entwicklungshilfe auf weit mehr als zwei Prozent, zweitens ein Einwanderungsgesetz und drittens einen menschenwürdigen Aufenthalt für Kriegsflüchtlinge für die Dauer des Krieges. Der Intellektuelle sah die Gefahr, dass die SPD in dieser Frage „durch Spaltung Schaden nehmen"[77] könne. Er endete mit dem Wunsch: „Auch nach dem bevorstehenden Parteitag möchte ich mich weiterhin als Sozialdemokrat begreifen können. Nimm diesen Wunsch, lieber Björn, bitte mit nach Bonn; es steht auf der Kippe."[78] Engholm gab rückblickend zu, dass Grass' „harsch[er]"[79] Beitrag ihn „als Gastgeber kraftvoll düpiert"[80] habe, denn „wenn Sie [...] ausschließliche Grass-Fans vor sich haben, wissen Sie, dass Sie da einen schlechten Stand haben"[81]. Anlässlich eines TV-Gespräches am 3. November 1992 hatten beide die Gelegenheit, das Thema „auszudiskutieren"[82]. Es fand kurz vor dem Bundesparteitag der SPD statt und war ein „absolutes Novum"[83], denn „es kommt heutzutage nicht gerade häufig vor, dass sich ein Spitzenpolitiker mit einem Intellektuellen, einem Schriftsteller vor laufender Fernsehkamera zusammensetzt, um über zentrale und alle bewegende politische

---

75 Ursula Münch, Asylpolitik in Deutschland – Akteure, Interessen, Strategien, in: Luft / Schimany, 20 Jahre Asylkompromiss, S. 79–85, hier S. 80; vgl. Patrice G. Poutrus, Umkämpftes Asyl. Vom Nachkriegsdeutschland bis in die Gegenwart, Berlin 2019, S. 179.
76 Grass, Was an die Substanz geht, in: NGA 23, S. 37. Die Eröffnung einer Ausstellung in der Kunsthalle Berlin mit Björn Engholm fand am 13.10.1992 und der Empfang in Lübeck am 19.10.1992 statt. Vgl. Günter Grass, Arbeitskalender 1992, in: GUGS.
77 Grass, Was an die Substanz geht, in: NGA 23, S. 38.
78 Grass, Was an die Substanz geht, in: NGA 22, S. 39.
79 Engholm, Koexistenz zweier Raucher, S. 96.
80 Engholm, Koexistenz zweier Raucher, S. 96.
81 Engholm, Koexistenz zweier Raucher, S. 96.
82 Semler, „Björn, Hände weg vom Asylrecht", in: NDR, 03.11.1992.
83 Semler, „Björn, Hände weg vom Asylrecht", in: NDR, 03.11.1992.

Probleme zu diskutieren, ja zu streiten"[84]. Es war das letzte öffentliche Gespräch der beiden, bei dem Grass laut späterer Aussage alles gesagt hatte, „was ich über Engholm sagen wollte"[85]. Der Intellektuelle wiederholte dort seine Forderung nach einem Maßnahmenpaket. Er verlangte von der Politik einen modernen Einwanderungsparagrafen, um eine Zuwanderung in „zivilisierte[r] Art und Weise"[86] zu ermöglichen und später die deutsche Staatsbürgerschaft in Aussicht stellen zu können. Engholm stimmte Grass im Gespräch zu, dass das Individualrecht unangetastet bleiben müsse, aber es sollte rechtlich geregelt werden, wer tatsächlich politisch verfolgt sei. Er vertrat den Standpunkt, dass das Asylrecht durch die Haltung der Rechtskonservativen und durch die große Anzahl an Asylverfahren in Gefahr sei. Der Politiker warb daher für eine Unterscheidung nach Bürgerkriegsflüchtlingen, Aussiedlern und Verfolgten, um das Asylrecht nicht durch die hohe Anzahl der Anträge zu überfordern. Engholm wies den Intellektuellen drauf hin, dass die Politik einen Weg gehen müsse, den das Volk mittrage.[87] Man war sich einig, dass das „Migrationsproblem ein Dauerthema sei, weit über das Jahrzehnt"[88] heraus. Günter Grass verfolgte aufmerksam den Bonner Parteitag, der für ihn ein „hohes Niveau hatte"[89]. Er trug die dort beschlossene „Asylwende Björn Engholms"[90] mit. Als allerdings im Dezember 1992 der von Union und SPD vereinbarte Asylkompromiss öffentlich wurde, stellte der Intellektuelle fest, dass die Beschlüsse des Parteitages nur zu geringem Maße umgesetzt wurden. Grass bezeichnet diese Entscheidung als die „Verhöhnung des SPD-Parteitages"[91], der gerade die „östlichen Nachbarn [...] in öffentliche Bedrängnis"[92] bringen würde. Seine Beratung als Intellektueller blieb dementsprechend wirkungslos, sodass er infolgedessen aus der Partei austrat (vgl. IV. Kap. 4.3.1).

In zwei weiteren öffentlichen Gesprächen mit Politikern zeigte sich, wie verhärtet 1993 auch die Positionen in Punkto Asylkompromiss waren und eine sachliche Auseinandersetzung verhinderten. In einem Streitgespräch mit Regine Hildebrandt am 12. Februar 1993 verteidigte die Politikerin die Vereinbarung als notwendig und „erträglich"[93]. Sie wies Grass darauf hin, dass verschiedene Interpretationsarten des

---

84 Semler, „Björn, Hände weg vom Asylrecht", in: NDR, 03.11.1992. Der außerordentliche Bundesparteitag fand am 16./17.11.1992 in Bonn statt.
85 Günter Grass, Brief an Stefan Appelius, 28.04.1994, in: AdK, GGA, Signatur 1456.
86 Semler, „Björn, Hände weg vom Asylrecht", in: NDR, 03.11.1992.
87 Semler, „Björn, Hände weg vom Asylrecht", in: NDR, 03.11.1992.
88 Semler, „Björn, Hände weg vom Asylrecht", in: NDR, 03.11.1992.
89 Bissinger / Jörges, SPD – Anpassung oder Alternative?, S. 10.
90 Burchhard / Knobbe, Björn Engholm, S. 288; vgl. Günter Grass, Brief an Hans-Jochen Vogel, 14.01.1993, in: AdK, GGA, Signatur 14582.
91 Grass / Hildebrandt, Schaden begrenzen oder auf die Füße treten, S. 7.
92 Grass / Hildebrandt, Schaden begrenzen oder auf die Füße treten, S. 7.
93 Grass / Hildebrandt, Schaden begrenzen oder auf die Füße treten, S. 9.

Beschlusses möglich seien.[94] Der Intellektuelle schlussfolgerte: „Also hier steht Meinung gegen Meinung, und ich glaube nicht, daß man das ausräumen kann."[95] Auch ein halbes Jahr später waren die politischen Haltungen unverändert. Dies zeigte eine von dem Bissinger angeregte Diskussion am 17. September 1993 über das Thema *SPD-Anpassung oder Alternative?*.[96] Über „den Zustand und die Perspektive der SPD vor dem Wahljahr 1994"[97] diskutierten die Politiker Peter Glotz, Oskar Lafontaine, Rudolf Scharping und Günter Verheugen mit den Intellektuellen Jürgen Flimm, Günter Grass, Rolf Schneider und Roger Willemsen. Als erster Punkt wurde Grass' Austritt thematisiert. Der Intellektuelle bekundete: „Ich hab' das nicht gern getan, für mich war das wie ein Bruch in der eigenen Biographie."[98] Scharping wertete als neuer SPD-Parteivorsitzender diesen Schritt „nicht nur [als] ein[en] Vorgang zwischen einer Partei und einer Person, sondern nach meinem Empfinden ein Symptom. Darüber zu reden im Ton wechselseitiger Enttäuschungen ist aber nicht sonderlich fruchtbar."[99] Er wies weiterhin darauf hin, dass „die politische Debatte in Deutschland [...] von einem eklatanten Mangel an öffentlichem Diskurs über die Zukunft dieses Landes geprägt [sei] und von einem ebenso eklatanten Mangel an Orientierung"[100]. Er forderte die Intellektuellen auf, im Dialog „gemeinsam die Frage [zu] erörtern"[101]. Grass entgegnete, dass „in der Zeit danach wenig geschehen [sei], was meine Meinung hätte ändern können"[102]. Scharping wies daraufhin, dass die SPD als Oppositionspartei im Bundestag „nicht gestalten kann"[103], sodass die Erwartung, „daß sie diesen gesellschaftlichen Konflikt auf völlig vertretbare politische Weise auflöst, [...] eine Überforderung"[104] darstelle. Die Politiker betonten zudem, welche Ängste das Thema Zuwanderung in der Bevölkerung auslöse und ein anderer Staatsbürgerschaftsbegriff kein Publikum fände.[105] Peter Glotz gab zu bedenken, dass „es in der SPD selbst einen wilden Streit"[106] über das Einwanderungsgesetz gäbe. Es zeigte sich in dieser Diskussionsrunde „wie ext-

---

94 Vgl. Grass / Hildebrandt, Schaden begrenzen oder auf die Füße treten, S. 10.
95 Grass / Hildebrandt, Schaden begrenzen oder auf die Füße treten, S. 11.
96 Vgl. Manfred Bissinger, 02.06.2020. Das Gespräch wurde in *Die Woche* am 07.10.1993 erstmalig abgedruckt.
97 Bissinger / Jörges, SPD – Anpassung oder Alternative?, S. 7.
98 Bissinger / Jörges, SPD – Anpassung oder Alternative?, S. 10.
99 Bissinger / Jörges, SPD – Anpassung oder Alternative?, S. 12.
100 Bissinger / Jörges, SPD – Anpassung oder Alternative?, S. 12.
101 Bissinger / Jörges, SPD – Anpassung oder Alternative?, S. 13.
102 Bissinger / Jörges, SPD – Anpassung oder Alternative?, S. 10.
103 Bissinger / Jörges, SPD – Anpassung oder Alternative?, S. 43.
104 Bissinger / Jörges, SPD – Anpassung oder Alternative?, S. 43.
105 Bissinger / Jörges, SPD – Anpassung oder Alternative?, S. 27f und S. 34f.
106 Bissinger / Jörges, SPD – Anpassung oder Alternative?, S. 35.

rem aufgeladen, emotional aufgeladen und politisch heiß umstritten das Thema war"[107].

Rudolf Scharping konstatierte rückblickend, dass die „Idee [für ein derartiges Gespräch] gut [war], wie es dann realisiert wurde konzeptionell, da hatte ich, wie soll man sagen, Bauchschmerzen"[108]. Seine Interventionen hinsichtlich der daraus resultierenden, sozialen Probleme hätten „in dem Gespräch fast keine Rolle gespielt. Da ist auch niemand, weder auf der Seite von Grass und sonst jemand, darauf eingegangen."[109] Das Gespräch wirkte beim Parteivorsitzenden nach, wie ein im Anschluss verfasster Brief an Günter Grass belegte. Darin stellte er fest, „daß wir zwar relativ lange über die Asyl- und Zuwanderungsproblematik gesprochen haben, gleichwohl wir wesentliche Aspekte nur flüchtig angetippt haben"[110]. Aus diesem Grund sendete der Politiker einen Zeitungsbeitrag mit, um „in umfassenderer Weise [s]eine Sichtweise [zu] verdeutlich[en]"[111]. Scharping betonte, dass er die Position von Günter Grass und anderen Intellektuellen grundsätzlich nachvollziehen konnte, auch wenn er sie nicht teilte. Rückblickend begründete der Politiker seine Motivation für den Brief damit, dass es ihm „persönlich wichtig [war], die Gesprächsfähigkeit aufrechtzuhalten, selbst bei schwierigen Themen und unterschiedlichen Standpunkten innerhalb dieser Themen"[112]. Er hoffte auf eine weitere „Gelegenheit für einen Meinungsaustausch"[113], um den Austausch mit dem Intellektuellen „auf jeden Fall fort[zu]setzen, notfalls länger. Deswegen wollte ich Grass auch sehr deutlich signalisieren, für mich ist das kein Event, der einmal stattfindet, sondern ein Prozess"[114]. Das Gesprächsangebot des Parteivorsitzenden fand allerdings keinen Widerhall bei dem Intellektuellen. Grass empfand es als skandalös, dass „die Abschiebepraxis zur Alltäglichkeit geworden"[115] war und kritisierte weiterhin die SPD, die dies „sprachlos hingenommen"[116] habe. Aus diesem Grund erteilte er Scharping für eine gemeinsame Reise nach Polen (vgl. IV. Kap. 6.3.1) eine Absage, da er dort seine politische Haltung mit Hinblick auf „den deutsch-polnischen Abschiebevertrag"[117] thematisieren müsse.

---

107 Rudolf Scharping, 29.05.2020.
108 Rudolf Scharping, 29.05.2020.
109 Rudolf Scharping, 29.05.2020.
110 Rudolf Scharping, Brief an Günter Grass, 09.10.1993, in: AdK, GGA, Signatur 12511.
111 Rudolf Scharping, Brief an Günter Grass, 09.10.1993, in: AdK, GGA, Signatur 12511.
112 Rudolf Scharping, 29.05.2020.
113 Rudolf Scharping, Brief an Günter Grass, 09.10.1993, in: AdK, GGA, Signatur 12511.
114 Rudolf Scharping, 29.05.2020.
115 Günter Grass, Brief an Rudolf Scharping, 27.04.1994, in: AdK, GGA, Signatur 14306.
116 Günter Grass, Brief an Rudolf Scharping, 27.04.1994, in: AdK, GGA, Signatur 14306.
117 Günter Grass, Brief an Rudolf Scharping, 27.04.1994, in: AdK, GGA, Signatur 14306; vgl. Günter Grass, Vom Überspringen der Grenzen, in: NGA 23, S. 72 f.

Die öffentlichen Gespräche mit Politikern demonstrieren, dass die Asylpolitik zu einer Spaltung innerhalb der SPD führte, die sich auch im Verhältnis zu Intellektuellen niederschlug. Die Bemühungen von Björn Engholm und Rudolf Scharping, zu einem klärenden Gespräch beizutragen, fanden keine Resonanz bei Günter Grass. Er vermisste faktische Änderungen und rückte daher von seiner Position nicht ab. Während die politischen Akteure angesichts der Stimmung in der Bevölkerung einen Kompromiss suchten, verharrte der Intellektuelle bei seiner idealen Grundüberzeugung. Der dadurch bedingte, ausbleibende Dialog hatte nachhaltige Folgen, wie der Parteiaustritt belegt (vgl. IV. Kap. 4.3.1). Nach der Gesetzesänderung „versiegten bald die Solidaritätsbekundungen auf der Straße und parallel dazu die Diskussion in der Öffentlichkeit"[118] und man wandte sich anderen Themen zu.

4.2.3 Laudatio auf Yaşar Kemal als Diskursanstoß (1997)

„Die wachsende Teilnahmslosigkeit gegenüber dem Schicksal der Fremden und das Desinteresse an den Widersprüchen der deutschen Asylpolitik sowohl in politischen als auch in intellektuellen Kreisen wurde kurz, aber heftig unterbrochen durch Günter Grass' Laudatio auf den Friedenspreisträger des deutschen Buchhandels Yaşar Kemal"[119]. Die Auswahl des Redners war „ein persönliche[r] Wunsch des türkischen Autors"[120] und erzeugte bei Bekanntgabe bereits eine Vorberichterstattung (10 Artikel). Der Diskurs selbst begann am 20. Oktober 1997 mit der Preisverleihung. Grass entfachte mit wenigen politischen Sätzen in seiner Laudatio einen regelrechten Medienskandal (236 Zeitungsartikeln), der zwei Wochen lang in der Gesellschaft und der Politik für Aufregung sorgte (vgl. Abbildung 20).[121]

---

118 Christian Große-Rüschkamp, Kirchenasyl zwischen repressiver Asylpolitik und solidarischer Flüchtlings-arbeit, München 1999, S. 19.
119 Große-Rüschkamp, Kirchenasyl, S. 19.
120 Börsenverein des deutschen Buchhandels, „Günter Grass hält Laudatio auf Friedenspreisträger", Pressemitteilung vom 07.07.1997, in: Archiv des Börsenvereins, Referat Friedenspreis; vgl. Thilda Kemal, Brief an Cornelia Schmidt-Braul, 23.6.1997, in: Archiv des Börsenvereins, Referat Friedenspreis.
121 Vgl. Bissinger, Zeit, sich einzumischen (ab jetzt abgekürzt als Sigle: Kemal-Dok.); Joanna Jabłkowska, Zwischen Tabuisierung und deren Überwindung. Zum Friedenspreis des Deutschen Buchhandels, in: Harmut Eggert / Janusz Golec (Hrsg.), Tabu und Tabubruch. Literarische und sprachliche Strategien im 20. Jahrhundert, Stuttgart 2002, S. 25–42; Sigrid Luchtenberg, Zum Umgang mit „Störfällen" im Migrationsdiskurs, in: Thomas Niehr / Karin Böke (Hrsg.), Einwanderungsdiskurse. Vergleichende diskurslinguistische Studien, Wiesbaden 2000, S. 71–92.

4 *Demokratisch abgesicherte Barbarei* – Günter Grass als Advokat für Minderheiten — **245**

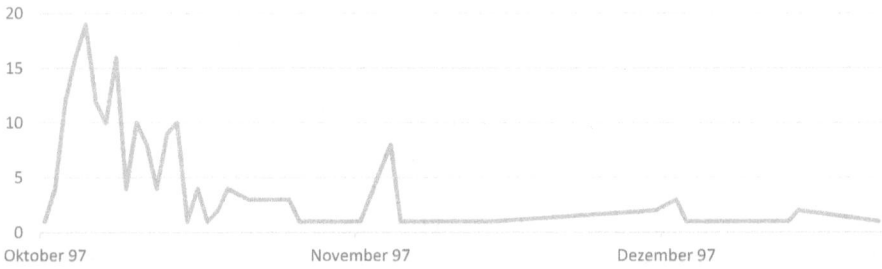

Abbildung 20: Günter Grass' Diskursanstoß durch die Kemal-Laudatio (10/1997–01/1998) (Quelle: Eigene Darstellung).

Der Auslöser für den Diskurs waren zwei politischen Aussagen Günter Grass'. Der Intellektuelle konstatierte erstens, es ergäbe sich ein „latente[r] Fremdenhaß, bürokratisch verklausuliert, aus der Abschiebepraxis"[122] in Deutschland. Er kam zu dem Schluss, dass es eine „in der Tendenz fremdenfeindliche Politik"[123] hierzulande gäbe. Grass gab den Anwesenden eine Mitschuld, da „wir alle untätige Zeugen einer abermaligen, diesmal demokratisch abgesicherten Barbarei sind"[124]. Schuld seien Politiker, wie Innenminister Manfred Kanther (CDU) und Edmund Stoiber (CSU), deren „Härte bei rechtsradikalen Schlägerkolonnen ihr Echo"[125] fänden. Grass kritisierte zweitens die deutsche Beteiligung am „Vernichtungskrieg"[126] gegen Kurden durch ihre Waffenexporte in die Türkei. „Wir wurden und sind Mittäter. Wir duldeten ein so schnelles wie schmutziges Geschäft. Ich schäme mich meines zum bloßen Wirtschaftsstandort verkommenen Landes, dessen Regierung todbringenden Handel zuläßt und zudem den verfolgten Kurden das Recht auf Asyl verweigert."[127] Diese Aussagen waren inhaltlich nicht neu, denn Grass kritisierte bereits in den vergangenen Jahren in vergleichbarem Wortlaut die deutsche Asylpolitik und die Türkei.[128] Auch Yaşar Kemal äußerte sich im Vorfeld ähnlich.[129] Bei der Preisverleihung hielt der Preisträger sich aufgrund der juristischen Verfolgung in der Türkei mit derarti-

---

122 Grass, Laudatio auf Yaşar Kemal, in: NGA 23, S. 207.
123 Grass, Laudatio auf Yaşar Kemal, in: NGA 23, S. 209.
124 Grass, Laudatio auf Yaşar Kemal, in: NGA 23, S. 207.
125 Grass, Laudatio auf Yaşar Kemal, in: NGA 23, S. 207.
126 Grass, Laudatio auf Yaşar Kemal, in: NGA 23, S. 210.
127 Grass, Laudatio auf Yaşar Kemal, in: NGA 23, S. 210.
128 Grass, Rede vom Verlust, in: NGA 23, S. 43; o. V., Aufruf für türkische Flüchtlinge, in: TAZ, 03.11.1989; Hans Monath, „Die Zeit ist reif", in: TAZ, 31.03.1995; Jürgen Gottschlich, Istanbuler Selbstanzeigen, in: TAZ, 14.03.1997.
129 Vgl. hp./KvN., Jahrmarkt der Bücher mit Solti-Witwe und Kremlchef in spe, in: Die Welt am Sonntag, 19.10.1997; FAZ, Türkischer Autor kritisiert die Deutschen, in: FAZ, 19.10.1997.

gen politischen Aussagen zurück, obwohl ein Statement „an die Adresse der neuen türkischen Regierung, aber auch die der demokratischen europäischen Staaten"[130] von ihm erwartet wurden.[131] Kemal überließ bewusst „die Bühne Günter Grass"[132], der stellvertretend die Gelegenheit nutzte.

Es gab fünf Gründe, warum Grass' mit diesen Sätzen, „von denen vielleicht nur zwei scharf gewesen sind"[133], diesmal einen Diskurs eröffnete und eine politische Resonanz erzielte. Die Preisverleihung fand erstens an einem geschichtsträchtigen Ort, nämlich der Frankfurter Paulskirche, statt, die mit den „Gedanken der Republik, Demokratie und Menschenrechte"[134] automatisch verknüpft wird. Grass, „der sich immer schon quer zum Pathos von leeren Lobreden stellte, betonte [...] nicht die demokratische Tradition, sondern die Niederlage der Demokratie"[135] in seiner Rede.[136] Während der Börsenverein des Buchhandels jährlich Personen auszeichnet, die „in hervorragendem Maße [...] zur Verwirklichung des Friedensgedankens beigetragen"[137] haben, wies der Intellektuelle zudem auf Deutschlands Beitrag zur Verlängerung des Bürgerkrieges hin. Er verknüpfte zweitens das innenpolitische Thema Asyl mit dem außenpolitischen Konflikt in der Türkei, was unüblich war.[138] Grass provozierte drittens durch seine Wortwahl, in dem er seine moralische Haltung durch das Wort *Scham* ausdrückte und der Gesellschaft als *Mittäterschaft* die Verantwortung zuwies. Er verglich dieses Verhalten mit der Zeit des Nationalsozialismus durch den Begriff *Barbarei*. Dies stellte ein „sprachlicher Tabubruch"[139] dar, da er auf die seit Jahren überwunden geglaubte „Tradition und [...] Latenz dieses Fremdenhasses"[140] hinwies. Der Intellektuelle adressierte viertens als eine Form der öffentlichen Politikberatung seine Rede direkt an die anwesenden, hochrangigen Politiker, wie dem türkischen Kulturminister Istemihan Talay, dem ehemaligen

---

130 E. H., ohne Titel, in: SZ, 18.10.1997.
131 Der Schriftsteller stand aufgrund eines Artikels in *Der Spiegel* in Istanbul vor Gericht. Vgl. Osman Okkan, 21.05.2020; Gerhard Kurtze, Brief an Burkhard Hirsch, 14.03.1996, in: Archiv des Börsenvereins, Referat Friedenspreis; Yaşar Kemal, Feldzug der Lügen, in: Der Spiegel, 09.01.1995; o. V., Feldzug gegen Yaşar Kemal, in: Der Spiegel, 18.02.1996.
132 Osman Okkan, 21.05.2020.
133 Jabłkowska, Zum Friedenspreis des Deutschen Buchhandels, S. 39.
134 Luchtenberg, Zum Umgang mit „Störfällen", S. 88; vgl. Jabłkowska, Zum Friedenspreis des Deutschen Buchhandels, S. 27.
135 Jabłkowska, Zum Friedenspreis des Deutschen Buchhandels, S. 37.
136 Vgl. Grass, Laudatio auf Yaşar Kemal, in: NGA 23, S. 197.
137 Börsenverein des deutschen Buchhandels, Pressemitteilung „Friedenspreis des Deutschen Buchhandels 1997 an Yaşar Kemal", 15.05.1997, in: Archiv des Börsenvereins, Referat Friedenspreis.
138 Große-Rüschkamp, Kirchenasyl, S. 24.
139 Vgl. Jabłkowska, Zum Friedenspreis des Deutschen Buchhandels, S. 39–40.
140 Jabłkowska, Zum Friedenspreis des Deutschen Buchhandels, S. 39.

Bundespräsidenten Richard von Weizsäcker, Bundestagspräsidentin Rita Süssmuth (CDU) oder Bundesminister für Arbeit und Sozialordnung Norbert Blüm (CDU). Auch Vertreter der Oppositionsparteien, wie Rudolf Scharping und Oskar Lafontaine (SPD) oder Joseph Fischer und Cem Özdemir (Die Grünen) waren anwesend. Die Rede wurde im Fernsehen übertragen, sodass ihm darüber hinaus eine Aufmerksamkeit der Öffentlichkeit garantiert war.[141] Der Diskurs wurde fünftens durch eine direkte Reaktion von CDU-Generalsekretär Peter Hintze (CDU) erweitert.[142] Da die Veranstaltung am Wochenende stattfand, berichteten „die Medien nicht nur über die Reden selbst, sondern auch über die Reaktionen der Bonner Regierung und der Parteien [...], die das Interesse an den beiden Reden entsprechend erhöht haben"[143]. Diese verschiedenen Gründe führten 1997 zu einem breiten, politischen Diskurs anstatt, dass man wie sonst schnell „zur Tagesordnung übergegangen wäre"[144].

Grass beobachtete genau, wie die anwesenden Politiker vor Ort reagierten. Er berichtete, wie das „schöne ewige Lächeln von Rita Süssmuth zu erfrieren"[145] begann, „wie Blüm, der geneigt [war], an einigen Stellen zu klatschen"[146] oder Bundespräsident Richard von Weizsäcker deutlich nickte. Die Reaktionen bereiteten ihm „kleine politische Glücksgefühle"[147]. Bundestagspräsidentin Süssmuth (CDU) applaudierte höflich nach der Rede in der ersten Reihe, während der türkische Kulturminister Istemihan Talay erst bei Kemal klatschte.[148] Der Applaus der anwesenden Politiker wurde von Lesern kritisiert.[149] Süssmuth betont retrospektiv, dass sie mit dieser Geste die Leistung des Intellektuellen anerkennen wollte. Derartige Äußerungen seien wichtig für einen Dialog, die „braucht ein Volk, ob wir [...] zustimmen oder nicht, das ist nicht das Wichtigste, sondern, dass sie etwas in den Gang

---

141 Vgl. Cornelia Schmidt-Braul, Aktennotiz, 23.06.1997, in: Archiv des Börsenvereins, Referat Friedenspreis; o. V., Aktennotiz zur Fernsehübertragung, 20.10.1997, in: Archiv des Börsenvereins, Referat Friedenspreis; vgl. Luchtenberg, Zum Umgang mit „Störfällen" im Migrationsdiskurs, S. 88.
142 Vgl. Große-Rüschkamp, Kirchenasyl, S. 23.
143 Vgl. Luchtenberg, Zum Umgang mit „Störfällen", S. 89.
144 Große-Rüschkamp, Kirchenasyl, S. 23.
145 Mathias Greffrath, Gespräch mit Günter Grass, in: Radio Kultur ORB / SFB, 07.12.1997, in: Kemal-Doku., S. 80.
146 Greffrath, Gespräch mit Günter Grass, in: Kemal-Doku., S. 80.
147 Greffrath, Gespräch mit Günter Grass, in: Kemal-Doku., S. 80.
148 Vgl. J.K., Streit der Deutschen um Grass und Ausländer, in: Die Welt am Sonntag, 26.10.1997; Wolfgang Günter Lerch, Ein kultureller Ritterschlag, in: FAZ, 21.10.1997.
149 Heiner E. Kappel, Keine Zivilcourage, in: FAZ, 22.10.1997; vgl. Dieter Walter, Leserbrief, in: SZ, 30.10.1997.

setzen in den Köpfen."[150] Die Laudatio rief aber nicht nur unmittelbar Reaktionen der Politiker vor Ort hervor, sondern stieß in der Öffentlichkeit zwei Diskursstränge an: Das innenpolitische Thema Asyl und die deutschen Waffenlieferungen in die Türkei. Der historische Diskursstrang, mit dem Grass in der Türkei den systematischen Völkermord in Armenien anklagte und den Umgang mit Minderheiten mit den Verbrechen der Nationalsozialisten verglich, wurde im Diskurs dagegen nicht aufgegriffen.[151] Darüber hinaus wurde ein weiterer Diskursstrang durch die Reaktion von Hintze eröffnet, der die Rolle von Intellektuellen infrage stellte. Der Diskurs war geprägt von zwei divergierenden Diskurskoalitionen, nämlich der konservativ-liberalen Sichtweise der Regierung und der rot-grünen Opposition, die um die Deutungshoheit in der Asylpolitik kämpften.

Die konservative Diskurskoalition führte Hintze an, der in einer Pressemitteilung Günter Grass direkt widersprach.[152] Es folgte eine offizielle Stellungnahme von Regierungssprecher Peter Hausmann.[153] Selbst Bundeskanzler Helmut Kohl äußerte sich indirekt zu Günter Grass, indem er auf dem Deutschlandtag der Jungen Union in Magdeburg sagte, da habe sich jemand aber „gewaltig aufgeblasen"[154]. Auch Fachexperten, wie die Ausländerbeauftragte der Regierung, Cornelia Schmalz-Jacobsen (FDP), Eduard Lintner (CSU) als Parlamentarischer Staatssekretär beim Bundesinnenministerium oder Wolfgang Zeitlmann (CSU), Vorsitzender des Arbeitskreises für Recht der Unionsfraktion, meldeten sich zu Wort.[155] Der Diskurs fand nicht nur in der Bundes- sondern auch in der Landespolitik statt, die zuständig für die Umsetzung des Asylrechts ist.[156] Es äußerten sich beispielsweise die Ministerpräsidenten Erwin Teufel (CDU) oder Kurt Biedenkopf (CDU).[157] Mehrere Politiker der Union verfolgten die Diskursstrategie, Günter Grass direkt zu Beginn der Auseinandersetzung als nicht legitimen Sprecher darzustellen, um vom Sachthema abzulenken. An erster Stelle

---

150 Rita Süssmuth, 19.11.2020.
151 Beispielsweise in einem Leserbrief: Dieter Walter, Leserbrief, in: SZ, 30.10.1997.
152 Vgl. CDU, Pressemitteilung, 19.10.1997, in: Kemal-Dok., S. 34; Jörg Magenau, Drei Christen adeln Günter Grass, in: TAZ, 21.10.1997.
153 Dpa, Bundesregierung weist Grass-Kritik an Ausländerpolitik zurück", 19.10.1997, in: Kemal-Dok., S. 34.
154 Dpa, Kohl kritisiert Grass, 26.10.1997, in: Kemal-Dok., S. 70.
155 AP / dpa, Ausländerbeauftragte zeigt Verständnis für Grass, in: Neue Osnabrücker Zeitung, 21.10.1997, in: Kemal-Dok., S. 49; dpa, „Unentschuldbare Entgleisung" von Grass, in: SZ, 21.10.1997.
156 Vgl. Münch, Asylpolitik in Deutschland, S. 71.
157 Vgl. Reinhold Michels, Baden-Württembergs Ministerpräsident Teufel „Grass hat auch die deutsche Justiz diffamiert", in: Rheinische Post, 21.10.1997, in: Kemal-Dok., S. 5; o. V., Neue Töne aus Koalition zu Grass, in: Die Welt, 22.10.1997; o. V., Zitat des Tages, in: Dresdner Neuste Nachrichten, 25.1.1997, in: Kemal-Dok., S. 67; J.K., Streit der Deutschen um Grass und Ausländer, in: Die Welt am Sonntag, 26.10.1997.

sprach Hintze vom „intellektuellen Tiefstand eines Schriftstellers"[158], der sich „aus dem Kreis ernstzunehmender Literaten verabschiedet"[159] habe. In ähnlicher Weise sahen Teufel und Hausmann die Reputation des Intellektuellen beschädigt.[160] „Nicht, ob die von Grass aufgeworfenen Probleme ernstzunehmend seien, hieß von nun an die umstrittene Frage, sondern ob Grass oder Hintze in ihrer Funktion als öffentliche Disputanten ernstzunehmen seien."[161] Diese Meinung teilten auch viele Medienvertreter und einige Kunstschaffende (vgl. Tabelle 30).[162] Neben dieser stark normativ geprägten Debatte über die Rolle des Intellektuellen wurde nachgeordnet eine sachliche Gegenargumentation geführt. Die Politiker der Regierungsparteien widersprachen Grass darin, dass Deutschland ein fremdenfeindliches Land sei, da einerseits rechtsradikale Ausschreitungen abgenommen hätten (Erwin Teufel) und anderseits das Land mehr Flüchtlinge aufnehmen würde als andere (Peter Hintze, Peter Hausmann, Eduard Lintner). Zudem gäbe es hierzulande die „liberalste Asylgesetzgebung in der Welt"[163]. Abschiebungen würden durch die Justiz überprüft (Erwin Teufel / Schmalz-Jacobsen).[164] Eine Verfolgung in der Türkei sei nach Überprüfung von hunderten Einzelfällen „nicht belegbar"[165]. Lintner rechtfertigte als einziger Politiker die Waffenexporte in die Türkei mit dem Hinweis auf die Nato-Mitgliedschaft.[166]

In der Öffentlichkeit stimmte eine große Mehrheit dagegen Günter Grass zu. Es bildete sich eine Diskurskoalition bestehend aus SPD- und Grünen-Politikern, Vertretern der Gesellschaft, Intellektuellen und der Bevölkerung (vgl. Tabelle 31). Führende Oppositionspolitiker unterstützten Grass, wie der SPD-Parteivorsitzende und saarländische Ministerpräsident Oskar Lafontaine, Bundestagsvizepräsident Hans-Ulrich Klose (SPD), Kerstin Müller, Sprecherin der Grünen-Bundestagsfraktion und

---

158 CDU, Pressemitteilung, 19.10.1997, in: Kemal-Dok., S. 34; vgl. dpa, „Hintze bekräftigt Kritik an Grass – Friedenspreis beschädigt, 20.10.1997, in: Kemal-Dok., S. 40.
159 CDU, Pressemitteilung, 19.10.1997, in: Kemal-Dok., S. 34.
160 Vgl. Reinhold Michels, Baden-Württembergs Ministerpräsident Teufel „Grass hat auch die deutsche Justiz diffamiert", in: Rheinische Post, 21.10.1997, in: Kemal-Dok., S. 51; dpa, Bundesregierung weist Grass-Kritik an Ausländerpolitik zurück", 19.10.1997, in: Kemal-Dok., S. 34.
161 Ralf Schnell, Kunst, Geist und Macht, in: Winfried Menninghaus / Klaus R. Scherpe (Hrsg.), Literaturwissenschaft und politische Kultur. Für Eberhard Lämmert zum 75. Geburtstag, Stuttgart 1999, S. 290–300, hier S. 294.
162 Vgl. Rudolf Augstein, Dichters Scham, in: Der Spiegel, 17.10.1007; o. V., Löwengebrüll oder Katzengejammer? In: Die Woche, 14.11.1997, in: Kemal-Dok., S. 77; o. V., Intellektuelle, rührt euch, Die Woche, 07.11.1997, in: Kemal-Dok., S. 74.
163 Reinhold Michels, Baden-Württembergs Ministerpräsident Teufel „Grass hat auch die deutsche Justiz diffamiert", in: Rheinische Post, 21.10.1997, in: Kemal-Dok., S. 51.
164 AP / TAZ, Koalitionspolitiker stützen Grass, in: TAZ, 22.10.1997.
165 Saarländischen Rundfunks, Pressemitteilung, 20.10.1997, in: Kemal-Dok., S. 37.
166 Saarländischen Rundfunks, Pressemitteilung, 20.10.1997, in: Kemal-Dok., S. 37.

Tabelle 30: Liberal-konservativer Gegendiskurs zu Grass' Kemal-Laudatio.

Diskursebenen			Türkei	Asyl	Intellektuelle
Politik **1. Ordnung**		CDU/CSU	Eduard Lintner	Peter Hausmann Peter Hintze Franz Josef Jung Erwin Teufel Wolfgang Zeitlmann Eduard Lintner Peter Gauweiler	Peter Hausmann Peter Hintze Helmut Kohl Erwin Teufel
		FDP		Heiner Kappel Cornelia Schmalz-Jacobsen	Cornelia Schmalz-Jacobsen
Gesellschaft **2. Ordnung**	Wissenschaft		Alfred Grosser, Moral-Philosoph Faruk Sen, Türkeistudien	Alfred Grosser, Faruk Sen Erwin Scheuch, Soziologe	Faruk Sen
	Kultur		Peter Schneider	Christoph Hein	Matthias Altenburg, Maxim Biller, Eva Demski Dagmar Leupold Walter Jens Joseph von Westphalen
	Gesellschaft		Peter Steinacker, ev. Kirchenpräsident		
Medien **3. Ordnung**	Medien-vertreter			Wolfgang Günther Lerch Thomas Schmid, TAZ	Joachim Neander, Die Welt Volker Zastrow, FAZ Rainer Zintelmann, Die Welt Paul Ingendaay, FAZ Rudolf Augstein, Der Spiegel Thomas Schmidt, TAZ Gunter Hofmann, Die Zeit Dieter Buhl, Die Zeit Thomas Assheuer, Die Zeit Kurt Scheel, TAZ Peter Michalzik, SZ

Tabelle 31: Rot-grüne Diskurskoalition zugunsten von Grass' Kemal-Laudatio.

Diskursebenen		Kurdenkrieg	Asylpolitik	Intellektuelle
Politik **1. Ordnung**	**SPD**	Oskar Lafontaine Heide Simonis Hans-Ulrich Klose Egon Bahr	Oskar Lafontaine Egon Bahr	Oskar Lafontaine Heide Simonis Hans-Ulrich Klose Egon Bahr Herta Däubler-Gmelin Regine Marquard
	Grünen	Kerstin Müller Volker Beck Cem Özdemir	Volker Beck Cem Özdemir Rupert von Plottnitz Riza Baran	Kerstin Müller Volker Beck Cem Özdemir Rupert von Plottnitz Riza Baran Angelika Köster-Loßack
	CDU/CSU	Heiner Geißler	Heiner Geißler	Petra Roth, OB Frankfurt Peter Gauweiler Roman Herzog
	FDP	Burkhard Hirsch	Burkhard Hirsch Cornelia Schmalz-Jacobsen	Burkhard Hirsch
	PDS			Gregor Gysi
Gesellschaft **2. Ordnung**	**Wissenschaft**	Faruk Sen	Faruk Sen	Silvia Gross, Theologin
	Kultur	Yaşar Kemal Gerhard Kurtze Günter Wallraff PEN-Zentrum Dagmar Leupold Erich Loest	Yaşar Kemal Gerhard Kurtze, Börsenverein Günter Wallraff PEN-Zentrum Christoph Hein, Friedrich Schorlemmer Christa Wolf	Ingrid Bachér Matthias Beltz Fred Breinersdorfer Thomas Brussig Martin Buchholz Lisa Fitz Peter Härtling Leander Haußmann Christoph Hein Dieter Hildebrandt Hilmar Hoffmann Yaşar Kemal Erich Loest Christian Meier Peter Rühmkorf Friedrich Schorlemmer

Tabelle 31 (fortgesetzt)

Diskursebenen		Kurdenkrieg	Asylpolitik	Intellektuelle
				Günter Wallraff
				Christa Wolf
				Gerhard Kurtze
				Aktion für mehr Demokratie
	Gesellschaft	Albrecht Bausch	Ignatz Bubis	Andreas Nachama
			Günter Burkhardt	Harald Butterweck
			Hakki Keskin	Hakki Keskin
			Elsa Fredmüller	
Medien 3. Ordnung	Medienvertreter	Taud, TAZ	Jörg Magenau, TAZ	taud, TAZ
		Jörg Magenau, TAZ	Heribert Prantl, SZ	Jörg Magenau, TAZ
		Heribert Prantl, SZ	Michael Lüders, Die Zeit	Heribert Prantl, SZ
		Michael Lüders, Die Zeit	Peter Buschka, SZ	Peter Buschka, SZ
			Vera Gaserow, TAZ	Vera Gaserow, TAZ
			Friedrich Küppersbusch, TAZ	Friedrich Küppersbusch, TAZ
			Eberhard Seidel-Pielen; TAZ	Sigrid Löffler, Die Zeit
				Michael Lüders, Die Zeit
				Gunter Hofmann, Die Zeit
				Micha Brumlik, TAZ
				Wolfgang Günther Lerch, FAZ

Cem Özdemir (Die Grünen).[167] Bestätigung erhielt Grass auch von Ministerpräsidentin Heide Simonis (SPD) oder dem Hessischen Justizminister Rupert von Plottnitz (Die Grünen). Bemerkenswerterweise äußerten sich auch Heiner Geißler als stellvertretender Vorsitzender der CDU/CSU-Bundestagsfraktion, Bundestagsvizepräsident Burckhard Hirsch (FDP) und die Ausländerbeauftragte Cornelia Schmalz-Jacobsen (FDP) zustimmend.[168] Gesellschaftsvertreter, Intellektuelle, Künstler sowie viele Leser nahmen ebenfalls Stellung. Diese allgemeine Zustimmung zeigt sich auch in Anzeigen mit dem Titel „Das war überfällig! Günter Grass hat uns mit sei-

---

[167] Vgl. ff., Geteiltes Echo auf Vorwürfe von Grass, in: FAZ, 21.10.1997; Markus Franz, „Günter Grass hat Gutes getan", in: TAZ, 21.10.1997; Bündnis 90/Die Grünen Bundestagsfraktion, Pressemitteilung, 20.10.1997, in: Kemal-Dok., S. 37.
[168] Vgl. AP / TAZ, Koalitionspolitiker stützen Grass, in: TAZ, 22.10.1997; Dirk Baller, CDU-Geißler gibt Grass in der Sache recht, in: B.Z., 21.10.1097, in: Kemal-Dok., S. 46–67; Frank Seibel, „Wer jetzt schreit, fühlt sich getroffen", in: Sächsische Zeitung, 21.10.1997, in: Kemal-Dok., S. 52–53.

ner Kritik an der deutschen Abschiebepraxis und an Waffenlieferungen in die Türkei aus der Seele gesprochen"[169]. Dagegen teilten nur wenige Medienvertreter die Problemsicht des Schriftstellers.

Die sich bildende rot-grüne Diskurskoalition entstand hinsichtlich der Asylpolitik und forderte einen kurzfristigen Abschiebestopp. Eine gesetzliche Änderung sahen mehrere Politiker parteiübergreifend als notwendig an, denn sie teilten Grass' Kritik an der „undemokratisch[en]"[170] Abschiebepraxis. Für Cornelia Schmalz-Jacobsen (FDP) war ein fehlendes, klares Konzept der Regierung die Ursache für die Fremdenfeindlichkeit.[171] Diese verfolge, wie Michael Lüders es formulierte, eine „bewußte Nichtpolitik"[172]. Viele Diskursvertreter werteten die Behandlung von Ausländern als Bürger zweiter Klasse (Cem Özdemir) als Zeichen für deren soziale Ausgrenzung und Stigmatisierung.[173] Heribert Prantl sprach sogar von einem Dreiklassenrecht, da Türken an der untersten Stufe nach Deutschen und Europäern stehen würden.[174] Das Ziel der Diskurskoalition war es, eine Integration von Ausländern durch eine Veränderung der politischen Kultur in Deutschland zu erreichen.[175] Dies sollte durch ein Konzept zur Integration von Ausländern und eine doppelte Staatsbürgerschaft, wie es in Frankreich, Großbritannien oder den Niederlanden schon üblich ist, ermöglicht werden. Zudem gelte es, eine europäische Flüchtlingspolitik (Burkhard Hirsch, FDP) und eine deutsch-türkische Kommission als Überwachung (Heiner Geißler, CDU) zu etablieren. Adressiert wurden diese Forderungen an Helmut Kohl, der die Widerstände der CSU für eine Reform brechen sollte, sowie an den Bundestag.[176]

Die Mehrheit der politischen Öffentlichkeit, darunter auch Vertreter der Regierungsparteien wie Heiner Geißler (CDU) oder Burkhard Hirsch (FDP), stimmte

---

169 O. V., „Das war überfällig! Günter Grass hat uns mit seiner Kritik an der deutschen Abschiebepraxis und an Waffenlieferungen in die Türkei aus der Seele gesprochen, in: Frankfurter Rundschau, 29.10.1997, in: Kemal-Dok., S. 73; vgl. Aktion für mehr Demokratie, „Solidarität mit Günter Grass", 22.10.1997, in: Kemal-Dok., S. 62.
170 Riza Baran, taz LeserInnenbriefe, in: TAZ, 28.10.1997.
171 AP / dpa, Ausländerbeauftrage zeigt Verständnis für Grass, in: Neue Osnabrücker Zeitung, 21.10.1997, in: Kemal-Dok., S. 49.
172 Michael Lüders, Üble Heuchelei, in: Die Zeit, 24.10.1997.
173 Gerhard Kurtze, Begrüßung, in: Börsenverein des Deutschen Buchhandels (Hrsg.), Friedenspreis des Deutschen Buchhandels 1997: Yaşar Kemal. Ansprachen aus Anlass der Verleihung, S. 9–13, hier S. 11.
174 Hp / KvN, Jahrmarkt der Bücher mit Solti-Witwe und Kremlchef in spe, in: Die Welt am Sonntag, 19.10.1997.
175 Susanne Geiger, „Grass mischt sich ein – das brauchen wir, in: Abendzeitung, 21.10.97, in: Kemal-Dok., S. 43–45.
176 Börsenverein des Deutschen Buchhandels, Pressemitteilung, 19.10.1997, in Kemal-Dok., S. 24–35.

Günter Grass auch im zweiten Diskursstrang zu, dass die Waffenlieferungen aus Deutschland in die Türkei moralisch fragwürdig seien. Allgemein wurden die politische Kultur des Wegsehens und die Doppelmoral der Regierung mit dem Begriff der „Heuchelei"[177] bezeichnet. Egon Bahr (SPD) nannte geostrategische sowie wirtschaftliche Interessen als Beweggründe.[178] Der Diskurs konzentrierte sich auf die Bundesrepublik, während die Situation in der Türkei nicht vertieft wurde. Heiner Geißler (CDU) sah den Westen in der Verantwortung, mehr „Druck auf die Türkei auszuüben"[179]. Hans-Ulrich Klose (SPD) hielt Wirtschaftshilfe für denkbar.[180] Als Adressat wurde Außenminister Klaus Kinkel genannt.[181] Kemal formulierte als Problemziel die Errichtung einer demokratischen Türkei als Vorbild für die islamische Welt.[182]

Die größte Unterstützung erfuhr Günter Grass im dritten Diskursstrang als Reaktion auf die Intellektuellenkritik von Hintze. Auch wenn einige Politiker Grass' Meinung nicht teilten, verteidigten sie parteiübergreifend die Freiheit, diese zu äußern. Hervorgehoben wurde, dass Intellektuelle, anders als Politiker oder Wissenschaftler, das Recht haben, Probleme „rhetorisch zuzuspitzen"[183]. Bahr sah es als Vorteil an, dass Grass die „Wirklichkeit ohne diplomatische Floskeln"[184] wiedergegeben habe. Diese Wortwahl sei nötig, um bei der Diskussion und Lösung der Frage voranzukommen.[185] Kerstin Müller sprach von einer „schmerzhafte[n] Wahrheit"[186], die Grass ausgesprochen habe. „Die cholerischen Reaktionen der CDU zeigen, wie sehr Grass ins Schwarze getroffen"[187] habe. Hans-Ulrich Klose kam zu dem

---

177 Michael Lüders, Üble Heuchelei, in: Die Zeit, 24.10.1997; vgl. Taud., Preis für unangenehme Wahrheiten, in: TAZ, 20.10.1997; Pra., Der mutige Preisträger klagt an, in: SZ, 20.10.1997.
178 Markus Franz, „Günter Grass hat Gutes getan", in: TAZ, 21.10.1997.
179 Dirk Baller, CDU-Geißler gibt Grass in der Sache recht, in: BZ, 21.10.1997, in: Kemal-Dok. S. 46–67.
180 O. V., Hörfunkspiegel Inland II, in: Deutschlandfunk 20.10.1997, in: Kemal-Dok., S. 35.
181 Vgl. ZDF, Pressemitteilung, 21.10.1997, in: Kemal-Dok., S. 56; Jörg Magenau, Der türkische Schriftsteller und Bürgerrechtler Yaşar Kemal wurde als „Anwalt der Menschenrechte" mit dem Friedenspreis des Deutschen Buchhandles geehrt, in: TAZ, 20.10.1997.
182 Dpa, Friedenspreisträger Kemal setzt sich für verhafteten Autor ein, in: dpa-Meldung, 22.10.1997, in: Kemal-Dok., S. 58.
183 Susanne Geiger, „Grass mischt sich ein – das brauchen wir, in: Abendzeitung, 21.10.1997, in: Kemal-Dok., S. 43–45.
184 Markus Franz, „Günter Grass hat Gutes getan", in: TAZ, 21.10.1997; Jörg Magenau, Drei Christen adeln Günter Grass, in: TAZ, 21.10.1997.
185 Saarländischen Rundfunks, Pressemitteilung, 20.10.1997, in: Kemal-Dok., S. 40.
186 Bündnis 90/Die Grünen Bundestagsfraktion, Pressemitteilung, 20.10.1997, in: Kemal-Dok., S. 37; o. V., Grass-Rede sorgt für politischen Wirbel, in: Die Welt, 21.10.1997.
187 Bundestagsfraktion von Bündnis 90/Die Grünen, Pressemitteilung, 20.10.1997, o. V., Grass-Rede sorgt für politischen Wirbel, in: Die Welt, 21.10.1997.

Schluss: „Wenn das Land solche [...] Typen nicht mehr erträgt, dann ist in dem Land irgendetwas nicht in Ordnung"[188].

Günter Grass platzierte durch seine Laudatio auf Yaşar Kemal die Themen Asylpolitik und Waffenexporte auf der öffentlichen Agenda, die in den Hintergrund geraten waren. Volker Neuhaus urteilt, dass dem Intellektuellen damit „etwas Ungeheures gelungen"[189] sei. „Ein Einzelner hatte mit wenigen Worten, [...] eine die ganze Nation und darüber hinaus auch das Ausland erschütternde und dringend notwendige Debatte angestoßen."[190] Der Intellektuelle erfüllte damit den Sinn eines Friedenspreises[191], dessen Ziel es ist, „Tabuzonen zu markieren"[192] und zu zerstören, „was nicht ohne Widerspruch und heftige Medienkontroversen passiert"[193]. Der Vorsitzende des Börsenvereins, Gerhard Kurtze, der „große Erwartungen auf [Grass'] Rede"[194] gesetzt hatte, zeigte sich im Anschluss erfreut, dass „eine seit langem dringend notwendige Diskussion neu in Gang gekommen ist"[195]. Auch Grass beurteilte es positiv, dass „die Rede [...] einiges angestoßen zu haben [scheint] – genauer gesagt, das letzte Viertel der Rede"[196]. Der politische Diskurs war auch „im Sinn des Preisträgers Yaşar Kemal"[197]. Osman Okkan ist sich sicher, dass es Kemal und Grass selbst genossen haben, wie er den anwesenden „Herrschaften [...] die Leviten"[198] las.

War es eine „Hybris zu meinen, ein solcher Einspruch komme über die Journaille hinaus"[199]? Durch Grass' „durchaus wirkmächtige[...] Stimme"[200] ging die Reichweite des Diskurses nachweisbar über die Medienöffentlichkeit hinaus, denn führende Politiker bezogen sich auch auf verschiedenen Parteiveranstaltungen auf Günter Grass. Helmut Kohl reagierte indirekt auf dem Deutschlandtag

---

188 O. V., Hörfunkspiegel Inland II, in: Deutschlandfunk, 20.10.1997, in: Kemal-Dok., S. 35.
189 Neuhaus, Günter Grass, S. 373.
190 Neuhaus, Günter Grass, S. 373.
191 Albrecht Bauch, Die politischen Biedermänner konnten nicht mehr weghören, in: SZ, 25.10.1997.
192 Jabłkowska, Zum Friedenspreis des Deutschen Buchhandels, S. 26.
193 Jabłkowska, Zum Friedenspreis des Deutschen Buchhandels, S. 26.
194 Gerhard Kurtze, Brief an Günter Grass, 16.10.1997, in: Archiv des Börsenvereins, Referat Friedenspreis.
195 Gerhard Kurtze, Brief an Günter Grass, 16.10.1997, in: Archiv des Börsenvereins, Referat Friedenspreis.
196 Günter Grass, Brief an Gerhard Kurtze, 27.10.1997, in: Archiv des Börsenvereins, Referat Friedenspreis.
197 Günter Grass, Laudatio auf Yaşar Kemal, in: NGA 23, S. 209.
198 Osman Okkan, 21.05.2020.
199 O. V., Intellektuelle, rührt euch, Die Woche, 7.11.1997, in: Kemal-Dok., S. 75.
200 Claudia Roth, 12.04.2021.

der Jungen Union in Magdeburg.²⁰¹ Oskar Lafontaine wünschte sich auf dem SPD-Programmkongress in Dortmund eine neue, politische Kultur und verteidigte Grass „unter großem Beifall"²⁰². Auch Joschka Fischer nutzte den Parteitag der Grünen dazu, dem Intellektuellen die „volle Unterstützung"²⁰³ zu sichern. Antje Vollmer wies darauf hin, „daß der bei weitem längste Applaus bei Joschka Fischers Parteitagsrede an [dieser] Stelle kam"²⁰⁴. Claudia Roth (Die Grünen) bekundete noch Jahre später, dass diese politische Rede Grass' für sie „unvergesslich"²⁰⁵ sei und sich nachhaltig eingeprägt habe, da sie „ganz untypisch für eine Laudatio, klar an die Politik adressiert"²⁰⁶ war. Es waren auffallend viele Grünen-Politiker, bei denen Grass' Worte auf Resonanz stießen.

Gerhard Kurtze beschrieb in einem Brief an Rita Süssmuth (CDU) als Leiterin der Kommission *Zuwanderung* seine Hoffnung auf eine „positive Entwicklungen in der Kurden-Frage und in der Behandlung kritischer Autoren"²⁰⁷ in der Türkei sowie auf „positive Anstöße in Bezug auf das Asylrecht und auf die Behandlung von Ausländern in Deutschland"²⁰⁸. Auch der deutsche Botschafter in der Türkei, Hans-Joachim Vergau, betonte gegenüber Kurtze, derartige Reden seien wichtige Anstöße für die Demokratiebewegung in der Türkei.²⁰⁹ Claudia Roth erklärte rückblickend, die Rede sei für „die progressiven Kräfte in der Türkei [...] ganz sicher bedeutend [gewesen], weil man solche Stimmen aus Deutschland bis dahin wenig kannte"²¹⁰. Hans-Ulrich Klose (SPD) befürchtete dagegen, dass die Ereignisse im „deutsch-türkischen Verhältnis nicht gerade fruchtbringend gewirkt"²¹¹ haben. Faruk Sen, Direktor des Zentrums für Türkeistudien, widersprach einer derartigen Nachwirkung.²¹² Dies beweise auch die diplomatische Reaktion des türkischen Au-

---

201 Dpa, Kohl kritisiert Grass. „Da hat sich einer gewaltig aufgeblasen", in: dpa-Meldung, in: Kemal-Dok., S. 70.
202 DW, SPD will Arbeitsmarkt-Offensive, in: Die Welt, 22.10.1997.
203 Joschka Fischer, Rede auf dem Parteitag in Kassel, in: Archiv Grünes Gedächtnis, BDK-Dokumentation.
204 Antje Vollmer, Brief an Günter Grass, 25.11.1997, in: AdK, GGA, Signatur 13001.
205 Claudia Roth, Brief an Günter Grass, 17.10.2007, in: GUGS.
206 Claudia Roth, 12.04.2021.
207 Gerhard Kurtze, Brief an Rita Süssmuth, 28.10.1997, in: Archiv des Börsenvereins, Referat Friedenspreis.
208 Gerhard Kurtze, Brief an Rita Süssmuth, 28.10.1997, in: Archiv des Börsenvereins, Referat Friedenspreis.
209 Vgl. Hans-Joachim Vergau, Brief an Gerhard Kurzke, 23.10.1997, in: Archiv des Börsenvereins, Referat Friedenspreis.
210 Claudia Roth, 12.04.2021.
211 O. V., Hörfunkspiegel Inland II, in: Deutschlandfunk, 20.10.1997, in: Kemal-Dok., S. 35.
212 O. V., Kritik berechtigt – Form überzogen, in: Kölnische Rundschau, 21.10.1997, in: Kemal-Dok., S. 49.

ßenamtssprechers Sermet Atacanli: „Grass hat seine eigene Meinung geäußert, er ist berechtigt dazu. Wir haben unsere eigene Meinung."²¹³ Dagegen wurde die intellektuelle Kritik an Deutschland und der EU in der Türkei „sehr hoch gehandelt"²¹⁴. Die türkische Politik und ihr Umgang mit Minderheiten wurden dagegen „natürlich ausgeblendet, was Yaşar Kemal sehr gewurmt hatte"²¹⁵.

Grass' Rede leistete einen Beitrag zur Problemthematisierung, indem er durch seine kommunikative Macht die Asylpolitik und den Zusammenhang mit Waffenexporten in Bürgerkriegsländer „aus [einer] marginalen Fußnote in der deutschen Presse endlich in die Schlagzeilen rückte"²¹⁶. Als Agenda-Setter förderte der Intellektuelle eine inhaltliche Auseinandersetzung mit seinen formulierten Problemdimensionen in der Öffentlichkeit, die durch weitere Punkte von seiner Diskurskoalition ergänzt wurden. Cem Özdemir kam zu dem Urteil, die Reden hätten „für Wirbel in der verstaubten deutschen Politik gesorgt"²¹⁷. Egon Bahr sagte, Grass habe „ein Stück Wirklichkeit grell erleuchtet"²¹⁸, aber die „Arbeit muss die Politik machen"²¹⁹. Der Einfluss des Diskurses war allerdings gering, denn „direkte politische Auswirkungen für die betroffenen Asylbewerber [...] sind ausgeblieben, bzw. ihre Lage hat sich eher noch verschlechtert."²²⁰ Die entstandene rot-grüne Diskurskoalition konnte als Oppositionspartei faktisch keine unmittelbaren Veränderungen herbeiführen. Grass plädierte daher dafür, das von der FDP angeregte, neue Staatsbürgerschaftsrecht im Bundestag „im Sinne meiner Paulskirchenrede"²²¹ zu unterstützen. Bissinger kommt daher aus heutiger Sicht zu dem Fazit: „Wir sollten uns da nichts vormachen. Sie [Die Rede] hat relativ wenig bewirkt. Gut, das Problem der kurdischen Mitbürger wurde breiter und differenzierter in der Öffentlichkeit erörtert und den Bürgern vermittelt."²²² Lafontaine wertete rückblickend, dass die Problematisierung von Waffenexporten sei „ein wichtiger Beitrag von Günter Grass zur Außenpolitik der Bundesregierung. Leider ohne den gewünschten Erfolg."²²³ Es

---

213 Baha Güngör / dpa, Türken freuen sich über Preis für Kemal und Grass-Rede, 20.10.1997, in: Kemal-Dok., S. 41; Jörg Magenau, Drei Christen adeln Günter Grass, in: TAZ, 21.10.1997.
214 Osman Okkan, 21.05.2020; vgl. Aksel Bora, Presse-Reaktionen auf den Friedenspreis in Türkischen Zeitungen, 23.10.1997 und 04.11.1997, in: Archiv des Börsenvereins, Referat Friedenspreis.
215 Osman Okkan, 21.05.2020.
216 Albrecht Bausch, Die politischen Biedermänner konnten nicht mehr weghören, in: SZ, 25.10.1997.
217 Cem Özdemir, Brief an Günter Grass, 18.11.1997, in: AdK, GGA, Signatur 12195.
218 Markus Franz, „Günter Grass hat Gutes getan", in: TAZ, 21.10.1997.
219 Markus Franz, „Günter Grass hat Gutes getan", in: TAZ, 21.10.1997.
220 Große-Rüschkamp, Kirchenasyl, S. 25.
221 Günter Grass, Brief an Oskar Negt, 27.10.1997, in: GUGS.
222 Manfred Bissinger, 07.04.2020.
223 Oskar Lafontaine, 26.08.2020.

lässt sich keine direkte Erwähnung des Diskurses in Debatten über die Asylpolitik und die Rüstungsexporte im Bundestag oder gar eine Veränderung in der Gesetzgebung feststellen, sodass er sich auf die politische Öffentlichkeit beschränkte. Osman Okkan beschrieb die Reden anlässlich der Preisverleihung retrospektiv als „wichtige Impulse, viel mehr kann man nicht erwarten. Dichter können nicht politische Erdbeben auslösen"[224].

Der Streit würde bald vergessen, prognostizierte Ignatz Bubis[225], und tatsächlich sprach nach wenigen Monaten niemand mehr darüber. Das lag auch darin begründet, dass im Mittelpunkt des Diskurses weniger die Sachfragen standen, sondern: „Die Diskussion in den Medien verengte sich auf die Frage nach der Zulässigkeit der Kritik durch einen Schriftsteller einerseits, zum Teil vermischt mit Kritik an der Person Grass"[226] andererseits. Feststellbar ist, dass beide Seiten im Diskurs übertrieben und damit die sachliche Diskussion in den Hintergrund geriet. Laut Stefan Müller-Doohm können derartig emotionalisierte Diskurse keine Veränderungen herbeiführen.[227] Bemerkenswerterweise wurde somit gerade Kemal für etwas ausgezeichnet, für das Grass in Deutschland herbe Kritik einstecken musste.[228] Okkan ist sich sicher, dass „viele, auch die Medien [...] ein Interesse haben, dass das [die Themen Asylpolitik und Waffenexporte] schnell wieder in den Hintergrund gedrängt werden"[229].

Das Verhalten der konservativen Politiker führte zu einer breiten Verteidigung von Grass durch die Bevölkerung, die diesen „Störfall in der Reaktion der Politik, die intellektuelle Kritik nicht mehr ertrage"[230], thematisierte. Grass wurde im Juni 1998 für sein Engagement mit dem Fritz-Bauer-Preis der Humanistischen Union ausgezeichnet. In seiner Rede betonte er die Notwendigkeit, sich „zwischen die Stühle"[231] zu setzen. Er forderte Intellektuelle auf, weiterhin „unüberhörbar [...] Einspruch zu erheben"[232]. Laudator Cem Özdemir, der selber in Frankfurt anwesend war, sagte: „Er rüttelt auf, er legt den Zeigefinger auf die Wunden einer oft zu apathischen Gesellschaft und ihrer Vertreter. Darin liegt die Rechtfertigung für seine noch so scharfen Attacken."[233] Grass machte Oskar Negt auf die motivierende

---

224 Osman Okkan, 21.05.2020.
225 Hessischer Rundfunk, Pressemitteilung, 20.10.1997, in: Kemal-Dok., S. 38.
226 Luchtenberg, Zum Umgang mit „Störfällen" im Migrationsdiskurs, S. 91.
227 Vgl. Germer / Müller-Doohm / Thiele, Intellektuelle Deutungskämpfe, S. 517.
228 Vgl. Vera Gaserow, Exkommuniziert im Heimatland., in: TAZ, 21.10.1997.
229 Osman Okkan, 21.05.2020.
230 Luchtenberg, Zum Umgang mit „Störfällen" im Migrationsdiskurs, S. 91.
231 Grass, Zwischen den Stühlen, in: NGA 23, S. 223.
232 Grass, Zwischen den Stühlen, in: NGA 23, S. 223.
233 Cem Özdemir, Laudatio auf Günter Grass, in: Humanistischen Union, Mitteilungen, Nr. 162, S. 42–43.

Wirkung seiner Rede bei Schriftstellern und Künstlern aufmerksam: „Übrigens ist in der Reaktion auf diese Rede deutlich geworden, daß nunmehr Intellektuelle in wachsender Zahl bereit sind, sich öffentlich zu äußern. Nun liegt es an der SPD, diesen Hinweis richtig zu deuten."[234]

Der Diskurs diente somit als Beispiel für die politische Kultur unter der Regierung Kohl, die Peter Struck rückblickend im November 1998 mit Hinweis auf die Kemal-Laudatio im Bundestag wie folgt beschrieb:

> In diesem Land ist von Ihnen zu lange ein Freund-Feind-Schema gezüchtet worden. In diesem Land gehörte nur der zu den Guten, der Ihrer Meinung war. In diesem Land wurde nicht zusammengeführt, sondern gespalten. Da wurden einzelne Menschen wie der Schriftsteller Günter Grass an den Pranger gestellt, weil sie unbequeme Meinungen zum Beispiel in der Ausländerpolitik hatten.[235]

Dies führte dazu, dass kritische Stimmen verstummten. Der Journalist Micha Brumlik wies daraufhin: „Grass wird gehört, weil der Chor der anderen schweigt."[236] Das konservative Regierungslager war erschrocken, dass „durch einen Schriftsteller plötzlich wieder Meinungen auf die politische Tagesordnung gehoben werden, die sie zu ihrer eigenen Genugtuung aus der Öffentlichkeit schon verschwunden sahen"[237]. Rot-grüne Politiker wie Özdemir oder Simonis zeigten sich dagegen offen für einen Dialog, in dem sie Grass' Beitrag lobten und eine Zusammenarbeit mit dem Intellektuellen forderten.[238] Däubler-Gmelin wünschte sich sogar einen regelmäßigen Kontakt zwischen Politikern und Intellektuellen.[239] Lafontaine sah die intellektuelle Wortmeldung als Verpflichtung für Politiker, sich selbstkritisch zu überprüfen „ob die Einwände berechtigt seien"[240]. Selbst Bundespräsident Herzog nahm zu dem Diskurs Stellung: „Ohne kritischen Einspruch, ohne das Engagement unbequemer Denker, verkümmert eine Gesellschaft. Wir brauchen Streit und Widerspruch, wir brauchen die Zumutungen und Fragen unabhängiger Köpfe."[241] Alt-Bundespräsident von Weiz-

---

234 Günter Grass, Brief an Oskar Negt, 27.10.1997, in: GUGS.
235 Deutscher Bundestag, Stenographischer Bericht, 10.11.1998.
236 Micha Brumlik, Ohne Worte, in: TAZ, 23.10.1997.
237 Große-Rüschkamp, Kirchenasyl, S. 23.
238 Susanne Geiger, „Grass mischt sich ein – das brauchen wir, in: Abendzeitung, 21.10.1097, in: Kemal-Dok., S. 43–45; Landesregierung Schleswig-Holstein, Pressemitteilung, 22.10.1997, in: Kemal-Dok., S. 62.
239 Südwestfunk, Pressemitteilung „SWF1-Tagesgespräch" mit Herta Däubler-Gmelin, 23.10.1997, in: Kemal-Dok., S. 63.
240 Dpa, Lafontaine: Deutsche Abschiebungspraxis überprüfen, in: dpa-Meldung, 20.10.1997, in: Kemal-Dok., S. 42.
241 Roman Herzog, Rede anlässlich des 200. Geburtstags von Heinrich Heine in Düsseldorf am 29.12.1997, in: Kemal-Dok., S. 82; Klaus Hartung, Neue Überlegungen zur Rolle des Intellektuellen, in: Die Zeit, 19.12.1997; vgl. Markus Barth, 24.04.2020.

säcker schrieb an den Vorsitzenden des Börsenvereins: „Die Aufregung über Grass zeigt nur, dass sich etwas bewegen lässt und bewegt. So ganz pazifistisch sind also unsere Intellektuellen doch noch nicht, wie ich seit Jahren befürchtete."[242]

Der Diskurs kann als Seismograf für den Wandel in der Gesellschaft angesehen werden, der sich im Regierungswechsel 1998 niederschlug. Claudia Roth erklärte retrospektiv, die Rede habe „vielleicht auch die Wechselstimmung vor den Bundestagswahlen 1998 etwas beflügelt"[243]. Dabei wurden Bürger mit türkischer Herkunft explizit aufgefordert, für die SPD zu stimmen.[244] Langfristig fanden sich die Diskursthemen in Gesetzesänderungen der rot-grünen Regierung wieder (vgl. IV. Kap. 4.3.2). Der spätere Bundeskanzler Gerhard Schröder schrieb kurz vor der Laudatio einen Geburtstagsbrief „an den Störenfried und Querdenker, dessen gesellschaftliche Schubkraft womöglich größer ist, als er es selbst annehmen mag"[245].

Grass gelang es als öffentlicher Intellektueller kurzfristig, vernachlässigten Themen und den kurdischen Flüchtlingen eine Stimme zu geben. Es zeigt sich, dass es „in Deutschland wohl solche pointierten und provozierenden Sätze [braucht], um das Thema Asyl nochmals auf die politische Tagesordnung zu heben"[246]. Es war für ihn eine „Genugtuung auf der Seite der Benachteiligten zu sein, der Flüchtlinge"[247], denen eine Lobby fehle. Der Intellektuelle konnte mit seiner rot-grünen Diskurskoalition die Regierung attackieren, aber keine unmittelbare Deutungsmacht entfalten, obwohl weite Teile der Gesellschaft und Bevölkerung hinter ihm standen. Im Diskurs fand eine Form von Policy-Lernen statt, in der die jeweilige Seite ihre Haltung überprüft. Er stärkte die rot-grüne Diskurskoalition, die in beiden Themenbereichen übereinstimmte. Inwieweit derartige intellektuelle Diskurse nachhaltig eine mobilisierende Wirkung auf die späteren Wahlen und politischen Entscheidungen hatten, kann nicht gemessen werden. Grass leistete mit seinem Agenda Setting einen zeitlosen Beitrag zum Diskurs über Waffenexporte und Asylpolitik. Hier wird deutlich, wie wichtig intellektuelle Stellungnahmen und eine offene Streitkultur in einer Gesellschaft sind.

---

242 Richard von Weizsäcker, Brief an Gerhard Kurtze, 23.10.1997, in: Archiv des Börsenvereins, Referat Friedenspreis.
243 Claudia Roth, 12.04.2021.
244 Heinz Krämer, Türkei, in: Siegmar Schmidt / Gunther Hellmann / Reinhard Wolf (Hrsg.), Handbuch zur Deutschen Außenpolitik, Wiesbaden 2007, S. 482–493, hier S. 488.
245 Gerhard Schröder, Telegramm an Günter Grass, 16.10.1997, in: Neumann, Alles gesagt?, S. 524.
246 Große-Rüschkamp, Kirchenasyl, S. 24.
247 Osman Okkan, 21.05.2020.

4.2.4 Gründung einer zivilgesellschaftlichen Stiftung für Sinti und Roma (1997)

Günter Grass nutzte seine Prominenz, um auf die Minderheit der Sinti und Roma aufmerksam zu machen, die europaweit besondere Ausgrenzung erfährt. Er wies bereits Anfang der 1990er-Jahre wiederholt auf deren rassistische Verfolgung hin.[248] 1997 gründete er, in Erinnerung an seinen Lehrer Otto Pankok, eine Stiftung für sie, um „als Bürger politisch ein Wort mitzureden, mehr noch, nach Überzeugung zu handeln"[249]. Der Intellektuelle arbeitete eng mit der *Internationalen Romani Union*, dem *Romani P.E.N.* und den deutschen Verbänden für Sinti und Roma zusammen.[250] Freimut Duve (SPD) würdigte seine „soziale, seine demokratische, seine freigiebige Natur"[251] als Stifter. Der Intellektuelle begründete seinen Einsatz damit, dass „die Roma, zu denen auch die in Deutschland lebenden Sinti gehören, wie kein anderes Volk, außer dem der Juden, anhaltender Verfolgung, Benachteiligung und in Deutschland der planmäßigen Vernichtung ausgesetzt gewesen sind. Dieses Unrecht hält bis heute an."[252] Grass schlug sich als „Fürsprecher auf ihre Seite"[253], da ihnen von keinem Staat genügend Aufmerksamkeit entgegengebracht würde. Seine Forderungen umfassten die gesetzliche Anerkennung der Minderheit, einen Europapass und ein Bleiberecht. Grass bekundete bei der Gründung der Stiftung, selbst „kein schlüssiges Konzept zur Hand"[254] zu haben und förderte mit dem Otto-Pankok-Preis Eigeninitiativen, kulturelle Leistungen oder hervorragende, journalistische und wissenschaftliche Berichte und Analysen. Darüber hinaus setzte sich der Intellektuelle für eine Gedenkstätte für Sinti und Roma ein.[255] Für diese Volksgruppen versuchte er, Öffentlichkeit in Deutschland und in Europa zu organisieren.

Als Redner für die Preisverleihung der Stiftung akquirierte Günter Grass Spitzenpolitiker, beispielsweise Bundespräsident Johannes Rau (2002), den damaligen Ministerpräsident Kurt Beck (2006) oder Ministerpräsidentin Heide Simo-

---

248 Vgl. Semler, „Björn, Hände weg vom Asylrecht", in: NDR, 03.11.1992; o. V., Günter Graß [sic!], in: Der Spiegel, 22.03.1993; wha., Der Stab des „Hidalgo", in: FAZ, 19.03.1993.
249 Günter Grass, Wie ich zum Stifter wurde, in: NGA 23, S. 192; vgl. Swoboda / Wiersma, Ein blinder Fleck im europäischen Bewusstsein, S. 33.
250 Vgl. Zusammensetzung des Stiftungsvorstands: Grass, Wie ich zum Stifter wurde, in: NGA 23, S. 195–196.
251 Friedrich Christian Delius zitiert nach: Freimut Duve, Der Dichter als Stifter, in: SZ, 14.01.2002.
252 Grass, Wie ich zum Stifter wurde, in: NGA 23, S. 192.
253 Grass, Wie ich zum Stifter wurde, in: NGA 23, S. 192.
254 Grass, Wie ich zum Stifter wurde, in: NGA 23, S. 194.
255 Grass, Wie ich zum Stifter wurde, in: NGA 23, S. 192.

nis (2002).[256] Diese gaben „der Stiftungsarbeit zusätzliches Gewicht"[257] und verliehen ihr „die öffentliche Aufmerksamkeit, die ihr Anliegen verdient"[258]. Rau dankte in seiner Rede Ute und Günter Grass für „die Bereitschaft, Probleme unserer Gesellschaft anzupacken und sich dabei nicht entmutigen zu lassen"[259]. Er betonte die wichtige Funktion von zivilgesellschaftlichen Stiftern, da sie „Impulse geben können, weil sie Anstöße geben und Dinge ins Rollen bringen, die manche lieber unangetastet ließen"[260]. Der Bundespräsident sah die Preisverleihung als eine Chance, „von den Sinti und Roma selbst zu hören, was sie bewegt, was sie erleben"[261]. Die Stiftung leiste „mit Aufklärung und Zivilcourage, mit Begegnungen und mit Erfahrungen"[262] einen gesellschaftlichen Beitrag, um Vorurteile und Ängste der Bevölkerung abzubauen. Ministerpräsidentin Heide Simonis (SPD) hob in ihrer Rede hervor, dass Grass den „Wille[n] [habe], etwas zu verändern und zu helfen"[263], sodass er „nicht nur die Macht seiner Worte [verwendete], sondern [...] auch ganz kräftig an[packte]!"[264].

Grass sprach auf den Preisverleihungen die anwesenden Politiker direkt auf die Missstände an.[265] Beispielsweise konfrontierte er 2005 Ministerpräsident Peter Harry Carstens (CDU) damit, dass „der Minderheitenschutz in Schleswig-Holstein gescheitert"[266] sei, da deren Aufnahme in die Landesverfassung keine Mehrheit fand.[267] Er wies ihn daraufhin, dass der anwesende Kurt Beck ihm „sicher Ratschläge geben"[268] könne, da Rheinland-Pfalz als erstes Bundesland am 25. Juli 2005 eine Rahmenvereinbarung mit dem Verband Deutscher Sinti und Roma verabschie-

---

256 Anfragen bei Horst Köhler oder Martin Schulz konnten dagegen nicht realisiert werden. Vgl. Günter Grass, Brief an Horst Köhler, 22.11.2005, in: GUGS; Günter Grass, Brief an Martin Schulz, 03.07.2014, in: GUGS.
257 Günter Grass. Brief an Horst Köhler, 22.11.2005, in: GUGS.
258 Bernd Saxe, Begrüßung anlässlich der Otto-Pankok-Preisverleihung, 30.09.2002, in: GUGS.
259 Johannes Rau, Grußwort zur Verleihung des Otto-Pankok-Preises der „Stiftung zugunsten des Romavolks. e. V.", 30.09.2002, in: GUGS.
260 Johannes Rau, Grußwort zur Verleihung des Otto-Pankok-Preises, 30.09.2002, in: GUGS.
261 Johannes Rau, Grußwort zur Verleihung des Otto-Pankok-Preises, 30.09.2002, in: GUGS.
262 Johannes Rau, Grußwort zur Verleihung des Otto-Pankok-Preises, 30.09.2002, in: GUGS.
263 Heide Simonis, Grußwort bei der Verleihung des Otto-Pankok-Preises, 30.09.2002, in: GUGS.
264 Heide Simonis, Grußwort bei der Verleihung des Otto-Pankok-Preises, 30.09.2002, in: GUGS.
265 Vgl. Hilke Ohsoling, 29.09.2002.
266 Gra., die Grass'sche Einladung, in: TAZ, 17.05.2006; vgl. Stadt Lübeck, Pressemitteilung „Pankok-Preis an Kieler Sinti-Mediatorinnen-Modell verliehen", 15.5.2006, in: GUGS.
267 Swoboda / Wiersma, Ein blinder Fleck im europäischen Bewusstsein, S. 38.
268 Gra., die Grass'sche Einladung, in: TAZ, 17.05.2006.

det hatte.²⁶⁹ Beck bekundet rückblickend, dass die Preisverleihung in Lübeck „mit dazu beigetragen [hat], dass ich den Kontakt mit den Sinti und Roma eng gesucht habe"²⁷⁰. Er habe „noch mal versucht, die [Bundes-]Länder insgesamt zusammenzubringen. Als Bundesratspräsident habe ich immer regelmäßig mit Romani Rose die Kontakte gesucht"²⁷¹. Die Stiftung sorgte folglich nicht nur für Öffentlichkeit, sondern war auch ein Antreiber für politische Rahmenvereinbarungen. Grass' sah es als ein Verdienst der Stiftung an, dass nach mehreren Anläufen 2012 schließlich „die Sinti und Roma [...] als Minderheit in der Schleswig-Holsteinischen Landesverfassung [...] gleichgestellt"²⁷² wurden.

Als Intellektueller wurde Grass „unter anderem wegen [seines] Eintretens für die Rechte von Sinti und Roma"²⁷³ mehrfach von politischen Institutionen als „europaweit bekannte Persönlichkeit"²⁷⁴ eingeladen. Seine Reden nutzte er für eine öffentliche Beratung im Interesse der Sinti und Roma. In Straßburg trat er beispielsweise im Oktober 2000 auf der *Europäischen Konferenz gegen Rassismus* für die Belange der Minderheit und den Erhalt ihrer Kultur ein.²⁷⁵ Er sah sich als Sprecher für diejenigen, die „ohne Stimme"²⁷⁶ sind. Grass forderte von den anwesenden Politikern, die Kunst und Sprache der Minderheit durch entsprechende Programme zu fördern. Staatssekretärin Cornelie Sonntag-Wolgast bekundete, dass die rot-grüne Bundesregierung in der Ausländer- und Flüchtlingspolitik bereits „eine Abkehr von der früheren Politik"²⁷⁷ vorgenommen habe. Durch die Konferenz, die mit einer politischen Erklärung zum verstärkten Schutz der Menschenrechte, Integration von Minderheiten und Ausländern endete, habe sie aber weitere Anregungen gewonnen.²⁷⁸ Grass sprach vor der Europäischen Investitionsbank wenige Tage später und verlangte eine politische Vertretung der Sinti und Roma im Europaparlament sowie die Einführung der Unterrichtssprache Romanes.²⁷⁹ Er beurteilte die Wirkung seiner öffentlichen Politikberatung auf euro-

---

269 Kurt Beck / Jacques Delfeld, Rahmenvereinbarung zwischen der rheinland-pfälzischen Landesregierung und dem Verband Deutscher Sinti und Roma Landesverband Rheinland-Pfalz e. V., 25.07.2005.
270 Kurt Beck, 30.03.2020.
271 Kurt Beck, 30.03.2020.
272 Günter Grass, Brief an Anna und Matthäus Weiß, 11.11.2013, in: GUGS.
273 Cornelie Sonntag-Wolgast, Brief an Günter Grass, 05.04.2000, in: GUGS; vgl. Wolfgang Roth, Brief an Günter Grass, 13.04.2000, in: GUGS.
274 Cornelie Sonntag-Wolgast, Brief an Günter Grass, 05.04.2000, in: GUGS.
275 Grass, Ohne Stimme, in: NGA 23, S. 290.
276 Joachim Käppner, Europarat will Rassismus bekämpfen, in: SZ, 14. / 15.10.2000.
277 Joachim Käppner, Europarat will Rassismus bekämpfen, in: SZ, 14 / 15.10.2000.
278 Vgl. Joachim Käppner, Europarat will Rassismus bekämpfen, in: SZ, 14. / 15.10.2000.
279 Günter Grass, Zukunftsmusik oder Der Mehlwurm spricht, in: NGA 23, S. 309.

päischer Ebene als gering, da das Interesse nicht vorhanden sei und er ins Leere spreche.[280] Aus diesem Grund lehnte der Intellektuelle eine weitere Rede vor einem informellen Treffen der europäischen Kulturminister ab.[281]

Grass kontaktierte lieber einzelne Politiker direkt, wie beispielsweise den Fraktionsvorsitzenden und späteren EU-Parlamentspräsidenten Martin Schulz. Sie trafen sich „auf Wunsch von Martin Schulz"[282] persönlich zu einem „längeren authentischen Gespräch"[283] im Jahr 2011, gemeinsam mit Ralf Stegner und erneut im Jahr 2014.[284] Schulz erklärte rückblickend, sie hätten zudem „mehrfach miteinander telefoniert"[285]. Bereits nach dem ersten Treffen schrieb er „It was heartening to see both the commitment of this famous writer and the work his Roma foundation is accomplishing."[286] Grass wandte sich in einem Brief 2014 erneut an den Politiker: „Die Arbeit der von mir und meiner Frau gegründeten Stiftung [...] leidet darunter, daß sie in der bundesdeutschen Politik so gut wie keine Resonanz hat, umso mehr hoffen wir, daß wir bei Ihnen Gehör finden."[287] Grass formulierte bei diesem Gespräch „sehr pointierte positionsbezogene Ratschläge [...] und auch Vorschläge"[288], damit auf europäischer Ebene mehr für die Sinti und Roma gemacht würde. Stegner beschreibt ihn als „sehr eigenwillig und auch entschieden in seinem Urteil, insofern muss man das auch aushalten"[289], denn Intellektuelle nehmen „nicht die Rücksichten, die in der Politik gelegentlich genommen werden müssen"[290]. Grass machte auf die ungünstigen Lebensbedingungen für Roma in Ungarn aufmerksam und bat die Politiker darum, dass eine Gruppe des Europaparlaments den direkten Kontakt suche.[291] Schulz entgegnete: „Ich habe ihm dann gesagt, wir machen da schon eine Menge. Wenn es überhaupt ein Parlament gibt, dass sich damit beschäftigt, dann ist es das Europäische Parlament."[292] Die sozialdemokratische Fraktion im Europäischen Parla-

---

280 Vgl. Günter Grass, Brief an Evangelos Venizelos, 01.04.2003, in: GUGS.
281 Vgl. Günter Grass, Brief an Evangelos Venizelos, 01.04.2003, in: GUGS; Evangelos Venizelos, Brief an Günter Grass, 28.03.2002, in: GUGS.
282 Ralf Stegner, 30.04.2021.
283 Martin Schulz, 26.03.2021; Günter Grass, Arbeitskalender 2011, in: GUGS.
284 Günter Grass, Arbeitskalender 2014, in: GUGS.
285 Martin Schulz, 26.03.2021.
286 Martin Schulz, Preface: Human dignity is Non-Negotiable, in: Group of the Progressive Alliance of Socialists & Democrats in the European Parliament (Hrsg.), Roma: A European Minority, S. 5–6, hier S. 5.
287 Günter Grass, Brief an Martin Schulz, 03.07.2014, in: GUGS.
288 Martin Schulz, 26.03.2021.
289 Ralf Stegner, 30.04.2021.
290 Ralf Stegner, 30.04.2021.
291 Vgl. Sowobda / Wiersma, Ein blinder Fleck im europäischen Bewusstsein, S. 38.
292 Martin Schulz, 26.03.2021.

ment stand infolgedessen „seit einiger Zeit unter Vermittlung von Martin Schulz mit Günter Grass"[293] in dieser Frage im Kontakt. Der Politiker bestätigt, dass er ihn mit seinem Fachexperten in der Fraktion zusammengebracht habe.[294] Die Zusammenarbeit zeigt sich auch darin, dass der Intellektuelle ein Interview in der Broschüre über Roma der Sozialdemokratischen Fraktion im Europaparlament gab. „Es ist ein Unterschied, ob jemand der keine breite Resonanz findet, sich dazu äußert, oder jemand der eine Leser- und Zuhörerschaft hat, die in die Millionen geht, nicht nur national, sondern international"[295], erklärt Schulz. Es gab folglich eine gemeinsame Zusammenarbeit.

Grass gelang es wiederholt, auf Sinti und Roma aufmerksam zu machen und als deren Sprecher wahrgenommen zu werden. Seine Zitate wurden von Politikern bei ihren Gedenkreden an Sinti und Roma aufgegriffen.[296] Der Intellektuelle wurde für sein Engagement ausgezeichnet, beispielsweise 1993 durch den *Hidalgo-Preis* in Spanien oder 2013 durch den *Schleswig-Holsteinischen Meilenstein* des dortigen Landesverbandes der Deutschen Sinti und Roma.[297] Heide Simonis lobte Ute und Günter Grass, die „sich seit Jahren mit einem europäischen Dauerbrenner beschäftigt[en]: dem Antiziganismus"[298]. Sie würden „nicht zynisch und schulterzuckend wegschauen"[299], sondern „sich auch zu Wort [...] melden, obwohl es nicht gerade en vogue ist"[300]. Angesichts seines Todes würdigte Martin Schulz Grass' „Einsatz für die Schwachen und Verlierer"[301], was ihn „zu einer moralischen Autorität in ganz Europa"[302] gemacht habe. Der Vorsitzende des Zentralrats Deutscher Sinti und Roma, Romani Rose, ergänzte: „Mit Günter Grass verliert nicht nur die Bundesrepublik Deutschland einen ihrer bedeutendsten Schriftsteller, sondern auch die Sinti und Roma in Europa einen engen Freund und Förderer"[303].

Günter Grass setzte sich mit seiner zivilgesellschaftlichen Stiftung ein. Er nutzte seine kommunikative Macht, um Politiker öffentlich zu beraten und den gesellschaftlichen Diskurs anzuregen. Darüber hinaus suchte er den unmittelba-

---

293 Europäisches Parlament, Stenographisches Protokoll, 02.02.2011.
294 Martin Schulz, 26.03.2021.
295 Martin Schulz, 26.03.2021.
296 Vgl. Deutscher Bundesrat, Stenographischer Bericht, 21.12.2005; Deutscher Bundesrat, Stenographischer Bericht, 18.12.2009.
297 Dpa, Spanische Zigeuner ehren Günter Grass, in: SZ, 19.03.1993.
298 Heide Simonis, Rede Meilenstein in Kiel 2013, in: GUGS.
299 Heide Simonis, Rede Meilenstein in Kiel 2013, in: GUGS.
300 Heide Simonis, Rede Meilenstein in Kiel 2013, in: GUGS.
301 Martin Schulz, Beileidsschreiben an Ute Grass, 07.05.2015, in: GUGS.
302 Martin Schulz, Beileidsschreiben an Ute Grass, 07.05.2015, in: GUGS.
303 Zentralrat Deutscher Sinti und Roma, Pressemitteilung „Zentralrat Deutscher Sinti und Roma trauert um Günter Grass, 14.04.2015.

ren Kontakt mit politischen Akteuren, um entsprechende gesetzliche Rahmenbedingungen zu fordern oder auf aktuelle Ereignisse aufmerksam zu machen. Eine kausale Wirkung ist nicht nachweisbar, aber sein Engagement hat dem Randthema zu mehr Öffentlichkeit verholfen. Martin Schulz glaubte, Grass habe „sich bestimmt immer mehr erhofft, aber mehr politisch bewirken kann man, glaub ich, kaum noch. Also Grass war ja einer der Schriftsteller, der richtigen politischen Einfluss hatte, und zwar einen direkten."[304]

4.3 Beratung: Stetiger Mahner einer neuen Asylpolitik

4.3.1 Vergebliche Beratung gegen den Asylkompromiss: Der Parteiaustritt (1992 / 1993)

Günter Grass hatte im Dezember 1990 die Hoffnung, Björn Engholm als zukünftigen Parteivorsitzenden von einer veränderten Asylpolitik zu überzeugen. In einem Brief bezeichnete der Intellektuelle es als Aufgabe der SPD, „ein neues, die sogenannten Ausländer einbeziehendes Staatsbürgerschaftsverständnis"[305] in der Verfassung aufzunehmen. Dieses Thema wurde in einem informellen Gespräch Ende Dezember 1990 zwischen den Beiden vertieft.[306] Grass forderte, die deutsche Staatsangehörigkeit „nicht (alleine) an Deutschstämmigkeit (zu) begründen"[307], sondern „das multikulturelle Element"[308] mit einzubeziehen. Engholm hörte zu, aber verwies auf die Widerstände innerhalb der SPD in dieser Frage.[309] Die Gespräche mit dem Intellektuellen hatten die Funktion der Selbstüberprüfung, denn Grass stellte, „unangenehme Fragestellungen an einen selbst, die einen gezwungen haben, zu überdenken, wieweit ist man abgewichen von seinen programmatisch-ideologischen Vorstellungen"[310]. Engholm versuchte ihm beizubringen, dass man auch von der Idee mal abweichen kann, solange man „die Abweichung

---

304 Martin Schulz, 26.03.2021.
305 Günter Grass, Brief an Björn Engholm, 11.12.1990, in: AdK, GGA, Signatur 2847.
306 Vgl. Grass, Tagebuch 1990, 27.12.1990, S. 233; Günter Grass, Notiz „Für Gespräch mit Björn Engholm am 26.12.90", in: AdK, GGA, Signatur 10391.
307 Günter Grass, Notiz „Für Gespräch mit Björn Engholm am 26.12.90", in: AdK, GGA, Signatur 10391.
308 Günter Grass, Notiz „Für Gespräch mit Björn Engholm am 26.12.90", in: AdK, GGA, Signatur 10391.
309 Vgl. Grass, Tagebuch 1990, 27.12.1990, S. 233.
310 Björn Engholm, 22.03.2021.

selbst erkennt und versucht sie, eines Tages so gut es geht zu korrigieren"[311]. Er erklärt rückblickend:

> Im Prinzip habe ich Günter immer verstanden, weil seine Auffassung war, man braucht ein fernes Ziel, das sozusagen die Marke ist, auf die man sich in Zentimetern zu bewegt. Wer schon mit dem Kompromiss anfängt, so war seine Theorie immer, der braucht gar nicht anzufangen, denn er hat kein Ziel. Das habe ich eigentlich immer geschätzt bei ihm, nur dass er das Ziel dann absolutiert hat, auch in der Umsetzung. In der praktischen Politik hat er Widersprüche nicht zugelassen, und die gibt es halt.[312]

Die Anregung des Intellektuellen hatte keine unmittelbare Wirkung auf Engholms Position in der Asylpolitik, auch wenn er das Fernziel teilte.

Die vergebliche, öffentliche Beratung hinsichtlich des Asylkompromisses (vgl. IV. Kap. 4.2.2) Anfang der 1990er-Jahre führte „zu einer bedrückenden Belastungsprobe"[313] des Verhältnisses zwischen Grass und der SPD. Der Intellektuelle kündigte wie erwähnt mehrfach öffentlich an, aus der Partei auszutreten, sollte die Partei ihre Position zur Asylpolitik nicht ändern.[314] Gegenüber dem Parteivorsitzenden Engholm bekundete er, dass ihm der Parteitag „noch einige, wie ich heute weiß, übertriebene Hoffnung gemacht"[315] habe. Der am 6. Dezember 1992 verabredete Asylkompromiss war schließlich der ausschlaggebende Faktor, dass Grass am 18. Dezember demonstrativ sein Parteibuch zurück gab (vgl. IV. Kap. 3.3.2).[316] Engholm erklärte retrospektiv: „Im Bauch hat man das erwartet. Es wäre für ihn schwierig gewesen, da er eigentlich immer kompromisslos an die Dinge herangegangen ist, hinterher selbst den Kompromiss zu machen."[317] Seinem Beispiel folgten andere Intellektuelle, wie Flimm oder Bissinger.[318] Letzterer begründete diesen Schritt damit, dass „der Asylkompromiss [...] das Fass überlaufen lassen"[319] habe. Grass erläuterte seine Gründe für den Austritt schriftlich gegenüber dem Parteivorsitzenden Engholm sowie den Fraktionsvorsitzenden Klose und Vogel damit, dass er den Asylkompromiss nicht mittragen könne und

---

311 Björn Engholm, 22.03.2021.
312 Björn Engholm, 22.03.2021.
313 Engholm, Koexistenz zweier Raucher. S. 95.
314 Vgl. Leonid Hoerschelmann, Ein Staat für Günter Grass, in: Die Welt, 15.08.1990; Grass, Was an die Substanz geht, in: NGA 23, S. 39.
315 Günter Grass, Brief an Björn Engholm, 18.12.1992, in: Beck, Schlagt der Äbtissin ein Schnippchen, S. 134.
316 Vgl. hie., Austritt, in: FAZ, 30.12.1992.
317 Björn Engholm, 22.03.2021.
318 Dpa, Nach Grass Flimm. SPD-Verluste, in: TAZ, 20.01.1993; Manfred Bissinger, 07.04.2020.
319 Manfred Bissinger, 07.04.2020.

zeigte sich fassungslos darüber, dass die SPD diesen Weg einschlug.[320] Den Asylkompromiss bezeichnete er als „Skandal"[321], da er „mit jeder sozialdemokratischen Tradition"[322] breche. Zudem spreche der „den Bemühungen vieler Genossen auf dem SPD-Parteitag Hohn"[323], sodass für Grass die Regelung der „Gipfel der Heuchelei"[324] sei: „Einerseits wird formell die Substanz des Asyl-Artikels im Grundgesetz bewahrt, anderseits so gut wie jedem Asylsuchenden die Möglichkeit genommen, von diesem Grundrecht Gebrauch zu machen."[325] Er empfindet es als „geradezu bösartig"[326], dass die Hauptlast dieser „egozentrischen Entscheidung"[327] Polen und die tschechische Republik tragen müssen. Grass kritisiert den Kompromiss als „verantwortungslose Kumpanei zwischen deutschen Politikern und Rechten Gruppen"[328]. Im Fokus seiner Kritik standen besonders Engholm als Parteivorsitzender und Klose als Verhandlungsführer.[329]

Grass' Parteiaustritt fand eine hohe Resonanz in der Medienöffentlichkeit (vgl. IV. Kap. 4.2.1). Auf die Frage, welches Echo der Parteiaustritt innerhalb der Partei hatte, antwortet Engholm: „Diejenigen, die ein gutes Feeling für Günter hatten, die haben das zutiefst bedauert. Und diejenigen, die Günter nie mochten, wegen seiner Rigorosität, die haben das begrüßt."[330] Wenige Politiker reagierten in Briefen an den Intellektuellen unmittelbar. Es waren vor allem Engholm und Vogel, die sich hier hervortaten. Engholm antwortete mit seinem „Brief vom Verlust"[331]. Er bekundete mit einem Rückblick auf die letzten gemeinsamen Gespräche, ihm sei „zuneh-

---

320 Vgl. Günter Grass, Brief an Hans-Ulrich Klose, 18.12.1992, in: AdsD, Bestand Björn Engholm, 1/BEAA000099.
321 Günter Grass, Brief an Hans-Jochen Vogel, 14.01.1993, in: AdK, GGA, Signatur 14582.
322 Günter Grass, Brief an Hans-Jochen Vogel, 14.01.1993, in: AdK, GGA, Signatur 14582.
323 Günter Grass, Brief an Hans-Jochen Vogel, 14.01.1993, in: AdK, GGA, Signatur 14582.
324 Günter Grass, Brief an Björn Engholm, 18.12.1992, in: Beck, Schlagt der Äbtissin ein Schnippchen, S. 134.
325 Günter Grass, Brief an Björn Engholm, 18.12.1992, in: Beck, Schlagt der Äbtissin ein Schnippchen, S. 134.
326 Günter Grass, Brief an Björn Engholm, 18.12.1992, in: Beck, Schlagt der Äbtissin ein Schnippchen, S. 134; vgl. Günter Grass, Brief an Björn Engholm, 10.02.1993, in: Beck, Schlagt der Äbtissin ein Schnippchen, S. 135–136.
327 Günter Grass, Brief an Björn Engholm, 18.12.1992, in: Beck, Schlagt der Äbtissin ein Schnippchen, S. 134.
328 Tissy Bruns, Vereinzelt SPD-Kritik am Asylkompromiß, in: TAZ, 09.12.1992.
329 Vgl. Günter Grass, Brief an Hans-Ulrich Klose, 18.12.1992, in: AdsD, Bestand Björn Engholm, 1/BEAA000099; Günter Grass, Brief an Hans-Jochen Vogel, 14.01.1983, in: AdK, GGA, Signatur 14582; Günter Grass, Brief an Johannes Rau, 30.10.1994, in: AdK, GGA, Signatur 14220.
330 Björn Engholm, 22.03.2021.
331 Björn Engholm, Brief an Günter Grass, 15.01.1993, in: Beck, Schlagt der Äbtissin ein Schnippchen, S. 135.

mend deutlicher [geworden], daß Du vor allem in den letzten Jahren seltener bereit warst im Gegensatz zu früheren Tagen, einen Weg des Kompromisses zu gehen oder, um es mit Willy Brandt zu sagen, zu akzeptieren, daß jede Zeit ihre eigenen Antworten will"[332]. Grass' Idealismus bezeichnete er als „politische Romantik"[333] fernab des Realen. Engholm hoffte, den Intellektuellen mit den Ergebnissen am Ende versöhnlich zu stimmen und somit nicht auf seinen Rat verzichten zu müssen.[334] Grass reagierte verwundert auf diesen Brief, da er „jahrzehntelang in Sachen Politik und Gesellschaft Kompromißfähigkeit gegen absolute Forderungen verteidigt"[335] habe. Auch die Beschlüsse des Parteitages habe er mitgetragen, aber der tatsächlich ausgehandelte Gesetzentwurf verdiene „den Namen Kompromiß nicht"[336]. Grass' „striktes Beharren auf absolute Moral in der Politik, sein unbeugsames Votum gegen alle die Moral tangierenden Kompromiss"[337] führte laut Engholm letztlich zur Entfremdung, Er konstatierte, dass in Sachen Asylpolitik „Gesinnungs- und Verantwortungsethik"[338] kollidierten. Dem widersprach der Intellektuelle, da seine „Gesinnung auf Verantwortung"[339] fuße. Engholm bekundet retrospektiv: „Da Günters politische Selbstgewissheit, sein kompromissresistenter, moralischer Rigorismus, der uns ihm gegenüber immer etwas klein erscheinen ließ, keine Näherung möglich machte, kam, was wahrscheinlich unvermeidbar war. Seine Trennung von der SPD"[340]. Der Intellektuelle beklagte öffentlich, „Parteichef Engholm höre nicht mehr auf ihn"[341]. Eine Gabe, die ihm bei Politikern stets wichtig war. Weitere öffentliche Gespräche wurden in dem Zuge abgesagt.[342] Kurz darauf kam es anlässlich des Rücktritts von Björn Engholm im Mai 1993 zum endgültigen Bruch, nachdem der Politiker eine „menschliche Geste"[343] von Günter Grass vermisste.[344] Die überschrittene „persön-

---

332 Engholm, Brief an Grass, 15.01.1993, in: Beck, Schlagt der Äbtissin ein Schnippchen, S. 135.
333 Engholm, Brief an Grass, 15.01.1993, in: Beck, Schlagt der Äbtissin ein Schnippchen, S. 135.
334 Engholm, Brief an Grass, 15.01.1993, in: Beck, Schlagt der Äbtissin ein Schnippchen, S. 135.
335 Günter Grass, Brief an Björn Engholm, 10.02.1993, in: Beck, Schlagt der Äbtissin ein Schnippchen, S. 135.
336 Grass, Brief an Engholm, 10.02.1993, in: Beck, Schlagt der Äbtissin ein Schnippchen, S. 136.
337 Engholm, Koexistenz zweier Raucher, S. 95.
338 Engholm, Koexistenz zweier Raucher, S. 97.
339 Grass, Was an die Substanz geht, in: NGA 23, S. 39.
340 Engholm, Koexistenz zweier Raucher, S. 97.
341 Dpa, Böser Abschied, in: TAZ, 29.12.1992.
342 Vgl. Günter Grass, Brief an Björn Engholm, 10.02.1993, in: Beck, Schlagt der Äbtissin ein Schnippchen, S. 134–136; Björn Engholm, Brief an Günter Grass, 15.01.1993, in: Beck, Schlagt der Äbtissin ein Schnippchen, S. 135.
343 Björn Engholm, 07.06.2020.
344 Björn Engholm trat aufgrund der Schubladenaffäre am 3. Mai 1993 als Parteivorsitzender und Kanzlerkandidat zurück.

liche Verletzungsgrenze"³⁴⁵ schloss eine „erneute Begegnung"³⁴⁶ aus, sodass eine Aussprache somit nicht mehr erfolgte.³⁴⁷

Vogel reagierte ebenfalls auf Günter Grass Parteiaustritt. Trotz Respekt für die Entscheidung entgegnete er, „daß eben diese Gründe auch zum Gegenteil, nämlich zu einem verstärkten Engagement für die eigene Position innerhalb der Partei hätte führen können. Daß ich selbst in der Asylfrage darum ringe, haben Sie sicher verfolgt."³⁴⁸ Er erklärte rückblickend: „Ich selber gehörte damals zu den Kritikern des Asylkompromisses, habe aber eine Position vertreten, die es erlauben würde, die vorgesehene Einschränkung durch eine Grundgesetzänderung durch ein einfaches Gesetz zu neutralisieren. Dem hätte sich Günter Grass anschließen können."³⁴⁹ Der ehemalige Parteivorsitzende informierte noch am 4. November 1992 den Intellektuellen über den Bericht, „den eine Arbeitsgruppe des Parteirates"³⁵⁰ zur Aufarbeitung und Darstellung der kontroversen Positionen zum Zuwanderungsproblem und zur Veränderung des Grundgesetzes erarbeitet hatte. Grass argumentierte, dass er „immer wieder, besonders in der Asylfrage das Gespräch gesucht habe"³⁵¹. Für ihn seien aber seine „Möglichkeiten, innerhalb der SPD als Mitglied für meine Position einzutreten, mehr als gering"³⁵² gewesen. Dass, „die Intelligenzija desertiert[e]"³⁵³ setzte Björn Engholm öffentlich unter Druck, denn „es signalisiert nämlich nicht mehr und nicht weniger, als daß ausgerechnet in einer Zeit des Umbruchs [...] die SPD ihre alte Anziehungskraft auf die querdenkende Elite im Begriff ist zu verlieren"³⁵⁴. Die SPD verlor in dieser Zeit eine „wichtige[...] und engagierte[...] Truppe von Warnern und Mahnern, die die Partei früher so stark gemacht"³⁵⁵. Es ist daher verwunderlich, dass die „Parteiführung um solche Leute nicht mehr [ge]kämpft"³⁵⁶ hat. Bissinger erklärte, dass sie mit diesem Schritt vor allem „ein Zeichen setzen [wollten], haben allerdings über den Austritt hinaus weiter für die SPD getrommelt. Auch mangels Al-

---

345 Björn Engholm, 22.03.2021.
346 Björn Engholm, 07.06.2020.
347 Vgl. Engholm, Koexistenz zweier Raucher, S. 97; Rainer Burchardt, Der gescheiterte Hoffnungsträger, in: Deutschlandfunk, 29.11.2007.
348 Hans-Jochen Vogel, Brief an Günter Grass, 14.01.1993, in: AdK, GGA, Signatur 12992.
349 Hans-Jochen Vogel, 09.05.2020.
350 Hans-Jochen Vogel, Brief an Günter Grass, 04.11.1992, in: AdK, GGA, Signatur 12992.
351 Günter Grass, Brief an Hans-Jochen Vogel, 14.01.1993, in: AdK, GGA, Signatur 14582.
352 Günter Grass, Brief an Hans-Jochen Vogel, 14.01.1993, in: AdK, GGA, Signatur 14582.
353 Burchhardt / Knobbe, Björn Engholm, S. 337.
354 Burchhardt / Knobbe, Björn Engholm, S. 337.
355 Burchhardt / Knobbe, Björn Engholm, S. 339.
356 Burchhardt / Knobbe, Björn Engholm, S. 339.

ternativen."[357] Grass' blieb trotz Distanz Sozialdemokrat. „Die SPD und Günter Grass – das war eine heftige, gelegentlich aber auch unglückliche Liebe."[358] 1998 sagte der Intellektuelle rückblickend: „[G]ewiß, ich hatte und habe meinen Ärger mit der SPD. Aber dieser Ärger macht mich nicht stumm, vielmehr läßt er meinen Zorn beredt werden [...]."[359]

4.3.2 Informelle Beratung für eine neue sozialdemokratische Asylpolitik

Das Thema Asylpolitik zieht sich als Beratungsthema wie ein roter Faden durch die Korrespondenz von Günter Grass mit verschiedenen Parteivorsitzenden der SPD. Der Intellektuelle setzte sich kontinuierlich für ein neues Staatsbürgerschaftsrecht ein. Dies kann am Beispiel von Rudolf Scharping, Oskar Lafontaine und Gerhard Schröder belegt werden. Gegenüber dem nachfolgenden Parteivorsitzenden Scharping beklagte Günter Grass 1994 die Auswirkungen des Asylkompromisses:

> Nachdem der Asyl-Paragraph unter Mitwirkung der SPD seine schützende Funktion verloren hat, ist die Abschiebepraxis zur Alltäglichkeit geworden, das heißt, unmenschliche Vorgänge sind gesetzlich gedeckt, finden kaum mehr ein Echo in der Öffentlichkeit und werden offenbar auch von der SPD sprachlos hingenommen, was ich als skandalös empfinde.[360]

Da der Intellektuelle keine Veränderung in der Frage unter Scharping erkennen konnte, war er auch zu keiner Zusammenarbeit mit dem Politiker bereit.[361] Grass konstatierte nach der Bundestagswahl 1993 aber, dass „die SPD [...] jetzt stark genug [sei], eine Revision des Asylbeschlusses zu fordern und mit Hilfe der Länder durchzusetzen"[362]. Ein derartiges „Bemühen [würde ihn] wieder der Partei annähern"[363], was unter der Scharpings Führung nicht erfolgte. Nach der Übernahme des Parteivorsitzes durch Lafontaine 1995 erwartete Grass „mit entsprechend großer Spannung [...] nun, was sich konkret als neue Politik für Asylsuchende und Ausländer in Deutschland abzuzeichnen beginnt"[364]. Es fand ein Telefongespräch zwischen ihnen

---

357 Manfred Bissinger, 07.04.2020.
358 Manfred Bissinger, 07.04.2020.
359 Grass, Rotgrüne Rede, in: NGA 23, S. 215.
360 Günter Grass, Brief an Rudolf Scharping, 27.04.1994, in: AdK, GGA, Signatur 14306.
361 Zum deutsch-polnischen Asyl-Abkommen: o. V., Einig über Abschiebung, in: TAZ, 08.05.1994.
362 Günter Grass, Brief an Johannes Rau, 30.10.1994, in: AdK, GGA, Signatur 14220.
363 Günter Grass, Brief an Johannes Rau, 30.10.1994, in: AdK, GGA, Signatur 14220.
364 Günter Grass, Brief an Oskar Lafontaine, 22.11.1995, in: AdK, GGA, Signatur 13924.

statt, in dem „über die Asylfrage [...] gesprochen"[365] wurde, das Lafontaine „in guter Erinnerung"[366] behielt. Er kündigt an, auf das Thema zurückzukommen, „wenn das Karlsruher Urteil bekannt wird und neue Maßnahmen notwendig sein werden"[367]. Das Bundesverfassungsgericht bestätigte 1996 die entsprechenden Regelungen, dennoch gab es im Anschluss keine Zusammenarbeit mit Grass.

Im Wahlkampf kündigte Gerhard Schröder an, das Staatsbürgerschaftsrecht ändern zu wollen, was sich auch im Koalitionsvertrag niederschlug.[368] Das Thema wurde nach dem Regierungswechsel von Innenminister Schily aufgegriffen. Grass war mit dessen Arbeit nicht zufrieden (vgl. 4.2.1) und wandte sich direkt an Bundeskanzler Schröder. Melanie Förster belegt anhand Interviews, dass „die Ausländerpolitik der rot-grünen Regierung eine Rolle in den Beratungen durch Intellektuelle spielte"[369]. Auch Grass nahm an diesen Beratungstreffen teil. Thomas Steg bekundet, dass diese Gespräche „zurück auf die Zeit von Björn Engholm [gehen], wo sich diese Intellektuellen sehr stark gemacht haben für Artikel 16 und gegen den Asylkompromiss. Dann gab es in der rot-grünen Regierungszeit von Intellektuellen eher positive Rückmeldungen zur sogenannten doppelten Staatsangehörigkeit."[370] Bissinger erinnert sich an Diskussionen über strittige Fragen wie dem Staatsbürgerschaftsrecht und der Einwanderung.[371] Steg erklärt, dass die Intellektuellen „sehr stark [...] auf die Thema Bürger und Grundrechte"[372] ausgerichtet waren, da diese „die geistige mentale Verfassung des Landes zum Ausdruck"[373] bringen würden. Sie haben zugunsten eines Zuwanderungsgesetzes „gedrängelt und [...] Argumente abgeliefert"[374], während in der SPD Skepsis herrschte, da die Bevölkerung noch nicht so weit sei. Schröder schrieb selbst in seinen Erinnerungen: „In zäher Kleinarbeit, oft auch eigenen Ängsten vor Abstrafung durch das Wahlvolk zum Trotz, veränderten wir zunächst das Staatsangehörigkeitsrecht."[375] Grass hob dieses Gesetz lobend als Errungenschaft der Koalition hervor: „Ich finde es großartig, dass es gelungen ist, gegen großen Widerstand und gegen demagogische Politik ein Staatsbürgerschaftsrecht für Ausländern, die seit langen Jahren in Deutschland leben, durch-

---

365 Oskar Lafontaine, Brief an Günter Grass, 23.01.1996, in: AdK, GGA, Signatur 10424.
366 Oskar Lafontaine, Brief an Günter Grass, 23.01.1996, in: AdK, GGA, Signatur 10424.
367 Oskar Lafontaine, Brief an Günter Grass, 23.01.1996, in: AdK, GGA, Signatur 10424.
368 Vgl. Schröder, Und weil wir unser Land verbessern, S. 64; Schöllgen, Schröder, S. 405.
369 Förster, Intellektuelle als Berater der Politik, S. 173.
370 Thomas Steg, 09.06.2020.
371 Vgl. Förster, Intellektuelle als Berater der Politik, S. 174.
372 Thomas Steg, 09.06.2020.
373 Thomas Steg, 09.06.2020.
374 Bissinger zitiert nach Förster, Intellektuelle als Berater der Politik, S. 174.
375 Schröder, Entscheidungen, S. 261; vgl. Wolfrum, Rot-Grün, S. 176–181 sowie S. 185–187.

zusetzen"[376], die nun „die Möglichkeit freigestellt bekommen, sich als deutsche Staatsbürger zu verstehen"[377] Er sprach sogar darüber, dass er in die SPD zurückkehren würde, „Voraussetzung [sei] jedoch, dass die Partei dem deutschen Asylrecht wieder zu Ansehen verhilft"[378].

Dagegen entbrannte an der Härtefallregelung ein Streit innerhalb der SPD. Grass forderte in einem offenen Brief mit Heide Simonis dessen Einführung ins Ausländergesetz, da „unser Ausländer- und Asylrecht gnadenlos geworden"[379] sei (vgl. IV. Kap. 4.3.1). Bundeskanzler Schröder lud Grass im Sommer 2000 daraufhin zu einem beratenden Gespräch mit Innenminister Schily und Justizministerin Däubler-Gmelin ein, um die „vorgeschlagene Härtefallregelung im Asylverfahren"[380] zu besprechen. Das anvisierte Gespräch fand in dieser Konstellation letztlich nicht statt.[381] Däubler-Gmelin betont rückblickend, dass die Einführung eines sinnvollen und menschenrechtskonformen Asylrechts auch „daran gescheitert [ist], dass Schily geblockt hat"[382]. Die Politikerin wies daraufhin, dass sie in „jenen Jahren häufiger mit Grass telefonierte, sicher auch über seine – mir bekannte und sympathische – Asylhaltung und -aktion"[383]. 2005 trat ein Zuwanderungs- und ein Aufenthaltsgesetz in Kraft, das auch Härtefallkommissionen auf Landesebene regelte, sodass das „einst geschmähte Thema heute geachtet"[384] wird. Schröder bilanzierte, dass „trotz aller Reformen [...] unser gesamtes Staatsbürgerschafts- und Aufenthaltsrecht noch immer zu sehr darauf angelegt [ist], Zuzug und Einwanderung möglichst zu erschweren."[385] Grass baute sich durch seine unnachgiebige Haltung in der Asylpolitik eine Reputation innerhalb der SPD auf, die dazu führte, dass seine Einwände von Politikern gehört wurden. Auch wenn keine Kausalität hergestellt werden kann, so hatte der Einsatz der Intellektuellen für ein neues Staatsbürgerschaftsrecht und eine Härtefallregelung eine unterstützende Funktion.

---

376 Michael Naumann / Fritz J. Raddatz, „So bin ich weiterhin verletzbar", in: Die Zeit, 04.10.2001.
377 Grass, Was steht zur Wahl?, in: NGA 23, S. 435.
378 Dpa, Günter Grass zur Rückkehr in SPD bereit, in: Die Welt, 22.10.2003.
379 Eberhard Seidel, Zivilisation braucht Pflege, in: TAZ, 31.12.1999.
380 Günter Grass, Brief an Gerhard Schröder, 30.05.2000, in: AdK, GGA, Signatur 14349.
381 Vgl. Herta Däubler-Gmelin, 03.03.2001; Otto Schily, 27.10.2020; Günter Grass, Arbeitskalender 2000, in: GUGS; Gerhard Schröder, Kalender, in: Gerhard Schröder Zwischenarchiv Berlin.
382 Herta Däubler-Gmelin, 03.03.2001; vgl. Günter Grass, Arbeitskalender 2000, in: GUGS; Otto Schily, 27.10.2020.
383 Herta Däubler-Gmelin, 03.03.2001.
384 Vgl. Peter Münch, Die Härtefallkommission – einst geschmäht, heute geachtet, in: Jörn-Erik Gutheil (Hrsg.), Der Herr schafft Gerechtigkeit und Recht. Festschrift für Hans Engel, Wuppertal 2000, S. 137–141, hier besonders S. 137.
385 Schröder, Entscheidungen, S. 279.

4.4 Zwischenfazit: Kontinuierlicher Einsatz für eine neue Asylpolitik

Günter Grass setzte sich kontinuierlich in der Berliner Republik für eine Veränderung in der Asylpolitik ein.

Politisches Ziel

Grass erkannte früh an, dass Deutschland als Einwanderungsland ein Konzept für die Integration und daraus abgeleitet eine entsprechende Asylpolitik benötigt (vgl. Tabelle 32). Er forderte eine veränderte Entwicklungspolitik und gemeinsame Europapolitik, da die *Festung Europa* auf Dauer keinen Bestand vor den Flüchtlingsströmen habe. Grass verteidigte dennoch das individuelle Recht auf Asyl und forderte ein neues Staatsbürgerschaftsrecht, das auch die in Deutschland lebenden Ausländer integrieren würde. Der Intellektuelle setzte seine prominente Stimme für Ausländer und Asylsuchenden ein, die durch die in den 1990er-Jahren zunehmenden, von Rechtsradikalen verübten Gewalttaten bedroht wurden. Grass machte dafür nicht nur die Skinheads auf der Straße, sondern auch Politiker durch ihre Sprache verantwortlich, die durch ihre Sprache Rassismus schürten.

Tabelle 32: Günter Grass' politisches Ziel, Deutungsmuster und Interventionstyp in der Asylpolitik.

Politisches Ziel	Asylpolitik	
Problemdimensionen	*Problemsicht*:	Deutschland ist ein Einwanderungsland, verfehlte Asylpolitik
	Problemlösung:	1. Neue Asylpolitik
		2. Staatsbürgerschaftsrecht, Integration der Ausländer
		3. Unterstützung der Herkunftsländer
	Problemziel:	Geändertes Staatsbürgerschaftsrecht
Deutungsmuster	*Historisch*:	Lehren aus der Vergangenheit: Minderheitenschutz
	Sozial:	Schutz der Minderheiten, gleichberechtigte Behandlung
	Ökonomisch:	Effektives Verbot von Rüstungsexporten in Bürgerkriege
Interventionstyp	Allgemeiner Intellektueller	

Grass' Engagement basiert auf drei Deutungsmustern. Er zog aus der nationalsozialistischen Vergangenheit Deutschlands die Lehre, dass Asylrecht und Minderheitenschutz unverrückbare Teile des Grundgesetzes seien. Er setzte sich daher für die stetige Aktualisierung dieses *historischen* Deutungsmusters in dem Kontext ein. Den zunehmenden Rechtsradikalismus sah er mit Rückblick auf die deutsche Geschichte als besonders gefährlich an. Der Intellektuelle engagierte sich als Sozialdemokrat zudem für eine gleichberechtigte, *soziale* Behandlung aller in Deutschland lebenden Ausländer. Er lehnte es ab, für *ökonomischen* Profit Waffen in Bürgerkriegsländer zu exportieren, die den Krieg verlängern würden. Als *allgemeiner Intellektueller* setzte er sich für Minderheiten und Menschenrechte in der Asylpolitik ein.

Methode

Grass verwendete seine kommunikative Macht bewusst, um das Thema Asylpolitik sowie den zunehmenden Rechtsradikalismus immer wieder auf die politische Agenda zu setzen (vgl. Tabelle 33). Er nutzte in der Berliner Republik seine Prominenz in einer Vielzahl von offenen Briefen, Appellen und Reden für die Belange der Asylsuchenden. Darüber hinaus gründete er selbst eine *Stiftung zugunsten des Romavolks*, mit der er sich für deren rechtliche Gleichstellung in Deutschland und Europa engagierte. Der Intellektuelle suchte darüber hinaus Anfang der 1990er-Jahre den Kontakt zum damaligen Parteivorsitzenden Björn Engholm und im Zuge der rot-grünen Regierung zu Gerhard Schröder sowie Justizministerin Herta Däubler-Gmelin. Er war im Bereich der Asylpolitik Organisator von Öffentlichkeit, was er bis in die Hinterzimmer der Macht fortführte.

Tabelle 33: Grass' Methoden in der Asylpolitik.

Methode	Organisator von politischer Öffentlichkeit	Politikberater
Beispiele	– Sprecher für Minderheiten – Öffentliche Politikberatung: Asylkompromiss – Laudatio auf Yaşar Kemal – *Stiftung zugunsten des Romavolks*	– Asylkompromiss (Björn Engholm / SPD-Austritt) Oskar Lafontaine – Härtefallregelung/ Staatsbürgerschaftsrecht (Gerhard Schröder / Herta Däubler-Gmelin)
Merkmale	Teilnehmer im bestehenden Diskurs Einmaliger Anstoß zum Diskurs	Informelle Ad-hoc-Beratung von Politikern

Politische Resonanz

Grass erzielte mit seinem Engagement eine Resonanz in den Medien (vgl. Tabelle 34). Es gelang dem Intellektuellen durch seine Aktivitäten nachweisbar, die Aufmerksamkeit der Öffentlichkeit auf die Asylpolitik sowie auf Einzelschicksale zu lenken.

Grass provozierte häufig damit eine Reaktion von Politikern, löste aber selten darüber hinaus einen Diskurs aus. Große mediale Beachtung erfuhr lediglich sein Parteiaustritt 1992 und seine Laudatio auf Yaşar Kemal 1997. Grass fand im Bereich Asylpolitik und Minderheitenschutz Gehör und erregte durch seine kommunikative Macht die Aufmerksamkeit der Öffentlichkeit, sodass dies Druck auf Politiker ausübte. Dementsprechend war seine Rolle als Organisator von politischer Öffentlichkeit in diesem Politikfeld bestimmend, während seine intellektuelle Beratung nur bedingt nachgefragt wurde. Die beratenden Gespräche mit Björn Engholm oder Gerhard Schröder führten zu keiner politischen Veränderung. Lediglich die Gespräche mit Kurt Beck und Martin Schulz zur rechtlichen Anerkennung von Sinti und Roma gestalteten sich produktiver.

Tabelle 34: Politische Resonanz von Günter Grass in der Asylpolitik.

Resonanz	Organisator von politischer Öffentlichkeit	Politikberater
Hoch	*Hohe Medienresonanz:* – Anstoß zum Diskurs (Kemal-Laudatio)	*Nachgefragte Beratung:* – Härtefallregelung, Staatsbürgerschaftsrecht (Gerhard Schröder) – Sinti und Roma (Kurt Beck, Martin Schulz)
Mittel	*Mittlere Medienresonanz:* – Advokat von Minderheiten – Aufmerksamkeit für Stiftung Sinti und Roma – Medienwirksamer Parteiaustritt	*Bedingt nachgefragte Beratung:* – Asylkompromiss (Björn Engholm, Rudolf Scharping, Oskar Lafontaine)
Niedrig	*Niedrige Medienresonanz:* – Öffentliche Politikberatung zur Asylpolitik	*Nicht nachgefragte Beratung:* – Asylpolitik (Otto Schily)
Einordnung	**Teilnehmer am Diskurs** **Diskursanstoß durch Kemal-Laudatio**	**Mahner für Asylpolitik**

Einfluss auf die Politik

Grass' Austritt aus der Partei im Zusammenhang mit der Asylgesetzgebung hatte eine politische Signalwirkung. Gemeinsam mit anderen Intellektuellen demonstrierte er, dass die SPD aufgrund ihrer Asylpolitik Mitglieder verlor. Grass löste darüber hinaus 1997 selbst einen Medienskandal durch die Kemal-Laudatio aus, die eine breite Resonanz bei Politikern auch auf Parteiveranstaltungen herausforderte. Beide Beispiele zeigen, dass Grass somit am ideenpolitischen Kampf um die Deutungshoheit im Bereich der Asylpolitik teilnahm. Die verschiedenen Diskurse belegen, dass sich im Laufe der Berliner Republik der Zeitgeist veränderte. Grass' politischer Einfluss auf diese Entwicklung ist nicht messbar. Als öffentlicher Intellektueller regte er durch seine provokanten Äußerungen aber nachweisbar das *Policy-Lernen* an. Darüber hinaus wirkte er aber nicht *diskursstrukturierend* (vgl. Tabelle 35). Grass' unmittelbarer Einfluss auf Spitzenpolitiker der SPD war dagegen gering. Die Politiker suchten zwar den öffentlichen und informellen Dialog mit dem Intellektuellen, aber eine Umsetzung seiner Ideen konnte nicht festgestellt werden. Inwieweit derartige Impulse zum Staatsbürgerschaftsrecht (2002) und zur Härtefallregelung (2005) der Regierung Schröder geführt haben (*Diskursinstitutionalisierung*), kann nicht kausal nachvollzogen werden. Die *Diskurshegemonie* für eine Anpassung der Asylpolitik war selbst in der rot-grünen Regierungszeit in der eigenen Partei schwer umkämpft, sodass Grass Schröder Mut machte, auch gegen Widerstand entsprechende Änderungen zu forcieren. In ähnlicher Weise bestärkte er Beck oder Schulz für eine gesetzliche Anerkennung der Sinti und Roma. Inwieweit es ihm durch die öffentliche Thematisierung zu verdanken ist, dass rechtliche Schritte in Form von Rahmenvereinbarungen in den deutschen Bundesländern und Resolutionen auf europäischer Ebene umgesetzt wurden, kann nicht ermittelt werden. Nachweisbar übte er aber öffentlichen Druck aus, um politische Veränderungen herbeizuführen und unterstützte damit die politischen Akteure in ihrem Anliegen. Bilanzierend ist festzuhalten, dass Günter Grass im Bereich der Asylpolitik als allgemeiner Intellektueller folglich primär das *Policy-Lernen* anregte, aber nicht über Deutungsmacht verfügte.

Tabelle 35: Skala des politischen Einflusses von Günter Grass im Bereich Asylpolitik (grau markiert).

Stufe 0	Stufe 1	Stufe 2	Stufe 3	Stufe 4
Unterhaltung	Policy-Lernen	Diskursstrukturierung	Diskursinstitutionalisierung	Diskurshegemonie/-macht
	Mikroebene		*Mesoebene*	*Makroebene*

Funktionen des Intellektuellen

Grass fungierte in der Asylpolitik folglich als Vermittler und Kritiker, auch wenn sein Einfluss als allgemeiner Intellektueller begrenzt war (vgl. Tabelle 36). Der Intellektuelle trat als *Vermittler* auf, indem er als Sprecher ohne Mandat für Asylsuchende und Minderheiten deren Belange im Diskurs vertrat. Er nutzte seine *repräsentative Rolle*, um auf die Schicksale der Asylsuchenden und Minderheiten aufmerksam zu machen. Sein zivilgesellschaftliches Engagement verfestigte er durch die Stiftungsgründung. Grass kämpfte zudem als *Kritiker* gegen Rechtsradikalismus und stellte die moralische Verhältnismäßigkeit von Gesetzen infrage. Durch seinen Austritt aus der SPD zeigte er demonstrativ sein Missfallen an dem Asylkompromiss. Der Intellektuelle erkannte früh, dass weder Deutschland als Einwanderungsland noch die Europäische Gemeinschaft über ein Konzept verfügte, um den anhaltenden Zuwanderungsströmen zu begegnen. Derartige Impulse erscheinen angesichts der Flüchtlingskrise von 2015 als frühe Prophezeiung. Grass war kein *Fachexperte* in diesem Politikbereich, auch wenn er durch sein langanhaltendes Engagement vertiefte Kenntnisse erwarb. Er verfügte allerdings über viele Kontakte, die er zu einem breiten Netzwerk ausbaute. Der Intellektuelle nutzte dieses, um den politischen Akteuren Mut für die notwendingen Veränderungen zu machen.

Tabelle 36: Funktionen von Günter Grass in der Asylpolitik.

Allgemeiner Intellektueller	Asylpolitik	Resonanz
Schlichtungsagentur: Vermittler	Sprecher für Minderheiten, Gründer der *Stiftung zugunsten des Romavolks*	hoch
Kontrollorgan: Kritiker	Nationalsozialismus als moralische Verpflichtung Achtung der Menschenrechte von Asylsuchenden Gleichberechtigte Behandlung	hoch
Frühwarnsystem: Vorreiter	Anerkennung Deutschlands als Einwanderungsland Anpassung des Staatsbürgerschaftsrechts Anerkennung Sinti und Roma Europäisches Konzept	niedrig
Legitimationskraft: Repräsentant	Symbolischer Austritt aus SPD 1992 Wahlkampf für die SPD ab 1998 Kein Wortführer in der Asylpolitik	niedrig
Sprachvermögen/ Formulierungshelfer	Provokation	mittel
Fachexperte	Kein Experte, aber jahrelange Beschäftigung	niedrig

Günter Grass nutzte seine Prominenz als *allgemeiner Intellektueller* für Asylsuchende und Ausländer, die ohne Wahlrecht und auch daher Bürger dritter Klasse in Deutschland seien. Er sah es als seine Funktion, die politischen Akteure an die nationalsozialistische Vergangenheit und die daraus entstandene Verpflichtung, sich für Minderheiten einzusetzen, zu erinnern. In direkten Gesprächen mit Politikern wies er sie auf ihre normativen Werte hin und rief zur kritischen Selbstüberprüfung auf. Derartige zivilgesellschaftlichen Initiativen fanden in der rot-grünen Regierungszeit einen ersten Widerhall.

5 *Chronisch schmalbrüstige Lobby* – Günter Grass als kulturpolitischer Berater

5.1 Günter Grass' Idee einer Kulturnation

Günter Grass betonte stets die Wichtigkeit der kulturellen Dimension in der Politik. Er war als Schriftsteller und Künstler, Stifter und Kulturförderer ein Fachexperte in diesem Themenbereich. Dennoch reizte ihn dieses Politikfeld nicht besonders. „Nur Kulturpolitik wollte er nie machen"[1], erklärte Klaus-Jürgen Scherer als langjähriger Geschäftsführer des *Kulturforums der Sozialdemokratie*. Kulturpolitik stand für Grass im engen Zusammenhang mit den Themen *Nation* und *Deutschland* (vgl. Tabelle 37), die er aber nicht in einem eigenständigen, kulturpolitischen Konzept kombinierte.

Tabelle 37: Grass' Konzept einer Kulturnation.

Problemdimensionen Deutsche Kulturnation	
Problemsicht	Kulturnation statt Staatsnation
Problemursache	Verhängnisvolle Geschichte des deutschen Nationalstaats
Problemverursacher	Nationalsozialismus, Nationalismus
Problemfolgen	Krieg Oder-Neiße-Grenze, deutsche Teilung Nation nicht gleich Sprachraum
Problemlösung	Kulturnation: 1. Grenzüberschreitende Einheit durch Literatur und Kunst 2. Bewahrung des kulturellen Erbes der Ostgebiete 3. Integration des kulturellen Zuwachses durch Ausländer
Problemadressat	Schriftsteller und Künstler: Kontakte über Grenzen hinweg Politiker: Nationalstiftung
Problemziel	Übergreifende Kulturnation: friedliches Miteinander statt Krieg
Deutungsmuster	*Historisch*: Kulturnation höher als staatliche Grenzen zu werten
Interventionstyp	Spezifischer Intellektueller

Grass' Kulturverständnis war durch den Verlust seiner Heimat Danzig im Zuge des Zweiten Weltkriegs geprägt. Aus dieser Erfahrung heraus entwickelte er die

---

[1] Klaus-Jürgen Scherer, 01.03.2020; vgl. Björn Engholm, 22.03.2021.

Problemsicht, dass eine deutsche Kulturnation höher zu bewerten sei als die Staatsnation. Für den Intellektuellen zeigte sich anhand der Historie das „Unvermögen der Deutschen, sich als eine Nation angehörend zu begreifen und dieser Selbstverständlichkeit nachzukommen, ohne im Wiederholungsfall dem Nationalismus Stimme zu geben"[2]. Er forderte ein aufgeklärtes Nationalbewusstsein von den Deutschen.[3] Anstatt sich wie die Linken dabei auf das Wort *Gesellschaft* zu berufen, versuchte der Intellektuelle „einen neuen und gemeinsamen Nationbegriff zu finden"[4], um dieses „Vakuum"[5] zu füllen und dem oft von rechts instrumentalisierten Wort *Nation* etwas entgegenzustellen.[6] Grass übernahm dafür bereits in den 1960er-Jahren von Johann Gottfried Herder das Konzept einer *Kulturnation*, das für ihn „fortentwickelt– noch heute Geltung"[7] habe. Dieser betonte mit dem romantischen Begriff die kulturelle Einheit durch Sprache und Literatur.[8] Das deutsche Zusammengehörigkeitsgefühl entsteht dabei durch eine „gemeinsame Abstammung und Sprache, geschlossenes Siedlungsgebiet, Religion, Gewohnheiten und Geschichte"[9]. Auch Grass war sich angesichts des Verlustes der Ostgebiete und der sich in den 1960ern manifestierenden Teilung Deutschlands sicher, „daß im deutschen Selbstverständnis grenzüberschreitend einzig nur noch die Kultur tragfähig geblieben"[10] sei. Demzufolge erklärt sich „der problematische Begriff der Kulturnation [...] in der Abgrenzung gegen jene der Staatsnation, der an das Territorium eines Staates gebunden ist"[11], wie Sabine Moser herausarbeitete. Grass verwendete den Begriff der Kulturnation somit als „ein[en] politische[n] Handlungsbegriff"[12], der die Basis für seinen Plan einer deutschen Konföderation bildete (vgl. IV. Kap. 2.1). Er forderte 1990 ein neues deutsches Selbstverständnis, dass „die Vielfalt deutscher Kultur [vereint], ohne nationalstaatliche Einheit proklamieren zu müssen"[13]. Der Intellektuelle hielt dieses Kon-

---

2 Grass, Nach dreißig Jahren, in: NGA 23, S. 350.
3 Kühnl / Winkler, Viel Gefühl, wenig Bewusstsein, in: Der Spiegel, 20.11.1989, abgedruckt in: NGA 24, S. 484–395; vgl. Moser, Die deutsche Frage, S. 80 f.
4 Günter Grass, Brief an Richard von Weizsäcker, 06.09.1985, in: AdK, GGA, Signatur 14611.
5 Grass, Nach dreißig Jahren, in: NGA 23, S. 352.
6 Grass, Nach dreißig Jahren, in: NGA 23, S. 352; vgl. Günter Grass, Brief an Johannes Rau, 17.12.1985, in: AdK, GGA, Signatur 14220.
7 Grass, Nach dreißig Jahren, in: NGA 23, S. 352; vgl. Grass: Die kommunizierende Mehrzahl, in: NGA 20, S. 299.
8 Vgl. Moser, Die deutsche Frage, S. 76 f.
9 Peter Alter, Kulturnation und Staatsnation. Das Ende einer langen Debatte?, in: Langguth, Die Intellektuellen und die nationale Frage, S. 33–44, hier S. 36.
10 Günter Grass, Brief an Richard von Weizsäcker, 06.09.1985, in: AdK, GGA, Signatur 14611; vgl. Cepl-Kaufmann, Leiden an Deutschland, S. 276.
11 Vgl. Moser, Die deutsche Frage, S. 76.
12 Labroisse, Günter Grass' Konzept eines zweiteiligen Deutschlands, S. 303.
13 Grass, Kurze Rede eines vaterlandslosen Gesellen, in NGA 22, S. 413.

zept für anpassungsfähiger und besser in den Kontext einer europäischen Einigung integrierbar. Unklar blieb in seinen Ausführungen, „wie von diesem Konzept ein Weg in die reale Politik zu finden wäre"[14] und es „ins Praktische hinein"[15] übersetzt werden könne. Im Zuge des Vereinigungsprozesses wurde deutlich, dass die Mehrheit der Bevölkerung sich mit einer übergreifenden Kulturnation nicht zufriedengab, sondern eine staatliche Einheit wünschte.

1992 beklagte Günter Grass in seiner *Rede vom Verlust* den „Niedergang der politischen Kultur im geeinten Deutschland"[16]. Er fürchtete, dass ohne eine „geistige Wende [als] Frischluft"[17] ein Regierungswechsel nicht möglich sei. Er forderte von der SPD, dass sie sich von der Regierung Kohl mit kulturellen Akzenten in der Bundeskulturpolitik abheben sollte.[18] Der Schriftsteller kritisierte, wie sehr in dem Transformationsprozess die „kulturelle Identität"[19] der DDR pauschal verurteilt wurde.[20] Der Intellektuelle setzte sich gegen den „Kahlschlag"[21] im Osten und für den Erhalt der dortigen Verlage und Kulturinstitutionen ein. Er konstatierte in der Berliner Republik, dass immer mehr Kultureinrichtungen „den gegenwärtigen Kürzungszwängen zum Opfer fallen"[22]. Sein politisches Ziel war es dagegen, „den Fortbestand der Kulturnation vertraglich festzuschreiben"[23]. Er forderte bereits seit den 1960er-Jahren, eine Nationalstiftung zur Wahrung des kulturellen Erbes zu gründen.[24] Zudem war es in der Berliner Republik sein Bestreben, den Begriff Kulturnation „mit neuen Inhalten"[25] anzureichern. Grass' „Wille[...], Kultur zu fördern"[26], drückte sich durch die Gründung seiner eigenen Stiftungen aus, mit denen er grenz-

---

14 Labroisse, Günter Grass' Konzept eines zweiteiligen Deutschlands, S. 300.
15 Günter Grass, Nachdenken über Deutschland. Gespräch mit Stefan Heym, in: Günter Grass, Deutscher Lastenausgleich. Wider das dumpfe Einheitsgebot, Frankfurt a. M. 1990, S. 34.
16 Grass, Rede vom Verlust, in: NGA 23, S. 40.
17 Günter Grass, Brief an Johannes Rau, 25.02.1986, in: AdK, GGA, Signatur 14220.
18 In der vorliegenden Untersuchung wird die Kulturpolitik separat von der Geschichtspolitik (vgl. IV Kap. 8) und der auswärtigen Kulturpolitik (vgl. IV Kap. 7.2.1) analysiert. Vgl. Klaus von Beyme, Kulturpolitik in Deutschland. Von der Staatsförderung zur Kreativwirtschaft, Wiesbaden 2012, S. 24; Armin Klein, Kulturpolitik. Eine Einführung, 3., akt. Aufl., Wiesbaden 2009, S. 9 und S. 244.
19 Grass, Ein Schnäppchen namens DDR, in: NGA 22, S. 488.
20 Besonders verteidigt er dabei Christa Wolf. Vgl. Grass, Bericht aus Altdöbern, in: NGA 22, S. 459.
21 Grass, Ein Schnäppchen namens DDR, in: NGA 22, S. 488; vgl. Grass, Bitterfelder Rede, in: NGA 22, S. 522.
22 Günter Grass, Vorsicht: Schildbürgerstreich, in: NGA 23, S. 84.
23 Grass, Brief an Richard von Weizsäcker, 06.09.1985, in: AdK, GGA, Signatur 14611.
24 Vgl. Grass, Orwells Jahrzehnt I, in: NGA 22, S. 160; Grass, Nach dreißig Jahren, in: NGA 23, S. 350.
25 Grass, Lastenausgleich, in: NGA 22, S. 408.
26 Grass, Wie ich zum Stifter wurde, in: NGA 23, S. 190.

überschreitend Künstler unterstützte.[27] Für ihn war es selbstverständlich, dass man „heute, mit einem hohen Anteil an Ausländern, die noch nicht eingebürgert sind, den Kulturbegriff weiterfassen"[28] müsse. Er integrierte in sein Konzept daher die „in Deutschlands Grenzen lebenden Bürger[...], gleich welcher Herkunft, welchen Glaubens, welcher Hautfarbe"[29]. Der Intellektuelle sah diesen „kulturellen Zuwachs"[30] als bereichernd an, „denn keine Kultur kann auf Dauer von eigener Substanz leben"[31]. Für ihn war klar, „sie erweitern unseren kulturellen Begriff. Sie können helfen, unser nach wie vor diffuses Bewußtsein von Nation neu zu erleben."[32] Sein Begriff der Kulturnation war demnach „weiträumiger als jemals zuvor bemessen"[33].

Kulturpolitik war für Grass ein Instrument, um Deutschland als Nation politisch zu definieren und ein neues Selbstverständnis zu prägen. Ein reines kulturpolitisches Konzept findet sich dagegen bei dem Intellektuellen nicht. Er verfolgte stattdessen in diesem Politikfeld ein *historisches, soziales und kulturelles Deutungsmuster*. Seine Vorstellung einer Kulturnation basierte auf der deutschen Geschichte. Er integrierte unter sozialen Gesichtspunkten andere in dem Land lebende Kulturen. Die deutsche Kultur verband Nationen über Staatsgrenzen hinweg. Sein Engagement entsprach primär dem eines *spezifischen Intellektuellen*, der als Experte für Kultur sein Fachwissen in die Politik einbrachte.

5.2 Öffentlicher Diskurs: Kritiker und Impulsgeber in der Kulturpolitik

5.2.1 Gegner der neuen Rechtschreibreform – Prominenter Diskursanstoß (ab 1996)

In der Berliner Republik konnte ein kulturpolitischer Diskurs mit maßgeblicher Beteiligung von Günter Grass identifiziert werden: Die Auseinandersetzung um die neue Rechtschreibreform. Zwanzig Jahre lang wurde diese vorbereitet, aber in der Öffentlichkeit wurde das Thema erst beachtet, als die politische Entscheidung bereits

---

27 Beispielsweise die Alfred-Döblin-Stiftung, Daniel-Chodowiecki-Stiftung oder Stiftung zugunsten des Romavolks.
28 Wolfram Schütte / Thomas Assheuer, Verfassung Kultur Nation, in: FR, 29.01.1994.
29 Grass, Nach dreißig Jahren, in: NGA 23, S. 352.
30 Grass, Nach dreißig Jahren, in: NGA 23, S. 356.
31 Grass, Laudatio auf Yaşar Kemal, in: NGA 23, S. 209.
32 Grass, Einige Ausblicke vom Platz der Angeschmierten, in: NGA 22, S. 457.
33 Grass, Nach dreißig Jahren, in: NGA 23, S. 356.

gefallen war.³⁴ Maßgeblich für den Diskursbeginn war die *Frankfurter Erklärung* auf Initiative von Friedrich Denk im Oktober 1996, die auch Günter Grass unterschrieb.³⁵ Besonders in den Jahren 1996, 2000 und 2004 bestimmte die *Rechtschreibreform* die Schlagzeilen (vgl. Abbildung 21). Grass wurde in diesem Zusammenhang in der Presse immer wieder erwähnt (158 Zeitungsartikel). Die Debatte endete vorläufig im Jahr 2006, als am 1. August eine reformierte Rechtschreibreform von allen Bundesländern verabschiedet wurde. Das Thema beschäftigte somit zehn Jahre die Öffentlichkeit und ist bereits Untersuchungsgegenstand der Forschung.³⁶

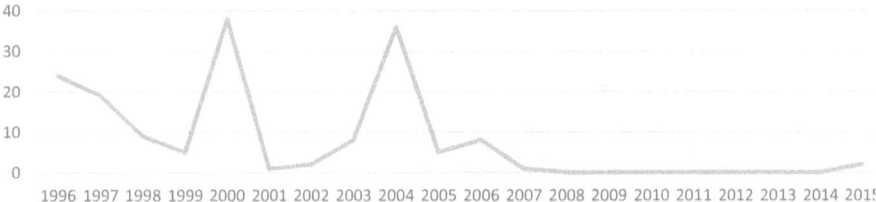

Abbildung 21: Günter Grass' Medienresonanz im Diskurs über die Rechtschreibreform (1996–2015) (Quelle: Eigene Darstellung).

Die Diskursanalyse macht deutlich, dass es sich beim Thema Rechtschreibreform nicht nur um einen Fachdiskurs von Experten handelte. Primär stand die Frage im Mittelpunkt, „wem die deutsche Sprache"³⁷ gehört. Günter Grass und andere *spezifische Intellektuelle* vertraten die Meinung, dass sie über eine Sprachhoheit verfügten und die „deutschen Funktionäre in ihre Kunst (oder ihr Handwerk) hineinreden"³⁸ würden. Ihr Protest richtete sich gegen die Entscheidung der politischen Gremien, die gemeinsam mit Fachexperten, Sprachwissenschaftlern und Linguisten erarbeitet wurde, während Schriftsteller, Journalisten und die Bevölkerung nicht beteiligt waren. Es war das erklärte Ziel der Reformgegner als *kollektive Intellektuelle*, das „Ansehen der deutschen Sprache und Literatur im In- und Ausland"³⁹ zu wahren.

---

34 Vgl. Oliver Stenschke, Rechtschreiben, Recht sprechen, recht haben. Der Diskurs über die Rechtschreibreform. Eine linguistische Analyse des Streits in der Presse, Berlin 2011, S. 122.
35 Vgl. dpa, Frankfurter Erklärung, in: FAZ, 07.10.1996; Kurt Reumann, Antreiber der Poeten, in: FAZ, 12.10.1996.
36 Vgl. Stenschke, Rechtschreiben; Nadine Schimmel-Fijalkowytsch, Diskurse zur Normierung und Reform der deutschen Rechtschreibung. Eine Analyse von Diskursen zur Rechtschreibreform aus soziolinguistischer und textlinguistischer Perspektive, Tübingen 2018.
37 Reu., Warum erst jetzt?, in: FAZ, 08.10.1996; vgl. Stenschke, Rechtschreiben, S. 123.
38 Claudius Seidl, Das Ende des Unsinns, in: FAZ, 17.07.2005.
39 Friedrich Denk, Frankfurter Erklärung zur Rechtschreibreform, in: FAZ, 14.10.1997.

Ein weiterer Kernpunkt der Kritik war die „mangelnde[...] Informationspolitik"[40] und die Intransparenz des politischen Prozesses, besonders der Kultusministerkonferenz, die Grass als „inkompetent, entscheidungsschwach in der Regel oder allenfalls blockierend"[41] bezeichnete. Im Sinne eines *allgemeinen Intellektuellen* setzte er sich somit für die Wahrung der Demokratie ein, da ein „Festhalten an einem misslungenen Reformversuch gegen den entschiedenen Willen der Bevölkerung"[42] stehe. Nicht nur ein *kulturelles*, sondern auch ein *ökonomisches Deutungsmuster* spielte eine Rolle, da diese politische Entscheidung massive Kosten durch den Neudruck von Schulbüchern zur Folge hatte.

Tabelle 38: Chronik des Protestes gegen die Rechtschreibreform, Grass' Einzelaktionen (1996–2004).

Datum	Titel	Personen/-kreis
Oktober 1996	*Frankfurter Erklärung*	Gruppe: 100, später 300 Kritiker
Januar 1997	*Frankfurter Appell*	Gruppe: 50 Schriftsteller
Juni 1997	Ablehnung Anwendung der Rechtschreibung	Gruppe: 30 Schriftsteller
02.06.1997	Offener Brief: *Nachdruck und Gegendruck*	Einzelakteur: Grass
September 1998	Volksentscheid Schleswig-Holstein	Gruppe: Bevölkerung/Grass
September 1998	Stellungnahme zu Volksentscheid	Einzelakteur: Grass
Juli 1998	Ablehnung der Rechtschreibung in Werken	Gruppe: 30 Schriftsteller
Juli 2000	FAZ: Rückkehr zur alten Rechtschreibung	Gruppe: Schriftsteller
August 2000	Aufruf an die deutschsprachige Presse	Einzelakteur: Grass
Oktober 2003	Offener Brief internationaler Schriftsteller	Mehrere Schriftsteller
Juni 2004	Hamburger Initiative an alle Schulen	Gruppe/Grass
August 2004	Stellungnahme gegen Kultusministerkonferenz	Einzelakteur: Grass
August 2004	Alternativer Rat für deutsche Rechtschreibung	Ehrenmitglied Grass
August 2004	*Weimarer Erklärung*	Gruppe
Oktober 2004	*Frankfurter Appell*	Gruppe

Um gegen die politische Entscheidung einer Rechtschreibreform öffentlich zu protestieren, bildete sich über „Parteiunterschiede"[43] hinweg eine Diskurskoalition von Schriftstellern, Germanisten und Linguisten, Lehrern und weiten Teilen der Bevölkerung. Es handelte sich somit sowohl um Experten als auch um informierte Laien.[44] Die Medien nahmen in diesem Diskurs dagegen eine ambivalente Position ein. Zu Beginn dominierte die Kritik der Journalisten, aber später bildete sich

---

40 Susanne Gieffers, Orthographischer Terror, in: TAZ, 08.10.1996.
41 DW, Rechtschreibreform, in: Die Welt 19.08.2004.
42 O. V., Zitate, in: Die Zeit, 10.08.2000.
43 Harry Nutt, „Ich bin eher ein Anarchist", in: TAZ, 23.10.1996.
44 Vgl. Stenschke, Rechtschreiben, S. 128 ff.

durch den Boykott einiger Zeitungsverlage eine „große Koalition für die deutsche Sprache"[45]. Im Laufe des Diskurses erweiterte sich die Protest-Liste mit mehr als 300 Kritikern „zu einem Who's who des intellektuellen Establishment[s]"[46]. Zahlreiche gemeinsame Aufrufe (vgl. Tabelle 38) wurden vor anstehenden politischen Entscheidungen veröffentlicht.[47] Grass trat vorrangig in dieser Gruppe von Schriftstellern und Fachexperten auf, aber er bezog auch selbst als Einzelakteur Stellung. In einem offenen Brief an seinen Verleger Gerhard Steidl verweigerte er „den widersprüchlichen und zum Teil widersinnigen Eingriff in die deutsche Sprache"[48] und somit eine Anwendung auf seine Werke.[49] Sein Verlag folgte der Entscheidung des Autors mit Hinweis auf dessen künstlerische Freiheit.[50] Die Initiative der Reformgegner erreichte eine beträchtliche Medienresonanz (vgl. Tabelle 39).

Tabelle 39: Diskurskoalitionen in der Auseinandersetzung um die Rechtschreibreform.

Gegner der Rechtschreibreform	Befürworter der Rechtschreibreform
Lehrer, wie Initiator Friedrich Denk	Kultusminister
Schriftsteller, wie Günter Grass	Kommission für Rechtschreibung
Experten und Wissenschaftler (Germanisten, Linguisten)	Politiker (Ministerpräsidenten, Mehrheit im Bundestag)
Bevölkerung (Volksentscheid, Umfragen)	Medien (anfangs mehrheitlich kritisch)
Medien (im Laufe des Diskurses)	Bundesverfassungsgericht
wenige Politiker, wie Bundespräsident Roman Herzog	

Grass, der 1999 den Literatur-Nobelpreis erhielt, wurde in der Öffentlichkeit als einer der Wortführer der Diskurskoalition wahrgenommen und hatte besonderes Gewicht, wie auch Martin Walser, Siegfried Lenz und Elfriede Jelinek.[51] Den Schriftstellern wurde als Fachexperten eine „absolute Autorität in allen sprachlichen Fra-

---

45 O. V., Große Koalition für die Sprache, in: FAZ.net, 06.08.2004.
46 O. V., Murks mit Majonäse, in: Der Spiegel, 13.10.1996.
47 Vgl. Stenschke, Rechtschreiben, S. 134.
48 Günter Grass, Nachdruck und Gegendruck, in: SZ, 02.06.1997, in: NGA 23, S. 157–159.
49 Vgl. o. V., Komma, Strich, in: FAZ, 02.06.1997; Simon Hage, Dichters Alptraum, in: Der Spiegel, 01.06.1997.
50 Igl, Sire, stellen Sie anheim, in: FAZ, 30.07.1998.
51 Günter Grass erhielt 1999 den Literatur-Nobelpreis und Elfriede Jelinek 2004. Vgl. dpa, Große Vergeudung, in: FAZ, 05.07.1996; dpa, Frankfurter Erklärung, in: FAZ, 07.10.1996; Hermann Zabel (Hrsg.), Widerworte: „Lieber Herr Grass, Ihre Aufregung ist unbegründet". Antworten an Gegner und Kritiker der Rechtschreibreform, Aachen 1997.

gen zugebilligt"[52], sodass „sie auch die größte Aufmerksamkeit"[53] erhielten. Es gelang durch ihre Unterstützung, die nötige Öffentlichkeit für das Anliegen zu gewinnen, sodass sie als Agenda-Setter den Diskurs neu eröffneten.[54] „Obwohl sie nur relativ wenige Diskursbeiträge leiste[te]n, erziel[t]en sie damit eine gewaltige Resonanz"[55], wie sich an Grass' Beispiel belegen lässt. Er wurde „als bekanntester deutscher Schriftsteller [...] auf dem Titelbild des Spiegels als Fahnenträger dargestellt, obwohl andere Autoren sich viel mehr als er [...] dazu geäußert haben"[56]. Durch die Öffentlichkeitswirksamkeit gelang es, die Bevölkerung für das Anliegen zu gewinnen. Mehrere Meinungsumfragen zeigen, dass im Diskursverlauf fünfzig bis siebzig Prozent der Bevölkerung die Reform ablehnten.[57] Grass unterstützte verschiedene Bürgerinitiativen persönlich.[58] Liesel Hartenstein (SPD) wies im Bundestag darauf hin, dass der Protest der Intellektuellen „darin seinen Niederschlag findet, daß wir auf unseren Schreibtischen Hunderte von Elternbriefen vorfinden, daß Bürgerinitiativen entstehen und sogar Volksbegehren gefordert werden"[59]. Auch Initiator Friedrich Denk hoffte: „Wenn die Mehrheit es will, kann man jede Vereinbarung zurücknehmen. Und wenn dabei Milliarden eingespart werden können, muß man es tun."[60] Die Prominenz und Reputation der Schriftsteller sollte „die Reformer in den Kultusbürokratien der Länder unter Druck"[61] setzen. Initiator Friedrich Denk hoffte, „wenn kein einziger Schriftsteller die Reform verteidigt [...] dann müssen die Minister sich doch sagen: Mensch, da stimmt was nicht"[62]. Tatsächlich zeigte das Beispiel eines erfolgreichen Volksentscheids in Schleswig-Holstein, dass das Votum der Bürger wirkungslos blieb.[63]

---

52 Stenschke, Rechtschreiben, S. 130.
53 Reu., Warum erst jetzt?, in: FAZ, 08.10.1996.
54 Vgl. Friedrich Denk, Noch ist es nicht zu spät, in: FAZ, 21.10.1996; Friedrich Denk, Briefe an Günter Grass, in: AdK, GGA, Signatur 10905.
55 Stenschke, Rechtschreiben, S. 230.
56 Friedrich Denk, 16.07.2020.
57 Laut IfD Allensbacher waren es 1997: 70 %, 2002: 56 %, 2004: 40 % und 2005: 61 % der Befragten. IfD Allensbach, Sind Sie für oder gegen die Rechtschreibreform?, in: Statista, 26.07.2005; vgl. o. V., Nochmal von vorn, in: SZ, 07.08.2000.
58 Vgl. Friedrich Denk, Brief an Günter Grass, 27.10.1997, in: AdK, GGA, Signatur 10905; Hilke Ohsoling, Brief an Peter Kurt Würzbach, 16.09.1997, in: AdK, GGA, Signatur 14665; o. V., Namhaft & anti, in: TAZ, 07.11.1997.
59 Deutscher Bundestag, Stenographischer Bericht, 18.04.1997.
60 Friedrich Denk, Noch ist es nicht zu spät, in: FAZ, 21.10.1996.
61 Heimo Schwilk, Wenn der Bundestag die Rechtschreibreform zu Fall bringt, ist dies vor allem ein Sieg des Studienrats Friedrich Denk, in: Die Welt am Sonntag, 13.04.1997.
62 Peter Schmalz, Der frisch gebackene Ehemann als Brathendl, in: Die Welt, 06.02.1997.
63 Vgl. Rüdiger Ewald, Sonderweg bei Schreibreform, in: Die Welt, 29.09.1998; Dieter Wenz, „Eine Degradierung der Bürger durch die Abgeordneten", in: FAZ, 18.09.1999.

Grass wurde darüber hinaus von Politikern zur Legitimation des eigenen Standpunkts im Diskurs aufgeführt. Hans-Joachim Otto (FDP) nannte ihn als Beispiel dafür, dass „das Gros der Schriftsteller [...] sich von der Neuschreibung mit Grausen abgewandt"[64] habe. Auch Erika Steinbach (CDU) argumentierte, dass er über ein „profundes Wissen"[65] in der Angelegenheit verfügte. Der Protest provozierte zahlreiche Stellungnahmen von Politikern, sodass der Diskurs nicht nur im Feuilleton der Zeitungen geführt wurde. Die Mehrzahl der an der Reform beteiligten politischen Akteure in den Bundesländern vertrat allerdings die Meinung, dass der Protest zu spät komme, da die Entscheidung bereits gefallen sei.[66] Kurt Beck wies daraufhin, dass dieser erst „in der Phase als die Kommission ihre Vorschläge öffentlich gemacht hatte und nach einem langen internen Diskussionsprozess [kam]. [...] Wenn ein Diskussionsprozess mal abgeschlossen ist, muss man auch mal zu einer Entscheidung kommen und darauf habe ich hingewiesen."[67] Für den bayerischen Kultusminister Hans Zehetmaier (CSU) wirkte der späte Protest, „als kämen die Kritiker gerade von einem mehrjährigen Auslandaufenthalt"[68] wieder. Edmund Stoiber (CSU) brachte die Sichtweise auf den Punkt: „Die Autoren haben offenbar nicht nur die jahrelange Fachdiskussion versäumt, sondern auch die politische Diskussion [...]."[69] Joachim Neuser, Sprecher des für die Reform federführenden Bildungsministeriums von Nordrhein-Westfalen, stellte klar: „Es gibt kein Zurück mehr, wir würden uns ja lächerlich machen."[70] Nur wenige Kultusminister unterstützten daher das Anliegen der Reformgegner, wie Hartmut Holzapfel (SPD) in Hessen.[71] Die jeweiligen Minister in den Bundesländern beanspruchten die Kulturhoheit und waren nicht zu einer Rücknahme der Beschlüsse bereit.[72]

Durch die anhaltenden öffentlichen Proteste gelang es der Diskurskoalition, das Thema allerdings auf die Agenda der Bundespolitik zu setzen. Aufgrund eines interfraktionellen Antrags von fünfzig Abgeordneten wurde am 18. April 1997 über die neue Rechtschreibreform im Bundestag diskutiert.[73] Dass für diesen Antrag die Stimmen von Schriftstellern wie Günter Grass entscheidend waren, zeigt die Plenarde-

---

64 Deutscher Bundestag, Stenographischer Bericht, 02.12.2004.
65 Deutscher Bundestag, Stenographischer Bericht, 02.12.2004.
66 Vgl. o. V., Murks mit Majonäse, in: Der Spiegel, 13.10.1996; Susanne Gieffers, Orthographischer Terror, in: TAZ, 08.10.1996.
67 Kurt Beck, 30.03.2020.
68 Kurt Reumann, Antreiber der Poeten, in: FAZ, 12.10.1996.
69 Reib., Soll die Rechtschreibreform wieder gestoppt werden?, in: FAZ, 20.10.1996.
70 Susanne Gieffers, Orthographischer Terror, in: TAZ, 08.10.1996, S. 3; vgl. Kurt Beck, 30.03.2020.
71 Vgl. Reuter, Reformmüde, in: SZ, 23.11.1996; dpa / Reuter, Rechtschreibung teilweise nach Belieben, in: SZ, 07.10.1996.
72 Vgl. reib., Soll die Rechtschreibreform wieder gestoppt werden?, in: FAZ, 20.10.1996.
73 Deutscher Bundestag, Antrag „Rechtschreibung in der Bundesrepublik Deutschland", 21.02.1997.

batte. Helmut Lippelt (Die Grünen) erwähnte beispielsweise in seiner Stellungnahme „Grass, Walser und andere Dichter, die jetzt ebenfalls wilhelminisch lärmen"[74]. Liesel Hartenstein (SPD) nannte in ihrer Rede den Protest der Intellektuellen als Beispiel dafür, dass „die Bedeutung und die Dimension dieser Reform [...] in der Politik und auch in der Öffentlichkeit lange Zeit weit unterschätzt worden"[75] seien. Die Politikerin versuchte im Vorfeld gemeinsam mit anderen Abgeordneten erfolglos, eine öffentliche Gesprächsrunde mit Schriftstellern im Plenum des Bundestags zu organisieren, um diese am politischen Prozess zu beteiligen.[76] Der Bundestag überwies den Antrag auf Ablehnung der Reform an verschiedene Ausschüsse.[77] In deren Beschlüssen wurde die Beauftragung eines unabhängigen Gremiums empfohlen, dem „neben Sprachwissenschaftlern auch Praktiker der Sprache (u. a. Schriftsteller, Dichter, Journalisten, Verleger und Entwickler von Datenverarbeitungsprogrammen)"[78] angehören sollten.

Letztendlich blieb der Protest der Schriftsteller und der anderen Reformkritiker trotz der öffentlichen Aufmerksamkeit in dreierlei Hinsicht wirkungslos. Der am 18. Dezember 1997 von der eingesetzten *Zwischenstaatlichen Kommission für deutsche Rechtschreibung* vorgelegte Bericht wurde von der Kultusministerkonferenz nicht angenommen, sondern man beschloss mit nur wenigen Änderungen die Einführung der Rechtschreibreform.[79] Die Ablehnung durch den Bundestag im März 1998 hatte als Votum „weder rechtliche Konsequenzen noch eine größere Diskursrelevanz"[80]. Auch der juristische Weg blieb erfolglos, wie das Urteil des Bundesverfassungsgerichts im Juli 1998 zeigte.[81] Die Reform wurde somit am 1. August 1998 eingeführt. 2004 lehnte die Präsidentin der Kultusministerkonferenz Doris Ahnen (SPD) eine Revision oder eine Volksabstimmung klar ab.[82] Der öffentliche Protest

---

74 Deutscher Bundestag, Stenographischer Bericht, 18.04.1997.
75 Deutscher Bundestag, Stenographischer Bericht, 18.04.1997.
76 Vgl. Liesel Hartenstein, Brief an Günter Grass, 25.08.1997, in: AdK, GGA, Signatur 11413.
77 Vgl. Deutscher Bundestag, Stenographischer Bericht, 18.04.1997.
78 Deutscher Bundestag, Beschlussempfehlung und Bericht des Rechtsausschusses „Rechtschreibung in der Bundesrepublik Deutschland", 24.03.1998.
79 Dpa, Kultusminister: Termin für Rechtschreibreform bleibt, in: SZ, 13.02.1998; vgl. Stenschke, Rechtschreiben, S. 112 und S. 114.
80 Stenschke, Rechtschreiben, S. 124, vgl. Deutscher Bundestag, Stenographischer Bericht, 26.03.1998.
81 Vgl. Friedrich Denk, Brief an Günter Grass, 16.07.1998, in: AdK, GGA, Signatur 10905; o. V., Unsinnige Umstellung, in: Der Spiegel, 26.07.1998.
82 O. V., Schröder gegen Rücknahme der Reform, in: SZ, 10.08.2004.

führte folglich lediglich zu zahlreichen Nachbesserungen der Reform, die allerdings ebenfalls Kosten generierten.[83]

Günter Grass blieb ein vehementer Kritiker der deutschen Rechtschreibreform und setzte als prominenter Sprecher seiner Diskurskoalition dieses Thema immer wieder auf die politische Agenda. Das Beispiel zeigt, inwieweit die fehlende Beteiligung von spezifischen Intellektuellen zu einem langwierigen, öffentlichen Diskurs führen kann. Die verschiedenen Interessengruppen und Fachexperten wurden nicht ausreichend in politische Prozesse einbezogen und wandten sich öffentlich gegen eine „Reform von oben"[84]. Der Druck der Diskurskoalition, bestehend aus Fachleuten, Schriftstellern, Intellektuellen und der Bevölkerung, erzeugte eine politische Resonanz und führte zur Beteiligung des Bundestages, sodass hier eindeutig eine kommunikative Macht feststellbar ist. Der Protest erreichte trotz massiver Zustimmung der Bevölkerung keine Rücknahme der Rechtschreibreform. Die Schriftsteller fanden sich nur situativ als kollektive Intellektuelle zusammen, ansonsten fehlte ihnen eine organisierte Interessenvertretung als Lobby. Es lässt sich kein Hinweis dazu finden, dass sie als Experten in entsprechenden Ausschüssen und bei weiteren politischen Prozessen angehört wurden. Entsprechende Initiativen von einzelnen Politikern scheiterten, sodass eine Wirkung auf die politische Entscheidung der Kultusministerkonferenz ausblieb. Die ehemalige Präsidentin der Kultusministerkonferenz, Johanna Wanka, gab 2006 zu: „Die Kultusminister wissen längst, dass die Rechtschreibreform falsch war"[85], aber „aus Gründen der Staatsräson ist sie nicht zurückgenommen worden."[86].

5.2.2 Öffentliche Legitimation der neuen Kulturpolitik im Wahlkampf (1998)

Gerhard Schröder gelang es, das Thema Kultur im Wahlkampf 1998 als prägendes Merkmal einer zukünftigen rot-grünen Regierungszeit zu besetzen. Bereits als Kanzlerkandidat gab er „der Kulturpolitik der SPD Schwung"[87]. Maßgeblich dafür war die Einbeziehung von Intellektuellen, wie Günter Grass (vgl. IV. Kap. 5.3.2). Sie unter-

---

83 Vgl. Dankwart Guratzsch, Kultusminister gegen grundlegende Änderungen an der Rechtschreibreform, in: Die Welt, 03.06.2004; Volker Hage et al., Rechtschreibreform: Letzte Chance, in: Der Spiegel, 10.10.2004; Christoph Schmitz, Rechtschreibung: An die Leser denken, in: Der Spiegel, 24.04.2005.
84 Dankwart Guratzsch, Ende eines langen Streits, in: Die Welt, 08.03.2006.
85 Jan Fleischhauer / Christoph Schmitz, Hit und Top, Tipp und Stopp, in: Der Spiegel, 01.01.2006.
86 Jan Fleischhauer / Christoph Schmitz, Hit und Top, Tipp und Stopp, in: Der Spiegel, 01.01.2006.
87 Olaf Zimmermann, SPD – Der Abbruch des kulturpolitischen Aufbruchs. Ein Kommentar, in: Olaf Zimmermann / Theo Geißler (Hrsg.), Kulturpolitik der Parteien. Visionen, Programmatik, Geschichte und Differenzen, Berlin 2008, S. 30–31, hier S. 30.

stützten öffentlich den Anspruch der SPD an einer Neuausrichtung der Kulturpolitik und legitimierten damit Schröders Darstellungspolitik. Dies geschah einerseits durch das Bekanntwerden von beratenden Gesprächen und anderseits durch die Auswahl von Michael Naumann als Kandidaten für das neue Amt eines Kulturstaatsministers.

Bereits seit Anfang des Jahres 1998 geisterte im Feuilleton das Thema eines Kulturstaatsministers wie „ein Gespenst durch die Debatten"[88]. Auch Grass untermauerte öffentlich die Notwendigkeit, eine Art „Bundeskulturministerium"[89] oder einen „Kulturbeauftragten"[90] zu etablieren. Im Juni 1998 erklärte Gerhard Schröder öffentlich, dass er ein Kulturstaatsministerium plane.[91] Thomas E. Schmidt bezeichnet im Nachhinein diesen Schritt als „spektakulären Coup"[92] des Kanzlerkandidaten, der damit im Wahlkampf eine „Kultur-Offensive"[93] startete. In der Presse wurde wahrgenommen, dass Schröder der „anhaltenden kulturpolitischen Passivität der SPD auf Bundesebene"[94] etwas entgegensetzte. Dieses Vorhaben wurde durch das Bekanntwerden von Beratungstreffen mit Intellektuellen (vgl. IV. Kap. 5.3.2) legitimiert. Deren Einbindung stärkte Schröders kulturnahes Image als „Gesprächskanzler"[95].

Viele der beteiligten Intellektuellen, Künstler und Fachexperten erwähnten in Interviews die Beratungsgespräche mit Gerhard Schröder, während der Kanzlerkandidat selbst keine Namen nannte.[96] Über die Treffen mit Intellektuellen als „Berater des SPD-Kanzlerkandidaten Schröder in Sachen Kunst"[97] bzw. seinem „Kulturbeirat"[98] wurde in der Presse berichtet, denn „der Mächtige [wird] an seinen Beratern gemessen"[99]. Die Wahl der „kulturpolitische[n] Berater"[100] wurden von einigen Pressevertretern als bewusste Abgrenzung von Willy Brandt verstanden, da darin „Künstler eher eine Minderheit bilden; die meisten sind, wie Nau-

---

88 Rüdiger Schaper, Seine Kulturhoheit, der Kanzler, in: SZ, 18.02.1998.
89 Dpa, Geht seinen Gang, in: FAZ, 18.05.1998.
90 Jörg Magenau, „Lachen Sie nicht!". Vereinigung komplett, in: TAZ, 18.05.1998; vgl. dpa, Im Auftrag des Bundes, in: SZ, 02.04.1998.
91 O. V., Wer schimpft hat Angst, in: Der Spiegel, 31.05.1998.
92 Thomas E. Schmidt, Schneisen durch den föderalen Dschungel. Rückblick auf die Kulturpolitik der Regierung Schröder, in: Hilmar Hoffmann / Wolfgang Schneider (Hrsg.), Kulturpolitik in der Berliner Republik, Köln 2002, S. 29–37, hier S. 29.
93 Hubert Spiegel, Die Berater, in: FAZ, 26.09.1998; vgl. Wolfrum, Rot-Grün, S. 584.
94 Nils Minkmar, Trommler an die Macht, in: SZ, 26.06.1998.
95 O. V., Schröders gesammelte Briefe, in: TAZ, 13.07.1998.
96 Vgl. Mathias Schreiber / Wolfgang Höbel / Reinhard Mohr, Ein geistiger Aufbruch, in: Der Spiegel, 26.07.1998; Nils Minkmar, Trommler an die Macht, in: SZ, 26.06.1998; o. V., Wer schimpft hat Angst, in: Der Spiegel, 31.05.1998.
97 Schreiber / Höbel / Mohr, Ein geistiger Aufbruch, in: Der Spiegel, 26.07.1998.
98 Stefan Krulle, Kanzlerkandidat, bitte zuhören!, in: Die Welt, 14.08.1998.
99 Hubert Spiegel, Die Berater, in: FAZ, 26.09.1998.
100 Hubert Spiegel, Die Berater, in: FAZ, 26.09.1998.

mann, Gorny oder Conradi, eher Manager und Funktionäre"[101]. Tatsächlich waren zumindest als Schriftsteller Grass und Loest und darüber hinaus Theaterregisseur Jürgen Flimm an den Gesprächen beteiligt.[102] Es gab die Mutmaßung, dass deren „Ansichten nicht mehr gefragt"[103] seien, denn Grass repräsentierte mit Klaus Staeck für viele das „traditionelle SPD-Klientel in der Kultur"[104]. Journalisten stellten wiederholt infrage, ob die Beiden „die bisherigen Inhalte unterschreiben"[105] könnten. Grass' Beteiligung an diesen Beratungsgesprächen war daher ein wichtiges Signal. Zudem hatte der Schriftsteller Anfang des Wahljahres sich noch verhalten über Gerhard Schröder geäußert. Es war somit ein geschickter Schachzug von Gerhard Schröder ihn einzuladen, was wiederholt in der Presse erwähnt wurde.[106] Nach den Treffen mit dem Kanzlerkandidaten bekundete Grass nun öffentlich, dass er seine „Skepsis abgebaut"[107] habe. Schröder habe „gelernt zuzuhören. Er wird jemand sein, der im Amt wächst."[108] Intellektuelle und Kunstschaffende formulierten öffentlich ihre Erwartung an den Kanzlerkandidaten, nämlich dass er den Diskurs anstoßen und ein „Moderator einer gut gewürzten Debatte"[109] werde. Sie sahen in diesem Wahlkampf eine „Chance [...] politischen Einfluß zu nehmen"[110]. Der Kanzlerkandidat lud in seiner Buchveröffentlichung zum Wahlkampf Grass und andere Intellektuelle im Wahlkampf ausdrücklich zur Mitarbeit bei der Etablierung eines Bundesbevollmächtigten für kulturelle Angelegenheiten ein, um „mit anderen über Konzeptionen und Personen nachzudenken"[111]. Tatsächlich erfolgte diese Einbindung von Intellektuellen und Kunstschaffenden bereits seit Mai 1998 (vgl. IV. Kap. 5.3.2), sodass es sich hier um eine öffentlichkeitswirksame Darstellung handelte.

Die Frage nach einem geeigneten Kandidaten für den Kulturstaatsminister beherrschte im Frühjahr 1998 den öffentlichen Diskurs. Die Erwartung an einen entsprechenden Kandidaten war hoch, da er „unterhalb der Stimmlage eines Günter Grass oder Martin Walser"[112] nicht wahrgenommen würde. Die Auswahl des Kandi-

---

101 Claudius Seidl, Wen wählt der Weltgeist?, in: SZ, 18.08.1998.
102 Schöllgen, Schröder, S. 345.
103 Hubert Spiegel, Die Berater, in: FAZ, 26.09.1998.
104 Frank Schirrmacher, Weder Vatikan noch Weißes Haus, in: FAZ, 03.09.1998.
105 Frank Schirrmacher, Weder Vatikan noch Weißes Haus, in: FAZ, 03.09.1998.
106 Schreiber / Höbel / Mohr, Ein geistiger Aufbruch, in: Der Spiegel, 26.07.1998; Nils Minkmar, Trommler an die Macht, in: SZ, 26.06.1998.
107 Christoph Schwennicke, Grüner Liebesbrief auf fremdem Briefpapier, in: SZ, 12.09.1998.
108 Christoph Schwennicke, Grüner Liebesbrief auf fremdem Briefpapier, in: SZ, 12.09.1998.
109 Schreiber / Höbel / Mohr, Ein geistiger Aufbruch, in: Der Spiegel, 26.07.1998.
110 Marius Müller-Westernhagen zitiert nach: Stefan Krulle, Kanzlerkandidat, bitte zuhören!, in: Die Welt, 14.08.1998.
111 Schröder, Und weil wir unser Land verbessern ... , S. 131.
112 Frank Schirrmacher, Der Ticker. Drei Gespräche, in: FAZ, 03.09.1998.

daten war auch insofern wichtig, „nachdem die eigentliche Vorstellung des Schröderschen Teams zunächst enttäuschte"[113]. Aus diesem Grund geriet „diese Personalie immer mehr ins Zentrum von Schröders Wahlkampf"[114]. In der Presse spekulierte man wild über verschiedene Kandidaten, sogar Günter Grass wurde genannt.[115] Nils Minkmar machte deutlich, dass dieser keinen geeigneten Kandidaten darstellte, da „nur eine anerkannte und autonome Persönlichkeit in Frage kommt, die sich noch nicht in zahllosen SPD-Wahlkampfinitiativen verschlissen"[116] habe. Die Spekulationen über einen möglichen Kandidaten für das Amt beendete Schröder, in dem er im Juli Michael Naumann nominierte.[117] Diese Entscheidung wurde in der Presse und von Politikern öffentlich diskutiert.[118] Naumann schreibt in seinen Erinnerungen: „Als der Kulturkandidat wie aus dem Nichts im Sommerloch auftauchte, füllten sich plötzlich die Feuilletons mit grundgesetzlichen Bedenken."[119] Die Presse stellte sich wiederum die Frage: „Was sagt denn eigentlich die traditionelle SPD-Kulturklientel – von Grass bis Staeck – dazu?"[120] Grass wurde mit Hinweis auf eine Begegnung im Jahr 1985 als Kritiker von Naumann aufgeführt.[121] Gerhard Schröder betonte dagegen in einem Interview gemeinsam mit Michael Naumann, dass gerade „Günter Grass zu dem Kreis [gehörte], der sich zusammengesetzt und über die Funktion eines Kulturbeauftragten diskutiert"[122] habe und daraufhin die Intellektuellen auf die offizielle Ernennung mit Begeisterung reagiert hätten. Diese Legitimation des Kandidaten durch Künstler und Schriftsteller war wichtig, da „mit Michael Naumann [...] erstmals ein Angehöriger der Intellektuellenbranche aus der sicheren Deckung abwägender Politikberatung heraus[trat]."[123] Die Personalie war entscheidend für die Repräsentation der Neuakzentuierung der Kulturpolitik. Seine Nominierung war „nicht nur ein Gesprächs- und Aussöhnungsangebot an die

---

113 Nils Minkmar, Trommler an die Macht, in: SZ, 26.06.1998.
114 Nils Minkmar, Trommler an die Macht, in: SZ, 26.06.1998.
115 Vgl. Nils Minkmar, Trommler an die Macht, in: SZ, 26.06.1998.
116 Nils Minkmar, Trommler an die Macht, in: SZ, 26.06.1998.
117 Sigfried Löffler, Minister light?, in: Die Zeit, 23.07.1998.
118 Vgl. Frank Schirrmacher, Weder Vatikan noch Weißes Haus, in: FAZ, 03.08.1998; Martin Zips, Ein Homunkulus, in: SZ, 08.07.1998.
119 Naumann, Glück gehabt, S. 296.
120 Eduard Beaucamp / Frank Schirrmacher / Hubert Spiegel, Ein kurzer Anruf aus dem Kanzleramt, in: FAZ, 10.09.1998.
121 Arr., Mann für den Heroismus, in: FAZ, 19.07.1998.
122 Beaucamp / Schirrmacher / Spiegel, Ein kurzer Anruf aus dem Kanzleramt, in: FAZ, 10.09.1998.
123 Harry Nutt, Jenseits von Boheme und Dissidenz, in: TAZ, 17.10.1998.

Kunst und [die] Intelligenz des Landes"[124], sondern „auch als eine symbolische Tat für alle jene Willy-Nostalgiker"[125] zu begreifen.

Grass legitimierte folglich gemeinsam mit anderen Künstlern und Schriftstellern öffentlich sowohl die Neuausrichtung der Kulturpolitik von Gerhard Schröder als auch Michael Naumann als Kandidaten für das Amt eines Kulturstaatsministers. Erstmalig wurde die Kulturpolitik ein Wahlkampfthema, sodass die Intellektuellen ihre kommunikative Macht für einen Machtwechsel gezielt einsetzten. Ihre Stellungnahmen eröffneten keinen Diskurs, sondern flankierten die Darstellungspolitik Gerhard Schröders. Die Zusammenarbeit mit Grass war ein wichtiges Signal, da er in der Öffentlichkeit als Referenzrahmen wahrgenommen wurde und dem Kanzlerkandidaten zuvor kritisch gegenüberstand.

5.2.3 Impulsgeber für das Wolfgang *Koeppenhaus* (2000)

Günter Grass nutzte seinen Kontakt zu Bundeskanzler Gerhard Schröder, um die notwendige politische Öffentlichkeit für die finanzielle Förderung des Wolfgang *Koeppenhauses* zu erhalten. Der Diskurs begann am 8. Januar 2000 als öffentlich bekannt wurde, dass der Nachlass von Wolfgang Koeppen, der „als die bedeutendste Hinterlassenschaft eines Schriftstellers des 20. Jahrhunderts in Mecklenburg-Vorpommern"[126] gilt, nicht in seinem maroden Geburtshaus ausgestellt werden konnte. Grass entwickelte aufgrund dieses Presseberichtes die Idee, als Stifter gemeinsam mit Peter Rühmkorf das *Koeppenhaus* in Greifswald zu retten.[127] Zufällig traf der Intellektuelle wenige Tage später am 11. Januar 2000 Gerhard Schröder bei seiner Rundreise durch Schleswig-Holstein und gewann ihn in einem persönlichen Gespräch „in launiger Stunde"[128] als Unterstützer für dieses Vorhaben.[129] Grass beschrieb die Begegnung wie folgt: „[I]ch quengelte ihm die Ohren voll. [...] Doch erst, als ich auf die Literatur kam und ihm vorjammerte, wie [...] das Geburtshaus des Schriftstellers Wolfgang Koeppen zerfalle [...], sprach mein Gast und Zuhörer: ‚Koeppen! Ganz wichtiger Autor für mich. [...] Da muß man was machen. Da mache

---

124 Seitz, Der Kanzler und die Künste, S. 150.
125 Seitz, Der Kanzler und die Künste, S. 150.
126 Vgl. o. V., Kein Geld für Geburtshaus von Wolfgang Koeppen, in: Die Welt, 08.01.2000.
127 Vgl. Kersten, Ziemlich singuläre Befreundung, S. 222; Literaturzentrum Vorpommern im Koeppenhaus, Wir trauern um Günter Grass, 13.04.2015.
128 J.-P. Schröder, Haus für die Literatur, in: Ostseezeitung, 08./09.07.2000.
129 Vgl. o. V., Unterlagen zur Rundreise Gerhard Schröders durch Schleswig-Holstein, in: AdsD, Bestand Parteivorsitzender Gerhard Schröder, 2/PVEF000355.

ich was ... ' Und er machte, der Macher."[130] Nach dem Gespräch informierte der Bundeskanzler direkt am nächsten Tag seinen Kulturstaatsminister Michael Naumann, der daraufhin seine Referentin Rosa Schmitt-Neubauer nach Greifswald zur Besichtigung schickte.[131] Staatssekretär Tilo Braune versuchte bei diesem Termin alle Bedenken zu zerstreuen, damit ein positiver Vermerk entstand.[132] Schmitt-Neubauer war sich sicher, dass die Erhaltung des maroden Fachwerkhauses schwer realisierbar sei, da „gewaltige Bau- und Umbaumaßnahmen"[133] nötig waren. Auch Naumann bekundete rückblickend: „Mir schien das absurd zu sein, um die Wahrheit zu sagen, aber Schröder fand es in Ordnung, also haben wir das gemacht. Es hat ja nicht viel gekostet."[134] „Kanzlerwort ist Kanzlerwort"[135], bekräftigte auch Tilo Braune.

Am 14. Januar teilte Grass seinem Freund Peter Rühmkorf mit, dass 900.000 DM vom Bund übernommen würden.[136] Bei der Pressekonferenz am 1. Februar erklärten Grass und Rühmkorf öffentlich, dass ihre neu gegründete Stiftung die literaturwissenschaftliche Forschung mit 300.000 DM unterstützen könne, aber dies nur ein „Bauchsteinchen"[137] für die Rettung des *Koeppenhauses* darstellte.[138] Für die Renovierung des Geburtshauses oder für ein Museum sei die Unterstützung durch Bund und Länder nötig.[139] Grass erwähnte in dem Pressegespräch bereits, dass „Bundeskanzler Schröder [...] seine Hilfe zugesagt"[140] habe. Die überregionale Presseberichterstattung (zwanzig Presseartikel) begleitete den intellektuellen Einsatz für das *Koeppenhaus* mit kritischem Ton, da dieser Schritt eine „Arbeit am eigenen Mythos"[141] darstelle. Ulrich Baron bezeichnete es dagegen als „lobenswert, dass sich Günter Grass – nicht zuletzt unter dem Eindruck dieses verfallenen Hauses jetzt für seinen 1996 verstorbenen Kollegen einsetzt"[142].

---

130 Günter Grass, Dem Macher sei Dank gesagt, in: NGA 23, S. 399.
131 Vgl. Michael Naumann, 02.03.2020; Rosa Schmitt-Neubauer, 17.03.2002.
132 Tilo Braune, 14.04.2021.
133 Rosa Schmitt-Neubauer, 17.03.2002.
134 Michael Naumann, 02.03.2020.
135 Tilo Braune, 14.04.2021.
136 Vgl. Kersten, Ziemlich singuläre Befreundung, S. 333.
137 Thomas Wirtz, Gründerväter. Koeppen stiftet Tradition, in: FAZ, 03.02.2000.
138 Vgl. dpa, Was Literaten taten, in: SZ, 03.07.2000.
139 Twz., Gründerzeit. Grass und Rühmkorf stiften für Koeppen, in: FAZ, 02.02.2000.
140 Twz., Gründerzeit. Grass und Rühmkorf stiften für Koeppen, in: FAZ, 02.02.2000; vgl. o. V., Unterm Strich, in: TAZ, 03.02.2000.
141 Thomas Wirtz, Die Koeppenickiade, in: FAZ, 07.02.2000; vgl. ders., Erzwungene Heimkehr, in: FAZ, 31.01.2000; ders., Gründerväter, in: FAZ, 03.02.2000; FAZ, Verirrte Hilfe, in: FAZ, 01.02.2000; dpa, Stiftung stiftet Staunen, in: SZ, 02.02.2000; Ulrich Baron, Koeppens Nachlass, in: Die Welt, 03.02.2000.
142 Ulrich Baron, Koeppens Nachlass, in: Die Welt, 03.02.2000.

Am 27. März 2000 war ein Gespräch zwischen Grass und Rühmkorf sowie Harald Ringstorff, dem Ministerpräsidenten von Mecklenburg-Vorpommern, mit seinem Minister für Bildung, Wissenschaft und Kultur, Peter Kauffold, und Kulturstaatsminister Naumann geplant, um ein entsprechendes Konzept zu erarbeiten.[143] Grass konnte den Termin nicht wahrnehmen, sodass ihn Rühmkorf „kraftvoll vertreten"[144] hat. Am 7. Juli 2000 wurde bereits die entsprechende Vereinbarung von Schröder gemeinsam mit Grass als Vertreter der *Wolfgang-Koeppen-Stiftung* unterschrieben.[145] Der Bundeskanzler bekundete in seiner Einladung an den Intellektuellen, dass er sich freue, „dass Deine Idee nun schnell umgesetzt werden kann"[146]. Der Presse war klar, dass die „Rettung [...] eine [...] gemeinsamen Initiative"[147] von Kanzler Schröder und Grass war. Das *Koeppenhaus* stellt die „erste Frucht einer noch jungen Männerfreundschaft"[148] dar, die auch von der Öffentlichkeit wahrgenommen wurde: „Der Kanzler sucht die Nähe der Kultur, der Schriftsteller die Nähe zur Macht"[149]. Grass dankte Schröder für seine Unterstützung, „Koeppens marodes Geburtshaus in ein ansehnliches und mittlerweile belebtes Literaturhaus zu verwandeln"[150]. Drei Jahre später, am 23. Juni 2003, wurde das Haus in Anwesenheit von Günter Grass und Peter Rühmkorf eröffnet.[151]

Am Beispiel des *Koeppenhauses* kann Grass' Einfluss von in die Politik kausal nachvollzogen werden. Der Intellektuelle erklärte: „Es war wie in der Märchenstunde. Ein Wunsch wurde erfüllt. Dem Macher sei Dank gesagt."[152] In seiner Rede stellte der Intellektuelle daher fest, dass „die ‚Firma Sisyphos' [...] inzwischen faltbare Steine herstellt, die jeder wälzen kann"[153]. Auch wenn mehrere Akteure sich an der Rettung des Geburtshauses von Wolfgang Koeppen beteiligten, so war sowohl Grass' Initiative als auch die politische Unterstützung Schröders für die Realisierung des Projektes entscheidend.[154] Der Intellektuelle nutzte seinen direkten Kontakt zum Bundeskanzler, um ihn als Unterstützer zu gewinnen. Dabei agierte er weniger als

---

143 Vgl. Harald Ringstorff, Brief an Günter Grass, 22.04.2000, in: GUGS; Tilo Braune, Konzept Literaturhaus Vorpommern im Wolfgang-Koeppen-Haus, 23.03.2000, in: GUGS.
144 Tilo Braune, 14.04.2021.
145 Vgl. o. V., Entwurf der Gemeinsamen Vereinbarung zur Errichtung und Gestaltung des Vorhabens Literaturhaus Vorpommern im Wolfgang-Koeppen-Haus, in: GUGS.
146 Gerhard Schröder, Brief an Günter Grass, 10.05.2000, in: GUGS.
147 Ddp, Koeppen-Haus ohne Mobiliar: Wo sind die 32 000 Euro geblieben?, in: Die Welt, 02.10.2002.
148 Lothar Müller, Ein Bauauftrag der Firma Sisyphos, in: FAZ, 10.07.2000.
149 Lothar Müller, Ein Bauauftrag der Firma Sisyphos, in: FAZ, 10.07.2000.
150 Günter Grass, Dem Macher sei Dank, in: NGA 23, S. 399.
151 Kersten, Ziemlich singuläre Befreundung, S. 224.
152 Günter Grass, Dem Macher sei Dank, in: NGA 23, S. 399.
153 Lothar Müller, Ein Bauauftrag der Firma Sisyphos, in: FAZ, 10.07.2000.
154 Vgl. Literaturzentrum Vorpommern im Koeppenhaus, Wir trauern um Günter Grass, 13.04.2015.

Berater, sondern als Stifter, der finanzielle Mittel für sein Anliegen akquirieren musste. Grass fungierte somit als Organisator von politischer Öffentlichkeit für ein Kulturprojekt, das „außer der Reihe"[155] in kürzester Zeit entstand. Der überzeugte Bundeskanzler erklärte diese Angelegenheit zur Chefsache und setzte sein persönliches Anliegen gegen den Widerstand der eigenen Mitarbeiter durch. Für den Bundeskanzler war die gemeinsame Aktivität mit dem Intellektuellen für seine Darstellungspolitik förderlich, da er medienwirksam seine Kulturnähe darstellen konnte. Grass' Rolle als Kulturförderer wurde in der Öffentlichkeit dagegen kaum wahrgenommen und eher kritisch beäugt.

Das *Koeppenhaus* ist ein Paradebeispiel für Grass' Einsatz im Bereich der Kulturförderung. Die Analyse belegt, dass er seine Kontakte zu Politikern häufiger verwendete, um den Erhalt der finanziellen Förderung von Kulturinstitutionen zu sichern.[156] Das entsprach seiner Mitteilung an Gerhard Schröder: „Ich aber hörte nicht auf zu quengeln."[157] Die Wirkung seines Engagements beschreibt Heide Simonis: „Durch Deinen ‚Brandbrief' wurde eine unbürokratische konzentrierte Aktion ausgelöst, die zu diesem schönen Ereignis führte"[158]. Die ehemalige Kulturstaatsministerin Christina Weiss weist darauf hin, dass für den Erhalt kultureller Institutionen prominente Unterstützer nötig sind, „weil die Belange der Kulturpolitik immer besonders intensive Werbung brauchen. Die PolitikkollegInnen der anderen Ressorts haben oft gar keine klare Vorstellung vom gesellschaftlichen Wert und der kulturellen Bedeutung einer Kunst- bzw. Kulturinstitution – erst dann, wenn sie erfahren, wer und wie intensiv sich prominente Kulturvertreter dafür einsetzen und wie lautstark die öffentliche Aufmerksamkeit wird, entsteht auch eine politische Fachdebatte."[159] Auch Dankwart Guratzsch betonte, dass erst „die Proteste [...] ein Nachdenken der politisch Verantwortlichen in letzter Minute"[160] auslösten. Grass hoffte selbst, dass „all die Stimmen [...] den Entscheidungsträgern zu denken geben"[161].

Gerade in Zeiten, in denen „zuallererst im Bereich der Kultur de[r] Rotstift"[162] angesetzt wird, benötigt man die Branche prominente Fürsprecher. Kultureinrichtungen verfügen nicht über eine entsprechende Lobby, sodass Grass die politische

---

155 Tilo Braune, 14.04.2021.
156 Vgl. Günter Grass, Brief an Matthias Platzeck, 22.03.2006, in: GUGS; Heide Simonis, Brief an Günter Grass, 11.07.2003, in: GUGS; Günter Grass, Brief an Knut Nevermann, 04.01.2001, in: GUGS; Hannelore Kraft, Brief an Günter Grass, 28.01.2011, in: GUGS.
157 Günter Grass, Dem Macher sei Dank, in: NGA 23, S. 399.
158 Heide Simonis, Brief an Günter Grass, 03.02.2004, in: AdK, GGA, Signatur 15935.
159 Christina Weiss, 08.06.2020.
160 Dankwart Guratzsch, Wohnhäuser werden zu Autostellplätzen, in: Die Welt, 27.03.2007.
161 Günter Grass, Brief an Lübecker Freunde des UNESCO-Weltkulturerbes, 19.06.2009, in: GUGS; vgl. Sabine Höher, Schatzkammer der Menschen, in: Die Welt, 11.12.2007.
162 Grass, Vorsicht: Schildbürgerstreich, in: NGA 23, S. 84.

Öffentlichkeit für sie organisierte. Seine Stimme und sein Netzwerk trugen dazu bei, dass Politiker die bürokratischen Verfahren der Förderung beschleunigten und eine Umsetzung erfolgte.

5.2.4 Initiator von Lesungen im Kanzleramt (2002)

Sein Einfluss auf Gerhard Schröder machte Günter Grass geltend, um der Kultur in der rot-grünen Regierungszeit einen sichtbaren, größeren Stellenwert zu verleihen. Der Intellektuelle schlug anlässlich der Einweihung des neu erbauten Kanzleramts in Berlin dem Bundeskanzler vor, „einen deutlichen kulturellen Akzent"[163] bei der Veranstaltung zu setzen, indem man „anstelle üblicher Reden zwei Schriftsteller aus Ost- und Westdeutschland"[164] zu einer Lesung einlade. Ähnliche Initiativen für Veranstaltungen im Bundestag waren davor gescheitert.[165] Schröder ging direkt auf den Vorschlag des Intellektuellen ein und bezeichnete die Idee als „höchst überzeugend"[166]. Der Politiker verwarf allerdings den vorgeschlagenen Anlass, da er „äußerst skeptisch gegenüber"[167] dem neuen Kanzleramt sei und „die offizielle Einweihung in einem kleinen, bescheidenen Rahmen"[168] durchführen wolle. Er präferierte für eine derartige, „hochspannende Veranstaltung"[169] einen gesonderten Abend und erbat sich von Grass „konkrete Vorschläge, wen wir dazu bitten sollten"[170]. Durch die Verschiebung der Veranstaltung wurde der symbolische Gehalt vermindert, dennoch stellte eine Lesung im Kanzleramt eine Besonderheit dar.

Am 23. Januar 2002 fand in der *Skylobby* des Bundeskanzleramtes eine Lesung mit Günter Grass, Christa Wolf und Emine Sevgi Özdamar statt, die als Auftakt für eine Veranstaltungsreihe diente.[171] Gerhard Schröder hob bei der Eröffnungsrede Grass als Impulsgeber hervor.[172] Er stellte das Bundeskanzleramt als ein „offenes

---

163 Günter Grass, Brief an Gerhard Schröder, 22.3.2001, in: AdK, GGA, Signatur 14349.
164 Günter Grass, Brief an Gerhard Schröder, 22.3.2001, in: AdK, GGA, Signatur 14349.
165 Vgl. Antje Vollmer, Karte an Günter Grass, undatiert, in: AdK, GGA, Signatur 13001; Rita Süssmuth, Brief an Günter Grass, 05.02.1995, in: AdK, GGA, Signatur 10424; Günter Grass, Brief an Rita Süssmuth, 04.01.1996, in: AdK, GGA, Signatur 10435.
166 Gerhard Schröder, Brief an Günter Grass, 12.04.2001, in: AdK, GGA, Signatur 10426.
167 Gerhard Schröder, Brief an Günter Grass, 12.04.2001, in: AdK, GGA, Signatur 10426.
168 Gerhard Schröder, Brief an Günter Grass, 12.04.2001, in: AdK, GGA, Signatur 10426.
169 Gerhard Schröder, Brief an Günter Grass, 12.04.2001, in: AdK, GGA, Signatur 10426.
170 Gerhard Schröder, Brief an Günter Grass, 12.04.2001, in: AdK, GGA, Signatur 10426.
171 Vgl. FAZ, Kanzlerlesung. Gerhard Schröder lädt ein, in: FAZ, 23.01.2002.
172 Vgl. Tilman Spreckelsen, Spiel's noch einmal SPD, in: FAZ, 25.01.2002; Lothar Müller, Ertappter Salat, in: SZ, 25.01.2002.

Haus für Kunst und Kultur"[173] vor. Der damalige stellvertretender Leiter des Kanzlerbüros, Thomas Steg, macht rückblickend deutlich, dass durch diese „Formen und Formate"[174] Künstler und Intellektuelle einbezogen werden sollten, die sich öffentlich positionieren wollten. Der Bundeskanzler hoffte auf einen produktiven Dialog, denn „wir wollen die Einmischung der Kunst"[175] und bezeichnete die Veranstaltung als „Herausforderung für unser Denken"[176].

Grass' Anregung, Lesungen im Kanzleramt zu organisieren, wurde somit umgesetzt. Die Veranstaltung war hinsichtlich der Medienresonanz wirkungsvoll, denn gerade die erste Lesung erhielt die volle Aufmerksamkeit der Presse. Dies lag allerdings primär darin begründet, dass wenige Tage zuvor die Gegenkandidatur von Edmund Stoiber (CSU) bekannt wurde. Die lange geplante Lesung wurde folglich zu einer Wahlkampfveranstaltung.[177] In der Presseberichterstattung stand die Kulturaffinität des Kanzlers im Mittelpunkt, der „Kultur zur Chefsache erklärt"[178] habe und sein „ganzes Repertoire"[179] im Sinne einer Machtdemonstration zeige. Es wurde suggeriert, dass Schriftsteller und Intellektuelle ihm „zu ein wenig Glanz"[180] verhelfen sollten. Journalisten kamen zu dem Ergebnis: „Kein Anwärter auf das Kanzleramt nutzt die Nähe zur Kultur so gekonnt wie Schröder"[181]. Die Anwesenheit von Grass führte zu einem historischen Vergleich mit Willy Brandt, denn „daß Geist und Macht zum Nutzen der Politik zusammenfinden, ist ein alter Traum der Macht"[182]. In der Presse wurde somit „die Skylobby [...] zum Synonym für den lustigen Flirt des Kanzlers mit Günter Grass, Christa Wolf und Mario Adorf. Kultureller Austausch als After-Work-Party"[183]. Die Öffentlichkeitswirksamkeit der Veranstaltung war für beide Seiten von Vorteil, sodass letztlich „unklar bleibt, wer hier eigentlich wen adelt"[184]. Grass hatte sich mit seiner Idee „selber in die sky

---

173 Gerhard Schröder zitiert nach: Lothar Müller, Ertappter Salat, in: SZ, 25.01.2002.
174 Thomas Steg, 09.06.2020.
175 Gerhard Schröder zitiert nach: Uwe Wittstock, Den Fürsten belehren, in: Die Welt, 25.01.2002.
176 Gerhard Schröder zitiert nach: Uwe Wittstock, Den Fürsten belehren, in: Die Welt, 25.01.2002.
177 Edmund Stoiber entschied am 11. Januar 2002 die Kanzlerkandidatur für sich. Vgl. Tilman Spreckelsen, Spiel's noch einmal SPD, in: FAZ, 25.01.2002; Lothar Müller, Ertappter Salat, in: SZ, 25.01.2002.
178 Axel Brüggemann / Adriano Sack, Kunst kommt von Wollen, in: Die Welt am Sonntag, 02.06.2002.
179 Ullrich Fichtner, Wo war Udo?, in: Der Spiegel, 27.01.2002.
180 Uwe Wittstock, Den Fürsten belehren, in: Die Welt, 25.01.2002.
181 Brüggemann / Sack, Kunst kommt von Wollen, in: Die Welt am Sonntag, 02.06.2002.
182 Tilman Spreckelsen, Spiel's noch einmal, SPD, in: FAZ, 25.01.2002.
183 Brüggemann / Sack; Kunst kommt von Wollen, in: Die Welt am Sonntag, 02.06.2002.
184 Brüggemann / Sack, Kunst kommt von Wollen, in: Die Welt am Sonntag, 02.06.2002.

lobby katapultiert"¹⁸⁵. Gerhard Schröder nutze die Veranstaltung, um sich von seinem Konkurrenten Stoiber deutlich abzugrenzen.¹⁸⁶ Für Lothar Müller wirkte die Lesung „ein wenig wie die Demonstration des Kanzlers, dass er dem Rivalen etwas voraus hat: den ‚kritischen Dialog' mit den Intellektuellen der Republik"¹⁸⁷. Auch *Der Spiegel* stellte sich die Frage, wie Edmund Stoiber bei einer derartigen Lesung wirken würde: „Passt der hierher? Im Trachtensmoking und mit dem Bayerischen Verdienstorden um den Hals, im Gespräch mit Schriftstellern in der Sky Lobby, Kanzleramt. Geht? Geht nicht?"¹⁸⁸. Damit hat die Veranstaltungsreihe bei ihrem Auftakt schon ihren Zweck erfüllt: Die Anwesenheit von Grass und seinen Schriftstellerkollegen im Kanzleramt zeigten Gerhard Schröders Offenheit für die Kultur und förderten sein Image als besonders kulturaffinen Bundeskanzler im Sinne einer Darstellungspolitik positiv im Wahlkampf.

Die Inhalte der Lesung wurden in der Presse dagegen auffallend wenig thematisiert. Grass' Ziel, Deutschland als Kulturnation in der Öffentlichkeit darzustellen, wurde somit nur bedingt erreicht. In den Medien wurde vor allem die „allzu artig[e] und politisch perfekt[e]"¹⁸⁹ Auswahl der Autoren als „Ost-West-Multikulti-Äquilibristik"¹⁹⁰ bemängelt. Auch die Texte der Schriftsteller kritisierte die Presse, da die Qualität hinter den politischen Aussagen zurücktrete. Grass trug Gedichte aus *Novemberland* (1993) vor, die die politische Situation des vereinigten Deutschlands und den aufkommenden Rechtsradikalismus nachzeichneten. Diese Form der politischen Lyrik gefiel den Journalisten nicht: „Offenbar verfallen noch immer viele deutsche Schriftsteller, sobald sie mit den Mächtigen des Landes konfrontiert sind, in ein altes Rollenbild [...]: die Rolle des Fürstenerziehers. [...] Heute brachte die gut gemeinte politische Absicht vor allem eins hervor: schlechte Literatur."¹⁹¹ Uwe Wittstock forderte Texte, „die quer liegen zu den festgefahrenen Frontlinien der Parteien"¹⁹². Tatsächlich hatte der Schriftsteller die „finsteren Verse"¹⁹³ und „schwerblütige[n] Sonette"¹⁹⁴ 1991 / 1992 in einer Phase großer Distanz zur SPD geschrieben, sodass die Parteinähe für das Verfassen der Gedichte nicht entscheidend war. Die aktuell gebliebenen Themen des Schriftstellers über „Neonazis, deutsche

---

185 Lothar Müller, Ertappter Salat, in: SZ, 25.01.2002.
186 Lothar Müller, Ertappter Salat, in: SZ, 25.01.2002.
187 Lothar Müller, Ertappter Salat, in: SZ, 25.01.2002.
188 Ullrich Fichtner, Wo war Udo?, in: Der Spiegel, 27.01.2002.
189 Uwe Wittstock, Den Fürsten belehren, in: Die Welt, 25.01.2002.
190 Jörg Magenau, Künstler mit der Narrenkappe, in: FAZ, 14.08.2002.
191 Uwe Wittstock, Den Fürsten belehren, in: Die Welt, 25.01.2002.
192 Uwe Wittstock, Den Fürsten belehren, in: Die Welt, 25.01.2002.
193 Lothar Müller, Ertappter Salat, in: SZ, 25.01.2002.
194 Ullrich Fitner, Wo war Udo? in: Der Spiegel, 28.01.2002.

Fremdenfurcht, Talkshowgerede und Zukunftsangst"[195] wurden nicht in den Zeitungsartikeln besprochen.

Grass gab den entscheidenden Impuls für eine Veranstaltungsreihe im Kanzleramt, sodass der Intellektuelle hier über einen kausalen Einfluss verfügte. Grass' Initiative erzeugte eine Medienwirkung in allen Feuilletons. Allerdings regte die Lesung keine inhaltliche Auseinandersetzung mit den Texten der Schriftsteller an. Es wurde somit nicht die vom Intellektuellen intendierte Einheit der deutschen Kulturnation thematisiert, sondern eher Gerhard Schröders Kulturaffinität im Vergleich zu seinem Konkurrenten Edmund Stoiber. In der Presse wurde eine Instrumentalisierung der Intellektuellen durch Gerhard Schröder und somit eine gewisse Oberflächlichkeit unterstellt. Dies kann im Hinblick auf den ausschlaggebenden Vorschlag von Günter Grass sowie die erfolgten kulturpolitischen Beratungsgespräche widerlegt werden.

5.3 Beratung: Grass' Beteiligung an der sozialdemokratischen Kulturpolitik

5.3.1 Abgelehnte Beratung für das *Kulturforum der Sozialdemokratie* (1992)

Das *Kulturforum der Sozialdemokratie* wurde 1983 von Willy Brandt und Peter Glotz gegründet, um die Zusammenarbeit mit Künstlern zu institutionalisieren. Der Verein hatte das Ziel, „den Sachverstand der SPD in kulturpolitischen Fragen zu erweitern, der Partei die notwendigen Informationen für zukunftsgestaltende Entscheidungen zu verschaffen und sie damit zu einem respektierten Partner der Gruppen aus allen Bereichen des Kulturlebens zu machen"[196]. Der Austausch mit Intellektuellen sollte „im losen Umfeld der SPD"[197] durch regionale, „kleine[...] Netze"[198] in Form von gemeinsamen Veranstaltungen sowie einem theoretischen Diskurs über „kulturpolitische und auch grundsätzliche kulturelle Themen"[199] gepflegt werden. Grass lehnte bei der Gründung eine konkrete Mitarbeit im Kulturforum ab, erklärte sich aber bereit, „als Freund des Unternehmens [s]einen Rat und Kritik"[200]

---

195 Tilmann Spreckelsen, Spiel's noch einmal, SPD, in: FAZ, 25.01.2002.
196 Ursprungsimpuls des Kulturforums von 1983 zitiert nach: Wolfgang Thierse, Keine Partei hat die Kultur gepachtet. Das kulturpolitische Profil der SPD, in: Zimmermann / Geißler, Kulturpolitik der Parteien, S. 19–21, hier S. 21.
197 Thierse, Keine Partei hat die Kultur gepachtet, S. 21.
198 Rosa Schmitt-Neubauer, Erste Überlegungen zur Wählerinitiative, 11.08.1993, in: AdsD, Bestand Kulturforum der Sozialdemokratie; Stephan Gorol, 10.05.2020; Julian Nida-Rümelin, 16.06.2020.
199 Wolfgang Thierse, Keine Partei hat die Kultur gepachtet, S. 21; vgl. Stephan Gorol. 10.05.2020.
200 Günter Grass, Brief an Peter Glotz, 14.06.1983, in: AdK, GGA, Signatur 3077.

zur Verfügung zu stellen. Er forderte 1986, dass kulturpolitische Entscheidungen nicht „ausschließlich von politischen Beamten [getroffen werden dürfen], obgleich die politische Kompetenz dem Verhandlungsgegenstand Kultur nicht gewachsen sein kann"[201]. Anfang der 1990er-Jahre war das Kulturforum auf Bundesebene bereits nicht mehr aktiv.[202] Grass bekundete, er habe „die Tätigkeiten dieses Forums [...] nicht einmal vermißt"[203]. Das Verhältnis der Intellektuellen zur SPD war zu Beginn der Berliner Republik nicht zuletzt aufgrund der Wiedervereinigung und der Asylpolitik (vgl. IV. Kap. 2 und 4) auf dem Tiefpunkt angelangt, wie die Presse und auch parteiintern vielfach konstatiert wurde.[204]

Ende 1990 forderte Grass in einem persönlichen Gespräch Björn Engholm daher auf, ein neues Konzept zur „Stärkung der Kultur"[205] in Form eines „permanent gestärkten Kulturdisput[s]"[206] zu entwickeln. Er kritisierte die Arbeit des Kulturforums und schlug stattdessen vor, Schriftsteller und Intellektuelle zur Bundestagsfraktion oder vor dem Parteirat einzuladen.[207] Engholm gab 1992 dennoch den Impuls für eine Reaktivierung des Kulturforums.[208] Auf Nachfrage erklärte der Politiker sein Ziel, durch dieses Forum nach dem Vorbild Willy Brandts „Brücken [zu] schlagen [...] insbesondere zu Künstlern, die nicht direkt von [der] Partei ‚vereinnahmt' werden wollten"[209]. Er wollte damit „kritische Dialoge ermöglich[en], für die in der Parteihierarchie selten Platz war"[210]. Das Kulturforum sollte „ein klassischer Ort [...] für den Aufbau eines inhaltlichen Netzwerkes"[211] werden. Den Vorsitz des *Kulturforums der Sozialdemokratie* übernahm von 1992 bis 1996 der damalige Ministerpräsident Gerhard Schröder. Er wollte dem Verhältnis von SPD und Kulturellem eine Struktur geben und öffentlich über die

---

201 Günter Grass, Brief an Richard von Weizsäcker, 06.09.1985, in: AdK, GGA, Signatur 14611.
202 Wogegen die regionalen Kulturforen weiterhin sich großer Beliebtheit erfreuten. Vgl. Rosa Schmitt-Neubauer, 17.04.2020; Julian Nida-Rümelin, 16.06.2020; o. V., Zeit des Umbruchs. Das Kulturforum der Sozialdemokratie, in: Vorstand der SPD (Hrsg.), Jahrbuch der Sozialdemokratie 1988–1990, Bonn 1991, S. B39; o. V., Mythos und Aufklärung, in: Der Spiegel, 10.12.1989.
203 Günter Grass, Brief an Gerhard Schröder, 17.06.1992, in: AdK, GGA, Signatur 14349.
204 Vgl. Burkhard Baltzer, Bald leisere Lieder für kleinere Oskars?, in: Saarbrücker Zeitung, 16.02.1993; Julian Nida-Rümelin in: o. V., Protokoll des Treffens aller Regionalen Kulturforen, 17.06.1994, in: AdsD, Bestand Freimut Duve, 1/FDAA000192; Jörn Thießen, Vermerk an Rosa Schmitt-Neubauer / Tom Rutert-Klein (RNS / TRK), 10.08.1992, in: AdsD, Bestand Kulturforum der Sozialdemokratie.
205 Grass, Tagebuch 1990, 27.12.1990, S. 233; vgl. Günter Grass, Notiz „Für Gespräch mit Björn Engholm am 26.12.90", in: AdK, GGA, Signatur 10391.
206 Grass, Tagebuch 1990, 27.12.1990, S. 233.
207 Vgl. Grass, Tagebuch 1990, 27.12.1990, S. 233.
208 Rosa Schmitt-Neubauer, 17.03.2002; vgl. Klaus-Jürgen Scherer, 02.03.2020.
209 Björn Engholm, 07.06.2020.
210 Björn Engholm, 07.06.2020.
211 Thießen, Vermerk an Rosa Schmitt-Neubauer / Tom Rutert-Klein (RNS / TRK), 10.08.1992.

Rolle von Intellektuellen diskutieren.²¹² Auf Nachfrage erklärte der Politiker, dass er „an die Zeiten des intensiven Austauschs zwischen Politik auf der einen und Künstlern und Intellektuellen auf der anderen Seite [...] an[...]knüpfen"²¹³ wollte. Schröder unternahm in vier Briefen den Versuch, Grass dafür zu gewinnen, „an diesem Neuanfang aktiv und als Mitglied des Vereins Anteil zu nehmen"²¹⁴. Er ließ sich nicht von einer Zusammenarbeit im Rahmen des Kulturforums und damit von einer Teilnahme am parteiinternen, kulturpolitischen Diskurs überzeugen. Grass begründete seine Absage damit, dass er seine Mitgliedschaft in der SPD nur mit Mühe aufrechterhalten könne (vgl. IV. Kap. 3.3.2 und IV. Kap. 4.3.1), sodass es ihm an „Motivation für [ein] weitergehendes Engagement"²¹⁵ fehle. Schröder äußerte die Hoffnung, durch das Kulturforum „meinen Beitrag dazu leisten zu können, die von Ihnen beklagte Profillosigkeit der SPD-Politik in einem wichtigen Bereich zu beenden"²¹⁶.

Schröder übernahm den Vorsitz primär aus strategischen Gründen, da er „innerhalb des Parteivorstandes eine aktive Rolle wahrnehmen wollte"²¹⁷. Darüber hinaus erkannte er „sehr früh den Bereich der Kultur als Thema"²¹⁸ und damit auch den Nutzen des Kulturforums als inhaltlicher „Zuträger"²¹⁹ für sich. Für den Politiker war das „Kulturforum [...] nicht der Platz, neue Aktionen zu machen, sondern eher um zuzuhören und zu denken, wie kann ich das für meine Arbeit nutzen"²²⁰, wie Stephan Gorol es rückblickend beschreibt. Schröder nutzte das kulturpolitische Netzwerk und die im Kulturforum erarbeiteten Konzepte und Strategien für die spätere Einbeziehung von Intellektuellen und Künstlern (vgl. 5.3.2).²²¹ Auf Nachfrage bestätigt der Politiker: „[...] ohne diese Kontakte, die sich auch durch das Kulturforum ergeben haben, wäre die Neuausrichtung der Kulturpolitik auf Bundesebene nicht möglich

---

212 Vgl. Gerhard Schröder, An die Mitglieder des Vereins Kulturforum der Sozialdemokratie, 13.05.1992, in: AdK, GGA, Signatur 12580. Die Bezeichnung *Verein* wurde in den 1990er Jahren im Zuge der Wiederbelebung nicht mehr aufgegriffen. Vgl. Rosa Schmitt-Neubauer, 17.03.2002; Klaus-Jürgen Scherer, 02.03.2020.
213 Gerhard Schröder, 24.06.2020.
214 Gerhard Schröder, Brief an Günter Grass, 14.05.1992, in: AdK, GGA, Signatur 12580; vgl. Gerhard Schröder, Brief an Günter Grass, 01.07.1992 und 08.07.1992, in: AdK, GGA, Signatur 12580. Ein weiterer Brief vom 26.03.1992 ist nicht im Archiv gefunden worden.
215 Günter Grass, Brief an Gerhard Schröder, 17.06.1992, in: AdK, GGA, Signatur 14349.
216 Gerhard Schröder, Brief an Günter Grass, 08.07.1992, in: AdK, GGA, Signatur 12580.
217 Rosa Schmitt-Neubauer, 17.03.2002. In der Wahl zum Kanzlerkandidaten konnte Schröder sich 1993 nicht gegen Rudolf Scharping durchsetzen. 1996 folgt Wolfgang Thierse als Vorsitzender des Kulturforums.
218 Stephan Gorol, 10.05.2020.
219 Stephan Gorol, 10.05.2020.
220 Stephan Gorol, 10.05.2020.
221 Julian Nida-Rümelin, 16.06.2020; Rosa Schmitt-Neubauer, 17.03.2002.

gewesen"²²². In seinen Erinnerungen zeigt er auf, dass es „einige Linien [gab], die von der Regierungserfahrung in Hannover bis zur rot-grünen Bundesregierung in Berlin"²²³ reichten und damit „eine Art innenpolitische Vorbereitung"²²⁴ auf die Regierungszeit waren. Dazu gehörte auch, wie dieses Kapitel erstmals belegt, seine Zeit als Vorsitzender des Kulturforums. Bei der Neuausrichtung der Kulturpolitik der SPD handelte es sich folglich um einen „langen Prozess [...]. Das begann in der Zeit als Schröder Vorsitzender des Kulturforums war. Da war noch nicht dran gedacht, dass er mal Kanzlerkandidat werden würde."²²⁵ Der SPD-Parteivorsitzende Björn Engholm merkte auch hinsichtlich Grass' Nichtbeteiligung am Kulturforum selbstkritisch an: „Wir haben es nicht geschafft, klare kulturpolitische Profile zu entwickeln"²²⁶ und Anfang der 1990er-Jahre „mit den kritischen Kulturpotentialen angemessen umzugehen"²²⁷.

5.3.2 Neuakzentuierung der Kulturpolitik (1998)

Im Wahlkampf 1998 ergab sich eine Zusammenarbeit zwischen Gerhard Schröder und Günter Grass. Im Frühjahr traf sich ein informeller Beraterkreis mit dem Kanzlerkandidaten und plante gemeinsam die Ausgestaltung einer neuen Kulturpolitik, unter ihnen auch Grass. Der Politiker setzte damit eine kulturpolitische Strategie der SPD um, in der die Beteiligung von Intellektuellen im Fokus stand.²²⁸

Das Konzept (vgl. Tabelle 40) ging von folgender Ausgangslage aus: „Die Partei tut sich mit den KünstlerInnen schwer. Instrumentalisierung in den Wahlkämpfen, Ignorierung in den Zwischenphasen."²²⁹ Es sei davon auszugehen, dass viele Künstler grundsätzlich zu einem Engagement für die SPD zu gewinnen seien. Voraussetzung sei, dass man den Intellektuellen das Gefühl gebe, „von An-

---

222 Gerhard Schröder, 24.06.2020.
223 Schröder, Entscheidungen, S. 57.
224 Schröder, Entscheidungen, S. 56.
225 Rosa Schmitt-Neubauer, 21.04.2020.
226 Wms., Vergeßlicher Enkel, in: SZ, 15.10.1992.
227 Wms., Vergeßlicher Enkel, in: SZ, 15.10.1992.
228 Erarbeitet wurden sie von Rosa Schmitt-Neubauer (Geschäftsführerin des Kulturforums), Tom Rutert-Klein (Büroleiter von Gerhard Schröder), Jörg Thießen (Referenten von Björn Engholm) sowie Stephan Gorol (SPD-Mitarbeiter; Künstlerbetreuung). Vgl. Jörn Thießen, Vermerk an Rosa Schmitt-Neubauer / Tom Rutert-Klein (RNS / TRK), 10.08.1992; Tom Rutert-Klein, Vermerk Kunst und Kultur im SPD-Bundestagswahlkampf 1994,, Bestand Rudolf Scharping, 2/PVDY00546.
229 Vgl. Jörn Thießen, Vermerk an Rosa Schmitt-Neubauer / Tom Rutert-Klein (RNS / TRK), 10.08.1992.

Tabelle 40: Kulturpolitisches Konzept von 1994 im Vergleich zu Gerhard Schröders Umsetzung im Jahr 1998.

Konzept	1. kontinuierlicher Austausch und Dialog mit Künstlern	2. Beauftragten für Jugend- und Populärkultur	3. Begleitende Medienkampagne	4. Beschluss des Parteitages zu Kunst und Kultur
Formulierung im Konzept Rudolf Scharpings 1994	Abfrage der Erwartung der Intellektuellen: „Künstler, was wollt ihr?", Wertschätzung ihres Sachverstandes, konkrete Reaktion auf die Wünsche, Umsetzbarkeit in SPD-Regierung, zukünftige Zusammenarbeit	mögliches Denkmodell: Absichtserklärung des Kanzlerkandidaten „einen Beauftragten für Jugend- und Populärkultur oder dergl. als seinenBerater [...] zu installieren", Vorbild Jack Lang (Frankreich)	im Rahmen der Sommerreise, Interviews der Künstler, Aufrufe, gemeinsame Wahlveranstaltungen/ Abschlusskundgebung	Basis/Startpunkt: Beschluss des Parteitages, der „Minimalaussagen und Forderungen zu Kunst und Kultur" enthalte
Umsetzung durchGerhard Schröder 1998	Kontinuierliche Gespräche als Ministerpräsident, Vorsitzender des *Kulturforum der Sozialdemokratie*, Intensive Gespräche im Frühjahr 1998	Neuakzentuierung der sozialdemokratischen Kulturpolitik durch das Amt des Kulturstaatsministers (vgl. IV. Kap. 5.3.3)	Buchveröffentlichung *Und wie wir unser Land verbessern ...*: mediale Kampagne (vgl. IV. Kap. 5.2.2) mit Stellungnahmen von Intellektuellen, gemeinsame Veranstaltungen (vgl. IV. Kap. 5.2.4)	SPD-Startprogramm *Aufbruch für ein modernes und gerechtes Deutschland*, SPD-Programm für die Bundestagswahl 1998 *Arbeit, Innovation und Gerechtigkeit*, Koalitionsvereinbarung 1998

fang an mit dabei gewesen"[230] zu sein und damit Einfluss „auf eine andere (Kultur)Politik nach dem Wahltag"[231] zu nehmen. Durch den kulturpolitischen Dialog soll der Eindruck verhindert werden, „daß Kunst für die SPD nur Unterhaltung und Dekoration"[232] sei. Vier Punkte werden in diesem Konzept konkret erarbeitet, die dem Vorgehen Gerhard Schröders und der Funktion der Intellektuellen im Frühjahr 1998 entsprechen, wie im Folgenden belegt wird.

1. Kontinuierlicher Austausch: Gerhard Schröder nutzte seine Kontakte und die allgemeine Wechselstimmung, um nach seiner Nominierung als Kanzlerkandidat im März 1998 „namenhafte Schriftsteller, Künstler und Wissenschaft für seine Sache zu gewinnen"[233]. Er eröffnete im Mai 1998 einen persönlichen und informellen Dialog mit Intellektuellen über die zukünftige Kulturpolitik der SPD.[234] „Manfred Bissinger [lud] ausgewählte Kulturschaffende in sein Landhaus an der Elbe"[235] auf persönliche Bitte des Kanzlerkandidaten ein, sodass es sich eindeutig um eine nachgefragte, intellektuelle Beratung handelte.[236] Schröder bekundete, dass es „kein Zufall [war], dass wir uns bei Bissingers trafen. Er ist ein Freund der Künste und der Kunstschaffenden, pflegt die Beziehungen"[237]. Der Publizist spielte somit eine „wichtige integrative Rolle"[238], da er im Hintergrund „diesen Kreis zusammengehalten […] und themenbezogen zusammengesetzt hat"[239]. Die Zusammenarbeit geschah auf Eigeninitiative Schröders und nicht im institutionellen Rahmen des *Kulturforums der Sozialdemokratie.*[240]

---

230 Tom Rutert-Klein, Vermerk „Kunst und Kultur im SPD-Bundestagswahlkampf 1994", 08.03.1994, in: AdsD, Bestand Rudolf Scharping, 2/PVDY00546.
231 Tom Rutert-Klein, Vermerk „Kunst und Kultur im SPD-Bundestagswahlkampf 1994", 08.03.1994.
232 Rosa Schmitt-Neubauer, Erste Überlegungen zur Wählerinitiative, 11.08.1993, in: AdsD, Bestand Freimut DUVE, 1/FDAA000192.
233 Schöllgen, Schröder, S. 353.
234 Schreiber / Höbel / Mohr, Ein geistiger Aufbruch, in: Der Spiegel, 26.07.1998.
235 Gerhard Schröder, 24.06.2020.
236 Vgl. Schreiber / Höbel / Mohr, Ein geistiger Aufbruch, in: Der Spiegel, 26.07.1998; Werner A. Perger, Grundsatzfragen, in: Die Zeit, 08.10.1998.
237 Gerhard Schröder, Vorbild für die Zukunftsfrage, in: SZ, 05.10.2020.
238 Thomas Steg, 09.06.2020.
239 Thomas Steg, 09.06.2020.
240 Auch wenn Geschäftsführerin Rosa Schmitt-Neubauer durchaus informiert wurde. Vgl. Jürgen Flimm, Brief an Gerhard Schröder, 03.07.1998, in: Bestand Kulturforum der Sozialdemokratie.

Die Beratergruppe bestand zunächst aus einem „ganz kleinen Kreis"[241]: Oskar Negt, Erich Loest, Jürgen Flimm, Marius Müller-Westernhagen und Günter Grass.[242] Der Kanzlerkandidat profitierte hier von seinem langjährigen Austausch und seinen persönlichen Freundschaften mit Intellektuellen seit seiner Zeit als Ministerpräsident.[243] Der Teilnehmerkreis war einerseits auf einen privaten Freundeskreis zurückzuführen.[244] Anderseits war er „im Grunde eine Fortsetzung eines Beraterkreises"[245] rund um Oskar Negt in Niedersachen. Neben Schröder waren auch zwei seiner Mitarbeiter, nämlich der spätere Regierungssprecher Uwe-Karsten Heye sowie der Wahlkampfmanager und spätere Leiter des Bundeskanzleramtes, Bodo Hombach, bei dem Gespräch anwesend.[246] Im Laufe des Jahres 1998 folgten „viele Treffen zur Kulturpolitik"[247] in unterschiedlichen Konstellationen.[248] Grass' Rolle in dieser Gruppe von Intellektuellen und Kulturexperten erläutert Negt an der Sitzordnung: „Es war immer die Aufteilung, Gerhard Schröder, dann kam Günter Grass, dann kam ich und dann die weiteren und das wiederholte sich auch […]."[249]

Grass nahm nachweisbar an einem Treffen mit Gerhard Schröder am 3. Mai 1998 im Hause Bissinger und danach „regelmäßig"[250] an diversen Diskussionsrunden teil, obwohl er noch im August 1997 dessen Unterstützung als „schwierig"[251] bezeichnet hatte. Der damalige stellvertretende Leiter des Kanzlerbüros, Thomas Steg, bezeichnet Grass „bei allem Eifer und aller Leidenschaft, bei aller Flamboyance, die er hatte […] machtpolitisch als sehr pragmatisch"[252]. Uwe-Karsten Heye betont, dass seine kontinuierliche, kritische Distanz dazu führte, dass er „immer eingeladen wurde"[253]. Dies lag auch darin begründet, dass „er sich auch öffentlich äußerte,

---

241 Manfred Bissinger, Brief an Günter Grass, 06.04.1998, in: GUGS.
242 Vgl. Manfred Bissinger, Brief an Günter Grass, 06.04.1998, in: GUGS; Gerhard Schröder, 24.06.2020; Manfred Bissinger, 07.04.2020; Negt, Erfahrungsspuren, S. 277–278; Schmidt / Bernhardt, Bissinger, S. 231.
243 Vgl. Schöllgen, Schröder, S. 140; Schröder, Entscheidungen, S. 19; Negt, Erfahrungsspuren, S. 273.
244 Vgl. Nils Minkmar, Trommler an die Macht, in: SZ, 26.06.1998; o. V., Die Grappa-Connection, in: TAZ, 14.05.2003.
245 Oskar Negt, 20.07.2020.
246 Vgl. Foto, in: Schmidt / Bernhardt, Bissinger, S. 232; Bodo Hombach, 14.07.2020; Gerd Langguth, Kohl, Schröder, Merkel. Machtmenschen, München 2009, S. 247.
247 Manfred Bissinger, 07.04.2020; vgl. Schmidt / Bernhardt, Bissinger, S. 223 ff.
248 Vgl. Oskar Negt, 20.07.2020; Negt, Erfahrungsspuren, S. 273; Jürgen Flimm, Brief an Gerhard Schröder, 03.07.1998, in: AdsD, Bestand Kulturforum der Sozialdemokratie.
249 Oskar Negt, 20.07.2020.
250 Oskar Negt, 20.07.2020.
251 O. V., Unterm Strich, in: TAZ, 11.08.1997.
252 Thomas Steg, 09.06.2020.
253 Uwe-Karsten Heye, 05.11.2020.

wenn er das Gefühl hatte, dass die SPD, was den kulturpolitischen Bereich [anbetraf], Nachhilfe brauchte"[254]. Im Kreis war man von einem Wahlerfolg überzeugt, sodass die Intellektuellen „die letzten Vorbereitungen für einen Regierungswechsel"[255] treffen wollten. Bissinger begründete Grass' Teilnahme damit, dass er „Schröder rechtzeitig vorher in die Pflicht nehmen"[256] wollte. Negt meint, dass der Schriftsteller „nicht wirklich ernsthaft im Glauben war, er hätte Einfluss"[257], Er dagegen ist sich rückblickend sicher, dass die Ratschläge der Intellektuellen bei diesen Treffen im Frühjahr 1998 tatsächlich wirkungsvoll waren, denn „solange Politiker im Prozess des Machterwerbs sind, sind sie weltoffener und viel bereiter, theoretische Vorschläge anzunehmen und zu überdenken"[258]. Beide Seiten waren folglich gleichermaßen an einem Dialog auf Augenhöhe interessiert.

Die informellen Gespräche hatten das Ziel, Erwartungen und Vorschläge von den Intellektuellen über die zukünftige, sozialdemokratische Kulturpolitik einzuholen.[259] Auf diese Weise konnte Gerhard Schröder von der Sachkenntnis und dem Fachwissen der spezifischen Intellektuellen profitieren. Unter der Federführung von Jürgen Flimm wurde beispielsweise ein Strategiepapier mit dem Titel „Aufbruch für Künste und Kultur in Deutschland"[260] erarbeitet. Eine direkte Beteiligung von Günter Grass an diesen Plänen ist nicht belegbar.[261] Dokumentiert ist dagegen der Beratungsinhalt eines Gespräches, da Grass dieses selbst unter dem Titel „Nation und Europa"[262] in einem Brief und auf einem Notizzettel zusammenfasste. Er stellte die Kulturpolitik in einen engen Zusammenhang mit dem neuen Selbstverständnis von Deutschland in Europa (vgl. IV. Kap. 5.1). Es ging folglich „bei den Gesprächen um die Repräsentanz der Kultur in der Außen- und Europapolitik, vor allem im Zentrum der

---

254 Uwe-Karsten Heye, 05.11.2020.
255 Oskar Negt, 20.07.2020.
256 Manfred Bissinger, 07.04.2020.
257 Oskar Negt, 20.07.2020.
258 Hans O. Hemmer / Julia Müller, Für eine außerparlamentarische Opposition. Gespräch mit Oskar Negt über Politik und Politikberatung, in: Gewerkschaftliche Monatshefte (2002), Heft 10–11, S. 566–572, hier S. 570; vgl. Negt, Erfahrungsspuren, S. 276.
259 Uwe-Karsten Heye zitiert nach: Förster, Intellektuelle als Berater der Politik, S. 190.
260 Jürgen Flimm et al., Aufbruch für Künste und Kultur in Deutschland, 03.07.1998, in: AdsD, Bestand Kulturforum der Sozialdemokratie; vgl. Schreiber / Höbel / Mohr, Ein geistiger Aufbruch, in: Der Spiegel, 26.07.1998; Förster, Intellektuelle als Berater der Politik, S. 199–200.
261 Vgl. Jürgen Flimm, Brief an Gerhard Schröder, 03.07.1998, in: AdsD, Bestand Kulturforum der Sozialdemokratie.
262 Günter Grass, Brief an Gerhard Schröder, 07.05.1998, in: AdK, GGA, Signatur 14349; vgl. Günter Grass, Notiz „Schmierzettelchen an Manfred Bissinger", in: AdK, GGA, Signatur 14349.

neuen, der ‚Berliner' Republik"[263] und damit um eine „Etablierung einer nationalen Kulturpolitik"[264]. Die spezifischen Intellektuellen brachten neben ihrem Fachwissen den normativen Anspruch ein, der Kultur in der Gesellschaft einen neuen Stellenwert zu geben und somit ein neues Deutschlandbild von links zu definieren.[265]

2. Beauftragte für Jugend- und Populärkultur: Auch bei der Umsetzung der Ideen spielten die Intellektuellen eine tatkräftige Rolle. Die Einrichtung eines Kulturstaatsministers, der im Konzeptpapier von 1994 bereits aufgeführt wurde, unterstützte der Beraterkreis hinsichtlich einer geeigneten, institutionellen Form sowie bei der Kandidatensuche (vgl. IV. Kap. 5.3.3).

3. Begleitende Medienkampagne: Der neue Stellenwert der Kultur musste in die Öffentlichkeit transportiert werden. Dieser Themenbereich wurde bei den Treffen als eine Möglichkeit identifiziert, wie Kanzlerkandidat Schröder sich im Wahlkampf von Helmut Kohl und seiner geistig-moralischen Wende abgrenzen könnte, wie Grass auf seinem „Schmierzettelchen"[266] notierte. Flimm war sich sicher, dass „nach der restaurativen Kohl-Ära [...] der neue Kanzler Schröder alle Chancen [habe], die die kritische Meinung im Lande und den Glanz, der die Kultur heute umgibt, auf sich zu ziehen"[267]. Grass gab nach dem Beratungsgespräch in seinem Brief Schröder folgenden Ratschlag: „Aus meiner Sicht ist es notwendig, jenes in der Öffentlichkeit hergestellte und einseitig wirtschaftspolitisch geprägte Bild von Dir zu ergänzen, indem Du Deine Sicht der Nation bekanntmachst, der Kultur eine zentrale und nicht nur schmückende Aufgabe zuweist und diese von Dir gesetzten Akzente auf das zukünftige Europa übersetzt."[268] Um dieses neue Image des Kandidaten zu unterstützen, wählte Schröder in seiner Buchveröffentlichung *Und weil wir unser Land verbessern ...* die Form von offenen Briefen, „um darzulegen, wie [er] im angestrebten Amt denken, agieren und handeln"[269] würde. Das Ziel war es, diejenigen Menschen auf „geistiger Augenhöhe"[270] anzusprechen, „die jeweils für ein Thema der künftigen Politik stehen konnten"[271].

---

263 Jürgen Flimm zitiert nach: Schreiber / Höbel / Mohr, Ein geistiger Aufbruch, in: Der Spiegel, 26.07.1998; vgl. Werner A. Perger, Grundsatzfragen, in: Die Zeit, 08.10.1998.
264 Schöllgen, Schröder, S. 612.
265 Vgl. Günter Grass, Notiz „Schmierzettelchen an Manfred Bissinger", in: AdK, GGA, Signatur 14715.
266 Günter Grass, Notiz „Schmierzettelchen an Manfred Bissinger", in: AdK, GGA, Signatur 14715.
267 Jürgen Flimm, Brief an Gerhard Schröder, 03.07.1998, in: AdsD, Bestand Kulturforum der Sozialdemokratie, Mappe „Schriftsteller mit Kurt Beck, 08.05.2006."
268 Günter Grass, Brief an Gerhard Schröder, 07.05.1998, in: Akademie der Künste, GGA, Signatur 14715.
269 Manfred Bissinger, 07.04.2020; vgl. Schöllgen, Schröder, S. 352; Knut Bergmann; Der Bundestagswahlkampf 1998. Vorgeschichte, Strategien, Ergebnis, Wiesbaden 2002, S. 137.
270 Schöllgen, Schröder, S. 353.
271 Manfred Bissinger, 07.04.2020.

Für die Vorstellung der Kulturpolitik richtete Schröder seinen Brief an Günter Grass. Bereits der Titel *Man darf die Kultur nicht zum bloßen Wirtschaftsfaktor degradieren. Einige Überlegungen zu Deutschland als Kulturnation im vereinten Europa – und zur Rolle des Bundes in der Kulturpolitik*[272] weist auf den Einfluss des Intellektuellen auf diesen Text hin. Dieser Satz findet sich in Grass' Brief wieder, den er ursprünglich als „Rahmen und Inhalt einer Rede"[273] konzipierte. Dieser Beitrag wurde von Gerhard Schröder nachgefragt, denn Steg stellt klar: „Einen kompletten Redeentwurf schreibt jemand nur, wenn er explizit aufgefordert wird."[274] Auch Bissinger bestätigt, dass „für Reden von Gerhard Schröder [...] sowohl Günter Grass als auch ich Versatzstücke geliefert [haben], die von seinen Redenschreibern eingebaut wurden, manches Mal aber auch im Papierkorb landeten."[275] Die Gefahr der Verwerfung seines Entwurfes war dem Schriftsteller bewusst. Er äußerte die Hoffnung, dass der Kanzlerkandidat sich „einen Teil [s]einer Überlegungen zu eigen"[276] machte. Der Abgleich beider Texte belegt deutlich, dass einzelne Formulierungen mit Hinweis auf Grass direkt zitiert wurden[277], aber auch andere nicht markierte Versatzstücke auf den Intellektuellen zurückgehen.[278] Der offene Brief ist somit ein nachweisbares Beispiel, dass der Intellektuelle auch als Formulierungshelfer fungierte.

4. Beschluss des Parteitages zu Kunst und Kultur: In den offiziellen Dokumenten der SPD wurde dem Thema Kultur dagegen kein großer Stellenwert eingeräumt. Es gab keinen offiziellen Beschluss des Parteitages, wie im Konzeptpapier gefordert. Im Wahlprogramm der SPD hieß es in einem Kapitel „Kunst und Kultur sind unverzichtbar"[279]. Das wirkte „wie ein blutleeres Pflichtthema, für das eigentlich die Länder zuständig"[280] waren. Auch bei den zentralen Wahlversprechen fehlte der

---

272 Schröder, Und weil wir unser Land verbessern ..., S. 123–132, hier S. 123.
273 Günter Grass, Brief an Gerhard Schröder, 07.05.1998, in: Akademie der Künste, GGA, Signatur 14715.
274 Thomas Steg, 09.06.2020.
275 Manfred Bissinger, 07.04.2020.
276 Günter Grass, Brief an Gerhard Schröder, 07.05.1998, in: Akademie der Künste, GGA, Signatur 14715.
277 Vgl. Schröder, Und weil wir unser Land verbessern ... , „Palaver" S. 124, „Provinz" S. 128 oder „Kinder der Aufklärung" S. 135.
278 Vgl. Schröder, Und weil wir unser Land verbessern ... , S. 128; „Wir alle laufen Gefahr, in Zeiten wirtschaftlicher und sozialer Zwänge und Nöte die Kultur als Stiefkind zu behandeln" oder „Sie ist eben nicht nur schmückendes Beiwerk einer ansonsten ausschließlich an Wirtschaftswachstum [...] orientierten Politik."
279 SPD, „Arbeit, Innovation und Gerechtigkeit". SPD-Programm für die Bundestagswahl 1998.
280 Klaus-Jürgen Scherer, Kulturpolitik als Forum für gesamtgesellschaftlichen der Diskurse, in: Ulrich Heyer / Ulrich Menzel / Bernd Rebe (Hrsg.), Das Land verändern? Rot-grüne Politik zwischen Interessensbalancen und Modernisierungsdynamik, Hamburg 2002, S. 94–107, hier S. 97.

Begriff *Kultur* vollständig.[281] Die Kulturpolitik stellte kein zentrales Thema der SPD im Wahlkampf 1998 dar, sondern wurde erst durch die beratenden, informellen Gespräche mit den Intellektuellen und durch die Absichtserklärung Schröders, einen Kulturstaatsminister zu etablieren, in den Diskurs eingebracht. Der Kanzlerkandidat priorisierte in seinem Startprogramm „Aufbruch für ein modernes und gerechtes Deutschland"[282] den Bereich Kultur als eines seiner fünf Themenkapitel, was sich auch in den Koalitionsvereinbarungen widerspiegelte.[283] Auch in seiner Regierungserklärung machte der Bundeskanzler deutlich, dass er die Kulturpolitik „wieder zu einer großen Aufgabe europäischer Innenpolitik"[284] machen wolle.

Der Kanzlerkandidat erfüllte mit diesem Vorgehen eine lang geplante Strategie zur Einbindung von Schriftsteller und Künstlern in den Wahlkampf. Sie waren an der Konzeption dieser Neuausrichtung der Kulturpolitik beteiligt und wirkten als Formulierungshelfer für die öffentlichkeitswirksame Darstellung derselben mit. Die spezifischen Intellektuellen traten nicht nur als Fachexperten auf, sondern versuchten durch die Beratung, zu einem Regierungswechsel beizutragen und die wiedervereinigte Berliner Republik von links zu definieren. Von den anwesenden Intellektuellen wurde in der Öffentlichkeit übereinstimmend betont, dass der Kanzlerkandidat sich für ihre kulturpolitischen Anregungen interessierte und ihnen als Impulsgeber Gehör schenkte (vgl. IV. Kap. 5.2.2).[285] Schröder seinerseits lobte „diese Art des offenen, nicht von vornherein auf Positionen festgelegten Sprechens und Denkens in größeren Zusammenhängen"[286]. Er gab an, den Dialog öfters pflegen zu wollen. Auch Oskar Negt hoffte nach der erfolgreichen Wahl, „daß die Intellektuellen, die Künstler, Wissenschaftler, also alle jene, die auch ein bißchen zum Klimawechsel beigetragen haben, in ihrer Funktion der öffentlichen Kritiker anerkannt bleiben und von Dir und Deiner Mannschaft gestützt und gefördert werden."[287]

---

281 Scherer, Kulturpolitik als Forum für gesamtgesellschaftlichen der Diskurse, S. 97.
282 Gerhard Schröder, Startprogramm. Aufbruch für ein modernes und gerechtes Deutschland, in: Blätter für deutsche und internationale Politik (10 / 1998).
283 SPD / Bündnis 90 / Die Grünen, Koalitionsvereinbarung „Aufbruch und Erneuerung. Deutschlands Weg ins 21. Jahrhundert", 20.10.1998.
284 Deutscher Bundestag, Stenographischer Bericht, 10.11.1998.
285 Vgl. Oskar Negt, 20.07.2020; Christoph Schwennicke, Grüner Liebesbrief auf fremdem Briefpapier, in: SZ, 12.09.1998; Stefan Krulle, Kanzlerkandidat, bitte zuhören!, in: Die Welt, 14.08.1998.
286 Schröder, Und weil wir unser Land verbessern ..., S. 124.
287 Oskar Negt zitiert nach Schöllgen, Schröder, S. 354.

5.3.3 Beratung und Kandidatenauswahl für das Amt eines Kulturstaatsministers (1998)

Eine Kulturpolitik kann nur gelingen, wenn man Intellektuellen eine Aussicht auf die Etablierung eines kulturpolitischen Amtes gibt, hieß es in einem Konzeptpapier von 1994.[288] Genau nach diesem Plan beteiligte Gerhard Schröder Günter Grass und andere Intellektuelle an den Beratungsgesprächen über einen Kulturstaatsminister.

Bereits in den 1980er-Jahren setzten unter Bundeskanzler Helmut Kohl „verstärkte Bemühungen ein, die Rolle des Bundes in der Kulturpolitik sehr viel stärker als bisher zu pointieren"[289]. Kulturpolitiker und Intellektuelle forderten schon länger ein entsprechendes Amt (vgl. IV. Kap. 5.2.2). Der spätere Kulturstaatsminister Michael Naumann betonte, dass viele „Verbände, Initiativen und Persönlichkeiten des kulturellen Lebens [...] im Vorfeld des Bundestagswahlkampfes immer wieder auf die Notwendigkeit eines solchen Amtes auf Bundesebene hingewiesen"[290] haben. In den Beratungsgesprächen sprachen die Intellektuellen den Kanzlerkandidaten der SPD darauf an und nahmen ihn in die Pflicht.[291] Deren Impuls, die kulturpolitischen Kompetenzen auf Bundesebene zu bündeln, wurde von Schröder dankbar aufgegriffen und schließlich als Bundeskanzler umgesetzt, wenn auch in modifizierter Form. Er bekundet retrospektiv: „Mein erklärtes Ziel im Bundestagswahlkampf 1998 war es, der Kunst und Kultur auf Bundesebene eine institutionelle Verankerung und Stimme zu geben, durch ein neu zu schaffendes Amt des Kultur-Staatsministers. Im Sommer 1998 haben Manfred Bissinger und ich diese Idee entwickelt, und Manfred Bissinger hat ausgewählte Kulturschaffende in sein Landhaus an der Elbe eingeladen."[292] Es gab viele Treffen zu dieser Frage, denn „die Thematik wurde eigentlich immer wieder, wenn wir diskutierten, angesprochen. Auch die Frage, wer es werden könnte."[293] Günter Grass nahm an diesen Gesprächen teil und war „auch in solchen Fragen gerne Treiber. Er hatte bei unseren Treffen ob seiner überragenden Rolle sowieso immer das erste Wort"[294], wie Bissinger deutlich macht. Bei den Gesprächen wurde die institutionelle Form und die Auswahl eines geeigneten Kandidaten diskutiert.

---

288 Vgl. Jörn Thießen, Vermerk an Rosa Schmitt-Neubauer / Tom Rutert-Klein (RNS / TRK), 10.08.1992.
289 Klein, Kulturpolitik, S. 124; vgl. Fabian Leber, Kulturpolitik aus dem Kanzleramt. Die Kulturpolitik der Regierung Schröders 1998–2002, Marburg 2010, S. 63–65.
290 Michael Naumann, Glanz ohne Gloria. Zukünftige Schwerpunkte deutscher Kulturpolitik, in: Loccumer Protokolle (08 / 2000), S. 17–29, hier S. 17.
291 Vgl. Manfred Bissinger, 07.04.2020; Förster, Intellektuelle als Berater der Politik, S. 189.
292 Gerhard Schröder, 24.06.2020.
293 Manfred Bissinger, 02.06.2020.
294 Manfred Bissinger, 02.06.2020.

Grass' handschriftliche Notizen und ein Brief weisen darauf hin, dass im Mai 1998 über die verschiedenen Vor- und Nachteile eines Bildungs- und Kulturministeriums gesprochen wurde. Ein entsprechendes Ministerium könnte zwar „mit all den kulturellen Kompetenzen auszustatten [werden], die bisher im Auswärtigen Amt und im Innenministerium"[295] verortet waren. Grass warnte aber davor, dass die Etablierung eines Ministeriums zu einem „sinnlose[n] Föderalismusstreit"[296] führen könne. Jürgen Flimm erarbeitete in einer erweiterten Runde mit Kulturpolitikern und Fachleuten ein erstes Strategiepapier.[297] Schröder hob rückblickend hervor, dass „vor allem Günter Grass und Jürgen Flimm hilfreich"[298] in dieser Angelegenheit waren. Die entscheidende Idee, einen *Beauftragten der Bundesregierung für Kultur und Medien* (kurz: Kulturstaatsminister) im Kanzleramt zu etablieren, stammte laut Schröders Aussage allerdings von Johannes Willms, Feuilletonchef der *SZ*.[299] Mehrere Akteure aus dem Kulturbereich waren daran somit beteiligt, dass im Koalitionsvertrag schließlich die Etablierung eines „Staatsminister für kulturelle Aufgaben"[300] festgeschrieben wurde. Die informellen Gespräche mit Intellektuellen gaben einen wichtigen Impuls für die Notwendigkeit eines entsprechenden Amtes.

Neben der institutionellen Form eines Kulturstaatsministers war vor allem die Personalentscheidung für die Repräsentation der Kulturpolitik auf Bundesebene wichtig. Der Kandidat sollte als „Ansprechpartner und Impulsgeber für die Kulturpolitik des Bundes sowie als Interessensvertreter für die deutsche Kultur auf internationaler, besonders auf europäischer Ebene"[301] agieren. Schröder sagte im Bundestag später: „Diese Idee, das war mir von vornherein klar, war nur in Verbindung mit einem überzeugenden Kandidaten öffentlich zu vermitteln."[302] Der intellektuelle Beraterkreis diskutierte im Mai 1998 darüber, dass diese Person das neue Amt prägen und sich das Thema „zu eigen machen"[303] müsse. Er übernahm daher die Aufgabe,

---

295 Günter Grass, Brief an Gerhard Schröder, 07.05.1998, in: AdK, GGA, Signatur 14715; vgl. Günter Grass, Notiz „Schmierzettelchen an Manfred Bissinger", in: AdK, GGA, Signatur 14715.
296 Günter Grass, Brief an Gerhard Schröder, 07.05.1998, in: AdK, GGA, Signatur 14715.
297 Vgl. Jürgen Flimm et al., Aufbruch für Künste und Kultur in Deutschland, 03.07.1998, in: AdsD, Bestand Kulturforum der Sozialdemokratie; Jürgen Flimm, Brief an Gerhard Schröder, 03.07.1998, in: AdsD, Bestand Kulturforum der Sozialdemokratie; vgl. Förster, Intellektuelle als Berater der Politik, S. 199–200.
298 Gerhard Schröder, Rede „Hauptsache Kultur!", 29.09.2008.
299 Vgl. Schöllgen, Schröder, S. 354; Schröder, Und weil wir unser Land verbessern ..., S. 131.
300 SPD / Bündnis 90 / Die Grünen, Koalitionsvereinbarung „Aufbruch und Erneuerung. Deutschlands Weg ins 21. Jahrhundert", 20.10.1998.
301 SPD / Bündnis 90 / Die Grünen, Koalitionsvereinbarung, 20.10.1998.
302 Gerhard Schröder, Rede „Hauptsache Kultur!", 29.09.2008.
303 Günter Grass, Notiz „Schmierzettelchen an Manfred Bissinger", in: AdK, GGA, Signatur 14715.

einen geeigneten Kandidaten zu finden, und gab sich „nicht ganz ernsthaft"[304] den Namen „Kulturstaatsminister-Findungskommission"[305], um der Suche ein „pseudoformales Antlitz"[306] zu verleihen. Die Kandidatenfrage gestaltete sich schwierig und „zog sich lange hin"[307], sodass im Verlauf des Prozesses viele Namen im Raum standen. Grass selbst schlug in einem Brief Hilmar Hoffmann (Präsident des Goethe-Instituts 1993–2001) vor.[308] Gefragt wurden „im Grunde alle Mitglieder des Kreises. Keiner wollte es machen"[309]. Die meisten beteiligten Intellektuellen lehnten ab, wie auch der von Schröder favorisierte Jürgen Flimm, während der von der Gruppe bevorzugte Klaus Staeck vom Kanzlerkandidaten selbst verworfen wurde.[310] „Es zeigte sich eine große Verlegenheit"[311] in dieser Frage. Günter Grass, dem immer wieder Ambitionen auf ein politisches Amt unterstellt wurden, „nahm sich mit dem Hinweis auf noch zu schreibende Bücher von vornherein aus dem Rennen"[312]. Negt ist sich sicher, „dass er keine Lust hatte, Mehrheiten zu stützen, mit denen er inhaltlich nicht übereinstimmte"[313]. Schließlich einigte man sich auf Michael Naumann, der als Verleger wie „ein bunter Hund in der Szene bekannt [...] und der Hoffnungsträger"[314] war. Er verkörperte das, was Schröder in diesem Zusammenhang als: „kulturelle[n] Glanz"[315] formulierte. Für die Ernennung spielte der intellektuelle Beraterkreis folglich eine entscheidende Rolle. Schröder erklärte, dass sie selbst „Michael Naumann als ersten Kulturstaatsminister ausgerufen haben"[316]. Durch dieses Vorgehen legitimierten die Intellektuellen den Kandidaten, wie es dem bereits erwähnten Konzeptpapier von 1994 entsprach. Edgar Wolfrum bezeichnet „die Ernennung Naumanns [als] Coup Gerhard Schröders – die Entscheidung traf er allein, ohne Partei"[317]. Die

---

304 Gerhard Schröder, Vorbild für die Zukunftsfrage, in: SZ, 15.10.2020.
305 Gerhard Schröder, Rede „Hauptsache Kultur!", 29.09.2008; vgl. Naumann, Glück gehabt, S. 294; Schöllgen, Schröder, S. 345.
306 Gerhard Schröder, Vorbild für die Zukunftsfrage, in: SZ, 15.10.2020.
307 Negt, Erfahrungsspuren, S. 278.
308 Günter Grass, Brief an Gerhard Schröder, 07.05.1998, in: Akademie der Künste, GGA, Signatur 14715.
309 Oskar Negt, 20.07.2020.
310 Vgl. Manfred Bissinger, 07.04.2020; Oskar Negt, 20.07.2020; Schöllgen, Schröder, S. 355; Naumann, Glück gehabt, S. 294.
311 Oskar Negt, 20.07.2020.
312 Manfred Bissinger, 07.04.2020.
313 Oskar Negt, 20.07.2020.
314 Schmitt-Neubauer, 21.04.2020; vgl. Naumann, Glück gehabt, S. 293f; Michael Naumann, Brief an Franz Müntefering, 24.08.1998, in: AdsD, Bestand Franz Müntefering, 2/PVEL000134.
315 Oskar Negt, 20.07.2020.
316 Gerhard Schröder, 24.06.2020.
317 Wolfrum, Rot-Grün, S. 586.

Personalie trug maßgeblich dazu bei, dass die Kulturpolitik im Wahlkampf zu einem Thema wurde (vgl. IV. Kap. 5.2.2).[318]

Bemerkenswert ist in diesem Zusammenhang, dass die Kulturstaatsminister-Findungskommission erneut tagte, als Michael Naumann überraschend nach zwei Jahren seinen Rücktritt erklärte. Sie schlugen daraufhin Julian Nida-Rümelin als „absolut geeignete Person"[319] vor. Der Philosoph und Kulturreferent der Stadt München war laut Schöllgen „allenfalls Eingeweihten ein Begriff"[320], auch wenn er als jüngster Lehrstuhlinhaber für Philosophie (ab 1991) und Mitglied des Schattenkabinetts für das Kultusministerium von Renate Schmidt in Bayern (1994) durchaus eine gewisse Bekanntheit verfügte. Im kulturpolitischen Netzwerk des *Kulturforums der Sozialdemokratie* war er allerdings bereits eine fest etablierte Größe, sodass er bereits 1998 auf eine entsprechende Nominierung hoffte.[321] Nachdem Nida-Rümelin nach der Wahl 2002 nicht mehr antrat, weil eine anvisierte Neustrukturierung des Amtes als eigenständiges Ressort verworfen wurde[322], musste wieder über einen neuen Kandidaten diskutiert werden. Christina Weiss, ehemalige Hamburger Kultursenatorin, wurde von dem dortigen Finanzsenator Horst Gobrecht vorgeschlagen.[323] Der entscheidende Anruf wurde vorfühlend von Manfred Bissinger getätigt.[324] Die Intellektuellen der sogenannten *Kulturstaatsminister-Findungskommission* hatten in der rot-grünen Regierungszeit demnach eine wichtige Funktion bei der Personalauswahl und trugen dazu bei, dass Quereinsteiger aus dem Kulturbereich das Amt repräsentierten.

Die Etablierung des Kulturstaatsministers wurde von Günter Grass in den folgenden Wahlkämpfen als Errungenschaft aufgeführt: „Wir haben seit Gerhard Schröder erstmals einen für die Kultur zuständigen Minister. Das ist eine wichtige Betonung der Kultur in der größer gewordenen und seit 1990 souveränen Bundesrepublik."[325] Auch Hilmar Hoffmann bezeichnet „die Installierung eines Staatsministers für Kultur und Medien [...] als eines der wenigen nachhaltigen Relikte der Aufbruchseuphorie der Berliner Republik"[326]. Grass' Sorge, Kanzlerin Angela Merkel würde keinen Staatsminister mehr berufen oder das Amt dem Bildungsministerium

---

318 Vgl. Guido Schmitz, 30.06.2020; Thomas Steg, 09.06.2020; Rosa Schmitt-Neubauer, 21.04.2020.
319 Oskar Negt, 20.07.2020.
320 Vgl. Schöllgen, Schröder, S. 526. Er beruft sich dabei auf einen Brief von Gerhard Schröder an Manfred Bissinger, 05.10.2005 in BKGS / ZA: PK, Juli–November 2005, der für die weitere Erforschung gesperrt ist.
321 Julian Nida-Rümelin, 16.05.2020.
322 Julian Nida-Rümelin, 16.05.2020.
323 Vgl. Schöllgen, Schröder, S. 641.
324 Vgl. Christina Weiss, 08.06.2020.
325 SZ, Nachrichtendienst, in: SZ, 22.12.2005.
326 Hoffmann, Erinnerungen, S. 498.

zuschlagen, erfüllte sich nicht.[327] Mittlerweile ist das Amt durch „unterschiedliche[...] Personen mit unterschiedlichen Schwerpunkten [...] selbstverständlich geworden"[328].

Die Idee für einen Kulturstaatsminister wurde bereits lange in kulturpolitischen Kreisen diskutiert und im Sommer 1998 auf Anregung der Intellektuellen von Gerhard Schröder im Wahlkampf aufgegriffen. Der Bundeskanzler „vollendete [...] 1998 somit auf dem kulturpolitischen Sektor eine Entwicklung, die bereits seit den achtziger Jahren unübersehbar war: das nämlich der Bund zunehmend eine stärkere Rolle in der Kulturpolitik spielen würde"[329]. Günter Grass wirkte in einer Gruppe von spezifischen Intellektuellen nicht nur als Impulsgeber, sondern beratend bei der Frage nach der institutionellen Form und der Auswahl des Kandidaten durch die gebildete pseudoformale *Kulturstaatsminister-Findungskonferenz* in der rot-grünen Regierungszeit mit. Eine direkte Wirkung der intellektuellen Gespräche lässt sich somit nachweisen.

5.3.4 Impulsgeber für die *Kulturstiftung des Bundes* (2002)

2002 wurde die *Kulturstiftung des Bundes* gegründet, die auf eine lang verfolgte Idee von Günter Grass zurückging. Es wird parteiübergreifend anerkannt, dass er Impulsgeber für die bundeweite Kulturstiftung war.[330] Kulturstaatsminister Julian Nida-Rümelin würdigte den Intellektuellen in seiner Rede vor dem Bundestag am 23. Januar 2002 entsprechend: „Die Idee einer Kulturstiftung des Bundes bzw. einer Nationalstiftung [...] kam ursprünglich nicht aus der Politik, sondern aus den Kreisen deutscher Intellektueller und Künstler, vorneweg von Günter Grass."[331]

Das Thema geisterte als „uralter sozialdemokratischer Stiftungsmythos"[332] insgesamt „dreißig Jahre[n] [...] durch Regierungserklärungen und Politikerhirne"[333]. Die Umsetzung scheiterte immer wieder „an vorgeschobenen föderalistischen Verfassungsargumenten, in Wirklichkeit immer an den [...] kulturfeindlichen

---

327 Vgl. Uwe Ritzer, Schäbiger Handel, in: SZ, 31.10.2005.
328 Thomas Steg, 09.06.2020; vgl. Christiane Habermalz, Eine Erfolgsgeschichte für die Kultur, in: Deutschland-funk, 29.10.2018.
329 Klein, Kulturpolitik, S. 127.
330 Vgl. Bundestagsreden von Ulrike Flach (FDP), in: Deutscher Bundestag, Stenographischer Bericht, 27.09.2001; Antje Vollmer (B90/Die Grünen) und Eckhardt Barthel (SPD), in: Deutscher Bundestag, Stenographischer Bericht, 26.06.2003.
331 Deutscher Bundestag, Stenographischer Bericht, 23.01.2002; vgl. Julian Nida-Rümelin, Konzeption Nationalstiftung der Bundesrepublik Deutschland für Kunst und Kultur. Konzeption eines Zwei-Säulen-Modells, in: AdK, GGA, Signatur 12106.
332 Hhm., Sinn stiften, in: FAZ, 24.01.2002.
333 Heinrich Wefing, Der Duft des Geldes, in: FAZ, 30.03.2001.

Finanzministern"[334]. Grass ergänzte als weitere Ursache das „Unvermögen der Deutschen, sich als einer Nation angehörend zu begreifen"[335]. Im öffentlichen Diskurs griffen Fachexperten im Feuilleton immer wieder die Vision einer bundesweiten Kulturstiftung auf. Konkret wurde diese Diskussion erst, als im Februar 2000 Kulturstaatsminister Michael Naumann verkündete, den Gedanken der „Etablierung einer Bundeskulturstiftung"[336] aufzunehmen. Der Kulturstaatsminister setzte entsprechend der ursprünglichen Zielsetzung des Intellektuellen deren inhaltlichen Schwerpunkt auf die Erinnerungskultur.[337] Als der Prozess im Laufe des Jahres ins Stocken geriet, griff Grass im Juli 2000 selbst mit einem öffentlichen „Plädoyer für eine Nationalstiftung"[338] unterstützend in die Debatte ein. Naumann erklärte auf Nachfrage, „ohne Günter Grass' Push hätte es das nicht gegeben. [...] Ohne Grass keine Kulturstiftung."[339] Für den Politiker war die Kulturstiftung in seiner Amtszeit „fertig beschlossen"[340], da sie „mit einem Grundkapital im nächsten Haushalt eingestimmt"[341] war. Die Aufgabe, „mit dem Bundesfinanzminister über die Finanzausstattung zu reden"[342], überließ er allerdings als eine „Hinterlassenschaft für seinen Nachfolger"[343], auf dem nun alle Erwartungen ruhten.[344]

Im April 2001 erinnerte Bundeskanzler Gerhard Schröder in einem Brief an sein Versprechen, eine Kulturstiftung einzurichten.[345] Hortensia Völckers, die als „enge Mitarbeiter[in]"[346] Nida-Rümelin beriet und später künstlerische Leiterin der Kulturstiftung wurde, hebt retrospektiv den besonderen Stellenwert des Intellektuellen hervor: „Günter Grass war schon sehr wichtig, weil er nochmal gesagt hat: Moment mal, ich hab da noch was gut. [...] Von selbst hätte Gerhard Schröder nie eine Kultur-

---

334 Michael Naumann, 02.03.2020.
335 Günter Grass, Nach dreißig Jahren, in: NGA 23, S. 350.
336 Naumann, Glanz und Gloria, S. 23; vgl. Heinrich Wefing, Das Signal von Saarbrücken, in: FAZ, 25.10.2001.
337 Vgl. Hortensia Völckers, 05.05.2020; I.L., Kabinett beschließt Bundeskulturstiftung, in: FAZ, 24.01.2002.
338 Günter Grass, Deutsche Identität. Plädoyer für eine Nationalstiftung, in: SZ, 29./30.07.2000.
339 Michael Naumann, 02.03.2020.
340 Michael Naumann, 02.03.2020.
341 Michael Naumann, 02.03.2020.
342 Michael Naumann zitiert nach Uwe Wittstock, Dringende Forderung, in: Die Welt, 03.04.2001.
343 Nordkurier zitiert nach: o. V., Naumanns Leistung, in: FAZ, 25.11.2000.
344 Vgl. Michael Naumann, Das hängt verkehrt herum, in: Die Zeit, 17.01.2002; Leber, Kulturpolitik, S. 129.
345 Vgl. Hortensia Völckers, 05.05.2020. Grass' Brief an Gerhard Schröder ist als Originalquelle nicht im Nachlass archiviert. Die Unterlagen des Kanzleramtes sind mit Sperrzeit versehen.
346 Michael Naumann, Das hängt verkehrt herum, in: Die Zeit, 17.01.2002. Tatsächlich war Hortensia Völckers keine Mitarbeiterin, sondern eine Beraterin von Julian Nida-Rümelin. Vgl. Hortensia Völckers, 05.05.2020.

stiftung gegründet"[347]. Der Brief des Intellektuellen spielte daher eine wichtige Rolle in diesem Prozess und zog politische Kreise.[348] Völckers beschrieb dies wie folgt: „Julian Nida-Rümelin, 2001 Staatsminister für Kultur, nutzte den Wunsch von Günter Grass und seinen Brief und ihm gelang es, trotz der schwierigen Ausgangslage eines stark ausgeprägten föderalen Systems durch sein politisches Geschick, im Jahre 2002 die Gründung einer *Kulturstiftung des Bundes* zu ermöglichen."[349] Die Bedeutung des Intellektuellen zeigt sich darin, dass er sowohl vom Bundeskanzler als auch von Julian Nida-Rümelin eine Antwort erhielt. Schröder dankte dem Intellektuellen „für [s]eine fortgesetzte Unterstützung"[350] und bekräftigte, dass die Kulturstiftung „eines der ganz wichtigen kulturpolitischen Vorhaben"[351] sei. Streitpunkte wie die Finanzierungsfrage und die Kompetenzfrage mit den Bundesländern würden den Prozess allerdings erschweren, dennoch zeigte sich der Bundeskanzler zuversichtlich, dass man „die Stiftung in absehbarer Zeit realisieren könne"[352]. Bei der inhaltlichen Konzeption verwies er auf seinen Kulturstaatsminister, dem er freie Hand ließ.[353]

Julian Nida-Rümelin setzte als neuer Kulturstaatminister das Projekt ganz oben auf die Agenda und band Günter Grass in diesen Prozess ein. Er machte bereits zu Anfang seiner Amtszeit öffentlich, dass er den Wunsch habe „eine Nationalstiftung im Sinne von Günter Grass'"[354] zu gründen und machte sich deren „Durchsetzung zur Ehrensache"[355]. Die Presse urteilte, dass er derjenige sein wollte, „der endlich vollendet, worüber Kulturpolitiker seit den Tagen von Willy Brandt und Günter Grass reden"[356]. In einem Brief an Grass bezeichnete Nida-Rümelin „die Gründung einer Bundeskulturstiftung (oder „Nationalstiftung") [...] als mein zentrales Projekt noch in dieser Legislaturperiode"[357]. Der Intellektuelle versuchte, bei der konkreten Umsetzung der Kulturstiftung „massiv"[358] Einfluss zu nehmen und eigene Konzeptionsvorschläge einzubringen. Für Julian Nida-

---

347 Hortensia Völckers, 05.05.2020.
348 Hortensia Völckers, 05.05.2020.
349 Hortensia Völckers, 05.05.2020.
350 Gerhard Schröder, Brief an Günter Grass, 25.04.2001, in: AdK, GGA, Signatur 10426.
351 Gerhard Schröder, Brief an Günter Grass, 25.04.2001, in: AdK, GGA, Signatur 10426; vgl. Holger Kulick, Anecken aus Prinzip, in: Der Spiegel, 11.01.2001.
352 Gerhard Schröder, Brief an Günter Grass, 25.04.2001, in: AdK, GGA, Signatur 10426.
353 Vgl. Gerhard Schröder, Rede „Philosophie und Politik", 28.11.2014.
354 Ralph Hammerthaler, Kommune B. Parole, Parole, Parole, in: SZ, 01.03.2001.
355 Jörg Lau, Zucker für die Föderalisten, in: Die Zeit, 28.06.2001.
356 Heinrich Wefing, Ein schöner Traum von deutscher Kultur, in: FAZ, 30.08.2001.
357 Julian Nida-Rümelin, Brief an Günter Grass, 10.04.2001, in: AdK, GGA, Signatur 12152; vgl. Julian Nida–Rümelin, Die Kulturpolitik des Bundes als Ordnungspolitik, in: Olaf Zimmermann (Hrsg.), Wachgeküsst. 20 Jahre neue Kulturpolitik des Bundes 1998–2018, Berlin 2018, S. 108–114, hier S. 108.
358 Julian Nida-Rümelin, 16.06.2020.

Rümelin waren „die Ideen von vor 30 Jahren vom Ansatz her hochaktuell. Wir können uns durchaus auch heute noch an ihnen orientieren"[359]. Grass' Impulse für eine Nationalstiftung bedurften allerdings einer zeitgemäßen Anpassung. So wurde der Schwerpunkt der Kulturstiftung auf die Förderung von zeitgenössischer Kunst sowie auf kulturelle Innovation gesetzt und nicht mehr auf die Erinnerungskultur.[360] Der Kulturstaatsminister erklärt rückblickend, dass es ihm „wichtig war, dass er [Grass] sich nicht gegen diese, ganz andere Variante [...] wendet"[361], sondern sich da „irgendwie [...] wiederfindet und nicht öffentlich dagegen hält"[362]. In einem vierseitigen Brief stellte der Politiker Günter Grass seine „in den vergangenen Monaten"[363] gemachten Gedanken über die Kulturstiftung ausführlich dar. Nida-Rümelin hoffte, dass der Intellektuelle den Prozess „wohlwollend begleitet"[364]. Er lud den Intellektuellen „zu einem ausführlichen Gespräch"[365] ein. Es lassen sich zwei Treffen der beiden am 27. März und am 7. Juli 2001 rekonstruieren.[366]

Grass trat laut Aussage des damaligen Kulturstaatsministers bei diesen Gesprächen „wie ein Politiker auf, ähnlich wie er es gegenüber Willy Brandt dreißig Jahre zuvor getan hatte"[367]. Er pochte auf seine ursprüngliche Idee, mit der Stiftung den Erhalt der „Kultursubstanz der verlorenen Ostgebiete"[368] sicherzustellen. Für Nida-Rümelin waren dies „zum Teil recht bizarre Vorstellungen von den Aufgaben einer solchen nationalen Kulturstiftung. Und das war für mich nicht so ganz einfach, weil ich im Grunde ja auch das Ziel verfolgte, ein Vermächtnis von Günter Grass und Willy Brandt, nämlich die kulturelle Unterfütterung der deutschen Demokratie, zu realisieren"[369]. Nach dem ersten Treffen sendete der Kulturstaatsminister sein bereits ausformuliertes Konzept als „möglichen Kompromiss"[370] an den Intellektuellen. Der Intellektuelle nutzte gezielt die Medien, um in Interviews sein Stiftungsziel zu wiederholen und somit als Ideengeber den Druck gegen die ihm bereits bekannten, ab-

---

359 Julian Nida-Rümelin, Rede, in: Deutscher Bundestag, Stenographischer Bericht, 23.01.2002.
360 Vgl. Julian Nida-Rümelin, 16.06.2020; Hortensia Völckers, 05.05.2020.
361 Julian Nida-Rümelin, 16.06.2020.
362 Julian Nida-Rümelin, 16.06.2020.
363 Julian Nida-Rümelin, Brief an Günter Grass, 10.04.2001, in: AdK, GGA, Signatur 12152.
364 Julian Nida-Rümelin, 16.06.2020.
365 Julian Nida-Rümelin, Brief an Günter Grass, 10.04.2001, in: AdK, GGA, Signatur 12152.
366 Vgl. Günter Grass, Arbeitskalender 2001, in: GUGS.
367 Julian Nida-Rümelin, 16.06.2020.
368 Günter Grass zitiert nach: Julian Nida-Rümelin, Brief an Günter Grass, 10.04.2001, in: AdK, GGA, Signatur 12152; vgl. Günter Grass, Zusammenfassung meines Beitrages für das Gespräch mit Willy Brandt, 30.09.1970, in: Kölbel, Briefwechsel, S. 401.
369 Julian Nida-Rümelin, 16.06.2020.
370 Julian Nida-Rümelin, Brief an Günter Grass, 09.07.2001, in: AdK, GGA, Signatur 12152.

weichenden Ideen von Julian Nida-Rümelin zu erhöhen.³⁷¹ Es gelang Nida-Rümelin durch den persönlichen Kontakt, Grass allerdings insofern mit ins Boot zu holen, dass er sich nicht explizit kritisch in der Presse über das Vorhaben äußerte. Die Diskrepanz in der inhaltlichen Ausrichtung zwischen dem Ideengeber und den Plänen des Kulturstaatsministers wurde dennoch von der Presse wahrgenommen. Journalisten urteilten, dass „vor lauter unbändigem Stiftungswillen [...] das Stiftungsziel nicht zu erkennen"³⁷² sei und „dem Nobelpreisträger seinerzeit ganz andere Zwecke für die von ihm ersonnene Nationalstiftung vorschwebte"³⁷³. Der Intellektuelle hatte bis kurz vor Schluss noch Bedenken, die der Kulturstaatsminister ihm zufolge ausräumen konnte.³⁷⁴ Nida-Rümelin griff die Anregungen des Intellektuellen beispielsweise durch die im „Bundesvertriebenen-förderungsgesetz gegebenen Förderkriterien"³⁷⁵ auf. Er stellte zudem „eine Projektförderung in diesem Bereich"³⁷⁶ in Aussicht, die später unter dem Titel „Kunst in Osteuropa"³⁷⁷ umgesetzt wurde. Im Bundestag betonte der Politiker ganz im Sinne von Günter Grass, dass Deutschland nicht nur den Blick nach Westen richten dürfe, sondern man „die Einbeziehung unserer östlichen Nachbarn"³⁷⁸ als Beitrittskandidaten der Europäischen Union ernst nehmen müsse.

Trotz unterschiedlicher Schwerpunktsetzung gab es auch viele Übereinstimmungen. Einigkeit bestand beispielsweise zwischen dem Kulturstaatsminister und dem Intellektuellen über Grass' Vorschlag, den „Zugewinn an Kultur auch ausländischer Mitbürger [...] von Anbeginn mit einzubeziehen"³⁷⁹. Im späteren Konzept wird als Zweck der Stiftung die „Überbrückung kultureller Grenzen und der kulturellen Integration von zugewanderten Minderheiten"³⁸⁰ genannt. Der Intellektuelle empfahl darüber hinaus Personen für das Kuratorium und die Jury, die Julian Nida-Rümelin „ebenfalls für sehr geeignet"³⁸¹ hielt. Gemeinsam wollte man „die jüngere Generation entsprechend"³⁸² vertreten sehen. In dem Konzept hieß es: „Die National-

---

371 Dpa, Grass: Bundeskulturstiftung nach Halle, in: Die Welt, 18.05.2001; dpa, Nationalstiftung. Grass: ... soll schlesisches Erbe betreuen, in: Die Welt, 21.07.2001.
372 Hhm., Sinn stiften!, in: FAZ, 24.01.2002.
373 Heinrich Wefing, Alles außer Nolde, in: FAZ, 08.07.2004.
374 Julian Nida-Rümelin, 16.06.2020.
375 Julian Nida-Rümelin, Brief an Günter Grass, 10.04.2001, in: AdK, GGA, Signatur 12152.
376 Julian Nida-Rümelin, Brief an Günter Grass, 10.04.2001, in: AdK, GGA, Signatur 12152.
377 MZ, Ein Auftakt mit Grass, in: MZ, 22.03.2002.
378 Julian Nida-Rümelin in: Deutscher Bundestag, Stenographischer Bericht, 23.01.2002.
379 Grass zitiert nach: Julian Nida-Rümelin, Brief an Günter Grass, 10.04.2001, in: AdK, GGA, Signatur 12152.
380 Julian Nida-Rümelin, Nationalstiftung der Bundesrepublik Deutschland für Kunst und Kultur. Konzeption eines Zwei-Säulen-Modells, in: AdK, GGA, Signatur 12106.
381 Julian Nida-Rümelin, Brief an Günter Grass, 10.04.2001, in: AdK, GGA, Signatur 12152.
382 Julian Nida-Rümelin, Brief an Günter Grass, 10.04.2001, in: AdK, GGA, Signatur 12152.

stiftung bringt – gerade auch gegenüber dem Ausland – Herders Definition Deutschlands als Kulturnation sichtbar zum Ausdruck."[383] Eine Formulierung, die an den Wortlaut des Intellektuellen erinnert (vgl. IV. Kap. 5.1). Dass Personen, wie Günter Grass, durchaus wichtig für eine Legitimation dieses kulturpolitischen Vorhabens war, zeigt Nida-Rümelins Konzept. Darin heißt es, er habe „aus der kulturinteressierten Öffentlichkeit und erst recht von den Kulturschaffenden nur Zustimmung erfahren"[384].

Julian Nida-Rümelin setzte Grass' ursprüngliche Idee einer Kulturstiftung in einer modifizierten Form 2002 um. Es gelang dem Kulturstaatsminister mit Unterstützung Schröders, die „politische[n] Mehrheiten"[385] für das Projekt zu organisieren, sodass das Kabinett im Januar 2002 die Gründung beschloss.[386] Für Nida-Rümelin war die Gründung „vielleicht der größte Erfolg dieser Amtszeit. Was zu Zeiten von Brandt und Grass noch am Widerstand der Länder gescheitert war, konnte nun mit Unterstützung der Länder realisiert werden."[387] Sie wirkte sich positiv auf die Beurteilung der rot-grünen Kulturpolitik aus, da sie damit „neue[...] Akzente in der Bundeskulturpolitik"[388] setzen konnten. Sie wird in der Rückschau „als eine der Errungenschaften in der Geschichte des Kulturstaatsministeriums"[389] oder als „Bravourstück sozialdemokratischer Kulturpolitik der Ära Schröder"[390] bewertet. Inzwischen will „nicht einmal mehr die Opposition [...] auf sie verzichten."[391] Die konstituierende Sitzung der *Kulturstiftung des Bundes* am 21. März 2002 stellte sich als ein „triumphierender Auftritt"[392] des Schriftstellers dar. Sie war ein Beispiel dafür, dass „einmal ein Traum von Günter Grass wahr wurde"[393]. Er nutzte die Gelegenheit, um öffentlich mit drei Wünschen an seine ursprüngliche Idee zu erinnern: 1. den kulturellen Erhalt der Ostprovinzen, 2. die Konservierung der Dialekte

---

383 Nida-Rümelin, Konzeption eines Zwei-Säulen-Modells, in: AdK, GGA, Signatur 12106.
384 Nida-Rümelin, Konzeption eines Zwei-Säulen-Modells, in: AdK, GGA, Signatur 12106.
385 Gerhard Schröder, Rede „Philosophie und Politik", 28.11.2014.
386 Vgl. Michael Naumann, Das hängt verkehrt herum, in: Die Zeit, 17.01.2002; I.L., Kabinett beschließt Bundeskulturstiftung, in: FAZ, 24.01.2002.
387 Julian Nida-Rümelin, Die Kulturpolitik des Bundes als Ordnungspolitik, S. 108.
388 Otto Singer, Kulturpolitik und Parlament. Kulturpolitische Debatten in der Bundesrepublik Deutschland seit 1945, in: Wissenschaftliche Dienste des Deutschen Bundestages, 22.10.2003.
389 Eckhard Fuhr, Wo die Republik leuchtet, in: Die Welt, 26.09.2008.
390 Heinrich Wefing, Alles außer Nolde, in: FAZ, 08.07.2004.
391 Heinrich Wefing, Alles außer Nolde, in: FAZ, 08.07.2004.
392 Uwe Wittstock, Als einmal ein Traum von Günter Grass wahr wurde, in: Die Welt, 23.03.2002; vgl. I.L./rik., Kulturstiftung des Bundes nimmt ihre Arbeit auf, in: FAZ, 22.03.2002; Eckhard Fuhr, Wo die Republik leuchtet, in: Die Welt, 26.09.2008; I.L., Kabinett beschließt Bundeskulturstiftung, in: FAZ, 24.01.2002.
393 Uwe Wittstock, Als einmal ein Traum von Günter Grass wahr wurde, in: Die Welt, 23.03.2002.

und 3. ein Beutekunstmuseum.[394] In der Presse wurden diese als weitere Visionen und Vorschläge wahrgenommen und nicht als Kritik an der erfolgten Zielsetzung. Die inhaltliche Ausrichtung entsprach bis zuletzt nicht ganz den Vorstellungen des Intellektuellen.

Günter Grass gelang es allerdings erfolgreich, seinen öffentlich geäußerten Standortvorschlag, Halle an der Saale, durchzusetzen.[395] Den Stiftungssitz wählte er aus drei Gründen aus: erstens, um eine zentralisierte Kulturpolitik in Berlin zu verhindern, zudem, um den Stellenwert von Ostdeutschland zu betonen und zu guter Letzt einen Bezug zur Aufklärung über die *Franckeschen Stiftungen* herzustellen.[396] Grass bekam prominente Unterstützung durch den aus Halle stammenden Bundesaußenminister Hans-Dietrich Genscher, den Kultusminister von Sachsen-Anhalt, Gerd Harms, und den früheren Direktor der Franckeschen Stiftungen, Paul Raabe.[397] Nida-Rümelin versuchte allerdings, „die Frage des Sitzes der Nationalstiftung [...] bis zur Klärung aller Sachfragen"[398] auszuklammern. Auch Grass bekundete, er wolle sich zu der Frage erst wieder zu Wort melden, wenn ein Beschluß vorliege.[399] Im Juni 2001 gab Gerhard Schröder öffentlich bekannt, er werde den „entsprechenden Vorschlag des Schriftstellers Günter Grass unterstützen"[400]. Nida-Rümelin bezeichnete dies aus heutiger Sicht als „nicht die klügste Entscheidung"[401], da sie im Wahlkampf „zu sehr aus dem Augenblick heraus"[402] getroffen wurde. Der Kulturstaatsminister macht deutlich: „Das war ein Punkt, an dem wollte ich mich in keinem Fall verkämpfen und vor allem war es auch ein Wunsch von Schröder."[403] In seiner Rede bei der konstituierenden Sitzung machte Nida-Rümelin klar: „Und jemand, der vor dreißig Jahren die Nationalstiftung gewissermaßen initiiert hat, der hat mehr als nur einen Wunsch frei, wenn ich das einmal so flapsig sagen darf. Einer ist Ihnen, lieber Herr Grass, schon erfüllt worden, nämlich Halle als Sitz der Stiftung."[404] Norbert Lammert, damaliger kulturpolitischer Sprecher der CDU/CSU, bezeichnet diese Standortwahl als

---

394 Grass, Nach dreißig Jahren, in: NGA 23, S. 353–356.
395 Dpa, Grass: Bundeskulturstiftung nach Halle, in: Die Welt, 18.05.2001.
396 Dpa, Grass: Bundeskulturstiftung nach Halle, in: Die Welt, 18.05.2001.
397 Vgl. dpa, Kultur nach Halle, in: SZ, 19.05.2001; sst., Warum nicht Halle?, in: FAZ, 02.06.2001.
398 Nida-Rümelin, Konzeption eines Zwei-Säulen-Modells, in: AdK, GGA, Signatur 12106.
399 Vgl. Günter Grass, Brief an Hubert Spiegel, 31.05.2001, in: GUGS; Hubert Spiegel, Brief an Günter Grass, 25.05.2001, in: GUGS.
400 DW., 25 Millionen Mark für Bundeskulturstiftung, in: Die Welt, 11.06.2001.
401 Julian Nida-Rümelin, 16.06.2020.
402 Julian Nida-Rümelin, 16.06.2020.
403 Julian Nida-Rümelin, 16.06.2020; vgl. Naumann, „Das hängt ja verkehrt herum!", in: Die Zeit, 17.01.2001.
404 Julian Nida-Rümelin, Rede anlässlich des Festaktes der Kulturstiftung des Bundes, 21.03.2003.

„eine absolute Fehlentscheidung"[405], die „aber im Übrigen aufs Schönste verdeutlicht, wie beachtlich der Einfluss von Grass direkt und indirekt auf kulturpolitische Sachverhalte war"[406]. Er kritisiert, dass beide Politiker „schlicht überfordert [waren] als Vollstrecker sozusagen eines alten sozialdemokratischen Anliegens an der erklärten Präferenz für Halle vorbeizugehen, obwohl unter praktischen Gesichtspunkten alles dagegen sprach."[407] Der Ministerpräsident von Sachsen-Anhalt, Reinhard Höppner, bezeichnete den Vorschlag später diplomatisch als „ein bißchen sehr originelle Idee"[408]. Gegen den Widerstand einiger Politiker setzte sich demnach der „Wunschort von Günter Grass"[409] durch. Halle an der Saale zeigte sich dankbar und zeichnete den Intellektuellen 2003 mit dem Bürgerpreis der Stadt aus.[410]

Kritisch wurde in der Öffentlichkeit gesehen, dass die ursprüngliche Idee einer Nationalstiftung und damit Fusion von Kultur- und Länderstiftung nicht erreicht wurde.[411] Schöllgen urteilt, dass die erfolgreiche Umsetzung nur deshalb gelang, da man das große Projekt ruhen ließ und sich mit der Bundeskulturstiftung begnügte.[412] Nach der erfolgreichen Gründung knüpfte Kulturstaatsminister Nida-Rümelin an das ursprüngliche Ziel an begründete die Notwendigkeit einer Fusion damit, dass sie der Idee Grass' und Brandts entspräche.[413] Auch im Bundestag verfolgten Politiker diese Argumentationslinie und verwiesen auf „den Gründungsmythos dieser Stiftung"[414]. Nida-Rümelin und auch Karin von Welck, Generalsekretärin der Kulturstiftung der Länder, zeigten sich im Juli 2002 noch optimistisch, dass „es Anfang nächsten Jahres so weit sein"[415] wird. Im Sommer 2003 entwickelt sich „der Streit um die Bundeskulturstiftung [...] mehr und mehr zur Groteske"[416]. Günter Grass nutzte 2006 seine Bedeutung, um auch in dieser Frage Einfluss zu nehmen. Er befürchtete,

---

405 Norbert Lammert, 29.06.2020.
406 Norbert Lammert, 29.06.2020.
407 Norbert Lammert, 29.06.2020.
408 Hannes Hintermeier, Wer nicht arbeitet, soll auch nicht essen, in: FAZ, 31.01.2002.
409 Dirk Krampitz, Theater kann mich wütend machen, in: Die Welt am Sonntag, 12.06.2005.
410 Ilona Lehnart, Eheanbahnung, in: FAZ, 14.03.2003.
411 Jens Bisky, Impulsgeber, in: SZ, 26.10.2001; vgl. Leber, Kulturpolitik, S. 128 ff.
412 Vgl. Schöllgen, Schröder, S. 612. Er bezieht sich auf einen Brief von Nida-Rümelin an Schröder, 11. Mai 2001, in: BKGS / ZA: TA, 28.05.2001, dessen Einsicht für diese Untersuchung nicht freigegeben wurde.
413 Vgl. Isa Hoffinger, Länderkulturstiftung fusioniert mit der Bundeskulturstiftung, in: Die Welt, 13.07.2002; Ilona Lehnart, Eheanbahnung, in: FAZ, 14.03.2003.
414 Antje Vollmer in: Deutscher Bundestag, Stenographischer Bericht, 26.06.2003; vgl. Günter Nooke in: Deutscher Bundestag, Stenographischer Bericht, 26.06.2003.
415 Isa Hoffinger, Länderkulturstiftung fusioniert mit der Bundeskulturstiftung, in: Die Welt, 13.07.2002.
416 Uwe Wittstock, Föderale Trotzköpfe, in: Die Welt, 28.06.2003.

dass eine Fusion einen Umzug nach Berlin mit sich ziehen würde.[417] Grass forderte öffentlich Norbert Lammert (CDU) auf, dies zu verhindern.[418] Diese Stellungnahme des Intellektuellen entsprach einer an ihn gerichteten Bitte der Stadt Halle.[419] Oberbürgermeisterin Ingrid Häußler bedankte sich im Anschluss: „Mit Ihrer Hilfe sind wir jetzt in die Offensive geraten und können uns über Zuspruch nicht beklagen."[420] Grass flankierte seinen Appell durch einen Brief an den neuen Parteivorsitzenden Platzeck mit der Bitte um Unterstützung.[421] Ihm folgten in der Argumentation der frühere Bundesaußenminister Hans-Dietrich Genscher, FDP-Vorsitzende Cornelia Pieper und die Kulturpolitikerinnen Kurtz und Göring-Eckardt (Die Grünen).[422] Grass wurde durch seinen Einspruch von Journalisten als „Bremser"[423] wahrgenommen. Im Dezember 2006 wurde der Plan einer Fusion von dem neuen Kulturstaatsminister Bernd Neumann (CDU) aufgegeben. Er traf sich zuvor am 25. Mai 2006 mit dem Intellektuellen, um sich auch über die Kulturstiftung auszutauschen.[424] Mit der Eröffnung eines Neubaus der Bundeskulturstiftung in Halle durch Kanzlerin Angela Merkel im Jahr 2012 fand die Diskussion vorerst ein Ende.[425]

Günter Grass kämpfte als spezifischer Intellektueller für die Idee der Kulturstiftung dreißig Jahre lang und setzte sie immer wieder auf die politische Agenda. Der Kulturstaatsminister band ihn eng in den politischen Prozess ein, um eine öffentliche Kritik des Intellektuellen zu verhindern. Trotz medialer Aufmerksamkeit konnte Grass nicht Einfluss auf die veränderte Konzeption des Kulturstaatministers nehmen. Dass seine öffentlichen Stellungnahmen bei diesem Thema dennoch einflussreich waren, belegt sein Vorschlag für den Standort Halle und sein Votum gegen einen Umzug nach Berlin. Die kommunikative Macht des Intellektuellen ist bei diesem Fallbeispiel eindeutig belegbar und wurde von Politikern sowohl als Legitimation genutzt, als auch im Zuge der Umsetzung gefürchtet. Sie stieß bei der inhaltlichen Umsetzung der Idee an ihre Grenzen.

---

417 Vgl. wfg., Ein Herz für Halle. Streit um Sitz einer Nationalstiftung, in: FAZ, 16.03.2006; Manuel Brug, Von Halle nach Berlin, in: Die Welt, 11.03.2006.
418 Vgl. SZ, Nachrichtendienst, in: SZ, 15.03.2006; Norbert Lammert, 29.06.2020.
419 Ingrid Häußler, Brief an Günter Grass, 09.03.2006, in: GUGS; vgl. Hilke Ohsoling, Brief an Ingrid Häußler, 10.04.2006, in: GUGS.
420 Ingrid Häußler, Brief an Günter Grass, 16.03.2006, in: GUGS.
421 Vgl. Günter Grass, Brief an Matthias Platzeck, 22.03.2006, in: GUGS.
422 Vgl. wfg., Ein Herz für Halle. Streit um Sitz einer Nationalstiftung, in: FAZ, 16.03.2006; SZ., Nachrichtendienst, in: SZ, 15.03.2006.
423 Manuel Brug, Von Halle nach Berlin, in: Die Welt, 11.03.2006.
424 Vgl. Ingo Mix, Brief an Günter Grass, 16.03.2006, in: GUGS.
425 Angela Merkel, Rede anlässlich der Eröffnung des Neubaus der Kulturstiftung des Bundes in Halle, 30.10.2012.

5.3.5 Prominente Stimme für das Urhebervertragsrecht (2002)

Günter Grass versuchte in der rot-grünen Regierungszeit, auf die Verabschiedung des Urhebervertragsrechts einzuwirken. In der Koalitionsvereinbarung wurde im Oktober 1998 eine „Verbesserung des Urheberrechts besonders im Hinblick auf neue Medien"[426] als wichtiges Vorhaben der Rechtspolitik aufgeführt. Die Umsetzung sollte in der ersten Legislaturperiode „den Stellenwert, den Kunst und Kultur"[427] haben, betonen. Eine Verabschiedung des Gesetzes war 2002 mit Hinblick auf den anstehenden Wahlkampf „kein Zufall"[428]. Die damalige Bundesjustizministerin Herta Däubler-Gmelin bezeichnete auf Nachfrage die Gesetzesinitiative als „längst überfällig"[429]. Aus diesem Grund habe sie „unverzüglich nach [ihrem] Amtsantritt mit den Urhebern im Bereich Literatur, Musik, Bildende Kunst und mit Urhebervertragsrechtlern Kontakt aufgenommen. Unter den bekannten Dichtern waren Günter Grass und Martin Walser besonders ansprechbar."[430] Die Beratung in der Sachfrage wurde von der Politikerin gezielt gesucht und mündete in eine Vielzahl an „Treffen, Kongresse[n] und Gespräche[n]"[431] mit Intellektuellen.

Auch Fred Breinersdorfer kontaktierte als Vorsitzender des *Verbandes deutscher Schriftsteller* Grass gezielt, um ihn für dieses politische Anliegen zu gewinnen.[432] Er erklärte seine Motivation damit, dass man bei einem Fachdiskurs Emotionen wecken müsse und dafür brauche man „prominente Frontleute"[433]. Auf diese Weise kann man, „wenn man den richtigen Ton erwischt, und das hat Günter Grass instinktiv unheimlich gut hingekriegt"[434], auch mit einem Randthema Öffentlichkeit generieren. Er trat als prominenter Sprecher für seine Branche auf. Der Schriftsteller engagierte sich dabei ohne Eigeninteresse, da er selbst aufgrund seiner hohen Auflagezahlen von den geplanten gesetzlichen Änderungen nicht profitierte. Er begründete die Motivation für seine politischen Aktivitäten zugunsten eines veränderten

---

426 SPD / Bündnis 90 / Die Grünen, Koalitionsvereinbarung „Aufbruch und Erneuerung – Deutschlands Weg ins 21. Jahrhundert", 20.10.1998.
427 Schöllgen, Schröder, S. 612. Er bezieht sich auf einen Vermerk des Referats 131 Betr.: Reform des Urhebervertragsrecht, in: BKGS / ZA:TA, 27.02.2001.
428 Schöllgen, Schröder, S. 612.
429 Herta Däubler-Gmelin, 09.02.2020; vgl. Robert Staats, 20 Jahre Baustelle Urheberrecht, in: Zimmermann, Wachgeküsst, S. 230–236.
430 Herta Däubler-Gmelin, 09.02.2020.
431 Herta Däubler-Gmelin, 09.02.2020.
432 Fred Breinersdorfer, 17.11.2020; vgl. Günter Grass, Brief an Fred Breinersdorfer, 08.12.2000, in: GUGS.
433 Fred Breinersdorfer, 17.11.2020.
434 Fred Breinersdorfer, 17.11.2020.

Urhebervertragsrechts damit, dass er seine „Anfänge nicht vergessen"[435] habe und wisse „unter welchen Bedingungen viele meiner jungen und mit mir älter und alt gewordenen Kollegen arbeiten"[436]. Grass agierte als spezifischer Intellektueller, da es bei dem Urhebervertragsrecht um die „persönliche geistige Schöpfung"[437] im digitalen Zeitalter ging. Dirk Manzweski (SPD) erwähnte das Engagement „dieser Branchenstars"[438] im Bundestag als besonders „anerkennenswert"[439]. Auch Justizministerin Däubler-Gmelin nannte den Einsatz von Grass und anderer „großartige[n] Künstler[n] und Dichter[n], Autoren oder Kamera-Spitzenleute[n]"[440] in dieser Plenarsitzung, um ihr Vorhaben zu legitimieren. Sein Engagement entsprach folglich auch dem eines kollektiven Intellektuellen, der die Produktionsbedingungen der Kulturbranche verbessern wollte. Breinersdorfer fragte Grass als Kulturexperte für den Rechtsausschuss im Bundestag an, der aus Zeitgründen ablehnte, sodass Martin Walser diese Aufgabe übernahm.[441] Schriftsteller waren demnach als Politikberater in dieser Sachfrage vor einem Fachgremium gefragt.

Problematisch war beim Urhebervertragsrecht, dass Künstler, Schriftsteller und Intellektuelle ihrerseits keine einheitliche Diskurskoalition bildeten. Die Kulturszene war in dieser Frage gespalten. Während die Filmszene sich entsetzt über den ersten Entwurf zeigte, waren Schriftsteller und Übersetzer begeistert.[442] Schöllgen schreibt, dass das Gesetz vor allem „zwischen Autoren und Verlagen heftig umstritten"[443] war. Dies belegt auch eine Äußerung von Christian Sprang, Justiziar des Börsenvereins des Deutschen Buchhandels, der im Ausschuss für Kultur und Medien als geladener Fachexperte den Sinn des Gesetzentwurfes hinterfragte: „Es mag sein, dass Günter Grass oder auch Martin Walser am Beginn ihrer Laufbahn einmal Verlegern dankbar waren, gedruckt zu werden. Heute müsste auch der renommierteste Verleger erhebliche Klimmzüge machen, um mit ihnen auf gleiche Augenhöhe zu kommen."[444] Es bildet sich in diesem Zeitraum eine Diskurskoalition von Schriftstellern, Künstlern und Gewerkschaftlern, die sich für den Entwurf der Justizministerin Herta Däubler-

---

435 Günter Grass, Wir Urheber, in: NGA 23, S. 408–409.
436 Grass, Wir Urheber, in: NGA 23, S. 408–409.
437 Klein, Kulturpolitik, S. 220.
438 Deutscher Bundestag, Stenographischer Bericht, 28.06.2001.
439 Deutscher Bundestag, Stenographischer Bericht, 28.06.2001.
440 Deutscher Bundestag, Stenographischer Bericht, 28.06.2001.
441 Fred Breinersdorfer, 17.11.2020; vgl. Meya, Urheberrecht: Das meint ... Martin Walser, in: Tagesspiegel, 09.10.2001.
442 Vgl. Julian Nida-Rümelin, 16.06.2020.
443 Schöllgen, Schröder, S. 612.
444 Deutscher Bundestag, Wortprotokoll der 99. Sitzung des Rechtsausschusses und der 61. Sitzung des Ausschusses für Kultur und Medien, 15.10.2001.

Gmelin öffentlich einsetzte, während die Gegner des Urhebervertragsrechts bereits in sogenannten Verwerterverbänden organisierten waren (vgl. Tabelle 41).

Tabelle 41: Diskurskoalitionen für und gegen ein neues Urhebervertragsrecht (vereinfachte Darstellung).

Befürworter	Gegner
Herta Däubler-Gmelin	Verleger, wie Aufbau-Verlag, Zeitungen
Schriftsteller und Künstler	Verwerterverbände
Gewerkschaften	Verband Privater Rundfunk und Telekommunikation
VG Wort	Börsenverein Deutscher Buchhandel
Verband deutscher Schriftsteller	

Innerhalb der rot-grünen Regierung waren unterschiedliche Meinungen zum Urheberrechtsvertrag vertreten. Neben dem federführenden Bundesjustizministerium war auch der Beauftragte für Kultur und Medien, Julian Nida-Rümelin, bei diesem Thema beteiligt „und hat sich gelegentlich auch sehr deutlich hörbar zu Wort gemeldet"[445]. Er betonte, dass bei der Urheberrechtsfrage „die Kompetenz des Kulturstaatsministers bzw. seiner Mitarbeiterinnen und Mitarbeiter [...] permanent herangezogen"[446] wurde, obwohl er keine direkte Macht oder Interventionsmöglichkeit hatte. Nida-Rümelin plädierte für eine Änderung des Gesetzesentwurfes, um die Filmförderung in Deutschland nicht zu gefährden.[447] Den schwierigen Prozess um das Urhebervertragsrecht nannte er als Beispiel dafür, warum ein Kulturministerium mit eigener Ressortentscheidung notwendig sei.[448] Der zuständige Bundeskanzler Schröder hielt sich mit einer klaren Positionierung lange zurück und suchte einen Konsens.[449] Eine Gesprächseinladung von namhaften Zeitungs- und Zeitschriftenverlegern am 27. Februar 2001, die als „informell und vertraulich"[450] gekennzeichnet wurde, belegt, dass der Bundeskanzler sich in der Frage schließlich doch „persönlich engagiert[e]"[451]: Ausschlaggebend dafür war der öffentliche Druck, denn die sogenannten Verwerter kündigten in großen Zeitungsannoncen den „Un-

---

445 Staats, 20 Jahre Baustelle Urheberrecht, S. 230.
446 Nida-Rümelin, Die Kulturpolitik des Bundes als Ordnungspolitik, S. 112.
447 Julian Nida-Rümelin, 16.06.2020.
448 Vgl. Isabel Tillmann, Seinen Platz finden. Die BKM in der Ressortabstimmung, in: Zimmermann, Wachgeküsst, S. 212–217.
449 Julian Nida-Rümelin, 16.06.2020.
450 Vgl. Schöllgen, Schröder, S. 612.
451 Vgl. Julian Nida-Rümelin, 16.06.2020.

tergang der wettbewerbsfähigen deutschen Kulturwirtschaft"[452] an. Der unmittelbare Zugang der Verwerter zu den Medien war im öffentlichen Diskurs ein großer Vorteil. Günter Grass beschrieb in einer Rede später, wie sich „der sekundäre Bereich mit geballter finanzieller Potenz"[453] gegen den Gesetzentwurf stemmte: „Vom Börsenverein des deutschen Buchhandels über die Zeitungsverleger bis zu den Chefetagen der Sendeanstalten wurde mit ganzseitigen Anzeigen demonstriert, wer in dieser Sache das Sagen hat."[454] Sie wandten sich zudem in einem Schreiben direkt an den Bundeskanzler.[455]

In dieser Situation trat Günter Grass als prominenter Sprecher für die Autoren beim Bundeskanzler als Gegengewicht auf. Er nutzte im Dezember 2000 „die Gelegenheit für ein ausführliches Gespräch"[456] mit Schröder, um „noch einmal in Sachen Urhebervertragsrecht ein Wort"[457] für seine Diskurskoalition einzulegen. Der Bundeskanzler zeigte sich durchaus aufgeschlossen. Grass versuchte mit dem Hinweis, dass Schriftsteller und Künstler „eine zwar kleine, aber doch meinungsbildende Minderheit bei der immer näherrückenden nächsten Bundestagswahl durchaus [...] behilflich werden könne"[458], seinem Anliegen mehr Nachdruck zu verleihen. Er erklärte öffentlich, dass er den Bundeskanzler auf die Dringlichkeit des Problems aufmerksam gemacht habe „und er hat sehr aufmerksam zugehört, was bei Politikern selten ist [...]. Bei ihm ist ganz klar, dass noch in dieser Legislaturperiode etwas passieren muss."[459] Die SZ behauptete daraufhin: „Seinen Freund Gerhard Schröder aus dem Kanzleramt hat er schon gewonnen."[460] Günter Grass riet Herta Däubler-Gmelin telefonisch, bei der „anstehenden Anhörung stärker auf die Anwesenheit der unmittelbar betroffenen Urheber zu achten"[461] und den Schriftstellerverband stärker einzubeziehen. Die Politikerin betont rückblickend die besondere Rolle des Intellektuellen: „Mir war besonders wichtig, dass Günter Grass immer wieder bereit war, auch bei Kanzler Schröder für das Urhebervertragsrecht zu werben, wenn dort wieder einmal einer der besonders wirtschaftlich einflussreichen Verleger Stimmung dagegen gemacht hatte."[462] Der Intellektuelle bildete durch seinen unmittelbaren

---

452 Gerhard Pfenning, Reform des Urhebervertragsrechts, in: Zimmermann, Wachgeküsst, S. 236–242, hier S. 238.
453 Grass, Wir Urheber!, in: NGA 23, S. 409.
454 Grass, Wir Urheber!, in: NGA 23, S. 409.
455 Vgl. Volker Siefert, Urhebervertragsrecht, in: FAZ.net, 30.05.2001.
456 Günter Grass, Brief an Fred Breinersdorfer, 08.12.2000, in: GUGS.
457 Günter Grass, Brief an Fred Breinersdorfer, 08.12.2000, in: GUGS.
458 Günter Grass, Brief an Fred Breinersdorfer, 08.12.2000, in: GUGS.
459 Hans-Jürgen Jakobs / Senta Krusser, „Die Malaise der Verleger", in: SZ, 16.10.2001.
460 Jakobs / Krusser, „Die Malaise der Verleger", in: SZ, 16.10.2001.
461 Jakobs / Krusser, „Die Malaise der Verleger", in: SZ, 16.10.2001.
462 Herta Däubler-Gmelin, 10.02.2020.

Tabelle 42: Chronik von Günter Grass' Aktivitäten für ein Urhebervertragsrecht (2000–2009).

Datum	Aktion	Personen	MR
Juli 2000	Erklärung des deutschen *PEN-Zentrums* und des *Verbandes Deutscher Schriftsteller*	Gruppe	4
Dezember 2000	Gespräch mit Gerhard Schröder und Günter Grass	Einzelakteur	1
Oktober 2001	Interview Günter Grass / Fred Breinersdorfer	Einzelakteur	2
Januar 2002	Offenen Appell an Gerhard Schröder und Herta Däubler-Gmelin	Gruppe	0
2002	Wahlkampfzeitung SPD	Einzelakteur	0
Januar 2005	Rede *Wir Urheber* beim VG Wort	Einzelakteur	13
Januar 2008	Rede vor der Fraktion *Fünf Merkzettel*	Einzelakteur	
September 2009	*Heidelberger Appell*	Gruppe	2

Kontakt zum Bundeskanzler und seine Prominenz ein Gegengewicht zur ökonomischen Lobby der Verwerter.

Grass schaltete sich neben den direkten Gesprächen mit Politikern auch öffentlich in den bestehenden Diskurs zugunsten eines neuen Urhebervertragsrechts durch Appelle, Interviews und Reden ein (vgl. Tabelle 42). Er organisierte politische Öffentlichkeit für den Gesetzentwurf von Herta Däubler-Gmelin. Als prominenter Autor wurde er neben Peter Härtling, Peter Rühmkorf und Martin Walser in der Presseberichterstattung als Unterzeichner der Erklärung des deutschen *PEN-Zentrums* und dem *Verband Deutscher Schriftsteller* an Gerhard Schröder besonders hervorgehoben.[463] Grass bestärkte Däubler-Gmelins Position im Oktober 2001, in dem er in einem gemeinsamen Interview mit Fred Breinersdorfer sagte: „Diese Initiative von Justizministerin Herta Däubler-Gmelin ist längst überfällig und notwendig. Es werden immer noch Lücken bleiben."[464] Im Januar 2002 mahnte der Intellektuelle öffentlich gemeinsam mit anderen Künstlern die Politiker Schröder und Däubler-Gmelin: „Verabschieden Sie am Freitag das neue Urhebervertragsrecht ohne weitere Verwässerung und setzten Sie damit einen Meilenstein für unsere Wirtschaft und für unsere Kultur!"[465] Fred Breinersdorfer hebt retrospektiv

---

[463] Martin Ebel, Angemessene Vergütung ist unverzichtbar, in: Die Welt, 21.07.2000; vgl. enn., Mehr Urhebervertragsrechte für Künstler und Autoren, in: FAZ, 19.07.2000; Christian Rath, Ein dreifaches Hoch auf die Urhebervertragsrechte, in: TAZ, 18.09.2000.
[464] Jakobs / Krusser, „Die Malaise der Verleger", in: SZ, 16.10.2001.
[465] Verdi, Schriftsteller appellieren an Schröder, 22.01.2002.

hervor, wie wichtig es war, dass „wir mit Günter Grass und mit Martin Walser Leute hatten, die dieses Charisma mitgebracht haben und eingesetzt haben"[466].

Grass war zwar „immer eine wichtige Stimme gewesen, aber er war nie die Einzige"[467], stellte Steg fest. In dieser Fachfrage blieb der „kabinettsexterne Druck [...] nicht ohne Wirkung"[468] und Schröder entschied im Streit zugunsten der Verleger. Er schwächte die ursprüngliche Intention des Gesetzentwurfs vor der Verabschiedung des Rechtsausschusses des Bundestags ab.[469] Dadurch blieb das in Kraft getretene Urhebervertragsrecht weit hinter seinem Anspruch, Urhebern zu einer angemessenen Vergütung zu verhelfen, zurück.[470] Der finale Gesetzentwurf wurde von vielen Schriftstellern und Autoren als „Papiertiger"[471] kritisiert. Parteiintern wurde das Thema daher als Risikofaktor für eine Beteiligung von Künstlern im Wahlkampf 2002 gesehen.[472] Grass führte die Novellierung des Urheberrechts in der Wahlkampfzeitung der SPD dagegen als Errungenschaft der rot-grünen Regierung auf und wertete es als Einlösung eines „Wahlversprechen[s] der SPD"[473]. Dieser Text ist ausnahmsweise nicht von ihm selbst geschrieben, sondern ein von ihm abgesegneter Entwurf von Klaus-Jürgen Scherer, der dadurch das Thema positiv besetzte.[474] Der Intellektuelle unterstützte Justizministerin Däubler-Gmelin persönlich durch eine gemeinsame Wahlkampfveranstaltung (vgl. IV. Kap. 6.2.1). Dort zeigte er sich dankbar, dass das Urhebervertragsrecht „einige Verbesserungen zugunsten der Autoren auf den Weg"[475] gebracht habe.

Das verabschiedete *Gesetz zur Regelung des Urhebervertragsrechts in der Informationsgesellschaft* vom 10. September 2003 benötigte in der folgenden Legislaturperiode unter Bundesjustizministerin Brigitte Zypries (2002–2009) eine „Ergänzung und

---

466 Fred Breinersdorfer, 17.11.2020.
467 Thomas Steg, 09.06.2020.
468 Herbert Uhl, Herta Däubler-Gmelin, in: Udo Kempf / Hans-Georg Merz (Hrsg.), Kanzler und Minister 1998–2005. Biografisches Lexikon der deutschen Bundesregierungen, Wiesbaden 2008, S. 159–173, hier S. 168.
469 Vgl. o. V., Bundeskanzler griff zugunsten der Medienwirtschaft ein, in: Handelsblatt, 23.01.2002.
470 Vgl. Pfenning, Reform des Urhebervertragsrechts, S. 238.
471 Fred Breinersdorfer, 17.11.2020.
472 Klaus-Jürgen Scherer, Vermerk „*Kultur*", 2002, in: AdsD, Bestand Kulturforum der Sozialdemokratie.
473 Günter Grass, Die Fortsetzung der Reformpolitik wählen, in: SPD (Hrsg.), Politik für Deutschland. Zeitung der SPD zur Bundestagswahl, Berlin 2002.
474 Vgl. Klaus-Jürgen Scherer, 02.03.2020; Klaus-Jürgen Scherer, Vermerk an Matthias Machnig, 19.07.2002, in: AdsD, Bestand Kulturforum der Sozialdemokratie.
475 Grass, Wir Urheber!, in: NGA 23, S. 409.

Überarbeitung"[476]. Kritisch äußerte sich Grass mit einer viel beachteten „Grundsatzrede"[477] mit dem Titel *Wir Urheber!* auf einem Symposium der *VG Wort* im Januar 2005 zu ihrem Gesetzentwurf. Der Intellektuelle forderte kämpferisch das „Ende der Bescheidenheit"[478] und schaffte es mit dieser Formulierung auf die Titelseite der FAZ.[479] Er befürchtete, dass bei der Novellierung das Gesetz in guter Absicht „verschlimmbessert"[480] würde. Grass verlangte von Zypries „ihr erklärtes Vorhaben, das Urhebervertragsrecht zugunsten der Autoren zu verbessern, nicht am Einspruch einer Lobby scheitern zu lassen"[481]. Der Schriftsteller riet den Rechteverwertern: „[N]ehmt uns vielmehr als Partner wahr. Zwar fehlt es uns an Macht, doch als Urheber werden wir das letzte Wort haben."[482] Die Rede wurde öffentlich als „eine lautstarke Aufforderung an den Gesetzgeber"[483] wahrgenommen. Ferdinand Melichar, Vorstandsmitglied der *VG Wort*, bedankte sich für seine Unterstützung bei der Tagung, denn er habe „das Gewicht, das notwendig ist, um möglichst viele Entscheidungsträger zur Teilnahme zu bewegen"[484]. Die angesprochene Justizministerin verpasste diese Rede, bekundete aber auf der gleichen Veranstaltung „begründete Einwände"[485] ernst zu nehmen. Es lässt sich keinerlei beratende Beteiligung von Grass am folgenden Prozess nachweisen, wie Brigitte Zypries auf Nachfrage bestätigte.[486] Im Januar 2008 nutzte der Intellektuelle daher eine Einladung der SPD-Fraktion (vgl. IV. Kap. 6.3.4), um der Partei das Urhebervertragsrecht noch einmal auf den Merkzettel zu schreiben und „für die Künstler ein Wort"[487] einzulegen. Grass betonte dabei deutlich, dass Urheber keine Lobby haben und appellierte:

> Wir, die Maler, Bildhauer, Musiker, Schriftsteller und deren Übersetzer, sind als Urheber eines gesetzlich erweiterten Schutzes bedürftig. Der Macht der Pressekonzerne, Computerriesen, der Rundfunk- und Fernsehanstalten, der Verlage [...] stehen wir in zunehmendem Maße schutzlos gegenüber. Die Entwicklung der neuen Medien führt zum Mißbrauch unserer Rechte.[488]

---

476 Uhl, Herta Däubler-Gmelin, S. 381.
477 Uwe Wittstock, Eine neue Vergütungsregel soll Autoren besser stellen, in: Die Welt, 21.01.2005.
478 Grass, Wir Urheber, in: NGA 23, S. 413.
479 Igl., Günter Grass fordert „Ende der Bescheidenheit", in: FAZ, 18.01.2005.
480 Grass, Wir Urheber!, in: NGA 23, S. 410.
481 Grass, Wir Urheber!, in: NGA 23, S. 413.
482 Grass, Wir Urheber!, in: NGA 23, S. 413.
483 Rüdiger Lühr, Zypries verpasst Künstlern einen Korb, in: Menschen machen Medien, Heft 03 / 2005, S. 27.
484 Ferdinand Melichar, Brief an Günter Grass, 16.11.2004, in: GUGS.
485 O. V., Die „toten Seelen" der Urheber, in: Der Spiegel, 18.01.2005.
486 Brigitte Zypries, 08.07.2020.
487 Günter Grass, Fünf Merkzettel, in: NGA 23, S. 468.
488 Grass, Fünf Merkzettel, in: NGA 23, S. 468.

Im Mai 2008 stand das Thema auch bei einem Autorentreffen mit Grass auf Einladung des Parteivorsitzenden Kurt Beck auf der Tagesordnung, da „noch offene Punkte"[489] zu besprechen seien (vgl. IV. Kap. 6.3.3). Auch öffentlich setzte sich der Intellektuelle weiterhin für eine Weiterentwicklung des verabschiedeten Gesetzes.[490]

Grass organisierte durch seine Prominenz die Aufmerksamkeit der Medien und der Politiker für das Urheberrecht. Er agierte als Sprecher zugunsten der „chronisch schmalbrüstigen Lobby"[491], gemeinsam mit einer Gruppe von Schriftstellern und Künstlern, um die eigenen Produktionsbedingungen in der Branche im Sinne eines *kollektiven Intellektuellen* zu verbessern. Es lässt sich nachweisen, dass Grass als *spezifischer Intellektueller* sein kulturpolitisches Fachwissen einsetzte, um den Schutz des geistigen Eigentums in ihrem Sinne gegen die Machtansprüche der Verlagswirtschaft abzusichern. Grass trat als Politikberater bei Bundesjustizministerin Däubler-Gmelin auf, während eine Zusammenarbeit mit Brigitte Zypries nicht erfolgte. Belegbar ist, dass seine Kontakte zu Gerhard Schröder und seine Fähigkeit, politische Öffentlichkeit zu generieren, gezielt nachgefragt wurden. Darüber hinaus sprach man ihn auch als Fachexperte für eine Ausschusssitzung an. Er versuchte, den Politikprozess durch informelle Gespräche mit Gerhard Schröder oder auch mit dem Parteivorsitzenden Kurt Beck zugunsten seiner Diskurskoalition zu beeinflussen. Die prominenten Stimmen von Grass und anderen Künstlern waren nötig, um ein Gegengewicht zu der ökonomischen Macht der Verlage und Verwertern herzustellen. Sein Einfluss und damit die kommunikative Macht des Intellektuellen stießen in dieser Frage allerdings an ihre Grenzen, sodass der Entwurf schließlich deutlich abgeschwächt wurde. Grass sah dieses Gesetz dennoch als ersten Teilerfolg und warb für weitere gesetzliche Schritte. Diese Forderung konnte er unter Brigitte Zypries nicht durchsetzen. Hier zeigt sich, wie entscheidend die persönlichen Beziehungen für eine politische Einflussnahme waren.

---

489 Klaus Jürgen Scherer, Vermerk „Autorentreffen WBH 04.05.2008", 28.04.2008, in: AdsD, Bestand Kulturforum der Sozialdemokratie, Mappe „Essen, Beck 09.12.2007."
490 Vgl. Eckhard Fuhr, Nimmersatt google, in: Die Welt, 07.09.2009; David Harnasch, Die intellektuelle Elite weiß nichts vom Internet, in: Der Tagesspiegel, 04.06.2009; o. V., Günter Grass kritisiert junge Kollegen, in: Der Spiegel, 15.08.2010.
491 Grass, Wir Urheber!, in: NGA 23, S. 409.

5.4 Zwischenfazit: Günter Grass' kulturpolitischer Einfluss

Günter Grass nutzte seine Öffentlichkeitswirksamkeit, aber vor allem seinen unmittelbaren Kontakt zu Bundeskanzler Gerhard Schröder, um kulturpolitische Impulse zu setzen.

Politisches Ziel
Grass verfolgte das politische Ziel, die deutsche Kulturnation im Sinne von Johann Gottfried Herder über staatliche Grenzen hinweg zu stärken (vgl. Tabelle 43). Kultur stellte für den Intellektuellen stets ein verbindendes, grenzüberschreitendes Element dar. Im Zuge der Deutschen Einheit griff er auf das Konzept der Kulturnation als Überbau für sein politisches Ziel einer Konföderation zurück. Nach der staatlichen Einheit plädierte der Intellektuelle für die Anerkennung der DDR-Kultur und -Literatur. Das kulturelle Erbe der Ostprovinzen wollte Grass auch mit seinem Impuls für eine Nationalstiftung erhalten. Er integrierte dabei auch die in Deutschland lebenden Ausländer in seinem Kulturverständnis, die er für die deutsche Gesellschaft als bereichernd empfand. Es lag ihm daran, die kulturelle Dimension des Politischen zu betonen, um ein Gegengewicht zur ökonomischen Dominanz zu bilden. Kultur sollte nicht als ein bloßer Wirtschaftsfaktor verstanden werden, sondern das politische Selbstverständnis Deutschlands prägen. Grass' Ziel war es, der Kultur in der Berliner Republik durch einen Regierungswechsel einen neuen Stellenwert zu geben, nachdem er nach der deutschen Vereinigung deren Niedergang festgestellt hatte.

Tabelle 43: Günter Grass' politisches Ziel, Deutungsmuster und Interventionstyp in der Kulturpolitik.

Politisches Ziel	Kulturpolitik	
Problemdimensionen	*Problemsicht:*	Niedergang der politischen Kultur
	Problemlösung:	1. Kulturelle Dimension in der Politik betonen
		2. Wahrung des kulturellen Erbes (Kulturstiftung)
		3. Integration des kulturellen Zuwachses
	Problemziel:	Deutsche Kulturnation grenzüberschreitend stärken
		Neues Selbstverständnis von Deutschland
Deutungsmuster	*Historisch:*	Deutsche Kulturnation über Grenzen hinweg (Ostprovinzen, DDR)
	Sozial:	Integration der Ausländer
	Ökonomisch:	Kultur nicht allein ein Wirtschaftsfaktor
Interventionstyp	Spezifischer Intellektueller	

Grass' Kulturverständnis war von drei Deutungsmustern geprägt. *Historisch* bedingt betonte er das kulturelle Erbe über die deutschen Staatsgrenzen hinweg. Er sah eine *soziale* Funktion, da Kultur als verbindendes Element zu den in Deutschland lebenden Ausländern und zu anderen Kulturen sei. Kunst und Literatur dürften laut Grass nicht nur *ökonomisch* angesehen werden, sondern müssten als Wert in die Politik integriert werden. Als *spezifischer Intellektueller* konzentrierte er sich nicht allein auf kulturpolitische Fachfragen, sondern sah die Kultur im engen Zusammenhang mit seinem Verständnis von Nation (vgl. dazu auch IV. Kap. 2.1).

Methode
Grass nutzte seine kommunikative Macht als Intellektueller, um durch eine Medienaufmerksamkeit seine kulturpolitischen Impulse durchzusetzen (vgl. Tabelle 44). Er setzte seine Prominenz gezielt ein, um auf die Notwendigkeit von kulturellen Institutionen aufmerksam zu machen. In der Presse findet sich eine Vielzahl von Appellen und offenen Briefen des Intellektuellen zugunsten des Erhalts diverser kultureller Einrichtungen. Er gründete darüber hinaus selbst eine Stiftung zur Rettung des *Koeppenhauses* und initiierte Lesungen im Kanzleramt. Darüber hinaus agierte er als Stifter und Mäzen, um selbst Kultur zu fördern. Seine Öffentlichkeitswirksamkeit nutzte der Schriftsteller auch, um sich als Gegner der Rechtschreibreform zu positionieren.

Für SPD-Politiker war Kultur gerade in Wahlkampfzeiten ein wichtiger Imagefaktor. Die SPD-Initiative im Jahr 1992, eine institutionalisierte Form der Zusammenarbeit mit Künstlern und Schriftstellern durch das *Kulturforum der Sozialdemokratie* wiederzubeleben, traf bei Grass auf wenig Resonanz. Er pflegte lieber einen persönlichen Kontakt zu Spitzenpolitikern der SPD, die er auch für seine kulturpolitischen Ratschläge nutzte. Als Gerhard Schröder 1998 Kanzlerkandidat wurde, beriet ihn Grass als Teil einer Gruppe von Intellektuellen hinsichtlich der Ausrichtung einer neuen Kulturpolitik. Im Zuge der rot-grünen Regierungszeit lassen sich weitere Treffen mit dem Bundeskanzler, seinem Kulturstaatsminister Julian Nida-Rümelin und Justizministerin Herta Däubler-Gmelin zu verschiedenen kulturpolitischen Fragen rekonstruieren.

Tabelle 44: Grass' Methoden in der Kulturpolitik.

Methode	Organisator von politischer Öffentlichkeit	Politikberater
Beispiele	– Diskurs über Rechtschreibreform (1996) – Repräsentative Vertretung der neuen Kulturpolitik im Wahlkampf (1998) – Impuls zum *Koeppenhaus* (2000) – Ideengeber für Lesungen im Kanzleramt (2002)	– Ablehnung Mitarbeit im Kulturforum (1992) (Ministerpräsident Gerhard Schröder) – Neuakzentuierung der Kulturpolitik (1998) (Kanzlerkandidat Gerhard Schröder) – Beauftragter für Kultur und Medien (1998) (Kanzlerkandidat Gerhard Schröder) – *Kulturstiftung des Bundes* (2002) (Julian Nida-Rümelin) – Urhebervertragsrecht (2002) (Herta Däubler-Gmelin)
Merkmale	Prominenter Sprecher im Diskurs Legitimierende Unterstützung Impulsgeber/Ideengeber	Abgelehnte Zusammenarbeit (1992) Beratung von Gerhard Schröder Einbindung in der rot-grünen Regierungszeit

Politische Resonanz

Durch das Zusammenspiel beider Methoden erreichte Grass im Bereich Kulturpolitik eine große Resonanz in der Berliner Republik (vgl. Tabelle 45). In der Amtszeit von Gerhard Schröder entwickelte sich eine konstruktive Zusammenarbeit. Dieser erkannte bereits 1992, dass Kultur als Imagefaktor förderlich war und suchte im Zuge des Wahlkampfes 1998 informelle Gespräche mit Intellektuellen, um eine neue, sozialdemokratische Kulturpolitik zu planen. In der rot-grünen Regierungszeit wurde Grass in einige politische Projekte eingebunden, wie die *Kulturstiftung des Bundes* oder das Urhebervertragsrecht. In dieser Zeit kombinierte der Intellektuelle

Tabelle 45: Politische Resonanz von Günter Grass in der Kulturpolitik.

Resonanz	Organisator von politischer Öffentlichkeit	Politikberater
Hoch	*Hohe Medienresonanz:* – Rechtschreibreform	*Nachgefragte Beratung:* – Neue Kulturpolitik (G. Schröder) – Kulturstaatsministers (G. Schröder)

Tabelle 45 (fortgesetzt)

Resonanz	Organisator von politischer Öffentlichkeit	Politikberater
Mittel	Mittlere Medienresonanz: – Legitimation im Wahlkampf – Impuls für *Koeppenhaus*	Bedingt nachgefragte Beratung: – Kulturstiftung des Bundes (J. Nida-Rümelin) – Urhebervertragsrecht (H. Däubler-Gmelin)
Niedrig	Niedrige Medienresonanz: – *Kulturstiftung des Bundes* in Halle – Unterstützung Urhebervertragsrecht	Nicht nachgefragte Beratung: – Russland, auswärtige Kulturpolitik
Einordnung	**Diskursanstoß Rechtschreibreform** **Darstellungspolitik im Wahlkampf** **Impulsgeber für Kultureinrichtungen** **Unterstützung von kulturpol.** **Maßnahmen**	**Beratung in kulturpolitischen Fragen** – Sparringspartner als Argumentationshilfe – Ideengeber

geschickt seine Öffentlichkeitswirksamkeit mit seinem unmittelbaren Kontakt zu Politikern, um seine kulturpolitischen Ziele zu erreichen.

Einfluss auf die Politik

Günter Grass war ein wichtiger Unterstützer in der Kulturpolitik, um notwendige Fördermittel zu akquirieren und interne Prozesse mitunter zu beschleunigen. Sein politischer Einfluss auf die Kulturpolitik der Regierung Helmut Kohls war dagegen gering, wie sich am Beispiel des Diskurses über die Rechtschreibreform zeigt (*Policy-Lernen*). Grass unterstützte die Kulturpolitik Schröders öffentlichkeitswirksam (*Diskursstrukturierung*). Veranstaltungen mit dem Literaturnobelpreisträger förderten das Image des Kanzlers. Sie wurden in der Öffentlichkeit häufig als Inszenierung und Instrumentalisierung von Gerhard Schröder gesehen. Dieser Vorwurf kann durch die früh erfolgte Beratung durch Künstler und Schriftsteller entkräftet werden. Bei Gerhard Schröder ist ein direkter Einfluss der informellen Beratungsgespräche der Intellektuellen auf die Entscheidung zugunsten einer neuen Kulturpolitik nachweisbar (*Diskursinstitutionalisierung*). Bei der Rettung des *Koeppenhauses* lässt sich sogar eine kausale Wirkung von Grass auf Schröder belegen. Auch seine Rolle als Impulsgeber für die letztlich gegründete *Bundeskulturstiftung* wurde gewürdigt, auch wenn sein Einfluss auf die konkrete inhaltliche Ausrichtung eingeschränkt war. Beim Urhebervertragsrecht war sein direkter Kontakt zu Gerhard Schröder für Justizministerin Herta Däubler-Gmelin hilfreich. Sein Eingreifen entspricht der

Rolle eines *spezifischen Intellektuellen*, der das geistige Eigentum schützt. Gleichzeitig sind die Grenzen zum Lobbyisten fließend, der für seine Branche auf einen Gesetzentwurf politischen Einfluss zu nehmen versucht. Günter Grass war folglich im Bereich Kulturpolitik besonders einflussreich, denn seine Stimme hatte Gewicht (vgl. Tabelle 46). Maßgeblich für seine *Deutungsmacht* war der direkte Kontakt zu Bundeskanzler Gerhard Schröder und seinen Kulturstaatsministern.

Tabelle 46: Skala des politischen Einflusses von Günter Grass im Bereich Kulturpolitik (grau markiert).

Stufe 0	Stufe 1	Stufe 2	Stufe 3	Stufe 4
Unterhaltung	Policy-Lernen	Diskursstrukturierung	Diskursinstitutionalisierung	Diskurshegemonie/-macht
		Mikroebene	Mesoebene	Makroebene

Funktionen des Intellektuellen

Grass nahm in der Kulturpolitik verschiedene Funktionen als spezifischer Intellektueller wahr (vgl. Tabelle 47). Er mischte sich als Kulturförderer und Stifter *vermittelnd* für Schriftsteller und Künstler ein. Zudem war der Intellektuelle öffentlicher *Kritiker* von politischen Maßnahmen und Gesetzgebungsprozessen wie der Rechtschreibreform, dem Urhebervertragsrecht oder der inhaltlichen Ausgestaltung der Kulturstiftung. Grass fungierte auch als produktiver *Ideengeber* für kulturpolitische Veranstaltungen sowie Institutionen. Er *repräsentierte* mit seinem prominenten Namen die neue Kulturpolitik von Gerhard Schröder durch gemeinsame Auftritte, vor allem im Wahlkampf. Er brachte aber auch sein *Expertenwissen* als spezifischer Intellektueller in die Beratung ein, wie auch vereinzelt *Formulierungsvorschläge* und Argumente.

Tabelle 47: Funktionen von Günter Grass in der Kulturpolitik.

Spezifischer Intellektueller	Beratung durch Expertenwissen	Resonanz
Schlichtungsagentur: Vermittler	Kulturförderer/Stifter	hoch
Kontrollorgan: Kritiker	Rechtschreibreform *Kulturstiftung des Bundes* Urhebervertragsrecht	hoch

Tabelle 47 (fortgesetzt)

Spezifischer Intellektueller	Beratung durch Expertenwissen	Resonanz
Frühwarnsystem: Vorreiter	*Kulturstiftung des Bundes* Neuausrichtung der Kulturpolitik / Kulturstaatsminister Lesung im Kanzleramt/*Koeppenhaus*	hoch
Legitimationskraft: Repräsentant	Wahlkampf Lesung im Kanzleramt/*Koeppenhaus*	hoch
Sprachvermögen: Formulierungshelfer	Neuausrichtung der Kulturpolitik	mittel
Fachexperte	Urhebervertragsrecht, Kulturstaatsminister	hoch

Grass verwendete in der Kulturpolitik besonders wirkungsvoll die verschiedenen Möglichkeiten seiner kommunikativen Macht. Die Einbindung der Intellektuellen wirkte sich besonders förderlich auf die Kulturpolitik der rot-grünen Regierung in der ersten Legislaturperiode aus. Edgar Wolfrum stellt heraus, „dass in Sachen Kulturpolitik seit der rot-grünen Regierungsübernahme 1998 ein anderer Wind wehte"[492] und „die kulturelle Dimension des Nationalstaats [...] neu und besser zum Ausdruck"[493] kam.

---

492 Wolfram, Rot-Grün, S. 627.
493 Wolfram, Rot-Grün, S. 627.

6 Das rot-grüne Garn – Günter Grass als Unterstützer des rot-grünen Projektes

6.1 Günter Grass' Vorstellungen von einer innenpolitischen Gesellschaftsreform

„Wer [...] den Wechsel will, der sollte seine Stimmkraft auf Rotgrün konzentrieren. Die Alternative dazu ist bekannt. Ihr fiel 1990 und 1994 die Wählergunst zu."[1] Günter Grass verfolgte bereits vor der Wende 1989 / 1990 den Plan, mit der Bildung einer rot-grünen Koalition einen Machtwechsel herbeizuführen. Er engagierte sich daher in der Berliner Republik für eine „zweite Gesellschaftsreform"[2]. Der Intellektuelle unterstützte im Wahlkampf die Parteien SPD und Bündnis 90 / Die Grünen als „Reformkräfte"[3]. Dies geschah in Form von Interviews, Gesprächen und Reden auf selbstorganisierten Veranstaltungen, die auch in Publikationen pünktlich zu den Wahljahren abgedruckt wurden.[4] Grass stellte darin kein gesamtheitliches politisches Konzept vor, sondern thematisierte Randthemen und Einzelaspekte, die nicht beachtet wurden. (vgl. Tabelle 48).[5]

Tabelle 48: Günter Grass' Konzept eines rot-grünen Projektes.

Problem-dimensionen	Das rot-grüne Projekt
Problemsicht	Ruin Deutschlands nach der Einheit Stagnation und Reformstau
Problemursachen	Einheitsprozess ohne Konzept Verfassungsbruch Ungezähmter Kapitalismus / Renaissance des Manchester-Liberalismus
Problemverursacher	Helmut Kohl und seine Regierung aus CDU/CSU und FDP SPD durch ihre Zustimmung zur Einheit, Asylrecht und Lauschangriff Bürger durch Wahlentscheidung/Medienstimmung

---

1 Grass, Rede „Wer dreimal lügt ...", in: AdK, GGA, Signatur 10376.
2 Negt, Die zweite Gesellschaftsreform.
3 Marianne Heuwagen, „Die neuen Asozialen in den Chefetagen", in: SZ, 08.10.1997.
4 Vgl. Grass, Assistenz durch Dreinreden, in: NGA 22, S. 444–450; Negt, Gespräch mit Günter Grass, S. 292–315; Grass / Negt, Ein unvollendetes Projekt, S. 189–206.
5 Grass, Rede „Wer dreimal lügt ...", in: AdK, GGA, Signatur 10376.

∂ Open Access. © 2023 bei den Autorinnen und Autoren, publiziert von De Gruyter. [CC BY-NC-ND] Dieses Werk ist lizenziert unter der Creative Commons Namensnennung - Nicht-kommerziell - Keine Bearbeitungen 4.0 International Lizenz.
https://doi.org/10.1515/9783110794106-018

Tabelle 48 (fortgesetzt)

Problem-dimensionen	Das rot-grüne Projekt	
Problemadressat	SPD und Grüne Mündige Wähler	
Problemfolgen	*ökonomisch:*	Wirtschaft zum Standort verkommen, fehlender „Ausgleich zwischen Ökologie und Ökonomie"
	sozial:	Ungleichheit Ost/West, Asylrecht
	kulturell:	Rechtsradikalismus, Absonderung im Osten
Problemopfer	Bürger, vor allem in Ostdeutschland Ausländer Arme und sozial Schwache, insbesondere Kinder Umwelt	
Problemlösung	Wahl einer rotgrünen Regierung mit einem SPD-Kanzler an der Spitze Mut für notwendige Reformen – Vermögenssteuer für Solidarität in wirtschaftlichen Fragen – Ökosteuer / erneuerbare Energien / Atomausstieg – Ganztagsschule für Bildungsgerechtigkeit	
Problemziel	Neues Konzept Koalitionsaussage zugunsten einer rot-grünen Regierung Vakuum füllen und politische Kultur der Berliner Republik prägen	
Deutungsmuster	*Kulturell:*	politische Kultur verbessern
	Sozial:	Ungleichheit und Spaltung der Gesellschaft
	Historisch:	Einheit als Problemursache
	Ökonomisch:	Soziale Marktwirtschaft stärken
Interventionstyp	Öffentlicher Intellektueller	

Grass vertrat die *Problemsicht,* dass Deutschland nach der Deutschen Einheit „an de[m] Rand des Ruins"[6] stehe. Im Zuge der Wiedervereinigung habe sich die „Fratze des Kapitalismus"[7] gezeigt, der nach dem Ende des Sozialismus in Form des Neoliberalismus aufgetreten sei. Er kam zu dem Fazit: „Zum Standort verkümmert zeigt sich

---

6 Negt, Gespräch mit Günter Grass, S. 293.
7 Negt, Gespräch mit Günter Grass, S. 304.

Deutschland der Welt [...]. Ernüchtert, einander fremd und allzu bekannt, mehr oder weniger belemmert, aber auch fröstelnd, weil ohne sozialen Konsens stehen wir da."[8]

Die konservative Regierung unter Helmut Kohl war für den Intellektuellen der *Problemverursacher*. Grass kritisierte aber auch die SPD, die mit ihrer Zustimmung zum Einheitsvertrag mit zu der Entwicklung beigetragen habe. Des Weiteren gab er den Medien und der Bevölkerung durch ihre Wahlentscheidung eine Mitschuld. Vor allem aber kritisierte er, dass die Wirtschaftslobby die dominierende Macht sei und damit eine gefährliche Verschiebung aus dem Parlament „zu außerparlamentarischen Machtbereichen"[9] stattfände. In seinem Artikel mit dem Titel *Freiheit nach Börsenmaß* konstatierte er: „Mithin entscheidet das Parlament nicht souverän. Es ist von den mächtigen Wirtschaftsverbänden, den Banken und Konzernen abhängig, die keiner demokratischen Kontrolle unterliegen."[10] Für ihn waren die Unternehmensvorstände, die keine Steuern bezahlen, die „neuen Asozialen"[11] der Gesellschaft.

Grass thematisierte in der Berliner Republik besonders die *Folgen* der verfehlten Wiedervereinigungspolitik im wirtschaftlichen und sozialen Bereich (vgl. IV. Kap. 3.1). Hier sah er die Ursachen für einen zunehmenden Rechtsradikalismus begründet (vgl. IV. Kap. 4.1). Der Intellektuelle beklagte in seinen Reden über Deutschland und die Nation den „Niedergang der politischen Kultur"[12] und den damit bedingten Werteverfall in der Gesellschaft. Darüber hinaus thematisierte er den „ökologischen Stau"[13], der durch die Zunahme von „Arbeitslosigkeit, Wohnungsmangel und alles, was damit zusammenhängt"[14], aus dem Fokus geraten sei. Grass sprach insgesamt von einem „Mehltau auf der Gesellschaft"[15], der zu einer „allgemeine[n] Ideen- und Sprachlosigkeit"[16] geführt habe. Die *Opfer* dieser Politik waren für Grass Ostdeutschen, Ausländer sowie die Asylsuchenden. Im besonderen Fokus standen für ihn aber auch die Armen in „einem reichen Land"[17] wie Deutschland. Insbesondere beschäftigte ihn das Thema Kinderarmut. Einen weiteren Schwerpunkt legte er auf die Umwelt als Opfer dieser Politik.

Trotz aller Kritik an den Oppositionskräften richtete er sich als *Problemadressaten* an die Sozialdemokraten und Bündnis 90 / Die Grünen. 1994 bekannte er öffentlich:

---

8 Grass, Rede über den Standort, in: NGA 23, S. 181.
9 Grass / Negt, Ein unvollendetes Projekt, S. 195. Vgl. Grass, Rede über den Standort, in: NGA 23, S. 171; SZ., Kapitalismus-Debatte, in: SZ, 06.05.2005.
10 Grass, Freiheit nach Börsenmaß, in: NGA 23, S. 418.
11 Marianne Heuwagen, „Die neuen Asozialen in den Chefetagen", in: SZ, 08.10.1997.
12 Grass, Rede über den Verlust, in: NGA 23, S. 40.
13 Negt, Gespräch mit Günter Grass, S. 294.
14 Negt, Gespräch mit Günter Grass, S. 294.
15 Dpa, Grass für Rot-Grün, in: FAZ, 11.08.1997.
16 Dpa, Grass für Rot-Grün, in: FAZ, 11.08.1997.
17 Grass, Zuletzt, in: NGA 23, S. 467.

Was ich mir wünsche [...], ist eine Koalition, von der zumindest die notwendige Veränderung zu erwarten [ist]. Das wäre eine rot-grüne Koalition. Eine solche Koalition könnte ich auch heute noch unterstützen, aber einen bloßen Blankoscheck, der möglicherweise auf eine große Koalition hinausliefe, den möchte ich nicht [ausstellen].[18]

Für die nächste Wahl 1998 forderte Grass offensiv: „Der Wechsel ist überfällig"[19] und setzte besonders auf „neue, relativ unverbrauchte Kräfte"[20], nämlich Gerhard Schröder und Joschka Fischer. Er hoffte, dass ein Machtwechsel als *Problemlösung* die „Phase des Stillstandes"[21] und die „lähmenden Stagnation"[22] der Kohl-Ära beenden könne und für die „nötige Erneuerung"[23] sorge. Es war Grass klar, dass eine rot-grüne Koalition nicht sofort alle Probleme lösen könne, die durch die lange konservative Regierungszeit verursacht wurden. Der Intellektuelle bekannte, „kein Hoffnungsmacher"[24] zu sein und „keine Utopien im Hut"[25] zu haben. Seine Wahlreden waren daher auch kein Loblied, sondern „Merkzettel"[26], mit denen er seine Erwartungen und Hoffnungen den Parteien „ins Stammbuch"[27] schrieb. Für Grass stand eine Aktualisierung der sozialen Marktwirtschaft im Mittelpunkt, um „soziale[n] Frieden, ausgleichende Gerechtigkeit, menschenwürdige Existenzsicherung"[28] zu sichern. Von der neuen Regierung forderte er: „Zivilisiert endlich den Kapitalismus!"[29]. Er sah die Entwicklung nach der Wiedervereinigung als Beleg dafür, dass der Markt nicht alles regelt, sondern ein demokratischer Sozialismus als ein *Dritter Weg* nötig sei.

Grass begleitete nach dem Wahlsieg und der Etablierung der Regierung Schröder das rot-grüne Projekt kritisch. Er lobte einerseits die angefangenen Reformprojekte, die er als „überfällig[...]"[30] bezeichnete.[31] Anderseits erklärte der Intellektuelle 2001 gemeinsam mit 170 bekannten Autoren, Künstlern und Gewerkschaftern seine Unzufriedenheit mit der Regierung, denn „ungeachtet eines hoffnungsvollen Starts und mancher erfreulicher Reform [kommen wir] zu dem Ergebnis, dass nur wenig

---

18 O. V., Günter Grass. Interview, in: Wir vom Prenzlauer Berg, 01.05.1994.
19 Manfred Bissinger / Hans-Ulrich Jörges, „Der Wechsel ist überfällig", in: Die Woche, 18.07.1997.
20 O. V., Rot-grüne Rede, in: Rheinischer Merkur, 24.07.1998.
21 Marianne Heuwagen, „Die neuen Asozialen in den Chefetagen", in: SZ, 08.10.1997.
22 Grass, Rotgrüne Rede, in: NGA 23, S. 219.
23 Diw., Satt an Erfahrung, in FAZ, 29.08.1998.
24 Negt, Gespräch mit Günter Grass, S. 314.
25 Grass, Rotgrüne Rede, in: NGA 23, S. 214.
26 Grass, Fünf Merkzettel, in: NGA 23, S. 460.
27 Grass, Rede „Wer dreimal lügt ...", in: AdK, GGA, Signatur 10376.
28 Negt, Gespräch mit Grass, S. 303.
29 Pierre Bourdieu, Zivilisiert endlich den Kapitalismus, in: NGA 24, S. 582.
30 O. V., Grass trommelt für Rot-Grün, in: TAZ, 06.06.2002.
31 Manfred Bissinger / Hans-Ulrich Jörges, „Unglücklich, irreführend, geschichtsvergessen", in: Die Woche, 24.12.1998.

von dem, was uns bewog, zur Wahl der SPD bzw. der Grünen aufzurufen, ernsthaft in Angriff genommen wurde"[32]. Dennoch setzte er sich 2002 für die Wiederwahl ein, da man erst auf „halber Wegstrecke"[33] angekommen sei. Grass unterstützte öffentlich die rot-grüne Regierung, damit die „unvollendete Koalitionsarbeit fortgesetzt"[34] werde. Auch 2005 bekannte er im Wahlkampf: „Es stimmt, die von Rotgrün begonnenen Reformen waren von Fehlern belastet und wurden zu Recht kritisiert, aber der Wille, aus Fehlern zu lernen, wurde erkennbar."[35] Grass bestärkte die Regierung, da „weiterhin [...] Mut zu Veränderungen notwendig [sei], auch zu solchen, die wehtun"[36]. Er bemängelte aber auch, dass Alternativvorschläge von Intellektuellen von den Politikern der Regierungsparteien nicht als „grundsätzliche Überlegungen in ihr Denken und damit auch in ihr politisches Handeln"[37] aufgenommen würden.

Grass verfolgte das *Ziel*, Solidarität und soziale Gerechtigkeit in Deutschland zu erreichen. Die Analyse der *Problemdimensionen* in den Reden und Interviews macht deutlich, dass er 1998 durch einen Machtwechsel einen neuen Gesellschaftsentwurf umsetzen wollte. Aus diesem Grund unterstützte er die rot-grüne Koalition im Wahlkampf aktiv. Die Rolle eines Wahlhelfers entspricht nicht dem Idealbild eines Intellektuellen, der freischwebend als Beobachter urteilen soll. Grass selbst wertete seine Aktivitäten als Bürgerengagement, mit dem er einen Wandel in der Gesellschaft unterstützen wollte. Die Geschichte sei „eine entscheidende Lektion gewesen"[38], die neben seinen persönlichen „charakterliche[n] Eigenschaften"[39] ihn dazu bewegt hatte, „weiter das Maul aufzumachen"[40]. Aus diesem Grund entwickelte er das Selbstverständnis eines Intellektuellen entsprechend weiter (vgl. IV. Kap. 1.2).

Grass verfolgte in seinen öffentlichen Äußerungen zur Innenpolitik zwei *Deutungsmuster*: Das *soziale* Deutungsmuster zeigte sich in Grass' ausgeprägter Solidarität gegenüber den Ostdeutschen, Ausländern, Kindern und Rentnern, für die er soziale Gerechtigkeit forderte. Aus diesem Grund wandte er sich nicht nur gegen die *ökonomische* Macht des Kapitalismus, sondern forderte, diesen Neoliberalismus durch Gesetze zu bändigen, um moralisch die Arbeitnehmer vor den Unterneh-

---

32 Dpa, Gegen Rot-Grün, in: TAZ, 13.11.2001.
33 O. V., Grass trommelt für Rot-Grün, in: TAZ, 06.06.2002.
34 Grass / Negt, Ein unvollendetes Projekt, S. 206.
35 Grass, Was steht zur Wahl?, in: NGA 23, S. 434.
36 Grass, Was steht zur Wahl?, in: NGA 23, S. 435.
37 Grass / Negt, Ein unvollendetes Projekt, S. 194.
38 Bissinger / Jörges, „Der rotgrüne Wechsel ist überfällig", in: Die Woche, 18.07.1997.
39 Bissinger / Jörges, „Der rotgrüne Wechsel ist überfällig", in: Die Woche, 18.07.1997.
40 Bissinger / Jörges, „Der rotgrüne Wechsel ist überfällig", in: Die Woche, 18.07.1997.

mern zu schützen. Diese Deutungsangebote versuchte der *öffentliche Intellektuelle* aktiv in die Gesellschaft einzubringen, um einen Umbruch durch einen Machtwechsel zu ermöglichen.

6.2 Öffentlichkeit für Rot-Grün: Intellektuelle Wahlhilfe

6.2.1 Wahlhelfer von 1998 bis 2009

Intellektuelle waren sicher keine „Wahlkampfwaffe"[41], aber ein fester Bestandteil innerhalb der strategischen Planungen der SPD.[42] Grass war ein prominentes Beispiel für eine derartige intellektuelle Unterstützung (vgl. IV. Kap. 1.2): „Wenn der Wahlkämpfer je eine Rolle war, dann muß sie Grass vor langer Zeit zur zweiten Haut geworden sein"[43].

6.2.1.1 Grass' Wahlhilfe für die SPD auf Bundesebene
Am Anfang der Berliner Republik führten die Deutsche Einheit und Asylpolitik zu einer großen Distanz des Intellektuellen zur SPD. Es gab „die alten Wählerinitiativen der SPD [...] nicht mehr"[44]. Auch Grass' Einsatz für diese Partei war nicht selbstverständlich, wie seine geringe Beteiligung im Wahlkampf auf Bundesebene 1990 (vgl. IV. Kap. 2.3.1.2) und 1994 (vgl. IV. Kap. 3.2.2) belegt (vgl. Tabelle 49).[45] Innerhalb der Partei analysierte man im Vorfeld des Wahlkampfs 1994 die Gründe für diese Abkehr. Man kam zu dem Ergebnis, dass die Intellektuellen sich von der Partei als „Unterhaltung und Dekoration"[46] zu Wahlkampfzwecken instrumentalisiert fühlten. Rudolf Scharping versuchte als Kanzlerkandidat, 1994 Künstler und Schriftsteller einzubeziehen, aber konnte sie von sich nicht überzeugen (vgl. IV. Kap. 4.2.2). Dies wurde auch in der Öffentlichkeit wahrgenommen und der „Spirit oft the sixties"[47] vermisst.

---

41 Boris R. Rosenkranz, Prominenz als Wahlkampfwaffe, in: TAZ, 17.09.2005.
42 Vgl. Mörchen, Meinen Freunden, den Poeten, S. 61–63; Löer, Ausflug zur Macht, noch nicht wiederholt, S. 380.
43 Hubert Spiegel, Der Schneckenreiter, in: FAZ, 16.09.2005.
44 Rosa Schmitt-Neubauer, Erste Überlegungen zur Wählerinitiative, 11.08.1993, in: AdsD, Bestand Freimut Duve, 1/FDAA000192.
45 Zum Wahlkampf 1990 vgl. Kap. 2.2.3 und zum Wahlkampf 1994 vgl. Kap. 3.2.2.
46 Rosa Schmitt-Neubauer, Erste Überlegungen zur Wählerinitiative, 11.08.1993, in: AdsD, Bestand Freimut Duve, 1/FDAA000192; vgl. Jörn Thießen, Vermerk an Rosa Schmitt-Neubauer / Tom Rutert-Klein, 10.08.1992, in: AdsD, Bestand Freimut Duve, 1/FDAA000192; Stephan Gorol, 10.05.2020.
47 Claus Heinrich Meyer, Spirit of the Sixties, in: SZ, 21.10.1994.

Tabelle 49: Günter Grass' Medienresonanz als Wahlhelfer auf Bundesebene (1990–2013).

Wahlkampf	Spitzenkandidat	Form	MR
1990	Oskar Lafontaine	Ausstellung *Für Oskar*, Aufruf	5
1994	Rudolf Scharping	Wahlkampf für Wolfgang Thierse	35
1998	Gerhard Schröder	Wahlkampfveranstaltungen	83
2002	Gerhard Schröder	Wahlkampfveranstaltungen	91
2005	Gerhard Schröder	Wahlkampfveranstaltungen	117
2009	Frank-Walter Steinmeier	Wahlkampfveranstaltungen	41
2013	Peer Steinbrück	Buchvorstellung: Briefwechsel Brandt und Grass Wahlkampf für Nina Scheer: Lesung mit Diskussion	150

Der folgende Kanzlerkandidat Gerhard Schröder begründete 1998 die Entfremdung damit, dass „die SPD [...] in den letzten Wahlkämpfen vielleicht ein bißchen zu wenig Wert darauf gelegt [hatte], die Intellektuellen zu erreichen. Das wollen wir ändern."[48] Auch in diesem Wahlkampf wurden die Chancen und Risiken für eine Einbindung von Künstlern von einer eigenen Abteilung in der Wahlkampfzentrale *KAMPA* genau analysiert.[49] Die SPD griff dafür auf das Personal und das bestehende Netzwerk des *Kulturforums der Sozialdemokratie* zurück.[50] Spitzenpolitiker sprachen Künstler, Schriftsteller und Intellektuelle gezielt als Unterstützer an (vgl. IV. Kap. 6.3.3).[51] Es wurden gemeinsame Diskussionsveranstaltungen, wie beispielsweise mit Jürgen Habermas oder die Tagung *EuroVisionen* mit Klaus

---

48 Beaucamp / Schirrmacher / Spiegel, Ein kurzer Anruf aus dem Kanzleramt, in: FAZ, 10.09.1998.
49 Vgl. Klaus-Jürgen Scherer, Vermerk „Kultur", 2002, in: AdsD, Bestand Kulturforum der Sozialdemokratie, Mappe „Kampa 2002"; Ders., Vermerk, 05.09.2001, in: AdsD, Bestand Kulturforum der Sozialdemokratie, Mappe „Kampa 2002"; Klaus-Jürgen Scherer / Kristina Bauer-Volke, „Wahlkampfstrategien Kulturforum", 22.10.2001, in: AdsD, Bestand Kulturforum der Sozialdemokratie, Mappe „Kampa 2002"; Klaus-Jürgen Scherer, Neue Konvergenzen zwischen Geist und Macht, 20.06.2002, in: AdsD, Bestand Kulturforum der Sozialdemokratie, Mappe „Kampa 2002."
50 Für den Bereich Kunst war Rosa Schmitt-Neubauer (Geschäftsführerin des Kulturforums der Sozialdemokratie) und Klaus-Jürgen Scherer (Wissenschaftsforum) zuständig. Vgl. Rosa Schmitt-Neubauer, 21.04.2020; Klaus-Jürgen Scherer, 02.03.2020; Klaus-Jürgen Scherer, Rot-grün regiert das Land! Analytisches zur Bundestagswahl vom 27. September 1998, in: Perspektiven DS (15 / 1998), Heft 3, S. 231–237, hier S. 231.
51 Vgl. Gerhard Schröder und Franz Müntefering, Brief an Günter Grass, 10.06.2005, in: GUGS; Franz Müntefering, Brief an Günter Grass, 06.09.2002, in: GUGS.

Staeck und Oskar Negt geplant (vgl. IV. Kap. 5.2.2).[52] Auch Günter Grass trat auf eigene Initiative „nach langem Abwägen"[53] 1998 wieder in gewohntem Maße im Wahlkampf für eine rot-grüne Koalition ein, obwohl er nur mit sechzig Prozent hinter Gerhard Schröder und der SPD stand.[54] Der Schriftsteller erkannte die Chance für einen politischen Machtwechsel und erklärte, dass er „in den Grenzen [s]einer verbliebenen Möglichkeiten"[55] noch einmal Wahlkampf für eine rot-grüne Koalition betreiben werde. Er war sich 1998 nicht „sicher, ob es zu einem wirklichen Wechsel kommt"[56]. Grass nutzte daher seine Prominenz, um die rot-grünen Parteien im Wahlkampf tatkräftig zu unterstützen. Er stellte dabei klar, er sei „ohne Utopie im Gepäck, aber satt an Erfahrung"[57]. Grass warb nicht für die SPD allein, sondern dezidiert für ein Regierungsbündnis der zwei „Reformkräfte"[58]. Oskar Negt bestätigte, dass der Intellektuelle sich „sehr, sehr früh"[59] für das rot-grüne Projekt eingesetzt habe. „Da ist er ja ein guter Machtmensch gewesen. Ihm war klar, dass die SPD keine mehrheitsfähige Wahl vorzuweisen hat, um den Kanzler zu wählen ohne Beteiligung der Grünen."[60] Die möglichen Kanzlerkandidaten „Lafontaine und Schröder signalisierten eine Präferenz für Rot-Grün"[61], aber zeigten sich auch für eine große Koalition offen. Grass kritisierte diese „diffuse[...] Haltung"[62] innerhalb der SPD und machte sein Engagement von einer klaren Koalitionsaussage abhängig. Schließlich summierte er „einige Denkzettel zu einer Rede"[63] anlässlich des Landtagswahlkampfes in Sachsen-Anhalt und absolvierte, fast unmittelbar vor der Wahl, eine selbst organisierte Kurzreise mit vier Auftritten mit jeweils einem lokalen SPD- und Grünen-Kandidaten in den neuen

---

52 Vgl. Förster, Intellektuelle als Berater, S. 164 sowie S. 180–181; Karlen Vesper, Dauerhafte Opposition macht dumm, in: ND, 09.06.1998.
53 Diw., Satt an Erfahrung, in: FAZ, 29.08.1998.
54 Grass, Rede „Wer dreimal lügt ...", in: AdK, GGA, Signatur 10376, Teilabdruck in: FR, 02.09.1998.
55 Bissinger / Jörges, „Der Wechsel ist überfällig", in: Die Woche, 18.07.1997.
56 Grass, Rede „Wer dreimal lügt ...", in: AdK, GGA, Signatur 10376.
57 Grass, Rede „Wer dreimal lügt ...", in: AdK, GGA, Signatur 10376.
58 Marianne Heuwagen, „Die neuen Asozialen in den Chefetagen", in: SZ, 08.10.1997.
59 Oskar Negt, 20.07.2020.
60 Oskar Negt, 20.07.2020.
61 Franz Walter, Die SPD. Biographie einer Partei, überarb. und erw. Ausgabe, Reinbek 2018, S. 241.
62 Günter Grass, Brief an Rudolf Scharping, 13.01.1998, in: AdK, GGA, Signatur 14306; vgl. Günter Grass, Brief an Oskar Negt, 07.10.1997, in: GUGS.
63 Günter Grass, Brief an Rudolf Scharping, 13.01.1998, in: AdK, GGA, Signatur 14306; vgl. Grass, Rotgrüne Rede, in: NGA 23, S. 211–222.

Bundesländern (vgl. Tabelle 50).[64] Für ihn würden sich dort „auch diesmal die Wahlen entscheiden"[65].

Tabelle 50: Günter Grass' Aktivitäten im Wahlkampf 1998.

Form	Titel	Datum	Ort/ Veröffentlichung	MR
Rede	*Rotgrüne Rede* R. Höppner (SPD) H.-J. Tschiche (Die Grünen)	20.03.1998	Sachsen-Anhalt, Magdeburg, Halle FR, 23.03.09	8
Rede	*Wer dreimal lügt ...*		FR, 02.09.1998	6
Wahlkampf- veranstaltungen	Hans-Joachim Hacker (SPD) Jürgen Fuchs (Die Grünen)	27.08.1998	Schwerin, Mecklenburg- Vorpommern	
	Edelbert Richter (SPD) Harald Liehr (Die Grünen)	02.09.1998	Weimar, Thüringen	
	Christoph Matschie (SPD) Mathias Mieth (Die Grünen)	03.09.1998	Jena, Thüringen	
	Carsten Schneider (SPD) Katrin Göring-Eckardt (Die Grünen)	04.09.1998	Erfurt, Thüringen	

2002 galt es, die rot-grüne Regierung zu bestätigen und eine „zweite Halbzeit"[66] einzuläuten. Die Beteiligung von Intellektuellen sollte demonstrieren, dass ein „neues kulturelles Klima"[67] entstanden sei und Künstler in der „Bundesregierung wieder einen Ansprechpartner"[68] finden. Mit dieser Strategie wollte die Partei sich von dem Herausforderer Edmund Stoiber (CSU) abgrenzen. Einige kulturelle Vorzeigeprojekte, wie das Urheberrecht (vgl. IV. Kap. 5.3.5) oder die Kulturstiftung (vgl. IV. Kap. 5.3.4), waren allerdings nicht zufriedenstellend abgeschlossen und galten als Risikofaktor für

---

64 Vgl. Günter Grass, Brief an Hans-Joachim Hacker, 29.04.1998, in: GUGS; Grass, Rede „Wer dreimal lügt ...", in: AdK, GGA, Signatur 10376.
65 Diw., Satt an Erfahrung, in: FAZ, 29.08.1998, S. 3.
66 O. V., Aufruf „Zweite Halbzeit für Gerhard Schröder" mit Günter Grass, in: SZ, 25.06.2002; vgl. Klaus-Jürgen Scherer, Vermerk „Kultur", in: AdsD, Bestand Kulturforum der Sozialdemokratie, Mappe „Kampa 2002."
67 Kulturforum der Sozialdemokratie, „Den kulturpolitischen Aufbruch fortsetzen! Kunst und Kultur für Schröder", in: AdsD, Bestand Kulturforum, Mappe „Kampa 02"; vgl. Matthias Machnig, Die Kampa als SPD-Wahlkampfzentrale der Bundestagswahl 1998, in: Forschungsjournal NSB (12 / 1999), Heft 3, S. 20–39.
68 Kulturforum der Sozialdemokratie, „Den kulturpolitischen Aufbruch fortsetzen! Kunst und Kultur für Schröder", in: AdsD, Bestand Kulturforum, Mappe „Kampa 02."

ein Engagement von Intellektuellen.[69] Zudem war es erfahrungsgemäß schwieriger, Künstler und Schriftsteller als Unterstützer für eine bestehende Koalition zu gewinnen. Dennoch gab es in diesem Wahlkampf eine breite Beteiligung von Intellektuellen.[70] Ausschlaggebend dafür war die Kandidatur Edmund Stoibers sowie Gerhard Schröders Ablehnung des Irak-Krieges (vgl. IV. Kap. 7.3.3).[71] Günter Grass engagierte sich 2002 dagegen sporadisch, da er in diesem Jahr sein Buch *Im Krebsgang* veröffentlichte (vgl. IV. Kap. 8.2.3).[72] Er führte keine „Wahlkampftour"[73] durch, sondern trat lediglich auf drei lokal organisierten, öffentlichen Veranstaltungen auf Einladung von Peter Struck, Herta-Däubler-Gmelin und Hans-Joachim Hacker auf (vgl. Tabelle 51). Zudem hielt er auf Bitte Gerhard Schröders einen kurzen Gastbeitrag auf der SPD-Abschlussveranstaltung in Dortmund.[74] Darüber hinaus unterstützte Grass den Bundeskanzler durch ein TV-Gespräch und ein Nachwort in dessen Buch *Was kommt. Was bleibt* sowie durch einen Exklusivbeitrag in der Wahlkampfzeitung.[75] Seine „Lust am Wahlkampf"[76] ging Grass vor allem in Interviews nach. Werbende Texte für die SPD lagen ihm nicht, sodass er sich vorformulierte Entwürfe schicken ließ.[77]

2005 handelte es sich um einen durch die Vertrauensfrage verkürzten Wahlkampf von Gerhard Schröders gegen Angela Merkel. Grass' Einsatz im Wahlkampf begann mit einer „gezielte[n] Falschmeldung"[78] der Wochenzeitschrift *Der Spiegel*, die über ein angebliches Intellektuellentreffen im Kanzleramt berichtete und entsprechende Dementis provozierte.[79] Diese Form der Presseberichterstattung be-

---

69 Vgl. Scherer, Vermerk „Kultur", in: AdsD, Bestand Kulturforum der Sozialdemokratie, Mappe „Kampa 2002."
70 Vgl. Scherer, Vermerk, 05.09.2001, in: AdsD; Bestand Kulturforum der Sozialdemokratie, Mappe „Kampa 2002."
71 Vgl. Scherer, Vermerk „Kultur", in: AdsD, Bestand Kulturforum der Sozialdemokratie, Mappe „Kampa 2002."
72 Vgl. Klaus-Jürgen Scherer, Neue Konvergenzen zwischen Geist und Macht, 20.06.2002, in: AdsD, Bestand Kulturforum der Sozialdemokratie, Mappe „Kampa 2002."
73 Nils Minkmar, Die Schnecke läßt das Mausen nicht, in: FAZ, 21.09.2002.
74 Vgl. Franz Müntefering, Brief an Günter Grass, 06.09.2002, in: GUGS.
75 ARD, Boulevard Bio, 04.06.2002, in: AdsD, Bestand Kulturforum der Sozialdemokratie, Mappe „Kampa Wahlkampf"; Grass, Die Fortsetzung der Reformpolitik wählen; Günter Grass, Nachträgliche Gedanken, in: Gerhard Schröder, Was kommt. Was bleibt, Berlin 2002, S. 183–189, abgedruckt in: Die Woche, 08.03.2002.
76 Günter Grass, Brief an Gerhard Schröder, 03.07.2002, in: GUGS.
77 Vgl. Klaus-Jürgen Scherer, Brief an Matthias Machnig, 19.07.2002, in: AdsD, Bestand Kulturforum der Sozialdemokratie, Mappe „Kampa Wahlkampf."
78 Grass zitiert nach: dpa, Spiegel bedauert Fehler, in: Die Welt, 23.06.2005.
79 O. V., Hilfe für den Kanzler, in: Der Spiegel, 19.06.2005.

Tabelle 51: Günter Grass' Aktivitäten im Wahlkampf 2002.

Form	Titel	Datum	Ort/ Veröffentlichung	MR
Fernsehauftritt	Gespräch mit Gerhard Schröder	04.06.2002	ARD, Boulevard Bio	21
Wahlkampf-veranstaltungen	Hans-Joachim Hacker (SPD) und Ulrike Seemann-Katz (Die Grünen)	17.09.2002	Schwerin, Mecklenburg-Vorpommern	2
	Dr. Peter Struck (SPD)	18.09.2002	Celle, Niedersachsen	
	Herta-Däubler-Gmelin (SPD), Wolfgang Dauner, Fred Breinersdorfer	19.09.2002	Tübingen, Baden-Württemberg	
Veranstaltung	Abschlussveranstaltung der SPD	20.09.2002	Dortmund, NRW	1

zeichnete Grass als „Kampagne"[80] gegen den amtierenden Bundeskanzler. Er animierte daraufhin mehrere Intellektuelle, Schriftsteller und Künstler, zugunsten der SPD Partei zu ergreifen.[81] Der Schriftsteller organisierte mit Unterstützung einer eigenen Mitarbeiterin, Anna Mikula, eine kleine Wählerinitiative und fünf Veranstaltungen mit Eva Menasse, Michael Kumpfmüller, Johano Strasser, Benjamin Lebert und Jens Sparschuh sowie dem jeweiligen lokalen SPD-Kandidaten (vgl. Tabelle 52).[82] Gemeinsam zog man als Auftakt bei einer Veranstaltung mit Kulturstaatsministerin Christina Weiss und Wolfgang Thierse eine „kulturelle und kulturpolitische Bilanz der sieben Jahre rot-grüner Bundesregierung"[83].

---

80 Günter Grass, Rede zu Manfred Bissingers 60. Geburtstag, in: Archiv Bissinger; Manfred Bissinger, Brief an Günter Grass, 20.06.2005, in: GUGS; Richtigstellung erfolgte durch folgenden Artikel: o. V., Keine Zusagen, in: Der Spiegel, 26.06.2005; Manfred Bissinger, Brief an Günter Grass, 19.10.2005, in: GUGS.
81 Vgl. Eva Menasse, 20.03.2020; Manfred Bissinger, 07.04.2020.
82 Vgl. Günter Grass, Brief an mehrere Schriftsteller, 28.10.2005, in: GUGS; Anna Mikula, 07.04.2020; Andere dagegen, wie Matthias Politycki und Burkhard Spinnen lehnten ein derartiges Engagement ab. Vgl. Matthias Politycki, 13.02.2020; Burkhard Spinnen, 11.02.2020; Matthias Politycki, Vom Verschwinden der Dinge in der Zukunft. Bestimmte Artikel 2006–1998, Hamburg 2007, S. 113.
83 Wolfgang Thierse, Brief an Günter Grass, 20.06.2005, in: GUGS; vgl. Annett Gröschner, Angst vor dem Feuilleton, in: TAZ, 24.08.2005.

Tabelle 52: Günter Grass' Aktivitäten im Wahlkampf 2005.

Form	Titel	Datum	Ort/ Veröffentlichung	MR
Termin	Planungstreffen mit Manfred Bissinger	24.04.2005	Lübeck	0
Aufruf	Aktion für Demokratie	Mai 2005		
Falschmeldung	Hilfe für den Kanzler	20.06.2005	Der Spiegel	16
Termin	Planungstreffen mit Manfred Bissinger	05.07.2005	Lübeck	1
Aufruf	Aktion für Demokratie	Juli 2005		
Pressemitteilung	Schriftsteller-Initiative	10.08.2005		25
Diskussion	*Kultur als Lebensmittel* Wolfgang Thierse, Christina Weiss	22.08.2005	Kulturbrauerei Berlin	4
Wahlkampf- veranstaltungen	*Was steht zur Wahl?* Kultur und Politik		SZ, 14.09.2005	7
	Gabriele Hiller-Ohm (SPD) mit Michael Kumpfmüller	06.09.2005	Lübeck, Media Docks Schleswig-Holstein	
	Johannes Kahrs (SPD) mit Eva Menasse	08.09.2005	Hamburg, Museum für Arbeit	
	Christian Ude (SPD) Stephanie Jung/ Brigitte Meier (SPD) mit Johano Strasser/ Benjamin Lebert	13.09.2005	München, Schlachthof Bayern	
	Harald Baumann-Hasske (SPD) mit Jurij Bresan/ Jens Sparschuh	14.09.2005	Bischofswerda, Aula Gymnasium, Sachsen	
Veranstaltung	Abschlussveranstaltung der SPD	17.09.2005	Gendarmenmarkt	5

2009 gelang es Frank-Walter Steinmeier nur bedingt, seine Kontakte zu Intellektuellen öffentlichkeitswirksam einzubringen.[84] Das lag auch an seinem Naturell,

---

[84] Beispielsweise Sten Nadolny und Tilman Spengler, vgl. Veit Medick, „Steinmeier würde als Kanzler zurücktreten, um sich treu zu bleiben", in: Der Spiegel, 15.07.2009; Tilman Spengler, 29.02.2020.

denn er ist „eher der sachliche Typ und nicht so emotional wie Schröder"[85]. Grass führte in diesem Wahlkampf eine „politische Lesereise"[86] (vgl. IV. Kap. 3.2.4) mit sechs Stationen in Ostdeutschland gemeinsam mit den Politikern und mit Schriftstellerkollegen durch, um der SPD in einer „beängstigend schwachen Situation"[87] zu helfen. Grass bekundete: „Ich kann und will es nicht lassen, mich noch einmal – womöglich zum letzten Mal – an einem Wahlkampf zugunsten der SPD zu beteiligen"[88]. Es war folglich die „letzte Altersanstrengung des Wahlkämpfers"[89], mit der er „an die Grenzen [s]einer Kräfte"[90] ging. Er trat gemeinsam mit mehreren Schriftstellern und den jeweiligen lokalen SPD-Bundestags- oder Landtagskandidaten auf. Sieben Veranstaltungen (vgl. Tabelle 53) wurden in enger Zusammenarbeit mit dem *Kulturforum der Sozialdemokratie* organisiert und im Stil der 1960er-Jahre „mit dem VW-Bus"[91] inszeniert. Klaus-Jürgen Scherer, damaliger Vorsitzender des Kulturforums, betonte rückblickend, dass die *Politische Lesereise* eine persönliche Initiative des Schriftstellers, eine „Grass-Geschichte allein"[92], gewesen sei. Der Kanzlerkandidat spielte bei den Veranstaltungen allerdings keine große Rolle. Es gab auch keinen offiziellen gemeinsamen Auftritt der Beiden. Das liegt auch darin begründet, dass dies der erste Wahlkampf nach dem Bekanntwerden von Grass' Waffen-SS-Mitgliedschaft war (vgl. IV. Kap. 8.2.4).

Nach 2009 führte Grass keine Wahlkampfreisen mehr durch, sondern unterstützte punktuell bei lokalen Veranstaltungen einzelne Politiker, wie Olaf Scholz (2011) in Hamburg oder Nina Scheer (2013) in Lauenburg.[93] Seine gemeinsamen Auftritte mit Politikern wurden von der Öffentlichkeit im Kontext des Wahlkampfes gesehen, wie die Buchvorstellung 2013 mit Peer Steinbrück belegt.[94]

---

85 Manfred Bissinger, 07.04.2020.
86 Dpa, Wieder Wahlkämpfer, in: SZ, 02.09.2009.
87 Daniel Friedrich Sturm, Grass hilft einer „beängstigend schwachen" SPD, in: Die Welt, 09.09.2009.
88 Günter Grass, Brief an mehrere Schriftsteller, 10.06.2009, in: GUGS.
89 Günter Grass, Brief an Adam Krzemiński, 09.09.2005, in: GUGS.
90 Günter Grass, Brief an Christa Wolf, 18.03.2009, in: GUGS.
91 Klaus-Jürgen Scherer, 02.03.2020.
92 Klaus-Jürgen Scherer, 02.03.2020.
93 Vgl. Matthias Hoenig / Lno., Von der Elbe bis zum Nil, in: SHZ, 07.02.2011; Nina Scheer, Lesung und Diskussionsabend mit Günter Grass, 17.09.2013.
94 Vgl. Tobias Rüther, Wer hat es so bequem wie ich, in: FAZ, 28.06.2013; Ursula März, Für immer Grass?, in: Die Zeit, 04.07.2013; Andreas Kilb / Tobias Rüther, Man muss ein Brandstifter sein, in: FAZ, 17.09.2013.

Tabelle 53: Günter Grass' Aktivitäten im Wahlkampf 2009.

Form	Titel	Datum	Ort/ Veröffentlichung	MR
Interview	Wahlkampfankündigung	29.06.2008	Lübecker Nachrichten	2
Veranstaltung	*Bürger für Brandt* Ausstellungseröffnung	06.04.2009	Berlin	5
Ankündigung	Ankündigung des Wahlkampfs in Ostdeutschland auf der Lesung in der JVA Tegel	03.07.2009	Berlin	2
Pressemitteilung	SPD über Grass' Wahlkampf	01.09.2009		2
Wahlkampf-veranstaltungen	Presseauftakt mit Björn Böhning und Wolfgang Thierse (SPD)	08.09.2009	Berlinische Galerie	10
	Schriftsteller Steffen Kopetzky, Gunter Fritsch, Ravindra Gujjula	08.09.2009	Neuenhagen Bürgerhaus	
	Schriftsteller Michael Kumpfmüller Daniel Kurth, Markus Meckel	09.09.2009	Eberswalde Kreisverwaltung Barnim	
	Schriftsteller Tilman Spengler Erwin Sellering, Sonja Steffen	10.09.2009	Stralsund OZEANEUM	
	Schriftsteller Thomas Rosenlöcher, Johannes Krause	16.09.2009	Halle Volkspark Halle	
	Schriftsteller Jens Sparschuh, Barbara Kisseler, Marlis Volkmer, Ines Vogel	17.09.2009	Dresden Theater Wechselbad	
	Für Thierse lesen mit Günter Grass, Friedrich Christian Delius, Franziska Sperr, Jens Sparschuh, Klaus Staeck, Friedrich Dieckmann, Thorsten Becker, Andre Schmitz, Olaf Schwencke, Barbara Kisseler, Wolfgang Thierse	18.09.2009	Berlin Kulturbrauerei	

6.2.1.2 Resonanz auf Grass' Wahlkampfhilfe

Günter Grass' Wahlkampfhilfe hatte eine Resonanz auf zwei Ebenen: Lokal vor Ort und bundesweit über die Medien. Es war der SPD klar, dass „der Wahlkampf [...] nicht alleine in Berlin geführt und entschieden [wird], sondern in jedem einzelnen

Wahlkreis"[95]. Genau an dieser Stelle griff der Intellektuelle ein und warb lokal für einzelne Politiker. Er suchte dabei gezielt Orte auf, die umkämpft waren. Dabei fokussierte er sich in der Berliner Republik auf Ostdeutschland, um die Bürger dort zu einer Stimmabgabe zu motivieren und sich gegen rechte Parteien stark zu machen.[96] Reinhard Höppner (SPD) war sich 1998 sicher, dass gerade in Ostdeutschland sein „Eintreten für einen Regierungswechsel in Bonn [...] von vielen Menschen verstanden werde und seine Wirkung nicht verfehlen"[97] würde. Seine „Arbeit und [...] Engagement vor und nach 1989 [habe] besondere Bedeutung"[98] in dieser Region (vgl. IV. Kap. 2 und 3). Der prominente Schriftsteller zog wie ein „Magnet"[99] mehr Publikum an als der lokale Kandidat. Es kamen Wahlveranstaltungen mit 500 bis 1000 Personen zustande, was „sonst nur möglich [war] mit Gregor Gysi oder Joschka Fischer"[100]. Aus diesem Grund griffen die Politiker gerne Grass' signalisiertes Interesse am Wahlkampf auf.[101] Der Intellektuelle sprach als „Exot"[102] eine Zielgruppe von Wählern an, die keine Parteiveranstaltungen besuchten und auch Wahlprogramme nicht zur Kenntnis nähmen.[103] Er äußerte seine Meinung provokativ und trat kritisch mit den Wählern in den Dialog.[104] Es war sein primäres Ziel, seine Erwartungen an die rot-grüne Regierung zu formulieren und in Form einer öffentlichen Politikberatung auch Impulse zu setzen.[105] Grass verhielt sich dabei nicht parteilinienkonform, sondern stellte den anwesenden Politikern unbequeme Fragen.[106] Wolfgang Thierse gibt zu, dass man bei Intellektuellen „je prominenter, desto weniger, vorhersagen kann, was sie sagen werden. Sie sind Irrlichter, sie sind nicht berechenbar, sie sind nicht domestizierbar."[107] Derartige Veranstaltungen demonstrierten den Wählern, dass die SPD nicht nur aus einer Meinung besteht, son-

---

95 SPD-Parteivorstand zitiert nach: Wissenschaftlicher Dienst des Bundestages (Hrsg.), Die Rolle der Kampa im Bundestagswahlkampf der SPD in den Jahren 1998 und 2002, WD 1–123 / 07, 2007.
96 Vgl. dazu Kapitel 2.3.2.; Ines Vogel, 06.12.2020.
97 Reinhard Höppner, Brief an Günter Grass, 22.01.1998, in: GUGS.
98 Reinhard Höppner, Brief an Günter Grass, 22.01.1998, in: GUGS.
99 Harald Baumann-Hasske, 02.12.2020; vgl. Christan Ude, Brief an Günter Grass, 20.09.2005 in: GUGS.
100 Ulrike Seemann-Katz, 30.11.2020.
101 Vgl. Hans-Jochen Tschiche, Brief an Günter Grass, 01.12.1997, in: GUGS; Hans-Joachim Hacker, Brief an Günter Grass, 22.04.1998, in: GUGS; Edelbert Richter, Brief an Günter Grass, 17.06.1998, in: GUGS.
102 Harald Baumann-Hasske, 02.12.2020.
103 Vgl. Hans-Joachim Hacker, Brief an Günter Grass, 14.02.2002, in: GUGS; Ulrike Seemann-Katz, 30.11.2020; Ines Vogel, 06.12.2020.
104 Vgl. Grass, Rotgrüne Rede, in: NGA 23, S. 213.
105 Der Arbeitstitel der Rede hieß daher auch „Was ich von einer neuen Regierung erwarte."
106 Vgl. Florian Illies, Ein Dichter hier, in: FAZ, 23.03.1998.
107 Wolfgang Thierse, 03.03.2020.

dern in der Partei kontrovers über Themen diskutiert wird. Herta Däubler-Gmelin bezeichnete die Gespräche mit Grass und anderen Künstlern sowie Wissenschaftlern als „außerordentlich fruchtbar"[108], „wenn Politikerinnen oder Politiker der Auffassung sind, sie könnten etwas lernen"[109].

Die intellektuellen Wahlhelfer fungierten bei „Lesern des Feuilletons"[110] sowie in „kulturnahen Milieus"[111] als „kulturelle Multiplikatoren und literarische Vordenker"[112], sodass seine Positionierung im Wahlkampf mobilisierend wirkte.[113] Wolfgang Thierse schränkte allerdings ein, „dass die, die da kommen, natürlich eher schon zu uns gehören, der SPD zugeneigt sind"[114]. Thorsten Faas glaubte 2005 nicht, dass „Stars und Sternchen zusätzliche Wähler an die Urne locken können"[115]. Kajo Wasserhövel, Wahlkampfleiter von 2005 und 2009, ordnete daher den Kosten-Nutzen-Faktor derartiger Veranstaltungen kritisch ein.[116] Das „Nostalgieprogramm für alte Willy-Wähler!"[117] hatte primär die Akquirierung der eigenen Stammwählerschaft als Ziel. Klaus-Jürgen Scherer, Geschäftsführer des *Kulturforums der Sozialdemokratie*, beschreibt dies dagegen retrospektiv als ein wichtiges „Umfeld, das die SPD nach wie vor braucht"[118]. Auch die lokalen Kandidaten äußerten sich allesamt begeistert über Grass' Wahlhilfe.[119] Hans-Joachim Hacker (SPD) bekundete, dass sein Einsatz mitgeholfen hätte, die Mehrheit in seinem Wahlkreis auszubauen.[120] Man kann den Einfluss auf das Wahlverhalten der Teilnehmer im Nachhinein nicht eruieren, aber Grass' Stärke lag im direkten Wahlkampf vor Ort. Entsprechend seinen früheren Bürgerinitiativen organisierte er diese Veranstaltungen häufig unabhängig von der Partei.[121] Erst 2009 war das *Kulturforum der Sozialdemokratie* für die Organisation zuständig.[122] Bei den kostspieligen Wahlkämpfen

---

108 Herta Däubler-Gmelin, 10.02.2020.
109 Herta Däubler-Gmelin, 10.02.2020.
110 Klaus-Jürgen Scherer, Vermerk, 05.09.01, in: AdsD, Bestand Kulturforum der Sozialdemokratie; SPD, Eine Frage der (politischen) Kultur, in: AdsD, Bestand Kulturforum der Sozialdemokratie, Mappe „Kampa 02."
111 Klaus-Jürgen Scherer, Vermerk, 05.09.01, in: AdsD, Bestand Kulturforum der Sozialdemokratie.
112 Klaus-Jürgen Scherer, Vermerk, 05.09.01, in: AdsD, Bestand Kulturforum der Sozialdemokratie.
113 Vgl. Ines Vogel, 06.12.2020.
114 Wolfgang Thierse, 03.03.2020.
115 Boris R. Rosenkranz, Prominenz als Wahlkampfwaffe, in: TAZ, 17.09.2005.
116 Vgl. Kajo Wasserhövel, 22.04.2020.
117 Alexander Marguier, „Ich bin eben ein altes Wahl-Ross", in: FAS, 13.09.2009.
118 Klaus-Jürgen Scherer, Brief an Helmut Böttiger, 26.08.2002, in: AdsD, Bestand Kulturforum der Sozialdemokratie, Mappe „Kampa 02."
119 Vgl. Ines Vogel, 06.12.2020; Ulrike Seemann-Kratz, 30.11.2020; Wolfgang Thierse, 03.03.2020.
120 Vgl. Hans-Joachim Hacker, Brief an Günter Grass, 14.02.2002, in: GUGS.
121 Vgl. Anna Mikula, 07.04.2020.
122 Vgl. Klaus-Jürgen Scherer, 02.03.2020.

waren diese zusätzliche, lokale Wahlwerbung und die zum Teil selbstfinanzierten Anzeigen der Wählerinitiativen auf Bundesebene gerne gesehen.[123]

Grass' Wahlkampfbeteiligung erzeugte eine Resonanz in der Lokalpresse, aber auch den gewünschten „bundesweit wirkungsvollen Akzent"[124] im Feuilleton. Thierse hebt dessen „Öffentlichkeitsgewicht"[125] hervor, da der Intellektuelle als „einer der prominentesten Unterstützer der SPD im Wahlkampf"[126] von den Medien stets wahrgenommen wurde. Es lässt sich eine große Differenz zwischen der lokalen und überregionalen Berichterstattung feststellen. Während die Lokalpresse lobend die Wahlhilfe des Intellektuellen in „wohlwollend-kritischer Distanz"[127] hervorhob, bewerteten die überregionalen Zeitungen mehrheitlich kritisch, wie Grass „sein sozialdemokratisch ausgerichtetes Zeigefingerchen"[128] hebe. Im Mittelpunkt der Kritik stand, dass der Intellektuelle seinen „Kopf mit Bild und These"[129] für die Kampagne Schröders hergebe und somit ein „Hofnarr der Macht"[130] sei.[131] Das TV-Gespräch entsprach dem unter dem Bundeskanzler gepflegten Stil des „Politainment"[132], in dem dieser sich als „Medienkanzler"[133] präsentierte. Es handelte sich hierbei um eine „gegenseitige Inszenierung"[134] in der Öffentlichkeit. Die größte Resonanz erzeugten 2002 dieser gemeinsame Fernsehauftritt sowie die Falschmeldung in *Der Spiegel* (vgl. Tabelle 51) und die 2005 folgende Schriftsteller-Initiative (vgl. Tabelle 52). Die Presse lobte, dass Grass weitere Schriftsteller für den Wahlkampf gewann. Die Bewertung seines gleichbleibenden Engagements in den Medien war folglich sehr unterschiedlich.

---

123 Vgl. Frank-Thomas Gaulin, 30.09.2020; Robert Habeck, Brief an Günter Grass, 22.06.2010, in: AdK, GGA, Signatur 15868.
124 Günter Grass, Brief an Reinhard Höppner, 27.01.1998, in: GUGS.
125 Wolfgang Thierse, 03.03.2020.
126 Günther Lachmann, Prominente Wahlkampfhilfe für die Sozialdemokraten, in: Die Welt am Sonntag, 17.07.2005.
127 Rem., Westerwelle wäre schrecklich, in: Südwest Presse, 20.09.2002.
128 Gerrit Bartels, Schnecken auf Kurs, in: TAZ, 13.08.2005; vgl. Wiglaf Droste, Neues vom Wahlfang, in: TAZ, 19.08.2005.
129 Stefan Winterbauer, Ganz private Wahlwerbung, in: Die Welt am Sonntag, 04.09.2005.
130 Helmut Böttiger, This is my time, in: Tagesspiegel, 26.08.2002; vgl. Willi Winkler, Der König und das Harfenspiel, in: SZ, 06.06.2002; Siegmar Schelling, Tadel. Der Hofnarr lässt grüßen, in: Die Welt am Sonntag, 09.06.2002.
131 Vgl. dpa / TAZ, Grass trommelt für Rot-Grün, in: TAZ, 06.06.2002; Torsten Krauel, Fragt doch die Dichter, in: Die Welt, 08.06.2002.
132 Dörner, Politainment, S. 31.
133 Moritz Rinke, Schröder und die D-Frage, in: Die Zeit, 07.02.2002.
134 Klaus-Jürgen Scherer, 02.03.2020; vgl. Jürgen Leinemann, Schaden an der Seele, in: Der Spiegel, 09.06.2002.

6.2.1.3 Einfluss und Funktion von Grass' Wahlkampfhilfe

Günter Grass' Wahlkampfunterstützung hatte zwei Funktionen: Einerseits hatte sie parteiintern eine motivierende und legitimierende Wirkung für den jeweiligen Kandidaten. Anderseits stellte ein Engagement von Intellektuellen symbolisch die gesellschaftliche und kulturelle Öffnung der SPD nach außen dar.

Grass hatte mit seinem Auftritt Einfluss auf die SPD-Mitglieder. Als legendärer Wahlhelfer seit der Ära Brandt unterstützte er durch sein Engagement den jeweiligen Kandidaten. Bundesgeschäftsführer Franz Müntefering erklärte daher beispielsweise 1998, Grass' Wahlkampfankündigung mache „zusätzlich Mut"[135]. Generalsekretär Klaus Uwe Benneter gab 2004 an, dass „solche Hilfe und solcher Einsatz [...] gerade in schwierigen Zeiten Kraft, Zuversicht und die nötige Ausdauer durchzuhalten"[136] gebe. Lokalpolitikerin Ines Vogel (SPD) betonte, dass Grass' Auftritt gerade in den neuen Bundesländern eine „Binnenwirkung"[137] hatte. Er habe die Wahlkämpfer vor Ort durch seine Wertschätzung in einer schwierigen Situation aufgerichtet. Der Einsatz des langjährigen Wahlhelfers spielte besonders für die Enkel Brandts unter einem „individuell-psychologische[n] Aspekt [...] eine größere Rolle"[138], die damit „den Ritterschlag von Günter Grass"[139] bekamen. Dies zeigte sich besonders 1998, als der Intellektuelle mehr „Sympathien"[140] für Oskar Lafontaine bekundete. Der damalige Kanzlerkandidat Schröder erklärte später: „Das hat mich betroffen gemacht."[141] Es gelang ihm schließlich durch eine Einbindung des Intellektuellen in kulturpolitische Planungsgespräche (vgl. IV. Kap. 5.3.2), Grass von sich und seinen Fähigkeiten zu überzeugen.[142] Nach der öffentlichen Kritik war seine Unterstützung des Kanzlerkandidaten im Wahlkampf ein wichtiges Signal. Schröder erklärte rückblickend, er sei „für diese Geste bis [...] heute zutiefst dankbar"[143]. Grass leistete mit seiner Wahlhilfe einen Beitrag dazu, die SPD als kulturnahe und diskursive Partei darzustellen. „Es ist Wahlkampfthema, wie gelungen das Verhältnis von Geist und Macht ist, das bestimmt nicht zentral das Ergebnis des 23. September, aber [ist] für das Klima nicht unwichtig"[144], urteilt Scherer. Die Presse beobachtet

---

135 Swn., Grass macht SPD mit Wahlkampfangebot „Mut", in: SZ, 13.08.1997.
136 Klaus Uwe Benneter, Brief an Günter Grass, 06.07.2004, in: GUGS.
137 Ines Vogel, 06.12.2020.
138 Kajo Wasserhövel, 22.04.2020.
139 Kajo Wasserhövel, 22.04.2020.
140 Pba., Der Schwierige, in: FAZ, 12.08.1997.
141 Christoph Schwennicke, Grüner Liebesbrief auf fremdem Briefpapier, in: SZ, 12.09.1998.
142 Christoph Schwennicke, Grüner Liebesbrief auf fremdem Briefpapier, in: SZ, 12.09.1998.
143 Vgl. Schröder, Dankbar für manchen klugen Rat, S. 143.
144 Klaus-Jürgen Scherer, Neue Konvergenzen zwischen Geist und Macht, 20.06.2002, in: AdsD, Bestand Kulturforum der Sozialdemokratie, Mappe „Kampa 2002."

genau, ob und wie sich Prominente, Künstler und Schriftsteller im Wahlkampf positionieren.

Gerade für den Machtwechsel 1998 war die Beteiligung von Intellektuellen von Bedeutung.[145] Für die SPD galt es als „unbestritten"[146], dass ein „Politikwechsel auch – etwas überhöht formuliert – das Zusammenkommen von Geist und Macht"[147] benötigt. Schröder erklärt auf Nachfrage dazu: „Diese Unterstützung ist nicht zu unterschätzen, weil sie eine Grundstimmung verstärken können. Gerade im 1998er-Wahlkampf ging es darum, eine Mobilisierung zu erreichen, die weit in die Mitte der Gesellschaft zielte."[148] Dies war gerade wichtig, da „eine rot-grüne Mehrheit [...] in der Schlussphase des Wahlkampfes als unrealistisch galt"[149]. Auch Oskar Lafontaine bekundet rückblickend, dass „die Unterstützung von Künstlern und Intellektuellen [...] sicher dazu geführt [habe], dass sich Wählerinnen und Wähler für die SPD entschieden haben."[150] In diesem Jahr führte das große Engagement der „Elite der Mahn- und Streitkultur"[151] für die SPD zu einer hohen Anzahl an Medienkommentaren, die einen direkten Vergleich mit der legendären Zeit von Willy Brandt zogen.[152] Eine Assoziation, die von der SPD gezielt geweckt wurde.[153] In der Presse wurden dagegen primär die Unterschiede betont, da bei Schröder „keine Aufbruchstimmung wie zu Brandts Zeiten"[154] aufkäme. Der Kanzlerkandidat könne angeblich „die Intellektuellen nicht faszinieren"[155]. Von den Medien wurde nicht ernstgenommen, dass es 1998 tatsächlich ein „neues Aufeinandertreffen"[156] zwischen Intellektuellen und Politikern gab (vgl. IV. Kap. 5.3.2 und 5.3.3). Herfried Münkler stellt die Frage, warum „die Enkel-Semantik beim politischen Generationswechsel so verbreitet und beliebt [sei], wenn sie doch mit so hohen politischen Risi-

---

145 Swn., Grass macht SPD mit Wahlkampfangebot „Mut", in: SZ, 13.08.1997.
146 O. V., Kultur und Künste sind unverzichtbar, in: Vorstand der SPD, Jahrbuch der Sozialdemokratie 1997 / 1998, Berlin 1999, S. 72–73, hier S. 72.
147 O. V., Kultur und Künste sind unverzichtbar, S. 72.
148 Gerhard Schröder, 24.06.2020.
149 Walter, Die SPD, S. 270.
150 Oskar Lafontaine, 26.08.2020.
151 Reinhard Mohr, Am Rande: Die Zeit ist reif!, in: Der Spiegel, 19.10.1997.
152 Vgl. Karl-Ludwig Günsche, SPD erhält kritische Unterstützung, in: Die Welt, 31.10.1997; Wigbert Löer, Romy, Derrick, Golo Mann, in: Die Zeit, 27.08.1998; G.St., Schröders Flimm, in: FAZ, 16.06.1998; o. V. Verwehte Träume, in: Der Spiegel, 23.11.1997.
153 Vgl. SPD, Eine Frage der (politischen Kultur), in: KAMPA 02, in: AdsD, Bestand Kulturforum der Sozialdemokratie, Mappe „Kampa 02."
154 Frank Ebbinghaus, Die Macht braucht kluge Ratschläge nicht, in: Die Welt, 08.06.1998.
155 Wigbert Löer, Romy, Derrick, Golo Mann, in: Die Zeit, 20.08.1998.
156 Klaus-Jürgen Scherer, 02.03.2020; vgl. Klaus-Jürgen Scherer, Brief an Jörg Lau, 25.07.2002, in: AdsD, Bestand Kulturforum der Sozialdemokratie.

ken verbunden ist"[157]. Grass bat daher öffentlich darum, Schröder nicht durch den Brandt-Vergleich mit zu hohen Erwartungen zu „überfordern"[158].

2002 setzte die KAMPA nach amerikanischem Vorbild vermehrt auf Testimonial-Anzeigen der rot-grünen Unterstützerkreise.[159] Nida-Rümelin bezeichnete die Zustimmung der Kunstschaffenden 2002 als „wichtiges Signal"[160]. Diese Mobilisierung durch die Prominenten war wichtig, um die „sehr knappe Wahl"[161] noch zu gewinnen, die „noch wenige Monate vor der Wahl [...] völlig hoffnungslos"[162] erschien. Laut Scherer trug die „breite Unterstützung"[163] aus dem Bereich der Kultur, aber auch aus Sport, Unterhaltung und Wissenschaft dazu bei, „10 % dazu zu gewinnen"[164] und den „Multiplikatorenwahlkampf klar für sich [zu] entscheiden"[165]. Ausschlaggebend dafür war, dass es der SPD auch gelang, das „Spektrum"[166] der Unterstützer zu erweitern und mehr Schauspieler sowie Musiker für sich zu gewinnen.[167]

2005 begann ein regelrechter „Rüstungswettlauf unter den Parteien"[168] um Künstler, Schriftsteller und Intellektuelle. Grass initiierte mit Manfred Bissinger eine Wählerinitiative und führte mehrere Wahlveranstaltungen durch. Franz Müntefering bezeichnete es in einem Dankesbrief als einen „wichtige[n] Beitrag"[169], „dass es dir gelungen ist, junge Schriftstellerinnen und Schriftsteller für deine Initi-

---

157 Herfried Münkler, „Enkel" und „Kronzeugen" – Nachfolgesemantiken der Politik, in: André Kaiser / Thomas Zittel (Hrsg.), Demokratietheorie und Demokratieentwicklung. Festschrift für Peter Graf Kielmansegg, Wiesbaden 2004, S. 299–316, hier S. 308.
158 Jens Schneider, Anspruchsvolle Bögen und einige linke Haken, in: SZ, 23.03.1993; vgl. Christoph Schwennicke, Grüner Liebesbrief auf fremdem Briefpapier, in: SZ, 12.09.1998.
159 Walter, Die SPD, S. 252; vgl. Klaus-Jürgen Scherer, Neue Konvergenzen zwischen Geist und Macht, 20.06.2002, in: AdsD, Bestand Kulturforum der Sozialdemokratie, Mappe „Kampa 2002."
160 Julian Nida-Rümelin, 16.06.2020; vgl. Christina Matte, Intellektuelle für Rot-Grün, in: Neues Deutschland, 03.08.2002; SPD, Eine Frage der (politischen) Kultur, in: KAMPA 02, in: AdsD, Bestand Kulturforum der Sozialdemokratie, Mappe „Kampa 02."
161 Kajo Wasserhövel, 22.04.2020.
162 Julian Nida-Rümelin, 16.06.2020.
163 Wolfgang Thierse, Vorwort, in: Kulturforum der Sozialdemokratie (Hrsg.), Kulturforum 7, S. 4. Alleine der Aufruf *Wählen statt Stoiber* bekam 12.000 Unterschriften. Vgl. Klaus Staeck / Johano Strasser, Fax an Klaus-Jürgen Scherer, 03.09.2002, in: AdsD, Bestand Kulturforum der Sozialdemokratie, Mappe „Kampa 02"; o. V., Künstler und Sportler unterstützen Schröder, in: FR, 29.08.2002.
164 Klaus-Jürgen Scherer, 02.03.2020.
165 O. V., Wahlkampf 02, in: Kulturnotizen 7, S. 53.
166 Helmut Böttiger, This is my time, in: TAZ, 26.08.2002.
167 O. V., Referat für Popkultur, in: Kulturnotizen 7, S. 52.
168 Boris R. Rosenkranz, Prominenz als Wahlkampfwaffe, in: TAZ, 17.09.2005; vgl. Marc Hujer, Prominente: Lieb mich ein letztes Mal, in: Der Spiegel, 04.09.2005.
169 Franz Müntefering, Brief an Günter Grass, 01.10.2005, in: GUGS.

ative zu begeistern"[170]. In der Rolle des Bürgers war Grass, der „unbeirrt tut, was er immer schon für richtig gehalten hat"[171] gerade allen „Jüngeren ein strahlendes Vorbild [...]: Für seine politische Überzeugung öffentlich einzustehen und sich dafür gegebenenfalls prügeln zu lassen."[172] Laut Hubert Spiegel wusste er, „wie groß die Gefahr ist, daß er zum Symbol eines Auslaufmodells wird"[173]. Aus diesem Grund versuchte er seit 2005 verstärkt, seine politische „Nachfolge"[174] zu regeln und „einige jüngere Autoren aus ihren elfenbeinturmähnlichen Klausen"[175] heraus „für ein staatsbürgerliches Engagement"[176] zu gewinnen. Da er den „Stafettenstab"[177] nicht an eine Person weitergeben konnte, versuchte Grass es im Kollektiv.[178] In Lübeck traf sich am 5. Juli eine Runde von Intellektuellen, um über eine Initiative über mögliche Formen der Unterstützung zu beraten.[179] Einige Autoren unterzeichneten eine Solidaritätserklärung, aber lediglich Eva Menasse, Michael Kumpfmüller, Jens Sparschuh und Benjamin Lebert traten auch bei Wahlkampfauftritten 2005 auf. Grass war aufgrund seiner Kontakte zu jüngeren Schriftstellern (vgl. IV. Kap. 6.3.3) ein wichtiger Vermittler für die SPD.[180] In der Presse wurde hervorgehoben, „die Grass-Kampagne funktioniert"[181]. Durch die Anwerbeversuche wurde ein öffentlicher Diskurs unter Schriftstellern entfacht, ob ein Parteiengagement von Künstlern und Intellektuellen normativ richtig wäre.[182] Es entstanden dabei bei den Schriftstellern zwei Lager: Während Eva Menasse und Michael Kumpfmüller offensiv für ein politisches Engagement von Schriftstellern eintraten, verwehrten sich Tanja Dückers, Eva Demski und Thea Dorn mit öffentlichen Stel-

---

170 Franz Müntefering, Brief an Günter Grass, 01.10.2005, in: GUGS.
171 Eva Menasse, Raus aus der Routine! Warum ich Wahlkampf mache, in: SZ, 27./28.08.2005.
172 Eva Menasse, Raus aus der Routine! Warum ich Wahlkampf mache, in: SZ, 27./28.08.2005.
173 Hubert Spiegel, Der Schneckenreiter, in: FAZ, 16.09.2005.
174 Günter Grass, Brief an Iring Fetscher, 09.09.2005, in: GUGS.
175 Günter Grass, Brief an Adam Krzemiński, 09.09.2005, in: GUGS.
176 Günter Grass, Brief an Volker Kuhlwein, 21.06.2005, in: GUGS.
177 Christof Siemes, „Was ich nicht ausstehen kann, sind Genies", in: Die Zeit, 01.12.2005.
178 Vgl. Scherer, Er muss unser König bleiben, S. 65–67.
179 Vgl. Manfred Bissinger, Brief an Günter Grass, 20.06.2005, in: GUGS; Günter Grass, Brief an mehrere Schriftsteller, 28.10.2005, in: GUGS; dpa, Grass wirbt Autoren für SPD-Wahlkampf, in: Die Welt, 12.08.2005; O. V., Keine Zusagen, in: Der Spiegel, 26.06.2005.
180 Vgl. Anna Mikula, 07.04.2020; Eva Menasse, 20.03.2020.
181 Dirk Knipphals, Die geistige Leere der Konservativen, in: TAZ, 13.08.2005; vgl. Eckhard Fuhr, Den lob ich mir. Günter Grass, in: Die Welt, 13.08.2005.
182 Vgl. Richard Kämmerlings, Kollegen, das ist blamabel!, in: FAZ, 14.09.2005; Iris Radisch, Das Zeitalter des Misstrauens, in: Die Zeit, 15.09.2005; Dirk Knipphals, Studie in schlechter Laune, in: TAZ, 15.09.2005.

lungnahmen gegen eine Vereinnahmung.[183] Der Diskurs mit der jüngeren Generation führte zu einem vermehrten Engagement und zu einigen informellen Treffen. Es gelang Grass aber nicht wie intendiert, nach dem Vorbild von 1969 noch einmal eine breitere Initiative als „eine Art politische Bewegung"[184] mit Blick auf die nächsten zehn Jahre für die SPD ins Leben zu rufen. Es fehlte eine breite Bürgerbeteiligung, um ein „Symbol"[185] für einen kulturellen Umbruch zu werden. Dennoch wurde 2005 die Beteiligung der Intellektuellen positiv in der Presse beurteilt, denn „kaum hat Günter Grass seine SPD-Unterstützungs-Kampagne gestartet, schon ist die Partei im Aufwind"[186]. Parteiintern wurde es als Erfolg angesehen, dass die SPD mit derartigen Events aufholte, am Wahltag fast gleichauf mit der CDU/CDU war. Es gelang somit, „eine schwarz-gelbe Koalition zu verhindern"[187].

An diese Zusammenarbeit mit Intellektuellen konnte Frank-Walter Steinmeier 2009 nicht anknüpfen. Grass organisierte zwar wieder eine Wahlkampftour mit Schriftstellern, aber diese erzeugte keine vergleichbare Presseberichterstattung. Johannes Rau gab vor allem der „allgemeine[n] Politikverdrossenheit"[188] die Schuld, die auch durch einige Intellektuelle angeheizt wurde.[189] Welchen Einfluss dies auf das schlechte Wahlergebnis der SPD hatte, kann nicht ermessen werden. 2013 fand der erste Wahlkampf nach 15 Jahren ohne nennenswertes Engagement von Günter Grass statt, der sich altersbedingt zurückgezogen hatte. Kanzlerkandidat Peer Steinbrück wollte mit Absicht „nicht dasselbe tun"[190], da ein derartiges Engagement sich „überholt"[191] habe. Der damalige Kanzlerkandidat gibt auf Nachfrage an, sich allerdings im Wahlkampf mit dem Intellektuellen „als Seismograf und Sparringspartner"[192] getroffen zu haben. Eine Buchbesprechung von Grass' Briefwechsel mit Willy Brandt mit anschließendem Gespräch mit Steinbück wurde im Kontext des Wahlkampfes gedeutet. Die Veranstaltung erzeugte durch die provokativen, intellektuellen

---

183 Eva Menasse, Raus aus der Routine, in: SZ, 27.08.2005; Tanja Dückers, In Reih und Glied, in: SZ, 01.09.2005; Thea Dorn, Wieso sind die Schwarz-Gelben die Bösen, in: Die Welt, 06.09.2005.
184 Klaus-Jürgen Scherer; „Kleines Protokoll 10.01.09 Lübeck Sekretariat Grass", in: GUGS; vgl. Günter Grass, Brief an Franz Müntefering, 14.01.2009, in: GUGS.
185 Eva Menasse, Raus aus der Routine!, in: SZ, 27./28.08.2005.
186 O. V., Nordpol. Stimmenfang, in: TAZ, 09.09.2005.
187 Günter Grass, Brief an mehrere Schriftsteller, 28.10.2005, in: GUGS; vgl. Klaus-Jürgen Scherer, 02.03.2020.
188 Johannes Rau, Brief an Günter Grass, Oktober 2005, in: GUGS.
189 Vgl. dpa, Intellektuelle streiten über das Nichtwählen, in: haz, 19.09.2013; Nicola Abé / Melanie Amann / Markus Feldenkirchen, Die Schamlosen, in: Der Spiegel, 15.09.2013.
190 Peer Steinbrück, 08.06.2020; vgl. Andreas Kilb / Tobias Rüther, Man muss ein Brandstifter sein, in: FAZ, 17.09.2013.
191 Peer Steinbrück, 08.06.2020.
192 Peer Steinbrück, 08.06.2020.

Aussagen gegen Angela Merkel Resonanz in den Medien und wurde als belastend für den SPD-Kandidaten gewertet.[193]

Nach Grass' Tod stellte die Öffentlichkeit nach dem Wahlkampf 2017 fest, „wie dramatisch die SPD den Kontakt ins intellektuelle Milieu hat abreißen lassen"[194]. Dieses „Umfeld der Partei hatte den Sozialdemokraten über Jahrzehnte das Gefühl einer kulturellen Deutungshoheit vermittelt. Den Verlust dieses Hoheitsgefühls empfindet man als Entpolitisierung."[195] Es wurde wieder eine große Distanz von Geist und Macht festgestellt, wie zuletzt Anfang der 1990er-Jahre.[196] Martin Schulz geht aus heutige Sicht davon aus, dass es verschiedene Phasen des Engagements gibt.[197] Es bleibt beim bekannten Credo, dass bereits 1992 im Kulturforum formuliert wurde: „Die UnterstützerInnengruppen nur alle vier Jahre zu mobilisieren, wenn mal wieder ein Wahlkampf ansteht, funktioniert nicht [...]. Die Kontakte zu Kulturschaffenden [...] und Intellektuellen müssen auch in den Zwischenzeiten gesucht und gepflegt werden."[198] Eine Instrumentalisierung dieser Persönlichkeiten kann ausgeschlossen werden, wenn „die Zusammenarbeit mit Dichtern, Künstlern oder Musikern auf langer Verbundenheit beruht"[199]. In diesem Fall treten Intellektuelle auch „als freie Geister, [...] engagierte Bürgerinnen"[200] auf.

6.2.2 Initiativen für das sozialdemokratische Narrativ

Günter Grass setzte sich für das sozialdemokratische Narrativ in der Öffentlichkeit ein. In der Forschung werden „Erzählungen [als] das schöpferische Potential von Politik [bezeichnet]. Sie eröffnen Möglichkeitsräume und sammeln Mehrheiten. Sie erst strukturieren die politische Wahrnehmung, bieten Leitlinien und Orientierungspunkte [...]."[201] Gerade „die Sozialdemokraten haben eine solche Story

---

193 Vgl. Tobias Rüther, Wer hat es so bequem wie ich, in: FAZ, 28.06.2013; Ursula März, Für immer Grass?, in: Die Zeit, 04.07.2013.
194 Jana Faus / Horand Knaup / Michael Rüter / Yvonne Schroth / Frank Stauss, Auf Fehlern lernen. Eine Analyse der Bundestagswahl 2017, Berlin 2018, S. 104.
195 Majid Sattar, Die seltsame Zeit, in: FAZ, 16.09.2017.
196 Ralph Bollmann / Patrick Bernau, Was ist nur aus der SPD geworden? in: FAS, 21.10.2018.
197 Martin Schulz, 26.03.2021.
198 Faus / Knaup / Rüter / Schroth / Stauss, Auf Fehlern lernen, S. 105.
199 Herta Däubler-Gmelin, 10.02.2020.
200 Franz Müntefering, 17.06.2020.
201 Felix Butzlaff / Robert Pausch, Partei ohne Erzählung: Die Existenzkrise der SPD, in: Blätter für deutsche und internationale Politik (08 / 2019), S. 81–87, hier S. 81.

nicht nur vorzuweisen, sie können eine wirklich pralle Geschichte erzählen."[202] Grass kritisierte, dass die SPD dieses Potenzial nicht nutze und ihre Tradition in ihrer Argumentation sowie Darstellung nicht ausreichend aufgreife. Die „Geschichtsvergessenheit"[203] der SPD führe seiner Meinung nach dazu, dass die Partei ihre ursprünglichen Visionen vernachlässige. Viele Politiker verfügen nach seiner Beobachtung über kein „starkes historisches Verständnis"[204]. Der Intellektuelle erinnerte dagegen in seinen Reden immer wieder an die Geschichte der SPD, indem er sie auf tagespolitische Probleme übertrug und damit aktualisierte. Björn Engholm beschreibt Grass' Motivation wie folgt:

> Günter hat uns eigentlich immer versucht beizubringen: Man muss seine Geschichte kennen, damit man die Gegenwart definieren kann, und erst wenn man das hat, kann man Zukünfte formulieren. [...] Am Ende steht immer eine Erzählung. Das war alles schon richtig, da haben wir schon eine Menge indirekt oder direkt gelernt. Das kann man nicht anders sagen.[205]

Felix Butzlaff und Franz Walter konstatierten, dass das Fehlen einer derartigen Erzählung zu einer „Existenzkrise"[206] führen könne. Gegen diese Entwicklung kämpfte Grass in vielfältiger Form an und versuchte aktiv, die sozialdemokratische Erzählung zu stärken. Bis heute fehlt der SPD die große Erzählung, da es den Politikern nicht gelingt, ihre Maßnahmen in große Sinnzusammenhänge zu packen.[207]

Das Thema Geschichtsvergessenheit der Sozialdemokratie zieht sich daher wie ein roter Faden durch Günter Grass' Korrespondenz mit Politikern wie Rudolf Scharping, Gerhard Schröder, Frank-Walter Steinmeier und Sigmar Gabriel. Er regte die Spitzenpolitiker an, in ihren Reden stärker auf die sozialdemokratische Tradition einzugehen und aus der Geschichte der Partei zu lernen.[208] In einem Brief an Bundeskanzler Schröder hob Grass hervor: „Die SPD ist nun mal die älteste demokratische Partei Deutschlands, sie hat die Sozialistengesetze, den Revisionismusstreit und beide Weltkriege überstanden, ist ein Stück deutscher Geschichte, verkörpert geradezu deren beschwerlichen demokratischen Werdegang."[209] Er be-

---

202 Felix Butzlaff / Franz Walter, Mythen, Ikonen, Märtyrer. Sozialdemokratische Geschichten, Berlin 2013, S. 9.
203 Manfred Bissinger / Hans-Ulrich Jörges, „Unglücklich, irreführend und geschichtsvergessen", in: Die Woche, 24.12.1998.
204 Rem., Westerwelle wäre schrecklich, in: Südwest Presse, 20.09.2002.
205 Björn Engholm, 22.03.2021.
206 Butzlaff / Pausch, Partei ohne Erzählung, S. 81.
207 Butzlaff / Pausch, Partei ohne Erzählung, S. 82.
208 Vgl. Günter Grass, Brief an Oskar Lafontaine und Gerhard Schröder, 01.10.1998, in: AdK, GGA, Signatur 13924; Günter Grass, Brief an Oskar Lafontaine, 22.11.1995, in: AdK, GGA, Signatur 13924.
209 Günter Grass, Brief an Gerhard Schröder, 02.05.2002, in: GUGS.

mängelte, dass die Partei sich nicht „auf ausreichende Weise dieser Leistung bewußt"[210] sei. Der Intellektuelle bezeichnete es als „ein[en] Fehler, den inhaltlich fundierten Begriff ‚demokratischen Sozialismus' aufzugeben, schlimmer noch, ihn klanglos der PDS zu überlassen"[211]. Grass griff das Thema auch im persönlichen Gespräch mit dem Bundeskanzler auf: „Von Bebel bis Brandt betete ich ihm leid- und lustvolle Geschichte vor. Und er hörte zu. Ein guter Zuhörer. Ein geübtes Ohr."[212] Schröder kontaktierte seinerseits den Intellektuellen anlässlich einer Rede zum 125-jährigen Jubiläum des Gothaer Vereinigungskongresses der Lassalleaner und Eisenacher im Jahr 2000 und bat um „Anmerkungen und Anregungen"[213]. Thomas Steg erklärte, wenn „Gerhard Schröder zu dem Thema einen Austausch mit Günter Grass gehabt hat [...]. Dann hat er gesagt, schick den Entwurf auch mal an Grass, der soll mal drauf gucken und wir warten mal ab."[214] 2002 legte der Intellektuelle dem Bundeskanzler nahe, sein „Verhältnis zur Tradition der SPD"[215] am Parteitag deutlich zu machen. Schröder sollte gerade der jungen Generation zeigen, dass er „nicht nur der Modernisierer, sondern ein Sozialdemokrat [sei], der zur Tradition seiner Partei steht, mithin befugt ist, sich auf August Bebel und Wilhelm Liebknecht zu berufen"[216]. Grass selbst trug zu dieser öffentlichen Darstellung bei, indem er Schröder als „Bernsteinianer"[217] bezeichnete, der als „demokratischer Sozialist zugleich ein (umstrittener) Modernisierer gewesen"[218] sei. Mit dieser Argumentation versuchte der Intellektuelle, die umstrittenen Sozialreformen des Bundeskanzlers historisch zu untermauern (vgl. IV. Kap. 6.3.2). Grass begründete seinen Vorschlag damit, dass die Geschichte ein „Rückhalt"[219] in der verunsicherten Zeit darstelle und als Begründung dafür diene, der Bevölkerung „große Anstrengung abzuverlangen"[220]. Schröder dankte für den „Zuspruch und d[ie] Aufmunterung"[221] und gab an, den „Hinweis auf die Tradition und historischen Wurzeln der

---

210 Günter Grass, Brief an Rudolf Scharping, 08.03.1994, in: AdK, GGA, Signatur 14306.
211 Günter Grass, Brief an Gerhard Schröder, 02.05.2002, in: GUGS.
212 Grass, Dem Macher sei Dank, in: NGA 23, S. 399.
213 Thomas Steg, Telefax an Günter Grass, 18.05.2000, in: AdK, GGA, Signatur 10782.
214 Thomas Steg, 09.06.2020.
215 Günter Grass, Brief an Gerhard Schröder, 02.05.2002, in: GUGS.
216 Günter Grass, Brief an Gerhard Schröder, 02.05.2002, in: GUGS.
217 Günter Grass, Brief an Gerhard Schröder, 02.05.2002, in: GUGS; Grass, Nachträgliche Gedanken, S. 188.
218 Günter Grass, Brief an Gerhard Schröder, 02.05.2002, in: GUGS.
219 Günter Grass, Brief an Gerhard Schröder, 02.05.2002, in: GUGS.
220 Günter Grass, Brief an Gerhard Schröder, 02.05.2002, in: GUGS.
221 Gerhard Schröder, Brief an Günter Grass, 16.05.2002, in: GUGS.

Sozialdemokratie"²²² zu berücksichtigen. In seiner Rede zitierte Schröder Willy Brandt mit den Worten: „Wer morgen sicher leben will, muss heute für Reformen kämpfen."²²³

Grass schlug darüber hinaus in Briefen an Gerhard Schröder, Kurt Beck und Sigmar Gabriel wiederholt eine große Wanderausstellung über die deutsche Arbeiterbewegung, die Geschichte der SPD und die Gewerkschaften im europäischen Kontext vor. Er mahnte „oft und wiederholt"²²⁴ bei den Politikern die Notwendigkeit an. Kurt Beck verwies auf die bereits bestehende Wanderausstellung seit dem Hamburger Parteitag *Links und Frei* und die geplanten Aktivitäten zum 150-jährigen Bestehen der SPD im Jahr 2013.²²⁵ Er kündigte an, bei der Umsetzung „auch auf Beiträge von Schriftstellern, Autoren und anderen Intellektuellen"²²⁶ zurückzugreifen. Grass freute sich darüber, dass seine Ideen Anklang finden würden, bezweifelte aber zugleich, ob er „diese längst überfällige Selbstdarstellung noch erleben werde"²²⁷. Der Intellektuelle versuchte daher selbst, das Narrativ der Sozialdemokratie in der Öffentlichkeit durch die Gründung der *August-Bebel-Stiftung* und des *Willy-Brandt-Kreises* sowie durch seine Initiative für ein *Willy-Brandt-Haus* in Lübeck zu unterstützen. Für Grass waren August Bebel und Willy Brandt die prägenden Figuren der sozialdemokratischen Erzählung, denn beide hatten „auf Grund [ihres] eigenen Werdegangs [...] gegen ungeheure Widerstände [...] die sozialen Probleme der Zeit erkannt [...] und sie auch als gegenwärtige Probleme nicht nur angenommen [...], sondern gleichzeitig Vorstellungen entwickelt [...], die zu [ihrer] Zeit noch nicht realisiert werden konnten"²²⁸.

2009 entstand bei Günter Grass aufgrund seiner Erfahrungen im Wahlkampf die Idee, die *August-Bebel-Stiftung* ins Leben zu rufen. In einem Interview bekannte er, es habe ihn „geärgert, wie die Kenntnis über eine so große Person, einen so großen Deutschen wie August Bebel, selbst in seiner eigenen Partei kaum fundiert ist"²²⁹. Mit der Stiftung wollte er eine Monographie-Reihe über bedeutende Sozialdemokraten

---

222 Gerhard Schröder, Brief an Günter Grass, 16.05.2002, in: GUGS.
223 Gerhard Schröder, Rede „Politik für die Menschen in Deutschland", 02.06.2002.
224 Günter Grass, Brief an Kurt Beck, 18.06.2008, in: GUGS; vgl. Günter Grass, Brief an Gerhard Schröder, 02.05.2002, in: GUGS.
225 Kurt Beck, Brief an Günter Grass, 06.06.2008, in: GUGS; vgl. Anja Kruke / Meik Woyke (Hrsg.), Deutsche Sozialdemokratie in Bewegung 1949–1863–2013, Bonn 2012.
226 Kurt Beck, Brief an Günter Grass, 06.06.2008, in: GUGS.
227 Günter Grass, Brief an Kurt Beck, 18.06.2008, in: GUGS.
228 Günter Grass, Der Sozialdemokratie fehlen konsequente Personen. Ein Gespräch mit Manfred Bissinger zur Lage der SPD, in: Manfred Bissinger / Wolfgang Thierse, Was würde Bebel dazu sagen? Zur aktuellen Lage der Sozialdemokratie, Göttingen 2013, S. 57–79, hier S. 59.
229 Klaus-Jürgen Scherer „Der da ist unser Kaiser". Vor 100 Jahren starb August Bebel, in: NG / FH (7_8 / 2013), S. 12–16, hier S. 13; vgl. Grass, Grimms Wörter, in: NGA 19, S. 234.

fördern. Am 25. Januar 2010 lud Grass den damaligen SPD-Parteivorsitzenden Sigmar Gabriel, Manfred Bissinger, Sten Nadolny und seinen Verleger Gerhard Steidl ein und gewann sie in „mittlerem Furor"[230] für sein Anliegen.[231] Dem verhinderten Frank-Walter Steinmeier erklärte er in einem Brief seine Zielsetzung, „die Genossen daran [zu] erinnern, daß ihre Partei, die die älteste Deutschlands ist, auf eine Geschichte zurückblicken kann, auf die man bei aller angebrachten Kritik stolz sein darf"[232]. Es gab Bedenken der späteren Vorstandsmitglieder hinsichtlich einer derartigen Buchreihe, da man deren Erstellung „nicht dirigieren könne"[233] und keine grossen Verkaufserfolge damit erziele.[234] Grass gab zu, dass seine „Überlegungen dazu auch noch in den Anfängen"[235] steckten. Peter Brandt konstatierte, dass sich diese Idee „nicht realisieren [ließ], wie er es sich vorgestellt hat"[236].

2013 erschien auf Grass' Initiative pünktlich zum 150-jährigen Bestehen der SPD das Buch *Was würde Bebel dazu sagen?* anlässlich des 100. Todestages von August Bebel.[237] Hannelore Kraft griff in der Vorstellung der Buchveröffentlichung die „Salondebatte"[238] auf, dass die SPD „keine eigene sozialdemokratische Erzählung mehr [habe] und das sei nicht zuletzt ein Grund dafür, warum sie immer weniger Menschen von sich überzeugen könne"[239]. Sie konstatierte, dass nicht eine Theoriedebatte, sondern lebensnahe Politik nach dem Idol von August Bebel entscheidend sei. Die Veröffentlichung sei daher als „ein Rezeptbuch für die politischen Herausforderungen unserer Zeit [zu verstehen] – nicht nostalgisch verklärend, sondern überraschend handfest."[240] Auf Rückfrage erklärte Kraft, die „Partei leidet oft dran, dass sie nie zufrieden ist und auch mal zurück gucken"[241] muss, um daraus ihr Selbstbewusstsein zu ziehen. Anlässlich des 150-jährigen Partei-Jubiläums wurde die Geschichte der Partei wieder stark in den Mittelpunkt gerückt, aber es fehle,

---

230 Sigmar Gabriel zitiert nach: Birgit Güll, Der Bebel-Preis schützt vor Resignation, in: Vorwärts, 05.05.2015.
231 Vgl. Günter Grass, Brief an Sten Nadolny, 22.12.2009, in: GUGS; Günter Grass, Notiz „Gespräch mit S. Gabriel zur August-Bebel-Stiftung", 15.01.2010, in: GUGS.
232 Günter Grass, Brief an Frank-Walter Steinmeier, 17.03.2010, in: GUGS.
233 Peter Brandt, 04.05.2020.
234 Vgl. Sten Nadolny, Brief an Günter Grass, 22.03.2010, in: GUGS.
235 Günter Grass, Brief an Sten Nadolny, 31.03.2010, in: GUGS.
236 Peter Brandt, 04.05.2020.
237 Bissinger / Thierse (Hrsg.), Was würde Bebel dazu sagen?, Göttingen 2013.
238 Hannelore Kraft, Rede auf der Buchvorstellung „Was würde Bebel dazu sagen", 02.09.2013, in: GUGS.
239 Hannelore Kraft, Rede bei der Buchvorstellung „Was würde Bebel dazu sagen", 02.09.2013, in: GUGS.
240 Hannelore Kraft, Rede bei der Buchvorstellung „Was würde Bebel dazu sagen", 02.09.2013, in: GUGS.
241 Hannelore Kraft, 14.05.2020.

laut der Politikerin, ein „alternatives gesellschaftspolitisches Fundament[,] eine Vision, eine Utopie"[242].

Durch den *August-Bebel-Preis* der Stiftung werden alle zwei Jahre wichtige Denkanstöße für die soziale Bewegung ausgezeichnet. Verliehen wurde er an den Philosophen Oskar Negt (2011), den Journalisten Günter Wallraff (2013), den Künstler Klaus Staeck (2015), die Politikerin Gesine Schwan (2017), die Politikerin Malu Dreyer (2019) und die Philosophin Susan Neimann (2021).[243] Diese Veranstaltungen im *Willy-Brandt-Haus* in Berlin, bei der Spitzenpolitiker der SPD, wie Wolfgang Thierse oder Sigmar Gabriel die Laudatio übernahmen, generierten eine politische Öffentlichkeit für August Bebel im aktuellen Kontext. Grass gelang es durch die Preisverleihungen, mit seiner Stiftung Impulse zu geben, sodass die anwesenden Politiker an die Tradition der SPD erinnerten.

Der Schriftsteller regte zudem an, man müsse „Willy Brandts politische Arbeit [...] fortsetzen [...], weil sie zukunftsweisend war und deshalb als nicht abgeschlossen anzusehen ist"[244]. Der Politiker diente dem Intellektuellen stets als politischer Bezugsrahmen, der sich als Mythos, Ikone und Erinnerungsort in der Sozialdemokratie tief eingeprägt hatte.[245] Grass wollte den Namen Willy Brandt „vom Strickwerk emsiger Legendenbildung"[246] befreien und den Fokus auf die Fortsetzung seiner Visionen setzen.[247] Er forderte wiederholt Politiker wie Bundeskanzler Gerhard Schröder oder den Parteivorsitzenden Matthias Platzeck auf, die Ideen Brandts, vor allem seinen Nord-Süd-Bericht und den Begriff der *Weltinnenpolitik*, aufzugreifen und weiterzuentwickeln.[248] Für diese Zwecke regte er die Gründung eines *Willy-Brandt-Kreises e. V.* und des *Willy-Brandt-Hauses* in Lübeck an.

Am 25. Juni 1996 vereinbarten Egon Bahr, Günter Grass und Peter Brandt die Gründung eines *Willy-Brandt-Kreises*, um den „Gegensatz von Geist und Macht zu überbrücken"[249] und die Gedanken des Politikers wieder aufzunehmen. Der Kreis

---

242 Hannelore Kraft, Rede bei der Buchvorstellung „Was würde Bebel dazu sagen", 02.09.2013, in: GUGS.
243 Vgl. August-Bebel-Stiftung (Hrsg.), Demokratie stärken, Berlin 2017.
244 Grass, Das Haus in der Stadt der sieben Türme, in: NGA 23, S. 372.
245 Vgl. Alexander Gallus, Willy Brandt, in: Stephanie Wodianka / Juliane Ebert (Hrsg.), Metzler Lexikon moderner Mythen: Figuren, Konzepte, Ereignisse, Stuttgart 2014, S. 61–63; Karsten Brenner, Willy Brandt – Ikone der „Linken"? Gedanken zum Bild und zur Wirkung Willy Brandts heute, in: Beatrix Bouvier / Michael Schneider (Hrsg.), Geschichtspolitik und demokratische Kultur. Bilanz und Perspektiven, Bonn 2008, S. 123.
246 Günter Grass, Am Tisch mit Legenden, in: NGA 23, S. 393.
247 Günter Grass, Brief an Gerhard Schröder, 13.11.2001, in: AdK, GGA, Signatur 14349.
248 Günter Grass, Brief an Gerhard Schröder, 22.03.2001, in: AdK, GGA, Signatur 14349; vgl. Günter Grass, Brief an Matthias Platzeck, 22.03.2006, in: GUGS.
249 Philipp Grassmann, Distanz und Nähe zur SPD, in: Die Welt, 09.12.1997.

tagt zweimal im Jahr, um „der Suche nach Alternativen zur herrschenden politischen Konzeptionslosigkeit ein breites, überparteiliches Forum"[250] zu bieten. Es handelte sich um einen „Zirkel linker, nicht ausdrücklich SPD-gebundener Intellektuelle"[251], also auch Mitglieder der Grünen, der Linken oder Personen ohne Parteibuch, die paritätisch aus Ost- und Westdeutschland stammten.[252] Durch den Gründungsaufruf im Dezember 1997 wurde der Kreis als eine Form der Wählerinitiative missverstanden.[253] Tatsächlich handelt es sich um „eine Art Thinktank"[254]. Grass notierte als Gesprächsthemen den Prozess der deutschen Einheit, die Globalisierung der Wirtschaft, die Gefahren der NATO-Erweiterung, die Weltwirtschaft und Europapolitik.[255] 1997 / 1998 standen zudem „die Möglichkeiten eines demokratischen Machtwechsels"[256] im Mittelpunkt. Das Ziel war es einerseits, über entsprechende Publikationen die Öffentlichkeit anzusprechen (Gesellschaftsberatung). Anderseits galt es über den direkten Dialog auch politische Verantwortliche und Wirtschaftsführer (Politikberatung) zu erreichen.[257] Peter Brandt versteht die Arbeit des Kreises als einen Diskussionsbeitrag in Form von Denkschriften, die durch die Mitarbeit der „politischen Schwergewichte"[258] größere Bedeutung erlangten. Nicht bewahrheitet hat sich dagegen, dass der Kreis eine „starke öffentliche Wirkung"[259] erzielen sollte, da die veröffentlichten Papiere nur zu einer geringen Medienresonanz gelangten.[260] Die Beratungsfunktion war unter den Mitgliedern nicht klar ausdiskutiert, denn die „Nähe zur Partei wurde unterschiedlich empfunden"[261]. Grass regte im Zuge des Wahlkampfes an, einen Sprecher der SPD und der Grünen zu beraten.[262] Auch der Gründer „Egon Bahr legte immer Wert darauf, sich abzustimmen mit der Parteispitze"[263]. Die Ernennung von

---

250 Willy-Brandt-Kreis e. V., Gründungsaufruf, 01.11.1997; vgl. Michael Philippsen, Brandt – wie Freunde ihn sehen, in: LN, 10.02.1998; o. V., Dinosaurier im Gespräch, in: Lübecker Stadtzeitung, 17.02.1998.
251 Lt., Linke Intellektuelle suchen neue Wege, in: FAZ, 09.12.1997.
252 Peter Brandt, 04.05.2020.
253 Vgl. Philipp Grassmann, Distanz und Nähe zur SPD, in: Die Welt, 09.11.1997.
254 Daniela Dahn, Von Egon Bahr lernen heißt verstehen lernen, in: Adelheid Bahr (Hrsg.), Warum wir Frieden und Freundschaft mit Russland brauchen, Frankfurt a. M. 2018, S. 56–66, hier S. 59–60.
255 Günter Grass, Notiz „Themen für Brandt-Runde", 27.11.1996, in: GUGS.
256 Günter Grass, Brief an Egon Bahr, 07.03.1997, in: GUGS.
257 Vgl. Günter Grass, Notiz „Themen für Brandt-Runde", 27.11.1996, in: GUGS.
258 Peter Brandt, 04.05.2020.
259 Peter Brandt, 04.05.2020.
260 Vgl. Werner Link, Alle Macht den Experten?, in: FAZ, 05.12.2001.
261 Peter Brandt, 04.05.2020; vgl. Heidemarie Wieczorek-Zeul, 25.09.2020.
262 Vgl. Willy-Brandt-Kreis e. V., Protokoll, März 1998, in: GUGS.
263 Peter Brandt, 04.05.2020.

Heidemarie Wieczorek-Zeul als Vorsitzende 2016 sollte „eine gewisse Wirkung"[264] auf die Partei garantieren. Die Politikerin betont den „indirekte[n] Einfluss"[265] des Willy-Brandt-Kreises, indem man versuche, in bestimmten Themenbereichen die „SPD zu positionieren"[266]. Peter Brandt bestätigt auf Nachfrage, dass der Kreis für die interne „Selbstverständigung"[267] der Linken nützlich sei. Auch im Bereich der „Perspektiven und Leitbilder"[268] ergänze der Kreis die Arbeit der Politiker. „Es kommt vor, dass höhere Parteichargen dann mal kommen und sich der Diskussion stellen, auch solche, [von denen man denkt,] das haben die doch gar nicht nötig. Da merkt man, dass der Kreis nicht als völlig irrelevant betrachtet wurde."[269] Dabei handelte es sich zum Teil um Parteivorsitzende oder Mitglieder des Parteivorstands, aber auch um Minister, Sprecher der Fraktion und um Europaabgeordnete.[270] Wolfgang Thierse bedankte sich beispielsweise für die „freundschaftliche Rückenstärkung"[271] hinsichtlich seiner Initiative für Ostdeutschland. Grass war in den ersten Jahren „relativ engagiert dabei"[272], auch wenn er nicht alle Termine wahrnehmen konnte. 1999 kam es im Zuge des Kosovokrieges (vgl. IV. Kap. 7.3.1) zu inhaltlichen Differenzen, sodass er sich „erkennbar"[273] zurückzog und nur noch sporadisch teilnahm. Dennoch etablierte er mit seinem prominenten Namen gemeinsam mit Egon Bahr und Peter Brandt einen politischen Kreis, der bis heute tagt und vornehmlich innerhalb der Linken interne Fachdiskurse anregt.

Um Brandts Visionen lebendig zu halten, gelang es Grass mit seiner „gelegentlich penetrant vorgetragene Forderung"[274] zudem, die Errichtung eines *Willy-Brandt-Hauses* in Lübeck zu unterstützen. Mit seiner Hilfe konnte man Gerhard Schröder trotz anfänglichen Zögerns von dem Projekt überzeugen.[275] Gerade hinsichtlich der Finanzierung gab es Bedenken. So war es von Vorteil, dass Grass durch seine Kontakte zum Bundeskanzler als Vermittler diente. Er bat beispielsweise, Schröder in

---

264 Peter Brandt, 04.05.2020.
265 Heidemarie Wieczorek-Zeul, 25.09.2020.
266 Heidemarie Wieczorek-Zeul, 25.09.2020.
267 Peter Brandt, 04.05.2020.
268 Wolfgang Thierse, Brief an Egon Bahr, 10.04.2001, in: GUGS.
269 Peter Brandt, 04.05.2020.
270 Vgl. Heidemarie Wieczorek-Zeul, 25.09.2020; Peter Brandt, 04.05.2020.
271 Wolfgang Thierse, Brief an Egon Bahr, 10.04.2001, in: GUGS.
272 Günter Grass, Arbeitskalender 1997 und 1998 sowie Protokolle der Treffen in: GUGS.
273 Peter Brandt, 04.05.2020; vgl. pat., Ost-SPD gegen Schröder, in: TAZ, 27.04.1999.
274 Günter Grass, Brief an Gerhard Schröder, 13.11.2001, in: AdK, GGA, Signatur 14349.
275 Vgl. Thomas Schröder-Berkentien, Brief an Gerhard Schröder, 11.12.2000, in: GUGS; Gerhard Schröder, Brief an Thomas Schröder-Berkentien, 29.01.2001, in: GUGS; Thomas Schröder-Berkentien, Brief an Günter Grass, 03.02.2001, in: GUGS; Bernd Saxe, Konzeptskizze für ein Willy-Brandt-Haus / Willy-Brandt-Institut in Lübeck, 13.11.2001, in: GUGS.

einem Brief das Projekt öffentlich als „Beschlusssache"[276] zu erwähnen und damit zu stärken. Grass nutzte seine Rede 2002 anlässlich des zehnten Todestages von Willy Brandt, um seine Vorstellungen in Anwesenheit des Bundeskanzlers zu skizzieren: „Wer Willy Brandts politischer Arbeit gedenken möchte, wird sie, zehn Jahre nach seinem Tod, fortsetzen müssen, weil sie zukunftsweisend war und deshalb als nicht abgeschlossen anzusehen ist".[277] Das Haus in Lübeck sollte ein Forum sein, um das „begonnene Gespräch"[278] mit Politikern, Ökonomen und Intellektuellen fortzusetzen. Die rot-grüne Koalition habe dabei die Aufgabe, Brandts Konzepte als „Grundlage ihrer politischen Arbeit [zu] machen und von seiner visionären Kraft [zu] zehren"[279]. Diese Rede wurde als ein öffentlicher Vorschlag und somit als Initiative für das Haus in Lübeck gewertet, die „von der Bundesregierung aufgegriffen wurde"[280]. Grass tragende Rolle zeigt sich darin, dass seine „Anregung"[281] und „Unterstützung als Mentor"[282] in verschiedenen Konzeptpapieren auftaucht.[283] Tatsächlich sprach der Architekt Thomas Schröder-Berkentien den prominenten Fürsprecher gezielt als Unterstützer an.[284] Er bestätigt auf Nachfrage, dass Grass durch seinen Einfluss auf den Bundeskanzler eine „beschleunigende Rolle"[285] gespielt habe. Er habe „gebohrt und gebohrt"[286] bis die Initiative umgesetzt wurde. Bei der Eröffnung des *Willy-Brandt-Hauses* im Dezember 2007 sagte Grass: „Endlich, nach langer Wegstrecke, zu der Durstrecken gehörten, ist es soweit"[287]. Kurt Beck bekundete in einem Brief, dass dies Günter Grass' „Beharrlichkeit zu verdanken"[288] sei. Der Intellektuelle war „ein wenig stolz, daß es mir mit der mir eigenen

---

276 Günter Grass, Brief an Knut Nevermann, 27.06.2002, in: GUGS; vgl. Günter Grass, Brief an Gerhard Schröder, 03.07.2002, in: GUGS; Knut Nevermann, Brief an Günter Grass, 31.05.2002, in: GUGS.
277 Grass, Das Haus in der Stadt der sieben Türme, in: NGA 23, S. 372; vgl. Günter Grass, Brief an Gerhard Schröder, 24.09.2002, in: GUGS.
278 Grass, Das Haus in der Stadt der sieben Türme, in: NGA 23, S. 374.
279 Grass, Das Haus in der Stadt der sieben Türme, in: NGA 23, S. 372.
280 Bundeskanzler-Willy-Brandt-Stiftung, Erklärung zum Tod von Günter Grass, Pressemitteilung, 13.03.2015.
281 Saxe, Konzeptskizze für ein Willy-Brandt-Haus / Willy-Brandt-Institut in Lübeck, 13.11.2001.
282 Thomas Schröder-Berkentien, Brief an Gerhard Schröder, 11.12.2000, in: GUGS.
283 Vgl. Jörg Hackmann, Ideen für das Willy-Brandt-Haus Lübeck, in: GUGS; Jörg Hackmann, Brief an Günter Grass, 31.01.2003.
284 Vgl. Thomas Schröder-Berkentien, 12.12.2020; Thomas Schröder-Berkentien, Karte an Günter Grass, 03.02.2001, in: GUGS.
285 Thomas Schröder-Berkentien, 12.12.2020.
286 Peter Brandt, 04.05.2020.
287 Günter Grass, Rede „Endlich", in: Willy-Brandt-Stiftung; AP, Willy-Brandt-Haus in Lübeck mit Festakt eröffnet, in: Die Welt, 19.12.2007.
288 Kurt Beck, Brief an Günter Grass, 11.01.2008, in: GUGS.

Zähigkeit gelungen ist, dazu beigetragen zu haben"[289]. Er zeigte sich allerdings nicht mit der Ausgestaltung des Hauses zufrieden, da er in dem Museum das geforderte Diskussionsforum vermisste, um „immer noch aktuelle Bezüge zu den früh von Willy Brandt erkannten Problemfeldern"[290] zu identifizieren und „in Bezug zu gegenwärtigen Problemen zu bringen. Das ist bisher leider nicht geschehen"[291]. Kurt Beck betont retrospektiv seine Übereinstimmung „mit dem kritischen Ansatz"[292] von Grass: „Das dürfen nicht Stätten der Nostalgie sein, es müssen Stätten [sein], wo man sagt, wie hätte Willy Brandt sich mit einem solchen Thema von heute und morgen auseinandergesetzt, als Anstoß und Inspiration eines zukunftsgestaltenden Themas"[293]. Peter Brandt weist aus heutiger Sicht darauf hin, dass das Haus in Lübeck Teil der öffentlichen Bundeskanzler Willy-Brandt-Stiftung mit Sitz in Berlin ist und als Bundesstiftung sich nicht parteilich für die Sozialdemokratie einsetzen darf.[294]

6.3 Intellektuelle Beratung der rot-grünen Regierung

6.3.1 Wahlkampfberatung von Günter Grass

Günter Grass beriet Politiker ungefragt im Wahlkampf, um seine Erfahrungen aus seinem Engagement für Willy Brandt und der *Sozialdemokratischen Wählerinitiative* einzubringen. Er wollte 1998 einen rot-grünen Machtwechsel und später die entsprechende Regierung unterstützen. Thomas Steg macht auf Nachfrage deutlich, „unabhängig von der Person, [Grass] hat für Rot-Grün gekämpft [...]. [...] Rot-Grün darf nicht scheitern. So habe ich ihn erlebt, und so habe ich es verstanden."[295] Der Intellektuelle sah sich als Seismograf für die Stimmung der Bürger im Wahlkampf, die er in seinen Briefen den Politikern wie Rudolf Scharping, Gerhard Schröder, Franz Müntefering oder Frank-Walter Steinmeier weitergab.

Der Schriftsteller lieferte bereits 1990 Kanzlerkandidat Oskar Lafontaine Tipps zum Wahlkampf, die allerdings nur bedingt auf Gehör trafen (vgl. IV. Kap. 2.3.1.2). 1994 lobte er seinen Nachfolger Rudolf Scharping erst dafür, dass es ihm gelänge,

---
289 Günter Grass, Brief an Heidemarie Wieczorek-Zeul, 20.02.2008, in: GUGS.
290 Günter Grass, Brief an Kurt Beck, 03.05.2011, in: GUGS; vgl. Kurt Beck, Brief an Günter Grass, 27.04.2011, in: GUGS; Heidemarie Wieczorek-Zeul, Brief an Günter Grass, 16.01.2008, in: GUGS.
291 Günter Grass, Brief an Kurt Beck, 03.05.2011, in: GUGS.
292 Kurt Beck, 30.03.2020.
293 Kurt Beck, 30.03.2020.
294 Peter Brandt, 04.05.2020.
295 Thomas Steg, 09.06.2020.

„die vordringlichsten politischen Problemlagen als Hauptthema des Wahlkampfes zu besetzten"[296]. Anderseits kritisierte er „die mangelnde Präsenz der SPD wie auch der Grünen im Bereich der Außenpolitik"[297]. Er gab daher den Hinweis, auch Auslandsreisen nach Prag, Warschau, Kiew und Moskau zu planen. Scharping versuchte, den Intellektuellen erfolglos für eine Begleitung einer bereits geplanten Reise nach Prag und Warschau zu gewinnen (vgl. IV. Kap. 8.3).[298] Das Verhältnis zwischen dem Intellektuellen und der SPD war bereits dermaßen gestört, dass Grass keine Hoffnung hatte, Scharping mit „[s]eine[n] Hinweise[n] überzeugen"[299] zu können. Die Briefe des damaligen Kanzlerkandidaten belegen, dass er das Gespräch mit dem Intellektuellen mehrfach suchte, dieser für eine Zusammenarbeit in Wahlkampf aber nicht zur Verfügung stand. Grass begründete seine Absage mit der fehlenden Koalitionsaussage zugunsten einer rot-grünen Regierung. Er sei

> [...] nach wie vor der Meinung [...], daß die sozialen und ökologischen Mißstände in der Bundesrepublik nur oder allenfalls mit Hilfe einer rot-grünen Koalitionsregierung behoben werden können [...]. Zwar erwarte ich nicht, daß sich die SPD vor der Wahl auf ein rot-grünes Bündnis festlegt, aber die programmatische Ausrichtung dürfte eine solche Koalition nicht ausschließen.[300]

Kritisch äußerte Grass sich auch über die Bundestagsfraktion unter Hans-Ulrich Klose, die kein gutes Bild abgeben würde, was „im Wahlkampf abträglich"[301] sei. Grass engagierte sich 1994 daher nicht für Rudolf Scharping, sondern in Berlin lediglich für Wolfgang Thierse (vgl. IV. Kap. 3.2.2). Dieser wies den Intellektuellen darauf hin, dass die SPD keinen Koalitionswahlkampf führen will und daher diese Debatte vermeide, um stärkste Partei zu werden. Er bestätigte Grass allerdings, dass es inhaltlich „durchaus eine größere Nähe und Wahrscheinlichkeit für ein rot-grünes Bündnis"[302] gebe.

Vor dem Wahlkampf 1998 forderte Grass als „Freund"[303] Oskar Lafontaine und Gerhard Schröder in einem zornigen Brief zu mehr Geschlossenheit und zur Unter-

---

[296] Günter Grass, Brief an Rudolf Scharping, 14.02.1994, in: AdK, GGA, Signatur 14306.
[297] Günter Grass, Brief an Rudolf Scharping, 14.02.1994, in: AdK, GGA, Signatur 14306.
[298] Rudolf Scharping, Brief an Günter Grass, 24.02.1994, in: AdK, GGA, Signatur 12511.
[299] Günter Grass, Brief an Rudolf Scharping, 27.04.1994, in: AdK, GGA, Signatur 14306.
[300] Günter Grass, Brief an Rudolf Scharping, 27.04.1994, in: AdK, GGA, Signatur 14306; vgl. Günter Grass, Brief an Wolfgang Thierse, 29.04.1994, in: AdK, GGA, Signatur 14513.
[301] Günter Grass, Brief an Wolfgang Thierse, 29.04.1994, in: AdK, GGA, Signatur 14513.
[302] Wolfgang Thierse, Brief an Günter Grass, 10.06.1994, in: AdK, GGA, Signatur 12857.
[303] Günter Grass, Brief an Gerhard Schröder und Oskar Lafontaine, 06.05.1997, in: AdK, GGA, Signatur 13924.

lassung von „Hahnenkämpfe[n]"[304] auf, da „ihr nie und nimmer gegeneinander die SPD zum Wahlsieg führen könnt"[305]. Als selbst ernannter „Oberlehrer"[306] rügte er das „infantile[...] Verhalten"[307] der Politiker, das die Chance auf eine Ablösung des „immer noch virulente[n] Machtkartell[s]"[308] vermindere. Er forderte sie auf, sich früh als „Regierungsmannschaft (Frauen eingeschlossen) der Öffentlichkeit"[309] zu präsentieren, damit die „Gruppe nicht auseinanderfällt, sobald der Kandidat gekürt ist"[310]. Angesichts des später erfolgten Rücktritts Lafontaines liest sich dies wie eine Vorhersage der späteren, regierungsinternen Probleme. Lafontaine stimmte dem Intellektuellen zu, „daß Gerhard und ich nur im Zusammenspiel zum Wahlsieg führen können. Aus diesem Grunde versuchen wir auch nach Möglichkeit, die in der Presse geschürte Rivalität zu beherrschen"[311]. Auch Schröder beschwichtigte, dass angesichts der gemeinsamen Auftritte, „wir miteinander – sozusagen als Doppelspitze – in den Vorwahlkampf ziehen"[312]. Der Politiker dankte „für die kritischen Hinweise"[313], aber bezeichnete die intellektuellen Sorgen als „unbegründet"[314]. Grass zeigte sich erleichtert, dass sein „freundschaftliches Zornesepistel"[315] auf Gehör stieß und bestätigte, wie „wirkungsvoll"[316] die öffentlichen Doppelauftritte seien, denn „so verschieden Ihr seid, Eure Euch wechselseitig ergänzenden Qualitäten sollten im Vordergrund stehen und zunehmend das politische Thema bestimmten"[317]. Es scheint kein Gespräch der beiden in Behlendorf gegeben zu haben, wie Grass anregte. Schröder bat anlässlich des Geburtstages des Schriftstellers kurz dar-

---

304 Günter Grass, Brief an Gerhard Schröder und Oskar Lafontaine, 06.05.1997, in: AdK, GGA, Signatur 13924.
305 Günter Grass, Brief an Gerhard Schröder und Oskar Lafontaine, 06.05.1997, in: AdK, GGA, Signatur 13924.
306 Günter Grass, Brief an Gerhard Schröder und Oskar Lafontaine, 06.05.1997, in: AdK, GGA, Signatur 13924.
307 Günter Grass, Brief an Gerhard Schröder und Oskar Lafontaine, 06.05.1997, in: AdK, GGA, Signatur 13924.
308 Günter Grass, Brief an Gerhard Schröder und Oskar Lafontaine, 06.05.1997, in: AdK, GGA, Signatur 13924.
309 Günter Grass, Brief an Gerhard Schröder und Oskar Lafontaine, 06.05.1997, in: AdK, GGA, Signatur 13924.
310 Günter Grass, Brief an Gerhard Schröder und Oskar Lafontaine, 06.05.1997, in: AdK, GGA, Signatur 13924.
311 Oskar Lafontaine, Brief an Günter Grass, 13.05.1997, in: AdK, GGA, Signatur 11823.
312 Gerhard Schröder, Brief an Günter Grass, 28.05.1997, in: AdK, GGA, Signatur 14349.
313 Gerhard Schröder, Brief an Günter Grass, 28.05.1997, in: AdK, GGA, Signatur 14349.
314 Gerhard Schröder, Brief an Günter Grass, 28.05.1997, in: AdK, GGA, Signatur 14349.
315 Günter Grass, Brief an Gerhard Schröder, 05.06.1997, in: AdK, GGA, Signatur 14349.
316 Günter Grass, Brief an Gerhard Schröder, 05.06.1997, in: AdK, GGA, Signatur 14349.
317 Günter Grass, Brief an Gerhard Schröder, 05.06.1997, in: AdK, GGA, Signatur 14349.

auf: „Bitte bleib auch künftig am Ball. Ich rechne mit Dir, Deinem Wort und Deinem Rat."[318] Eine Zusammenarbeit mit dem späteren Kanzlerkandidaten begann kurz darauf im Mai 1998 (vgl. IV. Kap. 5.3.2).

Kurz vor dem Misstrauensvotum 2001 und dem dadurch verkürzten Wahlkampf übermittelte Grass nach einem Treffen mit Intellektuellen (vgl. IV. Kap. 7.3.2) die Sorge aller Anwesenden „um den Bestand der rotgrünen Koalition, deren Fortsetzung sie wünschen"[319]. Er ermutigte den Kanzler angesichts des schlechten Wahlergebnisses von Sachsen-Anhalt, „daß die Bundestagswahl dennoch gewonnen werden kann: Voraussetzung allerdings ist, daß es Dir gelingt, als Parteivorsitzender die SPD bis in die Ortsvereine hinein zu motivieren"[320]. Er empfahl dabei, die sozialdemokratische Tradition auf dem Parteitag mehr zu betonen (vgl. IV. Kap. 6.2.2). Angesichts des knappen Wahlsieges 2002 zeigte sich der Intellektuelle schließlich erleichtert, „einen Rückfall in finstere Zeiten verhindert"[321] zu haben. „Da ich weiß, daß Du gerne Hinweise aus einem anderen Erfahrungsbereich und manchmal auch den einen oder anderen Rat annimmst, möchte ich einige Bemerkungen zu den bevorstehenden Anstrengungen der rot-grünen Koalition machen."[322] Er bat auf Basis des Wahlergebnisses, den Fokus einerseits verstärkt auf die neuen Bundesländer zu legen, aus denen viele Wählerstimmen kamen (vgl. IV. Kap. 3.2.4). Anderseits wies er auf den ökologischen Notstand hin und regte an, das Politikfeld nicht einzig den Grünen zu überlassen.

2005 lassen sich keine Hinweise auf eine Wahlkampfberatung finden. Erst 2009 regte Grass angesichts der schwierigen Lage der SPD in der Großen Koalition und der Finanzkrise bei Franz Müntefering und Frank-Walter Steinmeier ein Treffen mit Schriftstellern in Lübeck an. Die Idee dazu war im Zuge eines Literaturtreffens entstanden (vgl. IV. Kap. 6.3.3).[323] Grass wollte klären, wie die SPD die „Meinungsführerschaft"[324] übernehmen könne. Der Intellektuelle forderte ein fundiertes, sozialdemokratisches Wahlprogramm, um die wahlmüden Bundesbürger in Ost und West zu erreichen. Am 10. Januar 2009 fand ein Treffen mit Müntefering und Wahlkampfleiter Kajo Wasserhövel in Lübeck statt, dass Klaus-Jürgen Scherer protokollierte: „Von SPD-Seite wurde deutlich gemacht, wie sehr Unterstützung bei der Themenformulierung auch im Hinblick auf das Wahlprogramm

---

318 Gerhard Schröder, Telegramm an Günter Grass, 16.10.1997, in: AdK, GGA, Signatur 14715.
319 Günter Grass, Brief an Gerhard Schröder, 13.11.2001, in: AdK, GGA, Signatur 14349.
320 Günter Grass, Brief an Gerhard Schröder, 02.05.2002, in: GUGS.
321 Günter Grass, Brief an Gerhard Schröder, 24.09.2002, in: GUGS.
322 Günter Grass, Brief an Gerhard Schröder, 24.09.2002, in: GUGS.
323 Vgl. Günter Grass, Brief an Franz Müntefering, 27.10.2008, in: GUGS.
324 Günter Grass, Brief an Franz Müntefering, 27.10.2008, in: GUGS.

willkommen ist"[325], denn bei der Diskussion um den „Gesellschaftsentwurf für das nächste Jahrzehnt"[326] sollten auch Autoren eine wichtige Rolle spielen. Daraufhin wurde ein entsprechendes Treffen organisiert.[327] Grass sprach nach der Zusammenkunft davon, dass die Intellektuellen „einige Blindstellen innerhalb dieser Programmatik deutlich"[328] gemacht haben, vor allem hinsichtlich der potenziellen Wählergruppe von Freiberuflern. Der Intellektuelle war sich allerdings nicht sicher, ob „unsere Anregungen, etwa bei dem gleichfalls anwesenden Wahlkampfleiter der SPD, ein Echo finden"[329] konnten. Tatsächlich zeigte sich Wasserhövel skeptisch hinsichtlich des Sinns einer intellektuellen Wahlkampfbeteiligung, da die Zielgruppe damit nicht erreicht würde.[330]

Grass wandte sich daher auch direkt an Frank-Walter Steinmeier, der bei dem Treffen nicht anwesend sein konnte. Er bat ihn „als zukünftiger Kanzler das Heft in die Hand zu nehmen und meine Vorschläge zu bedenken"[331]. Gegenüber dem Kanzlerkandidaten äußerte er zudem seine vehemente Kritik an dem Konzeptpapier *Anpacken für unser Land*, das einen „dürftigen, ja uninspirierten Eindruck"[332] hinterließe. In der Darstellung würden wichtige Personen fehlen, beispielsweise Sigmar Gabriel zum Thema Umweltschutz, Olaf Scholz zum Thema Wirtschaft sowie Brigitte Zypries für die Rechtspolitik. Dagegen sei für den Bereich der Kulturwirtschaft Hubertus Heil wenig geeignet, sondern Michael Naumann oder Wolfgang Thierse. Mehrfach erwähnte er, dass ein „Schulterschluß"[333] von Frank-Walter Steinmeier und Peer Steinbrück „optisch und inhaltlich auf Dauer des Wahlkampfes"[334] förderlich sei.

Grass' Echo auf seine Politikerberatung war bei Wahlkampfthemen gering. Trotz seiner Expertise, die er in seiner langjährigen Tätigkeit für die SPD gewann, stieß er auf keine große Resonanz bei den angesprochenen Akteuren, sodass viele seiner Anmerkungen schriftlich unbeantwortet blieben. Grass' Beratung stand im engen Kontext mit seiner eigenen Unterstützung der SPD (vgl. IV. Kap. 6.2.1) und flankierten oft die informellen Gespräche (vgl. IV. Kap. 6.3.3).

---

325 Klaus Jürgen Scherer, „Kleines Protokoll, 10.01.2009 Lübeck Sekretariat Grass", in GUGS.
326 Klaus Jürgen Scherer, „Kleines Protokoll, 10.01.2009 Lübeck Sekretariat Grass", in GUGS.
327 Vgl. Günter Grass, Brief an Frank-Walter Steinmeier, 04.02.2009, in: GUGS.
328 Günter Grass, Brief an Franz Müntefering, 14.01.2009, in: GUGS.
329 Günter Grass, Brief an Frank-Walter Steinmeier, 04.02.2009, in: GUGS.
330 Kajo Wasserhövel, 22.04.2020.
331 Günter Grass, Brief an Frank-Walter Steinmeier, 04.02.2009, in: GUGS.
332 Günter Grass, Brief an Frank-Walter Steinmeier, 04.02.2009, in: GUGS.
333 Günter Grass, Brief an Frank-Walter Steinmeier, 04.02.2009, in: GUGS.
334 Günter Grass, Brief an Frank-Walter Steinmeier, 04.02.2009, in: GUGS; vgl. Klaus-Jürgen Scherer, „Kleines Protokoll, 10.01.09 Lübeck Sekretariat Grass", in: GUGS; Günter Grass, Brief an Franz Müntefering, 14.01.2009, in: GUGS.

6.3.2 Unterstützer und Kritiker der Agenda 2010

Günter Grass gab Bundeskanzler Gerhard Schröder in seinen Regierungszeiten auch Ratschläge zu innenpolitischen Themen, um die Umsetzung der Idee des „rot-grüne[n] Projekt[es]"[335] konstruktiv zu begleiten. Der Intellektuelle freute sich darüber, „daß die Zeit des lähmenden Stillstandes vorbei ist und sich nun meine Leute über das „Wie" und „Wann" streiten."[336] Das Thema sozialer Frieden und Solidarität war als Grundmuster der Sozialdemokratie ein prägendes Deutungsmuster in seinem politischen Denken.[337] Er hoffte, dass es nun „Schröder gelingen [werde], mit gemeinsamer Anstrengung den Kapitalismus zu zivilisieren und so die angeblichen Zwänge der Globalisierung aufzuheben"[338]. Während der rot-grünen Regierungszeit standen die begonnene, innenpolitische Hartz IV-Reform und die Agenda 2010 im Mittelpunkt der öffentlichen Kritik.[339] Thomas Steg stellt klar, dass es im Vorfeld der Entscheidung „keine politische Beratung im engeren Sinne"[340] durch Intellektuelle gab. Bei der Agenda 2010 handelte es sich um keine „ergebnisoffene Diskussion, in der man Eindruck hätte machen können und eine Entscheidung hätte wirklich beeinflussen können"[341]. Stattdessen war die Festlegung dafür bereits sehr früh und sehr klar im Bundeskanzleramt gefallen.[342] Grass hatte, wie auch andere Intellektuelle, diese Reformen „eher begleitet und teilweise auch nur retrospektiv begleitet, also im Nachhinein"[343] und als „die Entscheidung gefallen war, auch nochmal Kritik geäußert"[344]. Die Beschlüsse markierten eine „fundamentale Richtungsänderung"[345] der SPD und wurden als Preisgabe der sozialdemokratischen Ideale verstanden.[346] Sie führten zu vielen Massendemonstrationen. Auch zahlreiche Intellektuelle wandten sich daraufhin als Unterstützer vom Bundeskanzler ab.[347] Grass sprach sich dagegen öffentlich für dieses Reformvorhaben aus,

---

335 Johanna Klatt / Matthias Micus, Das rot-grüne Projekt – ein Mythos?, in: Butzlaff / Walter (Hrsg.), Mythen, Ikonen, Märtyrer, S. 249–260, hier S. 250.
336 Günter Grass, Brief an Oskar Lafontaine, 27.01.1999, in: AdK, GGA, Signatur 13924.
337 Vgl. Günter Grass, Brief an Rudolf Scharping, 08.03.1994, in: AdK, GGA, Signatur 14306.
338 Günter Grass, Brief an Brigitte Sauzay, 02.04.2002, in: GUGS.
339 Wolfrum, Rot-Grün, S. 566–577.
340 Thomas Steg, 09.06.2020.
341 Thomas Steg, 09.06.2020.
342 Thomas Steg, 09.06.2020; vgl. Schöllgen, Schröder, S. 664–666 sowie S. 577–681.
343 Thomas Steg, 09.06.2020.
344 Thomas Steg, 09.06.2020.
345 Simon Hegelich / David Knollmann / Johanna Kuhlmann, Agenda 2010. Strategien – Entscheidungen – Konsequenzen, Wiesbaden 2011, S. 12; vgl. Wolfrum, Rot-Grün, S. 549.
346 Klatt / Micus, Das rot-grüne Projekt – ein Mythos?, S. 259.
347 Holger Kulick, Die Künstler-Kanzler-Allianz bricht, in: Der Spiegel, 23.05.2003.

indem er den Appell *Auch wir sind das Volk* unterzeichnete. Darin wurde die Agenda 2010 als „überlebensnotwendig für den Standort Deutschland"[348] gegen linke und rechte Populisten verteidigt. Die Intellektuellen forderten von Schröder allerdings, „die Verbesserungsvorschläge am Reformprogramm sorgfältig zu prüfen"[349]. Der Erfolg dieser öffentlichen Aufrufe war „bescheiden"[350]. Durch sein Engagement wurde Grass selbst zur Zielscheibe der Kritik.[351]

Manfred Bissinger stellt auf Nachfrage klar: „Günter Grass begrüßte die Reformvorschläge zur Agenda 2010, ich im Übrigen auch. Wir hatten allerdings zugeraten, in die Gesetze aufzunehmen, dass sie in regelmäßigen Abständen an der Realität überprüft werden, und wir hatten dafür plädiert, auch die oberen Hunderttausend mit finanziellen Pflichten zu belasten."[352] Grass schrieb unmittelbar an den Bundeskanzler: „Was Hartz IV betrifft (ein schrecklicher, in seiner Härte ankündigender Begriff), habe ich, der unverkennbaren Notlage folgend, die nun hoffentlich wirksam werdenden Beschlüsse unterstützt."[353] Er verlangte „ein der sozialdemokratischen Tradition verpflichtetes Begleitprogramm, das dort Abhilfe schafft, wo die soziale Not am Größten ist"[354]. Schröder bestätigt auf Nachfrage diese intellektuelle Beratung: „Wir haben auch über diese Themen gesprochen: meiner Erinnerung nach nicht in größeren Runden. In innen- und sozialpolitischen Fragen hat er auch kritische Positionen bezogen. [...] Das betraf nicht nur die Frage, ob man diese Reformen nicht hätte besser kommunizieren könne, sondern auch konkrete politische Maßnahmen."[355] Grass schlug eine *Stiftung zugunsten in Not geratener Kinder* unter seiner Schirmherrschaft als Notprogramm in Zusammenarbeit mit den Wohlfahrtsverbänden vor, die sich aus Steuern des höheren Einkommensbereichs sowie aus Spenden und Abgaben von Abgeordneten aufgrund ihrer Nebeneinnahmen finanzieren sollte.[356] Mit diesem Thema beschäftigte sich der Intellektuelle nach einem Gespräch mit dem französischen Sozialphilosophen Pierre Bourdieu besonders intensiv, wie das gemeinsam mit Daniela Dahn und Johano Strasser 2002 herausgegebene Buch *In einem reichen*

---

348 Manfred Bissinger / Michael Jürgs, Aufruf „Auch wir sind das Volk", 10.2004, in: GUGS.
349 Aktion für Demokratie, Aufruf „Reformen müssen von allen getragen werden" erwähnt in: Schöllgen, Schröder, S. 707; dpa, Gerechter verteilen, in: SZ, 20.05.2003.
350 Schöllgen, Schröder, S. 707.
351 Vgl. Andreas Beldwoski, Brief an Günter Grass, 08.10.2004, in: GUGS; Pressemitteilung „Montags-demonstration zum Günter-Grass-Haus", in: GUGS.
352 Manfred Bissinger, 07.04.2020.
353 Günter Grass, Brief an Gerhard Schröder, 22.12.2004, in: GUGS.
354 Günter Grass, Brief an Gerhard Schröder, 22.12.2004, in: GUGS.
355 Gerhard Schröder, 24.06.2020.
356 Günter Grass, Brief an Gerhard Schröder, 22.12.2004, in: GUGS.

Land zeigt.[357] Grass konstatierte, das seine Bemühungen „so gut wie keine"[358] Reaktion bei den Politikern und den Medien ergaben, obwohl das Thema auf Interesse bei den Lesern stieß.[359] Aus diesem Grund wiederholte er sein Anliegen nun im Zuge der Reformdebatte bei einem Treffen mit Schröder am 11. Februar 2005. Der Politiker erklärte, dass das Anliegen einer Stiftung „im Kanzleramt geprüft [wurde], ließ sich aber nicht umsetzen"[360]. Grass nahm von der angesprochenen Idee selbst Abstand, „weil ein gebundenes Stiftungskapital keine der Notlage entsprechende Hilfe möglich macht"[361]. Dennoch war für den Intellektuellen die Bekämpfung der Kinderarmut in Deutschland eine „Aufgabe mit Vorrang"[362], die in der rot-grünen Regierungszeit nicht umgesetzt wurde. In einem öffentlichen Gespräch beklagte Grass, dass die Regierung diese Impulse von Intellektuellen als „profunde Überlegungen"[363] und „Alternativvorschläge"[364] nicht aufgriff. Negt kommt zu dem Schluss, dass die „härteren Auseinandersetzungen"[365] über dieses Thema mit dem Bundeskanzler auf keine Resonanz trafen. 2007 wandte sich Grass nach dem Ende der rot-grünen Regierungszeit an Bundespräsident Horst Köhler und bat ihn nach einem Treffen, sein „Amt wahrzunehmen und gegebenenfalls auf entwaffnend freundliche Weise deutlich zu werden"[366] und die „Probleme der Kinder, die in zunehmender Zahl auf Sozialhilfe angewiesen sind und an der Armutsgrenze benachteiligt ein Randdasein führen"[367], zu thematisieren. Der Bundespräsident sprach diese Problematik in seinen Reden an.[368] Eine kausale Wirkung als Folge der Bemühungen des Intellektuellen kann daraus allerdings nicht abgeleitet werden.

6.3.3 Grass als Organisator eines informellen Gedankenaustausches

Es war Günter Grass wichtig, den Kontakt zwischen Intellektuellen und Politik auch nach dem Ende der rot-grünen Regierungszeit aufrechtzuerhalten. Er mahnte

---

357 Vgl. Grass, Zuletzt, in: Dahn / Grass / Strasser, In einem reichen Land, Göttingen 2002, S. 629–631.
358 Günter Grass, Brief an Gerhard Schröder, 22.12.2004, in: GUGS.
359 Die Publikation erschien in der 3. Auflage und als Taschenbuch.
360 Gerhard Schröder, 24.06.2020.
361 Günter Grass, Brief an Gerhard Schröder, 22.03.2005, in: GUGS.
362 Günter Grass, Brief an Gerhard Schröder, 22.03.2005, in: GUGS.
363 Grass / Negt, Ein unvollendetes Projekt, S. 194.
364 Grass / Negt, Ein unvollendetes Projekt, S. 194.
365 Oskar Negt zitiert nach Förster, Intellektuelle als Berater der Politik, S. 150.
366 Günter Grass, Brief an Horst Köhler, 25.09.2007, in: GUGS.
367 Günter Grass, Brief an Horst Köhler, 25.09.2007, in: GUGS.
368 Horst Köhler, Rede „Arbeit, Bildung, Integration", 17.06.2008.

im Oktober 2004 Franz Müntefering: „Es wird nun auf die SPD ankommen, dafür zu sorgen, daß der im Wahlkampf gewonnene Kontakt nicht in Vergessenheit gerät, vielmehr gepflegt wird"[369]. Dabei spielte auch das Lübecker Literaturtreffen eine Rolle, dass Grass nach der erfolgreichen Wählerinitiative im Wahlkampf 2005 mit Schriftstellern (vgl. IV. Kap. 6.2.1) gründete.[370] Grass übernahm in der Berliner Republik für die SPD eine vermittelnde Rolle zu Schriftstellern.

Grass hatte das Ziel, das „Bedürfnis nach politischer Einmischung"[371] in der jüngeren Schriftstellergeneration wachzuhalten und somit seine Nachfolge in die Wege zu leiten.[372] Im Einladungsschreiben zu dem ersten Treffen in Lübeck betonte er, dass neben der gegenseitigen Manuskriptkritik auch „auf dem politischen Feld kontroverse Standpunkte"[373] ausgetauscht werden sollten. Diese Erwartung wurde durch die Anwesenden „gerade nach dieser Wahlerfahrung vom Sommer"[374] nicht geteilt und „beim ersten Treffen ausgestritten"[375], da die Anwesenden „keinem Politiktreffen zugestimmt"[376] hätten. Grass' Versuch, 2005 nach dem Vorbild der *Gruppe 47* ein Schriftstellertreffen mit dem Namen *Gruppe 05* zu etablieren, das über die Literatur politischen Einfluss nahm, scheiterte.[377] Es waren daher reine Literaturtreffen, bei denen nur vereinzelt Resolutionen verabschiedet wurden.[378] Dennoch hielt die Gruppe sich „die Option politischer Stellungnahmen [...] auch in Zukunft"[379] offen.

Der SPD-Parteivorsitzende Matthias Platzeck verfolgte mit großem Interesse die seiner Ansicht nach für die SPD sehr gewichtige Schriftstellerinitiative im Bundestagswahlkampf, die durch das Lübecker Literaturtreffen gleichsam fortgeführt worden sei.[380] Die Teilnehmer wurden „auf Anregung von Günter Grass"[381] von der SPD zu einem offenen Meinungsaustausch und vertiefenden Gesprächen mit dem Ziel,

---

369 Günter Grass, Brief an Franz Müntefering, 18.10.2005, in: GUGS.
370 Vgl. Klaus-Jürgen Scherer, 02.03.2020.
371 Christof Siemes, „Was ich nicht ausstehen kann, sind Genies", in: Die Zeit, 01.12.2005.
372 Vgl. Günter Grass, Brief an Matthias Platzeck, 22.03.2006, in: GUGS.
373 Günter Grass, Brief an mehrere Schriftsteller, 28.10.2005, in: GUGS.
374 Eva Menasse, 20.03.2020.
375 Eva Menasse, 20.03.2020.
376 Eva Menasse, 20.03.2020.
377 Vgl. Eckhard Fuhr, Lübeck in literarischer Hochform, in: Die Welt, 08.12.2005; Edo Reents, Von sieben, die auszogen, das Schmollen zu lernen, in: FAZ, 08.12.2005; Scherer, „Er muss unser König bleiben", S. 65–67.
378 Dpa, Grass fordert Asyl für afghanische Bundeswehr-Helfer, in: Die Zeit, 23.02.2014.
379 O. V., Grass' Autorentreff jenseits des kommerzialisierten Literaturbetriebs, in: Lübecker Nachrichten, 28.02.2015.
380 Vgl. Matthias Platzeck, Brief an Günter Grass, 09.03.2006, in: GUGS.
381 Kurt Beck, Brief an Wolfgang Thierse, 02.05.2006, in: AdsD, Bestand Kulturforum der Sozialdemokratie, Mappe „Schriftsteller mit Kurt Beck, 08.05.2006."

die Distanz zu vermindern, nach Berlin eingeladen.[382] Kurt Beck übernahm als neuer Parteivorsitzender (2006–2008) die daraufhin geplante Gesprächsrunde, um „die gute Tradition der Sozialdemokratie fort[zu]setzten, mit wichtigen Schriftstellern einen intensiven Austausch [zu] pflegen"[383]. Grass nahm Einfluss auf die Zusammensetzung derartiger Treffen, in dem er geeignete Schriftsteller vorschlug und direkt ansprach.[384] Er fungierte als wichtiger Vermittler zwischen SPD und seinen Schriftstellerkollegen. Klaus-Jürgen Scherer hebt rückblickend hervor, dass „von den Anwesenden [...] die meisten wirklich enge, auch persönliche Unterstützer [der SPD waren]"[385], dies aber nicht für alle galt, wie man am Beispiel des „ewig skeptischen [Matthias] Politycki"[386] sehen könne. 2006 betonten Platzeck und Schröder in ihrem Einladungsschreiben, dass sie sich über neue Gesprächspartner freuen würden.[387] Neben den Kunstschaffenden und dem jeweiligen Parteivorsitzenden oder dem Generalsekretär der SPD wurden auf Wunsch von Günter Grass auch kulturnahe Politiker wie Egon Bahr (Gründer des Willy-Brandt-Kreises), Wolfgang Thierse (langjähriger Vorsitzender des Kulturforums) oder Siegmund Ehrmann (Ausschuss für Kultur und Medien) eingeladen. Inhaltlich ging es bei diesem Gedankenaustausch um „ein offenes, aber nicht öffentliches Gespräch über aktuelle innen- und außenpolitische Entwicklungen"[388]. Klaus-Jürgen Scherer fragte im Vorfeld ab, „welcher Gesprächsstoff neben kulturpolitischen Themen"[389] sich anbiete.[390]

Die informellen Treffen mit Intellektuellen hatten für die Politiker der SPD drei Funktionen. Die Schriftsteller und Künstler waren Seismografen für die Stimmung in der Gesellschaft, kulturpolitische Experten und potenzielle Unterstützer im Wahlkampf. Sie dienten somit als Sparringspartner für die Politiker. Dies wird besonders in einem Vermerk an Kurt Beck deutlich: „Wichtig wird sein auch zu-

---

382 Vgl. Günter Grass, Brief an Matthias Platzeck, 22.03.2006, in: GUGS; Matthias Platzeck, Brief an Günter Grass, 09.03.2006, in: GUGS; Klaus-Jürgen Scherer, E-Mail an Schriftsteller, in: AdsD, Bestand Kulturforum der Sozialdemokratie, Mappe „Schriftsteller mit Kurt Beck, 08.05.2006."
383 Kurt Beck, Brief an Günter Grass, 24.04.2006, in: AdsD, Bestand Kulturforum der Sozialdemokratie, Mappe „Schriftsteller mit Kurt Beck, 08.05.2006."
384 Vgl. Klaus-Jürgen Scherer, Vermerk „Abendessen mit Kulturschaffenden, 09.09.2007", in: AdsD, Bestand Kulturforum der Sozialdemokratie, Mappe „Essen Kurt Beck mit Schriftstellern, 09.09.2007 & 06.05.2007."
385 Scherer, Vermerk „Autorentreffen WBH 04.05.2009."
386 Scherer, Vermerk „Autorentreffen WBH 04.05.2009."
387 Vgl. Gerhard Schröder / Matthias Platzeck, Einladungsbrief, 06.11.2006, in: AdsD, Bestand Kulturforum der Sozialdemokratie, Mappe „Unterstützeressen Beck / Schröder 10.12.2006."
388 Egon Bahr / Wolfgang Thierse / Kurt Beck, Einladungsbrief, 23.04.2007, in: AdsD, Bestand Kulturforum der Sozialdemokratie, Mappe „Essen Beck mit Schriftstellern 09.09.2007 & 06.05.2007."
389 Scherer, E-Mail an Schriftsteller.
390 Vgl. Schröder / Platzeck, Einladungsbrief, 06.11.2006.

zuhören, was sie zur gesellschaftlichen Stimmung, zum Zusammenhalt der SPD, zur Konkurrenzsituation [und] zum Profil der SPD in Zeiten der Großen Koalition zu sagen haben."[391] Das Ziel war es, mit den Künstlern allgemein über „Gesellschaft, Kultur und Politik"[392] zu sprechen. Zudem sollte die Frage „Welche Politik braucht das Land?"[393] diskutiert werden. Dabei wurden sowohl aktuelle Themen besprochen als auch ein politischer Rückblick gegeben.[394]

Darüber hinaus wurden gezielt kulturpolitische Fragen in diesem Kontext geklärt. Zum Beispiel galt es vonseiten der SPD, mit den Kulturexperten „noch offene Punkte"[395] zum Gesetzentwurf der Urhebervertragsrechtreform (vgl. IV. Kap. 5.3.5) und zu Kurt Becks angestrebtem Beschluss „Kultur ins Grundgesetz"[396] zu thematisieren. Der Parteivorsitzende konnte bei diesem informellen Treffen die „Melodie des Bundesparteitages testen"[397]. Der Kontakt zu den spezifischen Intellektuellen war eine wichtige Legitimation für seinen Leitantrag zur Kulturpolitik. In seiner späteren Rede nannte er Grass und viele junge Kulturschaffende als Beispiel dafür, dass die SPD „gute Beziehungen [...] zu großen Persönlichkeiten des kulturellen Lebens auch aus der Literatur"[398] habe. Grass nutzte die Gespräche dafür, kulturpolitische Themen wie die finanzielle Lage der Goethe-Institute (vgl. IV. Kap. 7.2.1) oder des Fontane-Archives anzusprechen (vgl. IV. Kap. 5.2.3).[399] Diese Impulse erzeugten Resonanz innerhalb der Partei. Beispielsweise bekundete Siegmund Ehrmann, dass er „viele Anregungen mitgenommen [habe], die mich sehr nachdenklich gemacht haben"[400] und regte beispielsweise ein Gespräch mit dem kulturpolitischen Sprecher der CDU-Fraktion, Wolfgang Börnsen, und dem Kulturstaatsminister Neumann zum Status der Filmförderung an.

---

391 Scherer, Vermerk „Abendessen mit Kulturschaffenden, 09.09.2007."
392 Klaus-Jürgen Scherer, E-Mail an Benjamin Lebert, 18.04.2007, in: AdsD, Bestand Kulturforum der Sozialdemokratie, Mappe „Essen Beck mit Schriftstellern 09.09.2007 & 06.05.2007."
393 Klaus-Jürgen Scherer, Vermerk „Unterstützeressen des Generalsekretärs mit Künstlern, 26.03.1997", in: AdsD, Bestand Kulturforum der Sozialdemokratie, Mappe „Essen Beck mit Schriftstellern 09.09.2007 & 06.05.2007."
394 Vgl. Schröder / Platzeck, Einladungsbrief, 06.11.2006.
395 Scherer, Vermerk „Autorentreffen WBH, 04.05.2008."
396 Matthias Politycki, E-Mail an Klaus-Jürgen Scherer, 10.05.2006, in: AdsD, Bestand Kulturforum der Sozialdemokratie, Mappe „Schriftsteller mit Kurt Beck, 08.05.2006."
397 Scherer, Vermerk „Abendessen mit Kulturschaffenden, 09.09.2007", in: AdsD, Bestand Kulturforum der Sozialdemokratie, Mappe „Essen Kurt Beck mit Schriftstellern, 09.09.2007 & 06.05.2007."
398 Vorstand der SPD (Hrsg.), Protokoll des Bundesparteitages 2007, Berlin 2007, S. 162.
399 Vgl. Klaus-Jürgen Scherer, E-Mail an Hilke Ohsoling, Sekretariat Günter Grass, 11.05.2006, in: AdsD, Bestand Kulturforum der Sozialdemokratie, Mappe „Schriftsteller mit Kurt Beck, 08.05.2006."
400 Siegmund Ehrmann, Brief an Frau Annegret Held, 12.05.2006, in: AdsD, Bestand Kulturforum der Sozialdemokratie, Mappe „Schriftsteller mit Kurt Beck, 08.05.2006."

Diese Treffen waren darüber hinaus eine Möglichkeit für den Parteivorsitzenden, „zu fortgeschrittener Stunde auch [zu] fragen, wie es um die Bereitschaft des öffentlichen Engagements für die SPD derzeit bestellt ist. Wie und unter welchen Bedingungen ist [...] kritisch-solidarische Unterstützung denkbar"[401]. Manfred Bissinger, der selbst gemeinsam mit Grass häufig an derartigen Treffen teilnahm, stellte klar: „Es ging gelegentlich um Inhalte, aber mehr um Kontakt[e], Solidarität und Selbstvergewisserung."[402] Rosa Schmitt-Neubauer macht auf Nachrage in ähnlicher Wortwahl deutlich, dass die SPD „immer wieder ihre Sympathisanten zusammengerufen [hat], um sie an sich zu binden."[403] Scherer betonte in einem Vermerk diese „wichtige Gelegenheit der Kontaktpflege"[404]. Seit 2005 seien zwar einige neue Namen hinzugekommen, aber es wäre in „keiner Weise sicher, wie weit sie sich von diesem Engagement entfernt haben und sich dementsprechend kritisch und abwartend verhalten"[405]. Um den direkten Austausch zwischen Unterstützern und Politikern zu fördern, waren an den verschiedenen Tischen Repräsentanten als Ansprechpartner für die Gäste vorgesehen.[406] Zudem galt es, bei dieser Gelegenheit allen zu danken, die bislang, auch kritisch, das Agieren der SPD mitverfolgt haben.[407]

Informelle Gespräche und Treffen mit Intellektuellen wurden von den SPD-Parteivorsitzenden traditionell gesucht. Diese führten aber nicht automatisch zu einer guten Zusammenarbeit, sei es im Wahlkampf oder in der Kulturpolitik. In der rot-grünen Regierungszeit war der persönliche Kontakt zu Gerhard Schröder entscheidend für das Zustandekommen. Viele involvierte Intellektuelle beteiligten sich daraufhin, wie Günter Grass, im Wahlkampf. An diese Hochphase der Zusammenarbeit galt es, nach dem Ende der rot-grünen Koalition, anzuknüpfen und die personelle Zäsur zu überwinden. Dies gelang Kurt Beck in enger Zusammenarbeit mit Günter Grass, der als Vermittler den Kontakt zu jüngeren Schriftstellern herstellte. Nach dessen Rücktritt wurde eine zunehmende Distanz zu Intellektuellen beklagt.

---

401 Scherer, Vermerk „Abendessen mit Kulturschaffenden, 09.09.2007."
402 Manfred Bissinger, 07.04.2020.
403 Rosa Schmitt-Neubauer, 21.04.2020.
404 Klaus-Jürgen Scherer, Vermerk 10.05.2006, in; AdsD, Bestand Kulturforum der Sozialdemokratie, Mappe „Schriftsteller mit Kurt Beck, 08.05.2006."
405 Klaus-Jürgen Scherer, Vermerk zum Unterstützer Essen, 09.12.2007, in: AdsD, Bestand Kulturforum der Sozialdemokratie, Mappe „Essen, Beck 09.12.2007."
406 Vgl. Scherer, Vermerk zum Unterstützer Essen, 09.12.2007.
407 Vgl. Schröder / Platzeck, Einladungsbrief, 06.11.2006.

6.3.4 Fünf Merkzettel für die SPD-Fraktion (2008)

Günter Grass beriet in der Berliner Republik die SPD selten auf offiziellen Parteiveranstaltungen. Während er sich noch 1989 / 1990 auf den Parteitagen in Ost und West einbrachte (vgl. IV. Kap. 2), lässt sich bis 2008 kein weiterer, intellektueller Beitrag feststellen. Dabei wurde der Intellektuelle als Impulsgeber für die SPD durchaus angefragt. Er lehnte entsprechende Anfragen allerdings wiederholt ab, beispielsweise 1997 für den Parteitag in Hannover oder für eine Fraktionssitzung Anfang 1998.[408] Grass begründete seine Absage mit der „diffusen Haltung der SPD"[409], wie er im Folgenden ausführte:

> Da sich mir die SPD in Hinblick auf den bevorstehenden (und schon stattfindenden) Wahlkampf an Kopf und Gliedern zu unentschlossen zeigt, meine Vorstellungen jedoch uneingeschränkt in Richtung rot-grün weisen – [...] – würde ich nur Unruhe stiften, oder ich müßte mich taktisch verhalten, was mir nicht liegt und zusteht.[410]

Erst am 11. Januar 2008 sprach der Intellektuelle kurz nach seinem achtzigsten Geburtstag auf Einladung von Peter Struck zum ersten Mal seit 1974 vor der SPD-Fraktion.[411] In einem Interview begründete der Politiker die Rednerauswahl damit, dass Grass ein „Sozialdemokrat vom Herzen her [sei], nicht vom Parteibuch her, [und] unserer Partei immer kritisch zur Seite gestanden"[412] habe. Struck beschrieb es als Ziel der Jahresauftaktklausur, „vor allen Dingen mit der Planung des politischen Jahres 2008"[413] zu beginnen, dabei seien Impulse des Intellektuellen „nun wirklich ein großes Highlight"[414]. Struck erwartete im Vorfeld vor allem „kritische Unkenrufe"[415].

In seiner „Rede vor der Fraktion"[416] gab Grass den Politikern Anregungen, wie sie hinsichtlich des bald anstehenden Wahlkampfes selbstbewusster auftreten könnten. Er bemängelte, dass „die SPD bemüht [sei], die Leistungen der Sozialdemokra-

---

408 Günter Grass, Brief an Oskar Negt, 27.10.1997, in: GUGS; vgl. Günter Grass, Brief an Rudolf Scharping, 13.01.1998, in: AdK, GGA, Signatur 14306.
409 Günter Grass, Brief an Rudolf Scharping, 13.01.1998, in: AdK, GGA, Signatur 14306.
410 Günter Grass, Brief an Oskar Negt, 27.10.1997, in: GUGS.
411 Vgl. Günter Grass, Brief an Peter Struck, 01.10.2007, in: GUGS.
412 Christoph Heinemann, Struck: Koch will mit Ausländerfeindlichkeit Wahl gewinnen, in: Deutschlandfunk, 11.01.2008.
413 Heinemann, Struck: Koch will mit Ausländerfeindlichkeit Wahl gewinnen, in: Deutschlandfunk, 11.01.2008.
414 Heinemann, Struck: Koch will mit Ausländerfeindlichkeit Wahl gewinnen, in: Deutschlandfunk, 11.01.2008.
415 Heinemann, Struck: Koch will mit Ausländerfeindlichkeit Wahl gewinnen, in: Deutschlandfunk, 11.01.2008.
416 Günter Grass, Notiz „Rede vor der SPD-Fraktion", in: GUGS.

ten verschämt zu verbergen und lieber von dem zu sprechen, was sich heute noch nicht, aber vielleicht in zehn Jahren realisieren läßt."[417] Auch hier zeigt sich wieder seine Kritik an der Außendarstellung der Partei, die die sozialdemokratische Erzählung nicht genügend repräsentiere (vgl. IV. Kap. 6.2.2). Er schrieb der Partei fünf Punkte auf den „Merkzettel"[418]: Als Beispiel für die Betonung der geschichtlichen Tradition nannte er erstens primär den Kampf der SPD für die Gesamtschule und den Begriff „demokratischer Sozialismus"[419]. Er kritisierte weiterhin das fehlende Selbstbewusstsein gegenüber den Lobbyisten, die „bis in die Gesetzgebung hinein die Politik"[420] bestimmen. Er forderte zudem, die Tradition des Nord-Süd-Berichts von Willy Brandt als „Perspektive [und] als Richtlinie"[421] für eine Weltinnenpolitik aufzugreifen. In der Folge richtete er seinen Appell an die Politiker, die „Not der Kinder in unserem so reichen und doch kinderarmen Land"[422] zu beheben (vgl. IV. Kap. 6.3.2). Er nutzte zudem seine prominente Stimme, um auf die Wichtigkeit eines Künstler-Urheberrechts aufmerksam zu machen (vgl. IV. Kap. 5.3.5). Zuletzt wies er daraufhin, den Protest der Jugend ernst zu nehmen. In dieser letzten Rede vor der SPD wird deutlich, dass viele Ziele des Intellektuellen weiterhin offen waren und von Grass angemahnt wurden.

Struck wertet in seinem Dankesbrief die Ruhe während des intellektuellen Vortrages als „verlässliches Indiz"[423] dafür, dass die Politiker zugehört hatten. Das ist „das größte Kompliment in der Fraktion, auf das weder Kanzler noch Parteivorsitzender rechnen dürfen"[424]. Er bestätigte, dass Grass' Punkte „häufig Gegenstand unserer Alltagsdebatten"[425] seien und verwies auf einen entsprechenden „Handlungsbedarf"[426]. Der Politiker erklärte: „Uns hat es gut getan, dass du die mitunter aufkommende Verzagtheit der Sozialdemokratie aus dem Fraktionssaal vertrieben hast."[427] Struck beschrieb die Funktion des Intellektuellen in einem Brief an Grass

---

417 Grass, Fünf Merkzettel, in: NGA 23, S. 460.
418 Grass, Fünf Merkzettel, in: NGA 23, S. 460.
419 Grass, Fünf Merkzettel, in: NGA 23, S. 462.
420 Grass, Fünf Merkzettel, in: NGA 23, S. 464–465.
421 Grass, Fünf Merkzettel, in: NGA 23, S. 467.
422 Grass, Fünf Merkzettel, in: NGA 23, S. 468.
423 Peter Struck, Brief an Günter Grass, 21.02.2008, in: GUGS.
424 Peter Struck, Brief an Günter Grass, 21.02.2008, in: GUGS.
425 Peter Struck, Brief an Günter Grass, 21.02.2008, in: GUGS.
426 Heinemann, Struck: Koch will mit Ausländerfeindlichkeit Wahl gewinnen, in: Deutschlandfunk, 11.01.2008.
427 Peter Struck, Brief an Günter Grass, 21.02.2008, in: GUGS.

wie folgt: „Mir scheint es wichtig, dass Du uns mit Deinem Blick von außen und Deiner Sprache, die zum Glück nicht auf Gesetzesmaterie fixiert ist, eine andere Sichtweise auf diese Problematiken eröffnet hast."[428] Der Politiker bezeichnete den intellektuellen Besuch als „eine sehr lohnende Investition für uns. Es hat uns allen gut getan, dass Du uns Mut gemacht hast, unseren Weg weiter zu gehen."[429]

Grass' Auftritt vor der Fraktion führte zu einem Dialog mit einzelnen Politikern. Der Intellektuelle nutzte einerseits die Gelegenheit, um gegenüber Struck energisch seine Forderungen nach einer Abgrenzung von der CDU und den Grünen angesichts der Bundestagswahl 2009 zu wiederholen.[430] Auf der anderen Seite trat Heidemarie Wieczorek-Zeul an Günter Grass heran, um ihn nach der Veranstaltung zu einem öffentlichen Gespräch zur Entwicklungspolitik einzuladen.[431] Auch Kurt Beck dankte ihm als Parteivorsitzender persönlich in einem Brief für diese Rede.[432] Grass trug ihm daraufhin seine „begründeten Sorgen um den Zustand der SPD"[433] vor. Peter Friedrich (SPD) bezog sich in seiner Rede im Bundestag unmittelbar auf die Worte des Intellektuellen: „Er hat eine Rede gehalten und unter anderem gesagt, dass der Lobbyismus inzwischen die größte Gefahr für das Ansehen der Demokratie darstelle. Jetzt muss man diese Ansicht nicht per se teilen. Aber man muss doch erhebliche Zweifel daran anmelden, wie Lobbyarbeit in Deutschland stattfindet und funktioniert."[434]

Grass ermahnte und bestärkte die SPD mit seiner Fraktionsrede angesichts der anstehenden Bundestagswahl 2009. Er setzte mit seiner Außenperspektive als Intellektueller zum Jahresauftakt Impulse und Denkanstöße, um im Sinne einer partizipativen Politikberatung seine Anregungen in den Politikprozess einzubringen und folglich die Stimmung der Gesellschaft zu beeinflussen. Dies führte zu einem Dialog mit einigen Politikern und einer gewissen, allgemeinen Nachdenklichkeit. Ein kausaler Einfluss oder eine direkte Wirkung auf politische Prozesse konnte eine intellektuelle Rede jedoch nicht erzeugen.

---

428 Peter Struck, Brief an Günter Grass, 21.02.2008, in: GUGS.
429 Peter Struck, Brief an Günter Grass, 21.02.2008, in: GUGS.
430 Vgl. Günter Grass, Brief an Peter Struck, 29.01.2008, in: GUGS.
431 Vgl. Heidemarie Wieczorek-Zeul, Brief an Günter Grass, 16.01.2008, in: GUGS.
432 Vgl. Kurt Beck, Brief an Günter Grass, 11.01.2008, in: GUGS.
433 Günter Grass, Brief an Kurt Beck, 18.06.2008, in: GUGS.
434 Deutscher Bundestag, Stenographischer Bericht, 19.07.2008.

6.4 Zwischenfazit: Intellektuelle Beratung und deren symbolische Außenwirkung

Für Günter Grass war es eine selbstverständliche Bürgerpflicht, sich nicht nur theoretisch für einen Gesellschaftswandel in der Öffentlichkeit einzusetzen, sondern aktiv mit seiner Wahlhilfe und Beratung zu einem Politikwechsel beizutragen.

Politisches Ziel

Der Intellektuelle vertrat die Problemsicht, dass die Ära Kohl einen gesellschaftlichen Reformstau verursacht habe, der nur mit Hilfe einer rot-grünen Regierung aufzulösen sei (vgl. Tabelle 54). Diese Koalitionsform entsprach seinem politischen Konzept, um die sozialen, ökonomischen und ökologischen Folgen der Einheit abzumildern. Der Intellektuelle wollte das sozialdemokratische Narrativ dafür stärken. Unter dem Stichwort *Solidarität* galt es für ihn, die soziale Gerechtigkeit in Ost und West herzustellen. Ebenso stand die Umweltproblematik für ihn in diesem Kontext im Vordergrund. Es ging Grass auch darum, durch eine Stärkung der *sozialen Marktwirtschaft* den Neoliberalismus einzuschränken. Er wollte dem Einfluss des Lobbyismus auf den Parlamentarismus Einhalt gebieten.

Tabelle 54: Günter Grass' politisches Ziel, Deutungsmuster und Interventionstyp in der Innenpolitik.

Politisches Ziel		Rot-grünes Gesellschaftsprojekt
Problemdimensionen	*Problemsicht*:	Reformstau als Folge der Ära Kohl in sozialer, ökonomischer und ökologischer Hinsicht
	Problemlösung:	Machtwechsel durch die Wahl einer rot-grünen Regierung 1. Aktualisierung der sozialen Marktwirtschaft 2. Ökologische Verpflichtung
	Problemziel:	Rot-grünes Reformprojekt
Deutungsmuster	*Sozial*:	Solidarität gegenüber Osten, sozial Schwachen, Ausländern
	Ökonomisch:	Politische Beschränkung des Lobbyismus
Interventionstyp		Öffentlicher Intellektueller

Grass verwendete in seiner innenpolitischen Argumentation zwei Deutungsmuster. Für ihn war es wichtig, die Macht der *Ökonomie* zu beschränken und den Menschen mehr in den Fokus zu stellen. Auch unter demokratischen Gesichtspunkten wollte Grass den Einfluss der Wirtschaft beschränken. Der Intellektuelle verfolgte zudem ein *soziales* Deutungsmuster, indem er die Unterschiede in der

Gesellschaft eindämmen sowie den Schutz der Natur stärken wollte. Sein Engagement entsprach dem eines *öffentlichen Intellektuellen*, der mit Hilfe seiner Sprache zu einer Veränderung der Politik beitragen wollte.

Methode
Grass nutzte seine kommunikative Macht daher gezielt, um einen rot-grünen Machtwechsel und damit die Umsetzung des von ihm präferierten Gesellschaftsprojektes zu ermöglichen. Er schrieb der rot-grünen Koalition nicht nur seine Erwartungshaltung „ins Stammbuch"[435], sondern setzte sich aktiv durch seine Wahlreden für sie ein (vgl. Tabelle 55). Der Schriftsteller wurde in der Öffentlichkeit als ständiger Wahlhelfer der SPD wahrgenommen. Seine Unterstützung war allerdings keineswegs selbstverständlich, sondern hing von seinem persönlichen Kontakt mit dem jeweiligen Kandidaten ab. Grass begleitete die Politik der SPD auch im Wahlkampf kritisch und blieb somit unabhängig. Der öffentliche Intellektuelle regte auch außerhalb von Wahlterminen den Diskurs über einen nötigen Gesellschaftswandel an. Um das sozialdemokratische Narrativ zu stärken, erinnerte Grass an die Zielsetzung Willy Brandts im Rahmen von verschiedenen Institutionen und gründete die *August-Bebel-Stiftung*. Für den Intellektuellen gehörten sein öffentliches Eintreten für das rot-grüne Projekt und die Beratung in Form von informellen Gesprächen untrennbar zusammen. Der Intellektuelle kontaktierte als Einzelperson anlassorientiert Spitzenpolitiker. Wurde ihm von Politikerseite nicht zugehört, nutzte er seine kommunikative Macht in der Öffentlichkeit, um auf die Belange öffentlich aufmerksam zu machen. Auch die verschiedenen Parteivorsitzenden der SPD veranstalteten regelmäßig Austauschgespräche mit Intellektuellen. Dies führte dazu, dass Gerhard Schröder auch in seiner Regierungszeit wiederholt Schriftsteller und Künstler ins Kanzleramt einlud. Nach dem Ende der rot-grünen Koalition knüpfte Kurt Beck mit Grass' Hilfe an die Tradition eines Gedankenaustausches an. Nach dessen Rücktritt als Parteivorsitzender nahm die Intensität der Begegnungen ab.

Politische Resonanz
Grass' Engagement für das rot-grüne Projekt bekam vor allem im Kontext von Wahlkämpfen die Aufmerksamkeit der Öffentlichkeit, während seine Impulse durch Publikationen und Gespräche wenig Resonanz fanden (vgl. Tabelle 56). Die Unterstützung des Intellektuellen im Wahlkampf wurde von Politikern gerade auf kommunaler Ebene explizit nachgefragt. Auf Bundesebene trat Grass ebenfalls mit

---
435 Grass, Rede „Wer dreimal lügt ...", in: AdK, GGA, Signatur 10376.

Tabelle 55: Grass' Methoden in der Innenpolitik.

Methode	Organisator von politischer Öffentlichkeit	Politikberater
Beispiele	– Unterstützung im Wahlkampf: Rot-grüne Koalition 1998–2005 SPD 2009 – Impulse für die Stärkung des sozialdemokratischen Narrativs: *Willy-Brandt-Kreis* *Willy-Brandt-Haus* *August-Bebel-Stiftung*	– Wahlkampfberatung (R. Scharping, O. Lafontaine, G. Schröder, F. Müntefering, F.-W. Steinmeier) – informeller Austausch (B. Engholm, R. Scharping, O. Lafontaine, G. Schröder, K. Beck) – sozialdemokratisches Narrativ (G. Schröder, K. Beck, F. Müntefering, S. Gabriel) – Agenda 2010 (G. Schröder) – Beratung durch den Willy-Brandt-Kreis – Impuls vor der Fraktion 2008
Merkmale	Symbolische Repräsentanz Erinnerung an SPD-Geschichte	Inhaltliche Beratung / informeller Austausch Impulsgeber der SPD-Fraktion

Gerhard Schröder auf. Die Beteiligung von Intellektuellen im Wahlkampf wurde in den Medien genau beobachtet und kommentiert. Grass' Aktivitäten erzeugten in Summe somit eine hohe Medienresonanz, die sich verstärkte, je mehr Schriftsteller und Künstler sich zu einer Wählerinitiative zusammenfanden. Im Wahlkampf 2005 löste eine Schriftstellerinitiative sogar einen Diskurs im Feuilleton über das Für und Wider eines Parteiergreifens von Intellektuellen aus. In diesem Jahr war ein Höhepunkt der Presseberichterstattung zu verzeichnen. Die inhaltlichen Vorstellungen des Intellektuellen von einem rot-grünen Gesellschaftswandel wurden dagegen wenig beachtet. Auch seine Initiativen zur Stärkung des sozialdemokratischen Narrativs erzeugten nur punktuell eine Medienaufmerksamkeit. Der Schriftsteller wurde als Impulsgeber wiederholt für Reden von der Fraktion eingeladen, wo er zuletzt 2008 den Politikern seine Forderungen auf einen „Merkzettel"[436] schrieb. Die Resonanz der politischen Akteuere auf Grass' ungefragte Beratung fiel sehr unterschiedlich aus. Oskar Lafontaine ging auf seine Anregungen nicht näher ein. Rudolf Scharping suchte dagegen das Gespräch mit dem Intellektuellen, jedoch war Grass für eine weitere vertiefende Zusammenarbeit nicht zu gewinnen. Erst Gerhard Schröder führte in seiner Regierungszeit mehrere Gespräche mit Grass. Während der Intellektuelle beratend in den Prozess eingreifen wollte, war für viele politische Akteure ein grundsätzlicher Gedankenaustausch und Impuls ausreichend.

---

[436] Grass, Fünf Merkzettel, in: NGA 23, S. 461.

Tabelle 56: Politische Resonanz von Günter Grass in der Innenpolitik.

Resonanz	Organisator von politischer Öffentlichkeit	Politikberater
Hoch	*Hohe Medienresonanz:* – Wahlhelfer 1998, 2002, 2005, 2009	*Nachgefragte Beratung:* – Informelle Treffen mit SPD-Politikern – Impulsgeber der SPD-Fraktion – Sparringspartner von G. Schröder
Mittel	*Mittlere Medienresonanz:* – Darstellungspolitik innenpolitischer Reformen – Errichtung des *Willy-Brandt-Hauses* – Gründung/Preise der *August-Bebel-Stiftung*	*Bedingt nachgefragte Beratung:* – Innenpolitische Ratschläge – Sozialdemokratisches Narrativ – Willy-Brandt-Kreis als Think Tank
Niedrig	*Niedrige Medienresonanz:* – Öffentlichkeit für Willy-Brandt-Kreis – Publikationen der *August Bebel-Stiftung*	*Nicht nachgefragte Beratung:* – Wahlkampfberatung
Einordnung	**Teilnehmer im Diskurs** **Initiator der *August-Bebel-Stiftung*/ *Willy-Brandt-Haus*/*Willy-Brandt-Kreis***	**Impulsgeber und Sparringspartner**

Einfluss auf die Politik

Einen unmittelbaren Einfluss von Intellektuellen auf das Wahlergebnis gab es in der Berliner Republik nicht. Dies lag primär darin begründet, dass es dem prominenten Wahlhelfer nicht wie 1969 gelang, eine breite Bürgerbewegung zu mobilisieren. Nützlich waren Grass' Wahlkampfauftritte auf kommunaler Ebene, um das der SPD nahestehende, kulturelle sowie bürgerliche Milieu zur Stimmabgabe zu ermutigen und neue Wähler anzusprechen. Auf Bundesebene war der Intellektuelle für die Darstellung der Kulturaffinität des Bundeskanzlers von Bedeutung. Kritisch kommentiert wurde vor allem Grass' TV-Gespräch mit Gerhard Schröder. Aber auch derartige Unterhaltungsformate akquirierten im Sinne des *Politainments* gezielt Wählergruppen. Grass' Wahlkampfengagement hatte somit eine symbolische Außenwirkung, die zunehmend von der Presse als Nostalgie und Instrumentalisierung infrage gestellt wurde. Er wirkte parteiintern legitimierend, da seine Unterstützung von vielen SPD-Politikern als persönlicher Ritterschlag wahrgenommen wurde. Sein Einsatz war demnach unter psychologischen Aspekten hilfreich und machte den Kandidaten in schwierigen Zeiten Mut. Die Politiker suchten auch außerhalb von Wahlkampfzeiten einen Gedankenaustausch, um die Stimmung innerhalb der Bevölkerung abzufragen und ihre Politikinhalte zu testen. Es ging bei den Treffen aber auch um Kontaktpflege hinsichtlich zukünftiger

Wahlkämpfe. In der Berliner Republik entwickelte besonders Schröder eine gute Beziehung zu Intellektuellenkreisen, die er als Sparringspartner und Impulsgeber auch für Gesellschaftsfragen nutzte. Im Laufe der Regierungszeit führten die Agenda 2010 und Hartz IV zur Entfremdung zahlreicher Intellektueller von der Regierung. Grass unterstützte den Bundeskanzler dagegen weiterhin bei der schwierigen, öffentlichen Darstellung seines Reformprojektes, forderte erfolglos aber auch entsprechende Nachbesserungen. Seine Hinweise auf ein fehlendes, sozialdemokratisches Narrativ wurden nicht gehört, sodass er selbst entsprechende Institutionen gründete. Der Intellektuelle generierte punktuell die Medienaufmerksamkeit, konnte aber keine grundsätzliche Auseinandersetzung über soziale Gerechtigkeit, Kinderarmut oder den Umweltschutz erreichen. Er förderte mit seinen Anregungen somit nur bedingt das *Policy-Lernen* über das rot-grüne Gesellschaftsprojekt in der Öffentlichkeit (vgl. Tabelle 57). Der Intellektuelle hatte keinen beratenden Einfluss auf Schröder im Bereich der Innenpolitik. Eine *Deutungsmacht* von Grass war somit für das rot-grüne Projekt nicht erkennbar.

Tabelle 57: Skala des politischen Einflusses von Günter Grass in der Innenpolitik (grau markiert).

Stufe 0	Stufe 1	Stufe 2	Stufe 3	Stufe 4
Unterhaltung	Policy-Lernen	Diskursstrukturierung	Diskursinstitutionalisierung	Diskurshegemonie/-macht
	Mikroebene		Mesoebene	Makroebene

Funktionen des Intellektuellen
Grass füllte als öffentlicher Intellektueller primär drei Funktionen in der Innenpolitik aus (vgl. Tabelle 58). Er symbolisierte als legendärer Wahlkampfhelfer seit der Willy-Brandt-Ära eine gute Verbindung von Geist und Macht. Der Intellektuelle *repräsentierte* die Kulturaffinität Gerhard Schröders und sollte legitimierend für ihn wirken. Seine Expertise als Wahlhelfer und Vorreiter des Bürgerengagements wurde von den Politikern in der Berliner Republik dagegen nur selten nachgefragt. Grass sah sich dennoch als *Vermittler* von Bürgerinteressen, die er an die politischen Akteure weiterleitete. Er spann als *Impulsgeber* schon früh sein „rot-grünes Garn"[437], um einen Machtwechsel zu verwirklichen. Als Seismograf für die gesellschaftlichen Stimmungen wurde er von Politikern eingeladen – ein Aspekt, der aufgrund seiner elitären Position zu hinterfragen ist. Der informelle Austausch wurde von Politikern als Bereicherung angesehen, da seine Außensicht als Intellektueller

---

437 Günter Grass, Brief an Antje Vollmer, 13.12.1989, in: AdK, GGA, Signatur 14584.

Tabelle 58: Funktionen von Günter Grass in der Innenpolitik.

Öffentlicher Intellektuelle	Beratung durch Expertenwissen	Resonanz
Schlichtungsagentur: Vermittler	Seismograf der Gesellschaft Darstellung der Reformen	hoch
Kontrollorgan: Kritiker	Wahlkampfengagement der Parteien Innenpolitische Reformen	niedrig
Frühwarnsystem: Vorreiter	Willy-Brandt-Kreis als Think Thank Impulsgeber bei Fraktion/Politikern Bürgerengagement Sozialdemokratisches Narrativ	hoch
Legitimationskraft: Repräsentant	Wahlkampfhilfe	hoch
Sprachvermögen/ Formulierungshelfer	Sparringspartner	mittel
Fachexperte	Bürgerengagement	niedrig

neue Sichtweisen eröffnete. Grass brachte dabei seine Visionen eines Reformprojektes und seine Erwartungshaltung an die rot-grüne Regierung ein.

Gerhard Schröder beteiligte Intellektuelle frühzeitig an informellen Gesprächen, was sich in Grass' Unterstützung im Wahlkampf niederschlug. Er blieb als öffentlicher Intellektueller auch bei seiner Wahlhilfe stets unbequem und ließ sich trotz der Nähe zur Macht nicht instrumentalisieren. Eine Deutungsmacht des Intellektuellen auf das rot-grüne Projekt lässt sich allerdings nicht feststellen. Die Politiker waren mehr an der symbolischen Wirkung seiner Wahlkampfhilfe interessiert als an seinen Ratschlägen. Dass er dennoch Schröder im Wahlkampf unterstützte, lag vor allem an seiner Außenpolitik.

7 Zivile Vernunft – Günter Grass als Berater bei Krieg oder Frieden

„Das vergebliche Warnen vor drohender Kriegsgefahr gerinnt mittlerweile zur Routine"[1], urteilte Günter Grass im Jahr 2003. Angesichts des Endes des Kalten Krieges begann in der Berliner Republik die „Orientierungsdiskussion zu einer (neuen) deutschen Außenpolitik"[2]. Deutschland stand nach der Einheit vor der Herausforderung, ein neues, außenpolitisches Selbstverständnis finden zu müssen, das auf Berechenbarkeit und stärkere Mitbestimmung basiere.[3] Im Ausland stiegen „die Erwartungen an Deutschland, Verantwortung zu übernehmen, wenn nötig, auch militärisch"[4]. Hinzu kamen außenpolitische Konflikte, wie beispielsweise bereits 1990 / 1991 der *Zweite Golfkrieg*. „Es zeigt sich plötzlich, dass offensichtlich in der Außenpolitik sich sehr viel mehr abbildet an Grundsatzfragen als in der Innenpolitik."[5] Hermann Kurzke beschrieb, wie Intellektuelle von Anbeginn an diesem Diskurs teilnahmen:

> Golfkrieg und Wiedervereinigung stellen die Deutschen und ihre Charaktere auf die Probe. Wer hilft ihnen, wenn sie nach Orientierung Ausschau halten? [...]. Die Rolle des praeceptor Germaniae [...] spielen immer noch, wie seit Jahrzehnten, Walter Jens und Günter Grass, Martin Walser und Hans Magnus Enzensberger [als] die diensttuenden Sprecher des Weltgeistes.[6]

Der Intellektuelle trat in der Öffentlichkeit als Mahner für den Frieden ein und beriet mit einer Gruppe von Intellektuellen informell Gerhard Schröder.

7.1 *Mein Lehrer hieß Krieg* – Günter Grass' Einsatz gegen Krieg

Für Günter Grass war die eigene „Kriegserfahrung"[7] und die Erinnerung an die nationalsozialistische Vergangenheit entscheidend für seine außenpolitischen Aktivitäten. Er bekundete rückblickend: „Mein Lehrer hieß Krieg."[8] (Vgl. IV. Kap. 8.1)

---

1 Günter Grass, Zwischen den Kriegen, in: NGA 23, S. 379.
2 Pfetsch, Die Außenpolitik der Bundesrepublik Deutschland, S. 169.
3 Wilfried von Bredow, Die Außenpolitik der Bundesrepublik Deutschland. Eine Einführung, 2., akt. Aufl., Wiesbaden 2008, S. 204.
4 Wolfrum, Rot-Grün, S. 66.
5 Thomas Steg, 09.06.2020.
6 Hermann Kurzke, Wirrwaldwürger und Drippeldromser, in: FAZ, 16.02.1991.
7 Grass, Der lernende Lehrer, in: NGA 23, S. S. 239.
8 Grass, Der lernende Lehrer, in: NGA 23, S. 232.

Er zog aus dieser „leidvolle[n] Erfahrung"[9] die Lehre, sich nicht mehr „brav in Schweigen retten"[10] zu dürfen. Grass leitete für sich daraus ab, dass er als *allgemeiner Intellektueller* Verantwortung übernehmen und seine kommunikative Macht nutzen müsse, um sich gegen Kriege und Menschenrechtsverletzungen in der Welt einzusetzen. Als Mahner für den Frieden hatte er dabei als Zeitzeuge des *Zweiten Weltkrieges* eine besondere Reputation.

Tabelle 59: Grass' politisches Konzept in der Außenpolitik.

Problemdimensionen	Außenpolitik	
Problemsicht	Kriege und außenpolitische Krisen wird es immer geben, die niemandem nutzen	
Problemursachen	Fehlende Lehren aus der Vergangenheit Wirtschaftliche und religiöse Gründe für Kriege Profit der Rüstungslobby am Waffenhandel	
Problemverursacher	Kriegführende Länder Rüstungslobby	
Problemadressat	Bürger, Regierung, Intellektuelle	
Problemfolgen	Gewaltspirale, Terrorismus	
Problemopfer	Kollateralschäden der Zivilgesellschaft	
Problemlösung	Lehre aus der Vergangenheit anwenden Souveräne Außenpolitik Deutschlands Ursachen bekämpfen durch Weltinnen- und Entwicklungspolitik Militärisches Eingreifen bei Völkermord	
Problemziel	Zivile Vernunft Nie wieder Krieg, sondern Frieden	
Deutungsmuster	*Historisch:*	Lehren aus der Vergangenheit, Erfahrung der Besiegten
	Ökonomisch:	Schuldenausgleich
	Sozial:	Weltinnenpolitik, Nord-Süd-Bericht
Interventionstyp	Allgemeiner Intellektueller	

Basierend auf seiner persönlichen Erfahrung vertrat Grass die *Problemsicht*, dass es „nie wieder"[11] Krieg geben sollte (vgl. Tabelle 59). Er wusste, dass dies ein utopisches Ziel sei, dennoch sah er es als seine Aufgabe an, auf die Nutzlosigkeit und die Folgen

---
9 Günter Grass, Knoten im Revolverlauf, in: NGA 23, S. 426.
10 Günter Grass, Schreiben in friedloser Welt, in: NGA 23, S. 452.
11 Grass, Schreiben in friedloser Welt, in: NGA 23, S. 453.

dieser Konflikte hinzuweisen. Der Intellektuelle machte in seinen Reden deutlich, dass militärische Auseinandersetzungen keine Lösung sind: „Als hätte jemals Krieg ein Problem gelöst, den Hunger gemildert, der Verarmung abgeholfen, der Kindersterblichkeit entgegengewirkt, Wasser in Dürrezonen geleitet, den Handel [...] gefördert."[12] Grass fokussierte daher primär die *Problemfolgen* der Kriege in seinen Reden, denn diese würde zu einer Gewaltspirale führen, „weil Terror nach des Irrsinns Logik Gegenterror bedingt"[13]. Er ging davon aus, dass es am Ende keinen Sieger geben werde, sondern „beschädigt werden alle sein, die seine Notwendigkeit bejaht oder verneint haben"[14]. Das *Opfer* dieser Politik sei die Zivilgesellschaft, was allerdings unter dem Wort „Kollateralschäden"[15] technokratisch tabuisiert würde. Grass klagte Menschenrechtsverletzungen offen an, beispielsweise den Völkermord an den Armeniern, die ethnischen Säuberungen in Serbien oder die Kriegsverbrechen in Tschetschenien.[16] Zudem thematisierte er als unmittelbare Folge dieser Kriege die entstehenden Flüchtlingsbewegungen.[17] Durch diese werden außenpolitische Probleme in fernen Ländern nach Deutschland und Europa transportiert. Dies könne nicht durch eine neue „Festungsmentalität"[18] in Europa gelöst werden. 1999 konstatierte der Intellektuelle daher: „Der reiche Norden und Westen mag sich noch so sicherheitssüchtig abschirmen und als Festung gegen den armen Süden behaupten wollen; die Flüchtlingsströme werden ihn dennoch erreichen, dem Andrang der Hungernden wird kein Riegel standhalten."[19]

Grass sah als *Ursachen* für Kriege neben „religiöse[m] Fundamentalismus"[20] oder ideologischen Gründen primär die „Wahrung ökonomischer und machtpolitischer Interessen"[21] der beteiligten Staaten, denn es ginge vor allem um Öl und andere Rohstoffe.[22] Alle anderen Gründe für einen Krieg wären vorgeschoben, denn „wir kennen die Machart, nach der man sich einen Feind, sollte er fehlen, erfindet"[23].

---

12 Grass, Das Haus in der Stadt der sieben Türme, in: NGA 23, S. 376.
13 Grass, Das Haus in der Stadt der sieben Türme, in: NGA 23, S. 376.
14 Grass, Der lernende Lehrer, in: NGA 23, S. 250.
15 Grass, Schreiben in friedloser Welt, in: NGA 23, S. 451; vgl. Grass, Zwischen den Kriegen, in: NGA 23, S. 380.
16 Vgl. Grass, Der lernende Lehrer, in: NGA 23, S. 238–239; Grass, Nie wieder schweigen, in: NGA 23, S. 279–280.
17 Grass, Fortsetzung folgt ..., in: NGA 23, S. 273.
18 Grass, Mein Traum von Europa, in: NGA 23, S. 23; Günter Grass, Vom Überspringen von Grenzen, in: NGA 23, S. 72.
19 Grass, Fortsetzung folgt ..., in: NGA 23, S. 277.
20 Günter Grass, Das Unrecht des Stärkeren, in: NGA 23, S. 386.
21 Grass, Das Unrecht des Stärkeren, in: NGA 23, S. 387.
22 Grass, Zwischen den Kriegen, in: NGA 23, S. 371.
23 Grass, Zwischen den Kriegen, in: NGA 23, S. 380; vgl. Grass, Was steht zur Wahl?, in: NGA 23, S. 429.

Er kritisierte als *Verursacher* derartiger Konflikte auch „Rüstungslobbyisten"[24], die an dem kriegstreibenden Geschäft profitieren würde. Der Intellektuelle forderte daher „ein wirksames Verbot von Waffenlieferungen in [...] Krisengebiete"[25]. Er prangerte an, dass Deutschland sich durch seine Zulieferung von Panzern, Giftgas oder Atombomben „ursächlich"[26] am Krieg beteilige. Öffentlichkeitswirksam schämte sich Grass seines „zum bloßen Wirtschaftsstandort verkommenen Landes, dessen Regierung todbringenden Handel zuläßt"[27]. Kritik äußerte er primär an der Regierung Helmut Kohls, die er sogar aufgrund der Waffenlieferung an den Irak aufforderte zurückzutreten.[28] Er bemängelte bei SPD und den Grünen, dass das Politikfeld zu wenig präsent sei, und forderte sie auf, das Thema *Nation* im europäischen Kontext neu zu definieren.[29] Er klagte auch die Gesellschaft an, die „ein so schnelles wie schmutziges Geschäft"[30] dulde und damit zum „Mittäter"[31] werde.

Statt in Waffenexporte oder die Verteidigung Europas zu investieren, forderte Grass als *Problemlösung*, die Ursachen der weltweiten Krisen anzugehen und weitreichende, langfristige Alternativen und Programme zu entwickeln. Dabei verwies er immer wieder auf Willy Brandt, der durch den Nord-Süd-Bericht eine „Weltinnenpolitik"[32] gefordert hatte (vgl. IV. Kap. 6.2.2). Er habe vorbildhaft gezeigt, „auf welch tätige Weise Konfrontationen entspannt, Konflikte vorausschauend erkannt werden können"[33]. Er zitierte daher an verschiedenen Stellen wiederholt Brandts Ausruf „Auch Hunger ist Krieg!"[34] Der Intellektuelle konstatierte, dass „dieses Thema [...] uns geblieben"[35] sei, denn „dem sich anhäufenden Reichtum antwortet die Armut mit gesteigerten Zuwachsraten"[36]. Grass sprach in seinen Reden davon, dass Politiker die *Ursachen* der Konflikte beheben müssen, wie Armut, Elend oder Hungersnöte. Er bezog dabei auch den Klimawandel als Faktor ein. Aus diesem

---

24 Grass, Der Knoten im Revolverlauf, in: NGA 23, S. 425.
25 Grass, Zwischen den Stühlen, in: NGA 23, S. 226; vgl. Grass, Mein Traum von Europa, in: NGA 23, S. 26.
26 Grass, Tagebuch 1990, 15.08.1990, S. 157.
27 Grass, Laudatio auf Yaşar Kemal, in: NGA 23, S. 210.
28 Vgl. Dpa, Nur Verlierer, in: FAZ, 11.02.1991; o. V., Grass: Regierung muss zurücktreten, in: TAZ, 16.02.1991.
29 Vgl. Günter Grass, Brief an Rudolf Scharping, 14.02.1994, in: AdK, GGA, Signatur 14306; Günter Grass, Brief an Gerhard Schröder, 07.05.1998, in: AdK, GGA, Signatur 14349.
30 Grass, Laudatio auf Yaşar Kemal, in: NGA 23, S. 210.
31 Grass, Laudatio auf Yaşar Kemal, in: NGA 23, S. 210.
32 Grass, Das Haus in der Stadt der sieben Türme, in: NGA 23, S. 375.
33 Grass, Zu Tisch mit Legenden, in: NGA 23, S. 396.
34 Grass, Fortsetzung folgt ..., in: NGA 23, S. 443; vgl. Grass, Fünf Merkzettel, in: NGA 23, S. 467.
35 Grass, Fortsetzung folgt ..., in: NGA 23, S. 277.
36 Grass, Fortsetzung folgt ..., in: NGA 23, S. 277.

Grund empfahl er eine Erhöhung der Beiträge zur Entwicklungszusammenarbeit.[37] Der Intellektuelle betonte dabei stets, „kein Pazifist"[38] zu sein, sondern sah die moralische Notwendigkeit, militärisch einzugreifen, um Völkermorde und ethnische Säuberungen zu verhindern.[39]

Grass appellierte an die Bevölkerung, die Medien und die westlichen Regierungen als *Problemadressaten*, deren Aufgabe es sei, die wahren Beweggründe für einen Krieg zu hinterfragen und eine „zivile Vernunft"[40] zu entwickeln. Gerade von der deutschen Regierung forderte er, aus der historischen Erfahrung zu lernen und „souverän von der uns [...] geschenkten Freiheit Gebrauch zu machen"[41], um eine selbstbewusste, eigene Außenpolitik zu entwickeln.[42] Statt „unterwürfige[r] Bündnistreue"[43] zu Staaten wie den USA gelte es, die eigene politische Haltung mit „Standhaftigkeit; allen äußeren und inneren Anfeindungen und Verleumdungen zum Trotz"[44], zu vertreten. Als Intellektueller habe er es sich auf Grund seiner persönlichen Erfahrung zur Aufgabe gemacht, „nie wieder [zu] schweigen"[45], sondern Menschenrechtsverletzungen in seinen Reden anzuprangern und vor drohenden Konflikten zu warnen. Gerade die Literatur gebe den Opfern ein Gesicht und dokumentiere das Kriegsgeschehen und deren Folgen fernab der Geschichtsbücher.[46] Der Schriftsteller kommt zu dem Schluss: „Das immerhin leistet die Literatur: Sie schaut nicht weg, sie vergißt nicht, sie bricht das Schweigen."[47] Er verlangte daher von Intellektuellen und Schriftstellern, entsprechend aktiv zu werden. Grass hatte das utopische Ideal „einer Weltordnung, bei der die entwickelten und unterentwickelten Länder am gleichen Tisch sitzen und sich die Rohstoffe, die Technologien und das Kapital dieser Welt in der gerechtesten Weise teilen. Solange dieser Traum nichts als ein Traum bleibt, kann es keinen Weltfrieden geben."[48] Trotz aller Hoff-

---

37 Vgl. Grass, Was an die Substanz geht, in: NGA 23, S. 38; Grass, Jemand mit Hintergrund, in: NGA 23, S. 35; Grass, Die Stadt mit den sieben Türmen, in: NGA 23, S. 272.
38 Gerhard Gnauck, „Marcel Reich-Ranicki ist dafür mitverantwortlich", in: Die Welt, 08.07.2002.
39 Vgl. Grass, Der lernende Lehrer, in: NGA 23, S. 250.
40 Grass, Knoten im Revolverlauf, in: NGA 23, S. 426.
41 Grass, Freiheit nach Börsenmaß, in: NGA 23, S. 416; vgl. Grass, Was steht zur Wahl?, in: NGA 23, S. 437.
42 Grass, Zwischen den Kriegen, in: NGA 23, S. 381; vgl. Grass, Knoten im Revolverlauf, in: NGA 23, S. 426.
43 Grass, Schreiben in friedloser Welt, in: NGA 23, S. 449.
44 Grass, Der Unrecht des Stärkeren, in: NGA 23, S. 388.
45 Grass, Nie wieder schweigen, in: NGA 23, S. 279.
46 Vgl. Grass, Nie wieder schweigen, in: NGA 23, S. 279; Grass, Schreiben in friedloser Welt, in: NGA 23, S. 453.
47 Grass, Nie wieder schweigen, in: NGA 23, S. 283.
48 Subhoranjan Dasgupta, Bush bedroht den Weltfrieden, in: Die Welt am Sonntag, 29.12.2002.

nungslosigkeit, denn „immer herrschte nahbei oder weit weg Krieg"[49], war es das Ziel des Intellektuellen, militärische Auseinandersetzungen zukünftig möglichst zu vermeiden. Er wollte die Lehren aus den bisherigen Weltkriegen durch wiederholte Erinnerung an die nächste Generation weitergeben. Er forderte einen „nie endende Protest und Widerspruch"[50].

Grass verwendete in der Außenpolitik primär das *historische Deutungsmuster*, um die Erinnerung wach zu halten und auf aktuelle, tagespolitische Krisen zu übertragen. Das *soziale Deutungsmuster* nutzte er, um alternative, entwicklungspolitische Konzepte zu unterstützen, die zu mehr Gerechtigkeit in der Welt führen sollten. Dementsprechend verurteilte er auch den Profit der Rüstungsindustrie und schlug entsprechend seinem *ökonomischen Deutungsmuster* einen Schuldenausgleich für die betroffenen Staaten vor. Seine mahnenden Worte entsprachen dem eines *allgemeinen Intellektuellen*, der sich für universelle Werte wie Frieden und Menschenrechte einsetzte. Grass empfand oft „Ohnmacht, die wir uns eingestehen sollten, ohne deshalb zu schweigen"[51].

7.2 Öffentlicher Diskurs: Mahner für Frieden und Menschenrechte

7.2.1 Kritischer Repräsentant der auswärtigen Kulturpolitik

Günter Grass machte als internationaler Intellektueller in Form von öffentlichen Appellen und durch Reisen in entsprechende Länder auf Missstände außerhalb von Deutschland aufmerksam. Er verwendete seine weltweite Prominenz für die Verteidigung von Menschenrechten und Demokratie. Die Appelle wurden häufig organisiert durch die Verbände *P.E.N. International* oder *Writers in Prison*. Deren Wirkung wird kontrovers beurteilt, da sie zwar in den Medien publiziert wurden, aber keinen Diskurs entfachten.[52] In seinem Nachlass finden sich zudem zahlreiche Briefe, die er persönlich an Politiker richtete, um sich für verfolgte Kollegen im Ausland einzusetzen. Seine Hilfe betraf bekannte Schriftsteller, wie beispielsweise Salman Rushdie, Amal al-Jubouri, Roberto Saviano, aber auch weniger berühmte

---

49 Grass, Schreiben in friedloser Welt, in: NGA 23, S. 442.
50 Grass, Das Unrecht des Stärkeren, in: NGA 23, S. 388.
51 Grass, Schreiben in friedloser Welt, in: NGA 23, S. 454.
52 Johanna Klatt / Robert Lorenz, Voraussetzungsreiches, aber schlagkräftiges Instrument der Zivilgesellschaft. Wesensmerkmale politischer Manifeste, in: Dies., Manifeste. Geschichte und Gegenwart des politischen Appells, Bielefeld 2010, S. 411–442, hier S. 423.

Autoren und Übersetzer, Zeitungen oder Menschenrechtsorganisationen.[53] Grass wollte dieses persönliche Engagement „nicht überbetonen, es [waren] Selbstverständlichkeiten"[54] für ihn, daher trug er es nicht „so sehr an die Öffentlichkeit"[55]. Durch seine Briefe lenkte er die Aufmerksamkeit der entsprechenden Politiker auf den jeweiligen Fall.[56] Grass' Einfluss lässt sich nicht ermessen, aber er bekam die Rückmeldung einzelner Kollegen, dass das Engagement zur Verbesserung des Hausarrestes, zu „Hafterleichterung oder zur Entlassung"[57] beitrug. Einige wiesen auf seinen erheblichen Beitrag zugunsten der verfolgten Kollegen hin.[58]

Grass nutzte darüber hinaus verschiedene Reisen auf Einladung des *Goethe-Instituts*[59], um auf die politische Situation in einzelnen Ländern aufmerksam zu machen. Er war über fünf „Jahrzehnte [...] sozusagen ‚mit Goethe' unterwegs"[60] und damit ein langjähriger Akteur der auswärtigen Kulturpolitik. Schriftsteller, Intellektuelle und Künstler fungieren als „Deutschlands Botschafter im Ausland"[61]. Kulturpolitik ist als „soft power"[62] ein wichtiger Bestandteil der Außenpolitik, um „ein modernes und wirklichkeitsnahes Deutschlandbild"[63] zu vermitteln. Bei den Veranstaltungen der Goethe-Institute geht es übergeordnet um die „Vermittlung von Werten – um Freiheit, Demokratie und Menschenrechte"[64]. In diesem Sinne

---

53 Vgl. Johannes Rau, Brief an Günter Grass, 19.02.2004, in: GUGS; Günter Grass, Brief an Joschka Fischer, 23.06.2003, in: GUGS; Günter Grass, Brief an Klaus Wowereit, 18.07.2006, in: GUGS; Günter Grass, Brief an Serge Sarggsyan, 10.03.2010, in: GUGS; Günter Grass, Brief an Frank-Walter Steinmeier, 22.09.2009, in: GUGS.
54 Maren Niemeyer / Arne Schneider, Offenheit schafft Glaubwürdigkeit, in: Goethe-Institut e. V. (Hrsg.), Jahrbuch 2010 / 2011, München 2011, S. 38–43, hier S. 42.
55 Niemeyer / Schneider, Offenheit schafft Glaubwürdigkeit, S. 42.
56 Vgl. Markus Barth, 24.03.2020; Guido Schmitz, 30.06.2020.
57 Niemeyer / Schneider, Offenheit schafft Glaubwürdigkeit, S. 42.
58 Vgl. Ekkehard Maaß, E-Mail an Günter Grass, 04.08.2010, in: GUGS; Niemeyer / Schneider, Offenheit schafft Glaubwürdigkeit, S. 42.
59 Eine unabhängige Mittlerorganisation der Bundesregierung, finanziert aus dem Kulturhaushalt des Auswärtigen Amtes.
60 Günter Grass, Den Bedürfnissen des Gastlandes entgegnen, in: NGA 23, S. 155.
61 Theresa Brüheim, In 552 Seiten um die Welt, in: Olaf Zimmermann / Theo Geißler (Hrsg.), Die dritte Säule. Beiträge zur Auswärtigen Kultur- und Bildungspolitik, Berlin 2018, S. 29–38, hier S. 35.
62 Kurt-Jürgen Maaß, Soft-Power-Kultur schafft Akzeptanz, in: Zimmermann / Geißler, Die dritte Säule, S. 74–76, hier S. 74; Christopher Ziedler, „Kulturpolitik ist eine sanfte Macht", SZ, 16.01.2019.
63 Maaß, Soft-Power-Kultur schafft Akzeptanz, S. 74.
64 Monika Grütters, Künstler als Schrittmacher moderner Gesellschaft, in: Zimmermann / Geißler, Die dritte Säule, S. 117–118, hier S. 117.

sind Schriftsteller im Ausland „wichtige Referenzen der Glaubwürdigkeit"[65] und Günter Grass war einer der bedeutendsten „Repräsentanten der deutschen Kultur"[66].

Dass diese Reisen auch politischer Natur waren, zeigt eine Einladung nach Südkorea im Jahr 2002. Dort stand seine Expertise zur Deutschen Einheit explizit im Mittelpunkt: „Man hatte mich mit dem Hinweis auf meine kritischen Kommentare zum Prozeß der deutschen Einheit gebeten, eigene Erfahrungen vorzutragen."[67] Bereits 1990 hatte der Intellektuelle betont, dass die Vereinigung der beiden deutschen Staaten ein „Anstoß für die Lösung weltweit unterschiedlicher und dennoch vergleichbarer Konflikte"[68] sein könne (vgl. IV. Kap. 2.1). Der Besuch in Südkorea führte ihn auch zu einem Termin im *Ministerium für Wiedervereinigung.*[69] Grass betonte in seiner Rede auf einem Symposium über *Die Rolle der Kulturpolitik für die Wiedervereinigung* die Wichtigkeit einer gemeinsamen Kulturnation von Süd- und Nordkorea, denn „entgegen allen ideologischen und ökonomischen Zwängen hat sich die Kultur noch immer als grenzüberschreitend bewiesen"[70]. Sein „hohe[r] Integrationswert"[71] hätte fast dazu geführt, „Nord- und Südkorea an den gemeinsamen Tisch einer kulturellen Veranstaltung"[72] im „Niemandsland von Panmunjom"[73] zu bringen. Eine mit Pyongyang zuvor fest vereinbarte Reise von Grass nach Nordkorea zur Planungsbesprechung einer solchen Veranstaltung wurde kurzfristig abgesagt. Stattdessen traf Grass die schweizerische und schwedische Delegation bei der *Neutral Nations Supervisory Commission* in Panmunjom.[74] Erst 2005 fand ein entsprechendes, erstes süd-/nordkoreanisches Schriftstellertreffen in Pyongyang statt, das Günter Grass mit einem Grußwort unterstützte.[75] Dies war von

---

65 Ronald Grätz, Glaubwürdigkeit und Vertrauen als Währung, in: Zimmermann / Geißler, Die dritte Säule, S. 124–128, hier S. 126.
66 Volker Blech, Kultur ist keine Feuerwehr, in: Die Welt, 31.05.2002.
67 Grass, Das Haus in der Stadt der sieben Türme NGA 23, S. 373; vgl. Uwe Schmelter, 07.04.2021; Nury Kim, 12.04.2021.
68 Grass, Lastenausgleich, in: NGA 22, S. 413.
69 Uwe Schmelter, Vorläufiger Ablaufplan für Günter Grass, Gerhard Steidl, Uwe Kolbe, Jörg-Dieter Kogel, 26. Mai–01. Juni 2002 in Seoul, 06.05.2002, in: GUGS.
70 Grass, Die Wiedervereinigung als andauernde Aufgabe, in: NGA 23, S. 364.
71 Uwe Schmelter, Brief an Günter Grass, 20.08.2001, in: GUGS.
72 Uwe Schmelter, Brief an Günter Grass, 20.08.2001, in: GUGS.
73 Uwe Schmelter, Brief an Günter Grass, 20.08.2001, in: GUGS.
74 Vgl. Uwe Schmelter, 07.04.2021; Schmelter, Vorläufiger Ablaufplan für Günter Grass, 06.05.2002, in: GUGS.
75 Vgl. Günter Grass, Grußwort für das Symposium der Schriftsteller aus Süd- und Nordkorea, 12.07.2005, in: GUGS.

„symbolischer Bedeutung"[76], da er in Korea als „Symbolfigur für eine menschliche Einheit"[77] galt. Grass bezog sich nach der Reise mehrfach auf diesen Besuch, da er tief beeindruckt war, wie sehr Willy Brandts und Egon Bahrs Visionen im Ausland bekannt sind (vgl. IV. Kap. 6.2.2.).[78] Seine Reise hatte ein großes Echo in Südkorea, wurde aber in Deutschland kaum wahrgenommen.[79]

Grass nutzte die öffentliche Aufmerksamkeit bei Reisen dezidiert dazu, als Intellektueller auch Kritik an den Verhältnissen im Ausland, aber auch an Deutschland zu äußern.[80] Jörg-Dieter Kogel, der ihn auf vielen Reisen begleitete, beschreibt dies wie folgt: „Egal, wohin er kam, brachte er Themen zur Sprache, über die andere beharrlich schwiegen: Zensur und Meinungsfreiheit, die Trennung von Staat und Religion, die Freiheit der Literatur, die zu achten sei. Grass beließ es nie bei wohlfeilen Reden."[81] Er bezeichnete es als „nicht gerade erwünschte Aufgabe"[82], als „Begrüßgustav"[83] nur sein Land zu repräsentieren. Grass ließ sich nicht als Kulturbotschafter „instrumentalisieren. Er sagt [...] was aus seiner Sicht der Dinge gesagt werden muss. Und das macht der Medienprofi sehr gekonnt."[84] Dies lässt sich anhand seiner Rede in Russland (2000) und seinen öffentlichen Äußerungen in Italien (2002) skizzieren. Der Intellektuelle verurteilte am 25. Mai 2000 unter dem Titel *Nie wieder schweigen* in seiner Eröffnungsrede bei der Tagung des *P.E.N. International* in Moskau scharf den Tschetschenienkrieg.[85] Er erzeugte damit eine Medienresonanz in den überregionalen Zeitungen Deutschlands.[86] Dagegen fand „in der russischen Öffentlichkeit [...] die Zusammenkunft [...] nur gedämpftes Interesse"[87]. Aus diesem Grund wandte Grass sich auch direkt an Bundeskanzler Gerhard Schröder,

---

76 Nury Kim, E-Mail an Günter Grass, 12.07.2005, in: GUGS.
77 Nury Kim, E-Mail an Günter Grass, 12.07.2005, in: GUGS; vgl. ders., Die deutsche Wiedervereinigung in der Sicht von Günter Grass, in: Koreanische Zeitschrift für Deutschunterricht (09 / 2002), Heft 12, S. 229–250.
78 Vgl. Grass, Rede „Endlich", in: Willy-Brandt-Stiftung; Grass, Das Haus in der Stadt mit den sieben Türmen, in: NGA 23, S. 373.
79 Vgl. Uwe Schmelter, 07.04.2021; Nury Kim, 12.04.2021.
80 Vgl. dazu Gespräch in Brüssel 1991 (Kap. 3.2.1.1).
81 Kogel, Reisen mit Grass, S. 26.
82 Grass, Den Bedürfnissen des Gastlandes entgegnen, in: NGA 23, S. 155.
83 Günter Grass, Brief an Ingo Schulze, 17.02.2004, in: GUGS.
84 Dieter Stolz, Am Anfang war der Dialog. Günter Grass in Jemen, in: Zeitschrift für KulturAustausch (53 / 2003), Heft 1, S. 14–15, hier S. 14.
85 Grass, Nie wieder schweigen, in: NGA 23, S. 279.
86 Vgl. Barbara Lehmann, Der Tschetschenienkrieg im Hotel, in: Die Zeit, 31.05.2000; Kerstin Holm, In Erwartung des Denkmals, in: FAZ, 24.05.2000; Klaus-Helge Donath, Politischer Feinsinn, in: TAZ, 25.05.2000; Thomas Urban, Der Gast, in: SZ, 25.05.2000; Viktor Kriwulin, Zorn des Literaturbeamten, in: FAZ, 29.05.2000.
87 Günter Grass, Brief an Gerhard Schröder, 30.05.2000, in: AdK, GGA, Signatur 14349.

um ihn auf die Einschränkung der Pressefreiheit aufmerksam zu machen. Er bat ihn, beim Treffen mit Präsident Putin im Juni diese Situation zu thematisieren – ohne sichtbaren Erfolg.[88] Einen Monat später nutzte der Intellektuelle das „großes Interesse"[89] der Italiener bei seinem Besuch des Mailänder Goethe-Instituts, um vor Ort Silvio Berlusconi zu kritisieren, der mit seiner „mediale[n] Macht [...] die Demokratie"[90] zerstöre. Er zeigte zudem rechtsextreme Parallelen zwischen dem italienischen Regierungschef und Edmund Stoiber, Jörg Haider sowie Gianfranco Fini auf.[91] 2002 wiederholte er seine „Tiraden gegen Berlusconi"[92] in einer Pressekonferenz bei einer viel beachteten Ausstellungseröffnung in der *Casa di Goethe*, die in diesem Jahr ihr fünfjähriges Bestehen feierte.[93] Der Intellektuelle drohte dort, „künftig einen großen Bogen um das Land zu machen, solange der unmögliche Silvio Berlusconi im Palazzo Chigi regiere"[94]. Grass blieb sich im Ausland selbst treu, denn „Leisetreterei war ihm bekanntlich fremd"[95]. Sein Auftreten wirkte unerschrocken und mutig, mitunter aber auch naiv, beispielsweise wenn er seinen fundamentalistischen Gastgeber im Jemen mit seinen Provokationen vor den Kopf stieß.[96]

Seine öffentliche Kritik erzeugte meistens eine zustimmende Berichterstattung in Deutschland: „Grass hat das Übliche gesagt, aufrecht und ehrlich."[97] Im Ausland wurde sie allerdings nur bedingt wiedergegeben. Zu Spannungen kam es dagegen, wenn der Intellektuelle sich bei dieser Gelegenheit kritisch über sein Heimatland äußerte (vgl. VI. Kap. 3.2.1.1). Dabei war es die Aufgabe der Goethe-Institute, ein realistisches Bild des Landes mit verschiedenen „Tendenzen in Deutschland"[98] darzustellen. Grass erklärte, dass er „deutsche Missstände zur Sprache [...] bringen"[99] wollte, um „das starre Bild von den Deutschen"[100] im Ausland zu wandeln. Es ge-

---

88 Günter Grass, Brief an Gerhard Schröder, 30.05.2000, in: AdK, GGA, Signatur 14349; vgl. Severin Weiland, Ein Freund, ein guter Freund, in: Der Spiegel, 13.12.2005.
89 Ursula Bongaerts, 05.06.2020.
90 FAZ, Die Vorlieben des Günter Grass, in: FAZ.net, 12.06.2002.
91 Dp., Toskana-Friktion, in: FAZ, 18.03.2000.
92 FAZ, Die Vorlieben des Günter Grass, in: FAZ.net, 12.06.2002.
93 Vgl. Ursula Bongaerts, 05.06.2020; Casa di Goethe (Hrsg.), Günter Grass. Società mista / In gemischter Gesellschaft, Rom 2002; Henning Klüver, Tischbein und Windhühner, in: SZ, 29.05.2002.
94 Kogel, Reisen mit Grass, S. 28.
95 Kogel, Reisen mit Grass, S. 26.
96 Vgl. Tim Lienhard, Sicher wie in Abrahams Schoß?, in: Die Welt, 04.01.2003.
97 Klaus-Helge Donath, Politischer Feinsinn, in: TAZ, 25.05.200; vgl. Jens Hartmann, Der Pen, geknebelt, in: Die Welt, 26.05.2000.
98 Goethe-Institut, Website „Aufgaben", online: https://www.goethe.de/de/uun/auf.html (zuletzt abgerufen: 05.09.2021).
99 Niemeyer / Schneider, Offenheit schafft Glaubwürdigkeit, S. 39.
100 Niemeyer / Schneider, Offenheit schafft Glaubwürdigkeit, S. 39.

hörte für ihn daher dazu, die „Lage der Dinge nach und Deutschland betreffend, selbstkritisch"[101] zu schildern. Rückblickend erklärte er: „Doch glaube ich, daß diese kritische Sicht das Ansehen meines Landes gehoben hat, wenngleich das Auswärtige Amt immer wieder meinte, [...] die angeblichen ‚Nestbeschmutzer' reglementieren zu müssen."[102] Grass' kritische Äußerungen förderten das Verständnis der Nachbarländer, wie beispielsweise von Polen (vgl. IV. Kap. 2.2.4 sowie IV. Kap. 8.2.1).

Grass reiste auch in Länder, um „auf Ziele aufmerksam zu machen, die leicht in Vergessenheit geraten"[103]. Herausragendes Beispiel dafür waren in der Berliner Republik seine Besuche im Jemen (2002 und 2004), um den arabisch-deutschen Dialog zu fördern. Kurz nach den Terroranschlägen des 11. September 2001 wurde von derartigen Reisen aus Angst vor Entführungen, Mordanschlägen oder Blitzkriegen abgeraten.[104] Die Reise des Literaturnobelpreisträgers war Thema im Bundeskabinett und eine Begleitung von BKA-Beamten im Gespräch.[105] Der damalige Referent für Kultur der deutschen Botschaft, Tobias Tunkel, betonte, „dass jemand wie Günter Grass in Zeiten wie diesen nicht in den Jemen kommen kann, ohne damit eine politische Aussage zu treffen, war allen Beteiligten von vornherein bewusst"[106]. Grass ließ sich von dem damaligen Außenminister Joschka Fischer nicht von seinem Vorhaben abbringen, sondern verließ sich auf die offizielle Sicherheitsgarantie der jemenitischen Regierung.[107] Er „wollte mit dieser Reise ein Zeichen setzen"[108] und „keine Angst"[109] demonstrieren. Er lud Schriftsteller, wie Ingo Schulze, Judith Hermann, Sabine Kebir und Kathrin Röggla, Kulturvermittler Dieter Stolz oder den Journalisten Jörg Dieter Kogel zu seiner Begleitung ein. Damit erhöhte er die Öffentlichkeitswirksamkeit, da sie als Multiplikatoren ebenfalls von der Reise berichteten.[110] Durch seinen persönlichen Einsatz gelang es Grass, den

---

101 Grass, Den Bedürfnissen des Gastlandes entgegnen, in: NGA 23, S. 155.
102 Grass, Den Bedürfnissen des Gastlandes entgegnen, in: NGA 23, S. 155.
103 Günter Grass, Brief an Monika Griefahn, 03.02.2004, in: GUGS.
104 Vgl. Tobias Tunkel, 19.04.2021; Dieter Stolz, Am Anfang war der Dialog, S. 14; Kogel, Reisen mit Grass, S. 25.
105 Vgl. Jörg-Dieter Kogel, 26.05.2020; Tobias Tunkel, 19.04.2021.
106 Tobias Tunkel, West-östlicher Diwan. Günter Grass in Jemen, in: Jemen Report (24 / 2003), Heft 1, S. 4–7, hier S. 4.
107 Vgl. Jörg Dieter Kogel, 26.05.2020; Kogel, Reisen mit Grass, S. 25; Tim Lienhard, Sicher wie in Abrahams Schoß?, in: Die Welt, 04.01.2004.
108 Stolz, Am Anfang war der Dialog, S. 14.
109 Tobias Tunkel, 19.04.2021.
110 Vgl. Günter Grass, Brief an Ingo Schulze, 17.02.2004, in: GUGS; Gabriela Schaaf, Begegnungen: Ingo Schulze im Jemen, in: Deutsche Welle, 07.09.2006; Sabine Kebir, Ein Lehmbau namens Grass, in: SZ, 20.01.2004.

„als scheinheiliges Ablenkungsmanöver inszenierte[n] Kultur-Dialog"[111] zu einem „erstaunlich offene[n] Dialog"[112] zu führen. Bei dem Treffen wurden kritische Themen angesprochen, beispielsweise der Nahost-Konflikt, das Existenzrecht Israels, Terrorismus, das Selbstverständnis von Frauen sowie Zensur und Meinungsfreiheit. Dies entsprach Grass' „Bestreben, auch in diesem Teil der Welt über alle ihn bewegenden Dinge offen und tabulos zu diskutieren"[113]. Eine gemeinsame politische Schlusserklärung aller Teilnehmer kam allerdings nicht zustande.[114] Grass forderte zudem vom Präsidenten der Republik, Ali Abdullah Salih, dass Schriftsteller aus dem Exil einreisen durften und für deren Sicherheit gebürgt würde.[115] Zudem protestierte er gegen die Verhaftung anderer Kollegen.[116] Inwieweit dies nachhaltig war, bezweifelte Tunkel rückblickend.[117] Er gab allerdings „jenen Stimmen in der jemenitischen Gesellschaft Auftrieb und ein Forum [...], die sich mit großer Energie für Pluralismus und kulturelle Vielfalt einsetzten"[118]. Es gelang Grass, auf das Land Jemen und die politischen Probleme aufmerksam zu machen. In den *Tagesthemen* und anderen Medien warb der Intellektuelle trotz aller Gefahren für den Tourismus in diesem Land.[119] Er wollte damit demonstrieren, dass der Jemen nicht mit den vom US-Präsidenten betitelten *Schurkenstaaten* vergleichbar sei. Grass' Haltung stellte einen Gegenpart zur islamophoben Haltung in Deutschland dar.[120] Seine Sichtweise war zum Teil romantisierend, wie auch seine Formulierung, er habe sich gefühlt wie in „Abrahams Schoss"[121], bezeugt. Grass warnte davor, in diesen Ländern als Besserwisser aufzutreten, da Demokratie nicht einfach exportierbar sei.[122] Als Staatsgast wurde ihm allerdings ein geschönter Blick auf das Land geboten.[123] Grass setzte mit seinem Aufenthalt ein „Signal, [um] einem umstrittenen

---

111 Stolz, Am Anfang war der Dialog, S. 14.
112 Stolz, Am Anfang war der Dialog, S. 15; vgl. Tunkel, West-östlicher Diwan, S. 5.
113 Horst Kopp, Ein Besuch bei Günter Grass, in: Jemen-Report (34 / 2003), Heft 1, S. 11–13.
114 Vgl. Tunkel, West-östlicher Diwan, S. 6.
115 Vgl. Tunkel, West-östlicher Diwan, S. 5.
116 Vgl. Stolz, Am Anfang war der Dialog, S. 15; Kopp, Ein Besuch bei Günter Grass, S. 11–13.
117 Vgl. Tobias Tunkel, 19.04.2021.
118 Tunkel, West-östlicher Diwan, S. 6.
119 Vgl. Ulrich Wickert, Für elf Tage im Jemen: Die begleitete Jemen-Reise als Staatsgast, in: ARD Tagesthemen, 15.12.2000, in: Medienarchiv Günter Grass, DB-Nummer: 1925; Kogel, Reisen mit Grass, S. 26. Tim Lienhard, Sicher wie in Abrahams Schoß?, in: Die Welt, 04.01.2003; Werner Block, Der Schriftsteller als Missionar, in: Die Zeit, 16.01.2003.
120 Vgl. Tobias Tunkel, 19.04.2021.
121 Tim Lienhard, Sicher wie in Abrahams Schoß?, in: Die Welt, 04.01.2003.
122 Vgl. Kopp, Ein Besuch bei Günter Grass, S. 11–13; Niemeyer / Schneider, Offenheit schafft Glaubwürdigkeit, S. 41.
123 Vgl. Tobias Tunkel, 19.04.2021; Günter Grass, Brief an Ingo Schulze, 17.02.2004.

Land in schwieriger Zeit mit seiner Prominenz zu helfen"[124]. Der Intellektuelle trug zu mehr Differenzierung im Diskurs bei und sorgte für eine Imageverbesserung des Landes.[125]

Grass lag daran, den Kontakt zu den Ländern auch nach seinen Reisen fortzuführen.[126] Er gründete daher eine Stiftung, um eine Lehmbauschule im Jemen und damit den Erhalt der traditionellen Bauweise zu fördern.[127] Ingo Schulze beschrieb dies in seinem Reisebericht wie folgt: „Viele haben den Lehmbau bewundert, heißt es, aber G. G. sei der Einzige, der etwas dafür tut."[128] Grass selbst bekundete, „als ich [...] Anstoß gab [...] gesellten sich sofort jemenitische Stifter dazu; es bedurfte nur der so naheliegenden Anregung"[129]. Auch in Indien unterstützte er eine Schule in Dhapa und das *Calcutta Social Projekt*.[130] Die entwicklungspolitischen Projekte des Intellektuellen trafen in der Umsetzung auf Schwierigkeiten und verzögerten sich daher. Sein soziales Engagement erhielt aber die Aufmerksamkeit der Medien und von SPD-Politikern, wie beispielsweise von Wolfgang Thierse oder Monika Griefahn.[131] Grass wurde eingeladen, seine „Erfahrungen und [...] Einschätzung für eine Übertragbarkeit"[132] auf andere Länder auf Veranstaltungen zu teilen. Er versuchte als *spezifischer Intellektueller*, die zuständigen Akteure der auswärtigen Kulturpolitik zu beraten, beispielsweise Außenminister Frank-Walter Steinmeier oder die Präsidentin des Goethe-Institutes, Jutta Limbach. Seine Reputation für eine derartige, nicht-nachgefragte Beratung zog er daraus, dass er „als deutscher Künstler mit derzeit wohl längster Erfahrung in der Zusammenarbeit mit Goethe-Instituten"[133] den Status eines jahrzehntelangen „freiberufliche[n] Mitarbeiter[s]"[134] habe. Seine Anregungen betrafen beispielsweise die Gründung eines Goethe-Instituts im Jemen

---

124 Tobias Tunkel, 19.04.2021.
125 Tobias Tunkel, 19.04.2021.
126 Vgl. Ingo Schulze, Brief an Günter Grass, 12.07.2005, in: GUGS; Stolz, Am Anfang war der Dialog, S. 15; Kopp, Ein Besuch bei Günter Grass, S. 11–13; Günter Grass, Brief an Martin Wälde, 22.12.2004 sowie 14.02.2005, in: GUGS.
127 Vgl. Kölbel, Briefwechsel, S. 1111.
128 Reisebericht in: Ingo Schulze, Brief an Günter Grass, 17.02.2004, in: GUGS.
129 Günter Grass, Brief an Jutta Limbach, 17.12.2002, in: GUGS; vgl. Günter Grass, Brief an Frank M. Mann, 17.07.2007, in: GUGS.
130 Vgl. Günter Grass, Brief an Martin Wälde, 22.12.2004 sowie 14.02.2005, in: GUGS; vgl. Martin Kämpchen, „Ich will in das Herz Kalkuttas eindringen". Günter Grass in Indien und Bangladesch, Eggingen 2005.
131 Vgl. Wolfgang Thierse, Brief an Günter Grass, 04.05.2004, in: GUGS.
132 Monika Griefahn, Brief an Günter Grass, 28.01.2004, in: GUGS.
133 Günter Grass, Brief an Frank-Walter Steinmeier, 12.05.2011, in: GUGS.
134 Günter Grass, Brief an Jutta Limbach, 17.12.2002, in: GUGS.

oder die türkische *Künstlerakademie in Tarabya*.[135] Mit Frank-Walter Steinmeier kam es zu einer kurzen Zusammenarbeit hinsichtlich eines europäischen Schriftstellerkongresses, auf dem „leidenschaftlich für die Notwendigkeit und Gestalt des zukünftigen Europas gestritten"[136] wurde.

Die Rollen von Grass als Schriftsteller und Intellektueller waren auch im Ausland nicht voneinander zu trennen. Sein Ziel war es, nicht nur allgemein über Menschenrechte und Demokratie zu reden und die deutsche Kultur zu repräsentieren, sondern in einen kritischen Dialog mit den Menschen vor Ort zu treten. Folglich hatten seine repräsentativen Auftritte stets auch eine politische Komponente. Durch seine Auftritte erzeugte er eine internationale Medienaufmerksamkeit. Seine kommunikative Macht sorgte für die nötige politische Öffentlichkeit für die Probleme und Anliegen der Länder. Als Einzelakteur konnte er allerdings die Bedingungen vor Ort nicht verbessern, auch wenn er verschiedene soziale Projekte anstieß. Grass gab retrospektiv zu, er habe auf seinen Reisen für das Goethe-Institut „ihre fruchtbare Arbeit und die Grenzen ihrer Möglichkeiten"[137] kennengelernt. Er betonte dabei, dass die auswärtige Kulturpolitik „nützlich und notwendig"[138] sei, besonders wirkungsvoll für die „Opposition und [deren] Informationsbedürfnis"[139].

7.2.2 *Was gesagt werden muss* – Literarische Kritik an Israel (2012)

Am 4. April 2012 eröffnete Günter Grass mit seinem Gedicht *Was gesagt werden muss*, das zeitgleich in Zeitungen in Deutschland, Italien und Spanien erschien, einen grenzüberschreitenden Diskurs.[140] Das Gedicht eröffnete einen Medienskandal, der einen Monat lang die Öffentlichkeit beschäftigte (vgl. Abbildung 22) und „fast ausschließlich politisch geführt"[141] wurde. Sein Gedicht erzeugte „eine der erregtesten und kontroversesten, literarisch-politischen Debatten nicht nur seines

---

135 Vgl. Günter Grass, Brief an Jutta Limbach, 17.12.2002, in: GUGS; Günter Grass, Brief an Frank-Walter Steinmeier, 12.05.2011, in: GUGS.
136 Frank-Walter Steinmeier, Zum Tod von Günter Grass, Pressemitteilung,13.04.2015.
137 Grass, Dem Bedürfnissen des Gastlandes entgegen, in: NGA 23, S. 155.
138 Grass, Dem Bedürfnissen des Gastlandes entgegen, in: NGA 23, S. 155.
139 Grass, Dem Bedürfnissen des Gastlandes entgegen, in: NGA 23, S. 155.
140 Günter Grass, Was gesagt werden muss, in: SZ, 04.04.2012 abgedruckt in: NGA 1, S. 530–532. Eine geplante Veröffentlichung in *Die Zeit* sowie in der *New York Times* wurde von den Zeitungen abgelehnt. Vgl. Frank Schirrmacher, Was Grass uns sagen will, in: FAZ, 05.04.2012; Clemens Wergin, Abhärtung unserer Seelen, in: Die Welt, 07.04.2012. Der Diskurs wird dokumentiert in: Detering / Øhrgaard (Hrsg.), Was gesagt wurde.
141 Dieter Lamping, Ein Gedicht als Skandal, in: Literaturkritik.de, 05.05.2012.

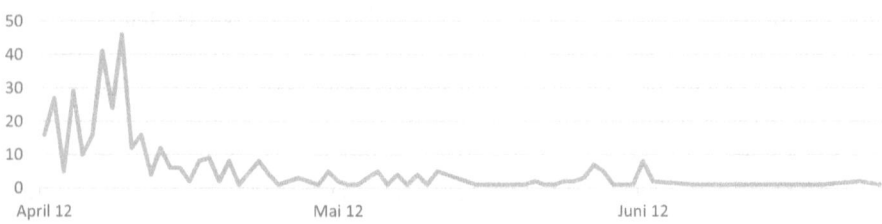

Abbildung 22: Günter Grass' Medienresonanz nach dem Gedicht „Was gesagt werden muss" (2012) (Quelle: Eigene Darstellung).

Lebens, sondern auch seines Landes"[142]. Die Gedichtform werteten Kritiker als bewussten Versuch des Autors, sich unter „den Schutz der literarischen Freiheit"[143] zu stellen und damit „der Kritik zu entziehen"[144]. Es wurde von der Öffentlichkeit mehrheitlich dagegen als Pamphlet oder Leitartikel des Intellektuellen wahrgenommen.[145] Die Rolle des Schriftstellers und Intellektuellen wurde aufgrund der politischen Aussagen auch im Diskurs vermischt (vgl. IV. Kap. 3.2.3).

Der Schriftsteller nutzte die lyrische Form, um sich dem zuspitzenden Nahostkonflikt zu widmen, der aus seiner *Problemsicht* eine Gefahr für den Weltfrieden darstellte. Er griff als *Problemverursacher* allerdings nicht den Iran, sondern Israel an. Deren geplanter militärischer „Erstschlag, [könnte] das [...] iranische Volk auslöschen [...], weil in dessen Machtbereich der Bau einer Atombombe vermutet wird"[146]. Darüber hinaus kritisierte der Schriftsteller die deutsche U-Boot-Lieferung, mit denen sich Deutschland als „Zulieferer eines Verbrechers"[147] an dem Konflikt beteilige. Grass forderte als *Lösung* einen „Verzicht auf Gewalt"[148] sowie „die ungehinderte und permanente Kontrolle des israelischen atomaren Potentials und der iranischen Atomanlagen durch eine internationale Instanz"[149]. Neben diesem außenpolitischen Thema problematisierte der Schriftsteller seine Schwierigkeiten, sich historisch bedingt als

---

[142] Heinrich Detering / Per Øhrgaard, Einleitung, in: Detering / Øhrgaard, Was gesagt wurde, S. 5–11, hier S. 5.
[143] Josef Joffe, Der Antisemitismus will raus, in: Die Zeit, 04.04.2012.
[144] Thomas Steinfeld, Dichten und meinen, in: SZ, 05.04.2012.
[145] Vgl. Dieter Graumann, Judenfeindliche Klischees ohne Ende, in: Handelsblatt, 05.04.2012; o. V., Reaktionen auf Günter Grass: Hat der alte Deutsche sein Haupt erhoben?, in: FAZ, 05.04.2012; Stefan Reinecke, Grass. Richtiges Motiv, falscher Ton, in: TAZ, 07.04.2012; Wolf Biermann, Günter Grass, Du *zerfreundeter* Freund, in: Welt am Sonntag, 08.04.2012; Durs Grünbein, Grass ist ein Prediger mit dem Holzhammer, in: FAZ, 12.04.2012.
[146] Grass, Was gesagt werden muss, in: NGA 1, S. 530.
[147] Grass, Was gesagt werden muss, in: NGA 1, S. 531.
[148] Grass, Was gesagt werden muss, in: NGA 1, S. 531.
[149] Grass, Was gesagt werden muss, in: NGA 1, S. 531–532.

Deutscher kritisch gegenüber Israel zu äußern, ohne gleich mit dem „Verdikt ‚Antisemitismus'"[150] konfrontiert zu werden: „Warum schweige ich, verschweige zu lange, was offensichtlich ist [...]. [...] Weil ich meinte, meine Herkunft, die von nie zu tilgendem Makel behaftet ist, verbiete, die Tatsache als ausgesprochene Wahrheit jenem Land, dem ich verbunden bin und bleiben will, zuzumuten."[151] Grass forderte mit dem Gedicht einen offenen Diskurs ohne geschichtsbedingte Tabuisierung über Israels Politik in Deutschland (*Problemziel*). Es war nicht das erste Mal, dass er sich kritisch über Israel äußerte und mit dem Vorwurf des Antisemitismus konfrontiert wurde.[152] Grass hatte kein „einfaches Verhältnis"[153] zu dem Land und bezeichnete sich selbst als „Freundesfeind"[154]. Auch die deutschen Waffenexporte verurteilte er wiederholend als unmoralisch (vgl. IV. Kap. 4.2.3). Dass das Gedicht 2012 für einen derartigen Medienskandal sorgte, ist in engem Zusammenhang mit seinem Waffen-SS-Bekenntnis 2006 (vgl. IV. Kap. 8.2.4) zu sehen. Der Titel *Was gesagt werden muss* weckte nach seinem langen Schweigen die Erwartungen, dass der Schriftsteller zu diesem Thema Stellung beziehe. Aufgrund dessen wurde seine Autorität als Intellektueller und seine Deutungshoheit im geschichtspolitischen Bereich infrage gestellt.

Der Diskurs wurde von Journalisten, Wissenschaftlern und Politikern in Deutschland und in Israel geführt (vgl. Tabelle 60). Das Gedicht forderte parteiübergreifend Stellungnahmen in Deutschland heraus. Selbst Außenminister Guido Westerwelle und Bundespräsident Joachim Gauck nahmen im Verlauf des Diskurses Stellung, obwohl Regierungssprecher Steffen Seibert zunächst einen Kommentar mit dem Hinweis auf die „Freiheit der Kunst"[155] ablehnte. Generalsekretäre und Fraktionsvorsitzende der verschiedenen Parteien wiesen Grass' Aussagen entschieden zurück, wie beispielsweise Hermann Gröhe (CDU), Rainer Stinner (FDP), Andrea Nahles (SPD), Volker Beck oder Renate Künast (Die Grünen).[156] Zudem äußerten sich einige Mitglieder des außenpolitischen Ausschusses, wie Philipp Mißfelder sowie Ruprecht Polenz (CDU/CSU), Rolf Mützenich (SPD), Kerstin Müller (Die Grünen) oder Wolfgang Gehrcke (Die Linke).[157] Grass' Position stieß bei den Politikern mehrheitlich auf Kritik, sei es aufgrund der Tonlage oder

---

150 Grass, Was gesagt werden muss, in: NGA 1, S. 530.
151 Grass, Was gesagt werden muss, in: NGA 1, S. 530–531.
152 Vgl. Henryk M. Broder, Nicht ganz dicht, aber ein Dichter, in: Die Welt, 04.04.2012.
153 Brunssen, Günter Grass, S. 92; vgl. Sabine Peschel, Grass und Israel – kein einfaches Verhältnis, Deutsche Welle, 14.04.2015.
154 Andreas Platthaus, Antisemitismus soll ein untauglicher Begriff sein?, in: FAZ, 10.09.2014.
155 Dapd / dpa / AFP, Gedicht sorgt für Empörung, in: FR, 04.04.2012.
156 Karl Doemes, Eine gestörte Beziehung zu Israel, in: FR, 05.04.2012.
157 O. V., Einreiseverbot nach Gedicht, in: Der Spiegel, 10.04.2012; dpa et al., Hat der alte Deutsche sein Haupt erhoben?, in: FAZ, 05.04.2012; Claudia Ehrenstein, Grass erntet Entrüstung für anti-israelisches Gedicht, in: Die Welt, 04.04.2012.

Tabelle 60: Diskurskoalitionen zum Gedicht „Was gesagt werden muss".

Diskurs-ebenen	Kontra	Neutral	Pro
Politiker 1. Ordnung	Joachim Gauck	Steffen Seibert	
	CDU		**Linke**
	Hermann Gröhe Ruprecht Polenz Philipp Mißfelder Alexander Gauland		Wolfgang Gehrcke Klaus Ernst
	FDP		**NPD**
	Guido Westerwelle Rainer Stinner		Jürgen Gansel
	SPD		
	Andrea Nahles Rolf Mützenich Reinhold Robbe Michael Naumann		Sigmar Gabriel Wolfgang Thierse Egon Bahr Willy-Brandt-Kreis
	Grünen		**Ostermärsche**
	Volker Beck Jerzy Montag Kerstin Müller Marieluise Beck	Renate Künast	Willi van Ooyen Bundesausschusses Friedensratschlag Netzwerk Friedenskooperative
	Israel		**Iran**
	Benjamin Netanjahu Emmanuel Nahshon Eli Jischai Avigdor Liebermann Shimon Stein Yakov Hadas-Handelsmann	Avi Primor	Dschawad Schamakdari

Tabelle 60 (fortgesetzt)

Diskurs-ebenen	Kontra	Neutral	Pro
Gesellschaft 2. Ordnung	**Religiösen Organisationen**		
	Deidre Berger		
	Dieter Graumann		
	Charlotte Knobloch		
	Abraham Foxman		
	Michel Friedman		
Wissenschaft 2. Ordnung	**Wissenschaftler**		
	Michael Wolffsohn		Helmuth Kiesel
	Tom Segev		Heinrich Detering
	Moshe Zimmermann		Volker Neuhaus
	Bazon Brock		Per Øhrgaard
	Micha Brumlik		
	Götz Aly		
	Alfred Grosser		
	Fritz Stern		
	Ralph Giordano		
Kultur 2. Ordnung	**Schriftsteller/Intellektuelle**		
	Sibylle Lewitscharoff		Johano Strasser (PEN-Zentrums)
	Herta Müller		Klaus Staeck (Akademie der Künste)
	Clemens Setz		
	Marcel Reich-Ranicki		
	Gil Yaron		
	Elie Wiesel		
	Zeruya Shalev		
	Joram Kaniuk		

durch den Inhalt des Gedichtes. Vertreter der linken Friedensbewegung und rechte Politiker folgten ihm dagegen aus unterschiedlicher politischer Motivation in der Argumentation. Gehrcke lobte, dass der Schriftsteller „den Mut [hatte] auszusprechen, was weiterhin verschwiegen wurde"[158]. Auch die traditionellen Ostermärsche griffen 2012 das Thema auf und drückten durch Transparente sowie öffentliche Erklärungen ihre Unterstützung für den Schriftsteller aus.[159] Ihr Sprecher Willi van Ooyen erklärte: Was „Grass angestoßen hat, kann nicht als antisemitisch unter den Teppich gekehrt werden"[160], denn „es war ein richtiges Wort"[161]. Zustimmung bekam er von der rechten NPD, beispielsweise durch den sächsischen Landtagsabgeordneten Jürgen Gansel. Für ihn hatte Grass' Gedicht den „Verdienst eines befreienden Tabubruches"[162]. Der Politiker integrierte den Diskurs um das Gedicht somit „umstandslos"[163] in „einen für die NPD typischen antisemitischen Deutungszusammenhang"[164]. Der Schriftsteller bildete unbewusst eine Diskurskoalition mit ihnen. Grass bekundete, er habe auch „keine Angst vor dem Beifall der falschen Seite"[165]. Er bekäme viele zustimmende Leser-Briefe, die nicht aus dem rechten Spektrum stammten.

Entscheidend für den weiteren Verlauf des Diskurses waren die direkte Resonanz aus Israel sowie die scharfe Verurteilung durch jüdische Organisationen, wie dem *Zentralrat der Juden*, dem *American Jewish Committee* und der *Anti-Defamation League*.[166] Der israelische Gesandte in Berlin, Emmanuel Nahshon, widersprach dem Schriftsteller noch am selben Tag mit folgenden Worten: „[W]ir sind nicht bereit, die Rolle zu übernehmen, die Günter Grass uns bei der Vergangenheitsbewältigung des deutschen Volkes zuweist."[167] Auch der Sprecher des israelischen Außenministers verurteilte das Gedicht als „Science-Fiction"[168].

---

158 Karl Doemes, Eine gestörte Beziehung zu Israel, in: FR, 05.04.2012.
159 Vgl. Julia Frese / Maurice Farrouh, „Grass hat recht", in: FR, 10.04.2012; o. V., Friedensaktivisten unterstützen Günter Grass, in: Der Spiegel, 09.04.2012.
160 Aaron Wiender, Verständnis für Günter Grass, in: TAZ, 09.04.2012.
161 Aaron Wiender, Verständnis für Günter Grass, in: TAZ, 09.04.2012.
162 NPD-Sachsen, Günter Grass schlägt mächtige Schneise zur Kritik am jüdischen Aggressionsstaat. Der sächsische NPD-Abgeordnete Jürgen Gansel lobt den befreienden Tabubruch von Grass, 05.04.2012.
163 Bundesministerium des Inneren (Hrsg.), Verfassungsschutzbericht 2012, S. 88.
164 Bundesministerium des Inneren (Hrsg.), Verfassungsschutzbericht 2012, S. 88.
165 Tom Buhrow, Sonderbeitrag zu Grass' Gedicht *Was gesagt werden muss*, in: ARD-Tagesthemen, 05.04.2012 zitiert nach: Detering / Øhrgaard, Was gesagt wurde, S. 96; vgl. Josef Joffe, Günters neue Freunde, in: Die Zeit, 12.04.2012.
166 Vgl. FAZ.net, „Aggressives Pamphlet der Agitation", in: FAZ.net, 04.04.2012; dpa et al, Hat der alte Deutsche sein Haupt erhoben?, in: FAZ, 05.04.2012.
167 Botschaft des Staates Israel, Der Gesandte Emmanuel Nahshon zur Veröffentlichung Günter Grass', 04.04.2012.
168 Karl Doemes, Eine gestörte Beziehung zu Israel, in: FR, 05.04.2012.

Außenminister Avigdor Liebermann behauptete, Grass ginge es nur „darum, mehr Bücher zu verkaufen"[169]. Sogar Ministerpräsident Benjamin Netanjahu reagierte auf das Gedicht in einem Interview: „Die schändliche Gleichstellung Israels mit dem Iran, einem Regime, das den Holocaust leugnet und damit droht, Israel zu vernichten, sagt wenig über Israel, aber viel über Herrn Grass aus."[170] Schließlich erteilte Innenminister Eli Jischai Günter Grass als *Persona non grata* mit Hinweis auf seine Waffen-SS-Mitgliedschaft (vgl. IV. Kap. 8.2.4) ein Einreiseverbot.[171] Das Gedicht hatte damit nicht nur für Reaktionen der Politiker gesorgt, sondern auch konkret Auswirkung für den Intellektuellen hervorgerufen. Bettina Vrestring fasst zusammen, wie die israelische Reaktion die inhaltliche Auseinandersetzung entscheidend veränderte: „Drei Tage lang gehörte die Sympathie fast aller Kommentatoren in Deutschland Israel. [...] Nun, nach dem Einreiseverbot, verteidig[t]en ihn Intellektuelle wie [...] Politiker [...]. Das hat sich Israels Regierung selbst zuzuschreiben."[172] Es war demnach nicht alleine das Gedicht, sondern vor allem die Reaktionen aus Israel waren es, die zum Medienskandal beitrugen. Der Intellektuelle verlängerte allerdings auch selbst den Diskurs, in dem er in mehreren Interviews seine politische Haltung verteidigte.[173] Auf das Einreiseverbot reagierte Grass, in dem er dieses provokant mit Verboten in Diktaturen, wie der DDR und Birma, verglich.[174] Seine Aussagen führten zu weiterer Entrüstung. An dem Fallbeispiel wird deutlich, dass ein Gegenspieler notwendig ist, um einen Diskurs zu entfachen.

Die vehemente Reaktion in Israel provozierte weitere Diskursbeiträge, die auf die Meinungsfreiheit verwiesen.[175] Dabei taten sich besonders SPD-Politiker sowie Intellektuelle, Schriftsteller und Künstler hervor.[176] Sigmar Gabriel (SPD) bezeichnete die Proteste gegen Grass als „hysterische Kritik"[177]. Gerhard Schröder bekundete in einem persönlichen Brief, der Parteichef habe damit „angemessen

---

169 Hans-Christian Rössler, Israel erklärt Grass zur „unerwünschten Person", in: FAZ, 08.04.2012.
170 Dpa et al., Reaktionen auf Günter Grass. Hat der alte Deutsche sein Haupt erhoben? in: FAZ, 05.04.2012.
171 Moshe Zimmermann, Einreiseverbot wegen Gedicht, in: Der Spiegel, 09.04.2012.
172 Bettina Vestring, Unfassbar dumm: Das Einreiseverbot für Grass, in: FR, 09.04.2012.
173 Vgl. hcr./löw., Grass: Ich werde an den Pranger gestellt, in: FAZ, 06.04.2012; Heribert Prantl, „Ich kritisiere eine Politik, die Israel mehr und mehr Feinde schafft", in: Der Spiegel, 08.04.2012; Günter Grass, „Wie bei Minister Mielke", in: SZ, 12.04.2012.
174 Günter Grass, „Wie bei Minister Mielke", in: SZ, 12.04.2012.
175 Vgl. Anne Reimann, „Damit rückt Israel sich in die Nähe Irans", in: Der Spiegel, 08.04.2012; o. V., Einreiseverbot nach Gedicht, in: Der Spiegel, 10.04.2012.
176 Vgl. Nana Brink, Staeck: Künstler müssen sich einmischen, in: Deutschlandfunk Kultur, 05.04.2012; dpa et al., Reaktionen auf Günter Grass: Hat der alte Deutsche sein Haupt erhoben? in: FAZ, 05.04.2012.
177 O. V., Gabriel verteidigt Grass gegen „hysterische" Kritik, in: Der Spiegel, 15.04.2012.

reagiert [...]. Spät zwar aber nicht zu spät."[178] Der ehemalige Bundeskanzler versicherte dem Schriftsteller: „Ich möchte, dass Du weißt, dass ich nach wie vor fest zu Dir stehe [...]."[179] Er erklärte, dass man „über einige Verse [...] durchaus diskutieren [könne]. Es ist doch gut und richtig, wenn Kunst Anlässe dazu schafft. Aber die öffentliche Erregung ist völlig unangemessen und sagt mehr über den Zustand unseres Landes aus als über Deine Kunst."[180] Auch Bundestagsvizepräsident Wolfgang Thierse forderte öffentlich: „Man soll mit ihm in der Sache streiten, seine Urteile kritisieren, aber ihn nicht als Person diskreditieren"[181]. Nachdem der Diskurs derartig eskalierte, reagierte auch Außenminister Guido Westerwelle (FDP) und bezeichnete das Gedicht als „nicht geistreich, sondern absurd"[182]. Auch Regierungssprecher Seibert verteidigte die deutschen Waffenlieferungen, die „in der Kontinuität ihrer Vorgängerregierungen"[183] stehe. Er beteiligte sich allerdings nicht „an Spekulationen über die spätere Bewaffnung"[184]. Bundespräsident Joachim Gauck sah sich genötigt, im Zuge seines ersten Staatsbesuchs in Israel im Mai 2012 auf den Diskurs zu reagieren und stellte klar: „Günter Grass hat seine persönliche Meinung geäußert. Das darf er. Ich stimme ihm ausdrücklich nicht zu, und Günter Grass' Haltung entspricht auch nicht der deutschen Politik gegenüber Israel."[185]

Grass' Gedicht forderte eine Reaktion von ranghöchsten Politikern im In- und Ausland heraus, die deutlich Position zugunsten Israels bezogen. Dies entsprach der Aussage von Angela Merkel, die 2008 die „historische Verantwortung Deutschlands"[186] als „Teil der Staatsräson"[187] bezeichnete. Diese Deutung versuchte Grass mit seiner kommunikativen Macht infrage zu stellen. „Der Gedanke, man könne in Gestalt von Gedichten – mit oder ohne Mandat – über die Weltpolitik verfügen"[188] ist illusorisch. Grass wusste, dass seine „Einzelstimme nicht wirkungsvoll"[189] sei. Er

---

178 Gerhard Schröder, Brief an Günter Grass, 20.04.2012, in: GUGS, Teilabdruck in: Neumann, Alles gesagt?, S. 797.
179 Gerhard Schröder, Brief an Günter Grass, 20.04.2012, in: GUGS.
180 Gerhard Schröder, Brief an Günter Grass, 20.04.2012, in: GUGS.
181 O. V., Einreiseverbot nach Gedicht, in: Der Spiegel, 10.04.2012.
182 Guido Westerwelle, Anti-Israel-Gedicht, in: Bild, 08.04.2012, in: Detering / Øhrgaard, Was gesagt wurde, S. 193.
183 Severin Weiland, Heikler U-Boot-Deal mit Israel, in: Der Spiegel, 03.06.2012.
184 Severin Weiland, Heikler U-Boot-Deal mit Israel, in: Der Spiegel, 03.06.2012.
185 Günter Bannas, Vergiß nicht! Niemals, in: FAZ, 30.05.2012.
186 Angela Merkel, Rede vor der Knesset in Jerusalem, 18.03.2008.
187 Angela Merkel, Rede vor der Knesset in Jerusalem, 18.03.2008.
188 Thomas Steinfeld, Dichten und meinen, in: SZ, 05.04.2012; vgl. Thomas Steinfeld, Der Deutsche, in: SZ, 14.04.2015.
189 Tom Buhrow, Sonderbeitrag zu Grass' Gedicht *Was gesagt werden muss*, in: ARD-Tagesthemen, 05.04.2012 zitiert nach: Detering / Øhrgaard, Was gesagt wurde, S. 96.

hoffte, mit seinen Worten „viele vom Schweigen"[190] zu befreien und die „überfällige Diskussion endlich in Gang [zu bringen], die die Haltung der Deutschen zu Israel klärt und neu definiert"[191]. Angesichts der Resonanz ist ihm eindeutig eine „Sprachgewalt"[192] zuzuweisen. Es ist auffallend, dass seine Lyrik „eine so dramatisch eskalierende Reaktion gefunden"[193] hatte, denn „wann hat die halbe Republik schon einmal über ein Gedicht diskutiert?"[194] Die Frage, welchen politischen Einfluss Grass darüber hinaus hatte, lässt sich mit den zwei Diskurssträngen des Gedichtes beantworten, nämlich der außenpolitischen Kritik an Israel sowie der geschichtspolitischen Frage des Antisemitismus.

Der von Grass intendierte außenpolitische Diskursstrang über Israels Rolle im Nahostkonflikt sowie die deutschen Waffenlieferungen wurde nicht vertiefend geführt. Seine Position wurde nach einem kurzen „Faktencheck"[195] einiger Journalisten und Historiker grundsätzlich abgelehnt und die „Vertauschung von Ursache und möglicher Wirkung"[196] konstatiert. Einstimmigkeit herrschte darüber, dass das Land Iran der Aggressor sei, der die Existenz von Israel infrage stelle. Die Außenpolitik der Regierung Netanjahu problematisierten dagegen nur wenige.[197] Es wurde schnell konstatiert, Grass habe mit seinem Gedicht nichts Neues in die Debatte eingebracht, was damit „substanzlos"[198] sei. Ein tabuisiertes Schweigen über die militärische Gefahr verneinte der Diskurs mit Hinweis auf die Äußerungen von US-Außenministerin Hillary Clinton, Verteidigungsminister Thomas

---

190 Grass, Was gesagt werden muss, in: NGA 1, S. 531.
191 Eva Menasse, Günter Grass wirkt auf paradoxe Weise, in: Der Falter, 13.04.2012; vgl. Jakob Augstein, Es musste gesagt werden, in: Der Spiegel, 06.04.2012.
192 Michael Wolffsohn, „Der Mann ist die Summe seiner Vorurteile", in: Der Spiegel, 04.04.2012; Michael Naumann, Was spricht in Günter Grass?, in: Der Tagesspiegel, 05.04.2012.
193 Jens Jessen, Das Opfer des Dichters, in: Die Zeit, 12.04.2012; vgl. Dieter Lamping, Ein Gedicht als Skandal, in: Literaturkritik.de, 05.05.2012; Stuart Taberner, *Was gesagt werden muss*. Günter Grass's ‚Israel / Iran' Poem of April 2012, in: German Life and Letters 65, 04.10.2012.
194 Klaus Hillenbrand, Der alte Mann und das Stereotyp, in: TAZ, 05.04.2012.
195 Christoph Sydow, So falsch liegt Günter Grass, in: Der Spiegel, 04.04.2012; vgl. Moshe Zimmermann, Das Gedicht hilft den Hardlinern, in: Der Tagesspiegel, 05.04.2012; Daniel Jonah Goldhagen, Günter Grass, der große Gleichmacher, in: Die Welt, 07.04.2012; Bettina Vestring, Dichtung und Wahrheit, in: FR, 07.04.2012.
196 Micha Brumlik, Der an seiner Schuld würgt, in: TAZ, 05.04.2012; vgl. Stefan Kornelius, Argumentation mit Lücken, in: SZ, 10.04.2012; Andreas Platthaus, Was bleibet aber, richten die Dichter an, in: FAZ, 06.04.2012.
197 Vgl. Tamar Amar-Dahl, „Das Versagen der israelischen Intellektuellen", in: Die Zeit, 08.04.2012; Alfred Grosser, „Grass hat etwas Vernünftiges gesagt", in: SZ, 10.04.2012; Fritz Stern, Eine Provokation mit bedrückendem Ergebnis, in: FAZ, 14.04.2012; Willy-Brandt-Kreis e. V., Solidarisch mit Grass, in: Neues Deutschland, 18.04.2012.
198 Tom Segev, Heuchlerischer Moralismus, in: FR, 07.04.2012.

de Maiziere oder Sigmar Gabriel (SPD). Diese hatten zuvor bereits die Möglichkeit eines militärischen Erstschlags durch Israel thematisiert.[199] Die Öffentlichkeit sah den von Grass befürchteten Super-GAU als unwahrscheinlich an und stellte somit die mahnende Grundmotivation des Gedichtes infrage. Man nahm das Gedicht somit nicht als „ein Nobelpreisträger-Kommuniqué für den Weltfrieden"[200] wahr. Es herrschte Einigkeit, dass die deutschen Waffenlieferungen von U-Booten als Abschreckung dem Zweitschlag dienten und deren atomare Aufrüstung nicht zu bestätigen sei. Eine weitere Problematisierung fand nach der Entkräftung der Argumentation im Diskurs nicht statt. Grass befand sich mit seiner Position in der Minderheit, die sonst nur die linke Friedensbewegung teilte und konnte sich mit seiner Deutung nicht durchsetzen. Der außenpolitische Diskursstrang war nach kurzer, inhaltlicher Auseinandersetzung schnell beendet, indem dem Intellektuellen die Expertise als „Nuklearstratege"[201] für den Nahostkonflikt abgesprochen wurde.[202] Im Gegenteil habe das Gedicht „ein[en] Bärendienst für den Pazifismus"[203] geleistet, denn der Diskurs unterstütze die israelische Regierung, sich als Opfer darzustellen. Es lenkte somit von dem eigentlichen Thema, dem palästinensisch-israelischen Konflikt, ab.[204] Grass' Anstoß verpuffte, ohne dass die deutsch-israelischen Beziehungen thematisiert wurden.

Im Mittelpunkt des Diskurses stand stattdessen der geschichtspolitische Diskursstrang. Mit dem im Gedicht angesprochenen Thema des Antisemitismus hatte Grass „ins Wespennest gestochen"[205]. Er wurde daraufhin von den einen als „Prototyp des gebildeten Antisemiten"[206] bezeichnet, andere erkannten „antisemitische[...] Deutungsmuster"[207] in seinen Worten. Als Ursachen für seine Äußerungen wurden pauschal die „intellektuellen Prägungen seiner Jugend"[208] in der Waffen-SS,

---

199 Vgl. Frank Schirrmacher, Was Grass uns sagen will, in: FAZ, 05.04.2012; Uwe Vorkötter, Dichter und Maulheld, in: FR, 05.04.2012.
200 Frank Schirrmacher, Was Grass uns sagen will, in: FAZ, 05.04.2012.
201 Michael Naumann, Was spricht in Günter Grass?, in: Der Tagesspiegel, 05.04.2012.
202 Vgl. Michael Wolffsohn, „Der Mann ist die Summe seiner Vorurteile", in: Der Spiegel, 04.04.2012; Avi Primor, „Er versteht nicht, worum es geht", in: FR, 05.04.2012.
203 Stefan Weidner, Ein Bärendienst für den Pazifismus, in: Cicero online, 07.04.2012.
204 Vgl. Moshe Zimmermann, Das Gedicht hilft den Hardlinern, in: Der Tagesspiegel, 05.04.2012; Bazon Brock, „Grass hat in gravierender Weise Kontrollverlust erlitten", in: Focus online, 08.04.2012; Thomas Steinfeld, Auf Kosten des Verstandes, in: SZ, 07.04.2012.
205 Hans-Dieter Schütt, Schreckschusswaffe Kunst, in: Neues Deutschland, 05.04.2012.
206 Henryk M. Broder, Nicht ganz dicht, aber ein Dichter, in: Die Welt, 04.04.2012, vgl. Michael Wolffsohn, „Der Mann ist die Summe seiner Vorurteile", in: Der Spiegel, 04.04.2012.
207 Micha Brumlik, „Grass ist kein Antisemit, bedient sich aber antisemitischer Deutungsmuster", in: SZ, 10.04.2012.
208 Tilman Krause, Die „letzte Tinte" bringt es an den Tag, in: Die Welt, 05.04.2012.

seine „genetische[n] Herkunft"[209] und das allgemeine „Fortwirken von NS-Mentalität"[210] angeführt. Kritiker unterstellten, Grass würde mit der Israel-Kritik eine „Schuldverschiebung und Selbstentlastung"[211] im Zuge der „Vergangenheitsbewältigung des deutschen Volkes"[212] wagen, um „seinen Frieden mit der eigenen Biographie"[213] zu machen. Wenige widersprechen dieser Sichtweise, wie beispielsweise der Historiker Tom Segev oder der ehemalige, israelische Botschafter Avi Primor. Letzterer sagte deutlich: „Ich halte Günter Grass weder für einen Antisemiten noch für einen Feind Israels."[214] Ein Bericht des *Unabhängigen Expertenkreises Antisemitismus* kommt zu dem Schluss, dass das Gedicht eine Grenzüberschreitung hin zu „antisemitischen Stereotypen"[215] aufzeige, denn „nicht immer sind Aussagen und Meinungen, die in diese Richtung gehen, antisemitisch. Häufig bewegen sie sich in einer Grauzone [...], in der es abzuwägen gilt, was, wer, wann und zu welchem Zweck sagt."[216]

Der von Grass' ausgelöste Diskurs förderte somit einen latent in der Gesellschaft vorhandenen Antisemitismus zutage, denn „viele Menschen vermochten an diesem Text nichts Antisemitisches zu erkennen, obgleich er nahezu alle tradierten judenphoben Klischees bedient"[217]. Grass avancierte folglich zum „Sprecher dieser Tendenz"[218] in der „bürgerlichen Mitte"[219]. Einige Journalisten beschäftigen sich mit der vermuteten „Diskrepanz zwischen der politischen Elite und dem Großteil

---

209 Frank Schirrmacher, Was Grass uns sagen will, in: FAZ, 05.04.2012.
210 Raphael Gross, Antisemitismus ohne Antisemiten, in: FR, 07.04.2012; vgl. Hans Ulrich Gumbrecht, Was im Schweigen lauert, in: Die Welt am Sonntag, 08.04.2012; Georg Diez, Zombies, in: Der Spiegel, 07.04.2012.
211 Josef Joffe, Der Antisemitismus will raus, in: Die Zeit, 04.04.2012.
212 Botschaft des Staates Israel, Der Gesandte Emmanuel Nahshon zur Veröffentlichung Günter Grass', 04.04.2012.
213 Frank Schirrmacher, Was Grass uns sagen will, in: FAZ, 05.04.2012; vgl. Jonas Nonnenmann, Was Grass bisher zu Israel gesagt hat, in: FR, 05.04.2012; Jan Fleischhauer, Schuldverrechnung eines Rechthabers, in: Der Spiegel, 05.04.2012.
214 Avi Primor, „Er versteht nicht, worum es geht", in: FR, 05.04.2012; vgl. Tom Segev, Heuchlerischer Moralismus, in: FR, 07.04.2012; Stefan Reinecke, Grass. Richtiges Motiv, falscher Ton, in: TAZ, 07.04.2012; Peter von Becker, Schriftsteller warnt vor Iran-Krieg, in: Der Tagesspiegel, 04.04.2012; Uwe Vorkötter, Dichter und Maulheld, in: FR, 05.04.2012; Peter Schneider, Kein Antisemit, in: Der Tagesspiegel, 05.04.2012.
215 Klaus Hillenbrand, Der alte Mann und das Stereotyp, in: TAZ, 05.04.2012.
216 Bundesministerium des Innern / Unabhängiger Expertenkreis Antisemitismus, Antisemitismus in Deutschland – aktuelle Entwicklung. Unterrichtung durch die Bundesregierung, 07.06.2017, S. 123.
217 Monika Schwarz-Friese / Jehuda Reinharz, Die Sprache der Judenfeindschaft im 21. Jahrhundert, Berlin 2013, S. 47.
218 Hans Ulrich Gumbrecht, Was im Schweigen lauert, in: Die Welt am Sonntag, 08.04.2012.
219 Götz Aly, Der alte Mann und die Obsessionen, in: FR, 10.04.2012.

der Deutschen"[220]. Auch der Bericht des unabhängigen Expertenkreises bestätigt „ein Fortbestehen von zumindest latentem Antisemitismus"[221], der in „modernere[n] Facetten [...] auch in der breiten Bevölkerung nach wie vor weit verbreitet"[222] ist. Dabei sei die „Kritik an Israel nicht immer, aber häufig ein Indiz"[223] dafür. Der *unabhängige Expertenkreis Antisemitismus* kommt zu dem Urteil: „Zweifellos waren Grass' Einlassungen eine Vorlage für jene, die antisemitische Klischees, Ressentiments und Vorurteile hegen."[224] Als Beispiel dafür diente der Presse-Artikel von Jakob Augstein, der in der *Top Ten Anti-Semitic / Anti-Israel Slurs* platziert wurde.[225] Auch die Zustimmung des rechten NPD-Politikers Gansel wurde entsprechend im Verfassungsschutzbericht aufgeführt.[226] Die Auseinandersetzung um *Was gesagt werden muss* machte auf eine herrschende Problemlage aufmerksam. Die Politikerin Marieluise Beck (Die Grünen) zeigt an diesem Beispiel auf, dass „Intellektuelle unserer Gesellschaft, sogar Meinungsführer"[227] sich „mit dieser Grenzziehung [zum Antisemitismus] schwertun"[228]. Der Diskurs warf „Grundfragen auf nach dem öffentlichen Umgang mit Begriffen"[229]. Er offenbarte seismografisch, welche Probleme in Deutschland in diesem Kontext vorherrschten, sei es ein latenter Antisemitismus oder die Schwierigkeit der Begriffsbestimmung. Es zeigte sich, „wie selten antisemitische Einstellungen in der breiten Bevölkerung thematisiert werden und wie wenig Forschung es dazu gibt"[230]. Der Handlungsbedarf der Politik wurde hier offensichtlich. Beck forderte mit Hinweis auf Grass in einem Antrag im Bundestag eine entschlossene Bekämpfung.

---

220 Yoav Spair, Der Schlussstrich ist da, in: Die Welt, 11.04.2012; vgl. Malte Lehming, Provokantes Gedicht, in: Der Tagesspiegel, 04.04.2012; Daniel Jonah Goldhagen, Günter Grass, der große Gleichmacher, in: Die Welt, 07.04.2012; Clemens Wergin, Abhärtung unserer Seelen, in: Die Welt, 07.04.2012; Ijoma Mangold, Guck mal, wer da spricht, in: Die Zeit, 19.04.2012.
221 BmI / Unabhängiger Expertenkreis Antisemitismus, Antisemitismus in Deutschland, S. 53.
222 BmI / Unabhängiger Expertenkreis Antisemitismus, Antisemitismus in Deutschland, S. 90.
223 BmI / Unabhängiger Expertenkreis Antisemitismus, Antisemitismus in Deutschland, S. 63.
224 BmI / Unabhängiger Expertenkreis Antisemitismus, Antisemitismus in Deutschland, S. 12.
225 Vgl. Jakob Augstein, Es musste gesagt werden, in: Der Spiegel, 06.04.2012; BmI / Unabhängiger Expertenkreis Antisemitismus, Antisemitismus in Deutschland, S. 12.
226 Bundesministerium des Innern (Hrsg.), Verfassungsschutzbericht 2012, S. 88.
227 Deutscher Bundestag, Stenographischer Bericht, 13.06.2013; vgl. Raphael Gross, Antisemitismus ohne Antisemiten, in: FR, 07.04.2012; Moshe Zimmermann, Ich sage, wer Antisemit ist, in: TAZ, 10.04.2012.
228 Deutscher Bundestag, Stenographischer Bericht, 13.06.2013.
229 Detering / Øhrgaard, Einleitung, S. 6f.
230 BmI / Unabhängiger Expertenkreis Antisemitismus, Antisemitismus in Deutschland, S. 12.

Die Auseinandersetzung über Antisemitismus wurde „in hohem Maß durch Emotionen bestimmt"[231], da es eine „Perspektivendivergenz"[232] zwischen den Betroffenen und der nichtjüdischen Mehrheitsbevölkerung gab. Auch der Diskurs um *Was gesagt werden muss* wurde nicht sachlich geführt, sondern fokussierte sich auf die Diskreditierung des Autors. Das Gedicht stieß folglich zwar einen Diskurs über das Thema an, brachte aber nicht „die Antisemitismus-Debatte auf den neusten Stand"[233]. Dafür fehlte die benötigte „Sachlichkeit"[234] sowie die „Klarheit der Positionen und Argumente. Zuspitzungen und apokalyptische Visionen wie im Gedicht von Grass taugen dazu nicht"[235], wie Stefan Weidner festhielt. Gunter Hofmann gab den Kritikern des Intellektuellen eine Teilschuld, denn „selbst wenn es zutrifft, dass Günter Grass dazu neigt, über alle Maßen ausgerechnet dann zu vereinfachen, wenn das Differenzieren geboten ist – wieso machen es sich viele der Kritiker so leicht, selbst mit groben Vereinfachungen zu reagieren?"[236] Beide Seiten nutzten den Diskurs reflexartig, ließ sich deuten „als billiger Schwung, um dem politischen Gegner einen – wahlweise rechten oder linken – Haken zu versetzen."[237] Grass wurde damit zu einem „Impulsgeber für einen Unterhaltungsbetrieb"[238], was zu einem Medienspektakel geriet. Hatice Akyün kam zu dem Schluss: „Schade um unsere Gesellschaft und unser Land, wenn Debatten und Diskurse nur noch als Inszenierungen stattfinden."[239] Manfred Bissinger führte diesen Gedanken aus: „Es wird nicht mehr inhaltlich gestritten, also um die Fakten gerungen, es wird nur formal argumentiert. Als ob das ein Kriterium für eine notwendige und wichtige Debatte sein könnte."[240] Oskar Negt urteilte, dass „diese weltweiten Reaktionen [...] besser als jedes Forschungsprojekt [zeigen], wie heruntergekommen die liberale Öffentlichkeit ist. Das ist ein bedrohliches Zeichen für den Zustand unserer Demokratie."[241] Es fand durch Grass' Gedicht eine Form des *Policy-Lernens* statt, das aber nur zur Verfestigung der jeweiligen eigenen Position führte.[242] Es gab kei-

---

231 BmI / Unabhängiger Expertenkreis Antisemitismus, Antisemitismus in Deutschland, S. 97.
232 BmI / Unabhängiger Expertenkreis Antisemitismus, Antisemitismus in Deutschland, S. 97.
233 Henryk M. Broder, Ein Lob auf Grass, in: Die Welt, 12.04.2012.
234 Stefan Weidner, Ein Bärendienst für den Pazifismus, in: Cicero online, 07.04.2012.
235 Stefan Weidner, Ein Bärendienst für den Pazifismus, in: Cicero online, 07.04.2012.
236 Gunter Hofmann, Grass und die zerstörte Streitkultur, in: Cicero online, 17.04.2012.
237 Klaus Hillebrand, Der alte Mann und das Stereotyp, in: TAZ, 05.04.2012; vgl. Thomas Anz, Günter Grass und *Was gesagt werden muss*, in: Literaturkritik.de, 07.04.2012.
238 Hans-Dieter Schütt, Schreckschusswaffe Kunst, in: Neues Deutschland, 05.04.2012.
239 Hatice Akyün, Grass' Seniorenschnitzel, in: Der Tagesspiegel, 13.04.2012.
240 Manfred Bissinger, 07.04.2020.
241 Oskar Negt, Brief an Günter Grass, zitiert nach: Neumann, Alles gesagt? S. 799–800.
242 Vgl. Germer / Müller-Doohm / Thiele, Intellektuelle Deutungskämpfe, S. 517.

nen offenen Dialog oder ein Aufeinanderzugehen, sodass keine Lösungswege gefunden wurden.

Grass nutzte seine kommunikative Macht als Schriftsteller, um mit seinem Gedicht ein außenpolitisches und geschichtspolitisches Thema anzusprechen. Der Diskurs beförderte primär Klischees und Vorurteile an die Oberfläche, die in der Gesellschaft vorherrschten. Die Auseinandersetzung wurde wenig sachlich und damit nicht gewinnbringend geführt. Das ursprüngliche Hauptthema des Schriftstellers, nämlich die Problematisierung der deutschen Israelpolitik sowie die Gefahr eines Atomschlags im Nahen Osten, wurde davon verdeckt. Grass' Anstoß blieb durch die Provokation und ohne die dafür nötige, öffentliche Streitkultur ohne politische Wirkung. Man muss Jakob Augstein daher widersprechen, dass es sich hier um die „wirkmächtigsten Worte[...]"[243] des Intellektuellen handelte. Ob er seismografisch für eine Haltung in der Gesellschaft steht, in der „trotz der Bemühungen aller verantwortlichen Parteien [...] seit Jahren die öffentliche Meinung Deutschlands auf Distanz zu Israel"[244] geht – muss die zukünftige Forschung zeigen. In der Geburtstagspost zu Grass' 85. Geburtstag im Oktober des gleichen Jahres bestärken ihn Politiker der verschiedenen Parteien, trotz aller öffentlichen Kritik weiterhin unbequem zu bleiben.[245] Es war 2012 der letzte politische Diskurs, den Günter Grass auslöste.

7.3 Beratung: Neuausrichtung der Außenpolitik unter Bundeskanzler Gerhard Schröder

7.3.1 Moralische Unterstützung im Kosovokonflikt (1998 / 1999)

Der Zerfall von Jugoslawien beschäftigte Europa bereits seit zehn Jahren.[246] Die rot-grüne Koalition übernahm 1998 die Frage einer Kriegsbeteiligung als „kritische Erbmasse"[247] und „nicht gelöstes Problem"[248] der Regierung Kohl. Für die

---

243 Jakob Augstein, Es musste gesagt werden, in: Der Spiegel, 06.04.2012.
244 Michael Wolffsohn / Thomas Brechenmache, Israel, in: Schmidt / Hellmann / Wolf, Handbuch zur Deutschen Außenpolitik, S. 506–520, hier S. 518.
245 Vgl. Briefe von Sigmar Gabriel, Norbert Lammert oder Joachim Gauck, in: Neumann, Alles gesagt? S. 804–806.
246 Görtemaker, Die Berliner Republik, S. 114.
247 Hacke, Die Außenpolitik der Bundesrepublik Deutschland, S. 468; vgl. Pfetsch, Die Außenpolitik der Bundesrepublik Deutschland, S. 188.
248 Schöllgen, Schröder, S. 437.

linken Politiker war eine Kriegsbeteiligung eine Zerreißprobe, denn hätte Joschka Fischer eine Beteiligung „verweigert, wäre die Koalition nicht zustande gekommen"[249]. Manfred Görtemaker hob die Bedeutung der Entscheidung wie folgt hervor: „Es war der erste Kampfeinsatz deutscher Streitkräfte seit dem Zweiten Weltkrieg – angeordnet ausgerechnet von einer rot-grünen Koalitionsregierung, dazu noch ohne klares Mandat der UNO."[250] Wolfram bezeichnet diese Entscheidung als „tiefen Einschnitt"[251], denn „mit diesem Tag ging die Nachkriegszeit für Deutschland zu Ende"[252]. Neben der konkreten Entscheidung über eine Beteiligung im Kosovo-Konflikt wurde auf einer Meta-Ebene die außenpolitische Ausrichtung der rot-grünen Regierung definiert.[253]

In dieser komplizierten Situation lud Bundeskanzler Gerhard Schröder im November 1998 und im Januar 1999 eine Gruppe von Intellektuellen ein (vgl. Tabelle 61).[254] Melanie Förster ordnete eines der beiden Treffen als vom Bundeskanzler nachgefragte, intellektuelle Beratung ein.[255] Dies bestätigte der ebenfalls anwesende Kulturstaatsminister Michael Naumann auf Nachfrage: „Und da saßen nun die Schriftsteller, das große Gewissen der Nation und sollten ihn [Gerhard Schröder] beraten, sollen wir mit bombardieren ja oder nein. Das fand ich sehr interessant und [...] auch politisch sehr geschickt."[256] Grass' Teilnahme an den Gesprächen mit Gerhard Schröder wurde in den Medien, ebenso wie die von Jürgen Flimm, Erich Loest, Oskar Negt, Marius Müller-Westernhagen, erwähnt.[257] Es handelte sich um den Teilnehmerkreis, der auch bei kulturpolitischen Fragen im Frühjahr 1998 (vgl. IV. Kap. 5.3.2) tagte. Man kann von einem fortlaufenden, grundsätzlichen Dialog zwischen Geist und Macht und keiner ad hoc einberufene Beratung zu diesem Thema sprechen.[258] Bei einem Treffen war zudem

---

249 Görtemaker, Die Berliner Republik, S. 117.
250 Görtemaker, Die Berliner Republik, S. 118.
251 Wolfrum, Rot-Grün, S. 65.
252 Wolfrum, Rot-Grün, S. 65.
253 Vgl. Schwab-Trapp, Kriegsdiskurse; Kurt Gritsch, Inszenierung eines gerechten Krieges? Intellektuelle, Medien und der „Kosovo Krieg" 1999, Hildesheim 2010; Dunja Melčić (Hrsg.), Der Jugoslawien-Krieg. Handbuch zu Vorgeschichte, Verlauf und Konsequenzen, Wiesbaden 2007; Gerd Koslowski, Die NATO und der Krieg in Bosnien-Herzegowina: Deutschland, Frankreich und die USA im internationalen Krisenmanagement, Vierow 1995.
254 Vgl. Günter Grass, Arbeitskalender 1999, in: GUGS; Gunter Hofmann, Die Versuchs-Regierung, in: Die Zeit, 28.01.1999; Gunter Hofmann, Ist die Nation erwachsen, in: Die Zeit, 31.03.1999.
255 Förster, Intellektuelle als Berater der Politik, S. 175.
256 Michael Naumann, 02.03.2020.
257 Vgl. Gunter Hofmann, Die Versuchs-Regierung, in: Die Zeit, 28.01.1999; Gunter Hofmann, Der lange Weg zum lauten Nein, in: Die Zeit, 30.01.2003.
258 Vgl. Oskar Negt, 20.07.2020.

auch Martin Walser eingeladen, der sich bisher nicht an den Gesprächen beteiligt hatte.[259] Günter Grass war „mit einer gewissen Selbstverständlichkeit [...] der Leitwolf"[260], der „Primus inter Pares"[261] in diesen Runden.

Tabelle 61: Beratungstreffen mit Gerhard Schröder zum Kosovokonflikt.

Datum	Treffen	Teilnehmer
November 1998	Treffen zum Kosovo-Konflikt	Günter Grass, Martin Walser Walser (u.a.)
20.01.1999	Abendessen mit Schriftstellern	Günter Grass, Jürgen Flimm, Erich Loest, Oskar Negt, Marius Müller-Westernhagen, Michael Naumann

Der genaue Verlauf der Gespräche lässt sich nicht rekonstruieren, aber das Thema und das Ziel der Beratung. Es ging beim Kosovo-Konflikt um die Frage, ob „man die Moral vor das Recht schieben und einen Krieg im Namen der Humanität beginnen [dürfe], weil offenbar nur militärische Gewalt zu einer politischen Lösung führte"[262]. Regierungssprecher Uwe-Karsten Heye ergänzte, dass zu klären war: „Welche Rolle müssen wir als Deutsche spielen, vor dem eigenen historischen Hintergrund."[263] Gerhard Schröder bekundete im Nachhinein, die deutsche Reaktion sollte zeigen „wie ernst wir es mit unserem Kampf gegen Vertreibung und Ausgrenzung"[264] meinen. Für diese normative und historische Einordnung boten sich *allgemeine Intellektuelle* als Ratgeber an, die sich mit universalen Werten wie Krieg und Frieden unter moralischen Gesichtspunkten beschäftigten. Da die Kriegsbeteiligung im Kosovo mit dem Rückgriff auf historische Deutungsmuster begründet wurde, waren *spezifische Intellektuelle* gefragt, wie Günter Grass und Martin Walser, die sich besonders intensiv mit der Vergangenheitsbewältigung auseinandergesetzt hatten (vgl. IV. Kap. 8.1), gefragt. Der Gesprächskreis beriet bei der Entscheidung und setzte sich für die öffentliche Darstellung derselben ein.

---

259 Vgl. Michael Naumann, 02.03.2020; Gunter Hofmann, Die Versuchs-Regierung, in: Die Zeit, 28.01.1999; Gunter Hofmann, Der lange Weg zum lauten Nein, in: Die Zeit, 30.01.2003.
260 Gunter Hofmann, 01.07.2020.
261 Fred Breinersdorfer, 17.11.2020.
262 Wolfrum, Rot-Grün, S. 66.
263 Uwe-Karsten Heye, 05.11.2020.
264 Gerhard Schröder, Rede zum 50. Jahrestag der Charta der Heimatvertriebenen, 03.09.2000.

Das Ziel der Treffen mit den Intellektuellen war es primär, den Bundeskanzler bei der „schmerzhafteste[n] Entscheidung [s]eines politischen Lebensweges"[265] zu unterstützen. Gerhard Schröder stand, wie er selbst auf Nachfrage erklärte, „vor einer tragischen Entscheidung: Egal wie man entscheidet, macht man sich schuldig. Hätten wir im Kosovo-Konflikt nicht interveniert, wären die Vertreibungen weiter gegangen und man hätte Schuld auf sich geladen. Ebenso wie man Schuld durch den Einsatz auf sich geladen hat, denn es sind ja Menschen gestorben."[266] In dieser Situation hatten die Intellektuellen die Funktion, inhaltlich den Bundeskanzler in seinem Beschluss zu unterstützen. Schröder nutzte die kritische Auseinandersetzung mit den Intellektuellen als Orientierungshilfe und Argumentationsstütze.[267] Er bekundete öffentlich, „es gibt einen Kreis von Menschen, denen ich vertrauen kann, die Kenntnisse haben, die ich natürlich intern nutze. In diesem Kreis kommt alles, was es an Fragen gibt, auf den Tisch."[268] Der informelle Gesprächskreis hatte genau die Funktion, alle Aspekte des Kosovoeinsatzes zu beleuchten. Betrachtet man den Teilnehmerkreis, so waren sowohl spätere Skeptiker (Martin Walser) als auch Befürworter (Erich Loest, Günter Grass) des Krieges anwesend. Die Runde spiegelte seismografisch das Meinungsspektrum der Gesellschaft wider. Grass war für seine kritische Haltung bekannt, da er „über Jahrzehnte der Politik ins Gewissen redet, manchmal aus weiter Distanz und sehr oft aus sehr großer Nähe. [...] Von Grass wusste man [...], dass er letztlich, obwohl parteinah, sich nicht vereinnahmen ließ, und wenn es Freundschaften kostet."[269] Er scheute aus diesem Grund auch bei diesem Beratungsanlass keine Konfrontation, sondern widersprach dem Bundeskanzler. Gunter Hofmann beschreibt auf Nachfrage, dass die Mehrheit in dem Gespräch „die Regierungspolitik mitgetragen"[270] habe, während Grass den Einsatz von Bodentruppen ablehnte. Er sprach zudem weitere schwierige Themen an, beispielsweise wagte er zu fragen, „ob man es sich wirklich wünschen soll, daß die Nato auch ohne UN-Mandat out of area operiert, ob also ihr Einsatz am Balkan ein Präzedenzfall für die Zukunft sein sollte. Und wer die Maßstäbe dafür festlege, wenn Moral wirklich unteilbar sei."[271] Der Journalist beschrieb auch die Reaktion des Kanzlers: „Schröder fragt und hört zu. Er lauscht auf Nuancen und kommt zum

---

265 Gerhard Schröder, Rede zum 50. Jahrestag der Charta der Heimatvertriebenen, 03.09.2000.
266 Gerhard Schröder, 24.06.2020.
267 Vgl. Förster, Intellektuelle als Berater der Politik, S. 176.
268 Stefan Aust / Horand Knaup / Jürgen Leinemann, „Ich bin kein Kriegskanzler", in: Der Spiegel, 12.04.1999.
269 Gunter Hofmann, 01.07.2020.
270 Gunter Hofmann, 01.07.2020.
271 Gunter Hofmann, Ist die Nation erwachsen, in: Die Zeit, 31.03.1999.

Punkt. Er liebt solche Gespräche."²⁷² Hofmann ging daher davon aus, dass die intellektuelle „Runde [...] einen zweifelnden Schröder im November 1998 zur Militärintervention im Kosovo ermutigt"²⁷³ habe. Ein derartiger, kausaler Einfluss der Intellektuellen auf die politische Entscheidung Gerhard Schröders ist nicht belegbar, da stets verschiedene Faktoren dazu beitragen. Für Rudolf Scharping ist ein solcher Einfluss „ziemlich stark abhängig von der Bereitschaft des politischen Entscheidungsträgers, nachdenklich zu reden und nach Lösungen zu suchen, die noch besser sind als das, was er gerade aktuell im Kopf hat."²⁷⁴ In diesem Sinne wirkte das Gespräch mit den Intellektuellen auf den Bundeskanzler. Nach außen stellte er sich als Entscheider dar, da in dieser Extremsituation Zweifel, wie sie von Grass öffentlich geäußert wurden, kein guter Ratgeber für konkrete Entscheidungen seien.²⁷⁵ Tatsächlich zeigt sich in dieser Rekonstruktion, dass gerade die kritischen Anmerkungen des Intellektuellen wichtig waren, um vorher alle Aspekte zu beleuchten und zu durchdenken. Jeder wusste, dass es sich im Kosovo-Konflikt um „history in the making"²⁷⁶ handelte. Gerhard Schröders Mitarbeiter Thomas Steg betonte, dass die Intellektuellen rund um Günter Grass zudem eine „moralische Unterstützung"²⁷⁷ waren. Gerade der psychologische Aspekt eines derartigen Beratungsgespräches darf nicht unterschätzt werden, denn Politiker sind „am Ende [...] mit ihrer Entscheidung allein. Und sie finden dann vielleicht ein bisschen Trost, ein bisschen Kraft, ein bisschen Unterstützung darin, dass andere sich ähnliche äußern, diese Entscheidung verlangen oder ihr zustimmen"²⁷⁸. Schröder stellt rückblickend klar, dass „Rat und Unterstützung [...] nicht die politische Entscheidung [ersetzen]. Am Ende muss man die Verantwortung als politischer Handelnder übernehmen. [...] Und diese letztliche Entscheidung, und die damit verbundene Schuld, kann einem niemand abnehmen."²⁷⁹. Die Beratung der Intellektuellen hatte eine psychologische Funktion.

Darüber hinaus wollte Gerhard Schröder herauszufinden, wie die Intellektuellen auf seine Entscheidung öffentlich reagieren würden. Es lag ihm daran, ihren „Rückhalt nicht [zu] verlieren"²⁸⁰. Michael Naumann bezeichnete dies als einen „sehr interessante[n], politische[n] Schachzug"²⁸¹, denn für ihn vertraten „diese

---

272 Gunter Hofmann, Die Versuchs-Regierung, in: Die Zeit, 28.01.1999.
273 Gunter Hofmann, Der lange Weg zum lauten Nein, in: Die Zeit, 30.01.2003.
274 Rudolf Scharping, 29.05.2020.
275 Vgl. Gerhard Schröder / Horst Hirschler, Niemand ist ohne Schuld, in: Der Spiegel, 31.05.1999.
276 Thomas Steg, 09.06.2020.
277 Thomas Steg, 09.06.2020.
278 Thomas Steg, 09.06.2020.
279 Gerhard Schröder, 24.06.2020.
280 Gunter Hofmann, 01.07.2020.
281 Michael Naumann, 02.03.2020.

Schriftsteller, die Künstler und auch die Maler, [...] sowas wie ein gewissermaßen öffentliches Gewissen, und die muss ich mir anhören und als Unterstützung holen"[282]. Der damalige Bundeskanzler erklärt auf Nachfrage, dass „die öffentliche Wahrnehmung der eigenen Politik [...] wichtig [ist] und die öffentliche Debatte, im Positiven wie im Negativen"[283] beeinflussen. Aus diesem Grund testete er in dem Gespräch mit Grass und den anderen Intellektuellen die Grenzen des Rückhaltes aus und klärte, „was er zu erwarten hätte, wenn er einmal gegen sie entschiede. [...] Beispielsweise in Sachen deutscher [Boden-]Truppeneinsätze"[284]. Für den Bundeskanzler waren die intellektuellen Stellungnahmen bei dieser Neuausrichtung der Außenpolitik von Belang, da er öffentliche Kritik vermeiden wollte.

Der Einsatz von Bodentruppen im Kosovo war schließlich nicht nötig, aber die Hoffnung der Politiker, „tatsächlich an einer heißen Konfrontation vorbeizukommen"[285], erfüllte sich nicht.[286] Am 24. März 1999 begann der Luftkrieg im Kosovo. Grass bezeichnete wenige Tage nach Kriegsbeginn den Nato-Angriff öffentlich als „notwendig, aber zu spät"[287]. Mit diesen Äußerungen stellte er sich hinter die Entscheidung der Regierung und legitimierte diese als Intellektueller. Er räumte allerdings ein, dass die deutsche Beteiligung an einem Krieg seit mehr als fünfzig Jahren „ein Schock"[288] für ihn gewesen sei. Grass fühlte sich zum Widerspruch durch die kritische Presseberichterstattung über die Regierung herausgefordert, die er als zu einseitig brandmarkte.[289] Als Verursacher der Situation gab er der bisherigen westlichen Politik die Schuld und warf dem früheren Außenminister Hans-Dietrich Genscher „Versagen und Konzeptionslosigkeit"[290] vor, sodass das militärische Eingreifen nun „ein letzter, ohnmächtiger Ausdruck der versagenden Politik"[291] sei. Lobende Worte fand er für Außenminister Joschka Fischer, Verteidigungsminister Rudolf Scharping sowie Bundeskanzler Gerhard Schröder.[292] Scharping bewertete diese Äußerungen des Intellektuellen retrospektiv „als fair, als

---

282 Michael Naumann, 02.03.2020.
283 Gerhard Schröder, 24.06.2020.
284 Vgl. Gunter Hofmann, Die Versuchs-Regierung, in: Die Zeit, 28.01.1999.
285 Görtemaker, Die Berliner Republik, S. 118; vgl. Wolfrum, Rot-Grün, S. 71.
286 Vgl. Gunter Hofmann, 01.07.2020; Gunter Hofmann, Die Versuchs-Regierung, in: Die Zeit, 28.01.1999.
287 AP, Grass nennt Nato-Angriff notwendig, aber zu spät, in: Die Welt, 30.03.1999.
288 O. V., Unterm Strich, in: TAZ, 29.03.1999.
289 Vgl. dpa, Hut ab, in: FAZ, 07.06.1999; Mohssen Massarrat, Opfer einer Inszenierung, in: TAZ, 01.09.2000.
290 Dpa / AP, Grass wirft Westen Versagen vor, in: Die Welt am Sonntag, 28.03.1999.
291 Dpa / AP, Grass wirft Westen Versagen vor, in: Die Welt am Sonntag, 28.03.1999.
292 Vgl. dpa, Dichterlob und -schelte, in: SZ, 10.05.1999; FAZ, Lob vom Trommler, in: FAZ, 11.05.1999; dpa, Hut ab, in: FAZ, 07.06.1999.

zutreffend, als angenehm, wenn man mal das so sagen darf. Ich wußte, dass Grass, was bestimmte Schriftstellern angeht, in [...] einer Minderheit war. Es war eine Stimme, die für ein bisschen mehr Ausgewogenheit geworben hat, jedenfalls in diesem Segment des politischen Diskurses."[293] Auch Schröder bekundete, dass in dieser schwierigen Situation „Günter Grass eine für mich wichtige Rolle gespielt [hat], weil er eben auch in solchen Fragen Solidarität gezeigt hat. Er hat sich nicht in die Büsche geschlagen, sondern hat mich auch in diesen Phasen unterstützt."[294] Die öffentliche Zustimmung des Intellektuellen war für die Politiker eine wichtige Unterstützung und trug zur Differenzierung im Diskurs bei.

Michael Schwab-Trapp arbeitete in seiner Analyse heraus, dass Deutschland eine „gespaltene Nation"[295] hinsichtlich des Kosovokrieges war. Grass gehörte mit Hinblick auf die Menschenrechtsverletzungen der Diskurskoalition der Befürworter des Kosovokrieges an. Die Gegner bezeichneten sie spöttisch als „Günter-Grass-Fischer-Chor der ‚leicht-fällt-es-mir-nicht, aber-nötig-war-es'-Sänger, der Troubadoure der Marktneuheit Humanes Bomben"[296]. Das Thema war auch in der Linken umstritten, sodass sich Grass daraufhin von dem von ihm gegründeten, der SPD nahestehenden Willy-Brandt-Kreis entfremdete (vgl. IV. Kap. 6.2.2), nachdem er eine Erklärung gegen die Regierung nicht mittragen wollte.[297] Die Öffentlichkeit nahm folglich zur Kenntnis, dass „selbst der friedensbewegte Günter Grass"[298] sich erstmals für einen Krieg aussprach. Seine öffentlichen Stellungnahmen hatten „Gewicht"[299] und führten zu einer medialen (63 Presseartikel) und politischen Resonanz. Er wurde in den Medien und von Politikern, wie beispielsweise dem EU-Parlamentarier Otto von Habsburg (CSU), dafür kritisiert.[300]. Darunter waren „führenden Vertreter der neuen und alten Regierungsparteien sowie führende Intellektuelle"[301], wie auch Jürgen Habermas oder Hans Magnus Enzensberger. Grass war damit ein prominentes Beispiel der Verschiebung der Linken weg vom

---

293 Rudolf Scharping, 29.05.2020.
294 Gerhard Schröder, 24.06.2020.
295 Schwab-Trapp, Kriegsdiskurse, S. 308 f.
296 Klaus Theweleit, Very Important Grown-Ups, in: TAZ, 23.04.1999.
297 Vgl. Peter Brandt, 04.05.2020; Willy-Brandt-Kreis e. V., Erklärung „33 Tage sind genug", 25.04.1999; pat., Ost-SPD gegen Schröder, in: TAZ, 27.04.1999; Willy-Brandt-Kreis e. V., Erklärung „Rückkehr zur Politik", April 1999.
298 Arno Luik Thomma, „Innerhalb von sechs Monaten hätte man diesen Krieg ersticken können", in: TAZ, 25.07.1995.
299 Jörg Magenau, Schreiber und Krieger, in: TAZ, 31.03.1999.
300 Suzanne Viktor, Der Krieg in Jugoslawien, in: SZ, 27.0.1999.
301 Schwab-Trapp, Diskursanalyse, S. 190.

pauschalen Pazifismus hin zu einer neuen deutschen Außenpolitik.[302] Der spätere Außenminister Joschka Fischer führte ihn bereits 1995 als Beispiel dafür auf, dass „auch Pazifisten [...] ihre Augen vor den ethnischen Morden nicht verschließen können und, wenn andere Methoden nicht mehr helfen, auch zu den letzten Mitteln ja sagen müssen [...] Und, mit Verlaub, auch Günter Grass oder Ralph Giordano stehen doch nicht für Bellizismus."[303] Grass' Beitrag zum Diskurs sei notwendig, denn Intellektuelle hätten die „besondere Verantwortung [...], zwischen verschiedenen kulturellen Fraktionen einen Dialog in Gang zu setzen, zu ‚übersetzen'. Eine solche Kommunikation ist aufreibend, da sie gänzlich auf der Schmerzgrenze liegen kann."[304]

In der Presse wurde Grass primär als Wortführer der Interventionsbefürworter wahrgenommen.[305] Dabei erkannten nur wenige, dass seine politische Haltung wie bei vielen von „Ratlosigkeit und Erschrecken, Bekenntnisse[n] innerer Zerrissenheit und ‚brennender Seelen'"[306] geprägt war. Er äußerte sich kritisch über die amerikanische Bombardierung von nicht-militärischen Zielen und bekannte: „Das ist etwas, was jeden, der sich wie ich für den Krieg ausgesprochen hat, mitschuldig macht"[307]. Der Intellektuelle kam zu dem Schluss, dass es in diesem Konflikt keine „klare Position"[308] gab. Er sprach sich daher auch gegen „einseitige Schuldzuweisungen"[309] aus: „Ich glaube, daß sich bei dem Konflikt, so wie er läuft, jeder schuldig macht: Pazifisten und auch Menschen wie ich, die sich für ein Eingreifen der Nato ausgesprochen haben."[310] Grass hoffte, „daß der Krieg eines Tages zugunsten der Geflüchteten zu Ende geht"[311], die nach Deutschland kamen (vgl. IV. Kap. 4.1). Er gab zu, dass der „Selbstzweifel bis heute anhält, ja, mich und meine aus Kriegserfahrung gewonnene Position so radikal in Frage gestellt hat"[312]. Seine Haltung entsprach der Aufgabe von Intellektuellen, „es sich beim Urteilen nicht leichter [zu]

---

302 Kurt Gritsch hat in seiner Dissertation die Rolle der Intellektuellen im Kosovo-Konflikt ausgewertet und kommt auf folgende Verteilung: Interventionsbefürworter 30,7 %, Interventionsgegner 55,1 %, Skeptiker 14,2 %. Kurt Gritsch, Ein „gerechter Krieg"? Der Intellektuellendiskurs über den Kosovo-Krieg 1999, in: INDES (1 / 2015), S. 86–95, hier S. 86.
303 Olaf Ihlau / Paul Lersch, Das wäre blutiger Zynismus, in: Der Spiegel, 20.08.1995.
304 Jan Kjaerstad, Sofies Bombenwelt, in: FAZ, 15.06.1999.
305 Reinhard Mohr, Intellektuelle. Krieg der Köpfe, in: Der Spiegel, 11.04.1999.
306 Reinhard Mohr, Intellektuelle. Krieg der Köpfe, in: Der Spiegel, 11.04.1999.
307 Dpa, Hut ab, in: FAZ, 07.06.1999.
308 O. V., Günter Grass: Pazifisten wie Nato-Befürworter tragen Schuld, in: Die Welt, 29.05.1999.
309 O. V., Günter Grass: Pazifisten wie Nato-Befürworter tragen Schuld, in: Die Welt, 29.05.1999.
310 O. V., Günter Grass: Pazifisten wie Nato-Befürworter tragen Schuld, in: Die Welt, 29.05.1999.
311 O. V., Günter Grass: Pazifisten wie Nato-Befürworter tragen Schuld, in: Die Welt, 29.05.1999.
312 Grass, Der lernende Lehrer, in NGA 23, S. 239, abdruckt in: Die Zeit, 20.05.1999.

machen als jene Regierenden, die man kritisiert"³¹³. Grass stand mit seinen Zweifeln stellvertretend für das allgemeine Dilemma der Debatte und der schwierigen Auseinandersetzung, ob ein militärisches Eingreifen in diesen Konflikt eine Lösung darstellte. Der Kosovo-Krieg wurde am 9. Juni 1999 beendet. Es war aus heutiger Sicht kein „glückliches"³¹⁴ Unterfangen. Gerhard Schröder gab selbst später zu „gegen das Völkerrecht verstoßen"³¹⁵ zu haben.

Eineinhalb Jahre nach den Luftangriffen bezeichnet Mohssen Massarrat in der *TAZ* „die Verantwortungspazifisten, vor allem Persönlichkeiten wie Erhard Eppler und Günter Grass, an deren Integrität kein Zweifel besteht"³¹⁶ als treibende Kraft in diesem Diskurs, denn „immerhin haben sie durch ihr Eintreten für den Krieg mit den Ausschlag dafür gegeben, dass zum ersten Mal eine Mehrheit der Deutschen der direkten Beteiligung der Bundeswehr an einem Krieg zugestimmt hat."³¹⁷ Dieser konstatierte, der direkte Einfluss des Intellektuellen erscheint als übertrieben. Grass hatte zwar eine kommunikative Macht im Diskurs, aber eine Deutungsmacht konnte ihm nicht bescheinigt werden. Diese Funktion hatte die Rede von Eppler, die sowohl Grass von seiner Entscheidung überzeugt habe als auch von vielen anderen Intellektuellen und Politikern erwähnt wird.³¹⁸ Grass beriet mit Hilfe seiner kommunikativen Macht Schröder im direkten, informellen Gespräch in seiner Entscheidungsfindung und verteidigte diese gegen Kritiker. Die Unterstützung des Intellektuellen in dieser schwierigen, außenpolitischen Findungsphase hatte einen symbolischen Wert in der öffentlichen Wahrnehmung und war ein psychologischer Faktor für den Bundeskanzler bei der Entscheidungsfindung. Während Grass zur Beratung in einer Gruppe auftrat, tat er sich im Diskurs als Einzelakteur hervor. Statt der sonst üblichen Kritik des Intellektuellen am Tagesgeschehen kann hier eine Legitimation des politischen Prozesses konstatiert werden. Er erweiterte den Diskurs im Sinne Jürgen Habermas, was zu einer vertieften Auseinandersetzung (*Policy-Lernen*) mit dem Themenbereich führte. Selbstkritisch und zweifelnd setzte er sich mit der moralisch schwierigen Entscheidung immer wieder auseinander. Dies hatte auch Auswirkungen auf seine Positionierung bei weiteren, außenpolitischen Konflikten, wie beispielsweise nach den Terroranschlägen des 11. Septembers 2001.

---

313 Reinhard Mohr, Intellektuelle. Krieg der Köpfe, in: Der Spiegel, 11.04.1999.
314 Uwe-Karsten Heye, 05.11.2020.
315 Dpa / flo., Kosovo-Einsatz für von der Leyen gerechtfertigt, in: Die Welt, 15.05.2014.
316 Mohssen Massarrat, Opfer einer Inszenierung, in: TAZ, 01.09.2000.
317 Mohssen Massarrat, Opfer einer Inszenierung, in: TAZ, 01.09.2000.
318 Vgl. Grass, Der lernende Lehrer, in: NGA 23, S. 250; Gerhard Schröder, 24.06.2020; Johano Strasser, 07.04.2020; Thomas Steg, 09.06.2020; Guido Schmitz, 30.06.2020.

7.3.2 Mahnende Worte nach dem 11. September zum Afghanistankrieg (2001)

Die Terroranschläge in den USA am 11. September 2001 forderten eine Reaktion der rot-grünen Regierung heraus und „führten in der Bundesrepublik Deutschland zu einer umfassenden Neuorientierung der Sicherheitspolitik"[319]. Bundeskanzler Schröder versicherte dem amerikanischen Präsidenten „die uneingeschränkte Solidarität"[320]. Günter Grass kritisierte medienwirksam diese postulierte Bündnistreue: „Das Wort uneingeschränkt ist unangemessen. Ich möchte auch selbst nicht mit jemandem befreundet sein, der mir etwas Uneingeschränktes anbietet."[321] Im Interview begründete er seine Haltung: „Ich fühle mich vielen Amerikanern und dem Land gegenüber als Freund verbunden. Freundschaft verlangt aber auch, einem Freund in den Arm zu fallen, wenn er droht, etwas falsch zu machen, [...]. Solche offene Kritik gehört für mich zur Loyalität."[322] Die Reaktion von US-Präsident George W. Bush auf die Anschläge bezeichnete der Intellektuelle als überzogen. Grass bescheinigt ihm einen „religiös fanatischen Hintergrund"[323], da dessen Wortwahl an „das Vokabular der Terroristen"[324] erinnere. Er wies daraufhin, „dass nach den Anschlägen [...] kaum nach den Ursachen gefragt"[325] werde und forderte: „Wenn dies ein Anschlag auf die zivilisierte Welt gewesen sei, müsse auch die Antwort darauf zivilisiert sein."[326] Warnend richtet er sich an die USA, dass das geplante militärische Eingreifen in Afghanistan „zu einem zweiten Vietnam"[327] werden könne. Am 7. Oktober begann Amerika mit den Luftangriffen gegen Afghanistan. Grass verurteilte, wie unterschiedlich der Westen auf Attentate in der Welt reagieren würde, und führte als Beispiele die hohen Opferzahlen im Kosovo-Konflikt und beim Völkermord in Ruanda an.[328] „Wenn wir nicht lernen, diese Toten als gleichwertige Tote zu sehen, werden wir den Kampf für

---

[319] Wolfrum, Rot-Grün, S. 285.
[320] Deutscher Bundestag, Stenographischer Bericht, 12.09.2001.
[321] Ralf Beste et al., Staatsmann oder Spieler, in: Der Spiegel, 18.11.2001; vgl. Grass, Nachträgliche Gedanken, S. 188.
[322] Holger Kulick, „Amerikanische Politik muss Gegenstand der Kritik bleiben", in: Der Spiegel, 10.10.2001.
[323] Eckhard Fuhr, Ei was reden sie denn?, in: Die Welt, 08.10.2001.
[324] Dpa, Günter Grass für „zivilisierte Antwort" auf die Anschläge in den USA, in: Die Welt, 24.09.2001.
[325] Dpa, Günter Grass für „zivilisierte Antwort" auf die Anschläge in den USA, in: Die Welt, 24.09.2001.
[326] Dpa, Günter Grass für „zivilisierte Antwort" auf die Anschläge in den USA, in: Die Welt, 24.09.2001.
[327] Dpa, Pfeifenrauchzeichen: Grass geehrt, in: Die Welt, 27.09.2001.
[328] Heribert Prantl, Mehr Brandt, weniger Schmidt, in: SZ, 15.11.2001.

die eigenen demokratischen Grundrechte verlieren."[329] Lobend hob der Intellektuelle dagegen Johannes Rau hervor, „der als einer der wenigen die richtigen Worte"[330] gefunden habe. Der damalige Bundespräsident sagte: „Hass zerstört die Welt und Hass vernichtet Menschen. [...] Wer nicht hasst, sagt auch Nein zur Gewalt."[331]

Grass war von Anfang an einer der führenden, intellektuellen Stimmen gegen die amerikanische Politik und den Afghanistankrieg, während in der öffentlichen Debatte der Schock über die terroristischen Anschläge überwog.[332] Gerade dieser „Unisonochor der Betroffenheit [...] produziert bei Intellektuellen ein Distanzgefühl"[333], wie Martin Walser es auf den Punkt brachte. Auch Florian Illies bekundete „angesichts dieses Konsenstaumels"[334], dass „es ein beruhigendes Gefühl [sei] zu hören, daß wenigstens Günter Grass, Friedrich Schorlemmer und Klaus Staeck abseits stehen"[335]. Der ehemalige Brandt-Berater Klaus Harpprecht bezeichnete Grass' Äußerungen dagegen als „verbale Ohrfeigen"[336] gegenüber der Berliner Regierung. Fraktionsvorsitzender Roland Claus (PDS) bezog sich im Bundestag auf den Schriftsteller, um zu untermauern, dass eine „Kritik an den Militäreinsätzen in Afghanistan [auch] für die PDS nicht das Ende der kritischen Solidarität mit Amerika [bedeute], obwohl uns das häufig unterstellt wird"[337]. Innenminister Otto Schily (SPD) verurteilte die Äußerungen des Intellektuellen als „wirklich schlimme"[338], antiamerikanische Entgleisung. Grass reagierte darauf, wie folgt: „Wie üblich, wenn berechtigte Kritik geäußert wird, holt Herr Schily die Keule des Antiamerikanismus heraus. [...] Er soll seine Worte hüten."[339] Daraufhin entstand ein „heftiger Streit

---

329 Heribert Prantl, Mehr Brandt, weniger Schmidt, in: SZ, 15.11.2001.
330 Dpa, Günter Grass für „zivilisierte Antwort" auf die Anschläge in den USA, in: Die Welt, 24.09.2001.
331 Johannes Rau, Erklärung beim Empfang zu Ehren der Präsidentin der Republik Finnland im Schwedischen Theater Helsinki, 11.09.2001.
332 Andreas Payk-Heitmann, „Freundschaftsdienste" im Nachhall des Terrors, Zu den Reaktionen deutscher Literaten im Kontext intellektueller Amerikabildern, in: Matthias N. Lorenz (Hrsg.), Narrative des Entsetzens. Künstlerische, mediale und intellektuelle Deutungen des 11. September 2001, Würzburg 2004, S. 249–266, hier S. 249.
333 Matthias Kamann, Schwierigkeiten beim Widerspruch, in: SZ, 23.10.2001.
334 Florian Illies, Rettet die Friedensbewegung, in: FAZ, 14.10.2001.
335 Florian Illies, Rettet die Friedensbewegung, in: FAZ, 14.10.2001.
336 Klaus Harpprecht, Gelassene Schizophrenie, in: SZ, 26.11.2001.
337 Deutscher Bundestag, Stenographischer Bericht, 11.10.2001.
338 Volker Corsten / Markus Albers, Rückfall in Stil des Kalten Krieges, in: Die Welt am Sonntag, 21.10.2001.
339 Volker Corsten / Markus Albers, Rückfall in Stil des Kalten Krieges, in: Die Welt am Sonntag, 21.10.2001.

über die geistige Auseinandersetzung mit dem Terrorismus"[340] zwischen dem Bundesinnenminister und dem Intellektuellen. Auch in den Medien gab es Kritik. Grass wurde eine „politische Unzurechnungsfähigkeit"[341] und ein „fixierte[s] Weltbild"[342] bescheinigt.[343] Reinhard Mohr verurteilte grundsätzlich das Verhalten der Intellektuellen:

> Vor allem nach den Terroranschlägen [...] wurden die klassisch linken Deutungsmuster reaktiviert. Amerika war selbst schuld. In den einschlägigen Äußerungen der kommentierenden Klasse – von Günter Grass bis Eugen Drewermann – spiegelte sich gleichzeitig der dramatische Bedeutungsverlust der Intellektuellen in der Schröder-Ära. Ihr theoretisches Rüstzeug stammt nach wie vor aus den siebziger Jahren, und was damals, so glauben sie, richtig war, kann heute nicht falsch sein.[344]

Grass konnte sich mit seiner Interpretation der politischen Lage nach dem 11. September 2001 folglich nicht durchsetzen.

In dieser Stimmungslage initiierte der Intellektuelle ein direktes Gespräch mit Gerhard Schröder, um Einfluss auf dessen Entscheidung zu nehmen. Es lassen sich zwei Treffen mit dem Politiker in unterschiedlicher Konstellation rekonstruieren, nämlich ein Vorbereitungsgespräch und eine größere Runde mit mehreren Intellektuellen (vgl. Tabelle 62).

Tabelle 62: Beratungstreffen mit Gerhard Schröder zum 11. September 2001 / Afghanistankrieg.

Datum	Treffen	Teilnehmer
06.10.2001	Gespräch mit Gerhard Schröder	Günter Grass, Manfred Bissinger
10.11.2001	Einladung von Gerhard Schröder	24 Teilnehmer, darunter Günter Grass, Martin Walser, Christa Wolf, Stefan Heym, Ingo Schulze, Peter Sloterdijk, Oskar Negt, Walter Jens, Johano Strasser, Jürgen Flimm, Siegfried Lenz, Manfred Bissinger, Wolf Lepenies

---

340 Volker Corsten / Markus Albers, Rückfall in Stil des Kalten Krieges, in: Die Welt am Sonntag, 21.10.2001.
341 Eckhard Fuhr, Ei was reden sie denn?, in: Die Welt, 08.10.2001.
342 Martin Altmeyer / Daniel Cohn-Bendit, Europa im Glaubenskrieg, in: Der Spiegel, 17.02.2002.
343 Vgl. göt., Die neue Hexenjagd, in: SZ, 22.10.2001; Matthias Kamann, Schwierigkeiten beim Widerspruch, in: SZ, 23.10.2001.
344 Reinhard Mohr, Zeitgeist: War da was?, in: Der Spiegel, 26.05.2002.

Der Impuls für dieses Treffen ging vom Schriftsteller aus, sodass Gregor Schöllgen die Teilnehmer am Beratungsgespräche als *Günter Grass-Kreis* bezeichnet.[345] Gerhard Schröder bestätigte in der Rückschau, „dass in der Zeit nach den Anschlägen des 11. September 2001 Günter Grass an mich herangetreten ist, entweder direkt oder über Manfred Bissinger. Es ging um Unterstützung, gerade in der schwierigen Phase, in denen die rot-grüne Koalition den Afghanistan-Einsatz beschließen musste."[346] Am 6. Oktober 2001 fand ein Vorgespräch statt, bei dem Grass „seine Meinung, seine Vorstellungen und Erwartung"[347] im kleinen Kreis dem Bundeskanzler mitteilen konnte.[348] In einem Brief an Schröder zeigte er sich im Nachhinein unsicher,

> [...] ob ich meine Kritik an Deiner oft wiederholten Formulierung ‚uneingeschränkte Solidarität' deutlich ausgesprochen habe. In ihr spricht sich eine Bereitschaft aus, notfalls auch blindlings (aus Solidarität) durch dick und dünn zu gehen. [...] Also wäre zu raten, im Sinne von Solidarität, dem Befreundeten, wenn er weiterhin Falsches tut, in den Arm zu fallen.[349]

Der stellvertretende Leiter des Kanzlerbüros, Thomas Steg bestätigt, dass der Intellektuelle besonders „diese Tonalität [...] befremdlich [fand], die fand er so devot, zu unkritisch, die fand er politisch vielleicht [...] zu gefährlich."[350]

Auf Anregung von Grass lud Gerhard Schröder am 10. November 2004 zu „einem ausführlichen Gespräch"[351] 24 Schriftsteller, Intellektuelle und Journalisten in das Bundeskanzleramt ein, denn „nach dem 11. September hat sich vieles verändert. Neue Fragen sind uns gestellt. Fragen, die sich an Intellektuelle wie an Politiker richten"[352]. Grass hielt es „psychologisch für wichtig"[353], dass die Einladung von Schröder ausgesprochen wurde, „um von vornherein klarzumachen: dies ist eine Initiative des Kanzlers und nicht einzelner Diskussionsteilnehmer"[354]. Sie sollte verdeutlichen, dass die intellektuelle Beratung nachgefragt war. Grass stellte die Teilnehmerliste zusammen und förderte bewusst ein „gesamtdeutsches Ge-

---

345 Vgl. Schöllgen, Schröder, S. 584.
346 Gerhard Schröder, 24.06.2020.
347 Uwe-Karsten Heye, 05.11.2020.
348 Vgl. Günter Grass, Arbeitskalender 2010, in: GUGS.
349 Günter Grass, Brief an Gerhard Schröder, 22.10.2001, in: GUGS.
350 Thomas Steg, 09.06.2020.
351 Gerhard Schröder, Brief an Günter Grass, 30.10.2001, in: GUGS; o. V., Teilnehmerliste „Samstag, 10. November 2001, 18.00 Uhr, Bundeskanzleramt, Bankettsaal", in: GUGS.
352 Gerhard Schröder, Brief an Günter Grass, 30.10.2001, in: GUGS.
353 Manfred Bissinger, Brief an Frank-Walter Steinmeier, 23.10.2001, zitiert nach Schöllgen, Schröder, S. 584.
354 Manfred Bissinger, Brief an Frank-Walter Steinmeier, 23.10.2001, zitiert nach Schöllgen, Schröder, S. 584.

spräch"³⁵⁵. Der Kreis der Ratgeber wurde von ihm erhöht, da er, wie Thomas Steg vermutet, „möglichst viele meinungsstarke Intellektuelle versammeln wollte, weil er die natürlich auch kannte und auch bei Schröder wieder erlebt hatte, man kann sich an einem Politiker, der am Ende auch machtpolitisch Entscheidungen treffen muss, der Regierungsverantwortung trägt, irgendwann die Zähne ausbeißen"³⁵⁶. Tatsächlich erschwerte die Größe der Runde einen Austausch, denn „der ursprüngliche Kreis […] wurde ausgedünnt durch Erweiterung"³⁵⁷, wie Oskar Negt rückblickend festhielt.

Grass hatte nicht nur bei der Organisation, sondern auch beim Treffen selbst eine führende Rolle. Gemeinsam mit Martin Walser waren sie die „großen Leitwölfe"³⁵⁸ in der Runde. Dies zeigte sich bereits bei der Eröffnung des Treffens, das Ingo Schulze retrospektiv beschrieb: Erst habe Gerhard Schröder sein Plädoyer gehalten, warum Deutschland bei Afghanistan mitmachen würde. Nach einer „bleiernen Lähmung […] stand Grass auf, [um] auf gleicher Minutenzahl [zu begründen], warum er das auf keinen Fall [unterstütze]. Das konnte nur er machen."³⁵⁹ Er führte als Initiator demnach auch das Gespräch an. Norbert Seitz bezeichnet ihn beim Thema Afghanistan-Krieg als „großen Widersacher"³⁶⁰ des Bundeskanzlers. Walter Jens bestätigte: „Small talk war es ganz und gar nicht. Es war ernst und von allen Seiten sehr besorgt. Auf der einen Seite sprach der Bürger Grass und auf der anderen Seite der Bürger Schröder. Ein Gespräch zwischen entschiedenen Citoyens. Beide Seiten wussten, woran sie sind."³⁶¹ Peter Sloterdijk ergänzt auf Nachfrage, dass im Anschluss „alle anderen geladenen Gäste am Tische dasselbe taten"³⁶² und hebt Stefan Heym dabei besonders hervor.

Im Gespräch wurde „über die Situation in Afghanistan, die bevorstehende Entsendung deutscher Truppen sowie die geplanten Maßnahmen zum Schutz der inneren Sicherheit"³⁶³ kontrovers debattiert. Es war das Ziel der Intellektuellen, „Schröder von der Unterstützung für die USA"³⁶⁴ abzubringen. Dies bestätigt Thomas Steg, indem er sagte: „Die sind schon gekommen mit dem Motiv, jetzt

---

355 Vgl. Seitz, Die Kanzler und die Künste, S. 158; Wolf Lepenies, Kanzlerworte, in: SZ, 15.03.2002; Günter Grass, Brief an Gerhard Schröder, 13.11.2001, in: AdK, GGA, Signatur 14349.
356 Thomas Steg, 09.06.2020.
357 Oskar Negt, 20.07.2020; vgl. Förster, Intellektuelle als Berater der Politik, S. 179.
358 Gunter Hofmann, 01.07.2020.
359 Ingo Schulze, 26.03.2020.
360 Seitz, Der Kanzler und die Künste, S. 158.
361 Dpa, Meldungen, in: Die Welt, 12.11.2001.
362 Peter Sloterdijk, 19.01.2021; vgl. Peter Sloterdijk, Philosophen sind Schaumdeuter, in: Die Welt am Sonntag, 20.01.2002.
363 FAZ, Im Kanzleramt, in: FAZ, 12.11.2001.
364 Hacke, Die Außenpolitik der Bundesrepublik Deutschland, S. 476.

wollen wir dem Kanzler sagen, wie wir es sehen. [...] Die sind schon mit ihrem ausgeprägten Selbstbewusstsein hingekommen und wollten im Grunde genommen einen Rollentausch vornehmen, der Bundeskanzler also sollte ihnen zuhören."[365] Bereits im Vorfeld war klar, dass die Intellektuellen sich kritisch äußern würden und „dass das mit dem Wir-Gefühl von Geist und Macht im Kanzleramt ein wenig mühsam wird"[366]. Ingo Schulze nahm eine große Diskrepanz zwischen der „‚Sprache des lebendigen Denkens' und [der] ‚Politiksprache'"[367] wahr, da „der Kanzler allen Argumenten sofort Zwänge entgegengehalten habe"[368]. Auf Nachfrage präzisierte er, dass Schröder beispielsweise damit argumentiert habe, dass er „sich 20 Jahre bei den Amerikanern nicht mehr sehen"[369] lassen könnte, wenn er sich nicht beim Afghanistan-Krieg beteilige. Am Ende stand bei den Intellektuellen „Ratlosigkeit [...] auf der Tagesordnung"[370]. Schröders pragmatische Politikeinstellung, eingebunden in die Bündnissysteme, prallte gegen die idealistische Vorstellung der Intellektuellen einer unabhängigen, deutschen Außenpolitik.

Das Treffen wirkte unterschiedlich auf die Intellektuellen. Während Ingo Schulze sich fragte, warum „man überhaupt miteinander reden soll"[371], zeigte sich Günter Grass von der Fähigkeit des Bundeskanzlers beeindruckt, „in dieser extrem angespannten Situation, Argumente zu fordern und anzuhören. Das hatte er so nicht erwartet."[372] Er lobte wiederholt Schröders „Fähigkeit, zuzuhören und [s]eine Position schnörkellos darzustellen"[373]. Dem Kanzler gelang es mit seinem Auftreten und seiner Argumentation, „Grass alle Waffen aus der Hand"[374] zu nehmen. In einem Brief an den Bundeskanzler resümierte der Intellektuelle das Treffen wie folgt: „So kontrovers die Meinungen und Einschätzungen der gegenwärtigen Politik gegeneinander standen, das Gespräch fand dennoch, dank Deiner wachen Präsenz, in entspannter Atmosphäre statt [...]."[375] Er fühlte sich ermutigt, weitere Ratschläge in seinen Briefen zu äußern. So machte er deutlich, „daß, bei aller skepti-

---

365 Thomas Steg, 09.06.2020.
366 Eckhard Fuhr, Kanzlers Gäste, in: Die Welt, 10.11.2001.
367 Ingo Schulze zitiert nach Siglinde Geisel, Tanz der Mächte und der Musen, in: NZZ, 18.09.2002.
368 Ingo Schulze zitiert nach Siglinde Geisel, Tanz der Mächte und der Musen, in: NZZ, 18.09.2002.
369 Ingo Schulze, 26.03.2020.
370 Wolf Lepenies, Kanzlerworte, in: SZ, 15.03.2002.
371 Ingo Schulze zitiert nach Siglinde Geisel, Tanz der Mächte und der Musen, in: NZZ, 18.09.2002.
372 Schöllgen, Schröder, S. 585.
373 Günter Grass, Brief an Gerhard Schröder, 13.11.2001, in: AdK, GGA, Signatur 14349.
374 Seitz, Der Kanzler und die Künste, S. 158.
375 Günter Grass, Brief an Gerhard Schröder, 13.11.2001, in: AdK, GGA, Signatur 14349.

schen bis ablehnenden Haltung gegenüber den Militärschlägen zumindest von Dir und Deiner Regierung ein weitblickendes soziales Engagement erwartet wird"[376]. Der Intellektuelle legte großen Wert darauf, nach dem Vorbild von Willy Brandt nach den Ursachen des Terrorismus zu suchen und Vorschläge zu ihrer Lösung zu unterbreiten (vgl. IV. Kap. 6.2.2). Er bat daher Schröder, „diese Thematik aufzugreifen und im Kreis der Verbündeten ins Gespräch zu bringen, damit die Antwort auf den Terrorismus sich nicht allein auf militärisch fragwürdige und notwendige polizeiliche Maßnahmen konzentriere"[377]. Grass forderte darüber hinaus den öffentlichen Protest gegen die westliche Verbindung mit der *Nordallianz*, die eine „skrupellose[...] Räuber- und Mörderbande"[378] in Afghanistan sei. Er warnte: „Es sei denn, man ist bereit, diesen Terror als Preis für ‚uneingeschränkte Solidarität' zu akzeptieren"[379].

Während es Bundeskanzler Schröder gelang, Günter Grass von sich zu überzeugen, war die Stimmung zu dem ebenfalls anwesenden Innenminister Otto Schily angespannt, nachdem sich die beiden im Vorfeld einen öffentlichen Schlagabtausch geliefert hatten. Die Teilnahme des Innenministers, der das Thema innere Sicherheit vertrat, wurde von Johano Strasser daher als „komisch"[380] empfunden. Grass geriet mit Schily auch bei dem Treffen „ziemlich rasch in Streit, sodass Gerhard Schröder bat, dass wir besser unsere Plätze am Tisch tauschen und etwas entfernter voneinander sitzen sollten"[381]. Der Intellektuelle bekundete gegenüber dem Bundeskanzler, dass er die Haltung des Innenministers als „so schroff, so hochmütig und – gewiß unbeabsichtigt – verletzend"[382] empfand. Auch Schily erklärt retrospektiv:

> Mit Günter Grass, dessen politisches Urteilsvermögen durchaus Grenzen hatte, konnte ich das Thema zu meinem Bedauern kaum sachlich diskutieren. Meine politische Orientierung – und das nicht erst nach dem 11. September 2001 – geht grundsätzlich dahin, dass gute und freundschaftliche Beziehungen zwischen den USA und Deutschland von besonderem Wert sind.[383]

Hier zeigt sich, dass eine effektive, politische Zusammenarbeit mit Intellektuellen von den Persönlichkeiten abhängt. Nach diesem Treffen wurde der Streit der beiden nicht weiter öffentlich fortgesetzt.

---

376 Günter Grass, Brief an Gerhard Schröder, 13.11.2001, in: AdK, GGA, Signatur 14349.
377 Günter Grass, Brief an Gerhard Schröder, 22.10.2001, in: GUGS.
378 Günter Grass, Brief an Gerhard Schröder, 13.11.2001, in: AdK, GGA, Signatur 14349; vgl. Heribert Prantl, Mehr Brandt, weniger Schmidt, in: SZ, 15.11.2001.
379 Günter Grass, Brief an Gerhard Schröder, 13.11.2001, in: AdK, GGA, Signatur 14349.
380 Johano Strasser, 07.04.2020.
381 Otto Schily, 27.10.2020.
382 Günter Grass, Brief an Gerhard Schröder, 13.11.2001, in: AdK, GGA, Signatur 14349.
383 Otto Schily, 27.10.2020.

Die politische Funktion der Treffen mit Intellektuellen beschreibt Otto Schily wie folgt: „Die Bekämpfung des islamistischen Terrorismus ist bekanntlich und von mir immer wieder betont, vor allem auch eine geistig-kulturelle Aufgabe. Es war daher nur folgerichtig, dass Gerhard Schröder das Gespräch mit Künstlern und Schriftstellern auch zu diesem Thema gesucht hat."[384] Peter Sloterdijk erklärte: „Schröder hat das glaubhafte Bedürfnis gespürt, bei seinen Entscheidungen nicht einsam sein zu wollen."[385] Auch Thomas Steg beschreibt, dass es für den Bundeskanzler „wichtig [war], [...] sich auch kritischen Stimmen zu stellen, aber er hatte auch eine ganz klare Vorstellung von dem, was jetzt erforderlich ist"[386]. Grass und andere Schriftsteller dienten als Seismografen für die Stimmung in der Bevölkerung. Die Intellektuellen erkannten es an, dass sie „im Kanzleramt eine Debatte führen konnten und sie die Einwände wenigstens mit erarbeiten und besprechen konnten"[387]. Das Gespräch mit ihnen förderte das *Policy-Lernen* der Politiker heraus, denn „dieses kritische Potential schärft auch sozusagen ihren Verstand, hilft bei ihrer Entscheidungsfindung, bei ihren Argumenten"[388]. Diese Funktion Grass' hob auch Schröder hervor: „Wir sind nicht immer einer Meinung. Und so fordert er mich heraus, meine Argumente zu schärfen und Begründungen zu optimieren."[389] Manfred Bissinger nannte folgende Beweggründe des Bundeskanzlers:

> Er wollte deren Überzeugungen hören, er wollte ihre Beweggründe kennen und er wollte um Verständnis für kontroverse politische Inhalte werben. Gerhard Schröder war aber auch einer, der aus den vorgetragenen Argumenten lernte und sie in seine Entscheidungen, Interviews und Reden zu integrieren wusste. Beide Seiten konnten bei diesen Treffen ihren Horizont weiten.[390]

Dem widersprach Oskar Negt: „Zugehört hat er, nur er hat es nicht verarbeitet."[391]

Ein direkter politischer Einfluss der Intellektuellen auf die Entscheidung des Bundeskanzlers zur Beteiligung am Afghanistan-Krieg ist nicht feststellbar. Schröder war „ein trittsicherer Instinktpolitiker, der als Realpolitiker wusste, dass das eine wichtige Entscheidung"[392] war. Nach Oskar Negts „Auffassung war das entschieden. Der hätte ja auch nichts durch die besten Argumente ändern lassen in

---

[384] Otto Schily, 27.10.2020.
[385] Peter Sloterdijk, Philosophen sind Schaumdeuter, in: Die Welt am Sonntag, 20.01.2002.
[386] Thomas Steg, 09.06.2020.
[387] Uwe-Karsten Heye, 05.11.2020.
[388] Thomas Steg, 09.06.2020.
[389] Schröder, Dankbar für manchen klugen Rat, S. 141.
[390] Manfred Bissinger, 07.04.2020.
[391] Oskar Negt, 20.07.2020.
[392] Gunter Hofmann, 01.07.2020.

seiner Position. Man weiß es nicht, auch Gerhard Schröder war jemand, der in bestimmten Punkten unsicher war."[393] Langfristig wirkten die Worte der Intellektuellen nach. Walter Jens sagte in einem Interview später: „Da haben wir ihm so zugesetzt, dass er nachdenklich wurde. Ein winziger Teil der Entschiedenheit, die er im drohenden Irakkrieg an den Tag legt, geht auf dieses Treffen zurück: auf Günter Grass, Christa Wolf und Friedrich Schorlemmer. Wir wollen keine Vasallentreue."[394] Das Treffen revidierte nicht Schröders Entscheidung zum Afghanistankrieg, aber nahm langfristig Einfluss auf eine souveräne Position im Zuge des Irakkriegs (vgl. IV. Kap. 7.3.3).

Gerhard Schröder verband die Zustimmung zum Afghanistaneinsatz mit der Vertrauensfrage im Bundestag.[395] Gunter Hofmann suggeriert, dass dieser politische Schachzug bereits bei dem Treffen mit Intellektuellen diskutiert wurde: „Wie kommt das Wort von den ‚Neuwahlen' bloß in die Luft? Plötzlich ist es da. Nachts."[396] In dieser Situation sollten die Intellektuellen „PR für den Bundeskanzler machen"[397], da sich vor der Abstimmung eine „pazifistische Opposition"[398] bildete. Die Inhalte des informellen Gesprächs wurden durch Äußerungen der Intellektuellen in die Öffentlichkeit transportiert.[399] Dementsprechend waren „die Debatten, die dort geführt worden sind, [...] für den Diskurs in der Gesellschaft unheimlich wichtig"[400], wie Heye urteilte. Schöllgen kommt zu dem Schluss: „Dem Kanzler kann's recht sein. Es spricht ja für ihn und seine Politik, wenn sich die Intellektuellen vor so wichtigen Ereignissen wie der Bundestagsabstimmung bei ihm einfinden, um über die Lage in Afghanistan [...] zu sprechen."[401] Das Treffen hatte demnach eine Symbolkraft, wurde allerdings in der Presse kritisch hinterfragt. Dies geschah einerseits hinsichtlich der Zusammensetzung der Runde als „Dinosaurier des deutschen Kulturbetriebs"[402] und anderseits wurde der mögliche Einfluss als gering angesehen. Gerhard Schröder würde „von keiner Kritik mehr getroffen.

---

393 Oskar Negt, 20.07.2020.
394 Willi Winkler, Träume, in: SZ, 22.02.2003.
395 Vgl. Michael F. Feldkamp, Chronik der Vertrauensfrage von Bundeskanzler Gerhard Schröder im November 2001, in: Zeitschrift für Parlamentsfragen, Nr. 1 / 2002, S. 5–9.
396 Gunter Hofmann, Kanzlers Wende, in: Die Zeit, 15.11.2001; vgl. Fred Breinersdorfer, 17.11.2020.
397 Seitz, Der Kanzler und die Künste, S. 158.
398 Koe., Die Pazifisten proben den Aufstand, in: FAZ, 15.11.2001; vgl. o. V., Aufruf: Stoppt diesen Krieg, in: Stern, 24.05.2002.
399 Eckhard Fuhr, Kanzlers Gäste, in: Die Welt, 10.11.2001; vgl. Peter Sloterdijk, Philosophen sind Schaumdeuter, in: Die Welt am Sonntag, 20.01.2002; Schöllgen, Schröder, S. 585.
400 Uwe-Karsten Heye, 05.11.2020.
401 Schöllgen, Schröder, S. 585.
402 O. V., Jenseits der roten Linie, in: Der Spiegel, 18.11.2002; vgl. Florian Illies, Schröders Samstag abend, in: FAZ, 10.11.2001; Eckhard Fuhr, Kanzlers Gäste, in: Die Welt, 10.11.2001.

Er schätzt sie, Willy Brandt bloß imitierend, als Begleitgeräusch zum Essen."[403] Es wird infrage gestellt, ob die Intellektuellen eine Alternative zu dem Einsatz formuliert hätten.[404] Die Rekonstruktion des Beratungsgespräches macht deutlich, dass ihr Einspruch erfolgte, aber die Position des Bundeskanzlers nicht veränderte. Tilman Spreckelsen kam daher zu dem richtigen Urteil: „Einmischen darf sich die Kunst gern, doch die Politik entscheidet – das war schon bei Willy Brandt so."[405]

Die Beratungsgespräche hatten folglich weniger Einfluss auf den Bundeskanzler, sondern vor allem auf die beratenden Intellektuellen. Thomas Steg erklärt dies wie folgt:

> Sie werden hinter[her], wenn [...] sie stundenlang mit ihnen diskutiert haben, [...] immer mit Respekt reflektieren, dass der Kanzler sich dieser Diskussion, auch einer schwierigen und schmerzhaften Diskussion, gestellt hat und sie werden wahrscheinlich dann auch keine öffentlichen Attacken finden. Sie werden allenfalls einen harmlosen Satz finden [...]. Insofern ist das auch immer ein Stück Lernprozess für beide Seiten, sie suchen die Diskussion, binden damit auch Kritiker ein.[406]

Dieses *Policy-Lernen* auf Seiten der Intellektuellen kann eindrucksvoll am Beispiel von Grass belegt werden. Einen Tag vor der Abstimmung im Bundestag sprach er der Regierung Schröder öffentlich sein „kritisches Vertrauen"[407] aus, „auch wenn ich bei meinem Nein zum Militäreinsatz bleibe"[408]. Er hatte Sorge, dass die rotgrüne Koalition an dieser außenpolitischen Frage auseinanderbrechen könnte. Aus diesem Grund unterstützte er die Bundesregierung, auch wenn er deren außenpolitischen Kurs nicht folgte.[409] Grass riet dem Bundeskanzler: „Er braucht mehr Brandt und weniger Schmidt. Von Schmidt ist das Managen einer Krise zu lernen. Aber die Perspektive ist nie seine Stärke gewesen, wohl aber die von Brandt."[410] Ein bemerkenswerter Satz, wenn man bedenkt, dass Helmut Schmidt und Hans-Jochen Vogel den Bundeskanzler kurz vor der Vertrauensfrage berieten.[411] Grass vermisste eine langfristige Perspektive in der rot-grünen Außenpolitik. Er bewunderte aber, dass „die Regierungsparteien solche Themen offen austragen bis hin

---

403 Jby., Manchmal kritisch, in: SZ, 12.11.2001.
404 Koe., Die Pazifisten proben den Aufstand, in: FAZ, 15.11.2001.
405 Tilman Spreckelsen, Spiel's noch einmal, SPD, in: FAZ, 25.01.2002.
406 Thomas Steg, 09.06.2020.
407 Heribert Prantl, Mehr Brandt, weniger Schmidt, in: SZ, 15.11.2001.
408 Heribert Prantl, Mehr Brandt, weniger Schmidt, in: SZ, 15.11.2001.
409 Vgl. Günter Grass, Brief an Gerhard Schröder, 13.11.2001, in: AdK, GGA, Signatur 14349.
410 Heribert Prantl, Mehr Brandt, weniger Schmidt, in: SZ, 15.11.2001.
411 Vgl. Feldkamp, Chronik der Vertrauensfrage, S. 7.

zur Zerreißrobe"[412]. Es gab allerdings auch kritische Töne der an dem Treffen beteiligten Intellektuellen, wie ein Appell der *Aktion für Demokratie*, der vor einem „Weg in die Barbarei"[413] warnte. Zudem setzte sich ein internationaler Aufruf von mehreren Nobelpreisträgern, unter ihnen auch Grass, für ein „sofortiges Ende des Krieges in Afghanistan"[414] ein. Diese Stimmen wurden gehört, wie eine Stellungnahme Volker Becks (Die Grünen) bei der Beratung des Terrorismusbekämpfungsgesetzes zeigte: „Günter Grass hat kürzlich gemahnt, jetzt rechtsstaatliche Positionen in unserem Land zu schmälern bedeute quasi, das Geschäft der Terroristen zu betreiben. Er hat damit im Prinzip Recht. Diese Art von Gefallen dürfen und werden wir den Terroristen nicht tun."[415] Es gelang den Intellektuellen, Argumente im Diskurs einzufügen und zum Nachdenken anzuregen.

Grass agierte hier im Sinne eines *allgemeinen Intellektuellen*, der sich für den Frieden einsetzt und dies historisch begründet. Er hinterfragte sowohl die amerikanische Politik als auch die von Gerhard Schröder postulierte, uneingeschränkte Bündnistreue. Die Haltung des Intellektuellen entsprach nicht dem Zeitgeist, sodass er mit provokanten Äußerungen diese Minderheitsmeinung in die Medien brachte und den Diskurs durch diese Position erweiterte. Grass erzielte eine direkte Resonanz bei einigen Politikern, sodass man davon ausgehen kann, dass seine Stimme gehört wurde. Er konnte sich allerdings gegen die Deutungshegemonie in der Bevölkerung und den Medien nicht durchsetzen. Trotz seiner kommunikativen Macht verfügte er über keine Deutungsmacht, um die außenpolitische Entscheidung zu einem Einsatz in Afghanistan zu beeinflussen. Er förderte lediglich das *Policy-Lernen* in der Öffentlichkeit und im direkten Gespräch mit Gerhard Schröder. Der Intellektuelle verhinderte die Entscheidung für die Beteiligung am Afghanistankrieg nicht. Stattdessen lässt sich eine Wirkung auf Grass nach dem Gespräch mit dem Bundeskanzler feststellen, dem er infolgedessen öffentlich das Vertrauen aussprach. Hier zeigte sich, dass Beratungsgespräche zwischen Intellektuellen und Politikern auf beide Parteien Einfluss hatten. Das Treffen wirkte bei Grass nach. Langfristig führten die mahnenden Worte der Intellektuellen auch zu einem Umdenken Gerhard Schröders.

---

412 Gor., Reden aus der Vergegenkunft, in: Südwest Presse, 21.09.2002; vgl. Nils Minkmar, Die Schnecke läßt das Mausen nicht, in: FAZ, 21.09.2002.
413 Dpa, Künstler unzufrieden mit Rot-Grün, in: Die Welt, 13.11.2001.
414 Ddp, Meldungen, in: Die Welt, 15.11.2001.
415 Deutscher Bundestag, Stenographischer Bericht, 15.11.2001.

7.3.3 Entschiedener Gegner des Irakkrieges (2002 / 2003)

Grass war sich „sicher, daß viele der Teilnehmer einer weiteren Einladung [...] folgen werden"[416] und empfahl dem Bundeskanzler, nach diesem Muster „in unregelmäßigen Abständen wiederholt"[417] einzuladen. Der drohende Irakkrieg bot den nächsten Beratungsanlass. Der amerikanische Präsident Georg W. Bush kündigte am 29. Januar 2002 weitere Präventivkriege an und bezeichnete neben den Ländern Iran und Nordkorea den Irak als „Achse des Bösen"[418]. Nachdem Bundeskanzler Schröder die *uneingeschränkte Solidarität* gegenüber den USA erklärt hatte (vgl. IV. Kap. 7.3.2), war es „keineswegs selbstverständlich, dass sich Deutschland aus diesem Krieg"[419] heraushielt. Der Diskurs bestimmte 2002 den Wahlkampf in Deutschland und fand seinen Höhepunkt kurz vor Kriegsbeginn am 20. März 2003. Grass forderte mit einer Gruppe von Intellektuellen von Schröder ein eindeutiges Nein zum Irakkrieg, das schließlich 2003 erfolgte.[420] Die Intellektuellen hatten durch ihre kontinuierliche Beratung Einfluss auf den Kurswechsel Schröders. Es gab zudem einen direkten Zusammenhang zwischen den informellen Treffen und den öffentlichen Stellungnahmen Grass'.

Grass war gemeinsam mit Klaus Staeck die treibende Kraft für mehrere intellektuelle Beratungsgespräche im Kanzleramt (vgl. Tabelle 63). Beide verfügten über ein großes Netzwerk und „uralte Beziehungen zur SPD-Spitze"[421], was ihnen einen „ungeheuren Einfluss"[422] gab. Im März 2002 fand ein „ausführliche[r] Meinungsaustausch"[423] über die weltpolitische Lage im Kanzleramt statt. Zudem setzte Klaus Staeck am 13. Januar 2003 in einem persönlichen Gespräch mit dem Bundeskanzler den Impuls für ein weiteres Intellektuellentreffen, das am 20. Januar 2003 realisiert wurde.[424] Der Teilnehmerkreis war bei den Treffen sehr unterschiedlich: Während Grass auf seine Liste von 2001 zurückgriff, lud Staeck in kürzester Zeit neben Intellektuellen auch Fachexperten, wie Friedensforscher und Verfassungsrecht-

---

416 Günter Grass, Brief an Gerhard Schröder, 13.11.2001, in: AdK, GGA, Signatur 14349.
417 FAZ, Im Kanzleramt, in: FAZ, 12.11.2001.
418 George W. Bush, Bericht zur Lage der Nation. Rede des Präsidenten, in: Die Welt, 31.01.2002.
419 Klaus Staeck, Kurz vor dem Irak-Krieg, in: NG / FH (4 / 2011), S. 13–14, hier S. 13.
420 Vgl. Förster, Intellektuelle als Berater der Politik, S. 208–227.
421 Fred Breinersdorfer, 17.11.2020.
422 Fred Breinersdorfer, 17.11.2020.
423 Gerhard Schröder, Brief an Günter Grass, 19.02.2002, in: GUGS; vgl. Günter Grass, Arbeitskalender 2002, in: GUGS; FA.Z., Im Kanzleramt, in: FAZ, 12.11.2001.
424 Vgl. Klaus-Jürgen Scherer, 02.03.2020; Staeck, Kurz vor dem Irak-Krieg, S. 13; Gerhard Schröder, Brief an Günter Grass, 15.01.2003, in: GUGS.

Tabelle 63: Beratungstreffen mit Gerhard Schröder und Günter Grass' Briefe zum Thema Irakkrieg.

Datum	Beratung	Teilnehmer
13.03.2002	„Grass-Kreis" im Kanzleramt mit Gerhard Schröder	u. a. Günter Grass, Oskar Negt, Peter Rühmkorf, Jens Reiche, Oskar Negt sowie Journalisten
03.07.2002	Günter Grass, Brief an Gerhard Schröder	Einzelakteur
24.09.2002	Günter Grass, Brief an Gerhard Schröder	Einzelakteur
13.01.2003	Vorgespräch mit Gerhard Schröder	Klaus Staeck
20.01.2003	„Staeck-Kreis" im Kanzleramt mit Gerhard Schröder	Günter Grass, Klaus Staeck, Christa Wolf, Friedrich Schorlemmer, Wolfgang Niedecken, Katja Ebstein, Fred Breinersdorfer, Thomas Bruha, Götz Neuneck, Ruth Misselwitz sowie Journalisten
18.02.2003	Treffen mit Gerhard Schröder	Günter Grass, Klaus Staeck, Manfred Bissinger, Jürgen Flimm
23.03.2003	Günter Grass, Brief an Gerhard Schröder	Einzelakteur

ler, ein.[425] Im Februar fand ein weiteres Treffen im kleineren Kreis statt, um über die öffentliche Darstellungspolitik zu beraten. Grass trat darüber hinaus auch als Einzelakteur auf, in dem er Schröder in mehreren Briefen Ratschläge zum Thema Irakkrieg erteilte. Der Politiker betonte öffentlich dessen führende Rolle: „In dieser schwierigen Phase stärkten mir zahlreiche Intellektuelle, vor allem aber Günter Grass, den Rücken. Ich erinnere mich noch gut an Gespräche im Januar und Februar 2003 im Kanzleramt mit Künstlern und Schriftstellern, bei denen Günter Grass immer dabei war."[426] Die Intellektuellen hatten das gemeinsame Ziel, Gerhard Schröder von einer eindeutigen Positionierung gegen einen Irakkrieg zu überzeugen und damit Einfluss auf seine Entscheidungspolitik zu nehmen. Der Bundeskanzler war dagegen mehr an einer Unterstützung der Darstellungspolitik seiner außenpolitischen Position interessiert.

---

[425] Vgl. Staeck, Kurz vor dem Irak-Krieg, S. 14; Förster, Intellektuelle als Berater der Politik, S. 222.
[426] Schröder, Dankbar für manchen klugen Rat, S. 143.

7.3.3.1 Grass-Kreis

Es ging den Intellektuellen bei dem ersten Treffen im März 2002 darum, herauszufinden, „wie [...] Deutschland sich bei einem Präventivschlag der USA gegen den Irak verhalten"[427] würde. Die Position des Bundeskanzlers hinsichtlich des Irak-Krieges war zu diesem Zeitpunkt noch völlig unbekannt. Fred Breinersdorfer beschrieb das Gespräch als Fragestunde, denn der „Kanzler braucht Rat, nicht weil er ratlos ist, sondern weil er offen ist"[428]. Gerhard Schröder sprach in dieser Situation erstmals vor den Intellektuellen „Klartext"[429]. Er verlangte ein UN-Mandat für die deutsche Unterstützung und erteilte einem Alleingang der USA eine Absage. Die Aussagen des Bundeskanzlers waren eindeutig: „Greifen die USA auf eigene Faust an, wird sich Deutschland in diesem Krieg nicht beteiligen."[430] Daraufhin drängte Grass „den Kanzler, öffentlich klar zu machen, dass die Regierung eine Militärintervention keinesfalls unterstütze"[431]. Tatsächlich wurde Schröders „Position offensiv mittels [dieser] eine[n] informellen Gesprächsrunde in die Öffentlichkeit transportiert[...]"[432], indem der anwesende Wolf Lepenies einen Artikel darüber in der *SZ* veröffentlichte.[433] Günter Bannas kommt zu dem Schluss: „In der Bundesregierung hieß es, Schröder habe das Forum des Gesprächs mit den Intellektuellen ‚gezielt' genutzt, seine Position bekanntzumachen."[434] Diese These kann durch die anwesenden Intellektuellen bestätigt werden, die berichten, dass sich „Schröder an den Wolf Lepenies gewandt [habe] – schreiben Sie doch einen Bericht über das Treffen, dass das Kanzleramt nicht am Irakkrieg teilnimmt, auf Rückfrage werden wir das bestätigen"[435]. In einer Studie bezeichnet Claudia Hennen dieses Vorgehen als ein „political game"[436] und eine Mobilisierungsstrategie. Auf Nachfrage wurde der Bericht von Regierungssprecherin Charima Reinhardt bestätigt, die das Treffen allerdings als „philosophische Diskussion"[437] bezeichnete. Es hagelte Kritik in den eigenen politischen Reihen und in den Medien, dass eine so gewichtige, außenpoli-

---

427 Wolf Lepenies, Kanzlerworte, in: SZ, 15.03.2002.
428 Fred Breinersdorfer, 17.11.2020.
429 Wolf Lepenies, Kanzlerworte, in: SZ, 15.03.2002.
430 Wolf Lepenies, Kanzlerworte, in: SZ, 15.03.2002.
431 Gunter Hofmann, Der lange Weg zum lauten Nein, in: Die Zeit, 30.01.2003.
432 Claudia Hennen, Der Einfluss der gesellschaftlichen Akteure auf die Entscheidung der Bundesregierung gegen den Irakkrieg, in: Thomas Jäger / Henrike Viehring (Hrsg.), Die amerikanische Regierung gegen die Weltöffentlichkeit. Theoretische und empirische Analysen der Public Diplomacy zum Irakkrieg, Wiesbaden 2008, S. 191–213, hier S. 208–209.
433 Wolf Lepenies, Kanzlerworte, in: SZ, 15.03.2002.
434 Ban., Spürpanzer bleiben bei einem Irakkrieg in Kuweit, in: FAZ, 16.03.2002.
435 Ingo Schulze, 26.03.2020.
436 Hennen, Der Einfluss der gesellschaftlichen Akteure, S. 207.
437 Ped., Schröder: Kein Irak-Angriff ohne UN-Mandat, in: Die Welt, 16.03.2002.

tische Entscheidung vor Intellektuellen und nicht in der Öffentlichkeit getätigt würde. Die *FAZ* mutmaßte, dass „Mitglieder der Bundesregierung [...] von den Äußerungen [...] offenbar überrascht"[438] wurden. Reinhardt betonte, dass dies keine Entscheidung im „stillen Kämmerlein"[439] gewesen und den USA bereits bekannt sei. Hennen geht dagegen davon aus, dass Gerhard Schröder und Joschka Fischer die Partei- und Fraktionsvorsitzenden informierten und in „einem abgestimmten Verfahren"[440] die Ereignisse öffentlich kommentierten. Es kann ein direkter Zusammenhang zwischen dem informellen Gespräch mit Intellektuellen und Schröders erster öffentliche Positionierung zum Irakkrieg festgestellt werden.

Das Treffen diente auch dazu, die Intellektuellen zur öffentlichen „Unterstützung für seine Politik zu gewinnen"[441]. Gleichzeitig galt es, dem „Ansehen der Opposition zu schaden"[442], denn der Irakkrieg war 2002 „Wahlkampfthema Nummer eins"[443]. Grass bekundete bei gemeinsamen Veranstaltungen mit Gerhard Schröder oder dem Verteidigungsminister Peter Struck, dass die Irak-Frage ihn der rot-grünen Regierung wieder näher gebracht habe.[444] Bei einem gemeinsamen TV-Auftritt machte der Bundeskanzler deutlich: „Ihr habt eine politische Kraft [...] an der Spitze der Bundesrepublik Deutschland, die wird Solidarität üben, auch die von Günter kritisierte uneingeschränkte Solidarität [...], aber sie steht für Abenteuer nicht zur Verfügung."[445] Der Intellektuelle prangerte dagegen das „Duo Stoiber-Merkel"[446] an, das „Bundeswehrsoldaten mit allen Konsequenzen in einen Krieg verstrickt"[447] hätte. Schröders Nein zum Irakkrieg wurde im Wahlkampf instrumentalisiert und trug maßgeblich zu dem knappen Sieg der SPD bei (vgl. IV. Kap. 6.3.1).[448]

Auch nach der Wahl nutzte Grass seine kommunikative Macht, um den Irakkrieg öffentlich zu verurteilen.[449] In einem *dpa*-Exklusivbeitrag *Zwischen den Kriegen* am 17. Januar 2003 äußerte der Intellektuelle die Hoffnung, „daß die Bür-

---

438 Ban., Spürpanzer bleiben bei einem Irakkrieg in Kuweit, in: FAZ, 16.03.2002.
439 Ped., Schröder: Kein Irak-Angriff ohne UN-Mandat, in: Die Welt, 16.03.2002.
440 Hennen, Der Einfluss der gesellschaftlichen Akteure, S. 208.
441 Hennen, Der Einfluss der gesellschaftlichen Akteure, S. 209.
442 Hennen, Der Einfluss der gesellschaftlichen Akteure, S. 209.
443 Silja Weißer, Grass. „Kriegsgequassel im Chatroom", in: Cellesche Zeitung, 20.09.2009.
444 Vgl. Nils Minkmar, Die Schnecke läßt das Mausen nicht, in: FAZ, 21.09.2002; gor., Reden aus der Vergegenkunft, in: Südwest Presse, 21.09.2002.
445 ARD, Boulevard Bio, 04.06.2002.
446 Grass, Was steht zur Wahl?, in: NGA 23, S. 429; vgl. Staeck, Kurz vor dem Irak-Krieg, S. 13.
447 Grass, Was steht zur Wahl?, in: NGA 23, S. 429.
448 Hennen, Einfluss gesellschaftlicher Akteure, S. 211.
449 Vgl. Dasgupta, Bush bedroht den Weltfrieden, in: Die Welt am Sonntag, 29.12.2002; Grass, Zwischen den Kriegen, in: NGA 23, S. 379–382.

ger und die Regierung meines Landes unter Beweis stellen werden, daß wir Deutschen aus selbstverschuldeten Kriegen gelernt haben und deshalb Nein sagen zu dem fortwirkenden Wahnsinn, Krieg genannt"[450]. Er erzeugte in der „Rolle des Friedens-Mahners"[451] durch weitere Interviews eine „Meinungsoffensive"[452] mit hoher Resonanz in der Öffentlichkeit. Eckhard Fuhr bezeichnete daraufhin „Literaturnobelpreisträger Günter Grass [als] eine Institution. In moralischen und politischen Fragen kann er es, was Autorität und öffentliche Resonanz angeht, mit dem Bundespräsidenten aufnehmen."[453] Er verfügte allerdings über keine Deutungsmacht, denn die Presse verurteilte das moralische Auftreten des Intellektuellen. Er wirke als „Geist einer untergangenen Zeit"[454] und „Klassensprecher seiner Generation"[455]. Es wurden tiefergehende Argumente und Begründungen für den „Mainstream-Pazifismus"[456] vermisst.[457] Die Journalisten zweifelten folglich mehrheitlich die Deutung des Intellektuellen an.

7.3.3.2 Staeck-Kreis

Das zweite Intellektuellentreffen wurde von Klaus Staeck im Januar 2003 angeregt, da „die öffentliche Debatte [...] zu diesem Zeitpunkt von durchaus widersprüchlichen Meldungen geprägt"[458] war. Er befürchtete, dass „die Bundesregierung [...] am Ende doch noch weich geklopft werde und sich gegen den Willen von 80 % der Bevölkerung in ein Irak-Abenteuer stürzen"[459] könnte. In dem „Gedankenaustausch zur aktuellen internationalen Situation"[460] sollte über die „Möglichkeiten zur Abwendung eines Krieges"[461] diskutiert werden. Die bisherige Beratung zeigte Wirkung: „Bestärkt durch Gespräche mit Intellektuellen, unter anderem mit Schriftsteller Günter Grass, sondiert[e] er europaweit die Chancen für ein deutsches Nein zum Krieg."[462] Der Kanzler erklärte im Gespräch, dass es durch-

---

450 Grass, Zwischen den Kriegen, in: NGA 23, S. 381.
451 Eckhard Fuhr, Dieser Konstantin, in: Die Welt, 04.01.2003.
452 Igl., Kriegslied, in: FAZ, 17.01.2003; Thomas Delekat, Ein Hauch von Amerika, in: Die Welt, 03.02.2003.
453 Eckhard Fuhr, Auf Agentur, in: Die Welt, 17.01.2003.
454 Norbert Kron, Dienst am Vaterland, in: Die Welt, 29.03.2003.
455 Volker Corsten, Ab an die vorderste Front, in: Die Welt am Sonntag, 06.04.2003.
456 Gustav Seibt, Im Herzen., in: SZ, 20.01.2003.
457 Vgl. Thomas Schmid, Der Präsident und der Papst, in: FAZ, 19.01.2003; tost., 's Krieg. Grass agitiert gegen die amerikanische Heuchelei, in: SZ, 17.01.2003.
458 Staeck, Kurz vor dem Irak-Krieg, S. 13.
459 Staeck, Kurz vor dem Irak-Krieg, S. 13.
460 Gerhard Schröder, Brief an Günter Grass, 15.01.2003.
461 FAZ, Alle im Boot. Künstler arbeiten weiter am Frieden, in: FAZ, 24.01.2003.
462 Ralf Beste et al., Kalter Nebel, in: Der Spiegel, 02.02.2003.

aus eine wachsende Zahl von Regierungen in Europa gäbe, die „sensibel werden für Debatten in ihrer Zivilgesellschaft, wie bei uns"[463]. Sie benötigen aber Unterstützung, um gegen den Druck von Amerika standzuhalten. Deutschland müsse hier eine Vorreiterrolle übernehmen.

Schulze bekundete, dass er „sehr, sehr überrascht"[464] über diese Töne war, nachdem Schröder in vorherigen Gesprächen die Bündnistreue zu Amerika stets betont hatte (vgl. IV. Kap. 7.3.2). Auch Grass war erstaunt: „Er steht felsenfester hinter uns, als mir klar war."[465] Der Intellektuelle forderte vom Kanzler „ein klärendes Wort"[466] und gab den Ratschlag, er solle „aus der Passivität in [die] öffentliche Offensive gehen"[467], beispielsweise durch eine mutige Regierungserklärung oder durch ein Gespräch mit Künstlern und Vertretern der Kirchen. Einen Tag nach dem Treffen verkündete Schröder am 21. Januar 2003 seine Entscheidung bei einer Wahlkampfveranstaltung in Goslar: „Einen Krieg gegen den Irak wird Deutschland nicht mitmachen – nicht einmal mit einem Mandat des UN-Sicherheitsrats."[468] Klaus Staeck bezeichnete dies als eine „historische Rede, in der er sich für die Bundesregierung definitiv festlegte"[469]. Christoph Birnbaum urteilte: „Es war das erste Mal, dass sich die Bundesrepublik als Nato-Partner vom ‚großen Bruder' USA in aller Form distanzierte."[470] Der Bundeskanzler betrat damit ein neues, außenpolitisches Terrain, auch auf Gefahr einer deutschen Isolierung.[471]

Ob die Beratung der Intellektuellen einen politischen Einfluss auf den „Kurswechsel"[472] von Gerhard Schröder hatte, wird divergierend von den Teilnehmern beurteilt. Tilman Spengler zeigt sich unsicher, „inwieweit unser Urteil ausschlaggebend war"[473]. Klaus Staeck gab später an, dass die Gesprächsrunde den Kanzler „darin bestärkt hat, an seiner Irak-Politik der Verweigerung festzuhalten [...]. Die gelegentliche Behauptung, dass unsere Gespräche für die eindeutige Festlegung

---

463 Holger Kulick, Künstler beim Kanzler, in: Der Spiegel, 21.01.2003; vgl. Staeck, Kurz vor dem Irak-Krieg, S. 14.
464 Ingo Schulze, 26.03.2020.
465 Günter Grass in der *Hannoversche Allgemeine Zeitung* zitiert nach: Zimmermann, Günter Grass unter den Deutschen, S. 621.
466 Wilfried Mommert, Ein klärendes Wort von Dir wäre hilfreich, in: Sächsische Zeitung, 21.01.2003.
467 Holger Kulick, Künstler beim Kanzler, in: Der Spiegel, 21.01.2003.
468 Dpa, Analyse: Schröders Nein zum Irak-Krieg gut für Merkel, in: Die Zeit, 19.08.2010.
469 Staeck, Kurz vor dem Irak-Krieg, S. 14.
470 Christoph Biernbaum, Eiszeit unter Freunden, in: Das Parlament (35_36 / 2011).
471 Ijoma Mangold, Vornehmes Beleidigtsein, in: SZ, 11.02.2003.
472 Ralf Beste et al., Kalter Nebel, in: Der Spiegel, 02.02.2003.
473 Tilman Spengler, 29.02.2020.

ausschlaggebend waren, bleibt dennoch übertrieben."[474] Dennoch bezeichnet er die Gesprächsrunde als „einen der seltenen historischen Momente [...], in dem Künstler und Intellektuelle eine schwerwiegende politische Entscheidung mit beeinflussten"[475]. Oskar Negt ist sich sicher, dass die Vorentscheidung bei Schröder bereits getroffen war: „Man kann sich ein Plakat an die Brust hängen, und sagen, wir haben Einfluss genommen und wir haben sehr intensiv diskutiert. Aber meiner Auffassung nach war die Entscheidung schon getroffen."[476] Diese Version bestätigt Schröder selbst, in dem er betont, dass „diese Gespräche natürlich wichtig [waren], weil sie Bestätigung und Unterstützung gebracht haben"[477].

Thomas Steg macht deutlich, welche Funktion Intellektuelle im Beratungsgespräch haben, wenn die Entscheidung schon feststeht. Er hebt hervor, dass

> [...] das Faszinierende an diesen Abenden ist, dass sie immer wieder überraschen können, neue Erkenntnisse, neue Beobachtungen, neue Analysen und neue Formulierungen beitragen können, auf die man vielleicht in der Fixierung auf den politischen Alltag so nicht kommt, weil sie einen etwas distanzierteren Blick haben, ihre Perspektive eine andere ist.[478]

Intellektuelle dienten als Impulsgeber und als Sparringspartner, sodass Schröder im Sinne des *Policy-Lernens* den eigenen Standpunkt festigen und besser nach außen darstellen konnte. Grass machte dem Bundeskanzler Vorschläge, wie er die „Verteidigung [s]eines eigenen Standpunktes"[479] argumentativ untermauern könnte. Gerade in der Entscheidung von Krieg und Frieden war nach Thomas Steg

> [...] dieser Kreis außerordentlich hilfreich. Da war plötzlich eine Sichtweise, da haben sich Diplomaten, Wissenschaftler mit beschäftigt, da haben sich diplomatische Korrespondenten mit beschäftigt, da haben sich vielleicht außenpolitische Fachmagazine mit beschäftigt, das waren aber sozusagen kleine und feine Teilöffentlichkeiten, die solche Diskurse geführt haben. Beiden Intellektuellen ging es dagegen auch um die Verknüpfung dieser grundsätzlichen, politischen Entwicklungen und Themen mit dem Alltag der Menschen.[480]

Intellektuelle repräsentierten die Gesellschaft in dem Gespräch und gaben als Seismograf deren Stimmung vor dem Bundeskanzler wieder.

---

474 Staeck, Kurz vor dem Irak-Krieg, S. 14.
475 Staeck, Kurz vor dem Irak-Krieg, S. 14.
476 Oskar Negt, 20.07.2020.
477 Gerhard Schröder, 24.06.2020.
478 Thomas Steg, 09.06.2020.
479 Günter Grass, Brief an Gerhard Schröder, 24.09.2002, in: GUGS; beispielsweise durch einen Verweis auf einen offenen Protest amerikanischer Intellektueller; vgl. Jordan Mejias, Nicht in unserem Namen, in: FAZ, 23.09.2002.
480 Thomas Steg, 09.06.2020.

In diesem Kontext war die kritische Presseberichterstattung ein weiteres Thema der Beratungsgespräche. Der Bundeskanzler nutzte die Treffen für die Verbesserung seiner Darstellungspolitik, um die Bevölkerung von diesem Kurswechsel zu überzeugen. Die Intellektuellen sagten dem Kanzler bei dem Treffen „ihre Unterstützung bei seinem Nein gegen eine Kriegsbeteiligung"[481] zu. „Für Momente schien sich unter den Intellektuellen eine Mobilisierungsneigung herzustellen, die an frühere Tage erinnern mag, Grass ist wiederum einer ihrer Vorreiter"[482]. Der anwesende Journalist Wilfried Mommert wertet dieses Treffen als einen „Schulterschluss der Künstler mit der Regierung"[483]. Johano Strasser berichtete, dass „Schröder gesagt [hat], ihr müsst uns unbedingt mit Veröffentlichungen und Diskussionen unterstützen, sonst schaffen wir das nicht! [...] Wir sind auseinander gegangen und haben dazu geschrieben."[484] Der Bundeskanzler erklärte retrospektiv, „dass es für die Künstler natürlich leichter war, mich bei einem Nein zu einem Krieg zu unterstützen. Da ist man ja quasi auf der richtigen Seite."[485] Nach Holger Kulick war es Gerhard Schröder „eindringlich daran gelegen, auf solch einem Weg seinen Friedenskurs noch breiter zu verankern und die Künstler als Motor zu benutzen"[486].

7.3.3.3 Treffen: Bissinger, Grass, Flimm

Im Januar und Februar wurden mehrere Aufrufe von Intellektuellen gegen einen Irakkrieg veröffentlicht, mit denen „die Intellektuellen nun selbst in die Offensive"[487] gingen.[488] Alle Appelle hatten das Ziel, „die Öffentlichkeit aus ihrer Resignation zu holen, dass der Krieg schon so gut wie sicher sei"[489] und damit noch mal zu mobilisieren. Melanie Förster charakterisiert diese Aufrufe als „bürgerbezogene Gesellschaftsberatung"[490]. Laut *dpa* soll „die Idee zu der Solidaritätsadresse [...] bei

---

481 O. V., Unterm Strich, in: TAZ, 25.01.2003.
482 Zimmermann, Günter Grass unter den Deutschen, S. 621.
483 Wilfried Mommert, Ein klärendes Wort von Dir wäre hilfreich, in: Sächsische Zeitung, 21.01.2003.
484 Johano Strasser, 07.04.2020.
485 Gerhard Schröder, 24.06.2020.
486 Holger Kulick, Künstler beim Kanzler, in: Der Spiegel, 21.01.2003.
487 Holger Kulick, Künstler beim Kanzler, in: Der Spiegel, 21.01.2003.
488 Vgl. o. V., Deutsch-französischer Künstler-Appell, in: Der Spiegel, 24.01.2003; GES., „Eskalation weltweiter Gewalt", in: TAZ, 16.01.2003; dpa, Kein Krieg, nirgends, in: FAZ, 25.01.2003; dpa, Kulturschaffende gegen den Krieg, in: Die Welt, 01.02.2003; dpa, Künstler gegen Krieg, in: FAZ, 27.02.2003.
489 Holger Kulick, Künstler beim Kanzler, in: Der Spiegel, 21.01.2003.
490 Förster, Intellektuelle als Berater der Politik, S. 122.

einer jener geselligen Runden im Kanzleramt entstanden sein"[491]. In einem Brainstorming, das ohne den Kanzler im Anschluss an die Gesprächsrunde im Januar stattfand, vereinbarten die Künstler, „wieder an die Spitze einer Protestbewegung"[492] zu treten und „Schröder von nun an Rückendeckung in der Friedensfrage"[493] zu geben. Für diese Zwecke gab es am 18. Februar ein weiteres Treffen mit Günter Grass, Manfred Bissinger und Jürgen Flimm im Kanzleramt.[494]. In der kurz darauf veröffentlichten Solidaritätsadresse hieß es: „Kritik am Verhalten eines Partners [sei] keine Verletzung der Beziehungen, sondern Voraussetzung für eine fundierte Freundschaft."[495] Diese Worte klingen ähnlich wie Grass' Äußerungen anlässlich seiner Kritik an der Formulierung *uneingeschränkten Solidarität* 2001 (vgl. IV. Kap. 7.3.2). Hier zeigt sich, dass die internen Gespräche direkte Auswirkungen auf die öffentlichen Verlautbarungen der Intellektuellen hatten.

Die Solidaritätsadresse führte zu kritischer Resonanz in den Medien. Dies galt der Form des Appells („immer gleicher Gestalt"[496]), aber auch dem Inhalt, denn „auch die Argumente, ja selbst die meisten Formulierungen sind wohlbekannt"[497]. Erst angesichts des weltweiten Protestes von Schriftstellern, Künstlern und Wissenschaftlern aus 23 Ländern gab es eine Anerkennung für „die schiere Größe dieser Bewegung. Aber die Wirksamkeit ihrer Friedensappelle lässt sich nur sehr schwer ermessen – sind das doch nur prominente Stimmen in einem weltweiten Protest der Massen."[498] Wissenschaftler haben herausgefunden, dass diese Appelle als „sensible Seismographen für politische Stimmungen"[499] in der Zivilgesellschaft fungieren. Schröder konnte sich letztlich der Zustimmung der Bevölkerung für seinen Kurs sicher sein, denn laut Meinungsumfragen waren etwa 85 Prozent der Deutschen gegen einen Militärschlag.[500] Der Bundeskanzler zeigte

---

[491] Dpa, Künstler gegen Krieg, in: FAZ, 27.02.2003.
[492] Wilfried Mommert, Ein klärendes Wort von Dir wäre hilfreich, in: Sächsische Zeitung, 21.01.2003.
[493] Holger Kulick, Künstler beim Kanzler, in: Der Spiegel, 21.01.2003.
[494] Vgl. Günter Grass, Arbeitskalender 2002, in: GUGS; o. V., Deutsche Intellektuelle unterstützen Schröders Kurs, in: Der Spiegel, 26.02.2003.
[495] Uwe Wittstock, Geist und Macht vereint im kühnen Schwung, in: Die Welt, 27.02.2003.
[496] Oliver Ruf, Sie wittern die Konjunktur, in: TAZ, 04.03.2003.
[497] Uwe Wittstock, Geist und Macht vereint im kühnen Schwung, in: Die Welt, 27.02.2003; vgl. ff., Neunzehn Mann und kein Gewehr, in: SZ, 27.02.2003.
[498] Andrian Kreye, Krieg der Sterne, in: SZ, 12.03.2003; vgl. Adrienne Woltersdorf, Künstler motzen gegen den Krieg, in: TAZ, 11.03.2003.
[499] Klatt / Lorenz, Voraussetzungsreiches, aber schlagkräftiges Instrument der Zivilgesellschaft, S. 436.
[500] Biernbaum, Eiszeit unter Freunden, in: Das Parlament (35_36 / 2011); vgl. Ijoma Mangold, Vornehmes Beleidigtsein, in: SZ, 11.02.2003.

sich dankbar, dass Intellektuelle mit ihrer „Haltung [...] auch öffentlich nicht hinter dem Berg"[501] hielten und ihn unterstützten.

Der Kriegsausbruch am 20. März 2003 konnte trotz aller Versuche nicht verhindert werden. Grass bezeichnete ihn öffentlich als „völkerrechtswidrig"[502] und empfahl Schröder, diese Bewertung des Verfassungsrechtlers Helmut Simon in seiner Argumentation aufzunehmen.[503] Der Bundeskanzler antwortete erst nach dem Ende des Krieges und verwies auf die nun anstehenden humanitären Maßnahmen und die nötige politische Neuordnung des Landes. Während der Intellektuelle den „moralischen Niedergang der einzig beherrschenden Weltmacht"[504] USA diagnostizierte, fand er lobende Worte für die „Standhaftigkeit"[505] der rotgrünen Regierung in Deutschland. „Zum ersten Mal hat die Regierung von dieser Souveränität Gebrauch gemacht, indem sie den Mut hatte, dem mächtigen Verbündeten zu widersprechen"[506], lobte Grass und bescheinigte Schröder historische Größe. Der Intellektuelle kam öffentlich zu dem Fazit: „Ich kann sagen, daß mich die Ablehnung des jetzt begonnenen Präventivkrieges durch die Mehrheit der Bürger meines Landes ein wenig stolz auf Deutschland gemacht hat."[507] Der Intellektuelle drängte als Einzelakteur den Bundeskanzler, sein Nein zum Irakkrieg in eine außenpolitische Vision einzubetten. Er gab ihm die Aufgabe mit auf dem Weg, „nach den Gründen für so viel Hass und die aus dem Hass entstehende Bereitschaft zum Terrorismus"[508] zu forschen. Schröder solle daher „den Mut habe[n], von Willy Brandts Nord-Süd-Bericht ausgehend, dem Entwicklungsministerium mehr Gewicht zu geben."[509] In diesem Sinne sollte Deutschland beispielhaft vorangehen, um „langfristig [...], die aus Enttäuschung gewachsene Wut (die schließlich in Haß und Terrorismus umschlug) einzudämmen"[510]. Diesen Ratschlag wiederholte Grass fast wortwörtlich noch einmal in der Öffentlichkeit und forderte Schröder mit Nachdruck „zum Handeln auf"[511]. Der Bundeskanzler griff dieses Thema nach dem Ende des Afghanistankrieges auf. Er schrieb Grass, es gelte nun, langfristige Ideen zu entwickeln, um die Lehren aus dem Krieg zu zie-

---

501 Schröder, Dankbar für manchen klugen Rat, S. 143.
502 Petra Börnhöft et al., Der Krisenkanzler, in: Der Spiegel, 23.03.2003.
503 Vgl. Günter Grass, Brief an Gerhard Schröder, 23.03.2003, in: GUGS.
504 Petra Börnhöft et al., Der Krisenkanzler, in: Der Spiegel, 23.03.2003.
505 Lübecker Nachrichten, 22.03.2003, zitiert nach: Zimmermann, Günter Grass und die Deutschen, S. 622.
506 Petra Börnhöft et al., Der Krisenkanzler, in: Der Spiegel, 23.03.2003.
507 Grass, Das Unrecht des Stärkeren, in: NGA 23, S. 387.
508 Grass, Nachträgliche Gedanken, S. 187.
509 Günter Grass, Brief an Gerhard Schröder, 24.09.2002, in: GUGS.
510 Günter Grass, Brief an Gerhard Schröder, 24.09.2002, in: GUGS.
511 Dpa, Grass fordert Bundesregierung zum Handeln auf, in: Die Welt, 30.09.2002.

hen, den man nicht habe verhindern können.⁵¹² „Für Deine Unterstützung und deinen Ratschlag bin ich sehr dankbar. Auf deinen Rat zähle ich auch, wenn es jetzt darum geht, politische Perspektiven für eine solche friedliche Weltordnung zu entwickeln."⁵¹³ Hier zeigt sich, dass die Beratung des Intellektuellen bei außenpolitischen Visionen nachgefragt war und zukünftig Fortsetzung finden sollte. Auf Nachfrage, welcher Ratschlag von Grass für ihn besonders entscheidend war, erklärte Schröder:

> Interessant ist, und das ist mir im Gedächtnis geblieben, ein Satz den er Anfang 2003, kurz vor dem Ausbruch des Irak-Krieges, als wir mit seiner ‚Grass-Runde' im Kanzleramt saßen, gesagt hat. Das sei eine Zeitenwende, die USA seien ab jetzt ein Verbündeter, auf den man sich nicht mehr verlassen könne. Wenn wir uns die Entwicklung des transatlantischen Bündnisses seitdem anschauen, dann war das sehr weitsichtig.⁵¹⁴

Intellektuelle nehmen demnach in außenpolitischen Fragen mitunter eine Vorreiterposition ein, die sie in ihrem Ratschlag an Politiker transportieren.

Im Zuge der drei Beratungsanlässe nahmen die Intellektuellen mit ihren Denkanstößen langfristig Einfluss auf Schröder und dessen Kurswechsel von einer uneingeschränkten Bündnistreue zu eigenen souveränen Entscheidungen. Norbert Seitz stellt klar, dass während des Irakkrieges sich „Geist und Macht, Intellektuelle und Regierung einig [waren], wie lange nicht zuvor. Zahlreiche Schriftsteller und Künstler stell[t]en sich hinter Schröders Kurs"⁵¹⁵. Grass stand gemeinsam mit den anderen Intellektuellen an „der Spitze einer breiten Ablehnungsfront gegen den Krieg"⁵¹⁶. Dies führte zu einer neuen gesellschaftlichen Einheit in Deutschland und zu einem außenpolitischen Selbstbewusstsein.

7.4 Zwischenfazit: Impulsgeber für eine Neuausrichtung der deutschen Außenpolitik

Günter Grass setzte sich außenpolitisch für Frieden und die Wahrung von Menschenrechten ein. Sein Plädoyer für eine „zivile Vernunft"⁵¹⁷ wurde oftmals als idealistisch und utopisch angesehen. Tatsächlich erregte der Intellektuelle aber die Aufmerksam-

---

512 Gerhard Schröder, Brief an Günter Grass, 11.04.2003, in: GUGS.
513 Gerhard Schröder, Brief an Günter Grass, 11.04.2003, in: GUGS.
514 Gerhard Schröder, 24.06.2020.
515 Seitz, Der Kanzler und die Künste, S. 166.
516 Wilfried Mommert, Künstler und Krieg, in: Mitteldeutsche Zeitung, 26.03.2003.
517 Grass, Der Knoten im Revolverlauf, in: NGA 23, S. 426.

keit der Öffentlichkeit und beriet Bundeskanzler Gerhard Schröder hinsichtlich einer neuen, deutschen Außenpolitik.

Politisches Ziel

Grass leitete aus seinen eigenen Kriegserfahrungen im Zweiten Weltkrieg eine Verpflichtung ab, seine kommunikative Macht als Intellektueller moralisch zu nutzen (vgl. Tabelle 64). Er prangerte Menschenrechtsverletzungen im Ausland an und forderte Machthaber auf, außenpolitische Konflikte zu vermeiden. Für ihn waren die meisten Kriege durch wirtschaftliche und soziale Probleme bedingt, die durch den Klimawandel verstärkt wurden. Der Intellektuelle empfahl daher, diese Ursachen durch ein stärkeres Engagement in der Entwicklungspolitik zu bekämpfen, und warnte vor Gewaltspiralen und deren Folgen für die zivile Bevölkerung. Grass war dabei aber kein Pazifist, sondern sah auch die Notwendigkeit, in Ländern einzugreifen, in denen Grundrechte verletzt wurden. Sein Ziel war eine neue souveräne Außenpolitik des nun vereinten Deutschlands.

In seinen außenpolitischen Aussagen dominierten drei Deutungsmuster. Grass griff auf die *historische* Vergangenheit zurück, indem er an die zwei Weltkriege erinnerte. Er nutzte ein *ökonomisches* Deutungsmuster, um moralisch fragwürdige Waffenexporte Deutschlands zu hinterfragen. Zusätzlich hob er die *sozialen* Folgen der Konflikte in Form einer stärkeren Flüchtlingsbewegung Asylsuchender hervor. Sein Einsatz für Frieden und Menschenrechte entsprach dem eines *allgemeinen Intellektuellen*.

Tabelle 64: Günter Grass' politisches Ziel, Deutungsmuster und Interventionstyp in der Außenpolitik.

Politisches Ziel	Friedenswahrung	
Problemdimensionen	*Problemsicht*:	Kriege aus wirtschaftlichen und sozialen Gründen
	Problemlösung:	Verstärkung der Entwicklungspolitik Verbot von Waffenexporten in Bürgerkriegsländer
	Problemziel:	Neue Außenpolitik, souveräne Entscheidungen.
Deutungsmuster	*Historisch*:	Erinnerung an Weltkriege
	Sozial:	Zusammenhang mit Asylpolitik
	Ökonomisch:	Kritik Waffenexporte als Wirtschaftsfaktor
Interventionstyp	Allgemeiner Intellektueller	

Methode

Grass nutzte seine kommunikative Macht als Intellektueller auch in der Außenpolitik, indem er sowohl in der Öffentlichkeit als auch als Politikberater auftrat (vgl. Tabelle 65). In der Öffentlichkeit agierte er im außenpolitischen Kontext vor allem durch Reden und Interviews sowie gemeinsam mit anderen Intellektuellen in Form von Appellen. Der Intellektuelle unterstützte damit die Arbeit von Nichtregierungsorganisationen. Er beschränkte sich nicht darauf, aus der Ferne zu urteilen, sondern reiste selbst in verschiedene Länder. Mitunter war er dabei auch Begleiter von Politikern bei Staatsreisen. Als Schriftsteller verarbeitete er zudem seine außenpolitischen Ansichten auch in Gedichtform, mit denen der Schriftsteller am Diskurs teilnahm. Grass beriet darüber hinaus auch auf informellem Wege, gemeinsam mit anderen Intellektuellen, Bundeskanzler Schröder, um Einfluss auf aktuelle, außenpolitische Konflikte zu nehmen. Diese direkten Kontakte nutzte der Prominente, um sich auch für verfolgte Schriftsteller oder von Abschiebung bedrohte Einzelschicksale einzusetzen.

Tabelle 65: Grass' Methoden in der Außenpolitik.

Methode	Organisator von politischer Öffentlichkeit	Politikberater
Beispiele	– Kulturrepräsentant im Ausland – Literatur: Israel-Gedicht – Wahlkampf 2002	Beratung von Gerhard Schröder: – Kritik am Kosovo-Einsatz – Kritik im Zuge des 11.09. / Afghanistankrieg – Unterstützung des Neins zum Irakkrieg
Merkmale	Darstellungspolitik Legitimation/Repräsentation	Politikberatung ad hoc mit einer Gruppe von Intellektuellen

Politische Resonanz

Durch seine Prominenz verfügte Grass als Einzelakteur im In- und Ausland über eine Sprachgewalt, die automatisch eine Presseberichterstattung anregte. Er beließ es allerdings nicht bei einem Besuch, sondern stieß darüber hinaus auch soziale Projekte in einzelnen Ländern an. Selten gelang es ihm allerdings, über die Medienresonanz hinaus einen Diskurs in der Gesellschaft zu entfachen. Nur 2012 führte sein israelkritisches Gedicht zu einem international beachteten Skandal. Wirkungsvoller waren seine direkten Anfragen bei Politikern. Seinen Briefen lenkte die Aufmerksamkeit der politischen Akteure auf Einzelschicksale. Zudem regte Grass kontinuierliche, nachgefragte Austauschgespräche über außenpolitische Fragen bei Bundeskanzler Schröder an. Er begleitete dessen Weg zu einer souveränen Außenpolitik. Trotz dieser guten Zusammenarbeit in der rot-grünen Regierungszeit blieben auch einige Beratungsanlässe ohne nennenswerte Resonanz. Grass war in der Berliner Republik häufiger in Beratugnsgesprächen involviert, als er öffentliche Diskurse anstieß (vgl. Tabelle 66).

Tabelle 66: Politische Resonanz von Günter Grass in der Außenpolitik.

Resonanz	Organisator von politischer Öffentlichkeit	Politikberater
Hoch	*Hohe Medienresonanz:* – Darstellungspolitik (Kosovo/Irakkrieg) – Diskursanstoß durch Israel-Gedicht 2012	*Nachgefragte Beratung:* – Kosovo, 11.09 / Afghanistan, Irak
Mittel	*Mittlere Medienresonanz:* – Kritik am 11.09 / Afghanistan – Repräsentant der auswärtigen Kulturpolitik	*Bedingt nachgefragte Beratung:* – Stadtjubiläum Königsberg/Kaliningrad (Russland)
Niedrig	*Niedrige Medienresonanz:* – Menschenrechtsappelle	*Nicht nachgefragte Beratung:* – Tschetschenienkrieg (Russland) – Auswärtige Kulturpolitik
Einordnung	**Diskursanstoß durch Israel-Gedicht** **Teilnehmer am außenpolitischen Diskurs** **Repräsentant im Ausland**	**Beratung in außenpolitischen Fragen** – Sparringspartner als Argumentationshilfe – Psychologische, moralische Unterstützung

Einfluss auf die Politik

Über seine internationale Medienwirksamkeit hinaus war Grass' politischer Einfluss, wie geschildert, begrenzt. Grass war als allgemeiner Intellektueller somit ein Mahner und Warner, der aber über keine Deutungsmacht verfügte. Der Intellektuelle beschrieb selbst wiederholt seine Ohnmacht gegenüber den Ereignissen. Um mehr Gewicht zu gewinnen, bildete er daher häufig mit anderen Intellektuellen gemeinsam eine Diskurskoalition. Er regte durch seine öffentlichen Impulse das *Policy-Lernen* über eine neue deutsche Außenpolitik an (vgl. Tabelle 67). Selten stieß er mit seinen Äußerungen selbst einen Diskurs an. Als Ausnahme gilt die internationale Reaktion auf das erwähnte Israel-Gedicht. Hier erzeugte Grass eine heftige Resonanz bei Polikern und gesellschaftlichen Akteuren. Der entstandene Diskurs führte allerdings lediglich zu einer vertiefenden Auseinandersetzung zum Thema Antisemitismus. Eine Beschäftigung mit der deutschen Israelpolitik erfolgte dagegen nicht. Auch die gemeinsamen Beratungsgespräche hatten keinen unmittelbaren Einfluss auf Gerhard Schröders Entscheidungen. Durch die von ihm mit organisierten Beratungsgespräche förderte er die argumentative Auseinandersetzung im Kanzleramt. Grass förderte mit seinem Geschichtsgefühl eine Einordnung in größere Gesamtzusammenhänge. Ein Einfluss auf die Entscheidung des Bundeskanzlers oder auf Gesetze von Waffenexporten (*Diskursinstitutionalisierung*) konnte nicht festgestellt werden. Hier fungierte der Intellektuelle als ein Baustein von vielen, die zu einem Entschluss und zu einer Veränderung des Zeitgeistes führten. Beachtenswert ist die psychologisch unterstützende Wirkung der Gespräche sowie Formulierungs- und Argumentationshilfe der Intellektuellen. Stattdessen gelang es dem Bundeskanzler durch den Austausch, Kritiker in den Prozess einzubinden und mitunter sogar für eine legitimierende Stellungnahme in der Öffentlichkeit zu gewinnen (*Diskursstrukturierung*). Die intellektuelle Beratung nutzte Schröder somit geschickt für seine Darstellungspolitik. Langfristig begleiteten die intellektuellen Ratschläge allerdings Schröders Entscheidung für eine selbstbewusstere, bündnisunabhängigere Außenpolitik.

Tabelle 67: Skala des politischen Einflusses von Günter Grass in der Außenpolitik (grau markiert).

Stufe 0	Stufe 1	Stufe 2	Stufe 3	Stufe 4
Unterhaltung	Policy-Lernen	Diskursstrukturierung	Diskursinstitutionalisierung	Diskurshegemonie/-macht
	Mikroebene		Mesoebene	Makroebene

Funktion des Intellektuellen

Günter Grass war als allgemeiner Intellektueller im Bereich der Außenpolitik vor allem in drei Funktionen gefragt (vgl. Tabelle 68). Er wirkte vor allem symbolisch durch seine repräsentative Rolle bei Reisen im Ausland. Darüber hinaus nahm er mit seinen Stellungnahmen in der Öffentlichkeit eine normative Kontrollfunktion ein. Dies setzte sich auch in Beratungsgesprächen mit Polikern fort, bei denen er als Mahner an die nationalsozialistische Vergangenheit erinnerte. Diese nutzten Gespräche mit ihm als Sparringspartner, um ihre Argumentation durch seine Sprachgewalt zu optimieren.

Die kommunikative Macht von *allgemeinen Intellektuellen* in außenpolitischen Bereich war in der Öffentlichkeit begrenzt. Mit seinem Israel-Gedicht demonstrierte der Schriftsteller, dass er mitunter auch selbst Öffentlichkeit für ein Thema herstellen konnte. Wirkungsvoller waren die von Grass mit initiierten Gesprächsrunden im Kanzleramt unter Gerhard Schröder. Hier zeigt sich, wie wichtig die Darstellungspolitik gerade bei außenpolitischen Entscheidungen über

Tabelle 68: Funktionen von Günter Grass in der Außenpolitik.

Allgemeiner Intellektueller	Außenpolitik	Resonanz
Schlichtungsagentur: Vermittler	Auswärtige Kulturpolitik (Indien, Jemen) Moskau-Reise	mittel
Kontrollorgan: Kritiker	Entscheidungen (Kosovo-, Afghanistan-, Irak-Krieg) Einsatz für Menschenrechte/Demokratie (Einzelpersonen, Russland, Italien) Waffenexporte (Türkei, Israel) Konflikte (Tschetschenien, Israel)	hoch
Frühwarnsystem: Vorreiter	Amerikabild (Israel) Friedenspolitik/Weltinnenpolitik/Nord-Süd-Ausgleich	niedrig
Legitimationskraft: Repräsentant	Legitimation außenpolitischer Entscheidungen (Wahlkampf) Repräsentanz im Ausland	hoch
Sprachvermögen/ Formulierungshelfer	Sparringspartner: Formulierungen/Argumentation Argumentation für Darstellungspolitik	hoch
Fachexperte	Geschichtsgefühl Auswärtige Kulturpolitik Entwicklungspolitik	mittel

Krieg und Frieden waren. Gleichzeitig zeigte sich in dem Diskurs über sein Israel-Gedicht eine Diskrepanz zwischen der Meinung der Bevölkerung und regierungsamtlichen Entscheidungen. Intellektuelle spielen eine wichtige Rolle im Diskurs über die normative Ausrichtung der Außenpolitik. Hier sind sie mit ihrem historischen Verständnis und ihrer Sprachgewalt gefragt.

8 *Schicht um Schicht lagert die Zeit* – Günter Grass als Deuter der Vergangenheit

„Besonders bereitet die kollektive Erinnerung der älteren Generation Mühe. Vielleicht ist uns Deutschen deshalb die typische und ein Klischee betonende Neuwortprägung ‚Erinnerungsarbeit' eingefallen"[1], bilanzierte Günter Grass. Auch in der Berliner Republik hatten „die Themen Geschichte, Gedächtnis und Erinnerung eine nicht zu unterschätzende politische Bedeutung"[2]. Nach der Deutschen Einheit wurden geschichtspolitische Fragen „von der Diskussionsintensität her keineswegs als unwichtige Randthemen debattiert, sondern schlugen hohe Wellen im öffentlichen Diskurs"[3]. Dies liegt darin begründet, dass sie der „Gesellschaft zur Schärfung und Bewusstwerdung ihres Wertefundaments"[4] dienen und damit einen „Griff nach der Deutungsmacht"[5] darstellen. Sie können „Machtfragen beeinflussen"[6], sodass bei „geschichtspolitische[n] Neuakzentuierungen […] politische Interessen [zu Grunde liegen], die mit Hilfe geschichtspolitischer Beeinflussungen und Deutungen durchgesetzt werden sollen"[7].

Manuel Becker kam im Zuge seiner politikwissenschaftlichen Untersuchung zu dem Urteil, dass Intellektuelle in der Berliner Republik in der Geschichtspolitik die Rolle der wirkungsmächtigsten Sinnproduzenten verloren hätten und Journalisten ihren Platz einnahmen.[8] Dagegen nannte Aleida Assmann Grass noch 2016 als Beispiel dafür, dass die „neue Deutung der Geschichte und der neue Erinnerungsrahmen […] stark von Medien und von Künstlern vorbereitet"[9] werden. Grass verfügte über eine besondere kommunikative Macht in der Geschichtspolitik, da er sich durch sein literarisches Werk eine Reputation in dem Themenfeld erarbeitet hatte. Der Intellektuelle prägte die entsprechenden Diskurse der Bonner Republik, sodass ein nahtloses Engagement in der Berliner Republik zu erwarten war.

---

1 Günter Grass, Ich erinnere mich …, in: NGA 23, S. 287.
2 Manuel Becker, Geschichtspolitik in der „Berliner Republik". Konzeptionen und Kontroversen, Wiesbaden 2013, S. 35.
3 Becker, Geschichtspolitik, S. 503.
4 Becker, Geschichtspolitik, S. 192.
5 Heinrich August Winkler, Der Griff nach der Deutungsmacht. Zur Geschichte der Geschichtspolitik in Deutschland, Göttingen 2004.
6 Peter Steinbach, Politik mit Geschichte – Geschichtspolitik?, in: BpB, 28.03.2008.
7 Steinbach, Politik mit Geschichte – Geschichtspolitik?, in: BpB, 28.03.2008.
8 Vgl. Becker, Geschichtspolitik, S. 514–516.
9 Elena Rauch, Erinnerungsforscherin Aleida Assmann: Die Zukunft der Vergangenheit, in: OTZ, 08.05.2016.

8.1 *Vergegenkunft* – Günter Grass' Geschichtskonzept

Das Dritte Reich und die daraus resultierende Schuld der Deutschen prägten das literarische Werk von Günter Grass und begründeten sein politisches Engagement. In verschiedenen Reden und Interviews sprach der Intellektuelle in der Berliner Republik wiederholt über die Lehren, die er aus seinen eigenen Erfahrungen im Nationalsozialismus zog (vgl. Tabelle 69).

Tabelle 69: Günter Grass' politisches Konzept in der Geschichtspolitik.

Problemdimensionen	Geschichtspolitik: Vergegenkunft
Problemsicht	Auschwitz als Zäsur prägend Schuld und Scham der Verbrechen vergehen nie,
Problemursachen	Nationalsozialismus: Krieg und Verbrechen der Deutschen Nationalismus durch Einheitsstaat befördert
Problemverursacher	Gesamte deutsche Kriegsgenerationen CDU-geführte Regierungen
Problemadressat	Bürger, nächste Generation, Regierung
Problemfolgen	Scham und Schuld Ängste der Nachbarn: Polen Rechtsradikalismus
Problemopfer	Juden, Sinti & Roma, Homosexuelle, Behinderte NS-Zwangsarbeiter, Angehörige der Polnischen Post Nachbarstaaten, wie Polen oder Tschechien Deutsche Opfer: Vertreibung
Problemlösung	Brücken bauen durch Kunst, Literatur und politisches Engagement Erinnerung an Opfer auf beiden Seiten, Folgende Generationen ermutigen zu zweifeln
Problemziel	Versöhntes Europa, das Nationalismus überwindet
Deutungsmuster	*Historisch*: Lehren aus der Vergangenheit ziehen, *Kultur*: Grenzüberschreitende Kultur
Interventionstyp	Allgemeiner/Spezifischer Intellektueller

Grass vertrat die *Problemsicht*, dass die Deutschen die Schuld an Holocaust und Zweitem Weltkrieg niemals tilgen können. Diese bleibe vielmehr als „nicht wegzuredende[r] Bodensatz"[10] in Zukunft bestehen. In seiner vielbeachteten Rede *Schreiben nach Auschwitz* erklärte er 1990: „Das wird nicht aufhören, gegenwärtig zu bleiben; unsere Schande wird sich weder verdrängen noch bewältigen lassen [...]. Auschwitz wird, obgleich umdrängt von erklärenden Wörtern, nie zu begreifen sein."[11] Für den Intellektuellen war diese Schuld ein Bestandteil des „nationalen Selbstverständnis[es]"[12] der Deutschen und ein „bleibendes Brandmal unserer Geschichte"[13]. Er verweigerte sich daher auch, die Berliner Republik als Nullpunkt zu betrachten.[14] Grass war klar, dass den Deutschen immer wieder „die Vergangenheit auf die Schulter klopft"[15]. Aus diesem Grund kritisierte er die „deutsche Vergeßlichkeit"[16] in der Politik, die immer wieder zu Irritationen in den außenpolitischen Beziehungen führe.[17]

Der Intellektuelle bekämpfte in der Berliner Republik vehement die von ihm ausgemachten *Problemursachen* des Dritten Reiches, um eine Wiederholung zu vermeiden.[18] Schuld waren in seinen Augen der deutsche Einheitsstaat und der damit verbundene Nationalismus. Grass argumentierte im Vereinigungsprozess scharf gegen einen zentralen Einheitsstaat, der bislang nur Leid und Unglück verursacht habe und für ihn die „früh geschaffene Voraussetzung für Auschwitz"[19] darstellte (vgl. IV. Kap. 2.1). Später gab der Schriftsteller zu, dass er die Stärke des Föderalismus in Deutschland unterschätzt habe.[20] Nach der Einheit betrachtete Grass mit Sorgen den „nach nur kurzem Schlaf wiedererwachten Nationalismus"[21] in Deutschland sowie in Ost- und Mitteleuropa. Der Intellektuelle bezeichnete den Rechtsrutsch als „Rückfall in deutsche Barbarei"[22]. Er stellte die Frage: „Ist dem deutschen Hang zur Rückfälligkeit kein heilsames Kraut gewachsen? Ist uns die Wiederholungstat in Runenschrift vorgeschrieben?"[23]

---

10 Günter Grass, Scham und Schande, in: NGA 22, S. 396.
11 Grass, Schreiben nach Auschwitz, in: NGA 22, S. 417.
12 Günter Grass, Über das Brückenschlagen, in: NGA 23, S. 331.
13 Grass, Schreiben nach Auschwitz, in: NGA 22, S. 441.
14 Grass, Rede vom Verlust, in: NGA 23, S. 43.
15 Grass, Rede vom Verlust, in: NGA 23, S. 43.
16 Grass, Kurze Rede eines vaterlandslosen Gesellen, in: NGA 22, S. 411.
17 Vgl. Grass, Schnäppchen namens DDR, in: NGA 23, S. 485.
18 Grass, Bitterfelder Rede, in: NGA 22, S. 521.
19 Grass, Kurze Rede eines vaterlandslosen Gesellen, in: NGA 23, S. 414.
20 Vgl. Rainer Burchardt, Ein glücklicher Sisyphos, in: Deutschlandfunk, 28.07.2011.
21 Grass, Chodowiecki zum Beispiel, in: NGA 22, S. 508.
22 Grass, Rede vom Verlust, in: NGA 23, S. 43.
23 Grass, Rede vom Verlust, in: NGA 23, S. 47.

Grass sah die Kriegsgeneration per se als *Problemverursacher* an, da sie unweigerlich eine Mitschuld „an dem übergroßen Verbrechen"[24] trage, sei es „als Täter, Mitläufer und schweigende Mehrheit"[25]. Er nahm seine Generation daher besonders in die Pflicht. In der Berliner Republik stand das geschichtspolitische Agieren von Unionspolitikern, wie beispielsweise Bundeskanzler Helmut Kohl, Theo Waigel oder Erika Steinbach, in seinem Fokus. Des Weiteren kritisierte er Edmund Stoiber oder Volker Rühe als „Skinhead[s] mit Schlips und Scheitel"[26], da sie „in telegenen Auftritten den demokratischen Konsens der Gesellschaft brechen"[27]. Grass wies darauf hin, dass diese Politiker mit ihrer Sprache dem „Rechtsradikalismus regierungsamtlichen Zuspruch"[28] geben und „die sich sammelnden Rechtsradikalen zu Gewalttätigkeiten und Mordanschlägen"[29] stimulieren würden. Seine Hoffnung setzte er dagegen auf eine rot-grüne Regierung. Grass richtete sich mit seinem gesamten Schaffen, seiner Literatur und seinem gesellschaftlichen Engagement an alle Bürger und Politiker als *Problemadressaten*, um die Erinnerung wachzuhalten. Einen besonderen Fokus legte der Intellektuelle dabei auf die folgenden Generationen, also auf Jugendliche und Schüler.[30]

Die *Problemfolgen* der Geschichtsvergessenheit mancher Politiker zeigten sich für Grass im Vereinigungsprozess. Der Intellektuelle kritisierte das bewusste Offenlassen des Themas Oder-Neiße-Grenze durch die Kohl-Regierung als „Mißachtung geschichtlicher Tatsachen"[31]. Er forderte lautstark eine „uneingeschränkte Anerkennung der polnischen Westgrenze"[32]. Nachdem der deutsch-polnische Vertrag 1991 zur Sicherung des Status quo beitrug, kritisierte er, dass Unionspolitiker die Entschädigungsforderungen der Vertriebenen gezielt aufrechterhalten würden.[33] Der Intellektuelle kam zu dem Fazit: „Wer [...] noch immer so redet, handelt schamlos und macht uns Schande"[34]. Grass sah es als unverzeihlich an, dass die verschiedenen *Problemopfer* des Nationalsozialismus nicht hinreichend anerkannt und entschädigt wurden. Er erinnerte daran, dass auch Sinti und Roma im Dritten

---

24 Grass, Von der Überlebensfähigkeit der Ketzer, in: NGA 23, S. 140.
25 Grass, Rede vom Verlust, in: NGA 23, S. 43; vgl. Grass, Mein Traum von Europa, in: NGA 23, S. 348.
26 Grass, Rede vom Verlust, in: NGA 23, S. 46.
27 Grass, Rede vom Verlust, in: NGA 23, S. 46.
28 Grass, Orientierungsmarken, in: NGA 23, S. 81.
29 Grass, Rede vom Verlust, in: NGA 23, S. 46.
30 Grass, Der lernende Lehrer, in: NGA 23, S. 249; Grass, Mündig sein, in: NGA 23, S. 477.
31 Grass, Scham und Schande, in: NGA 22, S. 398.
32 Grass, Lastenausgleich, in: NGA 22, S. 405.
33 Grass, Scham und Schande, in: NGA 22, S. 397.
34 Grass, Scham und Schande, in: NGA 22, S. 399.

Reich ermordet wurden (vgl. IV. Kap. 4.2.4).[35] Der Intellektuelle forderte, dass man dieser Gruppe ebenso wie Homosexuellen und Opfern der Euthanasie in einem zentralen Holocaust-Mahnmal gedenken müsse.[36] In seinen Reden thematisierte Grass darüber hinaus die fehlende Entschädigung der NS-Zwangsarbeiter. So kritisierte er, dass „sich in Deutschland [...] eine Vielzahl von Industriebetrieben [weigerten], Schadensersatz an die wenigen noch lebenden Zwangsarbeiter zu zahlen"[37]. Schließlich widmete er sich den deutschen Opfern der Vertreibung. Für ihn erschien es „merkwürdig und beunruhigend [...], wie spät und immer noch zögerlich an die Leiden erinnert wird, die während des Krieges den Deutschen zugefügt wurden"[38]. Er stellte dabei klar, dass die Deutschen Verursacher der Vertreibung waren, denn „das von uns Deutschen in die Welt gesetzte Verbrechen hatte weiteres Leid, abermaliges Unrecht und den Verlust von Heimat zur Folge"[39]. Der Intellektuelle, der selbst seine Heimat Danzig verloren hatte, sah diesen Verlust, „so schmerzlich er blieb, als begründet"[40] ein. Es war ihm wichtig, die Erinnerung an die Vertreibung und die verlorenen Ostgebiete zu stärken (vgl. IV. Kap. 5.3.4), um Rechtsradikalen und Vertriebenenverbänden, die dieses Thema besetzten, zu begegnen. Sein Ziel war es, an alle Opfer der Zivilbevölkerung des Dritten Reiches auf beiden Seiten zu erinnern (vgl. IV. Kap. 7.1).

Grass sah verschiedene *Problemlösungen*, um zur Versöhnung beizutragen. Er legte als Zeitgenosse in seinen Werken über diese Zeit Zeugnis ab, „zumeist im Widerspruch zur offiziellen Geschichtsschreibung"[41]. Als Schriftsteller war er „diesen Blindstellen auf der Spur"[42], denn das „leistet die Literatur: Sie schaut nicht weg, sie vergißt nicht, sie bricht das Schweigen"[43]. Er hoffte, durch sein Werk, den Prozess der Erinnerung und ein Generationsgespräch anzuregen.[44] Für ihn war Kultur ein Lehrmeister im Sinne Herders (vgl. IV. Kap. 5.1).[45] Der Intellektuelle hoffte, dass Literatur Grenzen überwinden und die Brücke zu den Nachbarstaaten bilden könne.[46] Für Grass stellte die Erinnerung in Form von Gedenkstätten dagegen nur

---

35 Grass, Rede vom Verlust, in: NGA 23, S. 45.
36 dpa, Ein Denkmal für alle, in: SZ, 23.12.1998.
37 Grass, Ohne Stimme, in: NGA 23, S. 297.
38 Grass, Ich erinnere mich, in: NGA 23, S. 288.
39 Grass, Scham und Schande, in: NGA 22, S. 396.
40 Grass, Rede vom Verlust, in: NGA 23, S. 55.
41 Grass, Nie wieder Schweigen, in: NGA 23, S. 279.
42 Grass, Blindstellen auf der Spur, in: NGA 23, S. 82.
43 Vgl. Grass, Nie wieder Schweigen, in: NGA 23, S. 283; vgl. Grass, Literatur und Geschichte, in: NGA 23, S. 255–256.
44 Grass, Ich erinner mich, in: NGA 23, S. 287.
45 Vgl. Grass, Schreiben nach Auschwitz, in: NGA 22, S. 418–419.
46 Vgl. Grass, Vom Überspringen von Grenzen, in: NGA 23, S. 73.

bedingt einen Lösungsweg dar, denn „hilflos muten Versuche an, mit Denkmälern der Erinnerung Gestalt zu geben"[47]. Es war ihm klar, dass „kein Denkmal, es mag ästhetisch noch so gelingen, [...] uns Antwort geben"[48] kann. Er griff in das „Gezänk"[49] über das *Holocaust-Mahnmal* oder das *Zentrum gegen Vertreibung* ein und regte ein *Beutekunst-Museum* und die *Kulturstiftung* an. Das *Holocaust-Mahnmal* solle „ein Haus werden, das all jenen offensteht, die gegenwärtig und lange über die Jahrhundertwende hinweg wissen wollen, wie es einst zu dem immer noch unbegreiflichen Verbrechen, genannt Völkermord, gekommen ist"[50] und warum dennoch ein „wiederholte[r] Vollzug ‚ethnischer Säuberungen'"[51] möglich wurde. Das *Zentrum gegen Vertreibung* kritisierte er vor allem wegen des Standortes in Berlin, da er ein europäisches Projekt bevorzugte.[52] Grass schlug in Frankfurt an der Oder in Grenznähe ein *Beutekunstmuseum* mit dem Ziel vor, dass beide Länder auf eine Entschädigung oder Rückgabe verzichteten.[53] Ebenso versuchte er durch die *Bundeskulturstiftung* die „kulturelle Substanz [der] Provinzen und Städte"[54] aus den Ostgebieten sowie ihre Dialekte vor der Vergessenheit zu bewahren.

Aus den Lehren der Vergangenheit leitete er für sich persönlich die *Problemlösung* ab, alles zu hinterfragen und „dem ideologischen Weiß oder Schwarz abzuschwören"[55]. Er wandte sich der nächsten Generation zu und empfahl ihnen, „das ‚Prinzip Zweifel' als Grundwert"[56] gegen jegliche Dogmen und Ideologien anzuwenden. Er hoffte, mit seinem „Versuch jahrelanger öffentlicher Dreinrede, die nachwachsende Generation an[zu]stiften, Partei zu ergreifen. Nur so ließe sich Demokratie wiederbeleben und erneuern"[57]. Hierauf begründet Grass seine Pflicht, sich politisch einzumischen und Dinge laut infrage zu stellen.[58] Trotz Verständnis für das Verlangen nach einem Schlussstrich oder der „Rückkehr zur

---

47 Grass, Ich erinner mich, in: NGA 23, S. 287.
48 Grass, Der lernende Lehrer, in: NGA 23, S. 249.
49 Grass, Der lernende Lehrer, in: NGA 23, S. 248.
50 Grass, Der lernende Lehrer, in: NGA 23, S. 249.
51 Grass, Der lernende Lehrer, in: NGA 23, S. 249.
52 Hanna Leitgeb, Vor falschem Beifall habe ich nie Angst gehabt, in: NGA 24, S. 624.
53 Grass, Über das Brückeschlagen, in: NGA 23, S. 335.
54 Vgl. Grass, Nach dreißig Jahren, in: NGA 23, S. 353.
55 Grass, Schreiben nach Auschwitz, in: NGA 22, S. 424; vgl. Grass. Lastenausgleich in: NGA 22, S. 409.
56 Grass, Der lernende Lehrer, in: NGA 23, S. 235.
57 Grass, Orientierungsmarken, in: NGA 23, S. 81.
58 Grass, Schreiben nach Auschwitz, in: NGA 22, S. 424.

Normalität"⁵⁹, betrachtete er es als seine Aufgabe, die zu „schnell vernarbte Wunde"⁶⁰ immer wieder aufzureißen. Es gelte, die Erinnerung an die Vergangenheit auch in das vereinigte Deutschland zu überführen. In diesem Sinne ist sein im Zuge der Deutschen Einheit geäußerter Satz: „Wer gegenwärtig über Deutschland nachdenkt [...], muss Auschwitz mitdenken"⁶¹ zu verstehen. Grass prägte für diese Verschränkung von Vergangenheit und Zukunft den Begriff „Vergegenkunft"⁶², denn „wenn wir Zukunft planen, hat die Vergangenheit im angeblich jungfräulichen Gelände bereits ihre Duftmarken hinterlassen und Wegweiser gepflockt, die in abgelebte Zeiten zurückführen"⁶³. Er hatte von seinem *Problemziel* eine genaue Vorstellung: Sein „Vaterland müßte vielfältiger, bunter, nachbarlicher, durch Schaden klüger und europäisch verträglicher sein"⁶⁴. Mit seinem „Traum von Europa"⁶⁵ wollte Grass daher die Nationalstaatlichkeit überwinden und zur geschichtspolitischen Versöhnung beizutragen.⁶⁶ Benötigt würde für Europa ein übergreifender kultureller Begriff, der „weitläufig und weltoffen"⁶⁷ sein müsse und dem rein wirtschaftlichen Zusammenschluss eine politische und normative Dimension gäbe.⁶⁸

Die deutsche Geschichte prägte Grass' politisches Engagement so wie ihn selbst. Das *historische Deutungsmuster* war die Basis für all seine Aktivitäten und verband alle Politikfelder miteinander. Sein Engagement im Bereich der Geschichtspolitik ist einerseits dem Typ eines *allgemeinen Intellektuellen* zuzuordnen, der sich für die Lehren von Kriege und Versöhnung einsetzte. Anderseits verfügte er durch seine eigene Biografie und Erfahrung über das Wissen eines Zeitzeugen, das er der nachfolgenden Generation vermitteln wollte. Grass wurde aufgrund dessen als Experte gesehen und als *spezifischer Intellektueller* klassifiziert.

---

59 Grass, Fortsetzung folgt ..., in: NGA 23, S. 248.
60 Grass, Fortsetzung folgt ..., in: NGA 23, S. 268.
61 Grass, Kurze Rede eines vaterlandslosen Gesellen, in: NGA 22, S. 414.
62 Grass, Schreiben nach Auschwitz, in: NGA 22, S. 435.
63 Grass, Ich erinnere mich ..., in: NGA 23, S. 288.
64 Grass, Kurze Rede eines vaterlandslosen Gesellen, in: NGA 22, S. 412.
65 Grass, Mein Traum von Europa, in: NGA 23, S. 18.
66 Vgl. Grass, Über das Brückenschlagen, in: NGA 23, S. 335; Grass, Mein Traum von Europa, in: NGA 23, S. 348.
67 Grass, Mein Traum von Europa, in: NGA 23, S. 30.
68 Grass, Chodowiecki zum Beispiel, in: NGA 22, S. 505.

8.2 Öffentlicher Diskurs: Agendasetter und Impulsgeber in der Geschichtspolitik

8.2.1 *Über das Brückenschlagen* – Grass als Botschafter zwischen Deutschland und Polen

Der in Danzig geborene Günter Grass hatte, biografisch begründet, ein besonderes Verhältnis zum Nachbarland Polen und seiner Heimatstadt Danzig. In seiner „Biographie spiegelt sich ein wichtiges Stück der Geschichte Deutschlands und seines Nachbarn Polens"[69], wie Bundespräsident Roman Herzog einmal festhielt. Für die Aussöhnung beider Länder waren gerade „Literaten [...] geistige Wegbereiter"[70]. Grass galt als prominentes Beispiel dafür, dass Kunst und Kultur stets ein „Medium der Verständigung zwischen Polen und Deutschen"[71] darstellten. Er blieb „ständig mit Polen – und vor allem mit Danzig – in Kontakt [...], sei es auf einer literarischen, künstlerischen oder politischen Ebene"[72]. Als Intellektueller thematisierte er auch außerhalb der Literatur jene Themen, die „zwischen beiden Ländern mit dem geschichtlichen Ballast eine Rolle gespielt haben"[73]. Grass nutzte in der Berliner Republik seine öffentliche Prominenz, um „die ungewöhnliche Rolle eines Botschafters von Polen und des Polentums in Deutschland, zu übernehmen"[74]. Dabei blieb er ein unbequemer Mahner, der stets eine politische „Position jenseits nationaler Festlegungen"[75] vertrat. Grass' politisches Engagement für Polen lässt sich in drei Phasen unterteilen: Die erste betraf die Auswirkungen der *Deutschen Einheit* (1989–1999), die zweite die Erinnerung an die Vertreibung (2000–2007) während die dritte den Beitritt zur EU (ab 2002) thematisierte.

Der Intellektuelle nutzte seine Bekanntheit, um in seinen Reden immer wieder die Auswirkungen der Deutschen Einheit für Polen zu thematisieren. Er stellte damit eine politische Öffentlichkeit für das Nachbarland her. Grass hob dabei besonders die Bedeutung der *Solidarność* für die deutsche Bürgerbewegung und den deutschen Einheitsprozess hervor. Zudem wies er auf die Ängste des Nachbarlandes angesichts der staatlichen Vereinigung hin. Damit leistete er einen Beitrag zu

---

69 Roman Herzog, Brief an Günter Grass, 15.10.1997, in: AdK, GGA, Signatur 14701.
70 Lothar Schmidt-Mühlisch, Mut macht Freude, in: Die Welt, 28.03.1996.
71 Joschka Fischer, Rede zur Eröffnung der 52. Frankfurter Buchmesse, 17.10.2000.
72 Paweł Adamowicz, Grußwort, in: Jörg-Philipp Thomsa / Viktoria Krason (Hrsg.), Von Danzig nach Lübeck. Günter Grass und Polen, Lübeck 2010, S. 5.
73 Uwe-Karsten Heye, 05.11.2020.
74 Paweł Adamowicz, in: FES Polen (Hrsg.), Sozialdemokratischer Mittler zwischen Polen und Deutschland, Warszawa 2008, S. 14–15, hier S. 14.
75 Gabriele Schopenhauer, Grußwort, in: Thomsa / Krason, Von Danzig nach Lübeck, S. 7.

deren Beschwichtigung (vgl. IV. Kap. 2.2.4). Vor allem kritisierte er den aufkommenden „Polenhaß"[76] in Deutschland. Grass fürchtete, dass die entstandene Wohlstandsgrenze zwischen Ost und Westeuropa diese Entwicklung weiter steigern würde.[77] Der Intellektuelle nutzte daher Podiumsveranstaltungen, wie beispielsweise anlässlich des deutsch-polnischen Nachbarvertrages 1991, um sich für den „verachtete[n] Nachbar[n]"[78] einzusetzen Gleichzeitig warnte er Polen davor, sich „zum Büttel einer falschen Politik [zu] machen, die fordernd und zahlend von der Bundesrepublik Deutschland ausgeht"[79]. Grass hatte Sorge, dass ihre „Schwäche und politische Instabilität"[80] ausgenutzt würde. Zu Beginn der Berliner Republik waren die Voraussetzungen für Polen und Deutschen, „ihre Fähigkeit zur Nachbarschaft [...] unter Beweis zu stellen"[81], denkbar schlecht.

Der Intellektuelle reiste nach der Wende 1989 / 1990 mehrfach nach Polen und nahm damit „die Verbindung zu Gdansk sehr schnell auf"[82]. Er trat nach einer Diskussionsveranstaltung mit Jan Józef Lipski im Auftrag der neu gegründeten Sozialistischen Partei in Polen als „freundschaftlicher"[83] Vermittler an Willy Brandt heran, um einen „direkten und hilfreichen Kontakt mit der SPD"[84] herzustellen. Grass schilderte dem Politiker die Schwierigkeiten der jungen Partei und hoffte, dass sein „kleiner Anstoß hilfreich"[85] sein würde. Im Mai 1991 wiederholte er sein Anliegen und zeigte sein Unverständnis über die „zögerliche Unterstützung"[86] der deutschen SPD. Willy Brandt verwies in seinen Antworten auf ein bereits vereinbartes Treffen mit den polnischen Vertretern.[87] Grass' Einmischung als „sozialdemokratischer Mittler zwischen Polen und Deutschland"[88] erzeugten

---

76 Grass, Ein Schnäppchen namens DDR, in: NGA 22, S. 480.
77 Grass, Ein Schnäppchen namens DDR, in: NGA 22, S. 481.
78 Günter Grass, Polen – der verachtete Nachbar? in: Carola Wolf (Hrsg.), Grau ist die neue Hoffnung. Auf dem Weg nach Europa, München 1992, S. 81–88; abgedruckt unter dem Titel *Chodowiecki zum Beispiel*, in Die Zeit, 14.06.1991 sowie in: NGA 22, S. 500–509.
79 Grass, Vom Überspringen der Grenzen, in: NGA 23, S. 72.
80 Grass, Schnäppchen namens DDR, in: NGA 22, S. 481.
81 Grass, Chodowiecki zum Beispiel, in: NGA 22, S. 502.
82 Adam Krzemiński, Der Besuch der alten Dame, in: Die Zeit, 31.01.1997; vgl. Grass, Tagebuch 1990, Göttingen 2009.
83 Günter Grass, Brief an Willy Brandt, 16.05.1991, in: Kölbel, Briefwechsel, S. 804.
84 Günter Grass, Brief an Willy Brandt, 20.11.1989, in: Kölbel, Briefwechsel, S. 794.
85 Günter Grass, Brief an Marek Garztecki, 16.05.1991, in: Kölbel, Briefwechsel, S. 805.
86 Günter Grass, Brief an Willy Brandt, 16.05.1991, in: Kölbel, Briefwechsel, S. 804.
87 Willy Brandt, Brief an Günter Grass, 30.11.1989, 22.05.1991 und 18.06.1991, in: Kölbel, Briefwechsel, S. 797 und 805 f.
88 FES Polen, Sozialdemokratischer Mittler.

bei Brandt eine Resonanz, aber keine feststellbare Wirkung.[89] Rückblickend gewann der Intellektuelle den Eindruck, „als wollte sich die SPD mit der komplexen und, in der Tat, unübersichtlichen Situation in Polen nicht befassen; aus meiner Sicht ein Versäumnis mit Folgen."[90]

Auf Basis seiner Erfahrungen veröffentlichte der Schriftsteller 1992 die Erzählung *Unkenrufe*, mit der er auf literarische Weise die polnisch-deutsche Geschichte anhand einer Friedhofsgesellschaft thematisierte.[91] Bereits 1990 hatte Adam Krzemiński deren Rolle bei der Vergangenheitsbewältigung wie folgt beschrieben: „Wir haben Friedhöfe eingeebnet, damit [sie] uns nicht daran erinnern, daß hier vor uns schon jemand war."[92] Grass wollte mit seiner Veröffentlichung „in Deutschland als auch in Polen eine Diskussion in Gang setzen"[93]. Die Medienresonanz auf dieses Werk war in Deutschland verhältnismäßig gering (81 Presseartikel). Es wurde von der Literaturkritik, auch durch seinen Bezug zur Tagespolitik, kritisiert (33 Artikel).[94] Johannes Rau (SPD) konstatierte, das Buch habe „die professionelle Kritik gespalten. Ich höre aber immer wieder, daß und wie es den Nerv vieler Leser getroffen hat"[95], die Grass dafür loben, „wie hier einer auf ganz eigene Art das Thema Versöhnung anschlägt, und zwar Versöhnung durch umarmte Vergangenheit"[96]. Einen Diskurs löste der Schriftsteller mit dem Roman nicht aus. Es gelang Grass aber, durch verschiedene Ereignisse in den 1990er-Jahren immer wieder, das deutsch-polnische Verhältnis in den Vordergrund zu stellen und damit in der Summe eine Medienresonanz hervorzurufen. Er gründete beispielsweise 1992 die *Daniel-Chodowiecki-Stiftung*, um die „deutsch-polnischen Kulturbeziehungen"[97] zu fördern. Freimut Duve (SPD) würdigte anlässlich der ersten Preisverleihung 1993 Grass' „Engagement für das historische und künf-

---

89 Vgl. Günter Grass, Brief an Willy Brandt, 20.11.1989, in: Kölbel, Briefwechsel, S. 794; Günter Grass, Brief an Willy Brandt, 16.05.1991, in: Kölbel, Briefwechsel, S. 805.
90 Günter Grass. Brief an Rudolf Scharping, 08.03.1994, in: AdK, GGA, Signatur 14306; Willy Brandt bekundete „nicht daran ändern zu können", vgl. Willy Brandt, Brief an Günter Grass, 18.06.1991, in: Kölbel, Briefwechsel, S. 806.
91 Grass, Unkenrufe, in: NGA 13.
92 Dpa, Polnischer Publizist für Bekenntnis zur Vertreibung, in: FAZ, 09.08.1990.
93 Dpa, Grass hat Zweifel an deutscher Versöhnung, in: SZ, 06.03.1992.
94 Vgl. Frank Schirrmacher, Das Danziger Versöhnungswerk, in: FAZ, 6.05.1992; Willi Winkler, Frau gefunden, Friedhof geleast, in: TAZ, 07.05.1992; Iris Radisch, Der Tod und ein Meister aus Danzig, in: Die Zeit, 08.05.1992; Marcel Reich-Ranicki, Wie konnte das passieren?, in: Der Spiegel, 03.05.1992.
95 Johannes Rau, Ein Gegenredner im besten Sinn, in: Sozialdemokratischer Pressedienst, 13.10.1992.
96 Johannes Rau, Ein Gegenredner im besten Sinn, in: Sozialdemokratischer Pressedienst, 13.10.1992.
97 Dpa, Chodowiecki-Kunstpreis erstmals in Berlin vergeben, in: SZ, 01.09.1993.

tige deutschpolnische Verhältnis"[98]. Für seine Verdienste für eine „polnisch-deutsche Versöhnung"[99] bekam er im gleichen Jahr die Ehrendoktorwürde der Universität Danzig und die Ehrenbürgerschaft der Stadt Danzig verliehen. Er war bis dato der „einzige Deutsche, dem diese Auszeichnung nach dem Kriege zugesprochen wurde"[100], sodass der Entscheidung heftige politische Diskussionen im Stadtrat vorausgingen.[101] Als der Schriftsteller 1999 den Literaturnobelpreis bekam, nahmen die Danziger den Preis auch als „Ehre für unsere Stadt"[102] wahr, denn er habe seine „Sympathie für unser Land nie verborgen. Aber er hat auch eindringlich das zweite Gesicht Polens beschrieben – den Hurrapatriotismus, das Hinterwäldlertum, die billige Gerissenheit"[103].

2000 begann eine zweite Phase, in der Grass an die Vertreibung nach dem Zweiten Weltkrieg erinnerte. Im Juni des Jahres forderte er gemeinsam mit dem polnischen Publizisten Adam Michnik bei einer Konferenz die Polen zu einer Auseinandersetzung mit der Vertreibung der Deutschen und der Pflege ihres Kulturerbes auf.[104] In der Presse wurde damals festgestellt, dass

> [...] sich zwei prominente europäische Linksintellektuelle in einer Weise zu Wort gemeldet [haben], die in Deutschland politisch nicht korrekt ist. Im innerdeutschen Diskurs ist seit langem das Thema Vertreibung auf die gern in die Nähe von Nazis gerückten ‚Vertriebenenfunktionäre' [...] sowie deren Durchdringung und Unterstützung durch konservative Christdemokraten reduziert.[105]

Im Oktober 2000 äußerte sich der Intellektuelle erneut zu der Thematik. In seiner Rede *Ich erinnere mich ...* anlässlich der litauisch-deutsch-polnischen Gespräche über *Die Zukunft der Erinnerung* sprach er ausführlich über die deutschen Opfer des Zweiten Weltkrieges.[106] Er setzte sich für eine „Erinnerung an die vielen Toten der Bombennächte und Massenflucht"[107] ein. Grass bekundete, dass diese Rede und „die Arbeit an diesem Komplex zum Anlaß [wurde], mich endlich einer ungestalteten Stoffmasse zuzuwenden, die mir seit Jahren querlag. [...] Eine verschleppte, verdrängte, auch von mir lang ausgesparte Thematik – die Deutschen als Opfer des

---

98 Freimut Duve, Der Dichter als Stifter, in: SZ, 14.01.2000.
99 Dpa, Dr. h.c. Günter Grass, in: FAZ, 30.03.1993.
100 O. V., Unterm Strich, in: TAZ, 27.07.1993; J.B., Ehrungen mit ganz kleinen Hindernissen, in: SZ, 27.07.1993.
101 Dpa, Ehrenbürger von Danzig, in: SZ, 27.07.1993.
102 Stefan Chwin, Die Zwiebel von Danzig, in: FAZ, 04.10.1999.
103 Stefan Chwin, Die Zwiebel von Danzig, in: FAZ, 04.10.1999.
104 Vgl. Thomas Urban, Versöhnung mit den Sündenböcken, in: SZ, 29.06.2000.
105 Thomas Urban, Versöhnung mit den Sündenböcken, in: SZ, 29.06.2000.
106 Vgl. Martin Wälde, Brief an Günter Grass, 22.12.1999, in: GUGS.
107 Grass, Ich erinnere mich ..., in: NGA 23, S. 288.

selbstverschuldeten Krieges – begann von mir Besitz zu ergreifen"[108]. Die politische Auseinandersetzung gab den Anstoß zur literarischen Verarbeitung in der Novelle *Im Krebsgang* (vgl. IV. Kap. 8.2.3). Die Rollen des Intellektuellen und des Schriftstellers im Verständigungsprozess waren folglich auch in diesem Politikfeld eng miteinander verzahnt. 2001 erhielt er für sein Engagement den Viadrina-Preis in Frankfurt/Oder[109] und nutzte seine Rede mit dem Titel *Über das Brückenschlagen* für den Impuls, an der deutsch-polnischen Grenze ein Beutekunstmuseum zu erbauen. Er erreichte mit diesem Vorschlag eine Resonanz in der politischen Öffentlichkeit.[110] Waldemar Ritter, Koordinator der internationalen Rückführungsverhandlungen des Bundes, hielt dies für ein „falsches Signal"[111]. Dagegen begrüßte Kulturstaatsminister Julian Nida Rümelin den intellektuellen Vorschlag, wies aber gleichzeitig auf die rechtlichen Schwierigkeiten hin.[112] Die Idee wurde nicht umgesetzt, da es Bedenken im Justiz- und Außenministerium sowie beim Kulturstaatsminister gab.[113] Grass fungierte durch sein literarisches Werk und durch seine politischen Aktivitäten „als Brückenbauer"[114] und setzte Impulse zur Versöhnung.

Die geschichtspolitischen Diskurse in der Berliner Republik führten aber auch zu einer Belastung der nachbarschaftlichen Beziehungen.[115] Dies lässt sich anhand der politischen Resonanz auf Grass' literarische Werke *Im Krebsgang* oder *Beim Häuten der Zwiebel* feststellen. Der Schriftsteller nahm seismografisch eine gewisse „Versöhnungsbereitschaft vieler Polen"[116] wahr, sodass er mit *Im Krebsgang* den Diskurs über das Thema Vertreibung anregen wollte. Seine Hoffnung, dass diese selbstkritischen Stimmen Gehör fänden und eine Deutungshegemonie erreichen würden, wurde durch die umstrittenen Aussagen des *Bundes der Vertriebenen* unter Erika Steinbach unterminiert.[117] Die Buchveröffentlichung wurde in Polen „als politisches Ereignis gewertet"[118] und der anschließende Dis-

---

108 Günter Grass, Sechs Jahrzehnte. Ein Werkstattbericht, Göttingen 2014, S. 425.
109 FAZ, Kleine Meldungen, FAZ, 03.03.2001.
110 DW., Grass schlägt Beutekunst-Museum an deutsch-polnischer Grenze vor, in: Die Welt, 14.07.2001.
111 Dpa, „Beutekunst"-Experte Ritter gegen Grass-Vorschlag eines Grenzmuseums, in: Die Welt, 16.07.2001.
112 Dpa, Meldungen, in: Die Welt, 05.11.2001.
113 Vgl. Knut Nevermann, 02.09.2020.
114 Eva-Elisabeth Fischer, Literaten als Brückenbauer, in: SZ, 01.04.1996.
115 Vgl. Basil Kerski, Polen, in: Schmidt / Hellmann / Wolf, Handbuch zur deutschen Außenpolitik, S. 405–421, hier S. 405.
116 Kerski, Polen, S. 409.
117 Hans-Jörg Schmidt, Ich will das alles nicht so ernst sehen, in: Die Welt, 15.03.2002.
118 Stefanie Peter, Im Krebsgang von Günter Grass erscheint in Polen, in: FAZ, 03.12.2002.

kurs in Deutschland misstrauisch verfolgt (vgl. IV. Kap. 8.2.3).[119] Grass' Werk wurde daraufhin in dem Kontext einer „groß angelegten Geschichtsrevision"[120] eingeordnet und die „Transformation der Täter- in eine Opfergesellschaft"[121] diagnostiziert.[122] Die erhoffte polnisch-deutsche Auseinandersetzung blieb allerdings aus.[123] Bundespräsidenten Johannes Rau setzte sich 2004 in Warschau für einen offenen Diskurs ein:

> In Deutschland und in Polen gibt es viele Geschichten von Leid und Trauer, von Nachbarschaft und von Freundschaft, die erzählt werden müssen. Es ist gut, dass sie erzählt werden können und erzählt werden, denn sonst wirken sie unter der Oberfläche, wie ein schleichendes Gift. [...] Und wir sind dankbar dafür, wie Günter Grass oder Andrzej Szczypiorski uns diese Geschichten erzählen.[124]

Im Krebsgang führte zu einer politischen Resonanz in Polen. Sein Impuls erzeugte kurzfristig keine Wirkung, förderte langfristig aber die Vergangenheitsbewältigung, zu der man damals im Nachbarland noch nicht bereit war.

2006 wurde das Bekanntwerden von Grass' Waffen-SS-Mitgliedschaft (vgl. IV. Kap. 8.2.4) durch die national-konservative Partei für innenpolitische Zwecke instrumentalisiert, um „antideutsche Töne"[125] zu wecken.[126] Auch bei europafreundlichen Politikern führte das „unerklärlich[e]"[127] Bekenntnis, so der frühere Außenminister Wladyslaw Bartoszewski, zu einer „unangenehmen Situation"[128], wie es der ehemalige Präsident Lech Wałęsa ausdrückte. Der spätere Ministerpräsident Donald Tusk sagte rückblickend: „Wir hatten aber das ungute Gefühl, dass

---

119 Vgl. Stefanie Peter, Ein Denkmal für Oskarchen, in: FAZ, 14.02.2002; Stefan Chwin, Ich habe die Vertriebenen mit eigenen Augen gesehen, in: Die Welt, 21.02.2002; Karol Sauerland, Nach Osten, in: SZ, 26.03.2002; Karol Sauerland, Krebsgang im Labyrinth, in: SZ, 17.05.2002; Thomas Urban, Kein Mitleid für die Ostlandritter, in: SZ, 15.05.2002.
120 Thomas Urban, „Wir treiben sie in Haufen hinter Oder und Neiße", in: SZ, 19.04.2005.
121 *Neue Züricher Zeitung* zitiert nach Volker Hage, Autoren: Unter Generalverdacht, in: Der Spiegel, 08.04.2002.
122 Stephan Burgdorff / Rainer Traub, Brennpunkt Polen, in: Der Spiegel Spezial, 01.06.2002.
123 Vgl. Ulrike Ackermann zitiert nach: Stefanie Peter, Im Krebsgang von Günter Grass erscheint in Polen, in: FAZ, 03.12.2002; Silvia Meixner, Krieg, Flucht und Vertreibung – Erinnern in Europa, in: Die Welt, 17.05.2003.
124 Johannes Rau, Rede „Deutschland und Polen – unsere Zukunft in Europa", 30.04.2004.
125 Oliver Hinz, Antideutsche Töne in Warschau, in: Die Welt, 19.08.2006.
126 Helga Hirsch, Als wäre noch Krieg, in: Die Welt, 22.08.2006.
127 Hans-Jörg Vehlewald, Empörung über das lange Schweigen des Günter Grass, in: Bild, 14.08.2006; o. V., Debatte über Grass wird hitziger, in: FAZ.net, 14.08.2006; Oliver Hinz, Antideutsche Töne in Warschau, in: Die Welt, 19.08.2006; ul., Unterstützung für Grass aus Polen, in: FAZ, 16.08.2006.
128 Hans-Jörg Vehlewald, Empörung über das lange Schweigen des Günter Grass, in: Bild, 14.08.2006; eps, Walesa will mit Grass in Danzig sprechen, in: FAZ, 18.08.2006.

wir [...] in gewissem Sinn Opfer seines Schweigens waren."[129] Der Danziger Bürgermeister Paweł Adamowicz forderte daher öffentlich eine Erklärung von Grass, denn „mit Bedauern stellen wir fest, dass Ihr ehrliches Eingeständnis viele Kontroversen, sogar politische Spekulationen und Spiele, auf beiden Seiten der deutsch-polnischen Grenze hervorgerufen hat."[130] Der Schriftsteller begründete sein Schweigen in einem offenen Brief mit folgenden Worten:

> In den Jahren und Jahrzehnten nach dem Krieg habe ich, als mir die Kriegsverbrechen in ihrem schrecklichen Ausmaß bekannt wurden, aus Scham diese kurze, aber lastende Episode meiner jungen Jahre für mich behalten, doch nicht verdrängt. [...] Dieses Schweigen kann als Fehler gewertet und – wie es gegenwärtig geschieht – verurteilt werden.[131]

Seine Erklärung überzeugte nicht nur Adamowicz und Wałęsa, sondern laut Meinungsumfragen auch 72 Prozent der Danziger.[132] „Danzig versteht seinen Sohn"[133], titelte die Presseberichterstattung daraufhin.[134] Die Stadt richtete ein Jahr später öffentlichkeitswirksam Grass' 80. Geburtstagsfest aus, was ihm „Mut gemacht und Stärke vermittelt"[135] habe.[136] In Deutschland dagegen führte der Medienskandal dazu, dass er auf Drängen der CDU auf den *Brückepreis* freiwillig verzichtete, mit dem die Jury ihn für seine deutsch-polnischen Verdienste 2006 auszeichnen wollte.[137]

Die deutsch-polnischen Beziehungen waren hinsichtlich der EU-Beitrittsverhandlungen mit Polen von Bedeutung, die die dritte Phase dominierten. Bundeskanzler Schröder versuchte daher, zu einer guten Zusammenarbeit beizutragen (vgl. IV. Kap. 8.3). „Als kritischer Kommentator begleitet Grass wichtige Entwicklun-

---

129 Konrad Schuller, Die Geschichte ist wieder Ballast, in: FAZ, 10.12.2007.
130 Paweł Adamowicz, Brief an Günter Grass, 08.09.2006, in: GUGS; vgl. o. V., Unterm Strich, in: TAZ, 14.08.2006.
131 Günter Grass, Brief an Paweł Adamowicz, 20.08.2006, in: GUGS, Teilabdruck in: FR / Die Welt, 23.08.2006.
132 Vgl. Berthold Seewald, Gemischtes Echo auf Grass-Brief, in: Die Welt, 24.08.2006; DW., Nobelpreisträger bleibt Ehrenbürger Danzigs und lehnt Görlitzer Brückepreis ab, in: Die Welt, 01.09.2006; Konrad Schuller, Kaczynskis Bullterrier hat sich verrannt, in: FAZ, 01.09.2006.
133 Paweł Adamowicz, Danzig versteht seinen Sohn, in: SZ, 25.08.2006.
134 Paweł Adamowicz, Danzig versteht seinen Sohn, in: SZ, 25.08.2006.
135 Günter Grass, Brief an Paweł Adamowicz, 09.10.2007, in: GUGS.
136 Vgl. Thomas Urban, Krebsgang und Wahlkampf, in: SZ, 16.10.2007; Gabriele Lesser, Schalom, Günter Grass!, in: TAZ 08.10.2007; Paul Flückinger, Günter Grass lässt sich in Danzig feiern, in: Die Welt, 08.10.2007; Marta Kijowska, Kaschubische Geburtstagsgrüße, in: FAZ, 08.10.2007; Christof Siemes, Als Denkmal am liebsten ein richtiges Klo, in: Die Zeit, 11.10.2007.
137 Vgl. rtr./apf./dpa, „Brückepreis" für Grass fraglich, in: TAZ, 18.08.2006; dpa, Grass lehnt Görlitzer Brückepreis ab, in: Die Welt, 31.08.2006; mm., Grass: Görlitzer CDU bedauert, in: TAZ, 02.09.2006.

gen in der deutsch-polnischen Geschichte nach 1945"[138] bis hin zur Berliner Republik. Polens Beteiligung am Irakkrieg 2003 belastete die deutsch-polnischen Beziehungen (vgl. IV. Kap. 7.3.3). Grass kritisierte diese Entscheidung massiv: „Ich denke, dass ein Volk, das die deutsche und russische Besatzung überlebt hat, besonderen Unwillen zur Teilnahme an einem Krieg haben sollte"[139]. Er stieß dabei auf Unverständnis, wie die Wortmeldung von Bartoszewski belegt: „Der Autor der unvergessenen Blechtrommel sollte für die Grausamkeiten des Krieges ein tieferes Verständnis zeigen."[140] Die außenpolitische Debatte um den Irak-Krieg verzahnte sich mit einem geschichtspolitischen Diskurs.[141] 2004 trat Polen der EU bei, aber die Spannungen blieben bestehen, bestärkt durch den Wahlsieg der deutschlandkritischen Kaczynski-Zwillinge im Jahr 2005. Grass nutzte sein medienwirksames Geburtstagsfest 2007, um die Blockadepolitik der polnischen Regierung hinsichtlich der EU-Verfassung zu kritisieren und zur Wahl aufzurufen.[142] Derartige Äußerungen wurden lobend von Politikern wie Gesine Schwan oder auch Egon Bahr wahrgenommen.[143] Letzterer bekundete: „Es tut gut, dass Du [...] einen erstaunlichen Kontrapunkt im polnischen Wahlkampf gesetzt hast. Noch etwas, wofür der Bundesbürger Grass Dank verdient."[144] Bogdan Borusewicz, Marschall des Senats der Republik Polen, fasste zusammen: „Ihre Stimme, Herr Grass, zu politischen Fragen, in letzter Zeit oft kritisch, ist für mich ein Ausdruck der Besorgnis eines Menschen, dem Polen und Europa sehr nahe waren und sind."[145]

Grass war ein „Freund Polens"[146] (Adam Michnik), der aber mit Kritik nicht sparte. Trotz der heftigen Diskurse um *Im Krebsgang* und sein *Waffen-SS-Bekenntnis* blieb er als Kulturbotschafter in Polen anerkannt. „In Polen wird er in kulturellen wie gesellschaftspolitischen Fragen als kritischer Beobachter und Vermittler geschätzt, in Deutschland hat seine Meinung zum deutsch-polnischen Verhältnis besonderes Gewicht."[147] Einflussreich war sein Einsatz für die geschichtspolitische Versöhnung, denn „das offizielle Verhältnis zwischen Polen und der Bundesrepublik war über lange Jahre von weitgehender, teils auch feindseliger

---

138 Schopenhauer, Grußwort, S. 7.
139 Dpa, Grass kritisiert Polen wegen Irak-Kriegs, in: Die Welt, 03.06.2003; vgl. Stefanie Peter, Winkewinke, in: FAZ, 02.06.2003.
140 Gerhard Gnauck, Schurken müssen bestraft werden, in: Die Welt, 06.05.2003.
141 Kerski, Polen, S. 412.
142 Rtr./dpa, EU vor Machtkampf, in: TAZ, 19.06.2007; dpa, Günter Grass attackiert polnische „Blockadepolitik" im EU-Streit, in: Die Welt, 19.06.2007.
143 Vgl. Gesine Schwan, Brief an Günter Grass, 25.10.2007, in: GUGS.
144 Egon Bahr, Brief an Günter Grass, 16.10.2007, in: GUGS.
145 Bogdan Borusewicz, in: FES Polen, Sozialdemokratischer Mittler, S. 16–17 hier S. 16.
146 Marta Kijowska, Gelebte Grassomania, in: FAZ, 14.04.2015.
147 Schopenhauer, Grußwort, S. 7.

Sprachlosigkeit bestimmt. Es waren wenige Männer und Frauen, die sich auch in schwierigen Zeiten, unter widrigen Umständen für den Dialog zwischen unseren Völkern eingesetzt haben"[148], einer von ihnen war Grass. Seine Verdienste wurden von Politikern beider Länder lobend hervorgehoben und im Zuge der Kritik an seinem Verschweigen der Waffen-SS-Mitgliedschaft als Beispiel genannt, dass sein politisches Engagement Bestand habe.[149] Außenminister Frank-Walter Steinmeier bekundete gegenüber Grass, dass „die begonnene und in den aktuellen Zeiten so schwierige Aussöhnung mit Polen ganz entscheidend mit Ihrem Namen verbunden"[150] sei. Es war die „Vielseitigkeit dieses Verhältnisses"[151] zu Polen, die Einfluss erzeugte. Die Summe an Aktivitäten führte dazu, dass Grass eng mit dem Nachbarland in Verbindung gebracht wurde und die Aussöhnung mit seiner Deutungsmacht prägte. Grass überschritt nicht nur durch seine literarischen Werke die Grenzen zum Nachbarland, sondern engagierte sich auch als politischer Brückenbauer.

8.2.2 Appell für Entschädigungen von NS-Opfern und Zwangsarbeitern (2000 / 2001)

Die rot-grüne Regierung packte 1998 das „heikle Thema"[152] der Entschädigung von NS-Opfern an, „vor dem sich Helmut Kohl wie alle Kanzler vor ihm immer gedrückt hatte"[153]. Bereits im Koalitionsvertrag hieß es: „Die neue Bundesregierung wird [...] unter Beteiligung der deutschen Industrie eine Bundesstiftung Entschädigung für NS-Zwangsarbeit auf den Weg bringen."[154] Bundeskanzler Gerhard Schröder erklärte „diese Angelegenheit [...] zur Chefsache"[155] und betraute seinen Kanzleramtschef Frank-Walter Steinmeier, „die äußerst sensiblen Gespräche über die Entschädigung

---

148 Johannes Rau, Rede „Polen und Deutsche – gemeinsam in Europa", 05.05.2002; vgl. Frank-Walter Steinmeier, Rede beim Antrittsbesuch in der Republik Polen während des Besuches der Warschauer Buchmesse, 19.05.2017.
149 Vgl. Roman Herzog, Brief an Günter Grass, 15.10.1997, in: AdK, GGA, Signatur 14701; Aleksander Kwasniewski, Rede beim Festakt zum Tag der Deutschen Einheit, 03.10.2001; AP., Günter Grass. Weizsäcker würdigt die Rolle des Literaten im deutsch-polnischen Dialog, in: Die Welt, 21.08.2006.
150 Frank-Walter Steinmeier, Brief an Günter Grass, 16.10.2006, in: GUGS.
151 Schopenhauer, Grußwort, S. 7.
152 Wolfrum, Rot-Grün, S. 584.
153 Wolfrum, Rot-Grün, S. 584.
154 SPD / Bündnis 90 und Die Grünen, Koalitionsvereinbarung „Aufbruch und Erneuerung. Deutschlands Weg ins 21. Jahrhundert", 20.10.1998, S. 35.
155 Rezzo Schlauch zitiert nach: Wolfrum, Rot-Grün, S. 603.

der NS-Zwangsarbeiter"[156] zu führen. In seinen Erinnerungen erklärte Schröder, er wollte „dieses unwürdige Gezerre auf dem Rücken der Opfer aus prinzipiellen Gründen beenden"[157]. Die politische Debatte fand zwischen 1998 und 2000 statt.[158] Grass mischte sich in den Diskurs um die Entschädigungen ein, in dem er für die Hinterbliebenen der *Danziger Post* Partei ergriff. Auf diese Weise wollte er eine schnelle Auszahlung nach dem am 6. Juli 2000 verabschiedeten *Gesetz zur Entschädigung ehemaliger Zwangsarbeiter im Dritten Reich* erreichen.

Grass beschäftigte sich aus persönlichen Gründen mit der Entschädigung der Mitglieder der Polnischen Post. Der Cousin seiner Mutter, Franz Krause, wurde standrechtlich dabei erschossen. Ein Thema, das seine Kindheit beeinflusste und in *Die Blechtrommel* verewigt wurde.[159] Der Intellektuelle setzte sich daher dafür ein, dass die Fehlurteile der Nachkriegszeit zurückgenommen wurden und die Opfer einen Entschädigungsanspruch erhielten, der ihnen laut einem Gerichtsurteil aus dem Jahr 1998 zustand.[160] Bundeskanzler Schröder bekundete in Warschau, dass die Bundesrepublik zwar eine moralische Verpflichtung einer Entschädigung hätte, wies jedoch auf die fehlende Rechtsgrundlage dafür hin.[161] Grass wandte sich daraufhin direkt an den Bundeskanzler und an Bundesfinanzminister Eichel, um eine Auszahlung zu erwirken.[162] Da es sich um einen „Präzedenzfall sondergleichen"[163] handelte, war auch Justizministerin Herta Däubler-Gmelin involviert. Eichel sicherte „brieflich und telefonisch"[164] zu, in dieser Angelegenheit tätig zu werden. Der damalige Kulturstaatsminister Michael Naumann weist dem Intellektuellen in diesem Anliegen einen unmittelbaren Einfluss zu: „Günter Grass [...] hatte bei seinem Bewunderer und Freund Schröder interveniert, also wurde die klägliche Summe den Hinterbliebenen ausgezahlt."[165] Der maßgeblich an der Initiative beteiligte Dieter Schenk bestätigte: „Durch die Initiative von Günter Grass – gemeinsam mit den Rechtsanwälten der Kläger – und durch die Einflussnahme einzelner Bür-

---

156 Gerhard Schröder, „Steinmeier hat das Zeug zum Kanzler", in: Vorwärts, 11.08.2008.
157 Schröder, Entscheidungen, S. 74.
158 Vgl. Torben Fischer / Matthias N. Lorenz, Lexikon der „Vergangenheitsbewältigung" in Deutschland. Debatten- und Diskursgeschichte des Nationalsozialismus nach 1945, 2. unver. Aufl., Bielefeld 2009, S. 323–325.
159 Dieter Schenk, Die Post von Danzig: Geschichte eines deutschen Justizmordes Juristische Aspekte. Vortrag im Schwurgerichtssaal des Landgerichts Bremen, 17.6.2009, S. 1.
160 Dieter Schenk, Schändliche Entschädigung. Wie die Bundesrepublik den Mord an 38 Danziger Postbeamten mit 275 000 DM „entschädigt", in: Ossietzky Nr. 25, 16.12.2000.
161 Vgl. Schenk, Schändliche Entschädigung, S. 3.
162 Vgl. Günter Grass, Brief an Dieter Schenk, 08.06.2000, in: GUGS.
163 Naumann, Glück gehabt, S. 140.
164 Vgl. Günter Grass, Brief an Dieter Schenk, 08.06.2000, in: GUGS.
165 Naumann, Glück gehabt, S. 140.

ger und Politiker war schließlich die Bundesregierung bereit, den Fall durch einen Vergleich zu erledigen."[166] Schröder schrieb am 13. November 2000 an Grass: „Ich freue mich, Dir mitteilen zu können, dass in der Zwischenzeit mit den Hinterbliebenen der Danziger Postverteidiger eine Einigung erzielt werden konnte. Die Vergleichslösung sieht Entschädigungszahlungen in einer Höhe vor, die sich an den Leistungen für Zwangsarbeiter orientiert. Ich denke, damit ist eine insgesamt gute Lösung gefunden worden, die auch Deinen Zuspruch finden kann."[167] Michael Naumann macht deutlich, dass „Günter Grass Blechtrommel [...] an dieser allzu verspäteten Wiederherstellung von Gerechtigkeit einen größeren Anteil [hat] als man gemeinhin literarischen Werken zuzustehen geneigt ist."[168] Er trug nicht nur durch sein Buch zur öffentlichen Aufmerksamkeit und der rechtlichen Aufarbeitung bei. Er nahm auch direkt auf Bundeskanzler Schröder und die zuständigen Minister Einfluss, um eine Entschädigungszahlung zu erreichen. Grass forderte von der Regierung, dass sie „die Opferseite, deren Zahl immer kleiner wird, in erster Linie vertreten [...]. Das sind alte Menschen, die man jahrzehntelang um das betrogen hat, was ihnen schon längst zugestanden hätte."[169] Der Intellektuelle generierte somit wirkungsvoll Öffentlichkeit für die Opfer der polnischen Post und deren Belange.

Genau diesem Aspekt widmete sich auch ein gemeinsamer Aufruf von Grass, Hartmut von Hentig und Carola Stern zugunsten der NS-Zwangsarbeiter unter dem Titel *Die Zeit für die Betroffenen läuft ab* vom 12. Juli 2000. Von Hentig hatte die Idee für diesen Aufruf, für den er die beiden anderen Intellektuellen als Mitstreiter gewann.[170] Motiviert war die Initiative durch die Scham darüber, „dass die Wirtschaft nur einen winzigen Bruchteil des den ehemaligen Zwangsarbeitern Geschuldeten [...] zahlt und dass sich bisher (Ende Mai 2000) nur 2215 von 220 000 angeschriebenen Firmen daran beteiligen"[171]. Die Industrie war damit der Hauptadressat des Appells. Derweil drückten die Initiatoren ihren Respekt für die „Schrittmacherfunktion ebenso wie [die] Beharrlichkeit"[172] der rot-grünen Regierung und des Bundespräsidenten Johannes Rau aus. Den Intellektuellen war klar, dass der politische Prozess

---

166 Schenk, Schändliche Entschädigung, S. 3; vgl. Dieter Schenk, Die Post von Danzig. Geschichte eines deutschen Justizmords, Reinbek 1995.
167 Gerhard Schröder, Brief an Günter Grass, 13.11.2000, in: GUGS.
168 Michael Naumann, Gratulation, in: Der Spiegel, 02.10.2002.
169 Jörg-Dieter Kogel / Harro Zimmermann, „Die Zeit der Sprechblasen ist vorbei", in: FR, 03.02.1999.
170 Hartmut von Hentig, Brief an Günter Grass, 01.06.2000, in: GUGS; vgl. Hartmut von Hentig, Mein Leben – bedacht und bejaht. Schule, Polis, Gartenhaus, München 2007, S. 620.
171 Günter Grass / Carola Stern / Hartmut von Hentig, „Die Zeit für die Betroffenen läuft ab", in: FR, 12.07.2000.
172 Grass / Stern / von Hentig, „Die Zeit für die Betroffenen läuft ab", in: FR, 12.07.2000.

von Kompromissen geprägt sei. Angesichts des Alters der Betroffenen zeigten sie sich jedoch unzufrieden über weitere Verzögerungen bei der Auszahlung.[173] Im Appell drückten Grass, von Hentig und Stern ihre Verwunderung darüber aus, dass „man 55 Jahre nach dem Ende der Hitlerherrschaft über elementare Sachfragen noch im Unklaren und uneins"[174] sei, beispielsweise über die Zahl der Zwangsarbeiter und deren Einsatzort. Sie fordern daher, dass sich damit „die Öffentlichkeit beschäftigen"[175] müsse. Die Initiatoren „aus der alten Generation"[176] riefen jeden erwachsenen Deutschen auf, „20 Mark für ehemalige Zwangsarbeiter zu spenden"[177], damit die *Stiftung Erinnerung, Verantwortung und Zukunft* innerhalb der nächsten sechs Monate mit Entschädigungszahlungen beginnen könne. Sie hofften, dass „viele einzelne deutsche Menschen [...] durch eine Geste zu verstehen geben, dass ihnen dieses Unrecht bewusst ist, dass sie Kummer und Scham empfinden, dass sie etwas gut machen wollen"[178]. Gemeinsam erregten sie durch ihre Stellungnahmen und eine „Benefiz-Veranstaltung"[179] Aufmerksamkeit, beispielsweise „in den Tageszeitungen und auch im Heute Journal"[180] (33 Presseartikel).[181] Grass hoffte mit diesem Engagement „dazu beitragen [zu] können, daß mit der Auszahlung der Entschädigungen umstandslos begonnen werden kann"[182]. Journalisten und Leser bewerteten die Initiative sehr kontrovers. Während die einen es ablehnten, für die Wirtschaft Geld zu spenden, da sie bereits über Steuern beteiligt seien, waren andere froh, Eigeninitiative zeigen zu können und ergriffen diese Chance für eine symbolische Geste.[183]

Den Intellektuellen gelang es, den Diskurs um eine neue Perspektive zu erweitern: „Bis gestern war es verhältnismäßig einfach, die Frage der Entschädigung der Zwangsarbeiter als ein Problem zu betrachten, das vorrangig die deutsche Wirtschaft und allenfalls noch die deutsche Politik etwas anging."[184] Nun war eine Reaktion der Bürger gefragt, die damit ein Zeichen setzten und der Wirtschaft einen

---

173 Grass / Stern / von Hentig, „Die Zeit für die Betroffenen läuft ab", in: FR, 12.07.2000.
174 Grass / Stern / von Hentig, „Die Zeit für die Betroffenen läuft ab", in: FR, 12.07.2000.
175 Grass / Stern / von Hentig, „Die Zeit für die Betroffenen läuft ab", in: FR, 12.07.2000.
176 Dpa, Günter Grass ruft zu Spenden auf, in: FAZ, 13.07.2000.
177 Grass / Stern / von Hentig, „Die Zeit für die Betroffenen läuft ab", in: FR, 12.07.2000.
178 Grass / Stern / von Hentig, „Die Zeit für die Betroffenen läuft ab", in: FR, 12.07.2000.
179 Günter Grass, Brief an Fritz Pleitgen, 27.07.2000, in: GUGS; Günter Grass, Arbeitskalender 2000, in: GUGS.
180 Günter Grass, Brief an Fritz Pleitgen, 27.07.2000, in: GUGS.
181 Vgl. Sebastian Domsch, Eine Tombola für Schuld und Sühne, in: FAZ, 23.10.2000.
182 Günter Grass, Brief an Fritz Pleitgen, 27.07.2000, in: GUGS.
183 Vgl. Philipp Gessler, Trotz allem ein Zeichen, in: TAZ, 14.07.2000; mh., Mit gutem Beispiel voran, in: SZ, 17.07.2000.
184 Igl., Zwanzig Mark, in: FAZ, 13.07.2000, S. 49; vgl. mad., Mit 20 Mark dabei, in: SZ, 13.07.2000.

Spiegel vorhalten konnte.[185] Die öffentliche Aufmerksamkeit führte dazu, dass die Stiftung von Bürgern rund 3,5 Millionen Mark erhielt.[186] Von Hentig beurteilte die Spendenbereitschaft als erfreulich, denn entscheidend sei nicht die Summe, sondern die Zahl der Spender. Für ihn war „der Aufruf [...] ein symbolischer Akt. Er soll die Wirtschaft beschämen"[187], die Anfang März 2001 noch nicht den vereinbarten Betrag eingesammelt hatte. Otto Graf Lambsdorff, Leiter der deutschen Delegation bei den Entschädigungsverhandlungen, benannte die Initiative nüchtern als „brauchbar"[188], um die Gesamtverantwortung der Deutschen deutlich zu machen. Lothar Evers, Geschäftsführer des *Bundesverbandes Information und Beratung für NS-Verfolgte* bezeichnete den Aufruf dagegen als „wirklich hervorragend"[189]. Begrüßt wurde der Aufruf von Politikern unterschiedlicher Parteien, wie Rezzo Schlauch (Die Grünen), Michel Friedman (CDU) und Guido Westerwelle (FDP).[190]

In der Praxis gab es bei der Auszahlung der somit eingesammelten Spendengelder erhebliche Schwierigkeiten. Die *Stiftung Erinnerung, Verantwortung und Zukunft* hatte keine eigene Banknummer, sodass für die von den Intellektuellen angeregte Zustiftung ein „eigens vom Bundesfinanzminister angelegtes Konto"[191] nötig wurde.[192] Zudem konnten die Beträge nicht direkt an die Antragsteller ausgezahlt werden.[193] Die Initiatoren waren verärgert und fürchteten, dass die Gelder für andere Zwecke vereinnahmt würden. Daraufhin verfasste Grass Briefe an Eichel sowie den Vorstand der *Stiftung Erinnerung, Verantwortung und Zukunft*, in denen es hieß: „Diese Entwicklung macht uns und unsere Initiative unglaubwürdig. Wir sehen uns gezwungen, über Konsequenzen – wie die Abziehung der Beträge [...] nachzudenken."[194] Es fand daraufhin am 7. Dezember 2000 ein Krisentreffen in Berlin mit einem Stiftungsvertreter statt.[195] Dass Grass' Wort Gewicht hatte, zeigte sich darin, dass er aus dem Kanzleramt und vom Finanzminister Antwort erhielt. Sein Brief wurde von Frank-Walter Steinmeier, Chef des Bundeskanzleramtes, „ausführ-

---

185 Philipp Gessler, Trotz allem ein Zeichen, in: TAZ, 14.07.2000.
186 O. V., Private Zustiftungen, in: TAZ, 10.04.2001.
187 Ddp, Viele Privatspenden für Zwangsarbeiter-Fonds, in: SZ, 27.07.2000.
188 Philipp Gessler, Der eigene Beitrag, in: TAZ, 14.07.2000.
189 Jr., Zur Sache: Missverständnis" über Konto für Zwangsarbeiter, in: FR, 17.07.2000.
190 Vgl. CHB / ALE., Armutszeugnis für die deutsche Industrie, in: Der Tagesspiegel, 12.07.2000.
191 Jr., Zur Sache: „Missverständnis" über Konto für Zwangsarbeiter, in: FR, 17.07.2000; vgl. Bundesministerium der Finanzen, Fax an Brandl, WDR, 11.10.2000, in: GUGS.
192 Jr., Zur Sache: „Missverständnis" über Konto für Zwangsarbeiter, in: FR, 17.07.2000.
193 Vgl. Hilke Ohsoling, Notiz „Telefonat mit Carola Stern, 27.11. 10 Uhr", in: GUGS.
194 Günter Grass, Brief an Hans Eichel, 01.12.2000, in: GUGS; Günter Grass, Brief an den Vorstand der Stiftung „Erinnerung, Verantwortung und Zukunft", 01.12.2000, in: GUGS.
195 Günter Grass, Arbeitskalender 2000, in: GUGS.

lich beantwortet"[196] und Eichel fügte „ergänzende Aspekte"[197] hinzu. Letzerer wies darauf hin, dass „alle an den nationalen und internationalen Gesprächen und dem Stiftungsgesetz Beteiligten [...] der Reihenfolge ‚erst Rücknahme der Sammelklage, dann Beginn der Auszahlungen' zugestimmt"[198] hätten. Der Politiker kündigte an, dass „eine befriedigende Lösung [...] greifbar"[199] sei, da „die Vorkehrungen für die Auszahlungen mit Hochdruck getroffen"[200] seien. Eine „Rückzahlung oder Neubestimmung der Spenden"[201] sei nicht im Interesse der ehemaligen Zwangsarbeiter, sodass er eindringlich für eine „unveränderte gesetzmäßige Fortführung der Maßnahme"[202] plädierte. Eichel bestätigte auf Nachfrage, dass Grass „großen Einfluß"[203] auf die SPD hatte und Briefe von ihm Gewicht besaßen, sodass man sich mit dem Sachverhalt persönlich beschäftigte. Er ließ ihn auch im Folgenden über den Stand der Zuwendungen informieren.[204] Stern, Grass und von Hentig wandten sich zudem an Wolfgang Thierse, damals Präsident des Deutschen Bundestages, mit der Bitte um Unterstützung. Seine Rückantwort machte deutlich, dass der intellektuelle Impuls dazu führte, dass Politiker sich bei Fachleuten ihrer Fraktion erkundigten, „was in Richtung auf eine beschleunigte Auszahlung praktisch getan werden kann"[205]. Er vertröstete die Initiatoren auf die Entschließung des Deutschen Bundestages in zwei Monaten. Grund sei die noch abzuwartende Gerichtsentscheidung in den USA zur Abweisung der Sammelklage. Er versicherte, dass bereits die „erforderlichen Vorkehrungen"[206] getroffen würden, sodass „danach zügig ausgezahlt werden kann."[207] Stern und von Hentig[208] knüpften im März 2001 an den Briefwechsel an, weil die Entscheidung der US-Richterin „uns in der Entschädigungsfrage weit zurückgeworfen"[209] habe, da somit die gewünschte Rechtssicherheit auf unbestimmte Zeit nicht

---

196 Hans Eichel, Brief an Günter Grass, 17.01.2001, in: GUGS; vgl. Karl Diller, Brief an Günter Grass, 13.02.2001, in: GUGS.
197 Hans Eichel, Brief an Günter Grass, 17.01.2001, in: GUGS.
198 Hans Eichel, Brief an Günter Grass, 17.01.2001, in: GUGS.
199 Hans Eichel, Brief an Günter Grass, 17.01.2001, in: GUGS.
200 Hans Eichel, Brief an Günter Grass, 17.01.2001, in: GUGS.
201 Hans Eichel, Brief an Günter Grass, 17.01.2001, in: GUGS.
202 Hans Eichel, Brief an Günter Grass, 17.01.2001, in: GUGS.
203 Hans Eichel, 23.01.2001.
204 Vgl. Karl Diller, Brief an Günter Grass, 13.02.2001, in GUGS.
205 Wolfgang Thierse, Brief an Hartmut von Hentig, 21.12.2000, in: GUGS.
206 Wolfgang Thierse, Brief an Hartmut von Hentig, 21.12.2000, in: GUGS.
207 Wolfgang Thierse, Brief an Hartmut von Hentig, 21.12.2000, in: GUGS.
208 Grass verweilte in dieser Zeit im Ausland. Vgl. Günter Grass, Arbeitskalender 2000, in: GUGS.
209 Carola Stern / Hartmut von Hentig, Brief an Wolfgang Thierse, 09.03.2001, in: GUGS.

erreichbar sei. Eine Auszahlung an besonders bedürftige Entschädigungsberechtigte war aufgrund des Errichtungsgesetzes der Stiftung nicht möglich. „Wir glauben das nicht"[210], bekundeten die Initiatoren, sondern forderten eine entsprechende Gesetzesänderung, um die Auszahlung zu ermöglichen. Sie kündigten eine Pressekonferenz an, um die Öffentlichkeit darüber zu informieren und den Druck zu erhöhen.

In einem offenen Protestbrief pochten die Initiatoren im Februar auf eine „sofortige Auszahlung"[211] der 3,25 Millionen Mark Spendengelder. Evers vom Bundesverband *Information und Beratung für NS-Verfolgte* zeigte sich „verstört"[212] über ein Gespräch zwischen Schröder und der Stiftungsinitiative der deutschen Wirtschaft. Er vermutete, diese hätten den Bundeskanzler auf ihre Seite gezogen und äußerte große Sorgen, dass das Thema lediglich exklusiv in politischen Arbeitsgruppen behandelt würde.[213] Er plante daher eine öffentliche Aktion und bat um prominente Unterstützung.[214] Diese Kritik spiegelte sich im Diskurs wider. NS-Opfer demonstrierten vor dem Kanzleramt. Zeitgleich publizierten Grass, Stern und der IG Metall-Vorsitzende Klaus Zwickel einen Aufruf *Gerechtigkeit für die Überlebenden der NS-Zwangsarbeiter – Jetzt* an den Bundestag und die Wirtschaft. Die Überlebenden hätten keine Zeit mehr zu verlieren, „täglich sterben mehr als 200"[215] durch diese Hinhaltetaktik. Die Intellektuellen erhielten für ihr politisches Anliegen eine breite Unterstützung aus der Bevölkerung.[216]

Nach dieser Öffentlichkeitsoffensive schrieb Bundeskanzler Schröder Anfang April an Grass, dass er sein Anliegen „persönlich angesichts des komplizierten und langwierigen Verfahrens zur Rechtssicherheit sehr gut nachvollziehen"[217] könne. Er versicherte, „dass ich – wie auch alle anderen an den internationalen Verhandlungen Beteiligten – von einem sehr viel rascheren Verfahren ausgegangen bin"[218]. Der Bundeskanzler machte deutlich, dass eine entsprechende Gesetzesänderung „angesichts der absehbaren parlamentarischen und öffentlichen Diskussion voraussichtlich zumindest bis zur Sommerpause dauern"[219] würde. Er versprach eine beschleunigte Umsetzung nach der getroffenen „Vereinbarung"[220]. Man würde sich anschließend „nochmals kurzfristig mit den Unternehmen zu-

---

210 Carola Stern / Hartmut von Hentig. Brief an Wolfgang Thierse, 09.03.2001, in: GUGS.
211 Dpa, Friedman findet Wirtschaft taktiert, in: TAZ, 15.02.2000.
212 Lothar Evers, Telefax, 20.03.2001, in: GUGS.
213 Vgl. Helmut Uwer, Zwangsarbeiter, in: FAZ.net, 28.03.2001.
214 Lothar Evers, Telefax, 20.03.2001, in: GUGS.
215 Dpa, Grass und Zwickel treten für schnelle Entschädigungen ein, in: Die Welt, 28.03.2001.
216 Vgl. Marianne Heuwagen, NS-Opfer demonstrieren vor dem Kanzleramt, in: SZ, 29.03.2001.
217 Gerhard Schröder, Brief an Günter Grass, 06.04.2001, in: AdK, Signatur 10426.
218 Gerhard Schröder, Brief an Günter Grass, 06.04.2001, in: AdK, Signatur 10426.
219 Gerhard Schröder, Brief an Günter Grass, 06.04.2001, in: AdK, Signatur 10426.
220 Gerhard Schröder, Brief an Günter Grass, 06.04.2001, in: AdK, Signatur 10426.

sammensetzen und über den erreichten Stand der Rechtssicherheit beraten"[221]. Er mahnte den Intellektuellen, den politischen Prozess abzuwarten:

> So sehr ich Deine Motivation, die Mittel möglichst sofort an die ehemaligen NS-Zwangsarbeiter auszuzahlen, verstehe und teile, bitte ich Dich doch, darauf zu vertrauen, dass wir mit dem skizzierten Verfahren am schnellsten zum Ziel gelangen. Ich hoffe auf Deine Unterstützung.[222]

Grass äußerte sich nicht mehr öffentlich zu dem Thema NS-Zwangsarbeiter. Im Bundestag wurde am 30. Mai 2001 die „ausreichende Rechtssicherheit"[223] festgestellt, sodass am 15. Juni 2001 die Stiftung die erste Auszahlung überweisen konnte. Die Entschädigung der NS-Zwangsarbeiter war allerdings erst 2007 abgeschlossen.[224]

Der Intellektuelle hatte, gemeinsam mit anderen, den Diskurs auch dahin gehend initiiert, indem sie darauf hinwiesen, dass nicht nur die Unternehmen, sondern auch Kirchen, Landwirtschaft, Kommunen und Handwerksbetriebe NS-Zwangsarbeiter eingesetzt hatten. „Als die Auszahlungen begannen, sprach man hinsichtlich des Umgangs mit dem Erbe der NS-Zwangsarbeit kaum noch von konkreter unternehmerischer, sondern meist von einer übergreifenden Verantwortung."[225] Welchen Einfluss die Interventionen auf die zuständigen Politiker hatten, kann nicht ermessen werden. Fest steht, dass Spitzenpolitiker wie Thierse, Eichel oder Schröder sich mit dem Anliegen von Grass und seinen Mitstreitern beschäftigten. Eine schnelle Umsetzung wurde von allen Seiten versprochen, dennoch zog sich das Verfahren aufgrund offener, juristischer Fragen hin. Dies konnten die Intellektuellen weder durch öffentlichen Druck noch durch direkte Gespräche beschleunigen. Die politischen, häufig bürokratischen Prozesse waren deutlich langwieriger, als es sich die Intellektuellen vorstellen wollten.

---

221 Gerhard Schröder, Brief an Günter Grass, 06.04.2001, in: AdK, Signatur 10426.
222 Gerhard Schröder, Brief an Günter Grass, 06.04.2001, in: AdK, Signatur 10426.
223 Deutscher Bundestag, Stenographischer Bericht, 30.05.2001; vgl. Schröder, Entscheidungen, S. 76.
224 Vgl. Deutscher Bundestag, Sechster und abschließender Bericht der Bundesregierung über den Abschluss der Auszahlung und die Zusammenarbeit der Stiftung „Erinnerung, Verantwortung und Zukunft" mit den Partnerorganisationen, 09.07.2008.
225 Jörg Osterloh / Harald Wixforth (Hrsg.), Unternehmen und NS-Verbrechen. Wirtschaftseliten im „Dritten Reich" und in der Bundesrepublik Deutschland, Frankfurt 2014, S. 387.

8.2.3 *Im Krebsgang* als literarischer Diskursanstoß über das Thema Vertreibung (2002)

8.2.3.1 Diskursanstoß über Vertreibung

Günter Grass galt aufgrund seiner Biografie als prominentes Beispiel eines Vertriebenen.[226] Mit seiner 2002 veröffentlichten Novelle *Im Krebsgang* verarbeitete der Schriftsteller das Sujet und leistete damit einen Beitrag zum geschichtspolitischen Diskurs.[227] Das Buch war ein „Überraschungscoup"[228], denn der Bestseller erzielte eine hohe Medienpräsenz (478 Presseartikel).[229] Die Presse diskutierte, inwieweit Grass ein „Tabubrecher"[230] sei, da er es gewagt hatte, die deutschen Vertriebenen in seinem Werk als Opfer darzustellen. Darüber hinaus rückte er das Verschweigen ihrer Schicksale in den Fokus. Dabei wurden primär zwei Zitate des Erzählers der Novelle zitiert: „Niemals [...] hätte man über so viel Leid, nur weil die eigene Schuld übermächtig gewesen sei, schweigen, das gemiedene Thema den Rechtsgestrickten überlassen dürfen. Dieses Versäumnis sei bodenlos [...]"[231]. Selbstkritisch wurde vom Erzähler eingeräumt: „Eigentlich [...] wäre es Aufgabe seiner Generation gewesen, dem Elend der ostpreußischen Flüchtlinge Ausdruck zu geben [...]."[232] Grass war kein Vorreiter bei der Thematisierung der Vertreibung, sondern spiegelte die Stimmung in der Gesellschaft wider. Das Buch entsprach diesem gewandelten Zeitgeist, der sich durch verschiedene Initiativen, Bücher und Filme zeigte.[233] Volker Neuhaus konstatierte, dass die Novelle „der generellen Welle der öffentlichen und der veröffentlichten Meinung"[234] entsprach. Er wurde zu einem „wichtigen Träger[...] des neuen deutschen Opferdiskurses"[235], da er als Altlinker und Angehöriger der 68er-Generation durch seinen langjährigen Einsatz gegen Rechtsextremismus sowie für die Versöhnung mit Polen nicht in Verruf des Revanchismus kam. Grass' literarischer, geschichtspolitischer Vorstoß traf im In- und Ausland auf Resonanz. Spitzenpolitiker wie Bundeskanzler Gerhard Schröder oder der ehemalige Außenminister

---

226 Vgl. dpa, Polnischer Publizist für Bekenntnis zur Vertreibung, in: FAZ, 09.08.1990.
227 Vgl. Becker, Geschichtspolitik in der Berliner Republik, S. 409.
228 Rudolf Augstein, Untergang der „Gustloff", in: Der Spiegel Spezial, 01.06.2002.
229 Vgl. Titelgeschichte: o. V., Die Deutsche Titanic: Die verdrängte Tragödie des Flüchtlingsschiffes „Wilhelm Gustloff", in: Der Spiegel, 04.02.2002; Peter Sandmayer / Gerda-Marie Schönfeld, Eine Katastrophe, aber kein Verbrechen, in: Stern, 14.02.2002.
230 Ulrich Raulff, Untergang mit Maus und Muse, in: SZ, 05.02.2002; vgl. Wolfgang Büschner, Vertrieben. Verdrängt. Vergessen?, in: Die Welt, 05.02.2002.
231 Günter Grass, Im Krebsgang, in: NGA 16, S. 93.
232 Grass, Im Krebsgang, in: NGA 16, S. 93.
233 Vgl. dpa, Polnischer Publizist für Bekenntnis zur Vertreibung, in: FAZ, 09.08.1990.
234 Neuhaus, Günter Grass, S. 402.
235 Becker, Geschichtspolitik in der Berliner Republik, S. 412.

Hans-Dietrich Genscher lobten das Buch.[236] Bundespräsident Johannes Rau wies in einem persönlichen Brief darauf hin, dass es „an manchem Tisch und in vielen Runden diskutiert, weitergereicht, zitiert und kommentiert wird"[237]. Er betonte in seiner Rede zu Grass' 75. Geburtstag, dass Literatur ein „verbindliches Engagement [darstellt], das sich verantwortlich fühlt vor der Geschichte und vor der Gegenwart"[238]. Ministerpräsidentin Heide Simonis gratulierte „zur fulminanten Resonanz"[239], denn „selbst Deine ärgsten Kritiker kommen nicht umhin, Dir Tribut zu zollen. Endlich!"[240] Der Roman wurde von Politikern im Inland rezipiert und vielfach gelobt.

Grass sah es als einen günstigen Zeitpunkt an, sich mit der Vertreibung der Deutschen auseinanderzusetzen, da in Polen und auch in Russland die Diskussion darüber begann.[241] Seine Novelle und seine Stellungnahmen bei Lesereisen führten tatsächlich zu „einige[m] Wirbel"[242] im Ausland, beispielsweise in Polen (vgl. IV. Kap. 8.2.1), Tschechien und Russland. Auch in den USA und in Israel wurde das Buch kontrovers diskutiert. Der israelische Botschafter Stein befürchtete, dass nun alle „psychohistorische[n]"[243] Hemmungen fallen. Es zeigte sich an den politischen Reaktionen im Ausland, dass das Thema Vertreibung dort weiterhin sehr umstritten war. In einem Interview sagte Grass: „Es mag sein, dass meine Meinung Empfindsamkeiten weckt. Ich glaube aber, dass viele Menschen hier für meine Sicht Verständnis haben."[244] Er hoffte, durch seine guten Kontakte mit den Nachbarländern zu vermitteln, musste aber selbst erstaunt feststellen, welche negativen Reaktionen sein Buch hervorrief.[245] Es gab „ein sensibles Verhältnis der Wechselwirkung"[246] zwischen der Öffentlichkeit in Deutschland und den Nachbarländern. Der tschechische Politiker Pavel Kohout und Schriftstellerkollege hob dennoch hervor, dass Grass genau „der Richtige [sei], [um] von den Leiden der Deutschen während des Krieges zu erzählen"[247], da er „mit seinen

---

236 Vgl. Jörg Magenau, Der Kanzler als fröhlicher Wasserglasträger, in: FAZ, 01.03.2002; Helmut Brühl, Bemühungen um Verständigung finden kaum Beachtung, in: SZ, 09.04.2002.
237 Johannes Rau, Brief an Günter Grass, 03.04.2002, in: AdsD, Bestand Johannes Rau, 1/JRAC000939.
238 Johannes Rau, Rede anlässlich des 75. Geburtstages von Günter Grass, Göttingen im Oktober 2002, in: AdsD, Bestand Johannes Rau, 1/JRAC000939.
239 Heide Simonis, Brief an Günter Grass, 11.03.2002, in: GUGS.
240 Heide Simonis, Brief an Günter Grass, 11.03.2002, in: GUGS.
241 Vgl. Holger Kankel, „Jede Vertreibung ist Unrecht", in: Schweriner Volkszeitung, 25.03.2002.
242 SZ., Bestenfalls ein Fehler, in: SZ, 11.06.2003.
243 Konrad Schuller, Der Glacéhandschuh ist abgestreift, in: FAZ, 07.04.2002.
244 O. V., Günter Grass. Kein Anlass für irgendwelche Denkmäler, in: Die Welt, 12.06.2003.
245 Wulf Segebrecht, Wir waren kein Hellseher, in: FAZ, 22.12.2003.
246 Peter Becher, Der deutsch-tschechische Diwan, in: Die Welt, 26.02.2002.
247 O. V., Autoren: Gegen-Denkmal, in: Der Spiegel, 16.06.2003.

Romanen für die Verständigung der Völker hundertmal mehr gemacht [habe], als er mit politischen Auftritten machen kann"[248]. Dem Schriftsteller gelang es, mit *Im Krebsgang* eine Auseinandersetzung zu befördern. Der Einschätzung, wonach die Novelle „kein Echo in der Politik"[249] gefunden habe, ist somit zu widersprechen.

Grass' Deutungsangebot wirkte nachhaltig, wie sich anhand der Medienberichterstattung und der wiederholten Verwendung von Zitaten durch Politiker nachweisen lässt.[250] Maren Röger sprach von einem entstehenden „kollektiven Mediensprechakt"[251]. Der Schriftsteller strukturierte durch *Im Krebsgang* und seine begleitenden Stellungnahmen den Diskurs. Da seine Darstellung von vielen Diskursteilnehmern in der Öffentlichkeit aufgegriffen wurde, verfügte er über eine gewisse Deutungsmacht.[252] „Das Erstaunliche dabei ist: Nicht Politiker oder Diplomaten bringen Bewegung in eine vorherrschende Auffassung, der Impuls geht vielmehr erneut von einem künstlerischen Werk aus."[253] Ulrich Raulff bezeichnete *Im Krebsgang* daher als Beispiel einer „in Novellenform gekleideten Vergangenheitspolitik"[254]. Peter Steinbach lobte, dass Grass damit einen „multiperspektivischen Zugang zur Geschichte"[255] aufzeigte und damit Einfluss auf die Geschichtspolitik nahm. Grass wurde zum Sprecher der Vertriebenen, da er „den Opfern, die kein Gehör finden, eine Stimme"[256] gab. Ihm ging es darum, den „Generationsdiskurs"[257] anzuregen, was tatsächlich im Zuge seiner Lesungen feststellbar war. Dass sich das Deutungsangebot durchsetzte, lag in der Zustimmung der deutschen Bevölkerung und dem Wandel der Öffentlichkeit begründet. Grass

---

248 Hans-Jörg Schmidt, Ich will das alles nicht so ernst sehen, in: Die Welt, 15.03.2002.
249 Rainer Stephan, Blinde Eulen, in: SZ, 15.02.2002; vgl. Volker Corsten, Grass-Debatte, in: Die Welt am Sonntag, 17.02.2002; Peter Becher, Der deutsch-tschechische Diwan, in: Die Welt, 26.02.2002.
250 Vgl. Martin Hohmann (CDU/CSU), Peter Gauweiler (CDU/CSU) und Angelika Krüger-Leißner (SPD), in: Deutscher Bundestag, Stenographischer Bericht, 05.06.2003; Erwin Marschweski (CDU/CSU), in: Deutscher Bundestag, Stenographischer Bericht, 21.10.2004; Matthias Sehling (CDU/CSU), in: Deutscher Bundestag, Stenographischer Bericht, 17.12.2004.
251 Maren Röger, Flucht, Vertreibung und Umsiedlung. Mediale Erinnerungen und Debatten in Deutschland und Polen seit 1989, Marburg 2011, S. 93.
252 Simon Lange, Der Erinnerungsdiskurs um Flucht und Vertreibung in Deutschland seit 1989/90. Vertriebenenverbände, Öffentlichkeit und die Suche nach einer ‚normalen' Identität für die ‚Berliner Republik', Köln 2014, S. 199.
253 Peter Becher, Der deutsch-tschechische Diwan, in: Die Welt, 26.02.2002.
254 Ulrich Raulff, Untergang mit Maus und Muse, in: SZ, 05.02.2002.
255 Christian Semler, Erinnerung statt Politik, in: TAZ, 22.02.2002; vgl. K. Erik Franzen, Geschichte einer Idee, in: SZ, 17.12.2003.
256 O. V., Günter Grass. Kein Anlass für irgendwelche Denkmäler, in: Die Welt, 12.06.2003.
257 Hans-Joachim Noach, Die Deutschen als Opfer, in: Der Spiegel, 25.03.2002.

erkannte den Zeitgeist und konnte damit den Tabubruch begehen. Gerhard Schröder bestätigte, dass der Schriftsteller mit der Novelle

> [...] einen dringend notwendigen Diskurs über das Thema Schuld und Verantwortung aus [löste]. Dabei zeigte sich, dass sich zwischen der Einteilung in Täter und Opfer eine große Grauzone mit vielen Schattierungen befindet. Sie genauer zu betrachten, war auch Teil unserer historischen Verantwortung.[258]

Der Bundeskanzler dankte ihm für seinen „wichtigen gesellschaftspolitischen Beitrag zur Selbstvergewisserung einer Nation und zum Umgang mit der historischen Vergangenheit"[259].

8.2.3.2 Diskurs über ein Zentrum gegen Vertreibung

Grass' Novelle wurde darüber hinaus Bestandteil des Diskurses über ein *Zentrum gegen Vertreibung*. Erika Steinbach (seinerzeit CDU), Präsidentin des *Bundes der Vertriebenen*, instrumentalisierte die durch den Schriftsteller erzeugte Aufmerksamkeit, um ihrer bereits 1999 gemeinsam mit Peter Glotz (SPD) vorgestellten Initiative neuen Schwung zu geben.[260] Sie hatte bereits 2000 versucht, Grass als Unterstützer zu werben, aber dieser empfand „die kausalen Zusammenhänge"[261] in dem Konzept „nur unzureichend"[262] dargestellt und damit „noch unausgereift"[263]. Der Politikerin wurde eine enge Verbindung zu Landsmannschaften nachgesagt, die zum Teil Entschädigungsansprüche stellten und hier eine Chance für ein „letzte[s] Gefecht[...] um die alten Besitztümer"[264] sahen. In dieser Frage bildete sie eine konservative Diskurskoalition allen voran mit der CSU unter Edmund Stoiber. Diese Partei hatte „den Part der Vertriebenenlobby über Jahrzehnte [...] monopolisiert"[265]. Grass' Buch wurde wiederholt von dieser Diskurskoalition zur Stärkung der eigenen Argumentation im Bundestag aufgegriffen.[266] In zeitlicher Nähe zum Erscheinen von *Im Krebsgang* brachte die CDU/CSU-Fraktion im Bundes-

---

258 Schröder, Dankbar für manchen klugen Rat, S. 143.
259 Schröder, Dankbar für manchen klugen Rat, S. 143.
260 Vgl. Erika Steinbach, Scharfe Töne aus Prag gegen die Vertriebenen machen hellhörig, in: Die Welt am Sonntag, 03.03.2002; Ulrike Ackermann, Die gespaltene Erinnerung, in: Die Welt, 08.11.2002; Franziska Augstein, Heimat erben, SZ, 21.03.2002; Jens Krüger, Vertreibung ist ein Verbrechen, in: Die Welt am Sonntag, 31.03.2002.
261 Günter Grass, Brief an Erika Steinbach, 13.10.2000, in: GUGS.
262 Günter Grass, Brief an Erika Steinbach, 13.10.2000, in: GUGS.
263 Günter Grass, Brief an Erika Steinbach, 13.10.2000, in: GUGS.
264 Roland Kirbach, „Da müssen sie mit dem Panzer kommen", in: Die Zeit, 03.06.2004.
265 Rainer Stephan, Blinde Eulen, in: SZ, 15.02.2002.
266 Deutscher Bundestag, Stenographischer Bericht, 13.06.2013, 10.02.2011, 05.06.2003, 21.10.2004 und 01.07.2003.

tag einen Antrag zugunsten des *Zentrums gegen Vertreibung* in Berlin ein.[267] Ralph Giordano urteilte daraufhin: „Kein Autor ist dagegen gefeit, dass ihm die falschen Bundesgenossen auf die Schulter klopfen"[268].

Grass grenzte sich vehement von der Idee eines *Zentrums gegen Vertreibung* in Berlin ab: „Ich kenne die Initiative von Frau Steinbach, und Frau Steinbach ist nach wie vor, auch in ihren Äußerungen, von Ressentiments gezeichnet."[269] Er lehnte die geforderten Wiedergutmachungsleistungen als „unangemessen"[270] ab, denn „wir sollten hier nicht aufrechnen"[271]. Der Intellektuelle unterstützte stattdessen die Forderungen der polnischen Publizisten Adam Krzemiński und Adam Michnik, die in einem offenen Brief an Gerhard Schröder ein „europäisches Museum der Vertriebenen in Breslau"[272] vorschlugen. Grass wandte sich einen Tag vor der Bundestagsdebatte an den Bundeskanzler, um diese Initiative als „kühn und großherzig zugleich"[273] zu bewerben. Er lobte, dass der „polnische Vorschlag [...] die Geschichte der europäischen Vertreibung insgesamt wahr[nahm]"[274] und forderte ein europäisch besetztes Kuratorium.[275] Grass war „strikt dagegen, daß der Versuch der CDU-Abgeordneten Steinbach (ganz aus dem Interesse der Vertriebenenverbände und Landsmannschaften), ein solches Zentrum in Berlin zu errichten, im Bundestag eine Mehrheit bekommt"[276]. Öffentlich erwähnte er diesen direkten Beratungsversuch des Bundeskanzlers: „Er kennt meine Meinung. Er sucht das Gespräch, eine andere Sichtweise. Und meine Beobachtung ist: Er kann zuhören."[277] Knut Nevermann, Ministerialdirektor beim Beauftragten der Bundesregierung für Angelegenheiten der Kultur und der Medien, antwortete im Auftrag von Gerhard Schröder und verwies auf die Pläne der rot-grünen Regierung und die

---

267 Vgl. Deutscher Bundestag, Stenographischer Bericht, 16.05.2002; Deutscher Bundestag, Antrag „Zentrum gegen Vertreibung", 19.03.2002.
268 Ralph Giordano, Der böse Geist der Charta, in: Die Welt, 09.02.2002.
269 Doris Schäfer-Noske, Günter Grass gegen Berlin als Standort für Zentrum gegen Vertreibungen, in: Deutschlandfunk, 16.05.2002; vgl. Wulf Segebrecht, „Wir waren keine Hellseher", in: FAZ, 22.12.2003.
270 Holger Kankel, „Jede Vertreibung ist Unrecht", in: Schweriner Volkszeitung, 25.04.2002.
271 Holger Kankel, „Jede Vertreibung ist Unrecht", in: Schweriner Volkszeitung, 25.04.2002.
272 Adam Michnik / Adam Krzemiński, Breslau, und nicht Berlin, in: Gazeta Wyborcza, 15.05.2002, in: GUGS.
273 Günter Grass, Brief an Gerhard Schröder, 14.05.2002, in: GUGS.
274 Günter Grass, Brief an Gerhard Schröder, 14.05.2002, in: GUGS.
275 Vgl. Doris Schäfer-Noske, Günter Grass gegen Berlin als Standort für Zentrum gegen Vertreibungen, in: Deutschlandfunk, 16.05.2002.
276 Günter Grass, Brief an Gerhard Schröder, 14.05.2002, in: GUGS; vgl. Hilke Ohsoling, Brief an Gerhard Schröder, 13.10.2000, in: GUGS.
277 Martin Doerry / Volker Hage, „Siegen macht dumm", in: Der Spiegel, 25.08.2003.

Initiative von Markus Meckel (SPD).[278] Dieser sprach sich in seinem Gegenantrag gemeinsam mit Anje Vollmer (Die Grünen) bereits „für ein europäisches Zentrum gegen Vertreibung"[279] aus. Die Initiative zielte darauf, die von der Union angestossene Bundestagsdebatte am 16. Mai 2002 zu beeinflussen und die Position der rot-grünen Regierung entgegenzusetzen. Nevermann informierte Grass darüber, dass allerdings der Standort Breslau „erst (wegen der Tschechen, die auch einbezogen werden sollten) zu einem späteren Zeitpunkt geklärt werden"[280] könne. Es bildet sich im Sommer 2002 folglich erstmals eine linke Diskurskoalition zum Thema Vertreibung, die gemeinsam mit Polen und Tschechien „ein europäisches Projekt"[281] durchführen wollte.[282]

Am 4. Juli 2002 wurde der Beschluss im Bundestag von der rot-grünen Mehrheit angenommen.[283]. Darin wurde, ohne einen Ort zu benennen, das Ziel formuliert, einen „europäischen Dialog über die Errichtung eines europäischen Zentrums gegen Vertreibung zu beginnen"[284], um eine „historisch-wissenschaftliche Ausarbeitung"[285] des Themas zu erreichen. Grass unterstützte öffentlich die europäische Ausrichtung, brachte aber das Standortthema entgegen dem Bundestagsbeschluss immer wieder auf die Agenda. Im Verlauf des Diskurses warb er für Breslau, Görlitz oder Frankfurt an der Oder.[286] „Jedenfalls nicht Berlin – dann kommt es am Ende wieder zu falschen Vergleichen: Hier das Holocaust-, dort das Vertriebenendenkmal."[287] Er bekam Unterstützung von Cornelia Pieper (FDP) und Renate Künast (Die Grüne).[288] Sein Votum ließ sich allerdings nicht umsetzen, denn gerade „an der Standortfrage [erhitzten sich] die Gemüter"[289]. Der *Bund der Vertriebenen* lehnte in einem offenen Brief alternative Standortvorschläge ab, da in ihrer Satzung ausdrück-

---

278 Vgl. Knut Nevermann, Brief an Günter Grass, 31.05.2002, in: GUGS.
279 Deutscher Bundestag, Antrag „Für ein europäisches ausgerichtetes Zentrum gegen Vertreibung", 14.05.2002; vgl. Markus Meckel, 02.02.2021.
280 Knut Nevermann, Brief an Günter Grass, 31.05.2002, in: GUGS.
281 Oliver Hinz, Vertreibung geht alle an, in: TAZ, 04.07.2002.
282 Adam Krzemiński, Wo Geschichte europäisch wird, in: Die Welt, 20.06.2002.
283 Gerhard Gnauck, „Marcel Reich-Ranicki ist dafür mitverantwortlich", in: Die Welt, 08.07.2002; vgl. Deutscher Bundestag, Stenographischer Bericht, 04.07.2002.
284 Deutscher Bundestag, Beschlussempfehlung des Ausschusses für Kultur und Medien „Für ein europäisches ausgerichtetes Zentrum gegen Vertreibung", 02.07.2002; vgl. Thomas Urban, Ort der Milde, in: SZ, 08.07.2002.
285 Deutscher Bundestag, Beschlussempfehlung des Ausschusses für Kultur und Medien, 02.07.2002.
286 Vgl. Günter Grass, Brief an Wolfgang Thierse, 17.11.2003, in: GUGS; dpa, Grass für Wroclaw, in: TAZ, 08.07.2002; Daniel Brössler, Berlin vor neuem Mahnmal-Streit, in: SZ, 15.07.2003; dpa, Breslau statt Berlin, in: SZ, 25.08.2003; Becker, Geschichtspolitik in der Berliner Republik, S. 464.
287 Doerry / Hage, „Siegen macht dumm", in: Der Spiegel, 25.08.2003.
288 Christan Füller, Anders gedenken, Görlitz / Zgorzelec, in: TAZ, 30.10.2007.
289 Rab., Vermittler?, in: FAZ, 06.09.2003.

lich Berlin festgeschrieben sei.[290] Der „Streit um das geplante Zentrum für [sic!] Vertreibung berührt[e] nichts weniger als eine Kernfrage der Geschichtspolitik"[291], wie Sven Felix Kellerhoff festhielt.

Die Debatte über „Europäisierung oder Nationalisierung der Vergangenheit"[292] wurde entlang der Parteilinien geführt und zum Bestandteil des Wahlkampfes 2002.[293] Im Wahlprogramm bekannte sich die Union zum *Zentrum gegen Vertreibung* in Berlin und folgte damit Erika Steinbachs Vorschlag.[294] Grass nutzte seine Lesungen zu *Im Krebsgang* dagegen, um deren Kandidat Edmund Stoiber (CSU) aufgrund seiner rechtspopulistischen Äußerungen (vgl. IV. Kap. 7.2.1) und wegen seines Versprechens an die Adresse der Sudetendeutschen zu kritisieren.[295] CSU-Generalsekretär Thomas Goppel konterte, indem er diese Äußerungen als Public Relations für das neue Buch wertete.[296] Bei einem gemeinsamen TV-Auftritt bekundete Schröder seine „vollständige"[297] Übereinstimmung mit Grass, dass „jede Vertreibung, egal welche Ursachen sie hat und wie sie begründet wird"[298], für den Einzelnen Unrecht sei. Der Diskurs bestimmte auch die zweite Legislaturperiode der rot-grünen Regierung. Am 15. Juli 2003 mahnte Meckel öffentlich die Umsetzung des Bundestagsbeschlusses an.[299] In einem Aufruf hieß es: Die „Gestaltung eines solchen Zentrums als vorwiegend nationales Projekt, wie es in Deutschland die Stiftung der Heimatvertriebenen plant, ruft das Misstrauen der Nachbarn hervor und kann nicht im gemeinsamen Interesse unserer Länder sein"[300]. Unterzeichner sind, neben dem tschechischen Vize-Ministerpräsidenten Petr Mareš und den früheren polnischen Außenministern Władysław Bartoszewski

---

290 Dpa, Vertriebene wollen Zentrum in Berlin, in: Die Welt am Sonntag, 19.05.2002.
291 Sven Felix Kellerhoff, Deutsches Leid?, in: Die Welt, 19.07.2003.
292 Gunter Hofmann, Unsere Opfer, ihre Opfer, in: Die Zeit, 17.07.2003.
293 Michael Naumann, Ein Land im Rückwärtsgang, in: Die Zeit, 28.02.2002.
294 CDU / CSU, Regierungsprogramm „Leistung und Sicherheit. Zeit für Taten", 2002 / 2006; Oliver Hinz, Vertreibung geht alle an, in: TAZ, 04.07.2002; Daniel Brössler, Berlin vor neuem Mahnmal-Streit, in: SZ, 15.07.2003.
295 Vgl. Ulrich Raulff, Untergang mit Maus und Muse, in: SZ, 05.02.2002; Thorsten Krauel, Kopfnoten, in: Die Welt, 14.02.2002; Gerhard Gnauck, „Marcel Reich-Ranicki ist dafür mitverantwortlich", in: Die Welt, 08.07.2002.
296 DW, CSU kontert Grass-Kritik „Mieser Blechtrommler", in: Die Welt, 04.02.2002; Rainer Stephan, Blinde Eulen, in: SZ, 15.02.2002.
297 ARD, Boulevard Bio, 04.06.2002.
298 ARD, Boulevard Bio, 04.06.2002.
299 Vgl. Markus Meckel, Brief an die Unterzeichner des Aufrufes „Für ein Europäisches Zentrum gegen Vertreibung, Zwangsaussiedlungen und Deportationen, 14.07.2003, in: GUGS; vgl. K. Erik Franzen, Geschichte einer Idee, in: SZ, 17.12.2003.
300 Daniel Brössler, Berlin vor neuem Mahnmal-Streit, in: SZ, 15.07.2003; Gernot Facius, Humanitas ist unteilbar, in: Die Welt, 17.07.2003.

sowie Bronisław Geremek, parteiübergreifend deutsche Politiker, darunter Wolfgang Thierse (SPD), Rita Süssmuth (CDU), Hans-Dietrich Genscher (FDP), dazu Intellektuelle wie Günter Grass oder Imre Kertész.

Das *Zentrum gegen Vertreibung* war nicht nur zwischen den verschiedenen Parteispektren ein Streitpunkt. Der damalige Kulturstaatsminister Julian Nida-Rümelin bestätigt, dass der „Bruch mitten durch die Fraktionen"[301] ging. Während Bundesinnenminister Schily und Bundeskanzler Schröder der Meinung waren, dass man sich engagieren müsse, gab es „massiven Widerstand in beiden Fraktionen [...]. Deshalb sind wir da auch nicht rasch vorangekommen, das ist in meiner Amtszeit nicht mehr zustande gekommen."[302] Nida-Rümelins Nachfolgerin Christina Weiss wies auf Differenzen mit Polen hin und plädierte für ein „Netz von Geschichtswerkstätten in ganz Europa"[303]. Zwischen ihr und Schily entbrannte daraufhin ein „handfester Kompetenzstreit"[304], der Bundespräsident Rau als Vermittler erforderte.[305] Alle drei Akteure bezogen sich in ihren Begründungen auf Grass.[306] Auch Thierse verwies in einer Rede auf ihn als Autorität, da er „zu den bedeutenden Persönlichkeiten [gehöre], die in Deutschland zu einer neuerlichen Beschäftigung mit dem Schicksal der Vertriebenen angeregt habe"[307], ohne Gefahr „einer Relativierung der Nazi-Verbrechen in Polen"[308]. Der Politiker versuchte, Grass auch am internen Prozess zu beteiligen, indem er ihn für einen Schlussvortrag bei einer Tagung der Historischen Kommission der SPD im Dezember 2003 einlud.[309] Thierse bekundet, dass nicht zuletzt *Im Krebsgang* dazu beigetragen habe, „den Kreis derjenigen, die eine Beschäftigung mit Flucht und Vertreibung in Deutschland für notwendig halten, über die Vertriebenenverbände hinaus [zu] erweitern"[310]. Grass musste trotz seines starken Interesses aus Termingründen absagen.[311] Er forderte gegenüber Thierse, „daß es an der Zeit wäre, daß die Bundesregierung sich dieser Aufgabe stellt und gemeinsam mit un-

---

301 Julian Nida-Rümelin, 16.06.2020.
302 Julian Nida-Rümelin, 16.06.2020.
303 Christina Weiss, Niemand will vergessen, in: Die Zeit, 02.10.2003.
304 Hans-Michael Kloth, Wunde Punkte, in: Der Spiegel, 03.08.2003.
305 Vgl. Gernot Facius, Wir werden ein Zentrum in Berlin bekommen, in: Die Welt, 16.07.2003; Daniel Brössler, Berlin vor neuem Mahnmal-Streit, in: SZ, 15.07.2003.
306 Otto Schily, „Lagerdenken ist völlig unangemessen", in: FAZ, 06.09.2003; Johannes Rau, Rede beim Tag der Heimat des Bundes der Vertriebenen, 06.09.2003; Christina Weiss, Niemand will vergessen, in: Die Zeit, 02.10.2003.
307 Wolfgang Thierse, Rede „Zur Freundschaft gehört, dass man sich zu ihr bekennt", 31.03.2005.
308 Wolfgang Thierse, Rede „Zur Freundschaft gehört, dass man sich zu ihr bekennt", 31.03.2005.
309 Wolfgang Thierse, Brief an Günter Grass, 14.11.2003, in: GUGS.
310 Wolfgang Thierse, Brief an Günter Grass, 14.11.2003, in: GUGS.
311 Günter Grass, Brief an Wolfgang Thierse, 17.11.2003, in: GUGS.

seren polnischen Nachbarn der bislang falsch laufenden Diskussion ein Ende setzt."[312] Der Intellektuelle plädierte dafür, die Vertriebenenverbände und Erika Steinbach einzubeziehen.[313]

Es ist anhand von Briefen belegbar, dass Steinbach die Äußerungen des Intellektuellen aufmerksam verfolgte und ein Gespräch einforderte.[314] Der Intellektuelle suchte die öffentliche Auseinandersetzung mit Erika Steinbach. In der Akademie der Künste fand am 18. Juni 2003 ein öffentlicher Schlagabtausch in Form einer Podiumsdiskussion unter dem Thema *Zentrum gegen Vertreibung – für wen diese Botschaft?* statt. Wie von Grass ausdrücklich gefordert, waren auch Teilnehmer aus Polen, wie Peter Becher, Mihran Dabag, Adam Krzemiński sowie die Journalistin Helga Hirsch beteiligt.[315] Grass unterstellte dem Konzept Steinbachs aufgrund des Standortes in Berlin „nationale Nabelschau"[316] und plädierte für eine Erinnerung ohne den *Bund der Vertriebenen*, den er aufgrund der ideologischen Stereotypen nie aus der „Schmuddelecke entlassen"[317] würde.

Der rot-grünen Regierung gelang es, im Oktober 2003 ein Konzept eines *Europäischen Netzwerks Zwangsmigrationen und Vertreibungen im 20. Jahrhundert* zu erarbeiten.[318] Am 2. Februar 2005 wurde ein *Europäisches Netzwerk – Erinnerung und Solidarität* mit Sitz in Warschau von den Kulturministern aus Deutschland, Polen, Ungarn, Tschechien und der Slowakei gegründet.[319] Dieses europäische Netzwerk galt als der Gegenentwurf zum Berliner *Zentrum gegen Vertreibung*.[320] Im Wahlkampf lobte Grass 2005 die SPD dafür, dass sie den Dialog zwischen Deutschland und Polen vorangetrieben habe, während er weiterhin die Idee des Vertriebenen-Zentrums in Berlin als „unerträglich"[321] bezeichnete. Der Regierungswechsel veränderte 2005 den Diskurs erheblich. In den Koalitionsvereinbarungen von Union und SPD wurde folgender Kompromiss festgehalten: „Wir wollen im Geiste der Versöhnung auch in Berlin ein sichtbares Zeichen setzen,

---

312 Günter Grass, Brief an Wolfgang Thierse, 17.11.2003, in: GUGS.
313 Günter Grass, Brief an Wolfgang Thierse, 17.11.2003, in: GUGS.
314 Vgl. Erika Steinbach, Brief an Günter Grass, 06.06.2002, in: GUGS; Erika Steinbach Brief an Günter Grass, 02.12.2004, in: GUGS.
315 Günter Grass, Brief an Erika Steinbach. 27.11.2002, in: GUGS; Zentrum gegen Vertreibung, Chronik, online: https://www.z-g-.de/zgv/unsere-stiftung/chronik (zuletzt abgerufen: 07.09.2021).
316 Regina Mönch, Unteilbar, in: FAZ, 19.07.2003.
317 Regina Mönch, Unteilbar, in: FAZ, 19.07.2003.
318 Uwe Rada, Die verzwickte Standortfrage, in: TAZ, 24.04.2004.
319 Vgl. Friedhelm Boll, ... Vertreibung gesamteuropäisch erinnern, in: Historisches Forschungszentrum der FES (Hrsg.), Vertreibung gesamteuropäisch erinnern. Gemeinsam – nicht getrennt!, Bonn 2007, S. 3–4.
320 Ulrike Ackermann, Die Erinnerung tut weh – und das ist gut so, in: Die Welt, 03.01.2004.
321 Christof Siemes, Liebe auf Nebenwegen, in: Die Zeit, 15.09.2005.

um – in Verbindung mit dem Europäischen Netzwerk Erinnerung und Solidarität über die bisher beteiligten Länder Polen, Ungarn und Slowakei hinaus – an das Unrecht von Vertreibungen zu erinnern und Vertreibung für immer zu ächten."[322] Tatsächlich stellte sich bald die Frage, wie ein *sichtbares Zeichen* in Berlin aussehen sollte.

Im Dezember 2007 machte der Willy-Brandt-Kreis, der aus Egon Bahr, Günter Grass, Friedrich Schorlemmer, Daniela Dahn und Klaus Staeck bestand (vgl. IV. Kap. 6.2.2), sich stattdessen für ein *Zentrum gegen Krieg* in Berlin stark. Sie äußerten die „Erwartung, dass unser Vorschlag bei Ihrer Beschlussfassung um das geplante ‚sichtbare Zeichen gegen Vertreibung' Berücksichtigung findet"[323]. Diese Alternative fand lediglich 1.200 Unterstützer und wurde in der Öffentlichkeit kaum diskutiert. Lediglich Lukrezia Jochimsen (DIE LINKE) ging auf diesen Vorschlag im Bundestag ein.[324] Die neue Bundesregierung unter Angela Merkel entschied sich dagegen für die Gründung eines Berliner Ausstellungs- und Informationszentrums im früheren *Europa-* und späteren *Deutschlandhaus* und gründete am 30. Dezember 2008 die *Stiftung Flucht, Vertreibung, Versöhnung*.[325] In einem offenen Brief an Bundeskanzlerin Angela Merkel und den Deutschen Bundestag forderte 2010 das P.E.N.-Zentrum deutschsprachiger Autoren im Ausland, das von fünfzig Autoren und auch Grass unterzeichnet wurde, ein neues Konzept.[326] Grass lehnte bis zuletzt ein Vertriebenenzentrum am Standort Berlin ab, denn „Vertreibung ist nicht nur ein deutsch-polnisches oder deutsch-tschechisches Thema. Es ist ein europäisches Thema und muss den historischen Fakten folgen und frei von Ressentiments sein."[327] Am 21. Juni 2021 wurde das *Dokumentationszentrum Flucht, Vertreibung, Versöhnung* von Angela Merkel eröffnet. In ihrer Rede führte sie als Begründung für die notwendige Erinnerung einen Brief von Jan Józef Lipski, Mitglied der Solidarność, auf, der an Grass schrieb: „Wenn wir dies nicht tun, erlaubt uns die Last der Vergangenheit nicht, in die gemeinsame Zukunft aufzubrechen."[328]

---

322 CDU/CSU und SPD, Koalitionsvertrag „Gemeinsam für Deutschland – mit Mut und Menschlichkeit", 11.11.2005, S. 1114.
323 Willy-Brandt-Kreis e. V., Aufruf für ein *Zentrum gegen Krieg*, Dezember 2007; Willy-Brandt-Kreis e. V., Anschreiben an alle Abgeordneten, 13.02.2008.
324 Deutscher Bundestag, Stenographischer Bericht, 25.11.2009.
325 Bundesministerium der Justiz und für Verbraucherschutz, Gesetz zur Errichtung einer Stiftung „Deutsches Historisches Museum" (DHMG), Abschnitt 2.
326 FAZ, Stiftung Vertreibung, in: FAZ, 25.03.2010.
327 Jörg-Philipp Thomsa, Im Ohr verblieben Schiffssirenen und etwas Ostsee, in: FAZ, 10.06.2010; dpa, Kernlose Zwiebel, in: Die Welt, 17.12.2007.
328 Angela Merkel, Rede anlässlich der Eröffnung des Dokumentationszentrums Flucht, Vertreibung, Versöhnung, 21.06.2021.

Grass beförderte durch seine Novelle *Im Krebsgang* den Diskurs über Vertreibung und platzierte erfolgreich öffentlich sein Deutungsmuster. Sein Verdienst war es, dass er sich „mit gewissen versäumten Diskussionen beschäftigt[e]"[329] und das Tabuthema ohne Verdacht des Revanchismus ansprach. Ein kausaler Einfluss des Intellektuellen auf die politische Entwicklung kann nicht ausgemacht werden. Die Teilnehmer standen während der rot-grünen Regierungszeit im Gespräch und bezogen sich auf Grass öffentlich. Der Kampf um die Deutungshoheit über die Geschichte wurde heftig zwischen der rot-grünen Koalition und der konservativen Opposition geführt. In Schröders Regierungszeit setzte sich die von Grass präferierte Diskurskoalition zugunsten eines europäischen Gedenkens durch, konnte aber entsprechende Maßnahmen nicht mehr umsetzen. Der von der Großen Koalition unter Führung Angela Merkels erarbeite Kompromiss eines Dokumentationszentrums in Berlin entsprach nicht Grass' Vorstellungen, sodass er sich protestierend abwandte.

„Warum erst jetzt?"[330] heißt der erste Satz in *Im Krebsgang*. In einer Vorfassung hieß es im Anschluss: „Weil ich dann alles hätte auspacken müssen ..."[331]. Dieser Satz wurde von Grass in der Überarbeitung gestrichen. Der Autor begann allerdings 2003, „das Stückwerk Erinnerung zu ergänzen, die Zwiebel zu häuten"[332].

8.2.4 Grass' Waffen-SS-Mitgliedschaft – Das Ende seiner politischen Reputation? (2006)

2006 verursachte die *FAZ*-Schlagzeile: „Günter Grass: Ich war Mitglied der Waffen-SS"[333] in Kombination mit dem dazugehörigen Kommentar „Das Geständnis"[334] von Frank Schirrmacher einen Medienskandal. Das empörende Element war die Tatsache, dass der Schriftsteller dieses Detail in seinem Lebenslauf bislang verschwiegen hatte.[335] Er thematisierte erst 2006 in seiner literarischen Au-

---

329 Johano Strasser, 07.04.2020.
330 Grass, Im Krebsgang, in: NGA 16, S. 7.
331 Grass, Sechs Jahrzehnte, S. 434.
332 Grass, Sechs Jahrzehnte, S. 483; vgl. Andreas Platthaus, Das Ein-Mann-Jahrhundert, in: FAZ, 14.04.2015.
333 Pba., Günter Grass: Ich war Mitglied der Waffen-SS, in: FAZ, 12.08.2006; vgl. FAZ, „Warum ich nach sechzig Jahren mein Schweigen breche", in: FAZ, 12.08.2006 auch in: NGA 24, S. 755–772.
334 Frank Schirrmacher, Das Geständnis, in: FAZ, 12.08.2006.
335 Grass hatte Anfang der 1960er-Jahre Klaus Wagenbach davon berichtet. Vgl. Klaus Wagenbach, Günter Grass hat nichts verschwiegen, in: Die Zeit, 26.04.2007; Günter Grass, Brief an Klaus Wagenbach, 30.04.2007, in: GUGS.

tobiografie *Beim Häuten der Zwiebel*, die als Zeitraum den Kriegsbeginn bis zum Erscheinen *Der Blechtrommel* (1933–1959) umfasst.[336] Darin erwähnt Grass am Rande „die doppelte Rune am Uniformkragen"[337], die er „aus nachwachsender Scham"[338] bis dato verschwieg. Das Buch thematisiert den „schmerzhaften Prozess"[339] der Erinnerung, „denn die Last blieb, und niemand konnte sie erleichtern"[340]. Er brach sein Schweigen über seine Waffen-SS-Mitgliedschaft freiwillig, ohne äußeren Zwang.[341] Der Schriftsteller wollte mit der Veröffentlichung *Beim Häuten der Zwiebel* die „Deutungshoheit"[342] über seine Biografie behalten. Er verwies im Diskurs wiederholt auf seine Schwierigkeit, eine geeignete, ästhetische Form dafür zu finden.[343] Es war dem Schriftsteller wichtig, von dem fehlenden Detail seines Lebenslaufes in einem „größeren Zusammenhang zu berichten"[344], um es in den Zeitkontext einzuordnen und damit kommentieren zu können. „So groß war das Vertrauen des Schriftstellers in die Macht seiner Worte, in die Kraft seines Buches, den verschwiegenen Makel im Erzählen zu bannen"[345], urteilte Lothar Müller. Seine Darstellung über seine Zeit in der Waffen-SS dominiert bis heute, denn faktisch belegbar ist der Einsatz von November 1944 bis Februar 1945 nur durch wenige Akteneinträge.[346] In der *FAZ* erschienen noch vor der Buchveröffentlichung Textausschnitte und ein begleitendes Interview.[347] Die Zeitung griff die Waffen-SS-Mitgliedschaft für eine skandalisierende Titelgeschichte heraus und inszenierte diese Neuigkeit als „Geständnis-Event"[348]. Der Diskurs ent-

---

336 Vgl. Stephan Lohr, „Ich werde mich weiter als Bürger äußern", in: NDR, abgedruckt in: FR, 18.08.2006; Grass, Sechs Jahrzehnte, S. 483 und S. 500.
337 Grass, Beim Häuten der Zwiebel, in: NGA 17, S. 111.
338 Grass, Beim Häuten der Zwiebel, in: NGA 17, S. 112.
339 Günter Grass, Brief an Yitzchak Mayer, 09.10.2006, in: GUGS abgedruckt in FR, 10.11.2006; vgl. Grass, Sechs Jahrzehnte, S. 497.
340 Grass, Beim Häuten der Zwiebel, in: NGA 17, S. 112; vgl. FAZ, „Warum ich nach sechzig Jahren mein Schweigen breche", in FAZ, 12.08.2006.
341 Vgl. Stephan Lohr, „Ich werde mich weiter als Bürger äußern", in: NDR, abgedruckt in: FR, 18.08.2006; Grass, Sechs Jahrzehnte, S. 483 und S. 500; Giovanni di Lorenzo, Günter Grass, in: Die Zeit, 07.10.2006.
342 Manfred Bissinger zitiert nach: AP / dpa, Meldungen, in: Die Welt, 21.08.2006.
343 Günter Grass, Brief an Paweł Adamowicz, 20.08.2006, in: GUGS, abgedruckt in: FR, 23.08.2006.
344 Günter Grass, Brief an Paweł Adamowicz, 20.08.2006, in: GUGS, abgedruckt in: FR, 23.08.2006.
345 Lothar Müller, Ein Kainsmal, in: SZ, 13.11.2006.
346 Vgl. Kölbel, Ein Buch, ein Bekenntnis, S. 224–243; JBi, Günter Grass' Waffen-SS-Mitgliedschaft, in: Fischer / Lorenz, Lexikon der „Vergangenheitsbewältigung" in Deutschland, S. 422–426, hier S. 423.
347 Vgl. Hendrik Werner „Ich wundere mich über meine Naivität", in: Die Welt, 26.08.2006.
348 Evelyn Finger, Geständnis-Event, in: Die Zeit, 11.08.2006.

stand folglich durch die *FAZ*, ohne dass die Leser das Buch und damit den Kontext kannten.[349] Durch das Interview wurde dieser Fakt vorab publik und aus dem von Grass intendierten Zusammenhang herausgerissen Die Zeitung prägte mit der Aufmachung und Kommentierung von Frank Schirrmacher die Form der Skandalberichterstattung. Es entwickelte sich ab dem 11. August 2006 eine „tumultuarische[...] Auseinandersetzung"[350], die sich zu einem „globalen Spektakel"[351] erweiterte. Der Diskurs verursachte Grass' höchste Medienresonanz in der Berliner Republik (1027 Presseartikel) und fand von August bis September 2006 statt (vgl. Abbildung 23).[352] Das Thema wurde in den folgenden Jahren immer wieder aufgegriffen.[353]

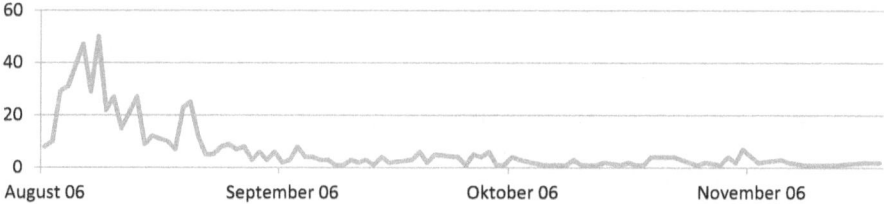

Abbildung 23: Günter Grass' Medienresonanz „Beim Häuten der Zwiebel" (Juli bis Dezember 2006) (Quelle: Eigene Darstellung).

8.2.4.1 Diskurs über Grass' moralischen Rigorismus

Grass wollte mit seiner literarischen Autobiografie eine differenzierte Auseinandersetzung in der Gesellschaft anregen. Der Diskurs fokussierte sich stattdessen allein auf sein Verschweigen der Waffen-SS-Zeit. Die öffentliche Debatte wurde von Beginn an unter „gesellschaftlich-politisch[en]"[354] Aspekten geführt, da die Glaubwürdigkeit von Grass als „Homo politicus"[355] infrage stand. Vom „Ende einer moralischen Ins-

---

349 Das Buch *Beim Häuten der Zwiebel* erschien aufgrund des Diskurses vorgezogen am 15.08.2006 statt wie geplant am 1. September. Vgl. Kölbel, Ein Buch, ein Bekenntnis, S. 12 (im Folgenden als Sigle *Bekenntnis-Dok.*).
350 Zimmermann, Günter Grass und die Deutschen, S. 299.
351 Zimmermann, Günter Grass und die Deutschen, S. 301.
352 Mediendiskurs wurde dokumentiert in: Kölbel, Ein Buch, ein Bekenntnis, Göttingen 2007.
353 Vgl. Dieter Stolz, *Beim Häuten der Zwiebel* oder *Ich erinner mich*, in: Marion Brandt / Marek Jaroszewski / Miroslaw Ossowski (Hrsg.), Günter Grass. Literatur Kunst Politik, Danzig 2008, S. 103–113; Gries, Die Grass-Debatte; Nickel, Kein Einzelfall, S. 183–198.
354 Harry Nutt, Das lange Schweigen, in: FR, 14.08.2006.
355 Michel Friedman „Ich bin von ihm als deutscher Jude enttäuscht", in: Leipziger Volkszeitung, 19.08.2006, in: Bekenntnis-Dok., S. 93.

tanz"[356], seinem „moralischen Selbstmord"[357] bis hin zum Sturz des „moralischen Denkmals"[358] war in der Presse die Rede. Michael Naumann hält es bis heute für eine „Fehlkalkulation, es dann doch zu veröffentlichen"[359], da er sich damit „selbst unterminiert"[360] habe.

Die Tatsache, dass der Literaturnobelpreisträger als Siebzehnjähriger in den Kriegswirren der Waffen-SS zugeteilt wurde, hätte unter anderen Umständen vielleicht keinen Skandal erzeugt, da er sich stets zu seiner Verführung durch den Nationalsozialismus bekannte und durch sein literarisches Werk sich bei der Aufarbeitung des Dritten Reiches hervorgetan hatte.[361] Drei Gründe gab es, warum diese Neuigkeit dennoch zu einem derartigen Skandal avancierte. Es war *erstens* sein langes Schweigen, das zur öffentlichen Erregung führte. Die Öffentlichkeit fragte sich „Warum erst jetzt?"[362] hinsichtlich Grass' spätem Mut, sich der Vergangenheit zu stellen. Der Schriftsteller lieferte im Diskurs selbst keine Erklärung für sein Verschweigen. Freunde, wie etwa Manfred Bissinger, mutmaßten, „dass er seinen Gegnern keinen Stoff liefern wollte"[363]. Herman Glaser argumentierte dagegen, dass bei einem früheren Bekenntnis Grass' „moralisches Ansehen nicht gelitten"[364], sondern sein „moralischer Impetus an Gewichtigkeit gewonnen"[365] hätte. Christa Wolf erklärte: „Ich glaube – später dachte ich das – Du dachtest, Du seist jetzt eine so gefestigte Größe in dieser Gesellschaft, daß Dir nichts wirklich Schlimmes mehr passieren kann."[366] *Zweitens* herrschte Unverständnis, dass der Intellektuelle alle sich bisher bietenden Gelegenheiten ungenutzt verstreichen ließ.[367] Noch 2003 verteidigte Grass andere Intellektuelle wie Walter Höllerer, Walter Jens oder Peter Wapnewski, als deren NSDAP-Mitgliedschaften bekannt wurden, mit den Worten: Man könne nicht mit „ein paar dürre[n] Fakten [...] ein Leben zudecken!"[368] Zu die-

---

356 Lars-Broder Keil, Kritik und Verständnis für Grass' späte Enthüllung, in: Die Welt, 14.08.2006.
357 Hellmuth Karasek, Moralapostel mit Erinnerungslücken, in: Die Welt am Sonntag, 13.08.2006.
358 Peter von Becker, Übervaterlose Gesellschaft, in Der Tagesspiegel, 19.08.2006.
359 Michael Naumann, 02.03.2020.
360 Michael Naumann, 02.03.2020.
361 Vor der FAZ hatte keiner der Empfänger der 400 Rezensionsexemplare den Fakt als besonders wahrgenommen. Vgl. Kölbel, Ein Buch, ein Bekenntnis, S. 9 und S. 335; FAZ, „Warum ich nach sechzig Jahren mein Schweigen breche", in: FAZ, 12.08.2006.
362 Harry Nutt, Das lange Schweigen, in: FR, 14.08.2006.
363 Manfred Bissinger, 07.04.2020.
364 Hermann Glaser zitiert nach Arnulf Baring, Nationalgefühl und Veröstlichung, in: FAZ, 21.11.2006.
365 Hermann Glaser zitiert nach Arnulf Baring, Nationalgefühl und Veröstlichung, in: FAZ, 21.11.2006.
366 Christa Wolf, Brief an Günter Grass, in: 13.12.2006, in: GUGS.
367 Gerrit Bartels, „Die Erinnerung liebt das Versteckspiel", in: TAZ, 14.08.2006.
368 Wulf Segebrecht, „Wir waren keine Hellseher", in: FAZ, 22.12.2003.

sem Zeitpunkt schrieb er bereits an *Beim Häuten der Zwiebel*, aber erwähnte seine eigene Verwicklung in die Waffen-SS nicht. Seine Äußerungen aus dem Jahr 2003 erklären allerdings seine Motivation für das Schweigen:

> Scham! Ich kann es nur von meiner eigenen Biographie her erklären. Diese Befangenheit in der Ideologie des Nationalsozialismus ist eine Periode, in der ich mich im Rückblick als eine völlig fremde Person begreife und mir mein Verhalten nicht erklären kann. [...] [U]nd diese Dinge setzen sich fest und führen dann zu einer Scham, auch zu einem Bedürfnis, das zu verdecken, es nicht zu erwähnen sich selbst gegenüber.[369]

Die Empörung beruhte *drittens* vor allem darauf, dass „ausgerechnet Grass, der andere Personen des öffentlichen Lebens wegen deren nationalsozialistisch belasteter Vergangenheit scharf kritisiert hatte, seine eigene Verstrickung in jene Eliteeinheit des Dritten Reichs jahrzehntelang verschwiegen hatte"[370]. Es war sein „moralischer Rigorismus"[371] besonders in den 1960er- bis 1970er-Jahren gegenüber der Nazi-Vergangenheit von Spitzenpolitikern, wie Bundeskanzler Kurt Kiesinger (CDU) oder Hans Filbinger (CDU) oder informell auch gegenüber Bundesminister Karl Schiller (SPD), der nun auf ihn zurückfiel.[372] Auch sein Diskursbeitrag über den Besuch von Helmut Kohl in Bitburg im Jahr 1985 wurde als weiteres Beispiel genannt.[373] Journalisten und Wissenschaftler konstatierten einhellig, dass Grass über eine „heuchlerische Moral"[374] (US-Politologe Daniel Goldhagen) oder „Doppelmoral"[375] (Historiker Joachim Fest) verfüge und folglich seinen eigenen Ansprüchen nicht genüge.[376]

Es handelte sich primär um einen Feuilletondiskurs, der von Journalisten, Schriftstellern, Intellektuellen und Historikern geführt wurde. Er wurde wenig sachlich geführt, sondern steigerte sich in einer persönlichen Verunglimpfung des Autors. Dies zeigt sich anhand von drei Beispielen: Erstens wurde das Geständnis als reine PR-Maßnahme für sein Buch bewertet.[377] Zweitens berichteten einige Journalisten fälschlicherweise, Grass käme einer Enthüllung durch die Einsicht der

---

369 Wulf Segebrecht, „Wir waren keine Hellseher", in: FAZ, 22.12.2003.
370 Brunssen, Günter Grass, S. 13.
371 Tilman Krause, Ende einer Dienstzeit, in: Die Welt, 14.08.2006.
372 Vgl. Sven F. Kellerhoff, Flucht aus der Wirklichkeit, in: FAZ, 15.08.2006; Wigbert Löer, Mir ist diese Materie nicht unvertraut, in: FAZ, 29.09.2006.
373 Gustav Seibt, Geständnis einer Schnecke, in: SZ, 14.08.2006.
374 Anjana Shrivastava, „Hinter dem Dichter lauerte das Gespenst", in: Berliner Morgenpost, 21.08.2006.
375 Hans-Jörg Vehlewald, „Ich würde nicht mal mehr einen Gebrauchtwagen von diesem Mann kaufen", in: Bild-Zeitung, 14.08.2006.
376 Vgl. Klaus Hillenbrand, Hat Günter Grass uns betrogen?, in: TAZ, 15.08.2006.
377 Franz Josef Wagner, Post von Wagner, in: Bild-Zeitung, 14.08.2006, zitiert nach Bekenntnis-Dok., S. 38.

Stasi-Unterlagen zuvor.³⁷⁸ Drittens wurde als Motiv für das Schweigen angeführt, dass Grass mit dem Schweigen den Nobelpreis „erschlichen"³⁷⁹ habe.³⁸⁰ Der Diskurs gipfelte darin, sein gesamtes literarisches und politisches Werk infrage zu stellen.³⁸¹ Es entsteht bei vielen Kommentaren der Eindruck, dass hier, „alte Rechnungen"³⁸² beglichen wurden. Grass fühlte sich von der Heftigkeit des Diskurses gekränkt.³⁸³ Er warf der Presse vor, man wolle ihn zur „Unperson"³⁸⁴ machen. Hier zeigt sich sein schwieriges Verhältnis zu den Medien.³⁸⁵ Auch renommierte Historiker wie Joachim Fest sowie Soziologen und Politologen wurden zur historischen Einordnung befragt, konnten aber nur im geringen Maße zur Versachlichung beitragen.³⁸⁶ Gerade Joachim Fest war mit seiner Autobiographie „Ich nicht!"³⁸⁷ ein Konterpart im Diskurs. Verteidigt wurde Grass lediglich durch Schriftsteller und Intellektuelle seiner Generation, wie Christa Wolf, Ralph Giordano, Erich Loest, Johano Strasser.³⁸⁸ Zudem bekam er Unterstützung aus dem Ausland, wie beispielsweise von Salman Rushdie, Adolf Muschg oder John Irving.³⁸⁹

Auch im Ausland gab es viele Reaktionen auf Grass' Waffen-SS-Mitgliedschaft. Der internationale Diskurs wurde im Vergleich in der Gesamtschau sachlicher und

---

378 Marianne Quoirin, Grass kommt Enthüllung zuvor, in: Kölner Stadtanzeiger, 16.08.2005, zitiert nach Bekenntnis-Dok., S. 228; Uwe Müller / Sven Felix Kellerhoff, Die gesperrte Akte des Nobelpreisträgers, in: Berliner Morgenpost, 17.08.2006 zitiert nach Bekenntnis-Dok, S. 230.
379 Dpa, Günter Grass: Vorbildfunktion dahin, in: Stern, 15.08.2006.
380 DW., Grass darf Nobelpreis behalten, in: Die Welt, 16.08.2006.
381 Vgl. o. V., „Soll er seine Auszeichnungen zurückgeben?", in: Die Zeit online, 15.08. 2006; Klaus Hillenbrand, Hat Günter Grass uns betrogen?, in: TAZ, 15.08.2006.
382 Grass, Sechs Jahrzehnte, S. 514; vgl. Heckmann, „Ein kämpferischer Mensch", in: Deutschlandfunk, 13.04.2015.
383 Vgl. Günter Grass, Dummer August, Göttingen 2007.
384 Hoc / AP / dpa, „Man will mich zur Unperson machen", in: Der Spiegel, 14.08.2006.
385 Vgl. Hanjo Kesting, Das letzte Wort hat das Buch. Günter Grass und die Medien, in: Ders., Die Medien und Günter Grass, S. 9–14, hier S. 9.
386 Beispielsweise die Historiker Joachim Fest, Hans Mommsen, Arnulf Baring, Hans-Ulrich Wehler, Michael Wolfssohn; Soziologen wie Ralf Dahrendorf, Wolf Lepenies oder Wolfgang Sofsyk und Politikwissenschaftler wie Claus Leggewie und Daniel Goldhagen.
387 André Mielke, Achim, Günter und die Gebrauchtwagen, in: Die Welt am Sonntag, 20.08.2006; vgl. Joachim Fest, Ich nicht. Erinnerung an eine Kindheit und Jugend, 2. Aufl., Reinbek 2006.
388 Vgl. Gries, Die Grass-Debatte, S. 89; Edo Reents, Ich kann an nichts anderes denken, in: FAZ, 15.08.2006; Christa Wolf, Ich habe Respekt vor Günter Grass, in: SZ, 19.08.2006; edo., Grass: Man versucht, mich zur Unperson zu machen, in: FAZ, 15.08.2006; Friedrich Pohl, Kritik an später Beichte des Schriftstellers Günter Grass, in: Die Welt am Sonntag, 13.08.2006.
389 Vgl. SZ., Enttäuscht aber treu, in: SZ, 18.08.2006; Adolf Muschg, Zwiebelopfer für uns alle, in: FAZ, 18.08.2006; DW., Lech Walesa fordert vom Schriftsteller Verzicht auf Ehrungen, in: Die Welt, 18.08.2006.

verständnisvoller als in Deutschland geführt.[390] Unter politischen Gesichtspunkten sind vor allem drei Länder besonders von Interesse: Polen, Tschechien und Israel. In Polen war man persönlich enttäuscht von Grass' Verhalten, verzieh dem Sohn Danzigs aber nach dessen offenem Brief schnell (vgl. IV. Kap. 8.2.1). Auch in Tschechien zeigte man sich nach seinen Erläuterungen beruhigt.[391] In Israel wurde durch die Neuigkeit die angetragene Ehrendoktorwürde der Netanja-Akademie zurückgezogen.[392] In seinen Briefen an Polen und Israel zeigte Grass sich deutlich verletzlicher und damit differenzierter als in seinen Interviews in Deutschland. Er bekundete darin, er habe „so konsequent wie möglich versucht, aus den mir erteilten Lektionen als engagierter Bürger die Lehren zu ziehen"[393]. Die Lektüre der Korrespondenz komplementiert das Bild von Günter Grass, der mit diesem „Makel"[394] schwer zu kämpfen hatte. Es waren gerade diese Briefe und die Lektüre des Buches, die seine Kritiker in Polen oder Israel versöhnten. Aus dieser Perspektive ist es verständlich, dass Grass im Nachhinein bedauerte, dass „bevor mein jüngstes Buch [...] öffentlich zur Kenntnis genommen werden konnte, [...] die Meldung über eine zwar gewichtige, aber nicht den Inhalt des Buches dominierende Episode im Verlauf meiner jungen Jahre eine Kontroverse ausgelöst"[395] habe. Es war dem Intellektuellen klar, dass sein „lebenslanges Engagement für eine bessere Gesellschaft von dem schrecklichen Fehler überschattet wird"[396]. Grass bilanzierte letztlich, er müsse „hinnehmen, daß mir das doppelte S als Kainsmal für meine restlichen Jahre gewiß ist"[397] und hoffte, dass sein Verdienst als Schriftsteller und engagierter Bürger „als Gegengewicht wahrgenommen wird"[398].

---

390 Vgl. Lothar Müller, Im Inneren der Zwiebel, in: SZ, 12.06.2007; Jordan Mejias, Kalter Kaffee, in: FAZ, 09.07.2007; dpa, Wunde Punkte, in: SZ, 29.06.2007; Christof Siemes, Treue Arbeiter im Textberg des Herrn, in: Die Zeit, 28.12.2006.
391 Vgl. o. V., Unterm Strich, in: TAZ, 14.08.2006; Lars-Broder Keil, Kritik und Verständnis für Grass' späte Enthüllung, in: Die Welt, 14.08.2006.
392 Vgl. AP, Ehrendoktor-Angebot zurückgezogen, in: Die Welt, 11.11.2006; Joseph Croitoru, Lange Schatten, in: FAZ, 11.11.2006; Lothar Müller, Ein Kainsmal, in: SZ, 13.11.2006; Yitzchak Mayer, „Sie haben uns tief verletzt ...", in: FR, 10.11.2006.
393 Günter Grass, Brief an Yitzchak Mayer, 09.10.2006, in: GUGS. Der Brief wird in der *Frankfurter Rundschau*, in der britischen *Times*, in dem schweizerischen *Tacheles* am 10.11.2006 veröffentlicht.
394 Günter Grass, Mein Makel, in: NGA 1, S. 426.
395 Günter Grass, Brief an Paweł Adamowicz, 20.08.2006, in: GUGS, vgl. Teilabdruck in: dpa, Grass entschuldigt sich bei den Danziger Bürgern, in: FR, 23.08.2006.
396 Zvi Arad, „Ich respektiere den Künstler", in: FR, 10.11.2006; Yitzchak Mayer, „Sie haben uns tief verletzt ...", in: FR, 10.11.2006.
397 Grass, Brief an Yitzchak Mayer, 09.10.2006, in: GUGS, veröffentlicht in FR, 10.11.2006.
398 Grass, Brief an Yitzchak Mayer, 09.10.2006, in: GUGS, veröffentlicht in FR, 10.11.2006.

8.2.4.2 Geschichtspolitischer Diskurs

„Was ist der politische Ertrag der Debatte? Und worin liegt ihr politischer Kern?"[399] Albrecht von Lucke kam zu dem Ergebnis: „Von Anfang an ging es weniger um Grass oder gar dessen literarisches Werk als um die politische Vergangenheit, Gegenwart und damit auch die Zukunft dieses Landes. Die Grass-Debatte ist ein Kampf um die politisch-kulturelle Deutungshoheit in dieser Republik."[400] Gregor Gysi (Linkspartei.PDS) urteilte, dass sein Schweigen durch das „gesellschaftliche Klima in der alten Bundesrepublik"[401] bedingt sei, das eine „frühzeitige Offenbarung erschwert"[402] habe. Was sagt es über die Vergangenheitsbewältigung der Deutschen aus, wenn der Tabubrecher Grass trotz offen thematisierter Nazi-Vergangenheit vor lauter Scham seine Waffen-SS-Zugehörigkeit erst mit fast achtzig Jahren öffentlich machte? Der ehemalige Generalsekretär Heiner Geißler (CDU) wies daraufhin, dass der Schriftsteller in Deutschland eine Unfähigkeit zur Differenzierung „selbst mit befördert"[403] habe. Er sei somit „zu einem gewissen Grad auch ein Opfer seiner eigenen Haltung"[404] geworden. Diese zentrale geschichtspolitische Frage wurde im Diskurs vernachlässigt und erst mit Abstand zu der anhaltenden Tabuisierung in dieser Generation thematisiert.[405]

Nur am Rande eröffnete *Beim Häuten der Zwiebel* folglich einen geschichtspolitischen Diskurs über die Verwicklung der Generation der Siebzehnjährigen im Nationalsozialismus und die daraus resultierende Schuld. Der Schriftsteller und sein Schweigen werden, wie Frank Schirrmacher festhielt, zum „Symbol der Schwierigkeiten [einer] solche[n] Bewältigung"[406]. Im Diskurs wird deutlich, dass der Name Günter Grass als prominentes Beispiel für eine „gesamtgesellschaftliche Verstrickung"[407] im Nationalsozialismus steht, die mehrere Vertreter dieser Generation von Intellektuellen betrifft. Sein Beispiel zeigt die Brüche in den Biografien der Kriegsgeneration und die Ambivalenz in der Auseinandersetzung damit. Der Diskurs sollte zur Differenzierung den Anstoß geben, aber „je genauer die Forschung die ungezählten

---

399 Albrecht von Lucke zitiert nach Arnulf Baring, Nationalgefühl und Veröstlichung, in: FAZ, 21.11.2006.
400 Albrecht von Lucke zitiert nach Arnulf Baring, Nationalgefühl und Veröstlichung, in: FAZ, 21.11.2006.
401 Gregor Gysi, in: Super Illu, zitiert nach Bekenntnis-Dok., S. 132.
402 Gysi, in: Super Illu, zitiert nach Bekenntnis-Dok., S. 132,.
403 Dirk Kurbjuweit et al., Fehlbar und Verstrickt, in: Der Spiegel, 21.08.2006.
404 Dirk Kurbjuweit et al., Fehlbar und Verstrickt, in: Der Spiegel, 21.08.2006.
405 Vgl. Nicole Weber, NSDAP-Mitgliedschaften, in: Fischer / Lorenz, Lexikon der „Vergangenheitsbewältigung" in Deutschland, S. 426–429.
406 Frank Schirrmacher, Eine zeitgeschichtliche Pointe, in: FAZ.net, 12.08.2006.
407 Nicole Weber, NSDAP-Mitgliedschaften, S. 426.

Facetten des Zweiten Weltkrieges betrachtet, desto komplizierter [wurde] das Bild"[408]. Die Reaktion auf Grass' Vergangenheit zeigte, dass die Debatte über das Dritte Reich nicht abgeschlossen war. Es lässt sich anhand dieses Diskurses rekonstruieren, dass die Waffen-SS auch in der Berliner Republik als Reizwort wirkte. Dabei wurde nicht abgewogen, was derjenige sich konkret zu Schulden kommen ließ. Grass bekundete, selbst keinen Schuss in dem Chaos abgegeben zu haben. Trotzdem wurde ihm im Lauf der Zeit klar, dass er „unwissend oder, genauer, nicht wissen wollend Anteil an einem Verbrechen hatte, das mit den Jahren nicht kleiner wurde, das nicht verjähren will, an dem ich immer noch kranke."[409] Daraus resultierte die Scham, die ihn sein Leben lang prägte. Ob der Diskurs für geschichtspolitische Aufarbeitung langfristig mehr Differenzierung gebracht hat und *Beim Häuten der Zwiebel* einen „erinnerungspolitische[n] Meilenstein"[410] darstellt, ist auf dieser Basis nicht zu beurteilen. Der Intellektuelle rief mit seinem freiwilligen Bekenntnis kurzfristig kritische Nachfragen, aber vor allem einen investigativen Journalismus hervor. In den folgenden Jahren folgten Enthüllungen über die NSDAP-Mitgliedschaft von Marin Walser, Dieter Hildebrandt, Siegfried Lenz oder Jürgen Habermas. Viele Leser berichten allerdings von einem Generationsgespräch, dass durch die Lektüre von *Beim Häuten der Zwiebel* angeregt wurde. Im Mittelpunkt stand dabei die Frage, inwieweit das Elternhaus und dessen Ausrichtung für die Beteiligung der Jugendlichen am Nationalsozialismus entscheidend waren. Erst in einer zweiten Phase erreichte die Debatte demnach ein „anerkennenswertes Niveau bundesdeutscher Zeit- und Vergangenheitsverständigung"[411]. Gerhard Schröder hob anerkennend hervor: „Grass [hat] sich selbst nicht geschont. Er hat sich nicht gescheut, sein eigenes Handeln im nationalsozialistischen Deutschland herauszustellen. Es ging ihm um ein Schuldeingeständnis für viele Versäumnisse, aber auch um die Übernahme von Verantwortung. Das eigene Versagen sollte nicht vergessen werden, sondern als mahnendes Beispiel dienen."[412]

8.2.4.3 Auswirkungen auf Günter Grass' politisches Engagement

Es bildeten sich als Reaktion auf Grass' Waffen-SS-Mitgliedschaft in der Öffentlichkeit zwei Diskurskoalitionen entlang des Rechts-Links-Spektrums, bei denen sich vor allem Parteimitglieder von Union und SPD hervortaten (vgl. Tabelle 70). Die Kritik fiel bei konservativen Politikern größer aus, während die Linken Grass

---

408 Sven Felix Kellerhoff, Aus eigener Überzeugung, in: Die Welt, 05.10.2006.
409 Grass, Beim Häuten der Zwiebel, in: NGA 17, S. 197.
410 Ijoma Mangold, Gigantische Zahlen, monströse Selbstgerechtigkeit, in: SZ, 09.10.2006.
411 Zimmermann, Günter Grass und die Deutschen, S. 304.
412 Gerhard Schröder, Brief an Ute Grass, 13.04.2015, in: GUGS.

Tabelle 70: Politische Diskurskoalition zu „Beim Häuten der Zwiebel".

Pro	Kontra	
SPD Kurt Beck Franz Müntefering Otto Schily Wolfgang Thierse Gesine Schwan Klaus Wowereit	CDU Angela Merkel Bernd Neumann Ronald Pofalla Norbert Lammert Wolfgang Börnsen Philipp Mißfelder Armin Laschet	Erika Steinbach Joachim Paulick Hermann Schäfer Uwe Lehmann-Brauns Richard von Weizsäcker Bernhard Vogel Carl-Ludwig Wagner
Grünen Fritz Kuhn	FDP Wolfgang Gerhardt	
PDS Gregor Gysi Petra Pau	PDS Oskar Lafontaine	
CDU Michael Hennich Heiner Geißler	SPD Siegmund Ehrmann Thomas Rother Hermann Glaser	

im Sinne ihrer Parteilinie verteidigten und damit unterstützten. Insgesamt lassen sich bei Politikern beider Seiten aber auch differenzierte Äußerungen feststellen, die im Gegensatz zur Skandalisierung der Medien stehen.

Konservative Politiker kritisierten Grass vornehmlich im Diskurs. Mehrere Politiker äußerten ihr Unverständnis aufgrund des bisherigen moralischen Auftretens des Intellektuellen. Dieses Fehlverhalten fände seine Fortsetzung in seiner in einem Interview geäußerten Kritik an der Adenauer-Regierung.[413] Generalsekretär Ronald Pofalla erklärte, dass Grass für ihn nie eine moralische Instanz gewesen sei.[414] CDU-Politiker wie der Kulturpolitiker Wolfgang Börnsen oder der Vorsitzende der Jungen Union, Philipp Mißfelder, forderten die Rückgabe des Nobelpreises.[415] Erika Steinbach plädierte dafür, dass Grass die Bucheinnahmen für die Opfer des NS-Regimes spenden sollte.[416] Regierungssprecher Thomas Steg

---

413 Dirk Kurbjuweit et al., Fehlbar und Verstrickt, in: Der Spiegel, 21.08.2006; Joachim Peter, „Geschichte wird nur noch bruchstückhaft vermittelt", in; Die Welt, 16.09.2006; Julia Spinola, Eklat um Buchenwald, in: FAZ, 28.08.2006; Bernhard Vogel, Unhaltbarer Vergleich bei Grass, in: FAZ, 16.08.2006; Carl-Ludwig Wagner, Rätselhafte Aversion, in: FAZ 18.08.2006.
414 Dirk Kurbjuweit et al., Fehlbar und Verstrickt, in: Der Spiegel, 21.08.2006.
415 Edo., Grass: Man versucht mich zur Unperson zu machen, in: FAZ, 15.08.2006.
416 Oliver Hinz, Antideutsche Töne in Warschau, in: Die Welt, 19.08.2006.

kommentierte das Ereignis nicht, da eine „Beurteilung [...] nicht Aufgabe der Bundesregierung"[417] sei. Im Laufe der Auseinandersetzung äußerte sich schließlich Bundeskanzlerin Angela Merkel mit dem Wunsch, „wir wären über seine Biografie von vornherein in vollem Umfang informiert gewesen"[418]. Sie zeigte ihr Verständnis für die Vielzahl an Kritik im In- und Ausland. Altbundespräsident Richard von Weizsäcker betonte, dass Grass die Verantwortung für „alle Steinwerfer"[419] trage. Er wies gleichzeitig auf seine Verdienste hinsichtlich der deutsch-polnischen Aussöhnung hin. Auch Norbert Lammert warnte „vor Übertreibungen und maßlosen Schlussfolgerungen"[420].

Führende SPD-Politiker waren angesichts dieser „erstaunlich[en]"[421] (Wolfgang Thierse) Neuigkeit „irritiert"[422] (Björn Engholm) und „etwas erschrocken"[423] (Parteivorsitzende Kurt Beck). Vizekanzler Franz Müntefering räumte ein, „es wäre gut, wenn es eher gewesen wäre"[424]. Die Politiker aus dem linken Parteispektrum zeigten grundsätzlich Verständnis für Grass und verteidigten ihn gegen die massive Kritik. Siegmund Ehrmann sah diesen Fall als ein „Beispiel der Tragik dieser Generation"[425] und bekundete, dass dies nun einen Schatten auf Grass' Leistungen werfe. Otto Schily erklärte, dass das Schweigen „gewiss ein Fehler [sei], aber er hat den Fehler korrigiert, wenn auch sehr spät. Auch ein großer Mann macht Fehler. Lassen wir es dabei bewenden."[426] Wolfgang Thierse (SPD) wies auf das Lebenswerk des Schriftstellers und Literaten hin und riet seiner Partei, Grass „nicht als Aussätzigen zu behandeln"[427]. Er betonte rückblickend, dass sich 2006 ein „Teil der bundesdeutschen Öffentlichkeit auf ihn stürzte, um endlich

---

417 Daniel Friedrich Sturm, Thierse will Grass „nicht als Aussätzigen behandeln", in: Die Welt, 15.08.2006.
418 Ansgar Graw, „Sich nach Umfragen zu richten, wäre vollkommen falsch", in: Die Welt, 22.08.2006.
419 AP., Günter Grass. Weizsäcker würdigt die Rolle des Literaten im deutsch-polnischen Dialog, in: Die Welt, 21.08.2006.
420 DW., Grass darf Nobelpreis behalten, in: Die Welt, 16.08.2006.
421 Daniel Friedrich Sturm, Thierse will Grass „nicht als Aussätzigen behandeln", in: Die Welt, 15.08.2006.
422 Daniel Friedrich Sturm, Thierse will Grass „nicht als Aussätzigen behandeln", in: Die Welt, 15.08.2006.
423 O. V., Geteiltes Echo auf Grass, in: Wiener Zeitung, 13.08.2006.
424 Edo., Grass: Man versucht mich zur Unperson zu machen, in: FAZ, 15.08.2006.
425 Daniel Friedrich Sturm, Thierse will Grass „nicht als Aussätzigen behandeln", in: Die Welt, 15.08.2006.
426 Rainer Schmidt / Hajo Schumacher / Konrad R. Müller, „Ich hatte immer sehr gute Plätze", in: SZ, 20.10.2006.
427 Daniel Friedrich Sturm, Thierse will Grass „nicht als Aussätzigen behandeln", in: Die Welt, 15.08.2006.

seine Autorität zu zerstören"[428], was „über jedes Maß hinaus[ging]"[429]. Auch Antje Volmer (Die Grüne) sprach von einem medialen „Todesstoß für die moralische Figur Günter Grass"[430].

Der Diskurs versetzte den Intellektuellen in eine „schwere Krise"[431]. In dieser Situation erreichten ihn von einigen Politikern aufmunternde Worte, um ihm damit in dieser Zeit moralisch beizustehen.[432] Heide Simonis prophezeite, „sie werden versuchen, Dich zu teeren und zu federn; sie waren schon immer auf [diesem] Trip"[433]. Franz Müntefering (SPD) schrieb: „Ich kann mir vorstellen, daß die vergangenen Monate nicht so ganz einfach waren für Dich. Daß Du mutig bleibst und kämpferisch, gelassen und engagiert – das wünsche ich Dir (und uns)"[434]. Egon Bahr sah im Diskurs den Vorteil: „Nach Deinem großartigen Buch der Häutungen schuldest Du weder Lesern noch der Gesellschaft etwas. Du kannst nun, [...] Dich frei tummeln oder auch in Würde vertrotteln, obwohl die zweite Alternative wenig wahrscheinlich ist."[435] Grass zeigte sich bereits im September 2006 wieder kämpferisch und kündigte an, „weiterhin den Mund auf[zu]machen"[436]. Die SPD verzichtete nach dem Skandal nicht auf ihren prominenten Wahlhelfer. Noch inmitten des Diskurses bat Klaus Wowereit den Schriftsteller demonstrativ um Unterstützung für seinen Wahlkampf in Berlin 2007.[437] Bereits zu seinem 80. Geburtstag im Oktober 2007 waren auch versöhnlichere Töne von konservativen Politikern zu vernehmen. Bundespräsident Horst Köhler machte deutlich, dass das Buch *Beim Häuten der Zwiebel* „ein Dokument der persönlichen Verantwortung"[438] sei, „die nicht nur Sie, Herr Grass, sondern alle Ihre Altersgenossen tief geprägt, ja gezeichnet hat"[439].

---

428 Wolfgang Thierse, 03.03.2020.
429 Wolfgang Thierse, 03.03.2020.
430 Antje Vollmer, 02.03.2020.
431 Eckhard Fuhr, Lyrisches Protokoll einer schweren Krise, in: Die Welt am Sonntag, 01.04.2007.
432 Vgl. Frank-Walter Steinmeier, Brief an Günter Grass, 16.10.2006, in: GUGS; Michael Naumann, Brief an Günter Grass, 09.10.2007, in: GUGS.
433 Heide Simonis zitiert nach: Neumann, Alles gesagt?, S. 686.
434 Franz Müntefering, Brief an Günter Grass, 16.10.2006, in: GUGS.
435 Egon Bahr, Brief an Günter Grass, 16.10.2006, in: GUGS.
436 Lothar Müller, Entlassen mit hohen Auflagen, in: SZ, 06.09.2006.
437 Vgl. tso./ddp, Wowereit: Grass soll Wahlkampf machen, in: Der Tagesspiegel, 23.08.2006; dpa, CDU kritisiert Wowereits Bitte um Grass-Unterstützung, in: Die Welt, 25.08.2006; Philipp Grassmann, Trommeln für den Regenten, in: SZ, 25.08.2006; Tina Hildebrandt, Der schwer Erziehbare, in: Die Zeit, 07.09.2006; FAS., Nachrichten, in: FAS, 10.09.2006.
438 Hendrik Werner, Makel verpflichtet, in: Die Welt, 29.10.2007.
439 Hendrik Werner, Makel verpflichtet, in: Die Welt, 29.10.2007.

In seiner Laudatio wies er auf seine Verdienste für Deutschland und sein „Ringen um Deutschland"[440] hin. „Sie haben mitgearbeitet und mitgeschrieben und mitgezeichnet am kulturellen Gesicht unseres Landes"[441]. Grass bedankte sich in einem persönlichen Brief bei dem Bundespräsidenten für diese Rede:

> Wie kaum ein anderer haben Sie meine langjährige Tätigkeit als Schriftsteller, Künstler und Bürger meines Landes dem Publikum deutlich gemacht. Sie taten das aus Kenntnis der zurückliegenden Jahrzehnte, der Mühsal beim Aufbau einer Demokratie [...] Ja, es stimmt, ich liebe mein Land, gerade weil es mir die Möglichkeit bietet, mit Kritik und kritischen Anstößen, dieser Liebe Ausdruck zu geben.[442]

Norbert Lammert (CDU) wünschte ihm „Kraft und das notwendige Quentchen Verwegenheit, das immer wieder Anlass zum Streit bietet, den eine lebendige Demokratie nicht nur erträgt, sondern braucht"[443]. Klaus Wowereit (SPD) lobte Grass' Gerechtigkeitssinn sowie Bereitschaft und Fähigkeit des Schriftstellers als politischen Menschen, für seine Überzeugung nicht nur offensiv zu kämpfen, sondern in der Debatte auch Gegenschläge auszuhalten.[444] Ein Jahr nach dem Skandal wurde Grass' Leben demnach bereits ausgewogener beurteilt.

Nachdem sich die Aufregung gelegt hatte, folgten weitere Auftritte des Schriftstellers für die SPD, wie 2008 für Michael Naumann in Hamburg und 2009 im Bundestagswahlkampf (vgl. IV. Kap. 6.2.1). Auch der SPD-Parteivorsitzende Kurt Beck pflegte weiterhin den intellektuellen Austausch (vgl. IV. Kap. 6.3.3), da „man seine Jugenderfahrung nicht absolut setzen und ein ganzes Werk als nicht mehr relevant darstellen"[445] sollte. Auch andere Spitzenpolitiker traten gemeinsam mit Grass öffentlich auf, wie beispielsweise Olaf Scholz 2011 oder Peer Steinbrück 2013 (vgl. IV. Kap. 6.2.1). Eine offensichtliche Zäsur in der Zusammenarbeit zwischen Grass und der SPD ist nicht feststellbar. Bei genauerer Betrachtung ist allerdings durchaus eine Veränderung feststellbar. Beispielsweise führte Grass zwar eine *Politische Lesereise* im Bundestagswahlkampf 2009 zugunsten von Frank-Walter Steinmeier durch, aber es gab kein gemeinsames Auftreten, beispielsweise auf der Abschlusskundgebung.[446] 2013 riet Peer Steinbrücks Umfeld davon ab, Grass zu beteiligen.[447] Der Politiker be-

---

440 Hendrik Werner, Makel verpflichtet, in: Die Welt, 29.10.2007.
441 Horst Köhler, Laudatio auf Günter Grass, 17.10.2007, in: GUGS.
442 Günter Grass, Brief an Horst Köhler, 09.01.2008, in: GUGS; vgl. Grass, Trotz allem, in: Grass, Eintagsfliegen, S. 49.
443 Norbert Lammert, Brief an Günter Grass, 16.10.2007, in: GUGS.
444 Vgl. Klaus Wowereit, Brief an Günter Grass, 16.10.2007, in: GUGS.
445 Kurt Beck, 30.03.2020.
446 Vgl. Klaus-Jürgen Scherer, 02.03.2020.
447 Peer Steinbrück, 08.06.2020.

schrieb die Wirkung auf Nachfrage als einen „schleichenden Prozess"[448]. Die „Lebenslüge seiner Person"[449] habe Grass ins Zwielicht gezogen, sodass die „öffentliche Rolle und Integrität nicht fundamental, doch graduell verschoben"[450] wurde. Dies hielt den Intellektuellen nicht davon ab, sich weiterhin politisch und moralisch zu äußern. Eine direkte politische Konsequenz ergab sich daraus folglich nicht, da er trotz des Vertrauensverlustes politischer Akteur blieb.

Grass büßte durch die Unterschlagung dieses wichtigen Kapitels in seinem Lebensweg allerdings seine Deutungsmacht im geschichtspolitischen Bereich ein, wie der Diskurs um das Israel-Gedicht belegt (vgl. IV. Kap. 7.2.2). Laut Meinungsumfragen hatte die Mehrheit der Befragten Verständnis für Grass, auch wenn 51 Prozent der Befragten sich ein früheres Bekenntnis gewünscht hätten.[451] Tatsächlich litten seine normative Glaubwürdigkeit und seine Reputation als Intellektueller unter dem Skandal, wie Wissenschaftler prophezeiten.[452] Man merkt dem späteren Diskurs an, dass der „Makel"[453] blieb. Seine Vergangenheit im Dritten Reich war eines der „Schuldmotoren"[454] für Grass' literarisches Werk und sein politisches Engagement.[455] Es handelte sich, wie Volker Breidecker schrieb, um ein sehr lautstarkes, „offensives Verschweigen"[456] seiner Scham, die in zahlreichen Reden und Romanen ihren Niederschlag fand. Er versuchte diese Schuld im politischen Bereich abzuarbeiten, wie auch im literarischen Feld. Juli Zeh sagte anlässlich des achtzigsten Geburtstages, Grass habe ihr bewiesen, „dass man durchhalten"[457] und zur eigenen Überzeugung stehen kann. Adam Michnik prophezeite bereits 1999: „Sein Werk kann man mit einer Zwiebel vergleichen, die von den Deutschen geschält wird, damit sie auf diese Weise ihre Tränen zum Fließen bringen. Ohne Grass wären die Deutschen ein anderes Volk. Doch auch wir Polen wären ein anderes Volk."[458]

---

448 Peer Steinbrück, 08.06.2020.
449 Peer Steinbrück, 08.06.2020.
450 Peer Steinbrück, 08.06.2020.
451 Vgl. DW., Grass darf Nobelpreis behalten, in: Die Welt, 16.08.2006; o. V., Focus-Frage, in: Focus, 21.08.2006, in: Bekenntnis-Dok, S. 221.
452 Hermann Glaser zitiert nach Arnulf Baring, Nationalgefühl und Veröstlichung, in: FAZ, 21.11.2006.
453 Grass, Der Makel, in: NGA 1, S. 426.
454 Klaus von Schilling. Schuldmotoren. Artistisches Erzählen in Günter Grass' „Danziger Trilogie", Bielefeld 2002.
455 Günter Grass, Ich erinnere mich ..., in: NGA 23, S. 285 f.
456 Volker Breidecker, Mit siebzehn hat man noch Träume, in: SZ, 19.08.2006.
457 Juli Zeh, Rede „Es ist möglich, zu den eigenen Überzeugungen zu stehen", Lübeck, 27.10.2007.
458 Stefan Chwin, Die Zwiebel von Danzig, in: FAZ, 04.10.1999.

8.3 Berater mit „Geschichtsgefühl"

Günter Grass war in der Berliner Republik ein Berater von Politikern in der Geschichtspolitik, wie für Willy Brandt, den damaligen Kanzlerkandidaten Rudolf Scharping, die frühere Ministerpräsidentin Heide Simonis und den Bundeskanzler Gerhard Schröder. Ein Mitarbeiter von Brandt bat 1989 den Intellektuellen um Anregungen für eine Rede anlässlich der fünfzigsten Wiederkehr des Kriegsbeginns am 1. September 1989, die im Zuge der Reformbewegung in Osteuropa zusätzliches Gewicht erhielt.[459] Grass kam der Bitte nach und verwies darauf, dass Deutschland den Polen als „Opfer der ersten deutsche[n] Aggression"[460] nun nach der Öffnung des Eisernen Vorhangs eine „effektive wirtschaftliche Hilfe"[461] schulde.[462] Der Intellektuelle beriet auch ungefragt politische Akteure, wie beispielsweise Scharping. Ihm empfahl er 1994 eine stärkere Positionierung seiner Außenpolitik durch Reisen nach Prag, Warschau, Kiew sowie Moskau, die der Politiker aber bereits geplant hatte.[463] Eine engere Zusammenarbeit lässt sich vor allem mit Schröder rekonstruieren, der Grass' Beratung gezielt anfragte. Bereits kurz nach dem Regierungsantritt der rot-grünen Regierung konstatierte der Schriftsteller: „Die noch junge Bundesregierung steht vor großen erinnerungspolitischen Aufgaben"[464], da „ein Riesensoll zur Bewältigung"[465] ansteht. Im Bereich der Geschichtspolitik befand sich die rot-grüne Regierung „vom ersten Tag in der Offensive"[466]. Noch vor der Wahl empfahl Grass dem Kanzlerkandidaten, „den kulturellen Brückenschlag zu Polen und Tschechien als seine Aufgabe"[467] anzusehen. „Eine der ersten Auslandsreisen führte Bundeskanzler Gerhard Schröder Ende 1998 nach Warschau. Der Chef der rot-grünen Bundesregierung reiste damals gut vorbereitet nach Polen [...] [und] ging gekonnt mit den Befindlichkeiten der Nachbarn um [...]."[468]

---

459 Klaus-Henning Rosen, Brief an Günter Grass, 06.04.1989, in: Kölbel, Briefwechsel, S. 780.
460 Günter Grass, Brief an Klaus Henning Rosen, 25.04.1989, in: Kölbel, Briefwechsel, S. 781.
461 Günter Grass, Brief an Klaus Henning Rosen, 25.04.1989, in: Kölbel, Briefwechsel, S. 781.
462 Vgl. Grass, Scham und Schande, in: NGA 22, S. 399; Johannes Rau, Brief an Günter Grass, 13.10.1989, in: AdK, GGA, Signatur 12368.
463 Vgl. Günter Grass, Brief an Rudolf Scharping, 14.02.1994, in: AdK, GGA, Signatur 14306; Rudolf Scharping, Brief an Günter Grass, 24.02.1994 sowie 10.04.1994, in: AdK, GGA, Signatur 12511.
464 Jörg-Dieter Kogel / Harro Zimmermann, „Die Zeit der Sprechblasen ist vorbei", in: FR, 03.02.1999.
465 Kogel / Zimmermann, „Die Zeit der Sprechblasen ist vorbei", in: FR, 03.02.1999.
466 Wolfrum, Rot-Grün, S. 584.
467 Günter Grass, Brief an Gerhard Schröder, 07.05.1998, in: AdK, GGA, Signatur 14349.
468 Kerski, Polen, S. 411.

Konkrete Beratungsanlässe von Grass nennt Schröder auf Nachfrage seine Reise nach Polen 2004 und nach Königsberg 2005.[469] 2004 wurde der Bundeskanzler anlässlich des sechzigsten Jahrestages des Warschauer Aufstands eingeladen. Er bekannte, dass die Teilnahme an der Gedenkveranstaltung für ihn „eines der aufwühlendsten emotionalen Erlebnisse im Ausland"[470] gewesen sei, dem er „mit Nervosität entgegen"[471] sah. Das Gedenken an den Warschauer Aufstand hatte aus seiner Wahrnehmung „eine besondere historische, eine fast heilige Bedeutung"[472] in Polen. Für Schröder war „die Teilnahme eines deutschen Kanzlers an diesen Erinnerungen nicht selbstverständlich. Sehr deutlich wurde: Die Wunden waren noch nicht verheilt."[473] Darüber hinaus rissen Vorstöße der Vertriebenenverbände „die alten Wunden in Polen [...] wieder"[474] auf (vgl. IV. Kap. 8.2.3.2). Es war folglich ein „äußerst sensibles historisches Datum, nicht nur für die deutsch-polnischen Beziehungen, auch für die russisch-polnischen Beziehungen"[475]. Vor diesem Hintergrund bereitete Schröder sich „gründlich auf die Rede vor"[476], indem er das Gespräch mit Günter Grass und Altbundespräsident Richard von Weizsäcker suchte. Es waren genau jene, die bereits im Mai 1990 zusammen nach Polen reisten (vgl. IV. Kap. 2.2.4) und über langjährige Erfahrungen verfügten. Die Funktion der Beratung erklärt der damalige Bundeskanzler rückblickend wie folgt: „Für die Vorbereitung solcher Reisen und Reden waren das sehr wichtige Gespräche, denn sie haben mir geholfen, geschichtliche Ereignisse einzuordnen."[477] Der Intellektuelle war in dieser Situation ein guter Gesprächspartner, denn „Grass hatte hierfür, besonders vor dem Hintergrund seiner eigenen Biographie, ein gutes Geschichtsgefühl"[478]. Uwe-Karsten Heye erinnert sich, dass diese Impulse im Kanzleramt „gerne"[479] und „mit großer Überzeugung aufgenommen"[480] wurden. Schröder gehört schließlich einer Generation an, die „im Schat-

---

469 Vgl. Gerhard Schröder, 24.06.2020; Schröder, Entscheidungen, S. 344.
470 Schröder, Entscheidungen, S. 340–342.
471 Schröder, Entscheidungen, S. 342.
472 Schröder, Entscheidungen, S. 342.
473 Gerhard Schröder, Beitrag „Wir brauchen international wieder mehr Kooperation", 05.05.2020.
474 Schröder, Entscheidungen, S. 343.
475 Gerhard Schröder, 24.06.2020.
476 Gerhard Schröder, Entscheidungen, S. 344.
477 Gerhard Schröder, 24.06.2020.
478 Gerhard Schröder, 24.06.2020.
479 Uwe-Karsten Heye, 05.11.2020.
480 Uwe-Karsten Heye, 05.11.2020.

ten dieses Geschehens"[481] aufwuchs und dankbar für derartige Hinweise und Einordnungen war. Heye bekräftigt, dass Grass als Zeitzeuge

> [...] für Schröder [...] auch ein Tippgeber [war], in welchem historischen Zusammenhang brauchst du, Gerd, noch Wissen. Das war unausgesprochen, das war nicht das Gefühl, dass jemand da Nachhilfe brauchte. Für Schröder [war dies] immer wieder ein Anlass, neu hinzuhören und ihn einzubeziehen als jemand, dem er große Bedeutung beigemessen hat.[482]

Die Gespräche dienten einerseits der inhaltlichen Vorbereitung des Redetextes. Anderseits sensibilisierten sie Gerhard Schröder für den historischen Kontext und die Befindlichkeiten, die ihn vor Ort erwarten würden. Am 1. August 2004 verbeugte der Bundeskanzler sich „in Scham angesichts der Verbrechen der Nazi-Truppen"[483] vor den polnischen Opfern. Zudem positionierte er sich eindeutig gegen ein *Zentrum gegen Vertriebenen* in Berlin (vgl. IV. Kap. 8.2.3.2), denn er war „festen Willens"[484], die Diskussion über Eigentumsrückgaben und Entschädigungen zu beenden. Dem Bundeskanzler gelang es mit seiner Reise, das Vertrauen der Polen zu gewinnen.[485] Schröder beschreibt in seinen Erinnerungen, wie abends die „Anspannung"[486] von ihm abfiel, „denn ich hatte das Gefühl, unser Land – im Geiste unserer Geschichte – angemessen repräsentiert zu haben"[487]. Nach der Reise sollte sich „politisch [...] die Debatte bald etwas beruhigen"[488], wie auch Wolfrum konstatierte. Welchen Beitrag Grass dran hatte, kann nicht kausal gemessen werden. Anhand dieser Gedenkveranstaltung lässt sich jedoch belegen, dass seine Beratung in der heiklen Situation von Schröder explizit gesucht wurde.

Als weiteren wichtigen Beratungsanlass erwähnt Schröder das siebenhundertfünfzigjährige Stadtjubiläum von Königsberg/Kaliningrad 2005. Bereits 2003 ergriff Grass nach seinem Besuch dort eine „knappe Gelegenheit"[489] am Rande einer Veranstaltung in Kiel, um den Bundeskanzler mit „einigen Stichworten"[490] auf diesen

---

481 Gerhard Schröder, Beitrag „Wir brauchen international wieder mehr Kooperation", 05.05.2020.
482 Uwe-Karsten Heye, 05.11.2020.
483 Gerhard Schröder, Rede anlässlich seines Besuches zum 60. Jahrestag des Warschauer Aufstandes, 01.08.2004.
484 Gerhard Schröder, Die Europäische Union in der globalisierten Welt – Herausforderungen und Chancen für Polen und Deutschland, in: FES (Hrsg.), Willy-Brandt-Vorlesung 2010, Warschau 2010, S. 12–23.
485 Kerski, Polen, S. 411.
486 Schröder, Entscheidungen, S. 348.
487 Schröder, Entscheidungen, S. 348.
488 Wolfrum, Rot-Grün, S. 616.
489 Günter Grass, Brief an Gerhard Schröder, 15.07.2003, in: GUGS.
490 Günter Grass, Brief an Gerhard Schröder, 15.07.2003, in: GUGS.

bald anstehenden, geschichtspolitischen Anlass hinzuweisen. Schröders bat, die Vorschläge schriftlich zu unterbreiten, sodass diese Beratung dokumentiert ist. Grass wies darauf hin, dass „offenbar von höchster Stelle, also von Moskau aus, regelrecht ein Verbot für derartige Feierlichkeiten ausgesprochen worden"[491] sei. Er setzte sich dafür ein, dass der Bundeskanzler „ein Wort mit Putin"[492] reden sollte. Der Intellektuelle entwickelte die Idee einer Organisation einer Lovis-Corinth-Ausstellung, was vor Ort auf „viel Zustimmung"[493] traf, aber die nötigen Finanzierungsmittel für die Umsetzung fehlten.[494] Er schrieb daher an den Bundeskanzler: „In Kiel sagtest Du spontan, Du würdest gerne eine solche Ausstellung eröffnen und batest mich, dabei zu sein: Selbstverständlich wäre es mir ein Vergnügen und auch eine Genugtuung, an Deiner Seite einen richtigen und wichtigen Schritt zu machen."[495] Er hoffte auf Unterstützung bei der Umsetzung, beispielsweise durch die Schirmherrschaft Schröders, denn eine derartige Veranstaltung könne nur „ermöglicht werden [...], wenn das Bundeskanzleramt und mit ihm Frau Weiß im Kulturministerium [sic!] in dieser Sache federführend ist"[496]. Grass fungierte hier als Vermittler, der seine bei einer Reise wahrgenommene Stimmung in Kaliningrad seismografisch dem Politiker weitergab. Grass' Impuls für die Ausstellung wurde nicht umgesetzt. Entgegen seiner Befürchtung fand das Stadtjubiläum allerdings statt. Gerhard Schröder reiste zu diesem Anlass nach Königsberg und hielt seine Rede in der Immanuel-Kant-Universität.[497] Es wurde eine große Versöhnungsgeste von Wladimir Putin und Gerhard Schröder anlässlich des 750. Geburtstages erwartet, aber tatsächlich sorgte die fehlende Einladung der Nachbarländer Polen und Tschechien für Verstimmung.[498] Dies brachte Schröder viel Kritik hinsichtlich seiner „erschreckende[n] Geschichtslosigkeit" und seinem „fatalen Mangel an europapolitischem Gespür und Takt"[499]. Eine derartige ausgrenzende Politik war nicht im Sinne von Grass, der sich dazu nicht äußerte. Seine Beratung hinsichtlich Russlands blieb bei Schröder wiederholt erfolglos (vgl. 7.2.1). Der Intellektuelle hatte lediglich Einfluss, sofern die Beratung in der Geschichtspolitik gesucht wurde. Seine ungefragten Impulse führten dagegen nicht zu einer weitergehenden Zusammenarbeit.

---

491 Günter Grass, Brief an Gerhard Schröder, 15.07.2003, in: GUGS.
492 Günter Grass, Brief an Gerhard Schröder, 15.07.2003, in: GUGS.
493 Günter Grass, Brief an Gerhard Schröder, 15.07.2003, in: GUGS.
494 Vgl. Jürgen Manthey, Günter Grass in Königsberg, in: Königsberger Bürgerbrief (61 / 2003) S. 87–88, hier S. 88.
495 Günter Grass, Brief an Gerhard Schröder, 15.07.2003, in: GUGS.
496 Günter Grass, Brief an Gerhard Schröder, 15.07.2003, in: GUGS.
497 Vgl. Gerhard Schröder, Rede zur Umbenennung der Albertina-Universität in Immanuel-Kant-Universität, 03.07.2005.
498 O. V., Kreml enttäuscht Kanzler, in: Der Spiegel, 17.04.2005.
499 Dpa, Schröder in Kaliningrad, in: Die Zeit, 05.01.2005.

Grass war als symbolträchtiger Begleiter bei Staatsreisen nach Polen gefragt. Bereits Willy Brandt hatte ihn für 1971 in seine Delegation gewählt und auch Richard von Weizsäcker griff 1990 auf ihn zurück (vgl. 2.3.3). Dieser Tradition folgte auch Rudolf Scharping, als er den Intellektuellen fragte, ob er ihn nach Prag zu einem Treffen mit Václav Havel oder zu Gesprächen nach Warschau begleiten wolle.[500] Grass entschied sich „nach längeren Überlegungen"[501] mit Hinblick auf den Austritt aus der SPD und seine Kritik an der Asylpolitik (vgl. IV. Kap. 4.3.1) gegen eine Reisebegleitung. Hier zeigt sich, dass eine gemeinsame politische Linie für eine Zusammenarbeit zwischen Grass und SPD-Politikern nötig war. Mit Ministerpräsidentin Heide Simonis pflegte er dafür ein gutes Verhältnis und begleitete ihre schleswig-holsteinische Delegation als „Ehrenbürger der Stadt Danzig"[502] anlässlich der 1000-Jahr-Feier der Stadt im Jahr 1997. Seine Lesung war „zweifellos ein Höhepunkt unseres Programms"[503], wie sich die Politikerin erinnerte. Diese Wahrnehmung entsprach der Presseberichterstattung, die Grass als „Hauptattraktion einer Mission, in deren Mittelpunkt Politik und Investitionen standen"[504], bezeichnete. 1999 lud Simonis den Schriftsteller erneut zum 60. Jahrestag des Beginnes des Zweiten Weltkrieges nach Danzig ein, was aufgrund anderweitiger Verpflichtungen aber leider nicht zustande kam.[505]

Im Jahr 2000 begleitete Grass Bundeskanzler Schröder zu einer Gedenkveranstaltung anlässlich des dreißigsten Jahrestages des Warschauer Vertrages vom 7. Dezember 1970.[506] Die Reise stand im Zeichen der Erinnerung an den legendären Kniefall von Willy Brandt und wurde als „Zeichen der politischen Kontinuität"[507] inszeniert. Die Staatsdelegation bestand unter anderem aus Horst Ehmke, Hans Koschnick und Günter Grass, die bereits vor 30 Jahren Brandt symbolträchtig unterstützten.[508] Grass hielt vor Ort eine Rede bei der Ausstellungseröffnung

---

500 Rudolf Scharping, Brief an Günter Grass, 24.02.1994 sowie 10.04.1994, in: AdK, GGA, Signatur 12511.
501 Günter Grass, Brief an Rudolf Scharping, 27.04.1994, in: AdK, GGA, Signatur 14306.
502 Heide Simonis, Brief an Günter Grass, 08.07.1999, in: AdK, GGA, Signatur 12632.
503 Heide Simonis, Brief an Günter Grass, 08.07.1999, in: AdK, GGA, Signatur 12632.
504 Cornelia Bolesch, Zwischen den Polen, in: SZ, 16.08.1997.
505 Vgl. Hilke Ohsoling, Brief an Heide Simonis, 23.07.1998, in: AdK, GGA, Signatur 14381; Schleswig-Holsteinischer Landtag, Stenographischer Bericht, 17.09.1999.
506 Vgl. Gerhard Schröder, Brief an Günter Grass, 08.11.2000, in: GUGS; Busso von Alvensleben, Brief an Günter Grass, 27.11.2000, in: GUGS.
507 Hermann Bünz, Partner der Konsolidierung, in: FES (Hrsg.), 10 Jahre Büro Warschau, Warschau 2001, S. 33–36, hier S. 36.
508 Vgl. O. V., Schröder auf Brandts Spuren, in: Der Spiegel, 06.12.2000; Claus Christian Malzahn, Polen: Im Schatten einer Geste, in: Der Spiegel, 10.12.2000.

zum Thema *Willy Brandt und Polen* in der Friedrich-Ebert-Stiftung.[509] Schröder besuchte wie Brandt das Denkmal in Warschau und enthüllte dort eine Gedenktafel. Der Bundeskanzler stand dabei vor der Herausforderung, angesichts dieses geschichtsträchtigen Vorbilds eine eigene Gedenkform zu finden. Vor der Abreise „bot sich Gelegenheit für ein ausführliches Gespräch"[510] mit Grass. Die Gesprächsinhalte können nicht rekonstruiert werden, aber Schröder scherzte später bei dem Treffen mit dem polnischen Staatspräsidenten Aleksander Kwasniewski, dass der Intellektuelle „besser Politiker geworden [wäre], weil er sowieso immer alles besser wisse"[511]. Grass betonte 2014 in einem Interview mit Gregor Schöllgen, dass Schröder in Polen eine „fabelhafte Figur"[512] gemacht habe. Der Biograf suggeriert, dass der Intellektuelle den Bundeskanzler auch 2004 begleitet habe, dies kann aber durch die Quellenanalyse nicht verifiziert werden.[513]

Grass' besonderes „Geschichtsgefühl"[514] machte ihn zu einem gern gesehenen Gesprächspartner für SPD-Politiker. Die Begleitung des Intellektuellen bei Staatsreisen nach Polen wurde von unterschiedlichen politischen Akteuren angefragt, da sie einen symbolischen und legitimierenden Charakter hatte.

8.4 Zwischenfazit: Intellektuelle Deutungsmacht in der Geschichtspolitik

Günter Grass nahm an den geschichtspolitischen Auseinandersetzungen in der Berliner Republik teil. Seine Erfahrung wurde von Politikern nachgefragt, bis sein Geständnis über die Waffen-SS-Mitgliedschaft seine Autorität erschütterte.

Politisches Ziel
Grass fühlte sich aufgrund seiner eigenen Biografie verpflichtet, sich politisch für eine Aufarbeitung des Nationalsozialismus einzusetzen. Der Intellektuelle verband daher stets seine Literatur, seine Reden und politischen Aussagen mit einem Rekurs auf diese Geschichtsepoche (vgl. Tabelle 71). Er ging davon aus,

---

509 Vgl. FES (Hrsg.), 25. Jahre Büro Warschau, Warschau 2015, S. 93; vgl. Jürgen Burckhardt, Brief an die Mitglieder der Delegation „Polen-Reise" 06.12.2000, 30.11.2000, in: GUGS.
510 Günter Grass, Brief an Fred Breinersdorfer, 08.12.2000, in: GUGS; vgl. Günter Grass, Arbeitskalender 2000, in: GUGS; Knut Nevermann, 02.09.2020.
511 Nico Fried, Ein Freund, (k)ein guter Freund, in: SZ, 08.12.2000.
512 Günter Grass zitiert nach Schöllgen, Schröder, S. 774.
513 Vgl. Schöllgen, Schröder, S. 774.
514 Gerhard Schröder, 24.06.2020.

dass sich Geschichte wiederholen könne. Daher verfolgte Grass das Ziel, einen derartigen Rückfall zu vermeiden, indem er die Erinnerung an diese Zeit wachhielt und frühzeitig vor entsprechenden Entwicklungen warnte. Für die von ihm praktizierte Verschränkung von Vergangenheit und Zukunft führte er den Begriff *Vergegenkunft* ein. In der Berliner Republik förderte gerade der durch die Deutsche Einheit vergrößerte deutsche Nationalstaat Ängste bei Grass zutage, die er bei seinen Reisen auch in den Nachbarländern wahrnahm. Er argumentierte aus diesem Grund moralisch gegen einen starken Einheitsstaat (vgl. dazu IV. Kap. 2.1). Der Schriftsteller vertrat die Problemsicht, dass die Aufarbeitung des Nationalsozialismus in der Berliner Republik nicht abgeschlossen und auch die Anerkennung der verschiedenen Opfergruppen noch offen sei. Zudem thematisierte Grass die deutschen Opfer der Vertreibung, die er durch eine Stärkung des europäischen Gedenkens würdigen wollte. Als Problemlösung sah er weniger die Errichtung von Denkmälern, sondern die wichtige, erinnernde Funktion von Literatur, die einen Anstoß zu einem generationsübergreifenden Dialog gebe. Sein Ziel war es, zukünftige Generationen zu einem Hinterfragen von Ideologien zu ermutigen.

Tabelle 71: Günter Grass' politisches Ziel, Deutungsmuster und Interventionstyp in der Geschichtspolitik.

Politisches Ziel	Erinnerung an die Vergangenheit	
Problemdimensionen	*Problemsicht*:	Erinnerung an Nationalsozialismus und Verbrechen
	Problemlösung:	Literatur, Europäische Gedenkorte
	Problemziel:	Versöhntes Europa
Deutungsmuster	*Historisch*:	Aktualisierung der Erinnerung durch Tagespolitik
	Kulturell:	Grenzüberschreitende Funktion für Versöhnung
Interventionstyp	Spezifischer Intellektueller	

Das *historische* Deutungsmuster begründete somit grundsätzlich Grass' politisches Schaffen. Als Schriftsteller betonte er zudem das *kulturelle* Deutungsmuster, da er Literatur und Kunst eine Lehrmeisterfunktion zugestand, mit deren Hilfe er die Versöhnung erreichen wollte. Grass setzte sich im geschichtspolitischen Bereich für Frieden und Versöhnung im Sinne eines *allgemeinen Intellektuellen* ein. Durch seine Biografie und seine erarbeitete Reputation verfügte er darüber hinaus über ein zusätzliches Fachwissen als *spezifischer Intellektueller*.

Methode

Um seinem politischen Ziel einer Aufarbeitung des Nationalsozialismus und einer Versöhnung mit den Nachbarländern näher zu kommen, kombinierte Grass verschiedene Methoden (vgl. Tabelle 72). Dabei sind seine Rollen als Schriftsteller und als Intellektueller in der Geschichtspolitik aufs Engste verzahnt, wie Grass besonders in seinen Reden *Schreiben nach Auschwitz* oder *Ich erinnere mich* thematisierte. In seinen literarischen Werken beschäftigte er sich auch in der Berliner Republik daher mit geschichtspolitischen Fragen, wie beispielsweise bei *Im Krebsgang* und *Beim Häuten der Zwiebel*. Diese Veröffentlichungen flankierte er zusätzlich als Intellektueller mit politischen Stellungnahmen in der Öffentlichkeit. Grass verwendete seine Expertise darüber hinaus für konkrete geschichtspolitische Maßnahmen. Sein geschichtspolitisches Engagement als Schriftsteller und Intellektueller in der Öffentlichkeit setze sich auch in der direkten, informellen Beratung fort. Er lieferte dabei auch unaufgefordert Impulse und nutzte seine politischen Kontakte, um beispielsweise die schnelle Entschädigung von NS-Opfern zu fordern.

Tabelle 72: Grass' Methoden in der Geschichtspolitik.

Methode	Organisator von politischer Öffentlichkeit	Politikberater

Beispiele	– Literatur:
	   Novelle *Im Krebsgang*
	   Autobiografie *Beim Häuten der Zwiebel*
	– Offener Appell: Entschädigung NS-Zwangsarbeiter
	– Repräsentant:
	   Botschafter des dt.-poln. Verhältnisses
	   Reisebegleitung G. Schröder 2000
		– Anregungen für Reden
		   (W. Brandt, G. Schröder)
		– Beratung und Impulse zu Reisen
		   (R. Scharping, G. Schröder)
		– Beratung zur Entschädigung von Zwangsarbeitern, Polnischer Post

Merkmale	Symbolischer Repräsentant in Polen / für Vertreibung Organisator von Öffentlichkeit (Literatur, Appelle)	Impulsgeber, Formulierungshelfer und Berater

Politische Resonanz

Grass erreichte durch seine Literatur, aber auch mit seinen begleitenden Stellungnahmen eine Resonanz in der Öffentlichkeit (vgl. Tabelle 73). Grass nahm durch seine Literatur Einfluss auf den geschichtspolitischen Diskurs. Dies lässt sich anhand der Veröffentlichung der Novelle *Im Krebsgang* belegen. Die dadurch entstandene Aufmerksamkeit instrumentalisierte Erika Steinbach als damalige Präsidentin des Bundes für Vertriebene für ihre politische Initiative für ein *Zentrum gegen Vertreibung* in Berlin. Der Schriftsteller grenzte sich von diesen Ideen eindeutig ab. Grass unterstützte stattdessen den rot-grünen Gegenentwurf eines europäischen Gedenkens. Auch seine fiktionale Autobiografie *Beim Häuten der Zwiebel* verursachte durch die damit bekannt gewordene Waffen-SS-Mitgliedschaft einen Skandal, in dessen Zuge die Reputation des Intellektuellen in Frage gestellt wurde. Politische Reaktionen quer durch alle Parteien waren Bestandteil eines gesellschaftlichen Diskurses, der die Verwicklung dieser Generation im Nationalsozialismus thematisierte. Durch seinen kontinuierlichen Einsatz für die Verbesserung des deutsch-polnischen Verhältnisses wurde er als „Botschafter[...] von Polen und des Polentums in Deutschland"[515] in beiden Ländern anerkannt. Seine langjährig erworbene Reputation in der Geschichtspolitik wurde von einigen Politikern, besonders von Bundeskanzler Schröder, genutzt. Grass' geschichtspolitische Impulse lenkten die Aufmerksamkeit von politischen Akteuren auf das spezifische Thema.

Tabelle 73: Politische Resonanz von Günter Grass in der Geschichtspolitik.

Resonanz	Organisator von politischer Öffentlichkeit	Politikberater
Hoch	*Hohe Medienresonanz:* – Diskurs über Vertreibung durch *Im Krebsgang* – Stichwort Scham der Kriegsgeneration (Waffen-SS) ausgelöst durch *Beim Häuten der Zwiebel*	*Nachgefragte Beratung:* – Reden zu Gedenkveranstaltungen – Vorbereitung der Reisen nach Polen
Mittel	*Mittlere Medienresonanz:* – Anstoß zu Spenden für NS-Zwangsarbeiter	*Bedingt nachgefragte Beratung:* –
Niedrig	*Niedrige Medienresonanz:* – Impuls für ein Beutekunstmuseum – Begleitung von Politikern bei Reise nach Polen	*Nicht nachgefragte Beratung:* – Russland
Einordnung	**– Agenda-Setter durch Diskursanstoß** **– Repräsentant** **– Impulsgeber**	**Beratung in geschichtspolitischen Fragen** – Reden und Reisen nach Polen

---

515 Adamowicz, in: FES Polen, Sozialdemokratischer Mittler, S. 15.

Einfluss auf die Politik

Grass' öffentliche Impulse in der Geschichtspolitik wurden von Politikern zwar häufig diskutiert, jedoch erfolgte eine Umsetzung der Ideen meistens nicht. Lediglich der Aufruf von Günter Grass, Hartmut von Hentig und Carola Stern zugunsten der NS-Zwangsarbeiter mobilisierte die Spendenbereitschaft der Zivilgesellschaft und düpierte die Wirtschaft durch ihre noch fehlende, finanzielle Beteiligung. Diese Initiative führte zu politischen Gesprächen mit den verantwortlichen Politikern. Die Beratung des spezifischen Intellektuellen wurde von Politikern vor allem zur Vorbereitung vor wichtigen Gedenkveranstaltungen gezielt angefragt. Vor allem Bundeskanzler Schröder nutzte sein Geschichtsgefühl als Expertise und seine repräsentative Rolle zur Darstellungspolitik. Er konnte trotz seiner Kontakte zum Bundeskanzler und seinen Mitarbeitern allerdings keinen Einfluss auf entsprechende Gesetzesvorhaben nehmen. Ob Grass dennoch geschichtspolitische Prozesse beeinflusst hat, kann erst eine Öffnung der Bundesarchive nach verstrichener Sperrfrist zutage fördern.

Der Einfluss von Grass ist daher nicht in kurzfristigen politischen Prozessen, Gesetzen oder Maßnahmen zu verorten. Er führte vielmehr zu einer langfristigen Veränderung der politischen Kultur. So bewirkte das intellektuelle Engagement eine Differenzierung im Diskurs über Zwangsarbeit sowie der deutschen Vertreibung. Dies zog auch im Ausland eine politische Auseinandersetzung nach sich. Grass fungierte als Tabubrecher und hatte eine besondere Deutungsmacht in diesem Kontext. Eben diese Deutungsmacht und das politische Ansehen Grass' wurden fundamental durch die Veröffentlichung von *Beim Häuten der Zwiebel* erschüttert. Der Skandal führte zu einer häufig undifferenzierten Auseinandersetzung über die Verstrickung seiner Generation im Nationalsozialismus. Er zeigt, dass Reizworte wie *Waffen-SS* in der Berliner Republik weiterhin skandalisierend wirkten – ein Merkmal dafür, dass die Aufarbeitung noch lange nicht abgeschlossen ist. Grass' literarische Werke regten somit primär einen gesellschaftlichen Diskurs an (*Policy-Lernen*), wirkten zum Teil aber auch strukturierend (vgl. Tabelle 74). Dieser Prozess wurde durch die politischen Aussagen des Intellektuellen weiter unterstützt. Die öffentliche Thematisierung hatte langfristig Auswirkungen auf politische Prozesse, wie die Einrichtung der *Bundesstiftung Flucht, Vertreibung und Versöhnung* (*Diskursinstitutionalisierung*). Die Analyse belegt, dass Grass mit seiner Stimme in der Geschichtspolitik in der Öffentlichkeit zum Teil *Deutungsmacht* als Impulsgeber hatte, aber diese in der politischen Umsetzung an ihre Grenzen stieß. Seine kommunikative Macht wurde nachweisbar erschüttert, als seine Glaubwürdigkeit durch die Waffen-SS-Mitgliedschaft Schaden nahm.

Tabelle 74: Skala des politischen Einflusses von Günter Grass in der Geschichtspolitik (grau markiert).

Stufe 0	Stufe 1	Stufe 2	Stufe 3	Stufe 4
Unterhaltung	Policy-Lernen	Diskursstrukturierung	Diskursinstitutionalisierung	Diskurshegemonie/-macht
Mikroebene			*Mesoebene*	*Makroebene*

Funktionen des Intellektuellen

Grass fungierte in der Geschichtspolitik vor allem als Vermittler und Repräsentant (vgl. Tabelle 75). Einerseits *repräsentierte* er eine Kontinuitätslinie zur Ostpolitik unter Willy Brandt und anderseits das Schicksal eines Vertriebenen. Ein öffentlicher Auftritt mit ihm wirkte sich bis zum Waffen-SS-Bekenntnis positiv auf die Darstellungspolitik der Politiker aus. Der Schriftsteller gab als *Vermittler* zudem seismografisch die Stimmungen in Polen an SPD-Politiker weiter. Seine *Expertise* und Anregungen für Reden wurden von einigen Politikern bewusst genutzt. Als Intellektueller trat er als *Kritiker* auf, indem er stets vor einem Rückfall in alte Verhaltensmuster des Nationalismus mahnte. Grass' Vision, ein durch Kultur versöhntes Europa zu erreichen, sollte dagegen nationalistische Konflikte künftig vermeiden. Der Schriftsteller hoffte, dass Kunst und Literatur dabei eine *Vorreiterrolle* einnähmen. Aus diesem Grund thematisierte er aus freien Stücken sein Schweigen über die Waffen-SS-Mitgliedschaft. Seine Scham darüber war der Motor, sich politisch und literarisch trotz aller persönlichen Kritik der Öffentlichkeit für die Vergangenheitsbewältigung einzusetzen.

Grass gehörte der letzten Intellektuellengeneration an, die den Nationalsozialismus noch selbst erlebt hatten und ihre Erfahrungen und Deutungsmuster als Zeitzeugen in den Diskurs einbrachten. In der Berliner Republik zeigt sich deutlich, dass diese mahnenden Stimmen in der Öffentlichkeit zunehmend weniger beachtet wurden. Stattdessen wurde die Deutungshoheit dieser Generation zunehmend angezweifelt. Wie undifferenziert der Diskurs geführt wurde, zeigt der Skandal über Grass, Waffen-SS-Mitgliedschaft. Gleichzeitig macht sein Beispiel deutlich, wie Scham über die eigene Vergangenheit einen offenen Dialog blockiert. Auch in der Berliner Republik ist die Aufarbeitung des Nationalsozialismus somit nicht abgeschlossen. Grass' warnende Worte über den zunehmenden Rechtsradikalismus der Gesellschaft, der befördert wird durch die Wortwahl in der Politik – sie bleiben angesichts heutiger Entwicklungen zeitlos.

Tabelle 75: Funktionen Günter Grass' in der Geschichtspolitik.

Spezifischer Intellektueller	Geschichtspolitik	Resonanz
Schlichtungsagentur: Vermittler	Botschafter dt.-poln. Beziehung Seismograf für Stimmungen in Polen Kunst und Literatur als Beitrag zur Versöhnung	hoch
Kontrollorgan: Kritiker	– *Zentrum gegen Vertreibung* – Auszahlung der Entschädigung NS-Zwangsarbeiter / Polnische Post	mittel
Frühwarnsystem: Vorreiter	Gefahr des aufkommenden Rechtsradikalismus Versöhntes Europa	niedrig
Legitimationskraft/ Repräsentant	Kriegsgeneration/Vertriebene Reisen nach Polen 2000 mit G. Schröder	hoch
Sprachvermögen/ Formulierungshelfer	Sparringspartner / Formulierungen / Argumentation bei Reden	mittel
Fachexperte	Geschichtsgefühl	mittel

V FAZIT UND AUSBLICK:
Der fröhliche Steinewälzer

1 Günter Grass' politischer Einfluss in der Berliner Republik

Günter Grass und die Politik – zwei Themenbereiche, die seit den frühen Tagen der Bundesrepublik untrennbar zusammengehören. Für den Intellektuellen war ein gesellschaftliches Engagement stets selbstverständlich. Als Schriftsteller nutzte er sein weltweit gewonnenes literarisches Renommee, um Einfluss auf das politische Geschehen in der Berliner Republik zu nehmen. Als unbequemer Zeitgenosse polarisierte Grass und erhitzte mit seinem moralischen Rigorismus die Gemüter. Über die politischen Aussagen in seiner Literatur und in seinen öffentlichen Stellungnahmen wurde in Medien, Gesellschaft und Politik diskutiert.

Grass' politische Aktivitäten in der Berliner Republik wurden bislang jedoch nicht erforscht. Bis dato wurde der Intellektuelle nur zu wenigen politischen Themenkomplexen in Bezug gesetzt, wie beispielsweise hinsichtlich seines Engagements für Willy Brandt, seiner Wahlhilfe für die SPD oder seiner Haltung zur Deutschen Einheit. Auch einzelne Skandale, insbesondere das Bekanntwerden seiner Waffen-SS-Mitgliedschaft, fanden das öffentliche Interesse. Dieser Band schließt als politische Biografie über Günter Grass in der Berliner Republik diese Forschungslücke. Dabei konzentrierte er sich auf Grass' gesellschaftliches sowie politisches Engagement, während bisherige Arbeiten von Literaturwissenschaftlern oder Journalisten primär sein literarisches Werk fokussieren. Die Analyse stützt sich auf die Primärquellen des Schriftstellers, nämlich seine politischen Reden und Interviews. Zudem konnten erstmals unveröffentlichte, private Briefe und Notizen aus dem Nachlass ausgewertet werden. Zahlreiche Hintergrundgespräche mit beteiligten Politikern, Intellektuellen und Journalisten gaben Aufschluss über nicht dokumentierte Treffen. Seine öffentliche Wirkung belegt die ausgewertete Presseberichterstattung. Diese vielfältigen Quellen wurden mit einem Mixed-Methods-Ansatz in Form einer quantitativen Medien- und einer qualitativen Inhalts- und Diskursanalyse untersucht.

2 Theorie: Das Konzept der kommunikativen Macht als Intellektueller

Das erarbeitete, theoriegeleitete Konzept bescheinigt Intellektuellen als Sozialfigur prinzipiell als *softpower* eine kommunikative Macht. Als nicht-etablierte Akteure im Regierungssystem sind Intellektuelle darauf angewiesen, ihre Ideen und Deutungsangebote mit Hilfe der Überzeugungskraft ihrer Argumente in den politischen Prozess einzubringen. Im Vergleich zu anderen politischen Akteuren sind sie in ihrer Wirkung stets von der Resonanz der Gesellschaft oder von Politikern abhängig. Einem Einzelakteur wie Grass bieten sich zwei Methoden, um aus dieser von Jürgen Habermas titulierten *Peripherie* auf das *politische Zentrum* einzuwirken. Er kann politische Themen einerseits über öffentliche Diskurse in der Gesellschaft und andererseits im direkten Gespräch mit politischen Akteuren ansprechen. Beide Methoden greifen gleichermaßen am Anfang des *Politikzyklus* ein, indem sie die Problemformulierung und -thematisierung beeinflussen (*policy*). Während Intellektuelle bei öffentlichen Diskursen auf die Resonanz der Medien als Vermittler angewiesen sind, können sie im Gespräch mit Politikern ihre Anliegen unmittelbar adressieren. Eine direkte kausale Wirkung eines intellektuellen Inputs auf Gesetze (*politics*) und politische Entscheidungen erscheint auf Basis der abgeleiteten Theorie unwahrscheinlich. Langfristig können die von ihnen eröffneten oder geprägten Diskurse aber zu einer Veränderung der politischen Kultur führen, wenn es ihnen gelingt, die Bevölkerung zu überzeugen (*polity*). Intellektuelle können mit ihrer kommunikativen Macht den Stein ins Rollen bringen und darauf hoffen, dass ihr politisches Anliegen aufgegriffen und umgesetzt wird.

3 Praxis: Günter Grass als politischer Akteur in der Berliner Republik

Das theoretische Konzept einer kommunikativen Macht von Intellektuellen wurde auf die gelebte Praxis von Günter Grass in der Berliner Republik angewendet.

Als Intellektueller: Er entsprach mit seinem Selbstverständnis der Sozialfigur eines öffentlichen Intellektuellen, der mit Worten aktuelle Prozesse kritisch begleiten und damit beeinflussen wollte. Er trug die Konsequenzen für sein politisches Engagement, sei es in der zum Teil vernichtenden Kritik seines literarischen Werks oder der Diskreditierung seiner Person. Grass war sich seiner geringen politischen Wirksamkeit bewusst und bezeichnete sich daher im Sinne von Albert Camus als *Sisyphos*. Dessen angestoßener Stein bleibt nicht auf dem Berg liegen, sondern rollt immer wieder zurück. Die politischen Visionen des Schriftstellers waren weitreichender, geradezu utopisch, sodass sein Engagement niemals abgeschlossen sein konnte und einem „nie zur Ruhe kommenden Stein"[1] entsprach. Trotz seiner aussichtslosen Lage bezeichnete Grass sich als einen „fröhlichen Steinewälzer"[2], denn ein kontinuierliches Einmischen war für ihn selbstverständlich. Der Antrieb für seine politischen Aktivitäten waren seine Erfahrungen im Nationalsozialismus und seine Scham über die eigene Verführbarkeit. Es war daher sein Ziel, den Diskurs anzustoßen, neue Perspektiven in bestehende Debatten einzubringen und an die Vergangenheit zu erinnern. Die öffentliche Auseinandersetzung stand für ihn im

---

[1] Grass, Die Steine des Sisyphos, in: NGA 23, S. 487.
[2] Fritz J. Raddatz / Roger de Weck, „Ich bin ein lebenslustiger Pessimist", in: NGA 24, S. 571.

Mittelpunkt seiner gesellschaftlichen Aktivitäten, genau wie es Jürgen Habermas' normativ geprägtem Ideal einer diskursiven Gesellschaft entspricht.

Als Bürger: Grass ging allerdings über das theoretische Ideal eines Intellektuellen hinaus, indem er die Nähe zur Macht suchte. Er sah es als seine Bürgerpflicht an, sich nach den Erfahrungen der Weimarer Republik und des Nationalsozialismus als Verfassungspatriot für die Demokratie und das Grundgesetz aktiv einzusetzen. Sein Selbstverständnis basierte nicht auf dem Begriff des *Intellektuellen*, da dieser für ihn eine von der Gesellschaft oftmals abgehobene, elitäre Position darstellte. Stattdessen verstand er sich als *Citoyen* im Sinne der europäischen Aufklärung und entwickelte das Engagement eines Intellektuellen für sich weiter. In diesem Sinne schloss er eine Mitarbeit in den „Niederungen der Politik"[3], sei es durch Wahlkampfveranstaltungen oder durch Treffen mit Politikern, nicht aus. Für Grass stellten diese Berührungspunkte mit der Macht lediglich eine weitere Möglichkeit dar, Aufmerksamkeit für sein politisches Anliegen zu generieren.

Als Schriftsteller: Im Gegensatz zu einem normalen *Bürger* verfügte Grass als Schriftsteller und späterer Literaturnobelpreisträger über eine weltweite Prominenz, die ihm als Teil der Öffentlichkeitselite einen vereinfachten Zugang zu den Medien und zu Politikern bot. Grass' Bedeutung als Intellektueller ist nicht von seinem Wirken als Schriftsteller zu trennen, da sich beide Rollen gegenseitig beeinflussen. So wirkten sich einerseits seine politischen Reden und Aktivitäten auf die Literatur aus. Andererseits flankierte er die politischen Inhalte seiner Werke durch öffentliche Äußerungen als Intellektueller.

Der politische Grass war gleichzeitig Intellektueller, Bürger und Schriftsteller. Er nahm bewusst einen Platz „zwischen den Stühlen"[4] ein und kombinierte die verschiedenen Rollen, um Einfluss zu nehmen. Anfang der 1990er-Jahre äußerte er seine Befürchtung, dass seine kommunikative Macht als Intellektueller versiegt sei. Grass beschrieb sein „Reden ohne Echo [...] auf Dauer [als] nicht besonders stimulierende Disziplin"[5]. Diese Untersuchung beantwortet für den Zeitraum der Berliner Republik Grass' rhetorische Frage: „Aber was rede ich. Wer hört mir noch zu."[6]

1 Politisches Ziel

Grass hatte eine komplexe Vision einer rot-grünen Gesellschaftsreform, die er als überzeugter Sozialdemokrat in der Berliner Republik durchsetzen wollte. Der Intel-

---
3 Grass, Rotgrüne Rede, in: NGA 23, S. 214.
4 Grass, Zwischen den Stühlen, in: NGA 23, S. 223.
5 Grass, Rede vom Verlust, in: NGA 23, S. 57.
6 Grass, Einige Ausblicke vom Platz der Angeschmierten, in: NGA 22, S. 458.

lektuelle sprach in seinen Texten nicht über ein konkretes, politisches Konzept, da er mehr Pragmatiker als Programmatiker war. Es gab kaum ein Politikfeld, das Grass nicht öffentlich kommentierte. Er fokussierte sich nicht auf einzelne Themenbereiche, sondern dachte über Deutschland in all seinen Facetten nach. Der Intellektuelle entwickelte somit ein umfassendes und komplexes, politisches Konzept für die Berliner Republik. Sieben zentrale Politikfelder behandelte er in diesem Zeitraum: 1. Deutschlandpolitik, 2. Aufbau Ost, 3. Asylpolitik, 4. Innenpolitik, 5. Außenpolitik, 6. Kulturpolitik sowie 7. Geschichtspolitik. Grass wechselte je nach Politikbereich zwischen den ihm zur Verfügung stehenden Interventionsformen eines öffentlichen, allgemeinen und spezifischen Intellektuellen (vgl. Tabelle 76). In der Berliner Republik agierte er primär als *öffentlicher Intellektueller*, um mit seiner kommunikativen Macht im Sinne der sozialen Gerechtigkeit die Wiedervereinigung und deren Folgen zu kommentieren. Im Sinne einer Veränderung warb er zudem für den rot-grünen Machtwechsel. Grass setzte sich des Weiteren als *allgemeiner Intellektueller* für universale Themen, wie Menschenrechte, Minderheitenschutz, Krieg und Frieden ein. Er brachte als *spezifischer Intellektueller* zudem seine Fachexpertise im Bereich der Kulturpolitik und bei geschichtspolitischen Fragen ein. Weniger stark ausgeprägt war dagegen sein Engagement als *aktivistischer* oder *kollektiver Intellektueller* in der Berliner Republik, auch wenn Grass der Friedens- und Umweltbewegung sowie den Bürgerinitiativen nahestand oder sich als kulturpolitischer Lobbyist für die Rechte seiner Branche einsetzte.

Tabelle 76: Günter Grass' politische Ziele und Interventionsformen in der Berliner Republik.

Politikfeld	Politisches Ziel	Interventionsform
Deutschlandpolitik	Konföderation als Dritter Weg	*Öffentlicher Intellektueller*
Nach der Wende	Innere Einheit zwischen Ost- und Westdeutschland	
Innenpolitik	Rot-grüner Machtwechsel	
Asylpolitik	Neue Asylpolitik und Staatsbürgerschaftsrecht	*Allgemeiner Intellektueller*
Außenpolitik	Selbstbewusste Außenpolitik	
Kulturpolitik	Kulturelle Dimension in der Politik	*Spezifischer Intellektueller*
Geschichtspolitik	Tagespolitische Aktualisierung der Erinnerung	

Grass' politische Äußerungen basieren auf vier übergeordneten Deutungsmustern, die er als Interpretationsangebot und Orientierungsrahmen auf einer Meta-Ebene im Diskurs einbrachte. Dabei dominierte in seiner Argumentation primär das *historische Deutungsmuster*, mit dem er die Lehren aus dem Dritten Reich tagespolitisch aktualisieren wollte. Zudem findet sich das *kulturelle Deutungsmuster* in seinem Nationsverständnis wieder. Damit forderte der Intellektuelle übergreifende Werte oder ein Gesamtkonzept in der Deutschland- und Europapolitik ein. Als Sozialdemokrat setzte er sich mit Hilfe des *sozialen Deutungsmusters* dafür ein, die Ungerechtigkeit in der Gesellschaft zu vermindern und Solidarität zu fördern. Mit dem *ökonomischen Deutungsmuster* trat Grass für eine soziale Marktwirtschaft ein und kritisierte den Neoliberalismus, der den Profit der Unternehmen vor den Menschen sowie der Natur stellte. Grass' Deutungsmuster waren stark von der Sozialdemokratie geprägt, sodass hier ein Milieubezug zu konstatieren ist. Die Dominanz des historischen und kulturellen Deutungsmusters zeigt gleichzeitig die Spezifika eines Intellektuellen seiner Generation im politischen System.

2 Methode: Berater der Gesellschaft und von Politikern

Der Intellektuelle verfügte in der Berliner Republik über eine enorme, dauerhafte Medienpräsenz, die auf der Summe der vielfältigen Aktivitäten beruhte. Seine Öffentlichkeitswirksamkeit basierte einerseits auf den von ihm angestoßenen Kontroversen und andererseits auf seinem kontinuierlichen Engagement. Als Schriftsteller regte er durch seine Literatur politische Diskurse an, wie beispielsweise durch *Ein weites Feld, Im Krebsgang, Beim Häuten der Zwiebel* und dem Gedicht *Was gesagt werden muss*. Darüber hinaus verursachten wenige politische Sätze in seiner Laudatio auf Yaşar Kemal einen Skandal. Das Zusammenspiel von beiden Rollen, der des Schriftstellers und des Intellektuellen, war entscheidend, um als *Agenda Setter* zu wirken. Grass mischte sich mit seinen Äußerungen als prominenter Einzelakteur in bereits bestehende, politische Diskurse ein und wurde in der Öffentlichkeit oftmals als Wortführer wahrgenommen. Seine exponierte Stellung als Diskursteilnehmer lag in seiner herausragenden Prominenz und seinem selbstbewussten Auftreten begründet, aber auch in seiner moralisch rigorosen Argumentationsweise. Grass' Fähigkeit, Öffentlichkeit zu generieren, wurde von Politikern oftmals für Wahlkampfveranstaltungen, Imagezwecke oder andere repräsentative Aufgaben im In- und Ausland genutzt.

Der Intellektuelle verfügte in der Berliner Republik darüber hinaus über einen unmittelbaren, informellen Kontakt zur Macht, der durch seine Korrespondenz sowie durch Hintergrundgespräche rekonstruiert wurde. Grass erarbeitete sich durch sein langjähriges Engagement eine politische Reputation und ein großes Netzwerk innerhalb der SPD. Er suchte in der Berliner Republik regelmäßig das Gespräch mit verschiedenen Parteivorsitzenden der SPD, jedoch war die Intensität der Verbindung dabei unterschiedlich ausgeprägt. Dies lag einerseits an der persönlichen Verbindung zum jeweiligen Politiker, aber auch an der wechselhaften Nähe und Ferne des Intellektuellen zur politischen Linie der SPD begründet. Grass beriet besonders Gerhard Schröder in verschiedenen Politikfeldern seiner Kanzlerschaft. Eine Zusammenarbeit lässt sich auch mit den Kulturstaatsministern feststellen, besonders mit Michael Naumann und Julian Nida-Rümelin, aber auch Bernd Neumann (CDU) traf sich mit dem Intellektuellen. Hinsichtlich der Urheberrechtsdebatte war Grass darüber hinaus ein Ansprechpartner für Bundesjustizministerin Herta Däubler-Gmelin. Der Intellektuelle wurde dadurch bei kulturpolitischen Fragen in politische Prozesse involviert. Es waren nicht nur SPD-Politiker, die Grass kontaktierte, sondern er suchte auch mit Politikern anderer Parteien den Austausch. Dies belegen Gespräche und Briefwechsel mit beispielsweise Rita Süssmuth (CDU), Lothar Bisky und Gregor Gysi (Linkspartei.PDS). Zusätzlich pflegte er mit Anje Vollmer (Die Grünen) seit den Wendejahren einen engen Austausch. Grass trat für repräsentative Zwecke mit verschiedenen Bundespräsidenten auf. Mit einigen Politikern, wie beispielsweise Björn Engholm, Johannes Rau, Gerhard Schröder oder Antje Vollmer, war er zeitweise freundschaftlich verbunden.

Grass richtete seine Ratschläge meistens anlassorientiert und ungefragt in Briefen an die jeweilig zuständigen politischen Akteure. Manche Politiker besuchten den Intellektuellen, wenn sie auf Rundreisen in der Nähe von Lübeck oder Behlendorf Station machten, oder man traf sich am Rande von politischen Veranstaltungen. Zudem gab es einen regelmäßigen, von langer Hand geplanten, jährlichen Gedankenaustausch der SPD-Parteivorsitzenden mit Schriftstellern und Künstlern sowie Unterstützertreffen nach den Wahlen in Berlin. Grass war ein Bindeglied zu anderen Künstlern, Schriftstellern und Intellektuellen. Er gehörte zum inneren Zirkel von Gerhard Schröder, der regelmäßig ins Kanzleramt eingeladen wurde. Es lassen sich verschiedene Ad-hoc-Treffen mit Intellektuellen in Teilnehmerkreisen mit unterschiedlicher Größe rekonstruieren. Die Spannbreite ging von bilateralen Gesprächen über einen Austausch im kleinen, vertrauten Kreis bis hin zu Treffen mit zwanzig bis dreißig Intellektuellen. Des Weiteren trat Grass in großen Abständen auch auf offiziellen Parteiveranstaltungen der SPD oder der Grünen auf. Eine Mitarbeit in Gremien konnte nicht festgestellt werden, auch wenn er beispielsweise für eine Zusammenarbeit im *Kulturforum der Sozialdemokratie* oder zu einem Impulsvortrag der *Historischen Kommission der SPD* angefragt wurde. Grass pflegte lieber einen direkten und informellen Kontakt zu Politikern, lehnte eine grundsätzliche institutionelle Mitarbeit innerhalb der SPD ab. Stattdessen gründete er den *Willy-Brandt-Kreis* als eine Form eines linken Think Tank, um situativ Einfluss auf die Sozialdemokratie zu nehmen. Zahlreiche Absagen belegen, dass sein Engagement für die Partei keineswegs selbstverständlich und kontinuierlich war, sondern von den politischen Inhalten, der jeweiligen Führungspersönlichkeiten und seinen Einflussmöglichkeiten abhing. Der Schriftsteller betrachtete die Nähe zur Macht nicht kritisch, sondern sah in der Hinterzimmerpolitik eine Fortsetzung seiner gesellschaftlichen Aktivitäten. Er verkörperte den „Typus des politisch intervenierenden Intellektuellen und Schriftstellers [...], wie wir ihn dringend brauchen und leider kaum noch haben"[7].

3 Politische Resonanz: Kommunikative Macht

Der Intellektuelle nahm mit seiner kommunikativen Macht am ideenpolitischen Deutungskampf in der Berliner Republik teil. Die meisten seiner öffentlichen Äußerungen wurden von der Presse beachtet, fanden aber bei Politikern keinen oder nur einen geringen Widerhall. Medienwirksamkeit ist demnach nicht gleichbedeutend mit einer politischen Wirksamkeit von Intellektuellen. Um Resonanz zu erzeugen, benötigte Grass die Zustimmung von Politikern oder der Bevölkerung, die er zu mobilisieren versuchte. Dies gelang ihm durch den Anstoß von Diskursen, bei denen er moralisch strittige Fragen an die Gesellschaft adressierte. Daraufhin bildete sich eine Diskurskoalition mit Politikern, die meistens dem rot-grünen Parteienspektrum entsprach. Es gab in der Berliner Republik aber auch Themen wie die Deutsche Einheit, die Asylpolitik oder den Kosovo-Konflikt, die das linke Lager spalteten. Konservative Politiker grenzten sich dagegen mehrheitlich von seinen Sichtweisen ab und stimmten ihm höchst selten zu. Zudem existierten in der Berliner Republik auch Themen, die von der Öffentlichkeit nicht aufgegriffen wurden, für die Grass jedoch aufgrund seiner Prominenz und seines kontinuierlichen Engagements als Wortführer und Sprecher der Diskurskoalition wahrgenommen wurde (vgl. Tabelle 77).

In Einzelfällen gelang es Grass, nicht nur in den Medien, sondern auch in der politischen Öffentlichkeit seine Deutungsangebote zu platzieren. Direkte oder indirekte Zitate des Intellektuellen fanden sich in Reden von politischen Akteuren im Bundestag, auf Parteitagen oder bei anderen öffentlichen Veranstaltungen wieder. Einige Impulse des Intellektuellen wurden von Politikern aufgenommen und führten beispielsweise zur Etablierung verschiedener Kultureinrichtungen. Zusätzlich gründete Grass selbst zahlreiche zivilgesellschaftliche Stiftungen. Grass nutzte seine kommunikative Macht in der Öffentlichkeit gezielt, um sein Anliegen zu thematisieren und den Druck auf Politiker zu erhöhen. Seine offenen Briefe oder Stellungnahmen führten oftmals zu Gesprächsangeboten von Politikern, sodass es in der Folge zu direkten Treffen kam.

Die Auswertung der Hintergrundgespräche mit den verschiedenen Politikern belegt, dass Grass' Engagement die Aufmerksamkeit für ein Thema erhöhte. Seine schriftlichen Anregungen wurden meistens telefonisch und zum Teil auch schrift-

---

7 Heckmann, „Ein kämpferischer Mensch", in: Deutschlandfunk, 13.04.2015.

Tabelle 77: Günter Grass' politische Resonanz in der Öffentlichkeit und Beratung.

Organisator von politischer Öffentlichkeit	Politikberater	Resonanz
Diskursanstoß – *Ein weites Feld* 1995 – Kemal-Laudatio 1997 – *Im Krebsgang* 2002 – *Beim Häuten der Zwiebel* 2006 – *Was gesagt werden muss* 2012	**Beratung von Gerhard Schröder (SPD)** – Kulturpolitik – Außenpolitik – Geschichtspolitik **Beratung von Antje Vollmer (Die Grünen)** – Deutschlandpolitik, Innenpolitik	hoch
Wortführer/Sprecher – Gegendiskurs zur Einheit – Sprecher der Ostdeutschen – Prominenter gegen die Rechtschreibreform	**Austauschgespräche:** – Diverse SPD-Spitzenpolitiker – Politiker anderer Parteien	hoch
Repräsentative Zwecke – Darstellungspolitik im Wahlkampf – Darstellungspolitik zum Irakkrieg – Kulturbotschafter im Ausland – Deutsch-polnische Beziehungen/ Vertreibung		mittel
Impulsgeber/Stiftungsgründer – Kultureinrichtungen (*Koeppenhaus*, Lesungen, *Kulturstiftung des Bundes*) – Gründer der *August-Bebel-Stiftung* – Mitinitiator des *Willy-Brandt-Hauses* Lübeck – Gründer der *Stiftung zugunsten des Romavolks*	**Impulsgeber** – Parteiveranstaltungen Einheit – Sparringspartner des „rot-grünen Projektes" – Ideen für die Kulturpolitik – Willy-Brandt-Kreis	mittel
Teilnehmer am Diskurs – Asylpolitik – Rot-grünes Gesellschaftsprojekt – Außenpolitischer Diskurs	**Mahner** – Asylpolitik – Neue Verfassung – Wahlkampf / sozialdemokratisches Narrativ	niedrig

lich beantwortet. Während mancher Akteur genervt war, dass der politische Außenseiter sich in ihre Belange einmischte, suchten andere regelmäßig den Austausch mit ihm. In der SPD waren es vor allem die sogenannten *Enkel* von Willy Brandt, die Grass bereits als Wahlhelfer für den damaligen Bundeskanzler kennengelernt hatten und in Kontinuität dazu das Gespräch mit dem Intellektuellen wertschätzten.

Die informellen Treffen und das Wahlkampfengagement des Schriftstellers waren für sie ein Ritterschlag, sodass es sich um einen psychologischen Effekt handelte. Der nachfolgenden Politikergeneration innerhalb der SPD fehlte dieser Bezug. Infolgedessen suchten sie den Kontakt oftmals nur sporadisch oder betrachteten ihn als nicht zeitgemäße Nostalgie.

Nur wenige Politiker suchten regelmäßig und anlassorientiert einen allgemeinen Austausch mit dem Intellektuellen. Hier ist besonders Gerhard Schröder zu nennen. Aus den unverbindlichen Treffen resultierten mehrere kulturpolitische Impulse. Viele Beratungstreffen waren davon motiviert, Günter Grass als potenziellen Kritiker frühzeitig in Prozesse einzubinden. Sie erzeugten schlussendlich nicht nur bei den Politikern, sondern auch bei dem Intellektuellen selbst eine Wirkung. Er unterstützte Schröder nach den Beratungsgesprächen im Wahlkampf und später auch als Kanzler mit eigenen Stellungnahmen in der Öffentlichkeit. Darüber hinaus griff Schröder auf die Prominenz des Intellektuellen zurück, im Wahlkampf, bei gemeinsamen kulturpolitischen Anlässen und in außenpolitischen Fragen. Grass' kommunikative Macht wurde gezielt von mehreren Politikern für ihre Darstellungspolitik genutzt. Die Briefe im Nachlass des Intellektuellen belegen, dass er fortlaufend für öffentliche Diskussionsrunden und ähnliche Veranstaltungen angefragt wurde. Dies galt für Deutschland, aber auch für seine Auftritte im Ausland. Trotz aller Unkenrufe hatte die Stimme des Intellektuellen bei SPD-Politikern in der Berliner Republik Resonanz. Besonders wirkungsvoll war die Kombination von informellen Treffen und seine Teilnahme am öffentlichen Diskurs. Seine Medienwirksamkeit war für Grass ein Druckmittel und hatte für die Politiker einen besonderen Nutzen.

4 Einfluss auf die Politik: Deutungsmacht?

Grass' kommunikative Macht war primär auf die Mikro-Ebene der Politik im Bereich des *Policy-Lernens* beschränkt, sodass er sich oftmals ohnmächtig fühlte. Der Intellektuelle nahm überwiegend am Anfang des Policy-Zyklus am politischen Prozess, bei der Problemformulierung und -definition, teil. Mitunter wirkte er an der *Diskursstrukturierung* mit, indem er politische Narrative in der Öffentlichkeit prägte oder die Darstellungspolitik von Politikern unterstützte. Auch im Gespräch mit den politischen Akteuren trug Grass durch seine Argumentationskraft zur weiteren Differenzierung bei. Sein tatsächlicher Einfluss war abhängig von der gewählten Interventionsform (vgl. Tabelle 78).

Tabelle 78: Skala des politischen Einflusses von Günter Grass nach Politikfeldern (grau markiert).

Interventionstyp	Politikfeld	Unterhaltung	Politikebenen			
			Mikroebene (*Policy*)	Mesoebene (*Polity*)	Makroebene (*Politics*)	
		Stufe 0	Stufe 1	Stufe 2	Stufe 3	Stufe 4
Öffentlicher Intellektueller	Deutsche Einheit	Unterhaltung	Policy-Lernen	Diskursstrukturierung	Diskursinstitutionalisierung	Deutungsmacht
	Nach der Wende	Unterhaltung	Policy-Lernen	Diskursstrukturierung	Diskursinstitutionalisierung	Deutungsmacht
	Innenpolitik	Unterhaltung	Policy-Lernen	Diskursstrukturierung	Diskursinstitutionalisierung	Diskursmacht
Allgemeiner Intellektueller	Asylpolitik	Unterhaltung	Policy-Lernen	Diskursstrukturierung	Diskursinstitutionalisierung	Deutungsmacht
	Außenpolitik	Unterhaltung	Policy-Lernen	Diskursstrukturierung	Diskursinstitutionalisierung	Diskursmacht
Spezifischer Intellektueller	Kulturpolitik	Unterhaltung	Policy-Lernen	Diskursstrukturierung	Diskursinstitutionalisierung	Deutungsmacht
	Geschichtspolitik	Unterhaltung	Policy-Lernen	Diskursstrukturierung	Diskursinstitutionalisierung	Diskursmacht

Grass stieß als *öffentlicher Intellektueller* den Diskurs in der Berliner Republik immer wieder an, besonders bei innenpolitischen Fragen. Als *allgemeiner Intellektueller* setzte er sich im Bereich der Asyl- und Außenpolitik ein und regte durch diese Interventionsform das *Policy-Lernen* in Gesellschaft sowie Politik an. Er konnte durch seine Alternativvorschläge den Diskurs erweitern und für Minderheitsmeinungen öffnen. Ein direkter Einfluss auf politische Entscheidungen lässt sich dagegen nicht nachweisen. Seine Stellungnahmen als *allgemeiner Intellektueller* für Frieden und Minderheitenschutz wurden in der Öffentlichkeit überwiegend anerkannt. Grass' Interventionsform als *öffentlicher Intellektueller* wurde dagegen in der Presse häufig hinterfragt, da er die idealtypische Position des Beobachters hier verließ und die Nähe zur Macht suchte. Auch wenn seine Unterstützung in den Wahlkämpfen 1998 bis 2009 für Gerhard Schröders Darstellungspolitik förderlich war, ließ er sich nicht von der SPD instrumentalisieren, sondern blieb auch im Wahlkampf stets unbequem.

Grass wirkte nur dann im *Diskurs strukturierend*, wenn es ihm gelang, Narrative zu prägen. Dies gelang ihm in der Nachwendezeit, als er die fehlende soziale Einheit Deutschlands thematisierte und literarisch festhielt. Darüber hinaus gelang es dem Intellektuellen im Gespräch mit Bundeskanzler Schröder, dessen außenpolitischen Entscheidungen in einem historischen Sinnzusammenhang einzuordnen. Inwieweit die Beratungsgespräche darüber hinaus die Entscheidungen des Bundeskanzlers konkret beeinflusst haben, kann nicht kausal ermittelt werden. Der Intellektuelle unterstützte aber auch öffentlich Schröders Entscheidungen, sodass er eine strukturierende Wirkung im Diskurs hatte.

Als *spezifischer Intellektueller* hatte Grass im Gegensatz zur theoretischen Erwartung punktuell einen unmittelbaren Einfluss in der Berliner Republik. In der Kultur- und Geschichtspolitik lässt sich ein direkter Einfluss des politischen Außenseiters auf die rot-grüne Politik feststellen. Seine Wirkung hing allerdings maßgeblich von seinem Kontakt zu Bundeskanzler Schröder ab. In dieser Zeit wirkte er als öffentlicher Impulsgeber und Berater der Politiker auf die institutionelle Ausgestaltung und Umsetzung einiger kulturpolitischer Prozesse und Institutionen (*polity*). Grass nutzte seine Kontakte zur Finanzierung von kulturellen Projekten und konnte die internen Prozesse mitunter beschleunigen. Als Lobbyist versuchte er zudem unmittelbar, die Gesetzgebung (*politics*) zu beeinflussen. Bis zum Bekanntwerden seiner Waffen-SS-Mitgliedschaft verfügte Grass zudem über eine geschichtspolitische Deutungsmacht in der öffentlichen Auseinandersetzung und Beratungsgesprächen mit Schröder. Nachhaltig veränderte der Schriftsteller den Diskurs über das Thema Vertreibung. Seine Verdienste um die deutsch-polnische Versöhnung und Vergangenheitsbewältigung sind allgemein anerkannt. Seine fiktionale Autobiographie *Beim Häuten der Zwiebel* wirkte sich dagegen negativ auf die Reputation des Intellektuellen aus. Der Diskurs erschütterte seine Deutungsmacht im geschichtspolitischen Bereich.

Grass' Wirkung im Diskurs war allerdings grundsätzlich abhängig von der Qualität der öffentlichen Auseinandersetzung. Die Rolle und Funktion des Intellektuellen in der Berliner Republik wurde zunehmend von Journalisten auf einer Meta-Ebene infrage gestellt. Insofern gestaltete es sich für Grass zunehmend schwieriger, seine Deutungsangebote durchzusetzen. Er wurde für seinen moralischen Rigorismus und seine Rechthaberei kritisiert. Vielleicht hätte der Intellektuelle mehr Einfluss nehmen können, wenn er „ein Integrator [...] statt ein Polarisierer"[8] gewesen wäre. Ohne Provokation hätte er dagegen die Öffentlichkeit nicht für sein politisches Anliegen gewinnen können. Größer dagegen war sein Einfluss in informellen Gesprächen mit Politikern, vor allem Gerhard Schröder. Hier zeigt sich, dass Intellektuelle im Hinterzimmer der Macht den öffentlichen Diskurs fortführen können und durch direkte Beratung durchaus wirkungsvoll agieren können – ohne dabei ihre Unabhängigkeit zu verlieren.

5 Die Funktionen des Intellektuellen in der Politik

Der Intellektuelle war mit seinen moralischen Werten und der vertretenen kulturellen Dimension für den politischen Prozess der Berliner Republik wichtig, was symbolträchtig von Politikern genutzt wurde. Grass ließ sich dennoch nicht vereinnahmen, sondern blieb stets entsprechend seinen politischen Leitlinien unbequem. Maßgeblich für einen Einfluss waren die gewählte Interventionsform und seine persönlichen Beziehungen zu Politikern. Grass füllte in der Berliner Republik verschiedene Funktionen aus, die Intellektuelle idealtypisch besitzen sollten (vgl. Tabelle 79).

Grass nahm eine wichtige Funktion in Politik und Gesellschaft ein, da er Themen vertrat, die über keine lautstarke und wirtschaftsstarke Lobby verfügen. Er trat somit primär als *Vermittler* für Verfolgte und Minderheitsmeinungen im In- und Ausland ein. Dabei nutzte der Schriftsteller für sein politisches Engagement seine Sprachgewalt, um provokativ und plakativ in den Diskurs einzugreifen. Viele seiner Zitate wurden gerne von Journalisten sowie Politikern aufgegriffen und prägten sich durch zahlreiche Wiederholungen im allgemeinen Sprachgebrauch ein. Grass fungierte dabei vor allem *Kritiker von Beruf* und kommentierte die politischen Prozesse. Es war sein Bestreben, mit seinen Äußerungen den Diskurs anzustoßen oder um weitere Aspekte zu erweitern, die in die Entscheidungsfindung einbezogen

---

[8] Christoph Dieckmann, Unser starker Mann, in: Die Zeit, 09.12.1999.

Tabelle 79: Funktionen von Günter Grass in der Berliner Republik.

Funktionen	Politikfelder	Häufigkeit
Schlichtungsagentur: Vermittler	Aufbau Ost, Asylpolitik, Kulturpolitik, Innenpolitik, Geschichtspolitik	hoch
Kontrollorgan: Kritiker	Deutsche Einheit, Aufbau Ost, Asylpolitik, Kulturpolitik, Außenpolitik	hoch
Legitimationskraft: Repräsentation	Kulturpolitik, Innenpolitik, Außenpolitik, Geschichtspolitik	hoch
Sprachvermögen/ Formulierungshelfer	Aufbau Ost, Außenpolitik, Kulturpolitik, Geschichtspolitik	mittel
Fachexperte	Kulturpolitik, Geschichtspolitik, Außenpolitik	mittel
Frühwarnsystem: Vorreiter	Kulturpolitik, Innenpolitik	niedrig

werden sollten. Seine Kritik war dementsprechend nicht destruktiv, sondern ein Mittel zur Verbesserung der jeweiligen politischen Vorhaben. Dabei argumentierte er häufig mit der moralischen Schuld der Deutschen im Dritten Reich und erinnerte an die daraus zu ziehenden Lehren. Das Mahnen des Intellektuellen entspricht einem *Frühwarnsystem*, das auf zukünftige Entwicklungen hinweist. Politiker konnten an dem moralischen Kompass auch ihr eigenes Handeln und ihre Werte überprüfen. Als Intellektueller hielt Grass hartnäckig an seinen *Visionen* fest, fernab jeder pragmatischen Politik und zeigte auf, welche utopischen Ziele die Politik haben sollte. Manche von ihm angesprochenen Themen wirken rückblickend daher zeitlos, da sie die großen Fragen in der Gesellschaft umfassen.

Der Intellektuelle sah es darüber hinaus auch als seine Aufgabe an, als *Seismograf* die Stimmung der Bevölkerung auch im direkten Gespräch mit Politikern weiterzugeben, was diese in regelmäßigen Austauschgesprächen für sich nutzten. Seine *Fachexpertise* fand in seinem originären Bereich, nämlich im Bereich der Kultur- und Geschichtspolitik, Widerhall, besonders in der Regierungszeit Gerhard Schröders. Politiker griffen dabei auch auf Grass' argumentative Fähigkeiten und Ideen zurück, sodass der Intellektuelle auch als *Formulierungshelfer* ihre Darstellungspolitik unterstützte. Als Wahlhelfer und Berater hatte Grass auch eine *repräsentative und legitimierende Funktion* in der Öffentlichkeit, da er durch gemeinsame Auftritte mit Politikern eine Nähe der SPD zu Intellektuellen und Künstlern symbolisierte. Dies hatte gerade im Wahlkampf eine imagefördernde Wirkung, da somit eine Kontinuitätslinie zur legendären Zeit des Rendezvous von Geist und Macht unter Willy Brandt gezogen wurde. Auch im Ausland trat er über viele Jahre als Kulturbotschafter für Deutschland auf und repräsentierte die deutsch-polnischen Beziehungen.

4 Forschungsperspektive und Ausblick

Intellektuelle stellen ein interessantes Themenfeld dar, um an ihrem Beispiel ideenpolitische Deutungskämpfe zu rekonstruieren. Die Sozialfigur ist keineswegs ausgestorben, sondern passt sich an die Veränderungen an, sodass sich noch viele weitere Fragestellungen daraus eröffnen. Für das Zusammenspiel von Literatur und Kunst mit Politik ist Günter Grass ein Paradebeispiel. Das hier verfolgte Konzept einer kommunikativen Macht kann auf andere Intellektuelle und deren individuelle Interventionsformen angewendet werden, beispielsweise auf Hans-Magnus Enzensberger oder den Literatur-Nobelpreisträger Peter Handke. Auch länderübergreifende Untersuchungen, beispielsweise über Michel Houellebecq, Bernard-Henri Lévy oder Orhan Pamuk, wären von Interesse. Die spezifische Bedeutung von Schriftstellern, Künstlern und Intellektuellen als Quereinsteiger in politischen Ämtern bekommt durch den derzeitigen, auch schriftstellerisch tätig gewordenen Bundeswirtschaftsminister Robert Habeck (Die Grünen) eine neue Bedeutung. Ein parteiübergreifender Vergleich der Kontakte zu Intellektuellen böte sich an, um zu beantworten, ob *Die Grünen* die Rolle der SPD als Ansprechpartner für Intellektuelle inzwischen übernommen haben, oder warum die CDU sich bis heute häufig mit der Kritik an Intellektuellen hervortut. In diesem Zusammenhang wären das kulturpolitische Netzwerk der Parteien und die verstärkte Ausrichtung an der Popkultur näher zu erforschen.[9]

Nach dem Tod von Günter Grass 2015 stellt sich die Frage, welche neuen Formen der politischen Intervention sich in der nachfolgenden Generation entwickeln. *Influencer* in den neuen sozialen Medien machen auf eine neue Art Politik.[10] Durch den Strukturwandel 2.0 hat inzwischen jeder Bürger den Zugang zur Öffentlichkeit und kann den klassischen Diskurseliten Konkurrenz machen.[11] Dadurch können auch *Einzelakteure*, wie beispielsweise die Klimaaktivistin Greta Thunberg, die Aufmerksamkeit der Medien erreichen und wichtige Impulse der Politik im öffentlichen Diskurs geben. Die zunehmende Bedeutung von *Medienintellektuellen* zeigt

---

9 Vgl. Jörg-Uwe Nieland, Pop und Kultur. Politische Popkultur und Kulturpolitik in der Mediengesellschaft 2009.
10 Vgl. O. V., Steinmeier ist Kanzler. Blogger schauen in die Zukunft, in: Der Spiegel, 15.07.2009; Florian Reinartz, Grass im Internet – eine öffentliche Diskussion: in: Kesting, Die Medien und Günter Grass, S. 199–208; Philipp Kufferath, Intellektuelle im digitalen Zeitalter, 31.03.2011.
11 Vgl. Sebastian Künster, Auch Günter Grass hätte YouTube genutzt, in: Südkurier, 28.05.2019.

sich am Beispiel von politischen Talkshows oder Kabarettisten wie Harald Schmidt oder Jan Böhmermann.[12] Intellektuelle stehen heute vor der Herausforderung, zu transnationalen, komplexen Themen wie Globalisierung oder Klimaerwärmung Stellung beziehen zu müssen. Da die Diskurse fachspezifischer werden, stehen zunehmend *Expertenintellektuelle* in Mittelpunkt, die den Diskurs beeinflussen und gleichzeitig Politiker beraten, wie sich in der Corona-Pandemie gezeigt hat.[13] Intellektuelle sind ein wichtiger Bestandteil der Zivilgesellschaft. In diesem Sinne gelten NGOs, Umweltbewegung und Bürgerengagement als eine neue Interventionsform des *Organisationsintellektuellen*.[14]

Grass hat in der Berliner Republik den Stein immer wieder ins Rollen gebracht und Diskurse eröffnet. Er hat, so absurd und wirkungslos sein politisches Engagement mitunter auch wirkte, niemals aufgegeben: „Nein, ich liebe ja meinen Stein"[15], beteuerte er. Für den Schriftsteller war es eine „lebenslängliche Fron"[16], sodass er Sisyphos im Sinne von Albert Camus „als einen glücklichen Menschen"[17] verstand. Grass' Einfluss war größer als die Öffentlichkeit, als vielleicht auch er selbst dachte. Gerade im Bereich der Kultur- und Geschichtspolitik stellte er mitunter „faltbare Steine her [...], die jeder wälzen kann"[18]. Der damalige Bundespräsident Johannes Rau betonte daher: „Du hast den Mythos von Sisyphos einmal für dich selber gedeutet; erst wenn die Menschen den Stein am Fuße des Berges liegen ließen, wären sie verloren, hieß es da."[19] Intellektuelle spielen für den öffentlichen Diskurs eine wichtige normative Rolle, da sie das Selbstverständnis der Gesellschaft hinterfragen. Dabei zeigt das Beispiel von Günter Grass, dass es verschiedene Interventionsformen für sie gibt. Der Prototyp des Intellektuellen ist durchaus wandelbar und kann sich seit Jahrzehnten an neue Gegebenheiten anpassen. Grass forderte die Gesellschaft auf, weiterhin aktiv zu sein, denn: „ist es nicht so, daß uns gegenwärtig mehrere Steine in Bewegung halten?"[20]

---

12 Max A. Höfer, Die Liste der 500, in: Cicero 02 / 2019, S. 17.
13 Vgl. Hirschi, Skandalexperten, Expertenskandale.
14 Carrier, Die Intellektuellen im Umbruch, S. 29; Wildenburg, Sartres „heilige Monster", S. 25.
15 Johannes Rau, Rede anlässlich des 75. Geburtstages von Günter Grass, Göttingen im Oktober 2002, in: AdsD, Bestand Johannes Rau, 1/JRAC000939.
16 Grass, Die Steine des Sisyphos, in: NGA 23, S. 496.
17 Grass, Die Steine des Sisyphos, in: NGA 23, S. 496.
18 Lothar Müller, Ein Bauauftrag der Firma Sisyphos, in: FAZ, 10.07.2000, S. 51.
19 Johannes Rau, Brief an Günter Grass, 13.10.1997, in: AdK, GGA, Signatur 14714.
20 Grass, Die Steine des Sisyphos, in: NGA 23, S. 486.

VI Anhang

Abkürzungsverzeichnis

AdK	Akademie der Künste
AdsD	Archiv der sozialen Demokratie
ApuZ	Aus Politik und Zeitgeschichte
ARD	Arbeitsgemeinschaft der öffentlich-rechtlichen Rundfunkanstalten der Bundesrepublik Deutschland
BArch	Bundesarchiv Koblenz
BpB	Bundeszentrale für politische Bildung
Cicero	Cicero. Magazin für politische Kultur
CDU	Christlich Demokratische Union
CSU	Christlich-Soziale Union in Bayern
Die Grünen	Bündnis 90/Die Grünen
GGA	Günter Grass Archiv
GUGS	Günter und Ute Grass Stiftung
FAS	Frankfurter Allgemeine Sonntagszeitung
FAZ	Frankfurter Allgemeine Zeitung
FES	Friedrich-Ebert-Stiftung
FDP	Freie demokratische Partei
FR	Frankfurter Rundschau
HAZ	Hannoversche Allgemeine Zeitung
KAS	Konrad-Adenauer-Stiftung
MOZ	Märkische Oderzeitung
MR	Medienresonanz
MZ	Mitteldeutsche Zeitung
NG	Neue Gesellschaft
NG/FH	Neue Gesellschaft/Frankfurter Hefte
NDR	Norddeutscher Rundfunk
NGA	Neue Göttinger Ausgabe
OTZ	Ostthüringer Zeitung
SHZ	Schleswig-Holsteinischer Zeitungsverlag
SPD	Sozialdemokratische Partei Deutschlands
Ost-SPD	Sozialdemokratische Partei Deutschlands Ost, gegründet als SDP
SZ	Süddeutsche Zeitung
TAZ	Die Tageszeitung
Verfassungskuratorium	Verfassungskuratorium für einen Bund deutscher Länder

Abbildungsverzeichnis

Abbildung 1 Abgrenzung des Untersuchungsbereichs auf den politischen Günter Grass. Grau unterlegt ist der fokussierte Untersuchungsbereich (Quelle: Eigene Darstellung) —— **4**

Abbildung 2 Aufbau der Analyse des politischen Günter Grass in der Berliner Republik (Quelle: Eigene Darstellung) —— **24**

Abbildung 3 Das theoretische Konzept der kommunikativen Macht von Intellektuellen (Quelle: Eigene Darstellung) —— **27**

Abbildung 4 Formen der politischen Intervention nach Ingrid Gilcher-Holtey (Quelle: Eigene Darstellung) —— **34**

Abbildung 5 Intellektuelle im politischen Kommunikationsfeld (Quelle: Gangolf Hübinger, Die politischen Rollen europäischer Intellektueller im 20. Jahrhundert, in: Gangolf Hübinger / Thomas Hertfelder (Hrsg.), Kritik und Mandat. Intellektuelle in der deutschen Politik, Stuttgart 2000, S. 30–44, hier S. 39) —— **39**

Abbildung 6 Intellektuelle im politischen Kommunikationsfeld auf Basis von Gangolf Hübinger und Ingrid Gilcher-Holtey (Quelle: Eigene Darstellung) —— **40**

Abbildung 7 Intermediäres System (Mediatisiertes Modell) (Quelle: Patrick Donges / Otfried Jarren, Politische Kommunikation in der Mediengesellschaft. Eine Einführung, 4. Aufl., Wiesbaden 2017, S. 106) —— **42**

Abbildung 8 Darstellung der schematischen Abstufungen intellektueller Diskurse (Quelle: Stefan Müller-Doohm, Ideenpolitik als intellektuelle Praxis, in: Mark Eisenegger / Linards Udris / Patrik Ettinger (Hrsg.), Wandel der Öffentlichkeit und der Gesellschaft, Wiesbaden 2019, S. 127–143, S. 138) —— **49**

Abbildung 9 Die kommunikative Macht eines Intellektuellen nach Jürgen Habermas (Quelle: Eigene Darstellung) —— **60**

Abbildung 10 Externe Akteure im Politik-Prozess anhand des Politikzyklus. (Quelle: Annette Volkens, Politikzyklus, FU Berlin 2003) —— **63**

Abbildung 11 Politischer Einfluss von Intellektuellen (Quelle: Eigene Darstellung) —— **66**

Abbildung 12 Intellektuelle Typen, Methoden, Einfluss und Funktionen in der Politik (Quelle: Eigene Darstellung) —— **81**

Abbildung 13 Mixed-Methods-Design zur Analyse der kommunikativen Macht von Intellektuellen (Quelle: Eigene Darstellung) —— **88**

Abbildung 14 Grass' Muster des politischen Engagements in der Ära Brandt (Quelle: Eigene Darstellung) —— **110**

Abbildung 15 links – Günter Grass' Medienresonanz (1990–2015) mit Durchschnittswert (horizontale Linie); rechts – Anteil Politik und Literatur / Kunst in der Presseberichterstattung (Quelle: Eigene Darstellung) —— **118**

Abbildung 16 Wortwolke mit den Themenkomplexen, in deren Kontext Günter Grass genannt wird —— **119**

Abbildung 17 links – Günter Grass' Medienresonanz im Einheitsdiskurs (1989–1990); rechts – Presseresonanz auf Günter Grass' Diskursstränge (Quelle: Eigene Darstellung) —— **132**

Abbildung 18 Günter Grass' Medienresonanz zur Deutschen Einheit von 1989–2015 (Quelle: Eigene Darstellung) —— **188**

Abbildung 19   Günter Grass' Medienresonanz zum Thema Asylfrage 1989–2015 (Quelle: Eigene Darstellung) —— **239**
Abbildung 20   Günter Grass' Diskursanstoß durch die Kemal-Laudatio (10/1997–01/1998) (Quelle: Eigene Darstellung) —— **245**
Abbildung 21   Günter Grass' Medienresonanz im Diskurs über die Rechtschreibreform (1996–2015) (Quelle: Eigene Darstellung) —— **283**
Abbildung 22   Günter Grass' Medienresonanz nach dem Gedicht „Was gesagt werden muss" (2012) (Quelle: Eigene Darstellung) —— **404**
Abbildung 23   Günter Grass' Medienresonanz „Beim Häuten der Zwiebel" (Juli bis Dezember 2006) (Quelle: Eigene Darstellung) —— **487**

Tabellenverzeichnis

Tabelle 1	Rolle von Intellektuellen im öffentlichen Diskurs und deren Resonanz	50
Tabelle 2	Form der Politikberatung je nach Intellektuellentyp	53
Tabelle 3	Politikberatung: Entscheidungs- und Darstellungspolitik nach Axel Murswieck	54
Tabelle 4	Verlauf der intellektuellen Intervention	64
Tabelle 5	Bewertungskriterien des Einflusses von Intellektuellen	70
Tabelle 6	Sprecherrollen von Intellektuellen	73
Tabelle 7	Themenkomplexe mit > 50 Artikeln, sortiert nach Politikfeldern	120
Tabelle 8	Auswahl der Politikfelder für die Einzelfallstudie über den politischen Günter Grass	121
Tabelle 9	Günter Grass' Konzept für eine deutsche Einheit nach den verschiedenen Diskurssträngen	124
Tabelle 10	Günter Grass' Medienresonanz in der Presseberichterstattung (1989 / 1990)	130
Tabelle 11	Diskurskoalition um Günter Grass 1989 / 1990	134
Tabelle 12	Herrschende Diskurskoalition in der Deutschen Frage	137
Tabelle 13	Grass' Engagement für die Ost-SPD (1990)	154
Tabelle 14	Günter Grass' politisches Ziel, Deutungsmuster und Interventionstyp in der Deutschlandpolitik	172
Tabelle 15	Grass' Methoden in der Deutschlandpolitik	173
Tabelle 16	Politische Resonanz von Günter Grass in der Deutschlandpolitik	174
Tabelle 17	Skala des politischen Einflusses von Günter Grass im Bereich Deutschlandpolitik (grau markiert)	176
Tabelle 18	Funktionen von Günter Grass in der Deutschlandpolitik 1989 / 1990	178
Tabelle 19	Günter Grass' politisches Konzept für eine innere Einheit	180
Tabelle 20	Günter Grass' Engagement nach der Deutschen Einheit in vier Phasen (1991–2015)	186
Tabelle 21	Diskurskoalitionen im Kampf um die Nachwende-Narration am Beispiel von „Ein weites Feld"	203
Tabelle 22	Günter Grass' Ankündigungen eines Parteiauftritts in Briefen (1990–1991)	221
Tabelle 23	Günter Grass' politisches Ziel, Deutungsmuster und Interventionsform nach der Wende	224
Tabelle 24	Grass' Methoden nach der Wende	225
Tabelle 25	Politische Resonanz von Günter Grass nach der Wende	226
Tabelle 26	Skala des politischen Einflusses von Günter Grass nach der Wende (grau markiert)	227
Tabelle 27	Funktionen von Günter Grass nach der Wende	229
Tabelle 28	Günter Grass' Konzept für eine gerechte Asylpolitik	230
Tabelle 29	Grass' Äußerungen zur Asylpolitik und deren Medienresonanz (1989–2015)	236
Tabelle 30	Liberal-konservativer Gegendiskurs zu Grass' Kemal-Laudatio	250
Tabelle 31	Rot-grüne Diskurskoalition zugunsten von Grass' Kemal-Laudatio	251
Tabelle 32	Günter Grass' politisches Ziel, Deutungsmuster und Interventionstyp in der Asylpolitik	274
Tabelle 33	Grass' Methoden in der Asylpolitik	275

Tabelle 34	Politische Resonanz von Günter Grass in der Asylpolitik ——	276
Tabelle 35	Skala des politischen Einflusses von Günter Grass im Bereich Asylpolitik (grau markiert) ——	277
Tabelle 36	Funktionen von Günter Grass in der Asylpolitik ——	278
Tabelle 37	Grass' Konzept einer Kulturnation ——	279
Tabelle 38	Chronik des Protestes gegen die Rechtschreibreform, Grass' Einzelaktionen (1996–2004) ——	284
Tabelle 39	Diskurskoalitionen in der Auseinandersetzung um die Rechtschreibreform ——	285
Tabelle 40	Kulturpolitisches Konzept von 1994 im Vergleich zu Gerhard Schröders Umsetzung im Jahr 1998 ——	304
Tabelle 41	Diskurskoalitionen für und gegen ein neues Urhebervertragsrecht (vereinfachte Darstellung) ——	326
Tabelle 42	Chronik von Günter Grass' Aktivitäten für ein Urhebervertragsrecht (2000–2009) ——	328
Tabelle 43	Günter Grass' politisches Ziel, Deutungsmuster und Interventionstyp in der Kulturpolitik ——	332
Tabelle 44	Grass' Methoden in der Kulturpolitik ——	334
Tabelle 45	Politische Resonanz von Günter Grass in der Kulturpolitik ——	334
Tabelle 46	Skala des politischen Einflusses von Günter Grass im Bereich Kulturpolitik (grau markiert) ——	336
Tabelle 47	Funktionen von Günter Grass in der Kulturpolitik ——	336
Tabelle 48	Günter Grass' Konzept eines rot-grünen Projektes ——	338
Tabelle 49	Günter Grass' Medienresonanz als Wahlhelfer auf Bundesebene (1990–2013) ——	344
Tabelle 50	Günter Grass' Aktivitäten im Wahlkampf 1998 ——	346
Tabelle 51	Günter Grass' Aktivitäten im Wahlkampf 2002 ——	348
Tabelle 52	Günter Grass' Aktivitäten im Wahlkampf 2005 ——	349
Tabelle 53	Günter Grass' Aktivitäten im Wahlkampf 2009 ——	351
Tabelle 54	Günter Grass' politisches Ziel, Deutungsmuster und Interventionstyp in der Innenpolitik ——	384
Tabelle 55	Grass' Methoden in der Innenpolitik ——	386
Tabelle 56	Politische Resonanz von Günter Grass in der Innenpolitik ——	387
Tabelle 57	Skala des politischen Einflusses von Günter Grass in der Innenpolitik (grau markiert) ——	388
Tabelle 58	Funktionen von Günter Grass in der Innenpolitik ——	389
Tabelle 59	Grass' politisches Konzept in der Außenpolitik ——	391
Tabelle 60	Diskurskoalitionen zum Gedicht „Was gesagt werden muss" ——	406
Tabelle 61	Beratungstreffen mit Gerhard Schröder zum Kosovokonflikt ——	418
Tabelle 62	Beratungstreffen mit Gerhard Schröder zum 11. September 2001 / Afghanistankrieg ——	427
Tabelle 63	Beratungstreffen mit Gerhard Schröder und Günter Grass' Briefe zum Thema Irakkrieg ——	437
Tabelle 64	Günter Grass' politisches Ziel, Deutungsmuster und Interventionstyp in der Außenpolitik ——	447
Tabelle 65	Grass' Methoden in der Außenpolitik ——	448
Tabelle 66	Politische Resonanz von Günter Grass in der Außenpolitik ——	449

Tabelle 67	Skala des politischen Einflusses von Günter Grass in der Außenpolitik (grau markiert) —— 450	
Tabelle 68	Funktionen von Günter Grass in der Außenpolitik —— 451	
Tabelle 69	Günter Grass' politisches Konzept in der Geschichtspolitik —— 453	
Tabelle 70	Politische Diskurskoalition zu „Beim Häuten der Zwiebel" —— 494	
Tabelle 71	Günter Grass' politisches Ziel, Deutungsmuster und Interventionstyp in der Geschichtspolitik —— 505	
Tabelle 72	Grass' Methoden in der Geschichtspolitik —— 506	
Tabelle 73	Politische Resonanz von Günter Grass in der Geschichtspolitik —— 507	
Tabelle 74	Skala des politischen Einflusses von Günter Grass in der Geschichtspolitik (grau markiert) —— 509	
Tabelle 75	Funktionen Günter Grass' in der Geschichtspolitik —— 510	
Tabelle 76	Günter Grass' politische Ziele und Interventionsformen in der Berliner Republik —— 516	
Tabelle 77	Günter Grass' politische Resonanz in der Öffentlichkeit und Beratung —— 520	
Tabelle 78	Skala des politischen Einflusses von Günter Grass nach Politikfeldern (grau markiert) —— 522	
Tabelle 79	Funktionen von Günter Grass in der Berliner Republik —— 525	

Politische Biografie von Günter Grass (1989–2015)

1989	Umfrage der FAZ (11.11.)
	Interview *Viel Gefühl, weniger Bewußtsein* (20.11.)
	SPD-Parteitag (18.12.)
1990	*Kurze Rede eines vaterlandslosen Gesellen* Tagung der Ev. Akademie in Tutzing (31.01. / 01.02.)
	Schreiben nach Auschwitz Poetik-Vorlesung (13.02.)
	TV-Gespräch mit Rudolf Augstein (15.02.)
	Offener Brief *Der Zug ist abgefahren* (23.02.)
	Ost-SPD-Parteitag (22.–25.02.)
	Wahlkampf für die Ost-SPD vor der Volkskammerwahl (bis 18.03.)
	Reise nach Polen mit R. v. Weizsäcker (02.–05.05.)
	Bericht aus Altdöbern Verfassungskuratorium (16.06.)
	Zeitungartikel *Was rede ich. Wer hört noch zu?* (11.05.)
	Osloer Rede Internationale Konferenz gegen Haß (27.08.)
	Einige Warnschilder Zeitungsartikel in *Libération* (25.09.)
	Kleine Netzbeschmutzerrede (26.09.)
	Ein Schnäppchen namens DDR Die Grünen-Fraktion (02.10.)
	Gespräch mit Björn Engholm (26.12.)
1991	*Verachtete Nachbarn*, Evangelischer Kirchentag (Juni)
	Gespräch mit Stefan Heym in Brüssel (17.12)
1992	*Unkenrufe*
	Ablehnung Mitarbeit *Kulturforum der Sozialdemokratie*
	Gründung *Daniel-Chodowiecki-Stiftung* (Juni)
	Was an die Substanz geht (14.10.)
	Öffentliches Streitgespräch mit B. Engholm (03.10.)
	Rede vom Verlust (18.11.)
	Austritt aus der SPD (18.12.)

(fortgesetzt)

1993	Briefwechsel mit B. Engholm / H.-J. Vogel zum Parteiaustritt (Januar)
	Öffentliches Gespräch mit R. Hildebrandt (12.02.)
	Treffen mit E. Bahr (17.03.)
	Offener Brief an R. v. Weizsäcker (05.06.)
	Öffentliche Diskussionsrunde mit R. Scharping / O. Lafontaine (17.09.)
	Novemberland
1994	Treffen mit W. Thierse (09.04.)
	Pressekonferenz zum Wahlkampf von W. Thierse (26.04.)
	Podiumsdiskussion mit W. Thierse (07.09.)
	Krefelder Aufruf für eine neue Verfassung (13.09.)
1995	*Ein weites Feld*
	Rezension Marcel Reich-Ranicki in Der Spiegel (20.08.)
1996	*Frankfurter Erklärung* zur Rechtschreibreform (07.10.)
	Erstes Treffen E. Bahr / P. Brandt zum Willy-Brandt-Kreis
1997	*Rede über den Standort* (23.02.)
	Offener Brief *Nachdruck und Gegendruck* zur Rechtschreibreform (02.06.)
	1000-Jahresfeier Danzig mit Heide Simonis (15.08.)
	Gründung *Stiftung zugunsten des Romavolks* (29.08.)
	Laudatio auf Yaşar Kemal (20.10.)
	Pressekonferenz zur Gründung des Willy-Brandt-Kreises (08.12.)
1998	Wahlkampf Sachsen-Anhalt für R. Höppner / H.-J. Tschiche (20.03.)
	Treffen mit G. Schröder zur Kulturpolitik (03.05.)
	Bundestagswahlkampf (27.08.–04.09.)
	Treffen mit G. Schröder mit Thema Kosovokonflikt (November)
1999	Treffen mit G. Schröder mit Thema Kosovokonflikt (20.01.)
	Literatur-Nobelpreis (30.09.)
	Gespräch mit Martin Walser (26.09.)
	Gespräch mit Pierre Bourdieu (02.12.)
	Offener Brief an Otto Schily mit Heide Simonis zur Härtefallregelung (Dezember)

(fortgesetzt)

2000	Treffen G. Schröder: Idee zum *Koeppenhaus* (11.01.)
	Pressekonferenz zum *Koeppenhaus* mit P. Rühmkorf (01.02.)
	Nie wieder Schweigen PEN in Moskau (25.5.)
	Teilnahme an Adam-Michnik-Konferenz: Stellungnahme zur Vertreibung (Juni)
	Unterschrift zum *Koeppenhaus* mit G. Schröder (07.07.)
	Öffentliches Plädoyer für eine Nationalstiftung (29.07.)
	Aufruf zur Entschädigung NS-Zwangsarbeiter mit H. v. Hentig / C. Stern (12.07.)
	Ich erinnere mich Gespräche über *Die Zukunft der Erinnerung* in Vilnius (Oktober)
	Ohne Stimme auf der *Europäischen Konferenz gegen Rassismus* (11.10.)
	Zukunftsmusik oder der Mehlwurm spricht Europäische Investitionsbank (19.10.)
	Entschädigung der Danziger Post (13.11.)
	Treffen mit G. Schröder mit Thema Urheberrecht (06.12.)
	Reise nach Polen mit G. Schröder (07.12.)
	Initiative zum *Willy-Brandt-Haus* Lübeck (11.12.)
2001	Aufruf *Gerechtigkeit für die Überlebenden der NS-Zwangsarbeiter* (18.03.)
	Treffen mit J. Nida-Rümelin zur Kulturstiftung (27.03.)
	Öffentliches Plädoyer für Halle als Standort der Kulturstiftung (18.05.)
	Treffen mit J. Nida-Rümelin zur Kulturstiftung (07.07.)
	Treffen mit G. Schröder und mit Manfred Bissinger nach dem 11. September (06.10.)
	Interview zum Urheberrecht mit Fred Breinersdorfer (16.10.)
	Treffen mit G. Schröder zum 11 / 09 und Afghanistankrieg (10.11.)
	Über das Brückeschlagen Viadrina-Preis
2002	Lesung im Kanzleramt (23.01.)
	Im Krebsgang (Februar)
	Treffen mit G. Schröder zum Irakkrieg (13.03.)
	Gründung *Kulturstiftung des Bundes* (21.03.)
	Initiative für ein europäisches Gedenken statt *Zentrum gegen Vertreibung* (15./16.05)
	Diskussion mit Erika Steinbach zum Thema *Zentrum gegen Vertreibung* (18.06.)
	Die Wiedervereinigung als andauernde Aufgabe Südkorea (26.05.–01.06.)
	TV-Auftritt mit G. Schröder bei Alfred Biolek (04.06.)

(fortgesetzt)

2002	Italien: Kritik an S. Berlusconi / E. Stoiber (Juni)
	Hinweis an Gerhard Schröder auf 750. Stadtjubiläum Kaliningrad (15.07.)
	Bundestagswahlkampf (17.09.–20.09.)
	Otto-Pankok-Preisverleihung mit Johannes Rau (30.09.)
	Das Haus in der Stadt der sieben Türme zum zehnten Todestag Willy Brandts (07.10.)
	Reise nach Jemen (Dezember)
2003	Treffen mit G. Schröder zum Irakkrieg (20.01.)
	Treffen mit G. Schröder zum Irakkrieg (18.02.)
	Diskussion mit E. Steinbach zum Thema *Zentrum gegen Vertreibung* (18.06.)
	Eröffnung *Koeppenhaus* (23.06.)
2004	Reise nach Jemen (Januar)
	Beratung Gerhard Schröder vor Reise nach Polen (Juli)
	Aufruf *Auch wir sind das Volk* (Oktober)
	Initiative für eine Stiftung zugunsten Kinderarmut (22.12.)
2005	*Wir Urheber!* (Januar)
	Planungstreffen Wählerinitiative (24.03.)
	Knoten im Revolver Bundeskanzleramt (21.08.)
	Bundestagswahlkampf (06.–17.09.)
	Erstes Lübecker Schriftstellertreffen (07.12.)
2006	Schriftstellertreffen mit Kurt Beck (08.05.)
	Treffen Bernd Neumann in Lübeck (25.05.)
	Interview FAZ mit Kommentar *Das Geständnis* (12.08.)
	Beim Häuten der Zwiebel
	Unterstützertreffen SPD (10.12.)
2007	*Dummer August*
	Schriftstellertreffen mit Kurt Beck (06.05.)
	Schriftstellertreffen mit Kurt Beck (09.09.)
	80. Geburtstagsfeier Günter Grass in Danzig / in Göttingen mit Horst Köhler
	Endlich Eröffnung *Willy-Brandt-Haus* in Lübeck (18.12.)

(fortgesetzt)

2008	Rede „Fünf Merkzettel" vor der SPD-Fraktion (11.02.)
	Wahlkampf in Hamburg für Michael Naumann (Februar)
	Schriftstellertreffen mit Kurt Beck (04.05.)
	Ankündigung Bundestagswahlkampf (29.06.)
2009	Treffen mit F. Müntefering / K. Wasserhövel (10.01.)
	Unterwegs von Deutschland nach Deutschland (Februar)
	Ausstellungseröffnung *Bürger für Brandt* mit F.-W. Steinmeier (06.04.)
	Bundestagswahlkampf *Politische Lesereise* (08.–18.09.)
2010	Treffen mit S. Gabriel zum Thema *August-Bebel-Stiftung* (25.01.)
	Grimms Wörter
	Günter Grass im Visier Veröffentlichung der Stasi-Akten (März)
	Offener Brief an Bundesinnenminister Thomas de Maizière (03.11.)
2011	Treffen mit Martin Schulz
	Beerdigung Christa Wolf (14.12.)
2012	*Was gesagt werden muss* (04.04.)
	Europas Schande (25.05.)
	Wahlkampfveranstaltung für Nina Scheer (17.09.)
2014	Treffen mit Martin Schulz
	Stellungnahme zur Flüchtlingskrise (27.11.)
2015	Furcht vor Dritten Weltkrieg (16.02.)
	Stellungnahme zur NSA (27.02.)
	Günter Grass stirbt im Alter von 87 Jahren in Lübeck (13.04.)

Quellen- und Literaturverzeichnis

Quellenverzeichnis

Günter Grass

Primärliteratur von Günter Grass
Neuhaus, Volker / Hermes, Daniela, Günter Grass. Werkausgabe in 16 Bänden, Göttingen 1997.
Stolz, Dieter / Frizen, Werner (Hrsg.), Günter Grass: Werke. Neue Göttinger Ausgabe, Göttingen 2020.
 Nach dieser Ausgabe wird unter Angabe der Sigle NGA (= Neue Göttinger Ausgabe), der Bandnummer sowie der Seitenzahl zitiert.

Nicht in der Neuen Göttinger Ausgabe abgedruckte Texte von Günter Grass
Adam-Mickiewicz-Universität (Hrsg.), Gunterus Grass. Doctor Honoris Causa Universitatis Studiorum Mickiewiczianae Posnaniensis, Poznan 1991.
Augstein, Rudolf / Grass, Günter, DEUTSCHLAND, einig Vaterland? Ein Streitgespräch, Göttingen 1990.
August-Bebel-Stiftung (Hrsg.), Demokratie stärken. Die Verleihung des August-Bebel-Preises an Günter Wallraff, Klaus Staeck und Gesine Schwan, Berlin 2017.
Casa di Goethe (Hrsg.), Günter Grass. Società mista / In gemischter Gesellschaft, Rom 2002.
Grass, Günter, Als der Zug fuhr. Rückblicke auf die Wende, Göttingen 2009.
Grass, Günter, Angestiftet, Partei zu ergreifen, München 1994.
Grass, Günter, Bericht aus Altdöbern, in: Kuratorium für einen demokratisch verfaßten Bund Deutscher Länder (Hrsg.), In freier Selbstbestimmung, Berlin 1990, S. 10–14.
Grass, Günter, Brief an Paweł Adamowicz, 20.08.2006, in: Die Welt / FR, 23.08.2006.
Grass, Günter, Brief an Yitzchak Mayer, 09.10.2006, in: FR, 10.11.2006.
Grass, Günter, Deutsche Identität. Plädoyer für eine Nationalstiftung, in: SZ, 29. / 30.07.2000.
Grass, Günter, Deutscher Lastenausgleich. Wider das dumpfe Einheitsgebot. Reden und Gespräche, Frankfurt a. M. 1990.
Grass, Günter, Die Fortsetzung der Reformpolitik wählen, in: SPD (Hrsg.), Politik in Deutschland. Zeitung der SPD zur Bundestagswahl, Berlin 2002.
Grass, Günter, Don't Reunify Germany, in: The New York Times, 07.01.1990.
Grass, Günter, Dummer August, Göttingen 2007.
Grass, Günter, Eintagsfliegen. Gelegentliche Gedichte, Göttingen 2012.
Grass, Günter, Gegen den Haß. Osloer Rede, in: neue deutsche literatur (38 / 1990), Heft 11, S. 5–8.
Grass, Günter, Kleine Nestbeschmutzerrede, in: Die Tageszeitung, 28.09.1990.
Grass, Nachdenken über Deutschland. Gespräch mit Stefan Heym, in: Grass, Günter, Deutscher Lastenausgleich. Wider das dumpfe Einheitsgebot, Frankfurt a. M. 1990.
Grass, Günter, Nachträgliche Gedanken, in: Schröder, Gerhard, Was kommt. Was bleibt, Berlin 2002, S. 183–189, abgedruckt auch in: Die Woche, 08.03.2002.
Grass, Günter, Ohne Stimme. Reden zugunsten des Volkes der Roma und Sinti, Göttingen 2000.
Grass, Günter, Polen – der verachtete Nachbar? in: Wolf, Carola (Hrsg.), Grau ist die neue Hoffnung. Auf dem Weg nach Europa, München 1992, S. 81–88, abgedruckt unter dem Titel „Chodowiecki zum Beispiel", in: Die Zeit, 14.06.1991 sowie in: NGA 22, S. 500–509.

Grass, Günter, Rede, in: Adam-Mickiewicz-Universität (Hrsg.), Gunterus Grass. Doctor Honoris Causa Universitatis Studiorum Mickiewiczianae Posnaniensis, Poznan 1991, S. 27–30.
Grass, Günter, Rede auf dem internationalen Kulturabend, in: Vorstand der SPD (Hrsg.), Protokoll vom Programm-Parteitag Berlin 18.–20.12.1989, Bonn o. J., S. 216–217.
Grass, Günter, Sechs Jahrzehnte. Ein Werkstattbericht, Göttingen 2014.
Grass, Günter, Standorttheater, in: Dahn, Daniela / Lattmann, Dieter / Paech, Norman / Spoo, Eckart (Hrsg.), Eigentum verpflichtet. Die Erfurter Erklärung, Heilbronn 1997, S. 17–24.
Grass, Günter, Steine wälzen. Essays und Reden 1997–2007, Göttingen 2007.
Grass, Günter, Unterwegs von Deutschland nach Deutschland. Tagebuch 1990, Göttingen 2009.
Grass, Günter, Was rede ich? Wer hört mir noch zu?, in: Die Zeit, 11.05.1990.
Grass, Günter, Zuletzt, in: Grass, Günter / Dahn, Daniela / Strasser, Johano (Hrsg.), In einem reichen Land. Zeugnisse alltäglichen Leidens an der Gesellschaft, Göttingen 2002, S. 629–631.
Grass, Günter / Dahn, Daniela / Strasser, Johano (Hrsg.), In einem reichen Land. Zeugnisse alltäglichen Leidens an der Gesellschaft, Göttingen 2002.
Grass, Günter / Detering, Heinrich, In letzter Zeit. Ein Gespräch im Herbst, Göttingen 2017.
Grass, Günter / Hildebrandt, Regine, Schaden begrenzen oder auf die Füße treten. Ein Gespräch, Berlin 1993.
Grass, Günter / Õe, Kenzaburō, „Gestern, vor 50 Jahren". Ein deutsch-japanischer Briefwechsel, Göttingen 1995.
Grass, Günter / Rühmkorf, Peter, Offener Brief an den Bundespräsidenten, in: FR, 05.06.1993.
Grass, Günter / Stern, Carola / von Hentig, Hartmut, „Die Zeit für die Betroffenen läuft ab", in: FR, 12.07.2001.
Grass, Günter / Zimmermann, Harro, Vom Abenteuer der Aufklärung. Werkstattgespräche, Göttingen 1999.
Hermes, Daniela (Hrsg.), Günter Grass und Helen Wolff. Briefe 1959–1994, Göttingen 2003.
Kölbel, Martin (Hrsg.), Willy Brandt und Günter Grass. Der Briefwechsel, Göttingen 2013.
Neumann, Uwe, Alles gesagt? Eine vielstimmige Chronik zu Leben und Werk von Günter Grass, Göttingen 2017.
Pietsch, Timm Niklas, Günter Grass. Gespräche 1958–2015, Göttingen 2019.
Schlüter, Kai (Hrsg.), Günter Grass auf Tour für Willy Brandt. Die legendäre Wahlkampfreise 1969, Berlin 2011.
Schlüter, Kai, Günter Grass im Visier. Die Stasi-Akte, Berlin 2010.
Simonis, Heide / Grass, Günter, Diskussion macht uns ratlos. Offener Brief an Bundesinnenminister Otto Schily, in: Humanistische Union (Hrsg.), Mitteilung Nr. 169, S. 8.
Wettig, Klaus (Hrsg.), „Ich wohne nicht in stehenden Gewässern". Der politische Günter Grass, Göttingen 2017.
Willy-Brandt-Kreis e. V. (Hrsg.), Zur Lage der Nation. Leitgedanken für eine Politik der Berliner Republik, Berlin 2001.

Interviews und Gespräche mit Günter Grass

Nicht in Band 24 enthaltene Interviews und Gespräche

Baumgartner, Ekkehart, „Zurückgetreten, um sich selbst treu zu bleiben". Ein Gespräch mit Günter Grass, in: FR, 16.01.1993.
Bayer, Hans, Vielleicht ein politisches Tagebuch, in: Stuttgarter Nachrichten, 21.11.1969.

Bissinger, Manfred, Der Sozialdemokratie fehlen konsequente Personen, in: Bissinger, Manfred / Thierse, Wolfgang (Hrsg.), Was würde Bebel dazu sagen? Zur aktuellen Lage der Sozialdemokratie, Göttingen 2013.
Bissinger, Manfred / Jörges, Hans-Ulrich, „Der Wechsel ist überfällig", in: Die Woche, 18.07.1997.
Bissinger, Manfred / Jörges, Hans-Ulrich, „Unglücklich, irreführend, geschichtsvergessen", in: Die Woche, 24.12.1998.
Bissinger, Manfred / Jörges, Hans-Ulrich, SPD – Anpassung oder Alternative? Eine Debatte, Berlin 1993.
Bresser, Klaus / Siegloch, Klaus-Peter, „Was nun Deutschland?". Eine Diskussion im Reichstag am Vorabend der Vereinigung, in: ZDF, 02.10.1990, in: AdsD, Personalia Günter Grass.
Buhrow, Tom, Sonderbeitrag zu Grass' Gedicht *Was gesagt werden muss*, in: ARD-Tagesthemen, 05.04.2012, zitiert nach: Detering / Øhrgaard, Was sagt wurde, S. 96. Beitrag im Medienarchiv Günter Grass, DB-Nummer: 1824.
Burchardt, Rainer, Ein glücklicher Sisyphos, in: Deutschlandfunk, 28.07.2011, online: https://www.deutschlandfunk.de/guenter-grass-ein-gluecklicher-sisyphos.1295.de.html?dram:article_id=193339 (zuletzt abgerufen: 20.03.2021).
Dasgupta, Subhoranjan, „Bush bedroht den Weltfrieden", in: Die Welt am Sonntag, 29.12.2002.
Dieckmann, Christoph / Siemes, Christof, „Großer Hofferei hing ich nie an", in: Die Zeit, 22.01.2009.
Grass, Günter / Negt, Oskar, Ein unvollendetes Projekt. Ein Gespräch, in: Negt, Oskar (Hrsg.), Ein unvollendetes Projekt. Fünfzehn Positionen zu Rot-Grün, Göttingen 2002, S. 189–206.
Grass, Günter, „Wie bei Minister Mielke", in: SZ, 12.04.2012.
Happe, Volker, Grass kündigt Mitgliedschaft in der SPD auf, in: ARD Monitor, 28.12.1992, in: AdsD, Personalia Günter Grass sowie Beitrag in: Medienarchiv Günter Grass, DB 1288.
Herles, Wolfgang, Das blaue Sofa: Günter Grass: „Unterwegs von Deutschland nach Deutschland", in: Deutschlandradio, 13.03.2009.
Heuwagen, Marianne, „Die neuen Asozialen in den Chefetagen", in: SZ, 08.10.1997.
Hieber, Jochen, „Ich will mich nicht auf die Bank der Sieger setzen", in: FAZ, 07.10.1995.
Jakobs, Hans-Jürgen / Krusser, Senta, „Die Malaise der Verleger", in: SZ, 16.10.2001.
Karasek, Hellmuth / Becker, Rolf, „Nötige Kritik oder Hinrichtung", in: Der Spiegel, 15.07.1990.
Kogel, Jörg-Dieter / Zimmermann, Harro „Die Zeit der Sprechblasen ist vorbei", in: FR, 03.02.1999.
Kötting, Heribert, Besuch von Bundespräsident Richard von Weizsäcker in Danzig, in: SWR, 04.05.1990, in: Medienarchiv Günter Grass, DB 78.
Kulick, Holger, „Amerikanische Politik muss Gegenstand der Kritik bleiben", in: Der Spiegel, 10.10.2001.
Lohr, Stephan, „Ich werde mich weiter als Bürger äußern", in: NDR, abgedruckt in: FR, 18.08.2006.
Lohr, Stephan, Neue Antworten auf die deutsche Frage? Gespräche in der Evangelischen Akademie Tutzing, 04.02.1990, in: NDR-Archiv.
mtm., „Da wird ein regelrechtes Traumverbot ausgesprochen", in: TAZ, 12.02.1990.
Nasarski, Gerit, Günter Grass zum deutsch-polnischen Verhältnis, in: ZDF, Heute Journal, 04.05.1990, in: AdsD, Personalia Günter Grass.
Negt, Oskar, Gespräch mit Günter Grass, in: Negt, Oskar (Hrsg.), Die zweite Gesellschaftsreform. 27 Plädoyers, Göttingen 1994, S. 292–315.
Naumann, Michael / Raddatz, Fritz J., „So bin ich weiterhin verletzbar", in: Die Zeit, 04.10.2001.
Niemeyer, Maren / Schneider, Arne, „Offenheit schafft Glaubwürdigkeit", in: Goethe-Institut e. V. (Hrsg.), Jahrbuch 2010 / 2011, München 2011, S. 38–43.
O. V., Demokratie kein fester Besitzstand, in: Sächsisches Tageblatt, 23.02.1990.
O. V., Ein Stück, das keiner spielt, in: Wochenpost, 27.01.1994.

O. V., Günter Grass. Interview, in: Wir vom Prenzlauer Berg, 01.05.1994.
O. V., Günter Grass zum CDU-Parteitag in Leipzig, ARD Morgenmagazin, 15.10.1997, in: AdsD, Personalia Günter Grass.
O. V., Rot-grüne Rede, in: Rheinischer Merkur, 24.07.1998.
O. V., Zurücktreten, um sich treu zu bleiben, in: FR, 16.01.1993.
Prantl, Heribert, „Mehr Brandt, weniger Schmidt", in: SZ, 15.11.2001.
Sandmayer, Peter / Schönfeld, Gerda-Marie, Eine Katastrophe, aber kein Verbrechen, in: Stern, 14.02.2002.
Scheller, Wolf, „Willy Brandt hört nicht mehr zu", in: Deutsches Allgemeines Sonntagsblatt, 08.06.1990.
Scheller, Wolf / Lueg, Ernst Dieter, Besuch von Bundespräsident Richard von Weizsäcker in Polen (3. Tag), in: Medienarchiv Günter Grass, DB 415.
Scherer, Klaus-Jürgen, „Der da ist unser Kaiser". Vor 100 Jahren starb August Bebel, in: NG / FH (7_8 / 2013), S. 12–16.
Schütte, Wolfram / Assheuer, Thomas, Verfassung Kultur Nation, in: FR, 29.01.1994.
Segebrecht, Wulf, „Wir waren keine Hellseher", in: FAZ, 22.12.2003.
Semler, Ulrich, „Björn, Hände weg vom Asylrecht". Streitgespräch zwischen Björn Engholm und Günter Grass, in: NDR, 03.11.1992.
Siemes, Christof, „Was ich nicht ausstehen kann, sind Genies", in: Die Zeit, 01.12.2005.
Swoboda, Hannes / Wiersma, Jan Marinus, Ein blinder Fleck im europäischen Bewusstsein. Interview mit Günter Grass, in: Group of the Progressive Alliance of Socialists & Democrats in the European Parliament (Hrsg.), Roma: A European Minorty. The Challenge of Diversity, Lier 2011, S. 33–38.
Thomsa, Jörg-Philipp, Im Ohr verblieben Schiffssirenen und etwas Ostsee, in: FAZ, 10.06.2010.
Wickert, Ulrich, Für elf Tage im Jemen. Die begleitete Jemen-Reise als Staatsgast, in: ARD Tagesthemen, 15.12.2002, in: Medienarchiv Günter Grass, DB-Nummer: 1925.
Zimmer, Dieter E., Freiheit ist schnell verspielt. Ein Interview mit Günter Grass, in: Die Zeit, 01.10.1976.

Unveröffentlichte Texte sowie Briefe an / von Günter Grass
- Akademie der Künste, Günter-Grass-Archiv, Berlin
- Archiv der Günter und Ute Grass Stiftung, Lübeck
- Börsenverein des deutschen Buchhandels, Berlin
- *Willy Brandt-Archiv, Friedrich-Ebert-Stiftung, Bonn*
- Willy-Brandt-Stiftung, Lübeck
- Archiv der sozialen Demokratie, Friedrich-Ebert-Stiftung, Bonn
- *Bundesstiftung Aufarbeitung*: Vorlass Markus Meckel
- Privatarchiv Manfred Bissinger
- Privatarchiv Willi Stöhr

Die meisten Briefe aus dem Archiv der *Günter und Ute Grass Stiftung* sind im Sommer in die *Akademie der Künste* umgezogen und werden dort derzeit erschlossen. Aus diesem Grund wurden nachträglich die Signaturen der AdK in dieser Auflistung, wenn bereits vorhanden, ergänzt.

(sortiert nach Namen)

Adamowicz, Paweł, Brief an Günter Grass, 08.09.2006, in: GUGS / AdK, GGA, Signatur 15727.
Alvensleben, Busso von, Brief an Günter Grass, 27.11.2000, in: GUGS.
Bahne, Günter ter / Churs, Hanns-Jörg, Krefelder Aufruf, 13.09.1994, in: AdK, GGA, Signatur 11767.

Bahr, Egon, Brief an Günter Grass, 07.02.1990, in: AdK, GGA, Signatur 10598.
Bahr, Egon, Brief an Günter Grass, 16.10.2006, in: GUGS.
Bahr, Egon, Brief an Günter Grass, 16.10.2007, in: GUGS.
Beck, Kurt, Brief an Günter Grass, 24.04.2006, in: AdsD, Bestand Kulturforum der Sozialdemokratie, Mappe „Schriftsteller mit Kurt Beck, 08.05.2006".
Beck, Kurt, Brief an Günter Grass, 11.01.2008, in: GUGS / AdK, GGA, Signatur 15792.
Beck, Kurt, Brief an Günter Grass, 06.06.2008, in: GUGS / AdK, GGA, Signatur 15792.
Beck, Kurt, Brief an Günter Grass, 27.04.2011, in: GUGS / AdK, GGA, Signatur 15792.
Beldwoski, Andreas, Brief an Günter Grass, 08.10.2004, in: GUGS.
Benneter, Klaus Uwe, Brief an Günter Grass, 06.07.2004, in: GUGS / AdK, GGA, Signatur 15800.
Bissinger, Manfred, Einführung zu einer Lesung von Günter Grass, Universität Hamburg, 17.04.2009, in: GUGS / AdK, GGA, Signatur 15818.
Bissinger, Manfred, Brief an Günter Grass, 06.04.1998, in: GUGS / AdK, GGA, Signatur 15818.
Bissinger, Manfred, Brief an Günter Grass, 20.06.2005, in: GUGS / AdK, GGA, Signatur 15818.
Bissinger, Manfred, Brief an Günter Grass, 19.10.2005, in: GUGS / AdK, GGA, Signatur 15818.
Bissinger, Manfred / Jürgs, Michael, Aufruf „Auch wir sind das Volk", 10 / 2004, in: GUGS.
Böhning, Björn, Brief an Günter Grass, 21.08.2009, in: GUGS.
Bora, Aksel, Presse-Reaktionen auf den Friedenspreis in Türkischen Zeitungen, 23.10.1997 und 04.11.1997, in: Archiv des Börsenvereins, Referat Friedenspreis.
Börsenverein des deutschen Buchhandels, „Friedenspreis des Deutschen Buchhandels 1997 an Yaşar Kemal", Pressemitteilung, 15.05.1997, in: Archiv des Börsenvereins, Referat Friedenspreis.
Börsenverein des deutschen Buchhandels, „Günter Grass hält Laudatio auf Friedenspreisträger", Pressemitteilung, 07.07.1997, in: Archiv des Börsenvereins, Referat Friedenspreis.
Braune, Tilo, Konzept Literaturhaus Vorpommern im Wolfgang-Koeppen-Haus, 23.03.2000, in: GUGS.
Bundesministerium der Finanzen, Fax an Brandl, WDR, 11.10.2000, in: GUGS.
Burckhardt, Jürgen, Brief an die Mitglieder der Delegation „Polen-Reise" 06.12.2000, 30.11.2000, in: GUGS.
Churs, Hanns-Jörg, Brief an Günter Grass, 21.03.1995, in: AdK, GGA, Signatur 11767.
Denk, Friedrich, Brief an Günter Grass, 27.10.1997, in: AdK, GGA, Signatur 10905.
Denk, Friedrich, Brief an Günter Grass, 16.07.1998, in: AdK, GGA, Signatur 10905.
Diller, Karl, Brief an Günter Grass, 13.02.2001, in: GUGS.
Eichel, Hans, Brief an Günter Grass, 17.01.2001, in: GUGS.
Engholm, Barbara und Björn, Brief an Ute Grass, April 2015, in: GUGS.
Evers, Lothar, Telefax, 20.03.2001, in: GUGS.
Grass, Günter, Abstimmungsformular, in: Archiv Grünes Gedächtnis, Bestand E.02 Kuratorium für einen demokratisch verfaßten Bund deutscher Länder, Signatur 71: Änderungsvorschläge und Abstimmung 01.1991–06.1992.
Grass, Günter, Arbeitskalender 1990–2014, in: GUGS.
Grass, Günter, Brief an Paweł Adamowicz, 20.08.2006, in: GUGS, vgl. Teilabdruck in: dpa, Grass entschuldigt sich bei den Danziger Bürgern, in: FR, 23.08.2006 / Die Welt 23.8.2006.
Grass, Günter, Brief an Paweł Adamowicz, 09.10.2007, in: GUGS / AdK, GGA, Signatur 14861.
Grass, Günter, Brief an Stefan Appelius, 28.04.1994, in: AdK, GGA, Signatur 1456.
Grass, Günter, Brief an Egon Bahr, 09.02.1990, in: AdK, GGA, Signatur 13270.
Grass, Günter, Brief an Egon Bahr, 19.09.1990, in: AdK, GGA, Signatur 13270.
Grass, Günter, Brief an Egon Bahr, 07.03.1997, in: GUGS.
Grass, Günter, Brief an Kurt Beck, 18.06.2008, in: GUGS / AdK, GGA, Signatur 14909.
Grass, Günter, Brief an Kurt Beck, 03.05.2011, in: GUGS / AdK, GGA, Signatur 14909.

Grass, Günter, Brief an Fred Breinersdorfer, 08.12.2000, in: GUGS.
Grass, Günter, Brief an Ibrahim Böhme, 05.02.1990, in: Bundesstiftung Aufarbeitung, Vorlass Markus Meckel, Akte 177 / AdK, GGA, Signatur 13327.
Grass, Günter, Brief an Friedrich Denk, 09.10.1997, in: AdK, GGA, Signatur 14398.
Grass, Günter, Brief an Manfred Domrös, 22.04.2009, in: GUGS / AdK, GGA, Signatur 15020.
Grass, Günter, Brief an Hans Eichel, 01.12.2000, in: GUGS.
Grass, Günter, Brief an Björn Engholm, 28.05.1990, in: AdK, GGA, Signatur 2847.
Grass, Günter, Brief an Björn Engholm, 11.12.1990, in: AdK, GGA, Signatur 2847.
Grass, Günter, Brief an Björn Engholm, 10.02.1993, in: AdK, GGA, Signatur 2847.
Grass, Günter, Brief an den Vorstand der Stiftung „Erinnerung, Verantwortung und Zukunft", 01.12.2000, in: GUGS.
Grass, Günter, Brief an Iring Fetscher, 09.09.2005, in: GUGS / AdK, GGA, Signatur 15054.
Grass, Günter, Brief an Joschka Fischer, 23.06.2003, in: GUGS / AdK, GGA, Signatur 15712.
Grass, Günter, Brief an Peter Glotz, 14.06.1983, in: AdK, GGA, Signatur 3077.
Grass, Günter, Brief an Monika Griefahn, 03.02.2004, in: GUGS / AdK, GGA, Signatur 15122.
Grass, Günter, Brief an Hans-Joachim Hacker, 29.04.1998, in: GUGS.
Grass, Günter, Brief an Liesel Hartenstein, 09.10.1997, in: AdK, GGA, Signatur 14398.
Grass, Günter, Brief an Ludwig Theodor Heuss, 25.07.2014, in: GUGS / AdK, GGA, Signatur 15631.
Grass, Günter, Brief an Reinhard Höppner, 27.01.1998, in: GUGS / AdK, GGA, Signatur 10426.
Grass, Günter, Brief an Hans-Ulrich Klose, 18.12.1992, in: AdsD, Bestand Björn Engholm, 1 / BEAA000099.
Grass, Günter, Brief an Horst Köhler, 22.11.2005, in: GUGS / AdK, GGA, Signatur 14970.
Grass, Günter, Brief an Horst Köhler, 25.09.2007, in: GUGS / AdK, GGA, Signatur 14970.
Grass, Günter, Brief an Horst Köhler, 09.01.2008, in: GUGS / AdK, GGA, Signatur 14970.
Grass, Günter, Brief an Adam Krzemiński, 09.09.2005, in: GUGS / AdK, GGA, Signatur 15278.
Grass, Günter, Brief an Volker Kuhlwein, 21.06.2005, in: GUGS.
Grass, Günter, Brief an Gerhard Kurtze, 27.10.1997, in: Archiv des Börsenvereins, Referat Friedenspreis.
Grass, Günter, Brief an Oskar Lafontaine, 09.02.1990, in: AdK, GGA, Signatur 13924.
Grass, Günter, Brief an Oskar Lafontaine, 25.03.1990, in: AdK, GGA, Signatur 13924.
Grass, Günter, Brief an Oskar Lafontaine, 19.06.1990, in: AdK, GGA, Signatur 13924.
Grass, Günter, Brief an Oskar Lafontaine, 22.11.1995, in: AdK, GGA, Signatur 13924.
Grass, Günter, Brief an Oskar Lafontaine, 27.01.1999, in: AdK, GGA, Signatur 13924.
Grass, Günter, Brief an Oskar Lafontaine und Gerhard Schröder, 01.10.1998, in: AdK, GGA, Signatur 13924.
Grass, Günter, Brief an Jutta Limbach, 17.12.2002, in: GUGS / AdK, GGA, Signatur 15105.
Grass, Günter, Brief an Lübecker Freunde des Unesco-Weltkulturerbes, 19.06.2009, in: GUGS.
Grass, Günter, Brief an Frank M. Mann, 17.07.2007, in: GUGS / AdK, GGA, Signatur 14940.
Grass, Günter, Brief an Franz Müntefering, 18.10.2005, in: GUGS.
Grass, Günter, Brief an Franz Müntefering, 27.10.2008, in: GUGS / AdK, GGA, Signatur 15377.
Grass, Günter, Brief an Franz Müntefering, 14.01.2009, in: GUGS / AdK, GGA, Signatur 15377.
Grass, Günter, Brief an Franz Müntefering, 06.05.2009, in: GUGS / AdK, GGA, Signatur 15377.
Grass, Günter, Brief an Sten Nadolny, 22.12.2009, in: GUGS / AdK, GGA, Signatur 15383.
Grass, Günter, Brief an Sten Nadolny, 31.03.2010, in: GUGS / AdK, GGA, Signatur 15383.
Grass, Günter, Brief an Oskar Negt, 07.10.1997, in: GUGS.
Grass, Günter, Brief an Oskar Negt, 27.10.1997, in: GUGS.
Grass, Günter, Brief an Rupert Neudeck, 10.05.2006, in: GUGS / AdK, GGA, Signatur 15390.

Grass, Günter, Brief an Volker Neuhaus, 04.02.2009, in: GUGS / AdK, GGA, Signatur 15392.
Grass, Günter, Brief an Volker Neuhaus, 17.12.2009, in: GUGS / AdK, GGA, Signatur 15392.
Grass, Günter, Brief an Knut Nevermann, 04.01.2001, in: GUGS.
Grass, Günter, Brief an Knut Nevermann, 27.06.2002, in: GUGS / AdK, GGA, Signatur 14968.
Grass, Günter, Brief an Norbert Niemann, 24.03.2010, in: GUGS / AdK, GGA, Signatur 15399.
Grass, Günter, Brief an Stephan Nobbe, 28.7.1992, in: AdK, GGA, Signatur 10431.
Grass, Günter, Brief an Matthias Platzeck, 22.03.2006, in: GUGS.
Grass, Günter, Brief an Fritz Pleitgen, 27.07.2000, in: GUGS.
Grass, Günter, Brief an Fritz Raddatz, 23.06.2010, in: GUGS.
Grass, Günter, Brief an Johannes Rau, 17.12.1985, in: AdK, GGA, Signatur 14220.
Grass, Günter, Brief an Johannes Rau, 25.02.1986, in: AdK, GGA, Signatur 14220.
Grass, Günter, Brief an Johannes Rau, 08.11.1990, in: AdK, GGA, Signatur 14220 / AdsD, Bestand Johannes Rau, 1 / JRAC000939.
Grass, Günter, Brief an Johannes Rau, 27.11.1992, in: AdK, GGA, Signatur 14220.
Grass, Günter, Brief an Johannes Rau, 30.10.1994, in: AdK, GGA, Signatur 14220.
Grass, Günter, Brief an Marcel Reich-Ranicki, 28.06.2005, in: GUGS / AdK, GGA, Signatur 15464.
Grass, Günter, Brief an Edelbert Richter, 18.06.1998, in: GUGS.
Grass, Günter, Brief an Reinhard Roß, 18.12.1992, in: AdK, GGA, Signatur 14400.
Grass, Günter, Brief an Serge Sarggsyan, Präsidenten der Republik Armenien, 10.03.2010, in: GUGS.
Grass, Günter, Brief an Brigitte Sauzay, 02.04.2002, in: GUGS / AdK, GGA, Signatur 14968.
Grass, Günter, Brief an Rudolf Scharping, 14.02.1994, in: AdK, GGA, Signatur 14306.
Grass, Günter, Brief an Rudolf Scharping, 08.03.1994, in: AdK, GGA, Signatur 14306.
Grass, Günter, Brief an Rudolf Scharping, 27.04.1994, in: AdK, GGA, Signatur 14306.
Grass, Günter, Brief an Rudolf Scharping, 13.01.1998, in: AdK, GGA, Signatur 14306.
Grass, Günter, Brief an Dieter Schenk, 08.06.2000, in: GUGS.
Grass, Günter, Brief an Friedrich Schorlemmer, 28.07.1992, in: AdK, GGA, Signatur 10431.
Grass, Günter, Brief an mehrere Schriftsteller, 28.10.2005, in: GUGS.
Grass, Günter, Brief an mehrere Schriftsteller, 10.06.2009, in: GUGS.
Grass, Günter, Brief an Gerhard Schröder, 17.06.1992, in: AdK, GGA, Signatur 14349.
Grass, Günter, Brief an Gerhard Schröder und Oskar Lafontaine, 06.05.1997, in: AdK, GGA, Signatur 13924.
Grass, Günter, Brief an Gerhard Schröder, 05.06.1997, in: AdK, GGA, Signatur 14349.
Grass, Günter, Brief an Gerhard Schröder, 07.05.1998, in: AdK, GGA, Signatur 14349.
Grass, Günter, Brief an Gerhard Schröder, 30.05.2000, in: AdK, GGA, Signatur 14349.
Grass, Günter, Brief an Gerhard Schröder, 22.03.2001, in: AdK, GGA, Signatur 14349.
Grass, Günter, Brief an Gerhard Schröder, 22.10.2001, in: GUGS / AdK, GGA, Signatur 15534.
Grass, Günter, Brief an Gerhard Schröder, 13.11.2001, in: AdK, GGA, Signatur 14349.
Grass, Günter, Brief an Gerhard Schröder, 02.05.2002, in: GUGS / AdK, GGA, Signatur 15534.
Grass, Günter, Brief an Gerhard Schröder, 03.07.2002, in: GUGS / AdK, GGA, Signatur 15534.
Grass, Günter, Brief an Gerhard Schröder, 14.05.2002, in: GUGS / AdK, GGA, Signatur 15534.
Grass, Günter, Brief an Gerhard Schröder, 24.09.2002, in: GUGS / AdK, GGA, Signatur 15534.
Grass, Günter, Brief an Gerhard Schröder, 23.03.2003, in: GUGS / AdK, GGA, Signatur 15534.
Grass, Günter, Brief an Gerhard Schröder, 15.07.2003, in: GUGS / AdK, GGA, Signatur 15534.
Grass, Günter, Brief an Gerhard Schröder, 22.12.2004, in: GUGS / AdK, GGA, Signatur 15534.
Grass, Günter, Brief an Gerhard Schröder, 22.03.2005, in: GUGS / AdK, GGA, Signatur 15534.
Grass, Günter, Brief an Ingo Schulze, 17.02.2004, in: GUGS / AdK, GGA, Signatur 15544.
Grass, Günter, Brief an Martin Schulz, 03.07.2014, in: GUGS.

Grass, Günter, Brief an Hubert Spiegel, 31.05.2001, in: GUGS.
Grass, Günter, Brief an Erika Steinbach, 13.10.2000, in: GUGS.
Grass, Günter, Brief an Erika Steinbach. 27.11.2002, in: GUGS / AdK, GGA, Signatur 15595.
Grass, Günter, Brief an Frank-Walter Steinmeier, 04.02.2009, in: GUGS / AdK, GGA, Signatur 15598.
Grass, Günter, Brief an Frank-Walter Steinmeier, 22.09.2009, in: GUGS / AdK, GGA, Signatur 15598.
Grass, Günter, Brief an Frank-Walter Steinmeier, 17.03.2010, in: GUGS / AdK, GGA, Signatur 15598.
Grass, Günter, Brief an Frank-Walter Steinmeier, 12.05.2011, in: GUGS / AdK, GGA, Signatur 15598.
Grass, Günter, Brief an Peter Struck, 01.10.2007, in: GUGS / AdK, GGA, Signatur 15614.
Grass, Günter, Brief an Peter Struck, 29.01.2008, in: GUGS / AdK, GGA, Signatur 15614.
Grass, Günter, Brief an Rita Süssmuth, 04.01.1996, in: AdK, GGA, Signatur 10435.
Grass, Günter, Brief an Wolfgang Thierse, 07.02.1991, in: AdK, GGA, Signatur 14513.
Grass, Günter, Brief an Wolfgang Thierse, 30.09.1991, in: AdK, GGA, Signatur 14513.
Grass, Günter, Brief an Wolfgang Thierse, 29.04.1994, in: AdK, GGA, Signatur 14513.
Grass, Günter, Brief an Wolfgang Thierse, 31.05.1994, in: AdK, GGA, Signatur 14513.
Grass, Günter, Brief an Wolfgang Thierse, 17.11.2003, in: GUGS / AdK, GGA, Signatur 15572.
Grass, Günter, Brief an Evangelos Venizelos, 01.04.2003, in: GUGS / AdK, GGA, Signatur 15162.
Grass, Günter, Brief an Hans-Jochen Vogel, 23.10.1989, in: AdK, GGA, Signatur 14582.
Grass, Günter, Brief an Hans-Jochen Vogel, 14.01.1993, in: AdK, GGA, Signatur 14582 / AdsD, Bestand Hans-Jochen Vogel, 1 / HJVA104666 und 1 / HJVA100127.
Grass, Günter, Brief an Hans-Jochen Vogel, 16.09.1993, in: AdK, GGA, Signatur 14582 / AdsD, Bestand Hans-Jochen Vogel, 1 / HJVA104666.
Grass, Günter, Brief an Hans-Jochen Vogel, 23.09.1997, in: ADK, GGA, Signatur 14582.
Grass, Günter, Brief an Antje Vollmer, 13.12.1989, in: AdK, GGA, Signatur 14584.
Grass, Günter, Brief an Klaus Wagenbach, 30.04.2007, in: GUGS.
Grass, Günter, Brief an Martin Wälde, 22.12.2004, in: GUGS / AdK, GGA, Signatur 15105.
Grass, Günter, Brief an Martin Wälde, 14.02.2005, in: GUGS / AdK, GGA, Signatur 15105.
Grass, Günter, Brief an Anna und Matthäus Weiß, 11.11.2013, in: GUGS / AdK, GGA, Signatur 15652.
Grass, Günter, Brief an Richard von Weizsäcker, 06.09.1985, in: AdK, GGA, Signatur 14611.
Grass, Günter, Brief an Richard von Weizsäcker, 27.03.1990, in: AdK, GGA, Signatur 14611.
Grass, Günter, Brief an Richard von Weizsäcker, 28.06.1994, in: AdK, GGA, Signatur 14611.
Grass, Günter, Brief an Heidemarie Wieczorek-Zeul, 20.02.2008, in: GUGS / AdK, GGA, Signatur 15709.
Grass, Günter, Brief an Klaus Wowereit, 18.07.2006, in: GUGS / AdK, GGA, Signatur 14999.
Grass, Günter, Brief an Christa Wolf, 18.03.2009, in: GUGS / AdK, GGA, Signatur 15688.
Grass, Günter, Entwurf „Warum ich für Wolfgang Thierse werbe", 30.06.1994, in: AdK, GGA, Signatur 10357
Grass, Günter, Grußwort für das Symposium der Schriftsteller aus Süd- und Nordkorea, 12.07.2005, in: GUGS.
Grass, Günter, Notiz „Gespräch mit S. Gabriel zur August-Bebel-Stiftung", 15.01.2010, in: GUGS.
Grass, Günter, Notiz „Für Gespräch mit Björn Engholm am 26.12.90", in: AdK, GGA, Signatur 10391.
Grass, Günter, Notiz „Rede vor der SPD-Fraktion", in: GUGS.
Grass, Günter, Notiz „Schmierzettelchen an Manfred Bissinger", in: AdK, GGA, Signatur 14349.
Grass, Günter, Notiz „Themen für Brandt-Runde", 27.11.1996, in: GUGS.
Grass, Günter, Rede „Endlich", in: Willy-Brandt-Stiftung.
Grass, Günter, Rede „Einige Warnschilder", in: AdK, GGA, Signatur 10327.
Grass, Günter, Rede auf dem Parteitag der Ost-SPD, in: AdsD, Personalia Günter Grass.

Grass, Günter, Rede, in: Jemenbesuch mit Delegation deutschsprachiger Autoren (Rohmaterial). Eröffnung der Lehmbauschule und Konferenz „Der Dialog wird fortgesetzt" in: Medienarchiv Günter Grass, DB 2139.
Grass, Günter, Rede „Wer dreimal lügt ...", in: AdK, GGA, Signatur 10376, vgl. Teilabdruck in: FR, 02.09.1998.
Grass, Günter, Rede „Osloer Rede", in: AdK, GGA, Signatur 10326.
Grass, Günter, Rede zu Manfred Bissingers 60. Geburtstag, in: Privatarchiv Manfred Bissinger.
Griefahn, Monika, Brief an Günter Grass, 28.01.2004, in: GUGS / AdK, GGA, Signatur 16112.
Habeck, Robert, Brief an Günter Grass, 22.06.2010, in: AdK, GGA, Signatur 15868.
Hacker, Hans-Joachim, Brief an Günter Grass, 22.04.1998, in: GUGS.
Hacker, Hans-Joachim, Brief an Günter Grass, 14.02.2002, in: GUGS.
Hackmann, Jörg, Ideen für das Willy-Brandt-Haus Lübeck, in: GUGS.
Hackmann, Jörg, Brief an Günter Grass, 31.01.2003, in: GUGS.
Hartenstein, Liesel, Brief an Günter Grass, 25.08.1997, in: AdK, GGA, Signatur 11413.
Häußler, Ingrid, Brief an Günter Grass, 09.03.2006, in: GUGS.
Häußler, Ingrid, Brief an Günter Grass, 16.03.2006, in: GUGS.
Von Hentig, Hartmut, Brief an Günter Grass, 01.06.2000, in: GUGS.
Herzog, Roman, Brief an Günter Grass, 15.10.1997, in: AdK, GGA, Signatur 14701.
Heym, Stefan, Brief an Helmut Kohl, 20.09.1995, in: AdK, GGA, Signatur 11457.
Heym, Stefan, Brief an Günter Grass, 28.04.1994, in: AdK, GGA, Signatur 11457.
Heym, Stefan, Brief an Günter Grass, 04.05.1994, in: AdK, GGA, Signatur 11457.
Höppner, Reinhard, Brief an Günter Grass, 22.01.1998, in: GUGS / AdK, GGA, Signatur 10426.
Kemal, Thilda, Brief an Cornelia Schmidt-Braul, 23.6.1997, in: Archiv des Börsenvereins, Referat Friedenspreis.
Kim, Nury, E-Mail an Günter Grass, 12.07.2005, in: GUGS.
Klose, Hans-Ulrich, Brief an Günter Grass, 14.10.1992, in: AdK, GGA, Signatur 10440.
Kohl, Helmut, Brief an Stefan Heym, 25.09.1995, in: AdK, GGA, Signatur 11457.
Köhler, Horst, Patriotisch um Deutschland ringen. Laudatio zum 80. Geburtstag von Günter Grass, 17.10.2007, in: GUGS / AdK, GGA, Signatur 15867.
Kraft, Hannelore, Brief an Günter Grass, 28.01.2011, in: GUGS.
Kraft, Hannelore, Rede auf der Buchvorstellung „Was würde Bebel dazu sagen", 02.09.2013, in: GUGS.
Kuratorium für einen demokratisch verfaßten Bund deutscher Länder, Presseinformation, 16.06.1990, in: AdK, GGA, Signatur 11803.
Kuratorium für einen demokratisch verfaßten Bund deutscher Länder, Rundbriefe an die Kuratoriumsmitglieder in: AdK, GGA, Signatur 11803.
Kuratorium für einen demokratisch verfaßten Bund deutscher Länder, handschriftliche Notiz auf dem 2. Rundbrief an die Kuratoriumsmitglieder, 03.07.1990, in: AdK, GGA, Signatur 11803.
Kurtze, Gerhard, Brief an Burkhard Hirsch, 14.03.1996, in: Archiv des Börsenvereins, Referat Friedenspreis.
Kurtze, Gerhard, Brief an Günter Grass, 16.10.1997, in: Archiv des Börsenvereins, Referat Friedenspreis.
Kurtze, Gerhard, Brief an Rita Süssmuth, 28.10.1997, in: Archiv des Börsenvereins, Referat Friedenspreis.
Lafontaine, Oskar, Brief an Günter Grass, 14.10.1992, in: AdK, GGA, Signatur 10440.
Lafontaine, Oskar, Brief an Günter Grass, 16.10.1995, in: AdK, GGA, Signatur 11823.
Lafontaine, Oskar, Brief an Günter Grass, 23.01.1996, in: AdK, GGA, Signatur 10424.

Lafontaine, Oskar, Brief an Günter Grass, 13.05.1997, in: AdK, GGA, Signatur 11823.
Lafontaine, Oskar, Brief an Günter Grass, 14.10.1998, in: AdK, GGA, Signatur 11823.
Lafontaine, Oskar, Karte an Günter Grass, 24.05.1990, in: AdK, GGA, Signatur 11823.
Lammert, Norbert, Brief an Günter Grass, 16.10.2007, in: GUGS.
Lübecker Netzwerk soziale Gerechtigkeit, „Montagsdemonstration zum Günter-Grass-Haus", Pressemitteilung, 08.10.2004, in: GUGS.
Lücke, Detlev, Brief an Mitglieder unserer Wählerinitiative für Wolfgang Thierse, 20.04.1994, in: AdK, GGA, Signatur 12857.
Maaß, Ekkehard, E-Mail an Günter Grass, 04.08.2010, in: GUGS / AdK, GGA, Signatur 11823.
Maurer, Katja, Brief an Günter Grass, 14.07.1994, in: AdK, GGA, Signatur 12857.
Meckel, Markus, Brief an die Unterzeichner des Aufrufes „Für ein Europäisches Zentrum gegen Vertreibung, Zwangsaussiedlungen und Deportationen", 14.07.2003, in: GUGS / AdK, GGA, Signatur 16413.
Melichar, Ferdinand, Brief an Günter Grass, 16.11.2004, in: GUGS.
Mix, Ingo, Brief an Günter Grass, 16.03.2006, in: GUGS.
Müntefering, Franz, Brief an Günter Grass, 06.09.2002, in: GUGS.
Müntefering, Franz, Brief an Günter Grass, 01.10.2005, in: GUGS.
Müntefering, Franz, Brief an Günter Grass, 16.10.2006, in: GUGS.
Nadolny, Sten, Brief an Günter Grass, 22.03.2010, in: GUGS / AdK, GGA, Signatur 16462.
Naumann, Michael, Brief an Günter Grass, 09.10.2007, in: GUGS.
Neuhaus, Volker, Brief an Günter Grass, 23.01.2009, in: GUGS / AdK, GGA, Signatur 16474.
Nevermann, Knut, Brief an Günter Grass, 31.05.2002, in: GUGS / AdK, GGA, Signatur 15864.
Nida-Rümelin, Julian, Brief an Günter Grass, 10.04.2001, in: AdK, GGA, Signatur 12152.
Nida-Rümelin, Julian, Brief an Günter Grass, 09.07.2001, in: AdK, GGA, Signatur 12152.
Nida-Rümelin, Julian, Nationalstiftung der Bundesrepublik Deutschland für Kunst und Kultur. Konzeption eines Zwei-Säulen-Modells, in: AdK, GGA, Signatur 12106.
Niemann, Norbert, Brief an Günter Grass, 25.05.2009, in: GUGS / AdK, GGA, Signatur 16484.
O. V., Aktennotiz zur Fernsehübertragung, 20.10.1997, in: Archiv des Börsenvereins, Referat Friedenspreis.
O. V., Entwurf der Gemeinsamen Vereinbarung zur Errichtung und Gestaltung des Vorhabens Literaturhaus Vorpommern im Wolfgang-Koeppen-Haus, in: GUGS.
O. V., Erklärung „Wem gehört das Goethe- und Schillerarchiv in Weimar?", in: GUGS.
O. V., Teilnehmerliste „Samstag, 10. November 2001, 18.00 Uhr, Bundeskanzleramt, Bankettsaal", in: GUGS.
O. V., Pressedokumentation zur Wählerinitiative, in: AdK, GGA, Signatur 12857.
Ohsoling, Hilke, Brief an Ingrid Häußler, 10.04.2006, in: GUGS.
Ohsoling, Hilke, Brief an Gerhard Schröder, 13.10.2000, in: GUGS / AdK, GGA, Signatur 15534.
Ohsoling, Hilke, Brief an Heide Simonis, 23.07.1998, in: AdK, GGA, Signatur 14381.
Ohsoling, Hilke, Brief an Peter Kurt Würzbach, 16.09.1997, in: AdK, GGA, Signatur 15665.
Ohsoling, Hilke, Notiz „Telefonat mit Carola Stern, 27.11. 10 Uhr", in: GUGS.
Ohsoling, Hilke, Notiz nach Anruf von Liesel Hartenstein, 30.09.1997, in: AdK, GGA, Signatur 14398.
Özdemir, Cem, Brief an Günter Grass, 18.11.1997, in: AdK, GGA, Signatur 12195.
Platzeck, Matthias, Brief an Günter Grass, 09.03.2006, in: GUGS.
Rau, Johannes, Brief an Günter Grass, 13.10.1989, in: AdK, GGA, Signatur 12368.
Rau, Johannes, Brief an Günter Grass, 12.10.1990, in: AdK, GGA, Signatur 12368.
Rau, Johannes, Brief an Günter Grass, 08.10.1992, in: AdK, GGA, Signatur 10440.
Rau, Johannes, Brief an Günter Grass, 12.10.1994, in: AdK, GGA, Signatur 12368.

Rau, Johannes, Brief an Günter Grass, 12.10.1995, in: AdK, GGA, Signatur 12368.
Rau, Johannes, Brief an Günter Grass, 13.10.1997, in: AdK, GGA, Signatur 14714.
Rau, Johannes, Brief an Günter Grass, 03.04.2002, in: AdsD, Bestand Johannes Rau, 1 / JRAC000939.
Rau, Johannes, Brief an Günter Grass, 19.02.2004, in: GUGS / AdK, GGA, Signatur 15908.
Rau, Johannes, Brief an Günter Grass, Oktober 2005, in: GUGS.
Rau, Johannes, Grußwort zur Verleihung des Otto-Pankok-Preises der „Stiftung zugunsten des Romavolks e. V.", 30.09.2002, in: GUGS.
Rau, Johannes, Rede anlässlich des 75. Geburtstages von Günter Grass, Göttingen im Oktober 2002, in: AdsD, Bestand Johannes Rau, 1 / JRAC000939.
Richter, Edelbert, Brief an Günter Grass, 17.06.1998, in: GUGS.
Ringstorff, Harald, Brief an Günter Grass, 22.04.2000, in: GUGS.
Roth, Claudia, Brief an Günter Grass, 17.10.2007, in: GUGS.
Roth, Wolfgang, Brief an Günter Grass, 13.04.2000, in: GUGS.
Saxe, Bernd, Begrüßung anlässlich der Otto-Pankok-Preisverleihung, 30.09.2002, in: GUGS.
Saxe, Bernd, Konzeptskizze für ein Willy-Brandt-Haus / Willy-Brandt-Institut in Lübeck, 13.11.2001, in: GUGS.
Scharping, Rudolf, Brief an Günter Grass, 15.10.1992, in: AdK, GGA, Signatur 10440.
Scharping, Rudolf, Brief an Günter Grass, 09.10.1993, in: AdK, GGA, Signatur 12511.
Scharping, Rudolf, Brief an Günter Grass, 24.02.1994, in: AdK, GGA, Signatur 12511.
Scharping, Rudolf, Brief an Günter Grass, 10.04.1994, in: AdK, GGA, Signatur 12511.
Scherer, Klaus-Jürgen, E-Mail an Hilke Ohsoling, Sekretariat Günter Grass, 11.05.2006, in: AdsD, Bestand Kulturforum der Sozialdemokratie, Mappe „Schriftsteller mit Kurt Beck, 08.05.2006".
Scherer, Klaus-Jürgen, „Kleines Protokoll 10.01.09 Lübeck Sekretariat Grass", in: GUGS.
Schmelter, Uwe, Brief an Günter Grass, 20.08.2001, in: GUGS.
Schmelter, Uwe, Vorläufiger Ablaufplan für Günter Grass, Gerhard Steidl, Uwe Kolbe, Jörg-Dieter Kogel, 26. Mai–01. Juni 2002 in Seoul, 06.05.2002, in: GUGS.
Schmidt-Braul, Cornelia, Aktennotiz, 23.06.1997, in: Archiv des Börsenvereins, Referat Friedenspreis.
Schorlemmer, Friedrich, Brief an Günter Grass, 22.02.1993, in: AdK, GGA, Signatur 12574.
Schröder, Gerhard, An die Mitglieder des Vereins Kulturforum der Sozialdemokratie, 13.05.1992, in: AdK, GGA, Signatur 12580.
Schröder, Gerhard, Brief an Günter Grass, 14.05.1992, in: AdK, GGA, Signatur 12580.
Schröder, Gerhard, Brief an Günter Grass, 01.07.1992, in: AdK, GGA, Signatur 12580.
Schröder, Gerhard, Brief an Günter Grass, 08.07.1992, in: AdK, GGA, Signatur 12580.
Schröder, Gerhard, Brief an Günter Grass, 16.10.1992, in: AdK, GGA, Signatur 10440.
Schröder, Gerhard, Brief an Günter Grass, 28.05.1997, in: AdK, GGA, Signatur 14349.
Schröder, Gerhard, Brief an Günter Grass, 22.10.1998, in: AdK, GGA, Signatur 10426.
Schröder, Gerhard, Brief an Günter Grass, 13.11.2000, in: GUGS.
Schröder, Gerhard, Brief an Günter Grass, 10.05.2000, in: GUGS.
Schröder, Gerhard, Brief an Günter Grass, 08.11.2000, in: GUGS.
Schröder, Gerhard, Brief an Günter Grass, 06.04.2001, in: AdK, GGA, Signatur 10426.
Schröder, Gerhard, Brief an Günter Grass, 12.04.2001, in: AdK, GGA, Signatur 10426.
Schröder, Gerhard, Brief an Günter Grass, 25.04.2001, in: AdK, GGA, Signatur 10426.
Schröder, Gerhard, Brief an Günter Grass, 30.10.2001, in: GUGS.
Schröder, Gerhard, Brief an Günter Grass, 19.02.2002, in: GUGS.
Schröder, Gerhard, Brief an Günter Grass, 16.05.2002, in: GUGS.
Schröder, Gerhard, Brief an Günter Grass, 15.01.2003, in: GUGS.
Schröder, Gerhard, Brief an Günter Grass, 11.04.2003, in: GUGS.

Schröder, Gerhard, Brief an Ute Grass, 13.04.2015, in: GUGS.
Schröder, Gerhard, Brief an Thomas Schröder-Berkentien, 29.01.2001, in: GUGS.
Schröder, Gerhard, Telegramm an Günter Grass, 16.10.1997, in: AdK, GGA, Signatur 14715.
Schröder, Gerhard / Müntefering, Franz, Brief an Günter Grass, 10.06.2005, in: GUGS.
Schröder-Berkentien, Thomas, Brief an Gerhard Schröder, 11.12.2000, in: GUGS.
Schröder-Berkentien, Thomas, Brief an Günter Grass, 03.02.2001, in: GUGS.
Schröder-Berkentien, Thomas, Karte an Günter Grass, 03.02.2001, in: GUGS.
Schulz, Martin, Beileidsschreiben an Ute Grass, 07.05.2015, in: GUGS.
Schulze, Ingo, Brief an Günter Grass, 17.02.2004, in: GUGS.
Schulze, Ingo, Brief an Günter Grass, 12.07.2005, in: GUGS.
Schwan, Gesine, Brief an Günter Grass, 25.10.2007, in: GUGS.
Simonis, Heide, Brief an Günter Grass, 16.10.1995, in: AdK, GGA, Signatur 12632.
Simonis, Heide, Brief an Günter Grass, 08.07.1999, in: AdK, GGA, Signatur 12632.
Simonis, Heide, Brief an Günter Grass, 11.03.2002, in: GUGS / AdK, GGA, Signatur 15935.
Simonis, Heide, Brief an Günter Grass, 11.07.2003, in: GUGS / AdK, GGA, Signatur 15935.
Simonis, Heide, Brief an Günter Grass, 03.02.2004, in: GUGS / AdK, GGA, Signatur 15935.
Simonis, Heide, Grußwort bei der Verleihung des Otto-Pankok-Preises, 30.09.2002, in: GUGS.
Simonis, Heide, Rede Meilenstein in Kiel 2013, in: GUGS.
Sonntag-Wolgast, Cornelie, Brief an Günter Grass, 05.04.2000, in: GUGS.
Spiegel, Hubert, Brief an Günter Grass, 25.05.2001, in: GUGS / AdK, GGA, Signatur 16027.
Stadt Lübeck, „Pankok-Preis an Kieler Sinti-Mediatorinnen-Modell verliehen", Pressemitteilung, 15.05.2006, in: GUGS.
Steg, Thomas, Telefax an Günter Grass, 18.05.2000, in: AdK, GGA, Signatur 10782.
Steinbach, Erika, Brief an Günter Grass, 06.06.2002, in: GUGS.
Steinbach, Erika, Brief an Günter Grass, 02.12.2004, in: GUGS.
Steinmeier, Frank-Walter, Brief an Günter Grass, 16.10.2006, in: GUGS.
Stern, Carola / von Hentig, Hartmut, Brief an Wolfgang Thierse, 09.03.2001, in: GUGS.
Stöhr, Willi, Brief an Günter Grass, 21.11.1989, in: AdK, GGA, Signatur 10167.
Stöhr, Willi, Brief an Günter Grass, 11.12.1989, in: AdK, GGA, Signatur 10167.
Stöhr, Willi, Tagungsbericht und Überlegungen zur Weiterarbeit, in: Privatarchiv Willi Stöhr.
Stöhr, Willi, Brief an Willy Brandt, 27.11.1989, in: AdsD, Willy-Brandt-Archiv, A3, Publikationen 1990, Januar, 1076.
Struck, Peter, Brief an Günter Grass, 21.02.2008, in: GUGS.
Süssmuth, Rita, Brief an Günter Grass, 05.02.1995, in: AdK, GGA, Signatur 10424.
Thierse, Wolfgang, Brief an Egon Bahr, 10.04.2001, in: GUGS.
Thierse, Wolfgang, Brief an Hartmut von Hentig, 21.12.2000, in: GUGS.
Thierse, Wolfgang, Brief an die Mitglieder des Arbeitskreises IX Neue Länder / Deutschlandpolitik der SPD-Bundestagsfraktion, 27.02.1991, in: AdsD, Bestand Wolfgang Thierse, 1 / WTAA000014.
Thierse, Wolfgang, Brief an Günter Grass, 27.02.1991, in: AdK, GGA, Signatur 12857.
Thierse, Wolfgang, Brief an Günter Grass, 11.02.1994, in: AdK, GGA, Signatur 12857.
Thierse, Wolfgang, Brief an Günter Grass, 10.06.1994, in: AdK, GGA, Signatur 12857.
Thierse, Wolfgang, Brief an Günter Grass, 23.06.1998, in: AdK, GGA, Signatur 12857.
Thierse, Wolfgang, Brief an Günter Grass, 14.11.2003, in: GUGS.
Thierse, Wolfgang, Brief an Günter Grass, 04.05.2004, in: GUGS.
Thierse, Wolfgang, Brief an Günter Grass, 20.06.2005, in: GUGS.
Thierse, Wolfgang, Karte an Günter Grass, 05.01.1995, in: AdK, GGA, Signatur 12857.
Tschiche, Hans-Jochen, Brief an Günter Grass, 01.12.1997, in: GUGS.

Ude, Christan, Brief an Günter Grass, 20.09.2005, in: GUGS.
Venizelos, Evangelos, Brief an Günter Grass, 28.03.2002, in: GUGS / AdK, GGA, Signatur 16164.
Vergau, Hans-Joachim, Brief an Gerhard Kurtze, 23.10.1997, in: Archiv des Börsenvereins, Referat Friedenspreis.
Vogel, Hans-Jochen, Brief an Günter Grass, 23.11.1989, in: AdK, GGA, Signatur 12992.
Vogel, Hans-Jochen, Brief an Günter Grass, 14.10.1992, in: AdK, GGA, Signatur 12992.
Vogel, Hans-Jochen, Brief an Günter Grass, 04.11.1992, in: AdK, GGA, Signatur 12992.
Vogel, Hans-Jochen, Brief an Günter Grass, 14.01.1993, in: AdK, GGA, Signatur 12992.
Vogel, Hans-Jochen, Brief an Günter Grass, 15.04.1997, in: AdK, GGA, Signatur 12992.
Vogel, Hans-Jochen, Brief an Günter Grass, 15.10.1997, in: AdK, GGA, Signatur 14718.
Vogel, Hans-Jochen, Karte an Günter Grass, 13.07.1989, in: AdK, GGA, Signatur 12992.
Vollmer, Antje, Brief an Günter Grass, 25.12.1989, in: AdK, GGA, Signatur 13001.
Vollmer, Antje, Brief an Günter Grass, 25.11.1997, in: AdK, GGA, Signatur 13001.
Vollmer, Antje, Karte an Günter Grass, undatiert, in: AdK, GGA, Signatur 13001.
Vollmer, Antje, Rede zur Ausstellungseröffnung in Isny, 18.03.1994, in: AdK, GGA, Signatur 13001.
Wählerinitiative für die Wiederwahl Wolfgang Thierse, Briefentwurf an Günter Verheugen und Rudolf Scharping, 12.07.1994, in: AdK, GGA, Signatur 12857.
Wälde, Martin, Brief an Günter Grass, 22.12.1999, in: GUGS.
Weizsäcker, Richard von, Brief an Günter Grass, 21.06.1989, in: AdK, GGA, Signatur 13058.
Weizsäcker, Richard von, Brief an Gerhard Kurtze, 23.10.1997, in: Archiv des Börsenvereins, Referat Friedenspreis.
Willy-Brandt-Kreis e. V., Protokoll, März 1998, in: GUGS.
Wieczorek-Zeul, Heidemarie, Brief an Günter Grass, 16.01.2008, in: GUGS / AdK, GGA, Signatur 15866.
Wolf, Christa, Brief an Günter Grass, 13.12.2006, in: GUGS / AdK, GGA, Signatur 16482.
Wowereit, Klaus, Brief an Günter Grass, 16.10.2007, in: GUGS.
Zypries, Brigitte, Brief an Günter Grass, 17.07.2009, in: GUGS.

Politiker, Schriftsteller und andere Akteure

Primärliteratur anderer Autoren und Politiker

Adamowicz, Paweł, Danzig versteht seinen Sohn, in: SZ, 25.08.2006.
Adamowicz, Paweł, in: FES Polen (Hrsg.), Sozialdemokratischer Mittler zwischen Polen und Deutschland, Warsrawa 2008, S. 14–15.
Adamowicz, Paweł, Grußwort, in: Thomsa, Jörg-Philipp / Krason, Viktoria (Hrsg.), Von Danzig nach Lübeck. Günter Grass und Polen, Lübeck 2010, S. 5.
Aktion für mehr Demokratie, Waigel muß gehen!, in: FR, 15.07.1989.
Arad, Zvi, „Ich respektiere den Künstler", in: FR, 10.11.2006.
Bahr, Egon, Was nun? Ein Weg zur deutschen Einheit, Berlin 2019.
Baran, Riza, taz LeserInnenbriefe, in: TAZ, 28.10.1997.
Beck, Kurt (Hrsg.), „Schlagt der Äbtissin ein Schnippchen, wählt SPD!". Günter Grass und die Sozialdemokratie, Berlin 2007.
Biermann, Wolf, Günter Grass, Du *zerfreundeter* Freund, in: Die Welt am Sonntag, 08.04.2012.
Biermann, Wolf, Wenig Wahrheiten und viel Witz, in: Der Spiegel, 20.01.1996.
Bissinger, Manfred, Lauter Widerworte. Essays, Reportagen, Gespräche, Kommentare aus fünf Jahrzenten, Hamburg 2011.

Bissinger, Manfred / Thierse, Wolfgang (Hrsg.), Was würde Bebel dazu sagen? Zur aktuellen Lage der Sozialdemokratie, Göttingen 2013.
Borusewicz, Bogdan, in: FES Polen (Hrsg.), Sozialdemokratischer Mittler zwischen Polen und Deutschland, Warsrawa 2008, S. 16–17.
Brandt, Peter, Einleitung, in: Egon Bahr, Was nun? Ein Weg zur deutschen Einheit, Berlin 2019, S. 7–39.
Braun, Volker, Vorrede zu Günter Grassens *Rede über den Standort* (1997), in: Klaus Pezold, Günter Grass. Stimmen aus dem Leseland, Leipzig 2002, S. 208–211.
Brandt, Willy, Braucht die Politik den Schriftsteller, in: NG (18 / 1971), Heft 1, S. 51–53.
Brandt, Willy, Die Sache ist gelaufen – jetzt geht es um die Modalitäten, in: Tutzinger Blätter (02 / 1990), S. 14–21.
Bush, George W., Bericht zur Lage der Nation. Rede des Präsidenten, in: Die Welt, 31.01.2002.
Dahn, Daniela, Von Egon Bahr lernen heißt verstehen lernen, in: Bahr, Adelheid (Hrsg.), Warum wir Frieden und Freundschaft mit Russland brauchen, Frankfurt a. M. 2018, S. 56–66.
Denk, Friedrich, Noch ist es nicht zu spät, in: FAZ, 21.10.1996.
Denk, Friedrich, Frankfurter Erklärung zur Rechtschreibreform, in: FAZ, 14.10.1997.
Von Dohnanyi, Klaus, „Das deutsche Wagnis", in: Der Spiegel, 15.10.1990.
Dorn, Thea, Wieso sind die Schwarz-Gelben die Bösen, in: Die Welt, 06.09.2005.
Dückers, Tanja, In Reih und Glied, in: SZ, 01.09.2005.
Duve, Freimut, Der Dichter als Stifter, in: SZ, 14.01.2000.
Engholm, Björn, in: Steidl Verlag (Hrsg.), Günter Grass zum 65., Göttingen 1992.
Engholm, Björn, Koexistenz zweier Raucher, in: Thomsa, Jörg-Philipp (Hrsg.), Zwei lange Nächte für Günter Grass. Freunde und Weggefährten erinnern sich, Lübeck 2017, S. 92–97.
Fest, Joachim, Ich nicht. Erinnerung an eine Kindheit und Jugend, 2. Aufl., Reinbek 2006.
Fest, Joachim. Schweigende Wortführer, in: FAZ, 30.12.1989.
Gauck, Joachim, Einheit. Noch lange fremd, in: Der Spiegel, 28.09.1997.
Genscher, Hans-Dietrich, Erinnerungen, München 1997.
Graumann, Dieter, Judenfeindliche Klischees ohne Ende, in: Handelsblatt, 05.04.2012.
Grebing, Helga / Schöllgen, Gregor / Winkler, Heinrich-August (Hrsg.), Willy Brandt. Berliner Ausgabe, Band 10: Gemeinsame Sicherheit, Internationale Beziehungen und deutsche Frage 1982–1992, Bonn 2009.
Grütters, Monika, Künstler als Schrittmacher moderner Gesellschaft, in: Zimmermann, Olaf / Geißler, Theo (Hrsg.), Die dritte Säule. Beiträge zur Auswärtigen Kultur- und Bildungspolitik, Berlin 2018, S. 117–118.
Harpprecht, Klaus, Im Kanzleramt. Tagebuch der Jahre mit Willy Brandt, Reinbek 2001.
Hemmer, Hans O. / Müller, Julia, Für eine außerparlamentarische Opposition. Gespräch mit Oskar Negt über Politik und Politikberatung, in: Gewerkschaftliche Monatshefte (2002), Heft 10–11, S. 566–572.
Hentig, Hartmut von, Mein Leben – bedacht und bejaht. Schule, Polis, Gartenhaus, München 2007.
Heye, Uwe-Karsten, Und nicht vergessen. Autobiographie, Berlin 2018.
Hoffmann, Hilmar, „Ihr naht Euch wieder, schwankende Gestalten". Erinnerungen, Neufassung, Hamburg 1999.
Kemal, Yaşar, Feldzug der Lügen, in: Der Spiegel, 09.01.1995.
Kehlmann, Daniel, „Ihm sind die Jahrhunderte durchlässig gewesen". Vorwort, in: Grass, Günter, Ein weites Feld, Göttingen 2019, S. 5–9.
Kogel, Jörg-Dieter, Reisen mit Grass, in: Thomsa, Jörg-Philipp (Hrsg.), Zwei lange Nächte für Günter Grass. Freunde und Weggefährten erinnern sich, Lübeck 2017, S. 25–32.

Kohl, Helmut, Erinnerungen 1982–1990, München 2005.
Kohl, Helmut, Erinnerungen 1990–1994, München 2007.
Kuratorium für einen demokratisch verfaßten Bund Deutscher Länder (Hrsg.), In freier Selbstbestimmung, Berlin 1990.
Kuratorium für einen demokratisch verfaßten Bund deutscher Länder, Vom Grundgesetz zur deutschen Verfassung, Berlin 1991.
Kurtze, Gerhard, Begrüßung, in: Börsenverein des Deutschen Buchhandels (Hrsg.), Friedenspreis des Deutschen Buchhandels 1997: Yaşar Kemal. Ansprachen aus Anlass der Verleihung, S. 9–13.
Lafontaine, Oskar, Das Herz schlägt links, München 1999.
Lafontaine, Oskar zu Günter Grass, in: Die Zeit, 22.09.1995.
Lammert, Norbert, Wir denken selbst. Die CDU und die Intellektuellen, in: Die Zeit, 23.06.2005.
Machnig, Matthias, Die Kampa als SPD-Wahlkampfzentrale der Bundestagswahl 1998, in: Forschungsjournal NSB (12 / 1999), Heft 3, S. 20–39.
Marciniec, Bogdan, Eröffnungsrede des Rektors der Adam-Mickiewicz-Universität, in: Adam-Mickiewicz-Universität (Hrsg.), Gunterus Grass. Doctor Honoris Causa Universitatis Studiorum Mickiewiczianae Posnaniensis, Poznan 1991, S. 5–6.
Mayer, Yitzchak, „Sie haben uns tief verletzt ...", in: FR, 10.11.2006.
Meckel, Markus, Zu wandeln die Zeiten. Erinnerung, Leipzig 2020.
Menasse, Eva, Lieber aufgeregt als abgeklärt, München 2016.
Menasse, Eva, Günter Grass wirkt auf paradoxe Weise, in: Der Falter, 13.04.2012.
Menasse, Eva, Raus aus der Routine!, in: SZ, 27. / 28.08.2005.
Muschg, Adolf, Zwiebelopfer für uns alle, in: FAZ, 18.08.2006.
Naumann, Michael, Das hängt verkehrt herum, in: Die Zeit, 17.01.2002.
Naumann, Michael, Ein Land im Rückwärtsgang, in: Die Zeit, 28.02.2002.
Naumann, Michael, Glück gehabt. Ein Leben, Hamburg 2017.
Naumann, Michael, Glanz ohne Gloria. Zukünftige Schwerpunkte deutscher Kulturpolitik, in: Loccumer Protokolle (08 / 2000), S. 17–29.
Naumann, Michael, Gratulation, in: Der Spiegel, 02.10.2002.
Naumann, Michael, Was spricht in Günter Grass?, in: Der Tagesspiegel, 05.04.2012.
Negt, Oskar (Hrsg.), Die zweite Gesellschaftsreform. 27 Plädoyers, Göttingen 1994.
Negt, Oskar (Hrsg.), Ein unvollendetes Projekt. Fünfzehn Positionen zu Rot-Grün, Göttingen 2002.
Negt, Oskar, Erfahrungsspuren. Eine Autobiographische Denkreise, Göttingen 2019.
Negt, Oskar, Nachwort, in: Grass, Günter, Steine wälzen. Essays und Reden 1997–2007, Göttingen 2007, S. 243–258.
Nida-Rümelin, Julian, Die Kulturpolitik des Bundes als Ordnungspolitik, in: Zimmermann, Olaf (Hrsg.), Wachgeküsst. 20 Jahre neue Kulturpolitik des Bundes 1998–2018, Berlin 2018, S. 108–114.
Özdemir, Cem, Laudatio auf Günter Grass, in: Humanistische Union, Mitteilungen, Nr. 162, S. 42–43.
Orlowski, Hubert, Laudatio, in: Adam-Mickiewicz-Universität (Hrsg.), Gunterus Grass. Doctor Honoris Causa Universitatis Studiorum Mickiewiczianae Posnaniensis, Poznan 1991, S. 21–26.
O. V., Kultur und Künste sind unverzichtbar, in: Vorstand der SPD (Hrsg.), Jahrbuch der Sozialdemokratie 1997 / 1998, Berlin 1999, S. 72–73.
O. V., Referat für Popkultur, in: Kulturforum der Sozialdemokratie (Hrsg.), Kulturnotizen 7, Berlin 2003, S. 52.
O. V., Wahlkampf 02, in: Kulturforum der Sozialdemokratie (Hrsg.), Kulturnotizen 7, Berlin 2003, S. 53.
O. V., Zeit des Umbruchs. Das Kulturforum der Sozialdemokratie, in: Vorstand der SPD (Hrsg.), Jahrbuch der Sozialdemokratie 1988–1990, Bonn 1991, S. B39.

PEN-Zentrum Deutschland, 90 Jahre deutscher PEN, „Schutz in Europa" und die Presse – PEN-Zentrum Deutschland kritisiert Berichterstattung zu Günter Grass, 15.12.2014.

Politycki, Matthias, Vom Verschwinden der Dinge in der Zukunft. Bestimmte Artikel 2006–1998, Hamburg 2007.

Raddatz, Fritz J., Tagebücher 2002–2012, Band 2, Hamburg 2015.

Rau, Johannes, in: Steidl Verlag, Günter Grass zum 65., Göttingen 1992 sowie unter dem Titel Ein Gegenredner im besten Sinn. Günter Grass zum 65. Geburtstag, in: Sozialdemokratischer Pressedienst, 13.10.1992, S. 4.

Roehler, Klaus / Nitsche, Rainer, Das Wahlkontor deutscher Schriftsteller in Berlin 1965. Versuch einer Parteinahme, Berlin 1990.

Rühmkorf, Peter, TABU I, Tagebücher 1989–1991, Reinbek 1997.

Schenk, Dieter, Die Post von Danzig. Geschichte eines deutschen Justizmords, Reinbek 1995.

Scherer, Klaus-Jürgen, „Er muss unser König bleiben". Gruppe 05, in: NG / FH (53 / 2006), S. 65–67.

Scherer, Klaus-Jürgen, Kein Wahlkampf ohne Kultur, in: NG / FH (03 / 2009), S. 59–61.

Scherer, Klaus-Jürgen, Kulturpolitik als Forum für gesamtgesellschaftlichen der Diskurse, in: Heyer, Ulrich / Menzel, Ulrich / Rebe, Bernd (Hrsg.), Das Land verändern? Rot-grüne Politik zwischen Interessensbalancen und Modernisierungsdynamik, Hamburg 2002, S. 94–107.

Scherer, Klaus-Jürgen, Rot-grün regiert das Land! Analytisches zur Bundestagswahl vom 27. September 1998, in: Perspektiven DS (15 / 1998), Heft 3, S. 231–237.

Schily, Otto, „Lagerdenken ist völlig unangemessen", in: FAZ, 06.09.2003.

Schmidt, Helmut, Außer Dienst. Eine Bilanz, München 2008.

Schröder, Gerhard, Dankbar für manchen klugen Rat, in: Beck, Kurt (Hrsg.), „Schlagt der Äbtissin ein Schnippchen, wählt SPD!". Günter Grass und die Sozialdemokratie, Berlin 2007, S. 140–143.

Schröder, Gerhard, Die Europäische Union in der globalisierten Welt – Herausforderungen und Chancen für Polen und Deutschland, in: FES (Hrsg.), Willy-Brandt-Vorlesung 2010, Warschau 2010, S. 12–23.

Schröder, Gerhard, Entscheidungen. Mein Leben in der Politik, Hamburg 2006.

Schröder, Gerhard, „Steinmeier hat das Zeug zum Kanzler", in: Vorwärts, 11.08.2008.

Schröder, Gerhard, Und weil wir unser Land verbessern ... 26 Briefe für ein modernes Deutschland, Hamburg 1998.

Schröder, Gerhard, Vorbild für die Zukunftsfrage, in: SZ, 05.10.2020.

Schröder, Gerhard / Hirschler, Horst, Niemand ist ohne Schuld, in: Der Spiegel, 31.05.1999.

Schröder, Richard, Mysterium Germaniae, in: Der Spiegel, 30.09.2001.

Schulz, Martin, Preface: Human dignity is Non-Negotiable, in: Roma: A European Minority. The Challenge of Diversity, in: Group of the Progressive Alliance of Socialists & Democrats in the European Parliament (Hrsg.), Roma: A European Minority. The Challenge of Diversity, Lier 2011, S. 5–6.

Siemens, Christoph, Grass und die Medien, in: Thomsa, Jörg-Philipp (Hrsg.), Zwei lange Nächte für Günter Grass. Freunde und Weggefährten erinnern sich, Lübeck 2017, S. 41–50.

Sloterdijk, Peter, Philosophen sind Schaumdeuter, in: Die Welt am Sonntag, 20.01.2002.

Staeck, Klaus, Kurz vor dem Irak-Krieg, in: NG / FH (4 / 2011), S. 13–14.

Strasser, Johano, Intellektuellendämmerung? Die deutschen Intellektuellen nach 1989, in: von Alemann, Ulrich / Cepl-Kaufmann, Gertrude / Hecker, Hans / Witte, Bernd (Hrsg.), Intellektuelle und Sozialdemokratie, Opladen 2000, S. 183–195.

Strasser, Johano, Kopf oder Zahl. Die deutschen Intellektuellen vor der Entscheidung, Frankfurt a. M. 2005.

Steinbach, Erika, Scharfe Töne aus Prag gegen die Vertriebenen machen hellhörig, in: Die Welt am Sonntag, 03.03.2002.
Thierse, Wolfgang, Keine Partei hat die Kultur gepachtet. Das kulturpolitische Profil der SPD, in: Zimmermann, Olaf / Geißler, Theo (Hrsg.), Kulturpolitik der Parteien. Visionen, Programmatik, Geschichte und Differenzen, Berlin 2008, S. 19–21.
Thierse, Wolfgang, Vorwort, in: Kulturforum der Sozialdemokratie (Hrsg.), Kulturnotizen 7, Berlin 2003, S. 4.
Vogel, Bernhard, Unhaltbarer Vergleich bei Grass, in: FAZ, 16.08.2006.
Vogel, Hans-Jochen, Nachsichten. Meine Bonner und Berliner Jahre, München 1996.
Volmer, Ludger, Die Grünen. Von der Protestbewegung zur etablierten Partei. Eine Bilanz, München 2009.
Vollmer, Antje, Der Krieg der Generationen ist neu eröffnet, in: Die Zeit, 21.12.1990.
Vollmer, Antje, Eingewandert ins eigene Land. Was von Rot-Grün bleibt, München 2006.
Vollmer, Antje, Selbstbestimmung braucht Zeit, in: TAZ, 18.12.1989.
Vollmer, Antje, Wie David und Goliath, in: Tutzinger Blätter (02 / 1990), S. 21–23.
Vorstand der SPD (Hrsg.), Protokoll vom Programm-Parteitag Berlin 18.–20.12.1989, Bonn o. J.
Vorstand der SPD (Hrsg.), Protokoll des Bundesparteitages 2007, Berlin 2007.
Wagenbach, Klaus, Günter Grass hat nichts verschwiegen, in: Die Zeit, 26.04.2007.
Wagner, Carl-Ludwig, Rätselhafte Aversion, in: FAZ, 18.08.2006.
Waigel, Theo, Rechenschaftsbericht des Parteitages, 08. / 09. 09.1994, in: Bayernkurier, 16.09.1995.
Waigel, Theo, Ehrlichkeit ist eine Währung. Erinnerungen, Berlin 2019.
Weiss, Christina, Niemand will vergessen, in: Die Zeit, 02.10.2003.
Weizsäcker, Richard von, Vier Zeiten. Erinnerungen, München 2010.
Willy-Brandt-Kreis e. V., Solidarisch mit Grass, in: Neues Deutschland, 18.04.2012.
Wolf, Christa, Ich habe Respekt vor Günter Grass, in: SZ, 19.08.2006.
Zabel, Hermann (Hrsg.), Widerworte: „Lieber Herr Grass, Ihre Aufregung ist unbegründet". Antworten an Gegner und Kritiker der Rechtschreibreform, Aachen 1997.

Politische Archive

- *Archiv der sozialen Demokratie der Friedrich-Ebert-Stiftung, Bonn*: Egon Bahr, Kurt Beck, Willy Brandt, Björn Engholm, Freimut Duve, DDR-Opposition / Ost-SPD, Kulturforum der Sozialdemokratie, Franz Müntefering, Oskar Lafontaine, Rudolf Scharping, Gerhard Schröder, Heide Simonis, Frank-Walter Steinmeier, Wolfgang Thierse, Hans Jochen Vogel.
- *Archiv Grünes Gedächtnis* der Heinrich-Böll-Stiftung, Berlin
- *Bundesarchiv, Koblenz*: Bestand Richard von Weizsäcker
- Gerhard Schröder Zwischenarchiv, Berlin

Zitierte politische Archivquellen von Politikern und anderen beteiligten Akteuren

ARD, Boulevard Bio, 04.06.2002, in: AdsD, Bestand Kulturforum der Sozialdemokratie, Mappe „Kampa Wahlkampf".
Bahr, Egon / Thierse, Wolfgang / Beck, Kurt, Einladungsbrief, 23.04.2007, in: AdsD, Bestand Kulturforum der Sozialdemokratie, Mappe „Essen Beck mit Schriftstellern 08.08.2007&06.05.2007".

Beck, Kurt, Brief an Wolfgang Thierse, 02.05.2006, in: AdsD, Bestand Kulturforum der
   Sozialdemokratie, Mappe „Schriftsteller mit Kurt Beck, 08.05.2006".
Brandt, Willy, Plan WB, 31.01.1990 / 01.02.1990, in: AdsD, Willy-Brandt-Archiv, A3, Publikationen 1990,
   Januar, 1076.
Brandt, Willy, Notizen, Tutzing, 31.01.1990, in: AdsD, Willy-Brandt-Archiv, A3, Publikationen 1990,
   Januar, 1076.
Brandt, Willy, Brief an Willi Stöhr, 09.02.1990, in: AdsD, Willy-Brandt-Archiv, A3, Publikationen 1990,
   Januar, 1076.
Brandt, Willy, Gesprächsvermerk Brandt, 23.03.1973, in: AdsD, Willy-Brandt-Archiv, A8, 93.
Die Grünen im Bundestag (Hrsg.), Angst ums Klima, Bulletin, Nr. 4 / 90, in: Archiv Grünes Gedächtnis.
Ehrmann, Siegmund, Brief an Frau Annegret Held, 12.05.2006, in: AdsD, Bestand Kulturforum der
   Sozialdemokratie, Mappe „Schriftsteller mit Kurt Beck, 08.05.2006".
Engholm, Björn, Presseerklärung, 10.12.1990, in: AdsD, Pressearchiv.
Fischer, Joschka, Rede auf dem Parteitag in Kassel, 15.11.1997, in: Archiv Grünes Gedächtnis, BDK-
   Dokumentation.
Flimm, Jürgen, Brief an Gerhard Schröder, 03.07.1998, in: AdsD, Bestand Kulturforum der
   Sozialdemokratie, Mappe „Schriftsteller mit Kurt Beck, 08.05.2006".
Flimm, Jürgen et al., Aufbruch für Künste und Kultur in Deutschland, 03.07.1998, in: AdsD, Bestand
   Kulturforum der Sozialdemokratie.
Infas-Umfrage, 05.03.1990, in: BArch, N 1574 / 1587, Bestand Richard von Weizsäcker.
Kulturforum der Sozialdemokratie, Den kulturpolitischen Aufbruch fortsetzen! Kunst und Kultur für
   Schröder, in: AdsD, Bestand Kulturforum der Sozialdemokratie, Mappe „Kampa 02".
Lasse, Dieter, Brief an Mitglieder des Präsidiums, Kulturveranstaltung während des Parteitages,
   13.12.1989, in: AdsD, Willy Brandt-Archiv, A3, 1057.
Naumann, Michael, Brief an Franz Müntefering, 24.08.1998, in: AsdS, Franz Müntefering,
   2 / PVEL000134.
O. V., Protokoll des Treffens aller Regionalen Kulturforen, 17.06.1994, in: AdsD, Bestand Freimut
   Duve, 1 / FDAA000192.
O. V., Ablauf des Abendessens mit 350 Gästen, in: BArch, N 1574 / 391, Bestand Richard von
   Weizsäcker.
O. V., Organisation des Kulturabends, in: AdsD, Bestand Hans-Jochen Vogel, 1 / HJVA103278.
O. V., Pressedokumentation des Abendessens mit 350 Gästen, in: BArch, N / 1574 / 348, Bestand
   Richard von Weizsäcker.
O. V., Pressedokumentation zum Brief an Wojciech Jaruzelski, 28.08.1989, in: BArch, N 1574 / 1588.
   Bestand Richard von Weizsäcker.
O. V., Pressedokumentation Reise nach Warschau, in: BArch, N 1574 / 360, Bestand Richard von
   Weizsäcker.
O. V., Übersetzung des Artikels „Calming the German Frenzy", Financial Times, 08.03.1990, in: BArch,
   N 1574 / 77, Bestand Richard von Weizsäcker.
O. V., Unterlagen zur Rundreise Gerhard Schröders durch Schleswig-Holstein, in: AdsD, Bestand
   Parteivorsitzender Gerhard Schröder, 2 / PVEF000355.
Politycki, Matthias, E-Mail an Klaus-Jürgen Scherer, 10.05.2006, in: AdsD, Bestand Kulturforum der
   Sozialdemokratie, Mappe „Schriftsteller mit Kurt Beck, 08.05.2006".
Rutert-Klein, Tom, Vermerk „Kunst und Kultur im SPD-Bundestagswahlkampf 1994", 08.03.1994, in:
   AdsD, Bestand Rudolf Scharping, 2 / PVDY00546.
Scherer, Klaus-Jürgen, Brief an Helmut Böttiger, 26.08.2002, in: AdsD, Bestand Kulturforum der
   Sozialdemokratie, Mappe „Kampa 02".

Scherer, Klaus-Jürgen, Brief an Matthias Machnig, 19.07.2002, in: AdsD, Bestand Kulturforum der Sozialdemokratie, Mappe „Kampa Wahlkampf".
Scherer, Klaus-Jürgen, Brief an Jörg Lau, 25.07.2002, in: AdsD, Bestand Kulturforum der Sozialdemokratie, Mappe „Kampa 2002".
Scherer, Klaus-Jürgen, E-Mail an Benjamin Lebert, 18.04.2007, in: AdsD, Bestand Kulturforum der Sozialdemokratie, Mappe „Essen Beck mit Schriftstellern 09.09.2007&06.05.2007".
Scherer, Klaus-Jürgen, E-Mail an Schriftsteller, in: AdsD, Bestand Kulturforum der Sozialdemokratie, Mappe „Schriftsteller mit Kurt Beck, 08.05.2006".
Scherer, Klaus-Jürgen, Neue Konvergenzen zwischen Geist und Macht, 20.06.2002, in: AdsD, Bestand Kulturforum der Sozialdemokratie, Mappe „Kampa 2002".
Scherer, Klaus-Jürgen. Vermerk „Abendessen mit Kulturschaffenden, 09.09.2007", in: AdsD, Bestand Kulturforum der Sozialdemokratie, Mappe „Essen Kurt Beck mit Schriftstellern, 09.09.2007&06.05.2007".
Scherer, Klaus-Jürgen, Vermerk „Autorentreffen WBH 04.05.2008", 28.04.2008, In: AdsD, Bestand Kulturforum der Sozialdemokratie, Mappe „Essen Kurt Beck mit Schriftstellern 04.05.2008".
Scherer, Klaus-Jürgen, Vermerk „Kultur", 2002, in: AdsD, Bestand Kulturforum der Sozialdemokratie, „Kampa 2002".
Scherer, Klaus-Jürgen, Vermerk an Matthias Machnig, 19.07.2002, in: AdsD, Bestand Kulturforum der Sozialdemokratie, Mappe „Kampa Wahlkampf".
Scherer, Klaus-Jürgen, Vermerk „Unterstützeressen des Generalsekretärs mit Künstlern, 26.03.1997", in: AdsD, Bestand Kulturforum der Sozialdemokratie, Mappe „Essen Beck mit Schriftstellern 09.09.2007&06.05.2007".
Scherer, Klaus-Jürgen, Vermerk „Unterstützer Essen, 09.12.2007", in: AdsD, Bestand Kulturforum der Sozialdemokratie, Mappe „Essen, Beck 09.12.2007".
Scherer, Klaus-Jürgen, Vermerk, 05.09.2001, in: AdsD, Bestand Kulturforum der Sozialdemokratie, Mappe „Kampa 2002".
Scherer, Klaus-Jürgen, Vermerk, 10.05.2006, in: AdsD, Bestand Kulturforum der Sozialdemokratie, Mappe „Schriftsteller mit Kurt Beck, 08.05.2006".
Scherer, Klaus-Jürgen / Bauer-Volke, Kristina, „Wahlkampfstrategien Kulturforum", 22.10.2001, in: AdsD, Bestand Kulturforum der Sozialdemokratie, Mappe „Kampa 2002".
Schmitt-Neubauer, Rosa, Erste Überlegungen zur Wählerinitiative, 11.08.1993, in: AdsD, Bestand Freimut Duve, Bestand 1 / FDAA000192.
Schröder, Gerhard, An die Mitglieder des Vereins Kulturforum der Sozialdemokratie, 13.05.1992, in: AdsD, Bestand Freimut Duve, 1/FDAA000192.
Schröder, Gerhard / Platzeck, Matthias, Einladungsbrief, 06.11.2006, in: AdsD, Bestand Kulturforum der Sozialdemokratie, Mappe „Unterstützeressen Beck / Schröder 10.12.2006".
Sonntag, Cornelie, Pressemitteilung, 15.10.1992, in: AdsD, Pressearchiv.
SPD, Eine Frage der (politischen Kultur), in: KAMPA 02, in: AdsD, Bestand Kulturforum der Sozialdemokratie, Mappe „Kampa 02".
SPD, Programm des Parteitages in Berlin, 18.12.1989, in: AdsD, Willy-Brandt Archiv, A3, 1067.
SPD, Protokoll über die Sitzung des Präsidiums, 20.11.1989, in: AdsD, Bestand Björn Engholm, 1 / BEAA000126.
SPD, Protokoll über die Sitzung des Präsidiums, 04.12.1989, in: AdsD, Bestand Björn Engholm, 1/ BEAA000126.
SPD, Protokoll über die Sitzung des Präsidiums, 12.02.1990, in: AdsD, Bestand Björn Engholm, 1 / BEAA000126.

SPD-Bundestagsfraktion, Horst Niggemeier: Kärner-Arbeit [sic!] in der SPD leisten, auch wenn einem einmal der Wind ins Gesicht bläst, Pressemitteilung, 30.12.1992, in: AdsD, Personalia Günter Grass.
SPD-Presseservice, Programm Parteitag Berlin 18.12.–20.12.1989. Zahlen, Daten, Fakten, in: AdsD, Willy-Brandt-Archiv, A3, 1067.
Staeck, Klaus / Strasser, Johano, Fax an Klaus-Jürgen Scherer, 03.09.2002, in: AdsD, Bestand Kulturforum der Sozialdemokratie, Mappe „Kampa 02".
Thießen, Jörn, Vermerk an Rosa Schmitt-Neubauer / Tom Rutert-Klein (RNS / TRK), 10.08.1992, in: AdsD, Bestand, Freimut Duve, 1 / FDAA000192.
Weizsäcker Richard von, Zu Fragen der europäischen Einigung, in: ZDF, 11.04.1990, in: BArch, N 1574 / 77, Bestand Richard von Weizsäcker.
Weizsäcker, Richard von, Rede bei seiner Eintragung in das Goldene Buch in Rathaus von Danzig, 04.05.1990, in: BArch, N 1574 / 379, Bestand Richard von Weizsäcker.
Weizsäcker, Richard von, Interview zur Deutschlandpolitik, in: ZDF, 18.02.1990, in: BArch, N 1574 / 378, Bestand Richard von Weizsäcker.
Weizsäcker, Richard von, Rede in Warschau, 02.05.1990, in: BArch, N 1574 / 379, Bestand Richard von Weizsäcker.
Winkelmann, Gisela, Notizen, in: AdsD, Bestand Hans-Jochen Vogel, 1 / HJVA10466.

Zitierte Online-Quellen

Beck, Kurt / Delfeld, Jacques, Rahmenvereinbarung zwischen der rheinland-pfälzischen Landesregierung und dem Verband Deutscher Sinti und Roma Landesverband Rheinland-Pfalz e. V., 25.07. 2005, online: https://mdi.rlp.de/fileadmin/isim/Unsere_Themen/Buerger_und_Staat/Rahmen vereinbarung.pdf (zuletzt abgerufen: 30.08.2021).
Botschaft des Staates Israel, Der Gesandte Emmanuel Nahshon zur Veröffentlichung Günter Grass', 04.04.2012, online: https://embassies.gov.il/berlin/NewsAndEvents/Pages/Nahshon-zu-Grass.aspx (zuletzt abgerufen: 22.08.2021).
Bundeskanzler-Willy-Brandt-Stiftung, Erklärung zum Tod von Günter Grass, Pressemitteilung, 13.04.2015, online: https://willy-brandt.de/neuigkeiten/erklaerung-zum-tod-von-guenter-grass/ (zuletzt abgerufen: 18.03.2021).
Bundesministerium des Inneren (Hrsg.), Verfassungsschutzbericht 2012, online: https://www.bmi.bund.de/SharedDocs/downloads/DE/publikationen/themen/sicherheit/vsb-2012.html (zuletzt abgerufen: 22.08.2021).
Bundesministerium des Inneren / Unabhängiger Expertenkreis Antisemitismus, Antisemitismus in Deutschland – aktuelle Entwicklung. Unterrichtung durch die Bundesregierung, 07.04.2017, online: https://www.bundesregierung.de/breg-de/service/publikationen/zweiter-bericht-des-unabhaengigen-expertenkreises-antisemitismus-735880 (zuletzt abgerufen: 22.08.2021).
Bundesministerium für Justiz, Gesetz zur Errichtung einer Stiftung „Deutsches Historisches Museum", Abschnitt 2, online: http://www.gesetze-im-internet.de/dhmg/index.html (zuletzt abgerufen: 22.08.2021).
Bundesministerium für Justiz, Vertrag zwischen der Bundesrepublik Deutschland und der Deutschen Demokratischen Republik über die Herstellung der Einheit Deutschlands (Einigungsvertrag), Artikel 5, online: http://www.gesetze-im-internet.de/einigvtr/art_5.html (zuletzt abgerufen: 22.06.2021).

CDU/CSU und SPD, Koalitionsvertrag „Gemeinsam für Deutschland – mit Mut und Menschlichkeit", 11.11.2005, online: https://archiv.cdu.de/artikel/gemeinsam-fuer-deutschland-mit-mut-und-menschlichkeit-koalitionsvertrag-2005 (zuletzt abgerufen: 22.08.2021).

CDU/CSU, Regierungsprogramm „Leistung und Sicherheit. Zeit für Taten", 2002 / 2006, online: https://www.kas.de/c/document_library/get_file?uuid=35a04938-f9b6-dd01-83a1-48a036b3f840&groupId=252038 (zuletzt abgerufen: 22.08.2021).

Deutscher Bundestag, Antrag „Für ein europäisch ausgerichtetes Zentrum gegen Vertreibung", 14.05.2002, online: https://dserver.bundestag.de/btd/14/090/1409033.pdf (zuletzt abgerufen: 22.08.2021).

Deutscher Bundestag, Antrag „Rechtschreibung in der Bundesrepublik Deutschland", 21.02.1997, https://dserver.bundestag.de/btd/13/070/1307028.pdf(zuletzt abgerufen: 22.06.2021).

Deutscher Bundestag, Antrag „Zentrum gegen Vertreibung", 19.03.2002, online: https://dserver.bundestag.de/btd/14/085/1408594.pdf (zuletzt abgerufen: 22.08.2021).

Deutscher Bundestag, Bericht der Gemeinsamen Verfassungskommission, 05.11.1993, online: http://dipbt.bundestag.de/doc/btd/12/060/1206000.pdf (zuletzt abgerufen: 22.08.2021).

Deutscher Bundestag, Beschlussempfehlung des Ausschusses für Kultur und Medien, 02.07.2002, online: https://dserver.bundestag.de/btd/14/096/1409661.pdf (zuletzt abgerufen: 07.09.2021).

Deutscher Bundestag, Beschlussempfehlung des Ausschusses für Kultur und Medien „Für ein europäisch ausgerichtetes Zentrum gegen Vertreibung", 02.07.2002, online: https://dserver.bundestag.de/btd/14/096/1409661.pdf (zuletzt abgerufen: 22.08.2021).

Deutscher Bundestag, Beschlussempfehlung und Bericht des Rechtsausschusses „Rechtschreibung in der Bundesrepublik Deutschland", 24.03.1998, online: https://dserver.bundestag.de/btd/13/101/1310183.pdf (zuletzt abgerufen: 22.08.2021).

Deutscher Bundestag, Schriftliche Fragen mit den in der Woche vom 3. Februar 1992 eingegangenen Antworten der Bundesregierung, 07.02.1992, online: http://dipbt.bundestag.de/doc/btd/12/020/1202052.pdf (zuletzt abgerufen: 22.08.2021).

Deutscher Bundestag, Schriftliche Fragen mit den in der Woche vom 27. Januar 1992 eingegangenen Antworten der Bundesregierung, 31.01.1992, online: http://dipbt.bundestag.de/doc/btd/12/020/1202028.pdf (zuletzt abgerufen: 22.08.2021).

Deutscher Bundestag, Sechster und abschließender Bericht der Bundesregierung über den Abschluss der Auszahlung und die Zusammenarbeit der Stiftung „Erinnerung, Verantwortung und Zukunft" mit den Partnerorganisationen, 09.07.2008, online: https://www.stiftung-evz.de/fileadmin/user_upload/EVZ_Uploads/Publikationen/Bundestagsberichte/Sechster_Bericht_1609963.pdf (zuletzt abgerufen: 07.09.2021).

Deutscher Bundestag, Stenographischer Bericht, 28.11.1989, online: http://dipbt.bundestag.de/doc/btp/11/11177.pdf (zuletzt abgerufen: 22.08.2021).

Deutscher Bundestag, Stenographischer Bericht, 27.04.1990, online: http://dipbt.bundestag.de/doc/btp/11/11208.pdf (zuletzt abgerufen: 22.08.2021).

Deutscher Bundestag, Stenographischer Bericht, 21.06.1990, online: http://dipbt.bundestag.de/doc/btp/11/11217.pdf (zuletzt abgerufen: 22.08.2021).

Deutscher Bundestag, Stenographischer Bericht, 23.08.1990, online: http://dipbt.bundestag.de/doc/btp/11/11221.pdf (zuletzt abgerufen: 22.08.2021).

Deutscher Bundestag, Stenographischer Bericht, 05.10.1990, online: http://dipbt.bundestag.de/doc/btp/11/11229.pdf (zuletzt abgerufen: 22.08.2021).

Deutscher Bundestag, Stenographischer Bericht, 31.10.1990, online: http://dipbt.bundestag.de/doc/btp/11/11234.pdf (zuletzt abgerufen: 22.12.2019).

Deutscher Bundestag, Stenographischer Bericht, 14.05.1991, online: http://dipbt.bundestag.de/doc/btp/12/12025.pdf (zuletzt abgerufen: 22.08.2021).
Deutscher Bundestag, Stenographischer Bericht, 18.04.1997, online: http://dipbt.bundestag.de/doc/btp/13/13170.pdf (zuletzt abgerufen: 22.08.2021).
Deutscher Bundestag, Stenographischer Bericht, 26.03.1998, online: http://dipbt.bundestag.de/doc/btp/13/13224.pdf (zuletzt abgerufen: 22.08.2021).
Deutscher Bundestag, Stenographischer Bericht, 10.11.1998, online: https://dserver.bundestag.de/btp/14/14003.pdf (zuletzt abgerufen: 22.08.2021).
Deutscher Bundestag, Stenographischer Bericht, 30.05.2001, online: https://dserver.bundestag.de/btp/14/14172.pdf (zuletzt abgerufen: 22.08.2021).
Deutscher Bundestag, Stenographischer Bericht, 28.06.2001, online: http://dipbt.bundestag.de/doc/btp/14/14179.pdf (zuletzt abgerufen: 22.08.2021).
Deutscher Bundestag, Stenographischer Bericht, 12.09.2001, online: https://dserver.bundestag.de/btp/14/14186.pdf (zuletzt abgerufen: 22.08.2021).
Deutscher Bundestag, Stenographischer Bericht, 27.09.2001, online: http://dipbt.bundestag.de/doc/btp/14/14190.pdf (zuletzt abgerufen: 22.08.2021).
Deutscher Bundestag, Stenographischer Bericht, 11.10.2001, online: http://dipbt.bundestag.de/doc/btp/14/14192.pdf (zuletzt abgerufen: 22.08.2021).
Deutscher Bundestag, Stenographischer Bericht, 15.11.2001, online: http://dipbt.bundestag.de/doc/btp/14/14201.pdf (zuletzt abgerufen: 22.08.2021).
Deutscher Bundestag, Stenographischer Bericht, 23.01.2002, online: http://dipbt.bundestag.de/doc/btp/14/14211.pdf (zuletzt abgerufen: 22.08.2021).
Deutscher Bundestag, Stenographischer Bericht, 16.05.2002, online: https://dserver.bundestag.de/btp/14/14236.pdf (zuletzt abgerufen: 22.08.2021).
Deutscher Bundestag, Stenographischer Bericht, 04.07.2002, online: https://dserver.bundestag.de/btp/14/14248.pdf (zuletzt abgerufen: 22.08.2021).
Deutscher Bundestag, Stenographischer Bericht, 05.06.2003, online: http://dipbt.bundestag.de/doc/btp/15/15048.pdf (zuletzt abgerufen: 22.08.2021).
Deutscher Bundestag, Stenographischer Bericht, 05.06.2003. https://dserver.bundestag.de/btp/15/15048.pdf (zuletzt abgerufen: 06.10.2021).
Deutscher Bundestag, Stenographischer Bericht, 26.06.2003, online: http://dipbt.bundestag.de/doc/btp/15/15053.pdf (zuletzt abgerufen: 22.08.2021).
Deutscher Bundestag, Stenographischer Bericht, 01.07.2003, online: http://dipbt.bundestag.de/doc/btp/15/15118.pdf (zuletzt abgerufen: 22.08.2021).
Deutscher Bundestag, Stenographischer Bericht, 21.10.2004, online: http://dipbt.bundestag.de/doc/btp/15/15132.pdf (zuletzt abgerufen: 22.08.2021).
Deutscher Bundestag, Stenographischer Bericht, 02.12.2004, online: http://dipbt.bundestag.de/doc/btp/15/15145.pdf (zuletzt abgerufen: 22.08.2021).
Deutscher Bundestag, Stenographischer Bericht, 17.12.2004, online: https://dserver.bundestag.de/btp/15/15149.pdf (zuletzt abgerufen: 19.09.2021).
Deutscher Bundestag, Stenographischer Bericht, 19.07.2008, online: http://dipbt.bundestag.de/doc/btp/16/16169.pdf (zuletzt abgerufen: 22.08.2021).
Deutscher Bundestag, Stenographischer Bericht, 25.11.2009, online: https://dserver.bundestag.de/btp/17/17006.pdf (zuletzt abgerufen: 22.08.2021).
Deutscher Bundestag, Stenographischer Bericht, 10.02.2011, online: https://dserver.bundestag.de/btp/17/17090.pdf (zuletzt abgerufen: 22.08.2021).

Deutscher Bundestag, Stenographischer Bericht, 13.06.2013, online: https://dserver.bundestag.de/btp/17/17246.pdf (zuletzt abgerufen: 22.08.2021).

Deutscher Bundestag, Wortprotokoll der 99. Sitzung des Rechtsausschusses und der 61. Sitzung des Ausschusses für Kultur und Medien, 15.10.2001, online: http://webarchiv.bundestag.de/archive/2005/0919/parlament/gremien15/archiv/a23/14_61.pdf (zuletzt abgerufen: 22.08.2021).

Deutscher Bundesrat, Stenographischer Bericht, 21.12.2005, online: https://www.bundesrat.de/DE/service/archiv/pl-protokoll-archiv/_functions/plpr2001-05/plpr2001-05-node.html (zuletzt abgerufen: 22.08.2021).

Deutscher Bundesrat, Stenographischer Bericht, 18.12.2009, online: https://www.bundesrat.de/DE/service/archiv/pl-protokoll-archiv/_functions/plpr2001-05/plpr2001-05-node.html (zuletzt abgerufen: 22.08.2021).

Die Grünen, Protokoll der Fraktion, 02.10.1990, online: https://fraktionsprotokolle.de/handle/3656 (zuletzt abgerufen: 22.08.2021).

Die Grünen, Protokoll der Fraktionsvorstandssitzung, 25.09.1990, online: https://fraktionsprotokolle.de/handle/3833 (zuletzt abgerufen: 22.08.2021).

Ehrmann, Siegmund, Der Tod von Günter Grass macht uns alle tief betroffen, Pressemitteilung, 13.04.2015, online: https://www.spdfraktion.de/themen/tod-guenter-grass-macht-uns-alle-tief-betroffen (zuletzt abgerufen: 08.09.2021).

Europäisches Parlament, Stenographisches Protokoll, 02.02.2011, online: https://www.europarl.europa.eu/doceo/document/CRE-7-2011-02-02_DE.html?redirect (zuletzt abgerufen: 22.08.2021).

Faus, Jana / Knaup, Horand / Rüter, Michael / Schroth, Yvonne / Stauss, Frank, Aus Fehlern lernen. Eine Analyse der Bundestagswahl 2017, Berlin 2018, online: https://www.spd.de/fileadmin/Dokumente/Sonstiges/Evaluierung_SPD__BTW2017.pdf (zuletzt abgerufen: 22.08.2021).

Fischer, Joschka, Rede zur Eröffnung der 52. Frankfurter Buchmesse, 17.10.2000, online: https://www.bundesregierung.de/breg-de/service/bulletin/rede-des-bundesministers-des-auswaertigen-joschka-fischer-784850 (zuletzt abgerufen: 22.08.2021).

Gabriel, Sigmar, Zum Tod vom Günter Grass, Pressemitteilung, 13.04.2015, online: https://www.vorwaerts.de/artikel/guenter-grass-nobelpreistraeger-sozialdemokrat-gestorben (zuletzt abgerufen: 18.03.2021).

Gauck, Joachim, Kondolenzschreiben zum Tod von Günter Grass, Pressemitteilung, 13.04.2015, online: https://www.bundespraesident.de/SharedDocs/Berichte/DE/Joachim-Gauck/2015/04/150413-Guenter-Grass.html (zuletzt abgerufen: 18.03.2021).

Goethe-Institut, Website. Aufgaben, online: https://www.goethe.de/de/uun/auf.html (zuletzt abgerufen: 05.09.2021)

Herzog, Roman, Rede „Zum 200. Geburtstag von Heinrich Heine", 29.12.1997, online: https://www.bundesregierung.de/breg-de/service/bulletin/zum-200-geburtstag-von-heinrich-heine-rede-des-bundespraesidenten-in-duesseldorf-804472 (zuletzt abgerufen: 20.03.2021).

IfD Allensbach, Sind Sie für oder gegen die Rechtschreibreform?, in: Statista, 26.07.2005, online: https://de.statista.com/statistik/daten/studie/28655/umfrage/meinung-zur-rechtschreibreform/ (zuletzt abgerufen: 11.07.2020).

Juncker, Jean-Claude, Zum Tod von Literaturnobelpreisträger Günter Grass, Pressemitteilung, 13.04.2015, online: http://europa.eu/rapid/press-release_STATEMENT-15-4765_de.html (zuletzt abgerufen: 20.03.2021).

Köhler, Horst, Rede „Arbeit, Bildung, Integration", 17.06.2008, online: https://www.bundespraesident.de/SharedDocs/Reden/DE/Horst-Koehler/Reden/2008/06/20080617_Rede_Anlage.pdf (zuletzt abgerufen: 22.08.2021).

Kufferath, Philipp, Intellektuelle im digitalen Zeitalter, 31.03.2011, online: http://www.demokratie-goettingen.de/blog/intellektuelle-im-digitalen-zeitalter (zuletzt abgerufen: 19.09.2021).

Kwasniewski, Aleksander, Rede beim Festakt zum Tag der Deutschen Einheit, 03.10.2001, online: https://www.bundesregierung.de/breg-de/service/bulletin/ansprache-des-praesidenten-der-republik-polen-aleksander-kwasniewski–786152 (zuletzt abgerufen: 22.08.2021).

Literaturzentrum Vorpommern im Koeppenhaus, Wir trauern um Günter Grass, 13.04.2015, online: https://www.koeppenhaus.de/2015/04/wir-trauern-um-gunter-grass (zuletzt abgerufen: 22.08.2021).

Merkel, Angela, Abschied mit tiefem Respekt. Günter Grass mit 87 Jahren gestorben, Pressemitteilung, 13.04.2015, online: https://www.bundesregierung.de/breg-de/aktuelles/abschied-mit-tiefem-respekt-484962 (zuletzt abgerufen: 18.03.2021).

Merkel, Angela, Rede anlässlich der Eröffnung des Dokumentationszentrums *Flucht, Vertreibung, Versöhnung*, 21.06.2021, online: https://www.bundesregierung.de/breg-de/suche/rede-von-bundeskanzlerin-merkel-anlaesslich-der-eroeffnung-des-dokumentationszentrums-flucht-vertreibung-versoehnung-am-21-juni-2021-videokonferenz–1934364 (zuletzt abgerufen: 22.08.2021).

Merkel, Angela, Rede anlässlich der Eröffnung des Neubaus der Kulturstiftung des Bundes in Halle, 30.10.2012, online: https://www.kulturstiftung-des-bundes.de/de/stiftung/neubau.html (zuletzt abgerufen: 22.08.2021).

Merkel, Angela, Rede vor der Knesset in Jerusalem, 18.03.2008, online: https://www.bundesregierung.de/breg-de/service/bulletin/rede-von-bundeskanzlerin-dr-angela-merkel-796170 (zuletzt abgerufen: 22.08.2021).

Nida-Rümelin, Julian, Rede anlässlich des Festaktes der Kulturstiftung des Bundes, 21.03.2002, online: https://politische-reden.eu/BR/t/384.html (zuletzt abgerufen: 22.08.2021).

NPD-Sachsen, Günter Grass schlägt mächtige Schneise zur Kritik am jüdischen Aggressionsstaat. Der sächsische NPD-Abgeordnete Jürgen Gansel lobt den befreienden Tabubruch von Grass, 05.04.2012, online: https://npd-sachsen.de/guenter-grass-schlaegt-maechtige-schneise-zur-kritik-am-juedischen-aggressionsstaat-der-saechsische-npd-abgeordnete-juergen-gansel-lobt-den-befreienden-tabubruch-von-grass/ (zuletzt abgerufen: 22.08.2021).

Rau, Johannes, Erklärung beim Empfang zu Ehren der Präsidentin der Republik Finnland im Schwedischen Theater Helsinki, 11.09.2001, online: http://www.bundespraesident.de/SharedDocs/Reden/DE/Johannes-Rau/Reden/2001/09/20010911_Rede.html (zuletzt abgerufen: 16.10.2018).

Rau, Johannes, Rede „Deutschland und Polen – unsere Zukunft in Europa", 30.04.2004, online: https://www.bundespraesident.de/SharedDocs/Reden/DE/Johannes-Rau/Reden/2004/04/20040430_Rede.html (zuletzt abgerufen: 22.08.2021).

Rau, Johannes, Grußwort zur Verleihung des Otto-Pankok-Preises der *Stiftung zugunsten des Romavolks e. V.*, 30.09.2002, online: https://www.luebeck.de/de/presse/pressemeldungen/view/120200 (zuletzt abgerufen: 22.08.2021).

Rau, Johannes, Rede „Polen und Deutsche – gemeinsam in Europa", 05.05.2002, online: https://www.bundespraesident.de/SharedDocs/Reden/DE/Johannes-Rau/Reden/2002/05/20020505_Rede.html (zuletzt abgerufen: 22.08.2021).

Rau, Johannes, Rede beim Tag der Heimat des Bundes der Vertriebenen, 06.09.2003, online: https://www.bundesregierung.de/breg-de/service/bulletin/rede-von-bundespraesident-johannes-rau-790426 (zuletzt abgerufen: 22.08.2021).

Scheer, Nina, Lesung und Diskussionsabend mit Günter Grass, 17.09.2013, online: https://www.nina-scheer.de/2013/09/17/lesung-und-diskussionsabend-mit-guenter-grass-17-september-2013-lauenburg/ (zuletzt abgerufen: 17.09.2021)

Schenk, Dieter, Die Post von Danzig. Geschichte eines deutschen Justizmordes Juristische Aspekte. Vortrag im Schwurgerichtssaal des Landgerichts Bremen, 17.06.2009, online: http://www.dieter-schenk.info/Anhang/Publikationen/vortraege/Post-von-Danzig-Juris.pdf (zuletzt abgerufen: 22.08.2021).

Schenk, Dieter, Schändliche Entschädigung. Wie die Bundesrepublik den Mord an 38 Danziger Postbeamten mit 275 000 DM „entschädigt", in: Ossietzky Nr. 25, 16.12.2000, online: http://www.dieter-schenk.info/Anhang/Verlinkungen/Post-1.pdf (zuletzt abgerufen: 22.08.2021).

Schleswig-Holsteinischer Landtag, Stenographischer Bericht, 17.09.1999, online: http://lissh.lvn.parlanet.de/shlt/lissh-dok/infothek/wahl14/plenum/plenprot/XQQP14-95.pdf (zuletzt abgerufen: 22.08.2021).

Schröder, Gerhard, Beitrag „Wir brauchen international wieder mehr Kooperation", 05.05.2020, online: https://gerhard-schroeder.de/tag/russland/ (zuletzt abgerufen: 22.08.2021).

Schröder, Gerhard, Nachruf Günter Grass, 14.04.2015, online: https://gerhard-schroeder.de/2015/04/14/guenter-grass/ (zuletzt abgerufen: 22.08.2021).

Schröder, Gerhard, Rede anlässlich seines Besuches zum 60. Jahrestag des Warschauer Aufstandes, 01.08.2004, online: https://gerhard-schroeder.de/2004/08/01/60-jahrestag-warschauer-aufstande/ (zuletzt abgerufen: 22.08.2021).

Schröder, Gerhard, Rede „Hauptsache Kultur!", 29.09.2008, online: http://gerhard-schroeder.de/tag/kulturstaatsminister/, (zuletzt abgerufen: 22.08.2021).

Schröder, Gerhard, Rede „Politik für die Menschen in Deutschland", 02.06.2002, online: https://www.nrwspd.de/2002/06/02/rede-von-gerhard-schroeder-politik-fuer-die-menschen-in-deutschland (zuletzt abgerufen: 22.08.2021).

Schröder, Gerhard, Rede „Philosophie und Politik", 28.11.2014, online: https://gerhard-schroeder.de/2014/11/28/philosophie-und-politik/ (zuletzt abgerufen: 22.08.2021).

Schröder, Gerhard, Rede zum 50. Jahrestag der Charta der Heimatvertriebenen, 03.09.2000, online: https://politische-reden.eu/BR/t/149.html (zuletzt abgerufen: 22.08.2021).

Schröder, Gerhard, Rede zur Umbenennung der Albertina-Universität in Immanuel-Kant-Universität, 03.07.2005, online: https://www.bundesregierung.de/breg-de/service/bulletin/rede-von-bundeskanzler-gerhard-schroeder-796086 (zuletzt abgerufen: 22.08.2021).

Schröder, Gerhard, Startprogramm „Aufbruch für ein modernes und gerechtes Deutschland", online: https://www.blaetter.de/ausgabe/1998/oktober/was-jetzt-not-tut-gerhard-schroeder-zu-den-aufgaben-einer-neuen-bundesregierung (zuletzt abgerufen: 30.06.2021).

SPD, „Arbeit, Innovation und Gerechtigkeit". SPD-Programm für die Bundestagswahl 1998, online: https://www.fes.de/bibliothek/grundsatz-regierungs-und-wahlprogramme-der-spd-1949-heute (zuletzt abgerufen: 30.06.2021).

SPD / Bündnis 90 und Die Grünen, Koalitionsvereinbarung „Aufbruch und Erneuerung. Deutschlands Weg ins 21. Jahrhundert", 20.10.1998, online: https://www.fes.de/bibliothek/koalitionsvereinbarungen-der-spd-auf-bundesebene (zuletzt abgerufen: 22.08.2021).

Steinmeier, Frank-Walter, Rede beim Antrittsbesuch in der Republik Polen während des Besuches der Warschauer Buchmesse, 19.05.2017, online: https://www.bundespraesident.de/SharedDocs/Reden/DE/Frank-Walter-Steinmeier/Reden/2017/05/170519-Warschau-Buchmesse.html (zuletzt abgerufen: 22.08.2021).

Steinmeier, Frank-Walter, Zum Tod von Günter Grass, Pressemitteilung, 13.04.2015, online: http://www.auswaertiges-amt.de/sid_836920407FBBE5AC6C252AF5B911B2E0/DE/Infoservice/Presse/Meldungen/2015/150413_BM_Grass.html (zuletzt abgerufen: 18.03.2021).

Stolpe, Manfred, Deutschland wird Deutschland aus zwei unterschiedlichen Teilen, 17.06.1990, online: https://www.blaetter.de/ausgabe/1990/juli/deutschland-wird-deutschland-aus-zwei-unterschiedlichen-teilen (zuletzt abgerufen: 22.08.2021).

Tauber, Peter, CDU würdigt Günter Grass, Pressemitteilung, 13.04.2015, online: https://archiv.cdu.de/artikel/cdu-wuerdigt-guenter-grass (zuletzt abgerufen: 08.09.2021).

Thierse, Wolfgang, Rede „Zur Freundschaft gehört, dass man sich zu ihr bekennt", 31.03.2005, online: https://www.bundestag.de/parlament/praesidium/reden/2005/004-244958 (zuletzt abgerufen: 07.09.2021).

Willy-Brandt-Kreis e. V., Anschreiben an alle Abgeordneten, 13.02.2008, online: www.willy-brandt-kreis.de/inhalt/AnschreibenanMdBs.htm (zuletzt abgerufen: 22.08.2021).

Willy-Brandt-Kreis e. V., Aufruf für ein *Zentrum gegen Krieg*, Dezember 2007, online: http://www.willy-brandt-kreis.de/pdf/0712_aufruf.pdf (zuletzt abgerufen: 22.08.2021).

Willy-Brandt-Kreis e. V., Erklärung „33 Tage sind genug", 25.04.1999, online: http://www.willy-brandt-kreis.de/pdf/33tage_1999.pdf (zuletzt abgerufen: 22.08.2021).

Willy-Brandt-Kreis e. V., Erklärung „Rückkehr zur Politik", April 1999, online: http://www.willy-brandt-kreis.de/pdf/kosovo_1999.pdf (zuletzt abgerufen: 22.08.2021).

Willy-Brandt-Kreis e. V., Gründungsaufruf, 01.11.1997, online: http://www.willy-brandt-kreis.de/pdf/Gruendungsaufruf.pdf (zuletzt abgerufen: 04.09.2001).

Wissenschaftlicher Dienst des Bundestages (Hrsg.), Die Rolle der Kampa im Bundestagswahlkampf der SPD in den Jahren 1998 und 2002, WD 1 – 123/07, 2007, online: https://www.bundestag.de/resource/blob/413376/f9f2abcd4448381490ce34c4f5d99bb2/WD-1-123-07-pdf-data.pdf (zuletzt abgerufen: 22.08.2021).

Verdi, Schriftsteller appellieren an Schröder, 22.01.2002, online: https://www.verdi.de/presse/pressemitteilungen/++co++ef037d42-4708-11d9-530a-003048429d94 (zuletzt abgerufen: 03.09.2021).

Zeh, Juli, Rede „Es ist möglich, zu den eigenen Überzeugungen zu stehen", Lübeck, 27.10.2007, online: https://www.luebeck.de/de/presse/pressemeldungen/view/123657 (zuletzt abgerufen: 22.08.2021).

Zentralrat Deutscher Sinti und Roma, „Zentralrat Deutscher Sinti und Roma trauert um Günter Grass", Pressemitteilung, 14.04.2015, online: https://zentralrat.sintiundroma.de/zentralrat-deutscher-sinti-und-roma-trauert-um-guenter-grass-2/ (zuletzt abgerufen: 22.08.2021).

Zentrum gegen Vertreibung, Website. Chronik, online: https://www.z-g-.de/zgv/unsere-stiftung/chronik (zuletzt abgerufen: 22.08.2021).

Hintergrundgespräche

Politiker

Baumann-Hasske, Harald, Politiker (SPD), Landtagsabgeordneter in Sachsen. E-Mail am 02.12.2020.

Beck, Kurt, Politiker (SPD), Ministerpräsident des Landes Rheinland-Pfalz (1994–2013), Parteivorsitzender (2006–2008), telefonisches Gespräch am 30.03.2020.

Däubler-Gmelin, Herta, Politikerin (SPD), Bundesministerin der Justiz (1998–2002), E-Mail am 10.02.2020.

Engholm, Björn, Politiker (SPD), Ministerpräsident des Landes Schleswig-Holstein (1988–1993), Parteivorsitzender (1991–1993), telefonisches Gespräch am 22.03.2021 und E-Mail am 07.06.2020.

Kraft, Hannelore, Politikerin (SPD), Ministerpräsidentin des Landes Nordrhein-Westfalen (2010–2017), stellvertretende Parteivorsitzende (2009–2017), telefonisches Gespräch 14.05.2020.

Lafontaine, Oskar, Politiker (SPD), Ministerpräsident des Saarlandes (1985–1998), Kanzlerkandidat (1990), Parteivorsitzender der SPD (1995–1999), Bundesminister der Finanzen (1998–1999), schriftliche Antwort am 26.08.2020.

Lammert, Norbert, Politiker (CDU), Bundestagsmitglied (1980–2017), Bundestagspräsident (2005–2017), kulturpolitischer Sprecher der CDU/CSU (1998–2002), telefonisches Gespräch am 29.06.2020.

Meckel, Markus, Politiker (SPD), Initiator und stellvertretender Parteivorsitzender der Ost-SPD (1990), Minister für Auswärtige Angelegenheiten der DDR (1990), Mitglied des Bundestages (1990–2009), telefonisches Gespräch am 02.02.2021.

Müntefering, Franz, Politiker (SPD), Bundesminister für Verkehr, Bau- und Wohnungswesen (1998–1999), Fraktionsvorsitzender (2002–2005), Parteivorsitzender (2004–2005; 2008–2009), Vizekanzler und Bundesminister für Arbeit und Soziales (2005–2007), telefonisches Gespräch am 17.06.2020.

Naumann, Michael, Journalist, Publizist, Verleger, Politiker (SPD), Kulturstaatsminister (1998–2001), Kandidat der SPD für die Bürgerschaftswahl in Hamburg (2008), Gespräch am 02.03.2020 in Berlin.

Nida-Rümelin, Julian, Kulturstaatsminister (2000–2002), Professor für Politische Theorie und Philosophie an der Ludwig-Maximilians-Universität München (seit 2003), stellvertretender Vorsitzender des Bundeskulturforums der Sozialdemokratie (bis 2013), Gründer des regionalen Kulturforums in München, telefonisches Gespräch am 16.06.2020.

Roth, Claudia, Politikerin (Die Grünen), Mitglied des Europäischen Parlaments (1994–1998), Vorsitzende der dortigen Grünen-Fraktion (1994–1998), Vizepräsidentin des parlamentarischen Ausschusses EU-Türkei, Mitglied des Bundestages (seit 1998), Parteivorsitzende der Grünen (2001–2002, 2004–2013), Vizepräsidentin des Deutschen Bundestages (seit 2013), schriftliche Antwort am 12.04.2021.

Scharping, Rudolf, Politiker (SPD), Ministerpräsident des Landes Rheinland-Pfalz (1991–1993), Parteivorsitzender (1993–1995), Kanzlerkandidat (1994), Bundesverteidigungsminister (1998–2002), telefonisches Gespräch am 29.05.2020.

Schily, Otto, Politiker (SPD), Mitbegründer der Partei Die Grünen, seit 1989 Mitglied der SPD, Bundesminister des Innern (1998–2005), E-Mail am 11.11.2020.

Schröder, Gerhard, Politiker (SPD), Ministerpräsident von Landes Niedersachsen (1990–1998), Bundeskanzler (1998–2005), Parteivorsitzender der SPD (1999–2004), schriftliche Antworten am 24.06.2020.

Schulz, Martin, Politiker (SPD), Mitglied des europäischen Parlaments (1994–2017), Präsident des europäischen Parlaments (2012–2017), Kanzlerkandidat (2017), Parteivorsitzender (2017–2018), telefonisches Gespräch am 26.03.2021.

Seemann-Katz, Ulrike, Politikerin (SPD) in Mecklenburg-Vorpommern, E-Mail am 30.11.2020.

Stegner, Ralf, Politiker (SPD), Landesvorsitzender der SPD Schleswig-Holstein (2007–2019), stellvertretender Parteivorsitzender (2014–2019), telefonisches Gespräch am 30.04.2021.

Steinbach, Erika, Politikerin (CDU), Bundestagsmitglied (1990–2017), Präsidentin des Bundes der Vertriebenen (1998–2014), E-Mail am 28.06.2020.
Steinbrück, Peer, Politiker (SPD), Ministerpräsident in NRW (2002–2005), Bundesfinanzminister (2005–2009) und Kanzlerkandidat (2013), telefonisches Gespräch am 08.06.2020.
Süssmuth, Rita, Politikerin (CDU), Ministerin für Jugend, Familie und Gesundheit (1985–1988), Präsidentin des Deutschen Bundestags (1988–1998), telefonisches Gespräch, 19.11.2020.
Thierse, Wolfgang, Politiker (SPD), Vorsitzender der Ost-SPD (1990), Stellvertretender Parteivorsitzender (1990–2005), Präsident des Deutschen Bundestages (1998–2005), Gespräch am 03.03.2020 in Berlin.
Vogel, Hans-Jochen, Politiker (SPD), Parteivorsitzender (1987–1991), Vorsitzender der Bundestagsfraktion (1983–1991), schriftliche Antwort am 09.05.2020.
Vogel, Ines, Kommunalpolitikerin (SPD) in Dresden, telefonisches Gespräch am 06.12.2020.
Vollmer, Antje, Politikerin (Die Grünen), Fraktionssprecherin (1989–1990), Vizepräsidentin des Deutschen Bundestages (1994–2005), Gespräch am 02.03.2020 in Berlin.
Weiss, Christina, Journalistin, Politikerin (parteilos), Kulturstaatsministerin (2002–2005), telefonisches Gespräch am 08.06.2020.
Wieczorek-Zeul, Heidemarie, Politikerin (SPD), Bundesministerin für wirtschaftliche Zusammenarbeit und Entwicklung (1998–2009), telefonisches Gespräch am 25.09.2020.

Mitarbeiter von Politikern

Braune, Tilo, Staatssekretär unter Ministerpräsident Harald Ringstorff in Mecklenburg-Vorpommern (1998–2002), telefonisches Gespräch am 14.04.2021.
Heye, Uwe-Karsten, Staatssekretär Leiter des Presse- und Informationsamtes der Bundesregierung und Regierungssprecher der Bundesregierung unter Bundeskanzler Gerhard Schröder (1998–2002), telefonisches Gespräch am 05.11.2020.
Nevermann, Knut, Amtschef und Abteilungsleiter der Beauftragten der Bundesregierung für Kultur und Medien unter den Staatsministern Michael Naumann, Julian Nida-Rümelin und Christina Weiss, telefonisches Gespräch am 02.09.2020.
Steg, Thomas, stellvertretender Leiter des Bundeskanzlerbüros und Redenschreiber (1998–2002), stellvertretender Regierungssprecher (2002–2009), telefonisches Gespräch am 09.06.2020.
Schmitz, Guido, persönlicher Referent von Bundeskanzler Gerhard Schröder (1998–2002), Büroleiter des Parteivorsitzenden Gerhard Schröder (2002–2004), telefonisches Gespräch am 30.06.2020.
Tunkel, Tobias, damaliger Referent für Kultur der deutschen Botschaft in Sanaa, telefonisches Gespräch am 19.04.2021.
Wasserhövel, Kajo, Politiker (SPD), Persönlicher Referent und Büroleiter von Franz Müntefering, Bundesgeschäftsführer, Wahlkampfleiter 2005 / 2009, telefonisches Gespräch am 22.04.2020.

Kulturforen

Fikentscher, Rüdiger, Politiker (SPD) in Halle, *Kulturforum der Sozialdemokratie* in Sachsen-Anhalt, Vizepräsident des Landtages in Sachsen-Anhalt, telefonisches Gespräch am 10.03.2020.
Gorol, Stephan, ab 1991 freiberuflicher Producer und Künstlermanager (u. a. SPD-Wahlkampfaktionen und Künstlerkontakte für Rudolf Scharping), Vorstandsmitglied im *Kulturforum der Sozialdemokratie* (1996–1998), Produzent, Künstlermanager, telefonisches Gespräch am 10.05.2020.

Okkan, Osman, Journalist, Filmemacher, Gründer und Vorstandssprecher des *Kulturforum Türkei Deutschland*, telefonisches Gespräch am 21.05.2020.
Scherer, Klaus-Jürgen, Geschäftsführer des *Kulturforums der Sozialdemokratie* (1999–2019), Gespräch am 02.03.2020 in Berlin.
Schmitt-Neubauer, Rosa, Geschäftsführerin des *Kulturforums der Sozialdemokratie* (1992–1999), Referentin / Referatsleiterin beim Beauftragten der Bundesregierung für Kultur und Medien (1999–2016), telefonische Gespräche am 17.03.2002 und 21.04.2020.

Institutionen und Initiativen

Brandt, Peter, Historiker, Mitgründer und stellvertretender Vorsitzender des *Willy-Brandt-Kreises* e. V., Mitglied des Kuratoriums der Bundeskanzler-Willy-Brandt-Stiftung sowie im Beirat des Willy-Brandt-Archivs im Archiv der sozialen Demokratie, telefonisches Gespräch am 04.05.2020.
Denk, Friedrich, deutscher Studiendirektor, Initiator der *Frankfurter Erklärung*, E-Mail am 16.07.2020.
Kim, Nury, Professor für deutsche Sprache und Literatur an der Chung-Ang-University in Seoul, Korea, Videogepräch am 12.04.2021.
Schmelter, Uwe, Regionalleiter der Goethe-Institute in Ostasien, ehemaliger Leiter des Goethe-Instituts Südkorea, telefonisches Gespräch am 07.04.2021.
Schröder-Berkentien, Thomas, Architekt, Initiator des *Willy-Brandt-Hauses* in Lübeck, telefonisches Gespräch am 12.12.2020.
Stöhr, Willi, Studienleiter der *Evangelischen A*kademie in Tutzing, telefonisches Gespräch am 10.02.2020.
Völckers, Hortensia, künstlerische Leiterin der *Kulturstiftung des Bundes* (seit 2002), telefonisch am 05.05.2020.

Journalisten

Lohr, Stephan, Journalist, Leiter der Literaturabteilung bei *NDR Kultur* (2008–2014), telefonisches Gespräch am 20.04.2020.
Hofmann, Gunter, Journalist, Leiter des Bonner Büros und später Chefkorrespondent *Die Zeit* in Berlin, wöchentliche Kolumne für *Cicero*, telefonisches Gespräch am 01.07.2020.

Organisation

Ohsoling, Hilke, Sekretärin von Günter Grass (1995–2015), Geschäftsführerin der *Günter und Ute Grass Stiftung* (seit 2015), Gespräch am 29.09.2020 in Lübeck.
Mikula, Anna, Journalistin, Kulturredakteurin beim *Zeitmagazin*, Feuilletonchefin bei *Die Woche*, kurzzeitige Mitarbeiterin für Günter Grass im Wahlkampf, später für die Lübecker Literaturtreffen, E-Mail am 07.04.2020.

Künstler/Intellektuelle/Schriftsteller/Philosophen/Verleger

Bissinger, Manfred, Journalist, Herausgeber und Chefredakteur der Wochenzeitung *Die Woche* (1993–2000), Geschäftsführer bei Hoffmann und Campe, schriftliche Antworten am 07.04.2020 und 02.06.2020.
Breinersdorfer, Fred, Drehbuchautor, Filmproduzent, Rechtsanwalt, telefonisches Gespräch am 17.11.2020.

Links, Christoph, Autor, Verleger, telefonisches Gespräch am 30.10.2020.
Menasse, Eva, Schriftstellerin, Journalistin, schriftliche Antwort am 20.03.2020.
Negt, Oskar, Sozialphilosoph, Gespräch am 20.07.2020 in Hannover.
Niemann, Norbert, Schriftsteller, telefonisches Gespräch am 07.04.2020.
Politycki, Matthias, Schriftsteller, telefonisches Gespräch, 13.02.2020.
Schulze, Ingo, Schriftsteller, telefonisches Gespräch am 26.03.2020.
Sloterdijk, Peter, Philosoph, Kulturwissenschaftler, Publizist, telefonisches Gespräch am 19.01.2021.
Spengler, Tilman, Schriftsteller, Sinologe, Journalist, telefonisches Gespräch am 29.02.2020.
Strasser, Johano, Politologe, Schriftsteller, telefonisches Gespräch am 07.04.2020.

Vielen Dank für die fachlichen Hinweise, Anregungen und weiterführenden Hinweise von: *Markus Barth*, Referent für den Bereich Kultur im Bundespräsidialamt, *Lukas Beckmann*, damaliger Büroleiter des Verfassungskuratoriums, *Ursula Bongaerts*, damalige Leiterin der Casa del Goethe, *Eva Demski*, Schriftstellerin, *Tanja Dückers*, Schriftstellerin, *Marc Jan Eumann*, Mitarbeiter von Hannelore Kraft, *Frank-Thomas Gaulin*, Galerist und Kulturforums der Sozialdemokratie in Lübeck, *Hartmut von Hentig*, Pädagoge und Initiator des offenen Aufrufes für NS-Zwangsarbeiter, *Bodo Hombach*, Politiker (SPD) und Chef des Bundeskanzleramtes (1998–1999), *Heiko Kauffmann*, Mitbegründer ProAsyl, *Jörg-Dieter Kogel*, Journalist, Mitbegründer der Medienarchiv Günter Grass Stiftung Bremen und Mitglied des Vorstands der Wolfgang-Koeppen-Stiftung (seit 2016), *Martin Kölbel*, Germanist, *Steffen Kopetzky*, Schriftsteller und Kommunalpolitiker in Pfaffenhofen, *Johannes Krause*, Kommunalpolitiker (SPD) in Halle, *Erdmann Linde*, Politiker (SPD), Sozialdemokratische Wählerinitiative, *Matthias Mieth*, Kommunalpolitiker (Die Grünen) in Jena, *Wolfgang Röttgers*, Kulturforum der Sozialdemokratie in Schleswig-Holstein, *Nina Scheer*, Bundestagsabgeordnete (SPD), *Friedrich Schorlemmer*, Theologe und DDR-Bürgerrechtler, *Bernhard Schwichtenberg*, Künstler und Organisator der Wählerinitiative „WI Heide Simonis", *Brigitte Seebacher-Brandt*, Politologin, *Jens Sparschuh*, Schriftsteller, *Burkhard Spinnen*, Schriftsteller, *Klaus Staeck*, Künstler, *Tine Stine*, damalige Büroleiterin des Verfassungskuratoriums, *Dieter Stolz*, Lektor und Herausgeber der Werkausgabe im Steidl-Verlag, *Jörg-Philipp Thomsa*, Leiter des Günter-Grass-Hauses und Vorstandsmitglied der August-Bebel-Stiftung, *Rainer M. Thürmer*, Abteilungsleiter Förderale Finanzbeziehungen und Rechtsangelegenheiten im Bundesministerium der Finanzen, *Harro Zimmermann*, Literaturwissenschaftler, Journalist und Publizist, *Brigitte Zypries*, Justizministerin (SPD).

Mediendokumentationen

Mediendokumentationen über Günter Grass

Arnold, Heinz Ludwig / Görtz, Franz Josef, Günter Grass. Dokumente zur politischen Wirkung, München 1971.

Bissinger, Manfred / Hermes, Daniela (Hrsg.), Zeit sich einzumischen. Die Kontroverse um Günter Grass und die Laudatio auf Yaşar Kemal in der Paulskirche, Göttingen 1998.

Detering, Heinrich / Øhrgaard, Per (Hrsg.), Was gesagt wurde. Eine Dokumentation über Günter Grass' Was gesagt werden muss und die deutsche Debatte, Göttingen 2013.

Kölbel, Martin (Hrsg.), Ein Buch, ein Bekenntnis. Die Debatte um Günter Grass' Beim Häuten der Zwiebel, Göttingen 2007.

Negt, Oskar (Hrsg.), Der Fall Fonty. Ein weites Feld von Günter Grass im Spiegel der Kritik, Göttingen 1996.
Pezold, Klaus, Günter Grass. Stimmen aus dem Leseland, Leipzig 2003.

Ausgewertete Medien
- Frankfurter Allgemeine Zeitung (FAZ), online: https://www.faz-biblionet.de/
- *Frankfurter Allgemeine Sonntagszeitung (FAS)*, online: https://www.faz-biblionet.de/
- Süddeutsche Zeitung (SZ), online: https://archiv.szarchiv.de
- *Die Welt*, online: *Lexis Nexis*
- *Die Welt am Sonntag*, online: Lexis Nexis
- *Der Spiegel*, online: https://www.spiegel.de
- *Die Zeit*, online: https://www.zeit.de
- *Die Tageszeitung (TAZ)*, online: *www.taz.de/Lexis Nexis*
- Zeitungsausschnittsammlung FES / AdsD Personalia Günter Grass
- Zeitungsausschnittsammlung Marbach

Zitierte Zeitungs- und Medienberichte
Abé, Nicola / Amann, Melanie / Feldenkirchen, Markus, Die Schamlosen, in: Der Spiegel, 15.09.2013.
Abs., Die SPD bedauert den Parteiaustritt von Günter Grass, in: Kölner Stadtanzeiger, 30.12.1992.
Ackermann, Ulrike, Die Erinnerung tut weh – und das ist gut so, in: Die Welt, 03.01.2004.
Ackermann, Ulrike, Die gespaltene Erinnerung, in: Die Welt, 08.11.2002.
Akyün, Hatice, Grass' Seniorenschnitzel, in: Der Tagesspiegel, 13.04.2012.
Alberti, Stefan, Grass liest. Leider redet er auch im Berliner Ensemble, in: TAZ, 03.04.2009.
Alexander, Robin, Wie Günter Grass einmal Angela Merkel den Wahlkreis abnehmen wollte, in: Die Welt am Sonntag, 13.09.2009.
Von Alten, Antonia, Furcht und Gelassenheit, in: FAZ, 07.12.1990.
Altmeyer, Martin / Cohn-Bendit, Daniel, Europa im Glaubenskrieg, in: Der Spiegel, 17.02.2002.
Aly, Götz, Der alte Mann und die Obsessionen, in: FR, 10.04.2012.
Amar-Dahl, Tamar, „Das Versagen der israelischen Intellektuellen", in: Die Zeit, 08.04.2012.
Anz, Thomas, Günter Grass und *Was gesagt werden muss*, in: Literaturkritik.de, 07.04.2012.
AP, Ehrendoktor-Angebot zurückgezogen, in: Die Welt, 11.11.2006.
AP, Einfältig, in: FAZ, 11.09.1995.
AP, Grass nennt Nato-Angriff notwendig, aber zu spät, in: Die Welt, 30.03.1999.
AP, Günter Grass. Weizsäcker würdigt die Rolle des Literaten im deutsch-polnischen Dialog, in: Die Welt, 21.08.2006.
AP, Von Zauberlehrlingen und Schlammwerfern, in: Mannheimer Morgen, 23.02.1990.
AP, Willy-Brandt-Haus in Lübeck mit Festakt eröffnet, in: Die Welt, 19.12.2007.
AP / dpa, Meldungen, in: Die Welt, 21.08.2006.
AP / dpa, Weizsäcker. Frage der Grenze gelöst, in: Kölner Stadt-Anzeiger, 28.04.1990.
AP / TAZ., Koalitionspolitiker stützen Grass, in: TAZ, 22.10.1997.
Apel, Friedmar, Was mecht nun los sain inne Polletik, in: FAZ, 02.09.2015.
Apel, Friedmar, Mit heiterer Zuversicht dem schlimmen Ausgang entgegen, in: FAZ, 02.02.2009.
Arr., Mann für den Heroismus, in: FAZ, 19.07.1998.
Assheuer, Thomas, Lieber Langeweile als Faschismus, in: Die Zeit, 17.06.2017.
Augstein, Franziska, Heimat erben, in: SZ, 21.03.2002.

Augstein, Jakob, Es musste gesagt werden, in: Der Spiegel, 06.04.2012.
Augstein, Rudolf, Dichters Scham, in: Der Spiegel, 17.10.1997.
Augstein, Rudolf, Untergang der „Gustloff", in: Der Spiegel Spezial, 01.06.2002.
Aust, Stefan / Knaup, Horand / Leinemann, Jürgen „Ich bin kein Kriegskanzler", in: Der Spiegel, 12.04.1999.
Bachmann, Klaus, Zwischen den Polen, in: TAZ, 13.11.1989.
Baltzer, Burkhard, Bald leisere Lieder für kleinere Oskars?, in: Saarbrücker Zeitung, 16.02.1993.
ban., Spürpanzer bleiben bei einem Irakkrieg in Kuweit, in: FAZ, 16.03.2002.
Bannas, Günter, Vergiß nicht! Niemals, in: FAZ, 30.05.2012.
Baring, Arnulf, Nationalgefühl und Veröstlichung, in: FAZ, 21.11.2006.
Baring, Arnulf, Von Zügen und Gleisen, in: FAZ, 16.02.1990.
Baring, Arnulf, Warum geriet die SPD deutschlandpolitisch ins Hintertreffen?, in: FAZ, 29.08.1990.
Baron, Ulrich, Koeppens Nachlass, in: Die Welt, 03.02.2000.
Bartels, Gerrit, „Die Erinnerung liebt das Versteckspiel", in: TAZ, 14.08.2006.
Bartels, Gerrit, Geschichtsstunde bei Grass, in: TAZ, 02.04.2009.
Bartels, Gerrit, Schnecken auf Kurs, in: TAZ, 13.08.2005.
Bausch, Albrecht, Die politischen Biedermänner konnten nicht mehr weghören, in: SZ, 25.10.1997.
Bauschmid, Elisabeth, Deutsche Maßlosigkeit und Mängel, in: SZ, 19.11.1992.
Beaucamp, Eduard / Schirrmacher, Frank / Spiegel, Hubert, Ein kurzer Anruf aus dem Kanzleramt, in: FAZ, 10.09.1998.
Becher, Peter, Der deutsch-tschechische Diwan, in: Die Welt, 26.02.2002.
Beck, Andre, Ibrahim Böhme for president?, in: TAZ, 26.02.1990.
Becker, Peter von, Schriftsteller warnt vor Iran-Krieg, in: Der Tagesspiegel, 04.04.2012.
Becker, Peter von, Übervaterlose Gesellschaft, in: Der Tagesspiegel, 19.08.2006.
Becker, Rolf / Wild, Dieter „Die Teilung ist widernatürlich", in: Der Spiegel, 21.01.1990.
Bergsdorf, Wolfgang, Vorbei ist die Schlacht von Geist und Macht, in: FAZ, 27.02.1992.
Beste, Ralf et al., Kalter Nebel, in: Der Spiegel, 02.02.2003.
Beste, Ralf et al., Staatsmann oder Spieler, in: Der Spiegel, 18.11.2001.
Bisky, Jens, Der falsch Verstandene, in: SZ, 05.03.2010.
Bisky, Jens, Impulsgeber, in: SZ, 26.10.2001.
Blech, Volker, Kultur ist keine Feuerwehr, in: Die Welt, 31.05.2002.
Block, Werner, Der Schriftsteller als Missionar, in: Die Zeit, 16.01.2003.
Bogner, Alexander, Abschied vom universellen Intellektuellen, in: Die Presse, 21.04.2015.
Bolesch, Cornelia, Zwischen den Polen, in: SZ, 16.08.1997.
Bollmann, Ralph / Bernau, Patrick, Was ist nur aus der SPD geworden?, in: FAS, 21.10.2018.
Börnhöft, Petra, Helmut ist mein Freund, den verehre ich, in: TAZ, 20.03.1990.
Börnhöft, Petra et al.,Der Krisenkanzler, in: Der Spiegel, 23.03.2003.
Böttiger, Helmut, This is my time, in: TAZ, 26.08.2002.
Breidecker, Volker, Mit siebzehn hat man noch Träume, in: SZ, 19.08.2006.
Brinck, Christine, Pakt gegen die eigene Frau, in: SZ, 15.05.2006.
Brink, Nana, Staeck: Künstler müssen sich einmischen, in: Deutschlandfunk Kultur, 05.04.2012.
Brock, Bazon, „Grass hat in gravierender Weise Kontrollverlust erlitten", in: Focus online, 08.04.2012.
Broder, Henryk M., Ein Lob auf Grass, in: Die Welt, 12.04.2012.
Broder, Henryk M., Nicht ganz dicht, aber ein Dichter, in: Die Welt, 04.04.2012.
Broder, Henryk M., Sie meinen es gut mit sich selbst, in: Der Spiegel Spezial, 01.09.1998.
Brössler, Daniel, Berlin vor neuem Mahnmal-Streit, in: SZ, 15.07.2003.

Brössler, Daniel / Kornelius, Stefan, „Der Ursprung der Politik muss moralisch sein", in: SZ, 23.01.2003.
Brug, Manuel, Von Halle nach Berlin, in: Die Welt, 11.03.2006.
Brühl, Helmut, Bemühungen um Verständigung finden kaum Beachtung, in: SZ, 09.04.2002.
Brumlik, Micha, Der an seiner Schuld würgt, in: TAZ, 05.04.2012.
Brumlik, Micha, „Grass ist kein Antisemit, bedient sich aber antisemitischer Deutungsmuster", in: SZ, 10.04.2012.
Brumlik, Micha, Ohne Worte, in: TAZ, 23.10.1997.
Bruns, Tissy, Vereinzelt SPD-Kritik am Asylkompromiß, in: TAZ, 09.12.1992.
Brüggemann, Axel / Sack, Adriano, Kunst kommt von Wollen, in: Die Welt am Sonntag, 02.06.2002.
Bucerius, Gerd, Voller Hohn, in: Die Zeit, 19.10.1990.
Büschner, Wolfgang, Vertrieben. Verdrängt. Vergessen?, in: Die Welt, 05.02.2002.
Burchardt, Rainer, Ein glücklicher Sisyphos, in: Deutschlandfunk, 28.07.2011.
Burchardt, Rainer, Der gescheiterte Hoffnungsträger, in: Deutschlandfunk, 29.11.2007.
Burgdorff, Stephan / Traub, Rainer, Brennpunkt Polen, in: Der Spiegel Spezial, 01.06.2002.
Cammann, Alexander, Über ihn nur der Allmächtige, in: TAZ, 16.10.2007.
CHB. / ALE., Armutszeugnis für die deutsche Industrie, in: Der Tagesspiegel, 12.07.2000.
Chwin, Stefan, Die Zwiebel von Danzig, in: FAZ, 04.10.1999.
Chwin, Stefan, Ich habe die Vertriebenen mit eigenen Augen gesehen, in: Die Welt, 21.02.2002.
Corsten, Volker, Ab an die vorderste Front, in: Die Welt am Sonntag, 06.04.2003.
Corsten, Volker, Grass-Debatte, in: Die Welt am Sonntag, 17.02.2002.
Corsten, Volker / Albers, Markus, Rückfall in Stil des Kalten Krieges, in: Die Welt am Sonntag, 21.10.2001.
Croitoru, Joseph, Lange Schatten, in: FAZ, 11.11.2006.
Crüwell-Doertenbach, Konstanze, Zwiegespräch über Betroffenheiten, in: FAZ, 06.10.1990.
Dapd / dpa / AFP, Gedicht sorgt für Empörung, in: FR, 04.04.2012.
Delekat, Thomas, Ein Hauch von Amerika, in: Die Welt, 03.02.2003.
Ddp, Blessing: SPD-Ausritt von Grass nicht nachvollziehbar, in: ddp-Meldung, 30.12.1992.
Ddp, Koeppen-Haus ohne Mobiliar: Wo sind die 32 000 Euro geblieben?, in: Die Welt, 02.10.2002.
Ddp, Meldungen, in: Die Welt, 15.11.2001.
Ddp, Viele Privatspenden für Zwangsarbeiter-Fonds, in: SZ, 27.07.2000.
Delius, Friedrich Christian, Der eigensinnige Citoyen, in: Der Tagesspiegel, 16.10.1997.
Dieckmann, Christoph, Das letzte Westpaket, in: Die Zeit, 01.12.1995.
Dieckmann, Christoph, Unser starker Mann, in: Die Zeit, 09.12.1999.
Diekmann, Kai, Nation im Verständniswahn, in: Die Welt am Sonntag, 21.10.2007.
Diez, Georg, Zombies, in: Der Spiegel, 07.04.2012.
Diw., Satt an Erfahrung, in: FAZ, 29.08.1998.
Doemes, Karl, Eine gestörte Beziehung zu Israel, in: FR, 05.04.2012.
Doerry, Martin / Hage, Volker „Siegen macht dumm", in: Der Spiegel, 25.08.2003.
Domsch, Sebastian, Eine Tombola für Schuld und Sühne, in: FAZ, 23.10.2000.
Donath, Klaus-Helge, Politischer Feinsinn, in: TAZ, 25.05.2000.
Dp., Toskana-Friktion, in: FAZ, 18.03.2000.
Dpa, Analyse: Schröders Nein zum Irak-Krieg gut für Merkel, in: Die Zeit, 19.08.2010.
Dpa, „Besuch in Polen wichtigste Aufgabe", in: Die Welt, 30.04.1990.
Dpa, „Beutekunst"-Experte Ritter gegen Grass-Vorschlag eines Grenzmuseums, in: Die Welt, 16.07.2001.
Dpa, Böser Abschied, in: TAZ, 29.12.1992.

Dpa, Breslau statt Berlin, in: SZ, 25.08.2003.
Dpa, CDU kritisiert Wowereits Bitte um Grass-Unterstützung, in: Die Welt, 25.08.2006.
Dpa, Chodowiecki-Kunstpreis erstmals in Berlin vergeben, in: SZ, 01.09.1993.
Dpa, Dichterlob und -schelte, in: SZ, 10.05.1999.
Dpa, Dr. h.c. Günter Grass, in: FAZ, 30.03.1993.
Dpa, Ehrenbürger von Danzig, in: SZ, 27.07.1993.
Dpa, Ein Denkmal für alle, in: SZ, 23.12.1998.
Dpa, Frankfurter Erklärung, in: FAZ, 07.10.1996.
Dpa, Friedman findet Wirtschaft taktiert, in: TAZ, 15.02.2000.
Dpa, Gegen Rot-Grün, in: TAZ, 13.11.2001.
Dpa, Geht seinen Gang, in: FAZ, 18.05.1998.
Dpa, Gerechter verteilen, in: SZ, 20.05.2003.
Dpa, Grass auch unter Beschuß von Wirtschaft und Politik, in: SZ, 11.09.1995.
Dpa, Grass bei den Grünen: Warnung vor neuem Haß durch deutsche Einheit, in: dpa-Meldung, 02.10.1990.
Dpa, Grass: Bundeskulturstiftung nach Halle, in: Die Welt, 18.05.2001.
Dpa, Grass entschuldigt sich bei den Danziger Bürgern, in: FR, 23.08.2006.
Dpa, Grass fordert Asyl für afghanische Bundeswehr-Helfer, in: Die Zeit, 23.02.2014.
Dpa, Grass fordert Bundesregierung zum Handeln auf, in: Die Welt, 30.09.2002.
Dpa, Grass für Rot-Grün, in: FAZ, 11.08.1997.
Dpa, Grass für Wroclaw, in: TAZ, 08.07.2002.
Dpa, Grass hat Zweifel an deutscher Versöhnung, in: SZ, 06.03.1992.
Dpa, Grass kritisiert Polen wegen Irak-Krieg, in: Die Welt, 03.06.2003.
Dpa, Grass lehnt Görlitzer Brückepreis ab, in: Die Welt, 31.08.2006.
Dpa, Grass sieht „gesamtdeutsche Verantwortung" gegenüber Polen, in: 14.07.1989.
Dpa, Grass und Zwickel treten für schnelle Entschädigungen ein, in: Die Welt, 28.03.2001.
Dpa, Grass: Wiedervereinigung war übers Knie gebrochen, in: Augsburger Allgemeine, 14.03.2009.
Dpa, Grass wirbt Autoren für SPD-Wahlkampf, in: Die Welt, 12.08.2005.
Dpa, Große Vergeudung, in: FAZ, 05.07.1996.
Dpa, Günter Grass, in: FAZ, 23.06.1990.
Dpa, Günter Grass attackiert polnische „Blockadepolitik" im EU-Streit, in: Die Welt, 19.06.2007.
Dpa, Günter Grass für „zivilisierte Antwort" auf die Anschläge in den USA, in: Die Welt, 24.09.2001.
Dpa, Günter Grass ruft zu Spenden auf, in: FAZ, 13.07.2000.
Dpa, Günter Grass sieht Anzeichen für einen dritten Weltkrieg, in: Die Welt, 16.02.2015.
Dpa, Günter Grass: Vorbildfunktion dahin, in: Stern, 15.08.2006.
Dpa, Günter Grass will aus der SPD austreten, in: dpa-Meldung, 23.12.1992.
Dpa, Günter Grass zur Rückkehr in SPD bereit, in: Die Welt, 22.10.2003.
Dpa, Hut ab, in: FAZ, 07.06.1999.
Dpa, Im Auftrag des Bundes, in: SZ, 02.04.1998.
Dpa, Intellektuelle streiten über das Nichtwählen, in: haz, 19.09.2013.
Dpa, Kein Krieg, nirgends, in: FAZ, 25.01.2003.
Dpa, Kernlose Zwiebel, in: Die Welt, 17.12.2007.
Dpa, Kulturschaffende gegen den Krieg, in: Die Welt, 01.02.2003.
Dpa, Künstler gegen Krieg, in: FAZ, 27.02.2003.
Dpa, Künstler unzufrieden mit Rot-Grün, in: Die Welt, 13.11.2001.
Dpa, Kultusminister: Termin für Rechtschreibreform bleibt, in: SZ, 13.02.1998.
Dpa, Kultur nach Halle, in: SZ, 19.05.2001.

Dpa, Meldungen, in: Die Welt, 12.11.2001.
Dpa, Meldungen, in: Die Welt, 05.11.2001.
Dpa, Nach Grass Flimm, in: TAZ, 20.01.1993.
Dpa, Nationalstiftung. Grass: ... soll schlesisches Erbe betreuen, in: Die Welt, 21.07.2001.
Dpa, Nur Verlierer, in: FAZ, 11.02.1991.
Dpa, Pfeifenrauchzeichen: Grass geehrt, in: Die Welt, 27.09.2001.
Dpa, Polnischer Publizist für Bekenntnis zur Vertreibung, in: FAZ, 09.08.1990.
Dpa, Positionsschelte, in: FAZ, 29.11.1999.
Dpa, Roma sollen bleiben, in: FAZ, 03.11.2010.
Dpa, Schröder in Kaliningrad, in: Die Zeit, 05.01.2005.
Dpa, Spanische Zigeuner ehren Günter Grass, in: SZ, 19.03.1993.
Dpa, Spiegel bedauert Fehler, in: Die Welt, 23.06.2005.
Dpa, Stiftung stiftet Staunen, in: SZ, 02.02.2000.
Dpa, „Unentschuldbare Entgleisung" von Grass, in: SZ, 21.10.1997.
Dpa, Vertriebene wollen Zentrum in Berlin, in: Die Welt am Sonntag, 19.05.2002.
Dpa, Was Literaten taten, in: SZ, 03.07.2000.
Dpa, Wieder Wahlkämpfer, in: SZ, 02.09.2009.
Dpa, Wolfgang Koeppen Geburtshaus droht fast vollständiger Abriss, in: Die Welt, 03.03.2001.
Dpa, Wunde Punkte, in: SZ, 29.06.2007.
Dpa, Zweierlei Päpste, in: FAZ, 31.08.1995.
Dpa / AP., Grass vergleicht Stoiber mit Haider, in: SZ, 05.02.2002.
Dpa / AP., Grass wirft Westen Versagen vor, in: Die Welt am Sonntag, 28.03.1999.
Dpa et al., Hat der alte Deutsche sein Haupt erhoben?, in: FAZ, 05.04.2012.
Dpa / FAZ, Im Schußfeld, in: FAZ, 19.08.1995.
Dpa / flo., Kosovo-Einsatz für von der Leyen gerechtfertigt, in: Die Welt, 15.05.2014.
Dpa / memo., Günter Grass protestiert gegen Abschiebung von Roma, in: Die Welt, 02.11.2010.
Dpa / Reuters, Rechtschreibung teilweise nach Belieben, in: SZ, 07.10.1996.
Dpa / TAZ, Grass trommelt für Rot-Grün, in: TAZ, 06.06.2002.
Droste, Wiglaf, Neues vom Wahlfang, in: TAZ, 19.08.2005.
Dt., Weizsäcker in Warschau: Die historische Chance nutzen, in: FAZ, 03.05.1990.
DW., CSU kontert Grass-Kritik: „Mieser Blechtrommler", in: Die Welt, 04.02.2002.
DW., Grass darf Nobelpreis behalten, in: Die Welt, 16.08.2006.
DW., Grass schlägt Beutekunst-Museum an deutsch-polnischer Grenze vor, in: Die Welt, 14.07.2001.
DW., Lech Walesa fordert vom Schriftsteller Verzicht auf Ehrungen, in: Die Welt, 18.08.2006.
DW., Nobelpreisträger bleibt Ehrenbürger Danzigs und lehnt Görlitzer Brückepreis ab, in: Die Welt, 01.09.2006.
DW., Rechtschreibreform, in: Die Welt 19.08.2004.
DW., SPD will Arbeitsmarkt-Offensive, in: Die Welt, 22.10.1997.
DW., 25 Millionen Mark für Bundeskulturstiftung, in: Die Welt, 11.06.2001.
Ebbinghaus, Frank, Die Macht braucht kluge Ratschläge nicht, in: Die Welt, 08.06.1998.
Ebel, Martin, Angemessene Vergütung ist unverzichtbar, in: Die Welt, 21.07.2000.
Edo., Grass: Man versucht, mich zur Unperson zu machen, in: FAZ, 15.08.2006.
Edo., Suppenkaspar, in: FAZ, 23.01.2009.
E. H., ohne Titel, in: SZ, 18.10.1997.
Ehrenstein, Claudia, Grass erntet Entrüstung für anti-israelisches Gedicht, in: Die Welt, 04.04.2012.
Enn., Mehr Urhebervertragsrechte für Künstler und Autoren, in: FAZ, 19.07.2000.
Eps, Walesa will mit Grass in Danzig sprechen, in: FAZ, 18.08.2006.

Erenz, Benedikt, Blühende Tankstellen, in: Die Zeit, 06.10.1995.
Ewald, Rüdiger, Sonderweg bei Schreibreform, in: Die Welt, 29.09.1998.
Facius, Gernot, Humanitas ist unteilbar, in: Die Welt, 17.07.2003.
Facius, Gernot, Wir werden ein Zentrum in Berlin bekommen, in: Die Welt, 16.07.2003.
Fack, Fritz Ullrich, Die Ministerin und der Dichter, in: FAZ, 17.03.1993.
fap., Was rede ich, in: FAZ, 23.03.2009.
FAS, Nachrichten, in: FAS, 10.09.2006.
FAZ, Alle im Boot. Künstler arbeiten weiter am Frieden, in: FAZ, 24.01.2003.
FAZ, Die Vorlieben des Günter Grass, in: FAZ.net, 12.06.2002.
FAZ, Im Kanzleramt, in: FAZ, 12.11.2001.
FAZ, Kanzlerlesung. Gerhard Schröder lädt ein, in: FAZ, 23.01.2002.
FAZ, Kleine Meldungen, in: FAZ, 03.03.2001.
FAZ, Lob vom Trommler, in: FAZ, 11.05.1999.
FAZ, Stiftung Vertreibung, in: FAZ, 25.03.2010.
FAZ, Türkischer Autor kritisiert die Deutschen, in: FAZ, 19.10.1997.
FAZ, Verirrte Hilfe, in: FAZ, 01.02.2000.
FAZ, „Warum ich nach sechzig Jahren mein Schweigen breche", in: FAZ, 12.08.2006.
FAZ.net, „Aggressives Pamphlet der Agitation", in: FAZ.net, 04.04.2012.
Feyl, Renate, Die Normalität des Nationalen, in: FAZ, 19.05.1990.
Ff., Geteiltes Echo auf Vorwürfe von Grass, in: FAZ, 21.10.1997.
Ff., Neunzehn Mann und kein Gewehr, in: SZ, 27.02.2003.
Fichte, Tilman, Kein kultureller Bezug zur Freiheit, in: TAZ, 23.03.1992.
Fichtner, Ullrich, Wo war Udo?, in: Der Spiegel, 27.01.2002.
Finger, Evelyn, Geständnis-Event, in: Die Zeit, 11.08.2006.
Fink, Adolf, Hörsaal VI: Ort der Kritik, in: FAZ, 15.02.1990.
Fischer, Eva-Elisabeth, Literaten als Brückenbauer, in: SZ, 01.04.1996.
Fleischhauer, Jan, Schuldverrechnung eines Rechthabers, in: Der Spiegel, 05.04.2012.
Fleischhauer, Jan / Schmitz, Christoph, Hit und Top, Tipp und Stopp, in: Der Spiegel, 01.01.2006.
Flückinger, Paul, Günter Grass lässt sich in Danzig feiern, in: Die Welt, 08.10.2007.
Förder, Philipp, Örtlich betäubt am wunden Punkt, in: Reutlinger General-Anzeiger, 21.09.2002.
Franz, Markus, „Günter Grass hat Gutes getan", in: TAZ, 21.10.1997.
Franzen, K. Erik, Geschichte einer Idee, in: SZ, 17.12.2003.
Frese, Julia / Farrouh, Maurice, „Grass hat recht", in: FR, 10.04.2012.
Fried, Nico, Ein Freund, (k)ein guter Freund, in: SZ, 08.12.2000.
Fuhr, Eckhard, Auf Agentur, in: Die Welt, 17.01.2003.
Fuhr, Eckhard, Den lob ich mir. Günter Grass, in: Die Welt, 13.08.2005.
Fuhr, Eckhard, Der dissonante Doppelklang von Ibrahim und Oskar, in: FAZ, 26.02.1990.
Fuhr, Eckhard, Dieser Konstantin, in: Die Welt, 04.01.2003.
Fuhr, Eckhard, Ei was reden sie denn?, in: Die Welt, 08.10.2001.
Fuhr, Eckhard, Endlich! Hitler ist entlarvt, in: Die Welt, 15.01.2007.
Fuhr, Eckhard, Günter Grass trommelt in Eberswalde, in: Die Welt, 11.09.2009.
Fuhr, Eckhard, Kanzlers Gäste, in: Die Welt, 10.11.2001.
Fuhr, Eckhard, Lübeck in literarischer Hochform, in: Die Welt, 08.12.2005.
Fuhr, Eckhard, Lyrisches Protokoll einer schweren Krise, in: Die Welt am Sonntag, 01.04.2007.
Fuhr, Eckhard, Nimmersatt google, in: Die Welt, 07.09.2009.
Fuhr, Eckhard, Wo die Republik leuchtet, in: Die Welt, 26.09.2008.
Fuhr, Eckhard, Zwischen Vaterglück und Unkenrufen, in: Die Welt am Sonntag, 01.02.2009.

Füller, Christan, Anders gedenken, Görtlitz / Zgorzelec, in: TAZ, 30.10.2007.
Fy. / hls., Der Kanzler beschreibt die Vision einer Friedensordnung von Atlantik bis zum Ural, in: FAZ, 22.06.1990.
Gaserow, Vera, Exkommuniziert im Heimatland., in: TAZ, 21.10.1997.
Geisel, Siglinde, Tanz der Mächte und der Musen, in: NZZ, 18.09.2002.
Geppert, Dominik, Nirgends gerne, in: FAZ, 15.10.1996.
GES., „Eskalation weltweiter Gewalt", in: TAZ, 16.01.2003.
Gessler, Philipp, Der eigene Beitrag, in: TAZ, 14.07.2000.
Gessler, Philipp, Trotz allem ein Zeichen, in: TAZ, 14.07.2000.
Gieffers, Susanne, Orthographischer Terror, in: TAZ, 08.10.1996.
Giordano, Ralph, Der böse Geist der Charta, in: Die Welt, 09.02.2002.
Gnauck, Gerhard, „Marcel Reich-Ranicki ist dafür mitverantwortlich", in: Die Welt, 08.07.2002.
Goldhagen, Daniel Jonah, Günter Grass, der große Gleichmacher, in: Die Welt, 07.04.2012.
Goos, Diethard, Simonis will Asyl-Härtefallregelung, in: Die Welt, 03.01.2000.
Gor., Reden aus der Vergegenkunft, in: Südwest Presse, 21.09.2002.
Göt., Die neue Hexenjagd, in: SZ, 22.10.2001.
Gottschlich, Jürgen, Istanbuler Selbstanzeigen, in: TAZ, 14.03.1997.
Gnauck, Gerhard, Schurken müssen bestraft werden, in: Die Welt, 06.05.2003.
Gra., Die Grass'sche Einladung, in: TAZ, 17.05.2006.
Grassmann, Philipp, Distanz und Nähe zur SPD, in: Die Welt, 09.12.1997.
Grassmann, Philipp, Trommeln für den Regenten, in: SZ, 25.08.2006.
Grau, Alexander, Das Zeitalter der Intellektuellen ist endgültig vorbei, in: Cicero, 18.04.2015.
Graw, Ansgar, „Sich nach Umfragen zu richten, wäre vollkommen falsch", in: Die Welt, 22.08.2006.
Greiner, Ulrich, Streit muß sein, in: Die Zeit, 13.10.1995.
Greiner, Ulrich, Utopie-Verbot, in: Die Zeit, 08.12.1989.
Gröschner, Annett, Angst vor dem Feuilleton, in: TAZ, 24.08.2005.
Gross, Raphael, Antisemitismus ohne Antisemiten, in: FR, 07.04.2012.
Grosser, Alfred, „Grass hat etwas Vernünftiges gesagt", in: SZ, 10.04.2012.
Grünbein, Durs, Grass ist ein Prediger mit dem Holzhammer, in: FAZ, 12.04.2012.
Gs., Gewalt gegen Grass?, in: FAZ, 10.05.1996.
G.St., Schröders Flimm, in: FAZ, 16.06.1998.
Güll, Birgit. Der Bebel-Preis schützt vor Resignation, in: Vorwärts, 05.05.2015.
Gumbrecht, Hans Ulrich, Was im Schweigen lauert, in: Die Welt am Sonntag, 08.04.2012.
Guratzsch, Dankwart, Ende eines langen Streits, in: Die Welt, 08.03.2006.
Guratzsch, Dankwart, Kultusminister gegen grundlegende Änderungen an der Rechtschreibreform, in: Die Welt, 03.06.2004.
Guratzsch, Dankwart, Wohnhäuser werden zu Autostellplätzen, in: Die Welt, 27.03.2007.
Günsche, Karl-Ludwig, SPD erhält kritische Unterstützung, in: Die Welt, 31.10.1997.
Habermalz, Christiane, Eine Erfolgsgeschichte für die Kultur, in Deutschlandfunk, 29.10.2018.
Hage, Simon, Dichters Alptraum, in: Der Spiegel, 01.06.1997.
Hage, Volker, Autoren: Unter Generalverdacht, in: Der Spiegel, 08.04.2002.
Hage, Volker et al., Rechtschreibreform: Letzte Chance, in: Der Spiegel, 10.10.2004.
Hamilton, Hugo, Vergangenheit ist keine Schwäche, in: Der Spiegel Spezial, 26.04.2005.
Hammerthaler, Ralph, Kommune B. Parole, Parole, Parole, in: SZ, 01.03.2001.
Harpprecht, Klaus, Gelassene Schizophrenie, in: SZ, 26.11.2001.
Harnasch, David, Die intellektuelle Elite weiß nichts vom Internet, in: Der Tagesspiegel, 04.06.2009.
Hartmann, Jens, Der Pen, geknebelt, in: Die Welt, 26.05.2000.

Hartung, Klaus, „Einheit in nationaler Solidarität", in: TAZ, 02.02.1990.
Hartung, Klaus, Keine Zeit für das andere Deutschland, in: TAZ, 03.02.1990.
Hartung, Klaus, Neue Überlegungen zur Rolle des Intellektuellen, in: Die Zeit, 19.12.1997.
Haubrich, Walter, Keine Ressentiments, in: FAZ, 04.10.1990.
Hcr. / löw., Grass: Ich werde an den Pranger gestellt, in: FAZ, 06.04.2012.
Heckmann, Dirk-Oliver, „Ein kämpferischer Mensch". Johano Strasser über Günter Grass, in: Deutschlandfunk 13.04.2015.
Heinemann, Christoph, Struck: Koch will mit Ausländerfeindlichkeit Wahl gewinnen, in: Deutschlandfunk, 11.01.2008.
Heinrich, Franz-Josef, Orthographie mit mehr Logik, in: FAZ, 02.11.1996.
Heuwagen, Marianne, NS-Opfer demonstrieren vor dem Kanzleramt, in: SZ, 29.03.2001.
hhm., Sinn stiften, in: FAZ, 24.01.2002.
hie., Austritt, in: FAZ, 30.12.1992.
Hieber, Jochen, Du bist doch Anarchist!, in: FAZ, 03.06.2008.
Hildebrandt, Tina, Der schwer Erziehbare, in: Die Zeit, 07.09.2006.
Hillenbrand, Klaus, Der alte Mann und das Stereotyp, in: TAZ, 05.04.2012.
Hillenbrand, Klaus, Hat Günter Grass uns betrogen?, in: TAZ, 15.08.2006.
Hintermeier, Hannes, Wer nicht arbeitet, soll auch nicht essen, in: FAZ, 31.01.2002.
Hinz, Oliver, Antideutsche Töne in Warschau, in: Die Welt, 19.08.2006.
Hinz, Oliver, Vertreibung geht alle an, in: TAZ, 04.07.2002.
Hirsch, Helga, Als wäre noch Krieg, in: Die Welt, 22.08.2006.
Hirsch, Helga, Das Boot ist leer, in: Die Zeit, 01.09.1995.
Hoc / AP / dpa, „Man will mich zur Unperson machen", in: Der Spiegel, 14.08.2006.
Hoenig, Matthias / Lno., Von der Elbe bis zum Nil, in: SHZ, 07.02.2011.
Hoerschelmann, Leonid, Ein Staat für Günter Grass, in: Die Welt, 15.08.1990.
Höfer, Max A., Von Grass bis Mika, in: Cicero (04 / 2006), S. 58–63.
Höfer, Max A., Das Cicero-Ranking 2007, in: Cicero (05 / 2007), S. 52–61.
Höfer, Max A., Die Liste der 500, in: Cicero (01 / 2013), S. 18–32.
Höfer, Max A., Die Liste der 500, in: Cicero (02 / 2019), S. 17.
Hoffinger, Isa, Länderkulturstiftung fusioniert mit der Bundeskulturstiftung, in: Die Welt, 13.07.2002.
Hofmann, Gunter, Das Wagnis eines späten Neuanfangs, in: Die Zeit, 28.06.1991.
Hofmann, Gunter, Der Kehrtschwenk des Kandidaten, in: Die Zeit, 17.08.1990.
Hofmann, Gunter, Der lange Weg zum lauten Nein, in: Die Zeit, 30.01.2003.
Hofmann, Gunter, Die Einheit, die spaltet, in: Die Zeit, 23.02.1990.
Hofmann, Gunter, Die Einsamkeit des Trommlers, in: Die Zeit, 25.08.1995.
Hofmann, Gunter, Die Versuchs-Regierung, in: Die Zeit, 28.01.1999.
Hofmann, Gunter, Enteignete Kinder, in: Die Zeit, 09.02.1990.
Hofmann, Gunter, Grass und die zerstörte Streitkultur, in: Cicero online, 17.04.2012.
Hofmann, Gunter, Ist die Nation erwachsen, in: Die Zeit, 31.03.1999.
Hofmann, Gunter, Kanzlers Wende, in: Die Zeit, 15.11.2001.
Hofmann, Gunter, Predigen in einer leeren Kirche, in: Die Zeit, 27.07.1990.
Hofmann, Gunter, Unsere Opfer, ihre Opfer, in: Die Zeit, 17.07.2003.
Höher, Sabine, Schatzkammer der Menschen, in: Die Welt, 11.12.2007.
Holm, Kerstin, In Erwartung des Denkmals, in: FAZ, 24.05.2000.
Hp. / KvN., Jahrmarkt der Bücher mit Solti-Witwe und Kremlchef in spe, in: Die Welt am Sonntag, 19.10.1997.
Hujer, Marc, Prominente: Lieb mich ein letztes Mal, in: Der Spiegel, 04.09.2005.

Igl., Günter Grass fordert „Ende der Bescheidenheit", in: FAZ, 18.01.2005.
Igl., Kriegslied, in: FAZ, 17.01.2003.
Igl., Sire, stellen Sie anheim, in: FAZ, 30.07.1998.
Igl., Zwanzig Mark, in: FAZ, 13.07.2000.
Ihlau, Olaf / Lersch, Paul, Das wäre blutiger Zynismus, in: Der Spiegel, 20.08.1995.
I.L., Kabinett beschließt Bundeskulturstiftung, in: FAZ, 24.01.2002.
I.L. / rik, Kulturstiftung des Bundes nimmt ihre Arbeit auf, in: FAZ, 22.03.2002.
Illies, Florian, Ein Dichter hier, in: FAZ, 23.03.1998.
Illies, Florian, Rettet die Friedensbewegung, in: FAZ, 14.10.2001.
Illies, Florian, Schröders Samstag abend, in: FAZ, 10.11.2001.
Ingendaay, Paul, Ein allzu weites Feld, in: FAZ, 12.07.1995.
Jakobs, W., Johannes Rau auf Versöhnungsreise, in: TAZ, 02.09.1989.
J.B., Ehrungen mit ganz kleinen Hindernissen, in: SZ, 27.07.1993.
Jby., Manchmal kritisch, in: SZ, 12.11.2001.
Jensen, Grete, Der Trommler geht, in: Flensburger Tageblatt, 30.12.1992.
Jessen, Jens, Das Opfer des Dichters, in: Die Zeit, 12.04.2012.
Jessen, Jens, Eine Kaste wird entmachtet, in: FAZ, 29.09.1990.
Jessen, Jens, Leichtfertig, in: FAZ, 15.02.1990.
Jessen, Jens, Schild und Schwert, in: FAZ, 05.10.1994.
Jessen, Jens, Wer denkt für die CDU, in: Die Zeit, 02.06.2005.
Jetter, Karl, Von Kohl zu Gorbatschow überrumpelt, in: FAZ, 15.02.1990.
Joffe, Josef, Der Antisemitismus will raus, in: Die Zeit, 04.04.2012.
Joffe, Josef, Günters neue Freunde, in: Die Zeit, 12.04.2012.
J.K., Streit der Deutschen um Grass und Ausländer, in: Die Welt am Sonntag, 26.10.1997.
Jr., Zur Sache: „Missverständnis" über Konto für Zwangsarbeiter, in: FR, 17.07.2000.
Kamann, Matthias, Schwierigkeiten beim Widerspruch, in: SZ, 23.10.2001.
Kämmerlings, Richard, Kollegen, das ist blamabel!, in: FAZ, 14.09.2005.
Kankel, Holger, „Jede Vertreibung ist Unrecht", in: Schweriner Volkszeitung, 25.03.2002.
Kaufmann, Gunter, Grotewohl und die Einheit, in: FAZ, 07.12.1989.
Kappel, Heiner E., Keine Zivilcourage, in: FAZ, 22.10.1997.
Käppner, Joachim, Europarat will Rassismus bekämpfen, in: SZ, 14. / 15.10.2000.
Karasek, Hellmuth, Mit Kanonen auf Bananen, in: Der Spiegel Spezial, 01.02.1990.
Karasek, Hellmuth Moralapostel mit Erinnerungslücken, in: Die Welt am Sonntag, 13.08.2006.
Karasek, Hellmuth, „Ein zweites Feld", in: Der Spiegel extra, 28.08.1995.
Karasek, Hellmuth / Becker, Rolf, Triumphieren nicht gelernt, in: Der Spiegel, 08.10.1990.
Kebir, Sabine, Ein Lehmbau namens Grass, in: SZ, 20.01.2004.
Keil, Frank, „Wie die Revolution ihre Kinder frisst, frisst der Kapitalismus seine", in: Die Welt, 19.02.2009.
Keil, Lars-Broder, Kritik und Verständnis für Grass' späte Enthüllung, in: Die Welt, 14.08.2006.
Kellerhoff, Sven Felix, Aus eigener Überzeugung, in: Die Welt, 05.10.2006.
Kellerhoff, Sven Felix, Deutsches Leid?, in: Die Welt, 19.07.2003.
Kellerhoff, Sven Felix, Flucht aus der Wirklichkeit, in: FAZ, 15.08.2006.
Kempe, Martin, Zwischen Wirklichkeit und Traum, in: TAZ, 24.02.1990.
Kilb, Andreas / Rüther, Tobias, Man muss ein Brandstifter sein, in: FAZ, 17.09.2013.
Kister, Kurt, Projekt Gesichtsloswerdung, in: SZ, 12.09.2009.
Kijowska, Marta, Kaschubische Geburtstagsgrüße, in: FAZ, 08.10.2007.
Kijowska, Marta, Gelebte Grassomania, in: FAZ, 14.04.2015.

Kirbach, Roland, „Da müssen sie mit dem Panzer kommen", in: Die Zeit, 03.06.2004.
Kjaerstad, Jan, Sofies Bombenwelt, in: FAZ, 15.06.1999.
Kloth, Hans-Michael, Wunde Punkte, in: Der Spiegel, 03.08.2003.
Klüver, Henning, Tischbein und die Windhühner, in: SZ, 29.05.2002.
Knipphals, Dirk, Die geistige Leere der Konservativen, in: TAZ, 13.08.2005.
Knipphals, Dirk, Studie in schlechter Laune, in: TAZ, 15.09.2005.
Koch, Dirk / Wirtgen, Klaus, „Die Einheit ist gelaufen", in: Der Spiegel, 05.02.1990.
koe., Die Pazifisten proben den Aufstand, in: FAZ, 15.11.2001.
Koldehoff, Stefan, Mehr als eine „wunderbare Verfassung", in: TAZ, 04.03.1991.
König, Jens, Westdeutscher als die Westdeutschen, in: TAZ, 15.09.1994.
Kornelius, Stefan, Argumentation mit Lücken, in: SZ, 10.04.2012.
Korte, Karl-Rudolf, Die „Ausverkaufanstalt", in: FAZ, 06.10.2018.
Krampitz, Dirk, Theater kann mich wütend machen, in: Die Welt am Sonntag, 12.06.2005.
Krauel, Torsten, Fragt doch die Dichter, in: Die Welt, 08.06.2002.
Krauel, Thorsten, Kopfnoten, in: Die Welt, 14.02.2002.
Krause, Tilman, Ende einer Dienstzeit, in: Die Welt, 14.08.2006.
Krause, Tilman, Die „letzte Tinte" bringt es an den Tag, in: Die Welt, 05.04.2012.
Krause, Tilman, Die Zeit der Oberlehrer ist nun wirklich vorbei, in: Die Welt, 09.05.2015.
Kreye, Andrian, Krieg der Sterne, in: SZ, 12.03.2003.
Kriener, Manfred, Augsteins unschöne Züge, in: TAZ, 16.02.1990.
Kriwulin, Viktor, Zorn des Literaturbeamten, in: FAZ, 29.05.2000.
Kron, Norbert, Dienst am Vaterland, in: Die Welt, 29.03.2003.
Krüger, Jens, Vertreibung ist ein Verbrechen, in: Die Welt am Sonntag, 31.03.2002.
Krulle, Stefan, Kanzlerkandidat, bitte zuhören!, in: Die Welt, 14.08.1998.
Krzemiński, Adam, Der Besuch der alten Dame, in: Die Zeit, 31.01.1997.
Krzemiński, Adam, Wo Geschichte europäisch wird, in: Die Welt, 20.06.2002.
Kulick, Holger, Anecken aus Prinzip, in: Der Spiegel, 11.01.2001.
Kulick, Holger, Die Künstler-Kanzler-Allianz bricht, in: Der Spiegel, 23.05.2003.
Kulick, Holger, Künstler beim Kanzler, in: Der Spiegel, 21.01.2003.
Kunert, Günter, Der Sturz vom Sockel, in: FAZ, 03.09.1990.
Künster, Sebastian, Auch Günter Grass hätte YouTube genutzt, in: Südkurier, 28.05.2019.
Kurbjuweit, Dirk et al., Fehlbar und Verstrickt, in: Der Spiegel, 21.08.2006.
Kurzke, Hermann, Klumpe-Dumpe und die Intellektuellen, in: FAZ, 13.10.1990.
Kurzke, Hermann, Wirrwaldwürger und Drippeldromser, in: FAZ, 16.02.1991.
Lachmann, Günther, Prominente Wahlkampfhilfe für die Sozialdemokraten, in: Die Welt am Sonntag, 17.07.2005.
Lamping, Dieter, Ein Gedicht als Skandal, in: Literaturkritik.de, 05.05.2012.
Lau, Jörg, Schwellkörper Deutschland, in: TAZ, 26.08.1995.
Lau, Jörg, Immer mehr Lärm um Fonty, in: TAZ, 26.08.1995.
Lau, Jörg, Zucker für die Föderalisten, in: Die Zeit, 28.06.2001.
Leinemann, Jürgen, Schaden an der Seele, in: Der Spiegel, 09.06.2002.
Lehmann, Barbara, Der Tschetschenienkrieg im Hotel, in: Die Zeit, 31.05.2000.
Lehming, Malte, Provokantes Gedicht, in: Der Tagesspiegel, 04.04.2012.
Lehnart, Ilona, Eheanbahnung, in: FAZ, 14.03.2003.
Lepenies, Wolf, Kanzlerworte, in: SZ, 15.03.2002.
Lerch, Wolfgang Günter, Ein kultureller Ritterschlag, in: FAZ, 21.10.1997.
Lesser, Gabriele, Schalom, Günter Grass!, in: TAZ, 08.10.2007.

Leutsch, Peter, Intellektuelle 2.0. Einfluss der digitalen Kommunikation auf intellektuelle Aktivitäten, in: Deutschlandfunk, 17.02.2011.
Leyendecker, Hans, „Die Ängste abbauen", in: Der Spiegel, 04.09.1989.
Lienhard, Tim, Sicher wie in Abrahams Schoß?, in: Die Welt, 04.01.2003.
Liersch, Werner, Wir wußten, es würde kommen, in: Die Zeit, 09.03.1990.
Link, Werner, Alle Macht den Experten?, in: FAZ, 05.12.2001.
Löffler, Sigfried, Minister light?, in: Die Zeit, 23.07.1998.
Löer, Wigbert, Mir ist diese Materie nicht unvertraut, in: FAZ, 29.09.2006.
Löer, Wigbert, Romy, Derrick, Golo Mann, in: Die Zeit, 27.08.1998.
Lorenzo, Giovanni di, Günter Grass, in: Die Zeit, 07.10.2006.
Lt., Linke Intellektuelle suchen neue Wege, in: FAZ, 09.12.1997.
Lucke, Albrecht von, Die Grünen. Vom Richtungskrieg zur harmonischen Vielfalt, in: Deutschlandfunk, 13.06.2011.
Lüddemann, Stefan, „Ein weites Feld" entwirft ein grandioses Erinnerungspanorama, in: NOZ, 06.11.2014.
Lüders, Michael, Üble Heuchelei, in: Die Zeit, 24.10.1997.
Lueken, Verena, Bezwingerin des Tellerrandes, in: FAZ, 14.10.2002.
Mad., Mit 20 Mark dabei, in: SZ, 13.07.2000.
Magenau, Jörg, Berliner Metropolensehnsüchte, in: FAZ, 19.10.1999.
Magenau, Jörg, Der Kanzler als fröhlicher Wasserglasträger, in: FAZ, 01.03.2002.
Magenau, Jörg, Der türkische Schriftsteller und Bürgerrechtler Yaşar Kemal wurde als „Anwalt der Menschenrechte" mit dem Friedenspreis des Deutschen Buchhandels geehrt, in: TAZ, 20.10.1997.
Magenau, Jörg, Drei Christen adeln Günter Grass, in: TAZ, 21.10.1997.
Magenau, Jörg, Künstler mit der Narrenkappe, in: FAZ, 14.08.2002.
Magenau, Jörg, „Lachen Sie nicht!". Vereinigung komplett, in: TAZ, 18.05.1998.
Magenau, Jörg, Schreiber und Krieger, in: TAZ, 31.03.1999.
Marguier, Alexander. „Ich bin eben ein altes Wahl-Ross", in: FAS, 13.09.2009.
Malzahn, Claus Christian, Polen: Im Schatten einer Geste, in: Der Spiegel, 10.12.2000.
Mangold, Ijoma, Gigantische Zahlen, monströse Selbstgerechtigkeit, in: SZ, 09.10.2006.
Mangold, Ijoma, Guck mal, wer da spricht, in: Die Zeit, 19.04.2012.
Mangold, Ijoma, Vornehmes Beleidigtsein, in: SZ, 11.02.2003.
Maron, Monika, Das neue Elend der Intellektuellen, in: TAZ, 06.02.1990.
Maron, Monika, Die Unke hat geirrt, in: SZ, 07.02.2009.
Martin, Marko, Diese seltsame Anhänglichkeit, in: TAZ, 28.04.1993.
März, Ursula, Für immer Grass?, in: Die Zeit, 04.07.2013.
Massarrat, Mohssen, Opfer einer Inszenierung, in: TAZ, 01.09.2000.
Mascolo, Georg, Stasi-Unterlagen: Ganz penibel, in: Der Spiegel, 16.07.2001.
Matte, Christina, Intellektuelle für Rot-Grün, in: Neues Deutschland, 03.08.2002.
Medick, Veit, „Steinmeier würde als Kanzler zurücktreten, um sich treu zu bleiben", in: Der Spiegel, 15.07.2009.
Meixner, Silvia, Krieg, Flucht und Vertreibung – Erinnern in Europa, in: Die Welt, 17.05.2003.
Mejias, Jordan, Kalter Kaffee, in: FAZ, 09.07.2007.
Mejias, Jordan, Nicht in unserem Namen, in: FAZ, 23.09.2002.
Meya, Urheberrecht: Das meint ... Martin Walser, in: Tagesspiegel, 09.10.2001.
Meyer, Claus Heinrich, Spirit of the Sixties, in: SZ, 21.10.1994.
Mh., Mit gutem Beispiel voran, in: SZ, 17.07.2000.
Michnik, Adam / Krzemiński, Adam, Breslau, und nicht Berlin, in: Gazeta Wyborcza, 15.05.2002.

Mielke, André, Achim, Günter und die Gebrauchtwagen, in: Die Welt am Sonntag, 20.08.2006.
Minkmar, Nils, Der Hut der Geschichte, in: FAZ, 01.02.2009.
Minkmar, Nils, Die Schnecke läßt das Mausen nicht, in: FAZ, 21.09.2002.
Minkmar, Nils, Trommler an die Macht, in: SZ, 26.06.1998.
Mm., Grass: Görlitzer CDU bedauert, in: TAZ, 02.09.2006.
Moc., Grass und Heym, in: FAZ, 18.12.1991.
Moebius, Stephan, Wo sind die Intellektuellen hin, in: Die Zeit, 19.05.2011.
Mohr, Reinhard, Am Rande: Die Zeit ist reif!, in: Der Spiegel, 19.10.1997.
Mohr, Reinhard, Intellektuelle. Krieg der Köpfe, in: Der Spiegel, 11.04.1999.
Mohr, Reinhard, Tabula rasa á la SPD, in: TAZ, 14.12.1990.
Mohr, Reinhard, Zeitgeist: Die neuen Fast-Patrioten, in: Der Spiegel, 11.09.2000.
Mohr, Reinhard, Zeitgeist: War da was?, in: Der Spiegel, 26.05.2002.
Mommert, Wilfried, Künstler und Krieg, in: Mitteldeutsche Zeitung, 26.03.2003.
Mommert, Wilfried, Ein klärendes Wort von Dir wäre hilfreich, in: Sächsische Zeitung, 21.01.2003.
Monath, Hans, „Die Zeit ist reif", in: TAZ, 31.03.1995.
Mönch, Regina, Unteilbar, in: FAZ, 19.07.2003.
M.s., Fatale Bedenken, in: FAZ, 21.12.1990.
M.s., Demokratisch?, in: FAZ, 14.11.1989.
Müller, Lothar, Ein Bauauftrag der Firma Sisyphos, in: FAZ, 10.07.2000.
Müller, Lothar, Ein Kainsmal, in: SZ, 13.11.2006.
Müller, Lothar, Entlassen mit hohen Auflagen, in: SZ, 06.09.2006.
Müller, Lothar, Ertappter Salat, in: SZ, 25.01.2002.
Müller, Lothar, Im Inneren der Zwiebel, in: SZ, 12.06.2007.
Müller, Uwe / Kellerhoff, Sven Felix, Dokumentiert. Wie Grass seine Stasi-Akte freigab, in: Die Welt, 18.08.2006.
MZ, Ein Auftakt mit Grass, in: MZ, 22.03.2002.
Nerlich, Michael, Den Bach hinunter?, in: Die Zeit, 06.04.1990.
Noach, Hans-Joachim, Die Deutschen als Opfer, in: Der Spiegel, 25.03.2002.
Nonnenmann, Jonas, Was Grass bisher zu Israel gesagt hat, in: FR, 05.04.2012.
Nutt, Harry, Das lange Schweigen, in: FR, 14.08.2006.
Nutt, Harry, „Ich bin eher ein Anarchist", in: TAZ, 23.10.1996.
Nutt, Harry, Jenseits von Boheme und Dissidenz, in: TAZ, 17.10.1998.
Oehlen, Martin, Deutschland im Winter, in: Kölner Stadtanzeiger, 18.12.1991.
Oehlen, Martin, Grass verließ SPD, in: Kölner Stadtanzeiger, 29.12.1992.
Oppermann, Thomas, Von Bonn nach Berlin – Was ändert sich?, in: FAZ, 08.06.1995.
O. V., Abstimmen soll das Volk, in: Der Spiegel, 17.07.1994.
O. V., Aufruf für türkische Flüchtlinge, in: TAZ, 03.11.1989.
O. V., Aufruf: Stoppt diesen Krieg, in: Stern, 24.05.2002.
O. V., Aufruf „Zweite Halbzeit für Gerhard Schröder" mit Günter Grass, in: SZ, 25.06.2002.
O. V., Autoren: Gegen-Denkmal, in: Der Spiegel, 16.06.2003.
O. V., Björn Engholm: „Wir dürfen uns nicht an den Kosten für die Einheit vorbeimogeln.", in: Wilstersche Zeitung, 09.04.1990.
O. V., Bundeskanzler griff zugunsten der Medienwirtschaft ein, in: Handelsblatt, 23.01.2002.
O. V., Brandt strahlt keine Tatkraft mehr aus, in: Stuttgarter Nachrichten, 28.11.1973.
O. V., „Das häßliche deutsche Haupt", in: Der Spiegel, 02.02.1992.
O. V., Debatte über Grass wird hitziger, in: FAZ.net, 14.08.2006.
O. V., „Der Einheitswille wird rücksichtslos herbeigeredet", in: Saarbrücker Zeitung, 22.12.1989.

O. V., Deutsch-französischer Künstler-Appell, in: Der Spiegel, 24.01.2003.
O. V., Deutsche Intellektuelle unterstützen Schröders Kurs, in: Der Spiegel, 26.02.2003.
O. V., Die Deutsche Titanic: Die verdrängte Tragödie des Flüchtlingsschiffes „Wilhelm Gustloff", in: Der Spiegel, 04.02.2002.
O. V., Die „toten Seelen" der Urheber, in: Der Spiegel, 18.01.2005.
O. V., Die Grappa-Connection, in: TAZ, 14.05.2003.
O. V., Die Gretchenfrage der Republik, in: Der Spiegel, 11.03.1990.
O. V., Die Macht braucht kluge Ratschläge nicht, in: Die Welt, 08.06.1998.
O. V., Dinosaurier im Gespräch, in: Lübecker Stadtzeitung, 17.02.1998.
O. V., „Ein Monument für Deutschland", in: SZ, 13.04.2015.
O. V., „Einfältig und banal", in: Der Spiegel, 10.09.1995.
O. V., Einig über Abschiebung, in: TAZ, 08.05.1994.
O. V., Einheit? Ja, aber bitte billig, in: Die Zeit, 09.03.1990.
O. V., „Einheit in diesem Jahr", in: Der Spiegel, 05.02.1990.
O. V., Einreiseverbot nach Gedicht, in: Der Spiegel, 10.04.2012.
O. V., Es gibt wieder Hoffnung in der Welt, in: FAZ, 11.11.1989.
O. V., „Es ist uns nichts Neues eingefallen", in: Neues Deutschland, 12.09.1990.
O. V., Essentieller Unterschied, in: FAZ, 06.07.1999.
O. V., Eunuch ist nicht genug, in: FAZ, 19.10.2008.
O. V., Feldzug gegen Yaşar Kemal, in: Der Spiegel, 18.02.1996.
O. V., Friedensaktivisten unterstützen Günter Grass, in: Der Spiegel, 09.04.2012.
O. V., Gabriel verteidigt Grass gegen „hysterische" Kritik, in: Der Spiegel, 15.04.2012.
O. V., Geteiltes Echo auf Grass, in: Wiener Zeitung, 13.08.2006.
O. V., Goethe-Institut: Grass hetzt weiter, in: Deutschland-Magazin (02 / 1992).
O. V., Grass' Autorentreff jenseits des kommerzialisierten Literaturbetriebs, in: Lübecker Nachrichten, 28.02.2015.
O. V., Grass: Die DDR braucht Hilfe, aber sicher keine Nachhilfe, in: Neue Ruhr Zeitung, 09.12.1989.
O. V., Grass gegen schnelle Einheit, in: Neues Deutschland, 12.03.1990.
O. V., Grass-Rede sorgt für politischen Wirbel, in: Die Welt, 21.10.1997.
O. V., Grass: Regierung muss zurücktreten, in: TAZ, 16.02.1991.
O. V., Grass setzt sich für SPD in der Uckermark ein, in: MOZ, 23.07.2009.
O. V., Grass trommelt für Rot-grün, in: TAZ, 06.06.2002.
O. V., Große Koalition für die Sprache, in: FAZ.net, 06.08.2004.
O. V., Günter Graß [sic!], in: Der Spiegel, 22.03.1993.
O. V., Günter Grass beklagt Ignoranz von Angela Merkel, in: Hamburger Abendblatt, 27.02.2015.
O. V., Günter Grass. Kein Anlass für irgendwelche Denkmäler, in: Die Welt, 12.06.2003.
O. V., Günter Grass kritisiert junge Kollegen, in: Der Spiegel, 15.08.2010.
O. V., Günter Grass: Pazifisten wie Nato-Befürworter tragen Schuld, in: Die Welt, 29.05.1999.
O. V., Hauptärgernis ist die Literaturkritik, in: SZ, 07.01.1995.
O. V., Hilfe für den Kanzler, in: Der Spiegel, 19.06.2005.
O. V., Internationale Haßkonferenz, in: TAZ, 14.08.1990.
O. V., Israel verhängt Einreiseverbot gegen Günter Grass, in: Der Spiegel, 08.04.2012.
O. V., Jenseits der roten Linie, in: Der Spiegel, 18.11.2002.
O. V., Kein Geld für Geburtshaus von Wolfgang Koeppen, in: Die Welt, 08.01.2000.
O. V., Keine Zusagen, in: Der Spiegel, 26.06.2005.
O. V., Kreml enttäuscht Kanzler, in: Der Spiegel, 17.04.2005.
O. V., Komma, Strich. Schriftsteller gegen Reform, in: FAZ, 02.06.1997.

O. V., Künstler und Sportler unterstützen Schröder, in: FR, 29.08.2002.
O. V., Meldungen, in: TAZ, 27.04.1993.
O. V., Murks mit Majonäse, in: Der Spiegel, 13.10.1996.
O. V., Mythos und Aufklärung, in: Der Spiegel, 10.12.1989.
O. V., Namhaft & anti, in: TAZ, 07.11.1997.
O. V., Naumanns Leistung, in: FAZ, 25.11.2000.
O. V., Neue Töne aus Koalition zu Grass, in: Die Welt, 22.10.1997.
O. V., Nochmal von vorn, in: SZ, 07.08.2000.
O. V., Nordpol. Stimmenfang, in: TAZ, 09.09.2005.
O. V., Private Zustiftungen, in: TAZ, 10.04.2001.
O. V., Schröder auf Brandts Spuren, in: Der Spiegel, 06.12.2000.
O. V., Schröder gegen Rücknahme der Reform, in: SZ, 10.08.2004.
O. V., Schröders gesammelte Briefe, in: TAZ, 13.07.1998.
O. V., „Soll er seine Auszeichnungen zurückgeben?", in: Die Zeit online, 15.08. 2006.
O. V., Steinmeier ist Kanzler. Blogger schauen in die Zukunft, in: Der Spiegel, 15.07.2009.
O. V., Unke an Schnecke, in: Der Spiegel, 04.01.1993.
O. V., Unsinnige Umstellung, in: Der Spiegel, 26.07.1998.
O. V., Unterm Strich, in: TAZ, 20.12.1991.
O. V., Unterm Strich, in: TAZ, 27.07.1993.
O. V., Unterm Strich, in: TAZ, 11.08.1997.
O. V., Unterm Strich, in: TAZ, 29.03.1999.
O. V., Unterm Strich, in: TAZ, 05.07.1999.
O. V., Unterm Strich, in: TAZ, 03.02.2000.
O. V., Unterm Strich, in: TAZ, 25.01.2003.
O. V., Unterm Strich, in: TAZ, 14.08.2006.
O. V., Verwehte Träume, in: Der Spiegel, 23.11.1997.
O. V., Was fehlt, in: TAZ, 17.02.1993.
O. V., Wer schimpft hat Angst, in: Der Spiegel, 31.05.1998.
O. V., Wer sind die Deutschen? Geheimprotokoll Thatcher, in: Der Spiegel, 15.07.1990.
O. V., Worte der Woche, in: Die Zeit, 25.08.1995.
O. V., Worte des Jahres, in: Die Zeit, 02.03.2006.
O. V., Worte zur Einheit, in: Die Zeit, 23.09.1990.
O. V., Zitate, in: Die Zeit, 10.08.2000.
Pat., Ost-SPD gegen Schröder, in: TAZ, 27.04.1999.
Pba., Der Schwierige, in: FAZ, 12.08.1997.
Pba., Günter Grass: Ich war Mitglied der Waffen-SS, in: FAZ, 12.08.2006.
Ped., Schröder: Kein Irak-Angriff ohne UN-Mandat, in: Die Welt, 16.03.2002.
Perger, Werner A., Grundsatzfragen, in: Die Zeit, 08.10.1998.
Perl, Ines, Günter Grass las aus seinem Buch *Unterwegs von Deutschland nach Deutschland – Tagebuch 1990*, online: https://www.uni-magdeburg.de/-p-15006.html (zuletzt abgerufen: 23.08.2021).
Perrey, Hans-Jürgen, Ohne moralische oder literarische Affinität zu Fontane, in: FAZ, 25.08.1995.
Peschel, Sabine, Grass und Israel – kein einfaches Verhältnis, in: Deutsche Welle, 14.04.2015.
Peter, Joachim, „Geschichte wird nur noch bruchstückhaft vermittelt", in: Die Welt, 16.09.2006.
Peter, Stefanie, Im Krebsgang von Günter Grass erscheint in Polen, in: FAZ, 03.12.2002.
Peter, Stefanie, Ein Denkmal für Oskarchen, in: FAZ, 14.02.2002.
Peter, Stefanie, Winkewinke, in: FAZ, 02.06.2003.
Pflüger, Friedbert, Das System der Achtundsechziger überwinden, in: FAZ, 05.12.2004.

Philippsen, Michael, Brandt – wie Freunde ihn sehen, in: LN, 10.02.1998.
Platthaus, Andreas, Antisemitismus soll ein untauglicher Begriff sein?, in: FAZ, 10.09.2014.
Platthaus, Andreas, Das Ein-Mann-Jahrhundert, in: FAZ, 14.04.2015.
Platthaus, Andreas, Was bleibet aber, richten die Dichter an, in: FAZ, 06.04.2012.
Pohl, Friedrich, Kritik an später Beichte des Schriftstellers Günter Grass, in: Die Welt am Sonntag, 13.08.2006.
Pra., Der mutige Preisträger klagt an, in: SZ, 20.10.1997.
Prantl, Heribert, „Ich kritisiere eine Politik, die Israel mehr und mehr Feinde schafft", in: Der Spiegel, 08.04.2012.
Primor, Avi, „Er versteht nicht, worum es geht", in: FR, 05.04.2012.
Rab., Vermittler?, in: FAZ, 06.09.2003.
Rabitz, Cornelia, Nachruf: Günter Grass ist tot, in: Deutsche Welle, 13.04.2015.
Rada, Uwe, Die verzwickte Standortfrage, in: TAZ, 24.04.2004.
Radisch, Iris, Das Zeitalter des Misstrauens, in: Die Zeit, 15.09.2005.
Radisch, Iris, Der Tod und ein Meister aus Danzig, in: Die Zeit, 08.05.1992.
Radisch, Iris, Die Bitterfelder Sackgasse, in: Die Zeit, 25.08.1995.
Raddatz, Fritz J., Zusammengeharkte Blütenlese, in: Die Zeit, 13.12.1996.
Rakitin, Sabine, Vom Schriftsteller zum Wahlkämpfer, in: MOZ, 11.09.2009.
Rath, Christian, Ein dreifaches Hoch auf die Urhebervertragsrechte, in: TAZ, 18.09.2000.
Rauch, Elena, Erinnerungsforscherin Aleida Assmann: Die Zukunft der Vergangenheit, in: OTZ, 08.05.2016.
Raulff, Ulrich, Untergang mit Maus und Muse, in: SZ, 05.02.2002.
Reents, Edo, Grass fordert notfalls Zwangseinquartierungen, in: FAZ, 27.11.2014.
Reents, Edo, Hausmeister, in: FAZ, 28.11.2014.
Reents, Edo, Ich kann an nichts anderes denken, in: FAZ, 15.08.2006.
Reents, Edo, Von sieben, die auszogen, das Schmollen zu lernen, in: FAZ, 08.12.2005.
Reents, Edo, Welche Haarfarbe haben zärtliche Cousinen?, in: FAZ, 06.06.2002.
Reib., Soll die Rechtschreibreform wieder gestoppt werden?, in: FAZ, 20.10.1996.
Reich-Ranicki, Marcel, Fragen Sie Reich-Ranicki, in: FAS, 26.06.2005.
Reich-Ranicki, Marcel, und es muß gesagt werden, in: Der Spiegel, 20.08.1995.
Reich-Ranicki, Marcel, Wie konnte das passieren?, in: Der Spiegel, 03.05.1992.
Reichert, Martin, Andere nennen es Arbeit, in: TAZ, 22.01.2009.
Reimann, Anne, „Damit rückt Israel sich in die Nähe Irans", in: Der Spiegel, 08.04.2012.
Rein, Matthias, Schwierige Zeiten für Päpste, in: SZ, 13.02.2009.
Reinecke, Stefan, Grass. Richtiges Motiv, falscher Ton, in: TAZ, 07.04.2012.
Rem., Westerwelle wäre schrecklich, in: Südwest Presse, 20.09.2002.
Reiter, Udo, Stasi, Stasi – und kein Ende?, in: FAZ, 06.02.2001.
Reuter, Reformmüde, in: SZ, 23.11.1996.
Reu., Warum erst jetzt?, in: FAZ, 08.10.1996.
Reumann, Kurt, Antreiber der Poeten, in: FAZ, 12.10.1996.
Riedmiller, Josef, Das deutsche Gespenst, in: SZ, 04.05.1990.
Riehl-Heye, Herbert, Ganz schön häßlich, in: SZ, 28.11.1992.
Rietzschel, Thomas, Vom Mythos der inneren Einheit, in: FAZ, 13.09.1997.
Rinke, Moritz, Schröder und die D-Frage, in: Die Zeit, 07.02.2002.
Ritzer, Uwe, Schäbiger Handel, in: SZ, 31.10.2005.
Rössler, Hans-Christian, Israel erklärt Grass zur „unerwünschten Person", in: FAZ, 08.04.2012.
Rosenfeld, Eleske, Geschichtspolitik von oben?, in: Deutschlandarchiv, 21.06.2021.

Rosenkranz, Boris R., Prominenz als Wahlkampfwaffe, in: TAZ, 17.09.2005.
Ross, Jan, Patriarchendämmerung, in: Die Zeit, 14.03.2002.
Rtr. / apf. / dpa, „Brückepreis" für Grass fraglich, in: TAZ, 18.08.2006.
Rtr. / dpa, EU vor Machtkampf, in: TAZ, 19.06.2007.
Rüb, Matthias, Furcht, Hoffnung und der Einheitsstaat, in: FAZ, 06.02.1990.
Ruf, Oliver, Sie wittern die Konjunktur, in: TAZ, 04.03.2003.
Rüther, Tobias, Wer hat es so bequem wie ich, in: FAZ, 28.06.2013.
Sattar, Majid, Die seltsame Zeit, in: FAZ, 16.09.2017.
Sauerland, Karol, Krebsgang im Labyrinth, in: SZ, 17.05.2002.
Sauerland, Karol, Nach Osten, in: SZ, 26.03.2002.
Schaaf, Gabriela, Begegnungen: Ingo Schulze im Jemen, in: Deutsche Welle, 07.09.2006.
Schäfer-Noske, Doris, Günter Grass gegen Berlin als Standort für Zentrum gegen Vertreibungen, in: Deutschlandfunk, 16.05.2002.
Schaper, Rüdiger, Seine Kulturhoheit, der Kanzler, in: SZ, 18.02.1998.
Schelling, Siegmar, Tadel. Der Hofnarr lässt grüßen, in: Die Welt am Sonntag, 09.06.2002.
Schirrmacher, Frank, Aufgeklärt, in: FAZ, 08.01.1992.
Schirrmacher, Frank, Das Danziger Versöhnungswerk, in: FAZ, 06.05.1992.
Schirrmacher, Frank, Das Geständnis, in: FAZ, 12.08.2006.
Schirrmacher, Frank, Der Ticker. Drei Gespräche, in: FAZ, 03.09.1998.
Schirrmacher, Frank, Eine zeitgeschichtliche Pointe, in: FAZ.net, 12.08.2006.
Schirrmacher, Frank, Glaubenskrieg, in: FAZ, 02.12.1989.
Schirrmacher, Frank, Literatur und Kritik, in: FAZ, 08.10.1990.
Schirrmacher, Frank, Was Grass uns sagen will, in: FAZ, 05.04.2012.
Schirrmacher, Frank, Weder Vatikan noch Weißes Haus, in: FAZ, 03.09.1998.
Schlögel, Karl, Warum Günter Grass mit seinem neuen Roman „Ein weites Feld" einen Sturm der Kritik auslöste, in: TAZ, 04.09.1995.
Schmalz, Peter, Der frisch gebackene Ehemann als Brathendl, in: Die Welt, 06.02.1997.
Schmid, Thomas, Der Präsident und der Papst, in: FAZ, 19.01.2003.
Schmidt, Hans-Jörg, Ich will das alles nicht so ernst sehen, in: Die Welt, 15.03.2002.
Schmidt, Rainer / Schumacher, Hajo / Müller, Konrad R., „Ich hatte immer sehr gute Plätze", in: SZ, 20.10.2006.
Schmidt-Mühlisch, Lothar, Mut macht Freude, in: Die Welt, 28.03.1996.
Schmitz, Christoph, Rechtschreibung: An die Leser denken, in: Der Spiegel, 24.04.2005.
Schneider, Jens, Anspruchsvolle Bögen und einige linke Haken, in: SZ, 23.03.1993.
Schneider, Jens, Von Habgier und Heuchelei, in: SZ, 25.02.1997.
Schneider, Peter, Kein Antisemit, in: Der Tagesspiegel, 05.04.2012.
Schneider, Rolf, Mißgelaunte Propheten, in: Die Zeit, 23.11.1990.
Schneider, Rolf, Vielleicht war es Scham, in: Die Welt, 19.12.2007.
Scholdt, Günter, Überdosis Information, in: FAZ, 16.02.2001.
Schreiber, Mathias, Lust an der Vernichtung, in: Der Spiegel, 17.05.1992.
Schreiber, Mathias / Höbel, Wolfgang / Mohr, Reinhard, Ein geistiger Aufbruch, in: Der Spiegel, 26.07.1998.
Schröder, J-P., Haus für die Literatur, in: Ostseezeitung, 08./09.07.2000.
Schröder, Richard, Mysterium Germaniae, in: Der Spiegel, 30.09.2001.
Schuller, Konrad, Der Glacéhandschuh ist abgestreift, in: FAZ, 07.04.2002.
Schuller, Konrad, Die Geschichte ist wieder Ballast, in: FAZ, 10.12.2007.
Schuller, Konrad, Kaczynskis Bullterrier hat sich verrannt, in: FAZ, 01.09.2006.

Schulte, Martin, Zum Tode von Günter Grass, in: SHZ, 13.04.2015.
Schuster, Jacques, Günter Grass nervte, aber Querköpfe wie er fehlen, in: Die Welt, 15.04.2015.
Schütt, Hans-Dieter, Schreckschusswaffe Kunst, in: Neues Deutschland, 05.04.2012.
Schwarz, Ulrich / Pötzl, Norbert F., Stolpe, um welchen Preis, in: Der Spiegel, 01.03.1992.
Schweden, Heinz, Polen-Besuch fällt in heikle Phase, in: Rheinische Post, 28.04.1990.
Schwennicke, Christoph, Grüner Liebesbrief auf fremdem Briefpapier, in: SZ, 12.09.1998.
Schwilk, Heimo, Grass' Geisterfahrt durch die deutsche Geschichte, in: Die Welt am Sonntag, 28.11.1999.
Schwilk, Heimo, Herbst der Entscheidung, in: Die Welt am Sonntag, 05.10.2003.
Schwilk, Heimo, Wenn der Bundestag die Rechtschreibreform zu Fall bringt, ist dies vor allem ein Sieg des Studienrats Friedrich Denk, in: Die Welt am Sonntag, 13.04.1997.
Seebacher-Brandt, Brigitte, Abschied von den Eltern, in: FAZ, 12.12.1990.
Seewald, Berthold, Gemischtes Echo auf Grass-Brief, in: Die Welt, 24.08.2006.
Segev, Tom, Heuchlerischer Moralismus, in: FR, 07.04.2012.
Seibt, Gustav, Geständnis einer Schnecke, in: SZ, 14.08.2006.
Seibt, Gustav, Im Herzen, in: SZ, 20.01.2003.
Seidel, Eberhard, Zivilisation braucht Pflege, in: TAZ, 31.12.1999.
Seidl, Claudius, Das Ende des Unsinns, in: FAZ, 17.07.2005.
Seidl, Claudius, Wen wählt der Weltgeist?, in: SZ, 18.08.1998.
Semler, Christian, Erinnerung statt Politik, in: TAZ, 22.02.2002.
Shö, Simonis und Grass attackieren Schily, in: Die Welt am Sonntag, 02.01.2000.
Shrivastava, Anjana, „Hinter dem Dichter lauerte das Gespenst", in: Berliner Morgenpost, 21.08.2006.
Siefert, Volker, Urhebervertragsrecht, in: FAZ.net, 30.05.2001.
Siemes, Christof, Als Denkmal am liebsten ein richtiges Klo, in: Die Zeit, 11.10.2007.
Siemes, Christof, Liebe auf Nebenwegen, in: Die Zeit, 15.09.2005.
Siemes, Christof, Treue Arbeiter im Textberg des Herrn, in: Die Zeit, 28.12.2006.
Singer, David, Wider die Vereinigung der Kommerzmacht, in: TAZ, 21.02.1990.
Spair, Yoav, Der Schlussstrich ist da, in: Die Welt, 11.04.2012.
Spiegel, Hubert, Der Schneckenreiter, in: FAZ, 16.09.2005.
Spiegel, Hubert, Die Berater, in: FAZ, 26.09.1998.
Spinola, Julia, Eklat um Buchenwald, in: FAZ, 28.08.2006.
Spreckelsen, Tilman, Spiel's noch einmal SPD, in: FAZ, 25.01.2002.
Sst., Warum nicht Halle?, in: FAZ, 02.06.2001.
Steinfeld, Thomas, Auf Kosten des Verstandes, in: SZ, 07.04.2012.
Steinfeld, Thomas, Der Deutsche, in: SZ, 14.04.2015.
Steinfeld, Thomas, Dichten und meinen, in: SZ, 05.04.2012.
Stephan, Rainer, Blinde Eulen, in: SZ, 15.02.2002.
Stern, Fritz, Eine Provokation mit bedrückendem Ergebnis, in: FAZ, 14.04.2012.
Von Stuckrad-Barre, Benjamin, In die Suppe gespuckt, in: Die Welt am Sonntag, 08.02.2009.
Sturm, Daniel Friedrich, Grass hilft einer „beängstigend schwachen" SPD, in: Die Welt, 09.09.2009.
Sturm, Daniel Friedrich, Thierse will Grass „nicht als Aussätzigen behandeln", in: Die Welt, 15.08.2006.
Sydow, Christoph, So falsch liegt Günter Grass, in: Der Spiegel, 04.04.2012.
Swn., Grass macht SPD mit Wahlkampfangebot „Mut", in: SZ, 13.08.1997.
SZ., Bestenfalls ein Fehler, in: SZ, 11.06.2003.
SZ., Enttäuscht aber treu, in: SZ, 18.08.2006.
SZ., Kapitalismus-Debatte, in: SZ, 06.05.2005.

SZ., Nachrichtendienst, in: SZ, 22.12.2005.
SZ., Nachrichtendienst, in: SZ, 15.03.2006.
Taud., Preis für unangenehme Wahrheiten, in: TAZ, 20.10.1997.
Theweleit, Klaus, Very Important Grown-Ups, in: TAZ, 23.04.1999.
Thissen, Torsten, Von Ansichten und vom Ansehen, in: Die Welt, 22.01.2009.
Thomma, Arno Luik, „Innerhalb von sechs Monaten hätte man diesen Krieg ersticken können", in: TAZ, 25.07.1995.
Thomann, Jörg, Tagebuch: Helden und Halunken, in: FAZ, 03.11.1999.
Thomas, Gina, Hammer und Hitler, in: FAZ, 22.02.1993.
Tost., 's Krieg. Grass agitiert gegen die amerikanische Heuchelei, in: SZ, 17.01.2003.
Tso. / ddp, Wowereit: Grass soll Wahlkampf machen, in: Der Tagesspiegel, 23.08.2006.
Twz., Gründerzeit. Grass und Rühmkorf stiften für Koeppen, in: FAZ, 02.02.2000.
Ul., Unterstützung für Grass aus Polen, in: FAZ, 16.08.2006.
Urban, Thomas, Der Gast, in: SZ, 25.05.2000.
Urban, Thomas, Kein Mitleid für die Ostlandritter, in: SZ, 15.05.2002.
Urban, Thomas, Krebsgang und Wahlkampf, in: SZ, 16.10.2007.
Urban, Thomas, Ort der Milde, in: SZ, 08.07.2002.
Urban, Thomas, Versöhnung mit den Sündenböcken, in: SZ, 29.06.2000.
Urban, Thomas, „Wir treiben sie in Haufen hinter Oder und Neiße", in: SZ, 19.04.2005.
Uthmann, Jörg von, Schreibtisch-Strategie, in: FAZ, 17.11.1990.
Uwer, Helmut, Zwangsarbeiter, in: FAZ.net, 28.03.2001.
Vehlewald, Hans-Jörg, Empörung über das lange Schweigen des Günter Grass, in: Bild, 14.08.2006.
Vehlewald, Hans-Jörg, „Ich würde nicht mal mehr einen Gebrauchtwagen von diesem Mann kaufen", in: Bild, 14.08.2006.
Vesper, Karlen, Dauerhafte Opposition macht dumm, in: ND, 09.06.1998
Vestring, Bettina, Dichtung und Wahrheit, in: FR, 07.04.2012.
Vestring, Bettina, Unfassbar dumm: Das Einreiseverbot für Grass, in: FR, 09.04.2012.
Viktor, Suzanne, Der Krieg in Jugoslawien, in: SZ, 27.03.1999.
Vorkötter, Uwe, Dichter und Maulheld, in: FR, 05.04.2012.
Walter, Dieter, Leserbrief, in: SZ, 30.10.1997.
Wefing, Heinrich, Alles außer Nolde, in: FAZ, 08.07.2004
Wefing, Heinrich, Der Duft des Geldes, in: FAZ, 30.03.2001.
Wefing, Heinrich, Das Signal von Saarbrücken, in: FAZ, 25.10.2001.
Wefing, Heinrich, Ein schöner Traum von deutscher Kultur, in: FAZ, 30.08.2001.
Weidinger, Birgit, England denkt über die „Krauts" nach, in: SZ, 03.03.1993.
Weidner, Stefan, Ein Bärendienst für den Pazifismus, in: Cicero online, 07.04.2012.
Weiland, Severin, Ein Freund, ein guter Freund, in: Der Spiegel, 13.12.2005.
Weiland, Severin, Heikler U-Boot-Deal mit Israel, in: Der Spiegel, 03.06.2012.
Weißer, Silja, Grass. „Kriegsgequassel im Chatroom", in: Cellesche Zeitung, 20.09.2009.
Wenz, Dieter, Der innere Sozialdemokrat rät noch immer zur Es-Pe-De, in: FAZ, 25.11.1999.
Wenz, Dieter, „Eine Degradierung der Bürger durch die Abgeordneten", in: FAZ, 18.09.1999.
Wergin, Clemens, Abhärtung unserer Seelen, in: Die Welt, 07.04.2012.
Werner, Hendrik, „Ich wundere mich über meine Naivität", in: Die Welt, 26.08.2006.
Werner, Hendrik, Makel verpflichtet, in: Die Welt, 29.10.2007.
Wfg., Ein Herz für Halle. Streit um Sitz einer Nationalstiftung, in: FAZ, 16.03.2006.
Wha., Der Stab des „Hidalgo", in: FAZ, 19.03.1993.
Wickert, Ulrich, Einblicke in eine verletzliche Seele, in: Die Welt, 31.01.2009.

Wiender, Aaron, Verständnis für Günter Grass, in: TAZ, 09.04.2012.
Wiest, Peter / Quoos, Fritz, Eine lange Nacht mit dem „Steinewälzer", in: Rhein-Neckar-Zeitung, 19. / 20.02.2000.
Winkler, Willi, Der Besinnungstäter, in: Der Spiegel, 25.02.1990.
Winkler, Willi, Der König und das Harfenspiel, in: SZ, 06.06.2002.
Winkler, Willi, Frau gefunden, Friedhof geleast, in: TAZ, 07.05.1992.
Winkler, Willi, Träume, in: SZ, 22.02.2003.
Winterbauer, Stefan, Ganz private Wahlwerbung, in: Die Welt am Sonntag, 04.09.2005.
Wirsing, Sibylle, Von der Gemeinsamkeit im Guten, in: FAZ, 20.12.1989.
Wirtz, Thomas, Die Koeppenickiade, in: FAZ, 07.02.2000.
Wirtz, Thomas, Erzwungene Heimkehr, in: FAZ, 31.01.2000.
Wirtz, Thomas, Gründerväter, in: FAZ, 03.02.2000.
Wittke, Thomas, Im Saal war keine Polarisierung spürbar, in: General-Anzeiger, 24. / 25.02.1990.
Wittstock, Uwe, Als einmal ein Traum von Günter Grass wahr wurde, in: Die Welt, 23.03.2002.
Wittstock, Uwe, Den Fürsten belehren, in: Die Welt, 25.01.2002.
Wittstock, Uwe, Dringende Forderung, in: Die Welt, 03.04.2001.
Wittstock, Uwe, Eine neue Vergütungsregel soll Autoren besser stellen, in: Die Welt, 21.01.2005.
Wittstock, Uwe, Föderale Trotzköpfe, in: Die Welt, 28.06.2003.
Wittstock, Uwe, Geist und Macht vereint im kühnen Schwung, in: Die Welt, 27.02.2003.
Wms., Vergeßlicher Enkel, in: SZ, 15.10.1992.
Wolff, Reinhard, Wege des Hasses bleiben unerforscht, in: TAZ, 31.08.1990.
Wolffsohn, Michael, „Der Mann ist die Summe seiner Vorurteile", in: Der Spiegel, 04.04.2012.
Woltersdorf, Adrienne, Künstler motzen gegen den Krieg, in: TAZ, 11.03.2003.
Ws., In der Erregung vergaß Böhme, die Wahl anzunehmen, in: Die Welt am Sonntag, 25.2.1990.
Zielcke, Adrian, Richard von Weizsäcker auf einer schwierigen Mission, in: Stuttgarter Zeitung, 28.04.1990.
Ziedler, Christopher, „Kulturpolitik ist eine sanfte Macht", in: SZ, 16.01.2019.
Zimmermann, Moshe, Das Gedicht hilft den Hardlinern, in: Der Tagesspiegel, 05.04.2012.
Zimmermann, Moshe, Einreiseverbot wegen Gedicht, in: Der Spiegel, 09.04.2012.
Zimmermann, Moshe, Ich sage, wer Antisemit ist, in: TAZ, 10.04.2012.
Zips, Martin, Ein Homunkulus, in: SZ, 08.07.1998.

Sekundärliteratur

Abromeit, Heidrun / Burkhard, Klaus, Die Wählerinitiativen im Wahlkampf 1972. Politisierte Wähler oder Hilfstruppen der Parteien?, in: Just, Dieter / Romain, Lothar (Hrsg.). Auf der Suche nach dem mündigen Wähler. Die Wahlentscheidung 1972 und ihre Konsequenzen, Bonn 1974, S. 91–115.
Adler, Hans / Hermand, Jost, Günter Grass. Ästhetik des Engagements, New York 1996.
Alber, Ina, Politikwissenschaftliche Ansätze und Biographieforschung, in: Lutz, Helma / Schiebel Martina / Tuider, Elisabeth (Hrsg.), Handbuch Biographieforschung, Wiesbaden 2018, S. 187–196.
Von Alemann, Ulrich / Witte, Bernd, Vorwort, in: Alemann, Ulrich von / Cepl-Kaufmann, Gertrude / Hecker, Hans / Witte, Bernd (Hrsg.), Intellektuelle und Sozialdemokratie, S. 7–9.
Von Alemann, Ulrich / Cepl-Kaufmann, Gertrude / Hecker, Hans / Witte, Bernd (Hrsg.), Intellektuelle und Sozialdemokratie, Opladen 2000.

Altenschmidt, Karsten / Ziemann, Andreas, Erinnerung an die Intellektuellen, in: Mythos Bundesrepublik, Ästhetik & Kommunikation (36 / 2005), Heft 129 / 130, S. 233–238.

Alter, Peter, Kulturnation und Staatsnation. Das Ende einer langen Debatte?, in: Langguth, Gerd (Hrsg.), Die Intellektuellen und die nationale Frage, Frankfurt a. M. 1996, S. 33–44.

Angermüller, Johannes, Intellektuelle / Intelligenz, in: Endruweit, Günter / Trommsdorff, Gisela (Hrsg.), Wörterbuch der Soziologie, Stuttgart 2001, S. 249–250.

Arnold, Heinz Ludwig (Hrsg.), Blech getrommelt. Günter Grass in der Kritik, Göttingen 1997.

Arnold, Heinz Ludwig, „Zorn Ärger Wut". Anmerkungen zu den politischen Gedichten in *Ausgefragt*, in: Jurgensen, Manfred (Hrsg.), Grass. Kritik, Thesen, Analyse, Bern 1983, S. 103–106.

Artinger, Kai / Wißkirchen, Hans (Hrsg.), Wortbilder und Wechselspiele, Göttingen 2002.

Balzer, Berit, Geschichte als Wendemechanismus: *Ein weites Feld* von Günter Grass, in: Monatshefte (93 / 2001), Heft 2, S. 209–220.

Baier, Lothar, Hadern mit Deutschland. Über ein Dilemma des politischen Intellektuellen Günter Grass, in: Arnold, Heinz Ludwig (Hrsg.), Text + Kritik, 7. rev. Aufl., München 1997, S. 122–130.

Banditt, Christopher, Das *Kuratorium für einen demokratisch verfassten Bund deutscher Länder* in der Verfassungsdiskussion der Wiedervereinigung, in: Deutschland Archiv, 16.10.2014.

Becker, Manuel, Geschichtspolitik in der „Berliner Republik". Konzeptionen und Kontroversen, Wiesbaden 2013.

Benda, Julian, Der Verrat der Intellektuellen, Frankfurt am Main 1983.

Bergmann, Knut, Der Bundestagswahlkampf 1998. Vorgeschichte, Strategien, Ergebnis, Wiesbaden 2002.

Berg-Schlosser, Dirk / Schissler, Jakob, Politische Kultur in Deutschland, in: Berg-Schlosser, Dirk / Schissler, Jakob (Hrsg.), Politische Kultur in Deutschland. Forschungsstand, Methoden und Rahmenbedingungen, Wiesbaden 1987, S. 11–26.

Berg-Schlosser, Dirk, Erforschung der Politischen Kultur. Begriffe, Kontroversen, Forschungsstand, in: Breit, Gotthard (Hrsg.), Politische Kultur in Deutschland. Abkehr von der Vergangenheit – Hinwendung zur Demokratie, S. 7–20.

Bergsdorf, Wolfgang, Geist und Macht – ein deutsches Indianerspiel? Über das Verhältnis von Literatur und Politik in Deutschland, in: VIA REGIA – Blätter für internationale kulturelle Kommunikation (1995), Heft 28 / 29, S. 1–5.

Bergsdorf, Wolfgang, Herausforderungen der Wissensgesellschaft. Themen und Kontroversen, München 2006.

Bergsdorf, Wolfgang, Literatur und Politik in Deutschland. Zur Traditionalität und Aktualität eines Dauerkonflikts, Bonn 1992.

Bering, Dietz, „Intellektueller". Schimpfwort – Diskursbegriff – Grabmal?, in: ApuZ (40 / 2010), S. 5–12.

Bering, Dietz, Die Epoche der Intellektuellen 1898–2001. Geburt, Begriff, Grabmal, Berlin 2010.

Bertelsmann Stiftung (Hrsg.), Wie Politik von Bürgern lernen kann. Potenziale politikbezogener Gesellschaftsberatung, Gütersloh 2011.

Beutin, Wolfgang, Der Fall Grass. Ein deutsches Debakel, Frankfurt 2007.

Beyme, Klaus von, Kulturpolitik in Deutschland. Von der Staatsförderung zur Kreativwirtschaft, Wiesbaden 2012.

Biebricher, Thomas, Intellektueller als Nebenberuf: Jürgen Habermas, in: Kroll, Thomas / Reitz, Tilman (Hrsg.), Intellektuelle in der Bundesrepublik Deutschland. Verschiebungen im politischen Feld der 1960er und 1970er Jahre, 2014, Göttingen 2013, S. 224–231.

Bienert, Michael / Creuzberger, Stefan / Hübener, Kristina / Oppermann, Matthias, Die Berliner Republik. Beiträge zur deutschen Zeitgeschichte seit 1990, Berlin 2013.

Biernbaum, Christoph, Eiszeit unter Freunden, in: Das Parlament (2011), Heft 35 / 36.
Blatter, Joachim K. / Janning, Frank / Wagemann, Claudius, Qualitative Politikanalyse. Eine Einführung in Forschungsansätze und Methoden, Wiesbaden 2007.
Blätte, Andreas, Politikberatung aus sozialwissenschaftlicher Perspektive, in: Falk, Svenja / Glaab, Manuela / Römmele, Andrea / Schober, Henrik / Thunert, Martin (Hrsg.), Handbuch Politikberatung, 2. völlig neu bearb. Aufl., Wiesbaden 2019, S. 1–14.
Blohm, Frank, Einleitung, in: Blohm, Frank / Herzberg, Wolfgang (Hrsg.), Nichts wird mehr so sein, wie es war. Zur Zukunft der beiden deutschen Republiken, Frankfurt am Main 1990.
Bock, Hans Manfred, Der Intellektuelle als Sozialfigur. Neuere vergleichende Forschungen zu ihren Formen, Funktionen und Wandlungen, in: Archiv für Sozialgeschichte (51 / 2011), S. 591–643.
Böick, Marcus, Die Treuhand. Idee – Praxis – Erfahrung, Göttingen 2018.
Böick, Marcus, Vom Blitzableiter zur Bad-Bank. Die Debatten um die Treuhandanstalt – und was sich daraus über das Verhältnis von Politikwissenschaft und Zeitgeschichtsforschung lernen lässt, in: Zeitschrift für Politikwissenschaften (30 / 2020), S. 473–482.
Boll, Friedhelm, Vertreibung gesamteuropäisch erinnern, in: Historisches Forschungszentrum der FES (Hrsg.), Vertreibung gesamteuropäisch erinnern. Gemeinsam – nicht getrennt!, Bonn 2007, S. 3–4.
Borchard, Michael, Politische Stiftungen und Politische Beratung. Erfolgreiche Mitspieler oder Teilnehmer außer Konkurrenz? in: Dagger, Steffen / Greiner, Christoph / Leinert, Kristen / Meliß, Nadine / Menzel, Anne (Hrsg.) Politikberatung in Deutschland. Praxis und Perspektiven, Wiesbaden 2004, S. 90–97.
Borzyszkoska-Szwecyk, Miloslowa, Mit schrägem Blick? Das Kaschubische im Kontext von Günter Grass' Lebenswerk und seiner Rezeption, in: Neuhaus, Volker / Øhrgaard, Per / Thomsa, Jörg-Philipp (Hrsg.), Freipass. Forum für Literatur, Bildende Kunst und Politik, Band 4, Berlin 2019, S. 108–130.
Boßmann, Timm, Der Dichter im Schußfeld. Geschichte und Versagen der Literaturkritik am Beispiel Günter Grass, Marburg 1997.
Braun, Matthias, Das Stasi-Thema im neuen deutschen Roman nach 1990 am Beispiel von Günter Grass' *Ein weites Feld* und Uwe Tellkamps *Der Turm*, in: Gansel, Carsten / Hermann, Elisabeth (Hrsg.), Entwicklungen in der deutschsprachigen Gegenwartsliteratur nach 1989, Göttingen 2013, S. 185–192.
Braun, Michael, Die Medien, die Erinnerung, das Tabu. *Im Krebsgang* und *Beim Häuten der Zwiebel* von Günter Grass, in: Braun, Michael (Hrsg.), Tabu und Tabubruch in Literatur und Film, Würzburg 2007, S. 117–136.
Braun, Michael, „Kein Deutschland gekannt Zeit meines Lebens". Grass, Walser, Enzensberger und die nationale Frage, in: Universitas (593 / 1995), Heft 11, S. 1090–1101.
Braun, Rebecca, Günter Grass as a World Autor, in: Braun, Rebecca / Brunssen, Frank (Hrsg.), Changing the Nation. Günter Grass in International Perspective, Würzburg 2008, S. 194–209.
Braun, Rebecca / Brunssen, Frank (Hrsg.), Changing the Nation. Günter Grass in International Perspective, Würzburg 2008.
Bredow, Wilfried von (Hrsg.), Die Außenpolitik der Bundesrepublik Deutschland. Eine Einführung, 2., akt. Aufl., Wiesbaden 2008.
Brenner, Karsten, Willy Brandt – Ikone der „Linken"? Gedanken zum Bild und zur Wirkung Willy Brandts heute, in: Bouvier, Beatrix / Schneider, Michael (Hrsg.), Geschichtspolitik und demokratische Kultur. Bilanz und Perspektiven, Bonn 2008.
Bröchler, Stephan / Schützeichel, Rainer (Hrsg.), Politikberatung, Stuttgart 2008.

Brockmann, Stephen, Günter Grass and German unification, in: Taberner, Stuart (Hrsg.), The Cambridge Companion to Günter Grass, Cambridge 2009, S. 125–138.

Brüheim, Theresa, In 552 Seiten um die Welt, in: Zimmermann, Olaf / Geißler, Theo (Hrsg.), Die dritte Säule. Beiträge zur Auswärtigen Kultur- und Bildungspolitik, Berlin 2018, S. 29–38.

Brunkhorst, Hauke, Deliberative Politik – ein Verfahrensbegriff der Demokratie, in: Koller, Peter / Hiebaum, Christian (Hrsg.), Jürgen Habermas. Faktizität und Geltung, Berlin 2016, S. 177–134.

Brunkhorst, Hauke, Die Macht der Intellektuellen, in: APuZ (40 / 2010), S. 32–37.

Brunkhorst, Hauke / Kreide, Regina / Lafont, Cristina (Hrsg.), Habermas-Handbuch. Leben – Werk – Wirkung, Stuttgart 2009.

Brunssen, Frank, Das neue Selbstverständnis der Berliner Republik, Würzburg 2005.

Brunssen, Frank, Günter Grass, Marburg 2014.

Brunssen, Frank, Speak Out!! Günter Grass as an International Intellectual, in: Braun, Rebecca / Brunssen, Frank (Hrsg.), Changing the Nation. Günter Grass in International Perspective, Würzburg 2008, S. 94–115.

Brüsemeister, Thomas, Qualitative Forschung. Ein Überblick, 2. überarb. Aufl., Wiesbaden 2008.

Bünz, Hermann, Partner der Konsolidierung, in: FES (Hrsg.), 10 Jahre Büro Warschau, Warschau 2001, S. 33–36.

Burchhard, Rainer / Knobbe, Werner, Björn Engholm. Die Geschichte einer gescheiterten Hoffnung, Stuttgart 1993.

Büssgen, Antje, Intellektuelle in der Weimarer Republik, in: Schlich, Jutta (Hrsg.), Intellektuelle im 20. Jahrhundert in Deutschland. Ein Forschungsreferat, Tübingen 2000, S. 161–146.

Butzlaff, Felix / Pausch, Robert, Partei ohne Erzählung: Die Existenzkrise der SPD, in: Blätter für deutsche und internationale Politik (08 / 2019), S. 81–87.

Butzlaff, Felix / Walter, Franz, Mythen, Ikonen, Märtyrer. Sozialdemokratische Geschichten, Berlin 2013.

Carrier, Martin, Engagement und Expertise. Die Intellektuellen im Umbruch, in: Carrier, Martin / Roggenhofer, Johannes (Hrsg.), Wandel oder Niedergang? Die Rolle der Intellektuellen in der Wissensgesellschaft, Bielefeld 2007, S. 13–32.

Carrier, Martin / Roggenhofer, Johannes (Hrsg.), Wandel oder Niedergang? Die Rolle der Intellektuellen in der Wissensgesellschaft, Bielefeld 2007.

Cepl-Kaufmann, Gertrude, Günter Grass. Eine Analyse des Gesamtwerkes unter dem Aspekt von Literatur und Politik, Kronenberg 1975.

Cepl-Kaufmann, Gertrude, Leiden an Deutschland. Günter Grass und die Deutschen, in: Labroisse, Gerd / Stekelenburg, Dick van (Hrsg.), Günter Grass. Ein europäischer Autor?, Amsterdam 1992, S. 267–289.

Cofalla, Sabine, Die „Gruppe 47" und die SPD. Ein Fallbeispiel, in: Alemann, Ulrich von / Cepl-Kaufmann, Gertrude / Hecker, Hans / Witte, Bernd (Hrsg.), Intellektuelle und Sozialdemokratie, Opladen 2000, S. 147–165.

Craig, Gordon A., Ein deutscher Jakobiner. Georg Forster, in: Craig, Gordon A., Die Politik der Unpolitischen. Deutsche Schriftsteller und die Macht 1770–1871, München 1993.

Van den Daele, Wolfgang / Neidhardt, Friedhelm, „Regierung durch Diskussion". Über Versuche, mit Argumenten Politik zu machen, in: Van den Daele, Wolfgang / Neidhardt, Friedhelm (Hrsg.), Kommunikation und Entscheidung. Politische Funktionen öffentlicher Meinungsbildung und diskursiver Verfahren, Berlin 1996, S. 9–50.

Dahrendorf, Ralf, Der Intellektuelle und die Gesellschaft. Über die soziale Funktion des Narren im zwanzigsten Jahrhundert, in: Die Zeit, 29.03.1963.

Dahrendorf, Ralf, Umbrüche oder normale Zeiten. Braucht Politik Intellektuelle?, in: Hübinger, Gangolf / Hertfelder, Thomas (Hrsg.), Kritik und Mandat. Intellektuelle in der deutschen Politik, Stuttgart 2000, S. 269–282.

Dahrendorf, Ralf, Versuchung der Unfreiheit. Die Intellektuellen in Zeiten der Prüfung, München 2006.

Deitelhoff, Nicole, Deliberation, in: Brunkhorst, Hauke / Kreide, Regina / Lafont, Cristina (Hrsg.), Habermas-Handbuch. Leben – Werk – Wirkung, Stuttgart 2009, S. 301–303.

Deppe, Frank, Die Intellektuellen, das Volk und die Nation, in: Blätter für deutsche und internationale Politik (35 / 1990), Heft 6, S. 709–716.

Detering, Heinrich / Øhrgaard, Per, Einleitung, in: Detering, Heinrich / Øhrgaard, Per (Hrsg.), Was gesagt wurde. Eine Dokumentation über Günter Grass' „Was gesagt werden muss" und die deutsche Debatte, Göttingen 2013, S. 5–11.

Donges, Patrick / Jarren, Otfried, Politische Kommunikation in der Mediengesellschaft. Eine Einführung, 4. Aufl., Wiesbaden 2017.

Dörner, Andreas, Politainment. Politik in der medialen Erlebnisgesellschaft, Frankfurt a. M. 2001.

Dörner, Andreas, Politische Kulturforschung, in: Münkler, Herfried (Hrsg.), Politikwissenschaft. Ein Grundkurs, Reinbek 2003, S. 587–619.

Dörner, Andreas, Politische Kulturforschung und Cultural Studies, in: Haberl, Othmar Nikola / Korenke, Tobias (Hrsg.), Politische Deutungskulturen. Festschrift für Karl Rohe, Baden-Baden 1999, S. 93–110.

Dörner, Andreas / Vogt, Ludgera, Literatursoziologie. Literatur, Gesellschaft, Politische Kultur, Opladen 1994.

Eith, Ulrich, Volksparteien unter Druck. Koalitionsoptionen, Integrationsfähigkeit und Kommunikationsstrategien nach der Übergangswahl 2009, in: Korte, Karl-Rudolf (Hrsg.), Die Bundestagswahl 2009. Analysen der Wahl-, Parteien-, Kommunikations- und Regierungsforschung, Wiesbaden 2010, S. 118–129.

Essig, Rolf-Bernhard, Der Offene Brief. Geschichte und Funktion einer publizistischen Form von Isokrates bis Günter Grass, Würzburg 2000.

Falk, Svenja / Glaab, Manuela / Römmele, Andrea / Schober, Henrik / Thunert, Martin, Politikberatung – eine Einführung. Kontexte, Begriffsdimensionen, Forschungsstand, Themenfelder, in: Falk, Svenja / Glaab, Manuela / Römmele, Andrea / Schober, Henrik / Thunert, Martin (Hrsg.), Handbuch Politikberatung, 2. völlig neu bearb. Aufl., Wiesbaden 2019, S. 1–22.

Falk, Svenja / Glaab, Manuela / Römmele, Andrea / Schober, Henrik / Thunert, Martin (Hrsg.), Handbuch Politikberatung, 2. völlig neu bearb. Aufl., Wiesbaden 2019.

Falk, Svenja / Rehfeld, Dieter / Römmele, Andrea / Thunert, Martin (Hrsg.), Handbuch Politikberatung, Wiesbaden 2006.

Feldkamp, Michael F., Chronik der Vertrauensfrage von Bundeskanzler Gerhard Schröder im November 2001, in: Zeitschrift für Parlamentsfragen (1 / 2002), S. 5–9.

FES (Hrsg.), 25. Jahre Büro Warschau, Warschau 2015.

FES Polen (Hrsg.), Sozialdemokratischer Mittler zwischen Polen und Deutschland, Warszawa 2008.

Finlay, Frank, Günter Grass' political rhetoric, in: Taberner, Stuart (Hrsg.), The Cambridge Companion to Günter Grass, Cambridge 2009, S. 24–38.

Fischer, Torben / Lorenz, Matthias N., Lexikon der „Vergangenheitsbewältigung" in Deutschland. Debatten- und Diskursgeschichte des Nationalsozialismus nach 1945, 2. unver. Aufl., Bielefeld 2009.

Flege, Silke / Hoffmann, Frank, Nichts darf, soll ungesagt bleiben. Kein neuer Literaturstreit – das Tagebuch von Günter Grass vereint die deutschen Kritiker, in: Deutschland Archiv (42 / 2009). Heft 4, S. 601–607.

Förster, Melanie, Intellektuelle als Berater der Politik? Themen, Funktionen und Formen von intellektueller Beratung am Beispiel des sozialdemokratischen Bundeskanzlers Gerhard Schröder, Duisburg-Essen 2020.

Frielinghaus, Helmut, „Den politischen Alltag notfalls auch kämpferisch bestehen". Geschichte und Politik im Werk von Günter Grass, in: Thomsa, Jörg-Philipp / Wiech, Stefanie (Hrsg.), Ein Bürger für Brandt. Der politische Grass, Lübeck 2008, S. 16–24.

Früh, Werner, Inhaltsanalyse. Theorie und Praxis, 7. überarb. Aufl., Stuttgart 2011.

Fuhr, Eckhard, Keine Renaissance der Gruppe 47, in: NG / FH (53 / 2006), S. 62–65.

Gabriel, Oswald W., Politische Kultur aus der Sicht der empirischen Sozialforschung, in: Niedermayer, Oskar / von Beyme, Klaus (Hrsg.), Politische Kultur in Ost- und Westdeutschland, Berlin 1994, S. 22–42.

Gabriëls, René, Intellektuelle, in: Brunkhorst, Hauke / Kreide, Regina / Lafont, Cristina (Hrsg.), Habermas-Handbuch. Leben – Werk – Wirkung, Stuttgart 2009, S. 324–328.

Gadinger, Frank / Jarzebski, Sebastian / Yildiz, Taylan, Politische Narrative. Konturen einer politikwissenschaftlichen Erzähltheorie, in: Gadinger, Frank / Jarzebski, Sebastian / Yildiz, Taylan (Hrsg.), Politische Narrative, Konzept – Analyse – Forschungspraxis, Wiesbaden 2016, S. 3–38.

Gadinger, Frank / Jarzebski, Sebastian / Yildiz, Taylan (Hrsg.), Politische Narrative. Konzept – Analyse – Forschungspraxis, Wiesbaden 2016.

Gallus, Alexander, Politikwissenschaft (und Zeitgeschichte), in: Klein, Christian (Hrsg.), Handbuch Biographie. Methoden, Traditionen, Theorien, Stuttgart 2009, S. 382–387.

Gallus, Alexander, Willy Brandt, in: Wodianka, Stephanie / Ebert, Juliane (Hrsg.), Metzler Lexikon moderner Mythen: Figuren, Konzepte, Ereignisse, Stuttgart 2014, S. 61–63.

Geppert, Dominik, Republik des Geistes. Die Intellektuellen und das vereinigte Deutschland, in: Bienert, Michael / Creuzberger, Stefan / Hübener, Kristian / Oppermann, Matthias (Hrsg.), Die Berliner Republik. Beiträge zur deutschen Zeitgeschichte seit 1990, Berlin 2013, S. 159–180.

Geppert, Dominik / Hacke, Jens, Einleitung, in: Geppert, Dominik / Hacke, Jens (Hrsg.), Streit um den Staat. Intellektuelle Debatten in der Bundesrepublik 1960–1980, S. 9–22.

Gerhards, Jürgen, Dimensionen und Strategien öffentlicher Diskurse, in: Journal für Sozialforschung (32 / 1992), Heft 3 / 4, S. 307–316.

Gerhards, Jürgen, Diskursanalyse als systematische Inhaltsanalyse. Die öffentliche Debatte über Abtreibung in den USA und in der Bundesrepublik Deutschland im Vergleich, in: Keller, Reiner / Hirseland, Andreas / Schneider, Werner / Viehöver, Willy (Hrsg.), Handbuch Sozialwissenschaftliche Diskursanalyse. Band 2: Forschungspraxis, 2. Aufl., Wiesbaden 2004, S. 299–324.

Gerhards, Jürgen / Neidhardt, Friedhelm, Strukturen und Funktionen moderner Öffentlichkeit. Fragestellungen und Ansätze, Berlin 1990.

Germer, Hartwig / Müller-Doohm, Stefan / Thiele, Franziska, Intellektuelle Deutungskämpfe im Raum publizistischer Öffentlichkeit, in: Berlin Journal für Soziologie (3–4 / 2013), S. 511–519.

Gilcher-Holtey, Ingrid, Prolog, in: Gilcher-Holtey, Ingrid (Hrsg.), Zwischen den Fronten. Positionskämpfe europäischer Intellektueller im 20. Jahrhundert, Berlin 2006, S. 9–21.

Gilcher-Holtey, Ingrid, Prolog, in: Gilcher-Holtey, Ingrid (Hrsg.), Eingreifende Denkerinnen. Weibliche Intellektuelle im 20. und 21. Jahrhundert, Tübingen 2015, S. 1–16.

Gilcher-Holtey, Ingrid, Eingreifendes Denken. Die Wirkungschancen von Intellektuellen, Weilerswist 2007.

Gilcher-Holtey, Ingrid (Hrsg.), Eingreifende Denkerinnen. Weibliche Intellektuelle im 20. und 21. Jahrhundert, Tübingen 2015.

Gilcher-Holtey, Ingrid, Konkurrenz um den „wahren" Intellektuellen. Intellektuelle Rollenverständnisse aus zeithistorischer Sicht, in: Kroll, Thomas / Reitz, Tilmann (Hrsg.), Intellektuelle in der Bundesrepublik Deutschland, S. 21–53.

Gilcher-Holtey, Ingrid, Was kann Literatur und wozu schreiben? Handke, Enzensberger, Grass, Walser und das Ende der Gruppe 47, in: Gilcher-Holtey, Ingrid, Eingreifendes Denken. Die Wirkungschancen von Intellektuellen, Weilerswist 2007, S. 184–221.

Gilcher-Holtey, Ingrid (Hrsg.), Zwischen den Fronten. Positionskämpfe europäischer Intellektueller im 20. Jahrhundert, Berlin 2006.

Gilcher-Holtey, Ingrid / Oberloskamp, Eva, Einleitung: Warten auf Godot?, in: Gilcher-Holtey, Ingrid / Oberloskamp, Eva (Hrsg.), Warten auf Godot? Intellektuelle seit den 1960er Jahren, München 2020, S. 1–17.

Gilcher-Holtey, Ingrid / Oberloskamp, Eva (Hrsg.), Warten auf Godot? Intellektuelle seit den 1960er Jahren, München 2020.

Glaab, Manuela, Partizipative Politikberatung. Formate, Erfahrungen und Perspektiven, in: Falk, Svenja / Glaab, Manuela / Römmele, Andrea / Schober, Henrik / Thunert, Martin (Hrsg.), Handbuch Politikberatung, 2. völlig neu bearb. Aufl., Wiesbaden 2019, S. 99–112.

Glaab, Manuela / Metz, Almut, Politikberatung und Öffentlichkeit, in: Falk, Svenja / Rehfeld, Dieter / Römmele, Andrea / Thunert, Martin (Hrsg.), Handbuch Politikberatung, Wiesbaden 2006, S. 161–170.

Glaeßner, Gert-Joachim, Politik in Deutschland, 2., akt. Aufl., Wiesbaden 2006.

Glaser, Hermann, Deutsche Kultur 1945–2000. Ein historischer Überblick von 1945 bis zur Gegenwart, Bonn 1997.

Gohl, Christopher, Eine gut beratene Demokratie ist eine gut beratene Demokratie. Organisierte Dialoge als innovative Form der Politikberatung, in: Dagger, Steffen / Greiner, Christoph / Leinert, Kristen / Meliß, Nadine / Menzel, Anne (Hrsg.), Politikberatung in Deutschland. Praxis und Perspektiven, Wiesbaden 2004, S. 200–215.

Gohle, Peter, Von der SDP-Gründung zur gesamtdeutschen SPD. Die Sozialdemokratie in der DDR und die Deutsche Einheit 1989 / 90, Bonn 2014.

Görtemaker, Manfred, Die Berliner Republik. Wiedervereinigung und Neuorientierung, Berlin 2009.

Görtz, Franz Josef, Der Provokateur als Wahlhelfer, in: Arnold, Heinz Ludwig (Hrsg.), Text und Kritik, Heft 1 / 1a, 5. Aufl., München 1978, S. 162–174.

Gostmann, Peter, Beyond the Pale. Albert Salomons Denkraum und das intellektuelle Feld im 20. Jahrhundert, Wiesbaden 2014.

Grammes, Tilman / Schluß, Henning / Vogler, Hans-Joachim, Staatsbürgerkunde in der DDR. Ein Dokumentenband, Wiesbaden 2006.

Grasselt, Nico, Die Entzauberung der Energiewende. Politik- und Diskurswandel unter schwarz-gelben Argumentationsmustern, Wiesbaden 2016.

Grätz, Ronald, Glaubwürdigkeit und Vertrauen als Währung, in: Zimmermann, Olaf / Geißler, Theo (Hrsg.), Die dritte Säule. Beiträge zur Auswärtigen Kultur- und Bildungspolitik, Berlin 2018, S. 124–128.

Greiffenhagen, Martin und Sylvia, Politische Kultur, in: Andersen, Uwe / Woyke, Wichard (Hrsg.), Handwörterbuch des politischen Systems der Bundesrepublik Deutschland, 4. Aufl., Wiesbaden 2000, S. 493–498.

Gries, Britta, Die Grass-Debatte. Die NS-Vergangenheit in der Wahrnehmung von drei Generationen, Marburg 2008.

Gritsch, Kurt, Ein „gerechter Krieg"? Der Intellektuellendiskurs über den Kosovo-Krieg 1999, in: INDES (1 / 2015), S. 86–95.
Gritsch, Kurt, Inszenierung eines gerechten Krieges? Intellektuelle, Medien und der „Kosovo Krieg" 1999, Hildesheim 2010.
Große-Rüschkamp, Christian, Kirchenasyl zwischen repressiver Asylpolitik und solidarischer Flüchtlingsarbeit, München 1999.
Grosser, Dieter / Bierling, Stephan / Kurz, Friedrich, Die sieben Mythen der Wiedervereinigung. Fakten und Analysen zu einem Prozeß ohne Alternative, München 1991.
Grub, Frank Thomas, Wende und Einheit im Spiegel der deutschsprachigen Literatur. Ein Handbuch, Berlin 2003.
Grüner, Jan Ingo, Ankunft in Deutschland. Die Intellektuellen und die Berliner Republik 1998–2006, Berlin 2012.
Grunden, Timo, Politikberatung im Innenhof der Macht. Zu Einfluss und Funktion der persönlichen Berater deutscher Ministerpräsidenten, Wiesbaden 2009.
Gruettner, Mark Martin, Intertextualität und Zeitkritik in Günter Grass' Kopfgeburten und *Die Rättin*, Tübingen 1997.
Habermas, Jürgen, Der Intellektuelle, in: Cicero (04 / 2006), S. 68–69.
Habermas, Jürgen, Faktizität und Geltung. Beiträge zur Diskurstheorie des Rechts und des demokratischen Rechtsstaats. Frankfurt a. M. 1992.
Habermas, Jürgen, Heinrich Heine und die Rolle des Intellektuellen in Deutschland, in: Merkur (448 / 1986), S. 453–468.
Habermas, Jürgen, Preisrede anlässlich der Verleihung des Bruno-Kreisky-Preises für das politische Buch 2005, Wien 2006.
Hacke, Christian, Die Außenpolitik der Bundesrepublik Deutschland. Von Konrad Adenauer bis Gerhard Schröder, 1. akt. Neuausgabe, Frankfurt a. M. 2003.
Hacker, Jens, Deutsche Irrtümer. Schönfärber und Helfershelfer der SED-Diktatur im Westen, Berlin 1992.
Hajer, Maarten A., Argumentative Diskursanalyse. Auf der Suche nach Koalitionen, Praktiken und Bedeutungen, in: Keller, Reiner / Hirseland, Andreas / Schneider, Werner / Viehöver, Willy (Hrsg.), Handbuch Sozialwissenschaftliche Diskursanalyse. Band 2: Forschungspraxis, 2. Aufl., Wiesbaden 2004, S. 271–298.
Hampe, Michael, Propheten, Ärzte, Richter, Narren. Eine Typologie von Philosophen und Intellektuellen, in: Carrier, Martin / Roggenhofer, Johannes (Hrsg.), Wandel oder Niedergang? Die Rolle der Intellektuellen in der Wissensgesellschaft, Bielefeld 2007, S. 33–54.
Hanuschek, Sven / Hörningk, Therese / Malende, Christine (Hrsg.), Schriftsteller als Intellektuelle. Politik und Literatur im Kalten Krieg, Tübingen 2000.
Hegelich, Simon / Knollmann, David / Kuhlmann, Johanna, Agenda 2010. Strategien – Entscheidungen – Konsequenzen, Wiesbaden 2011.
Hennen, Claudia. Der Einfluss der gesellschaftlichen Akteure auf die Entscheidung der Bundesregierung gegen den Irakkrieg, in: Jäger, Thomas / Viehring, Henrike (Hrsg.), Die amerikanische Regierung gegen die Weltöffentlichkeit. Theoretische und empirische Analysen der Public Diplomacy zum Irakkrieg, Wiesbaden 2008, S. 191–213.
Hirschi, Caspar, Skandalexperten, Expertenskandale. Zur Geschichte eines Gegenwartsproblems, Berlin 2018.
Höfer, Adolf, Die Entdeckung der deutschen Kriegsopfer in der Gegenwartsliteratur. Eine Studie zur Novelle *Im Krebsgang* von Günter Grass und ihrer Vorgeschichte, in: Literatur für Leser (26 / 2003), Heft 3, S. 182–197.

Höfer, Max A., Meinungsführer, Denker, Visionäre. Wer sie sind, was sie denken, wie sie wirken, Frankfurt a. M. 1995.
Holthusen, Hans Egon, Günter Grass als politischer Autor, in: Der Monat (18 / 1966), S. 66–81.
Hölzing, Philipp, Ein Laboratorium der Moderne. Politisches Denken in Deutschland 1789–1820, Wiesbaden 2015.
Hosfeld, Rolf, Heinrich Heine. Die Erfindung des europäischen Intellektuellen, München 2014.
Hübinger, Gangolf, Gelehrte, Politik und Öffentlichkeit. Eine Intellektuellengeschichte, Göttingen 2006.
Hübinger, Gangolf, Die politischen Rollen europäischer Intellektueller im 20. Jahrhundert, in: Hübinger, Gangolf / Hertfelder, Thomas (Hrsg.), Kritik und Mandat. Intellektuelle in der deutschen Politik, Stuttgart 2000, S. 30–44.
Hübinger, Gangolf / Hertfelder, Thomas (Hrsg.), Kritik und Mandat. Intellektuelle in der deutschen Politik, Stuttgart 2000.
Jabłkowska, Joanna, Zwischen Tabuisierung und deren Überwindung. Zum Friedenspreis des Deutschen Buchhandels, in: Eggert, Hartmut / Golec, Janusz (Hrsg.), Tabu und Tabubruch. Literarische und sprachliche Strategien im 20. Jahrhundert, Stuttgart 2002, S. 25–42.
Jäger, Georg, Der Schriftsteller als Intellektueller. Ein Problemaufriß, in: Hanuschek, Sven / Hörningk, Therese / Malende, Christine (Hrsg.), Schriftsteller als Intellektuelle. Politik und Literatur im Kalten Krieg, Tübingen 2000, S. 1–25.
Jäger, Siegfried, Diskurs und Wissen. Theoretische und methodische Aspekte einer Kritischen Diskurs- und Dispositivanalyse, in: Keller, Reiner / Hirseland, Andreas / Schneider, Werner / Viehöver, Willy (Hrsg.), Handbuch Sozialwissenschaftliche Diskursanalyse. Band 1: Theorien und Methoden, 3., erw. Aufl., Wiesbaden 2011, S. 91–124.
Jäger, Wolfgang / Villinger, Ingeborg, Die Intellektuellen und die Deutsche Einheit, Bonn 1997.
Jahn, Egbert, „Mit letzter Tinte". Ein Federstich in das Wespennest israelischer, jüdischer und deutscher Empfindlichkeiten, in: Jahn, Egbert, Politische Streitfragen. Band 4: Weltpolitische Herausforderungen, Wiesbaden 2015, S. 210–227.
Jarren, Ottfried / Donges, Patrick, Politische Kommunikation in der Mediengesellschaft. Eine Einführung, 2. überarb. Aufl., Wiesbaden 2006.
Jarren, Ottfried / Sacrinelli, Ulrich / Saxer, Ulrich (Hrsg.), Politische Kommunikation in der demokratischen Gesellschaft. Ein Handbuch, Opladen 1998.
Jarzebski, Sebastian, Erzählte Politik. Politische Narrative im Bundestagswahlkampf, Wiesbaden 2020.
JBi, Günter Grass' Waffen-SS-Mitgliedschaft, in: Fischer, Torben / Lorenz, Matthias N., Lexikon der „Vergangenheitsbewältigung" in Deutschland. Debatten- und Diskursgeschichte des Nationalsozialismus nach 1945, 2. unver. Aufl., Bielefeld 2009, S. 422–426.
John-Wenndorf, Carolin, Der öffentliche Autor. Über die Selbstinszenierung von Schriftstellern, Bielefeld 2014.
Judt, Tony, Das vergessene 20. Jahrhundert. Die Rückkehr des politischen Intellektuellen, Frankfurt a. M. 2011.
Jung, Matthias / Schroth, Yvonne / Wolf, Andrea, Wählerverhalten und Wahlergebnis, in: Korte, Karl-Rudolf (Hrsg.), Die Bundestagswahl 2009. Analysen der Wahl-, Parteien-, Kommunikations- und Regierungsforschung, Wiesbaden 2010, S. 35–47.
Jung, Thomas / Müller-Doohm, Stefan (Hrsg.), Fliegende Fische. Eine Soziologie des Intellektuellen in 20 Porträts, Frankfurt a. M. 2009.
Jung, Thomas / Müller-Doohm, Stefan, Vorwort, in: Jung, Thomas / Müller-Doohm, Stefan (Hrsg.), Fliegende Fische. Eine Soziologie des Intellektuellen in 20. Porträts, Frankfurt a. M. 2009, S. 9–18.

Jürgs, Michael, Bürger Grass. Eine Biografie eines deutschen Dichters, München 2002.

Kagel, Martin / Soldovieri, Stefan / Tate, Laura, Die Stimme der Vernunft. Günter Grass und die SPD, in: Adler, Hans / Hermand, Jost, Günter Grass. Ästhetik des Engagements, New York 1996, S. 39–62.

Kailitz, Steffen, Die politische Deutungskultur der Bundesrepublik im Spiegel des „Historikerstreits", in: Kailitz, Steffen (Hrsg.), Die Gegenwart der Vergangenheit. Der „Historikerstreit" und die deutsche Geschichtspolitik, Wiesbaden 2008.

Kämpchen, Martin, „Ich will in das Herz Kalkuttas eindringen". Günter Grass in Indien und Bangladesch, Eggingen 2005.

Kandzora, Gabriele / Siegfried, Detlef / Schildt, Axel, Medien-Intellektuelle in der Bundesrepublik, Göttingen 2020.

Keller, Reiner, Der Müll der Gesellschaft. Eine wissenssoziologische Diskursanalyse, in: Keller, Reiner / Hirseland, Andreas / Schneider, Werner / Viehöver, Willy (Hrsg.), Handbuch Sozialwissenschaftliche Diskursanalyse. Band 2: Forschungspraxis, 2. Aufl., Wiesbaden 2004, S. 199–299.

Keller, Reiner, Diskurse und Dispositive analysieren. Die Wissenssoziologische Diskursanalyse als Beitrag zu einer wissensanalytischen Profilierung der Diskursforschung, in: Historical Social Research (33 / 2008), Heft 1, S. 73–107.

Keller, Reiner, Diskursforschung. Eine Einführung für SozialwissenschaftlerInnen, 4. Aufl., Wiesbaden 2011.

Keller, Reiner, Wissenssoziologische Diskursanalyse, in: Keller, Reiner / Hirseland, Andreas / Schneider, Werner / Viehöver, Willy (Hrsg.), Handbuch Sozialwissenschaftliche Diskursanalyse. Band 1: Theorien und Methoden, 3., erw. Aufl., Wiesbaden 2011, S. 125–158.

Keller, Reiner, Wissenssoziologische Diskursanalyse. Grundlage eines Forschungsprogramms, 3. Aufl., Wiesbaden 2011.

Keller, Reiner / Hirseland, Andreas / Schneider, Werner / Viehöver, Willy (Hrsg.), Handbuch Sozialwissenschaftliche Diskursanalyse. Band 1: Theorien und Methoden, 3., erw. Aufl., Wiesbaden 2011.

Keller, Reiner / Hirseland, Andreas / Schneider, Werner / Viehöver, Willy (Hrsg.), Handbuch Sozialwissenschaftliche Diskursanalyse. Band 2: Forschungspraxis, 2. Aufl., Wiesbaden 2004.

Kerchner, Brigitte, Diskursanalyse in der Politikwissenschaft. Ein Forschungsüberblick, in: Kerchner, Brigitte / Schneider, Silke (Hrsg.), Foucault: Diskursanalyse der Politik. Eine Einführung, Wiesbaden 2006, S. 33–67.

Kerchner, Brigitte / Schneider, Silke, „Endlich Ordnung in der Werkzeugkiste". Zum Potential der Foucaultschen Diskursanalyse für die Politikwissenschaft – Einleitung, in: Kerchner, Brigitte / Schneider, Silke (Hrsg.), Foucoult: Diskursanalyse der Politik. Eine Einführung, Wiesbaden 2006 S. 9–30.

Kerski, Basil, Polen, in: Schmidt, Siegmar / Hellmann, Werner / Wolf, Reinhard (Hrsg.), Handbuch zur deutschen Außenpolitik, Wiesbaden 2007, S. 405–421.

Kersten, Joachim, „Ziemlich singuläre Befreundung". Günter Grass und Peter Rühmkorf, in: Neuhaus, Volker / Øhrgaard, Per / Thomsa, Jörg-Philipp (Hrsg.), Freipass. Forum für Literatur, Bildende Kunst und Politik, Band 3, Berlin 2018, S. 196–231.

Kesting, Hanjo, Das letzte Wort hat das Buch. Günter Grass und die Medien, in: Kesting, Hanjo (Hrsg.), Die Medien und Günter Grass, Köln 2008, S. 9–14.

Kesting, Hanjo (Hrsg.), Die Medien und Günter Grass, Köln 2008.

Kevenhörster, Paul, Politikberatung, in: Andersen, Uwe / Bogumil, Jörg / Marschall, Stefan / Woyke, Wichard (Hrsg.), Handwörterbuch des politischen Systems der Bundesrepublik Deutschland, Wiesbaden 2021, S. 749–754.

Kiesel, Helmuth, Die Intellektuellen und die deutsche Einheit, in: Die politische Meinung (36 / 1991), Heft 264, S. 49-62.
Kim, Nury, Die deutsche Wiedervereinigung in der Sicht von Günter Grass, in: Koreanische Zeitschrift für Deutschunterricht (09 / 2002), Heft 12, S. 229-250.
Klatt, Johanna / Lorenz, Robert, Voraussetzungsreiches, aber schlagkräftiges Instrument der Zivilgesellschaft. Wesensmerkmale politischer Manifeste, in: Klatt, Johanna / Lorenz, Robert, Manifeste. Geschichte und Gegenwart des politischen Appells, Bielefeld 2010, S. 411-442.
Klatt, Johanna / Micus, Matthias, Das rot-grüne Projekt – ein Mythos?, in: Walter, Franz / Butzlaff, Felix (Hrsg.), Mythen, Ikonen, Märtyrer. Sozialdemokratische Geschichten, Berlin 2013, S. 249-260.
Klein, Armin, Kulturpolitik. Eine Einführung, 3., akt. Aufl., Wiesbaden 2009.
Klein, Markus / Falter, Jürgen W., Der lange Weg der Grünen. Eine Partei zwischen Protest und Regierung, München 2003.
Kloyer-Heß, Ursula, Dichter auf den Zinnen der Partei? Die Rolle des Schriftstellers im Wahlkampf 2005, in: Die Politische Meinung (2006), Heft 436, S. 63-68.
Köcher, Renate / Süßlin, Werner, Die Berliner Republik. Allensbacher Jahrbuch der Demoskopie 2003-2009, Band 12, Berlin 2010.
Kollmorgen, Raj, Diskurse der Einheit, in: ApuZ (30 / 31 / 2010), S. 6-13.
König, Tim, In guter Gesellschaft? Einführung in die politische Soziologie von Jürgen Habermas und Niklas Luhmann, Wiesbaden 2012.
Köpcke, Rolf, Die Verarbeitung der Wiedervereinigung Deutschlands im Wende- und Berlin-Roman *Ein weites Feld* (1995) von Günter Grass. Die Versuche der Einflussnahme des Ministeriums für Staatssicherheit auf ihn, Berlin 2003.
Kopp, Horst, Ein Besuch bei Günter Grass, in: Jemen-Report (34 / 2003), Heft 1, S. 11-13.
Korte, Karl-Rudolf, Das Wort hat der Bundeskanzler. Eine Analyse der Großen Regierungserklärungen von Adenauer bis Schröder, Wiesbaden 2002.
Korte, Karl-Rudolf, Deutschlandpolitik in Helmut Kohls Kanzlerschaft. Regierungsstil und Entscheidungen 1982-1989, Stuttgart 1998.
Korte, Karl-Rudolf, Die Chance genutzt? Die Politik zur Einheit Deutschlands, Frankfurt a. M. 1994.
Korte, Karl-Rudolf, Gesichter der Macht. Über die Gestaltungspotenziale der Bundespräsidenten, Frankfurt a. M. 2019.
Korte, Karl-Rudolf, Legenden und Wahrheiten über die deutsche Einheit, in: Korte, Karl-Rudolf / Zimmer, Matthias, Der Weg zur Deutschen Einheit, Sankt Augustin 1994, S. 42-58.
Korte, Karl-Rudolf, Literatur, in: Weidenfeld, Werner / Korte, Karl-Rudolf (Hrsg.), Handbuch zur deutschen Einheit 1949-1999, Bonn 1999, S. 538-546.
Korte, Karl-Rudolf, Über Deutschland schreiben. Schriftsteller sehen ihren Staat, München 1992.
Korte, Karl-Rudolf, Was kennzeichnet modernes Regieren?, in: APuZ (4 / 2001), S. 3-13.
Korte, Karl-Rudolf / Fröhlich, Manuel, Politik und Regieren in Deutschland. Strukturen, Prozesse, Entscheidungen, Paderborn 2004.
Koslowski, Gerd, Die NATO und der Krieg in Bosnien-Herzegowina: Deutschland, Frankreich und die USA im internationalen Krisenmanagement, Vierow 1995.
Krämer, Heinz, Türkei, in: Schmidt, Siegmar / Hellmann, Gunther / Wolf, Reinhard (Hrsg.), Handbuch zur Deutschen Außenpolitik, Wiesbaden 2007, S. 482-493.
Kriesi, Hanspeter, Die Rolle der Öffentlichkeit im politischen Entscheidungsprozess. Ein konzeptueller Rahmen für ein international vergleichendes Forschungsprojekt, in: WZB (01-701).
Kriesi, Hanspeter, Strategien politischer Kommunikation. Bedingungen und Chancen der Mobilisierung öffentlicher Meinung im internationalen Vergleich, in: Esser, Frank / Pfetsch,

Barbara (Hrsg.), Politische Kommunikation im internationalen Vergleich. Grundlagen, Anwendungen, Perspektiven, Wiesbaden 2003, S. 208–239.

Kromrey, Helmut / Roose, Jochen / Strübing Jörg, Empirische Sozialforschung. Modelle und Methoden der standardisierten Datenerhebung und Datenauswertung mit Annotationen aus qualitativ-interpretativer Perspektive, 13. völlig überarb. Aufl., Konstanz 2016.

Kruke, Anja / Woyke, Meik (Hrsg.), Deutsche Sozialdemokratie in Bewegung 1848–1863–2013, Bonn 2012.

Kube, Lutz, Intellektuelle Verantwortung und Schuld in Günter Grass' *Ein weites Feld*, in: Colloquia Germanica (30 / 1997), Heft 3, S. 349–361.

Kusche, Isabel, Politikberatung und die Herstellung von Entscheidungssicherheit im politischen System, Wiesbaden 2008.

Labroisse, Gerd / van Steklenburg, Dick (Hrsg.), Günter Grass, ein europäischer Autor, Amsterdam 1992.

Labroisse, Gerd, Günter Grass' Konzept eines zweiteiligen Deutschlands. Überlegungen in einem europäischen Kontext, in: Labroisse, Gerd / van Steklenburg, Dick (Hrsg.), Günter Grass, ein europäischer Autor, Amsterdam 1992, S. 291–314.

Labroisse, Gerd, Politisch-Historisches in literarischer Form. Zu Günter Grass' Roman *Ein weites Feld*, Berlin 2008.

Lafont, Cristina, Kommunikatives Handeln, in: Brunkhorst, Hauke / Kreide, Regina / Lafont, Cristina (Hrsg.), Habermas-Handbuch. Leben – Werk – Wirkung, Stuttgart 2009, S. 332–336.

Lange, Simon, Der Erinnerungsdiskurs um Flucht und Vertreibung in Deutschland seit 1989 / 90. Vertriebenenverbände, Öffentlichkeit und die Suche nach einer ‚normalen' Identität für die ‚Berliner Republik', Köln 2014.

Langguth, Gerd (Hrsg.), Autor, Macht, Staat. Literatur und Politik in Deutschland. Ein notwendiger Dialog, Düsseldorf 1994.

Langguth, Gerd (Hrsg.), Die Intellektuellen und die nationale Frage, Frankfurt a. M. 1997.

Langguth, Gerd, Kohl, Schröder, Merkel. Machtmenschen, München 2009.

Leber, Fabian, Kulturpolitik aus dem Kanzleramt. Die Kulturpolitik der Regierung Schröders 1998–2002, Marburg 2010.

Leggewie, Claus, Deliberative Demokratie – Von der Politik- zur Gesellschaftsberatung (und zurück), in: Falk, Svenja / Rehfeld, Dieter / Römmele, Andrea / Thunert, Martin (Hrsg.), Handbuch Politikberatung, Wiesbaden 2006, S. 152–160.

Lepsius, Rainer M., Kritiker von Beruf. Zur Soziologie des Intellektuellen, in: Lepsius, Rainer M., Interessen, Ideen und Institutionen, Opladen 1990.

Linz, Gertraud, Literarische Prominenz in der Bundesrepublik, Olten 1965.

Löer, Wigbert, Ausflug zur Macht, noch nicht wiederholt. Die Sozialdemokratische Wählerinitiative und ihre Rudimente im Bundestagswahlkampf 1998, in: Dürr, Tobias / Walter, Franz (Hrsg.), Solidargemeinschaft und fragmentierte Gesellschaft. Parteien, Milieus und Verbände im Vergleich, Opladen 1999, S. 379–393.

Lowi, Theodore J., Public Intellectuals and the Public Interest. Toward a Politics of Political Science as a Calling, in: Political Science and Politics (04 / 2010), S. 675–681.

Luchtenberg, Sigrid, Zum Umgang mit „Störfällen" im Migrationsdiskurs, in: Niehr, Thomas / Böke, Karin (Hrsg.), Einwanderungsdiskurse. Vergleichende diskurslinguistische Studien, Wiesbaden 2000, S. 71–92.

Luckscheiter, Roman, Intellektuelle nach 1989, in: Schlich, Jutta (Hrsg.), Intellektuelle im 20. Jahrhundert in Deutschland. Ein Forschungsreferat, Tübingen 2000, S. 367–388.

Lüdeker, Gerhard Jens / Orth, Dominik, Zwischen Archiv, Erinnerung und Identitätsstiftung – Zum Begriff und zur Bedeutung von Nach-Wende-Narrationen, in: Lüdeker, Gerhard Jens / Orth, Dominik (Hrsg.), Nach-Wende-Narrationen. Das wiedervereinigte Deutschland im Spiegel von Literatur und Film, Göttingen 2010, S. 7–17.
Lüders, Christian / Meuser, Michael, Deutungsmusteranalyse, in: Hitzler, Ronald / Honer, Anne (Hrsg.), Sozialwissenschaftliche Hermeneutik. Eine Einführung, Wiesbaden 1997, S. 57–89.
Ludwig, Sabine / Neuhaus, Volker, „Im Ausland geschätzt – im Inland gehaßt"? Günter Grass zum 70. Geburtstag, Köln 1997.
Luft, Stefan / Schimany, Peter, Asylpolitik im Wandel, in: Luft, Stefan / Schimany, Peter (Hrsg.), 20 Jahre Asylkompromiss, Bilanz und Perspektiven, Bielefeld 2014, S. 11–29.
Lühr, Rüdiger, Zypries verpasst Künstlern einen Korb, in: Menschen machen Medien (03 / 2005), S. 27.
Lyotard, Jean-François, Das Grabmal des Intellektuellen, Graz 1985.
Maaß, Kurt-Jürgen, Soft-Power-Kultur schafft Akzeptanz, in: Zimmermann, Olaf / Geißler, Theo (Hrsg.), Die dritte Säule. Beiträge zur Auswärtigen Kultur- und Bildungspolitik, Berlin 2018, S. 74–76.
Maasen, Sabine, Die Feuilletondebatte zum freien Willen. Expertisierte Intellektualität im medial inszenierten Think Tank, in: Carrier, Martin / Roggenhofer, Johannes (Hrsg.), Wandel oder Niedergang? Die Rolle der Intellektuellen in der Wissensgesellschaft, Bielefeld 2007, S. 99–123.
Magenau, Jörg, Martin Walser. Eine Biographie, Reinbek 2005.
Mai, Manfred, Verbände und Politik, in: Falk, Svenja / Rehfeld, Dieter / Römmele, Andrea / Thunert, Martin (Hrsg.), Handbuch Politikberatung, Wiesbaden 2006, S. 268–274.
Maldono Alemán, Manuel, Erinnerung im Zeichen der Vergangenheitsbewältigung, in: Kesting, Hanjo (Hrsg.), Die Medien und Günter Grass, Köln 2008, S. 105–125.
Mannheim, Karl, Ideologie und Utopie, 3. vermehrte Aufl., Frankfurt a. M. 1952.
Manthey, Jürgen, Günter Grass in Königsberg, in: Königsberger Bürgerbrief (61 / 2003) S. 87–88.
Martinsen, Renate, Partizipative Politikberatung – der Bürger als Experte, in: Falk, Svenja / Rehfeld, Dieter / Römmele, Andrea / Thunert, Martin (Hrsg.), Handbuch Politikberatung, Wiesbaden 2006, S. 138–151.
Marx, Stefan, Die Legende vom Spin doctor. Regierungskommunikation unter Schröder und Blair, Wiesbaden 2008.
Mayer, Siegrid, Politische Aktualität nach 1989. Die Polnisch-Deutsch-Litauische Friedhofsgesellschaft oder *Unkenrufe* von Günter Grass, in: Ibsch, Elrud / von Ingen, Ferdinand (Hrsg.), Literatur und politische Aktualität, Amsterdam 1993, S. 213–224.
Mayer-Iswandy, Claudia, Günter Grass, München 2002.
Melčić, Dunja (Hrsg.), Der Jugoslawien-Krieg. Handbuch zu Vorgeschichte, Verlauf und Konsequenzen, Wiesbaden 2007.
Merseburger, Peter, Rudolf Augstein. Biografie, München 2007.
Merseburger, Peter, Theodor Heuss. Der Bürger als Präsident. München 2012.
Merseburger, Peter, Willy Brandt 1913–1992. Visionär und Realist, München 2002.
Meschkat, Klaus, Beraten oder widerstehen? Intellektuelle und Rot-Grün, in: Loccumer Initiative kritischer Wissenschaftlerinnen und Wissenschaftler (Hrsg.), Rot-Grün – noch ein Projekt. Versuch einer Zwischenbilanz, Hannover 2001, S. 156–159.
Meyer, Andreas, Eine ironische Provokation. *Novemberland* von Günter Grass und der Niedergang der politischen Kultur, in: Zeitschrift für deutsche Philologie (2 / 2001), S. 252–284.
Meyer, Martin (Hrsg.), Intellektuellendämmerung? Beiträge zur neusten Zeit des Geistes, München 1992.

Meyn, Hermann / Tonnemacher, Jan, Massenmedien in Deutschland, 4., völlig überarb. Neuaufl., Konstanz 2012.
Mews, Siegfried, Günter Grass and his critics from the *tin drum* to *Crabwalk*, Rochester 2008.
Morat, Daniel, Intellektuelle und Intellektuellengeschichte, in: Docupedia-Zeitgeschichte, 20.11.2011.
Mörchen, Helmut, Meinen Freunden, den Poeten, in: NG / FH (1–2 / 2009), S. 61–63.
Moser, Sabine, „Dieses Volk, unter dem es zu leiden galt". Die deutsche Frage bei Günter Grass, Frankfurt a. M. 2002.
Müller, Helmut L., Die literarische Republik. Westdeutsche Schriftsteller und die Politik, Weinheim 1982.
Müller, Kay / Walter, Franz, Graue Eminenzen der Macht. Küchenkabinette in der deutschen Kanzlerdemokratie. Von Adenauer bis Schröder, Wiesbaden 2004.
Müller, Tim B., Der Intellektuelle als politischer Akteur. Zur Politikberatung in den USA, in: Gegenworte (18 / 2007), S. 72–75.
Müller-Doohm, Stefan, Jürgen Habermas. Eine Biographie, Berlin 2014.
Müller-Doohm, Stefan, Ideenpolitik als intellektuelle Praxis, in: Eisenegger, Mark / Udris, Linards / Ettinger, Patrik (Hrsg.), Wandel der Öffentlichkeit und der Gesellschaft, Wiesbaden 2019, S. 127–143.
Müller-Doohm, Stefan / Neumann-Braun, Klaus, Demokratie und moralische Führerschaft. Die Funktion praktischer Kritik für den Prozess partizipativer Demokratie, in: Imhof, Kurt / Blum, Roger / Bonfadelli, Heinz / Jarren, Otfried (Hrsg.), Demokratie in der Mediengesellschaft. Neue Studien zur demokratischen Selbststeuerung in der Mediengesellschaft, Wiesbaden 2006, S. 98–116.
Münch, Ursula, Asylpolitik in Deutschland – Akteure, Interessen, Strategien, in: Luft, Stefan / Schimany, Peter (Hrsg.), 20 Jahre Asylkompromiss, Bilanz und Perspektiven, Bielefeld 2014, S. 79–85.
Münch, Peter, Die Härtefallkommission – einst geschmäht, heute geachtet, in: Gutheil, Jörn-Erik (Hrsg.), Der Herr schafft Gerechtigkeit und Recht. Festschrift für Hans Engel, Wuppertal 2000, S. 137–141.
Münkel, Daniela, Bemerkungen zu Willy Brandt, 2., überarb. und erg. Aufl., Berlin 2013.
Münkel, Daniela, „Das große Gespräch". Willy Brandt und seine Berater, in: Fisch, Stefan / Rudloff, Wilfried (Hrsg.), Experten und Politik. Wissenschaftliche Politikberatung in geschichtlicher Perspektive. Berlin 2004, S. 277–296.
Münkel, Daniela, Ich rat euch ES-PE-DE zu wählen, in: Vorwärts, 16.10.2007.
Münkel, Daniela, Intellektuelle für die SPD. Die Sozialdemokratische Wählerinitiative, in: Hübinger, Gangolf / Hertfelder, Thomas (Hrsg.), Kritik und Mandat. Intellektuelle in der deutschen Politik, Stuttgart 2000, S. 222–238.
Münkel, Daniela, „Mehr Demokratie wagen, mitarbeiten!" Günter Grass und die Sozialdemokratische Wählerinitiative, in: Beck, Kurt (Hrsg.), „Schlagt der Äbtissin ein Schnippchen, wählt SPD!". Günter Grass und die Sozialdemokratie, Berlin 2007, S. 30–58.
Münkel, Daniela, Trommeln für die SPD. Die Sozialdemokratische Wählerinitiative (SWI), in: Schlüter, Kai (Hrsg.), Günter Grass auf Tour für Willy Brandt. Die legendäre Wahlkampfreise 1969. Berlin 2011, S. 190–223.
Münkler, Herfried, „Enkel" und „Kronzeugen" – Nachfolgesemantiken der Politik, in: Kaiser, André / Zittel, Thomas (Hrsg.), Demokratietheorie und Demokratieentwicklung. Festschrift für Peter Graf Kielmansegg, Wiesbaden 2004, S. 299–316.
Murswieck, Axel, Politikberatung der Bundesregierung, in: Bröchler, Stephan / Schützeichel, Rainer (Hrsg.), Politikberatung, Stuttgart 2008, S. 369–388.

Muro, Wolfgang, Fallstudien und die vergleichende Methode, in: Pickel, Susanne / Pickel, Gert / Lauth, Hans-Joachim / Jahn, Detlef (Hrsg.), Methoden der vergleichenden Politik- und Sozialwissenschaft. Neue Entwicklungen und Anwendungen, Wiesbaden 2009, S. 113–332.

Nanz, Patrizia, Öffentlichkeit, in: Brunkhorst, Hauke / Kreide, Regina / Lafont, Cristina (Hrsg.), Habermas-Handbuch. Leben – Werk – Wirkung, Stuttgart 2009. S. 358–360.

Neidhardt, Friedhelm, Öffentlichkeit, öffentliche Meinung, soziale Bewegungen, in: Neidhardt, Friedhelm (Hrsg.), Öffentlichkeit, öffentliche Meinung, soziale Bewegungen, Opladen 1994, S. 7–41.

Neubert, Ehrhart, Was ist aus den Bürgerrechtlern geworden?, in: Thierse, Wolfgang / Spittmann-Rühle, Ilse / Kuppe, Johannes L. (Hrsg.), Zehn Jahre deutsche Einheit. Eine Bilanz, Opladen 2000, S. 237–244.

Neuhaus, Stefan, Literatur und nationale Einheit in Deutschland, Tübingen 2002.

Neuhaus, Volker, Günter Grass. Eine Biografie, Göttingen 2012.

Neuhaus, Volker, Schreiben gegen die verstreichende Zeit. Zu Leben und Werk von Günter Grass, München 1997.

Neuhaus, Volker / Øhrgaard, Per / Thomsa, Jörg-Philipp (Hrsg.), Freipass. Forum für Literatur, Bildende Kunst und Politik, Berlin 2015.

Nickel, Gunter, Kein Einzelfall. Die medialen Kampagnen gegen Günter Grass, Martin Walser und Peter Handke, in: Kesting, Hanjo (Hrsg.), Die Medien und Günter Grass, Köln 2008, S. 183–198.

Niedermayer, Oskar / von Beyme, Klaus (Hrsg.), Politische Kultur in Ost- und Westdeutschland, Berlin 1994.

Noack, Paul, Deutschland, deine Intellektuellen. Die Kunst, sich ins Abseits zu stellen, Stuttgart 1991.

Nieland, Jörg-Uwe, Pop und Kultur. Politische Popkultur und Kulturpolitik in der Mediengesellschaft 2009.

Nolte, Paul, Intellektuelle in der Politik. Unentbehrliche Analytiker der Lage, in: INDES (2011), S. 51–54.

Nullmeier, Frank, Politikwissenschaft auf dem Weg zur Diskursanalyse?, in: Keller, Reiner / Hirseland, Andreas / Schneider, Werner / Viehöver, Willy (Hrsg.), Handbuch Sozialwissenschaftliche Diskursanalyse. Band 1: Theorien und Methoden, 3., erw. Aufl., Wiesbaden 2011, S. 309–337.

Øhrgaard, Per, „ich bin nicht zu herrn willy brandt gefahren". Zum politischen Engagement der Schriftsteller in der Bundesrepublik am Beginn der 60er Jahre, in: Schildt, Axel / Siegfried, Detlef / Lammers, Karl Christian, Dynamische Zeiten. Die 60er Jahre in den beiden deutschen Gesellschaften, Hamburg 2000, S. 719–733.

Øhrgaard, Per, Geistvolle Macht – machtvoller Geist. Zum Briefwechsel zwischen Willy Brandt und Günter Grass, in: Neuhaus, Volker / Øhrgaard, Per / Thomsa, Jörg-Philipp (Hrsg.), Freipass. Forum für Literatur, Bildende Kunst und Politik, Band 1, Berlin 2015, S. 163–177.

O. V., Vor zwanzig Jahren: Einschränkung des Asylrechts, in: BpB, 24.05.2013.

Osterloh, Jörg / Wixforth, Harald (Hrsg.), Unternehmen und NS-Verbrechen. Wirtschaftseliten im „Dritten Reich" und in der Bundesrepublik Deutschland, Frankfurt a. M. 2014.

Parkes, Stuart, Günter Grass and his contemporaries in East and West, in: Taberner, Stuart (Hrsg.), The Cambridge Companion to Günter Grass, Cambridge 2009, S. 209–222.

Pätsch, Anke, Politikberatung durch Stiftungen, in: Falk, Svenja / Glaab, Manuela / Römmele, Andrea / Schober, Henrik / Thunert, Martin (Hrsg.), Handbuch Politikberatung, 2. völlig neu bearb. Aufl., Wiesbaden 2019, S. 263–281.

Payk-Heitmann, Andreas, „Freundschaftsdienste" im Nachhall des Terrors, Zu den Reaktionen deutscher Literaten im Kontext intellektueller Amerikabilder, in: Lorenz, Matthias N. (Hrsg.),

Narrative des Entsetzens. Künstlerische, mediale und intellektuelle Deutungen des 11. September 2001, Würzburg 2004, S. 249–266.

Peters, Birgit, Prominenz. Eine Soziologische Analyse ihrer Entstehung und Wirkung, Opladen 1996.

Pezold, Klaus, Natur und Naturbedrohung bei Günter Grass, in: Jahrbuch Ökologie 2001, München 2001.

Pickel, Susanne / Pickel, Gert / Lauth, Hans-Joachim / Jahn, Detlef (Hrsg.), Methoden der vergleichenden Politik- und Sozialwissenschaft. Neue Entwicklungen und Anwendungen, Wiesbaden 2009.

Piepenbrink, Johannes, Editorial, in: APuZ (19 / 2010), S. 2.

Pfenning, Gerhard, Reform des Urhebervertragsrechts, in: Zimmermann, Olaf (Hrsg.), Wachgeküsst. 20 Jahre neue Kulturpolitik des Bundes 1998–2018, Berlin 2018, S. 236–242.

Pfetsch, Frank R., Die Außenpolitik der Bundesrepublik Deutschland. Von Adenauer bis Merkel, 2., akt. Aufl., Schwalbach / Ts. 2012.

Pickel, Susanne / Pickel, Gert, Politische Kultur- und Demokratieforschung. Grundbegriffe, Theorien, Methoden. Eine Einführung, Wiesbaden 2006.

Pietsch, Timm Niklas, „Wer hört noch zu?". Günter Grass als politischer Redner und Essayist, Essen 2006.

Poguntke, Sven, Corporate Think Tanks. Zukunftsgerichtete Denkfabriken, Innovation Labs, Kreativforen & Co., Wiesbaden 2014.

Posner, Richard A., Public Intellectuals. A study of decline, Cambridge 2001.

Potthoff, Heinrich, Im Schatten der Mauer. Deutschlandpolitik 1961 bis 1990, Berlin 1999.

Poutrus, Patrice G., Umkämpftes Asyl. Vom Nachkriegsdeutschland bis in die Gegenwart, Berlin 2019.

Preece, Julian, Günter Grass. Critical Lives, London 2018.

Preece, Julian, Biography as politics, in: Taberner, Stuart (Hrsg.), The Cambridge Companion to Günter Grass, Cambridge 2009, S. 10–23.

Probst, Lothar, Mythen und Legendenbildungen. Intellektuelle Selbstverständnisdebatten nach der Wiedervereinigung, in: Emmerich, Wolfgang / Probst, Lothar, Intellektuellen-Status und intellektuelle Kontroversen im Kontext der Wiedervereinigung, Bremen 1993, S. 23–44.

Randow, Gero von, Randbemerkungen: Intellektuelle und kein Ende, in: Carrier, Martin / Roggenhofer, Johannes (Hrsg.), Wandel oder Niedergang? Die Rolle der Intellektuellen in der Wissensgesellschaft, Bielefeld 2007, S. 177–180.

Raupp, Juliane / Vogelgesang, Jens, Medienresonanzanalyse. Eine Einführung in Theorie und Praxis, Wiesbaden 2009.

Reich, Jens, Abschied von den Lebenslügen. Die Intelligenz und die Macht, Berlin 1992.

Reinartz, Florian, Grass im Internet – eine öffentliche Diskussion: in: Kesting, Hanjo (Hrsg.), Die Medien und Günter Grass, Köln 2008, S. 199–208

Rödder, Andreas, Deutschland einig Vaterland. Die Geschichte der Wiedervereinigung, München 2009.

Röger, Maren, Flucht, Vertreibung und Umsiedlung. Mediale Erinnerungen und Debatten in Deutschland und Polen seit 1989, Marburg 2011.

Roggenhofer, Johannes, Im Diskurs: Zur Legitimierung der Intellektuellen im 21. Jahrhundert, in: Carrier, Martin / Roggenhofer, Johannes (Hrsg.), Wandel oder Niedergang? Die Rolle der Intellektuellen in der Wissensgesellschaft, Bielefeld 2007, S. 83–98.

Rohe, Karl, Politische Kultur: Zum Verständnis eines theoretischen Konzepts, in: Niedermayer, Oskar / von Beyme, Klaus (Hrsg.), Politische Kultur in Ost- und Westdeutschland, Berlin 1994, S. 1–21.

Rohe, Karl, Politik: Begriff und Wirklichkeiten. Eine Einführung in das politische Denken, 2. völlig überarb. und erw. Aufl., Stuttgart 1994.
Rolke, Lothar / Wolff, Volker (Hrsg.), Die Meinungsmacher in der Mediengesellschaft. Deutschlands Kommunikationselite aus der Innensicht, Wiesbaden 2003.
Rössler, Patrick, Inhaltsanalyse, Konstanz 2005.
Rudloff, Wilfried, Geschichte der Politikberatung, in: Bröchler, Stephan / Schützeichel, Rainer (Hrsg.), Politikberatung, Stuttgart 2008, S. 83–103.
Rudolf, Dennis Bastian, Deutungsmacht als machtsensible Perspektive politischer Kulturforschung, in: Bergem, Wolfgang / Diehl, Paula / Lietzmann, Hans J. (Hrsg.), Politische Kulturforschung reloaded. Neue Theorien, Methoden und Ergebnisse, Bielefeld 2019, S. 61–88.
Rudolph, Hermann, Richard von Weizsäcker. Eine Biographie, Berlin 2010.
Rüther, Günther, Die Unmächtigen. Schriftsteller und Intellektuelle seit 1945, Göttingen 2016.
Rüther, Günther, Literatur und Politik. Ein deutsches Verhängnis?, Göttingen 2013.
Sabatier, Paul A., Advocacy-Koalitionen, Policy-Wandel und Policy-Lernen. Eine Alternative zur Phasenheuristik, in: Héritier, Adrienne (Hrsg.), Policy-Analyse. Kritik und Neuorientierung, Wiesbaden 1993, S. 116–149.
Sarcinelli, Ulrich, Politische Kommunikation in Deutschland. Zur Politikvermittlung im demokratischen System, 3. Aufl., Wiesbaden 2011.
Schade, Richard, American Media Coverage of Grass's Waffen-SS Revelation, in: Kesting, Hanjo (Hrsg.), Die Medien und Günter Grass, Köln 2008, S. 127–146.
Schäfer, Michael, Die Vereinigungsdebatte. Deutsche Intellektuelle und deutsches Selbstverständnis 1989–1996, Baden-Baden 2002.
Schildt, Axel, „Berliner Republik" – harmlose Bezeichnung oder ideologischer Kampfbegriff?, in: Bachem-Rehm, Michaela / Hiepel, Claudia / Türk, Henning (Hrsg.), Teilungen überwinden. Europäische und Internationale Geschichte im 19. und 20. Jahrhundert, München 2013.
Von Schilling, Klaus, Schuldmotoren. Artistisches Erzählen in Günter Grass' *Danziger Trilogie*, Bielefeld 2002.
Schimansky, Alexander / Shamsey, Oloko, Die Macht der Meinungsführer. Von Celebrities bis zu Influencern, Frankfurt a. M. 2020.
Schimmel-Fijalkowytsch, Nadine, Diskurse zur Normierung und Reform der deutschen Rechtschreibung. Eine Analyse von Diskursen zur Rechtschreibreform aus soziolinguistischer und textlinguistischer Perspektive, Tübingen 2018.
Schlich, Jutta, Geschichte(n) des Begriffs Intellektuelle, in: Schlich, Jutta (Hrsg.), Intellektuelle im 20. Jahrhundert in Deutschland. Ein Forschungsreferat, Tübingen 2000, S. 1–113.
Schlich, Jutta (Hrsg.), Intellektuelle im 20. Jahrhundert in Deutschland. Ein Forschungsreferat, Tübingen 2000.
Schlieben, Michael, Oskar Lafontaine. Ein Opfer der Einheit, in: Forkmann, Daniela / Richter, Saskia (Hrsg.), Gescheiterte Kanzlerkandidaten. Von Kurt Schumacher bis Edmund Stoiber, Wiesbaden 2007, S. 290–322.
Schmidt, Hermann / Bernhardt, Miriam, Manfred Bissinger: Der Meinungsmacher. Eine biografische Spurensuche, Berlin 2019.
Schmidt, Siegmar / Hellmann, Werner / Wolf, Reinhard (Hrsg.), Handbuch zur deutschen Außenpolitik, Wiesbaden 2007.
Schmidt, Thomas E., Schneisen durch den föderalen Dschungel. Rückblick auf die Kulturpolitik der Regierung Schröder, in: Hoffmann, Hilmar / Schneider, Wolfgang (Hrsg.), Kulturpolitik in der Berliner Republik, Köln 2002, S. 29–37.

Schneider, Ulrich F., Der Januskopf der Prominenz. Zum ambivalenten Verhältnis von Privatheit und Öffentlichkeit, Wiesbaden 2004.

Schnell, Ralf, Kunst, Geist und Macht, in: Menninghaus, Winfried / Scherpe, Klaus R. (Hrsg.), Literaturwissenschaft und politische Kultur. Für Eberhard Lämmert zum 75. Geburtstag, Stuttgart 1999, S. 290–300.

Schöllgen, Gregor, Deutsche Außenpolitik. Von 1945 bis zur Gegenwart, München 2013.

Schöllgen, Gregor, Gerhard Schröder. Die Biographie, München 2015.

Schönhoven, Klaus, Intellektuelle und ihr politisches Engagement für die Sozialdemokratie. Szenen einer schwierigen Beziehung in der frühen Bundesrepublik, in: Kaiser, André / Zittel, Thomas (Hrsg.), Demokratietheorie und Demokratieentwicklung, Wiesbaden 2004, S. 279–297.

Schopenhauer, Gabriele, Grußwort, in: Thomsa, Jörg-Philipp / Krason, Viktoria (Hrsg.), Von Danzig nach Lübeck. Günter Grass und Polen, Lübeck 2010, S. 7.

Schophaus, Malte, Der Kampf um die Köpfe. Wissenschaftliche Expertise und Protestpolitik bei Attac, Baden-Baden 2009.

Schröder, Jens, Die große IVW-Analyse der Zeitungsauflagen, MEEDIA 23.04.2014.

Schubert, Klaus, Politikberatung, in: Nohlen, Dieter (Hrsg.), Lexikon der Politik, München 1998.

Schubert, Sophia / Kosow, Hannah, Das Konzept der Deutungsmacht. Ein Beitrag zur gegenwärtigen Machtdebatte in der Politischen Theorie?, in: Österreichische Zeitschrift für Politikwissenschaft (36 / 2007), S. 37–47.

Schulz, Daniel, Theorien der Deutungsmacht. Ein Konzeptualisierungsversuch im Kontext des Rechts, in: Vorländer, Hans (Hrsg.), Die Deutungsmacht der Verfassungsgerichtsbarkeit, Wiesbaden 2006, S. 67–93.

Schulz, Daniel, Verfassung und Nation. Formen politischer Institutionalisierung in Deutschland und Frankreich, Wiesbaden 2004.

Schumpeter, Joseph Alois, Kapitalismus, Sozialismus und Demokratie, 7. erw. Auflage, Tübingen 1993.

Schünemann, Wolfgang, Manifeste Deutungskämpfe. Die wissenssoziologisch-diskursanalytische Untersuchung politischer Debatten, in: Bosančić, Saša / Keller, Reiner (Hrsg.), Perspektiven wissenssoziologischer Diskursforschung, Wiesbaden 2016, S. 29–51.

Schützeichel, Rainer, Beratung, Politikberatung, wissenschaftliche Beratung, in: Bröchler, Stephan / Schützeichel, Rainer (Hrsg.), Politikberatung, Stuttgart 2008, S. 4–5.

Schwab-Trapp, Michael, Diskurs als soziologisches Konzept. Bausteine für eine soziologisch orientierte Diskursanalyse, in: Keller, Reiner / Hirseland, Andreas / Schneider, Werner / Viehöver, Willy (Hrsg.), Handbuch Sozialwissenschaftliche Diskursanalyse. Band 1: Theorien und Methoden, 3., erw. Aufl., Wiesbaden 2011, S. 283–307.

Schwab-Trapp, Michael, Kriegsdiskurse. Die politische Kultur des Krieges im Wandel 1991–1999, Opladen 2002.

Schwab-Trapp, Michael, Methodische Aspekte der Diskursanalyse am Beispiel Kosovokrieg, in: Keller, Reiner / Hirseland, Andreas / Schneider, Werner / Viehöver, Willy (Hrsg.), Handbuch Sozialwissenschaftliche Diskursanalyse. Band 2: Forschungspraxis, 2. Aufl., Wiesbaden 2004, S. 168–195.

Schwarz, Wilhelm Johannes, Auf Wahlreise mit Günter Grass, in: Jurgensen, Manfred, Grass. Kritik, Thesen, Analysen, Bern 1973, S. 151–265.

Schwarz-Friese, Monika / Reinharz, Jehuda, Die Sprache der Judenfeindschaft im 21. Jahrhundert, Berlin 2013.

Seebacher, Brigitte, Willy Brandt, München 2004.

Seitz, Norbert, Die Kanzler und die Künste. Die Geschichte einer schwierigen Beziehung, München 2005.

Seitz, Norbert, SPD: Intellektuellenpartei a. D., in: Blätter für deutsche und internationale Politik (8 / 2010), S. 95–104.
Seitz, Norbert, Profile und Prägungen, Intellektuelle in der SPD seit 1945, in: Merkur (55 / 2001), Heft 7, S. 644–649.
Singer, Otto, Kulturpolitik und Parlament. Kulturpolitische Debatten in der Bundesrepublik Deutschland seit 1945, in: Wissenschaftliche Dienste des Deutschen Bundestages, 22.10.2003.
Sisto, Michele, Grass, Günter: *Ein weites Feld*. Roman, in: Tommek, Heribert / Galli, Matteo / Geisenhanslüke, Achim (Hrsg.), Wendejahr 1995. Transformationen der deutschsprachigen Literatur, Berlin 2015, S. 384–390.
Soell, Hartmut, Sozialdemokratische Intellektuelle in der frühen Bundesrepublik, in: Schlich, Jutta (Hrsg.), Intellektuelle im 20. Jahrhundert in Deutschland. Ein Forschungsreferat, Tübingen 2000, S. 200–221.
Sontheimer, Kurt, So war Deutschland nie. Anmerkungen zur politischen Kultur der Bundesrepublik, München 1999.
Spies, Tina, Subjektpositionen und Positionierungen im Diskurs. Methodologische Überlegungen zu Subjekt, Macht und Agency in Anschluss an Stuart Hall, in: Spies, Tina / Tuider, Elisabeth (Hrsg.), Biographie und Diskurs. Theorie und Praxis der Diskursforschung, Wiesbaden 2017.
Sprengel, Peter, Der Dichter stand auf hoher Küste. Gerhart Hauptmann im Dritten Reich, Berlin 2009.
Staats, Robert, 20 Jahre Baustelle Urheberrecht, in: Zimmermann, Olaf (Hrsg.), Wachgeküsst. 20 Jahre neue Kulturpolitik des Bundes 1998–2018, Berlin 2018, S. 230–236.
Stachura, Mateusz, Die Deutung des Politischen. Ein handlungstheoretisches Konzept der politischen Kultur und seine Anwendung, Frankfurt a. M. 2005.
Stamm, Isabella / Zimmermann, René, Der Intellektuelle und seine Öffentlichkeit. Jürgen Habermas, in: Jung, Thomas / Müller-Doohm, Stefan (Hrsg.), Fliegende Fische. Eine Soziologie des Intellektuellen in 20 Porträts, Frankfurt a. M. 2008, S. 124–146.
Stein, Tine, Verfassung mit Volksentscheid – Die Verfassungsdiskussion im Jahr der deutschen Einheit zwischen ‚Neuanfang' und ‚Weiter so', in: Conze, Eckart / Gajdukowa, Katharina / Koch-Baumgarten, Sigrid (Hrsg.), Die demokratische Revolution 1989 in der DDR, Köln 2009, S. 182–202.
Steinbach, Peter, Politik mit Geschichte – Geschichtspolitik?, in: BpB, 28.03.2008.
Stenschke, Oliver, Rechtschreiben, Recht sprechen, recht haben. Der Diskurs über die Rechtschreibreform. Eine linguistische Analyse des Streits in der Presse, Berlin 2011.
Stolz, Dieter, Am Anfang war der Dialog. Günter Grass in Jemen, in: Zeitschrift für KulturAustausch (53 / 2003), Heft 1, S. 14–15.
Stolz, Dieter, *Beim Häuten der Zwiebel* oder *Ich erinner mich*, in: Brandt, Marion / Jaroszewski, Marek / Ossowski, Miroslaw (Hrsg.), Günter Grass. Literatur Kunst Politik, Danzig 2008, S. 103–113.
Stolz, Dieter, Günter Grass zur Einführung, Hamburg 1999.
Stolz, Dieter, Nomen est omen. *Ein weites Feld* von Günter Grass, in: Zeitschrift für Germanistik (7 / 1997), Heft 2, S. 321–335.
Stuhlfauth-Trabert, Mara, Seit Jahrzehnten „fünf nach zwölf". Ökologisches Bewusstsein in Werken von Günter Grass, Andreas Maier, Christine Büchner, Kathrin Röggla und Ilija Trojanow, Würzburg 2017.
Sturm, Daniel Friedrich, Uneinig in die Einheit. Die Sozialdemokratie und die Vereinigung Deutschlands 1989 / 1990, Bonn 2006.
Taberner, Stuart (Hrsg.), The Cambridge Companion to Günter Grass, Cambridge 2009.

Taberner, Stuart, *Was gesagt werden muss*. Günter Grass's 'Israel / Iran' Poem of April 2012, in: German Life and Letters (65), 04.10.2012.
Thesz, Nicole, Against a New Era in Vergangenheitsbewältigung. Continuities in Günter Grass's Crabwalk, in: Colloquia Germanica (37 / 2004), Heft 3–4, S. 291–306.
Thesz, Nicole, Identität und Erinnerung im Umbruch: *Ein weites Feld* von Günter Grass, in: Neophilologus (87 / 2003), S. 435–451.
Thomsa, Jörg-Philipp, „Das ergab sich, verzögert". Die politische Sozialisation von Günter Grass, in: Thomsa, Jörg-Philipp / Wiech, Stefanie (Hrsg.), Ein Bürger für Brandt. Der politische Grass, Lübeck 2008, S. 8–15.
Thomsa, Jörg-Philipp (Hrsg.), Zwei lange Nächte für Günter Grass. Freunde und Weggefährten erinnern sich, Lübeck 2017.
Thomsa, Jörg-Philipp / Krason, Viktoria (Hrsg.), Von Danzig nach Lübeck. Günter Grass und Polen, Lübeck 2010.
Thomsa, Jörg-Philipp / Wiech, Stefanie (Hrsg.), Ein Bürger für Brandt. Der politische Grass, Lübeck 2008.
Thunert, Martin, Think Tanks in Deutschland – Berater der Politik? APuZ (51 / 2003), S. 30–38.
Tillmann, Isabel, Seinen Platz finden. Die BKM in der Ressortabstimmung, in: Zimmermann, Olaf (Hrsg.), Wachgeküsst. 20 Jahre neue Kulturpolitik des Bundes 1998–2018, Berlin 2018, S. 212–217.
Tschammer, Anne-Kerstin, Sprache der Einheit. Repräsentation in der Rhetorik der Wiedervereinigung 1989 / 90, Wiesbaden 2019.
Tunkel, Tobias, West-östlicher Diwan. Günter Grass in Jemen, in: Jemen Report (24 / 2003), Heft 1, S. 4–7, hier S. 4.
Uhl, Herbert, Herta Däubler-Gmelin, in: Kempf, Udo / Merz, Hans-Georg (Hrsg.), Kanzler und Minister 1998–2005. Biografisches Lexikon der deutschen Bundesregierungen, Wiesbaden 2008, S. 159–173.
Ulmer, Konstantin, Günter Grass und die DDR. Der lange Weg zur „Grassnost", in: Neuhaus, Volker / Øhrgaard, Per / Thomsa, Jörg-Philipp (Hrsg.), Freipass. Forum für Literatur, Bildende Kunst und Politik, Band 2, Berlin 2016, S. 132–152.
Viehöver, Willy, Diskurse als Narrationen, in: Keller, Reiner / Hirseland, Andreas / Schneider, Werner / Viehöver, Willy (Hrsg.), Handbuch Sozialwissenschaftliche Diskursanalyse. Band 1: Theorien und Methoden, 3., erw. Aufl., Wiesbaden 2011, S. 193–224.
Viehöver, Willy, Erzählungen im Feld der Politik, Politik durch Erzählungen. Überlegungen zur Rolle der Narrationen in den politischen Wissenschaften, in: Gadinger, Frank / Jarzebski, Sebastian / Yildiz, Taylan (Hrsg.), Politische Narrative. Konzept – Analyse – Forschungspraxis, Wiesbaden 2016, S. 67–91.
Volkens, Annette, Politikzyklus, FU Berlin 2003.
Vorländer, Hans, Deutungsmacht. Die Macht der Verfassungsgerichtsbarkeit, in: Vorländer, Hans (Hrsg.), Die Deutungsmacht der Verfassungsgerichtsbarkeit, Wiesbaden 2006, S. 9–33.
Vorländer, Hans (Hrsg.), Die Deutungsmacht der Verfassungsgerichtsbarkeit, Wiesbaden 2006.
Vorländer, Hans / Herold, Maik / Schäller, Steven, PEGIDA. Entwicklung, Zusammensetzung und Deutung einer Empörungsbewegung, Wiesbaden 2016.
Vormweg, Heinrich, Günter Grass, überarb. / erw. Neuausgabe, Reinbek 2002.
Wägenbaur, Thomas (Hrsg.), Medienanalyse. Methoden, Ereignisse, Grenzen, Baden-Baden 2007.
Walter, Franz, Die SPD. Biographie einer Partei, überarb. und erw. Ausgabe, Reinbek 2018.
Weber, Nicole, NSDAP-Mitgliedschaften, in: Fischer, Torben / Lorenz, Matthias N., Lexikon der „Vergangenheitsbewältigung" in Deutschland. Debatten- und Diskursgeschichte des Nationalsozialismus nach 1945, 2. unver. Aufl., Bielefeld 2009, S. 426–429.

Weber, Petra, Carlo Schmid und Adolf Arndt. Zwei Intellektuelle in der SPD. Ein Fallbeispiel, in: von Alemann, Ulrich / Cepl-Kaufmann, Gertrude / Hecker, Hans / Witte, Bernd (Hrsg.), Intellektuelle und Sozialdemokratie, Opladen 2000, S. 167–179.

Weidermann, Volker, Das Duell. Die Geschichte von Günter Grass und Marcel Reich-Ranicki, Köln 2019.

Weingart, Peter, Wissensgesellschaft und wissenschaftliche Politikberatung, in: Falk, Svenja / Glaab, Manuela / Römmele, Andrea / Schober, Henrik / Thunert, Martin (Hrsg.), Handbuch Politikberatung, 2. völlig neu bearb. Aufl., Wiesbaden 2019, S. 67–68.

Weininger, Robert, Mediale Kannibalen und die gefräßige Wirklichkeit Politik. Vom ewigen Streit um Günter Grass, in: Weininger, Robert, Streitbare Literaten. Kontroversen und Eklats in der deutschen Literatur von Adorno bis Walser, München 2004.

Weinzierl, Alfred / Wiegrefe, Klaus, Acht Tage, die die Welt veränderten. Die Revolution in Deutschland 1989 / 1990, München 2015.

Weninger, Robert, Streitbare Literaten. Kontroversen und Eklats in der deutschen Literatur von Adorno bis Walser, München 2004.

Wildenburg, Dorothea, Sartres „heilige Monster", in: APuZ (40 / 2010), S. 19–25.

Wilke, Jürgen, Leitmedien und Zielgruppenorgane, in: Wilke, Jürgen (Hrsg.), Mediengeschichte der Bundesrepublik Deutschland, Köln 1999, S. 302–329.

Winkler, Heinrich August, Der lange Weg nach Westen. Deutsche Geschichte. Band II: Vom Dritten Reich bis zur Wiedervereinigung, München 2000.

Winkler, Heinrich August, Der Griff nach der Deutungsmacht. Zur Geschichte der Geschichtspolitik in Deutschland, Göttingen 2004.

Winock, Michel, Das Jahrhundert der Intellektuellen, Konstanz 2003.

Wißkirchen, Hans (Hrsg.), Die Vorträge des 1. Internationalen Günter Grass Kolloquiums im Rathaus zu Lübeck, Lübeck 2002.

Wittstock, Uwe, Marcel Reich-Ranicki. Die Biografie, München 2015.

Wolf, Armin, Image-Politik. Prominente Quereinsteiger als Testimonials der Politik, Baden-Baden 2007.

Wolf, Armin / Frank, Euke, Promi-Politik. Prominente Quereinsteiger im Porträt, Wien 2006.

Wolffsohn, Michael / Brechenmacher, Thomas, Israel, in: Schmidt, Siegmar / Hellmann, Gunther / Wolf, Reinhard (Hrsg.), Handbuch zur Deutschen Außenpolitik, Wiesbaden 2007, S. 506–520.

Wolfrum, Edgar, Rot-Grün an der Macht, Deutschland 1998–2005, München 2013.

Zimmermann, Harro, Das Temperament der Vernunft. Über den Wahlkämpfer Günter Grass, in: Thomsa, Jörg-Philipp / Wiech, Stefanie (Hrsg.), Ein Bürger für Brandt. Der politische Grass, Lübeck 2008, S. 25–35.

Zimmermann, Harro, Günter Grass unter den Deutschen. Chronik eines Verhältnisses, Göttingen 2006.

Zimmermann, Harro, Günter Grass und die Deutschen. Eine Entwirrung, Göttingen 2017.

Zimmermann, Harro, Militante Vernunft. Über den Intellektuellen Günter Grass, in: Jung, Thomas / Müller-Doohm, Stefan (Hrsg.), Fliegende Fische. Eine Soziologie des Intellektuellen in 20 Porträts, Frankfurt am Main 2009, S. 424–448.

Zimmermann, Jens, Diskursanalyse und Politikwissenschaft. Methodologische Anmerkungen zu einem schwierigen Verhältnis, in: DISS-Journal (20 / 2010), S. 16–17.

Zimmermann, Olaf, InnenAußenKulturpolitik, in: Zimmermann, Olaf / Geißler, Theo (Hrsg.), Die dritte Säule. Beiträge zur Auswärtigen Kultur- und Bildungspolitik, Berlin 2018, S. 25–26.

Zimmermann, Olaf, SPD – Der Abbruch des kulturpolitischen Aufbruchs. Ein Kommentar, in: Zimmermann Olaf / Geißler, Theo (Hrsg.), Kulturpolitik der Parteien. Visionen, Programmatik, Geschichte und Differenzen, Berlin 2008, S. 30–31.

Zimmermann, Olaf (Hrsg.), Wachgeküsst. 20 Jahre neue Kulturpolitik des Bundes 1998–2018, Berlin 2018.

Zimmermann, Olaf / Geißler, Theo (Hrsg.), Die dritte Säule. Beiträge zur Auswärtigen Kultur- und Bildungspolitik, Berlin 2018.

Zimmermann, Olaf / Geißler, Theo (Hrsg.), Kulturpolitik der Parteien. Visionen, Programmatik, Geschichte und Differenzen, Berlin 2008.

www.ingramcontent.com/pod-product-compliance
Lightning Source LLC
Chambersburg PA
CBHW031717230426
43669CB00007B/175